普通高等教育"十三五"规划教材
电子信息科学与工程类专业规划教材

数字通信原理

（第2版）

冯穗力　余翔宇　柯　峰
余　荣　刘圣海　胡　洁　编著

電子工業出版社
Publishing House of Electronics Industry
北京・BEIJING

内 容 简 介

本书介绍数字通信的基本理论与技术，主要内容包括数字通信的信号分析基础、信源和信道编码、信息论基础、信号的基带传输、调制解调技术、信道特性、差错控制编码、同步技术、扩频通信和信道复用与多址技术等。本书的特点是，注重理论分析和推导的严谨性，强调物理概念。本书提供配套的电子课件和习题解答，需要电子课件的教师请登录华信教育资源网 www.hxedu.com.cn 免费注册后下载。

本书适合作为信息与通信工程等专业本科生的教材和研究生的参考书，也可供通信领域的科研和工程技术人员参考。

图书在版编目（CIP）数据

数字通信原理/冯穗力等编著. —2 版. —北京：电子工业出版社，2016.8

ISBN 978-7-121-28870-8

I. ①数… II. ①冯… III. ①数字通信－高等学校－教材 IV. ①TN914.3

中国版本图书馆 CIP 数据核字（2016）第 109726 号

策划编辑：谭海平
责任编辑：谭海平　　特约编辑：王　崧
印　　刷：三河市鑫金马印装有限公司
装　　订：三河市鑫金马印装有限公司
出版发行：电子工业出版社
　　　　　北京市海淀区万寿路 173 信箱　邮编　100036
开　　本：787×1092　1/16　印张：34.5　字数：1092 千字
版　　次：2012 年 8 月第 1 版
　　　　　2016 年 8 月第 2 版
印　　次：2023年 5 月第10次印刷
定　　价：79.00 元

凡所购买电子工业出版社图书有缺损问题，请向购买书店调换。若书店售缺，请与本社发行部联系，联系及邮购电话：(010) 88254888，88258888。

质量投诉请发邮件至 zlts@phei.com.cn，盗版侵权举报请发邮件至 dbqq@phei.com.cn。

本书咨询联系方式：(010) 88254552，tan02@phei.com.cn。

前　言

数字通信已成为现代通信系统的一项基本技术。近几十年来，国内外出版了大量有关通信原理和通信系统方面的教材，特别是有关数字通信原理方面的教材，其中不乏优秀的著作。这些教材各具特色，培养了一代又一代通信等领域的工程技术人员。随着20世纪末和21世纪初电子技术、信息技术和通信网络等工程应用技术的迅速发展，在大学中电子、信息与通信领域专业课程和教学内容的设置，也发生了许多变化。其中，最明显的改变是增设了许多基于计算机技术和方法的各种专业课程，原有包括通信原理在内的许多经典课程的教学课时数不得不压缩。同时，互联网的普及应用也使得学生获取各类知识的来源和内容变得更加丰富与多元化。因此，需要考虑如何在有限的课时内以更有效的方式介绍数字通信原理的内容。另外，随着计算机与数字信号处理软/硬件技术、可编程阵列器件和集成电路等技术的发展，通信系统，特别是数字通信系统的物理实现方式，也发生了很大的变化。通信系统中要实现的各种功能，已经极少以单元电路的形式出现，这些变化日益凸显了通信系统的理论与各种算法的重要性。本书的编著者在撰写本书时，考虑了上述这些变化因素。本书有如下的特点：

1. 本书对于学生在大学阶段需要掌握的数字通信的基本原理，进行了详尽的叙述。对于有关定理和重要的结论，只要其证明过程在本科阶段该专业学生的数学知识范围内，都会给出完整的分析。其中对有些我们认为学生较难理解的知识点和重要方法的讨论，甚至到了不厌其烦的程度。通过这种方式我们试图达到如下的目的，即让教师在本课程的有限课堂教学的学时中，重点讲授基本原理、物理概念和其他一些实例，详细证明过程可以省略。有关定理证明过程的所有数学分析和推导，基本上都可以让学生自己在课后通过阅读本教材获得。

2. 考虑到数字通信原理是一门有关通信系统和技术的基础性课程，同时注意到现代通信系统主要基于专用集成电路、计算机、高速数字信号处理器以及可编程阵列器件等方法构建和物理实现等特点，在教材的内容安排上，除非涉及解释原理和概念的需要，基本上未涉及有关通信系统中某个功能单元电路的具体实现问题。有关这些知识的了解，我们设想学生可以在了解基本原理的基础上，通过与数字通信原理课程配套的实验或课程设计等方式来达到。

3. 书中采用了大量图示方法，如原理框图、频谱特性和信号波形等，来解释和描述通信过程中的各种物理现象，以便形象地反映通信系统中各种信号的特征，使读者可更好地加深对其物理概念的理解。

4. 注意到正交频分复用（OFDM）已成为宽带无线通信系统的一项基本技术，本书与许多近期出版的通信原理教材一样，增加了这方面的内容。另外，考虑到无线通信的应用日益广泛，在介绍传输信道时突出了对无线信道特性的分析。同时为强调信道特性对信号正确接收和解调的密切关联性，将信道均衡部分的内容整合到了传输信道一章中。

5. 对于数字通信原理课程中原有的经典内容，在信息论基础方面，增加了有关信源编码方面的讨论。考虑到目前应用广泛的MSK和GMSK等信号的重要性，本书对其进行了详细讨论，对于其中难以用数学公式解释的信号解调过程，通过示例进行了的分析和说明。同时考虑到差错控制编码在数字通信系统中的重要性，本书对于线性分组码和卷积码的内容，特别是BCH码的译码、卷积码的软译码和凿孔码等方面的内容，进行了较大的加强。另外，在同步方面，讨论了更多的方法和技术。

6. 本书努力吸收了现有的一些国外教材中有利于学生对加深对数字通信原理的理解和知识应用等方面的内容，如第2章中有关信号带宽的描述、第7章中有关信道特性的内容、第8章中有关调制与编码的权衡等。

7. 为提示读者对每一知识点的关注和和阅读过程中对问题的理解，文中对每个较为重要问题的讨论，前面都尽可能给出文字经加重的标题，对每段文字中首次出现的关键字，通常都用加粗的**宋体字**对其加以凸显。

本书对内容的表述和定理的证明力图详尽，对此我们也担心自学的读者在阅读过程中，可能会陷入对分析证明过程的细节的过于关注，反而忽略了对基本概念和原理的理解与掌握。因此，我们希望读者在学习过程中，要谨记最重要的不是了解一些定理的证明方法或解题技巧，而是掌握数字通信的基本概念、原理和方法。而这些关键知识主要包含在定义、定理等基本内容中，所有有关细节的叙述、分析和讨论，都是为理解定义、定理等基本内容服务的。

本书介绍的主要是大学本科阶段通信原理课程的基本内容。全书共分 11 章，第 1 章**绪论**介绍通信的发展概况、通信系统的基本组成、数字通信的特点以及通信系统的主要参数；第 2 章**信号分析基础**讨论本书中主要用到的信号分析和处理方法；第 3 章**模拟信号的数字编码**分析通信系统中模拟信号变为数字信号过程中的有关问题，引入各类脉冲编码调制的方法；第 4 章**信息论基础**介绍信息的定义、信息的度量以及信源编码的基本概念和方法，介绍香农有关信道容量的概念；第 5 章**数字基带传输系统**介绍信号波形设计和编码的基本原理、基带信号功率谱的分析方法、基带信号传输的基本准则和最佳接收方法；第 6 章**数字载波调制传输**讨论各种数字载波调制与解调的原理以及各种方法的性能；第 7 章**传输信道**简要分析通信系统中各类信道的特性、不同条件下信道容量估算，以及信道估计与均衡的基本方法；第 8 章**差错控制编码**介绍实现差错控制的基本概念，讨论差错控制编码中最基本的线性分组码和卷积码编译码方法；第 9 章**同步原理与技术**分析锁相环的基本原理，研究载波同步、符号同步与帧同步等方法和技术；第 10 章**扩展频谱通信技术**介绍扩频的基本概念和作用，以及直接序列扩频和跳频扩频的基本原理和方法；第 11 章**信道复用与多址接入**介绍信道复用与多用户如何接入系统的基本概念和方法。

本书中包含的基本内容，如各种编码与调制解调方式、香农定理、奈奎斯特准则、差错控制编码等，都是数字通信原理中最为经典的内容，几乎都会出现在任何一本通信原理的教科书中，因此本书中都未列出这些经典内容的原始参考文献的出处。本书中的每一章之后给出的参考文献，主要是在内容的表述方面对本书影响较大，或读者要对相关部分做进一步深入了解而需要阅读的文献，另外还有一部分是书中某些重要曲线或参数表的出处。毫无疑问，在本书的撰写过程中参阅了国内外许多同行的著作，其中许多章节内容的表述方法受到了这些著作的影响。特别是书中采用的习题来自许多不同教材和习题集中比较有代表性的题目，其中许多习题在各种教材和习题集中反复出现。因此，我们很难将这些文献详细列出，在此对这些文献的作者深表感谢。

本书主要由冯穗力编撰，其中余翔宇参加了第 3 章和第 11 章的编写，柯峰参加了第 5 章的编写，余荣参加了第 6 章和第 9 章的编写，胡洁参加了习题部分的整理，刘圣海编写了第 10 章。全书由冯穗力整理、完善和定稿。余翔宇在本书的编撰过程中做了许多与出版社间的协调工作，并参与了书稿最后的整理。

本书的编写过程得到了本书主编研究生的大力支持，书中所有需要用公式计算得到的原始曲线均由周雄同学绘制，周珮诗、刘梦华、郭销淳和周雄等同学对本书的文字校订做了大量繁复的工作。没有他们的努力，要完成本书的编撰显然是困难的。本书在出版之前，曾作为讲义在华南理工大学 08、09 级信息工程专业 4 个班的“数字通信原理”课程中使用，在此过程中同学们提出了许多宝贵的意见，其中解可可同学对同学们反映的问题做了特别多的整理和记录工作。在本书作为讲义使用期间，得到了华南理工大学电子与信息学院才建东和徐向民两位老师的大力支持与帮助，在此我们深表感谢。感谢叶梧老师对本书编撰过程中的指导工作。我们要特别感谢电子工业出版社高教分社对本教材出版的支持。

本书提供有辅助教学的材料和习题的全部解答，使用本教材的老师可通过华信教育资源网（www.hxedu.com.cn）免费注册获取，或通过邮件 tan02@phei.com.cn 获取。限于本书编著者的水平，书中一定存在许多有待完善之处甚至错误，欢迎读者通过出版社或各种方式提出指正问题的宝贵意见。

本书的编撰得到了华南理工大学教学改革项目资金的资助。

冯穗力

于广州五山华工校园

2012 年 6 月

第 2 版说明

本书第 2 版保持了第 1 版的基本内容和风格，根据第 1 版在教学使用过程中发现的问题，进行了修改完善。所做的修订主要有：对部分内容的编排进行了调整，修改了第 1 版中部分表述欠妥的内容，同时纠正了第 1 版中符号或图表中出现的错误。另外，对习题部分也进行了调整和修订，使其能够更好地与教材的基本内容配合使用。数字通信原理是一门系统性的课程，内容涉及很广，尽管在第 2 版中对原书进行了全面的修订，仍可能存在不足甚至错误，恳请读者批评指正。

在第 1 版教材的使用过程中，许多老师和同学提出了宝贵的意见，这对本教材的修订和完善发挥了巨大的作用，在此作者深表谢意。作者感谢周智恒、李波、丁跃华、刘蕴、罗劲洪、张鑫、刘元和季飞等老师所提出的修改意见，感谢研究生黄桂冰和韩民钊同学在本书第 2 版校对中所做的认真细致的工作。

感谢广东省科技计划项目（编号 2016A010101009）对本教材第 2 版出版的支持。

冯穗力

于广州五山华工校园

2016 年 7 月

常用符号说明

符　号	说　明	出现节号
arg	函数的自变量值（ $\arg f(x)=x$ ）	4.6
B_c	相干带宽	7.4.3
B_D	多普勒扩展	7.4.3
B_L	环路噪声带宽	9.2.2
c	光在真空中的传播速度	7.3.1
C	信道容量，纠错编码字集/码字	4.3.4，8.4
C_N	归一化信道容量	4.4.5
C_r	接收端已知信道边信息时的信道容量	7.5.1
$C(X)$	码多项式	8.7.1
$C_S(X)$	系统码码多项式	8.7.2
$\{C\}$	码字集	8.4
d_{mk}	信号 $s_m(t)$ 与 $s_k(t)$ 间的欧氏距离	6.4.1
$d_{\min}$	信号集中信号间的最小欧氏距离	6.4.1
$d_{\min}$	最小汉明距离	8.6.1
$D[\,]$	求方差运算	2.6
$\bar{D}$	平均失真度	4.6.1
D	峰值畸变	5.7.2
D_A	眼图中的峰值畸变参数	5.5.3
$D(w_1,w_2)$	码字 w_i 与 w_j 间的汉明距离	8.6.1
E	码字错误图样	8.6.3
$E(X)$	码字错误图样对应的多项式	8.7.2
$E[\,]$	求均值运算	2.6
E_b	比特能量（平均传输1比特数据所需要的能量，单位为焦耳）	1.5
E_b/N_0	比特能量与噪声功率密度谱的比（单位为秒/赫兹）	1.5
E_g	波形函数 $g_T(t)$ 的能量	2.2
$f_i(t)*f_j(t)$	函数 $f_i(t)$ 与 $f_j(t)$ 的卷积	2.2
$f_T(t)$	信号 $f(t)$ 的截短函数	2.2
$\hat{f}(t)$	实函数 $f(t)$ 的希尔伯特变换	2.4
$f^{-1}(x)$	信号 $f(x)$ 的反函数	2.7
f_B	锁相环基准频率	9.2.2
f_D	多普勒频移	7.4.1
$f_{D\max}$	最大的多普勒频移	7.4.2
$f_T(t)$	信号 $f(t)$ 的截短函数	2.2
f_{VCO}	压控振荡器输出信号的工作频率	9.2.2
$F(\omega)$（$F(f)$）	信号 $f(t)$ 的傅里叶变换	2.9

（续表）

符　号	说　明	出现节号
$F_T(\omega)$	信号 $f_T(t)$ 的傅里叶变换	2.2
$g_T(t)$	持续时间为一个码元周期 T 的基带信号波形	5.4
G	代数中的群/交换群	8.5
$\boldsymbol{G}$	生成矩阵	8.6.3
GF(2)	二元有限域	8.5
$\mathrm{GF}(2^n)$ （$\mathrm{GF}(p^n)$）	2^n （p^n）元有限域	8.5
$g(X)$	生成多项式	8.7.1
$\boldsymbol{G}(X)$	生成多项式矩阵	8.7.3
G_p	预测增益	3.5.1
G_p	处理增益	10.2.3
$h_\mathrm{E}(t)$	时域均衡横向滤波器的冲激响应	7.6.3
$h_\mathrm{L}(\tau,t)$	时变信道的冲激响应	7.4.1
$\boldsymbol{H}$	监督矩阵	8.6.3
$H(Z)$	传递函数	3.4.1
$H(X)$	X 的熵函数（单位为比特/符号）	4.2.2
$\boldsymbol{H}(X)$	监督多项式矩阵	8.7.3
$H(X/Y)$	X 在已知 Y 条件下的条件熵函数（单位为比特/符号）	4.2.4
$H(XY)$	X 与 Y 的联合熵函数（单位为比特/符号）	4.2.4
$\boldsymbol{H}_\mathrm{E}$	扩展汉明码的监督矩阵	8.6.6
$H_\mathrm{IL}(\omega)$	具有最窄频带的无码间串扰基带传输系统	5.5.2
$H(\omega,t)$	时变随参信道特性	7.2.3
$H_\mathrm{D}(\omega)$	信道失真函数	5.7
$H_\mathrm{E}(\omega)$	信道均衡函数	7.6.3
$I(x_i)$	符号 x_i 包含的信息量（单位为比特）	4.2.1
$I(x_i;y_j)$	x_i 与 y_j 间的互信息量（单位为比特）	4.3.2
$I(X;Y)$	X 与 Y 间的平均互信息量（单位为比特）	4.3.2
I_n	信号星座图中星座点的横坐标值	1.4
$I_0(x)$	零阶修正的贝塞尔函数	2.10
J	雅可比行列式	2.10
J_T	眼图中的过零点畸变参数	5.5.3
lb( )	$\mathrm{lb}v = \log_2(\ )$	1.5
lg( )	$\lg(\ ) = \log_{10}(\ )$	1.5
ln( )	$\ln(\ ) = \log_\mathrm{e}(\ )$	4.2.1
L_P	路径损耗	7.3
$L_{\mathrm{P}\Sigma}$	总的传输损耗	7.7.2
M_N	眼图中的噪声容限参数	5.5.3
$\bar{n}$	平均码字长度	4.5.3
(n,k)	码字长度为 n 、信息位长度为 k 的线性分组码	8.6
(n,k)	码组长度为 n 、信息位长度为 k 、约束长度为 L 的卷积码	8.8.1
N_0	噪声功率谱密度（单位为瓦/赫兹）	1.5
$p(x)$	连续随机变量变量 X 的概率密度函数	4.4.1

（续表）

符　号	说　明	出现节号
$p(x_i)$	连续随机变量概率密度函数在 x_i 处的取值	4.4.1
$P(x_i)$	离散随机变量 X 取值为 x_i 的概率	4.2.1
$p_X(x)$	$X(t)$ 幅度取值的联合概率密度函数	2.10
$p_{XY}(x,y)$	$X(t)$ 与 $Y(t)$ 幅度取值的联合概率密度函数	2.10
$P(\omega)$（$P(f)$）	信号的功率密度谱（$P(f)$ 的单位为瓦/赫兹）	2.9
P_b	误比特率（误信率）	1.5
P_E	错误概率（误比特率、误码率）	4.5.2
P_S	误码率（误符号率）	1.5
P_r	接收信号功率	7.3
P_t	发送信号功率	7.3
P_{out}	中断概率	7.4.1
P_{suc}	报文成功发送概率	11.6
$p(\boldsymbol{r}\mid\phi_c)$	载波相位 ϕ_c 的似然函数	9.3.3
$p(\boldsymbol{r}\mid\tau)$	参数 τ 的似然函数	9.4.3
$p(z\mid s_i)$	信号 $s_i(t)$ 的似然函数	5.8.1
$P_{S,N}(f)$	信号 $s(t)$ 的截短函数 $s_N(t)$ 的功率密度谱	5.4.1
Q_n	信号星座图中星座点的纵坐标值	1.4
$Q(x)$	数学中的 Q 函数	5.8.2
R	编码速率	4.5.1
$R(D)$	失真函数	4.6.1
$R(\tau)$（$R_X(\tau)$）	信号 $f(t)$（$X(t)$）的自相关函数	2.6
$R_{ij}(\tau)$（$R_{XY}(\tau)$）	信号 $f_i(t)$ 和 $f_j(t)$ 的互相关函数（信号 $X(t)$ 和 $Y(t)$ 的互相关函数）	2.6
R_b	比特速率（单位为比特/秒、bits/s、b/s 或 bps）	1.5
R_S	符号速率（码元速率）（单位为波特、Baud、符号/秒）	1.5
$R_{h_L}(\tau_1,\tau_2;t,t+\Delta t)$	时变信道冲激响应的自相关函数	7.4.3
$R_{h_L}(\tau_1,\tau_2;\Delta t)$	广义平稳时变信道冲激响应的自相关函数	7.4.3
$R_{h_L}(\tau)$	功率时延谱	7.4.3
R_I	编码速率	8.4
$R(X)$	接收码字多项式	8.7.3
$s_{GMSK}(t)$	GMSK（高斯滤波最小频移键控）信号	6.5.2
$s_{MSK}(t)$	MSK（最小频移键控）信号	6.5.1
$s_N(t)$	信号 $s(t)$ 的截短函数	5.4.1
$s_{OFDM}(t)$	正交频分复用信号	6.6.2
$s_p(t)$	抽样脉冲序列	3.1.1
$s_\delta(t)$	由周期出现的冲激函数构成的抽样脉冲序列	3.2.1
$\mathrm{sgn}(t)$	数学中的符号函数	2.4
$\mathrm{sinc}(t)$	奈奎斯特脉冲信号	5.6.1
S	伴随式（校正子）	8.6.3
$S(X)$	伴随式对应的多项式	8.7.3
$s_B(t)$	锁相环基准信号	9.2.1
$S_c(\tau,\rho)$	散射函数	7.4.3

（续表）

符　号	说　明	出现节号
$S_C(\rho)$	多普勒功率谱	7.4.3
SNR	信噪比（信号平均功率与噪声平均功率的比值）	1.5
S_T	眼图中的定时误差容限参数	5.5.3
S_S	反映眼图张开度的斜率	5.5.3
$t \in [0, T_S]$	t 在闭区间 $[0, T_S]$ 上的取值	2.3
T	周期	2.2
T	参数集	2.5
T_F	帧周期	11.3
T_S	码元周期（符号周期）	6.5.1
$T_S(J, \varepsilon)$	典型序列集	4.5.2
$\bar{T}_S(J, \varepsilon)$	$T_S(J, \varepsilon)$ 的补集，非典型序列集	4.5.2
$u_{PD}(t)$	锁相环鉴相器的鉴相输出信号	9.2.2
$u_{VCO}(t)$	压控振荡器输出振荡信号	9.3.1
W	信道/信号带宽（单位为 Hz）	1.5
W_{IL}	奈奎斯特带宽（单位为 Hz）	5.5.2
$W(w_i)$	码字 w_i 的码重	8.6.4
$x_{k,opt}$	最佳分层电平	3.2.4
$x_s(t)$	对 $x(t)$ 抽样得到的抽样信号	3.2.2
$x_E(kT)$	接收信号 $x(kT)$ 经均衡后的输出样值	7.6.4
$y_{k,opt}$	最佳量化电平	3.3.4
$z(t)$	信号 $f(t)$ 的解析信号	2.4
λ	信号波长	7.2.1
η	带宽利用率（单位为比特/秒/赫兹，bit/s/Hz）	1.5
η_C	编码效率	4.5.1
η_S	符号带宽利用率（单位为 Baud/Hz）	1.5
ξ	锁相环的环路阻尼系数	9.2.2
ϕ_{ML}	载波相位的最大似然值	9.3.3
$\Lambda(\phi_c)$	载波相位的等效似然函数	9.3.3
$\Lambda_L(\phi, \tau)$	参数 ϕ_c 和 τ 的联合等效似然函数	9.4.4
μ_x	$x(t)$ 幅度取值的均值	5.4.1
μ_{T_m}	平均时延扩展	7.4.3
σ_x^2	信号 $x(t)$ 幅度取值的方差	3.4.3
σ_o^2	过载量化误差均方值	3.3.1
σ_q^2	量化误差均方值	3.3.1
σ_Q^2	总的量化噪声	3.3.1
σ_{T_m}	均方根时延扩展	7.4.3
γ_0	判决门限	5.8.1
ρ_{mk}	信号 $s_m(t)$ 与 $s_k(t)$ 的互相关系数	5.5.2
Δ_k	量化阶距	3.3.1
$\Psi_k(t), k = 1, 2, \cdots, K$	正交基函数	2.3

（续表）

符　号	说　明	出现节号
ΔM	Δ调制（增量调制）	3.6
$\Gamma_X(t_1,t_2)$	$X(t)$ 的自协方差函数	2.6
$\Gamma_{XY}(t_1,t_2)$	$X(t)$ 与 $Y(t)$ 的互协方差函数	2.6
$[\Gamma_X]$	$X(t)$ 的协方差矩阵	2.10
$\langle X(t)\rangle$	$X(t)$ 的时间平均值	2.8
$\langle s_i(t),s_j(t)\rangle$	信号 $s_i(t)$ 与 $s_j(t)$ 的内积	2.3
$[p(X/Y)]$（$[p(x_i/y_j)]$）	信道后验概率矩阵	4.3.1
$[p(Y/X)]$（$[p(y_j/x_i)]$）	信道转移概率矩阵	4.3.1
$\Im[x(t)]$	对信号 $x(t)$ 取傅里叶变换	2.4
$\Im^{-1}[\,]$	傅里叶逆变换	2.4
$\{S\}$（$\{S:S_i,i=1,2,\cdots,L\}$）	有限元素的符号集（包含 L 个元素的有限元素符号集）	8.4
$\{\Psi_k(t)\}$（$\{\Psi_k(t),k=1,2,\cdots,N\}$）	有限函数集（包含 N 个函数的有限函数集）	2.3
$\tau_{\mathrm{G}}(f)$	群时延	2.11
*	卷积运算符	2.2
□	定理证明的结束或例题的结束	1.6
$\Leftrightarrow$	该符号两侧的函数构成一个傅里叶变换对	2.2
$\Leftrightarrow$	该符号两侧的函数构成一个 Z 变换对	3.4.2
$\Leftrightarrow$	该符号两侧的函数构成一个拉普拉斯变换对	9.2.2
$\leftrightarrow$	表示等价关系	4.6
$\cup$	两个集合的并	4.5.2
$\cap$	两个集合的交	4.5.2

目 录

第1章　绪　论

本章简要介绍通信技术发展的历史和现状，分析通信系统特别是数字通信系统的基本组成和特点，介绍数字通信系统的有关术语、主要性能指标和度量参数，使读者对通信系统的概貌有一个基本了解。

1.1　近代与现代通信技术的发展历史和现状

通信　交流是人类的一项基本活动。交流的目的，主要是为了交换信息。所谓通信，就是传递信息。通信系统的任务，就是要克服某种障碍，实现信息高效、准确的传递。

广义的通信系统可以包括各种实时和非实时的、各种载体和方式的系统。由古到今，传统意义上的通信，如古代的烽火狼烟、近代的莫尔斯（S. Morse）电报、现代的宽带数字无线通信和计算机网络等，都是为了克服距离上的障碍，实现信息的传送。其他方式，如古代的甲骨文、结绳记事、竹简到普通的书籍等，可以认为是一种克服时间上的障碍，实现信息传递和传承的一种方式。而现代的各种记录系统，如磁带、磁盘（硬盘）、光盘等各种存储媒介，信息的记录和读出过程，都与传统意义上的通信系统的发送和接收过程非常相似，本质上也是一种通信系统。现在人们日常所称的通信或通信系统，一般都是指利用电信号和光信号来传递信息的电通信、光通信或电光混合的狭义通信系统。本书所介绍的范围和内容，属于狭义通信系统。

近代与现代通信技术的发展历史　近代与现代通信技术的历史，是一部伴随着整个社会的科学与工业技术的进步而同步发展的历史，其主要代表人物和重要里程碑事件包括[1][2][3]：

- 1837年**莫尔斯**（S. Morse）发明了**有线电报**，这是最早的电信号通信，是一种利用点和划的序列组合来对符号进行编码以传送信息的方式，这种标志着近代通信开端的早期通信系统是一种数字通信系统。
- 1864年，**麦克斯韦**（Maxwell）提出了电磁辐射方程组，即**麦克斯韦方程组**，预言了电磁波的存在；1887年**赫兹**（Hertz）的实验验证了电磁波的存在。麦克斯韦开创性的工作奠定了整个近代和现代无线通信的理论基础。
- 1876年**贝尔**（A. G. Bell）利用电磁感应原理发明了**电话机**，通过电信号实现了声音的传递；1892年**阿·勃·史瑞乔**（A. Strowger）发明**自动电话交换机**。
- 1896年**马可尼**（Marconi）发明了**无线电报**，并于1901年实现了无线电报的越洋传输，开创了近代无线通信的先河。
- 1918年出现了**调幅无线广播**（Amplitude Modulation，AM），标志着通信的应用开始广泛地进入人们家庭的日常生活。
- 1924年**奈奎斯特**（Nyquist）提出了**抽样定理**，奈奎斯特还确定了在给定带宽的信道上，可获得的无符号间干扰的最大码元传输速率，这些都是现代数字通信领域具有开创性的工作。
- 1933年**阿姆斯特朗**（E. H. Armstrong）发明了有更好抗干扰能力的**调频无线广播**（Frequency Modulation，FM）。
- 1937年**瑞维斯**（A. H. Reeves）发明了**脉冲编码调制**（Pulse Code Modulation，PCM），脉冲编码调制和奈奎斯特抽样定理是数字通信系统时分复用技术的基础。

- 1938 年开通了**电视广播**，电视可视为一种包含声音与图像的早期多媒体通信系统。
- 1942 年**维纳**（N. Wiener）提出了加性噪声环境下**最佳线性滤波**的方法，首先开始从均方误差最小这一意义上来研究噪声中的信号最佳提取问题。
- 1946 年第一台**数字电子计算机**诞生，计算机的发明是现代信息社会得以构建的最重要基础之一。
- 1948 年**香农**（C. E. Shannon）创立**信息论**，建立了信息传输的数学基础，香农的信道容量定理指出了在高斯加性噪声信道条件下通信系统可能获得的最大传输能力，是通信系统研究和设计的基本指导理论；同年，贝尔实验室的三名科学家**巴丁**（Bardeen）、**布拉顿**（Brattain）和**肖克利**（Shockley）等人发明了晶体管。
- 1958 年发射第一颗**通信卫星**，实现了洲际间的无线通信。
- 1960 年发明**激光**，激光可以作为单模光纤实现长距离数据传输的光源。
- 1961 年**集成电路**出现，集成电路是计算机获得推广应用的基础，也是现代通信，特别是各种便携移动通信设备得以普及应用的基本条件。
- 1964 年**高锟**提出以玻璃纤维代替导线，发明光纤。
- 1969 年**分组交换网**在美国投入运行，分组交换网的出现是现代电信时代的开始。
- 1973 年美国人 V. Cerf 和 B. Kahn 发表了有关分组交换通信协议的论文，以实现数据分组通过网络在端到端的计算机间传输。到 1977 年，该协议发展演变成当今全球通信和计算机互联互通的标准：**TCP/IP 协议**。**互联网**的出现和广泛应用从根本上改变了通信网络单纯通信的概念，它不仅是**通信网**，而且是一个包含众多服务器系统的**信息网**。互联网的应用是人类进入信息社会的标志之一。
- 20 世纪 90 年代**光纤通信**技术开始获得广泛应用，这是有线通信系统领域的一次重要革命，光纤通信从根本上改变了通信系统的容量。光纤通信使通信系统信道容量的增加较之计算机运算速度的增加快了近一个数量级[4]。单根光纤上的信息传输速率已从百兆比特每秒（100×10^6 bps）发展到现在的吉比特每秒（10^9 bps），不久的将来将进入太比特每秒（10^{12} bps）的时代。

无线移动通信一直是人们关注的重点，从 20 世纪 50 年代到 60 年代，以美国电话电报公司（AT&T）贝尔实验室为代表的一批公司，研究发明了**蜂窝式**的频率重用无线通信系统，使无线系统的频率资源可随蜂窝区域的减小而倍增，为小区制的移动通信的广泛应用奠定了基础。在 20 世纪 80 年代，第一代基于模拟通信技术的蜂窝移动通信系统开始获得大量应用；到 90 年代初，模拟移动通信系统逐步被更为先进的基于数字通信技术的第二代（2G）蜂窝移动通信系统所代替，数字通信技术的引入，使得频谱效率更高、通信质量更好，同时有更好的安全保密性能。随着人们对更高速率的数据业务和多媒体通信业务需求的增加，2G 系统的 9.6～14.4kbps 传输速率已经不能满足人们的需求，第三代移动通信系统（3G），以其支持移动条件下千比特每秒（10^3 bps）、静止条件下达若干兆比特每秒（10^6bps）的传输能力，使移动通信的性能得到了极大提高。移动通信技术以约每十年一代的速度飞快发展，目前第四代移动通信系统（4G）或称**长期演进**（Long Term Evolution，LTE）系统已经普及应用，移动通信的峰值传输速率达到了几十兆比特每秒，甚至可达几百兆比特每秒。现在人们已经着手制定第五代移动通信技术的标准，不久的将来，移动通信系统将进入万物互联和吉比特每秒的时代。

纵观通信技术的发展历史，近代物理学的成就奠定了通信技术的基础，而通信技术的发展则综合体现了工业技术各方面的进步。现代通信技术还在快速地发展，它作为信息网络的物理层技术，目前的主要热点是全光交换网、大容量光纤技术和宽带数字无线通信技术。

1.2 数字通信系统的基本组成

典型数字通信系统的基本组成如图 1.2.1 所示。它由发送端的信源、信源编码器、信道编码器、数字调制器、受噪声干扰的信道、接收端的数字解调器、信道译码器、信源解码器和信宿组成。

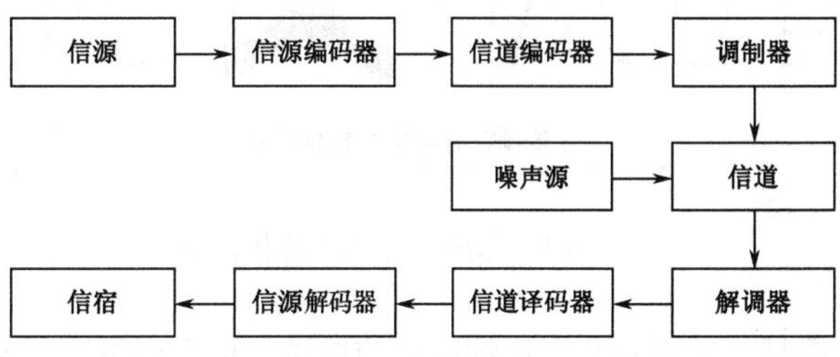

图 1.2.1 数字通信系统模型

信源：信源输出的是待传输的消息，消息的形式可以是模拟信号，如音频信号、视频信号或由其他传感器获得的信号；也可以是数字信号，如各种数据、文件或已转变成数字信号形式的图像、语音、视频或其他信号。

信源编码器：信源编码器完成模拟信号到数字信号的转化，将模拟信号转变成数字信号，根据不同的应用要求，信源编码器还可以完成包括对信源产生的信号做进一步的数据压缩等信号处理功能。通过压缩可以去除数据中的冗余成分，或将人耳或人眼不能分辨（或对某些应用来说不需要分辨）的语音或图像中的细节部分加以省略，达到提升传输效率的目的。

信道编码器：信道编码器可以是一个根据信道传输状况加入的选项，对于具有非理想特性、有较大噪声或存在其他干扰影响的信道，可以通过信道编码器，对待传输的数据进行某种编码处理，加入可实现检错或纠错的辅助信息，使接收端能够在一定范围内检测出或纠正传输过程中因各种原因导致的错误。

调制器：数字调制器的主要功能是将数字序列变换成某种信号形式，以适合在特定的信道中传输。对于基带传输系统，数字序列被映射成某种基带波形信号；对于通带传输系统，数字序列被映射成特定频段上的通带信号。在无线通信系统中，在对信号调制时一般还同时包含频谱搬移操作，使其适合在天线上发送和接收。对于光纤传输系统，数字序列则被调制成某种形式的光信号在光纤中传输。

信道：信道是传送信号的物理媒质。有线信道可以是铜缆、光纤等；无线信道可以是大气、水或太空的自由空间等。信号的强度一般会因传输距离增大时能量的扩散而衰减。在一个通信传输系统中，各个环节都可能引入噪声，在对通信系统进行理论分析时，为简化起见，通常将噪声的影响集中在信道中体现。

接收端的数字解调器、信道译码器、信源解码器完成与发送端的数字调制器、信道编码器和信源编码器相反的功能。

解调器：解调器将不同的信号波形恢复成相应的数字序列。在此过程中一般还会包含对噪声的抑制处理。

信道译码器：信道译码器利用编码时加入的与数据关联的附加信息，可以检查在传输过程中是否发生误码，并可在译码过程中纠正一定范围内的错误。

信源解码器：信源解码器负责恢复出编码前的原始信号，其过程通常包括解压缩和数字到模拟信号的转换等操作，重现原来的声音或图像信号。

图 1.2.1 所示是一个最基本的数字通信系统框图。对于一个实际的系统，还可能包括信息的加密/解密、数据序列的复接/分接、信号的扩频/解扩等功能，部分内容将在后续章节中陆续介绍，而有关信息加密/解密的原理和方法，可参阅专门的书籍。数字通信网或计算机网络系统一般包含了实现信息传输过程的多种不同功能的协议层，本书所涉及的内容是其中的**物理层技术**，其他层协议和有关技术将在数据传输或计算机网络等课程中介绍。

1.3 数字通信的特点

数字通信之所以能够成为当前通信系统的主流技术，主要是其具有如下特点。

（1）**抗噪声和抗干扰能力强** 数字信号最大的特点是它只有有限种状态，如有限种不同的**信号幅度**，有限种不同的**信号相位**，有限种不同的**信号频率**，或有限种上述信号参量的组合。噪声和干扰对信号的影响只要小于某一门限，就可以无失真地恢复受衰落和噪声污染前的信号。图 1.3.1 是一个二进制数字脉冲信号在传输过程中受到噪声干扰、衰落和信道不完善影响导致畸变后，在接收端无失真地恢复的例子。在传输过程中受到劣化的信号只要通过某种方式还能被分辨，就能无失真地还原。

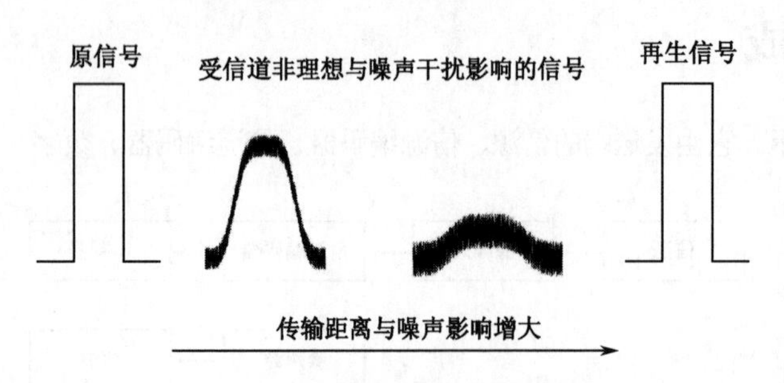

图 1.3.1 脉冲信号的失真和再生

又如对于已调制数字信号，虽然一般每个符号的波形是一个连续取值的信号，但有限种符号只对应于有限种不同的波形，反映到描述信号相位和幅度的平面（**相幅平面**）上，每个符号波形对应于相幅平面上的一个特定点，这些点被称为**星座点**。每个星座点表示一个具有特定相位和幅度的正弦波信号，该正弦波信号在 1 个符号周期内持续传输。在数字通信的接收系统中，只需判别收到的信号是有限多种信号波形中的哪一个即可。例如，一个四进制的调相信号可以表示为

$$s_i(t) = A\cos(\omega_c t + \phi_i) = I_i \cos\omega_c t - Q_i \sin\omega_c t,\ 0 \leqslant t \leqslant T_S \tag{1.3.1}$$

式中，ϕ_i，$i = 1,2,3,4$ 表示 4 个不同的相位。I_i, Q_i 是相应的 4 组不同的坐标值，ω_c 是载波信号的角频率。若 4 个选定的相位 ϕ_i 分别为 45°、135°、225°、315°，其时域的信号波形图和在相幅平面上表示的星座图分别如图 1.3.2 和图 1.3.3 所示。

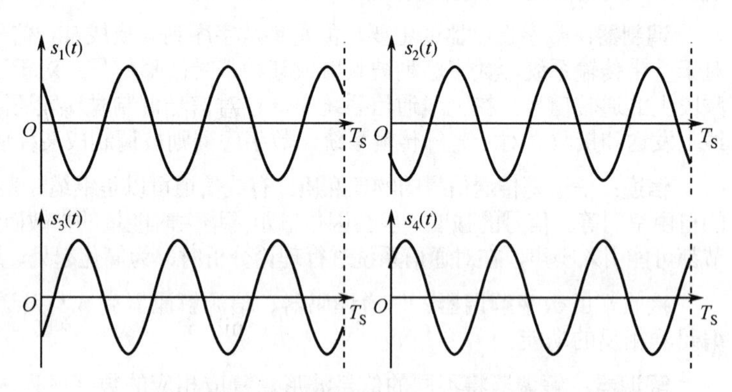

图 1.3.2 四进制的调相信号的时域波形图

图 1.3.3(a)表示的是理想的信号星座图，两位的二进制数据分组 00、01、10、11 分别对应图中相应的 4 个星座点；图 1.3.3(b)是受噪声干扰的接收信号的星座图，表示实际接收到的信号可能会偏离原来理想的信号星座点。显然，只要噪声和干扰的影响所产生的偏差小于理想星座点间最小距离的 1/2，以 4 个象限对信号进行划分，如第一象限上的所有点均对应“00”，第二象限上的所有点均对应“01”，以此类推，就能够正确地解调出原来发送的符号。图 1.3.4 所示为信号 $s_1(t)$ 经过信道后，在接收端收到的信号 $r(t)$，其中幅度和相位都受到了劣化的影响。但只要 $r(t)$ 仍然处在第一象限，通过判决就可无失真地恢复原来的信号。

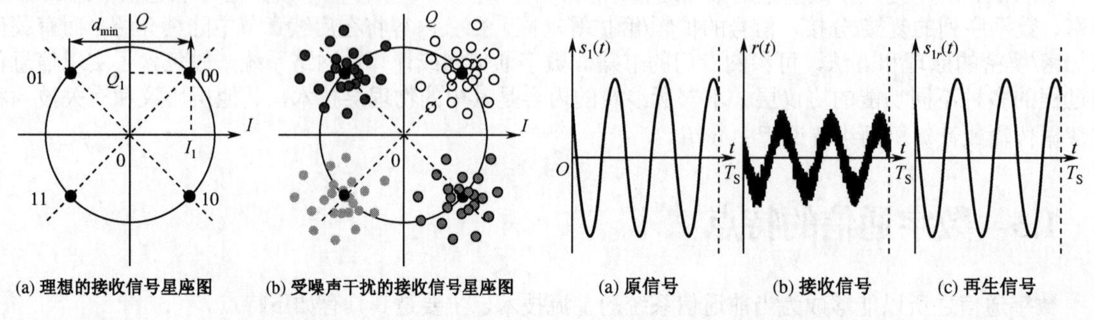

图 1.3.3 四进制相位调制的信号星座图

图 1.3.4 四进制相位调制的信号判决与再生

（2）**便于提高消息传输效率** 随着计算机技术的广泛应用，语音和图像等消息序列的压缩编码处理算法获得了极大的发展，对原始的视频图像数据序列进行上百倍的压缩后，仍然能保持良好的画面质量，从而极大地提高了传输效率，而这只有采用数字信号处理方法才能实现。另外，只有对数字信号才能进行时间上的“压缩”，将多个低速的数据流汇接成高速的数据流，实现**时分复用**。图 1.3.5 所示的是一个 4 路信号复接以实现时分复用的例子。

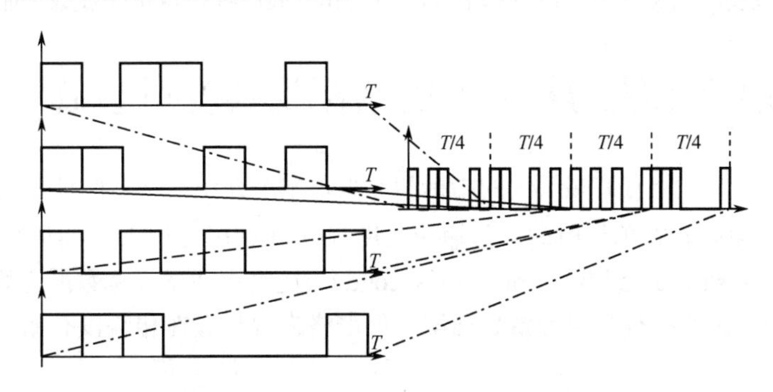

图 1.3.5 信号通过复接实现时分复用

（3）**便于进行差错控制** 伴随数字通信的应用发展起来的差错控制编码理论与技术，能够使传输的数字序列具备一定的检错和纠错能力。视不同的编码方法和效率，在一定范围内的传输错误可在接收端被检出，甚至可在检出错误后进一步对其进行纠正，从而提高传输的可靠性。下面是差错控制编解码过程的一个示例：

原信息码组：100→通过纠错编码生成的码字：110100→传输→因受干扰接收端收到出错的码字：110000→纠错译码恢复正确的码字：110100→译码后恢复原信息码组：100

（4）**便于对信息进行加密处理** 目前有效的信息加密方法都借助于计算机运算的、基于数学复杂性问题求解的算法，各种信息必须以数字方法表示时才能利用这些方法进行加密。下面是采用最简单的一种古典置换密码编码方法由明文生成密文的一个示例。表 1.3.1 是一个密钥和编解码规则表，待加密的明文按行写入，填完第一行后依次填第二行、第三行……直到将明文全部填入。然后根据密钥定义的字母顺序按列读出，形成密文。因为密钥中的“A”在英文字母表中排序最靠前，所以按字母顺序首先输出该列“tmcnn”，密钥中的字母“C”在字母表中排第二，所以输出的第二列为“DamaI”，以此类推，生成密文“tmcnnDamaIilutsgCniFioiou”。在接收端则做相反的处理，假定接收端已知每列的长度，在本例中，对输入的序列以每 5 个字母为一列划分，根据密钥字母出现的先后顺序对列进行排序，如最先输入的 5 个字母“tmcnn”构成第一列，则将其置于密钥中字母“A”所对应的列；输入的字母“DamaI”构成第二列，将其置于密钥中字母“C”所对应的列，对后面输入的字母做类似的处理；然后按行读出，就可以译码出相应的明文。从这个简单的示例可见，数字通信系统很容易实现信息的加密。

表 1.3.1 古典置换密码编译码表

密钥	C	H	I	N	A
	D	i	g	i	t
	a	l	C	o	m
	m	u	n	i	c
	a	t	i	o	n
	I	s	F	u	n

明文：DigitalCommunicationIsFun；密文：tmcnnDamaIilutsgCniFioiou

（5）**便于采用大规模集成电路实现** 数字集成电路具有集成度高、一致性好和易于实现等特点，这是数字通信系统得以广泛应用的关键之一。随着微电子、嵌入式系统、信号处理和软件无线电等技术的发展，各种通信设备，包括基站和终端设备，很大程度上就是一个基于大规模集成电路、可编程阵列和数字信号处理器等的由数字运算器件构成的系统。

数字通信也有**缺点**。相对于模拟通信系统，数字通信需要较为复杂的符号**同步技术**，一旦发生失步，数字通信系统即使接收了信号，也无法正确地恢复出原来的消息。另外，当噪声、干扰和信道不完善导致的失真超过信号恢复所需达到的门限时，数字通信系统的传输质量会迅速劣化，使接收端得不到任何有用的信息。随着数字信号处理技术的提高，数字通信系统的上述不足正在不断地得到改善。从目前的发展来看，在模拟通信系统最后的主要应用领域——语音和电视的地面和有线广播，也正在被数字通信系统所取代。

1.4 数字通信系统的基本性能指标及其度量参数

衡量数字通信系统的性能有许多不同的指标和参数，本节介绍最基本的性能指标及其度量参数。

比特率 R_b 比特率是指在单位时间内传输的二进制数据（“0”或“1”）的位数，单位是比特每秒，通常可记为比特/秒、bits/s、b/s 或 bps（bits per second）。比特率通常又称**数据速率**，是数字通信系统的主要性能指标之一。比特率有时也称**信息速率**，但严格来说只有在传输没有错误时，比特率和信息速率才是等价的。

码元速率 R_S 又称符号速率、波特率，指单位时间内传输的码元的个数，单位是**波特**（Baud）。对于一个 M 进制的传输系统，一般有 M 种不同的码元符号，传输时对应 M 种不同的信号波形：$s_0(t), s_1(t), s_2(t), \cdots, s_{M-1}(t)$。信号波形的区别，可以是不同的幅度、不同的相位、不同的频率或不同的脉冲宽度等。M 进制传输系统的每个码元可以携带 $\log_2 M$ 比特的信息，码元速率 R_S 与比特率 R_b 之间的关系如下：

$$R_b = R_S \log_2 M \tag{1.4.1}$$

通过后面的内容会了解到，某个数字通信系统所需的频带宽度主要由其符号速率 R_S 决定。从式（1.4.1）可见，一个通信系统可以获得的比特率，与符号速率 R_S 和进制数 M 有关，M 的取值主要受信道的特性、噪声和干扰大小的制约。

【例 1.4.1】 已知某一采用六十四进制的数据传输系统，码元速率是 1000 波特，求该系统的比特速率。

解： 由式（1.4.1），系统的比特速率为 $R_b = R_S \log_2 M = 1000 \times \log_2 64 = 6000\text{bps}$。□

带宽 W 信号带宽一般是指该信号所占据的频带宽度，单位为赫兹。由于实际信号都是时间有限的，理论上其所具有的频谱宽度延伸到无限大，但在分析实际问题时往往可根据信号的特点，将信号幅度或功率小于某一定值所对应的频率之外的信号成分忽略不计。对不同类型的信号或通信系统、不同的通信标准和协议，带宽可能有不同的定义。

带宽利用率 η 在本书中，带宽利用率 η_b 定义为

$$\eta_b = R_b / W \tag{1.4.2}$$

带宽利用率的单位为 $\text{b}/(\text{s}\cdot\text{Hz})$。在式（1.4.2）中，$R_b$ 为比特率，W 为带宽。η 的物理意义是**每秒每赫兹带宽可传输的比特位数**。在同样的传输条件下，频带利用率是衡量不同数字通信系统的重要性能指标。另外，人们也常用带宽利用率来描述**每秒每赫兹带宽可传输的符号的个数**。此时，带宽利用率定义为波特率与带宽的比值，即

$$\eta_B = R_S / W \tag{1.4.3}$$

η_B 也称**符号带宽利用率**，单位为 Baud/Hz。

信噪比 SNR 在通信系统中，信号和噪声通常都是随机信号，用某一时刻的信号幅度与噪声幅度的比值衡量两者间的关系意义不大。信噪比一般定义为信号的平均功率 S 与噪声的平均功率 N 之比，即

$$\text{SNR} = S / N \tag{1.4.4}$$

信噪比SNR是一个无量纲的标量。在通信系统中，经常用信噪比的分贝值（dB）来表示信噪比的大小，此时上式变为

$$(\mathrm{SNR})_{\mathrm{dB}} = 10\lg\left(S/N\right) \tag{1.4.5}$$

比特能量 E_b 与噪声功率谱密度 N_0 比（E_b/N_0）　比特能量 E_b 是指传输1比特信息所需要的能量，噪声功率谱密度 N_0 是指单位频带所含噪声功率的大小。在数字通信系统中，通常SNR越大，传输过程中出现错误的概率越小。在一定的噪声环境下，SNR越大意味着所需的信号功率越大。对于 M 进制的数字通信系统，M 取值不同，每个码元携带的信息量或比特数也不同。简单地根据SNR还不能准确地描述系统的性能，例如，两个具有相同SNR的通信系统，若它们具有相同的误比特率，如果一个是 $M=4$，那么每个符号可携带2比特数据；如果另一个是 $M=16$，那么每个符号可携带4比特数据。显然，后者的传输能力是前者的2倍。换句话说，后者传输1比特数据所需的能量是前者的1/2。为了更有效地比较不同数字通信系统的性能，引入**比特能量 E_b 与噪声功率谱密度** N_0 比这一指标，即 E_b/N_0。在同样的错误概率情况下，有较小 E_b/N_0 取值的系统传输每个比特所需的能量较小，因而具有较好的能量利用效率。注意，E_b 的单位为焦耳，噪声功率谱密度 N_0 表示单位频带上的平均噪声功率的大小，其单位为瓦/赫兹，或（焦耳/秒）/赫兹，因此比值 E_b/N_0 也是无量纲的标量。通过后面的内容将了解到，已知符号速率 R_S、比特率 R_b，可以确定 E_b/N_0 与SNR之间的关系。

误码率 P_S　误码率是衡量通信系统符号出错概率的一个性能指标，它定义为

$$P_S = \frac{\text{出错的码元数}}{\text{发送的总码元数}} \tag{1.4.6}$$

误比特率 P_b　误比特率是衡量通信系统比特出错概率的一个性能指标，它定义为

$$P_b = \frac{\text{出错的比特数}}{\text{发送的总比特数}} \tag{1.4.7}$$

误比特率是数字通信系统的重要指标之一。误比特率 P_b 与误码率 P_S 之间有一定的关系，视不同的系统而异，具体将在后面的章节中介绍。

1.5　本书的内容安排

数字通信原理是一门系统性的理论课程，本书一般不涉及通信系统具体的电路实现，通过对本课程的学习，试图让读者比较完整地掌握数字通信系统的**基本概念**、**原理**和**方法**。数字通信原理涉及的内容很多，在本书中主要包括：通信中常用的信号类型，随机信号与噪声，信道特性，数字基带信号传输，信息论基础，调制解调技术，锁相环与同步理论和技术，信源编码，差错控制编码，扩频通信技术，信道复用与多址技术等。上述的每个专题都有专门的论著对其进行深入的讨论和分析，本课程主要介绍其基础部分，并力图将上述各个方面有机地联系起来，使读者对数字通信系统有一个完整的认识，为进一步深入学习通信系统的专门知识打下基础。

作为一般主要面向大学本科阶段数字通信原理课程的入门教材和参考书，本书努力在保证理论的严谨性的同时，用尽可能浅显的语言、大量的图示和精选的例子，系统地介绍数字通信的基本内容。考虑到现代通信设备已基本采用大规模集成电路构建，或基于计算机或数字信号处理器实现，通信系统的设计很大程度上已变成算法的设计，因此本书基本上不再讨论通信系统的具体电路实现。

第2章介绍数字通信系统经常涉及的信号与噪声的基本概念和有关的分析计算方法。主要讨论信号的矢量表示、希尔伯特变换、平稳随机信号的主要统计特性、信号的功率谱密度计算和匹配滤波器等。

第3章讨论模拟信号的数字编码，主要研究在通信系统中实现模拟信号数字化的基本方法，引入脉冲编码调制的概念，介绍各种常用的数字编码实现方法。

第 4 章介绍信息论基础，包括信息的度量方法和熵的概念，分析信道传输信息的极限能力：信道容量。本章同时还将介绍信源和信道编码的基本原理与方法。

第 5 章介绍基带信号的传输与接收方法，包括基带信号的波形设计与编码、基带信号的功率谱、信号传输无失真的条件、部分响应系统和信号的最佳接收方法。

第 6 章介绍数字通信的调制解调技术，分析数字载波调制的基本原理与方法，研究载波调制的各种具体实现方法和有关的性能。

第 7 章讨论通信系统的传输信道，分析不同环境下的传输特性及其对信道容量的影响，研究信道估计与均衡的基本方法。

第 8 章讨论差错控制编码，介绍差错控制的基本概念和信道编码的数学基础，讨论信道编码中最主要的两种编码方法：分组码和卷积码，同时分析调制与编码的权衡问题。

第 9 章分析同步原理与技术，介绍锁相环的基本概念，分析载波同步和数字通信系统中特有的符号同步与帧同步的基本方法。

第 10 章讨论扩展频谱通信技术，介绍伪随机序列的概念，分析扩频通信的特点、实现方法和有关的应用。

第 11 章简要介绍信道复用与多址技术，包括频分、时分、码分、空分以及统计复用技术等，讨论有关多用户接入系统的基本概念。

书中标有“*”号的小节是超过大学本科阶段数字通信原理课程要求的内容，供读者选择学习。本书每章均列有习题，以帮助读者理解每章的基本内容和方法。完成这些练习，是学好数字通信原理课程的必经之路。为便于读者查阅，本书的开头给出了常用符号列表，附录中给出了英文缩写的索引表，在这些表格中的每一条目后，标注了该符号或缩写在书中首次出现时所在章节的位置。书中经常出现的符号“□”表示一个定理证明的结束或一个例题的结束。

习　题

1.1 数字通信系统有哪些主要的功能模块，这些功能模块各起什么作用？

1.2 对于已调数字信号，如果呈现为连续的信号波形，如何理解它传输的是一个数字信号？

1.3 已知一个数字传输系统的比特速率为 64kbps，如果采用一个十六进制的系统传输这些数据，其符号速率是多少？

1.4 试述数字通信的优点有哪些，为什么？

1.5 已知二进制信号在 3 分钟内共传送了 72000 个码元。（1）其码元速率和信息速率分别是多少？（2）如果码元脉冲宽度保持不变，但改为八进制数字信号，则其码元速率和信息速率又为多少？

1.6 已知某八进制数字传输系统的信息速率为 3600bps，接收端在 1 小时内共收到 216 个错误码元，求系统的误码率。

1.7 已经 A、B 两个八进制数字传输系统，它们的码元传输速率相同，假定接收端在相同的 T 分钟内，A 共接收到 m 个错误码元，B 共接收到 $m+3$ 个错误比特。两个系统中哪个系统的性能较好？为什么？

主要参考文献

[1] 张传生．数字通信原理．西安：西安交通大学出版社，1990

[2] 曹志刚，钱亚生．现代通信原理．北京：清华大学出版社，1991

[3] [美]John G. Proakis 著．张力军，张宗橙，郑宝玉译．数字通信（第三版）．北京：电子工业出版社，2001

[4] A. S. Tanenbaum. *Computer Networks, Third Edition*. 北京：清华大学出版社，1997

[5] [美]Bernard Sklar 著．徐平平等译．数字通信：基础与应用（第二版）．北京：电子工业出版社，2002

第2章　信号分析基础

2.1　引言

在通信系统中，涉及的信号包括确定信号与随机信号两大类。**确定信号**是指描述信号的时间函数 $x(t)$ 是完全确定的，给定时刻 t，即可确定信号在该时刻的各有关参数取值；而**随机信号**是指含有不可预测成分的信号。确定信号分析是研究随机信号的基础。在通信系统中，主要有两种类型的随机信号，一种是作为信道中固有干扰存在的噪声信号，这种信号的幅度和相位变化一般都不可预测，通常是一种纯随机信号；另一种是作为信息载体的信号，这种信号也是一种随机信号，但通常具有某些已知的特征。在数字通信系统中传输的信号，一般都是以码元周期为时间单位的、在一个有限信号集合中选取的信号，信号集合中的每个信号都是一个**确定信号**。发送信号的随机性体现在接收端并不知道发送端发送过来的是信号集合中的具体哪一个信号，而噪声的干扰则会增加信号检测时的不确定性。另外，传输信道的不完善也会使信号发生畸变，增加对信号判别的难度，甚至可能导致接收的错误。信号的构建、传输和检测，是本课程研究的基本问题之一。本章将简要回顾确定信号的分析方法，并在此基础上重点讨论数字通信系统中涉及的随机信号的基本特性和处理方法。

2.2　确定信号分析方法回顾

本节主要对在信号与系统等课程中学习过的有关确定信号的分析方法进行简要归纳。

周期信号与其傅里叶级数展开式　对任意的 t，若均有

$$f(t)=f(t+T) \tag{2.2.1}$$

式中，T 是满足上述关系式的最小常数，则称 $f(t)$ 是周期为 T 的**周期信号**。

一般地，若周期信号满足狄里赫利条件[9]，则可用傅里叶级数展开为

$$f(t)=a_0+\sum_{n=1}^{\infty}\left(a_n\cos n\omega_0 t+b_n\sin n\omega_0 t\right) \tag{2.2.2}$$

式中，$a_0=\dfrac{1}{T}\int_c^{c+T}f(t)\mathrm{d}t$，$a_n=\dfrac{2}{T}\int_c^{c+T}f(t)\cos n\omega_0 t\mathrm{d}t$，$b_n=\dfrac{2}{T}\int_c^{c+T}f(t)\sin n\omega_0 t\mathrm{d}t$，$c$ 是任意常数。傅里叶级数展开式也可以采用指数形式：

$$f(t)=\sum_{n=-\infty}^{\infty}F_n\mathrm{e}^{\mathrm{j}n\omega_0 t} \tag{2.2.3}$$

式中，$F_n=\dfrac{1}{T}\int_{-T/2}^{T/2}f(t)\mathrm{e}^{-\mathrm{j}n\omega_0 t}\mathrm{d}t$。

非周期信号与其傅里叶变换式　对于非周期信号 $f(t)$，若满足绝对可积的条件 $\int_{-\infty}^{\infty}|f(t)|\mathrm{d}t<\infty$，在任一有限区间只有有限个极大值和极小值，且只有有限个不连续点的条件，则存在如下傅里叶变换和傅里叶逆变换的关系式：

$$F(f)=\int_{-\infty}^{\infty}f(t)\mathrm{e}^{-\mathrm{j}2\pi ft}\mathrm{d}t \tag{2.2.4}$$

$$f(t)=\int_{-\infty}^{\infty}F(f)\mathrm{e}^{\mathrm{j}2\pi ft}\mathrm{d}f \tag{2.2.5}$$

傅里叶变换和傅里叶逆变换也可以采用角频率的表示形式：

$$F(\omega)=\int_{-\infty}^{\infty}f(t)\mathrm{e}^{-\mathrm{j}\omega t}\mathrm{d}t \tag{2.2.6}$$

$$f(t)=\frac{1}{2\pi}\int_{-\infty}^{\infty}F(\omega)\mathrm{e}^{\mathrm{j}\omega t}\mathrm{d}\omega \tag{2.2.7}$$

式中，$\omega=2\pi f$ 。

能量信号与其能量谱密度 对于实信号 $f(t)$，若其满足条件

$$\int_{-\infty}^{\infty}f^2(t)\,\mathrm{d}t<\infty \tag{2.2.8}$$

即信号的功率 $f^2(t)$ 在整个时间域上是可积的，则称这种信号为**能量信号**。能量信号的能量可以表示为

$$\begin{aligned}E&=\int_{-\infty}^{\infty}f^2(t)\mathrm{d}t=\int_{-\infty}^{\infty}f(t)\left(\frac{1}{2\pi}\int_{-\infty}^{\infty}F(\omega)\mathrm{e}^{\mathrm{j}\omega t}\mathrm{d}\omega\right)\mathrm{d}t\\&=\frac{1}{2\pi}\int_{-\infty}^{\infty}F(\omega)\left(\int_{-\infty}^{\infty}f(t)\,\mathrm{e}^{\mathrm{j}\omega t}\mathrm{d}t\right)\mathrm{d}\omega=\frac{1}{2\pi}\int_{-\infty}^{\infty}F(\omega)F^*(\omega)\mathrm{d}\omega\\&=\frac{1}{2\pi}\int_{-\infty}^{\infty}\left|F(\omega)\right|^2\mathrm{d}\omega\end{aligned} \tag{2.2.9}$$

上式表明信号的能量沿时域分布的累加和，与沿频域分布的累加和是相同的，这一关系式又称**帕塞瓦尔（Parseval）定理**。经过简单变换，式（2.2.9）又可表示为

$$E=\int_{-\infty}^{\infty}f^2(t)\mathrm{d}t=\frac{1}{2\pi}\int_{-\infty}^{\infty}\left|F(\omega)\right|^2\mathrm{d}\omega=\int_{-\infty}^{\infty}\left|F(2\pi f)\right|^2\mathrm{d}f \tag{2.2.10}$$

或简单记为

$$E=\int_{-\infty}^{\infty}f^2(t)\mathrm{d}t=\int_{-\infty}^{\infty}\left|F(f)\right|^2\mathrm{d}f \tag{2.2.11}$$

由此可以定义信号的**能量密度谱**为

$$E(\omega)=\left|F(\omega)\right|^2 \;\text{或}\; E(f)=\left|F(f)\right|^2 \tag{2.2.12}$$

能量密度谱的单位为焦耳/赫兹，对于实信号，能量密度谱为偶函数。能量密度谱描述了信号的能量沿频域分布的特性。

功率信号与其功率谱密度 许多信号不满足条件 $\int_{-\infty}^{\infty}f^2(t)\,\mathrm{d}t<\infty$，但若这些信号满足条件

$$\lim_{T\to\infty}\frac{1}{T}\int_{-T/2}^{T/2}f^2(t)\,\mathrm{d}t<\infty \tag{2.2.13}$$

则称这种信号为**功率信号**。定义功率信号 $f(t)$ 的**截短函数**为

$$f_{\mathrm{T}}(t)=\begin{cases}f(t), & -T/2\leqslant t\leqslant T/2\\0, & \text{其他}\end{cases} \tag{2.2.14}$$

对任意给定的 T，若有 $\int_{-\infty}^{\infty}f_{\mathrm{T}}^2(t)\,\mathrm{d}t<\infty$，则 $f_{\mathrm{T}}(t)$ 的傅里叶变换一定存在，即有

$$F_{\mathrm{T}}(\omega)=\int_{-\infty}^{\infty}f_{\mathrm{T}}(t)\mathrm{e}^{-\mathrm{j}\omega t}\mathrm{d}t=\int_{-T/2}^{T/2}f_{\mathrm{T}}(t)\mathrm{e}^{-\mathrm{j}\omega t}\mathrm{d}t \tag{2.2.15}$$

由此可以定义 $f_{\mathrm{T}}(t)$ 的能量密度谱 $E_{\mathrm{T}}(\omega)=\left|F_{\mathrm{T}}(\omega)\right|^{2}$ 或 $E_{\mathrm{T}}(f)=\left|F_{\mathrm{T}}(f)\right|^{2}$，若

$$\lim_{T\to\infty}\frac{E_{\mathrm{T}}(\omega)}{T}=\lim_{T\to\infty}\frac{\left|F_{\mathrm{T}}(\omega)\right|^{2}}{T}<\infty \quad \text{或} \quad \lim_{T\to\infty}\frac{E_{\mathrm{T}}(f)}{T}=\lim_{T\to\infty}\frac{\left|F_{\mathrm{T}}(f)\right|^{2}}{T}<\infty \tag{2.2.16}$$

即上述的极限存在，则将其定义为信号 $f(t)$ 的**功率密度谱**，

$$P(\omega)=\lim_{T\to\infty}\frac{\left|F_{\mathrm{T}}(\omega)\right|^{2}}{T} \quad \text{或} \quad P(f)=\lim_{T\to\infty}\frac{\left|F_{\mathrm{T}}(f)\right|^{2}}{T} \tag{2.2.17}$$

功率密度谱的单位为瓦/赫兹，对于实信号，功率密度谱为偶函数。功率密度谱描述了信号的功率沿频域分布的特性。已知信号 $f(t)$ 的功率密度谱 $P(\omega)$，则其功率为

$$P=\frac{1}{2\pi}\int_{-\infty}^{\infty}P(\omega)\mathrm{d}\omega=\int_{-\infty}^{\infty}P(f)\mathrm{d}f \tag{2.2.18}$$

相关函数　不同类型的信号，其相关函数的定义有所不同。

若 $f_1(t)$ 和 $f_2(t)$ 是实的**能量信号**，则其**互相关函数**定义为

$$R_{12}(\tau)=\int_{-\infty}^{\infty}f_1(t)f_2(t+\tau)\mathrm{d}t \tag{2.2.19}$$

式中，τ 是两信号的时间间隔。

若 $f_1(t)$ 和 $f_2(t)$ 是实的**功率信号**，则其**互相关函数**定义为

$$R_{12}(\tau)=\lim_{T\to\infty}\frac{1}{T}\int_{-T/2}^{T/2}f_1(t)f_2(t+\tau)\mathrm{d}t \tag{2.2.20}$$

式中，τ 是两信号的时间间隔。

周期信号是一种特殊的功率信号，若 $f_1(t)$ 和 $f_2(t)$ 同是周期为 T 的实的**功率信号**，则其互相关函数定义为

$$R_{12}(\tau)=\frac{1}{T}\int_{-T/2}^{T/2}f_1(t)f_2(t+\tau)\mathrm{d}t \tag{2.2.21}$$

在上述的相关函数定义中，若 $f(t)=f_1(t)=f_2(t)$，则称这些相关函数为**自相关函数**，并简记为 $R(\tau)$。

相关函数有如下主要性质：

性质 1：

$$R_{12}(\tau)=R_{21}(-\tau) \tag{2.2.22}$$

性质 2：

$$R(\tau)=R(-\tau) \tag{2.2.23}$$

性质 3：

$$\left|R(\tau)\right|\leqslant R(0) \tag{2.2.24}$$

性质 4：对于能量信号，信号能量密度谱与其自相关函数是一个傅里叶变换对：

$$E(\omega)=\int_{-\infty}^{\infty}R(\tau)\mathrm{e}^{-\mathrm{j}\omega\tau}\mathrm{d}\tau,\quad R(\tau)=\frac{1}{2\pi}\int_{-\infty}^{\infty}E(\omega)\mathrm{e}^{\mathrm{j}\omega\tau}\mathrm{d}\omega \tag{2.2.25}$$

由此可得

$$R(0)=\frac{1}{2\pi}\int_{-\infty}^{\infty}E(\omega)\mathrm{d}\omega=E \tag{2.2.26}$$

性质 5：对于功率信号，信号功率密度谱与其自相关函数是一个傅里叶变换对：

$$P(\omega)=\int_{-\infty}^{\infty}R(\tau)\mathrm{e}^{-\mathrm{j}\omega\tau}\mathrm{d}\tau\text{，}\quad R(\tau)=\frac{1}{2\pi}\int_{-\infty}^{\infty}P(\omega)\mathrm{e}^{\mathrm{j}\omega\tau}\mathrm{d}\omega \tag{2.2.27}$$

由此可得

$$R(0)=\frac{1}{2\pi}\int_{-\infty}^{\infty}P(\omega)\mathrm{d}\omega=P \tag{2.2.28}$$

在数字通信系统中，信息是通过符号来携带的，每个不同的符号对应于一个特定的物理信号，每个物理信号的持续时间是一个符号周期T_S。一个 M 进制通信系统传输的一个信号序列可如图 2.2.1 所示，其中 $f_k(t), 0\leqslant t\leqslant T_S$ 表示**符号集**$\{f_k(t),\ k=1,2,\cdots,M\}$ 中的第k个符号。

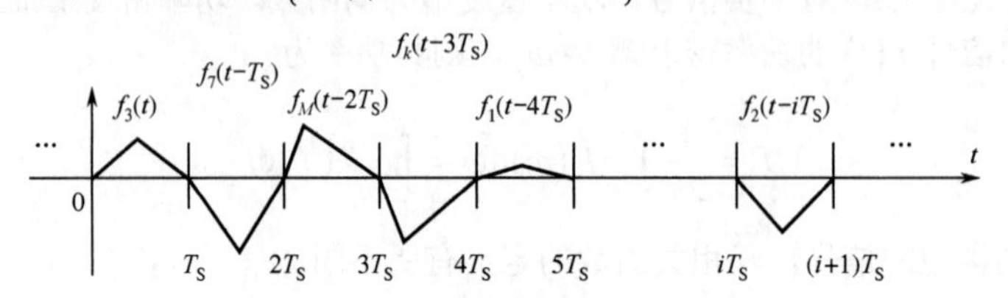

图 2.2.1 M进制通信系统信号序列

在接收端接收信号时，可以通过相关运算来对接收的符号进行判断，此时一般利用符号同步信号进行控制，在每个符号周期T_S内完成一次相关运算。通常在信号设计时，尽可能使得不同符号所对应信号间的互相关性很小，这样在接收端就很容易通过相关运算来判断发送端发送的是哪个符号。图 2.2.2 所示的是一个二进制通信系统中的两个不同符号对应的两个信号波形 $f_1(t)$ 和 $f_2(t)$。由图中所示的 $f_1(t)$ 和 $f_2(t)$，容易得到

$$\int_0^{T_S}f_i(t)f_j(t)\mathrm{d}t=\begin{cases}\dfrac{1}{2}A^2T_S, & i=j\\ 0, & i\neq j\end{cases}$$

这时称信号 $f_1(t)$ 和 $f_2(t)$ 是**正交**的。图 2.2.3 所示的是一个二进制通信系统中的两个不同符号对应的另外两个信号 $f_1(t)=A\cos 2\pi ft, 0\leqslant t\leqslant T_S$ 和 $f_2(t)=A\sin 2\pi ft, 0\leqslant t\leqslant T_S$，其中 $T_S=2T$， $f=1/T$ 。这两个信号可视为两个已调信号，此时同样有

$$\int_0^{T_S}f_i(t)f_j(t)\mathrm{d}t=\begin{cases}\dfrac{1}{2}A^2T_S, & i=j\\ 0, & i\neq j\end{cases}$$

可见这两个信号也是正交的。

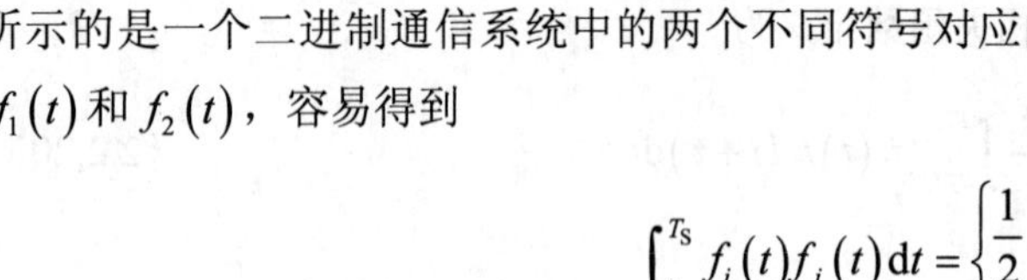

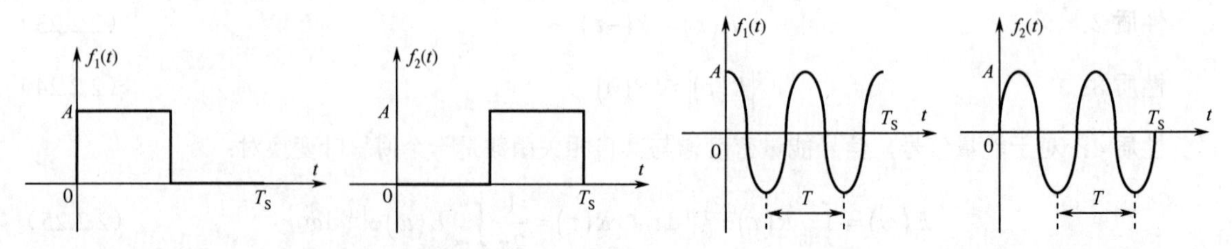

图 2.2.2 两个正交的脉冲信号

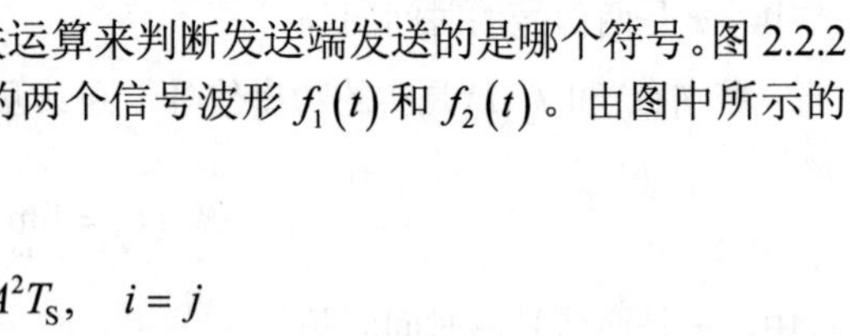

图 2.2.3 两个正交的已调信号

卷积与卷积定理 信号 $f_1(t)$ 与 $f_2(t)$ 的卷积运算定义为

$$f(t)=f_1(t)*f_2(t)=\int_{-\infty}^{\infty}f_1(\tau)f_2(t-\tau)\mathrm{d}\tau \tag{2.2.29}$$

卷积运算通常用于描述信号经过线性系统的输出。假定线性系统的冲激响应为$h(t)$，输入信号为

$s(t)$，输出信号为$s_o(t)$，则有

$$s_o(t)=h(t)*s(t)=\int_{-\infty}^{\infty}h(\tau)s(t-\tau)\mathrm{d}\tau \tag{2.2.30}$$

若线性系统是一个物理可实现系统，则有

$$s_o(t)=h(t)*s(t)=\int_{0}^{\infty}h(\tau)s(t-\tau)\mathrm{d}\tau \tag{2.2.31}$$

卷积运算有如下两个重要定理。

（1）**时域卷积定理**　若$f_1(t)\Leftrightarrow F_1(\omega)$，$f_2(t)\Leftrightarrow F_2(\omega)$，则有

$$f_1(t)*f_2(t)\Leftrightarrow F_1(\omega)\cdot F_2(\omega) \tag{2.2.32}$$

这里符号“$\Leftrightarrow$”表示一个傅里叶变换对。

（2）**频域卷积定理**　若$f_1(t)\Leftrightarrow F_1(\omega)$，$f_2(t)\Leftrightarrow F_2(\omega)$，则有

$$f_1(t)\cdot f_2(t)\Leftrightarrow F_1(\omega)*F_2(\omega) \tag{2.2.33}$$

上述这些性质均可根据定义直接证明。

2.3　信号的矢量表示

数字通信系统中信号随机性的特点　数字通信系统中信息的传输是以码元序列发送和接送的形式实现的。一个M进制的符号集所对应的物理信号可表示为

$$s_i(t),\ i=1,2,\cdots,M,\ t\in[0,T_S] \tag{2.3.1}$$

式中的每个信号$s_i(t)$都是一个持续时间为一个码元周期T_S的**确知信号**。通常取$M=2^k$，其中k是一个正整数，这样，每个码元或其对应的信号就可携带k比特的信息。通信信号的**随机特性**体现在如下几个方面：

（1）$s_i(t)$，$i=1,2,\cdots,M$，$t\in[0,T_S]$对应一个包含了M个样本的信号集，每个码元周期发送哪个信号是由具体的一个信源输出决定的，接收端在收到这个信号前，只知道收到的应是该有限样本符号集中的一个，但并不知道具体是哪一个。

（2）信号在通信系统中传输的每个环节，都可能受到噪声的干扰，噪声本身也是一个随机信号。这样，在接收端收到的通常是一个受到噪声污染的信号，接收端需要对收到的信号做出正确的判断。

（3）通信系统的信道，特别是在无线通信的场合，其特性是非理想的，还可能是时变的，信号经过这种非理想的信道，会受到不可预测的随机因素的影响，从而使接收信号的判别变得更为复杂。本课程要讨论的基本问题，就是如何实现这些码元或符号的高效率正确传输。

在通信系统中，发送的信号往往可由一组**基函数**的**线性组合**来表示，从而给信号的分析和处理带来极大的便利。例如，在后续章节将了解的**多进制正交幅度调制**（MQAM）中，其进制数M，即符号种类的个数，视不同的应用场合，可以从$M=4$的**四相调制**（QPSK）到$M=2048$的**高阶相幅调制**。尽管不同的符号个数可以达到2048个，但这些不同的符号都可用$\sin\omega_c t$和$\cos\omega_c t$这两个基函数的线性组合来表示。下面介绍有关基函数的基本概念。

内积　在信号集$s_i(t)$，$i=1,2,\cdots,M$，$t\in[0,T_S]$中，定义任两信号$s_i(t)$和$s_j(t)$的内积为

$$\langle s_i(t),s_j(t)\rangle=\int_0^T s_i(t)s_j(t)\mathrm{d}t \tag{2.3.2}$$

内积运算是信号检测的基本方法之一。

基函数 在一个 N 维的信号空间中，若 N 个函数构成的函数组 $\{\Psi_k(t), k=1,2,\cdots,N\}$ 满足：

（1）**线性独立性**：$\Psi_k(t), k=1,2,\cdots,N$ 相互线性独立。即对 $\{\Psi_k(t)\}$ 中任意的元素 $\Psi_i(t)$，$\Psi_i(t)$ 不等于函数组中的其他元素的线性组合。

（2）**完备性**：N 维信号空间中的信号 $s(t)$，若有 $\langle s(t), \Psi_k(t)\rangle = 0$，$k=1,2,\cdots,N$，则一定有 $s(t)=0$。

则称函数组 $\{\Psi_k(t)\}$ 为该 N 维信号空间的一组**基函数**。其中完备性的物理意义是，信号空间中所有的信号，都能够用这个函数组的线性组合来表示。

如果基函数组 $\{\Psi_k(t)\}$ 满足条件

$$\langle \Psi_i(t), \Psi_j(t)\rangle = \int_0^T \Psi_i(t)\Psi_j(t)\mathrm{d}t = \begin{cases} K_i, & i=j \\ 0, & i \neq j \end{cases} \tag{2.3.3}$$

则称该基函数组 $\{\Psi_k(t)\}$ 为一组**正交基**。给定线性空间中的任何一组基函数，通过 Gram-Schmidt 标准正交化法，可将非正交的基函数转换成正交的基函数[2]。特别地，如果基函数组满足条件

$$\langle \Psi_i(t), \Psi_j(t)\rangle = \int_0^T \Psi_i(t)\Psi_j(t)\mathrm{d}t = \begin{cases} 1, & i=j \\ 0, & i \neq j \end{cases} \tag{2.3.4}$$

则称该基函数组 $\{\Psi_k(t)\}$ 为一组**标准正交基**。

在 M 进制数字通信系统中，发送端在任一时刻发送的是具有 M 个不同确知信号组成的集合 $\{s_m(t)\}$ 中的某一个信号，$m=1,2,\cdots,M$，$t\in[0,T_{\mathrm{S}}]$。接收端则需要判别当前收到的信号是 M 个确知信号中的具体哪个信号。若所有的信号都是**平方可积**的，即

$$\int_0^{T_{\mathrm{S}}} s_m^2(t)\,\mathrm{d}t < +\infty,\ m=1,2,\cdots,M \tag{2.3.5}$$

则一般地，它们可用 N（$N \leqslant M$）个正交的基函数 $\{\Psi_k(t)\}$ 来描述[7]，即有

$$s_m(t) = a_{m1}\Psi_1(t) + a_{m2}\Psi_2(t) + \cdots + a_{mN}\Psi_N(t) = \sum_{i=1}^N a_{mi}\Psi_i(t) \tag{2.3.6}$$

式中，

$$a_{mi} = \frac{1}{K_i}\int_0^{T_{\mathrm{S}}} s_m(t)\Psi_i(t)\mathrm{d}t,\ i=1,2,\cdots,N \tag{2.3.7}$$

特别地，当 $\{\Psi_k(t)\}$ 为一组标准正交基时，式（2.3.7）简化为

$$a_{mi} = \int_0^{T_{\mathrm{S}}} s_m(t)\Psi_i(t)\mathrm{d}t,\ i=1,2,\cdots,N \tag{2.3.8}$$

若这 M 个信号是线性独立的，则有 $N=M$。显然，确定基函数 $\{\Psi_k(t)\}$ 后，信号 $s_m(t)$，$m=1,2,\cdots,M$ 可由其**系数矢量**

$$\boldsymbol{S}_m = [a_{m1}, a_{m2}, \cdots, a_{mN}]^{\mathrm{T}},\ m=1,2,\cdots,M \tag{2.3.9}$$

唯一确定。此时信号的能量

$$E_m = \int_0^{T_{\mathrm{S}}} s_m^2(t)\mathrm{d}t = \int_0^{T_{\mathrm{S}}} \left[\sum_{i=1}^N a_{mi}\Psi_i(t)\right]^2 \mathrm{d}t = \sum_{i=1}^N a_{mi}^2,\ m=1,2,\cdots,M \tag{2.3.10}$$

【例 2.3.1】 二维函数空间中的两个函数 $f_1(t)$ 和 $f_2(t)$ 如图 2.3.1(a)与(b)所示。（1）证明这两个函数是一组正交的基函数；（2）试用 $f_1(t)$ 和 $f_2(t)$ 表示图 2.3.1(c)所示的函数 $s_1(t)$。

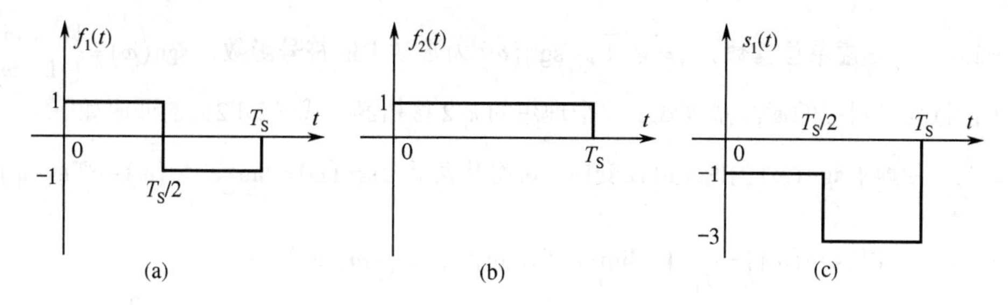

图 2.3.1　例 2.3.1 信号示意图

解：（1）因为 $f_1(t)$ 和 $f_2(t)$ 均为非恒等于 0 的函数，且 $f_1(t)$ 不能用 $f_2(t)$ 表示，$f_2(t)$ 也不能用 $f_1(t)$ 表示，所以满足线性独立性。在二维空间中，两个非零的线性独立的矢量即构成一组基函数，另外 $f_1(t)$ 和 $f_2(t)$ 满足

$$\left\langle f_1(t), f_2(t)\right\rangle = \int_0^T f_1(t) f_2(t)\mathrm{d}t = \int_0^{T/2} 1\,\mathrm{d}t + \int_{T/2}^{T}(-1)\mathrm{d}t = 0$$

因此，$f_1(t)$ 和 $f_2(t)$ 构成一组二维信号空间中的正交基函数。

（2）因为

$$K_1 = \left\langle f_1(t), f_1(t)\right\rangle = \int_0^T f_1^2(t)\,\mathrm{d}t = \int_0^{T/2}\mathrm{d}t + \int_0^{T/2}(-1)^2\mathrm{d}t = T$$

$$K_2 = \left\langle f_2(t), f_2(t)\right\rangle = \int_0^T f_2^2(t)\mathrm{d}t = \int_0^T \mathrm{d}t = T$$

根据式（2.3.7），

$$a_1 = \frac{1}{K_i}\int_0^T s(t) f_1(t)\mathrm{d}t = \frac{1}{T}\left[\int_0^{T/2}(-1)\,\mathrm{d}t + \int_{T/2}^{T}(-1)(-3)\,\mathrm{d}t\right] = \frac{1}{T}\left(-\frac{T}{2}+3\frac{T}{2}\right) = 1$$

$$a_2 = \frac{1}{K_2}\int_0^T s(t) f_2(t)\mathrm{d}t = \frac{1}{T}\left[\int_0^{T/2}(-1)\,\mathrm{d}t + \int_{T/2}^{T}(-3)\,\mathrm{d}t\right] = \frac{1}{T}\left(-\frac{T}{2}-3\frac{T}{2}\right) = -2$$

所以有

$$s(t) = a_1 f_1(t) + a_2 f_2(t) = f_1(t) - 2f_2(t)$$

读者容易直接根据信号图形验证上述结果的正确性。□

2.4　希尔伯特变换及应用

希尔伯特变换是获得某一函数相应的**正交函数**的一种变换。在对通信信号的处理过程中，利用希尔伯特变换，可将一**频带信号**变换为较为简单的**低通信号**来分析。

希尔伯特变换　希尔伯特变换是构建某一函数相应的正交函数的变换，定义**实函数 $f(t)$ 的希尔伯特变换**为

$$\hat{f}(t) \overset{\Delta}{=} H\left[f(t)\right] = f(t) * \frac{1}{\pi t} = \frac{1}{\pi}\int_{-\infty}^{\infty}\frac{f(\tau)}{t-\tau}\,\mathrm{d}\tau \tag{2.4.1}$$

希尔伯特变换等效为信号通过一个冲激响应为 $1/\pi t$ 的滤波器后的输出信号。该滤波器的傅里叶变换为

$$\frac{1}{\pi t} \Leftrightarrow -\mathrm{j}\,\mathrm{sgn}(\omega) = \begin{cases} -\mathrm{j}, & \omega \geqslant 0 \\ \mathrm{j}, & \omega < 0 \end{cases} \tag{2.4.2}$$

式中，$\omega = 2\pi f$，j 是**虚单位常数**，$\mathrm{j}=\sqrt{-1}$。$\mathrm{sgn}(\omega)$ 为数学中的**符号函数**，$\mathrm{sgn}(\omega)=\begin{cases}1, & \omega \geqslant 0 \\ -1, & \omega < 0\end{cases}$，由此可见希尔伯特变换对应的滤波器等效于一个理想的 $\pi/2$ 移相器。式（2.4.2）的证明如下。

证明： 为方便地求 $\mathrm{sgn}(\omega)$ 的傅里叶反变换，可将其表示为 $\mathrm{sgn}(\omega)=\lim\limits_{\alpha\to 0}\left[\mathrm{e}^{-\alpha\omega}u(\omega)-\mathrm{e}^{\alpha\omega}u(-\omega)\right]$。由此

$$\begin{aligned}\mathfrak{I}^{-1}\left[\mathrm{sgn}(\omega)\right] &= \frac{1}{2\pi}\int_{-\infty}^{\infty}\lim_{\alpha\to 0}\left[\mathrm{e}^{-\alpha\omega}u(\omega)-\mathrm{e}^{\alpha\omega}u(-\omega)\right]\mathrm{e}^{\mathrm{j}\omega t}\mathrm{d}\omega \\ &= \lim_{\alpha\to 0}\frac{1}{2\pi}\left[\int_{-\infty}^{\infty}\mathrm{e}^{-\alpha\omega}u(\omega)\mathrm{e}^{\mathrm{j}\omega t}\mathrm{d}\omega-\int_{-\infty}^{\infty}\mathrm{e}^{\alpha\omega}u(-\omega)\mathrm{e}^{\mathrm{j}\omega t}\mathrm{d}\omega\right] \\ &= \frac{1}{2\pi}\lim_{\alpha\to 0}\left(\frac{-1}{-\alpha+\mathrm{j}t}-\frac{1}{\alpha+\mathrm{j}t}\right)=\frac{1}{2\pi}\lim_{\alpha\to 0}\frac{2jt}{\alpha^2+t^2}=\frac{\mathrm{j}}{\pi t}\end{aligned} \tag{2.4.3}$$

式中，符号 $\mathfrak{I}^{-1}\left[F(\omega)\right]$ 表示对函数 $F(\omega)$ 取傅里叶逆变换。因此可得

$$\frac{\mathrm{j}}{\pi t}\Leftrightarrow \mathrm{sgn}(\omega)\to\frac{1}{\pi t}\Leftrightarrow -\mathrm{j}\,\mathrm{sgn}(\omega) \tag{2.4.4}$$

证毕。□

希尔伯特反变换　定义**实函数** $g(t)$ 的**希尔伯特反变换**为

$$H^{-1}\left[g(t)\right]\overset{\Delta}{=}g(t)*\left(-\frac{1}{\pi t}\right)=-\frac{1}{\pi}\int_{-\infty}^{\infty}\frac{g(\tau)}{t-\tau}\mathrm{d}\tau \tag{2.4.5}$$

同理可以证明，对信号取希尔伯特反变换等效于使其通过傅里叶变换，变换为如下滤波器：

$$-\frac{1}{\pi \mathrm{t}}\Leftrightarrow \mathrm{j}\,\mathrm{sgn}(\omega)=\begin{cases}\mathrm{j}, & \omega\geqslant 0 \\ -\mathrm{j}, & \omega<0\end{cases} \tag{2.4.6}$$

显然，希尔伯特反变换也是一种实现 $\pi/2$ 移相的正交变换。

希尔伯特变换的性质　希尔伯特变换有如下主要性质。

性质 1：对函数 $f(t)$ 进行希尔伯特变换后，再进行希尔伯特反变换，则恢复原来的函数，

$$H^{-1}\left[\hat{f}(t)\right]=H^{-1}\left[H\left[f(t)\right]\right]=f(t) \tag{2.4.7}$$

证明：

$$\begin{aligned}H^{-1}\left[\hat{f}(t)\right]=H^{-1}\left[H\left[f(t)\right]\right] &\Leftrightarrow f(t)*\frac{1}{\pi t}*\left(-\frac{1}{\pi t}\right) \\ &\Leftrightarrow F(\omega)\cdot\left[-\mathrm{j}\,\mathrm{sgn}(\omega)\right]\cdot\left[\mathrm{j}\,\mathrm{sgn}(\omega)\right]=F(\omega)\cdot 1\Leftrightarrow f(t)\end{aligned} \tag{2.4.8}$$

式中，$F(\omega)$ 是 $f(t)$ 的傅里叶变换。**证毕。**□

性质 2：对函数 $f(t)$ 进行两次希尔伯特变换等效于取函数 $f(t)$ 的负值函数 $-f(t)$，

$$H\left[\hat{f}(t)\right]=\hat{\hat{f}}(t)=-f(t) \tag{2.4.9}$$

证明：

$$\begin{aligned}H\left[\hat{f}(t)\right]=H\left\{H\left[f(t)\right]\right\} &\Leftrightarrow f(t)*\frac{1}{\pi t}*\frac{1}{\pi t} \\ &\Leftrightarrow F(\omega)\cdot\left[-\mathrm{j}\,\mathrm{sgn}(\omega)\right]\cdot\left[-\mathrm{j}\,\mathrm{sgn}(\omega)\right]=F(\omega)\cdot(-1)\Leftrightarrow -f(t)\end{aligned} \tag{2.4.10}$$

证毕。□

上式的物理意义很明显，对信号进行两次 π/2 移相等效于对其进行 180°的倒相处理。

性质 3：函数 $f(t)$ 与其希尔伯特变换 $\hat{f}(t)$ 有相同的能量，

$$\int_{-\infty}^{\infty} f^2(t)\mathrm{d}t = \int_{-\infty}^{\infty} \hat{f}^2(t)\mathrm{d}t \tag{2.4.11}$$

证明：

$$\begin{aligned}\int_{-\infty}^{\infty} \hat{f}^2(t)\mathrm{d}t &= \frac{1}{2\pi}\int_{-\infty}^{\infty}\left|\hat{F}(\omega)\right|^2\mathrm{d}\omega = \frac{1}{2\pi}\int_{-\infty}^{\infty}\left|-\mathrm{j}\operatorname{sgn}(\omega)F(\omega)\right|^2\mathrm{d}\omega \\ &= \frac{1}{2\pi}\int_{-\infty}^{\infty}\left|F(\omega)\right|^2\mathrm{d}\omega = \int_{-\infty}^{\infty} f^2(t)\mathrm{d}t\end{aligned} \tag{2.4.12}$$

其中第一个等号成立的根据是傅里叶变换中的**帕塞瓦尔定理。证毕。**□

性质 4：若 $f(t)$ 为偶函数，则 $\hat{f}(t)$ 为奇函数；反之若 $f(t)$ 为奇函数，则 $\hat{f}(t)$ 为偶函数。

证明：首先证明第一点结论。假定 $f(t)$ 为偶函数，则有

$$\begin{aligned}\hat{f}(-t) &= \frac{1}{\pi}\int_{-\infty}^{\infty}\frac{f(\tau)}{-t-\tau}\,\mathrm{d}\tau = \frac{1}{\pi}\int_{-\infty}^{\infty}\frac{f(-\tau)}{t-(-\tau)}\,\mathrm{d}(-\tau) \\ &= \frac{1}{\pi}\int_{\infty}^{-\infty}\frac{f(\tau')}{t-\tau'}\,\mathrm{d}\tau' = -\frac{1}{\pi}\int_{-\infty}^{\infty}\frac{f(\tau')}{t-\tau'}\,\mathrm{d}\tau' = -\hat{f}(t)\end{aligned} \tag{2.4.13}$$

即 $\hat{f}(t)$ 为奇函数。同理可以证明第二点结论。**证毕**。□

性质 5：函数 $f(t)$ 与其希尔伯特变换 $\hat{f}(t)$ 相互正交，

$$\int_{-\infty}^{\infty} f(t)\hat{f}(t)\,\mathrm{d}t = 0 \tag{2.4.14}$$

证明：

$$\begin{aligned}\int_{-\infty}^{\infty} f(t)\hat{f}(t)\,\mathrm{d}t &= \lim_{\omega\to 0}\int_{-\infty}^{\infty} f(t)\hat{f}(t)\mathrm{e}^{-\mathrm{j}\omega t}\mathrm{d}t \\ &= \lim_{\omega\to 0}\frac{1}{2\pi}\left[F(\omega)*\left(-\mathrm{j}\operatorname{sgn}(\omega)F(\omega)\right)\right] \\ &= \lim_{\omega\to 0}\frac{1}{2\pi}\int_{-\infty}^{\infty}\left(-\mathrm{j}\operatorname{sgn}(\omega')F(\omega')\right)F(\omega-\omega')\mathrm{d}\omega' \\ &= -\mathrm{j}\frac{1}{2\pi}\int_{-\infty}^{\infty}\operatorname{sgn}(\omega')F(\omega')F(-\omega')\mathrm{d}\omega' = 0\end{aligned} \tag{2.4.15}$$

上式中最后一个等式成立是因为积分式中的函数 $\operatorname{sgn}(\omega')F(\omega')F(-\omega')$ 是一个奇函数。**证毕**。□

【例 2.4.1】 求函数 $f(t) = \cos\omega_0 t$ 的希尔伯特变换。

解：因为 $f(t) = \cos\omega_0 t \Leftrightarrow F(\omega) = \pi\left[\delta(\omega+\omega_0)+\delta(\omega-\omega_0)\right]$，所以有

$$\begin{aligned}\cos\omega_0 t * \frac{1}{\pi t} &\Leftrightarrow \pi\left[\delta(\omega+\omega_0)+\delta(\omega-\omega_0)\right]\cdot\left[-\mathrm{j}\operatorname{sgn}(\omega)\right] \\ &= \mathrm{j}\pi\left[\delta(\omega+\omega_0)-\delta(\omega-\omega_0)\right] \Leftrightarrow \sin\omega_0 t\end{aligned}$$

因此有 $H\left[f(t)\right] = \hat{f}(t) = \sin\omega_0 t$。□

解析信号　信号 $f(t)$ 的**解析信号**定义为

$$z(t) = f(t) + \mathrm{j}\hat{f}(t) \tag{2.4.16}$$

式中，$\hat{f}(t)$ 是 $f(t)$ 的希尔伯特变换，j是**虚单位常数**，$\mathrm{j}=\sqrt{-1}$。

解析信号的主要性质 信号 $f(t)$ 的解析信号 $z(t)$ 有如下主要性质。

性质1：

$$f(t)=\mathrm{Re}\left[z(t)\right] \tag{2.4.17}$$

式中，符号 $\mathrm{Re}[\cdot]$ 表示取其中的实部。由解析函数的 $z(t)$ 的定义，结论显然成立。

性质2：

$$f(t)=\frac{1}{2}\left[z(t)+z^*(t)\right] \tag{2.4.18}$$

直接由式（2.4.16），可得

$$f(t)=\frac{1}{2}\left[z(t)+z^*(t)\right]=\frac{1}{2}\left[\left(f(t)+\mathrm{j}\hat{f}(t)\right)+\left(f(t)-\mathrm{j}\hat{f}(t)\right)\right]=\frac{1}{2}2f(t)=f(t) \tag{2.4.19}$$

因此结论成立。

性质3：若 $f(t)\Leftrightarrow F(\omega)$，则有

$$Z(\omega)=2F(\omega)u(\omega) \tag{2.4.20}$$

式中，$u(\omega)$ 是单位阶跃函数。

证明：

$$\begin{aligned}Z(\omega)&=\Im\left[f(t)+\mathrm{j}\hat{f}(t)\right]=F(\omega)+\mathrm{j}(-\mathrm{j})\mathrm{sgn}(\omega)F(\omega)\\&=F(\omega)+\mathrm{sgn}(\omega)F(\omega)=2F(\omega)u(\omega)\end{aligned} \tag{2.4.21}$$

式中，符号 $\Im[\cdot]$ 表示取函数的傅里叶变换。**证毕。**□

性质4：

$$z(t)=\frac{1}{\pi}\int_0^{\infty}F(\omega)\mathrm{e}^{\mathrm{j}\omega t}\mathrm{d}\omega \tag{2.4.22}$$

证明：

$$z(t)=\frac{1}{2\pi}\int_{-\infty}^{\infty}Z(\omega)\,\mathrm{e}^{\mathrm{j}\omega t}\mathrm{d}\omega=\frac{1}{2\pi}\int_{-\infty}^{\infty}2F(\omega)u(\omega)\,\mathrm{e}^{\mathrm{j}\omega t}\mathrm{d}\omega=\frac{1}{\pi}\int_0^{\infty}F(\omega)\mathrm{e}^{\mathrm{j}\omega t}\mathrm{d}\omega \tag{2.4.23}$$

证毕。□

性质5：若 $f(t)\Leftrightarrow F(\omega)$，则有

$$z^*(t)\Leftrightarrow 2F(\omega)u(-\omega) \tag{2.4.24}$$

证明：因为 $z^*(t)=f(t)-\mathrm{j}\hat{f}(t)$，

$$z^*(t)\Leftrightarrow\Im\left[f(t)-\mathrm{j}\hat{f}(t)\right]=F(\omega)-\mathrm{j}(-\mathrm{j})\mathrm{sgn}(\omega)F(\omega)=2F(\omega)u(-\omega) \tag{2.4.25}$$

证毕。□

性质6：若 $z_1(t)$ 和 $z_2(t)$ 分别为信号 $f_1(t)$ 和 $f_2(t)$ 的解析信号，则有

$$z_1(t)*z_2^*(t)=0 \tag{2.4.26}$$

证明：因为

$$z_1(t)*z_2^*(t)\Leftrightarrow\Im\left[z_1(t)\right]\Im\left[z_2^*(t)\right]=\left[2F_1(\omega)u(\omega)\right]\left[2F_2(\omega)u(-\omega)\right]=0 \tag{2.4.27}$$

其中等号的成立是因为 $u(\omega)u(-\omega)=0$。**证毕**。□

同理可得

$$z_1^*(t) * z_2(t) = 0 \tag{2.4.28}$$

性质7： 解析信号 $z(t)$ 的能量等于其原信号 $f(t)$ 能量 E_f 的2倍。

证明： 因为有

$$\begin{aligned} E_z &= \int_{-\infty}^{\infty} |z(t)|^2 \mathrm{d}t = \int_{-\infty}^{\infty} z(t) z^*(t) \mathrm{d}t = \int_{-\infty}^{\infty} \left[f(t) + \mathrm{j}\hat{f}(t) \right] \left[f(t) - \mathrm{j}\hat{f}(t) \right] \mathrm{d}t \\ &= \int_{-\infty}^{\infty} \left[f^2(t) + \hat{f}^2(t) \right] \mathrm{d}t = 2\int_{-\infty}^{\infty} f^2(t) \mathrm{d}t = 2E_f \end{aligned} \tag{2.4.29}$$

证毕。 □

所谓**带通信号，** 一般是指频带围绕某一中心频率出现的、带宽一定的信号。利用解析信号，很容易将一带通信号转换为一低通信号，以便于进行信号的分析和处理。假定 $f(t)$ 是一带通信号，其频谱特性 $F(\omega)$ 如图2.4.1所示。则由式（2.4.21），解析信号 $z(t)$ 的频谱特性如将图2.4.2所示。

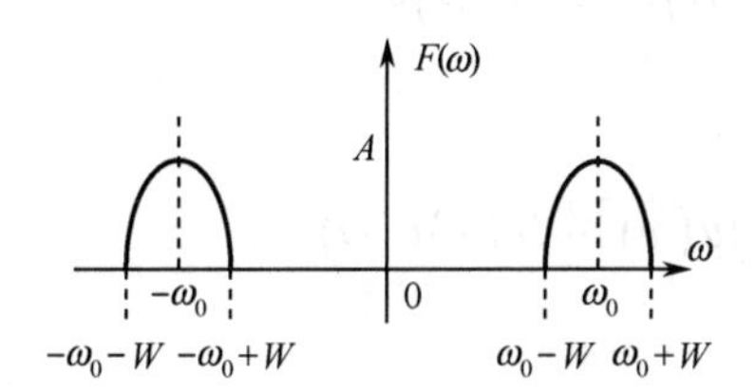

图2.4.1　带通信号 $f(t)$ 的频谱图

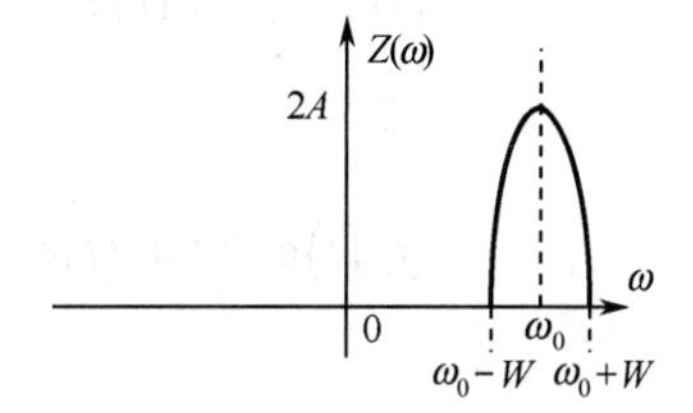

图2.4.2　解析信号 $z(t)$ 的频谱图

对 $f(t)$ 的解析信号 $z(t)$ 做如下频移变换：

$$f_{\mathrm{L}}(t) = z(t) \mathrm{e}^{-\mathrm{j}\omega_{\mathrm{C}} t} \tag{2.4.30}$$

式中，$f_{\mathrm{L}}(t)$ 称为原信号 $f(t)$ 的**复包络信号**，其相应的频谱特性为

$$f_{\mathrm{L}}(t) \Leftrightarrow F_{\mathrm{L}}(\omega) = Z(\omega + \omega_{\mathrm{C}}) = 2F(\omega + \omega_{\mathrm{C}}) u(\omega + \omega_{\mathrm{C}}) \tag{2.4.31}$$

如图2.4.3所示，$F_{\mathrm{L}}(\omega)$ 是将 $F(\omega)$ 从以 ω_{c} 为中心的位置，平移到以 $\omega = 0$ 为中心的位置，信号频谱结构和相对关系保持不变，相当于将 $f(t)$ 的信号变换为一等效的低通信号 $f_{\mathrm{L}}(t)$。

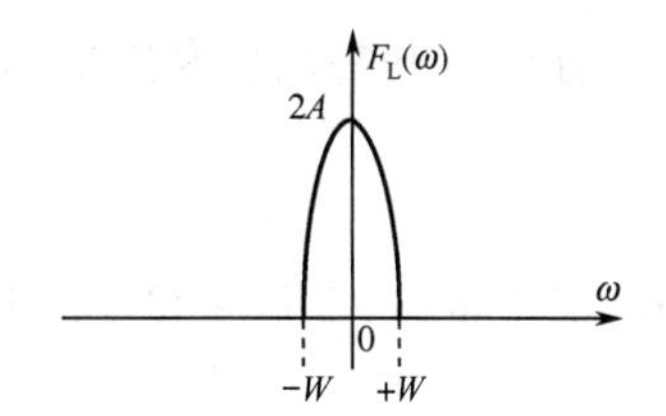

图2.4.3　等效低通信号 $f_{\mathrm{L}}(t)$ 的频谱图

频带信号的低通等效分析方法　带通系统一般是指允许通带内频率成分的信号通过，通带外频率信号成分受到抑制的系统。带通系统具有类似于图2.4.1所示的频谱特性。记带通系统的冲激响应为 $h(t)$，其解析信号为 $z_h(t)$，即有

$$z_h(t) = h(t) + \mathrm{j}\hat{h}(t) \;\Leftrightarrow\; Z_h(\omega) = 2H(\omega) u(\omega) \tag{2.4.32}$$

定义带通系统的**等效低通函数**为

$$h_{\mathrm{L}}(t) = \frac{1}{2} z_h(t) \mathrm{e}^{-\mathrm{j}\omega_0 t} \;\Leftrightarrow\; H_{\mathrm{L}}(\omega) = H(\omega + \omega_0) u(\omega + \omega_0) \tag{2.4.33}$$

直接可以证明，输入的频带信号 $f(t)$、带通系统冲激响应 $h(t)$ 和带通系统的输出 $y(t)$，与它们相应的解析信号和等效低通信号间有如下关系：

$$f(t) = \frac{1}{2}\left[z_f(t) + z_f^*(t) \right] = \frac{1}{2}\left[f_{\mathrm{L}}(t) \mathrm{e}^{\mathrm{j}\omega_0 t} + \left(f_{\mathrm{L}}(t) \mathrm{e}^{\mathrm{j}\omega_0 t} \right)^* \right] \tag{2.4.34}$$

$$h(t)=\frac{1}{2}\left[z_h(t)+z_h^*(t)\right]=h_{\mathrm{L}}(t)\mathrm{e}^{\mathrm{j}\omega_0 t}+\left(h_{\mathrm{L}}(t)\mathrm{e}^{\mathrm{j}\omega_0 t}\right)^* \tag{2.4.35}$$

$$y(t)=\frac{1}{2}\left[z_y(t)+z_y^*(t)\right]=\frac{1}{2}\left[y_{\mathrm{L}}(t)\mathrm{e}^{\mathrm{j}\omega_0 t}+\left(y_{\mathrm{L}}(t)\mathrm{e}^{\mathrm{j}\omega_0 t}\right)^*\right] \tag{2.4.36}$$

由此可得

$$\begin{aligned}y(t)=f(t)*h(t)&=\frac{1}{2}\left[z_f(t)+z_f^*(t)\right]*\frac{1}{2}\left[z_h(t)+z_h^*(t)\right]\\&=\frac{1}{4}\left[z_f(t)*z_h(t)+z_f^*(t)*z_h(t)+z_f(t)*z_h^*(t)+z_f^*(t)*z_h^*(t)\right]\\&=\frac{1}{4}\left[z_f(t)*z_h(t)+z_f^*(t)*z_h^*(t)\right]\end{aligned} \tag{2.4.37}$$

其中第 4 个等号成立利用了解析函数的性质 6。由式（2.4.33），$z_h(t)=2h_{\mathrm{L}}(t)\mathrm{e}^{\mathrm{j}\omega_0 t}$，代入上式可得

$$y(t)=\frac{1}{2}\left[f_{\mathrm{L}}(t)\mathrm{e}^{\mathrm{j}\omega_0 t}*h_{\mathrm{L}}(t)\mathrm{e}^{\mathrm{j}\omega_0 t}+f_{\mathrm{L}}^*(t)\mathrm{e}^{-\mathrm{j}\omega_0 t}*h_{\mathrm{L}}^*(t)\mathrm{e}^{-\mathrm{j}\omega_0 t}\right] \tag{2.4.38}$$

因为

$$f_{\mathrm{L}}(t)\mathrm{e}^{\mathrm{j}\omega_0 t}*h_{\mathrm{L}}(t)\mathrm{e}^{\mathrm{j}\omega_0 t} \Leftrightarrow \left[2F(\omega)u(\omega)\right]\cdot\left[H(\omega)u(\omega)\right] \tag{2.4.39}$$

因而有

$$f_{\mathrm{L}}(t)*h_{\mathrm{L}}(t)\Leftrightarrow\left[2F(\omega+\omega_0)u(\omega+\omega_0)\right]\cdot\left[H(\omega+\omega_0)u(\omega+\omega_0)\right] \tag{2.4.40}$$

由上式，利用傅里叶变换的基本性质，直接可得

$$\left[f_{\mathrm{L}}(t)*h_{\mathrm{L}}(t)\right]\mathrm{e}^{\mathrm{j}\omega_0 t}\Leftrightarrow 2F(\omega)u(\omega)H(\omega)u(\omega) \tag{2.4.41}$$

比较式（2.4.39）与式（2.4.41），显然有

$$f_{\mathrm{L}}(t)\mathrm{e}^{\mathrm{j}\omega_0 t}*h_{\mathrm{L}}(t)\mathrm{e}^{\mathrm{j}\omega_0 t}=\left[f_{\mathrm{L}}(t)*h_{\mathrm{L}}(t)\right]\mathrm{e}^{\mathrm{j}\omega_0 t} \tag{2.4.42}$$

同理，可以导出如下关系式：

$$f_{\mathrm{L}}^*(t)\mathrm{e}^{-\mathrm{j}\omega_0 t}*h_{\mathrm{L}}^*(t)\mathrm{e}^{-\mathrm{j}\omega_0 t}=\left[f_{\mathrm{L}}^*(t)*h_{\mathrm{L}}^*(t)\right]\mathrm{e}^{-\mathrm{j}\omega_0 t} \tag{2.4.43}$$

由式（2.4.38）、式（2.4.42）和式（2.4.43），可得

$$y(t)=\frac{1}{2}\left[\left(f_{\mathrm{L}}(t)*h_{\mathrm{L}}(t)\right)\mathrm{e}^{\mathrm{j}\omega_0 t}+\left(f_{\mathrm{L}}^*(t)*h_{\mathrm{L}}^*(t)\right)\mathrm{e}^{-\mathrm{j}\omega_0 t}\right] \tag{2.4.44}$$

比较上式与式（2.4.36），可得

$$y_{\mathrm{L}}(t)=h_{\mathrm{L}}(t)*f_{\mathrm{L}}(t) \tag{2.4.45}$$

和

$$y(t)=\mathrm{Re}\left[y_{\mathrm{L}}(t)\mathrm{e}^{\mathrm{j}\omega_0 t}\right] \tag{2.4.46}$$

式（2.4.45）和式（2.4.46）的主要意义在于：对于一个带通信号 $f(t)$ 和带通系统 $h(t)$，可以将其变换为较容易进行分析与处理的低通信号 $f_{\mathrm{L}}(t)$ 和低通系统 $h_{\mathrm{L}}(t)$，获得相应的低通输出信号 $y_{\mathrm{L}}(t)$ 后，再通过频移变换获得最终的原输出信号 $y(t)$。

【例 2.4.2】 已知带通滤波器的冲激响应为

$$h(t)=\begin{cases}\cos\omega_0 t, & 0<t<T\\ 0, & 其他\end{cases}$$

式中，$\omega_0 T \gg 1$。若输入窄带信号 $f(t)=m(t)\cos\omega_0 t$，求滤波输出 $y(t)$。

解：该带通滤波器的冲激响应是一个持续时间宽度为 T、频率为 ω_0 的余弦信号。给定的条件 $\omega_0 T \gg 1$ 等效于 $\omega_0 \gg 1/T$，这意味着宽度为 T 的脉冲的主要频率成分集中在远小于 ω_0 的区域，即为所谓的窄带信号。下面先求 $f_L(t)$ 和 $h_L(t)$，因为

$$z_h(t)=\cos\omega_0 t+\mathrm{j}\sin\omega_0 t=\mathrm{e}^{\mathrm{j}\omega_0 t},\ 0<t<T，\quad h_L(t)=\frac{1}{2}z_h(t)\mathrm{e}^{-\mathrm{j}\omega_0 t}=\begin{cases}1/2, & 0<t\leqslant T\\ 0, & 其他\end{cases}$$

由 $f(t)=m(t)\cos\omega_0 t \Leftrightarrow \frac{1}{2}\left[M(\omega+\omega_0)+M(\omega-\omega_0)\right]$，可得 $z_f(t)\Leftrightarrow 2F(\omega)u(\omega)=M(\omega-\omega_0)$，$f_L(t)=z_f(t)\mathrm{e}^{-\mathrm{j}\omega_0 t}\Leftrightarrow M(\omega-\omega_0+\omega_0)=M(\omega)$，即有 $f_L(t)=m(t)$。因此等效的低通输出为

$$y_L(t)=f_L(t)*h_L(t)=\int_{-\infty}^{\infty}f_L(\tau)h_L(t-\tau)\,\mathrm{d}\tau=\int_{t-T}^{t}f_L(\tau)\cdot\frac{1}{2}\mathrm{d}\tau=\frac{1}{2}\int_{t-T}^{t}m(\tau)\,\mathrm{d}\tau$$

等效的低通输出 $y_L(t)$ 仅与信号 $f(t)=m(t)\cos\omega_0 t$ 中的 $m(t)$ 部分有关，因此对其特征的分析大为简化。在获得 $y_L(t)$ 的基础上，信号 $f(t)=m(t)\cos\omega_0 t$ 经滤波器的实际输出为

$$y(t)=\mathrm{Re}\left[y_L(t)\mathrm{e}^{\mathrm{j}\omega_0 t}\right]=\frac{1}{2}\left[\int_{t-T}^{t}m(\tau)\,\mathrm{d}\tau\right]\cos\omega_0 t \quad \square$$

2.5 随机信号的基本概念和特点

在通信系统中，主要的研究对象是**随机信号**，随机信号分析的数学基础是随机过程，本章简要地介绍在本书中需要用到的随机过程的基本知识。

随机信号的概念　通常人们说，**消息**是信息的载体。消息在通信过程中是以某种信号的形式来表示的。信号可以具有非常广的含义，自然界中任意一个或若干因素的变化引起的某些物理现象都可视为信号，如温度和压力的变化使物体形状或体积大小发生的变化。信号通常以自变量和函数的形式出现，在通信系统中，信号的基本形式是随时间变化的电流、电压和电磁波，也可能是光或声音等。本章主要讨论实的随机信号。

已知一个信号 $x(t)$，若其每个时刻的取值都服从某种确定的函数关系，则称其为**确定性信号**。例如，对于正弦波信号 $A\sin(\omega t+\theta)$，若信号的幅度 A、角频率 ω、相位 θ 均已知，则该正弦波信号就是一种确定性信号，对于这类信号，其过去、现在和未来任一时刻的取值，都是完全确定的。反之，若信号 $x(t)$ 含有不可预知的成分，则这类信号就是一种**随机信号**。同样，对于正弦波信号 $A\sin(\omega t+\theta)$，当其幅度 A、角频率 ω 或相位 θ 这三个参数中有一个或多个是随机变量时，该信号就是一种随机信号。

一般地，一则消息如果对于接收端是已知的，则没有传输的必要。因此，包含**信息**的消息序列所对应的信号，都是随机信号。在数字通信系统中，在各个功能模块和信道间传输的信号，形式上通常都是时间连续的信号，但却具有数字信号的特征。在某一时间段内，如一个符号周期中，传输的都是确定信号集合中的一个信号。但在收到这一信号前，并不能预测发送的是信号集中的哪个信号。因此，传输的信号对接收端而言就是一种随机信号。随机信号在数学上用随机过程描述，信号集中的每个信号可视为随机过程的一个实现。信号在传输过程的每个环节中都可能受到**噪声**或其他**干扰**的影响，噪声和干扰通常都是随机信号。

信号在传输过程中，尤其是在无线信道中，往往经历的是一个随时间、距离、环境场景等多种因

素影响变化的过程。通信信号处理的复杂性是，在信道特性随机变化和有噪声、干扰等影响的传输环境中，接收端对发送端输出信号的正确检测。

随机过程的基本概念　下面给出随机过程的一些最基本的概念[1]。

概率：设样本空间为Ω，ζ是Ω中的一个事件域，$P(A), A\in\zeta$是定义在ζ上的一个实值集函数，如果它满足条件：（1）对于一切$A\in\zeta$有$P(A)\geqslant 0$；（2）$P(\Omega)=1$；（3）若$A_i\in\zeta$，$i=1,2,\cdots$且$A_iA_j=\varnothing$（空集），$i\neq j$，则

$$P\left(\bigcup_{i=1}^{\infty}A_i\right)=\sum_{i=1}^{\infty}P(A_i) \tag{2.5.1}$$

就称$P(A)$为事件A的概率。

概率空间：样本空间Ω、事件域ζ和概率P是描述随机试验的三个基本组成部分，三者结合构成的有序总体(Ω,ζ,P)称为概率空间。

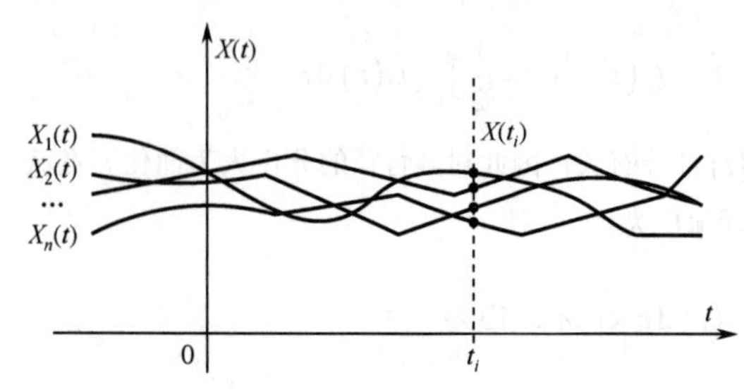

图 2.5.1　随机过程$X(t)$与随机变量$X(t_i)$

具体到我们研究的数字通信系统，信源的符号空间可视为样本空间Ω，符号和符号的子集所构成的集类可视为事件域ζ。

随机过程：给定概率空间(Ω,ζ,P)及参数集T，若对于每个$t\in T$，有一个定义在该概率空间上的随机变量$X(t)\in\Omega$与其对应，则称随机变量集为(Ω,ζ,P)上的随机过程，简记为$\{X(t),t\in T\}$。直观地，如图 2.5.1 所示，随机过程可以由有限或无限多个**样本函数**$X_n(t), n=1,2,\cdots$组成，其中每个样本函数也可称为一个**实现**。对于某一给定的参数t_i，$X(t_i)$是一随机变量。在本书中**随机过程**与**随机信号**这两个词不加区别地使用。

对于数字通信系统，在理想的信道和无噪声干扰的环境下，符号样本的个数一般等于系统采用的进制数。例如，对于一个采用M**进制正交幅度调制**（MQAM）的传输系统，样本函数的个数为M。引入随机噪声干扰后，样本函数的个数实际上为无限多个。接收端的任务，就是要以最大可能获得的正确概率，对接收的符号是发送符号集中的哪一个做出判决。

随机过程的分布函数：设$\{X(t),t\in T\}$为一随机过程，对于任意固定的$t\in T$，$X(t)$为一随机变量，其分布函数定义为

$$F(t,x)=P\{X(t)<x\},\ t\in T \tag{2.5.2}$$

称$F(t,x)$为随机过程$\{X(t),t\in T\}$的一维分布。

通常，一维随机过程还不能完全描述随机过程的特性。在许多情况下，需要了解随机过程在多个不同时刻相互间的关系。一般地，对任意固定的有限个时刻$t_1,t_2,\cdots,t_n\in T$，$X(t_1),X(t_2),\cdots,X(t_n)$的**联合分布函数**定义为

$$\begin{aligned}&F(t_1,t_2,\cdots,t_m,t_{m+1},\cdots,t_n;x_1,x_2,\cdots,x_m,x_{m+1},\cdots,x_n)\\&=P\{X(t_1)<x_1,X(t_2)<x_2,\cdots,X(t_n)<x_n\},\quad t_1,t_2,\cdots,t_m,t_{m+1},\cdots,t_n\in T\end{aligned} \tag{2.5.3}$$

称其为该随机过程的n维联合分布。随机过程的n维联合分布具有所谓的**相容性**，即对任何$m<n$，有

$$F(t_1,t_2,\cdots,t_m,t_{m+1},\cdots,t_n;x_1,x_2,\cdots,x_m,\infty,\infty,\cdots,\infty)=F(t_1,t_2,\cdots,t_m;x_1,x_2,\cdots,x_m) \tag{2.5.4}$$

随机过程的概率密度函数：对于随机过程的**分布函数**$F(t,x)$，如果存在

$$\frac{\partial F(t,x)}{\partial x}=f(t,x) \tag{2.5.5}$$

则将其定义为随机过程$\{X(t),t\in T\}$的**一维概率密度函数**。进一步地，如果存在

$$\frac{\partial F(t_1,t_2,\cdots,t_n;x_1,x_2,\cdots,x_n)}{\partial x_1\partial x_2\cdots\partial x_n}=f(t_1,t_2,\cdots,t_n;x_1,x_2,\cdots,x_n) \tag{2.5.6}$$

则将其定义为随机过程的 ***n* 维概率密度函数**。

两随机过程$\{X(t),t\in T\}$和$\{Y(t),t\in T\}$的$m+n$**维联合分布函数**定义为

$$\begin{aligned}&F(t_1,t_2,\cdots,t_m;x_1,x_2,\cdots,x_m;t_1',t_2',\cdots,t_n';y_1,\cdots,y_n)\\&=P\{X(t_1)<x_1,X(t_2)<x_2,\cdots,X(t_m)<x_m;Y(t_1')<y_1,Y(t_2')<y_2,\cdots,Y(t_n)<y_n\}\\&t_1,t_2,\cdots,t_m;t_1',t_2',\cdots,t_n'\in T\end{aligned} \tag{2.5.7}$$

同理，若式（2.5.7）的偏导数存在，则两随机过程$\{X(t),t\in T\}$和$\{Y(t),t\in T\}$的$m+n$维概率密度函数定义为

$$\begin{aligned}&p(t_1,t_2,\cdots,t_m;x_1,x_2,\cdots,x_m;t_1',t_2',\cdots,t_n';y_1,y_2,\cdots,y_n)\\&=\frac{F(t_1,t_2,\cdots,t_m;x_1,x_2,\cdots,x_m;t_1',t_2',\cdots,t_n';y_1,y_2,\cdots,y_n)}{\partial x_1\partial x_2\cdots\partial x_m\partial y_1\partial y_2\cdots\partial y_n}\\&t_1,t_2,\cdots,t_m;t_1',t_2',\cdots,t_n'\in T\end{aligned} \tag{2.5.8}$$

两随机过程$\{X(t),t\in T\}$和$\{Y(t),t\in T\}$间可能有某种关联关系，也可能没有关系，其独立的充要条件是，对任意m和n，均有

$$\begin{aligned}&F(t_1,t_2,\cdots,t_m;x_1,x_2,\cdots,x_m;t_1',t_2',\cdots,t_n';y_1,\cdots,y_n)\\&=F(t_1,t_2,\cdots,t_m;x_1,x_2,\cdots,x_m)F(t_1',t_2',\cdots,t_n';y_1,\cdots,y_n)\end{aligned} \tag{2.5.9}$$

独立的充要条件也可以表示为，对任意m和n，均有

$$\begin{aligned}&p(t_1,t_2,\cdots,t_m;x_1,x_2,\cdots,x_m;t_1',t_2',\cdots,t_n';y_1,\cdots,y_n)\\&=p(t_1,t_2,\cdots,t_m;x_1,x_2,\cdots,x_m)p(t_1',t_2',\cdots,t_n';y_1,\cdots,y_n)\end{aligned} \tag{2.5.10}$$

一般地，只要知道随机过程的分布函数或概率密度函数，随机过程的统计特性就可完全确定。但在一个实际系统中，要确定一个随机过程的分布函数或概率密度函数通常是很困难的，在大多数情况下，只能根据其**样值**估计随机过程的某些**统计特性**和**数字特征**。数字通信系统中常用随机信号的统计特性将在下一节中加以归纳。

2.6 随机过程的主要统计特性

随机过程的统计特性与随机变量的统计特性的主要区别，在于随机过程的统计特性一般与参数$t\in T$有关，通常是参数t的函数。在本书中讨论的随机信号中的参数t一般是指时间变量。

均值函数　设$\{X(t),t\in T\}$为一随机过程，对于任意给定的$t\in T$，其**均值函数**定义为

$$E[X(t)]=\int_{-\infty}^{+\infty}xf(t,x)\mathrm{d}x \tag{2.6.1}$$

式中，$f(t,x)$是该随机过程的概率密度函数，均值函数有时也记为$m(t)=E[X(t)]$。均值函数描述了随机过程于特定时刻t在统计平均意义上的取值大小，一般情况下，它是t的一个函数。

方差函数 随机过程的**方差函数**定义为

$$D[X(t)]=E\left\{\left[X(t)-m(t)\right]^2\right\} \tag{2.6.2}$$

式（2.6.2）可以展开表示为其他形式：

$$\begin{aligned}D[X(t)]&=E\left\{\left[X(t)-m(t)\right]^2\right\}=\int_{-\infty}^{+\infty}\left[x-m(t)\right]^2 f(t,x)\mathrm{d}x\\&=\int_{-\infty}^{+\infty}x^2 f(t,x)\mathrm{d}x-2m(t)\int_{-\infty}^{+\infty}xf(t,x)\mathrm{d}x+m^2(t)\int_{-\infty}^{+\infty}f(t,x)\mathrm{d}x\\&=E\left\{\left[X(t)\right]^2\right\}-m^2(t)\end{aligned} \tag{2.6.3}$$

上式的最后一个等式中利用了概率密度函数的性质 $\int_{-\infty}^{+\infty}f(t,x)\mathrm{d}x=1$ 。方差函数有时也记为 $\sigma^2(t)=D[X(t)]$。方差函数描述了随机过程在特定时刻 t，随机变量在统计平均意义上偏离该时刻均值的大小的程度。直观地，如果 $\sigma^2(t)$ 小，说明在 t 时刻的随机变量的取值大多在均值附近；反之，如果 $\sigma^2(t)$ 大，可以认为该时刻随机变量的取值的离散性较大；特别地，如果 $\sigma^2(t)$ 等于零，该时刻的随机变量**退化**为一个常数。

均值函数和方差函数描述了相应统计特性随参数 t 的变化特性，可确定某个特定参数 t 的取值所对应的数字特征。有时还需要分析在两个不同的参数 $t_1,t_2\in T$ 间随机过程统计特性的关系，或两个不同的随机过程 $\{X(t),t\in T\}$ 与 $\{Y(t),t\in T\}$ 在相同和不同时刻之间的关系。下面要讨论的相关函数和协方差函数描述了这种关系。

自相关函数 设 $\{X(t),t\in T\}$ 为一随机过程，对于给定的 $t_1,t_2\in T$ ，随机过程的**自相关函数**定义为

$$R_X(t_1,t_2)=E\left[X(t_1)X(t_2)\right]=\int_{-\infty}^{+\infty}\int_{-\infty}^{+\infty}x_1x_2 f(t_1,t_2;x_1,x_2)\mathrm{d}x_1\mathrm{d}x_2 \tag{2.6.4}$$

互相关函数 两个随机过程 $\{X(t),t\in T\}$、$\{Y(t),t\in T\}$，对于给定的 $t_1,t_2\in T$ ，它们的**互相关函数**定义为

$$R_{XY}(t_1,t_2)=E\left[X(t_1)Y(t_2)\right]=\int_{-\infty}^{+\infty}\int_{-\infty}^{+\infty}xyf_{XY}(t_1,t_2;x,y)\mathrm{d}x\mathrm{d}y \tag{2.6.5}$$

式中，$f_{XY}(t_1,t_2;x,y)$ 是 $X(t)$ 和 $Y(t)$ 的**联合概率密度函数**。

相关函数的概念，类似于矢量空间中两个矢量的点积，当两个**矢量正交**时，其**点积**为零，此时两个矢量相互间不包含另一个的任何分量成分。两随机变量也可以视为两矢量，当相关函数为零时，我们说它们在统计意义上是正交的。在后面的章节将会看到，信号的最佳接收通常利用相关器来实现。另外，在信号的预测过程中，我们可根据预测信号与实际信号间的误差及预测信号的相关函数是否为零，确定是否到达了最佳预测，若相关函数等于零，说明不可预测的部分与预测值在统计意义上是正交的，从几何上说，预测值与实际值间的误差达到了可能获得的最小值。同时，由于平稳随机信号的相关函数与其功率谱有着特殊的关系，因此使得相关函数在通信系统信号的分析中起着非常重要的作用。

互相关函数可用于衡量两信号的**可识别度**[2]，$R_{XY}(t_1,t_2)$ 的值越小，在 $t=t_1$ 时刻的随机信号 $X(t)$ 与在 $t=t_2$ 时刻的随机信号 $Y(t)$ 的差异就越明显，可识别度就越高。特别地，若对任意 $t_1,t_2\in T$ ，$R_{XY}(t_1,t_2)=0$，则称 $X(t)$ 和 $Y(t)$ 完全不相关，很容易分离，因而是两个完全可识别的信号。这一概念可以指导我们针对特定的应用进行信号的设计。

自协方差函数 设 $\{X(t),t\in T\}$ 为一随机过程，对于给定的 $t_1,t_2\in T$ ，随机过程的自协方差函数定

义为

$$\begin{aligned}\Gamma_X(t_1,t_2) &= \operatorname{cov}\left[X(t_1),X(t_2)\right] = E\left\{\left[X(t_1)-m(t_1)\right]\left[X(t_2)-m(t_2)\right]\right\} \\ &= \int_{-\infty}^{+\infty}\int_{-\infty}^{+\infty}\left[x_1-m(t_1)\right]\left[x_2-m(t_2)\right]f(t_1,t_2;x_1,x_2)\mathrm{d}x_1\mathrm{d}x_2\end{aligned} \tag{2.6.6}$$

互协方差函数　两个随机过程 $\{X(t),t\in T\}$、$\{Y(t),t\in T\}$，对于给定的 $t_1,t_2\in T$，它们的**互协方差函数**定义为

$$\begin{aligned}\Gamma_{XY}(t_1,t_2) &= \operatorname{cov}\left[X(t_1),Y(t_2)\right] = E\left\{\left[X(t_1)-m_X(t_1)\right]\left[Y(t_2)-m_Y(t_2)\right]\right\} \\ &= \int_{-\infty}^{+\infty}\int_{-\infty}^{+\infty}\left[x-m_X(t_1)\right]\left[y-m_Y(t_2)\right]f_{XY}(t_1,t_2;x,y)\mathrm{d}x\mathrm{d}y\end{aligned} \tag{2.6.7}$$

式中，$m_X(t)$、$m_Y(t)$ 分别是 $X(t)$、$Y(t)$ 的均值函数。

自协方差、互协方差函数与自相关、互相关函数的差别在于，前者在做统计平均运算时，减去了代表信号“直流成分”的信号统计平均值，因而能更好地比较两随机信号“变化部分”的相关性或差异。

需要注意的是，上面的讨论均假定随机过程是一个**实随机过程**，即随机过程的每一个**实现**均为一实的函数。对于一个**复随机过程**，其具有如下形式：

$$X(t) = X_{\mathrm{R}}(t) + \mathrm{j}X_{\mathrm{I}}(t) \tag{2.6.8}$$

式中，$X_{\mathrm{R}}(t)$ 和 $X_{\mathrm{I}}(t)$ 是实的随机过程。复随机过程的均值

$$\begin{aligned}m(t) &= E\left[X(t)\right] = E\left[X_{\mathrm{R}}(t)+\mathrm{j}X_{\mathrm{I}}(t)\right] \\ &= E\left[X_{\mathrm{R}}(t)\right] + \mathrm{j}E\left[X_{\mathrm{I}}(t)\right] = m_{\mathrm{R}}(t) + \mathrm{j}m_{\mathrm{I}}(t)\end{aligned} \tag{2.6.9}$$

对于复随机过程的其他统计量，有更为一般的表达形式。其**相关函数**定义为

$$R_X(t_1,t_2) = E\left[X(t_1)X^*(t_2)\right] \tag{2.6.10}$$

式中，$X^*(t)$ 表示 $X(t)$ 的共轭函数。**协方差函数**定义为

$$\Gamma_X(t_1,t_2) = E\left\{\left[X(t_1)-m(t_1)\right]\left[X(t_2)-m(t_2)\right]^*\right\} \tag{2.6.11}$$

互协方差函数定义为

$$\Gamma_{XY}(t_1,t_2) = E\left\{\left[X(t_1)-m_X(t_1)\right]\left[Y(t_2)-m_Y(t_2)\right]^*\right\} \tag{2.6.12}$$

更多的有关复随机过程的知识，可参考有关概率论或随机过程的专著。以后若未特别声明，均假定讨论的是实随机过程。

2.7　随机变量函数的分布及数字特征

在通信信号的分析过程中，当信号中的某些参量或变量是随机变量时，有关的计算会涉及**随机变量函数**的问题，例如对于调相信号 $X(t,\theta) = A\cos(\omega_{\mathrm{c}}t+\theta)$，对接收端来说，收到的信号就是一个关于随机相位变量 θ 的随机变量函数。下面给出有关随机变量函数的一些性质[1]。

一维随机变量函数的分布　设 X 为连续型随机变量，其**概率密度函数**为 $p_X(x)$。

（1）若 $y=f(x)$ 严格单调，其**反函数** $x=f^{-1}(y)$ 有连续的导数，则 $Y=f(X)$ 是具有如下分布密度的连续型随机变量：

$$p_Y(y)=\begin{cases}p_X\left[f^{-1}(y)\right]\left|\left[f^{-1}(y)\right]'\right|, & \alpha<y<\beta\\ 0, & \text{其他}\end{cases} \tag{2.7.1}$$

式中，$\alpha=\min\left[f(-\infty),f(+\infty)\right]$，$\beta=\max\left[f(-\infty),f(+\infty)\right]$。

（2）若 $y=f(x)$ 在不相重叠的区间 $I_1,I_2,\cdots$ 上逐段严格单调，其反函数分别是 $f_1^{-1}(x),f_2^{-1}(x),\cdots$，且在各自区间上有连续的导数，则 $Y=f(X)$ 是连续型随机变量，其概率密度函数在相应的区间上为

$$p_Y(y)=p_X\left[f_1^{-1}(y)\right]\left|\left[f_1^{-1}(y)\right]'\right|+p_X\left[f_2^{-1}(y)\right]\left|\left[f_2^{-1}(y)\right]'\right|+\cdots \tag{2.7.2}$$

随机矢量函数的分布 设 $(X_1,X_2,\cdots,X_n)$ 为连续型随机矢量，其**概率密度函数**为 $p(x_1,x_2,\cdots,x_n)$，则 $Y=f(X_1,X_2,\cdots,X_n)$ 的**分布函数**为

$$\begin{aligned}F_Y(y)&=P(Y<y)=P\left[f(X_1,X_2,\cdots,X_n)<y\right]\\&=\int\cdots\int_{f(x_1,x_2,\cdots,x_n)<y}p(x_1,x_2,\cdots,x_n)\mathrm{d}x_1\mathrm{d}x_2\cdots\mathrm{d}x_n\end{aligned} \tag{2.7.3}$$

其中事件 $\{Y<y\}=\{f(X_1,X_2,\cdots,X_n)<y\}$ 的概率，等价于 $(X_1,X_2,\cdots,X_n)$ 落在区域

$$D=\left\{(x_1,x_2,\cdots,x_n)\middle|f(x_1,x_2,\cdots,x_n)<y\right\}$$

上的概率。

随机变量函数的统计特性 利用计算随机矢量分布函数所揭示的方法，在计算随机变量函数的数字特征时，往往可以不用显式地解出随机变量函数的分布密度，而直接通过原随机变量的概率密度函数来计算。例如，一般地，假定随机变量函数 $Y=f(X)$，则其**均值**为

$$E[Y]=\int_{-\infty}^{\infty}yp_Y(y)\mathrm{d}y=\int_{-\infty}^{\infty}f(x)p_X(x)\mathrm{d}x \tag{2.7.4}$$

随机函数的其他数字特征也可仿照同样的方法计算。

【例 2.7.1】 随机过程 $Y(t)=A\cos(\omega_c t+X)$ 是随机变量 X 的函数，X 是在 $(-\pi,\pi)$ 上均匀分布的随机变量，A 和 ω_c 是常数，求在任一特定时刻随机过程的均值和方差。

解：

$$m_Y(t)=E\left[Y(t)\right]=\int_{-\infty}^{\infty}yp_Y(y)\mathrm{d}y=\int_{-\infty}^{\infty}A\cos(\omega_c t+x)p_X(x)\mathrm{d}x=\int_{-\pi}^{\pi}A\cos(\omega_c t+x)\frac{1}{2\pi}\mathrm{d}x=0$$

同理，利用上式的结果和式（2.6.3），可得

$$E\left\{\left[Y(t)-m_Y(t)\right]^2\right\}=E\left\{\left[Y(t)\right]^2\right\}-m_Y^2(t)=E\left\{\left[Y(t)\right]^2\right\}=\int_{-\pi}^{\pi}\left[A\cos(\omega_c t+x)\right]^2\frac{1}{2\pi}\mathrm{d}x=\frac{A^2}{2}$$ □

2.8 平稳随机信号

平稳随机信号是通信系统中常常遇到的一类信号。平稳随机信号对应的平稳随机过程有如下两种定义。

严格（狭义）平稳随机过程 若随机过程的概率密度函数和分布函数与时间的起点无关，则称其为**严格平稳随机过程**。对于任意的 n 和 τ，严格平稳随机过程的概率密度函数满足

$$f(t_1+\tau,t_2+\tau,\cdots,t_n+\tau;x_1,x_2,\cdots,x_n)=f(t_1,t_2,\cdots,t_n;x_1,x_2,\cdots,x_n) \tag{2.8.1}$$

广义平稳随机过程　若随机过程存在二阶矩，且均值为与时间无关的常数，协方差函数只与时间的差值有关，则称其为广义平稳随机过程。广义平稳随机过程的上述性质可表示为

$$E\left[X^2(t)\right]<\infty \tag{2.8.2}$$

$$E\left[X(t)\right]=m_X\ （常数） \tag{2.8.3}$$

$$\Gamma_X\left[t_1,t_2\right]=E\left\{\left[X(t_1)-m_X\right]\left[X(t_2)-m_X\right]\right\}=\Gamma_X\left[t_2-t_1\right]=\Gamma_X[\tau],\quad \tau=t_2-t_1 \tag{2.8.4}$$

一般来说，严格平稳过程一定是广义平稳的，反之则不一定成立。在通信系统信号和噪声的分析过程中，通常假定它们都是广义平稳的随机过程。图 2.8.1 给出了平稳随机过程与非平稳随机过程的一个形象示意图，图中可见非平稳随机过程的均值是时间的函数。

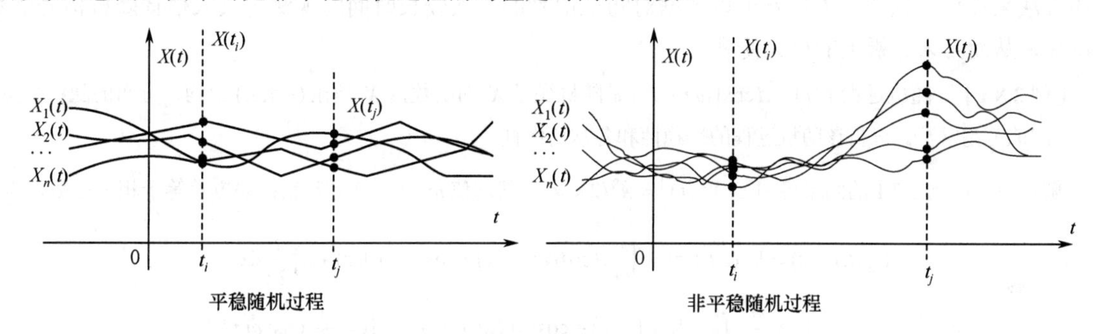

图 2.8.1　平稳随机过程与非平稳随机过程

平稳随机过程的数字特征有如下**物理意义**：（1）均值 $E\left[X(t)\right]$ 等于信号的直流成分的大小；（2）均值的平方 $\left\{E\left[X(t)\right]\right\}^2$ 等于信号直流部分的归一化功率；（3）二阶矩 $E\left[X^2(t)\right]$ 等于归一化的总平均功率；（4）方差 $E\left[X(t)-E\left[X(t)\right]\right]^2=E\left[X^2(t)\right]-\left\{E\left[X(t)\right]\right\}^2$ 等于信号时变部分的归一化平均功率。这里所说的归一化是指将负载归一化为 1Ω电阻时信号的功率值。

实平稳随机过程有如下主要**性质**。

性质 1：
$$R_X(\tau)=R_X(-\tau) \tag{2.8.5}$$

性质 2：
$$R_X(\tau)\leqslant R_X(0) \tag{2.8.6}$$

性质 3：
$$\Gamma_X(\tau)=\Gamma_X(-\tau) \tag{2.8.7}$$

性质 4：
$$\Gamma_X(\tau)\leqslant\Gamma_X(0) \tag{2.8.8}$$

性质 5：
$$\Gamma_X(\tau)=R_X(\tau)-m_X^2 \tag{2.8.9}$$

上面的关系很容易根据定义证明。例如，对于式（2.8.5），有

$$R_X(\tau)=E\left[X(t)X(t+\tau)\right]=E\left[X(t+\tau)X(t)\right]=R_X\left(t-(t+\tau)\right)=R_X(-\tau)$$

又如，对于式（2.8.6），因为有 $E\left\{\left[X(t)-X(t+\tau)\right]^2\right\}\geqslant 0$，展开该式可得

$$E\left\{\left[X(t)-X(t+\tau)\right]^2\right\}=E\left[X^2(t)\right]-2E\left[X(t)X(t+\tau)\right]+E\left[X^2(t+\tau)\right]=2R_X(0)-2R_X(\tau)\geqslant 0$$

即有 $R_X(\tau)\leqslant R_X(0)$。其余性质很容易在上面两式分析推导的基础上证明，请读者自行完成。

各态历经性（遍历性）　若平稳随机过程 $\left\{X(t),t\in T\right\}$ 的数字特征可用其任何一个实现 $X(t)$ 的时间平均来替代，即若其均值、相关函数和协方差函数满足

$$m_X = \langle X(t)\rangle = \lim_{T\to\infty}\frac{1}{T}\int_{-T/2}^{T/2} x(t)\mathrm{d}t \tag{2.8.10}$$

$$R_X(\tau) = \langle x(t)x(t+\tau)\rangle = \lim_{T\to\infty}\frac{1}{T}\int_{-T/2}^{T/2} x(t)x(t+\tau)\mathrm{d}t \tag{2.8.11}$$

$$\Gamma_X(\tau) = \langle [x(t)-m_X][x(t+\tau)-m_X]\rangle = \lim_{T\to\infty}\frac{1}{T}\int_{-T/2}^{T/2} [x(t)-m_X][x(t+\tau)-m_X]\mathrm{d}t \tag{2.8.12}$$

则称其为具有**各态历经性**的随机过程。对于这类随机过程，当其任一实现所经历的时间足够长时，可包含该随机过程的全部统计特性，所以也称为具有**遍历性**。在实际系统中，随机信号的分布函数和概率密度函数通常很难得到，对于具有各态历经性的随机信号，其数字特征可用求其**一个实现**的**时间平均**的方法来计算。这样，人们就可以根据对随机信号的一次较长时间的观测记录来估计随机信号的数字特征，从而带来分析上的极大便利。

【例 2.8.1】 随机过程 $Y(t) = A\cos(\omega_c t + X)$ 是随机变量 X 的函数，X 是在 $(-\pi,\pi)$ 上均匀分布的随机变量，A 和 ω_c 是常数。分析该随机过程的平稳性和各态历经性。

解：（1）由例 2.7.1 的结果可知 $E\left[Y^2(t)\right] = A^2/2 < \infty$，其均值 $m_Y(t) = 0$ 是常数；协方差等于相关函数，为

$$\begin{aligned}\Gamma_X(t,t+\tau) = R_X(t,t+\tau) &= \int_{-\pi}^{\pi} A\cos(\omega_c t + x)A\cos[\omega_c(t+\tau)+x]\frac{1}{2\pi}\mathrm{d}x \\ &= \frac{A^2}{2\pi}\int_{-\pi}^{\pi}\frac{1}{2}\{\cos(\omega_c\tau) + \cos[\omega_c(2t+\tau)+x]\}\mathrm{d}x = \frac{A^2}{2}\cos(\omega_c\tau)\end{aligned}$$

综上，由广义平稳随机过程的定义，可见 $Y(t)$ 是广义平稳过程。

（2）分析 $Y(t)$ 的下列时间平均值：

$$\langle Y(t)\rangle = \lim_{T\to\infty}\frac{1}{T}\int_{-T/2}^{T/2} y(t)\mathrm{d}t = \lim_{T\to\infty}\frac{1}{T}\int_{-T/2}^{T/2} A\cos(\omega_c t + x)\mathrm{d}t = 0$$

$$\begin{aligned}\langle y(t)y(t+\tau)\rangle &= \lim_{T\to\infty}\frac{1}{T}\int_{-T/2}^{T/2} A\cos(\omega_c t + x)A\cos[\omega_c(t+\tau)+x]\mathrm{d}t \\ &= \lim_{T\to\infty}\frac{1}{T}\int_{-T/2}^{T/2}\frac{A^2}{2}\{\cos(\omega_c\tau) + \cos[\omega_c(2t+\tau)+2x]\}\mathrm{d}t = \frac{A^2}{2}\cos(\omega_c\tau)\end{aligned}$$

显然，上述时间平均等于其相应的统计平均，所以随机过程 $Y(t)$ 还是具有各态历经性的平稳过程。□

2.9 信号功率谱密度

在通信系统中出现的信号大多是随机信号，一般的随机信号有多种甚至无穷多种可能的实现，难以简单地根据傅里叶变换分析信号的频谱特性。但对于**平稳**随机信号，通过其相关函数与功率谱的关系，往往比较容易确定信号在频谱上的分布。下面讨论这种关系。

在有限时间段 $-T<t<T$ 内，取平稳随机信号 $X(t)$ 的**截短函数** $X_T(t):\{X(t),-T<t<T\}$，其**傅里叶变换**形式上可以表示为

$$F_{X_T}(f) = \int_{-T}^{T} X(t)\mathrm{e}^{-\mathrm{j}2\pi ft}\mathrm{d}t \tag{2.9.1}$$

相应地，该截短信号的**功率密度谱**为

$$P_{X_T}(f) = \frac{\left|F_{X_T}(f)\right|^2}{2T} \tag{2.9.2}$$

由于随机信号有多种甚至无穷多种可能的实现，取其统计平均值得到

$$\begin{aligned}P_T(f)&=E\left[\frac{\left|F_{X_T}(f)\right|^2}{2T}\right]=\frac{1}{2T}E\left[\left(\int_{-T}^{T}X(t_1)\mathrm{e}^{-\mathrm{j}2\pi f t_1}\mathrm{d}t_1\right)\left(\int_{-T}^{T}X(t_2)\mathrm{e}^{-\mathrm{j}2\pi f t_2}\mathrm{d}t_2\right)^*\right]\\&=\frac{1}{2T}\int_{-T}^{T}\int_{-T}^{T}E\left[X(t_1)X(t_2)\right]\mathrm{e}^{-\mathrm{j}2\pi f(t_1-t_2)}\mathrm{d}t_1\mathrm{d}t_2=\frac{1}{2T}\int_{-T}^{T}\int_{-T}^{T}R(t_1-t_2)\mathrm{e}^{-\mathrm{j}2\pi f(t_1-t_2)}\mathrm{d}t_1\mathrm{d}t_2\end{aligned}\tag{2.9.3}$$

利用重积分的变量替换方法，令$u=t_1-t_2$，$v=t_2$，可得$t_1=u+v$，$t_2=v$。由此得

$$\frac{\partial(t_1,t_2)}{\partial(u,v)}=\begin{pmatrix}\partial t_1/\partial u & \partial t_1/\partial v\\ \partial t_2/\partial u & \partial t_2/\partial v\end{pmatrix}=\begin{pmatrix}1 & 1\\ 0 & 1\end{pmatrix}\tag{2.9.4}$$

参见图2.9.1，经过变量替换后，原来变量t_1、t_2的矩形积分区域变为图中灰色部分所示的区域D，从而有

$$\begin{aligned}P_T(f)&=\frac{1}{2T}\int_{-T}^{T}\int_{-T}^{T}R(t_1-t_2)\mathrm{e}^{-\mathrm{j}2\pi f(t_1-t_2)}\mathrm{d}t_1\mathrm{d}t_2=\frac{1}{2T}\iint_D R(u)\mathrm{e}^{-\mathrm{j}2\pi fu}\left|\frac{\partial(t_1,t_2)}{\partial((u,v))}\right|\mathrm{d}u\mathrm{d}v\\&=\frac{1}{2T}\iint_D R(u)\mathrm{e}^{-\mathrm{j}2\pi fu}\mathrm{d}u\mathrm{d}v=\frac{1}{2T}\int_{-2T}^{0}R(u)\mathrm{e}^{-\mathrm{j}2\pi fu}\int_{-u-T}^{T}\mathrm{d}v\mathrm{d}u+\frac{1}{2T}\int_{0}^{2T}R(u)\mathrm{e}^{-\mathrm{j}2\pi fu}\int_{-T}^{-u+T}\mathrm{d}v\mathrm{d}u\\&=\int_{-2T}^{2T}R(u)\left(1-\frac{u}{2T}\right)\mathrm{e}^{-\mathrm{j}2\pi fu}\mathrm{d}u\end{aligned}\tag{2.9.5}$$

当$T\to\infty$时，如果式（2.9.5）对应的积分存在，则定义**随机信号的功率密度谱**为

$$P(f)=\lim_{T\to\infty}P_T(f)=\lim_{T\to\infty}\int_{-2T}^{2T}R(u)\left(1-\frac{\tau}{2T}\right)\mathrm{e}^{-\mathrm{j}2\pi uf}\mathrm{d}u=\int_{-\infty}^{\infty}R(u)\mathrm{e}^{-\mathrm{j}2\pi uf}\mathrm{d}u\tag{2.9.6}$$

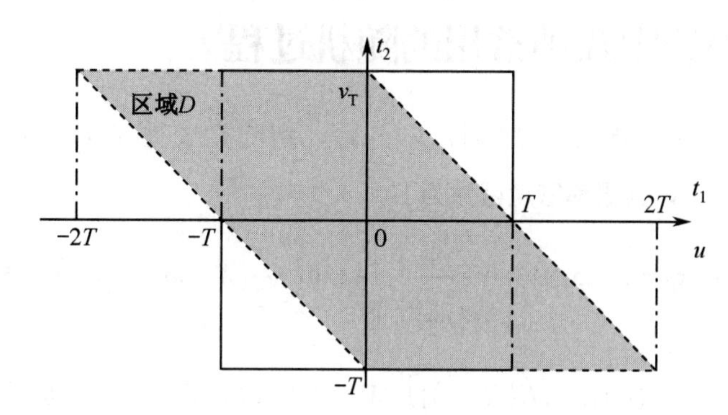

图2.9.1　变量替换后积分区域变化

由上面的分析，可以得到平稳随机信号的功率密度谱的如下性质。

性质1：平稳随机信号的功率密度谱$P(f)$是实的、非负的函数。

性质2：平稳随机信号的相关函数$R(\tau)$与其功率密度谱$P(f)$是一个**傅里叶变换对**。

取式（2.9.6）的傅里叶逆变换，可得

$$R(\tau)=\int_{-\infty}^{\infty}P(f)\mathrm{e}^{\mathrm{j}2\pi\tau f}\mathrm{d}f\tag{2.9.7}$$

另外，直接由功率密度谱$P(f)$的物理意义，若已知$P(f)$，则平稳随机信号的功率P_W为

$$P_W=\int_{-\infty}^{\infty}P(f)\mathrm{d}f=\left[\int_{-\infty}^{\infty}P(f)\mathrm{e}^{\mathrm{j}2\pi\tau f}\mathrm{d}f\right]_{\tau=0}=R(\tau)\big|_{\tau=0}=R(0)=E\left[X^2(t)\right]\tag{2.9.8}$$

【例2.9.1】　对于码元周期为T的二元纯随机序列，可以证明（参见后面章节），当“0”和“1”等概出现时，其功率密度谱为

$$P(f)=T\left(\frac{\sin \pi fT}{\pi fT}\right)^2$$

利用傅里叶变换关系式，可得其相关函数为

$$R(\tau)=\begin{cases}1-\dfrac{|\tau|}{T}, & |\tau|\leqslant T\\ 0, & |\tau|>T\end{cases}$$

图 2.9.2 描绘了上式中 $R(\tau)$ 与 $P(f)$ 间的关系，其中图 2.9.2(a)和(b)是 $T=1.5$ 时的一个傅里叶变换对；图 2.9.2(c)和(d)是 $T=0.5$ 时的一个傅里叶变换对。可见，若 T 取较大的值，相应地相关函数变化较缓慢，说明信号自身在较缓慢地从相关变为不相关，相应地所占的频带较窄；相反，若 T 取较小的值，相关函数变化较快，图形尖锐，相应地所占的频带则较大。图 2.9.2 很好地体现了相关函数与功率密度谱间的物理意义。□

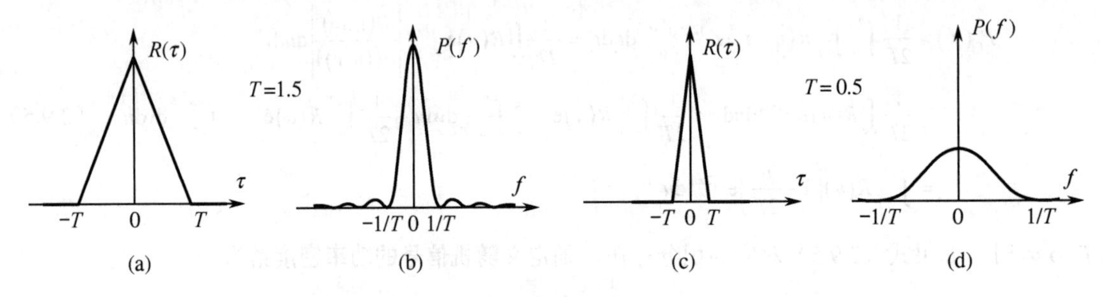

图 2.9.2　相关函数与功率密度谱

2.10　通信系统中几种常用的随机过程

高斯随机过程：若在任意 n 个时刻 $t_1,t_2,\cdots,t_n$，由随机过程 $X(t)$ 所形成的 n 维随机变量 $\boldsymbol{X}=\left[X(t_1),X(t_2),\cdots,X(t_n)\right]^{\mathrm{T}}$，其**概率密度函数**为

$$f(t_1,t_2,\cdots,t_n;x_1,x_2,\cdots,x_n)=\frac{1}{(2\pi)^{\frac{n}{2}}\left|[\boldsymbol{\Gamma}_X]\right|^{\frac{n}{2}}}\exp\left[-\frac{1}{2}(\boldsymbol{X}-\boldsymbol{m}_X)^{\mathrm{T}}[\boldsymbol{\Gamma}_X]^{-1}(\boldsymbol{X}-\boldsymbol{m}_X)\right] \quad (2.10.1)$$

式中，$\boldsymbol{m}_X=\left[E(X(t_1)),E(X(t_2)),\cdots,E(X(t_n))\right]^{\mathrm{T}}$，$\boldsymbol{\Gamma}_X$ 是由 $X(t)$ 形成的协方差矩阵：

$$\begin{aligned}\boldsymbol{\Gamma}_X&=E\left\{\begin{bmatrix}X(t_1)-m\\X(t_2)-m\\ \vdots\\X(t_n)-m\end{bmatrix}\left[X(t_1)-m,X(t_2)-m,\cdots,X(t_n)-m\right]\right\}\\&=\begin{bmatrix}R(0)-m^2 & R(t_1,t_2)-m^2 & \cdots & R(t_1,t_n)-m^2\\R(t_2,t_1)-m^2 & R(0)-m^2 & \cdots & R(t_2,t_{n-1})-m^2\\ \vdots & \vdots & \ddots & \vdots\\R(t_n,t_1)-m^2 & R(t_n,t_2)-m^2 & \cdots & R(0)-m^2\end{bmatrix}\end{aligned} \quad (2.10.2)$$

则称随机过程 $X(t)$ 为**高斯随机过程**，简称**高斯过程**。高斯随机过程具有下列性质。

性质 1：高斯过程的统计特性可由其**一阶**和**二阶**数字特征完全确定。

性质 2：若高斯随机过程的协方差矩阵进一步满足如下关系：

$$
\begin{aligned}
\boldsymbol{\Gamma}_X &= E\left\{\begin{bmatrix} X(t_1)-m \\ X(t_2)-m \\ \vdots \\ X(t_n)-m \end{bmatrix}\left[X(t_1)-m, X(t_2)-m, \cdots, X(t_n)-m\right]\right\} \\
&= \begin{bmatrix} R(0)-m^2 & R(t_1-t_2)-m^2 & \cdots & R(t_1-t_n)-m^2 \\ R(t_2-t_1)-m^2 & R(0)-m^2 & \cdots & R(t_2-t_{n-1})-m^2 \\ \vdots & \vdots & \ddots & \vdots \\ R(t_n-t_1)-m^2 & R(t_n-t_2)-m^2 & \cdots & R(0)-m^2 \end{bmatrix}
\end{aligned} \tag{2.10.3}
$$

则称其为**高斯平稳随机过程**，简称为**高斯平稳过程**。可见对于高斯平稳过程，其统计特性可由其常数的均值 m_X 和相关函数 $R(\tau)$ 完全确定。

性质 3：因为高斯过程的统计特性只取决于其一阶和二阶数字特征，所以对于高斯随机过程，广义平稳和严格平稳是**等价**的。

白噪声　白噪声 $n(t)$ 是指其均值为零且在整个频谱域内功率密度谱是一常数的随机信号。白噪声的功率密度谱和自相关函数可分别表示为

$$P_n(f) = \frac{N_0}{2}, \quad -\infty \leqslant f \leqslant +\infty \tag{2.10.4}$$

$$R_n(\tau) = \frac{N_0}{2}\delta(\tau) \tag{2.10.5}$$

式中，N_0 是一个常数。白噪声信号在任意不同的两个时刻（$\tau \neq 0$）都是不相关的。白噪声是一种理想化的纯随机过程，白噪声的特性如图 2.10.1 所示。在通信系统中，**热噪声**在从直流到 10^{12} Hz 的频率范围内，每单位带宽上产生的噪声功率基本相等，在该段范围内的频谱特性可以认为是平坦的，因此热噪声可以近似地视为白噪声。对于一个特定的实际系统，只要噪声带宽远比系统带宽大，且频谱特性是近似平坦的，分析时就可认为该噪声是白噪声。若 $n(t)$ 同时也是高斯随机过程时，称其为**高斯白噪声**或**白高斯噪声**。

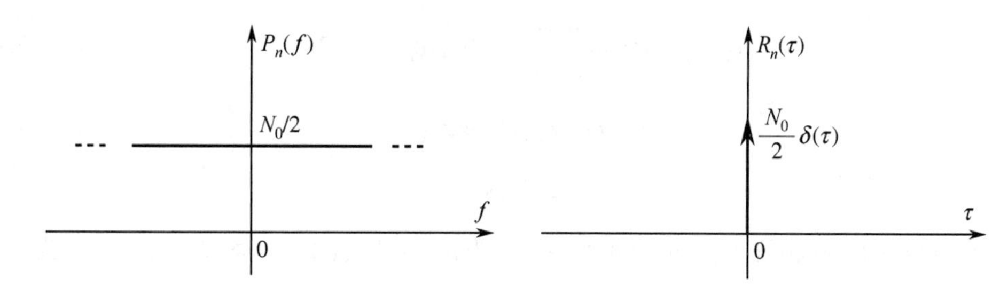

图 2.10.1　白噪声的功率密度谱与自相关函数

窄带随机过程　如图 2.10.2 所示，若随机信号频带宽度 Δf 远小于其中心频率 f_c，则称其为**窄带随机过程**。窄带随机过程通常用下式表示：

$$X(t) = a(t)\cos\left[2\pi f_c t + \phi(t)\right] \tag{2.10.6}$$

式中，$a(t)$ 和 $\phi(t)$ 都是随机过程，分别反映窄带随机过程的**幅度**和**相位**的变化，它们的变化相对于载波频率 f_c 的变化要小得多，图 2.10.3 给出了一个典型的窄带随机信号的时域波形图，其包络和频率的变化相对于其中心频率的周期变化来说缓慢很多，呈现窄带特性。

展开式（2.10.6）并加以整理可得

$$X(t)=a_{\mathrm{C}}(t)\cos 2\pi f_{\mathrm{c}}-a_{\mathrm{S}}(t)\sin 2\pi f_{\mathrm{c}}t \tag{2.10.7}$$

式中，

$$a_{\mathrm{C}}(t)=a(t)\cos\phi(t),\quad a_{\mathrm{S}}(t)=a(t)\sin\phi(t) \tag{2.10.8}$$

式中，$a_{\mathrm{C}}(t)$ 和 $a_{\mathrm{S}}(t)$ 相对载波来说是**低频信号**。

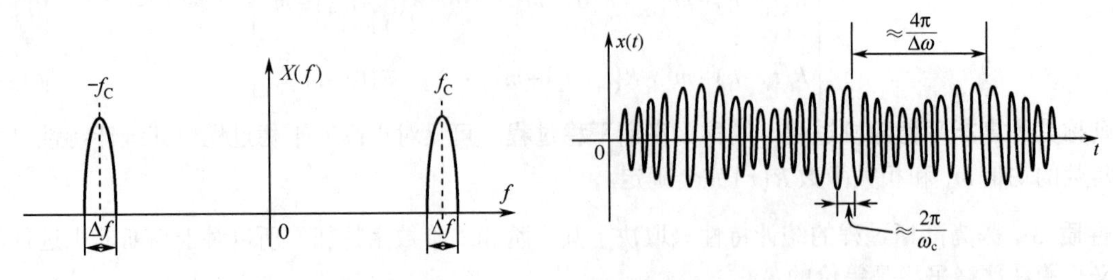

图 2.10.2　窄带随机信号　　　　图 2.10.3　窄带随机信号的时域波形图

窄带高斯随机过程　窄带高斯随机过程可视为高斯信号通过某种线性带通滤波器后产生的信号。在通信系统中，最典型的窄带高斯随机信号是高斯白噪声经过带通滤波器后输出的信号。

记均值为零、方差为 σ^2 的窄带高斯平稳随机过程为 $n_{\mathrm{N}}(t)$，

$$n_{\mathrm{N}}(t)=n_{\mathrm{C}}(t)\cos 2\pi f_{\mathrm{c}}t-n_{\mathrm{S}}(t)\sin 2\pi f_{\mathrm{c}}t \tag{2.10.9}$$

可以证明[3]，$n_{\mathrm{C}}(t)$ 和 $n_{\mathrm{S}}(t)$ 也是均值为零、方差为 σ^2 且相互独立的高斯过程。若将 $n_{\mathrm{C}}(t)$ 和 $n_{\mathrm{S}}(t)$ 表示成式（2.10.8）的形式，则有

$$n_{\mathrm{N}}(t)=a_n(t)\cos\left[2\pi f_{\mathrm{c}}t+\phi_n(t)\right] \tag{2.10.10}$$

其中包络 $a_n(t)$ 和相位 $\phi_n(t)$ 与信号 $n_{\mathrm{C}}(t)$ 和 $n_{\mathrm{S}}(t)$ 间的关系分别为

$$a_n(t)=\left[n_{\mathrm{C}}^2(t)+n_{\mathrm{S}}^2(t)\right]^{1/2},\quad a_n(t)\geqslant 0 \tag{2.10.11}$$

$$\phi_n(t)=\arctan\frac{n_{\mathrm{S}}(t)}{n_{\mathrm{C}}(t)},\quad 0\leqslant\phi_n(t)\leqslant 2\pi \tag{2.10.12}$$

$$n_{\mathrm{C}}(t)=a_n(t)\cos\phi_n(t) \tag{2.10.13}$$

$$n_{\mathrm{S}}(t)=a_n(t)\sin\phi_n(t) \tag{2.10.14}$$

下面分析**包络** $a_n(t)$ 和**相位** $\phi_n(t)$ 的分布特性，因为 $n_{\mathrm{C}}(t)$ 和 $n_{\mathrm{S}}(t)$ 具有均值为零、方差为 σ^2 且相互独立的高斯分布特性，因此直接可得其联合概率密度函数

$$\begin{aligned}p_{n_{\mathrm{C}}n_{\mathrm{S}}}(n_{\mathrm{C}},n_{\mathrm{S}})&=p_{n_{\mathrm{C}}}(n_{\mathrm{C}})\cdot p_{n_{\mathrm{S}}}(n_{\mathrm{S}})=\frac{1}{\sqrt{2\pi}\sigma}\exp\left(-\frac{n_{\mathrm{C}}^2}{2\sigma^2}\right)\cdot\frac{1}{\sqrt{2\pi}\sigma}\exp\left(-\frac{n_{\mathrm{S}}^2}{2\sigma^2}\right)\\&=\frac{1}{2\pi\sigma^2}\exp\left(-\frac{n_{\mathrm{C}}^2+n_{\mathrm{S}}^2}{2\sigma^2}\right)\end{aligned} \tag{2.10.15}$$

由概率论中随机矢量概率密度函数变换关系式，可得包络 $a_n(t)$ 和相位 $\phi_n(t)$ 的联合概率密度函数

$$p_{a_n\phi_n}(a_n,\phi_n)=p_{n_{\mathrm{C}}n_{\mathrm{S}}}\left[n_{\mathrm{C}}(a_n,\phi_n),n_{\mathrm{S}}(a_n,\phi_n)\right]\cdot|J| \tag{2.10.16}$$

式中，J 为**雅可比行列式**，

$$J=\begin{vmatrix}\dfrac{\partial n_{\mathrm{C}}}{\partial a_n} & \dfrac{\partial n_{\mathrm{S}}}{\partial a_n}\\ \dfrac{\partial n_{\mathrm{C}}}{\partial \phi_n} & \dfrac{\partial n_{\mathrm{S}}}{\partial \phi_n}\end{vmatrix}=\begin{vmatrix}\dfrac{\partial a_n\cos\phi_n}{\partial a_n} & \dfrac{\partial a_n\sin\phi_n}{\partial a_n}\\ \dfrac{\partial a_n\cos\phi_n}{\partial \phi_n} & \dfrac{\partial a_n\sin\phi_n}{\partial \phi_n}\end{vmatrix}=\begin{vmatrix}\cos\phi_n & \sin\phi_n\\ -a_n\sin\phi_n & a_n\cos\phi_n\end{vmatrix}=a_n\cos^2\phi_n+a_n\sin^2\phi_n=a_n \tag{2.10.17}$$

由此得

$$p_{a_n\phi_n}(a_n,\phi_n)=\frac{1}{2\pi\sigma^2}\exp\left(-\frac{a_n^2\cos^2\phi_n+a_n^2\sin^2\phi_n}{2\sigma^2}\right)\cdot a_n=\frac{a_n}{2\pi\sigma^2}\exp\left(-\frac{a_n^2}{2\sigma^2}\right) \tag{2.10.18}$$

其包络 $a_n(t)$ 分布特性为

$$\begin{aligned}p_{a_n}(a_n)&=\int_{-\infty}^{\infty}p_{a_n\phi_n}(a_n,\phi_n)\mathrm{d}\phi_n=\int_0^{2\pi}p_{a_n\phi_n}(a_n,\phi_n)\mathrm{d}\phi_n=\int_0^{2\pi}\frac{a_n}{2\pi\sigma^2}\exp\left(-\frac{a_n^2}{2\sigma^2}\right)\mathrm{d}\phi_n\\&=\frac{a_n}{2\pi\sigma^2}\exp\left(-\frac{a_n^2}{2\sigma^2}\right)\int_0^{2\pi}\mathrm{d}\phi_n=\frac{a_n}{\sigma^2}\exp\left(-\frac{a_n^2}{2\sigma^2}\right)\end{aligned} \tag{2.10.19}$$

式中，$a_n\geqslant 0$。该分布称为**瑞利分布**。不同 σ 参数取值的瑞利分布的概率密度函数如图 2.10.4 所示。

而相位 $\phi_n(t)$ 的分布特性为

$$\begin{aligned}p_{\phi_n}(\phi_n)&=\int_{-\infty}^{\infty}p_{a_n\phi_n}(a_n,\phi_n)\,\mathrm{d}a_n=\int_0^{\infty}p_{a_n\phi_n}(a_n,\phi_n)\mathrm{d}a_n\\&=\int_0^{\infty}\frac{a_n}{2\pi\sigma^2}\exp\left(-\frac{a_n^2}{2\sigma^2}\right)\mathrm{d}a_n=-\frac{1}{2\pi}\exp\left(-\frac{a_n^2}{2\sigma^2}\right)\Bigg|_{a_n=0}^{\infty}=\frac{1}{2\pi}\end{aligned} \tag{2.10.20}$$

其中 $0\leqslant\phi_n\leqslant 2\pi$，因此满足**均匀分布**的特性。比较式（2.10.18）、式（2.10.19）和式（2.10.20），容易发现

$$p_{a_n\phi_n}(a_n,\phi_n)=p_{a_n}(a_n)\,p_{\phi_n}(\phi_n) \tag{2.10.21}$$

因此在任意时刻，包络 $a_n(t)$ 和相位 $\phi_n(t)$ 都是统计独立的。窄带高斯信号描述了一个窄带信号经过多个不可分辨的多径反射（散射）后到达接收端叠加形成的综合信号特性。

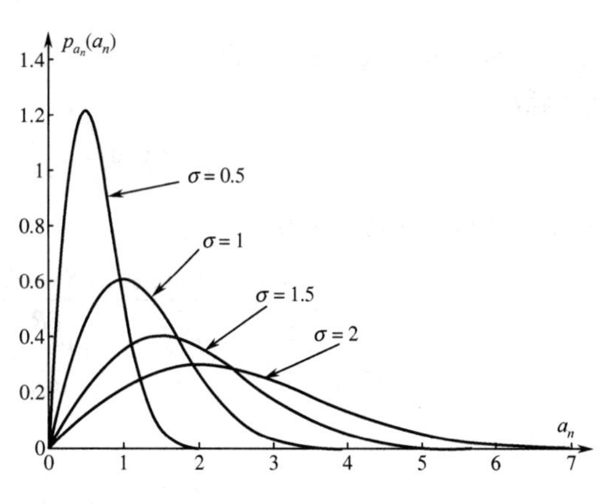

图 2.10.4　瑞利分布特性

余弦信号加窄带高斯随机信号　通信系统的主要信号调制方法不外乎**调幅**、**调相**、**调频**和**相幅同时调制**几种，这些信号在一个符号周期内，信号的调制幅度和相位通常固定不变，可以视为一特定的**余弦信号**。正弦（余弦）信号加窄带高斯过程描述了窄带信号经过多个不可分辨的多径反射过程到达接收端时的信号特性，在这些信号中，有其中一径特别强的信号。该特别强的信号通常可视为信号中直达的视距信号。下面讨论余弦信号加窄带高斯随机信号的有关性质。

余弦信号加窄带高斯随机信号一般可以表示为

$$X(t)=A\cos 2\pi f_{\mathrm{c}}t+n_{\mathrm{C}}(t)\cos 2\pi f_{\mathrm{c}}t-n_{\mathrm{S}}(t)\sin 2\pi f_{\mathrm{c}}t=\left[A+n_{\mathrm{C}}(t)\right]\cos 2\pi f_{\mathrm{c}}t-n_{\mathrm{S}}(t)\sin 2\pi f_{\mathrm{c}}t \tag{2.10.22}$$

式中，A 是常数，$n_{\mathrm{C}}(t)$ 和 $n_{\mathrm{S}}(t)$ 是均值为零、方差为 σ^2 且相互独立的高斯过程。式（2.10.22）中余弦项的系数为 $n_{\mathrm{C}}'(t)=A+n_{\mathrm{C}}(t)$。常数加高斯随机过程产生的 $n_{\mathrm{C}}'(t)$ 仍为高斯过程，只是其均值发生了变化，$n_{\mathrm{C}}'(t)$ 的概率密度函数为

$$p_{n'_C}(n'_C)=\frac{1}{\sqrt{2\pi}\sigma}\exp\left(-\frac{(n'_C-A)^2}{2\sigma^2}\right) \tag{2.10.23}$$

利用$n'_C(t)$与$n_S(t)$统计独立的性质，得到其联合概率密度函数为

$$\begin{aligned}p_{n_C n_S}(n_C,n_S)&=p_{n_C}(n_C)\cdot p_{n_S}(n_S)=\frac{1}{\sqrt{2\pi}\sigma}\exp\left(-\frac{(n'_C-A)^2}{2\sigma^2}\right)\cdot\frac{1}{\sqrt{2\pi}\sigma}\exp\left(-\frac{n_S^2}{2\sigma^2}\right)\\&=\frac{1}{2\pi\sigma^2}\exp\left(-\frac{(n'_C-A)^2+n_S^2}{2\sigma^2}\right)\end{aligned} \tag{2.10.24}$$

$X(t)$也可以用具有随机幅度和随机相位的余弦信号的形式来表示：

$$X(t)=n'_C(t)\cos 2\pi f_c t-n_S(t)\sin 2\pi f_c t=R(t)\cos\left[2\pi f_c t+\theta(t)\right] \tag{2.10.25}$$

式中，

$$R(t)=\sqrt{n_S'^2(t)+n_S^2(t)}=\sqrt{\left[A+n_C(t)\right]^2+n_S^2(t)} \tag{2.10.26}$$

$$\theta(t)=\arctan\frac{n_S(t)}{n'_C(t)}=\arctan\frac{n_S(t)}{A+n_C(t)},\quad 0\leqslant\theta(t)\leqslant 2\pi \tag{2.10.27}$$

展开式（2.10.25），得

$$X(t)=R(t)\cos\left[2\pi f_c t+\theta(t)\right]=R(t)\cos\theta(t)\cos 2\pi f_c t-R(t)\sin\theta(t)\sin 2\pi f_c t \tag{2.10.28}$$

比较式（2.10.28）与式（2.10.25），可得

$$n'_C(t)=R(t)\cos\theta(t) \tag{2.10.29}$$

$$n_S(t)=R(t)\sin\theta(t) \tag{2.10.30}$$

同样，利用概率论中随机矢量概率密度函数变换关系式，可得包络$R(t)$和相位$\theta(t)$的联合概率密度函数

$$p_{R\theta}(R,\theta)=p_{n'_C n_S}\left[n'_C((R,\theta)),n_S((R,\theta))\right]\cdot|J| \tag{2.10.31}$$

式中，雅可比行列式J为

$$J=\begin{vmatrix}\frac{\partial n_C}{\partial R} & \frac{\partial n_S}{\partial R}\\ \frac{\partial n_C}{\partial\theta} & \frac{\partial n_S}{\partial\theta}\end{vmatrix}=\begin{vmatrix}\frac{\partial R\cos\theta}{\partial R} & \frac{\partial R\sin\phi_n}{\partial R}\\ \frac{\partial R\cos\theta}{\partial\theta} & \frac{\partial R\sin\theta}{\partial\theta}\end{vmatrix}=\begin{vmatrix}\cos\theta & \sin\theta\\ -R\sin\theta & R\cos\theta\end{vmatrix}=R\cos^2\theta+R\sin^2\theta=R \tag{2.10.32}$$

因此得

$$p_{R\theta}(R,\theta)=\frac{1}{2\pi\sigma^2}\exp\left(-\frac{(R\cos\theta-A)^2+R^2\sin^2\theta}{2\sigma^2}\right)\cdot R=\frac{R}{2\pi\sigma^2}\exp\left(-\frac{R^2+A^2-2RA\cos\theta}{2\sigma^2}\right) \tag{2.10.33}$$

式中，$R\geqslant 0$，$0\leqslant\theta\leqslant 2\pi$。其中包络$R$的概率密度函数

$$\begin{aligned}p_R(R)&=\int_0^{2\pi}p_{R\theta}(R,\theta)\,\mathrm{d}\theta=\int_0^{2\pi}\frac{R}{2\pi\sigma^2}\exp\left(-\frac{R^2+A^2-2RA\cos\theta}{2\sigma^2}\right)\mathrm{d}\theta\\&=\frac{R}{\sigma^2}\exp\left(-\frac{R^2+A^2}{2\sigma^2}\right)\cdot\frac{1}{2\pi}\int_0^{2\pi}\exp\left(\frac{RA\cos\theta}{\sigma^2}\right)\mathrm{d}\theta=\frac{R}{\sigma^2}\exp\left(-\frac{R^2+A^2}{2\sigma^2}\right)\cdot I_0\left(\frac{RA}{\sigma^2}\right)\end{aligned} \tag{2.10.34}$$

式中，

$$I_0(x)=\frac{1}{2\pi}\int_0^{2\pi}\exp(x\cos\theta)\mathrm{d}\theta \tag{2.10.35}$$

称为**零阶修正的贝塞尔函数**。$I_0(x)$ 没有闭式解，但人们已经通过数值计算将其制作成相应的零阶修正的贝塞尔函数表，通过查表或数值计算的方法可以获得其函数值。式（2.10.34）对应的包络 R 的分布称为**莱斯分布**。不同 σ 参数与不同 A 参数取值的莱斯分布的概率密度函数如图 2.10.5 所示。而相位 θ 的概率密度函数

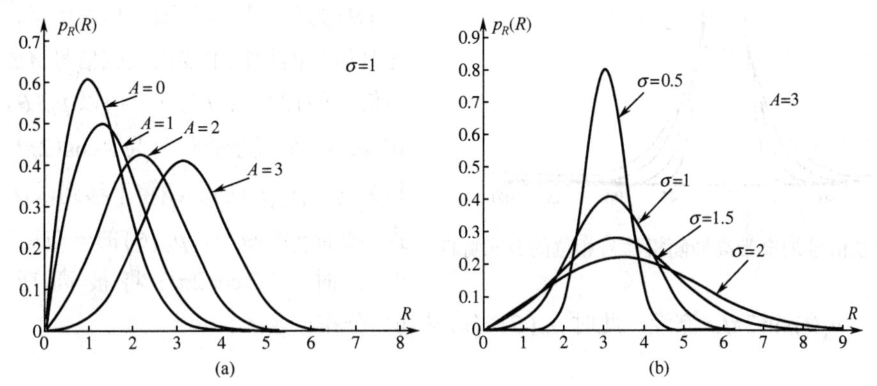

图 2.10.5　莱斯分布特性

$$\begin{aligned}p_\theta(\theta)&=\int_0^\infty p_{R\theta}(R,\theta)\mathrm{d}R=\int_0^\infty\frac{R}{2\pi\sigma^2}\exp\left(-\frac{R^2+A^2-2RA\cos\theta}{2\sigma^2}\right)\mathrm{d}R\\&=\int_0^\infty\frac{R}{2\pi\sigma^2}\exp\left(-\frac{R^2-2RA\cos\theta+A^2\cos^2\theta+A^2\sin^2\theta}{2\sigma^2}\right)\mathrm{d}R\\&=\frac{1}{2\pi}\exp\left(-\frac{A^2\sin^2\theta}{2\sigma^2}\right)\int_0^\infty\frac{R}{\sigma^2}\exp\left(-\frac{(R-A\cos\theta)^2}{2\sigma^2}\right)\mathrm{d}R\end{aligned} \tag{2.10.36}$$

式中，

$$\begin{aligned}&\int_0^\infty\frac{R}{\sigma^2}\exp\left(-\frac{(R-A\cos\theta)^2}{2\sigma^2}\right)\mathrm{d}R\overset{u=\frac{R-A\cos\theta}{\sigma}}{=}\int_{-\frac{A\cos\theta}{\sigma}}^\infty u\exp\left(-\frac{u^2}{2}\right)\mathrm{d}u+\int_{-\frac{A\cos\theta}{\sigma}}^\infty\frac{A\cos\theta}{\sigma}\exp\left(-\frac{u^2}{2}\right)\mathrm{d}u\\&=\exp\left(-\frac{A^2\cos^2\theta}{2\sigma^2}\right)+\frac{A\cos\theta}{\sigma}\int_{-\frac{A\cos\theta}{\sigma}}^\infty\exp\left(-\frac{u^2}{2}\right)\mathrm{d}u\\&=\exp\left(-\frac{A^2\cos^2\theta}{2\sigma^2}\right)+\frac{\sqrt{2\pi}A\cos\theta}{\sigma}\left(\frac{1}{2}+\frac{1}{2}\mathrm{erf}\left(\frac{A\cos\theta}{\sigma}\right)\right)\end{aligned}$$

代回式（2.10.36）得

$$\begin{aligned}p_\theta(\theta)&=\frac{1}{2\pi}\exp\left(-\frac{A^2\sin^2\theta}{2\sigma^2}\right)\left(\exp\left(-\frac{A^2\cos^2\theta}{2\sigma^2}\right)+\frac{\sqrt{2\pi}A\cos\theta}{\sigma}\left(\frac{1}{2}+\frac{1}{2}\mathrm{erf}\left(\frac{A\cos\theta}{\sigma}\right)\right)\right)\\&=\frac{1}{2\pi}\exp\left(-\frac{A^2}{2\sigma^2}\right)+\frac{1}{2\pi}\exp\left(-\frac{A^2\sin^2\theta}{2\sigma^2}\right)\frac{\sqrt{2\pi}A\cos\theta}{\sigma}\left(\frac{1}{2}+\frac{1}{2}\mathrm{erf}\left(\frac{A\cos\theta}{\sigma}\right)\right)\end{aligned} \tag{2.10.37}$$

随着 A 的减小，有

$$A\to0,\quad p_\theta(\theta)\to\frac{1}{2\pi} \tag{2.10.38}$$

即 $p_\theta(\theta)$ 趋于均匀分布，此时包络的莱斯分布也退化为瑞利分布。而随着 A 的增大，

$$A\uparrow,\quad p_\theta(\theta)\to\text{高斯分布} \tag{2.10.39}$$

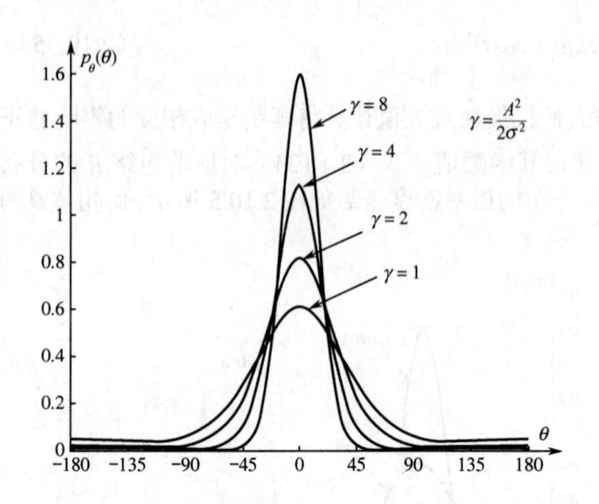

图 2.10.6　余弦信号加窄带高斯随机信号相位的分布特性

即 $p_\theta(\theta)$ 呈现高斯分布特性。余弦信号的平均功率为 $A^2/2$；均值为零的噪声的平均功率的方差值为 σ^2，若定义**信噪比**

$$\gamma=\frac{A^2}{2\sigma^2} \tag{2.10.40}$$

$p_\theta(\theta)$ 的分布特性如图 2.10.6 所示，γ 较大时，此时信号的相位主要由余弦信号 $A\cos 2\pi f_c$ 决定，该信号的初始相位为 0°，所以 $p_\theta(\theta)$ 主要集中在 0° 附近。如果余弦信号为 $A\cos(2\pi f_c+\theta_0)$，其初相为 θ_0，$p_\theta(\theta)$ 的曲线将平移到以 θ_0 为中心的位置。随着 γ 的减少，$p_\theta(\theta)$ 的分布逐步发散，当 γ 很小时，$A\cos 2\pi f_c$ 将被高斯随机信号 $n_C(t)\cos 2\pi f_c - n_S(t)\sin 2\pi f_c t$ 淹没，此时 $p_\theta(\theta)$ 将服从均匀分布。

2.11　平稳随机过程与时不变线性系统

时不变线性系统　时不变线性系统的冲激响应满足如下关系式：

$$h(t,\tau)=h(t-\tau) \tag{2.11.1}$$

如图 2.11.1 所示，在系统的输入端，不论在任何一个时刻 τ 施加冲激信号 $\delta(t)$，除了时差外，系统都具有同样的输出。

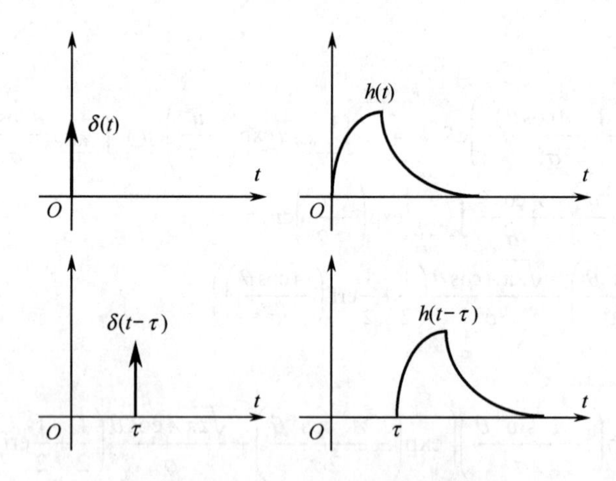

图 2.11.1　时不变线性系统的冲激响应

随机信号与时不变线性系统　当随机信号 $X(t)$ 输入到时不变线性系统时，对于随机信号的每个实现 $X_i(t)$，系统的输出

$$Y_i(t)=\int_{-\infty}^{\infty}h(t-\tau)X_i(\tau)\mathrm{d}\tau \tag{2.11.2}$$

$Y_i(t)$ 通常也是一个随机信号。下面分析线性系统时不变系统输出的主要统计特性。

线性系统输出的主要数字特征　假定对于输入的随机信号 $X(t)$，求时域的积分和求统计平均的运算都是可交换的。

1. **均值**：线性系统输出的**均值**

$$\begin{aligned} m_Y(t) &= E\left[Y(t)\right] = E\left[\int_{-\infty}^{\infty} h(t-\tau)X(\tau)\mathrm{d}\tau\right] \\ &= \int_{-\infty}^{\infty} h(t-\tau)E\left[X(\tau)\right]\mathrm{d}\tau = \int_{-\infty}^{\infty} h(t-\tau)m_X(\tau)\mathrm{d}\tau \end{aligned} \tag{2.11.3}$$

2. **自相关函数**：线性系统输出的**自相关函数**

$$\begin{aligned} R_Y(t_1,t_2) &= E\left[Y(t_1)Y(t_2)\right] = E\left[\int_{-\infty}^{\infty} h(t_1-\tau_1)X(\tau_1)\mathrm{d}\tau_1 \int_{-\infty}^{\infty} h(t_2-\tau_2)X(\tau_2)\mathrm{d}\tau_2\right] \\ &= \int_{-\infty}^{\infty}\int_{-\infty}^{\infty} h(t_1-\tau_1)h(t_2-\tau_2)E\left[X(\tau_1)X(\tau_2)\right]\mathrm{d}\tau_1\mathrm{d}\tau_2 \\ &= \int_{-\infty}^{\infty}\int_{-\infty}^{\infty} h(t_1-\tau_1)h(t_2-\tau_2)R_X(\tau_1,\tau_2)\mathrm{d}\tau_1\mathrm{d}\tau_2 \end{aligned} \tag{2.11.4}$$

若令 $u_1 = t_1-\tau_1$， $u_2 = t_2-\tau_2$， 可得

$$R_Y(t_1,t_2) = \int_{-\infty}^{\infty}\int_{-\infty}^{\infty} h(u_1)h(u_2)R_X(t_1-u_1,t_2-u_2)\mathrm{d}u_1\mathrm{d}u_2 \tag{2.11.5}$$

3. **平稳性**：若输入 $X(t)$ 为广义平稳的随机信号，其均值为常数 m_X，在式（2.11.3）中，令 $u=t-\tau$，则有

$$\begin{aligned} m_Y(t) &= \int_{-\infty}^{\infty} h(t-\tau)m_X(\tau)\mathrm{d}\tau = \int_{-\infty}^{\infty} h(u)m_X(t-u)\mathrm{d}u \\ &= \int_{-\infty}^{\infty} h(u)m_X\mathrm{d}u = m_X\int_{-\infty}^{\infty} h(u)\mathrm{d}u = m_X H(0) \end{aligned} \tag{2.11.6}$$

对于平稳的线性系统， $H(0)$ 是常数，所以输出随机信号的均值为常数。同理，在式（2.11.4）中，令 $u_1 = t_1-\tau_1$， $u_2 = t_2-\tau_2$， 可得

$$\begin{aligned} R_Y(t_1,t_2) &= \int_{-\infty}^{\infty}\int_{-\infty}^{\infty} h(u_1)h(u_2)R_X(t_1-u_1,t_2-u_2)\mathrm{d}u_1\mathrm{d}u_2 \\ &= \int_{-\infty}^{\infty}\int_{-\infty}^{\infty} h(u_1)h(u_2)R_X(u_1-u_2+t_2-t_1)\mathrm{d}u_1\mathrm{d}u_2 = R_Y(t_2-t_1) \end{aligned} \tag{2.11.7}$$

可见输出信号的相关函数仅与时间的差值有关。

综上，若线性系统的输入 $X(t)$ 是广义平稳的随机信号，则输出 $Y(t)$ 也是广义平稳的随机信号。特别地，**若输入的随机信号是平稳的高斯过程，则线性时不变系统的输出也是平稳的高斯过程**[1][10]。有关该特性可以这样理解，高斯随机变量经过线性系统后的输出是一高斯随机变量的线性加权和，而高斯随机变量的线性加权和依然是高斯随机变量。此时，根据系统输出的均值和相关函数，就能够完全确定输出的分布特性。

另外，由式（2.11.3）和式（2.11.4）可见，若输入信号是非平稳随机信号，则线性系统的输出的均值一般是时间的函数，且相关函数并不是两时刻差值的函数。因此，输出一般也是非平稳的随机信号。

信号经线性系统后的功率密度谱　假定输入 $X(t)$ 为广义平稳的随机信号，线性系统输出的相关函数由式（2.11.7）确定。又由平稳随机信号相关函数与其功率密度谱是一对傅里叶变换的关系，输出信号的功率密度谱

$$\begin{aligned} P_Y(f) &= \int_{-\infty}^{\infty} R_Y(\tau)\mathrm{e}^{-\mathrm{j}2\pi f\tau}\mathrm{d}\tau \\ &= \int_{-\infty}^{\infty}\left[\int_{-\infty}^{\infty}\int_{-\infty}^{\infty} h(u_1)h(u_2)R_X(u_1-u_2+\tau)\mathrm{d}u_1\mathrm{d}u_2\right]\mathrm{e}^{-\mathrm{j}2\pi f\tau}\mathrm{d}\tau \end{aligned} \tag{2.11.8}$$

令$\xi = u_1 - u_2 + \tau$，在上述积分中做相应的变换，可得

$$\begin{aligned} P_Y(f) &= \int_{-\infty}^{\infty}\left[\int_{-\infty}^{\infty}\int_{-\infty}^{\infty} h(u_1)h(u_2)R_X(\xi)\mathrm{d}u_1\mathrm{d}u_2\right]\mathrm{e}^{-\mathrm{j}2\pi f(\xi-u_1+u_2)}\mathrm{d}\xi \\ &= \int_{-\infty}^{\infty} h(u_2)\mathrm{e}^{-\mathrm{j}2\pi f u_2}\mathrm{d}u_2\left[\int_{-\infty}^{\infty} h(u_1)\mathrm{e}^{-\mathrm{j}2\pi f u_1}\mathrm{d}u_1\right]^* \int_{-\infty}^{\infty} R_X(\xi)\mathrm{e}^{-\mathrm{j}2\pi f\xi}\mathrm{d}\xi \\ &= H(f)H^*(f)P_X(f) = \left|H(f)\right|^2 P_X(f) \end{aligned} \tag{2.11.9}$$

可见已知输入信号的功率密度谱$P_X(f)$和系统的传递函数$H(f)$，输出信号的功率密度谱$P_Y(f)$随之确定。

【例 2.11.1】 求功率谱密度为$N_0/2$瓦/赫兹（W/Hz）的白噪声$n(t)$经过频率响应为$H(f)$的线性系统后的输出功率。

解：由式（2.11.9），经过线性系统后，噪声信号的功率谱密度为

$$P_N(f) = \left|H(f)\right|^2 P_{N_0}(f) = \left|H(f)\right|^2 \frac{N_0}{2}$$

相应地，噪声功率为

$$P_W = \int_{-\infty}^{\infty} P_N(f)\mathrm{d}f = \int_{-\infty}^{\infty}\left|H(f)\right|^2\frac{N_0}{2}\mathrm{d}f = \frac{N_0}{2}\int_{-\infty}^{\infty}\left|H(f)\right|^2\mathrm{d}f = \frac{N_0}{2}\int_{-\infty}^{\infty} h^2(t)\mathrm{d}t$$

最后一个等式成立利用了傅里叶变换中的帕塞瓦尔定理。□

信号通过线性系统无失真的条件 信号通过某一系统时，通常会受到某种改变，一般认为，如果信号经过该系统后，仅仅是信号幅度大小的比例变化及增加了时延外，其他都没有改变，这时可认为信号是没有失真的。因此，信号$x(t)$经过线性系统无失真的条件可以表述为

$$y(t) = kx(t-\tau_0) \tag{2.11.10}$$

式中，k和τ_0为常数。由此可导出线性无失真系统的频率特性要求。因为

$$y(t) = kx(t-\tau_0) \to h(t) = k\delta(t-\tau_0) \tag{2.11.11}$$

因此可得

$$H(f) = \int_{-\infty}^{\infty} h(t)\mathrm{e}^{-\mathrm{j}2\pi ft}\mathrm{d}t = \int_{-\infty}^{\infty} k\delta(t-\tau_0)\mathrm{e}^{-\mathrm{j}2\pi ft}\mathrm{d}t = k\mathrm{e}^{-\mathrm{j}2\pi f\tau_0} \tag{2.11.12}$$

其相频和幅频特性分别为

$$\left|H(f)\right| = k, \quad \phi(f) = -2\pi f\tau_0 \tag{2.11.13}$$

上述特性可由图 2.11.2 形象地描述。

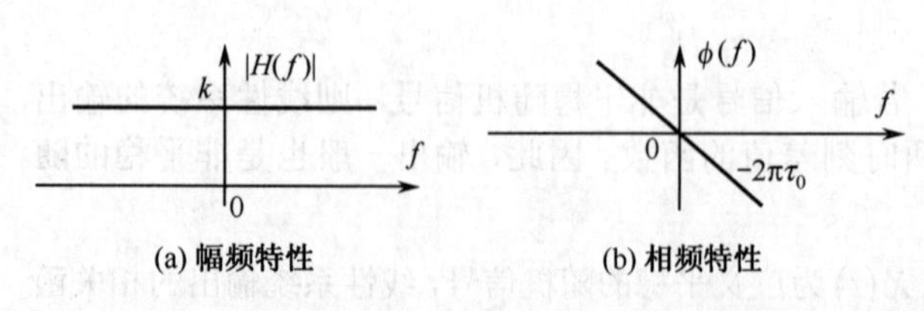

图 2.11.2 线性无失真系统的幅频与相频特性

理想的线性无失真系统要在整个频域范围均满足上述特性，而在实际的通信系统中要满足这一条件通常是非常困难的，一般只要在信号出现的频谱范围内保证上述幅频与相频特性条件成立，就能够达到无失真的效果。

信号的群时延特性 信号通过某一系统后，不同的频率成分可能会有不同的时延，信号的**群时延**定义为

$$\tau_{\mathrm{G}}(f) = -\frac{1}{2\pi}\frac{\mathrm{d}\phi(f)}{\mathrm{d}f} \tag{2.11.14}$$

群时延反映了信号的不同频率成分经过系统后的时延特性。

下面分析一个信号经过系统时，不同频率成分的幅频特性没有失真，但有不同的传输时延时导致信号失真的示例。图 2.11.3(a)是原周期的方波信号，图 2.11.3(c)和(e)中的实线波形是因不同频率成分有不同时延产生畸变的信号，而右边则是相应的信号分解图。

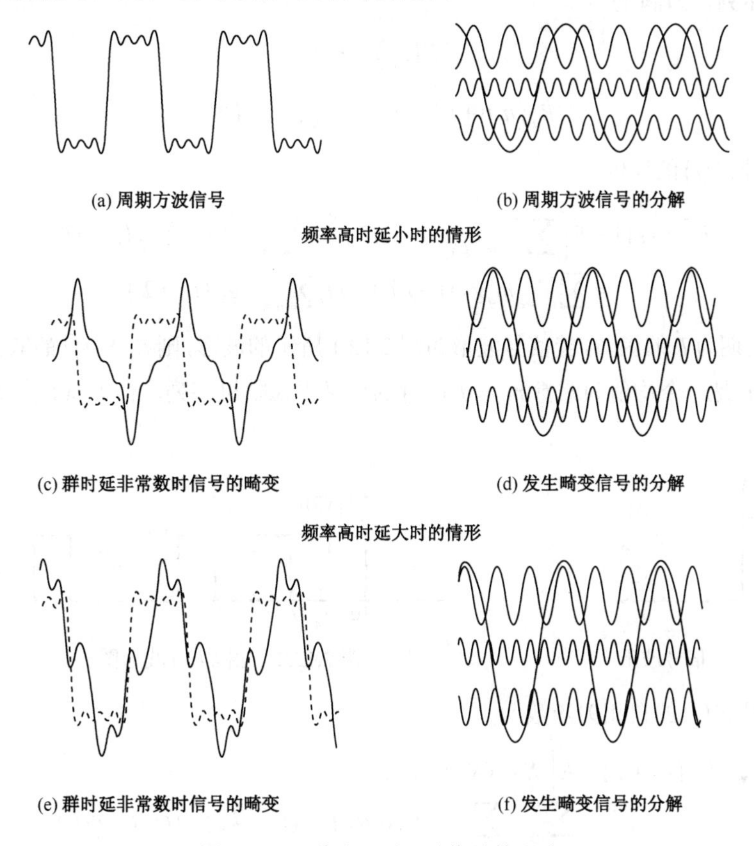

图 2.11.3　群时延不同对信号的影响

对于线性无失真的系统，其群时延为

$$\tau_{\mathrm{G}}(\omega)=-\frac{1}{2\pi}\frac{\mathrm{d}\phi(f)}{\mathrm{d}f}=-\frac{\mathrm{d}(-2\pi f\tau_0)}{\mathrm{d}f}=\tau_0 \tag{2.11.15}$$

τ_0 为一常数，各种频率成分具有相同时延。

信号经过**非线性系统**后，通常有新的频率成分产生，此时信号一定是有失真的。

2.12　循环平稳随机过程

平稳随机过程具有许多便于进行信号分析和处理的性质。例如前面我们看到的平稳随机过程的相关函数和其功率谱密度是一个傅里叶变换对。因此，如果已知某信号的相关函数，便很容易获得其功率密度谱，由此可以确定其在频域中的分布特性和传输该信号时对频带的要求。但在通信系统中，大量信号并非平稳随机信号。下面首先考察通信系统中的一种典型随机序列信号

$$X(t)=\sum\nolimits_{n=-\infty}^{\infty}a_n g_T(t-nT) \tag{2.12.1}$$

式中，$g_T(t)$ 是持续时间为一个码元周期 T 的确定**信号波形**的函数，图 2.12.1 是 $g_T(t)$ 的一个示例，这

是一个占空比为 50%的脉冲。a_n 是第 n 个码元携带信息的信号波形加权值，即信源输出符号序列 $\{a_n\}$ 在第 n 时刻的符号值。

对于一个 M 进制的传输系统，$a_n \in \{A_m, m=1,2,\cdots,M\}$，即 a_n 有 M 种可能的取值。假定 $\{a_n\}$ 是一个**广义平稳随机序列**，即满足

$$E(a_n)=m_a \tag{2.12.2}$$

$$R_a(n,n+k)=E(a_n a_{n+k})=R_a(k) \tag{2.12.3}$$

相应地，随机信号 $X(t)$ 的均值

$$\begin{aligned}E[X(t)]&=E\left[\sum_{n=-\infty}^{\infty}a_n g_T(t-nT)\right]=\sum_{n=-\infty}^{\infty}E(a_n)g_T(t-nT)\\&=\sum_{n=-\infty}^{\infty}m_a g_T(t-nT)=m_a\sum_{n=-\infty}^{\infty}g_T(t-nT)\end{aligned} \tag{2.12.4}$$

$E[X(t)]$ 是一个周期为 T 的函数，若信号波形为图 2.12.1 所示的波形，则 $E[X(t)]$ 的取值变化如图 2.12.2 所示，可见尽管 a_n 是一个均值为常数 $m_a=E(a_n)$ 的广义平稳随机序列，但 $E[X(t)]$ 是一个时变的周期函数。

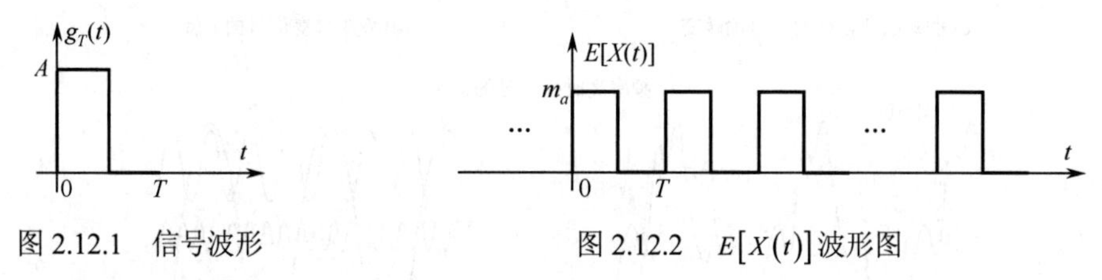

图 2.12.1　信号波形　　　　图 2.12.2　$E[X(t)]$波形图

随机序列信号 $X(t)$ 的自相关函数

$$\begin{aligned}R_X(t,t+\tau)&=E[X(t)X(t+\tau)]\\&=\sum_{n=-\infty}^{\infty}\sum_{m=-\infty}^{\infty}E(a_n a_m)g_T(t-nT)g_T(t+\tau-mT)\\&=\sum_{n=-\infty}^{\infty}\sum_{m=-\infty}^{\infty}R_a(m-n)g_T(t-nT)g_T(t+\tau-mT)\end{aligned} \tag{2.12.5}$$

可见尽管 $\{a_n\}$ 是一个**广义平稳随机序列**，但随机序列信号 $X(t)$ 是非平稳的。又由

$$\begin{aligned}R_X(t+T,t+T+\tau)&=E[X(t+T)X(t+T+\tau)]\\&=\sum_{n=-\infty}^{\infty}\sum_{m=-\infty}^{\infty}R_a(m-n)g_T(t+T-nT)g_T(t+T+\tau-mT)\\&=\sum_{n=-\infty}^{\infty}\sum_{m=-\infty}^{\infty}R_a(m-n)g_T(t-(n-1)T)g_T(t+\tau-(m-1)T)\\&=\sum_{n=-\infty}^{\infty}\sum_{m=-\infty}^{\infty}R_a((m-1)-(n-1))g_T(t-(n-1)T)g_T(t+\tau-(m-1)T)\\&=\sum_{n'=-\infty}^{\infty}\sum_{m'=-\infty}^{\infty}R_a(m'-n')g_T(t-n'T)g_T(t+\tau-m'T)=R_X(t,t+\tau)\end{aligned} \tag{2.12.6}$$

可知相关函数是也是一个周期为 T 的**周期函数**。我们称这种由一个广义平稳随机序列 $\{a_n\}$ 构成的均值和相关函数均为周期函数，随机过程 $X(t)$ 为**循环平稳随机过程**。在通信系统中，许多信号是非平稳的，但却具有循环平稳的特性。上述的周期特性，可用于判断周围环境中是否有区别于噪声的无线电信号的存在。

因为循环平稳随机过程并非平稳随机过程，因此无法由其自相关函数求解信号的功率密度谱。定义循环平稳随机过程的**平均自相关函数**为

$$\overline{R_X(t,t+\tau)}=\frac{1}{T}\int_{-T/2}^{T/2}R_X(t,t+\tau)\,\mathrm{d}t=\overline{R}_X(\tau) \tag{2.12.7}$$

显然平均自相关函数具有和平稳过程自相关函数类似的、与时间 t 无关而只与时间差值 τ 有关的特性。

由此，可定义循环平稳随机信号的**平均功率密度谱**为

$$P_X(\omega)=\int_{-\infty}^{\infty}\overline{R}_X(\tau)\mathrm{e}^{-\mathrm{j}\omega\tau}\mathrm{d}\tau \tag{2.12.8}$$

循环平稳随机过程平均自相关函数的这种特性，使得一大类信号的功率密度谱的估计问题得以解决。

下面分析循环平稳随机信号的平均功率密度谱的具体计算问题。由平均自相关函数的定义及式（2.12.5）有

$$\begin{aligned}\overline{R}_X(\tau)&=\frac{1}{T}\int_{-T/2}^{T/2}R_X(t,t+\tau)\,\mathrm{d}t=\frac{1}{T}\int_{-T/2}^{T/2}E\left[X(t)X(t+\tau)\right]\mathrm{d}t\\&=\frac{1}{T}\int_{-T/2}^{T/2}\sum_{n=-\infty}^{\infty}\sum_{m=-\infty}^{\infty}R_a(m-n)g_T(t-nT)g_T(t+\tau-mT)\,\mathrm{d}t\\&=\frac{1}{T}\sum_{m'=-\infty}^{\infty}R_a(m')\int_{-\infty}^{\infty}g_T(t)g_T(t+\tau-m'T)\,\mathrm{d}t\end{aligned} \tag{2.12.9}$$

记 $g_T(t)$ 的自相关函数为

$$R_g(\tau)=\int_{-\infty}^{\infty}g_T(t)g_T(t+\tau)\mathrm{d}t \tag{2.12.10}$$

代入式（2.12.9），平均自相关函数变为

$$\overline{R}_X(\tau)=\frac{1}{T}\sum_{m=-\infty}^{\infty}R_a(m)R_g(\tau-mT) \tag{2.12.11}$$

由此，循环平稳随机信号的平均功率密度谱的一般计算方法可以表示为

$$\begin{aligned}P_X(f)&=\int_{-\infty}^{\infty}\overline{R}_X(\tau)\mathrm{e}^{-\mathrm{j}2\pi f\tau}\mathrm{d}\tau=\int_{-\infty}^{\infty}\frac{1}{T}\sum_{m=-\infty}^{\infty}R_a(m)R_g(\tau-mT)\,\mathrm{e}^{-\mathrm{j}2\pi f\tau}\mathrm{d}\tau\\&=\frac{1}{T}\sum_{m=-\infty}^{\infty}R_a(m)\mathrm{e}^{-\mathrm{j}2\pi fmT}\int_{-\infty}^{\infty}R_g(\tau-mT)\mathrm{e}^{-\mathrm{j}2\pi f(\tau-mT)}\mathrm{d}\tau\\&=\frac{1}{T}\sum_{m=-\infty}^{\infty}R_a(m)\mathrm{e}^{-\mathrm{j}2\pi fmT}\int_{-\infty}^{\infty}R_g(\tau')\mathrm{e}^{-\mathrm{j}2\pi f\tau'}\mathrm{d}\tau'=\frac{1}{T}P_a(f)\ \left|G_T(f)\right|^2\end{aligned} \tag{2.12.12}$$

式中，$\left|G_T(f)\right|^2=\int_{-\infty}^{\infty}R_g(\tau)\mathrm{e}^{-\mathrm{j}2\pi f\tau}\mathrm{d}\tau$，$G_T(f)$ 是 $g_T(t)$ 的傅里叶变换，若已知脉冲信号的波形 $g_T(t)$，通过傅里叶变换很容易求解 $G_T(f)$。$P_a(f)=\sum_{m=-\infty}^{\infty}R_a(m)\mathrm{e}^{-\mathrm{j}2\pi fmT}$。由此平均功率密度谱 $P_S(f)$ 的计算转换为 $G_T(f)$ 和 $P_a(f)$ 的计算。

假定已知 a_n 的均值为

$$E(a_n)=m_a \tag{2.12.13}$$

其自协方差函数

$$\begin{aligned}\Gamma_a(a_n,a_{n+m})&=E\left[\left(a_n-E(a_n)\right)\left(a_{n+m}-E(a_{n+m})\right)\right]\\&=E\left[(a_n-m_a)(a_{n+m}-m_a)\right]=E\left[a_na_{n+m}\right]-m_aE(a_n)-m_aE(a_{n+m})+m_a^2\\&=E\left[a_na_{n+m}\right]-m_a^2=R_a(a_n,a_{n+m})-m_a^2=R_a(m)-m_a^2\end{aligned} \tag{2.12.14}$$

可得 $R_a(m)=\Gamma_a(a_n,a_{n+m})+m_a^2$。由此可见，若随机序列的均值 $E(a_n)=m_a\neq 0$，其符号间一定是相关的，**直流成分**就是符号间相关的部分。

下面讨论一种**特殊的情形**，如果随机序列 $\{a_n\}$ 中**交变的信号成分**不相关，即

$$\Gamma_a\left(a_n,a_{n+m}\right)=\begin{cases}\sigma_a^2, & m=0\\ 0, & m\neq 0\end{cases} \tag{2.12.15}$$

其中 $\sigma_a^2=E\left[\left(a_n-m_a\right)^2\right]$ 是 a_n 的方差，则相应地有

$$R_a(m)=\Gamma_a\left(a_n,a_{n+m}\right)+m_a^2=\begin{cases}\sigma_a^2+m_a^2, & m=0\\ m_a^2, & m\neq 0\end{cases} \tag{2.12.16}$$

由随机序列 $\{a_n\}$ 的功率密度谱定义，并利用上式的结果可得

$$P_a(f)=\sum_{m=-\infty}^{\infty}R_a(m)\mathrm{e}^{-\mathrm{j}2\pi fmT}=\sigma_a^2+m_a^2\sum_{m=-\infty}^{\infty}\mathrm{e}^{-\mathrm{j}2\pi fmT}=\sigma_a^2+\frac{m_a^2}{T}\sum_{m=-\infty}^{\infty}\delta\left(f-\frac{m}{T}\right) \tag{2.12.17}$$

其中最后一个等式成立利用了周期函数 $\frac{1}{T}\sum_{m=-\infty}^{\infty}\delta\left(f-\frac{m}{T}\right)$ 与其傅里叶级数 $\sum_{m=-\infty}^{\infty}\mathrm{e}^{-\mathrm{j}2\pi fmT}$ 之间的关系。将式（2.12.17）的结果代入式（2.12.12）得

$$\begin{aligned}P_X(f)&=\frac{1}{T}P_a(f)\left|G_T(f)\right|^2=\frac{1}{T}\left[\sigma_a^2+\frac{m_a^2}{T}\sum_{m=-\infty}^{\infty}\delta\left(f-\frac{m}{T}\right)\right]\left|G_T(f)\right|^2\\&=\frac{1}{T}\sigma_a^2\left|G_T(f)\right|^2+\frac{m_a^2}{T^2}\sum_{m=-\infty}^{\infty}\delta\left(f-\frac{m}{T}\right)\left|G_T\left(\frac{m}{T}\right)\right|^2\end{aligned} \tag{2.12.18}$$

若随机序列中不含直流成分，即均值 $m_a=0$，则上式可进一步简化为

$$P_X(f)=\frac{1}{T}\sigma_a^2\left|G_T(f)\right|^2 \tag{2.12.19}$$

【例 2.12.1】 设信号波形是图 2.12.1 所示的占空比为 50%的脉冲，$\{a_n\}$ 是一个二进制的随机序列，$a_n\in\{-1,1\}$。求：（1）$P\left(a_n=-1\right)=P\left(a_n=1\right)=1/2$ 时，随机信号序列 $X(t)=\sum_{n=-\infty}^{\infty}a_ng_T(t-nT)$ 的功率密度谱；（2）$P\left(a_n=-1\right)=1/3$，$P\left(a_n=1\right)=2/3$ 时，该信号的功率密度谱。

解：（1）若 $P\left(a_n=-1\right)=P\left(a_n=1\right)=1/2$，$a_n$ 的均值和方差分别为

$$m_a=E\left(a_n\right)=(-1)\cdot 1/2+1\cdot 1/2=0；\quad \sigma_a^2=E\left(a_n\right)=(-1-0)^2\cdot 1/2+(1-0)^2\cdot 1/2=1$$

$$g_T(t)\Leftrightarrow G_T(f)=2A\frac{\sin(2\pi fT/2)}{2\pi f}\cdot\mathrm{e}^{-\mathrm{j}2\pi f\frac{T}{4}}=\frac{1}{2}TA\operatorname{sinc}(fT/2)\cdot\mathrm{e}^{-\mathrm{j}2\pi f\frac{T}{4}}$$

因为 $m_a=0$，所以功率密度谱中不含离散频谱分量，得

$$P_X(f)=\frac{1}{T}\sigma_a^2\left|G_T(f)\right|^2=\frac{TA^2}{4}\operatorname{sinc}^2(fT/2)$$

（2）若 $P\left(a_n=-1\right)=1/3,\ P\left(a_n=1\right)=2/3$，$a_n$ 的均值和方差分别为

$$m_a=E\left(a_n\right)=(-1)\cdot 1/3+1\cdot 2/3=1/3；\quad \sigma_a^2=E\left(a_n\right)=(-1-0)^2\cdot 1/3+(1-0)^2\cdot 2/3=1$$

功率密度谱为

$$\begin{aligned}P_X(f)&=\frac{1}{T}\sigma_a^2\left|G_T(f)\right|^2+\frac{m_a^2}{T^2}\sum_{m=-\infty}^{\infty}\delta\left(f-\frac{m}{T}\right)\left|G_T\left(\frac{m}{T}\right)\right|^2\\&=\frac{TA^2}{4}\operatorname{sinc}^2(fT/2)+\frac{A^2}{4}\left(\frac{1}{3}\right)^2\sum_{m=-\infty}^{\infty}\delta\left(f-\frac{m}{T}\right)\left|\operatorname{sinc}^2\left(\frac{m}{2}\right)\right|\end{aligned}$$

显然，此时功率密度谱中包含离散频谱分量。□

2.13　匹配滤波器

在通信系统中，信号的接收过程本质上是信号的检测过程，在数字通信系统中传输的是符号序列，人们自然会问，当一个受噪声干扰的码元信号到达时，用什么样的滤波器检测信号是最有效的？在一个码元出现的什么时刻进行抽样，正确判决的概率是最大的？

一个典型的信号接收判决系统如图 2.13.1 所示，接收端收到的信号为

$$x(t)=s(t)+n(t) \tag{2.13.1}$$

经过接收端的滤波器处理后，输出的信号为

$$y(t)=s_o(t)+n_o(t) \tag{2.13.2}$$

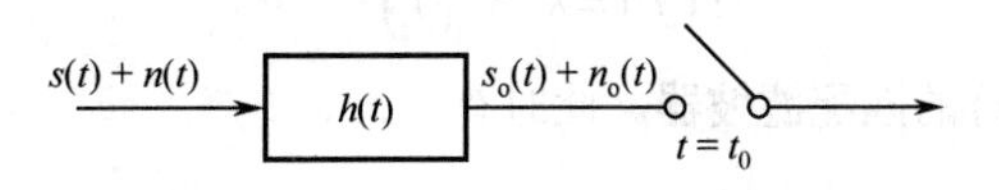

图 2.13.1　接收端滤波判决系统

匹配滤波器　能够在 $t=t_0$ 时刻使输出信号功率与噪声功率的比值达到最大的滤波器 $h(t)$，称为**匹配滤波器**。

匹配滤波接收是输出信噪比达到最大意义上的最佳接收。该问题归结为接收的滤波器应该具有什么样的形式和判决时刻应如何选择。记输入、输出信号和滤波器的冲激响应及它们的傅里叶变换为

$$s(t)\Leftrightarrow S(f);\quad s_o(t)\Leftrightarrow S_o(f);\quad h(t)\Leftrightarrow H(f) \tag{2.13.3}$$

在数字通信中，$s(t)$ 通常代表一个码元、持续时间为一个码元周期 T 的某一特定波形的信号。上述信号间有如下关系：

$$S_o(f)=H(f)S(f) \tag{2.13.4}$$

$$s_o(t)=\int_{-\infty}^{+\infty}S_o(f)\mathrm{e}^{\mathrm{j}2\pi ft}\mathrm{d}f=\int_{-\infty}^{+\infty}H(f)S(f)\mathrm{e}^{\mathrm{j}2\pi ft}\mathrm{d}f \tag{2.13.5}$$

噪声 $n(t)$ 是一个随机信号。由式（2.6.13）可知，对于白噪声，其功率密度谱是一常数

$$P_n(f)=\frac{N_0}{2},\ -\infty\leqslant f\leqslant+\infty \tag{2.13.6}$$

此时噪声功率 N 可表示为

$$N=\int_{-\infty}^{+\infty}|H(f)|^2P_n(f)\mathrm{d}f=\frac{N_0}{2}\int_{-\infty}^{+\infty}|H(f)|^2\mathrm{d}f \tag{2.13.7}$$

在 $t=t_0$ 时刻信号的功率为

$$s_o^2(t_0)=\left|\int_{-\infty}^{+\infty}H(f)S(f)\mathrm{e}^{\mathrm{j}2\pi ft_0}\mathrm{d}f\right|^2 \tag{2.13.8}$$

相应地，在 $t=t_0$ 时刻的信噪比为

$$\left(\frac{S}{N}\right)_{t=t_0}=\frac{s_o^2(t_0)}{N}=\frac{\left|\int_{-\infty}^{+\infty}H(f)S(f)\mathrm{e}^{\mathrm{j}2\pi ft_0}\mathrm{d}f\right|^2}{(N_0/2)\int_{-\infty}^{+\infty}|H(f)|^2\mathrm{d}f} \tag{2.13.9}$$

所谓匹配滤波器，就是能够使上式达到最大值的滤波器$H(f)$。下面进一步分析匹配滤波器应该具有什么样的形式，以及具体如何求解该滤波器。

根据数学上有关**许瓦兹不等式**的结论，对任意函数$f_1(x)$和$f_2(x)$，恒有

$$\left|\int_{-\infty}^{+\infty} f_1(x) f_2(x) \mathrm{d}x\right|^2 \leqslant \int_{-\infty}^{+\infty}\left|f_1(x)\right|^2 \mathrm{d}x \int_{-\infty}^{+\infty}\left|f_2(x)\right|^2 \mathrm{d}x \tag{2.13.10}$$

当且仅当

$$f_2(x) = k \cdot f_1^*(x) \tag{2.13.11}$$

成立时，式（2.13.10）取等号，即$\left|\int_{-\infty}^{+\infty} f_1(x) f_2(x) \mathrm{d}x\right|^2$达到最大值，其中$k$是常数，$f_1^*(x)$是$f_1(x)$的共轭函数。比较式（2.13.11），要使式（2.13.9）的分子部分取最大值，滤波器应取

$$H(f) = k \cdot S^*(f) \mathrm{e}^{-\mathrm{j}2\pi f t_0} \tag{2.13.12}$$

该滤波器即称为关于信号$s(t)$的**匹配滤波器**。此时有

$$\begin{aligned}
\left|\int_{-\infty}^{+\infty} H(f) S(f) \mathrm{e}^{\mathrm{j}2\pi f t_0} \mathrm{d}f\right|^2 &= \int_{-\infty}^{+\infty}\left|k \cdot S^*(f) \mathrm{e}^{-\mathrm{j}2\pi f t_0}\right|^2 \mathrm{d}f \int_{-\infty}^{+\infty}\left|S(f) \mathrm{e}^{\mathrm{j}2\pi f t_0}\right|^2 \mathrm{d}f \\
&= k^2 \int_{-\infty}^{+\infty}\left|S^*(f)\right|^2 \mathrm{d}f \int_{-\infty}^{+\infty}\left|S(f)\right|^2 \mathrm{d}f \\
&= k^2 \int_{-\infty}^{+\infty}\left|S(f)\right|^2 \mathrm{d}f \int_{-\infty}^{+\infty}\left|S(f)\right|^2 \mathrm{d}f
\end{aligned} \tag{2.13.13}$$

$$\int_{-\infty}^{+\infty}\left|H(f)\right|^2 \mathrm{d}f = \int_{-\infty}^{+\infty}\left|k \cdot S^*(f) \mathrm{e}^{-\mathrm{j}2\pi f t_0}\right|^2 \mathrm{d}f = k^2 \int_{-\infty}^{+\infty}\left|S(f)\right|^2 \mathrm{d}f \tag{2.13.14}$$

由上面两式，可知当滤波器取式（2.13.12）时，信噪比达到最大，且有

$$\max\left(\frac{S}{N}\right)_{t=t_0} = \frac{\left|\int_{-\infty}^{+\infty} H(f) S(f) \mathrm{e}^{\mathrm{j}2\pi f t_0} \mathrm{d}f\right|^2}{(N_0/2)\int_{-\infty}^{+\infty}\left|H(f)\right|^2 \mathrm{d}f} = \frac{\int_{-\infty}^{+\infty}\left|S(f)\right|^2 \mathrm{d}f}{(N_0/2)} = \frac{2E_{\mathrm{S}}}{N_0} \tag{2.13.15}$$

式中，$E_{\mathrm{S}} = \int_{-\infty}^{+\infty}\left|S(f)\right|^2 \mathrm{d}f = \int_{-\infty}^{+\infty}\left|s(t)\right|^2 \mathrm{d}t = \int_0^T\left|s(t)\right|^2 \mathrm{d}t$是一个**码元的能量**。上式说明，对于匹配滤波器，可获得的最大信噪比只与接收码元的能量E_{S}和噪声功率密度谱N_0有关。

匹配滤波器的冲激响应 式（2.13.12）揭示了匹配滤波器与其接收信号频域特性之间的关系，下面进一步讨论匹配滤波器的时域冲激响应。根据傅里叶变换关系式，匹配滤波器的冲激响应为

$$\begin{aligned}
h(t) &= \int_{-\infty}^{\infty} H(f) \mathrm{e}^{\mathrm{j}2\pi f t} \mathrm{d}f = \int_{-\infty}^{\infty}\left[k S^*(f) \mathrm{e}^{-\mathrm{j}2\pi f t_0}\right] \mathrm{e}^{\mathrm{j}2\pi f t} \mathrm{d}f \\
&= k \int_{-\infty}^{\infty}\left[\int_{-\infty}^{\infty} s(\tau) \mathrm{e}^{-\mathrm{j}2\pi f \tau} \mathrm{d}\tau\right]^* \mathrm{e}^{-\mathrm{j}2\pi f (t_0 - t)} \mathrm{d}f = k \int_{-\infty}^{\infty}\left[\int_{-\infty}^{\infty} \mathrm{e}^{\mathrm{j}2\pi f(\tau - t_0 + t)} \mathrm{d}f\right] s^*(\tau) \mathrm{d}\tau \\
&= k \int_{-\infty}^{\infty} \delta(\tau - t_0 + t) s^*(\tau) \mathrm{d}\tau = k s^*(t_0 - t)
\end{aligned} \tag{2.13.16}$$

如果信号$s(t)$本身是实信号，则其冲激响应也是实函数，且为

$$h(t) = k s(t_0 - t) \tag{2.13.17}$$

图2.13.2形象地描述了匹配滤波器的冲激响应$h(t)$与其原信号$s(t)$间的关系。

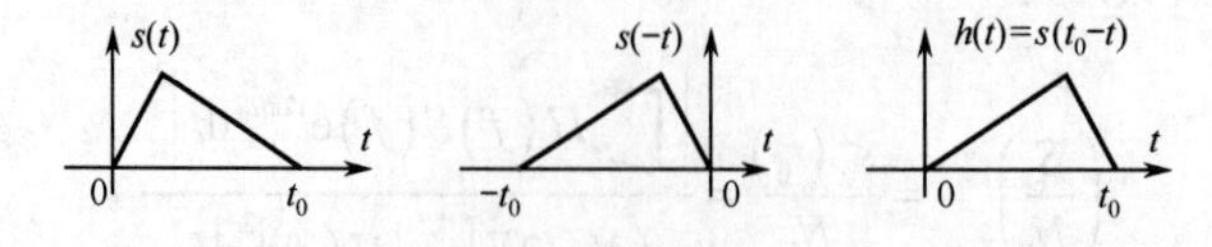

图2.13.2 信号与其匹配滤波器间的关系

匹配滤波器时间参数 t_0 的选择　由式（2.13.15），匹配滤波器 $t=t_0$ 时刻可获得最大的信噪比 $E_S/(N_0/2)$。相对码元周期 T，不同的 t_0 取值会出现不同的情况：

（1）$t_0<T$，如图 2.13.3(a)所示，此时得到的匹配滤波器是一个物理不可实现系统，因此在实际系统中不能取 $t_0<T$。

（2）$t_0>T$，如图 2.13.3(c)所示，此时得到的匹配滤波器需要在超过一个码元周期 T 的时间后才能获得最大的信噪比输出，在一个实际系统中，时延加大，且可能会影响对连续输入的码元的判决，所以一般也不会取 $t_0>T$。

（3）$t_0=T$，如图 2.13.3(b)所示，此时得到的匹配滤波器恰好在一个完整的码元到达时刻，输出的信噪比达到最大，此时一个码元信号的全部能量得到充分利用，同时也不会影响后续输入码元的处理，因此一般匹配滤波器时间参数 t_0 选择为 $t_0=T$。

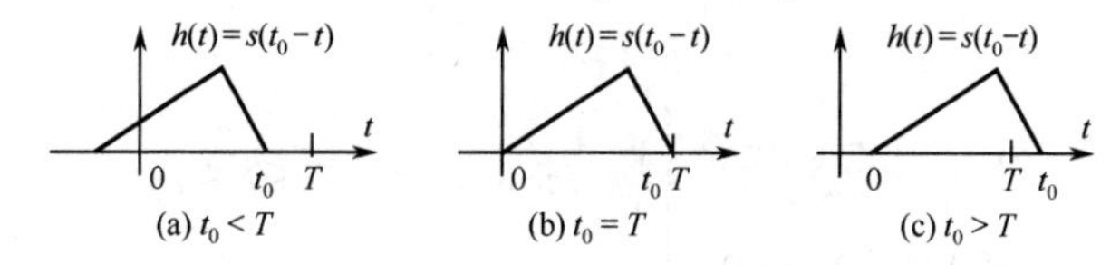

图 2.13.3　匹配滤波器时间参数 t_0 的选择

对特定信号的匹配滤波器来说，“**匹配**”有下面几个方面的含义：从频域的角度，幅频特性的取值 $|H(f)|$ 正比于 $|G(f)|$，在信号的频谱分量较小的区域，滤波器相应的幅频特性也较小，从而有利于抑制噪声的干扰；从时域的角度，$h(t)$ 与 $s(t)$ 的卷积在 $t_0=T$ 时刻的取值等效于对 $s^2(t)$ 在 $(0,T)$ 区间上的积分，充分提取了信号 $s(t)$ 的全部能量。在更一般的噪声干扰条件下，匹配滤波器具有如下频域特性：

$$H(f)=k\frac{S^*(f)}{\Phi_n(f)}\mathrm{e}^{-\mathrm{j}2\pi fT} \tag{2.13.18}$$

式中，$S^*(f)$ 仍为信号 $S(f)$ 的共轭函数，而 $\Phi_n(f)$ 为**噪声功率密度谱**，$|H(f)|$ 与 $|S(f)|$ 成正比，与 $|\Phi_n(f)|$ 成反比，可见匹配滤波器抑制噪声的物理意义非常明显。

【例 2.13.1】　求：（1）图 2.13.4(a)所示矩形脉冲 $s_1(t)$ 的匹配滤波器的冲激响应和 $t=T$ 时刻的输出波形图；（2）图 2.13.4(b)所示余弦脉冲 $s_2(t)$ 的匹配滤波器的冲激响应和 $t=T$ 时刻的输出波形图，假定余弦信号的波形周期 $T_C=T/4$。

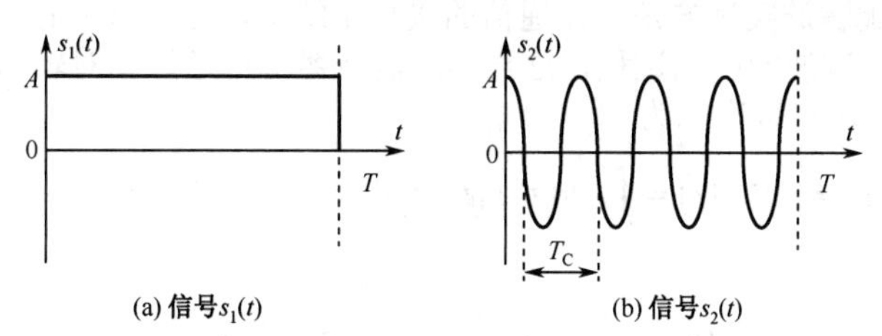

图 2.13.4　例 2.13.1 信号波形图

解：（1）通过对信号 $s_1(t)$ 关于纵轴的折叠和时间为 $t=T$ 的平移，可得

$$h_1(t)=k_1s_1(T-t)=\begin{cases}k, & 0\leqslant t\leqslant T\\ 0, & 其他\end{cases}$$

滤波器输出

$$y_1(t)=h_1(t)*s_1(t)=\begin{cases}kAt, & 0\leqslant t\leqslant T\\ kA(2T-t), & T\leqslant t\leqslant 2T\end{cases}$$

所得信号波形图如图 2.13.5 所示。

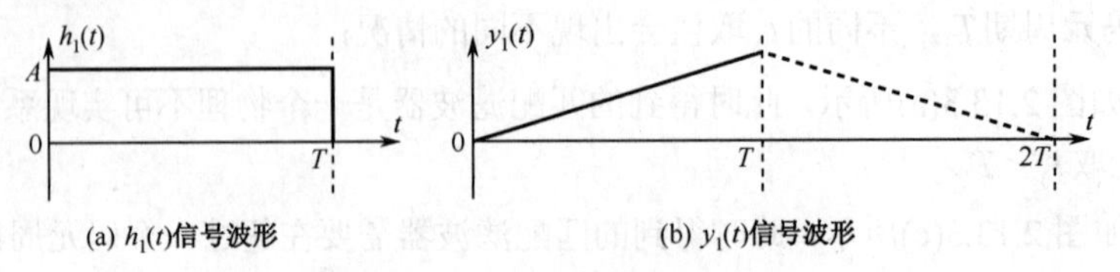

图 2.13.5　$h_1(t)$与 $y_1(t)$信号波形图

（2）通过对信号 $s_2(t)$ 关于纵轴的折叠和时间为 $t=T$ 的平移，可得

$$h(t)=k_1 s_2(T-t)=\begin{cases} k\cos\omega_c(T-t), & 0\leqslant t\leqslant T \\ 0, & \text{其他} \end{cases}=\begin{cases} k\cos\omega_c t, & 0\leqslant t\leqslant T \\ 0, & \text{其他} \end{cases}$$

滤波器输出

$$y(t)=h(t)*s_2(t)=\begin{cases} \dfrac{1}{2}k\cdot t\cos\omega_c t, & 0\leqslant t\leqslant T \\ \dfrac{1}{2}k\cdot(2T-t)\cos\omega_c t, & T<t\leqslant 2T \\ 0, & \text{其他} \end{cases}$$

结果波形图如图 2.13.6 所示。

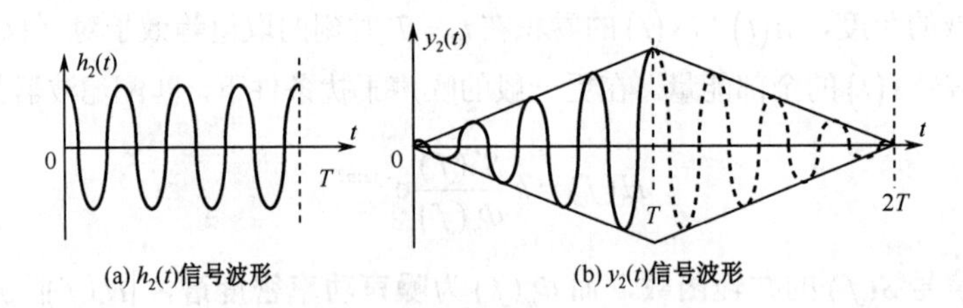

图 2.13.6　$h_2(t)$与 $y_2(t)$信号波形图

由（1）和（2）的输出结果可见，在 $t=T$ 时刻，滤波器的信号输出达到最大值。在 $t\geqslant T$ 后信号的输出在图中以虚线表示，这个时段的信号一般对于接收信号的判决已无意义。通常接收端会将这部分输出信号的处理过程舍弃。□

基于相关运算的匹配滤波实现方法　在通信的接收系统中，通常只关心匹配滤波器在判决时刻的输出值，而不需要了解其滤波的中间过程，这样匹配滤波器就可通过相对较为简单的相关运算的方法来实现。匹配滤波器的输出可以表示为

$$s_o(t)=h(t)*s(t)=\int_{-\infty}^{\infty}h(\tau)s(t-\tau)\mathrm{d}\tau=k\int_0^{\infty}s(T-\tau)s(t-\tau)\mathrm{d}\tau \tag{2.13.19}$$

在 $t=T$ 时刻，上式变为

$$s_o(T)=k\int_0^{\infty}s(T-\tau)s(T-\tau)\mathrm{d}\tau=k\int_{-\infty}^{T}s(\tau)s(\tau)\mathrm{d}\tau=k\int_0^{T}s(\tau)s(\tau)\mathrm{d}\tau=kR_S(0) \tag{2.13.20}$$

式中，积分上限由 $+\infty$ 改变为 T 是考虑到一个码元信号 $s(t)$ 的持续时间为一个码元周期 T。滤波器的输出 $s_o(T)$ 等于 $s(t)$ 的自相关函数 $R_S(\tau')$ 经 k 倍加权后，在 $\tau'=0$ 时刻的取值，因此可以用一个相关器来实现，其实现方法可由图 2.13.7 描述，其中 $ks(t)$ 是本地产生的信号，$s(t)$ 是输入的待滤波检测的信号。

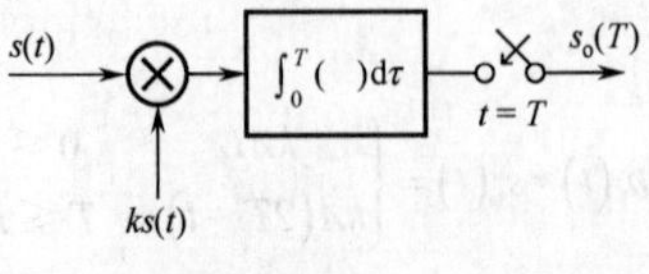

$s(t)$　$\int_0^T(\ )\mathrm{d}\tau$　$s_o(T)$　$t=T$　$ks(t)$

图 2.13.7　匹配滤波器的相关器实现方法

2.14 信号的带宽

在通信系统中，**信号带宽**是需要考虑的主要参数之一。一方面，数字通信有多种调制方式，不同调制方式的信号的频谱结构有很大区别。例如，对有些信号，在其载波频率 f_c 位置，信号频谱的连续谱部分取最大值；而对另外一些信号，其连续谱部分在该位置的取值近似为零，但信号的频谱可以扩展到很大的宽度。另一方面，所有实际信号的持续时间都是有限的，根据信号与系统的基本知识，持续时间有限的信号理论上频带一般为无限大。

考察图 2.14.1(a)所示的信号，假定信号 $x(t)$ 在某一持续时间为有限信号，持续时间为 T，将其进行周期为 T 的延拓，成为周期为 T 的信号 $x_T(t)$。对 $x_T(t)$ 用傅里叶级数展开得

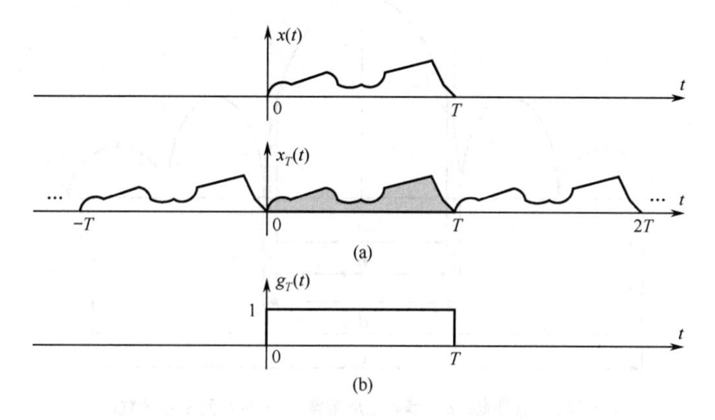

图 2.14.1　信号的周期延拓与截取

$$x_T(t)=\sum_{-\infty}^{\infty}a_n e^{j2\pi nfT},\quad a_n=\frac{1}{T}\int_0^T x(t)e^{jn\frac{2\pi}{T}t}dt=\frac{1}{T}\int_0^T x(t)e^{jn2\pi f_T t}dt \tag{2.14.1}$$

信号 $x_T(t)$ 的频谱为

$$X_T(f)=\Im[x(t)]=\pi\sum_{-\infty}^{\infty}a_n\delta(f-nf_T) \tag{2.14.2}$$

取一单位幅度、持续时间为 T 的矩形信号 $g_T(t)$ 如图 2.14.1(b)所示，$g_T(t)$ 的傅里叶变换为

$$G_T(f)=T\ \mathrm{sinc}(\pi fT)e^{-j2\pi f(T/2)} \tag{2.14.3}$$

因为信号 $x(t)$ 可以表示为 $x_T(t)$ 与 $g_T(t)$ 的乘积，由频域卷积定理

$$x(t)=x_T(t)\cdot g_T(t)\leftrightarrow X(f)=X(f)*G_T(f) \tag{2.14.4}$$

信号 $X(t)$ 的频谱

$$\begin{aligned}X(f)&=\pi\sum_{-\infty}^{\infty}a_n\delta(f-nf_T)*T\mathrm{sinc}(\pi fT)e^{-j\pi fT}\\&=\pi\sum_{-\infty}^{\infty}a_nT\ \mathrm{sinc}[\pi(f-nf_T)T]e^{-j\pi(f-nf_T)T}\end{aligned} \tag{2.14.5}$$

因为 $G_T(f)=T\mathrm{sinc}(\pi fT)e^{-j2\pi f(T/2)}$ 占据的频谱宽带延伸到无限大，可见经 $g_T(t)$ 的截取所得的时域持续时间有限的信号 $x(t)$，其所占的频谱宽度无限大。一般情况下，随着频率趋于无限大，$X(f)$ 的取值会不断衰减而趋于零。

一般地，如图 2.14.2(a)所示，带宽严格受限的信号，持续时间无限，物理上难以实现；而持续时间有限的信号，信号的带宽则无限大，如图 2.14.2(b)所示。

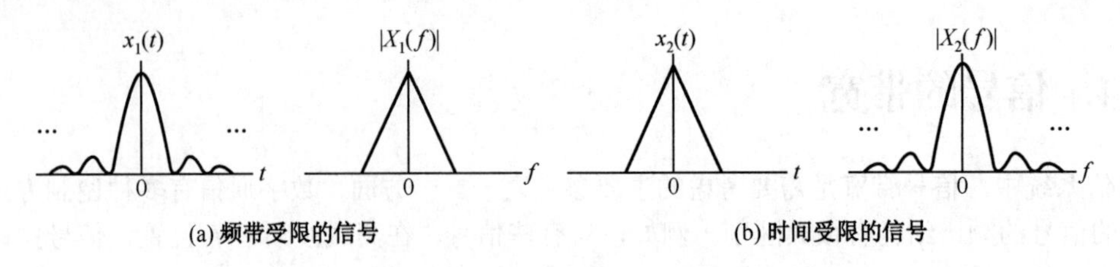

图 2.14.2　信号带宽的定义问题

综合上面两方面的因素，通常很难有一种统一的带宽定义，对不同信号或不同的通信标准，带宽可能会有不同的定义。下面参照图 2.14.3，介绍在实际系统中可能用到的几种带宽的定义[4]。

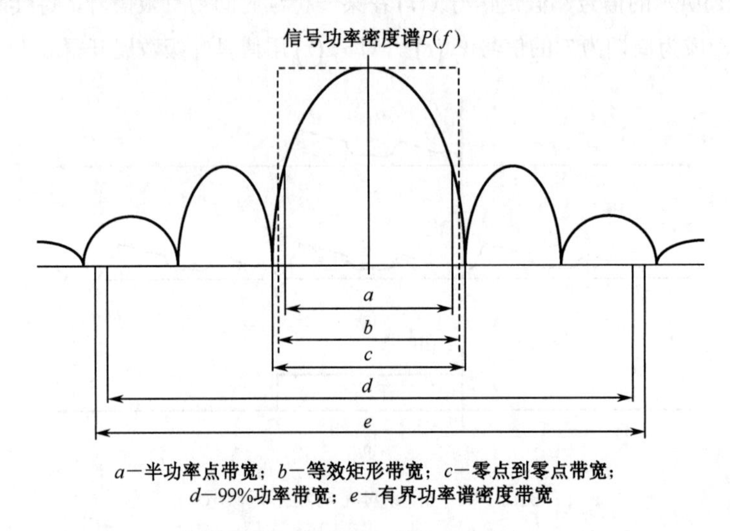

图 2.14.3　不同的信号带宽定义

（1）**半功率点带宽**：对应信号功率密度谱下降到峰值的 1/2，即下降 3dB 时，两频率点之间的间隔宽度。

（2）**等效矩形带宽**：假定信号的功率密度谱为一常数，即功率均匀分布在某一频率区域时所对应的带宽，该常数可以是原来信号功率频谱的最大值。

（3）**零点到零点带宽**：对应信号功率密度谱的主瓣所占的频谱宽度。

（4）**X% 功率带宽**：当采用 X% 功率带宽定义时，带外的信号功率应小于等于$1-X\%$。例如对于 99% 功率带宽，则意味着带内的功率应占99%，带外仅允许有不超过1%的信号功率。

（5）**有界功率谱密度带宽**：对应信号在所定义带宽之外的任意频率点处，信号的功率密度谱的取值必须较带宽中心点处取值小于某一确定的倍数，例如 35dB 或 50dB 等。

（6）**绝对带宽**：对应信号的功率密度谱所占的频带宽度，由前面的分析，对于持续实际为有限的信号，该值为无限大。

上述不同的带宽定义，通常只适用于部分信号。例如，等效矩形带宽，通常只用于在功率密度谱的中心取最大值，且信号功率分布较为集中的场合；零点到零点带宽，用于信号功率分布主要集中在主瓣的场合；相对地，部分功率保留带宽具有较广泛的适用性，该定义被美国联邦通信委员会所采纳；而绝对带宽，通常只有理论上的意义。

需要特别说明的是，在对信号进行傅里叶变换等频域特性研究的过程中，为分析方便起见，引入了负频率的概念，即假定信号的频率可能分布的区域为$-\infty<\omega<+\infty$。而我们在定义信号的带宽时，一般只考虑信号在频域的正半轴上所占据的带宽。图 2.14.4 给出了典型基带信号与经过频谱搬移的带通信号带宽的示意图。

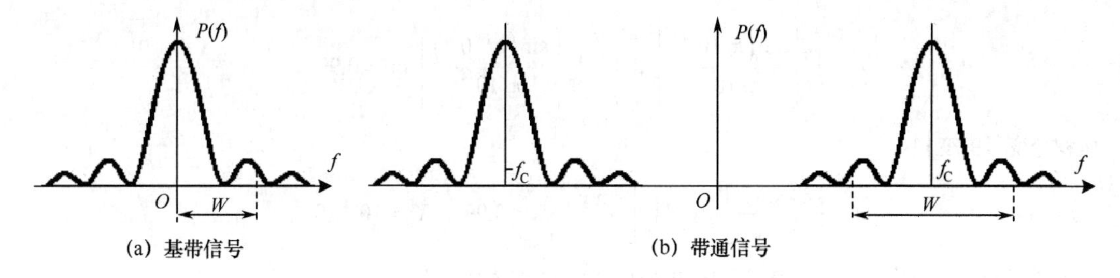

(a) 基带信号　　(b) 带通信号

图 2.14.4　基带信号与带通信号的带宽

下面给出一个估算各种带宽定义的例子，其中具体的求解过程要借助于数值运算工具。

【例 2.14.1】[6]　已知某信号的功率谱密度为

$$P_{f_c}(f)=10^{-4}\left\{\frac{\sin\left[\pi\left(f-10^6\right)10^{-4}\right]}{\pi\left(f-10^6\right)10^{-4}}\right\}^2$$

根据下面的定义求信号的不同定义的带宽：（1）半功率点带宽；（2）等效矩形带宽；（3）零点到零点带宽；（4）部分功率保留带宽；（5）有界功率谱密度带宽（衰减在 35dB 内的带宽）；（6）绝对带宽。

解： 为讨论问题简单起见，保持信号的频谱形状不变，把其搬移到中心频率为零的位置，并对信号的频谱函数做归一化处理，这并不影响分析计算的结果。经搬移和归一化后，信号的功率谱函数变为

$$P_0(f)=\left[\frac{\sin\left(\pi f10^{-4}\right)}{\pi f10^{-4}}\right]^2$$

（1）求半功率点带宽。设半功率点位于频率 f_0 处，则应有

$$P_0(f_0)=\left[\frac{\sin\left(\pi f_0 10^{-4}\right)}{\pi f_0 10^{-4}}\right]^2=\frac{1}{2}\quad\rightarrow\quad\frac{\sin\left(\pi f_0 10^{-4}\right)}{\pi f_0 10^{-4}}=\frac{1}{\sqrt{2}}=0.707$$

求其数值解，可得 $\pi f_0 10^{-4}\approx 1.4$，相应的带宽为 $B=2f_0\approx 9000\text{Hz}$。

（2）求等效矩形带宽。因为功率密度谱的最大值已归一化为 1，按照其定义

$$B=\int_{-\infty}^{\infty}\left[\frac{\sin\left(\pi f10^{-4}\right)}{\pi f10^{-4}}\right]^2\mathrm{d}f=2\int_0^{\infty}\left[\frac{\sin\left(\pi f10^{-4}\right)}{\pi f10^{-4}}\right]^2\mathrm{d}f=\frac{2\times10^4}{\pi}\int_0^{\infty}\left[\frac{\sin x}{x}\right]^2\mathrm{d}x$$

查定积分表，可得带宽

$$B=\frac{2\times10^4}{\pi}\frac{\pi}{2}=10^4\text{Hz}$$

（3）求零点到零点带宽。按定义，设信号的第一个零点位于 f_0 处，则由

$$P_0(f_0)=\left[\frac{\sin\left(\pi f_0 10^{-4}\right)}{\pi f_0 10^{-4}}\right]^2=0\quad\rightarrow\quad\frac{\sin\left(\pi f_0 10^{-4}\right)}{\pi f_0 10^{-4}}=0$$

以及正弦函数的性质，得

$$\pi f_0 10^{-4}=\pi\quad\rightarrow\quad f_0=10^4\text{Hz}$$

带宽为

$$B=2f_0=2\times10^4\text{Hz}$$

（4）求 99% 功率带宽。按定义，设 $B=2f_0$，则应有

$$\int_0^{f_0}\left[\frac{\sin(\pi f 10^{-4})}{\pi f 10^{-4}}\right]^2 \mathrm{d}f \Big/ \int_0^{\infty}\left[\frac{\sin(\pi f 10^{-4})}{\pi f 10^{-4}}\right]^2 \mathrm{d}f = 0.99$$

做积分变量的变换

$$\int_0^{X_0}\left[\frac{\sin x}{x}\right]^2 \mathrm{d}x \Big/ \int_0^{\infty}\left[\frac{\sin x}{x}\right]^2 \mathrm{d}x = 0.99,\quad X_0 = 10^{-4}\pi f_0$$

求上述积分方程的数值解，可得 $f_0 = 103000\text{Hz}$。因此带宽为

$$B = 2f_0 = 206000\text{Hz}$$

（5）求衰减在 35dB 内的有界功率谱密度带宽。对应归一化后的功率密度谱，35dB 衰减对应功率密度谱取值 $P(f_0)$ 有

$$10\lg\left[\frac{P(f_0)}{1}\right] = -35\text{dB},\quad P(f_0) = 10^{-3.5} = 10^{0.5}\times 10^{-4} \approx 3.16\times 10^{-4}$$

按照该带宽的定义，在频率 f_0 之上，功率密度谱的取值均应小于 3.16×10^{-4}。先考察函数 $\sin^2 x/x^2$ 的分子部分 $\sin^2 x$，当 $x = (2k+1)\pi/2,\ k = 0,1,2,\cdots$ 时，有 $\sin^2 x = 1$，相应地在这些点处的取值

$$\sin^2\left[\frac{\pi}{2}(2k+1)\right] \Big/ \left[\frac{\pi}{2}(2k+1)\right]^2 = 1 \Big/ \left[\frac{\pi}{2}(2k+1)\right]^2,\quad k = 0,1,2,\cdots$$

即在这些点处都会出现一个局部极大值，这些极大值随着 k 的增加而减小。在最靠近频率 f_0 而小于等于 3.16×10^{-4} 处的极大值，可由满足下式的最小 k 值确定：

$$\sin^2\left[\frac{\pi}{2}(2k+1)\right] \Big/ \left[\frac{\pi}{2}(2k+1)\right]^2 = 1 \Big/ \left[\frac{\pi}{2}(2k+1)\right]^2 \leqslant 3.16\times10^{-4}$$

解方程求得，当 $k = 18$ 时，满足上式。由此可以推断，频率 f_0 应该在 $k = 17$ 的极大值右边的下降沿处，应有

$$\frac{\pi}{2}(2\times17+1) \leqslant f_0 \leqslant \frac{\pi}{2}(2\times17+2)$$

上述区域用递归数值计算的方法，求解方程

$$\left[\frac{\sin(\pi f_0 10^{-4})}{\pi f_0 10^{-4}}\right]^2 = 3.16\times10^{-4}$$

可得 $f_0 = 175.6\times10^3\text{Hz}$，$B = 2f_0 = 351.2\times10^3\text{Hz}$。

（6）求绝对带宽。对于函数

$$P_0(f) = \left[\frac{\sin(\pi f 10^{-4})}{\pi f 10^{-4}}\right]^2$$

不会因为 f 的取值大于某一数值后恒等于零，因此绝对带宽为无限大。□

由上面的例子容易看到，各种不同定义的信号带宽的求解并没有一个一般的方法，通常只能根据信号的频谱特性按定义逐个计算。

2.15 常用的几种特殊函数

在许多有关通信的文献和书籍分析导出有关系统性能的结果时，常会用到 **$\Phi(x)$ 函数**、**误差函数** $\mathrm{erf}(x)$、**互补误差函数** $\mathrm{erfc}(x)$ 和 $Q(x)$ **函数**等几种特殊的函数，本节给出它们的定义和相互之间的关系：

$$\Phi(x)=\frac{1}{\sqrt{2\pi}}\int_{-\infty}^{x}\exp\left(-\frac{z^2}{2}\right)\mathrm{d}z \tag{2.15.1}$$

$$\operatorname{erf}(x)=\frac{2}{\sqrt{\pi}}\int_{0}^{x}\exp\left(-z^2\right)\mathrm{d}z \tag{2.15.2}$$

$$\operatorname{erfc}(x)=1-\operatorname{erf}(x)=\frac{2}{\sqrt{\pi}}\int_{x}^{\infty}\exp\left(-z^2\right)\mathrm{d}z \tag{2.15.3}$$

$$Q(x)=\frac{1}{\sqrt{2\pi}}\int_{x}^{\infty}\exp\left(-\frac{z^2}{2}\right)\mathrm{d}z \tag{2.15.4}$$

上述的这些函数之间的相互关系如下：

$$\operatorname{erf}(x)=2\Phi\left(\sqrt{2}x\right)-1 \tag{2.15.5}$$

$$\operatorname{erfc}(x)=2-2\Phi\left(\sqrt{2}x\right) \tag{2.15.6}$$

$$\Phi(x)=\frac{1}{2}+\frac{1}{2}\operatorname{erf}\left(\frac{x}{\sqrt{2}}\right)=1-\frac{1}{2}\operatorname{erfc}\left(\frac{x}{\sqrt{2}}\right) \tag{2.15.7}$$

$$Q(x)=\frac{1}{2}\operatorname{erfc}\left(\frac{x}{\sqrt{2}}\right)=1-\Phi(x) \tag{2.15.8}$$

2.16　本章小结

本章回顾了确定信号的基本分析方法，讨论了信号的矢量表示和希尔伯特变换等新概念，详细介绍了本课程中将用到的最基本的随机信号与噪声的概念，讨论了随机过程的数字特征，包括均值、相关函数、自协方差函数与互协方差函数等，介绍了通信系统中常用的平稳随机信号的定义和有关特性，平稳随机信号和循环平稳随机过程的自相关函数与功率谱密度的关系，分析了几种常用的高斯、窄带和白噪声等随机过程，讨论了随机信号经过线性系统后的有关特性和无失真的条件等，以及匹配滤波器、信号的矢量表示方法、希尔伯特变换和信号带宽等重要概念。以上内容是学习和掌握数字通信原理所必须具备的基本知识。

习　题

2.1　若确知信号为 $f(t)=\mathrm{e}^{-at}u(t)$，试求其能量谱密度、能量和自相关函数。

2.2　（a）试证明题图 2.1 所示的三个函数在区间(−2, 2)上两两正交。

（b）求（a）中三个函数构成的标准正交基函数所需要的常数 A。

（c）用（b）中的标准正交基函数表示波形 $x(t)$。

$$x(t)=\begin{cases}1, & 0\leqslant t\leqslant 2\\ 0, & \text{其他}\end{cases}$$

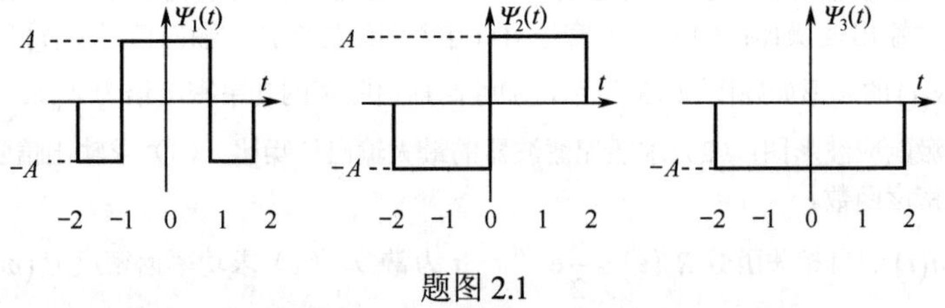

题图 2.1

2.3 带通信号 $s(t)=\begin{cases}A\cos 2\pi f_c t, & 0\leqslant t<T\\ 0, & 其他\end{cases}$ 通过一个冲激响应为 $h(t)$ 的线性系统，输出为 $y(t)$。若 $f_c=\dfrac{4}{T}$，$h(t)=\begin{cases}2\cos 2\pi f_c t, & 0\leqslant t<T\\ 0, & 其他\end{cases}$，试求：（1）$s(t)$ 的复包络 $s_L(t)$；（2）$y(t)$ 的复包络 $y_L(t)$；（3）$y(t)$。

2.4 证明实平稳随机过程 $X(t)$ 的自协方差函数满足如下关系：（1）$\Gamma_X(\tau)=\Gamma_X(-\tau)$；（2）$\Gamma_X(\tau)=R_X(\tau)-m_X^2$；（3）$\Gamma_X(\tau)\leqslant\Gamma_X(0)$。

2.5 设 $y(t)=x_1\cos\omega_0 t-x_2\sin\omega_0 t$，其中 x_1、x_2 是均值为 0、方差为 σ^2 且相互独立的高斯随机变量，试求：（1）$E[y(t)]$ 和 $E[y^2(t)]$；（2）$y(t)$ 的一维概率密度函数 $p(y)$；（3）$y(t)$ 的相关函数与自协方差函数。

2.6 已知随机信号 $x(t)=A\cos(\omega_0 t+\phi)$，式中 A 是均值为 μ_A、方差为 σ_A^2 的高斯随机变量。（1）求随机信号 $x(t)$ 的均值和方差；（2）该随机信号是否为广义平稳的随机过程，为什么？

2.7 已知 $x(t)$ 和 $y(t)$ 是两个相互独立和零均值的平稳随机过程，它们的自相关函数分别为 $R_X(\tau)=\mathrm{e}^{-\alpha|\tau|}$ 和 $R_Y(\tau)=\beta\delta(\tau)$。若 $z(t)=x(t)+y(t)$，求 $z(t)$ 的功率密度谱。

2.8 设 RC 低通滤波器如题图 2.8 所示，当输入 $n(t)$ 是均值为 0、功率密度谱为 $N_0/2$ 的白噪声时，求输出过程 $y(t)$ 的均值、功率密度谱、自相关函数和分布特性。

2.9 双边功率密度谱为 $N_0/2$ 的白噪声经过传递函数为 $H(f)$ 的滤波器后成为 $X(t)$，若

$$H(f)=\begin{cases}\dfrac{T_s}{2}(1+\cos\pi f T_s), & |f|\leqslant\dfrac{1}{T_s}\\ 0, & 其他\end{cases}$$

求 $X(t)$ 的功率密度谱及其功率。

2.10 设 $X(t)=X_c(t)\cos 2\pi f_c t-X_s(t)\sin 2\pi f_c t$ 为窄带高斯平稳随机过程，其均值为 0，方差为 σ_X^2。信号 $A\cos 2\pi f_c t+X(t)$ 经过题图 2.10 所示电路后成为 $Y(t)=u(t)+v(t)$，其中 $u(t)$ 是与 $A\cos 2\pi f_c t$ 对应的输出，$v(t)$ 是与 $X(t)$ 对应的输出。假设 $X_C(t)$ 和 $X_S(t)$ 的带宽等于低通滤波器 LPF 的通频带。（1）若 θ 为常数，求 $u(t)$ 和 $v(t)$ 的平均功率之比；（2）若 θ 与 $X(t)$ 是独立的零均值的高斯随机变量，求 $u(t)$ 和 $v(t)$ 的平均功率之比。

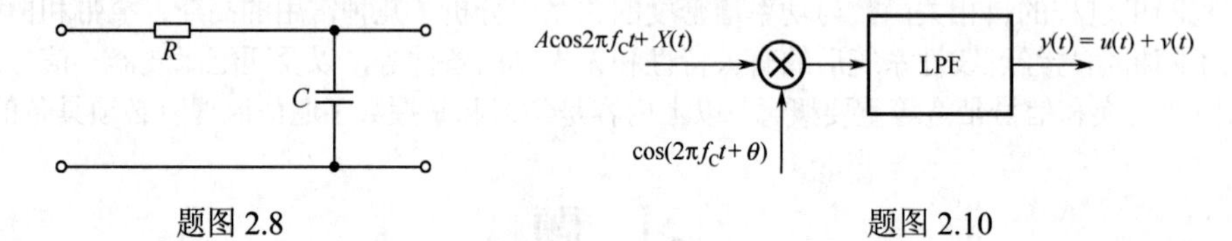

题图 2.8　　　　题图 2.10

2.11 若随机过程 $z(t)=m(t)\cos(2\pi f_0 t+\phi)$，其中 $m(t)$ 是广义平稳随机过程，且自相关函数 $R_m(\tau)$ 为

$$R_m(\tau)=\begin{cases}1+\tau, & -1\leqslant\tau<0\\ 1-\tau, & 0\leqslant\tau<1\\ 0, & 其他\end{cases}$$

ϕ 是在 $[0,\pi]$ 内服从均匀分布的随机变量，且与 $m(t)$ 彼此独立，$f_0=3$。（1）证明 $z(t)$ 是广义平稳的；（2）绘出自相关函数 $R_z(\tau)$ 的波形；（3）求功率谱密度 $P_z(\omega)$ 及功率 S。

2.12 设信道加性高斯白噪声的功率密度谱为 $N_0/2$，设计一个题图 2.12 所示的信号 $s(t)$ 的匹配滤波器。（1）求匹配滤波器冲激响应的波形图；（2）确定匹配滤波器的最大信号输出幅度；（3）求匹配滤波器的最大输出信噪比；（4）画出信号 $s(t)$ 输入匹配滤波器时输出信号 $s_o(t)$ 的波形图。

2.13 已知信号 $s(t)$ 的波形如题图 2.13 所示，加性高斯白噪声的功率密度谱为 $N_0/2$。（1）求 $s(t)$ 的匹配滤波器的冲激响应波形图；（2）求匹配滤波器的最大输出信噪比；（3）求输出信噪比达到最大时，输出值的概率密度函数。

2.14 已知噪声 $n(t)$ 的自相关函数 $R_n(\tau)=\dfrac{a}{2}\mathrm{e}^{-a|\tau|}$，$a$ 为常数。（1）求功率谱密度 $P_n(\omega)$ 及其功率 S；（2）绘

出 $R_n(\tau)$ 及 $P_n(\omega)$ 的图形。

2.15 将一个均值为 0、功率密度谱为 $N_0/2$ 的高斯白噪声加到一个中心角频率为 ω_0、带宽为 W 的题图 2.15 所示的理想带通滤波器上。(1) 求滤波器输出噪声的自相关函数；(2) 写出输出噪声的一维概率密度函数。

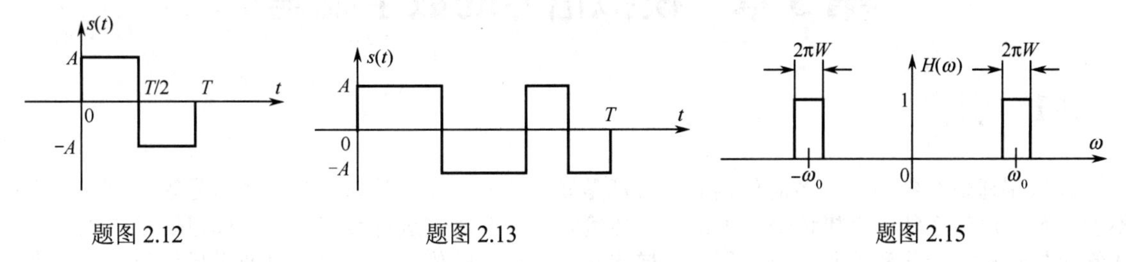

题图 2.12　　题图 2.13　　题图 2.15

2.16 已知周期为 T 的信号 $f(t)$ 总可以用傅里叶级数表示为 $f(t)=\sum_{n=-\infty}^{\infty}C_n\mathrm{e}^{\mathrm{j}n\omega_T t}$，其中 $\omega_T=\dfrac{2\pi}{T}$，$C_n=\dfrac{1}{T}\int_{-T/2}^{T/2}f(t)\mathrm{e}^{-\mathrm{j}n\omega_T t}\mathrm{d}t$。试证明信号 $f(t)$ 的功率密度为 $P_f(\omega)=2\pi\sum_{n=-\infty}^{\infty}|C_n|^2\delta(\omega-n\omega_T)$。

主要参考文献

[1] 唐鸿龄等编著. 应用概率（数理统计 随机过程 时间序列）. 南京：南京工学院出版社，1988

[2] 张贤达著. 现代信号处理（第二版）. 北京：清华大学出版社，2002

[3] 沈凤麟，叶中付，钱玉美. 信号统计分析与处理. 合肥：中国科学技术大学出版社，2001

[4] [美]Bernard Sklar 著，徐平平等译. 数字通信：基础与应用（第二版）. 北京：电子工业出版社，2002

[5] 吴大正主编. 信号与线性网络分析（下册）. 北京：人民教育出版社，1982

[6] 数字通信：基础与应用（第二版）教辅资料. 电子工业出版社提供

[7] 李道本著. 信号的统计检测与估计理论（第二版）. 北京：科学出版社，2004

[8] 周炯槃，庞沁华，续大我，吴伟陵编著. 通信原理（合订本）. 北京：北京邮电大学出版社，2005

[9] 樊映川等编. 高等数学（上）. 北京：人民教育出版社，1977

[10] [美]Robert G. Gallager 著，杨鸿文译. 数字通信原理. 北京：人民邮电出版社，2011

第3章　模拟信号的数字编码

3.1　引言

在数字通信系统中，许多需传输的信号都是模拟信号，如音频信号和视频信号等，但这些信号不能在数字通信系统中直接传输。因此，在传输之前需要对其进行数字编码。模拟信号的数字编码通常包括抽样、量化和编码三个过程。**抽样**将时域上连续的信号离散化，以便于量化处理；**量化**则是将幅度上有无穷多种可能取值的连续模拟信号变成只有有限多种状态的数字信号；**编码**则是将量化后的数字信号用某种二进制的码组来表示。本章讨论模拟信号数字编码的基本方法和有关性能，主要讨论**低通**和**带通**抽样定理、模拟信号的各种不同量化方法；在介绍编码的基本概念之后，重点讨论针对语音信号的**脉冲编码调制**（PCM）、**差分脉冲编码调制**（DPCM）和**增量调制**（ΔM）等典型的编码方法。

3.2　低通和带通信号抽样定理

在对模型信号进行数字编码时，首先要对模拟信号进行离散化处理。抽样就是把时间连续的模拟信号变为时间离散的模拟信号的操作。一般地，用于抽样的脉冲信号序列可以表示为

$$s_{\mathrm{p}}(t)=\sum_{n=-\infty}^{+\infty} p_T(t-nT_{\mathrm{S}}) \tag{3.2.1}$$

式中，$p_T(t)$是持续时间为T_{S}的一个脉冲信号。抽样脉冲信号序列和抽样过程分别如图3.2.1(a)和(b)所示，设被抽样信号为$x(t)$，抽样得到的信号则可以表示为

$$x_{\mathrm{S}}(t)=x(t)\cdot s_{\mathrm{p}}(t)=x(t)\sum_{n=-\infty}^{+\infty} p_T(t-nT_{\mathrm{S}}) \tag{3.2.2}$$

关于信号抽样主要有**低通**和**带通**抽样定理，这两个定理告诉我们抽样应如何实现，抽样频率f_{S}应该如何选择，才能够保证由抽样所得信号无失真地恢复原来的模拟信号。

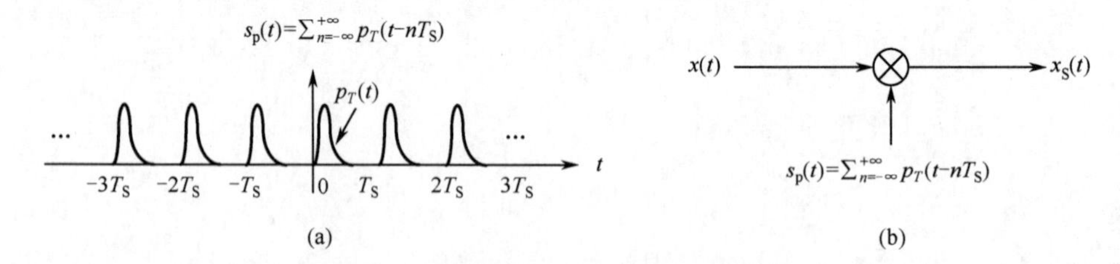

图3.2.1　抽样脉冲信号序列与抽样过程

3.2.1　低通信号理想抽样

假定被抽样的信号$x(t)$是一个低通信号，其频率成分只分布在$0\leqslant f\leqslant f_{\mathrm{H}}$区域内。所谓低通信号的**理想抽样**，是指抽样脉冲序列$s_{\mathrm{p}}(t)$是由**单位冲激响应函数**以周期为T_{S}不断重复形成的序列

$$s_{\mathrm{p}}(t)=s_{\delta}(t)=\sum_{n=-\infty}^{\infty}\delta(t-nT_{\mathrm{S}}) \tag{3.2.3}$$

由式（3.2.2），对信号$x(t)$进行理想抽样所得的信号为

$$x_S(t)=x(t)s_\delta(t)=x(t)\sum_{n=-\infty}^{\infty}\delta(t-nT_S)=\sum_{n=-\infty}^{\infty}x(nT_S)\delta(t-nT_S) \tag{3.2.4}$$

记 $x(t)$ 的傅里叶变换为 $X(\omega)$，$x_S(t)$ 的傅里叶变换为 $X_S(\omega)$，$s_\delta(t)$ 的傅里叶变换为 $S_\delta(\omega)$，则有如下频谱关系式：

$$S_\delta(\omega)=\omega_S\sum_{k=-\infty}^{\infty}\delta(\omega-k\omega_S) \tag{3.2.5}$$

$$X_S(\omega)=\frac{1}{2\pi}\left[X(\omega)*S_\delta(\omega)\right]=\frac{\omega_S}{2\pi}\left[X(\omega)*\sum_{k=-\infty}^{\infty}\delta(\omega-k\omega_S)\right]=\frac{1}{T_S}\sum_{k=-\infty}^{\infty}X(\omega-k\omega_S) \tag{3.2.6}$$

由此可见，抽样所得信号的频谱与原信号的频谱相比，除只差一个常数因子外，是每隔抽样频率 ω_S，对原信号的频谱进行周期性复制而成的。图 3.2.2 给出了 $f_S \geqslant 2f_H$ 时，原信号、抽样脉冲信号序列、理想抽样所得信号和其频谱间的关系。在抽样所得信号的傅里叶变换 $X_S(\omega)$ 中，每个原信号的傅里叶变换 $X(\omega)$ 的周期延拓 $X(\omega-k\omega_S)$，除中心频率不同之外，具有与 $X(\omega)$ 完全相同的频谱结构和特性。

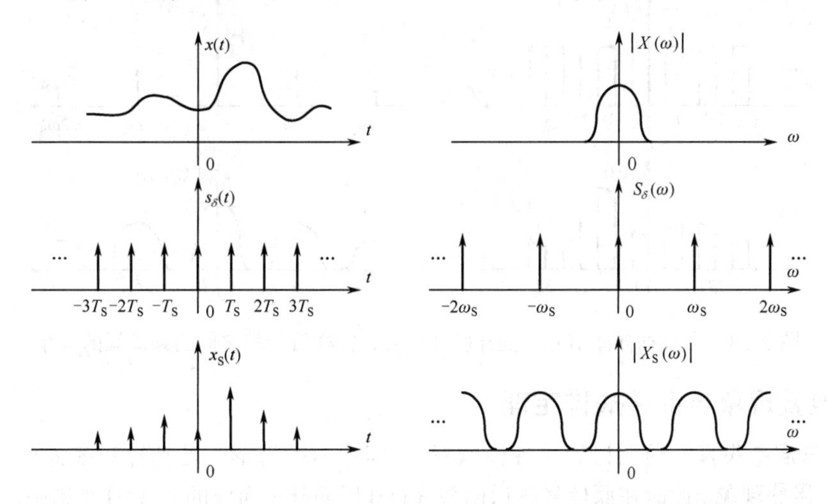

图 3.2.2　原信号、抽样脉冲信号、理想抽样信号及它们的频谱间的关系

3.2.2　低通信号自然抽样

对信号 $x(t)$ 进行离散化的过程并不一定非要采用单位冲激函数构成的序列，事实上，理想的冲激函数本身物理上并不能实现。**自然抽样**是一种利用具有一定宽度和某种波形的脉冲构成的周期序列来对模拟信号抽样的方法，其中对脉冲波形并无特别的限制。由式（3.2.1），抽样脉冲序列一般可记为 $s_p(t)=\sum_{n=-\infty}^{\infty}p_T(t-nT_S)$，由此，自然抽样信号可表示为

$$x_S(t)=x(t)\cdot s_p(t)=x(t)\cdot\sum_{n=-\infty}^{\infty}p_T(t-nT_S) \tag{3.2.7}$$

因为抽样脉冲序列 $s_p(t)=\sum_{n=-\infty}^{\infty}p_T(t-nT_S)$ 是周期为 T_S 的函数。因此可将 $s_p(t)$ 用傅里叶级数表示，其相应的傅里叶变换则可表示为某一加权的冲激响应脉冲序列

$$s_p(t)=\sum_{n=-\infty}^{\infty}C_n e^{jn\omega_S t} \Leftrightarrow S_p(\omega)=2\pi\sum_{n=-\infty}^{\infty}C_n\delta(\omega-n\omega_S) \tag{3.2.8}$$

式中，$C_n=\frac{1}{T_S}\int_{-T_S/2}^{T_S/2}p_T(t)e^{-jn\omega_S t}dt$。由此可得

$$x_S(t)=x(t)\sum_{n=-\infty}^{\infty}C_n e^{jn\omega_S t}=\sum_{n=-\infty}^{\infty}x(t)C_n e^{jn\omega_S t} \tag{3.2.9}$$

此时，抽样函数 $x_S(t)$ 的傅里叶变换为

$$X_S(\omega)=\frac{1}{2\pi}X_S(\omega)*S_p(\omega)=\sum_{n=-\infty}^{\infty}C_nX(\omega-n\omega_S) \tag{3.2.10}$$

图 3.2.3 给出了 $f_S \geqslant 2f_H$ 时，原信号、自然抽样脉冲信号、抽样所得信号和其频谱间的关系。与理想抽样不同，在自然抽样信号的傅里叶变换 $X_S(\omega)$ 中，每个原信号的傅里叶变换 $X(\omega)$ 的周期延拓，幅度受到相应的抽样脉冲序列傅里叶级数系数 C_n 加权的影响。因为 C_n 是常数，这些周期延拓项 $C_nX(\omega-n\omega_S)$，除幅度和中心频率与原信号的频谱函数不同外，具有与 $X(\omega)$ 相同的频谱结构和特性。自然抽样更具一般性，理想抽样可视为自然抽样的一个特例。

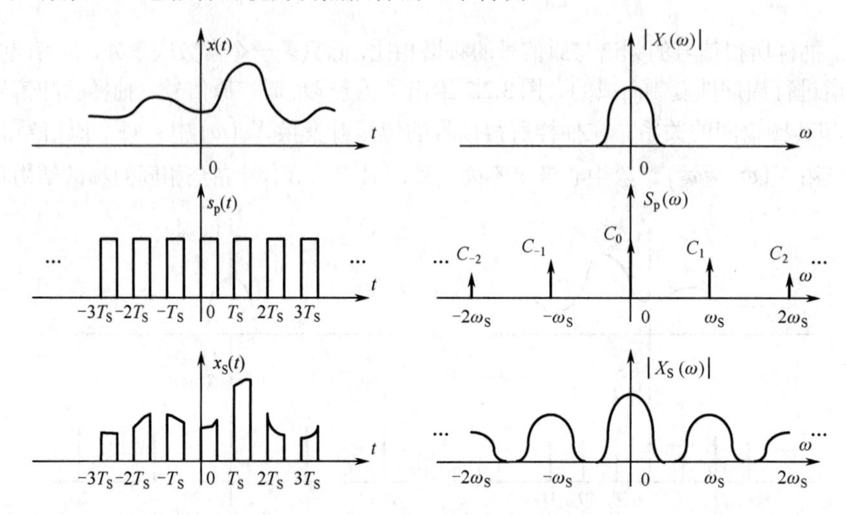

图 3.2.3 自然抽样原信号、抽样脉冲信号、抽样信号和它们的频谱间的关系

3.2.3 混叠现象与低通抽样定理

混叠现象与混叠失真 前面讨论了抽样频率 $f_S \geqslant 2f_H$ 时的情形，若抽样频率 $f_S < 2f_H$，会出现如图 3.2.4 所示的**混叠现象**。此时在原信号频谱函数 $X(\omega)$ 周期延拓而成的 $X_S(\omega)$ 频谱中，出现了前后两个相邻延拓函数 $C_nX(\omega-n\omega_S)$ 频谱的重叠，这种混叠现象将导致信号恢复过程中的失真。直观地，从图中的信号 $x_S(t)$ 中可见，信号 $x_S(t)$ 已经丢失了原来信号 $x(t)$ 的许多波形轮廓的信息。

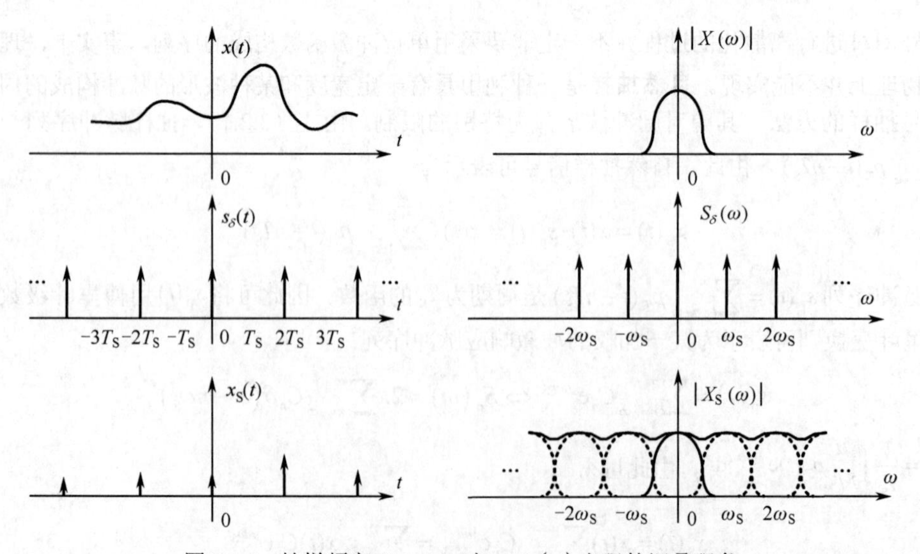

图 3.2.4 抽样频率 $f_S < 2f_H$ 时，$X_S(\omega)$ 出现的混叠现象

图 3.2.5 给出了一个因为抽样频率过低而出现混叠，恢复信号时产生的失真情况，原来实线所示的正弦波变成了虚线所示的波形。显然，这已不再是原来的信号。由混叠现象造成的失真称为**混叠失真**。

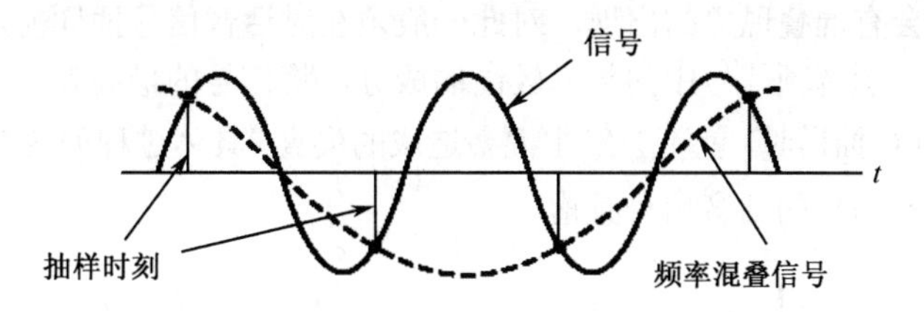

图 3.2.5　混叠造成信号失真的示例[2]

定理 3.2.1（**低通抽样定理**）　对一个频带限定在 $0 \leqslant \omega \leqslant \omega_{\mathrm{H}}$ 内的连续信号 $x(t)$，若以频率 $\omega_{\mathrm{S}} \geqslant 2\omega_{\mathrm{H}}$ 的抽样脉冲序列 $s_{\mathrm{p}}(t)=\sum_{n=-\infty}^{\infty} p_T(t-nT_{\mathrm{S}})$ 对 $x(t)$ 进行抽样，由所得抽样序列 $x_{\mathrm{S}}(t)$，可无失真地恢复原来的信号 $x(t)$。

证明：由式（3.2.10）可知，一般地，有

$$X_{\mathrm{S}}(\omega)=\sum_{n=-\infty}^{\infty} C_n X(\omega-n\omega_{\mathrm{S}})$$

式中，$\omega_{\mathrm{S}}=2\pi/T_{\mathrm{S}}=2\pi f_{\mathrm{S}}$。若抽样频率 $\omega_{\mathrm{S}} \geqslant 2\omega_{\mathrm{H}}$，则 $X_S(\omega)$ 中的各 $C_n X(\omega-n\omega_{\mathrm{S}})$，$-\infty<n<+\infty$ 不会产生混叠，其中的 $C_0 X(\omega-\omega_{\mathrm{S}})=C_0 X(\omega)$，除幅度与原信号 $x(t)$ 的频谱 $X(\omega)$ 有一常数 C_0 的倍数差异外，其频谱特性完全一致。因为没有混叠，所以采用低通滤波器

$$F_{\mathrm{L}}(\omega)=\begin{cases}1/C_0, & |\omega| \leqslant \omega_{\mathrm{H}} \\ 0, & |\omega|>\omega_{\mathrm{H}}\end{cases} \tag{3.2.11}$$

则有

$$F_{\mathrm{L}}(\omega)X_{\mathrm{S}}(\omega)=F_{\mathrm{L}}(\omega)\sum_{n=-\infty}^{\infty} C_n X(\omega-n\omega_{\mathrm{S}})=X(\omega) \tag{3.2.12}$$

由此即可无失真地恢复原来的信号。**证毕**。□

信号的恢复过程如图 3.2.6(a)所示，但式（3.2.11）所示陡峭的理想低通滤波器 $F_{\mathrm{L}}(\omega)$ 在物理上难以实现。在实际系统中，可以提高抽样频率 f_{S} 的取值，使得各频谱延拓成分 $C_n X(\omega-n\omega_{\mathrm{S}})$，$-\infty<n<+\infty$ 具有较大的间距，如图 3.2.6(b)所示。此时只需要采用在 $|\omega| \leqslant \omega_{\mathrm{H}}$ 区域内（如图中的**点划线**所示）幅度为常数，而到相邻频谱延拓成分之间采用具有平滑过渡特性的低通滤波器 $F_{\mathrm{L}}'(\omega)$，也可由 $x_{\mathrm{S}}(t)$ 无失真地恢复出原来的信号 $x(t)$。

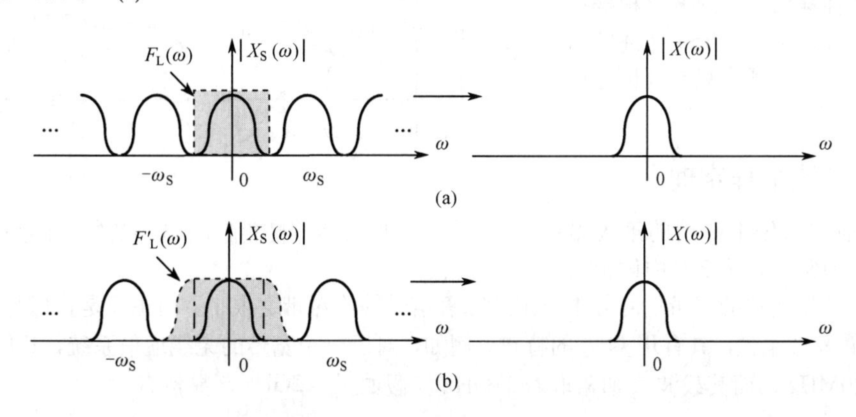

图 3.2.6　低通抽样信号的恢复

在电信网话音通信的应用场合，为节省传输的带宽资源，对话音信号一般采用 $f_S = 8\text{kHz}$ 的抽样频率，但人发出的音频信号的频率最高有可能达到 $f_H = 20\text{kHz}$，此时显然不能够满足 $f_S \geqslant 2f_H$ 的无失真恢复信号的条件，因此会有混叠现象的出现。对此一般须在对话音信号抽样前，对信号进行**预处理**，滤除对通话效果影响不大的音频信号中的频率较高的成分，将信号的最高频率 f'_H 降低到 4kHz 以下，这样当采用 $f_S = 8\text{kHz}$ 进行抽样时，就不会发生混叠造成的失真。具体过程如图 3.2.7 所示，图中 $X(\omega)$ 和 $X'(\omega)$ 分别是滤波处理前后的话音信号频谱。

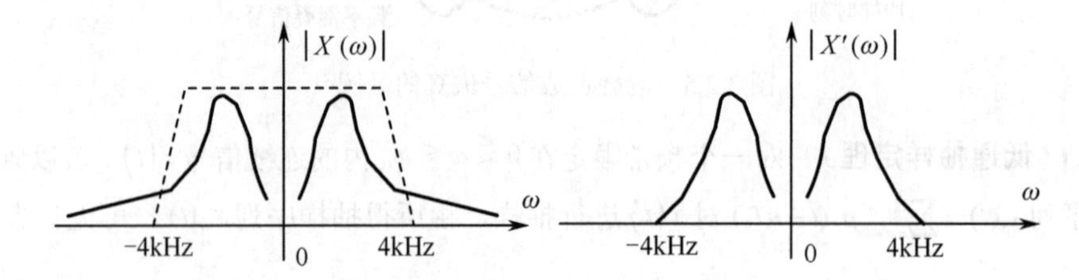

图 3.2.7 音频信号抽样前的预处理

信号重建的时域形式 式（3.2.12）实际上已经描述了信号重建的方法，将抽样信号 $x_S(t)$ 通过截止频率为 f_H 的低通滤波器

$$F_L(\omega) = \begin{cases} 1, & |\omega| \leqslant \omega_H \\ 0, & |\omega| > \omega_H \end{cases}$$

即可恢复出原来的信号 $x(t)$。由傅里叶变换的关系式可得

$$X(\omega) = F_L(\omega) X_S(\omega) \Leftrightarrow x(t) = \mathfrak{F}^{-1}(F_L(\omega)) * x_S(t) \tag{3.2.13}$$

取常数 $C_0 = 1$，因为

$$\mathfrak{F}^{-1}(F_L(\omega)) = \frac{\omega_H}{\pi} \frac{\sin \omega_H t}{\omega_H t} = \frac{\omega_H}{\pi} \text{sinc}(\omega_H t) \tag{3.2.14}$$

由此可得

$$x(t) = \frac{\omega_H}{\pi} \text{sinc}(\omega_H t) * \sum_{k=-\infty}^{\infty} x(kT_S)\delta(t - kT_S) = \frac{\omega_H}{\pi} \sum_{k=-\infty}^{\infty} x(kT_S)\text{sinc}(\omega_H (t - kT_S)) \tag{3.2.15}$$

可见 $x(t)$ 的重建可由**抽样值** $x(kT_S)$ 对函数 $\text{sinc}(\omega_H(t-kT_S))$ 序列线性加权后，再相加来实现。其物理意义可由图 3.2.8 来描述，其中图(a)是原信号和其抽样信号，图(b)是根据抽样值重建的信号。式（3.2.15）描述的信号重建的时域形式，通常只有理论分析上的意义。

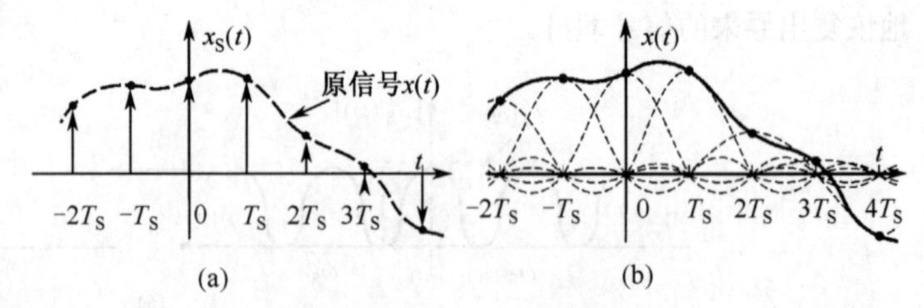

图 3.2.8 利用抽样值实现的信号重建

3.2.4 带通抽样定理

在无线通信系统中应用的绝大多数无线信号，通常都是第 2 章中讨论过的**窄带信号**。这里所说的窄带信号并不一定意味着信号的绝对带宽很小，而主要是指信号的**带宽** W 相对于其**载波频率** f_c 来说，具有 $W \ll f_c$ 的特点。例如，对于一个宽带的无线通信系统，其信号的带宽可以达到 $W = 20\text{MHz}$，而其载波 f_c 通常取若干 GHz。假如 $f_c = 2\text{GHz}$，显然有

$$W = 20\text{MHz} \ll f_c = 2\text{GHz} = 2000\text{MHz}$$

此宽带无线通信系统发送和接收的信号仍然是一种窄带信号。

对于一个带宽为 $W=20\text{MHz}$ 的基带信号，如果是一个低通信号，相应的 $f_{\text{H}}=20\text{MHz}$，理论上抽样频率只需要 $f_{\text{S}}=2f_{\text{H}}=2\times 20\text{MHz}$，抽样值中就可以包含该信号的全部信息。但如果将该信号调制到中心频率 $f_{\text{c}}=2\text{GHz}$，则调制后信号的最高频率可达 $f_{\text{c}}+W=2.02\text{GHz}$，如果依然按照低通抽样定理来抽样，所需的抽样频率将高达 $f_{\text{S}}=2(f_{\text{c}}+W)=2\times 2.02\text{GHz}=4.04\text{GHz}$。即使器件有这样的抽样能力，要缓存和实时地处理这样庞大的数据量，往往也是困难的。通过观察抽样所得信号的频谱可以发现，只要没有发生混叠，组成其频谱图的各个原信号频谱的周期延拓，除中心频率和其常数的加权值不同外，每个都包含了原来信号的全部信息。利用**窄带信号**的频谱只分布在其载波附近的特点，可以得到如下的带通抽样定理。

定理 3.2.2（带通抽样定理）　对一个频带限定在 $\omega_{\text{L}}\leqslant\omega\leqslant\omega_{\text{H}}$ 的窄带信号 $x_{\text{c}}(t)$，记 $W=\omega_{\text{H}}-\omega_{\text{L}}$，$N=\lfloor\omega_{\text{H}}/W\rfloor$（$\lfloor\bullet\rfloor$ 表示取整数部分），$M=\omega_{\text{H}}/W-N$，那么如果以抽样频率

$$\omega_{\text{S}}=2W\cdot\left(1+\frac{M}{N}\right) \tag{3.2.16}$$

对 $x_{\text{c}}(t)$ 进行抽样，则由抽样所得序列 $x_{\text{cS}}(t)$，可无失真地恢复原来的信号 $x_{\text{c}}(t)$。

证明：因为抽样所得信号 $x_{\text{cS}}(t)$ 的傅里叶变换 $X_{\text{cS}}(\omega)$，是原信号 $x_{\text{c}}(t)$ 的傅里叶变换 $X_{\text{c}}(\omega)$ 的周期延拓，因此要保证可无失真地恢复原来的信号 $x_{\text{c}}(t)$，只需保证所选抽样频率 f_{S} 可使 $X_{\text{cS}}(\omega)$ 不会发生混叠现象，通过带通滤波器即可恢复原来的信号。带通信号 $x_{\text{c}}(t)$ 经采用冲激响应序列抽样后，有

$$x_{\text{cS}}(t)=x_{\text{c}}(t)x_{\delta}(t)=x_{\text{c}}(t)\sum_{n=-\infty}^{\infty}\delta(t-nT_{\text{S}})=\sum_{n=-\infty}^{\infty}x_{\text{c}}(nT_{\text{S}})\delta(t-nT_{\text{S}}) \tag{3.2.17}$$

由式（3.2.6），有

$$X_{\text{cS}}(\omega)=\frac{\omega_{\text{S}}}{2\pi}\left[X_{\text{c}}(\omega)*\sum_{k=-\infty}^{\infty}\delta(\omega-k\omega_{\text{S}})\right]=\frac{1}{T_{\text{S}}}\sum_{k=-\infty}^{\infty}X_{\text{c}}(\omega-k\omega_{\text{S}}) \tag{3.2.18}$$

式中，$\omega_{\text{S}}=2\pi f_{\text{S}}=2\pi/T_{\text{S}}$。原信号的频谱 $X_{\text{c}}(\omega)$ 如图 3.2.9(a)所示。

首先观察 $X_{\text{c}}(\omega)$ 的频谱周期地向右延拓的情况，此时需要避免 $X_{\text{c}}(\omega)$ 位于**负半轴的左瓣** $X_{\text{c}}^{-}(\omega)$ 的延拓与原信号 $X_{\text{c}}(\omega)$ **正半轴的右瓣** $X_{\text{c}}^{+}(\omega)$ 发生混叠。参见图 3.2.9(b)，图中虚线部分表示 $X_{\text{c}}(\omega)$ 位于负半轴的左瓣 $X_{\text{c}}^{-}(\omega)$ 向右延拓的成分。所以若要使 $X_{\text{cS}}(\omega)$ 不会发生混叠现象，应同时满足如下两个条件：

（1）
$$(N-1)\omega_{\text{S}}+W\leqslant 2\omega_{\text{H}}-W \tag{3.2.19}$$

（2）
$$N\omega_{\text{S}}\geqslant 2\omega_{\text{H}} \tag{3.2.20}$$

当式（3.2.19）的条件满足时，由图 3.2.9(b)可见，此时最靠近原信号频谱 $X_{\text{c}}^{+}(\omega)$ **负半轴的左瓣**的延拓成分 $X_{\text{c}}^{-}(\omega-(N-1)\omega_{\text{S}})$ 不会与 $X_{\text{c}}^{+}(\omega)$ 发生混叠；当式（3.2.20）的条件满足时，另一个最靠近 $X_{\text{c}}^{+}(\omega)$ 的**负半轴的左瓣**的延拓成分 $X_{\text{c}}^{-}(\omega-N\omega_{\text{S}})$ 也不会与 $X_{\text{c}}^{+}(\omega)$ 发生混叠。

对于 $X_{\text{c}}(\omega)$ 的频谱周期地向左延拓的情况可做完全类似的分析。总的 $X_{\text{c}}(\omega)$ 的频谱的周期延拓如图 3.2.9(c)所示，其中的宽虚线表示 $X_{\text{c}}^{+}(\omega)$ 的向左延拓成分 $X_{\text{c}}^{+}(\omega-k\omega_{\text{S}})$。显然，在没有混叠发生的情况下，通过带通滤波器 $F_{\text{B}}(\omega)=F_{\text{B}}^{-}(\omega)+F_{\text{B}}^{+}(\omega)$ 可将原信号 $X_{\text{c}}(\omega)$ 无失真地恢复。

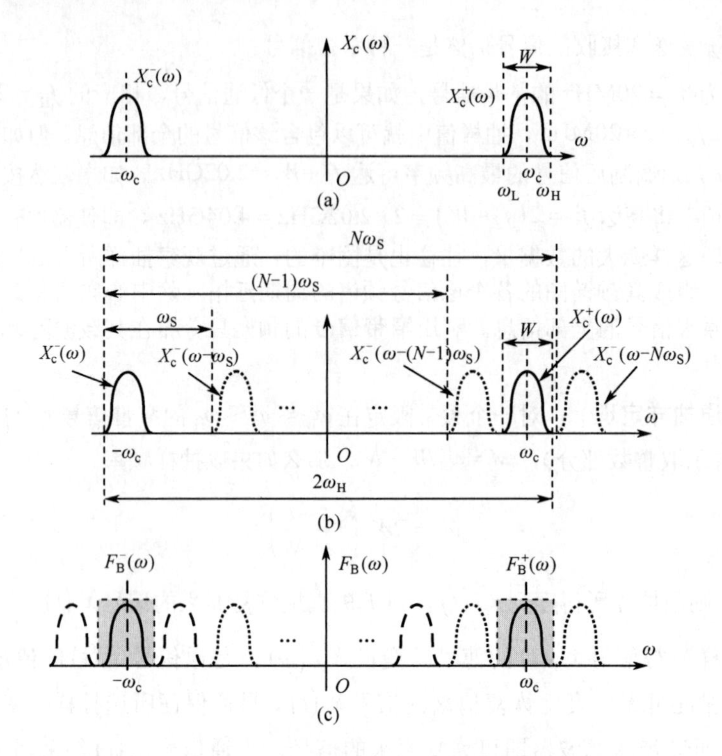

图 3.2.9 带通抽样定理证明的示意图

下面进一步证明，当取 $\omega_S = 2W(1+M/N)$ 时，条件（1）和（2）均可满足。由

$$\omega_S = 2W\left(1+\frac{M}{N}\right) \rightarrow N\omega_S = 2W(N+M) = 2\omega_H \tag{3.2.21}$$

显然相当于条件（2）中取等号时的情况，因此条件（2）可以满足。因为 $\omega_S = 2W(1+M/N)$，$M/N \geqslant 0$，因此 $\omega_S \geqslant 2W$，由式（3.2.21）有

$$N\omega_S - \omega_S \leqslant N\omega_S - 2W = 2\omega_H - 2W \tag{3.2.22}$$

整理可得 $(N-1)\omega_S + W \leqslant 2\omega_H - W$。由此可见条件（1）也能得到满足。**证毕**。□

对式（3.2.16）进行整理可得

$$\begin{aligned}\omega_S &= 2(\omega_H - \omega_L)\cdot\left(1+\frac{M}{N}\right) = 2(\omega_H - \omega_L)\cdot\left(1+\frac{\omega_H/(\omega_H-\omega_L) - \lfloor \omega_H/(\omega_H-\omega_L)\rfloor}{\lfloor \omega_H/(\omega_H-\omega_L)\rfloor}\right)\\ &= 2W\cdot\left(1+\frac{\omega_H/W - \lfloor \omega_H/W\rfloor}{\lfloor \omega_H/W\rfloor}\right) = 2W\cdot\left(1+\frac{(\omega_L+W)/W - \lfloor(\omega_L+W)/W\rfloor}{\lfloor(\omega_L+W)/W\rfloor}\right)\end{aligned} \tag{3.2.23}$$

当 W 固定后，在任意的 $\omega_L \in [(k-1)W, kW)$，$k=1,2,\cdots,\infty$ 内，$\lfloor(\omega_L+W)/W\rfloor = k$ 是一常数，此时 ω_S 作为 ω_L 的函数为

$$\omega_S(\omega_L) = 2W\cdot\left(1+\frac{(\omega_L+W)/W-k}{k}\right) = \frac{2}{k}(\omega_L+W) \tag{3.2.24}$$

可见 ω_S 是 ω_L 的**分段线性函数**。容易计算出当 $k=1,2,\cdots,\infty$ 时，各段端点的取值分别为

$$[2W, 4W), [2W, 3W), \left[2W, \frac{8}{3}W\right), \cdots, \left[2W, \frac{2(k+1)}{k}W\right), \cdots \rightarrow [2W, 2W)$$

所得的变化特性如图 3.2.10 所示，随着 $k \to \infty$ ，$\omega_S \to 2W$ 。这说明对于窄带信号，当其中心频率（载波）足够高时，理论上只需要两倍带宽的抽样频率对其进行抽样，由抽样所得序列可无失真地恢复原来的信号。同时由图 3.2.10 也可见，当采用带通抽样定理对带通信号进行抽样时，无论信号的最高频率 ω_H 取值多大，都可将无失真恢复原来信号的抽样频率限定在范围 $2W$～$4W$ 内。

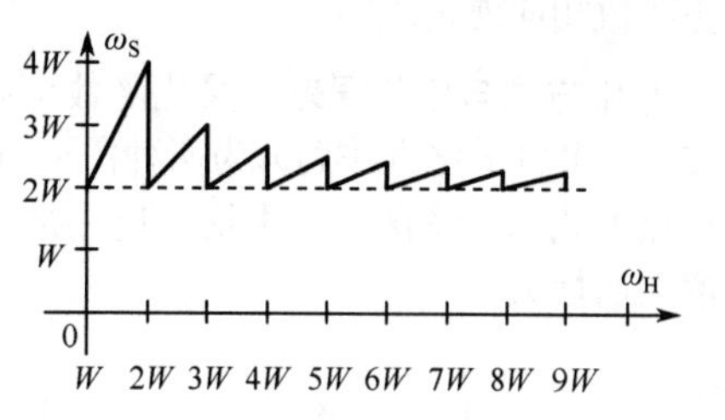

图 3.2.10 带通信号抽样频率随 ω_H 变化示意图

3.3 模拟信号的量化

上一节中介绍了模拟信号的抽样定理，即以适当的抽样频率对信号进行抽样，可将时间连续的信号变换为时间离散的序列值，由这些时间离散的抽样序列值，可无失真地恢复原来的模拟信号。但抽样得到的抽样值在幅度上仍然是一个连续取值的信号，仍然无法通过数字通信系统传输。对于一个实信号来说，每个**抽样值**对应一个**实数**，不管实数连续取值的区域有多小，其中仍有无限多种可能的取值。这意味着每个抽样值有无限多种可能的状态，需要一个具有无限长位数的符号才能够表示。相应地，传输一个这样的符号需要无限长的时间，这样的系统显然是无法实际应用的。

所谓模拟信号的**量化**，就是将抽样获得的、**幅度**有无限多种可能取值的时间离散的连续信号，转变为时间离散和幅度只有有限种可能取值的数字信号的过程。模拟信号的量化，可视为具有无限多个元素的信号空间**映射**到只有有限个元素的信号空间的过程。从这个意义上说，量化本身就是一种**数据压缩**的变换过程。

要实现具有无限多个元素的信号空间到有限个元素的信号空间的映射，显然在映射后将不再具有一一对应关系，因此量化必定会造成信号失真。也就是说，信号的量化过程是**不可逆**的。**模数变换**包括抽样和量化这两个过程，它将模拟信号变成数字信号；**数模变换**则将数字信号重新变换为模拟信号。但是，经历了模数变换和数模变换后恢复的模拟信号已不再是严格意义上的原信号，而是原信号的一个近似值。在实际应用中，因为人耳和人眼等感觉器官的分辨能力有限，因此只要量化精度足够高，人们便感觉不到原信号和恢复信号之间的差异，或者虽然可以感觉出差异，但这种差异仍在可以接受的程度内。

3.3.1 标量量化

标量量化的概念 对抽样序列的每个样值独立地进行量化的操作称为**标量量化**。标量量化的基本做法是，将样值序列的取值范围划分成若干相邻的段落，当样值落在某一段落内时，其输出值就用该段落内的某一特定值来表示。如图 3.3.1 所示，假定输入模拟信号 $x(t)$ 的取值范围为 $[x_{\min}, x_{\max}]$，可将该区间划分为 M 个区域，即 $[x_0, x_1), [x_1, x_2), \cdots, [x_{k-1}, x_k), \cdots, [x_{M-1}, x_M]$，其中 $x_{\min} = x_0$，$x_{\max} = x_M$，在每个区间取一固定值作为这个区间的量化值输出。量化操作可以用如下的函数形式来表示：

$$y_k = Q(x) \quad x_{k-1} \leqslant x < x_k,\ y_k \in [x_{k-1}, x_k),\ k = 1, 2, \cdots, M \tag{3.3.1}$$

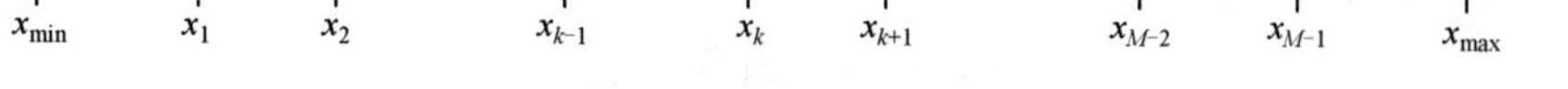

图 3.3.1 标量量化示意图

为使得量化值可用**二进制数**或**二进制代码**来表示，一般取 $M = 2^N$，其中 N 是一个正整数，M 称为**量化级数**。量化操作将一个**量化区间** $[x_{k-1}, x_k)$ 内所含的无限多个取值映射为其中的某个特定值 y_k，$y_k \in [x_{k-1}, x_k)$。通常把 x_k 称为**分层电平**，把 y_k 称为**量化电平**，把 $\Delta_k = x_k - x_{k-1}$ 称为**量化阶距**。显然，量化级数越多，同时量化的最大阶距越小，对原信号的逼近程度就越高，但同时表示一个量化值所需的比特数相应地也越多。

量化方式与量化误差 量化函数可以有多种，相应地有不同形式的量化误差。按照量化区间的划分方法，可将量化方法划分为两种主要方式：**均匀量化**与**非均匀量化**，图 3.3.2(a)和(b)给出了这两种典型量化方式的示意图。其中均匀量化是一种等阶距量化，而非均匀量化的量化阶距通常随着信号幅度的增大而增大。

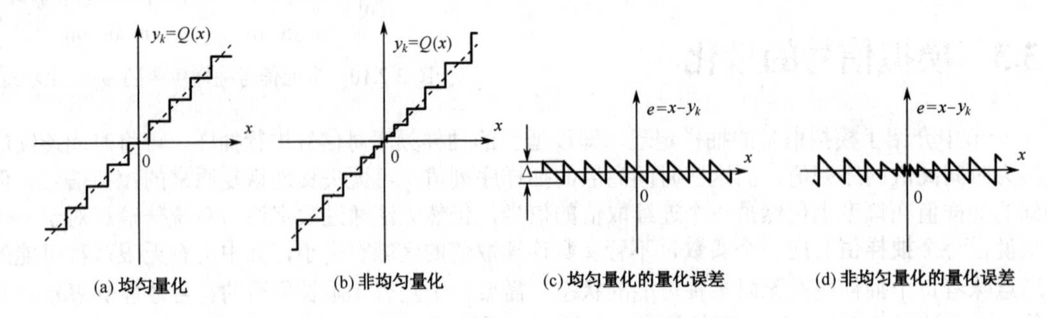

图 3.3.2 均匀量化与非均匀量化

假定当前输入的模拟信号幅度为 x，量化后取值为 y_k，则**量化误差**定义为

$$e=x-Q(x)=x-y_k \tag{3.3.2}$$

图 3.3.2(c)和(d)描述了对不同输入的信号幅度，量化误差的变化情况。直观地看，采用均匀量化时，量化误差的变化特点是其大小随输入信号幅度的变化等幅度地锯齿状改变；而采用非均匀量化时，量化误差虽然也呈现锯齿状变化，但信号幅度较小时，误差相对也较小，而随着信号幅度的增大，误差才相应地变得较大。一般地，如果输入的模拟信号是一幅度随机变化的信号，那么相应的量化误差也是一个随机信号。为合理地描述量化误差的影响，通常采用一个称为**量化噪声**的量化误差统计值来表示，考虑到量化噪声的取值有正有负，量化误差一般用**均方值**来定义：

$$\sigma_{\mathrm{q}}^2=E\left[\left(x-Q(x)\right)^2\right]=\int_{-\infty}^{+\infty}\left(x-Q(x)\right)^2 p_X(x)\mathrm{d}x \tag{3.3.3}$$

式中，$p_X(x)$ 是模拟信号 $x(t)$ **幅度**取值的**概率密度函数**。考虑到模拟信号量化时要划分为多个区间 $\left[x_{k-1}, x_k\right), k=0,1,2,\cdots,M$，当 $x\in\left[x_{k-1}, x_k\right)$ 时，量化电平为 $Q(x)=y_k$。因此，式（3.3.3）也可表示为

$$\sigma_{\mathrm{q}}^2=\sum_{k=1}^{M}\int_{x_{k-1}}^{x_k}\left(x-y_k\right)^2 p_X(x)\mathrm{d}x \tag{3.3.4}$$

过载量化噪声 前面在讨论量化问题时，假定量化器允许输入的模拟信号的动态范围为 $x_{\min}\sim x_{\max}$，如果输入的信号出现 $x(t)<x_{\min}$ 或 $x(t)>x_{\max}$ 的情况，则称量化器出现了**过载**。当出现过载时，量化器的输出通常规定为

$$Q(x)=y_1,\ x(t)<x_{\min} \tag{3.3.5}$$

$$Q(x)=y_M,\ x(t)>x_{\max} \tag{3.3.6}$$

相应地，过载时的量化失真分别为

$$e=x-y_1,\ x(t)<x_{\min} \tag{3.3.7}$$

$$e=x-y_M,\ x(t)>x_{\max} \tag{3.3.8}$$

同样，过载量化误差失真与模拟信号 $x(t)$ 幅度取值的分布特性 $p_X(x)$ 有关，一般也是一个随机变量。因此**过载量化噪声**定义为

$$\sigma_{\mathrm{o}}^2 = \int_{-\infty}^{x_{\min}} (x-y_1)^2 p_X(x)\mathrm{d}x + \int_{x_{\max}}^{+\infty} (x-y_M)^2 p_X(x)\mathrm{d}x \tag{3.3.9}$$

通常在对模拟信号 $x(t)$ 进行抽样量化前，会对其进行某种归一化的幅度变换处理，将其幅度取值限定在 $x_{\min} \leqslant x(t) \leqslant x_{\max}$ 范围内，这样就可避免过载量化失真的出现。

量化信噪比　随机信号的功率通常用其均方值来表示：

$$S_x = \int_{x_{\min}}^{x_{\max}} x^2 p_X(x)\mathrm{d}x \tag{3.3.10}$$

式中，$p_X(x)$ 是模拟信号 $x(t)$ 的幅度取值分布的概率密度函数。假定量化器不存在过载失真，**量化信噪比**定义为

$$\mathrm{SNR_q} = \frac{S_x}{\sigma_{\mathrm{q}}^2} \tag{3.3.11}$$

如果量化器会出现过载失真，记总的量化噪声为 $\sigma_{\mathrm{Q}}^2 = \sigma_{\mathrm{q}}^2 + \sigma_{\mathrm{o}}^2$，则量化信噪比定义为

$$\mathrm{SNR_q} = \frac{S_x}{\sigma_{\mathrm{Q}}^2} = \frac{S_x}{\sigma_{\mathrm{q}}^2 + \sigma_{\mathrm{o}}^2} \tag{3.3.12}$$

3.3.2　矢量量化

标量量化是针对一维模拟信号 x 进行的量化。如果输入的信号是一个在 N 维空间区域分布的模拟信号 $\boldsymbol{x} = (x_1 x_2 \cdots x_N)$，将其抽样值映射为包含 M 个元素的 N 维**矢量集**中的某个元素的操作就称为**矢量量化**。矢量量化可以表示为

$$\boldsymbol{y}_k = Q(\boldsymbol{x}),\quad \boldsymbol{y}_k \in \{\boldsymbol{y}_i = (y_{i1} y_{i2} \cdots y_{iN}); i = 1,2,\cdots,M\} \tag{3.3.13}$$

图 3.3.3 给出了两个二维模拟信号的矢量量化示例，图(a)中灰色区域上的所有二维点都被量化为其中的矢量 $\boldsymbol{y}_1$，图(b)中灰色区域上的所有二维点都被量化为其中的矢量 $\boldsymbol{y}_2$。

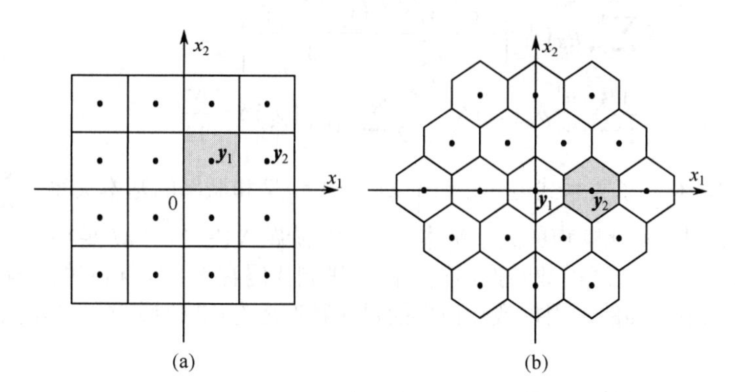

图 3.3.3　二维矢量量化

与标量量化类似，N 维矢量信号的量化误差定义为

$$\boldsymbol{e} = \boldsymbol{x} - Q(\boldsymbol{x}) = \boldsymbol{x} - \boldsymbol{y}_k \tag{3.3.14}$$

相应地，量化噪声定义为

$$\sigma_{\mathrm{q}}^2 = \int_V (\boldsymbol{x} - Q(\boldsymbol{x}))(\boldsymbol{x} - Q(\boldsymbol{x}))^{\mathrm{T}} p_X(\boldsymbol{x})\mathrm{d}\boldsymbol{x} = \sum_{k=1}^{M} \int_{V_k} (\boldsymbol{x} - \boldsymbol{y}_k)(\boldsymbol{x} - \boldsymbol{y}_k)^{\mathrm{T}} p_X(\boldsymbol{x})\mathrm{d}\boldsymbol{x} \tag{3.3.15}$$

式中，$\boldsymbol{V}$ 是 $\boldsymbol{x}$ 的取值区域，$\bigcup_{k=1}^{M} \boldsymbol{V}_k = \boldsymbol{V}$，$\boldsymbol{y}_k \in \boldsymbol{V}_k,\ k = 1,2,\cdots,M$。能够使矢量量化噪声 σ_{q}^2 达到最小的

量化方式称为**最佳矢量量化**。最佳矢量量化的问题归结为量化区域 $\boldsymbol{V}_k$, $k=1,2,\cdots,M$ 在满足条件 $\bigcup_{k=1}^{M}\boldsymbol{V}_k=\boldsymbol{V}$ 和 $\boldsymbol{V}_k\bigcap\boldsymbol{V}_j=\boldsymbol{0}$, $k\neq j$ 下的划分，以及矢量量化值 $\boldsymbol{y}_k$, $k=1,2,\cdots,M$ 的选择问题。量化区域 $\boldsymbol{V}_k$ 的划分和矢量量化值 $\boldsymbol{y}_k$ 的选择往往交织在一起，通常没有解析解，一般只能通过迭代的方法求数值解。

对于多维模拟信号，矢量量化一般具有更高的效率，并可获得更好的量化效果。

前面介绍了标量量化和矢量量化的基本概念。后面将主要介绍的**均匀量化**、**非均匀量化**和**对数量化**等，基本上针对的都是**标量量化**的场景。

3.3.3 均匀量化

前面已经对标量信号的均匀量化做了简要的分析，均匀量化简单、易于实现，是应用最为广泛的量化方式之一。均匀量化最基本的特点就是其**量化阶距**是一个**常数**，即

$$\Delta_k = x_k - x_{k-1} = \Delta, \quad k=1,2,\cdots,M \tag{3.3.16}$$

不妨假定信号幅度取值的正负动态范围关于原点对称，即 $x_{\min}=-V_{\mathrm{p}}\leqslant x\leqslant x_{\max}=+V_{\mathrm{p}}$，量化区间数为 M，则量化间隔

$$\Delta=\frac{V_{\mathrm{p}}-\left(-V_{\mathrm{p}}\right)}{M}=\frac{2V_{\mathrm{p}}}{M} \tag{3.3.17}$$

量化电平通常取区间的中值，即

$$y_k=\frac{x_k+x_{k-1}}{2}, \quad k=1,2,\cdots,M \tag{3.3.18}$$

则当 M 足够大时，$p_X(x)$ 在 $\left[x_{k-1},x_k\right)$，$k=1,2,\cdots,M$ 上的取值近似为常数，将其取值记为 $p_X(y_k)$，则量化噪声有如下的近似关系式：

$$\begin{aligned}\sigma_{\mathrm{q}}^2&=\sum_{k=1}^{M}\int_{x_{k-1}}^{x_k}\left(x-y_k\right)^2p_X(x)\mathrm{d}x\approx\sum_{k=1}^{M}p_X\left(y_k\right)\int_{x_{k-1}}^{x_k}\left(x-y_k\right)^2\mathrm{d}x\\&\approx\sum_{k=1}^{M}p_X(y_k)\left[\frac{\left(x_k-y_k\right)^3}{3}-\frac{\left(x_{k-1}-y_k\right)^3}{3}\right]\\&=\frac{1}{12}\sum_{k=1}^{M}p_X\left(y_k\right)\Delta^3=\frac{\Delta^2}{12}\sum_{k=1}^{M}p_X\left(y_k\right)\Delta\approx\frac{\Delta^2}{12}\end{aligned} \tag{3.3.19}$$

在上式的推导过程中，利用了关系式 $x_k-y_k=-\left(x_{k-1}-y_k\right)=\Delta/2$ 和概率的基本关系式 $\sum_{k=1}^{M}p_X\left(y_k\right)\Delta\approx1$。上式表明，$M$ 足够大时，量化噪声的大小基本上由量化阶距 Δ 决定。“M 足够大”的条件在实际系统中一般都能够满足，例如，普通模数转换器输出的二进制代码有 8 位，相应的量化区间（量化电平）数为 $M=2^8=256$。精度更高的常用模数转换器的量化精度还有 12 位或 16 位等，相应的 $M=2^{12}=4096$ 和 $M=2^{16}=65536$。

进一步，由 $M=2^N$，利用式（3.3.19）可得

$$\sigma_{\mathrm{q}}^2=\frac{\Delta^2}{12}=\frac{1}{12}\left(\frac{2V_{\mathrm{p}}}{M}\right)^2=\frac{1}{12}\left(\frac{2V_{\mathrm{p}}}{2^N}\right)^2=\frac{1}{12}\left(2V_{\mathrm{p}}\right)^2 2^{-2N} \tag{3.3.20}$$

假定信号的幅度取值在 $-V_{\mathrm{p}}\leqslant x\leqslant +V_{\mathrm{p}}$ 范围内均匀分布，则信号的平均功率为

$$S_x=\int_{x_{\min}}^{x_{\max}}x^2p_X\left(x\right)\mathrm{d}x=\int_{-V_{\mathrm{p}}}^{V_{\mathrm{p}}}x^2\frac{1}{2V_{\mathrm{p}}}\mathrm{d}x=\frac{1}{12}\left(2V_{\mathrm{p}}\right)^2 \tag{3.3.21}$$

量化信噪比

$$\mathrm{SNR_q}=\frac{S_x}{\sigma_q^2}=2^{2N} \tag{3.3.22}$$

若将量化信噪比用 dB 值来表示，则有

$$\mathrm{SNR_{q,dB}}=10\lg\frac{S_x}{\sigma_q^2}=10\lg 2^{2N}=6.02N(\mathrm{dB}) \tag{3.3.23}$$

由此可得有关均匀量化的一个**重要结论**：每增加一位量化精度，量化信噪比 $\mathrm{SNR_{q,dB}}$ 有约 6 dB 的提升。

量化噪声的简化分析计算　由式（3.3.4）可见，严格来说，**量化噪声** σ_q^2 的大小与信号的分布特性 $p_X(x)$、量化阶距 Δ 的大小以及量化电平的选择 y_k 等都有关系。式（3.3.19）的结果表明，当量化阶距 Δ 足够小时，σ_q^2 仅由 Δ 决定，其他因素的影响不大。由图 3.3.1 可见，在均匀量化时，可认为量化误差 e 在 $(-\Delta/2,\Delta/2)$ 范围内服从均匀分布，其概率密度函数

$$p(e)=\begin{cases}1/\Delta, & -\Delta/2\leqslant e\leqslant\Delta/2\\ 0, & 0\end{cases} \tag{3.3.24}$$

由此可得计算**量化噪声**的**估算公式**为

$$\sigma_q^2=\int_{-\Delta/2}^{\Delta/2}e^2p(e)\mathrm{d}e=\int_{-\Delta/2}^{\Delta/2}e^2\frac{1}{\Delta}\mathrm{d}e=\frac{\Delta^2}{12} \tag{3.3.25}$$

所得结果与式（3.3.19）所得的结果一致。

上面的分析中，为简化运算分析，做了模拟信号的幅度取值在 $-V_p\leqslant x\leqslant +V_p$ 范围内服从均匀分布、量化误差 e 在 $(-\Delta/2,\Delta/2)$ 范围内服从均匀分布等假设。针对具体的问题，必要时也可根据模拟信号幅度取值的实际分布特性 $p_X(x)$ 和其他特点，对量化噪声或量化信噪比做更为准确的分析和计算。下面通过两个例子来对此加以说明。

【例 3.3.1】　已知输入的模拟信号为正弦波 $A_m\sin\omega t$，假定量化器不过载时允许输入信号的动态范围为 $-V_p\leqslant x\leqslant +V_p$。若对该信号进行 $M=2^N$ 个量化间隔的均匀量化，试求相应的量化信噪比。

解： 正弦波信号的平均功率为 $S_x=\frac{1}{T}\int_0^T(A_m\sin\omega t)^2\mathrm{d}t=\frac{A_m^2}{2}$，其中 $T=1/f=2\pi/\omega$。由式（3.3.20），量化噪声功率 $\sigma_q^2=(2V_p)^2 2^{-2N}/12$。假定 $V_p\geqslant A_m$，即不会产生过载失真，则量化的信噪比为

$$\mathrm{SNR_q}=\frac{S_x}{\sigma_q^2}=(A_m^2/2)\bigg/\left(\frac{1}{12}(2V_p)^2 2^{-2N}\right)=\frac{3}{2}\left(\frac{A_m}{V_p}\right)^2 2^{2N}$$

若定义正弦波的归一化有效值为 $D=(A_m/\sqrt{2})/V_p$，则 $\mathrm{SNR_q}$ 可表示为 $\mathrm{SNR_q}=3D^2 2^{2N}$，若采用 dB 值表示，则 $\mathrm{SNR_{q,dB}}=10\lg 3+20\lg D+20\lg 2^N=4.77+20\lg D+6.02N$。正弦波量化信噪比的变化特性参见图 3.3.4。当正弦波信号的幅度达到 $A_m=V_p$，即到达将会产生过载失真的临界点（$D=1/\sqrt{2}$）时，$\mathrm{SNR_{q,dB}}$ 达到最大值 $1.76+6.02N$。若 A_m 继续增大，则有 $A_m>V_p$，此时将出现过载失真，量化的信噪比将急剧恶化。□

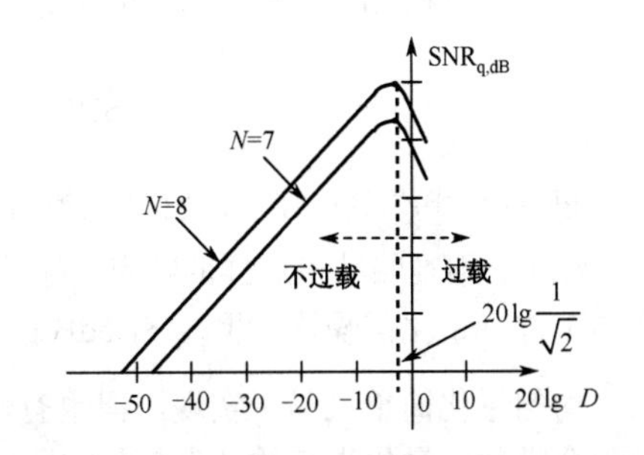

图 3.3.4　正弦波信号均匀量化信噪比示意图

【例 3.3.2】　输入的模拟信号为语音信号，语音信号幅度的概率密度函数可用拉普拉斯分布来表示：

$$p_X(x)=\frac{1}{\sqrt{2}\sigma_x}\mathrm{e}^{-\frac{\sqrt{2}|x|}{\sigma_x}}$$

式中 σ_x 是信号的均方根值。假定采用均匀量化，量化器不会产生过载失真的动态范围为 $-V_p \leqslant x \leqslant +V_p$，试分析量化失真。

解： 假定 V_p 取值足够大，对信号的不过载部分，仍有 $\sum_{k=1}^{M} p_X(y_k)\Delta \approx 1$。则不过载部分的量化噪声功率约为

$$\sigma_q^2 = \frac{(2V_p)^2 2^{-2N}}{12} = \frac{V_p^2 2^{-2N}}{3} = \frac{1}{3}\frac{V_p^2}{M^2}$$

而过载部分的失真功率则为

$$\sigma_o^2 = \int_{-\infty}^{-V_p}(x+V_p)^2 p_X(x)\mathrm{d}x + \int_{V_p}^{+\infty}(x-V_p)^2 p_X(x)\mathrm{d}x = 2\int_{V_p}^{+\infty}(x-V_p)^2 \frac{1}{\sqrt{2}\sigma_x}\mathrm{e}^{-\frac{\sqrt{2}|x|}{\sigma_x}}\mathrm{d}x = \sigma_x^2 \mathrm{e}^{-\frac{\sqrt{2}V_p}{\sigma_x}}$$

总的量化噪声功率近似为

$$\sigma_Q^2 = \sigma_q^2 + \sigma_o^2 = \frac{V_p^2 2^{-2N}}{3} + \sigma_x^2 \mathrm{e}^{-\frac{\sqrt{2}V_p}{\sigma_x}}$$

而信号功率为

$$S_x = \int_{-V_p}^{+V_p} x^2 p_X(x)\mathrm{d}x = \int_{-V_p}^{+V_p} x^2 \frac{1}{\sqrt{2}\sigma_x}\mathrm{e}^{-\frac{\sqrt{2}|x|}{\sigma_x}}\mathrm{d}x = \sigma_x^2$$

总的量化信噪比为

$$\mathrm{SNR_Q} = \frac{\sigma_x^2}{\sigma_Q^2} = \frac{\sigma_x^2}{\sigma_q^2 + \sigma_o^2} = \sigma_x^2 \Bigg/ \left(\frac{V_p^2 2^{-2N}}{3} + \sigma_x^2 \mathrm{e}^{-\frac{\sqrt{2}V_p}{\sigma_x}}\right)$$

若定义 $D = \sigma_x / V_p$，则上式可表示为

$$\mathrm{SNR_Q} = \left(\frac{2^{-2N}}{3D^2} + \mathrm{e}^{-\frac{\sqrt{2}}{D}}\right)^{-1} = \left(\frac{1}{3D^2M^2} + \mathrm{e}^{-\frac{\sqrt{2}}{D}}\right)^{-1}$$

若用 dB 值表示则有

$$\mathrm{SNR_{Q,dB}} = -10\lg\left(\frac{1}{3D^2M^2} + \mathrm{e}^{-\frac{\sqrt{2}}{D}}\right)$$

（1）当 $D \leqslant 0.2$ 时，过载失真的影响可以忽略，此时

$$\mathrm{SNR_{Q,dB}} \approx -10\lg\left(\frac{1}{3D^2 2^{2N}}\right) = 4.77 + 20\lg D + 6.02N$$

（2）当 D 很大时，过载失真的影响起主要作用，非过载部分的量化失真可以忽略，此时有

$$\mathrm{SNR_{Q,dB}} \approx -10\lg \mathrm{e}^{-\frac{\sqrt{2}V_p}{\sigma_x}} = -10\lg \mathrm{e}^{-\frac{\sqrt{2}}{D}} \approx \frac{6.1}{D}$$

语音信号均匀量化时的量化信噪比特性，与图 3.3.4 所示的情形类似。□

综上，不难归纳出这样的特点：对于均匀量化，在过载失真的影响可以忽略时，一般量化精度 N 每增加 1 位，量化信噪比 $\mathrm{SNR_{q,dB}}$ 有 6dB 的改善。

均匀量化简单且易于实现，但也有不足，其**主要缺点**是：无论信号幅度的大小如何，量化阶距都是一个常数，量化噪声的功率都基本固定不变。因此，当信号较小时，由前面的图 3.3.2(c)可见，此时量化误差与信号幅度本身处于同样一个数量级，量化信噪比很低，小信号量化后就会被量化噪声所淹没。为了克服这个缺点，在很多实际系统中常常采用下一节将要介绍的非均匀量化方法。

3.3.4 非均匀量化

在实际系统中，信号可能会在很大的范围内变化。如在电话通信中，对不同的人，说话的音量可以差别很大。即使对同一个人，受环境和情绪的影响，音量的变化也可能很大，语音信号平均功率的变动范围可达到 30dB，即 1000 倍。在这样的应用场合，由于均匀量化的固有缺点，采用均匀量化难以获得好的量化效果。图 3.3.2(b)给出了一个非均匀量化示例，其基本思想是根据信号幅度所处的不同区间来确定量化间隔的大小，通常对于信号取值小的区间，其量化间隔也小；反之，量化间隔就大。如图 3.3.2(d)所示，在对小信号进行量化时，量化阶距 Δ_k 相应地也较小，因为量化误差总是 $e \leqslant \Delta_k/2$，相应地其量化误差也比较小，从而保持有比较高的量化信噪比。因此非均匀量化是改善小信号量化信噪比的有效手段。本节将介绍非均匀量化的基本原理、实现方法和实际系统中主要使用的非均匀量化的具体算法。

非均匀量化的实现方案　非均匀量化可以采用直接的方法实现，图 3.3.2(b)给出的就是一个直接实现非均匀量化的示例。给定一个抽样值，直接由量化特性曲线给出一个量化输出值。数字集成电路绝大多数都是一种二进制的系统，不容易直接实现非均匀的量化器。因此，非均匀量化通常采用图 3.3.5 所示的变换方法来实现。首先对模拟信号进行某种非线性变换：

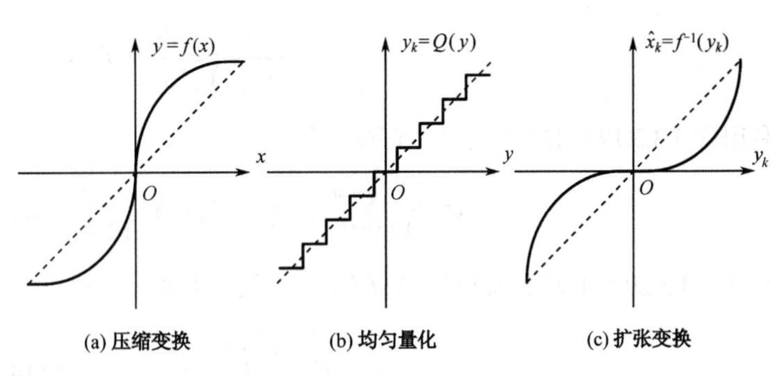

图 3.3.5　通过信号变换实现非均匀量化

$$y = f(x) \tag{3.3.26}$$

如图 3.3.5(a)所示。然后对变换后的信号 y 进行均匀量化：

$$y_k = Q(y),\quad k = 1,2,\cdots,M \tag{3.3.27}$$

如图 3.3.5(b)所示。在对信号 y_k 进行还原时，再将信号进行相反的变换：

$$\hat{x}_k = f^{-1}(y_k),\quad k = 1,2,\cdots,M \tag{3.3.28}$$

如图 3.3.5(c)所示，以恢复原来的信号。

在实际的变换操作过程中，一般都是对信号进行非均匀放大，对幅度较小的信号部分进行较大倍数的放大，对幅度较大的信号部分进行较小倍数的放大。随着输入幅度的变大，变换曲线的斜率由陡峭变为平缓，幅度较大的信号部分相对受到了“压缩”。通常把这种变换称为**“压缩”**变换，在信号恢复过程中进行的则是相反的变换，随着信号幅度的增大，曲线的斜率由平缓变为陡峭，因此把反变换称为**“扩张”**变换。

理论上，信号在经过变换和反变换后，对信号的幅度没有什么影响。而对量化噪声来说，量化噪声只经历反变换，而反变换过程与信号量化前经历的变换相反，从而使得混合在信号中的量化噪声的影响在小信号区域时受到了抑制，从而改善了小信号区域量化时的信噪比。

图 3.3.6 描述了量化噪声信号未通过压缩变换，而仅通过扩张变换，其幅度受到抑制的示意图。其效果与图 3.3.1 所示的非均匀量化小信号量化时量化噪声取值较小的情况非常类似。

量化噪声最小意义上的最佳压缩变换曲线*　通过前面的分析已知，非均匀量化可以改善小信号情况下的量化信噪比。本节分析量化器具有什么样的压缩变换特性，才能获得使量化噪声 σ_{q}^2 达到最小这个意义上的最佳效果。如图 3.3.7 所示，量化器的压缩变换特性为 $y = f(x)$。

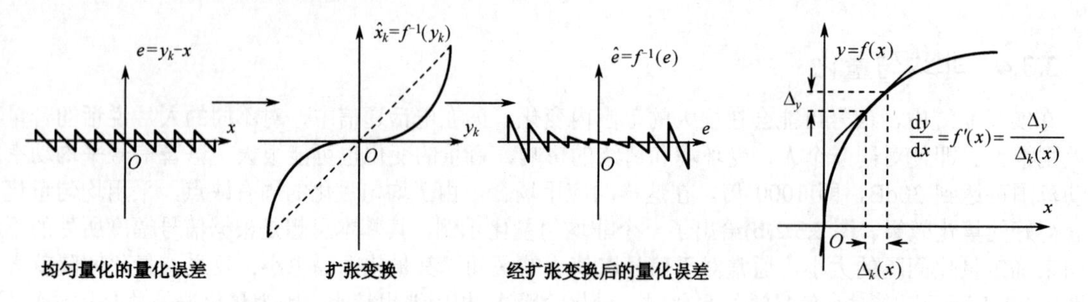

图 3.3.6 量化噪声在扩张过程中对应信号取值小的区域受抑制的示意图

图 3.3.7 压缩变换特性（正半轴部分）

当量化分层数 M 足够大，且最大的量化间隔足够小时，有

$$\frac{\Delta_y}{\Delta_k(x)}=\frac{\mathrm{d}y}{\mathrm{d}x}=f'(x) \tag{3.3.29}$$

利用式（3.3.19）的分析方法，可得

$$\sigma_{\mathrm{q}}^2=\frac{1}{12}\sum_{k=1}^{M}p_X(y_k)\Delta_k^3(x)=\frac{1}{12}\int_{-V_{\mathrm{p}}}^{+V_{\mathrm{p}}}\Delta_k^2(x)p_X(x)\mathrm{d}x \tag{3.3.30}$$

在式（3.3.29）中解出 $\Delta_k(x)=\Delta_y/f'(x)$ 并代入上式，得到

$$\sigma_{\mathrm{q}}^2=\frac{1}{12}\int_{-V_{\mathrm{p}}}^{+V_{\mathrm{p}}}\frac{\Delta_y^2}{\left(f'(x)\right)^2}p_X(x)\mathrm{d}x \tag{3.3.31}$$

考虑到信号经压缩变换后，进行**均匀量化**，此时的量化阶距 Δ_y 是常数，因此有

$$\Delta_y=\Delta=\frac{2V_{\mathrm{p}}}{M} \tag{3.3.32}$$

将式（3.3.32）代入式（3.3.31），得到

$$\sigma_{\mathrm{q}}^2=\frac{\Delta^2}{12}\int_{-V_{\mathrm{p}}}^{+V_{\mathrm{p}}}\left(f'(x)\right)^{-2}p_X(x)\mathrm{d}x=\frac{\Delta^2}{6}\int_{0}^{+V_{\mathrm{p}}}\left(f'(x)\right)^{-2}p_X(x)\mathrm{d}x \tag{3.3.33}$$

其中第二个等式利用了变换特性的对称性。求压缩变换函数 $f(x)$，使量化噪声 σ_{q}^2 达到最小，这是在约束条件

$$\int_0^{+V_{\mathrm{p}}}f'(x)\mathrm{d}x=V_{\mathrm{p}}\text{（即需满足 }f'(V_{\mathrm{p}})=0,\ f(V_{\mathrm{p}})=V_{\mathrm{p}}\text{）} \tag{3.3.34}$$

下的一个泛函求极值问题。采用变分法求解，引入函数 H 和乘子 λ，令

$$H=\frac{\Delta^2}{6}\left(f'(x)\right)^{-2}p_X(x)+\lambda f'(x) \tag{3.3.35}$$

函数 H 应满足欧拉方程

$$\frac{\mathrm{d}}{\mathrm{d}x}\left(\frac{\partial H}{\partial f'(x)}\right)-\frac{\partial H}{\partial f(x)}=0 \tag{3.3.36}$$

且应有

$$\frac{\partial H}{\partial f'(x)}=-\frac{\Delta^2}{3}\left(f'(x)\right)^{-3}p_X(x)+\lambda,\quad \frac{\partial H}{\partial f(x)}=0 \tag{3.3.37}$$

将式（3.3.37）代入式（3.3.36），得

$$f'(x)=\left(\frac{\Delta^2 p_X(x)}{3\lambda}\right)^{1/3}=K\left(p_X(x)\right)^{1/3} \tag{3.3.38}$$

将式（3.3.38）代入约束条件式（3.3.34），可得

$$\int_0^{+V_\mathrm{p}} f'(x)\mathrm{d}x=\int_0^{+V_\mathrm{p}} K\left(p_X(x)\right)^{1/3}\mathrm{d}x=V_\mathrm{p} \tag{3.3.39}$$

解得

$$K=\frac{V_\mathrm{p}}{\int_0^{+V_\mathrm{p}}\left(p_X(x)\right)^{1/3}\mathrm{d}x} \tag{3.3.40}$$

即当给定V_p和$p_X(x)$时，可求得相应的K。由此，可得**最佳压缩特性**为

$$f(x)=\int_{-\infty}^{x} f'(x)\mathrm{d}x=K\int_{-\infty}^{x}\left(p_X(x)\right)^{1/3}\mathrm{d}x \tag{3.3.41}$$

将上式的结果代入量化噪声的计算公式（3.3.33），可得**最小量化噪声功率**为

$$\min\sigma_\mathrm{q}^2=\frac{\Delta^2}{6}\int_0^{+V_\mathrm{p}}\left(K\left(p_X(x)\right)^{1/3}\right)^{-2}p_X(x)\mathrm{d}x=\frac{\Delta^2}{6K^2}\int_0^{+V_\mathrm{p}}\left(p_X(x)\right)^{1/3}\mathrm{d}x \tag{3.3.42}$$

将式（3.3.40）所得K的关系式代入上式，并利用关系式$\Delta=2V_\mathrm{p}/M$，得

$$\min\sigma_\mathrm{q}^2=\frac{\Delta^2}{6K^2}\int_0^{+V_\mathrm{p}}\left(p_X(x)\right)^{1/3}\mathrm{d}x=\frac{\Delta^2}{6V_\mathrm{p}^2}\left(\int_0^{+V_\mathrm{p}}\left(p_X(x)\right)^{1/3}\mathrm{d}x\right)^3=\frac{2}{3M^2}\left(\int_0^{+V_\mathrm{p}}\left(p_X(x)\right)^{1/3}\mathrm{d}x\right)^3 \tag{3.3.43}$$

由此可获得最小的量化噪声σ_q^2。

【例 3.3.3】　已知模拟信号$x(t)$的幅度取值的概率密度函数$p_X(x)$服从均匀分布，即有

$$p_X(x)=\begin{cases}1/(2V_\mathrm{p}), & |x|\leqslant V_\mathrm{p}\\ 0, & |x|>V_\mathrm{p}\end{cases}$$

求其最佳的压缩特性函数和M个量化分层时相应的量化信噪比。

解：由式（3.3.40）有

$$K=\frac{V_\mathrm{p}}{\int_0^{+V_\mathrm{p}}\left(p_X(x)\right)^{1/3}\mathrm{d}x}=\frac{V_\mathrm{p}}{\int_0^{+V_\mathrm{p}}\left(1/2V_\mathrm{p}\right)^{1/3}\mathrm{d}x}=\left(\frac{1}{2V_\mathrm{p}}\right)^{-1/3}$$

再由式（3.3.41），其最佳压缩特性为

$$f(x)=K\int_{-\infty}^{x}\left(p_X(x)\right)^{1/3}\mathrm{d}x=\left(\frac{1}{2V_\mathrm{p}}\right)^{-1/3}\int_0^x\left(\frac{1}{2V_\mathrm{p}}\right)^{1/3}\mathrm{d}x=x$$

压缩特性函数是一个线性函数，因此对均匀分布来说，均匀量化就是最佳量化方法。根据前面均匀量化一节的分析结果，此时量化噪声$\sigma_\mathrm{q}^2=\frac{\Delta^2}{12}=\frac{V_\mathrm{p}^2}{3M^2}$。□

【例 3.3.4】　已知语音信号$x(t)$的幅度取值的概率密度函数$p_X(x)$服从拉普拉斯分布，即有

$$p_X(x)=\frac{1}{\sqrt{2}\sigma_x}\mathrm{e}^{-\frac{\sqrt{2}x}{\sigma_x}}$$

求其最佳的压缩特性函数和 M 个量化分层时相应的量化信噪比。

解： 由式（3.3.40）有

$$K=\frac{V_{\mathrm{p}}}{\int_0^{+V_{\mathrm{p}}}\left(p_X(x)\right)^{1/3}\mathrm{d}x}=\frac{V_{\mathrm{p}}}{\int_0^{+V_{\mathrm{p}}}\left(\left(1/\sqrt{2}\sigma_x\right)\mathrm{e}^{-\frac{\sqrt{2}x}{\sigma_x}}\right)^{1/3}\mathrm{d}x}=\frac{V_{\mathrm{p}}}{\left(\frac{1}{\sqrt{2}\sigma_x}\right)^{1/3}\left(\frac{3\sigma_x}{\sqrt{2}}\right)\left(1-\mathrm{e}^{-\frac{\sqrt{2}V_{\mathrm{p}}}{3\sigma_x}}\right)}$$

再由式（3.3.41），其最佳压缩特性为 $f(x)=K\int_{\infty}^{x}\left(p_X(x)\right)^{1/3}\mathrm{d}x=V_{\mathrm{p}}\frac{1-\mathrm{e}^{-\frac{\sqrt{2}x}{3\sigma_x}}}{1-\mathrm{e}^{-\frac{\sqrt{2}V_{\mathrm{p}}}{3\sigma_x}}}$，由式（3.3.43），量化噪声为 $\sigma_{\mathrm{q}}^2=\frac{2}{3M^2}\left(\int_0^{+V_{\mathrm{p}}}\left(p_X(x)\right)^{1/3}\mathrm{d}x\right)^3=\frac{9\sigma_x^2}{2M^2}\left(1-\mathrm{e}^{-\frac{\sqrt{2}V_{\mathrm{p}}}{3\sigma_x}}\right)^3$。当 $V_{\mathrm{p}}/\sigma_x>10$ 时，近似地有 $\sigma_{\mathrm{q}}^2\approx\frac{9\sigma_x^2}{2M^2}$。由例 3.3.2 可知语音信号的功率为 $S_x=\sigma_x^2$，因此其最大的量化信噪比约为 $\max\frac{S_x}{\sigma_{\mathrm{q}}^2}\approx\frac{2}{9}M^2$。□

语音信号幅度取值的概率密度函数 $p_X(x)$ 由参数 σ_x 决定，所得的最佳压缩变换特性 $f(x)$ 与 σ_x 密切相关。参数 σ_x 因人而异，因此当 σ_x 的取值变化时，相应地 $f(x)$ 也应改变。也就是说，为获得最佳的量化效果，必须针对每个人选择适合其 σ_x 参数的压缩变换特性曲线。这就要求对每个通话人的语音信号的统计特性进行专门的分析，获得相应的 σ_x 参数后，才能构建相应的最佳变换特性曲线，显然这在实际应用系统中是不容易实现的。

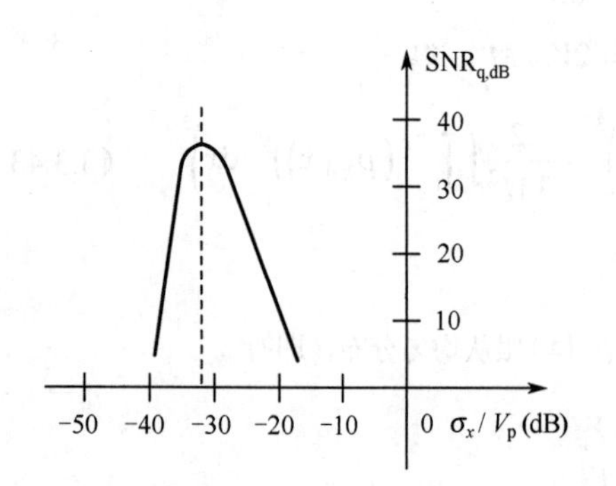

图 3.3.8 方差失配对最佳量化 $\mathrm{SNR}_{\mathrm{q,dB}}$ 造成的影响

对于给定的与特定参数 σ_x 对应的最佳压缩变换特性 $f(x)$，若信号的 σ_x 发生变化，则 σ_{q}^2 偏离 $\min\sigma_{\mathrm{q}}^2$ 的现象称为量化器的**方差失配**。图 3.3.8 描述了对语音信号方差失配时 $\mathrm{SNR}_{\mathrm{q,dB}}$ 的变化特性[1]，当信号的 σ_x 发生变化时，σ_{q}^2 就会迅速地偏离 $\min\sigma_{\mathrm{q}}^2$ 而增大，相应地量化信噪比 $\mathrm{SNR}_{\mathrm{q,dB}}$ 则快速地下降。这说明针对特定信号 σ_x 获得的最佳压缩变换特性 $f(x)$，对实际输入信号的 σ_x 变化非常敏感。因此，对语音信号来说，最佳压缩变换特性通常只有理论分析上的意义。

最佳量化的分层电平与量化电平 一般来说，量化分层越多，量化噪声就越小。在量化分层数 M 确定的条件下，寻求最佳量化的方法，就归结为确定使得量化噪声达到最小的最佳分层电平 $\{x_k,k=0,1,2,\cdots,M\}$，以及在每个量化区间内最佳量化电平的取值 $\{y_k,k=1,2,\cdots,M\}$。由式（3.3.4），量化噪声为 $\sigma_{\mathrm{q}}^2=\sum_{k=1}^{M}\int_{x_{k-1}}^{x_k}\left(x-y_k\right)^2p_X(x)\mathrm{d}x$。若记最佳分层电平与最佳量化值的集合分别为

$$\left\{x_{k,\mathrm{opt}},k=0,1,2,\cdots,M\right\} \tag{3.3.44}$$

$$\left\{y_{k,\mathrm{opt}},k=1,2,\cdots,M\right\} \tag{3.3.45}$$

则最佳量化器应满足取极值的必要条件

$$\frac{\partial\sigma_{\mathrm{q}}^2}{\partial x_k}=0\text{，}\ k=1,2,\cdots,M-1 \tag{3.3.46}$$

$$\frac{\partial \sigma_{\mathrm{q}}^2}{\partial y_k}=0\,,\quad k=1,2,\cdots,M \tag{3.3.47}$$

将式（3.3.4）代入上述方程可得

$$\frac{\partial \sigma_{\mathrm{q}}^2}{\partial x_k}=\frac{\partial}{\partial x_k}\left(\sum_{k=1}^{M}\int_{x_{k-1}}^{x_k}\left(x-y_k\right)^2 p_X(x)\mathrm{d}x\right)=\left(x_k-y_k\right)^2 p_X(x_k)-\left(x_k-y_{k+1}\right)^2 p_X(x_k)=0 \tag{3.3.48}$$

由此可解得

$$x_{k,\mathrm{opt}}=\frac{y_{k,\mathrm{opt}}+y_{k+1,\mathrm{opt}}}{2}\,,\quad k=1,2,\cdots,M-1 \tag{3.3.49}$$

即**最佳分层电平**应处在相邻的两个**最佳量化电平**的**中点**上。而由

$$\begin{aligned}\frac{\partial \sigma_{\mathrm{q}}^2}{\partial y_k}&=\frac{\partial}{\partial y_k}\left(\sum_{k=1}^{M}\int_{x_{k-1}}^{x_k}\left(x-y_k\right)^2 p_X(x)\mathrm{d}x\right)\\&=\int_{x_{k-1}}^{x_k}\frac{\partial\left(x-y_k\right)^2}{\partial y_k}p_X(x)\mathrm{d}x=-2\int_{x_{k-1}}^{x_k}\left(x-y_k\right)p_X(x)\mathrm{d}x=0\end{aligned} \tag{3.3.50}$$

可得

$$y_{k,\mathrm{opt}}=\frac{\int_{x_{k-1,\mathrm{opt}}}^{x_{k,\mathrm{opt}}}xp_X(x)\mathrm{d}x}{\int_{x_{k-1,\mathrm{opt}}}^{x_{k,\mathrm{opt}}}p_X(x)\mathrm{d}x}\,,\quad k=1,2,\cdots,M \tag{3.3.51}$$

即**最佳量化电平**应处在相邻的两个**最佳分层电平**的**质心**上。

式（3.3.49）和式（3.3.51）给出了两组需求解未知数$\left\{x_{k,\mathrm{opt}},k=1,2,\cdots,M-1\right\}$和$\left\{y_{k,\mathrm{opt}},k=1,2,\cdots,M\right\}$的方程，两组未知数交织在一起，构成一**非线性方程组**。该非线性方程组没有一般的解析解，需要采用迭代方法来计算。迭代计算的具体方法可参考有关介绍数值计算的书籍。

特别地，若$M\gg 1$，同时假定每个量化区间都足够小，则式（3.3.51）可以简化为

$$y_{k,\mathrm{opt}}=\frac{\int_{x_{k-1,\mathrm{opt}}}^{x_{k,\mathrm{opt}}}xp_X(x)\mathrm{d}x}{\int_{x_{k-1,\mathrm{opt}}}^{x_{k,\mathrm{opt}}}p_X(x)\mathrm{d}x}\approx\frac{p_X(x_k)\int_{x_{k-1,\mathrm{opt}}}^{x_{k,\mathrm{opt}}}x\mathrm{d}x}{p_X(x_k)\int_{x_{k-1,\mathrm{opt}}}^{x_{k,\mathrm{opt}}}\mathrm{d}x}=\frac{x_{k,\mathrm{opt}}+x_{k-1,\mathrm{opt}}}{2}\,,\quad k=1,2,\cdots,M \tag{3.3.52}$$

式中，x_k为任意的$x\in\left(x_{k-1,\mathrm{opt}},x_{k,\mathrm{opt}}\right)$。由式（3.3.49）和式（3.3.52）可得

$$x_{k,\mathrm{opt}}=\frac{1}{2}\left(y_{k,\mathrm{opt}}+y_{k+1,\mathrm{opt}}\right),\quad y_{k,\mathrm{opt}}=\frac{x_{k,\mathrm{opt}}+x_{k-1,\mathrm{opt}}}{2}\,,\quad k=1,2,\cdots,M \tag{3.3.53}$$

在上式中，将关系式$y_{k,\mathrm{opt}}=\left(x_{k,\mathrm{opt}}+x_{k-1,\mathrm{opt}}\right)/2$代入$x_{k,\mathrm{opt}}=\left(y_{k,\mathrm{opt}}+y_{k+1,\mathrm{opt}}\right)/2$，整理可得

$$x_{k,\mathrm{opt}}-x_{k-1,\mathrm{opt}}=x_{k+1,\mathrm{opt}}-x_{k,\mathrm{opt}}\,,\quad k=1,2,\cdots,M-1 \tag{3.3.54}$$

同理可得

$$y_{k,\mathrm{opt}}-y_{k-1,\mathrm{opt}}=y_{k+1,\mathrm{opt}}-y_{k,\mathrm{opt}}\,,\quad k=1,2,\cdots,M \tag{3.3.55}$$

且由

$$x_{k,\mathrm{opt}}+y_{k,\mathrm{opt}}=\frac{y_{k,\mathrm{opt}}+y_{k+1,\mathrm{opt}}}{2}+\frac{x_{k,\mathrm{opt}}+x_{k-1,\mathrm{opt}}}{2} \tag{3.3.56}$$

整理可得

$$x_{k,\text{opt}} - x_{k-1,\text{opt}} = y_{k+1,\text{opt}} - y_{k,\text{opt}} \tag{3.3.57}$$

综上，当满足条件 $M \gg 1$ 时，进行均匀的量化分层，量化电平取量化区间的中点，即可获得近似最佳的量化效果。此时最佳量化退化到均匀量化，这同时也说明，均匀量化本身是非均匀量化的一个特例。

3.3.5 对数量化

前面讨论了均匀量化和非均匀量化的一般方法。对于语音信号来说，最佳的非均匀量化参数 σ_x 因人而异，在实际系统中很难实施。虽然在满足量化区间数和量化电平数 M 足够大，同时每个量化区间足够小的条件时，最佳量化回归到均匀量化，但要达到理想的效果，则要么要求模拟信号的幅度取值趋于**均匀分布**，要么要求量化电平数 M 很大。前者因为需量化的语音信号幅度取值服从**拉普拉斯分布**，如图 3.3.9 所示，其大量成分集中在小幅度信号的区域，与均匀分布差异很大。后者意味着每个抽样值需要用较多的比特来表示，这对于信号的传输和存储都极为不利。因此，需要寻求其他的量化方式。我们注意到，量化信噪比 SNR_q 是一个相对的比值。同样大小的量化误差 e，对于小信号来说，影响很大，而对大信号来说，其影响则相对较小。是否有一种量化方法，其量化的性能与模拟信号幅度取值的分布特性 $p_X(x)$ 无关，它虽然不能达到最佳的量化效果，但可以改善小信号时的信噪比？本节要讨论的**对数量化**，就是一种具有无论输入的信号幅度具有何种分布特性，均能够使量化信噪比保持为常数的方法。

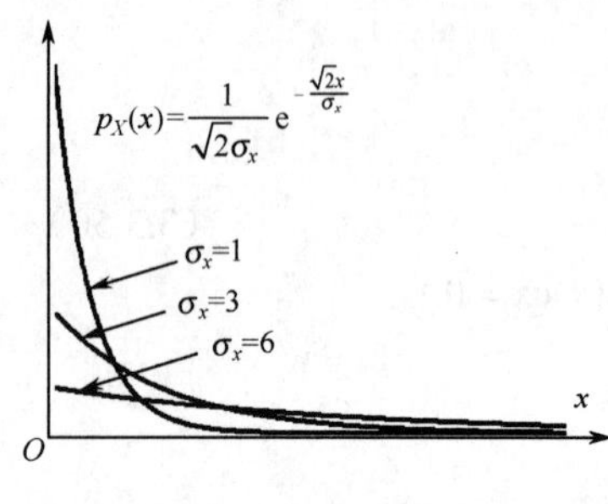

图 3.3.9　拉普拉斯分布

假定信号幅度取值的分布特性为 $p_X(x)$，信号幅度取值范围为 $-V_\text{p} \leqslant x \leqslant +V_\text{p}$，信号的压缩变换特性为 $f(x)$。则由式（3.3.10）和式（3.3.33），一般地有

$$\text{SNR}_\text{q} = \frac{S_x}{\sigma_\text{q}^2} = \frac{\int_{-V_\text{p}}^{+V_\text{p}} x^2 p_X(x)\text{d}x}{\frac{\Delta^2}{12}\int_{-V_\text{p}}^{+V_\text{p}} \left(f'(x)\right)^{-2} p_X(x)\text{d}x} \tag{3.3.58}$$

要使 SNR_q 为一常数，应设法消去上式中分子和分母中与 $p_X(x)$ 有关的积分项。观察式（3.3.58），显然如果取

$$f'(x) = \frac{1}{Bx} \tag{3.3.59}$$

其中 B 是常数，则有

$$\text{SNR}_\text{q} = \frac{S_x}{\sigma_\text{q}^2} = \frac{12}{B^2\Delta^2} = \frac{12}{B^2\left(2V_\text{p}/M\right)^2} = \frac{3M^2}{B^2V_\text{p}^2} \tag{3.3.60}$$

相应地可得

$$f'(x) = \frac{1}{Bx} \to f(x) = \frac{1}{B}\ln x \tag{3.3.61}$$

由此得到一个重要结论：当压缩变换特性 $f(x)$ 为一**对数函数**时，信噪比 SNR_q 成为与 $p_X(x)$ 无关的常数。由于对数的自变量取值范围一定要是正数，而量化信号变化范围有正有负，因此一般地取

$$f(x) = \begin{cases} \frac{1}{B}\ln x, & x > 0 \\ \text{sgn}(x)\frac{1}{B}\ln(-x), & x < 0 \end{cases} \tag{3.3.62}$$

图 3.3.10(a)给出了对数变换特性的曲线。注意到当

$$|x| \to 0,\ \ \frac{1}{B}\ln|x| \to \infty \tag{3.3.63}$$

因此该变换特性物理上难以实现。在实际系统中，一般采用图 3.3.10(b)所示的经过**修正**的对数变换特性，在小信号区域，用直线来替代对数特性曲线。有关对数变换特性的修正方法，已由国际电信联盟（ITU-T）制定了称为 **A 律对数压缩变换**和 **μ 律对数压缩变换**的两个国际标准，它们在国际电信联盟的 **G.712 建议**中定义。包括欧洲和中国在内的绝大多数国家采用 A 律作为变换标准，而北美、日本等部分国家和地区采用 μ 律作为变换标准。

A 律对数压缩变换　先对输入信号 $x(t)$ 的幅度进行基于 $V_{\rm p}$ 的归一化处理，使得 $-1 \leqslant x \leqslant 1$，$A$ 律的对数变换特性定义为

$$f(x)=\begin{cases}\dfrac{Ax}{1+\ln A}, & 0\leqslant x\leqslant \dfrac{1}{A}\\ \dfrac{1+\ln Ax}{1+\ln A}, & \dfrac{1}{A}\leqslant x\leqslant 1\end{cases} \tag{3.3.64}$$

上式仅给出了 x **正半轴**的变换特性，其负半轴的变换特性可通过 $f(x)$ 关于原点的奇对称函数来获得。其中的参数 A 是一个确定对数变换特性弯曲程度的常数。不同参数 A 取值的变换特性如图 3.3.11 所示。A 律压缩标准规定，$A=87.56$。由式(3.3.64)易见，在区域 $0 \leqslant x \leqslant 1/A$，其变换特性是斜率为 $A/(1+\ln A)$ 的**线性**函数，而在 $1/A \leqslant x \leqslant 1$ 区域是一个近似的**对数**函数。

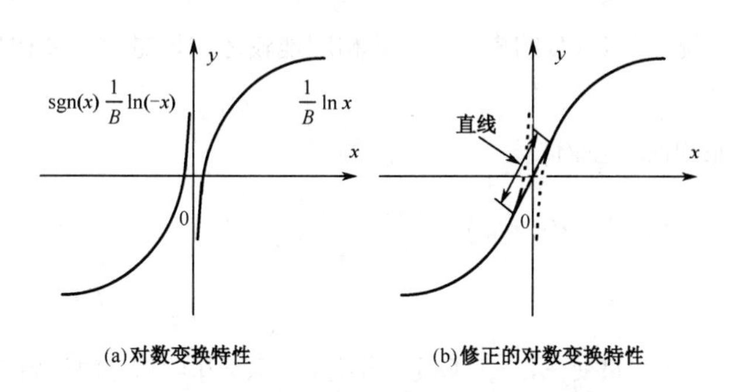

图 3.3.10　对数变换特性与修正的对数变换特性

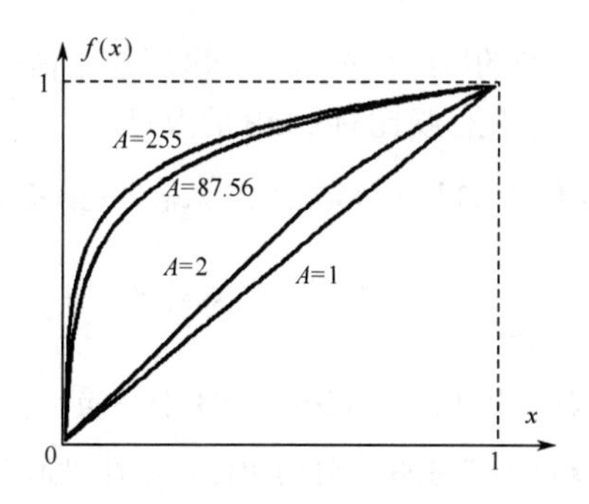

图 3.3.11　A 律对数压缩变换特性

由式（3.3.33），当压缩变换函数为 $f(x)$ 时，一般地有

$$\sigma_{\rm q}^2=\frac{\Delta^2}{6}\int_0^{+V_{\rm p}}\left(f'(x)\right)^{-2}p_X(x)\,{\rm d}x=\frac{2V_{\rm p}^2}{3M^2}\int_0^{+V_{\rm p}}\left(f'(x)\right)^{-2}p_X(x)\,{\rm d}x \tag{3.3.65}$$

由式（3.3.64）有

$$f'(x)=\begin{cases}\dfrac{A}{1+\ln A}, & 0\leqslant x\leqslant \dfrac{1}{A}\\ \dfrac{1}{(1+\ln A)x}, & \dfrac{1}{A}\leqslant x\leqslant 1\end{cases} \tag{3.3.66}$$

代入式（3.3.65），并令 $V_{\rm p}$ 取归一化值 $V_{\rm p}=1$，得

$$\begin{aligned}\sigma_{\rm q}^2&=\frac{2}{3M^2}\left(\int_0^{1/A}\left(\frac{1+\ln A}{A}\right)^2 p_X(x)\,{\rm d}x+\int_{1/A}^{1}(1+\ln A)^2x^2p_X(x)\,{\rm d}x\right)\\&=\frac{2(1+\ln A)^2}{3M^2}\left(\int_0^{1/A}\frac{1}{A^2}p_X(x)\,{\rm d}x+\int_{1/A}^{1}x^2p_X(x)\,{\rm d}x\right)\end{aligned} \tag{3.3.67}$$

可见采用 A 律的压缩变换特性后，量化信噪比为

$$\mathrm{SNR_q}=\frac{S_x}{\sigma_q^2}=\frac{\int_{-1}^{+1}x^2p_X(x)\mathrm{d}x}{\frac{2(1+\ln A)^2}{3M^2}\left(\int_0^{1/A}\frac{1}{A^2}p_X(x)\mathrm{d}x+\int_{1/A}^{1}x^2p_X(x)\mathrm{d}x\right)} \tag{3.3.68}$$

可见 $\mathrm{SNR_q}$ 不再像纯对数变换时的情形那样，保持为常数。但因为 $1/A=1/87.56\ll1$，因此采用 A 律的压缩变换特性后，只是在很小的区域不能够满足 $\mathrm{SNR_q}$ 为常数的要求，而在绝大部分区域，仍近似具有对数变换的特性。

再来看在小信号区域 $0\leqslant x\leqslant 1/A\to0\leqslant x\leqslant1/87.56=0.0114$，对于 A 律的压缩变换，

$$f'(x)=\frac{\mathrm{d}}{\mathrm{d}x}\left(\frac{Ax}{1+\ln A}\right)\bigg|_{A=87.56}=\frac{87.56}{1+\ln87.56}=16 \tag{3.3.69}$$

而对于均匀量化，可视为压缩变换具有 $f_{\mathrm{Uni}}(x)=x$ 特性的函数，因此

$$f'_{\mathrm{Uni}}(x)=\frac{\mathrm{d}}{\mathrm{d}x}(x)=1 \tag{3.3.70}$$

两种变换特性在该区域斜率的比值为

$$20\lg\frac{f'(x)}{f'_{\mathrm{Uni}}(x)}=20\lg\frac{16}{1}=24(\mathrm{dB}) \tag{3.3.71}$$

说明 A 律的压缩变换对这一区域的小信号来说，有24dB的提升。因此相应地较之均匀量化，A 律压缩变换对量化信噪比有24dB的改善。

【例 3.3.5】 假定随机输入信号是具有随机相位的正弦信号

$$x(t)=a\cos(\omega t+\theta),\ 0\leqslant a\leqslant1,\ \text{其中}\ \theta\sim p(\theta)=\begin{cases}1/2\pi, & -\pi\leqslant\theta\leqslant\pi\\ 0, & \text{其他}\end{cases}$$

若采用 A 律压缩变换，求量化信噪比。

解： 因为正弦信号的相位是与时间无关的一个随机变量，一旦取定某个值后，只会影响信号的初始相位，与信号幅度取值的分布无关。通过分析正弦波信号幅度取值的分布特性，可证明其幅度取值的概率密度函数为

$$p_X(x)=\frac{1}{\pi\sqrt{a^2-x^2}},\quad |x|\leqslant a$$

代入式（3.3.67）可得

$$\sigma_q^2=\begin{cases}\dfrac{(1+\ln A)^2}{3A^2M^2}, & 0\leqslant a\leqslant\dfrac{1}{A}\\[2ex] \dfrac{(1+\ln A)^2}{3A^2M^2}\left(\left(2-(aA)^2\right)\arcsin\dfrac{1}{aA}+\dfrac{\pi(aA)^2}{2}+\sqrt{(aA)^2-1}\right), & \dfrac{1}{A}\leqslant a\leqslant1\end{cases}$$

而正弦波的平均信号功率为 $S_X=a^2/2$。图3.3.12给出了对正弦信号采用 A 律压缩变换时的量化信噪比，以及采用均匀量化时信噪比随正弦波信号幅度 a 取值变化的示意图，由图可见，对于均匀量化，随着信号幅度 a 的减小，量化信噪比线性地下降；而对于 A 律的压缩变换，量化信噪比则在 a 取值的很大区域范围 $1/87.56<a\leqslant1$（$-39\mathrm{dB}<a(\mathrm{dB})\leqslant0\mathrm{dB}$）内，$\mathrm{SNR_q}$ 基本上保持为常数；而当 $a<-39\mathrm{dB}$ 后，随着变换特性变为线性函数，$\mathrm{SNR_q}$ 才会随着信号幅度的减少而线性下降。□

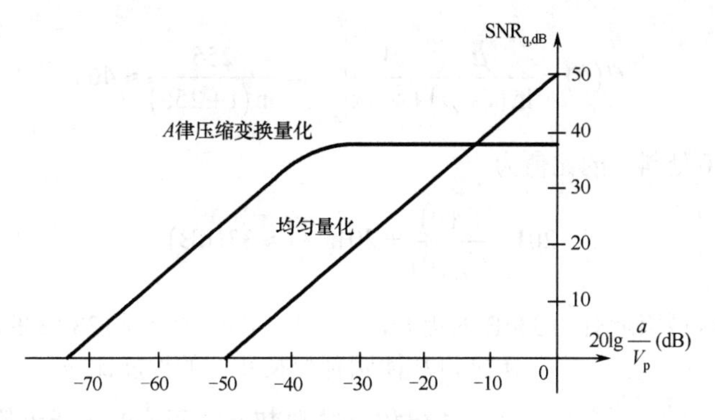

图 3.3.12　正弦信号输入时 A 律压缩变换量化信噪比与均匀量化信噪比的 $\mathrm{SNR_q}$

μ 律对数压缩变换　同样，先对输入信号 $x(t)$ 的幅度进行基于 V_p 的归一化处理，使得 $-1\leqslant x\leqslant 1$，μ 律对数变换特性定义为

$$f(x)=\frac{\ln(1+\mu x)}{\ln(1+\mu)},\quad 0\leqslant x\leqslant 1 \tag{3.3.72}$$

图 3.3.13(a)给出了不同取值时相应的变换特性曲线。图 3.3.13(b)给出了当 $\mu=255$ 和 $A=87.56$ 时两种压缩变换特性的比较，两条变换特性曲线几乎完全重叠。

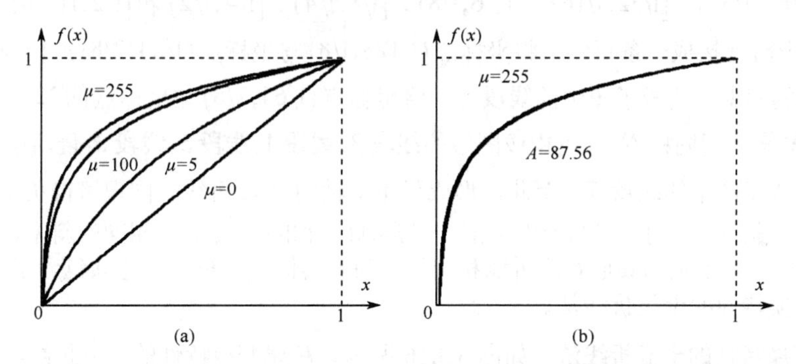

图 3.3.13　(a) μ 压缩变换特性；(b) μ 律和 A 律两种变换特性的比较

由式（3.3.72）有

$$f'(x)=\frac{\mathrm{d}}{\mathrm{d}x}\left(\frac{\ln(1+\mu x)}{\ln(1+\mu)}\right)=\frac{\mu}{\ln(1+\mu)}\frac{1}{1+\mu x},\quad 0\leqslant x\leqslant 1 \tag{3.3.73}$$

由此得

$$\sigma_\mathrm{q}^2=\frac{2}{3M^2}\int_0^1\left(f'(x)\right)^{-2}p_X(x)\mathrm{d}x=\frac{2}{3M^2}\left(\frac{\ln(1+\mu)}{\mu}\right)^2\int_0^1(1+\mu x)^2p_X(x)\mathrm{d}x \tag{3.3.74}$$

采用 μ 律的压缩变换特性后，量化信噪比为

$$\mathrm{SNR_q}=\frac{S_x}{\sigma_\mathrm{q}^2}=\frac{\int_{-1}^{+1}x^2p_X(x)\mathrm{d}x}{\frac{2}{3M^2}\left(\frac{\ln(1+\mu)}{\mu}\right)^2\int_0^1(1+\mu x)^2p_X(x)\mathrm{d}x} \tag{3.3.75}$$

量化信噪比与输入信号的分布特性 $p_X(x)$ 有一定的关系。

标准中规定 $\mu=255$，由式（3.3.73），在 $x=0$ 处有

$$f'(0)=\frac{\mu}{\ln(1+\mu)}\frac{1}{1+\mu x}\bigg|_{x=0}=\frac{255}{\ln(1+255)}\approx 46 \tag{3.3.76}$$

与线性变换特性在 $x=0$ 处斜率的比值为

$$20\lg\frac{f'(0)}{f'_{\text{Uni}}(0)}=20\lg\frac{46}{1}\approx 33(\text{dB}) \tag{3.3.77}$$

说明小信号在该 $x=0$ 区域附近有约 33dB 的提升，相应地信噪比也有约 33dB 的改善。图 3.3.14 给出了 A 律和 μ 律两种变换特性的性能比较。

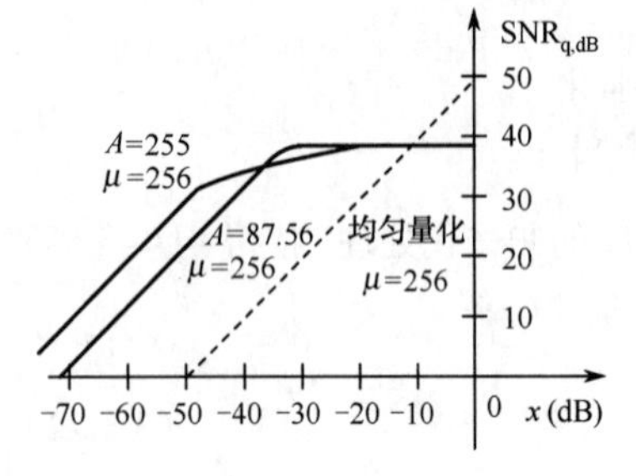

图 3.3.14　A 律与 μ 律变换的性能比较

A 律和 μ 律对数压缩变换的折线近似法　A 律和 μ 律对数压缩变换都是连续的非线性函数，难以用数字器件构建。工程上，这两种变换都采用**折线近似**的方法来实现。

（1）**A 律变换特性的十三折线法**　如图 3.3.15 所示。由图可见，将纵坐标 $y=\hat{f}(x)$ 的信号输出范围 $[0,1]$ **均匀地**分为 8 个子区间：$[0,1/8)$，$[1/8,2/8)$，$[2/8,3/8)$，$[3/8,4/8)$，$[4/8,5/8)$，$[5/8,6/8)$，$[6/8,7/8)$ 和 $[7/8,1]$，将横坐标的信号输入范围 $[0,1]$ 以 2 倍宽度递增的方法从小到大也划分为 8 个子区间：$[0,1/128)$，$[1/128,1/64)$，$[1/64,1/32)$，$[1/32,1/16)$，$[1/16,1/8)$，$[1/8,1/4)$，$[1/4,1/2)$ 和 $[1/2,1]$。然后将坐标点 $(0,0)$ 与坐标点 $(1/128,1/8)$ 连接成一条折线，将坐标点 $(1/128,1/8)$ 与坐标点 $(1/64,2/8)$ 连接成一条折线，因这两条折线有相同的斜率，构成了图中的**线段** 1；将坐标点 $(1/64,2/8)$ 与坐标点 $(1/32,3/8)$ 连接成一条折线，构成图中的**线段** 2；用同样方法，可构成图中的**线段** 3、**线段** 4、**线段** 5、**线段** 6；最后由坐标点 $(1/2,7/8)$ 和坐标点 $(1,1)$ 构成了图中的**线段** 7。至此，形成了正半轴的 7 段折线。同理可得负半轴与正半轴关于原点奇对称的 7 段折线。由于 x 正半轴的线段 1 与 x 负半轴的线段 1 有相同的斜率，连接后合成一条直线。这样，连同 x 正半轴的其他 6 段折线和 x 负半轴的其他 6 段折线，总共包含了 13 段折线。这就是所谓的 A 律变换特性的**十三折线法**。

（2）**μ 律变换特性的十五折线法**　如图 3.3.16 所示。μ 律变换特性的十五折线与 A 律变换特性的十三折线的构成原理基本一样。其中细微的差别在于，图中的 x 横坐标子区间 1：$[0,1/255)$ 和子区间 2：$[1/255,3/255)$ 上的两根折线的斜率，分别为 $(1/8)/(1/255)$ 和 $(1/8)/(2/255)$，不能连为一条直线，所以每个 x 半轴共有 8 条折线，正负半轴共合成 15 段折线。这就是 μ 律变换特性的**十五折线法**。

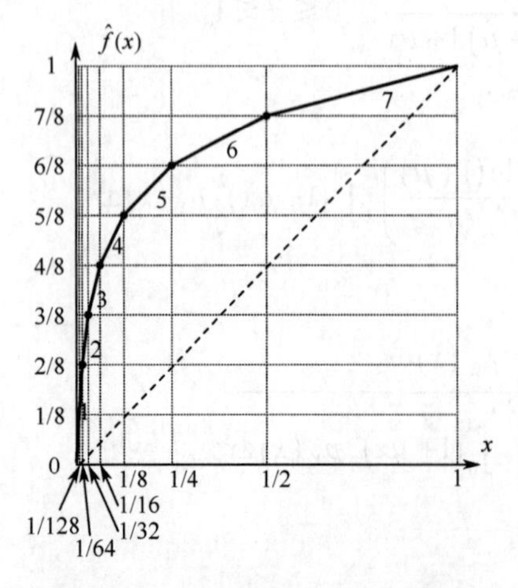

图 3.3.15　A 律变换的十三折线法

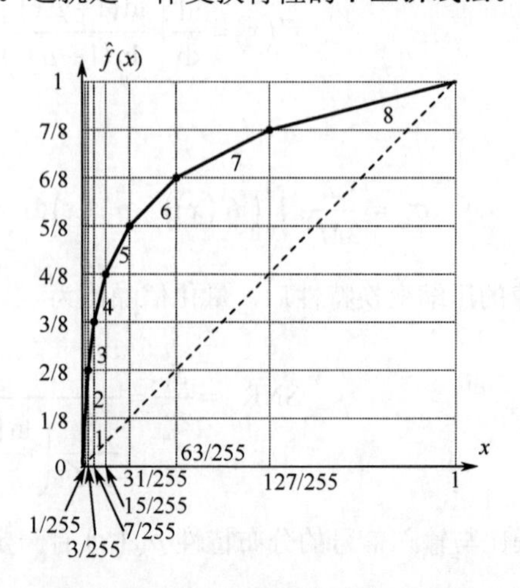

图 3.3.16　μ 律变换的十五折线法

折线近似法对量化信噪比的影响　采用折线法近似理想的 A 律或 μ 律变换特性，对量化信噪比会有一定的影响。图 3.3.17 给出了采用十三折线法近似 A 律变换时，对量化信噪比的影响示意图，图中可见量化信噪比呈锯齿状起伏变化。稍后将看到，采用十三折线法对输入信号进行压缩变换后，在每个不同的折线线段内，采用不同的量化间隔。随着输入 x 由小信号段向大信号段变化，量化间隔按倍数增大。输入信号的幅度从最大的 0 dB 开始减少时，量化信噪比相应地逐渐下降；到下一个量化区间，量化间隔突然减少为原来的一半，量化信噪比有一个跃升，随着输入信号幅度的继续减小，信噪比又开始下降；如图所示，由右到左，量化信噪比按照相同的规律变化，呈现锯齿形状；一直到信号最小的量化区间，此时量化间隔已达到最小而不再改变，随着输入信号幅度的持续减小，信噪比开始呈现连续线性下降的特性。

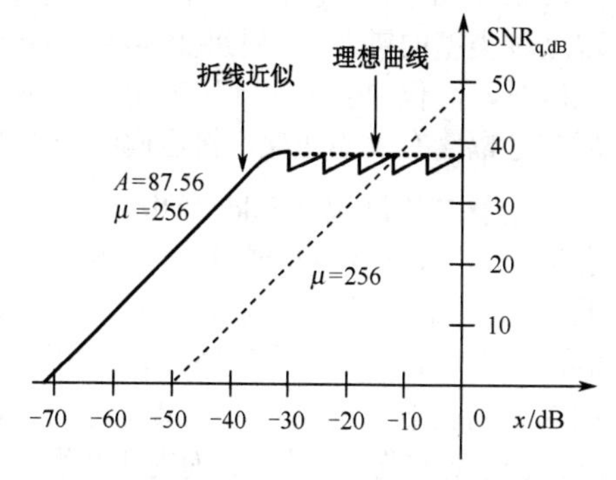

图 3.3.17　十三折线法对信噪比的影响

3.4　脉冲编码调制

在通信系统中，把经量化后的脉冲信号变换为二进制码组（码字）的过程称为脉冲编码调制，简称为 PCM（Pulse Code Modulation）。广义的信号调制，含有对传输的信息进行波形编码，使其适合特定信道传输特性的含义，在数字基带传输系统中，信号波形基本上采用的是二进制脉冲的形式，这就是 PCM 这一术语的由来。但在现在的教科书和有关文献中，PCM 通常是指把量化值变为某种二进制码组的过程，已淡化了二进制脉冲波形成形的含义；还有些文献用 PCM 泛指模拟信号的抽样、量化和编码的整个过程。在本节中，主要按前者的意义理解。

PCM 编码，本质上是建立信号的量化值与二进制码组的一一对应关系。编码的逆过程称为解码或译码。一般来说，任意可逆的二进制码组都可用于 PCM 编码。但通常人们会根据简单、含义清楚或具有某种特点（如抗干扰能力强等）的原则来进行 PCM 编码。

3.4.1　常用的 PCM 编码方式

自然二进制码（Natrual Binary Code，NBC）　自然二进制码采用的是普通二进制数的表示方式，如表 3.4.1 的第二列所示，编码过程是直接将量化电平的序号转换成相应的二进制数。自然二进制码的特点是简单、易于理解。

表 3.4.1　常用的 PCM 编码

电平序号	自然二进制码	格雷码	折叠码
	$c_3c_2c_1c_0$	$c_3c_2c_1c_0$	$c_3c_2c_1c_0$
0	0000	0000	0111
1	0001	0001	0110
2	0010	0011	0101
3	0011	0010	0100
4	0100	0110	0011
5	0101	0111	0010
6	0110	0101	0001
7	0111	0100	0000
8	1000	1100	1000
9	1001	1101	1001
10	1010	1111	1010
11	1011	1110	1011
12	1100	1010	1100
13	1101	1011	1101
14	1110	1001	1110
15	1111	1000	1111

格雷码（Gray or Reflected Binary Code，RBC） 格雷码的特点是，相邻的码组只有 1 比特的差异，如表 3.4.1 的第三列所示。在通信过程中，随机噪声干扰造成的错误通常都是单个的误码。因此，当出现这种类型的错误时，码组变为相邻的一个码组，而相邻码组间对应的模拟信号值差异很小。采用 NBC 编码时，高位的误码对译码输出的影响很大，而采用格雷码编码时，任何 1 位的误码都不会导致译码后信号幅度有大的变化。格雷码编码的这一特点在多进制的带通信号调制过程中也被广泛地应用。

折叠二进制码（Folded Binary Code，FBC） 折叠二进制码的编码特点如表 3.4.1 的第四列所示。左边的第一位表示数据的符号，用“0”表示负数，“1”表示正数，数值部分的大小采用自然二进制码的表示方式。从形式上看，折叠码的正数与负数间除符号位外，满足一种“折叠”的关系。折叠二进制码在抗干扰方面也有其特点：已知语音信号幅度取值服从**拉普拉斯分布**，其小信号出现的概率较大，如果采用自然二进制码，当最左边的一位出现错误时，解码后因为错误恢复出来的信号幅度差异可达 1/2 信号动态范围（V_p）。而对于折叠二进制码，小幅度的信号出现符号错误时，其幅度的绝对值大小不会改变。因此，从统计上来说，对语音信号采用折叠二进制码编码时，错误造成的影响较小。

3.4.2 A 律与 μ 律 PCM 编码

电信系统中的语音信号通常采用国际电信联盟制定的 G.711 编码标准，A 律或 μ 律压缩变换及量化后的 PCM 编码是该标准中的两种基本编码方式。

A 律 PCM 编码 A 律 PCM 编码采用 8 位的二进制编码，其中每位的功能具体定义如下：

$$\underset{\text{极性码}}{M_1} \qquad \underset{\text{段落码}}{M_2M_3M_4} \qquad \underset{\text{段内码}}{M_5M_6M_7M_8} \tag{3.4.1}$$

式中，当 $M_1=0$ 时表示负极性；当 $M_1=1$ 时表示正极性。$M_2M_3M_4$ 采用自然二进制数表示方法，由 000/001,010,…,111 依次表示当前的编码值落在第一段（其中“000”表示第一段的前半段，“001”表示第一段的后半段）、第二段……第六段和第七段内；$M_5M_6M_7M_8$ 是段内的电平码，在每一段内采用均匀量化，采用自然二进制数表示电平值，除第一段有 32 个电平值外，其余各段每段有 $2^4=16$ 个电平值。

表 3.4.2 详细描述了 A 律 PCM 编码的有关参数的取值方法，表中只给出了 x 的正半轴部分，x 的负半轴部分除了编码输出的符号位不同外（由“1”变为“0”），其他完全一样。下面逐项加以讨论：

（1）**线段编号** A 律 PCM 编码共有 7 段，从 1 到 7。考虑到在第一段前半部分与后半部分编码输出时段落码 $M_2M_3M_4$ 取值的不同，在表中增加了一个“$1'$”段号。

（2）**量化间隔/量化间隔数** A 律 PCM 编码的量化间隔，从第 1 段最小的 $\Delta_1=2^1=2$ 个单位到第 7 段最大的 $\Delta_7=2^7=128$ 个单位。每段（把 $1\sim1'$ 视为两段，在这两段中的量化间隔相同，即 $\Delta_1=\Delta_{1'}=2$）内的量化间隔数均为 16。

（3）**段落的起点/终点值** 由图 3.2.15 可见，对输入模拟信号的幅度进行归一化处理后，x 轴第 1 段的长度为 1/128，其中包含 16 个最小的量化间隔。因此。归一化长度 1 对应的最小量化间隔数为 128×16，而最小量化间隔 $\Delta_1=2^1=2$（量化单位）。由此得到

$$\text{归一化长度“1”} \leftrightarrow 128\times16\times\Delta_1=128\times16\times2=2^{12}=4096\text{(量化单位)} \tag{3.4.2}$$

若以“量化单位数”为单位划定每个段落的起点值和终点值，考虑到一个段落的终点就是相邻的下一个段落的起点，由此可得表中相应的结果。

（4）**分层电平号** 分层电平号是给每个分层电平一个序号，因为第一段有 32 个分层电平，其余的每段有 16 个分层，因此共有 $32+6\times16=128$ 个分层电平，从 0 开始依次排列，由 0 到 127。

（5）**分层电平值** 分层电平值从第 1 段的 0 值开始，不断递增，在每一段内每次递增的幅度相同，

如在第 i 段内按照 $\Delta_i = 2^i$ 递增，由此可得表中的分层电平值。

（6）**量化电平值**　量化电平值是输入模拟信号的量化电平折算为"量化单位"数后的取值，具体计算方法由下式定义，假定输入模拟信号不会产生量化过载失真，允许输入信号变化的动态范围是 $-V_{\mathrm{p}} \leqslant x \leqslant +V_{\mathrm{p}}$，则量化电平值

$$y_n = \frac{|x|}{V_{\mathrm{p}}} \times 4096 \tag{3.4.3}$$

（7）**编码输出码组**　编码输出码组由式（3.4.1）定义，是一个与量化值一一对应的码组 $M_1M_2M_3M_4M_5M_6M_7M_8$。其中 M_1 由量化值的符号决定；$M_2M_3M_4$ 由量化值所处的段决定，若记段的起始点的电平值为 $V_k; k = 1, 1', 2, 3, \cdots, 7$，则可根据

$$V_k \leqslant y_n < V_{k+1} \tag{3.4.4}$$

确定 y_n 是在其中的第 k 段内。段内的取值 $M_5M_6M_7M_8$ 则根据如下计算结果确定：

$$m = \left\lfloor \frac{y_n - V_k}{\Delta_k} \right\rfloor \xrightarrow{\text{十进制数}\to\text{二进制数}} M_5M_6M_7M_8 \tag{3.4.5}$$

式中，符号"$\lfloor \cdot \rfloor$"表示取整数部分。

（8）**量化电平编号**　量化电平编号是量化电平的序号编号。

表 3.4.2　*A* 律的 PCM 编码表

线段编号	量化间隔/量化间隔数	段落起点/终点值	分层电平编号	分层电平值	编码输出码组	量化电平值	量化电平编号
1	$2^1=2$	0	0	0	10000000	1	1
	/	/	1	2	10000001	3	2
	16	32	…	…	… … …	…	…
			15	30	10001111	31	16
1'	$2^1=2$	32	16	32	10010000	33	17
	/	/	17	34	10010001	35	18
	16	64	…	…	… … …	…	…
			31	62	10011111	63	32
2	$2^2=4$	64	32	64	10100000	66	33
	/	/	33	68	10100001		34
	16	128	…	…	… … …	…	…
			47	124	10101111	126	48
3	$2^3=8$	128	48	128	10110000	132	49
	/	/	49	136	10110001	140	50
	16	256	…	…	… … …	…	…
			63	248	10111111	260	64
4	$2^4=16$	256	64	256	11000000	264	65
	/	/	65	272	11000001	280	66
	16	512	…	…	… … …	…	…
			79	496	11001111	504	80
5	$2^5=32$	512	80	512	11010000	528	81
	/	/	81	544	11010001	560	81
	16	1024	…	…	… … …	…	…
			95	996	11011111	1008	96
6	$2^6=64$	1024	96	1024	11100000	1056	97
	/	/	97	1088	11100001		98
	16	2048	…	…	… … …		…
			111	1984	11101111	2016	112
7	$2^7=128$	2048	112	2048	11110000	2112	113
	/	/	113	2176	11110001	2240	114
	16	4096	…	…	… … …	…	…
			127	3968	11111111	4032	128
			(128)	(4096)			

A 律 PCM 译码　A 律 PCM 译码是指根据收到的 PCM 码组 $M_1M_2M_3M_4M_5M_6M_7M_8$，恢复相应的量化值的过程。基本步骤如下：

（1）由 M_1 确定量化值的符号。

（2）由 $M_2M_3M_4$ 确定量化值所在的段落，并由此确定相应段的起始点电平值 $V_K; k=1,1',2,3,\cdots,7$。

（3）由 $M_5M_6M_7M_8$ 确定段内的量化值 m。

（4）由（2）和（3）得到的总电平值，根据下式计算实际译码输出的信号值：

$$\hat{x}=(\pm 1)\frac{1}{4096}\left(V_k+m\cdot\Delta_k+\frac{\Delta_k}{2}\right)\cdot V_{\mathrm{p}} \tag{3.4.6}$$

式中，符号位 (± 1) 由 M_1 决定。在编码计算 m 的过程中舍弃了所有的小数部分，在译码时另外加入"$\Delta_k/2$"项，可将总量化误差控制在 $\pm\Delta_k/2$ 范围之内。在编码时取最小量化间隔 $\Delta_1=2$ 可保证 $\Delta_k/2$ 是一个整数。

【例 3.4.1】　已知某 A 律 PCM 编码器，语音信号的输入动态范围为 $-V_{\mathrm{p}}\leqslant x\leqslant V_{\mathrm{p}}$，其中 $V_{\mathrm{p}}=2\mathrm{V}$。若抽样获得的信号值 $x=-0.74\mathrm{V}$。（1）求 A 律 PCM 编码输出码组；（2）根据（1）获得的编码码组，求译码恢复得到的信号值；（3）计算原信号与恢复所得信号误差值的大小。

解：（1）编码：因为 $x=-0.74\mathrm{V}$ 是负数，所以 $M_1=0$；由式（3.4.3）有

$$y_n=\frac{|x|}{V_{\mathrm{p}}}\times 4096=\frac{|-0.74|}{2}\times 4096=1515.52$$

由表 3.4.2，因为 $1024\leqslant 1515.52\leqslant 2048$，所以处在第 6 线段内，有 $M_2M_3M_4=110$；由

$$m=\left\lfloor\frac{y_n-V_k}{\Delta_k}\right\rfloor=\left\lfloor\frac{y_n-V_6}{\Delta_6}\right\rfloor=\left\lfloor\frac{1515.52-1024}{64}\right\rfloor=\lfloor 7.68\rfloor=7$$

相应地有 $m=7\leftrightarrow M_5M_6M_7M_8=0111$。

综上，编码输出为 $M_1M_2M_3M_4M_5M_6M_7M_8=0\ 110\ 0111$。

（2）译码：已知编码的码组为 $M_1M_2M_3M_4M_5M_6M_7M_8=0\ 110\ 0111$。

由 $M_1=0$，可知译码的信号为负值；

由 $M_2M_3M_4=110$，可知译码输出应处在第 6 段，其起始值为 1024；

由 $M_5M_6M_7M_8=0111$，可知段内的编码值为 $m=7$；

最后由式（3.4.6），译码输出值为

$$\hat{x}=(\pm 1)\frac{1}{4096}\left(V_k+m\Delta_k+\frac{\Delta_k}{2}\right)\cdot V_{\mathrm{p}}=(-1)\frac{1}{4096}\left(1024+7\times 64+\frac{64}{2}\right)\times 2=-0.734375$$

（3）恢复出的信号的误差值

$$e=x-\hat{x}=-0.74-(-0.734375)=-0.005625$$

相对误差值为

$$\left|\frac{e}{x}\right|\times 100\%=\left|\frac{-0.005625}{0.74}\right|\approx 0.76\%\quad\square$$

μ 律 PCM 编码　μ 律 PCM 编码与 A 律 PCM 编码的方法类似。表 3.4.3 给出了 μ 律 PCM 编码表。

表 3.4.3　μ 律 PCM 编码表

信号取值范围	量化间隔 Δ_k	段落码 $M_2M_3M_4$	电平码 $M_5M_6M_7M_8$	量化电平编号	分层电平值
0～0.5 0.5～1.5 … 14.5～15.5	1	0 0 0	0 0 0 0 0 0 0 1 … 1 1 1 1	0 1 … 15	0 1 … 15
15.5～17.5 … 45.5～47.5	2	0 0 1	0 0 0 0 … 1 1 1 1	16 … 31	16.5 … 46.5
47.5～51.5 … 107.5～111.5	4	0 1 0	0 0 0 0 … 1 1 1 1	32 … 47	49.5 … 109.5
111.5～119.5 … 231.5～239.5	8	0 1 1	0 0 0 0 … 1 1 1 1	48 … 63	115.5 … 235.5
239.5～255.5 … 479.5～495.5	16	1 0 0	0 0 0 0 … 1 1 1 1	64 … 79	247.5 … 487.5
495.5～527.5 … 975.5～1007.5	32	1 0 1	0 0 0 0 … 1 1 1 1	80 … 95	511.5 … 991.5
1007.5～1071.5 … 1967.5～2031.5	64	1 1 0	0 0 0 0 … 1 1 1 1	96 … 111	1039.5 … 1999.5
2031.5～2159.5 … 3951.5～4079.5	128	1 1 1	0 0 0 0 … 1 1 1 1	112 … 127	2095.5 … 4015.5

【例 3.4.2】 已知某 μ 律 PCM 编码的输入动态范围为 $-V_p \leqslant x \leqslant V_p$，$V_p = 2\text{V}$。若抽样获得的信号值 $x = -0.74\text{V}$，求 μ 律 PCM 编码输出码组。

解：因为 $x = -0.74\text{V}$ 是负数，所以 $M_1 = 0$；由式（3.4.3）有

$$y_n = \frac{|x|}{V_p} \times 4079.5 = \frac{|-0.74|}{2} \times 4079.5 = 1509.415$$

由表 3.4.3，因为 $1007.5 \leqslant 1509.415 \leqslant 2031.5$，所以处在第 7 线段内，有 $M_2M_3M_4 = 110$；由

$$m = \left\lfloor \frac{y_n - V_k}{\Delta_k} \right\rfloor = \left\lfloor \frac{y_n - V_6}{\Delta_6} \right\rfloor = \left\lfloor \frac{1509.415 - 1007.5}{64} \right\rfloor = \lfloor 7.8428 \rfloor = 7$$

相应地有

$$m = 7 \leftrightarrow M_5M_6M_7M_8 = 0111$$

由此可得编码输出为 $M_1M_2M_3M_4M_5M_6M_7M_8 = 0\ 110\ 0111$。□

3.4.3　对数 PCM 与线性 PCM 间的变换

由式（3.4.1）定义的对数 PCM 编码码组 $M_1M_2M_3M_4M_5M_6M_7M_8$ 可知，对数 PCM 的码组仅仅是一组代码，不是一个**线性二进制数**，因而不能够直接进行数值运算。另外，虽然目前在电信网中大量采用的是标准为 G .711、比特率为 64kbps 的 A 律或 μ 律 PCM 编码，但在电信系统中，还同时使用多种不同的其他语音编码（压缩）标准，如比特率为 32kbps 的 ADPCM **编码**方式（G .721 标准）、比特率为 16kbps 的 LD_CELP **编码**方式（G .728 标准）、比特率为 8kbps 的 CS_ACELP **编码**方式（G .728 标准）等。另外，GSM 移动通信系统采用的则是 13kbps 的 RPE_LTP **编码**方式。用户的话音信号代码在传输中可能会经历多次变换，如 GSM 移动网用户与电信固网的用户通话时，GSM 用户在其无线接入网中发送的是 13kbps 的 RPE_LTP 编码方式的代码，进入电信**固话网**后需转换为 64kbps 的对数 PCM

编码，电信固网的用户才能够正常地接收；而电信固网用户发出的话音信号则要做相反的变换。上述这些变换处理都须在线性二进制代码的基础上进行。因此线性 PCM 变换与对数 PCM 之间的变换是一种常用的信号处理方法。

对数 PCM 代码到线性 PCM 代码间的转换 假定给定由式（3.4.1）定义的已知 A 律对数 PCM 代码，转换的具体过程如下：

（1）由 M_1 确定线性 PCM 代码的符号。

（2）由 $M_2M_3M_4$ 确定对数 PCM 代码的段落号 k，由此得到该段落的起始电平 V_k 和量化间隔 Δ_k。

（3）由 $M_5M_6M_7M_8$ 确定对数 PCM 代码的段内编码 m。

由此可得给定对数 PCM 代码 $M_1M_2M_3M_4M_5M_6M_7M_8$ 所对应的十进制数

$$\hat{y}_n = (\pm 1)\left(V_k + m\Delta_k + \frac{\Delta_k}{2}\right) \tag{3.4.7}$$

将 $\hat{y}_n$ 转换为线性二进制代码，因为由式（3.4.2）可知，当最小量化间隔取 $\Delta_1 = 2$ 时，$\hat{y}_n$ 的最大取值为 4096，需要 12 位二进制数表示，连同符号位，转换后的线性二进制代码共需要 13 位，因此最后得到编码转换的输出为

$$\hat{y}_n = (\pm 1)\sum_{i=0}^{11} b_i 2^i \;\rightarrow\; b_{12}b_{11}\cdots b_2b_1b_0 \tag{3.4.8}$$

式中，b_{12} 是符号位。

线性 PCM 代码到对数 PCM 代码间的转换 线性 PCM 到对数 PCM 代码间的转换实质上就是对数 PCM 码的编码过程，假定已知 $b_{12}b_{11}\cdots b_2b_1b_0$，转换过程的具体步骤如下：

（1）由二进制代码可得

$$b_{12}b_{11}\cdots b_2b_1b_0 \;\rightarrow\; \hat{y}_n = (\pm 1)\sum_{i=0}^{11} b_i 2^i \tag{3.4.9}$$

（2）获得 $\hat{y}_n$ 后，根据对数 PCM 的编码方法，其具体步骤可表示为

$$\hat{y}_n \;\rightarrow\; M_1, M_2M_3M_4, V_k, \Delta_k \;\rightarrow\; m \;\rightarrow\; M_5M_6M_7M_8 \tag{3.4.10}$$

由此获得对数 PCM 代码 $M_1M_2M_3M_4M_5M_6M_7M_8$。

通过变换表格实现两种代码间的转换 在计算机或处理器进行上述变换处理时，实际上可以通过简单的查表方法来快速实现。

观察线性 PCM 与 A 律对数 PCM 编码间的关系，可发现具有表 3.4.4 所示的规律，因为对数 PCM 只有 8 位，在大信号区域随着量化间隔 Δ_k 的增大，量化误差 e 也相应地增大，表中的“*”部分是由量化误差导致的**不可分辨**部分，即对于线性 PCM 的这些位，无论 b_i 取什么值，都不会对转换结果有大的影响。

表 3.4.4 线性 PCM 代码与 A 律对数 PCM 代码间的转换表

信号幅度部分取值范围	$b_{11}b_{10}b_9b_8b_7b_6b_5b_4b_3b_2b_1b_0$	$M_2M_3M_4M_5M_6M_7M_8$
0000 ≤ |x| < 0032	0000000WXYZ1	0 0 0 W X Y Z
0032 ≤ |x| < 0064	0000001WXYZ1	0 0 1 W X Y Z
0064 ≤ |x| < 0128	000001WXYZ1*	0 1 0 W X Y Z
0128 ≤ |x| < 0256	00001WXYZ1**	0 1 1 W X Y Z
0256 ≤ |x| < 0512	0001WXYZ1***	1 0 0 W X Y Z
0512 ≤ |x| < 1024	001WXYZ1****	1 0 1 W X Y Z
1024 ≤ |x| < 2048	01WXYZ1*****	1 1 0 W X Y Z
2048 ≤ |x| < 4096	1WXYZ1******	1 1 1 W X Y Z

类似地，由线性 PCM 与 μ 律对数 PCM 编码间的关系，可得表 3.4.5 所示的线性 PCM 代码与 μ 律对数 PCM 代码间的转换表。因为 μ 律对数 PCM 编码在小信号段的精度较 A 律高，变换后线性 PCM 连同符号位共 14 位。

表 3.4.5　线性 PCM 代码与 μ 律对数 PCM 代码间的转换表

信号幅度部分取值范围	$b_{12}b_{11}b_{10}b_9b_8b_7b_6b_5b_4b_3b_2b_1b_0$	$M_2M_3M_4M_5M_6M_7M_8$
0000.0 ≤ |x| < 0015.5	0 0 0 0 0 0 0 1 W X Y Z 1	0 0 0 W X Y Z
0015.5 ≤ |x| < 0047.5	0 0 0 0 0 0 1 W X Y Z 1 *	0 0 1 W X Y Z
0047.5 ≤ |x| < 0111.5	0 0 0 0 0 1 W X Y Z 1 * *	0 1 0 W X Y Z
0111.5 ≤ |x| < 0239.5	0 0 0 0 1 W X Y Z 1 * * *	0 1 1 W X Y Z
0239.5 ≤ |x| < 0495.5	0 0 0 1 W X Y Z 1 * * * *	1 0 0 W X Y Z
0495.5 ≤ |x| < 1007.5	0 0 1 W X Y Z 1 * * * * *	1 0 1 W X Y Z
1007.5 ≤ |x| < 2031.5	0 1 W X Y Z 1 * * * * * *	1 1 0 W X Y Z
2031.5 ≤ |x| < 4079.5	1 W X Y Z 1 * * * * * * *	1 1 1 W X Y Z

【例 3.4.3】　（1）已知收到的 *A* 律 PCM 编码的码组为 00110101，将其转换为折叠码形式的线性 PCM 码。（2）已知收到的折叠码形式的线性 PCM 码为 1001101001011，将其转换为 *A* 律 PCM 编码。

解：（1）若 *A* 律 PCM 编码的码组为 00110101，已知折叠码符号位的编码方式与 *A* 律 PCM 编码一致，由此可确定符号位。其数值部分由表 3.4.4 的第四行直接可得：

A 律 PCM 编码：**0**011***0101*** → 折叠线性分组码：**0**00001***0101***1**

其中斜体加粗部分是表中的"WXYZ"部分，"**"部分可以任意取值，如可取为 0000010101110，也可取为 0000010101101，等等。

（2）若折叠码形式的线性 PCM 码为 1001101001011，同样折叠码符号位的编码方式与 *A* 律 PCM 编码一致，可确定 *A* 律 PCM 的符号位。由表 3.4.4 可见，高比特位最接近该码组的是第 6 行，因此有

折叠线性分组码：1001**1010**01011 → *A* 律 PCM 编码：1101**1010**

其中的"WXYZ"如码组 1001***1010*** 01011 中的斜体部分所示，但"WXYZ"之后并没有表中紧跟其后的"1"，说明转换后可能产生的最大误差为该段的量化间隔 $\Delta_5 = 32$，由式（3.4.6）在解码时，会加入相应的项 $\Delta_5/2$，所以最后量化误差仍可控制在 $\Delta_5/2$ 范围内。□

3.5　差分脉冲编码调制（DPCM）

前节讨论了各种基本的 PCM 编码方式，目前电信网中广泛应用的语音信号的 *A* 律和 μ 律 PCM 编码标准，规定采用 8kHz 的抽样频率，每个样值经量化编码后，生成一个 8 比特的码组。因此，要传输一路单向的采用 *A* 律或 μ 律 PCM 编码的话音信号，需要速率为 $8\text{k}\times 8 = 64\text{k(bps)}$ 的数字信道来传输。人们在对语音信号的长期研究过程中发现，语音信号有许多特征，若能有效地加以利用，在对话音质量基本上没有影响或影响很小的情况下，可以通过对语音数据进行"压缩"，减少传输的数据量，提高传输的效率。

图 3.5.1(a)所示为典型的**语音信号功率谱**，图 3.5.1(b)所示为其相应的**相关函数**[2]。由图可见，对于语音信号来说，在相邻的抽样点间，样值约有 80%的相关性。换言之，从传递信息的角度来看，这些样值间有很大的冗余性。本节要讨论的**差分脉冲编码调制**（Differential Pulse Code Modulation，DPCM），就是一种利用相邻样值之间存在的信息冗余度来进行压缩编码，进而提高传输效率的技术。

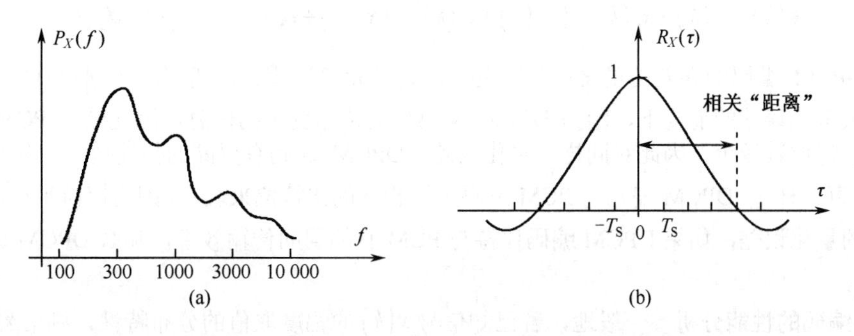

图 3.5.1　典型的语音信号功率密度谱与相关函数

3.5.1 预测编码的基本概念

DPCM 编码的基本原理 DPCM 是一种基于预测编码的方法。图 3.5.2 给出了预测编码器和译码器的原理图。记 $x(k)$ 为输入 $x(t)$ 在 $t=kT_S$ 时刻的**抽样值**，$x_r(k)$ 和 $x_e(k)$ 分别为 $x(k)$ 的**重建信号**和**预测信号**，$d(k)=x(k)-x_e(k)$ 为输入信号与其预测信号的**差值**，$d_q(k)$ 为 $d(k)$ 的量化值，$C(k)$ 是与该量化值对应的输出二进制码组。注意到图中编码器和解码器中有部分结构完全相同的信号重建部分。

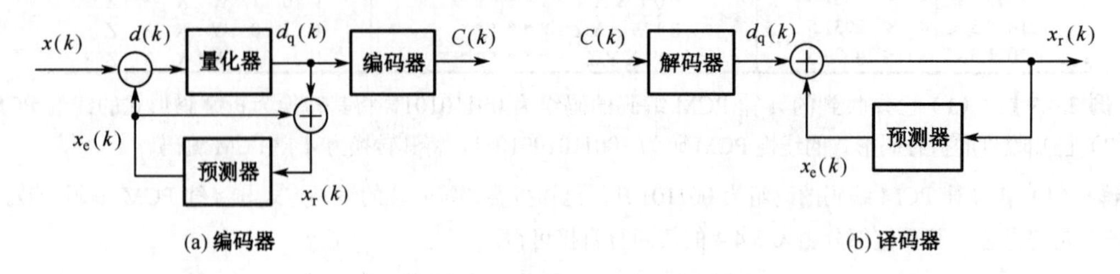

图 3.5.2 DPCM 编码器与译码器

DPCM 中的预测器可以有多种不同的实现方案。图 3.5.2 中的预测器采用的是一种利用重建信号 $x_r(k)$ 的过去值，来计算当前输入 $x(k)$ 的预测值 $x_e(k)$ 的方法：

$$x_e(k)=f\left[x_r(k-1),x_r(k-2),\cdots,x_r(k-N)\right] \tag{3.5.1}$$

下面深入分析预测编码可以提高传输效率的原因。如图 3.5.3 所示，当输入信号 $x(k)$ 的样值间具有较强的相关性时，相邻样点取值的差值 $|\Delta x|$ 小的概率很大。预测值 $x_e(k)$ 在大多数情况下都能满足如下条件：

$$|d(k)|=|x(k)-x_e(k)|\ll|x(k)| \tag{3.5.2}$$

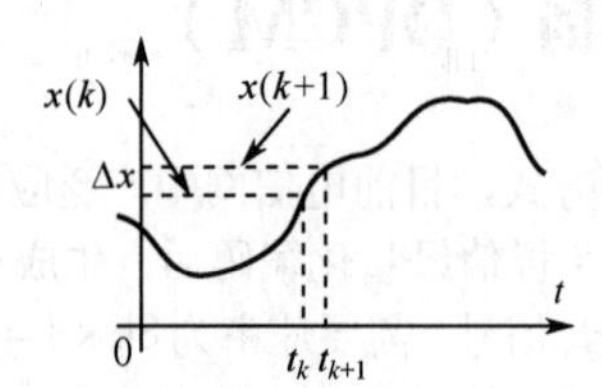

图 3.5.3 相邻信号的取值通常具有很强的相关性

再来看对于 DPCM 编码，**误差**由什么因素决定。DPCM 编码的误差定义为

$$e(k)=x(k)-x_r(k) \tag{3.5.3}$$

观察图 3.5.2，很容易得到结果

$$e(k)=x(k)-x_r(k)=\left(x_e(k)+d(k)\right)-\left(x_e(k)+d_q(k)\right)=d(k)-d_q(k) \tag{3.5.4}$$

由此可见，DPCM 编码的误差由量化误差决定。由式（3.5.2），因为一般有 $|d(k)|\ll|x(k)|$，所以在保持相同的最大量化误差的前提下，因为 DPCM 编码只需传递变化的信息，因此较之 PCM 编码，每个样值所需的比特位数较少，因此对同样的量化误差，DPCM 编码有更高的传输效率。从另外一个角度来说，如果对每个样值，DPCM 编码与 PCM 编码采用相同的比特位来表示，因为 $|d(k)|\ll|x(k)|$，DPCM 编码有更小的量化误差，如果 DPCM 编码保持与 PCM 有相同的传输效率，那么 DPCM 编码有更好的话音质量。

DPCM 编码的性能分析 一般地，若已知信号 $x(k)$ 的幅度取值的分布特性，则信号 $x(k)$ 的平均功率可用 $x^2(k)$ 的统计平均值 $S_x=E\left[x^2(k)\right]$ 来表示；误差 $e(k)$ 的影响相当于编码过程引入的噪声干扰。

$e(k)$是一个随机变量，其统计平均功率可表示为$N_e = E\left[e^2(k)\right]$。由此，DPCM编码的信噪比可表示为

$$\text{SNR} = \frac{S_x}{N_e} = \frac{E\left[x^2(k)\right]}{E\left[e^2(k)\right]} = \frac{E\left[x^2(k)\right]}{E\left[d^2(k)\right]}\frac{E\left[d^2(k)\right]}{E\left[e^2(k)\right]} \tag{3.5.5}$$

若定义**预测增益**为

$$G_{\text{p}} = \frac{E\left[x^2(k)\right]}{E\left[d^2(k)\right]} \tag{3.5.6}$$

则**量化信噪比**可以表示为

$$\text{SNR}_{\text{q}} = \frac{E\left[d^2(k)\right]}{E\left[e^2(k)\right]} \tag{3.5.7}$$

式（3.5.5）定义的DPCM编码的信噪比可进一步表示为

$$\text{SNR} = G_{\text{p}}\text{SNR}_{\text{q}} \tag{3.5.8}$$

由此可见，DPCM编码的性能主要由预测增益G_{p}和量化信噪比SNR_{q}决定。通常$G_{\text{p}} \gg 1$，所以若DPCM的量化信噪比SNR_{q}与PCM的量化信噪比SNR_{q}相同，则DPCM总的信噪比性能要优于PCM；若DPCM总的信噪比性能与PCM相同，则SNR_{q}可以取较小值，使得表示每个样值信息所需的比特位减少，相应地所需的传输速率得以降低。

3.5.2 信号预测的基本方法

通过上节的讨论可以了解到，DPCM 编码的性能与预测增益G_{p}有很大的关系。预测增益G_{p}的大小实际上反映了预测的精度。预测结果越精确，平均预测误差$E\left[d^2(k)\right]$越小，相应的预测增益G_{p}就越大。能否对信号进行有效的预测，一方面与预测方法有关，另一方面与信号本身也有关。有些纯随机的信号，抽样值间没有任何的相关性，如白噪声等，这种类型的信号是一种不可预测的信号。本节将介绍**极点预测器**、**零点预测器**和**零极点预测器**这三种经典的信号预测方法。

极点预测器　极点预测器是利用过去的重建值$x_{\text{r}}(k-i)$，$i=1,2,\cdots$来预测当前输入值$x(k)$的一种预测方法。一个N阶的极点预测器可以表示为

$$x_{\text{e}}(k) = \sum_{i=1}^{N} a_i x_{\text{r}}(k-i) \tag{3.5.9}$$

式中，a_i，$i=1,2,\cdots,N$是一组常数，称为**预测系数**。一般地，若量化误差足够小，则可得

$$d_{\text{q}}(k) \approx d(k) = x(k) - x_{\text{e}}(k) \approx x_{\text{r}}(k) - \sum_{i=1}^{N} a_i x_{\text{r}}(k-i) \tag{3.5.10}$$

在等式两边取Z**变换**，可得

$$D_{\text{q}}(Z) = X_{\text{r}}(Z) - \sum_{i=1}^{N} a_i Z^{-i} X_{\text{r}}(Z) \tag{3.5.11}$$

式中，$d_{\text{q}}(k) \Leftrightarrow D_{\text{q}}(Z)$，$x_{\text{r}}(k) \Leftrightarrow X_{\text{r}}(Z)$。定义**传递函数**

$$H(Z) = \frac{X_{\text{r}}(Z)}{D_{\text{q}}(Z)} \tag{3.5.12}$$

则有

$$H(Z) = \frac{X_{\text{r}}(Z)}{D_{\text{q}}(Z)} = \frac{1}{1 - \sum_{i=1}^{N} a_i Z^{-i}} \tag{3.5.13}$$

式（3.5.13）确定的传递函数只有极点，所以将其称之为**极点预测器**。采用极点预测器的DPCM编码器和译码器如图3.5.4所示。

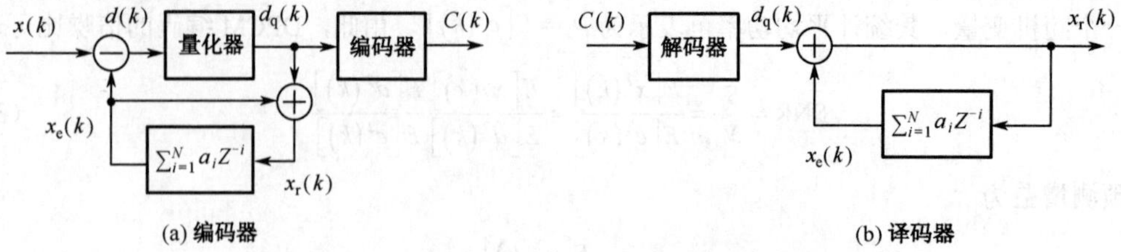

(a) 编码器 (b) 译码器

图 3.5.4 采用极点预测器的 DPCM 编码器和译码器

零点预测器 零点预测器是利用过去的差值 $d_q(k-i)$，$i=1,2,\cdots$ 来预测当前输入值 $x(k)$ 的一种预测方法。一个 M 阶的零点预测器可以表示为

$$x_e(k)=\sum_{i=1}^{M}b_i d_q(k-i) \tag{3.5.14}$$

式中，b_i, $i=1,2,\cdots,M$ 为相应的**预测系数**。信号的重建值可以表示为

$$x_r(k)=x_e(k)+d_q(k)=\sum_{i=1}^{M}b_i d_q(k-i)+d_q(k) \tag{3.5.15}$$

在上式的两边取 Z 变换得

$$X_r(D)=\sum_{i=1}^{M}b_i Z^{-i}D_q(Z)+D_q(Z) \tag{3.5.16}$$

可得相应的传递函数

$$H(Z)=\frac{X_r(Z)}{D_q(Z)}=1+\sum_{i=1}^{M}b_i Z^{-i} \tag{3.5.17}$$

因为传递函数 $H(Z)$ 只含零点，所以称为**零点预测器**。采用零点预测器的 DPCM 编码器和译码器如图 3.5.5 所示。

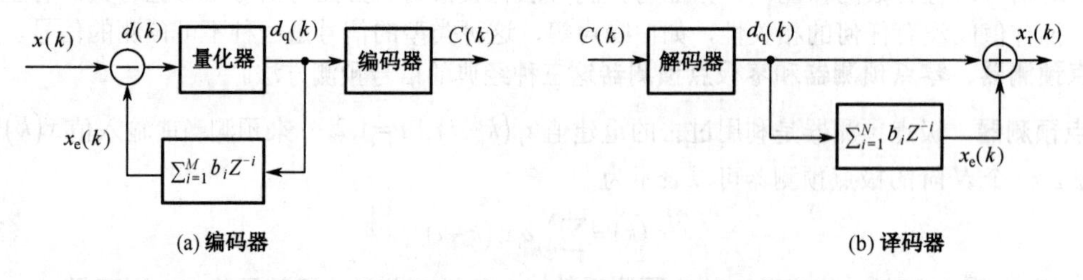

图 3.5.5 采用零点预测器的 DPCM 编码器和译码器

零极点预测器 若同时使用过去的重建值 $x_r(k-i)$，$i=1,2,\cdots$ 与过去的差值 $d_q(k-i)$，$i=1,2,\cdots$ 的组合来预测当前输入值 $x(k)$，如图 3.5.6 所示，则有

$$x_e(k)=\sum_{i=1}^{N}a_i x_r(k-i)+\sum_{i=1}^{M}b_i d_q(k-i) \tag{3.5.18}$$

而重建值则为

$$x_r(k)=x_e(k)+d_q(k)=\sum_{i=1}^{N}a_i x_r(k-i)+\sum_{i=1}^{M}b_i d_q(k-i)+d_q(k) \tag{3.5.19}$$

在上式两边同时取 Z 变换得

$$\begin{aligned}X_r(Z)&=\sum_{i=1}^{N}a_i Z^{-i}X_r(Z)+\sum_{i=1}^{M}b_i Z^{-i}D_q(Z)+D_q(Z)\\&=X_r(Z)\sum_{i=1}^{N}a_i Z^{-i}+D_q(Z)\left(\sum_{i=1}^{M}b_i Z^{-i}+1\right)\end{aligned} \tag{3.5.20}$$

整理后可得

$$H(Z)=\frac{X_{\mathrm{r}}(Z)}{D_{\mathrm{q}}(Z)}=\frac{1+\sum_{i=1}^{M}b_iZ^{-i}}{1-\sum_{i=1}^{N}a_iZ^{-i}} \tag{3.5.21}$$

传递函数 $H(Z)$ 同时包含零点和极点，所以称为**零极点预测器**。采用零极点预测器的 DPCM 编码器和译码器如图 3.5.6 所示。

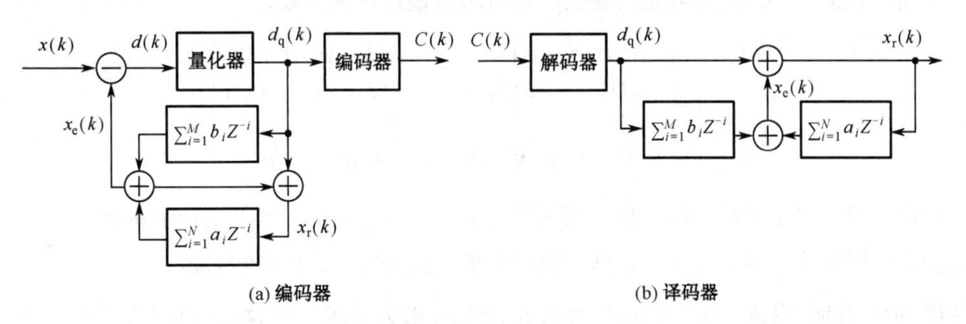

图 3.5.6　采用零极点预测器的 DPCM 编码器和译码器

最佳预测系数　以上分析了三种不同形式的预测器，但这仅仅确定了其结构，进一步还需要确定预测系数的取值。下面以极点预测器为例，分析如何求解最佳的预测系数值。最佳预测器应该能够使预测误差 $d(k)=x(k)-x_{\mathrm{e}}(k)$ 达到最小。因为信号 $x(k)$ 是随机过程，同时预测误差 $d(k)$ 的取值有正有负，预测器的性能应从统计平均的意义上来判断。这里**最佳预测器**是指能够使 $d(k)$ 的均方值 $E\left[d^2(k)\right]$ 达到最小的预测器。

由 $d(k)=x(k)-x_{\mathrm{e}}(k)$ 及式（3.5.9），可得

$$E\left[d^2(k)\right]=E\left[\left(x(k)-x_{\mathrm{e}}(k)\right)^2\right]=E\left[\left(x(k)-\sum_{i=1}^{N}a_ix_{\mathrm{r}}(k-i)\right)^2\right] \tag{3.5.22}$$

由式（3.5.3）和式（3.5.4）可知，输入值与重建值的误差 $e(k)=x(k)-x_{\mathrm{r}}(k)$ 就是量化误差，若忽略量化误差，则有 $x_{\mathrm{r}}(k)=x(k)$，代入式（3.5.22），可得

$$E\left[d^2(k)\right]=E\left[\left(x(k)-\sum_{i=1}^{N}a_ix(k-i)\right)^2\right] \tag{3.5.23}$$

记**最佳的预测系数**为 $a_{i,\mathrm{opt}}$，$i=1,2,\cdots,N$，根据偏导数求函数极值的方法，令

$$\frac{\partial E\left[d^2(k)\right]}{\partial a_i}=-E\left[2\left(x(k)-\sum_{j=1}^{N}a_jx(k-j)\right)x(k-i)\right]=0\text{，}\quad i=1,2,\cdots,N \tag{3.5.24}$$

可得

$$E\left[x(k)x(k-i)\right]-\sum_{j=1}^{N}a_jE\left[x(k-j)x(k-i)\right]=0\text{，}\quad i=1,2,\cdots,N \tag{3.5.25}$$

$$R(k,k-i)-\sum_{j=1}^{N}a_jR(k-j,k-i)=0\text{，}\quad i=1,2,\cdots,N \tag{3.5.26}$$

理论上，假定已知 $x(k)$ 的相关函数，可以求解出相应的最佳预测系数。

（1）如果 $x(k)$ 是一个**非平稳**的随机过程，那么最佳预测系数将是一组与 k 有关的变量 $a_{i,\mathrm{opt}}(k)$，$i=1,2,\cdots,N$，这意味着每做一次预测，系数都要做相应的调整。

（2）如果 $x(k)$ 是一个**平稳**的随机过程，式（3.5.26）变为

$$\sum_{j=1}^{N}a_{j,\mathrm{opt}}R(i-j)=R(i)\text{，}\quad i=1,2,\cdots,N \tag{3.5.27}$$

对于实随机变量，有 $R(\tau)=R(-\tau)$，式（3.5.27）用矩阵形式可表示为

$$\begin{bmatrix} R(0) & R(1) & \cdots & R(N-1) \\ R(1) & R(0) & \cdots & R(N-2) \\ \vdots & \vdots & \ddots & \vdots \\ R(N-1) & R(N-2) & \cdots & R(0) \end{bmatrix} \begin{bmatrix} a_{1,\text{opt}} \\ a_{2,\text{opt}} \\ \vdots \\ a_{N,\text{opt}} \end{bmatrix} = \begin{bmatrix} R(1) \\ R(2) \\ \cdots \\ R(N) \end{bmatrix} \tag{3.5.28}$$

假定上述的相关函数矩阵是可逆的，则可求得最佳预测系数为

$$\begin{bmatrix} a_{1,\text{opt}} \\ a_{2,\text{opt}} \\ \vdots \\ a_{N,\text{opt}} \end{bmatrix} = \begin{bmatrix} R(0) & R(1) & \cdots & R(N-1) \\ R(1) & R(0) & \cdots & R(N-2) \\ \vdots & \vdots & \ddots & \vdots \\ R(N-1) & R(N-2) & \cdots & R(0) \end{bmatrix}^{-1} \begin{bmatrix} R(1) \\ R(2) \\ \vdots \\ R(N) \end{bmatrix} \tag{3.5.29}$$

由此可见，对于平稳随机过程，其最佳预测系数 $a_{i,\text{opt}}$，$i=1,2,\cdots,N$ 是一组**常数**。

用类似的分析方法，可以得到零点预测器和零极点预测器的最佳预测系数。

最佳预测的“几何”意义 在一般的 N 维矢量空间中，若矢量 $\boldsymbol{X}=(x_1,x_2,\cdots,x_N)$ 和 $\boldsymbol{Y}=(y_1,y_2,\cdots,y_N)$ 正交，则它们的**内积**（点乘）为零，即有

$$\boldsymbol{X}\cdot\boldsymbol{Y}^{\text{T}}=(x_1,x_2,\cdots,x_N)\cdot(y_1,y_2,\cdots,y_N)^{\text{T}}=\sum_{i=1}^{N}x_i y_i=0 \tag{3.5.30}$$

即当两个矢量相互正交时，其中一个矢量在另一个矢量上的投影为零。此时这两个矢量是完全不相关的，换句话说，此时矢量 $\boldsymbol{X}$ 与 $\boldsymbol{Y}$ 间没有任何有关联的成分。

对于一个极点最佳预测器，若忽略量化误差，其预测值可以表示为

$$x_{\text{e,opt}}(k)=\sum_{i=1}^{N}a_{i,\text{opt}}x(k-i) \tag{3.5.31}$$

相应地，预测误差为

$$d_{\text{opt}}(k)=x(k)-x_{\text{e,opt}}(k)=x(k)-\sum_{i=1}^{N}a_{i,\text{opt}}x(k-i) \tag{3.5.32}$$

由此进一步可得

$$E\left[d_{\text{opt}}(k)x_{\text{e,opt}}(k)\right]=E\left[\left(x(k)-x_{\text{e,opt}}(k)\right)x_{\text{e,opt}}(k)\right]=E\left[x(k)x_{\text{e,opt}}(k)\right]-E\left[x_{\text{e,opt}}^{2}(k)\right] \tag{3.5.33}$$

其中右式中的第一式为

$$\begin{aligned} E\left[x(k)x_{\text{e,opt}}(k)\right]&=E\left[x(k)\sum_{i=1}^{N}a_{i,\text{opt}}x(k-i)\right] \\ &=\sum_{i=1}^{N}a_{i,\text{opt}}E\left[x(k)x(k-i)\right]=\sum_{i=1}^{N}a_{i,\text{opt}}R(i) \end{aligned} \tag{3.5.34}$$

由式（3.5.27），有 $R(i)=\sum_{j=1}^{N}a_{j,\text{opt}}R(i-j)$，将其代入上式可得

$$\begin{aligned} E\left[x(k)x_{\text{e,opt}}(k)\right]&=\sum_{i=1}^{N}a_{i,\text{opt}}R(i)=\sum_{i=1}^{N}a_{i,\text{opt}}\sum_{j=1}^{N}a_{j,\text{opt}}R(i-j) \\ &=\sum_{i=1}^{N}\sum_{j=1}^{N}a_{i,\text{opt}}a_{j,\text{opt}}R(i-j) \end{aligned} \tag{3.5.35}$$

式（3.5.33）的右式中的第二式为

$$\begin{aligned} E\left[x_{\text{e,opt}}^{2}(k)\right]&=E\left[\sum_{i=1}^{N}a_{i,\text{opt}}x(k-i)\sum_{j=1}^{N}a_{j,\text{opt}}x(k-j)\right] \\ &=\sum_{i=1}^{N}\sum_{j=1}^{N}a_{i,\text{opt}}a_{j,\text{opt}}E\left[x(k-i)x(k-j)\right] \\ &=\sum_{i=1}^{N}\sum_{j=1}^{N}a_{i,\text{opt}}a_{j,\text{opt}}R(i-j) \end{aligned} \tag{3.5.36}$$

将式（3.5.35）和式（3.5.36）的结果代入式（3.5.33），可得

$$E\left[d_{\text{opt}}(k)x_{\text{e,opt}}(k)\right]=E\left[\left(x(k)-x_{\text{e,opt}}(k)\right)x_{\text{e,opt}}(k)\right]=0 \tag{3.5.37}$$

即从统计上来说，$d_{\text{opt}}(k)$ 与 $x_{\text{e,opt}}(k)$ 是**正交**的，图 3.5.7 给出了描述其正交性的一个形象示意图，说明最佳预测值 $x_{\text{e,opt}}(k)$ 已充分利用了过去已知值中可以预测 $x(k)$ 的所有成分，$x(k)$ 中剩下的 $x_{\text{e,opt}}(k)$ 不可预测的部分与 $x_{\text{e,opt}}(k)$ 是完全**不相关**的。

最佳预测增益　由式（3.5.23），可得最小预测均方误差值为

$$\begin{aligned}\min E\left[d^2(k)\right] &= E\left[\left(x(k)-\sum_{i=1}^{N} a_{i,\text{opt}}x(k-i)\right)^2\right] \\ &= E\left[\left(x(k)-\sum_{i=1}^{N} a_{i,\text{opt}}x(k-i)\right)x(k)\right]-E\left[\left(x(k)-\sum_{i=1}^{N} a_{i,\text{opt}}x(k-i)\right)\sum_{i=1}^{N} a_{i,\text{opt}}x(k-i)\right] \\ &= E\left[\left(x(k)-\sum_{i=1}^{N} a_{i,\text{opt}}x(k-i)\right)x(k)\right]=E\left[x^2(k)\right]-\sum_{i=1}^{N} a_{i,\text{opt}}R(i)\end{aligned} \tag{3.5.38}$$

其中从第二个等式到第三个等式利用了式（3.5.37）的结果。由此可得最佳预测增益

$$G_{\text{p}}=\frac{E\left[x^2(k)\right]}{E\left[x^2(k)\right]-\sum_{i=1}^{N} a_{i,\text{opt}}R(i)}=\frac{1}{1-\sum_{i=1}^{N} a_{i,\text{opt}}R(i)\big/E\left[x^2(k)\right]} \tag{3.5.39}$$

因为不同说话人的统计特性各异，最佳预测系数 $a_{i,\text{opt}}, i=1,2,\cdots,N$ 和可获得的预测增益 G_{p} 也会有所不同。针对语音信号，采用不同预测阶数 N 的大量统计实验表明，G_{p} 的取值范围大致在图 3.5.8 所示的两条实线之间，虚线表示其平均值。由图可见，当阶数 $N>2$ 后，G_{p} 迅速趋于饱和，饱和值在 6～12dB 之间，因此阶数 N 一般取 3～5。

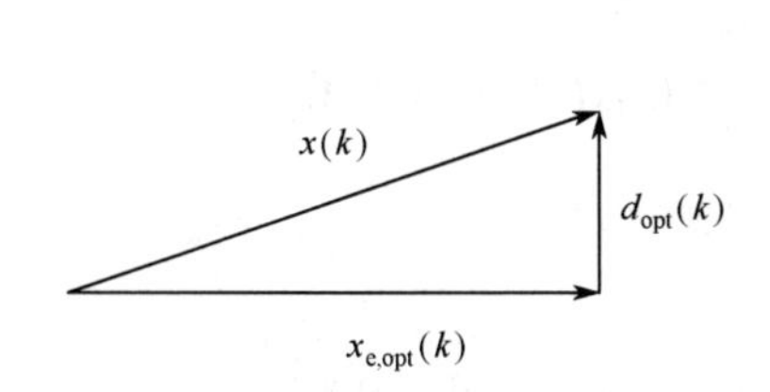

图 3.5.7　最佳预测值与差值正交的示意图

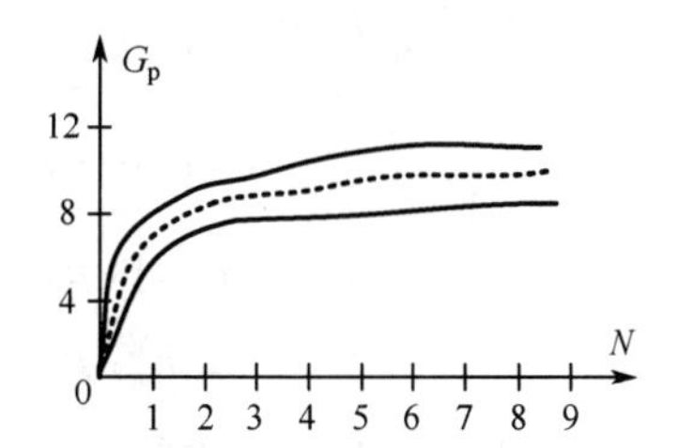

图 3.5.8　预测增益与预测阶数的关系

3.5.3　自适应差分脉冲编码调制

自适应预测　由式（3.5.26）和式（3.5.27）可知，一般地，最佳预测系数是时间的函数，仅当信号是平稳随机过程时，最佳预测系数才是常数。实际的语音信号是一个非平稳的随机过程，仅在一个较短的时间段内，可近似地将其视为平稳的随机过程。要获得最佳的预测效果，需要动态地调整预测系数，因此预测系数应是一组时变的参数 $a_i(k),\ i=1,2,\cdots,N$，预测值为

$$x_{\text{e}}(k)=\sum_{i=1}^{N} a_i(k)x(k-i) \tag{3.5.40}$$

相应地，预测误差可表示为

$$d(k)=x(k)-x_{\text{e}}(k)=x(k)-\sum_{i=1}^{N} a_i(k)x(k-i) \tag{3.5.41}$$

预测系数通常根据预测误差 $d(k)$ 的变化自适应地进行调整。有关预测系数的调整方法，在自适应信号处理中已有大量的研究。本节简要介绍其中最基本的**最小均方算法**（Least Mean Square，LMS）[5]。

若记预测误差 $d(k)$ 的均方值为 $J=E\left[d^2(k)\right]$，令

$$g_i(k)=\frac{\partial J}{\partial a_i}=\frac{\partial E\left[d^2(k)\right]}{\partial a_i},\quad i=1,2,\cdots,N \tag{3.5.42}$$

将具体的关系式代入得

$$\begin{aligned}g_i(k)&=\frac{\partial E\left[d^2(k)\right]}{\partial a_i}=\frac{\partial E\left[\left(x(k)-\sum_{i=1}^{N}a_i(k)x(k-i)\right)^2\right]}{\partial a_i}\\&=\frac{\partial\left(E\left[x^2(k)\right]-2E\left[\sum_{i=1}^{N}a_ix(k)x(k-i)\right]+E\left[\sum_{j=1}^{N}\sum_{i=1}^{N}a_ia_jx(k-i)x(k-j)\right]\right)}{\partial a_i}\\&=-2E\left[x(k)x(k-i)\right]+2\sum_{j=1}^{N}a_jE\left[x(k-i)x(k-j)\right]\end{aligned}\tag{3.5.43}$$

式中，$a_j=a_j(k)$，第$k+1$时刻预测系数$a_j(k+1)$可取值为

$$a_i(k+1)=a_i(k)-\frac{1}{2}\mu g_i(k),\quad i=1,2,\cdots,N\tag{3.5.44}$$

严格来说，式（3.5.43）中的相关运算需要知道信号$x(k)$的统计特性分布，这在实际系统中一般是难以实现的。为避免式（3.5.43）中的求数学期望的运算，可用如下方法近似地估计$g_i(k)$：

$$\hat{g}_i(k)=-2x(k)x(k-i)+2\sum_{j=1}^{N}\hat{a}_j(k)x(k-i)x(k-j)\tag{3.5.45}$$

代入式（3.5.44）中可得预测系数的估计值

$$\begin{aligned}\hat{a}_i(k+1)&=\hat{a}_i(k)-\frac{1}{2}\mu\hat{g}_i(k)\\&=\hat{a}_i(k)-\frac{1}{2}\mu\left(-2x(k)x(k-i)+2\sum_{j=1}^{N}\hat{a}_j(k)x(k-i)x(k-j)\right)\\&=\hat{a}_i(k)+\mu x(k-i)\left(x(k)-\sum_{j=1}^{N}\hat{a}_j(k)x(k-j)\right)\\&=\hat{a}_i(k)+\mu x(k-i)d(k)\end{aligned}\tag{3.5.46}$$

式（3.5.44）和式（3.5.46）中的参数μ是预测系数调整的步长，取值范围一般为

$$0<\mu<\frac{2}{N\cdot S_{\max}}\tag{3.5.47}$$

式中，N是预测器的阶数，$S_{\max}$是$x(k)$功率密度谱的最大值。

自适应量化 前面讨论的DPCM，都假定采用的是均匀量化的方法。而实际语音信号的功率变化范围很大，可达45dB。要获得好的量化效果，量化器的量化电平和分层电平，应随着输入信号特性的变化而自适应地改变。为简单起见，可主要根据输入到量化器的差值信号$d(k)$的方差$\sigma_{\mathrm{d}}^2(k)$的大小变化进行调整。因为语音信号样点间具有较大的相关性，同时差值的增大表示$\sigma_{\mathrm{d}}^2(k)$有增大的趋势，因此第k时刻$\sigma_{\mathrm{d}}^2(k)$的估计值可由下式计算：

$$\hat{\sigma}_{\mathrm{d}}^2(k)=\alpha\hat{\sigma}_{\mathrm{d}}^2(k-1)+(1-\alpha)d_{\mathrm{q}}^2(k-1)\tag{3.5.48}$$

式中，α是常数，$0<\alpha<1$，其取值的大小反映$\sigma_{\mathrm{d}}^2(k)$前后值的关联程度，$d_{\mathrm{q}}(k)$是差值信号$d(k)$经自适应量化后的取值。$\hat{\sigma}_{\mathrm{d}}^2(k-1)$是$\sigma_{\mathrm{d}}^2(k-1)$的估计值。有关的研究表明[6]，量化间隔$\Delta(k)$应自适应地随$\sigma_{\mathrm{d}}^2(k)$的变化而改变，因此有

$$\frac{\Delta(k)}{\Delta(k-1)}=\left(\frac{\hat{\sigma}_{\mathrm{d}}^2(k)}{\hat{\sigma}_{\mathrm{d}}^2(k-1)}\right)^{1/2}=\left(\alpha+(1-\alpha)\frac{d_{\mathrm{q}}^2(k-1)}{\hat{\sigma}_{\mathrm{d}}^2(k-1)}\right)^{1/2}\tag{3.5.49}$$

由此可得

$$\Delta(k)=\Delta(k-1)\left(\alpha+(1-\alpha)\frac{d_{\mathrm{q}}^{2}(k-1)}{\hat{\sigma}_{\mathrm{d}}^{2}(k-1)}\right)^{1/2} \tag{3.5.50}$$

式中，α 是取值范围为$0<\alpha<1$的常数。若差值信号的$\sigma_{\mathrm{d}}^{2}(k)$变化较大，在式（3.5.48）中，$d_{\mathrm{q}}^{2}(k-1)$成为变化的主要因素，量化间隔$\Delta(k)$可近似地视为$d_{\mathrm{q}}^{2}(k-1)$的函数，因为$d_{\mathrm{q}}(k-1)$与其编码输出$C(k-1)$有确定的关系，量化间隔$\Delta(k)$又可表示为

$$\begin{aligned}\Delta(k)&=\Delta(k-1)F_{1}\left(d_{\mathrm{q}}^{2}(k-1)\right)\\&=\Delta(k-1)F_{2}\left(\left|d_{\mathrm{q}}^{2}(k-1)\right|\right)=\Delta(k-1)F\left(\left|C(k-1)\right|\right)\end{aligned} \tag{3.5.51}$$

式中，$F_{1}(\cdot)$、$F_{2}(\cdot)$和$F(\cdot)$均表示某种函数关系。$|C(k-1)|$与$F(|C(k-1)|)$间的函数关系通过大量实验，得到了相应的查找表。表 3.5.1 给出了量化电平数$M=16$时，$|C(k-1)|$与$F(|C(k-1)|)$间的函数关系表，显然这是一种非线性的关系特性。

表 3.5.1　$F(|C(k-1)|)$ 函数表（$M=16$）

$\lvert C(k-1)\rvert$	1	2	3	4	5	6	7	8
$F(\lvert C(k-1)\rvert)$	0.9	0.9	0.9	0.9	1.2	1.6	2.0	2.4

自适应差分编码调制（ADPCM）　国际电联 ITU-T G.721 建议中制定的标准 ADPCM 编解码器是一个较为复杂的系统[4]，但其编码器和译码器的基本工作原理可如图 3.5.9(a)和(b)所示。由图可见，在 ADPCM 编译码器中，综合利用了自适应的预测和量化方法。图中在重建信号$d(k)$时，增加了**自适应逆量化器**，用于完成自适应量化的差值$d_{\mathrm{q}}(k)$和实际差值$d(k)$之间的变换。另外，如果输入到 ADPCM 的是A律或μ律的对数 PCM 代码，因为这些代码不能直接运算，此时在输入端还需要增加A律或μ律的对数 PCM 到线性 PCM 的转换单元模块。

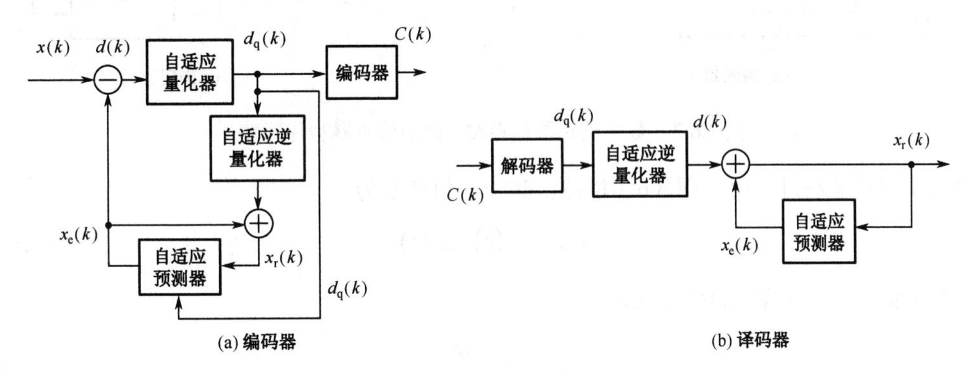

图 3.5.9　ADPCM 编码器和译码器原理图

3.6　增量调制（ΔM 调制）

PCM 和 DPCM 编码器对每个样点的编码输出是一个**码组**，或称为一个**码字**。在接收端对这类码组的译码过程中，除了**比特同步**外，还需要**码组同步**，否则就会造成码组划分时的混乱，不能够正确地译码；另外这些编码对传输过程中引入的误码也比较敏感，特别是高比特位出错时，往往会产生较大的误差。在许多需要对抗高误码率的应用场合，如在军用通信系统中，希望采用同步更为简单、容错性能更为强壮的编码方式。本节要介绍的增量调制，就具有上述特点。增量调制，英文为 Delta Modulation，所以通常也称为 ΔM **调制**。

3.6.1 简单增量调制

简单 ΔM 调制的工作原理 ΔM 调制的编码器和译码器的结构与 DPCM 编码器和译码器的结构非常相似，本质上也是一种基于预测的编码方法，但对每个样点编码后只输出 1 比特的信息。图 3.6.1 给出了简单 ΔM 调制编码器和译码器的原理结构，图中 $x(t)$ 表示输入模拟信号，$x_l(t)$ 表示重建信号，$d(t)$ 表示差值信号，$C(n)$ 表示编码输出，$\hat{x}(t)$ 表示低通滤波后的输出信号。

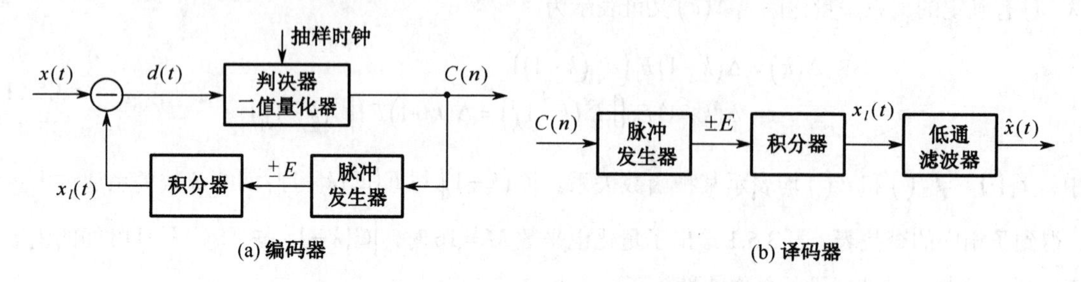

图 3.6.1 简单ΔM 调制编码器和译码器的原理结构

ΔM 调制的编码器和译码器也很容易通过数字电路或在数字信号处理器中实现，图 3.6.2 给出了简单 ΔM 调制编码器和译码器的数字实现方案。图中 $x(n)$ 表示输入模拟信号抽样值，$x_l(n)$ 表示重建信号的样值，$d(n)$ 表示差值样值，$C(n)$ 表示编码输出。这里所谓的样值，就是图 3.6.1 中相应信号的量化值。

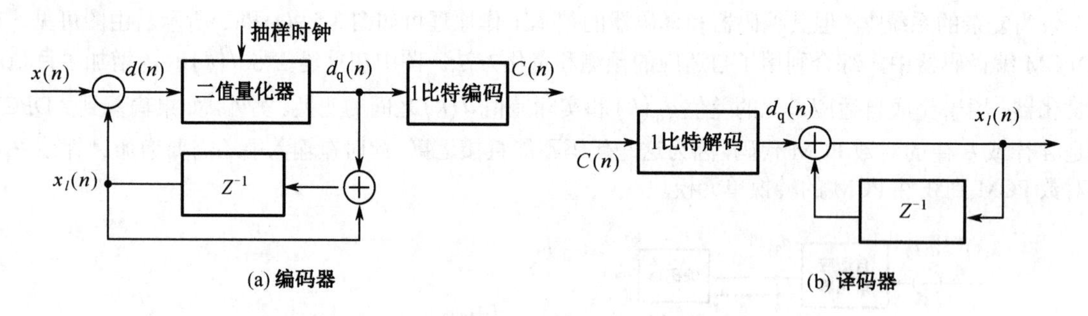

图 3.6.2 数字结构的简单ΔM 调制编码器和译码器

简单 ΔM 调制编码过程可用图 3.6.3 描述。其中差值信号为

$$d(t)=x(t)-x_l(t) \tag{3.6.1}$$

1 比特的编码输出由差值信号的符号来决定：

$$C(n)=\begin{cases}1, & d(t)\geqslant 0\\ 0, & d(t)<0\end{cases} \tag{3.6.2}$$

图 3.6.2 中二值量化器的输出等价于图 3.6.1 中积分器的输出：

$$d_{\mathrm{q}}(n)=\begin{cases}+\Delta, & d(n)\geqslant 0\\ -\Delta, & d(n)<0\end{cases}=\Delta\,\mathrm{sgn}\big(d(n)\big) \tag{3.6.3}$$

式中，$\mathrm{sgn}(\cdot)$ 是符号函数，

$$\mathrm{sgn}(x)=\begin{cases}+1, & x\geqslant 0\\ -1, & x<0\end{cases} \tag{3.6.4}$$

相应地，重建信号可表示为

$$x_l(t)=\int_{-\infty}^{t} S_p(t)\,\mathrm{d}\tau \tag{3.6.5}$$

式中，$S_p(t)=\sum_{k=-\infty}^{\infty} p(t-kT_S)E\,\mathrm{sgn}(d(t-kT_S))$，$p(t)=u(t)-u(t-T_S)$。脉冲发生器输出的脉冲幅度是 $+E$ 或 $-E$，经积分器后产生幅度为 $+\Delta$ 或 $-\Delta$ 的变化量。用数字方法实现的重建信号则可表示为

$$x_l(n)=x_l(n-1)+\Delta\,\mathrm{sgn}(d(n))=\sum_{k=-\infty}^{n}\Delta\,\mathrm{sgn}(d(k)) \tag{3.6.6}$$

如图 3.6.3 所示，当抽样时刻到达时，输入信号 $x(t)$（或 $x(n)$）与积分器输出的本地重建信号 $x_l(t)$（或 $x_l(n)$）进行一次比较，然后根据比较的结果产生编码输出：

（1）若 $x(t)\geqslant x_l(t)$（或 $x(n)\geqslant x_l(n)$），$d(t)\geqslant 0$，编码输出为 $C(n)=1$，同时脉冲发生器产生一个幅度为 E（或 Δ）的**正脉冲**，送入积分器（或累加器）做积分（或累加）运算，为下一个抽样时刻到达的比较做准备。

（2）若 $x(t)<x_l(t)$（或 $x(n)<x_l(n)$），$d(t)<0$，编码输出为 $C(n)=0$，同时脉冲发生器产生一个幅度为 E（或 Δ）的**负脉冲**，送入积分器（或累加器）做积分（或累加）运算，为下一个抽样时刻到达的比较做准备。

由此可见，每次编码只产生 1 比特的输出，非常简单。译码过程与编码器中本地信号重建的工作过程完全一样，每收到一位编码值 $C(n)$，若 $C(n)=1$，则产生一个幅度为 E（或 Δ）的**正脉冲**送到积分器（或累加器）；反之，若 $C(n)=0$，则产生一个幅度为 E（或 Δ）的**负脉冲**送到积分器（或累加器）。由图 3.6.3，对于积分器的输出，重建信号是图中虚线所示的锯齿波 $x_l(t)$；对于累加器的输出，重建信号是图中所示的阶梯波 $x_l(n)$。译码器中的低通滤波器用于对信号做平滑处理。

简单 ΔM 调制的过载问题　在 ΔM 调制编码过程中，在每个抽样周期内，积分器或累加器输出的最大**变化量**为 Δ，相应的重建信号 $x_l(t)$（或 $x_l(n)$）在每个抽样周期 T_S 内的变化率为一常数

$$\left|\frac{\mathrm{d}x_l(t)}{\mathrm{d}t}\right|=\frac{\Delta}{T_S} \tag{3.6.7}$$

若输入信号的变化率

$$\left|\frac{\mathrm{d}x(t)}{\mathrm{d}t}\right|\leqslant\frac{\Delta}{T_S} \tag{3.6.8}$$

分析图 3.6.3 中各曲线的关系，容易发现此时总有

$$|d(t)|=|x(t)-x_l(t)|\leqslant\Delta \tag{3.6.9}$$

反之，若输入信号的变化率

$$\left|\frac{\mathrm{d}x(t)}{\mathrm{d}t}\right|>\frac{\Delta}{T_S} \tag{3.6.10}$$

则可能出现 ΔM 调制编码器中重建信号 $x_l(t)$ 跟不上原 $x(t)$ 变化的所谓"**过载**"情况，图 3.6.4 描述了 ΔM 调制编码出现严重过载时的情形。由图可见，在信号的 AB 段和 CD 段，此时重建信号 $x_l(t)$ 不能跟踪 $x(t)$ 的变化，误差将迅速扩大，虽然编码器可以继续工作，但最终恢复的信号将有严重的失真。

由上面的分析，可定义 ΔM 调制编码无过载失真的**最大跟踪斜率**为

$$\frac{\Delta}{T_S}=\Delta\cdot f_S \tag{3.6.11}$$

对输入信号 $x(t)$ 进行 ΔM 调制编码时，不发生过载失真的条件为

$$\max\left|\frac{\mathrm{d}x(t)}{\mathrm{d}t}\right| \leqslant \frac{\Delta}{T_{\mathrm{S}}} = \Delta \cdot f_{\mathrm{S}} \tag{3.6.12}$$

通常把 $\max\left|\frac{\mathrm{d}x(t)}{\mathrm{d}t}\right| = \frac{\Delta}{T_{\mathrm{S}}} = \Delta \cdot f_{\mathrm{S}}$ 称为**临界不过载**的条件。信号的幅度和频率是影响 ΔM 调制编码过载的主要因素。

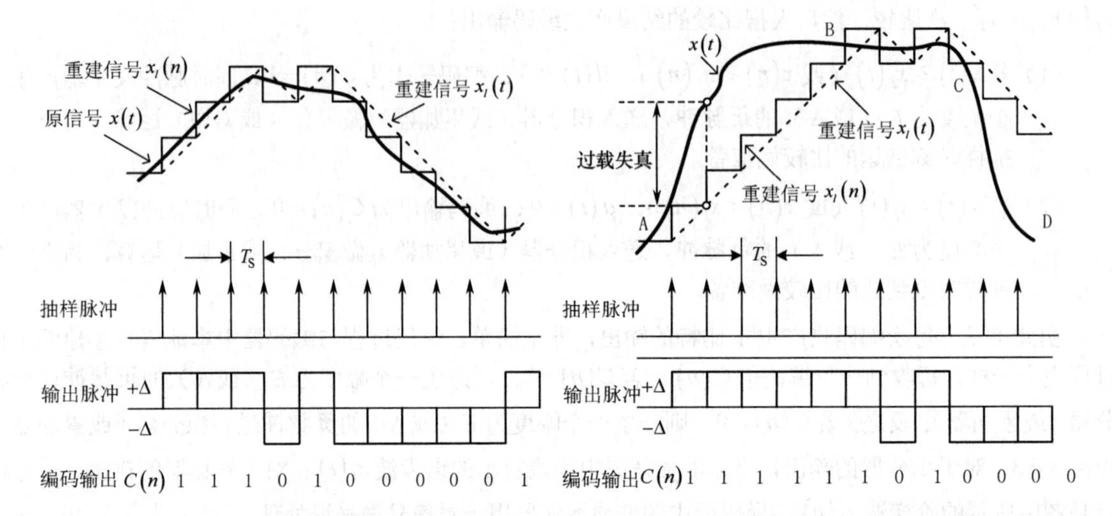

图 3.6.3 ΔM 调制编码工作原理示意图　　　　图 3.6.4 ΔM 调制信号过载示意图

【例 3.6.1】 已知 ΔM 调制编码输入的信号为 $x(t) = A\cos(\omega t + \theta)$，试求不发生过载失真的条件。

解：因为

$$\frac{\mathrm{d}x(t)}{\mathrm{d}t} = -\omega A \sin(\omega t + \theta), \quad \max\left|\frac{\mathrm{d}x(t)}{\mathrm{d}t}\right| = \omega A$$

由式（3.6.12），无过载失真的条件为

$$\max\left|\frac{\mathrm{d}x(t)}{\mathrm{d}t}\right| = \omega A \leqslant \frac{\Delta}{T_{\mathrm{S}}} = \Delta \cdot f_{\mathrm{S}} \qquad \square$$

图 3.6.5 给出了输入信号为正弦波时，ΔM 调制编码临界过载和过载时的情形。由图 3.6.5(a)可见，没有过载失真时，差值信号 $d(t)$ 的幅度基本上被控制在一个量化阶距范围内；由图 3.6.5(b)可见，同样幅度的正弦波信号，当信号的频率增大 5 倍时，出现严重的过载现象，差值信号 $d(t)$ 的幅度迅速增大，在这种情况下，信号恢复时会产生严重的失真。

量化噪声　若 ΔM 调制编码不会发生过载，则量化误差 $e(t) = d(t)$ 被限定在 $(-\Delta, +\Delta)$ 范围内。一般可认为量化误差服从均匀分布

$$p(e) = \begin{cases} 1/(2\Delta), & |e| \leqslant \Delta \\ 0, & |e| > \Delta \end{cases} \tag{3.6.13}$$

由此可得 ΔM 调制量化噪声为

$$\sigma_{\mathrm{q}}^2 = \int_{-\Delta}^{+\Delta} e^2 p(e)\,\mathrm{d}e = \int_{-\Delta}^{+\Delta} e^2 \frac{1}{2\Delta}\,\mathrm{d}e = \frac{\Delta^2}{3} \tag{3.6.14}$$

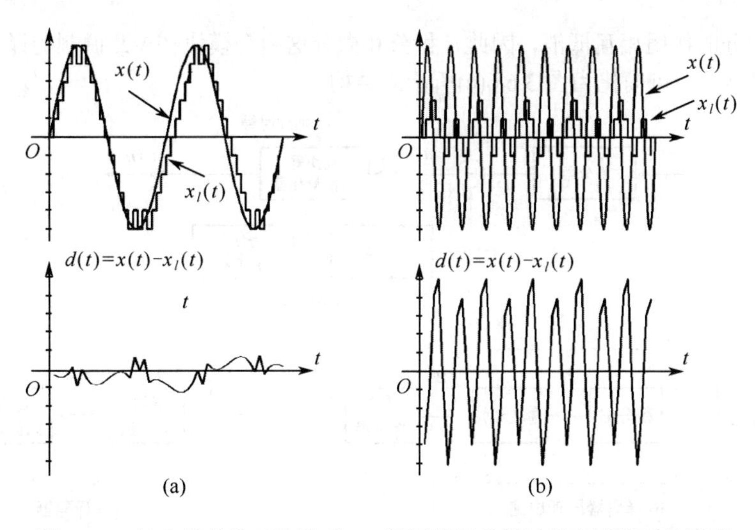

图 3.6.5　输入信号为正弦波时ΔM 调制编码临界过载和过载时的情形

【例 3.6.2】　已知 ΔM 调制编码输入的信号为 $x(t)=A\cos(\omega t+\theta)$，分析临界不过载条件下的量化信噪比。

解：由例 3.6.1 可知，临界不过载时，信号的频率 ω 和幅度 A，与 ΔM 调制编码器的抽样频率 f_S 和量化阶距 Δ的关系为 $\omega A=2\pi f\cdot A=\Delta\cdot f_S$。由此可得信号的平均功率可表示为

$$S_x=\frac{A^2}{2}=\frac{1}{2}\left(\frac{\Delta\cdot f_S}{2\pi f}\right)^2=\frac{\Delta^2 f_S^2}{8\pi^2 f^2}$$

信噪比为

$$\mathrm{SNR_q}=\frac{S_x}{\sigma_q^2}=\frac{\Delta^2 f_S^2}{8\pi^2 f^2}\bigg/\frac{\Delta^2}{3}=\frac{3f_S^2}{8\pi^2 f^2}$$

或

$$\mathrm{SNR_{q,dB}}=10\lg\frac{3f_S^2}{8\pi^2 f^2}=10\lg\frac{3}{8\pi^2}+20\lg f_S-20\lg f$$

由此可见，抽样频率 f_S 每提高一倍，信噪比提高 $20\lg 2\approx 6(\mathrm{dB})$；同样，信号频率 f 每提高一倍，信噪比降低 $6(\mathrm{dB})$。□

3.6.2　增量总和调制——Δ-Σ 调制

从前面一节有关简单 ΔM 调制的过载和量化噪声的分析中可以看到，选择大的量化阶距Δ，有利于避免发生过载；但另一方面，大的量化阶距Δ会导致量化噪声的增大。虽然取定量化阶距Δ后，通过增大抽样频率 f_S，也可以在保持较小的量化信噪比的情况下避免过载的发生，但编码后需传输的数据量也会增大，不利于提高编码的效率。由此人们提出了本节将要介绍的**增量总和调制**的方法。

信号的幅度和频率是影响 ΔM 调制编码过载的主要因素。Δ-Σ 调制的基本思想是，在进行简单的 ΔM 调制编码前，先对信号做平滑处理，抑制信号的突变成分，然后进行ΔM 调制编码，这样就可大大降低出现过载的可能性。而在 ΔM 调制解码时，则对信号做相反的变换，从而可避免编码时所做变换对信号造成影响。对信号进行积分处理是将信号幅度的突发变化转变为相对缓慢变化的有效手段，如图 3.6.6(a)所示，Δ-Σ 调制编码器通过在简单 ΔM 调制编码器前增加一个积分器来实现对信号进行平滑处理的功能。Δ-Σ 调制解码器如图 3.6.6(b)所示，为了避免解码后信号失真，在原来 ΔM 调制解码器的基础上增加了微分器，这里的微分运算与编码时加入的积分运算对信号的作用正好相反，从而补偿了编码时积分作用对信号产生的影响。因为在原来简单的 ΔM 调制译码器中，脉冲发生器之后是一个积

分器，因积分与微分的作用相互抵消，因此，积分和微分这两个模块在Δ-Σ 调制的译码器中可以省略，使得Δ-Σ 调制解码器最后可简化为图 3.6.6(c)所示的结构。

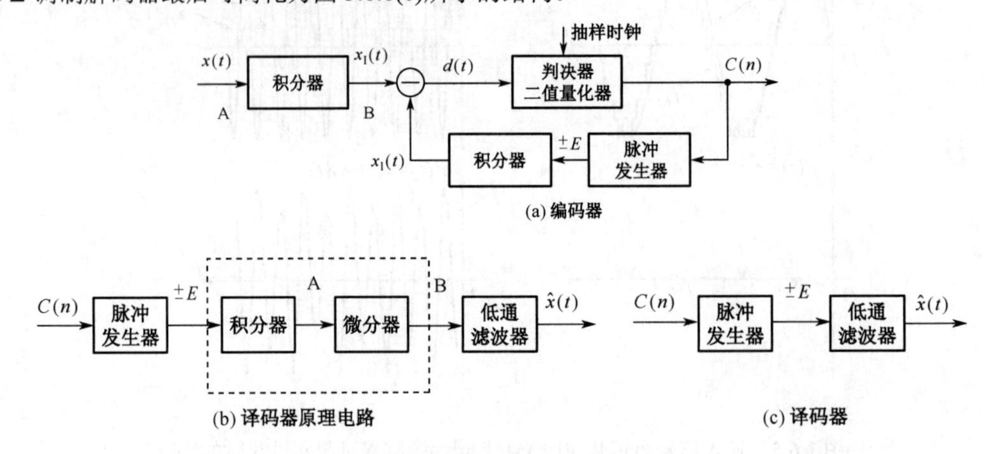

图 3.6.6　Δ-Σ 调制编码器和解码器

下面进一步分析Δ-Σ 调制编码器和译码器的性能。在图 3.6.7 所示的简单阻容电路中，当其时间常数 RC 足够大时，可近似为一个积分器。该积分器的传递函数特性可表示为

$$I(f)=\frac{1/\mathrm{j}\omega C}{R+1/\mathrm{j}\omega C}=\frac{1/\mathrm{j}2\pi f\cdot C}{R+1/\mathrm{j}2\pi f\cdot C}=\frac{1/\mathrm{j}2\pi RC}{f+1/\mathrm{j}2\pi RC} \tag{3.6.15}$$

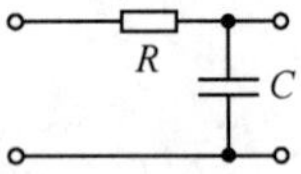

R　C

图 3.6.7　积分电路

若定义 $f_1=1/(2\pi RC)$，则可得

$$|I(f)|=\left|\frac{1/\mathrm{j}2\pi RC}{f+1/\mathrm{j}2\pi RC}\right|=\left|\frac{f_1}{\sqrt{f^2+f_1^2}}\right| \tag{3.6.16}$$

微分器要完成与积分器相反的变换，其传递函数特性相应地应满足

$$|D(f)|=\frac{1}{|I(f)|}=\left|\frac{\sqrt{f^2+f_1^2}}{f_1}\right| \tag{3.6.17}$$

记原来简单ΔM 调制译码器 A 点的量化噪声功率密度谱为 $G_{\mathrm{q,A}}(f)$，已知简单ΔM 调制编码的量化噪声功率为 $\sigma_{\mathrm{q}}^2=\Delta^2/3$，若假定量化噪声功率均匀分布在频谱的 $(0,f_{\mathrm{S}})$ 区域，则量化噪声功率密度谱

$$G_{\mathrm{q,A}}(f)=\frac{\sigma_{\mathrm{q}}^2}{f_{\mathrm{S}}}=\frac{\Delta^2}{3f_{\mathrm{S}}} \tag{3.6.18}$$

相应地，在 B 点的Δ-Σ 调制解码的量化噪声功率密度谱为

$$G_{\mathrm{q,B}}(f)=|D(f)|^2G_{\mathrm{q,A}}(f)=\frac{f^2+f_1^2}{f_1^2}G_{\mathrm{q,A}}(f)=\frac{f^2+f_1^2}{f_1^2}\frac{\Delta^2}{3f_{\mathrm{S}}} \tag{3.6.19}$$

由此可得Δ-Σ 调制译码输出的量化噪声功率

$$\sigma_{\mathrm{q}}^2=\int_0^{f_{\mathrm{S}}}G_{\mathrm{q,B}}(f)\,\mathrm{d}f=\int_0^{f_{\mathrm{S}}}\frac{f^2+f_1^2}{f_1^2}\frac{\Delta^2}{3f_{\mathrm{S}}}\,\mathrm{d}f=\frac{\Delta^2}{3f_{\mathrm{S}}f_1^2}\left(\frac{f_{\mathrm{S}}^3}{3}+f_1^2f_{\mathrm{S}}\right)\tag{3.6.20}$$

因为在Δ-Σ 调制解码后通常接有低通滤波器，通常低通滤波器的截止频率 $f_{\mathrm{H}}<f_{\mathrm{S}}$，因此最终输出的量化噪声功率为

$$\sigma_{\mathrm{q}}^2=\int_0^{f_{\mathrm{H}}}G_{\mathrm{q,B}}(f)\,\mathrm{d}f=\int_0^{f_{\mathrm{H}}}\frac{f^2+f_1^2}{f_1^2}\frac{\Delta^2}{3f_{\mathrm{S}}}\,\mathrm{d}f=\frac{\Delta^2}{3f_{\mathrm{S}}f_1^2}\left(\frac{f_{\mathrm{H}}^3}{3}+f_1^2f_{\mathrm{H}}\right)\tag{3.6.21}$$

参数 RC 的选择应满足 $RC\gg T_{\mathrm{S}}$，方能使由图 3.6.7 构建的积分电路有近似理想的积分效果。如果脉冲发生器产生的脉冲信号的幅度为 E，则此时积分器在一个抽样周期内输出的电压幅度为

$$\Delta\approx\frac{1}{C}\int_0^{T_{\mathrm{S}}}\frac{E}{R}\,\mathrm{d}t=\frac{ET_{\mathrm{S}}}{RC}=\frac{2\pi Ef_1}{f_{\mathrm{S}}}\tag{3.6.22}$$

代入式（3.6.21），同时利用一般在实际系统中应满足的关系式 $f_{\mathrm{H}}\gg f_1$，得

$$\sigma_{\mathrm{q}}^2=\frac{4\pi^2E^2}{3f_{\mathrm{S}}^3}\left(\frac{f_{\mathrm{H}}^3}{3}+f_1^2f_{\mathrm{H}}\right)\approx\frac{4\pi^2E^2f_{\mathrm{H}}^3}{9f_{\mathrm{S}}^3}\tag{3.6.23}$$

通过例 3.6.1 可知 ，对于简单Δ调制，正弦波信号的临界不过载条件为 $\omega A=\Delta\cdot f_{\mathrm{S}}$，信号的频率和幅度是两个同时影响过载失真的主要因素。下面分析Δ-Σ 调制时的情形。Δ-Σ 调制编码器实际上是由积分器和简单Δ调制编码器组成的。在图 3.6.6(a)中，假定在编码器的 B 点为避免信号过载失真，将信号的幅度限定为 $A_{\max\Delta\mathrm{M}}$，则编码器的 A 点对信号的幅度限制为

$$A_{\max\Delta\Sigma}=\frac{A_{\max\Delta\mathrm{M}}}{|I(f)|}=A_{\max\Delta\mathrm{M}}\left|\frac{\sqrt{f^2+f_1^2}}{f_1}\right|\approx A_{\max\Delta\mathrm{M}}\frac{f}{f_1}\tag{3.6.24}$$

式中的最后一个关系式利用了通常在实际系统中可以满足的条件 $f\gg f_1$，对输入信号幅度的限制得到放宽。

下面分析输入为正弦波信号时的情况。由正弦波信号不发生过载需满足的临界条件 $\omega A=\Delta\cdot f_{\mathrm{S}}$，得 $A_{\max\Delta\mathrm{M}}=\Delta\cdot f_{\mathrm{S}}/\omega=\Delta\cdot f_{\mathrm{S}}/(2\pi f)$，代入上式，同时利用式（3.6.22）所得的结果，可得

$$A_{\max\Delta\Sigma}=A_{\max\Delta\mathrm{M}}\frac{f}{f_1}=\frac{\Delta\cdot f_{\mathrm{S}}}{2\pi f}\frac{f}{f_1}=\frac{2\pi Ef_1}{f_{\mathrm{S}}}\frac{f_{\mathrm{S}}}{2\pi f}\frac{f}{f_1}=E\tag{3.6.25}$$

由此可见，对于Δ-Σ 调制编码器，临界不过载电压幅度与信号的频率 f 无关，而只取决于脉冲发生器产生脉冲的幅度 E 的大小。

Δ-Σ 调制编码的量化信噪比　对于正弦波信号，临界不过载时信号的最大功率为

$$S_{x\max}=\frac{A_{\max\Delta\Sigma}^2}{2}=\frac{E^2}{2}\tag{3.6.26}$$

此时可获得的量化信噪比为

$$\mathrm{SNR}_{\mathrm{qmax}}=\frac{S_x}{\sigma_{\mathrm{q}}^2}=\frac{E^2/2}{4\pi^2E^2f_{\mathrm{H}}^3/9f_{\mathrm{S}}^3}=\frac{9f_{\mathrm{S}}^3}{8\pi^2f_{\mathrm{H}}^3}\tag{3.6.27}$$

显然，提高抽样频率 f_{S}，降低低通滤波器的截止频率 f_{H}，都有利于量化信噪比的提高。

3.6.3　数字压扩自适应增量调制

前面分别讨论了简单 ΔM 调制和Δ-Σ 调制编码的原理。ΔM 调制主要受到两类噪声的影响，即量

化噪声和过载噪声。在上述调制方式中，减少这两种噪声的措施却是有矛盾的。增加量化阶距的幅度可对陡峭变化的波形有更好的跟踪效果，但较大的量化阶距势必又会增加量化噪声。如果希望在减小过载噪声的同时不增加量化噪声，就需要在波形陡峭变化时用较大的量化阶距，而在波形相对平坦时用较小的量化阶距。这就是**自适应增量调制**的基本概念，其原理可用图 3.6.8 来描述，由图可见，当信号变化比较平缓时，相应的量化阶距取较小值 Δ_1，因此有较小的量化噪声；若检测到连续 3 个连“1”或连“0”，系统将自动地调整到较大的量化阶距 Δ_2，从而避免过载失真情况的出现。

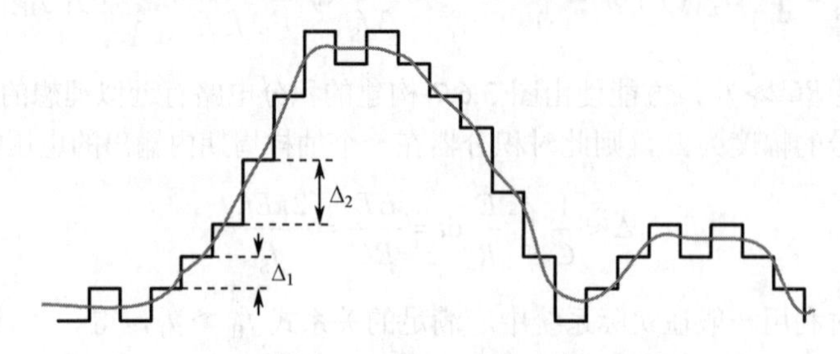

图 3.6.8　自适应增量调制原理图

所谓**数字压扩自适应增量调制**（数字压扩自适应ΔM），是指一种可根据输入信号斜率的变化自动调整量化阶距的大小，以使过载噪声和量化噪声都尽可能减到最小的一种方法。如图 3.6.9 所示，数字压扩自适应 ΔM 增加了一个用于检测连“0”和连“1”的**检测电路**和一个**音节平滑电路**，并用一个幅度可调的脉冲发生器来替代固定幅度的脉冲发生器。平滑电路是一个积分电路，其时间常数与语音信号的音节的长度基本相同（2～20ms）。平滑电路的作用是，使经过它处理后的输出信号变为一个以音节为时间常数的变化电压，同时与语音信号的平均斜率成正比，以控制可调脉冲发生器输出的脉冲的幅度反映重建信号的斜率。

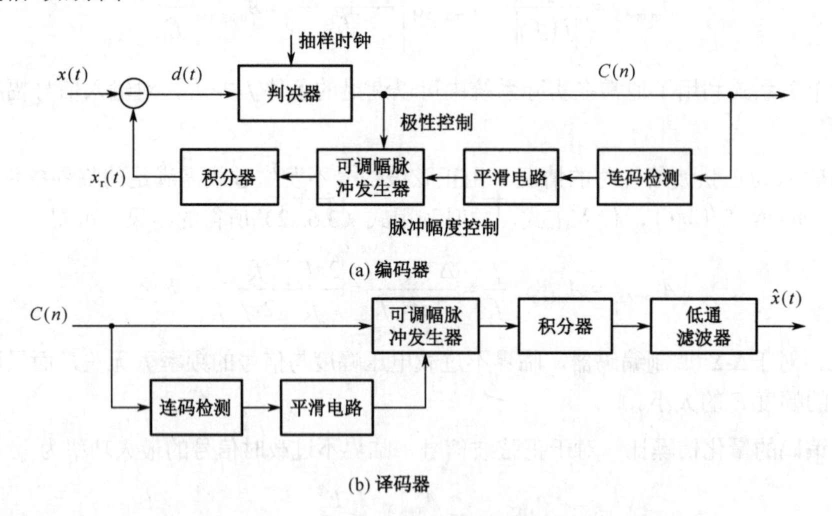

图 3.6.9　数字压扩自适应增量调制编码器与译码器

图 3.6.10 给出了数字压扩自适应 ΔM 与简单 ΔM 及Δ-ΣM 性能比较的示意图，由图可见，对于简单 ΔM 及Δ-ΣM，因为量化阶距固定，随着输入信号幅度的下降，归一化信噪比的 dB 值线性下降；而对于数字压扩自适应 ΔM，量化阶距可随信号幅度及斜率的变换自适应地调制，在很大的范围，如图中的 AB 段，使归一化信噪比保持为较大的取值，因此性能较之简单ΔM 调制有明显的改善。当输入信号幅度小到一定程度，量化阶距的自适应调整达到其量化阶距的最小值而不能再减小时，如图中的 BC 段，数字压扩自适应 ΔM 的性能才开始显著地下降。

另外，在图 3.6.10 中，虽然简单 ΔM 和Δ-ΣM 的性能都会随着输入信号幅度的减小而下降，但Δ-ΣM 有较好的频率特性。

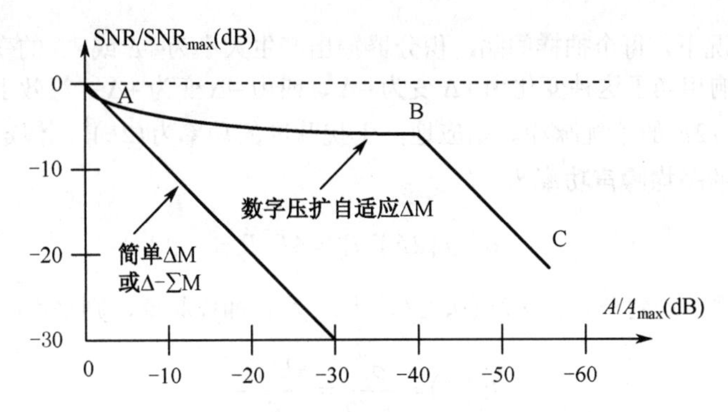

图 3.6.10 数字压扩自适应增量调制与简单增量调制性能比较

3.7 不同编码方式的误码性能分析

3.7.1 增量调制编码的误码性能分析

ΔM 编码对每个抽样值编码后只输出 1 比特的信息，没有码组的同步问题，因此系统的同步实现相对简单。通过本节的深入分析我们会看到，ΔM 在抗信道误码影响方面较之普通 PCM 编码有更加优良的性能，因此ΔM 更适合应用在误比特率性能较差的环境。

由式（3.5.6），ΔM 调制译码输出可表示为 $x_l(n)=\sum_{k=-\infty}^{n}\Delta\operatorname{sgn}\left(d(k)\right)$。假如在传输过程中引入了噪声或其他随机干扰，如果这些干扰会对码元的判决造成影响，如图 3.7.1 所示，那么对于重建信号来说，可以设想在相应的时刻有一幅度为 2Δ、极性与当前码元相反的等效干扰脉冲叠加在当前码元上。因此，存在干扰时的译码输出可表示为

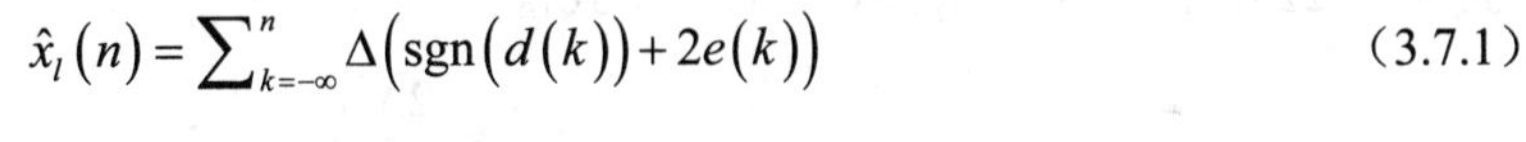

$$\hat{x}_l(n)=\sum_{k=-\infty}^{n}\Delta\left(\operatorname{sgn}\left(d(k)\right)+2e(k)\right) \tag{3.7.1}$$

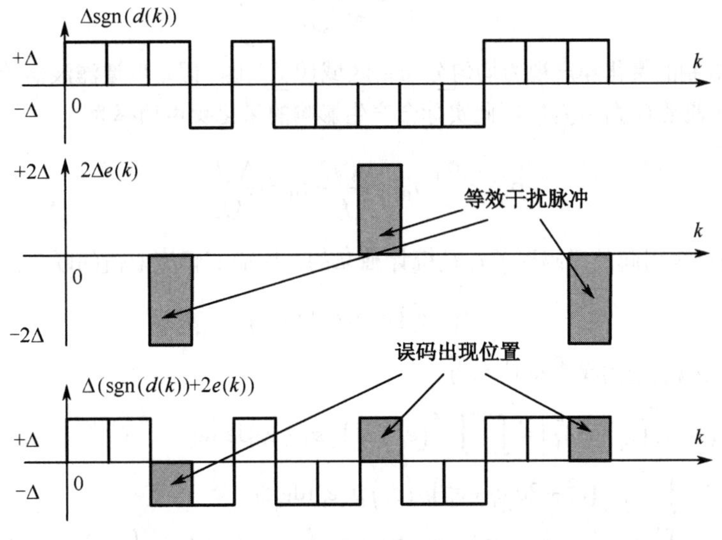

图 3.7.1 受干扰的接收序列

式中，

$$e(k)=\begin{cases}0, & k\text{时刻未出现误码}\\ -\operatorname{sgn}\left(d(k)\right), & k\text{时刻出现误码}\end{cases} \tag{3.7.2}$$

参见图 3.7.1，正常情况下，每个抽样间隔，积分器输出产生大小为 $+\Delta$ 或 $-\Delta$ 的变化量。出错的干扰对积分器输出造成的影响相当于这种变化由 $+\Delta$ 变为 $-\Delta$，或由 $-\Delta$ 变为 $+\Delta$，等效于积分器的输入端叠加了一个幅度为 $-2E$ 或 $+2E$ 的干扰脉冲。相应地，干扰脉冲的功率为 $(2E)^2$。假定传输过程的误比特率为 P_b，则由误码引入的**平均噪声功率**为

$$\sigma_t^2 = (2E)^2 P_b = 4E^2 P_b \tag{3.7.3}$$

若将该平均噪声功率视为均匀分布在区域 $(0, f_S/2)$ 上，f_S 是抽样频率，则平均噪声的功率密度谱为

$$P_e(f) = \frac{\sigma_t^2}{f_S/2} = \frac{8E^2 P_b}{f_S} \tag{3.7.4}$$

输出积分器的参数选择通常可使得式（3.5.16）满足条件

$$|I(f)| = \left|\frac{f_1}{\sqrt{f^2 + f_1^2}}\right| \approx \frac{f_1}{f} = \frac{1}{2\pi RCf} \tag{3.7.5}$$

因此通过积分器后的噪声的功率密度谱为

$$P_e'(f) = |I(f)|^2 P_e(f) = \left(\frac{1}{2\pi RCf}\right)^2 \frac{8E^2 P_b}{f_S} = \frac{2E^2 P_b}{\pi^2 R^2 C^2 f^2 f_S} \tag{3.7.6}$$

在音频输出的频率范围 (f_L, f_H) 内，实际产生影响的噪声功率为

$$\sigma_t'^2 = \int_{f_L}^{f_H} P_e'(f)\,\mathrm{d}f = \int_{f_L}^{f_H} \frac{2E^2 P_b}{\pi^2 R^2 C^2 f^2 f_S}\,\mathrm{d}f = \frac{2E^2 P_b}{\pi^2 R^2 C^2 f_S}\left(\frac{1}{f_L} - \frac{1}{f_H}\right) \approx \frac{2E^2 P_b}{\pi^2 R^2 C^2 f_S f_L} \tag{3.7.7}$$

由式（3.5.22），已知 $\Delta \approx ET_S/RC$，代入上式得

$$\sigma_t'^2 \approx \frac{2\Delta^2 P_b}{\pi^2 T_S f_L} \tag{3.7.8}$$

另外，若将Δ调制的量化噪声视为均匀分布在区域 $(0, f_S)$ 上，假定低通滤波器的**截止频率**为音频输出的最高频率 f_H，通常有 $f_H < f_S$，因此实际会产生影响的量化噪声功率为

$$\sigma_q'^2 = \frac{\sigma_q^2}{f_S} f_H = \frac{\Delta^2/3}{f_S} f_H = \frac{\Delta^2 f_H}{3 f_S} \tag{3.7.9}$$

因为量化误差 e_q 与误码引起的译码误差 e_t 是**统计独立**的，因而其幅度取值的联合概率密度函数满足

$$p(e_q e_t) = p(e_q)\,p(e_t) \tag{3.7.10}$$

ΔM 的量化噪声和误码引起的噪声总功率为

$$\begin{aligned}
\sigma_n^2 &= E\left[(e_q + e_t)^2\right] = \int_{-\infty}^{\infty}\int_{-\infty}^{-\infty} (e_q + e_t)^2\, p(e_q e_t)\,\mathrm{d}e_q\,\mathrm{d}e_t \\
&= \int_{-\infty}^{-\infty}\int_{-\infty}^{\infty} (e_q^2 + 2e_q e_t + e_t^2)\, p(e_q)\, p(e_t)\,\mathrm{d}e_q\,\mathrm{d}e_t \\
&= \int_{-\infty}^{\infty} e_q^2 p(e_q)\,\mathrm{d}e_q + 2\int_{-\infty}^{\infty} e_q p(e_q)\,\mathrm{d}e_q \int_{-\infty}^{\infty} e_t p(e_t)\,\mathrm{d}e_t + \int_{-\infty}^{\infty} e_t^2 p(e_t)\,\mathrm{d}e_t \\
&= \sigma_t'^2 + \sigma_q'^2
\end{aligned} \tag{3.7.11}$$

其中最后一个等式成立利用了 $E(e_q) = 0$ 和 $E(e_t) = 0$ 的合理假设。利用式（3.7.8）和式（3.7.9）所得的结果，进而得

$$\sigma_{\mathrm{n}}^2=\sigma_{\mathrm{t}}'^2+\sigma_{\mathrm{q}}'^2=\frac{2\Delta^2 P_{\mathrm{b}}}{\pi^2 T_{\mathrm{S}} f_{\mathrm{L}}}+\frac{\Delta^2 f_{\mathrm{H}}}{3 f_{\mathrm{S}}} \tag{3.7.12}$$

假定输入编码的信号为正弦波信号，其临界过载即 $A_{\max}\omega=f_{\mathrm{S}}\Delta$ 时的信号功率为

$$S_{\max}=\frac{A_{\max}^2}{2}=\frac{\Delta^2 f_{\mathrm{S}}^2}{2\omega^2}=\frac{\Delta^2 f_{\mathrm{S}}^2}{8\pi^2 f^2} \tag{3.7.13}$$

量化信噪比为

$$\mathrm{SNR}_{\mathrm{q,max}}=\frac{S_{\max}}{\sigma_{\mathrm{q}}'^2}=\frac{\Delta^2 f_{\mathrm{S}}^2}{8\pi^2 f^2}\bigg/\frac{\Delta^2 f_{\mathrm{H}}}{3 f_{\mathrm{S}}}=\frac{3 f_{\mathrm{S}}^3}{8\pi^2 f^2 f_{\mathrm{H}}} \tag{3.7.14}$$

在接收端Δ调制考虑量化误差和误码因素后**总的信噪比**为

$$\mathrm{SNR}_{\max}=\frac{S_{\max}}{\sigma_{\mathrm{n}}^2}=\frac{S_{\max}}{\sigma_{\mathrm{q}}'^2+\sigma_{\mathrm{t}}'^2}=\frac{S_{\max}/\sigma_{\mathrm{q}}'^2}{1+\sigma_{\mathrm{t}}'^2/\sigma_{\mathrm{q}}'^2}=\frac{\mathrm{SNR}_{\mathrm{q,max}}}{1+\sigma_{\mathrm{t}}'^2/\sigma_{\mathrm{q}}'^2}=\frac{\mathrm{SNR}_{\mathrm{q,max}}}{1+6P_{\mathrm{b}} f_{\mathrm{S}}^2/\pi^2 f_{\mathrm{H}} f_{\mathrm{L}}} \tag{3.7.15}$$

3.7.2　线性 PCM 编码的误码性能分析

线性 PCM 编码实际上就是**均匀量化编码**，假定量化电平的总数为 M，y_i 和 y_j 为任意两个量化电平，$y_i,y_j\in\{y_k,k=1,2,\cdots,M\}$。记出现量化电平 y_k 的概率为 $P(y_k),k=1,2,\cdots,M$。记量化值 y_i 的编码码组传输过程出错，导致译码输出为 y_j 的概率为 $P(y_j/y_i)$，则由传输过程误码造成的**等效噪声功率**为

$$\sigma_{\mathrm{t}}^2=E(e_{\mathrm{t}}^2)=E\left[(y_i-y_j)^2\right]=\sum_{j=1}^{M}\sum_{i=1}^{M}(y_i-y_j)^2 P(y_j/y_i)P(y_i) \tag{3.7.16}$$

每个量化电平编码后长度为 $\log_2 M$ 的码组，假定系统设计使得在传输过程中 2 位以上的误码可以忽略，则误比特率 $P_{\mathrm{b}}\approx P(y_j/y_i)$。进一步假定编码输入的信号均匀分布，则有 $P(y_k)=1/M,k=1,2,\cdots,M$。因为只需考虑 1 位误码的情况，$y_i$ 的编码码组传输过程出错，导致译码输出为 y_j，可等效为码组中的某一位如第 m 位出现误码。相应地有 $(y_i-y_j)^2=(2^{m-1}\Delta)^2$，$m$ 可能是 $m=1,2,\cdots,\log_2 M$ 中的任何一位。由此，式（3.7.16）变为

$$\begin{aligned}\sigma_{\mathrm{t}}^2&=\sum_{i=1}^{M}\sum_{m=1}^{\log_2 M}(2^{m-1}\Delta)^2 P_{\mathrm{b}}P(y_i)=\sum_{i=1}^{M}\sum_{m=1}^{\log_2 M}(2^{m-1}\Delta)^2 P_{\mathrm{b}}\frac{1}{M}\\&=\sum_{i=1}^{M}\frac{1}{M}P_{\mathrm{b}}\sum_{m=1}^{\log_2 M}(2^{m-1}\Delta)^2=P_{\mathrm{b}}\Delta^2\sum_{m=1}^{\log_2 M}4^{m-1}\\&=P_{\mathrm{b}}\Delta^2\frac{1-4^{\log_2 M}}{1-4}=\frac{M^2-1}{3}P_{\mathrm{b}}\Delta^2\end{aligned} \tag{3.7.17}$$

因为量化误差 e_{q} 与误码引起的译码误差 e_{t} 是**统计独立的**，采用与式（3.7.11）完全相同的分析方法，可得由上述两种误差导致的总的等效噪声为

$$\sigma_{\mathrm{n}}^2=\sigma_{\mathrm{q}}^2+\sigma_{\mathrm{t}}^2=\frac{\Delta^2}{12}+\frac{M^2-1}{3}P_{\mathrm{b}}\Delta^2 \tag{3.7.18}$$

另外，由编码输入的信号均匀分布的假定，其不过载情况下的最大信号功率为

$$S_{\max}=\int_{-\infty}^{\infty}x^2 p(x)\mathrm{d}x=\int_{-V_{\mathrm{p}}}^{+V_{\mathrm{p}}}x^2\frac{1}{2V_{\mathrm{p}}}\mathrm{d}x=\frac{1}{2V_{\mathrm{p}}}\frac{1}{3}x^3\bigg|_{x=-V_{\mathrm{p}}}^{+V_{\mathrm{p}}}=\frac{1}{3}V_{\mathrm{p}}^2=\frac{M^2\Delta^2}{12} \tag{3.7.19}$$

译码输出**总的信噪比**为

$$\mathrm{SNR}_{\max}=\frac{S_{\max}}{\sigma_{\mathrm{n}}^{2}}=\frac{S_{\max}}{\sigma_{\mathrm{q}}^{2}+\sigma_{\mathrm{t}}^{2}}=\frac{M^{2}}{1+4\left(M^{2}-1\right)P_{\mathrm{b}}} \tag{3.7.20}$$

已知量化信噪比可表示为

$$\mathrm{SNR}_{\mathrm{q,max}}=\frac{S_{\max}}{\sigma_{\mathrm{q}}^{2}}=\frac{M^{2}\Delta^{2}/12}{\Delta^{2}/12}=M^{2} \tag{3.7.21}$$

因此总的信噪比又可表示为

$$\mathrm{SNR}_{\max}=\frac{S_{\max}}{\sigma_{\mathrm{n}}^{2}}=\frac{S_{\max}/\sigma_{\mathrm{q}}^{2}}{1+\sigma_{\mathrm{t}}^{2}/\sigma_{\mathrm{q}}^{2}}=\frac{\mathrm{SNR}_{\mathrm{q,max}}}{1+\sigma_{\mathrm{t}}^{2}/\sigma_{\mathrm{q}}^{2}} \tag{3.7.22}$$

3.7.3 两种编码的抗误码性能比较

前面分别分析了增量调制编码和线性 PCM 编码的误码性能，本节将对这两种调制编码方式的性能做一粗略比较。

对于线性 PCM 编码，如果由于误码导致总的信噪比下降为原来量化信噪比的 1/2，$\mathrm{SNR}_{\max}\to\mathrm{SNR}_{\mathrm{q,max}}/2$，即总的信噪比较之量化信噪比降低 3dB 时，由式（3.7.22），此时应有

$$\sigma_{\mathrm{t}}^{2}=\sigma_{\mathrm{q}}^{2}\to\frac{M^{2}-1}{3}P_{\mathrm{b}}\Delta^{2}=\frac{\Delta^{2}}{12} \tag{3.7.23}$$

$$P_{\mathrm{b}}=\frac{1}{4\left(M^{2}-1\right)} \tag{3.7.24}$$

若码组长度为 $n=8$，量化阶数 $M=2^{8}=256$，则有

$$P_{\mathrm{b}}=\frac{1}{4\left(M^{2}-1\right)}=\frac{1}{4\left(256^{2}-1\right)}=3.816\times10^{-6}$$

换句话说，如果要求总的信噪比下降不超过 3dB，误比特率不能大于 3.816×10^{-6}。

同样，对于ΔM 编码，如果由于误码导致总的信噪比下降为原来量化信噪比的 1/2，$\mathrm{SNR}_{\max}\to\mathrm{SNR}_{\mathrm{q,max}}/2$，即总的信噪比较之量化信噪比降低 3dB 时，由式（3.7.15），此时应有

$$\sigma_{\mathrm{t}}'^{2}=\sigma_{\mathrm{q}}'^{2}\to\frac{2\Delta^{2}P_{\mathrm{b}}}{\pi^{2}T_{\mathrm{S}}f_{\mathrm{L}}}=\frac{\Delta^{2}f_{\mathrm{H}}}{3f_{\mathrm{S}}} \tag{3.7.25}$$

由此可得

$$P_{\mathrm{b}}=\frac{\pi^{2}f_{\mathrm{H}}f_{\mathrm{L}}}{6f_{\mathrm{S}}^{2}} \tag{3.7.26}$$

取话音信号的基本参数 $f_{\mathrm{L}}=300\mathrm{Hz}$，$f_{\mathrm{H}}=3100\mathrm{Hz}$。为与线性 PCM 编码进行比较，假定每个话路采用 64kbps 的传输速率，对于ΔM 编码，此时抽样频率 $f_{\mathrm{S}}=64\mathrm{kHz}$，代入上式可得

$$P_{\mathrm{b}}=\frac{\pi^{2}f_{\mathrm{H}}f_{\mathrm{L}}}{6f_{\mathrm{S}}^{2}}=\frac{\pi^{2}\times3100\times300}{6\times\left(64\times10^{3}\right)}=3.735\times10^{-4}$$

如果要求总的信噪比下降不超过 3dB，那么误比特率不能大于 3.735×10^{-4}。

对比线性 PCM 编码，ΔM 编码对误码率性能的要求降低了两个数量级。如果Δ调制编码抽样频率降低为 $f_{\mathrm{S}}=32\mathrm{kHz}$，则当总的信噪比下降不超过原来量化信噪比 3dB 的要求不变时，有

$$P_b = \frac{\pi^2 f_H f_L}{6 f_S^2} = \frac{\pi^2 \times 3100 \times 300}{6 \times \left(32 \times 10^3\right)} = 1.494 \times 10^{-3}$$

对误码率性能的要求进一步降低。

综上，对比线性 PCM 编码，采用 ΔM 编码时，虽然其量化噪声的性能略低于线性 PCM 编码，但误码对系统劣化的影响将大大降低，从这个意义上说，**ΔM 编码有更好的抗误码性能**。因此 ΔM 编码被广泛应用于能够在较为恶劣的环境中工作的军用通信系统中。

3.8　本章小结

本章介绍了模拟信号的数字编码的基本原理和方法。3.2 节首先回顾了低通抽样定理，并在此基础上讨论了的带通抽样定理。低通抽样定理具有一般性，它告诉我们，只要抽样频谱大于等于两倍的信号最高频率，则可由时间离散的样值无失真地恢复原信号。由离散的抽样序列可恢复原信号的基本条件是，抽样序列的频谱不发生混叠。根据这一基本思想，可导出带通抽样定理，对于窄带的带通信号，如果选择合适的抽样频率，只要使抽样所得的序列信号对应的频谱不发生混叠，则可通过带通滤波器从抽样序列中恢复出原信号，带通抽样定理保证了可无失真恢复原带通信号的抽样频谱出现在信号带宽的 2～4 倍的范围内。3.3 节和 3.4 节介绍了模拟信号的量化方法，重点讨论了均匀量化和针对语音信号的非均匀量化的基本原理与方法，对于信号幅度为均匀分布的信号来说，均匀量化是一种最佳的量化方案，而修正的对数量化方法可使得量化信噪比在很大的范围内保持为常数，是目前电信系统话音信号编码的主要标准。3.5 节讨论了差分脉冲编码调制（DPCM）的基本原理，通过预测编码的方法，可以去除信号中的部分冗余成分，有效提高编码效率，是实用的自适应编码调制（ADPCM）的基础。3.6 节讨论了增量调制（ΔM）的基本原理和其改进的编码方案，ΔM 与 DPCM 的原理有类似之处，但每个样值编码后只输出 1 比特信息，较之 DPCM，ΔM 相对简单且译码时无须码字同步。3.7 节则分析了线性 PCM 和 ΔM 这两种不同方法的抗误码性能。

习　题

3.1　试确定能够完全重构信号 $x(t) = \sin(6280t)/(6280t)$ 所需的最低抽样速率。

3.2　一个带限低通信号 $x(t)$ 具有如下频谱特性：

$$X(f) = \begin{cases} 1 - |f|/200, & |f| < 200\text{Hz} \\ 0, & |f| \geqslant 200\text{Hz} \end{cases}$$

（1）若抽样频率 $f_S = 300\text{Hz}$，画出对 $x(t)$ 进行理想抽样时，在 $|f| < 200\text{Hz}$ 范围内已抽样信号 $x_S(t)$ 的频谱；（2）将 f_S 改为 400Hz 后，重复小题（1）。

3.3　已知一基带信号 $x(t) = \cos 2\pi t + 2\cos 4\pi t$，对其进行理想抽样。（1）为了在接收端能不失真地从已抽样信号 $x_S(t)$ 中恢复出 $x(t)$，抽样间隔应如何选取？（2）若抽样间隔取为 0.2s，试画出已抽样信号的频谱图。

3.4　某载波电话通信系统的频率范围为 60～108kHz。若对它采用低通抽样，最低抽样频率是多少？若对它采用带通抽样，最低抽样频率又是多少？

3.5　使用 256 个电平的均匀 PCM，当信号均匀分布于[−2, 2]区间时，求量化信噪比 SNR_q。

3.6　设模拟信号 $s(t)$ 的幅值在[−2, 2]内均匀分布，其最高频率为 4kHz。现对它进行奈奎斯特抽样，并经过均匀量化后编为二进制码。设量化间隔为 1/64，试求该 PCM 系统的比特速率和输出的量化信噪比。

3.7　在 CD 播放机中，抽样率为 44.1kHz，对抽样值采用 16 比特/样本的量化器进行量化。求持续时间为 5 分钟（约一首歌）的立体声音乐所需要的容量。

3.8　设信号 $x(t) = 9 + A\cos\omega t$，其中 $A \leqslant 10\text{V}$。若 $x(t)$ 被均匀量化为 41 个电平，试确定所需二进制码组的位数 N 和量化间隔 Δ。

3.9　已知模拟信号抽样值的概率密度函数 $f(x)$ 如题图 3.9 所示。将 x 经过一个 4 电平均匀量化器后，输出是

$y \in \{y_1, y_2, y_3, y_4\}$。试求：（1）量化器输出信号的平均功率 $S_q = E[y^2]$；（2）量化噪声 $e = y - x$ 的平均功率 $\sigma_q^2 = E[e^2]$；（3）量化信噪比 $\text{SNR}_q = S_q / \sigma_q^2$ 的分贝值。

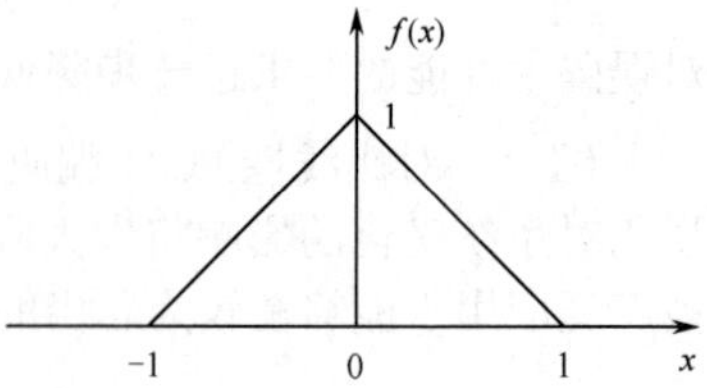

题图 3.9

3.10 设某量化器的压缩特性曲线为 $f(x) = \ln x/B$，量化器输入信号的动态范围为 $(-V_p, +V_p)$，对信号做压缩变化后均匀量化的量化阶距为 $\Delta = 2V_p/M$，M 为量化阶数。试计算其信噪比，并分析其特点。

3.11 对于 μ 律的对数压缩变化，若 $\mu = 100$，试计算归一化输入信号 $x(t)$ 在 $x = 0$ 和 $x = 1$ 时的放大量。

3.12 采用十三折线 A 律编码电路，设最小量化间隔为 1 个单位，已知抽样脉冲值为+635 单位。（1）试求此时编码器的输出码组，并计算量化误差；（2）采用自然二进制码，写出对应于该 7 位码的均匀量化 11 位码。

3.13 某 A 律十三折线 PCM 编码器的输入动态范围是(−5, 5)V。某抽样值的幅度 x = 1.2V。（1）求编码器的输出码组；（2）求解码器输出的量化电平值，并计算量化误差；（3）写出对应于 A 律十三折线 PCM 码组的均匀量化线性编码的码组（13 位码）。

3.14 若将二阶线性预测

$$\hat{x}(n) = a_1 x(n-1) + a_2 x(n-2)$$

用于 DPCM，假设信号为实平稳序列 $\{x(n)\}$，其均值为 0，自相关函数为 $R_x(m) = E[x(n)x(n+m)]$，且有 $R_x(0) = 1$，$R_x(1) = c_1$，$R_x(2) = c_2$。试求：（1）使预测误差最小的预测方程系数 a_1^* 和 a_2^*；（2）均方预测误差表达式。

3.15 设随机信号 $X(t)$ 具有如下自相关函数：$R_x(0) = 1$，$R_x(1) = 0.8$，$R_x(2) = 0.6$，$R_x(3) = 0.4$。（1）若用 3 个延迟单元，计算最优线性预测器的系数；（2）求所得预测误差的方差。

3.16 对一最高频率为 900Hz 的语音信号进行 ΔM 编码传输，接收端低通滤波器的截止频率为 3.4kHz。若要求系统的量化信噪比为 30dB，求该 ΔM 系统应采用的抽样频率和信息速率。

3.17 设简单增量调制器输入的正弦信号频率为 3.4kHz、幅度为 1V，若抽样频率 $f_S = 32$ kHz，求量化间隔的范围。

3.18 对信号 $x(t) = A\sin 2\pi f_0 t$ 进行简单增量调制，若量化间隔 Δ 和抽样频率 f_S 的选择既能保证不过载，又能保证不会因为信号振幅太小而使得增量调制器不能正常编码，试证明此时要求 $f_S > \pi f_0$。

主要参考文献

[1] 曹志刚，钱亚生．现代通信原理．北京：清华大学出版社，1992

[2] [美]Bernard Sklar, *Digital Communications, 2nd Edition*. 北京：电子工业出版社出版，2001

[3] 周炯槃，庞沁华等．通信原理．北京：北京邮电大学出版社，2005

[4] *CCITT Recommendation* G.721 1984, 1986

[5] [美]Simon Haykin. *Adaptive Filter Theory*. 北京：电子工业出版社，2002

[6] N. S. Jayant and P. Noll. *Digital Coding Waveform*, Prentice-Hall, 1984

第4章 信息论基础

4.1 引言

人类社会已进入信息时代，处在信息时代的社会。人们在工作的各个领域，如科学研究、军事活动、生产运作、贸易经商、日常生活，都日益感觉到了解和掌握信息的重要性。然而，在学习严格意义上的信息理论之前，人们关于信息的理解往往是模糊的，通常只是感到信息应该包含了新消息成分或自己原来未知的消息成分，而至于信息是什么、它应如何定义和度量并没有明确的概念。另外，我们说通信的目的是为了传递信息，传递信息需要什么条件，如何才能有效地传递信息，如何衡量某个信道或通信系统传递信息的能力，这些就是信息论所要回答的问题。信息论是人们在长期的实践活动中，将数学中的概率论、随机过程和数理统计等学科理论运用到通信领域，在解决通信基本理论问题的过程中逐步发展起来的一门专门学问。

1948年，美国科学家**香农**（C. E. Shannon）发表的著名论文《通信的数学理论》奠定了信息论的理论基础。信息论发展到今天，主要内容包括有关离散信源特性与信道容量的分析、有关连续信源特性与信道容量的分析、无失真和限失真的信源编码方法、信道的差错控制编码方法以及网络信息理论等多个方面的内容[1]。本章主要介绍信息论的基本概念，讨论信息论中有关信息的定义和度量方法、离散与连续信源及信道容量的基本分析方法、信道编码的基本原理。这些内容加上已经介绍的无失真和限失真信源编码的基本方法等，为系统地学习通信的基本原理建立了必要的基础。

4.2 信息的度量

通信的目的是为了传递信息，信息总是以某种消息的形式来承载和表示的，消息的形式可以是数字、文字、符号、图形图像、一段声音或视频等，或其他可触发人的感觉器官产生感受的形式。人们收到一则消息，可能无动于衷，可能有所触动，也可能有极大的震撼。例如，某消息说，我国的东北12月份会下雪，人们感觉很正常，因为冬季东北下雪不是什么新鲜事；但如果某消息说，某月某日海南会下雪，人们一定会表现出极大的惊讶，因为这几乎是不可能出现的情况。这说明，消息中包含的内容给人的感受可以是有很大区别的。直观地，就人们听到消息时所处的情况和环境，对于出现原来越难预测内容的消息，人们会感到得到的东西越多。从这个意义上说，该消息中的“信息量”越大。

香农通过对通信基本要求和过程的分析，把通信系统传递信息的机制和本质，从“形式化”、“非决定论”和“不确定性”三个方面加以抽象和描述，并从数学上进行了合理的定义[1]。所谓**形式化**，是指通信的基本任务是在接收端把发送端发出的消息从形式上恢复出来，而对消息内容的理解和判断则不是通信的任务。所谓**非决定论**，是指通信过程传递的消息中所包含的内容对接收者来说事先是无法预料的。所谓**不确定性**，是指收到该消息之前，对其中的内容出现与否具有不确定的因素，这种不确定的因素可以通过通信来加以消除或部分消除。“形式化”说明一个物理的通信系统的通信过程，一般是与其传送的内容无关的。例如，一个二元的通信系统所要完成的任务是如何正确地传递由符号“0”和“1”组成的序列，而这些不同的序列代表的消息的含义则不是通信系统所要关心的。而“非决定论”和“不确定性”把消息中所含的信息的多少，与数学中的概率论和数理统计、随机过程等联系起来，进而可以用数学的语言来对信息和信息的传递进行描述。

4.2.1 离散信源信息的度量

所谓某件事情是否出现的不确定性，换句话说就是该事情出现的可能性，可能性的大小可以用事件出现的概率来描述。因此某事件出现所提供的信息量，应该是该事件出现概率的函数。

数字通信系统中的**信息源**（简称**信源**）每次输出的，是包含有限的 N 个不同元素集合 $\{X: x_i, i=1,2,\cdots,N\}$ 中的某个符号。前面提到的所谓某事件的出现在这里对应的就是某个符号的出现，这种离散信源 X 的统计特性可以用如下一个称为**概率场**的形式来描述：

$$\begin{matrix} X: & x_1 & x_2 & \cdots & x_N \\ p(X): & p(x_1) & p(x_2) & \cdots & p(x_N) \end{matrix} \tag{4.2.1}$$

式中，$p(x_i)$ 是符号 x_i 出现的概率，其**概率和**满足基本关系式

$$\sum_{i=1}^{N} p(x_i) = 1 \tag{4.2.2}$$

信源符号的概率通常称为该系统的**先验概率**。

从信息论的角度，一个通信系统可以简单地视为由如图 4.2.1 所示的**信源**、**信道**和**信宿**三个部分组成的系统。

信源 → 信道 → 信宿

图 4.2.1 由信源、信道和信宿组成的通信系统

信源发出一个符号，通过信道到达信宿。信宿在通信过程中只知道传过来的是特定符号集中的某个符号，但不知道具体是哪个符号。既然某符号出现提供的信息量的大小与该符号出现的概论有关，因此收到某个符号 x_i 后，信宿所获得的信息量应是该符号出现**概率**的某种函数：

$$I(x_i) = f\left[p(x_i)\right] \tag{4.2.3}$$

又如果信源输出的符号中，每个符号都是独立的，则信宿收到两个符号 x_i、x_j 后所获得的信息量，应是这两个符号信息量的和，因此信息量函数应满足**可加性**：

$$I(x_i x_j) = f\left[p(x_i x_j)\right] = f\left[p(x_i)p(x_j)\right] = f\left[p(x_i)\right] + f\left[p(x_j)\right] \tag{4.2.4}$$

根据 4.1 节的讨论，某符号出现所提供的信息量的大小还应与该符号出现的概率呈某种“反比”关系，即该符号出现的概率越小，所提供的信息量越大。容易验证，当取描述信息量的函数为符号概率倒数的对数

$$I(x_i) = f\left[p(x_i)\right] = \log\left(\frac{1}{p(x_i)}\right) \tag{4.2.5}$$

时，可以同时满足上面提到的是**概率的函数**、**具有可加性**、**概率值越小信息量越大**这三个基本要素的要求。

定义 4.2.1 符号出现概率的倒数的对数定义为该符号的**信息量**。

式（4.2.5）确定的函数称为**信息函数**。信息量的单位与对数的底的取值有关，当以“2”为对数的底时，信息量的单位为**比特**（bit）；当以“e”为底时，信息量的单位为**奈特**（nat）；当以“10”为底时，信息量的单位为**哈特**（hart）。在本书中，若未特别声明，均默认信息量的单位为比特。

【例 4.2.1】 某离散信源由 0、1、2、3 四种符号组成，其概率场为

$$\begin{matrix} X: & 0 & 1 & 2 & 3 \\ p(X): & 3/8 & 1/4 & 1/4 & 1/8 \end{matrix}$$

假定信源输出的每个符号都是独立的，当信源输出的符号序列 S 为“113200”时，求其输出的信息量的大小。

解：按定义，信源输出的信息量为

$$\begin{aligned} I(S) &= \log\frac{1}{p(S)} = \log\frac{1}{p(1)p(1)p(3)p(2)p(0)p(0)} \\ &= \log\frac{1}{p(1)} + \log\frac{1}{p(1)} + \log\frac{1}{p(3)} + \log\frac{1}{p(2)} + \log\frac{1}{p(0)} + \log\frac{1}{p(0)} \\ &= 2+2+3+2+1.415+1.415 = 11.83(\text{比特}) \end{aligned}$$

上式中第二个等号成立是因为符号的出现具有独立性。□

4.2.2　离散信源的平均信息量——信源的熵

通常信源中每个符号所包含的信息量不同，在通信系统中考虑传输效率时，往往还要分析信源的总体**信息测度**。信源的总体信息测度可以用信源符号集中每个符号的**平均信息量**来描述。

定义 4.2.2　离散信源 $\{X: x_i, i=1,2,\cdots,N\}$ 的熵 $H(X)$ 定义为

$$H(X) = -\sum_{i=1}^{N} p(x_i)\log p(x_i) \tag{4.2.6}$$

熵是信源中每个符号所含的统计**平均信息量**，单位是**比特/符号**。

【例 4.2.2】　离散信源与例 4.2.1 相同，计算该离散信源的熵。

解：按式（4.2.6）的定义，该信源的熵

$$H(X) = -\sum_{i=1}^{4} p(x_i)\log p(x_i) = -\left(\frac{3}{8}\log\frac{3}{8} + \frac{1}{4}\log\frac{1}{4} + \frac{1}{4}\log\frac{1}{4} + \frac{1}{8}\log\frac{1}{8}\right) = 1.906(\text{比特/符号})$$ □

利用信源的熵，可以很方便地估算信源发出的符号序列的信息总量。

【例 4.2.3】　离散信源与例 4.2.1 相同，求：（1）消息“201 020 130 213 001 203 210 100 321 010 023 102 002 010 312 032 100 120 210”的信息量；（2）利用信源的熵估算该消息的信息量。

解：（1）此消息共包含 57 个符号，其中“0”出现 23 次，“1”出现 14 次，“2”出现 13 次，“3”出现 7 次，此消息的总信息量为

$$I = -\sum_{i=1}^{4} n_i \log p(x_i) = -\left(23\log\frac{3}{8} + 14\log\frac{1}{4} + 13\log\frac{1}{4} + 7\log\frac{1}{8}\right) = 107.55(\text{比特})$$

（2）根据例 4.2.2 计算的结果，信源的熵为 1.906 比特/符号，则此消息的信息量约为

$$I \approx \left(\sum_{i=1}^{4} n_i\right) H(X) = (23+14+13+7)\times 1.906 = 108.62(\text{比特})$$

可以预料，随着消息中所包含的符号数的增加，上面两式的结果趋于一致。□

4.2.3　熵的最大化

数学上在分析函数的最大值或最小值等问题时，通常会用到凸函数的概念。下面先介绍有关的概念。

定义 4.2.3　设 $\boldsymbol{x}_i = (x_{1,i}, x_{2,i}, \cdots, x_{n,i})$ 和 $\boldsymbol{x}_j = (x_{1,j}, x_{2,j}, \cdots, x_{n,j})$ 是 n 维实矢量集合 $\{\boldsymbol{x}\} \in R^n$ 中的任意两个矢量，若对任意实数 α，$0 \leqslant \alpha \leqslant 1$，有

$$\alpha \boldsymbol{x}_i + (1-\alpha)\boldsymbol{x}_j \in \{\boldsymbol{x}\} \tag{4.2.7}$$

则称集合 $\{\boldsymbol{x}\}$ 是**凸集**。

定义 4.2.4 设函数 $f(\boldsymbol{x})$ 定义在凸集 $\{\boldsymbol{x}\}\in R^n$ 上，若对任意 $\boldsymbol{x}_i,\boldsymbol{x}_j\in\{\boldsymbol{x}\}$ 和 α，$0\leqslant\alpha\leqslant1$ 均有

$$f\left(\alpha\boldsymbol{x}_i+(1-\alpha)\boldsymbol{x}_j\right)\leqslant\alpha f\left(\boldsymbol{x}_i\right)+(1-\alpha)f\left(\boldsymbol{x}_j\right) \tag{4.2.8}$$

则称函数 $f(\boldsymbol{x})$ 为∪**型凸函数**（**下凸函数**）。反之，若均有

$$f\left(\alpha\boldsymbol{x}_i+(1-\alpha)\boldsymbol{x}_j\right)\geqslant\alpha f\left(\boldsymbol{x}_i\right)+(1-\alpha)f\left(\boldsymbol{x}_j\right) \tag{4.2.9}$$

则称函数 $f(\boldsymbol{x})$ 为∩**型凸函数**（**上凸函数**）。

图 4.2.2 给出了一个一维∩**型凸函数**的示意图。

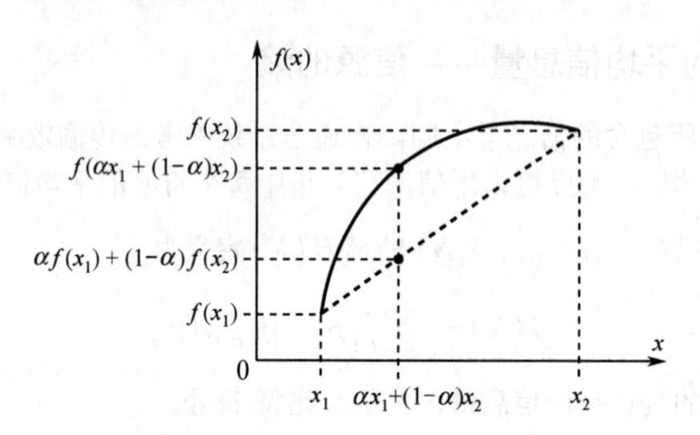

图 4.2.2 一维∩型凸函数示意图

若 $\boldsymbol{p}=(p_1,p_2,\cdots,p_N)$ 是一组概率，$f(x)$ 是一个∩型凸函数，则一般地有如下关系式：

$$f\left(\sum_{i=1}^{N}p_ix_i\right)\geqslant\sum_{i=1}^{N}p_if\left(x_i\right) \tag{4.2.10}$$

证明：令 $N=n+1$，可将上式表示为 $f\left(\sum_{i=1}^{n+1}p_ix_i\right)\geqslant\sum_{i=1}^{n+1}p_if(x_i)$，采用归纳法进行证明。

（1）当 $n=1$ 时，式（4.2.10）变为 $f\left(p_1x_1+p_2x_2\right)\geqslant p_1f\left(x_1\right)+p_2f\left(x_2\right)$。记 $\alpha=p_1$，由概率的基本关系式，显然有 $p_2=1-p_1=1-\alpha$。因为 $f(x)$ 是一个∩型凸函数，所以当 $n=1$ 时，式（4.2.10）成立。

（2）当 $n=k$ 时，有 $f\left(\sum_{i=1}^{k+1}p_ix_i\right)\geqslant\sum_{i=1}^{k+1}p_if(x_i)$。

（3）当 $n=k+1$ 时，需要证明 $f\left(\sum_{i=1}^{k+2}p_ix_i\right)\geqslant\sum_{i=1}^{k+2}p_if(x_i)$ 也成立。由 $n=1$ 时的关系式成立的结论，可得

$$f\left(\sum_{i=1}^{k+2}p_ix_i\right)=f\left(p_1x_1+(1-p_1)\sum_{i=2}^{k+2}\frac{p_i}{(1-p_1)}x_i\right)\geqslant p_1f\left(x_1\right)+(1-p_1)f\left(\sum_{i=2}^{k+2}\frac{p_i}{(1-p_1)}x_i\right)$$

因为 $0<\dfrac{p_i}{(1-p_1)}<1,\ i=2,\cdots,k+2$，且有 $\sum_{i=2}^{k+2}\dfrac{p_i}{(1-p_1)}=1$，由 $n=k$ 时关系式成立的假设，可得

$f\left(\sum_{i=2}^{k+2}\dfrac{p_i}{(1-p_1)}x_i\right)\geqslant\sum_{i=2}^{k+2}\dfrac{p_i}{(1-p_1)}f(x_i)$。因此有

$$\begin{aligned}f\left(\sum_{i=1}^{k+2}p_ix_i\right)&\geqslant p_1f(x_1)+(1-p_1)f\left(\sum_{i=2}^{k+2}\frac{p_i}{(1-p_1)}x_i\right)\\&\geqslant p_1f(x_1)+(1-p_1)\sum_{i=2}^{k+2}\frac{p_i}{(1-p_1)}f(x_i)=\sum_{i=1}^{k+2}p_if(x_i)\end{aligned}$$

综上，由归纳法原理，式（4.2.10）成立。**证毕**。□

通过作图很容易看出，对于底数大于 1 的对数函数 $\log x$，当 $x>0$ 时，是一个$\cap$型凸函数。下面我们来看一个本章中将会多次用到的对数关系式。设有两组不同的概率：

$$\boldsymbol{p}=\left(p_1,p_2,\cdots,p_N\right),\quad \boldsymbol{p}'=\left(p_1',p_2',\cdots,p_N'\right)$$

由式（4.2.10）可得

$$\log\left(\sum_{i=1}^{N}p_i'\right)=\log\left(\sum_{i=1}^{N}p_i\frac{p_i'}{p_i}\right)\geqslant\sum_{i=1}^{N}p_i\log\frac{p_i'}{p_i}\tag{4.2.11}$$

因为 $\log\left(\sum_{i=1}^{N}p_i'\right)=\log 1=0$，因此有 $0\geqslant\sum_{i=1}^{N}p_i\log\frac{p_i'}{p_i}=\sum_{i=1}^{N}p_i\log p_i'-\sum_{i=1}^{N}p_i\log p_i$，由此可得

$$-\sum_{i=1}^{N}p_i\log p_i'\geqslant-\sum_{i=1}^{N}p_i\log p_i\tag{4.2.12}$$

定理 4.2.1　熵函数 $H(X)$ 是概率 $\left(p(x_1),p(x_2),\cdots,p(x_N)\right)$ 的$\cap$型凸函数。

证明：设 $\boldsymbol{p}=\left(p(x_1),p(x_2),\cdots,p(x_N)\right)$ 和 $\boldsymbol{p}'=\left(p(x_1'),p(x_2'),\cdots,p(x_N')\right)$ 是两个不同的概率矢量，满足 $\sum_{i=1}^{N}p(x_i)=1$ 和 $\sum_{i=1}^{N}p(x_i')=1$。不妨假定 $p(x_i)>0,p(x_i')>0$。对任意 α，$0\leqslant\alpha\leqslant 1$ 有

$$\begin{aligned}
&H\left[\alpha\boldsymbol{p}+(1-\alpha)\boldsymbol{p}'\right]\\
&=H\left[\left(\alpha p(x_1)+(1-\alpha)p(x_1')\right),\cdots,\left(\alpha p(x_N)+(1-\alpha)p(x_N')\right)\right]\\
&=-\sum_{i=1}^{N}\left(\alpha p(x_i)+(1-\alpha)p(x_i')\right)\log\left(\alpha p(x_i)+(1-\alpha)p(x_i')\right)\\
&=-\alpha\sum_{i=1}^{N}p(x_i)\log\left(\alpha p(x_i)+(1-\alpha)p(x_i')\right)\\
&\quad-(1-\alpha)\sum_{i=1}^{N}p(x_i')\log\left(\alpha p(x_i)+(1-\alpha)p(x_i')\right)\\
&=-\alpha\sum_{i=1}^{N}p(x_i)\log\left(\frac{p(x_i)}{p(x_i)}\left(\alpha p(x_i)+(1-\alpha)p(x_i')\right)\right)\\
&\quad-(1-\alpha)\sum_{i=1}^{N}p(x_i')\log\left(\frac{p(x_i')}{p(x_i')}\left(\alpha p(x_i)+(1-\alpha)p(x_i')\right)\right)\\
&=-\alpha\sum_{i=1}^{N}p(x_i)\log p(x_i)-\alpha\sum_{i=1}^{N}p(x_i)\log\left(\alpha p(x_i)+(1-\alpha)p(x_i')\right)\\
&\quad-\alpha\sum_{i=1}^{N}p(x_i)\log\frac{1}{p(x_i)}-(1-\alpha)\sum_{i=1}^{N}p(x_i')\log p(x_i')\\
&\quad-(1-\alpha)\sum_{i=1}^{N}p(x_i')\log\left(\alpha p(x_i)+(1-\alpha)p(x_i')\right)-(1-\alpha)\sum_{i=1}^{N}p(x_i')\log\frac{1}{p(x_i')}\\
&=\alpha H(\boldsymbol{p})+(1-\alpha)H(\boldsymbol{p}')\\
&\quad-\alpha\sum_{i=1}^{N}p(x_i)\log\left(\alpha p(x_i)+(1-\alpha)p(x_i')\right)-\alpha\sum_{i=1}^{N}p(x_i)\log\frac{1}{p(x_i)}\\
&\quad-(1-\alpha)\sum_{i=1}^{N}p(x_i')\log\left(\alpha p(x_i)+(1-\alpha)p(x_i')\right)-(1-\alpha)\sum_{i=1}^{N}p(x_i')\log\frac{1}{p(x_i')}
\end{aligned}\tag{4.2.13}$$

令 $\alpha p(x_i)+(1-\alpha)p(x_i')=\omega_i,i=1,2,\cdots,N$，因为

$$\alpha p(x_i)+(1-\alpha)p(x_i')>0\rightarrow\omega_i>0,i=1,2,\cdots,N\tag{4.2.14}$$

且有

$$\begin{aligned}\sum_{i=1}^{N}\omega_i&=\sum_{i=1}^{N}\alpha p(x_i)+(1-\alpha)p(x_i')\\&=\alpha\sum_{i=1}^{N}p(x_i)+(1-\alpha)\sum_{i=1}^{N}p(x_i')=\alpha+(1-\alpha)=1\end{aligned}\tag{4.2.15}$$

综合式（4.2.14）和式（4.2.15）的结果，可得

$$0<\omega_i\leqslant 1,\quad i=1,2,\cdots,N,\quad \sum_{i=1}^{N}\omega_i=1 \tag{4.2.16}$$

因此，$\boldsymbol{\omega}=(\omega_1,\omega_2,\cdots,\omega_N)$ 可视为一组概率，可得

$$\begin{aligned}&-\alpha\sum_{i=1}^{N}p(x_i)\log\left(\alpha p(x_i)+(1-\alpha)p(x_i')\right)-\alpha\sum_{i=1}^{N}p(x_i)\log\frac{1}{p(x_i)}\\&=-\alpha\sum_{i=1}^{N}p(x_i)\log\omega_i-\alpha\sum_{i=1}^{N}p(x_i)\log\frac{1}{p(x_i)}\\&\geqslant-\alpha\sum_{i=1}^{N}p(x_i)\log p(x_i)+\alpha\sum_{i=1}^{N}p(x_i)\log p(x_i)=0\end{aligned} \tag{4.2.17}$$

其中不等号的成立是因为由式（4.2.12），可得

$$-\sum_{i=1}^{N}p(x_i)\log\omega_i\geqslant-\sum_{i=1}^{N}p(x_i)\log p(x_i) \tag{4.2.18}$$

同理有

$$\begin{aligned}&-(1+\alpha)\sum_{i=1}^{N}p(x_i')\log\left(\alpha p(x_i)+(1-\alpha)p(x_i')\right)-(1+\alpha)\sum_{i=1}^{N}p(x_i')\log\frac{1}{p(x_i')}\\&=-(1+\alpha)\sum_{i=1}^{N}p(x_i')\log\omega_i-(1+\alpha)\sum_{i=1}^{N}p(x_i')\log\frac{1}{p(x_i')}\\&\geqslant-(1+\alpha)\sum_{i=1}^{N}p(x_i')\log p(x_i')+(1+\alpha)\sum_{i=1}^{N}p(x_i')\log p(x_i')=0\end{aligned} \tag{4.2.19}$$

综合式（4.2.13）、式（4.2.18）及式（4.2.19），最后可得

$$H\left(\alpha\boldsymbol{p}+(1-\alpha)\boldsymbol{p}'\right)\geqslant\alpha H(\boldsymbol{p})+(1-\alpha)H(\boldsymbol{p}') \tag{4.2.20}$$

其中的等号仅当 $\alpha=0$ 或 $\alpha=1$ 时成立。**证毕。**□

定理 4.2.2 当信源符号服从均匀分布，即

$$p(x_i)=\frac{1}{N},\ i=1,2,\cdots,N \tag{4.2.21}$$

时，其熵函数 $H(X)$ 达到最大值。

证明：因为熵函数 $H(X)$ 是∩型凸函数，因此一定存在最大值。因为 $H(X)$ 的最大值必须满足概率约束 $\sum_{i=1}^{N}p(x_i)=1$ 的条件，根据拉格朗日求极值法，作辅助函数

$$\begin{aligned}F\left[p(x_1),p(x_2),\cdots,p(x_N)\right]&=H\left[p(x_1),p(x_2),\cdots,p(x_N)\right]+\lambda\left[\sum_{i=1}^{N}p(x_i)-1\right]\\&=-\sum_{i=1}^{N}p(x_i)\log p(x_i)+\lambda\left[\sum_{i=1}^{N}p(x_i)-1\right]\end{aligned} \tag{4.2.22}$$

令

$$\frac{\partial F\left[p(x_1),p(x_2),\cdots,p(x_N)\right]}{\partial p(x_i)}=-\log p(x_i)-1+\lambda=0,\ i=1,2,\cdots,N \tag{4.2.23}$$

由此可解得

$$p(x_i)=2^{(\lambda-1)} \tag{4.2.24}$$

结合概率的**约束条件** $\sum_{i=1}^{N}p(x_i)=1$，可得熵函数取极大值时的概率分布为

$$p(x_i)=\frac{1}{N},\ i=1,2,\cdots,N \tag{4.2.25}$$

证毕。□

熵函数 $H(X)$ 的**最大值**为

$$\max H\left[p(x_1), p(x_2), \cdots, p(x_N)\right] = H\left[\frac{1}{N}, \frac{1}{N}, \cdots, \frac{1}{N}\right] = -\sum_{i=1}^{N} \frac{1}{N} \log \frac{1}{N} = \log N \qquad (4.2.26)$$

直观地，当信源各符号呈现等概率分布时，各符号的出现没有任何**倾向性**，相应地最难以猜测可能出现的是哪个符号，因此具有最大的不确定性。

【例 4.2.4】　设由 0、1、2、3 四种符号组成的离散信源，各符号的出现为等概分布，求信源的熵。

解：按定义

$$H(X) = -\sum_{i=1}^{4} p(x_i) \log p(x_i) = -4 \times \left(\frac{1}{4} \log \frac{1}{4}\right) = 2(\text{比特/符号})$$

显然，此时的熵取值比前面例 4.2.2 中非等概离散信源熵的取值更大。□

等概信源的熵具有最大值的思想，可以指导我们对传输的符号进行某种变换或组合编码，使编码后的码元或码组具有等概或接近等概的特性，这样传输的每个码元或码组就能够携带最多的信息，从而提高信息传输的效率。

4.2.4　离散信源的联合熵与条件熵

当系统中有两个或两个以上的随机变量时，常常需要分析这一组随机变量的熵和它们之间的关系。这里主要讨论系统中有两个随机变量时的情况。

记两离散随机变量为 $\left\{XY : x_i y_j, i = 1,2,\cdots,M; j = 1,2,\cdots,N\right\}$，其**概率场**可表示为

$$XY : p(XY) \quad \begin{matrix} x_1y_1 : p(x_1y_1) & x_1y_2 : p(x_1y_2) & \cdots & x_1y_N : p(x_1y_N) \\ x_2y_2 : p(x_2y_1) & x_2y_2 : p(x_2y_2) & \cdots & x_2y_N : p(x_2y_N) \\ \vdots & \vdots & \ddots & \vdots \\ x_My_1 : p(x_My_1) & x_My_2 : p(x_My_2) & \cdots & x_My_N : p(x_My_N) \end{matrix} \qquad (4.2.27)$$

两随机变量的**联合概率**满足基本关系式

$$\sum_{i=1}^{M} \sum_{j=1}^{N} p(x_i y_j) = 1 \qquad (4.2.28)$$

定义 4.2.5　两离散随机变量 $\left\{XY : x_i y_j, i = 1,2,\cdots,M; j = 1,2,\cdots,N\right\}$ 的**联合熵** $H(XY)$ 定义为

$$H(XY) = -\sum_{i=1}^{M} \sum_{j=1}^{N} p(x_i y_j) \log p(x_i y_j) \quad (\text{比特/符号}) \qquad (4.2.29)$$

若 X 和 Y 是两统计独立的信源产生的随机变量，则由

$$p(x_i y_j) = p(x_i) p(y_j), \quad i = 1,2,\cdots,M, j = 1,2,\cdots,N \qquad (4.2.30)$$

可得

$$\begin{aligned} H(XY) &= -\sum_{i=1}^{M} \sum_{j=1}^{N} p(x_i y_j) \log p(x_i y_j) \\ &= -\sum_{i=1}^{M} \sum_{j=1}^{N} p(x_i) p(y_j) \log\left[p(x_i) p(y_j)\right] \\ &= -\sum_{j=1}^{N} p(y_j) \sum_{i=1}^{M} p(x_i) \log p(x_i) - \sum_{i=1}^{M} p(x_i) \sum_{j=1}^{N} p(y_j) \log p(y_j) \\ &= -\sum_{i=1}^{M} p(x_i) \log p(x_i) - \sum_{j=1}^{N} p(y_j) \log p(y_j) = H(X) + H(Y) \end{aligned} \qquad (4.2.31)$$

上式说明，由两个统计独立的信源 X 和 Y 构成的联合信源 XY 的熵，等于信源 X 与信源 Y 的各自熵之和，统计独立是满足信息熵**可加性**的条件。

两个随机变量 X 和 Y 之间可能具有某种相关性，此时一个随机变量的出现会带来一些有关另一随机变量的信息。例如已知随机变量 Y，有关随机变量 X 的不确定性会降低。

定义 4.2.6 两随机变量 $\left\{XY: x_i y_j, i=1,2,\cdots,M; j=1,2,\cdots,N\right\}$，给定随机变量 Y 的条件下的随机变量 X 的熵定义为**条件熵**，条件熵可表示为

$$H(X/Y) = -\sum_{i=1}^{M}\sum_{j=1}^{N} p(x_i y_j)\log p(x_i/y_j) \tag{4.2.32}$$

同理可以定义随机变量 Y 的条件熵为

$$H(Y/X) = -\sum_{i=1}^{M}\sum_{j=1}^{N} p(x_i y_j)\log p(y_j/x_i) \tag{4.2.33}$$

条件熵 $H(X/Y)$ 可理解为，当已知 Y 时，X 的每个符号仍然存在的平均不确定性。稍后可以证明，一般地有

$$H(X/Y) \leqslant H(X) \tag{4.2.34}$$

式中的等号仅当随机变量 X 和 Y **相互独立**时成立。这说明对于具有某种相关性的两随机变量，一个随机变量的出现总是有助于降低另一随机变量的不确定性。

4.3 离散信道及容量

通信系统由**信源**、**信道**和**信宿**组成，通信的目的在于将信源发出的信息准确且迅速地传递到信宿。对于一个特定的信道，信号通过时会由于信道的不完善产生畸变，信道中还可能存在噪声的干扰，这时信源发出的信息就有可能不能全部正确地传送到信宿。人们希望建立信道的数学模型，以分析某个特定的信道究竟有多大的传递信息能力，或者说对于给定的信道，确定其可能获得的正确传递信源信息的最大速率。本节主要讨论最基本的**单符号离散无记忆信道**的容量。所谓单符号离散无记忆信道，是指信道输出的每个符号只与当前输入的符号有关，而与过去和未来的符号均无关。

4.3.1 信道的模型

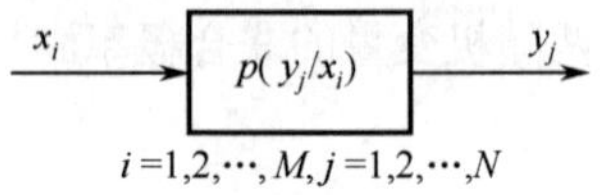

离散信道模型可简单地用图 4.3.1 表示，图中的 x_i 来自信源符号集 $\left\{X: x_i, i=1,2,\cdots,M\right\}$，信道输出 y_j 构成的符号集记为 $\left\{Y: y_j, j=1,2,\cdots,N\right\}$，条件概率 $\left\{p(y_j/x_i), i=1,2,\cdots,M, j=1,2,\cdots,N\right\}$ 称为信道的**转移概率**，转移概率也称传递概率。$p(y_j/x_i)$ 表示发送符号为 x_i 时，收到符号为 y_j 的条件概率。M 和 N 分别是输入、输出符号的个数，M 和 N 可以相等，也可以不等。信道的转移概率可用矩阵形式表示为

x_i → $p(y_j/x_i)$ → y_j

$i=1,2,\cdots,M, j=1,2,\cdots,N$

图 4.3.1 信道模型

$$\boldsymbol{p}(Y/X) = \begin{bmatrix} p(y_1/x_1) & p(y_2/x_1) & \cdots & p(y_N/x_1) \\ p(y_1/x_2) & p(y_2/x_2) & \cdots & p(y_N/x_2) \\ \vdots & \vdots & \ddots & \vdots \\ p(y_1/x_M) & p(y_2/x_M) & \cdots & p(y_N/x_M) \end{bmatrix} \tag{4.3.1}$$

该矩阵称为**离散无记忆信道的转移矩阵**。输入/输出符号间的转移关系也可用另一种条件概率的关系式表示：

$$\boldsymbol{p}(X/Y) = \begin{bmatrix} p(x_1/y_1) & p(x_2/y_1) & \cdots & p(x_M/y_1) \\ p(x_1/y_2) & p(x_2/y_2) & \cdots & p(x_M/y_2) \\ \vdots & \vdots & \ddots & \vdots \\ p(x_1/y_N) & p(x_2/y_N) & \cdots & p(x_M/y_N) \end{bmatrix} \tag{4.3.2}$$

矩阵中的条件概率 $\left\{p(x_i/y_j), i=1,2,\cdots,M, j=1,2,\cdots,N\right\}$ 称为**后验概率**，该矩阵称为**离散无记忆信道**的**后验概率矩阵**。后验概率描述了接收端收到的符号为 y_j 时，发送端发送的符号为 x_i 的可能性的大小。

【例 4.3.1】 设某二元离散无记忆对称信道，当发符号“0”和“1”时，经过信道传输后，能够正确接收的概率均为 0.99，不能正确接收的概率均为 0.01，求相应的转移矩阵。

解：发符号“0”和“1”，经过信道传输后，能够正确接收的概率均为 0.99，这意味着

$$p(y_j=0/x_i=0)=0.99\text{，}\quad p(y_j=1/x_i=1)=0.99$$

而发符号“0”和“1”，经过信道传输后，不能够正确接收的概率均为 0.01，这意味着

$$p(y_j=0/x_i=1)=0.01\text{，}\quad p(y_j=1/x_i=0)=0.01$$

相应地，转移矩阵为

$$\boldsymbol{p}(Y/X)=\begin{bmatrix}0.99 & 0.01\\0.01 & 0.99\end{bmatrix}\quad\square$$

4.3.2 互信息量

对于图 4.3.1 所示的通信系统，信宿在收到符号 y_j 之前，对信源发符号 x_i 的先验不确定性为 $I(x_i)$，即信源的自信息量 x_i 的大小。收到符号 y_j 后，可根据 y_j 推测 x_i，在信道不完善或存在干扰的情况下，所做的判断可能存在不确定性，其不确定性的大小可由后验概率 $p(x_i/y_j)$ 决定，具体可以表示为

$$I(x_i/y_j)=\log\frac{1}{p(x_i/y_j)} \tag{4.3.3}$$

因此信宿在收到符号 y_j 后，获得有关符号 x_i 的信息量为

$$I(x_i;y_j)=I(x_i)-I(x_i/y_j) \tag{4.3.4}$$

定义 4.3.1 收到符号 y_j 后，有关符号 x_i 的不确定性的消除量的大小称为**互信息量**，记为 $I(x_i;y_j)$。

由式（4.3.4），经变换可得

$$\begin{aligned}I(x_i;y_j)&=I(x_i)-I(x_i/y_j)=\log\frac{1}{p(x_i)}-\log\frac{1}{p(x_i/y_j)}\\&=\log\frac{p(x_i/y_j)}{p(x_i)}=\log\frac{p(x_iy_j)}{p(x_i)p(y_j)}=\log\frac{p(y_j/x_i)}{p(y_j)}=I(y_j;x_i)\end{aligned} \tag{4.3.5}$$

可见互信息具有**对称性**。

下面分析后验概率 $p(x_i/y_j)$ 的不同取值对互信息量 $I(x_i;y_j)$ 的影响。

（1）若 $p(x_i/y_j)=1$，则有 $I(x_i/y_j)=0$，由式（4.3.4）可得

$$I(x_i;y_j)=I(x_i) \tag{4.3.6}$$

此时 y_j 的出现意味着必然有 x_i 的出现。y_j 的出现提供了有关 x_i 的全部信息，或者说收到 y_j 后消除了 x_i 的全部不确定性。

（2）若 $p(x_i)<p(x_i/y_j)<1$，此时显然有

$$0<I(x_i;y_j)<I(x_i) \tag{4.3.7}$$

y_j 的出现只提供了 x_i 的部分信息，或者说消除了 x_i 的部分不确定性。

（3）若 $p(x_i/y_j)=p(x_i)$，y_j 的出现与否与 x_i 无关，两者**统计独立**，此时

$$I(x_i;y_j)=0 \tag{4.3.8}$$

y_j 的出现不能提供任何有关 x_i 的信息。

（4）若 $0<p(x_i/y_j)<p(x_i)$，此时可得

$$I(x_i;y_j)<0 \tag{4.3.9}$$

说明如果利用 y_j 的出现来判断 x_i 是否出现，非但不能提供任何有关 x_i 的信息，反而会增加不确定性。

定义 4.3.2　平均互信息量定义为

$$I(X;Y)=\sum_{i=1}^{M}\sum_{j=1}^{N}p(x_iy_j)I(x_i;y_j) \tag{4.3.10}$$

平均互信息量可以理解为，信道每传输信源 X 的一个符号，信宿能够获得的平均信息量。尽管单个的互信息量可能出现负值，但平均互信息量具有**非负性**，即

$$I(X;Y)\geqslant 0 \tag{4.3.11}$$

证明：对某个特定 $y_j\in\{Y:y_j,j=1,2,\cdots,N\}$ 的互信息量 $I(x_i;y_j)$ 的统计平均值为

$$\begin{aligned}I(X;y_j)&=\sum_{i=1}^{M}p(x_i/y_j)I(x_i;y_j)=\sum_{i=1}^{M}p(x_i/y_j)\log\frac{p(x_i/y_j)}{p(x_i)}\\&=-\sum_{i=1}^{M}p(x_i/y_j)\log\frac{p(x_i)}{p(x_i/y_j)}\end{aligned} \tag{4.3.12}$$

因为对数函数 $\log x$ 是一个∩型凸函数，由此可得

$$\begin{aligned}-I(X;y_j)&=\sum_{i=1}^{M}p(x_i/y_j)\log\frac{p(x_i)}{p(x_i/y_j)}\\&\leqslant\log\sum_{i=1}^{M}p(x_i/y_j)\frac{p(x_i)}{p(x_i/y_j)}=\log\sum_{i=1}^{M}p(x_i)=0\end{aligned} \tag{4.3.13}$$

因此有

$$I(X;y_j)\geqslant 0 \tag{4.3.14}$$

进一步可得

$$I(X;Y)=\sum_{j=1}^{N}p(y_j)I(X;y_j)\geqslant 0 \tag{4.3.15}$$

证毕。□

4.3.3　熵函数与平均互信息量之间的关系

利用各种熵函数和平均互信息量的定义，很容易得到如下的各关系式：

（1）
$$I(X;Y)=I(Y;X) \tag{4.3.16}$$

式（4.3.16）说明平均互信息具有**互易性**。互易性的证明参见习题。

（2）
$$I(X;Y)=H(X)-H(X/Y) \tag{4.3.17}$$

证明：

$$
\begin{aligned}
I(X;Y) &= \sum_{i=1}^{M}\sum_{j=1}^{N} p(x_i y_j) I(x_i;y_j) \\
&= \sum_{i=1}^{M}\sum_{j=1}^{N} p(x_i y_j)\log\frac{p(x_i/y_j)}{p(x_i)} = \sum_{i=1}^{M}\sum_{j=1}^{N} p(x_i y_j)\left[\log\frac{1}{p(x_i)} - \log\frac{1}{p(x_i/y_j)}\right] \\
&= \sum_{i=1}^{M}\sum_{j=1}^{N} p(x_i y_j)\log\frac{1}{p(x_i)} - \sum_{i=1}^{M}\sum_{j=1}^{N} p(x_i y_j)\log\frac{1}{p(x_i/y_j)} \\
&= \sum_{i=1}^{M} p(x_i)\log\frac{1}{p(x_i)} - \sum_{i=1}^{M}\sum_{j=1}^{N} p(x_i y_j)\log\frac{1}{p(x_i/y_j)} = H(X) - H(X/Y)
\end{aligned}
$$

证毕。□

式（4.3.17）说明 Y 能够提供关于 X 的平均互信息 $I(X;Y)$，它等于原来关于 X 的平均不确定性 $H(X)$，减去得到 Y 后关于 X 仍然存在的平均不确定性 $H(X/Y)$。显然，如果 Y 的出现必然导致 X 的出现，即 X 与 Y 两者间有一一对应的关系时，$I(X;Y)=H(X)$，表明 Y 的出现能够提供有关 X 的全部信息。因为很容易根据定义证明 $H(X/Y)\geqslant 0$（参见习题），同时由式（4.2.34）可知，一般地有 $H(X/Y)\leqslant H(X)$，因此可得

$$0\leqslant I(X;Y)\leqslant H(X) \tag{4.3.18}$$

该式在通信上的物理意义是：从信源发出的信息经过信道传递后，信息量只会减少，不会增加。有关平均互信息量的性质可推广到更为一般的情形：信源的信息经过处理后，信息量只会减少，不会增加[1]。

（3）
$$I(X;Y)=H(Y)-H(Y/X) \tag{4.3.19}$$

式（4.3.19）的物理意义和证明可参照有关式（4.3.17）的分析获得。

熵、条件熵、平均互信息量之间的关系，可用图 4.3.2 形象地表示。

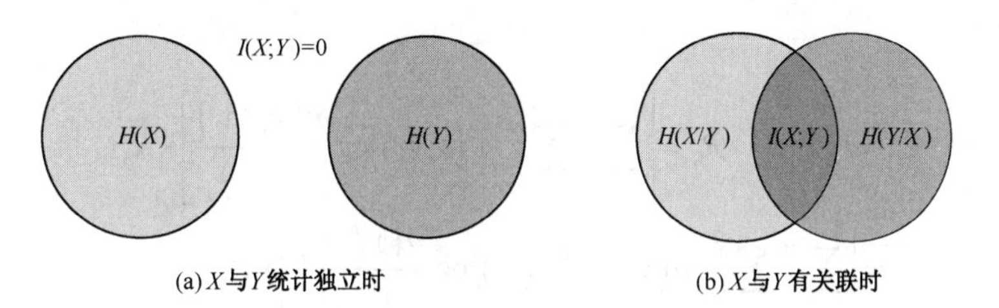

图 4.3.2 熵、条件熵和平均互信息量之间的关系

另外，利用平均互信息量 $I(X;Y)$ 的非负性，以及式（4.3.17）、式（4.3.19），可得到如下关系式。

（1）
$$H(X/Y)\leqslant H(X) \tag{4.3.20}$$

证明：由式（4.3.19）有 $I(X;Y)=H(Y)-H(Y/X)$，由式（4.3.18）有 $0\leqslant I(X;Y)\leqslant H(X)$，由此即可得 $H(X/Y)\leqslant H(X)$。**证毕。**□

（2）
$$H(Y/X)\leqslant H(Y) \tag{4.3.21}$$

式（4.3.21）的证明方法与式（4.3.20）的证明方法完全相同。

式（4.3.20）和式（4.3.21）说明，有关 X 与 Y 的条件熵总是小于等于其自身的熵本身。同时说明，如果 X 与 Y 之间有某种关联性时，其中一个随机变量的出现总是有利于消除另外一个随机变量的不确定性。

（3） $$H(XY) \leqslant H(X)+H(Y) \tag{4.3.22}$$

证明：

$$\begin{aligned}
H(XY) &= \sum_{i=1}^{M}\sum_{j=1}^{N} p(x_i y_j)\log\frac{1}{p(x_i y_j)} = \sum_{i=1}^{M}\sum_{j=1}^{N} p(x_i y_j)\log\frac{1}{p(x_i)p(y_j/x_i)} \\
&= \sum_{i=1}^{M}\sum_{j=1}^{N} p(x_i y_j)\left[\log\frac{1}{p(x_i)}+\log\frac{1}{p(y_j/x_i)}\right] \\
&= \sum_{i=1}^{M}\sum_{j=1}^{N} p(x_i y_j)\log\frac{1}{p(x_i)}+\sum_{i=1}^{M}\sum_{j=1}^{N} p(x_i y_j)\log\frac{1}{p(y_j/x_i)} \\
&= \sum_{i=1}^{M} p(x_i)\log\frac{1}{p(x_i)}+\sum_{i=1}^{M}\sum_{j=1}^{N} p(x_i y_j)\log\frac{1}{p(y_j/x_i)} \\
&= H(X)+H(Y/X) \leqslant H(X)+H(Y)
\end{aligned}$$

其中最后一个不等式利用了式（4.3.21）。**证毕**。□

式（4.3.22）说明，当X与Y之间有某种关联性时，X与Y的联合熵小于等于其各自的熵之和。而当两者统计独立时，X与Y的联合熵能够提供的信息量达到最大。

4.3.4 离散信道的容量

给定信源的符号集$\{X|x_i, i=1,2,\cdots,M\}$和符号速率$R_S$，若已知信道的转移概率矩阵

$$\boldsymbol{p}(Y/X)=\begin{bmatrix} p(y_1/x_1) & p(y_2/x_1) & \cdots & p(y_N/x_1) \\ p(y_1/x_2) & p(y_2/x_2) & \cdots & p(y_N/x_2) \\ \vdots & \vdots & \ddots & \vdots \\ p(y_1/x_M) & p(y_2/x_M) & \cdots & p(y_N/x_M) \end{bmatrix}$$

因为发送端平均每发送一个符号，接收端可得到的信息量为$I(X;Y)$，因此单位时间内，信道可传输的平均信息量R_I为

$$\begin{aligned}
R_I = I(X;Y)\times R_S &= \left[\sum_{i=1}^{M}\sum_{j=1}^{N} p(x_i y_j)\log\frac{p(y_j/x_i)}{p(y_j)}\right]\times R_S \\
&= \left[\sum_{i=1}^{M}\sum_{j=1}^{N} p(y_j/x_i)p(x_i)\log\frac{p(y_j/x_i)}{p(y_j)}\right]\times R_S \\
&= \left[\sum_{i=1}^{M}\sum_{j=1}^{N} p(y_j/x_i)p(x_i)\log\frac{p(y_j/x_i)}{\sum_{i=1}^{M} p(y_j/x_i)p(x_i)}\right]\times R_S
\end{aligned} \tag{4.3.23}$$

其中最后一个等式利用了联合概率的如下性质：

$$p(y_j)=\sum_{i=1}^{M} p(y_j x_i)=\sum_{i=1}^{M} p(y_j/x_i)p(x_i), j=1,2,\cdots,N \tag{4.3.24}$$

由此可见，当符号速率R_S确定后，单位时间内信道可传输的平均信息量R_I为**信源统计特性**$\{p(x_i), i=1,2,\cdots,M\}$和**信道转移概率**$\{p(y_j/x_i), i=1,2,\cdots,M; j=1,2,\cdots,N\}$的函数。对于一个给定信道转移概率的离散无记忆信道，人们关心的问题是，何种统计特性的信源X能够使信道发挥出最大的传输效率。

定义 4.3.3　信道的最大信息传输速率

$$C=\max_{\{p(x_i),i=1,2,\cdots,M\}} R_I=\max_{\{p(x_i),i=1,2,\cdots,M\}}\left[I(X;Y)\times R_{\mathrm{S}}\right] \tag{4.3.25}$$

定义为**信道容量**。

匹配信源　对于一个给定的离散无记忆信道，能使其传输的平均信息量 R_I 达到信道容量 C 的信源称为该信道的**匹配信源**。下面分析给定特定信道的转移概率时，匹配信源统计特性的求解方法。因为式（4.3.25）中的 R_{S} 是常数，求使平均信息量 R_I 达到信道容量 C 的信源分布问题转化为求使平均互信息量 $I(X;Y)$ 达到最大的信源分布问题。由拉格朗日极值法，根据匹配信源应该满足的概率约束条件 $\sum_{i=1}^{M}p(x_i)=1$，列出待定常数为λ的辅助方程：

$$F\left[p(x_1),p(x_2),\cdots,p(x_M)\right]=I(X;Y)-\lambda\left(\sum_{i=1}^{M}p(x_i)-1\right) \tag{4.3.26}$$

求式（4.3.26）关于各符号概率的偏导数并令其等于零，得方程组

$$\frac{\partial F\left[p(x_1),p(x_2),\cdots,p(x_M)\right]}{\partial p(x_i)}=\frac{\partial I(X;Y)}{\partial p(x_i)}-\lambda=0,i=1,2,\cdots,M \tag{4.3.27}$$

将平均互信息量 $I(X;Y)=\sum_{i=1}^{M}\sum_{j=1}^{N}p(y_j/x_i)p(x_i)\log\left[p(y_j/x_i)/p(y_j)\right]$代入上式，可得

$$\frac{\partial F\left[p(x_1),p(x_2),\cdots,p(x_M)\right]}{\partial p(x_i)}=\sum_{j=1}^{N}p(y_j/x_i)\log\frac{p(y_j/x_i)}{p(y_j)}-\lambda=0,\ i=1,2,\cdots,M$$

由此，使之达到信道容量的信源 X 的概率分布应该是满足方程组

$$\begin{cases}\sum_{j=1}^{N}p(y_j/x_i)\log\dfrac{p(y_j/x_i)}{p(y_j)}=\lambda,\ i=1,2,\cdots,M\\ \sum_{i=1}^{M}p(x_i)=1\end{cases} \tag{4.3.28}$$

的一组解。若记这组解为$\left[p_m(x_1),p_m(x_2),\cdots,p_m(x_M)\right]$，相应地最大的平均互信息量 $I_{\max}$ 为

$$\begin{aligned}I_{\max}&=\max_{\{p(x_i),i=1,\cdots,M\}}I(X;Y)=\sum_{i=1}^{M}\sum_{j=1}^{N}p(y_j/x_i)p_m(x_i)\log\frac{p(y_j/x_i)}{p(y_j)}\\&=\sum_{i=1}^{M}p_m(x_i)\sum_{j=1}^{N}p(y_j/x_i)\log\frac{p(y_j/x_i)}{p(y_j)}=\sum_{i=1}^{M}p_m(x_i)\lambda=\lambda\end{aligned} \tag{4.3.29}$$

下面具体分析如何求解信源分布$\left[p_m(x_1),p_m(x_2),\cdots,p_m(x_M)\right]$和最大平均互信息量 $I_{\max}$。由式（4.3.28）和式（4.3.29），得

$$\sum_{j=1}^{N}p(y_j/x_i)\log\frac{p(y_j/x_i)}{p(y_j)}=I_{\max},\ i=1,2,\cdots,M \tag{4.3.30}$$

整理得

$$\begin{aligned}&\sum_{j=1}^{N}p(y_j/x_i)\left[\log p(y_j/x_i)-\log p(y_j)\right]=I_{\max},\ i=1,2,\cdots,M\\&\sum_{j=1}^{N}p(y_j/x_i)\log p(y_j/x_i)=\sum_{j=1}^{N}p(y_j/x_i)\left[I_{\max}+\log p(y_j)\right],\ i=1,2,\cdots,M\end{aligned} \tag{4.3.31}$$

令

$$\beta_j = I_{\max} + \log p(y_j),\ i=1,2,\cdots,M \tag{4.3.32}$$

式（4.3.31）变为

$$\sum_{j=1}^{N} p(y_j/x_i)\log p(y_j/x_i) = \sum_{j=1}^{N} p(y_j/x_i)\beta_j,\ i=1,2,\cdots,M \tag{4.3.33}$$

如果给定信道条件，即转移概率 $p(y_j/x_i),\ i=1,2,\cdots,M; j=1,2,\cdots,N$，那么由式（4.3.33）可求得 $\beta_j, j=1,2,\cdots,N$。然后，再由式（4.3.32）可得

$$p(y_j) = 2^{\beta_j - I_{\max}},\ j=1,2,\cdots,N \tag{4.3.34}$$

根据概率的约束条件

$$\sum_{j=1}^{N} p(y_j) = \sum_{j=1}^{N} 2^{\beta_j - I_{\max}} = 1 \tag{4.3.35}$$

可导出最大的平均互信息量 $I_{\max}$ 为

$$I_{\max} = \log\left(\sum_{j=1}^{N} 2^{\beta_j}\right) \tag{4.3.36}$$

式中，$\beta_j, j=1,2,\cdots,N$ 的取值只取决于信道的转移概率 $p(y_j/x_i), i=1,2,\cdots,M; j=1,2,\cdots,N$。

因此，根据转移概率即可求得最大的平均互信息量 $I_{\max}$ 和相应的信道容量 C。求得最大的平均互信息量 $I_{\max}$ 后，可进一步得到各接收符号的概率 $p(y_j), j=1,2,\cdots,N$。进一步地，根据联合概率的基本关系式，可以得到关于 $p(x_i),\ i=1,2,\cdots,M$ 的线性方程组

$$p(y_j) = \sum_{i=1}^{M} p(y_j x_i) = \sum_{i=1}^{M} p(y_j/x_i) p_m(x_i),\ j=1,2,\cdots,N \tag{4.3.37}$$

解该方程组即可获得达到最大平均互信息量 $I_{\max}$ 的匹配信源的分布 $p_m(x_i), i=1,2,\cdots,M$。

综上，已知信道的转移概率矩阵时，匹配信源分布特性和相应信道容量的**求解步骤**可以归纳如下：

（1）由式（4.3.33），解线性方程组

$$\sum_{j=1}^{N} p(y_j/x_i)\log p(y_j/x_i) = \sum_{j=1}^{N} p(y_j/x_i)\beta_j,\ i=1,2,\cdots,M$$

获得参数 $\beta_j, j=1,2,\cdots,N$。

（2）由式（4.3.36）求解最大的平均互信息量 $I_{\max} = \log\left(\sum_{j=1}^{N} 2^{\beta_j}\right)$。

（3）由式（4.3.34）求解接收符号概率分布 $p(y_j) = 2^{\beta_j - I_{\max}}, j=1,2,\cdots,N$。

（4）由式（4.3.37），得联立方程组

$$p(y_j) = \sum_{i=1}^{M} p(y_j x_i) = \sum_{i=1}^{M} p(y_j/x_i) p_m(x_i), j=1,2,\cdots,N$$

求解上述方程组即可获得达到最大平均互信息量 $I_{\max}$ 的匹配信源的分布 $p_m(x_i),\ i=1,2,\cdots,M$。

（5）由式（4.3.25）求解得到相应的信道容量 $C = \max\limits_{p(x_i), i=1,2,\cdots,M} R_I = I_{\max} \times R_S$。

【例 4.3.2】 已知某信道的转移矩阵为

$$\boldsymbol{p}(y_j/x_i) = \begin{bmatrix} 1/2 & 1/4 & 0 & 1/4 \\ 0 & 1 & 0 & 0 \\ 0 & 0 & 1 & 0 \\ 1/4 & 0 & 1/4 & 1/2 \end{bmatrix}$$

求相应的匹配信源分布特性。若符号速率 R_S 为 1000 波特，求信道容量 C。

解：步骤 1。由

$$\sum_{j=1}^{4} p\left(y_j / x_i\right)\beta_j = \sum_{j=1}^{4} p\left(y_j / x_i\right)\log p\left(y_j / x_i\right),\ i = 1,2,3,4$$

根据给定的转移矩阵中的相应值，得求解参数 $\beta_j, j = 1,2,3,4$ 的方程组

$$\begin{cases} 1/2\,\beta_1 + 1/4\,\beta_2 + 0\beta_3 + 1/4\,\beta_4 = -3/2 \\ 0\beta_1 + 1\beta_2 + 0\beta_3 + 0\beta_4 = 0 \\ 0\beta_1 + 0\beta_2 + 1\beta_3 + 0\beta_4 = 0 \\ 1/4\,\beta_1 + 0\beta_2 + 1/4\,\beta_3 + 1/2\,\beta_4 = -3/2 \end{cases}$$

解方程组得

$$\beta_1 = -2,\quad \beta_2 = 0,\quad \beta_3 = 0,\quad \beta_4 = -2$$

步骤 2。信道的最大平均互信息量为

$$I_{\max} = \log\left(\sum_{j=1}^{N} 2^{\beta_j}\right) = \log\left(2^{-2} + 2^{0} + 2^{0} + 2^{-2}\right) = \log(5/2)$$

步骤 3。由 $p\left(y_j\right) = 2^{\beta_j - I_{\max}}, j = 1,2,3,4$，得

$$p\left(y_1\right) = 2^{-2-\log(5/2)} = 1/10,\ p\left(y_2\right) = 2^{0-\log(5/2)} = 2/5$$
$$p\left(y_3\right) = 2^{0-\log(5/2)} = 2/5,\quad p\left(y_4\right) = 2^{-2-\log(5/2)} = 1/10$$

步骤 4。由

$$\sum_{i=1}^{4} p\left(y_j / x_i\right)p_m\left(x_i\right) = p\left(y_j\right),\ j = 1,2,3,4$$

代入相应的值，得

$$\begin{cases} 1/2\,p_m\left(x_1\right) + 0p_m\left(x_2\right) + 0p_m\left(x_3\right) + 1/4\,p_m\left(x_4\right) = 1/10 \\ 1/4\,p_m\left(x_1\right) + 1p_m\left(x_2\right) + 0p_m\left(x_3\right) + 0p_m\left(x_4\right) = 2/5 \\ 0p_m\left(x_1\right) + 0p_m\left(x_2\right) + 1p_m\left(x_3\right) + 1/4\,p_m\left(x_4\right) = 2/5 \\ 1/4\,p_m\left(x_1\right) + 0p_m\left(x_2\right) + 0p_m\left(x_3\right) + 1/2\,p_m\left(x_4\right) = 1/10 \end{cases}$$

解得匹配信源的统计特性分布为

$$p_m\left(x_1\right) = 4/30,\quad p_m\left(x_2\right) = 11/30,\quad p_m\left(x_3\right) = 11/30,\quad p_m\left(x_4\right) = 4/30$$

步骤 5。信道容量

$$C = I_{\max} \cdot R_S = \log(5/2) \times 1000 = 1.32 \times 1000 = 1320(\text{比特/秒})\quad \square$$

注意，通过前面分析得到的求解匹配信源的方法，由于未引入约束条件 $p_m\left(x_i\right) \geqslant 0,\ i = 1,2,\cdots,N$，可能会导致出现某些不合理的计算结果，如 $p_m\left(x_i\right) < 0$，此时可令这些值为零重新求解。另外，当转移矩阵不是方阵或转移矩阵是奇异矩阵时，求解会变得比较复杂，需要通过多次反复调整和运算才能得到合理的结果。

4.3.5　离散无记忆对称信道及特性

已知信道的转移概率矩阵

$$\boldsymbol{p}\left(y_j / x_i\right) = \begin{bmatrix} p\left(y_1 / x_1\right) & p\left(y_2 / x_1\right) & \cdots & p\left(y_N / x_1\right) \\ p\left(y_1 / x_2\right) & p\left(y_2 / x_2\right) & \cdots & p\left(y_N / x_2\right) \\ \vdots & \vdots & \ddots & \vdots \\ p\left(y_1 / x_M\right) & p\left(y_2 / x_M\right) & \cdots & p\left(y_N / x_M\right) \end{bmatrix}$$

如果转移概率矩阵中的各行和各列均具有相同的元素集合，则称这种信道为**对称信道**。利用对称信道的这一特点可知，对矩阵中的任一列元素按下式计算其和值，可得

$$\sum_{i=1}^{M} p\left(y_j / x_i\right) \log p\left(y_j / x_i\right) = \text{常数}, \ j = 1,2,\cdots,N \tag{4.3.38}$$

同样，对矩阵中的任一行元素按下式计算其和值，也可得

$$\sum_{j=1}^{N} p\left(y_j / x_i\right) \log p\left(y_j / x_i\right) = \text{常数}, \ i = 1,2,\cdots,M \tag{4.3.39}$$

由此可导出对称信道的一些特殊性质。根据式（4.2.32）和式（4.2.33）有关条件熵的定义，利用对称信道的特点，可得

$$\begin{aligned} H(Y/X) &= -\sum_{i=1}^{M}\sum_{j=1}^{N} p\left(x_i y_j\right)\log p\left(y_j/x_i\right) \\ &= -\sum_{i=1}^{M}\sum_{j=1}^{N} p\left(x_i\right) p\left(y_j/x_i\right)\log p\left(y_j/x_i\right) \\ &= -\sum_{i=1}^{M} p\left(x_i\right)\sum_{j=1}^{N} p\left(y_j/x_i\right)\log p\left(y_j/x_i\right) \\ &= -\left[\sum_{j=1}^{N} p\left(y_j/x_i\right)\log p\left(y_j/x_i\right)\right]\cdot\left[\sum_{i=1}^{M} p\left(x_i\right)\right] \\ &= -\sum_{j=1}^{N} p\left(y_j/x_i\right)\log p\left(y_j/x_i\right) \end{aligned} \tag{4.3.40}$$

同理可得

$$H\left(X/Y\right) = -\sum_{i=1}^{M} p\left(x_i/y_j\right)\log p\left(x_i/y_j\right) \tag{4.3.41}$$

说明**对称信道**的**条件熵**与信源的统计特性无关，仅由信道的特性决定。根据条件熵的物理意义，可见随机符号经过对称信道后，接收端对随机符号仍然存在的不确定性全部是由信道的影响造成的，与信源的统计特性无关。

假如信源各符号等概分布，即

$$p\left(x_i\right) = \frac{1}{M}, \quad i = 1,2,\cdots,M \tag{4.3.42}$$

由上式及概率的一般性质，有

$$\begin{aligned} p\left(y_j\right) &= \sum_{i=1}^{M} p\left(x_i y_j\right) = \sum_{i=1}^{M} p\left(x_i\right) p\left(y_j/x_i\right) = \sum_{i=1}^{M}\frac{1}{M} p\left(y_j/x_i\right) \\ &= \frac{1}{M}\sum_{i=1}^{M} p\left(y_j/x_i\right) = \frac{1}{N}, \quad j = 1,2,\cdots,N \end{aligned} \tag{4.3.43}$$

最后一个等式利用了对称信道各列元素相同的特性。上面的分析说明对于对称信道，若信源的符号是等概分布的，则经过信道传输后输出符号也是等概分布的。

式（4.3.40）和式（4.3.41）说明，对称信道的条件熵$H\left(X/Y\right)$与信源的统计特性无关，是仅由信道的特性决定的**常数**，若将该常数记为$K_{\mathrm{C}} = H\left(X/Y\right)$，根据信道容量的定义，以及平均互信息量与熵和条件熵之间的关系，对应一个给定的离散无记忆对称信道，其容量

$$\begin{aligned} C &= \max_{\{p(x_i),i=1,2,\cdots,M\}}\left[I\left(X;Y\right)\cdot R_{\mathrm{S}}\right] = \max_{\{p(x_i),i=1,2,\cdots,M\}}\left[H\left(X\right) - H\left(X/Y\right)\right]\cdot R_{\mathrm{S}} \\ &= \max_{\{p(x_i),i=1,2,\cdots,M\}}\left[H\left(X\right) - K_{\mathrm{C}}\right]\cdot R_{\mathrm{S}} = \left[\max_{\{p(x_i),i=1,2,\cdots,M\}} H\left(X\right) - K_{\mathrm{C}}\right]\cdot R_{\mathrm{S}} \end{aligned} \tag{4.3.44}$$

因为当信源的符号等概分布时，其熵取最大值，即有$\max\limits_{\{p(x_i),i=1,2,\cdots,M\}} H\left(X\right) = \log M$。因此，信道容量可由下式决定：

$$C = [\log M - K_{\mathrm{C}}] \cdot R_{\mathrm{S}} \tag{4.3.45}$$

在许多信道特性较为简单的场合，都可以假定其满足离散无记忆对称信道的条件，这样在进行信源编码时，使输出的信源符号等概分布，这样就可以使信道得到尽可能充分的利用。

4.4 连续信源、信道及容量

除离散的信号和信源外，人们在日常生活和工作中，大量遇到的是时间和取值都是连续的信号，如由声音、图像、温度、湿度、压力等各种物理量转变而来的电信号。这种连续变化的信号，通常可以用一随机过程来描述。每个这种连续随机信号的较长时间段记录，可以近似地视为该随机过程的一个实现。在通信系统中，这类连续信号就是一种连续的信源。在连续信号的传输过程中，同样会遇到噪声的干扰和信道非理想特性对信号接收的影响。本节分析连续信源和信道的有关性质，包括其中最重要的信道参数：**信道容量**。本节的讨论限于一维连续信源与信道的情况，更深入的讨论和分析可参考文献[1]。

4.4.1 连续信源的相对熵

连续信源对应的是一个随机信号 $X(t)$，其任一时刻幅度的取值是一连续的随机变量 X，连续随机变量的统计特性可由其概率密度函数 $p(x)$ 描述。前面我们已经对离散随机变量进行了详细的讨论并得到了许多重要的结论，对于连续的信源，自然考虑如何将对离散信源分析的有关方法推广到连续信源的相关分析中。如图 4.4.1 所示，假定连续信号取值的范围为 $[a_X, b_X]$，仿照定积分中的极限求和方法，先将概率密度函数 $p(x)$ 的取值范围做 n 等分，每段的长度为

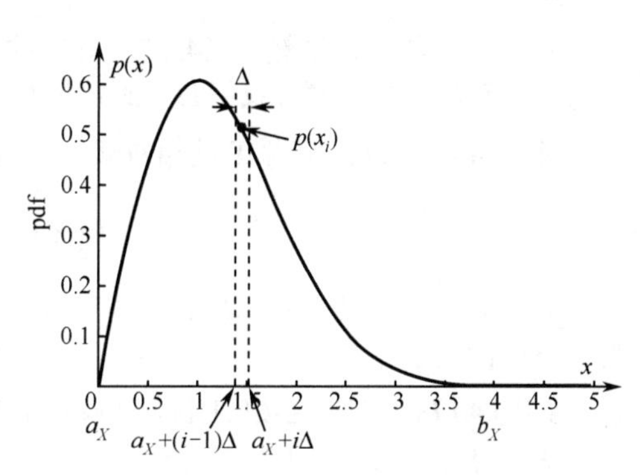

图 4.4.1 概率密度函数的离散化

$$\Delta x_i = \Delta = \frac{b_X - a_X}{n},\ i = 1,2,\cdots,n \tag{4.4.1}$$

连续信号 X 取值落在区间 $[x_i, x_i + \Delta x_i] = [a_X + (i-1)\Delta, a_X + i\Delta]$ 的概率为

$$\begin{aligned} P(x_i) &= P(x_i \leqslant X < x_i + \Delta x_i) = P\{[a_X + (i-1)\Delta \leqslant X < a_X + i\Delta]\} \\ &= \int_{a_X+(i-1)\Delta}^{a_X+i\Delta} p(x)\mathrm{d}x,\ i = 1,2,\cdots,n \end{aligned} \tag{4.4.2}$$

当 Δ 足够小时，有

$$P(x_i) = \int_{a_X+(i-1)\Delta}^{a_X+i\Delta} p(x)\mathrm{d}x \approx p(x_i)\Delta,\ i = 1,2,\cdots,n \tag{4.4.3}$$

相应地，取值范围为 $[a_X, b_X]$ 的连续随机变量可量化为包含 n 个离散值 $x_i, i = 1,2,\cdots,n$ 的离散随机变量 X_i，

$$\begin{matrix} X_i: & x_1 & x_2 & \cdots & x_N \\ p(X_i): & p(x_1) & p(x_2) & \cdots & p(x_N) \end{matrix} \tag{4.4.4}$$

且有

$$\sum_{i=1}^{n} P(x_i) = \sum_{i=1}^{n} p(x_i)\Delta \approx \sum_{i=1}^{n} \int_{a+[i-1]\Delta}^{a+i\Delta} p(x)\mathrm{d}x = \int_a^b p(x)\mathrm{d}x = 1 \tag{4.4.5}$$

利用离散随机变量关于符号平均信息量的定义，离散随机变量 X_i 的熵为

$$H(X_n)=-\sum_{i=1}^{n}P(x_i)\log P(x_i)=-\sum_{i=1}^{n}p(x_i)\Delta\log\left[p(x_i)\Delta\right] \tag{4.4.6}$$

连续信源 X 的熵

$$\begin{aligned}H(X)&=\lim_{\Delta\to 0,n\to\infty}H(X_n)=\lim_{\Delta\to 0,n\to\infty}\left\{-\sum_{i=1}^{n}p(x_i)\Delta\log\left[p(x_i)\Delta\right]\right\}\\&=-\lim_{\Delta\to 0,n\to\infty}\left[\sum_{i=1}^{n}p(x_i)\Delta\log p(x_i)\right]-\lim_{\Delta\to 0,n\to\infty}\left[\sum_{i=1}^{n}p(x_i)\Delta\log\Delta\right]\\&=-\lim_{\Delta\to 0,n\to\infty}\left[\sum_{i=1}^{n}p(x_i)\log p(x_i)\right]\Delta-\lim_{\Delta\to 0,n\to\infty}\log\Delta\\&=-\int_a^b p(x)\log p(x)\mathrm{d}x-\lim_{\Delta\to 0,n\to\infty}\log\Delta=-\int_a^b p(x)\log p(x)\mathrm{d}x+\infty\end{aligned} \tag{4.4.7}$$

可见连续信源的熵，其符号的平均信息量为无限大。对于连续的随机变量，有无限多种可能的取值，而取某个特定值的概率趋于零。直观地，对于一个连续的随机数，一般不能用有限位的数值去精确地表示它。譬如，假定我们采用的是二进制系统，描述一个连续的随机数时，需要无限多的比特位，从这个意义上说，它包含了无限大的信息量。因此对于连续信源，不能像离散信源那样定义连续信源的绝对熵。

值得注意的是，虽然式（4.4.7）导出的是一个不确定的无限大值，但其最后一个等式的第一项通常是一个有限的量，稍后我们会看到该量有特定的含义，因此可做如下的定义。

定义 4.4.1 连续信源 X 的**相对熵**定义为

$$h(X)=-\int_a^b p(x)\log p(x)\mathrm{d}x \tag{4.4.8}$$

虽然连续信源的相对熵形式上与离散信源的熵有类似的形式，但其已经不含有原来信息熵的内涵。考察下面的例子。

【例 4.4.1】[2] 某一连续信息源，其输出信号在 $[-1,1]$ 取值范围内均匀分布，求该信源的相对熵；若将信号放大一倍，再求其相对熵。

解：在 $[-1,1]$ 取值范围内均匀分布的随机变量，概率密度函数为 $p(x)=1/2$，按定义其相对熵为

$$h_1(X)=-\int_a^b p(x)\log p(x)\mathrm{d}x=-\int_{-1}^{1}\frac{1}{2}\log\frac{1}{2}\mathrm{d}x=1$$

信号放大 2 倍，则相应的放大后的信号在 $[-2,2]$ 取值范围内均匀分布，概率密度函数为 $p(x)=1/4$，其相对熵变为

$$h_2(X)=-\int_a^b p(x)\log p(x)\mathrm{d}x=-\int_{-2}^{2}\frac{1}{4}\log\frac{1}{4}\mathrm{d}x=2 \qquad \square$$

在上面的例子中，只是对信号的简单放大，并未改变其信号的不确定性，即其信息特性，但信号的相对熵却增加了一倍。这个例子说明相对熵已经不具有信息熵的内涵。

下面讨论两连续随机变量 X 与 Y 间的关系。假定取值范围为 $[a_X,b_X]$ 的连续随机变量 X，经连续信道传输后，输出的连续随机变量 Y 的取值范围为 $[a_Y,b_Y]$，若已知连续信源的概率密度函数 $p(x)$ 和相应的信道转移概率密度函数 $p(y/x)$，由概率论原理，一般地，连续随机变量 X 与 Y 概率密度函数间有如下关系：

$$p(xy)=p(x)p(y/x),\ a_X\leqslant x\leqslant b_X;\ a_Y\leqslant y\leqslant b_Y \tag{4.4.9}$$

式中，$p(xy)$ 是 X 与 Y 的**联合概率密度函数**。而随机变量 Y 的概率密度函数可表示为

$$p(y)=\int_{a_X}^{b_X}p(xy)\mathrm{d}x=\int_{a_X}^{b_X}p(x)\mathrm{p}(x/y)\mathrm{d}x,\ a_Y\leqslant y\leqslant b_Y \tag{4.4.10}$$

而其后验概率密度函数

$$p\left(x/y\right)=\frac{p\left(xy\right)}{p\left(y\right)}=\frac{p\left(x\right)p\left(y/x\right)}{\int_{a_X}^{b_X}p\left(yx\right)\mathrm{d}x}=\frac{p\left(x\right)p\left(y/x\right)}{\int_{a_X}^{b_X}p\left(x\right)p\left(y/x\right)\mathrm{d}x},\ a_X\leqslant x\leqslant b_X;a_Y\leqslant y\leqslant b_Y \tag{4.4.11}$$

4.4.2　连续信源的相对条件熵和互信息量

对连续随机变量 Y 可做与随机变量 X 完全平行的分析，将概率密度函数 $p\left(y\right)$ 的取值范围做 m 等分，每段的长度为

$$\Delta y_j=\delta=\frac{b_Y-a_Y}{m},\ j=1,2,\cdots,m \tag{4.4.12}$$

连续信号 Y 取值落在区间 $\left[y_j,y_j+\Delta y_j\right]=\left[a_Y+(j-1)\delta,a_Y+j\delta\right]$ 的概率为

$$\begin{aligned}P\left(y_j\right)&=P\left(y_j\leqslant Y<y_j+\Delta y_j\right)=P\left\{\left[a_Y+\left(j-1\right)\delta\leqslant Y<a_Y+j\delta\right]\right\}\\&=\int_{a_Y+(j-1)\delta}^{a_Y+j\delta}p\left(y\right)\mathrm{d}y,\ j=1,2,\cdots,m\end{aligned} \tag{4.4.13}$$

当 δ 足够小时，有

$$P\left(y_j\right)=\int_{a_X+(j-1)\delta}^{a_X+j\delta}p\left(y\right)\mathrm{d}y\approx p\left(y_j\right)\delta,\ j=1,2,\cdots,m \tag{4.4.14}$$

相应地，取值范围为 $\left[a_Y,b_Y\right]$ 的连续随机变量可量化为 m 个离散值 $y_j,j=1,2,\cdots,m$ 的离散随机变量 Y_j，

$$\begin{matrix}Y_j: & y_1 & y_2 & \cdots & y_m\\ p\left(Y_j\right): & p\left(y_1\right) & p\left(y_2\right) & \cdots & p\left(y_m\right)\end{matrix} \tag{4.4.15}$$

且有

$$\sum_{j=1}^{m}P\left(y_j\right)=\sum_{j=1}^{m}p\left(y_j\right)\delta\approx\sum_{j=1}^{m}\int_{a_Y+(j-1)\delta}^{a_Y+j\delta}p\left(y\right)\mathrm{d}y=\int_{a_Y}^{b_Y}p\left(y\right)\mathrm{d}y=1 \tag{4.4.16}$$

同理，连续随机信号 X 取值落在区间 $\left[x_i,x_i+\Delta x_i\right]=\left[a_X+(i-1)\Delta,a_X+i\Delta\right]$、连续随机信号 Y 取值落在区间 $\left[y_j,y_j+\Delta y_j\right]=\left[a_Y+(j-1)\delta,a_Y+j\delta\right]$ 的联合概率为

$$\begin{aligned}P\left(x_iy_j\right)&=P\left(x_i\leqslant X<x_i+\Delta x_i;y_j\leqslant Y<y_j+\Delta y_j\right)\\&=P\left[a_X+\left(i-1\right)\Delta\leqslant X<a_X+i\Delta;a_Y+\left(j-1\right)\delta\leqslant Y<a_Y+j\delta\right]\\&\approx p\left(x_iy_j\right)\Delta\delta,\ i=1,2,\cdots,n;j=1,2,\cdots,m\end{aligned} \tag{4.4.17}$$

相应地，其条件概率

$$\begin{aligned}P\left(x_i/y_j\right)&=\frac{P\left(x_i\leqslant X<x_i+\Delta x_i;y_j\leqslant Y<y_j+\Delta y_j\right)}{P\left(y_j\leqslant Y<y_j+\Delta y_j\right)}\\&=\frac{P\left[a_X+\left(i-1\right)\Delta\leqslant X<a_X+i\Delta;a_Y+\left(j-1\right)\delta\leqslant Y<a_Y+j\delta\right]}{P\left[a_Y+\left(j-1\right)\delta\leqslant Y<a_Y+j\delta\right]}\\&\approx\frac{p\left(x_iy_j\right)\Delta\delta}{p\left(y_j\right)\delta}=\frac{p\left(x_iy_j\right)\Delta}{p\left(y_j\right)}=p\left(x_i/y_j\right)\Delta,\ i=1,2,\cdots,n;j=1,2,\cdots,m\end{aligned} \tag{4.4.18}$$

离散随机变量 X_i、Y_j 的条件熵

$$\begin{aligned}H(X_n/Y_m)&=-\sum_{i=1}^{n}\sum_{j=1}^{m}P(x_iy_j)\log P(x_i/y_j)\\&=-\sum_{i=1}^{n}\sum_{j=1}^{m}P(x_iy_j)\log\left[p(x_i/y_j)\Delta\right]\\&=-\sum_{i=1}^{n}\sum_{j=1}^{m}p(x_iy_j)\Delta\delta\log p(x_i/y_j)-\sum_{i=1}^{n}\sum_{j=1}^{m}P(x_iy_j)\log\Delta\\&=-\sum_{i=1}^{n}\sum_{j=1}^{m}p(x_iy_j)\left[\log p(x_i/y_j)\right]\Delta\delta-\sum_{i=1}^{n}\sum_{j=1}^{m}P(x_iy_j)\log\Delta\\&\approx-\sum_{i=1}^{n}\sum_{j=1}^{m}p(x_iy_j)\left[\log p(x_i/y_j)\right]\Delta\delta-\log\Delta\end{aligned}\tag{4.4.19}$$

上式中最后一个式子成立是因为

$$\sum_{i=1}^{n}\sum_{j=1}^{m}P(x_iy_j)=\sum_{i=1}^{n}\sum_{j=1}^{m}p(x_iy_j)\Delta\delta\approx1\tag{4.4.20}$$

而对于连续随机变量X、Y的条件熵，则有

$$\begin{aligned}H(X/Y)&=\lim_{\Delta\to0,\delta\to0}H(X_n/Y_m)\\&=\lim_{\Delta\to0,\delta\to0}\left\{-\sum_{i=1}^{n}\sum_{j=1}^{m}p(x_iy_j)\left[\log p(x_i/y_j)\right]\Delta\delta-\log\Delta\right\}\\&=-\int_{a_X}^{b_X}\int_{a_Y}^{b_Y}p(xy)\log p(x/y)\mathrm{d}x\mathrm{d}y-\lim_{\Delta\to0,\delta\to0}\log\Delta\\&=-\int_{a_X}^{b_X}\int_{a_Y}^{b_Y}p(y)p(x/y)\log p(x/y)\mathrm{d}x\mathrm{d}y-\lim_{\Delta\to0}\log\Delta\end{aligned}\tag{4.4.21}$$

显然，由于式（4.4.21）中最后一项的影响，连续随机变量X、Y的条件熵随着$\Delta\to0$而趋于无限大，但其中的重积分项通常仍为一有限量，因此可做如下的定义。

定义 4.4.2 连续信源X的**相对条件熵**定义为

$$h(X/Y)=-\int_a^b p(y)p(x/y)\log p(x/y)\mathrm{d}x\mathrm{d}y\tag{4.4.22}$$

相对熵和相对条件熵虽然都没有信息熵的内涵，但两者的差却可以确定连续随机变量X与Y的平均互信息量，仿照离散随机变量平均互信息量的定义，连续随机变量的X和Y的平均互信息量，利用式（4.4.7）和式（4.4.21）的结果，有

$$\begin{aligned}I(X;Y)&=H(X)-H(X/Y)=\left[h(X)-\lim_{\Delta\to0}\log\Delta\right]-\left[h(X/Y)-\lim_{\Delta\to0}\log\Delta\right]\\&=h(X)-h(X/Y)\end{aligned}\tag{4.4.23}$$

由式（4.4.23），进一步可得

$$\begin{aligned}I(X;Y)&=-\int_{-\infty}^{\infty}p(x)\log p(x)\mathrm{d}x+\int_{-\infty}^{\infty}\int_{-\infty}^{\infty}p(xy)\log p(x/y)\mathrm{d}x\mathrm{d}y\\&=-\int_{-\infty}^{\infty}\int_{-\infty}^{\infty}p(xy)\log p(x)\mathrm{d}x\mathrm{d}y+\int_{-\infty}^{\infty}\int_{-\infty}^{\infty}p(xy)\log p(x/y)\mathrm{d}x\mathrm{d}y\\&=\int_{-\infty}^{\infty}\int_{-\infty}^{\infty}p(xy)\log\frac{p(x/y)}{p(x)}\mathrm{d}x\mathrm{d}y\\&=\int_{-\infty}^{\infty}\int_{-\infty}^{\infty}p(xy)\log\frac{p(xy)}{p(x)p(y)}\mathrm{d}x\mathrm{d}y\\&=\int_{-\infty}^{\infty}\int_{-\infty}^{\infty}p(xy)\log\frac{p(y/x)}{p(y)}\mathrm{d}x\mathrm{d}y\\&=-\int_{-\infty}^{\infty}p(y)\log p(y)\mathrm{d}y+\int_{-\infty}^{\infty}\int_{-\infty}^{\infty}p(xy)\log p(y/x)\mathrm{d}x\mathrm{d}y\\&=h(Y)-h(Y/X)\end{aligned}\tag{4.4.24}$$

同理，可以证明

$$I(X;Y)=h(X)+h(Y)-h(XY)\tag{4.4.25}$$

上面的分析说明，利用信源的相对熵和相对条件熵，可以获得两连续随机变量 X 与 Y 的平均互信息量。在通信系统中，平均互信息量是确定信道容量的关键因素之一，相对熵和相对条件熵的物理意义和作用主要体现在其与平均互信息量的关系上。

4.4.3　连续信源的相对熵的最大化

如果 $p(x)$ 和 $q(x)$ 是连续信源 $\{X:a<x<b\}$ 的两个不同的概率密度函数，其相对熵分别为 $h_p(x)$ 和 $h_q(x)$，则容易验证其组合 $\omega(x)=\alpha p(x)+(1-\alpha)q(x), 0\leqslant\alpha\leqslant 1$ 也是 $\{X:a<x<b\}$ 的概率密度函数，且与前面的离散随机变量一样，可以证明[1]

$$h_\omega(x)=\alpha h_p(x)+(1-\alpha)h_q(x) \tag{4.4.26}$$

即有如下的定理。

定理 4.4.1　连续信源的相对熵函数 $h(X)$ 是信源概率密度函数 $p(x)$ 的 $\cap$ 型凸函数。

该定理表明：相对熵 $h(X)$ 作为概率密度函数 $p(x)$ 的函数存在最大值。利用数学上泛函分析中有关变分极值问题的分析方法，可以证明[1]，若 $p(x)$ 和 $q(x)$ 是任意两个取值均在区间 $[a,b]$ 的连续随机变量的概率密度函数，则有关系式

$$h_p(X)=-\int_a^b p(x)\log p(x)\mathrm{d}x\leqslant-\int_a^b p(x)\log q(x)\mathrm{d}x \tag{4.4.27}$$

同样地有

$$h_q(X)=-\int_a^b q(x)\log q(x)\mathrm{d}x\leqslant-\int_a^b q(x)\log p(x)\mathrm{d}x \tag{4.4.28}$$

由此，对于连续信源 X，若存在这样的概率密度函数 $p(x)$，对在同样取值区间的另外一个概率密度函数 $q(x)$，成立如下关系式：

$$-\int_a^b q(x)\log p(x)\mathrm{d}x=-\int_a^b p(x)\log p(x)\mathrm{d}x \tag{4.4.29}$$

则概率密度函数 $p(x)$ 就是能够使连续信源 X 的相对熵 $h(x)$ 达到最大值 $h_{\max}(X)$ 的概率密度函数，即有

$$h_{\max}(X)=-\int_a^b p(x)\log p(x)\mathrm{d}x \tag{4.4.30}$$

不同限定条件下的最大相对熵　对于离散信源来说，在信源等概分布的条件下熵达到最大。而对于连续信源的相对熵来说，其最大化问题与限定的条件有关。

（1）**峰值功率受限情况下的最大相对熵**　所谓峰值功率受限，是指信号的最大功率满足条件 $x_{\max}^2<\infty$。幅度在区间 $[a,b]$ 取值的信源，其信号功率 $x^2<\max(a^2,b^2)$ 显然满足峰值功率受限的条件。设在该区间取值的连续信源 X 的概率密度函数 $p(x)$ 服从均匀分布，$q(x)$ 是在该区间满足峰值功率受限约束条件、服从除均匀分布以外的任一概率密度函数。此时应有

$$\int_a^b p(x)\,\mathrm{d}x=\int_a^b\frac{1}{b-a}\,\mathrm{d}x=1 \tag{4.4.31}$$

和

$$\int_a^b q(x)\,\mathrm{d}x=1 \tag{4.4.32}$$

由式（4.4.27）以及式（4.4.29）确定的最大相对熵的条件

$$
\begin{aligned}
-\int_a^b q(x)\log p(x)\,\mathrm{d}x &= -\int_a^b q(x)\log\frac{1}{b-a}\,\mathrm{d}x = \log(b-a)\int_a^b q(x)\mathrm{d}x \\
&= \log(b-a) = -\int_a^b p(x)\log p(x)\,\mathrm{d}x = h_p(X) = h_{\max}(X)
\end{aligned}
\tag{4.4.33}
$$

即当连续信源 X 的概率密度函数 $p(x)$ 服从均匀分布时，该连续信源 X 有最大的相对熵。

（2）**均值受限情况下的最大相对熵** 所谓均值受限，是指信号的均值满足 $\int_0^\infty xp(x)\,\mathrm{d}x<\infty$ 的条件。考虑非负的随机信号，即信号取值范围为 $(0,\infty)$ 的连续信源 X。若概率密度函数 $p(x)$ 服从指数分布

$$
p(x)=\begin{cases}\dfrac{1}{a}\mathrm{e}^{-\frac{x}{a}}, & x>0\\ 0, & x\leqslant 0\end{cases}
\tag{4.4.34}
$$

则有

$$
\int_0^\infty xp(x)\,\mathrm{d}x = a \tag{4.4.35}
$$

因为参数 a 是常数，因此满足均值受限的条件。设 $q(x)$ 是有相同均值的、除指数分布以外的任意概率密度函数，即有

$$
\int_0^\infty xq(x)\,\mathrm{d}x = a \tag{4.4.36}
$$

为分析方便起见，将式（4.4.29）中的对数转化成自然对数，

$$
-\int_a^b q(x)\frac{\ln p(x)}{\ln 2}\mathrm{d}x = -\int_a^b p(x)\frac{\ln p(x)}{\ln 2}\mathrm{d}x \tag{4.4.37}
$$

整理得相对熵达到最大的条件

$$
-\int_a^b q(x)\ln p(x)\mathrm{d}x = -\int_a^b p(x)\ln p(x)\mathrm{d}x \tag{4.4.38}
$$

将指数概率分布密度函数代入式（4.4.38）的左式，并利用式（4.4.35），得

$$
\begin{aligned}
-\int_0^\infty q(x)\ln p(x)\,\mathrm{d}x &= -\int_0^\infty q(x)\ln\left(\frac{1}{a}\mathrm{e}^{-\frac{x}{a}}\right)\mathrm{d}x \\
&= -\int_0^\infty q(x)\ln\frac{1}{a}\mathrm{d}x + \int_0^\infty q(x)\frac{x}{a}\mathrm{d}x = \ln a + 1
\end{aligned}
\tag{4.4.39}
$$

而由式（4.4.38）的右式，有

$$
\begin{aligned}
-\int_0^\infty p(x)\ln p(x)\mathrm{d}x &= -\int_0^\infty \frac{1}{a}\mathrm{e}^{-\frac{x}{a}}\ln\left(\frac{1}{a}\mathrm{e}^{-\frac{x}{a}}\right)\mathrm{d}x \\
&= -\int_0^\infty \frac{1}{a}\mathrm{e}^{-\frac{x}{a}}\ln\frac{1}{a}\mathrm{d}x + \int_0^\infty \frac{1}{a}\mathrm{e}^{-\frac{x}{a}}\frac{x}{a}\mathrm{d}x = \ln a + 1
\end{aligned}
\tag{4.4.40}
$$

即式（4.4.38）成立。这说明对输出非负且均值受限的连续信源，当概率密度函数为指数分布时，相对熵取最大值。

（3）**平均功率受限情况下的最大相对熵** 所谓平均功率受限，是指信号的平均功率满足条件 $\int_{-\infty}^\infty x^2 p(x)\,\mathrm{d}x<\infty$。考虑概率密度函数 $p(x)$ 服从高斯分布的随机信号

$$
p(x)=\frac{1}{\sqrt{2\pi}\sigma}\mathrm{e}^{-\frac{(x-m)^2}{2\sigma^2}} \tag{4.4.41}
$$

则有

$$\int_{-\infty}^{\infty} xp(x)\,\mathrm{d}x = m,\ \int_{-\infty}^{\infty} x^2 p(x)\,\mathrm{d}x = \sigma^2 + m^2 = P \tag{4.4.42}$$

因为参数 m 和 σ 是常数，因此高斯分布的随机信号满足平均功率受限的条件。设 $q(x)$ 是满足式（4.4.42）的约束条件、除高斯分布以外的任意概率密度函数，即有

$$\int_{-\infty}^{\infty} xq(x)\,\mathrm{d}x = m,\ \int_{-\infty}^{\infty} x^2 q(x)\,\mathrm{d}x = P \tag{4.4.43}$$

由相对熵达到最大的条件

$$-\int_a^b q(x)\ln p(x)\mathrm{d}x = -\int_a^b p(x)\ln p(x)\mathrm{d}x$$

将高斯概率分布密度函数代入上式的左式，并利用式（4.4.43），得

$$-\int_{-\infty}^{\infty} q(x)\ln p(x)\,\mathrm{d}x = -\int_{-\infty}^{\infty} q(x)\ln\left(\frac{1}{\sqrt{2\pi}\sigma}\mathrm{e}^{-\frac{(x-m)^2}{2\sigma^2}}\right)\mathrm{d}x = \frac{1}{2}\ln\left(2\pi\sigma^2\right) + \frac{1}{2} \tag{4.4.44}$$

而由相对熵达到最大的条件右式，有

$$-\int_{-\infty}^{\infty} p(x)\ln p(x)\mathrm{d}x = -\int_{-\infty}^{\infty} \frac{1}{\sqrt{2\pi}\sigma}\mathrm{e}^{-\frac{(x-m)^2}{2\sigma^2}}\ln\left(\frac{1}{\sqrt{2\pi}\sigma}\mathrm{e}^{-\frac{(x-m)^2}{2\sigma^2}}\right)\mathrm{d}x = \frac{1}{2}\ln\left(2\pi\sigma^2\right) + \frac{1}{2} \tag{4.4.45}$$

即当平均功率受限的连续信号的概率密度函数 $p(x)$ 服从高斯分布式时，相对熵取最大值。

4.4.4 加性高斯噪声干扰信道的容量

加性噪声干扰信道 信号在信道的传输过程中，不可避免地会受到各种干扰的影响，这些影响主要来自两方面：一种可能是由于信道非理想化造成的信号畸变；另一种是来自人为或自然界噪声的干扰。信道不完善造成的影响通常可以通过均衡的方法来改善，这将在第 7 章中讨论。本节主要分析加性干扰对信号传输的影响，对加性噪声干扰信道的分析具有典型意义。在一般的通信系统中，在信道估计的基础上对信号进行均衡处理后的信号，通常都可以转变为受加性噪声干扰影响的信号。加性噪声对接收的连续信号影响可用下式表示：

$$y = x + n \tag{4.4.46}$$

式中，y 是接收端实际收到的信号；x 是接收端在没有干扰时应收到的信号，该信号与在发送端发送时的信号相比，不同之处仅在于信号的幅度因传输距离的增大而使信号受到衰减；n 是信号经过信道时引入的干扰。无论信号在传输过程中经历的是何种复杂的信道，在经过信道估计与均衡处理后，往往都可以归结成式（4.4.46）表示的形式，因此对加性干扰下信号特性的分析具有特别重要的意义。

连续信号通常是一个时间和幅度取值连续的随机过程，根据**抽样定理**，对于带宽为 W 的连续信号，若用大于等于其 2 倍的频率进行抽样，理论上可由抽样值无失真地恢复原来的连续信号。根据前面有关连续随机变量相对平均互信息量的分析，连续随机变量的**相对平均互信息量**等于其**平均互信息量**，即有

$$\begin{aligned} I(X;Y) &= H(X) - H(X/Y) = h(X) - h(X/Y) \\ &= H(Y) - H(Y/X) = h(Y) - h(Y/X) \end{aligned} \tag{4.4.47}$$

$I(X;Y)$ 可视为信源输出的抽样值，经信道传输后在接收端可获得的平均信息量。

对于一个带宽为 W Hz 的信道，如果对其充分利用，则信号的最高频率为 W Hz。而保证其无失真恢复所需的抽样频率至少应为 $2W$ Hz，相应的单位时间内抽样值的个数为 $2W$。若对发送端发送的每个样值 X，接收端可获得的平均信息量为 $I(X;Y)$，此时在单位时间内信道可传递的信息量，即信息速

率 R_{b} 为

$$R_{\text{b}} = I(X;Y)\cdot 2W = \left[h(X) - h(X/Y)\right]\cdot 2W = \left[h(Y) - h(Y/X)\right]\cdot 2W \tag{4.4.48}$$

其最大可达的信息速率，与信源的分布特性有关，因此信道容量可表示为

$$C = \max_{p(x)} I(X;Y)\cdot 2W \tag{4.4.49}$$

一般来说，信道的转移概率密度函数 $p(y/x)$ 或后验概率密度函数 $p(x/y)$，反映了信道的固有特性。信道给定后，信道容量的求解问题归结为寻求使式（4.4.49）达到最大，即互信息量 $I(X;Y)$ 达到最大的信源概率密度函数 $p(x)$。

式（4.4.46）可以用方程组的形式表示：

$$\begin{cases} y(x,n) = x + n \\ x(x,n) = x \end{cases} \tag{4.4.50}$$

或

$$\begin{cases} x(x,y) = x \\ n(x,y) = y - x \end{cases} \tag{4.4.51}$$

根据概率密度函数的坐标变换公式[2]

$$p(xy) = p(xn)\left|J\left(\frac{xn}{xy}\right)\right| \tag{4.4.52}$$

式中，$\left|J(\cdot)\right|$ 是**雅可比行列式**。将式（4.4.51）代入雅可比行列式，可得

$$\left|J\left(\frac{xn}{xy}\right)\right| = \begin{vmatrix} \dfrac{\partial x(x,y)}{\partial x} & \dfrac{\partial x(x,y)}{\partial y} \\ \dfrac{\partial n(x,y)}{\partial x} & \dfrac{\partial n(x,y)}{\partial y} \end{vmatrix} = \begin{vmatrix} 1 & 0 \\ -1 & 1 \end{vmatrix} = 1 \tag{4.4.53}$$

式（4.4.52）变为

$$p(xy) = p(xn) = p(x)\,p(n) \tag{4.4.54}$$

上式中的最后一个等式成立的原因是，假定**信源信号**与信道中的**噪声**两者间是**统计独立的**。通常，噪声与信号是由完全无关的噪声源和信号源分别产生的，因此这种假设具有合理性。利用式（4.4.54），得**转移概率密度函数**

$$p(y/x) = \frac{p(xy)}{p(x)} = \frac{p(xn)}{p(x)} = \frac{p(x)\,p(n)}{p(x)} = p(n) \tag{4.4.55}$$

条件概率密度函数 $p(y/x)$ 等于噪声的概率密度函数 $p(n)$。从物理意义上来说，对于加性干扰的信道，符号经传输后接收端仍然存在的不确定性是由信道的噪声干扰引起的。

由式（4.4.52）、式（4.4.53）、式（4.4.54）和式（4.4.55），可得相对条件熵

$$\begin{aligned} h(Y/X) &= -\int_{-\infty}^{\infty}\int_{-\infty}^{\infty} p(xy)\log p(y/x)\,\mathrm{d}x\mathrm{d}y = -\int_{-\infty}^{\infty}\int_{-\infty}^{\infty} p(xn)\log p(n)\left|J\left(\frac{xn}{xy}\right)\right|\mathrm{d}x\mathrm{d}n \\ &= -\int_{-\infty}^{\infty}\int_{-\infty}^{\infty} p(xn)\log p(n)\,\mathrm{d}x\mathrm{d}n = -\int_{-\infty}^{\infty} p(n)\log p(n)\,\mathrm{d}n = h(N) \end{aligned} \tag{4.4.56}$$

可见对于加性干扰信道，相对条件熵与信源的统计特性无关，完全由噪声 n 的统计特性决定。由此可

得信道容量为

$$\begin{aligned}C&=\max_{p(x)}I(X;Y)\cdot 2W=\max_{p(x)}\left[h(X)-h(X/Y)\right]\cdot 2W\\&=\max_{p(x)}\left[h(Y)-h(Y/X)\right]\cdot 2W=\max_{p(x)}\left[h(Y)-h(N)\right]\cdot 2W\end{aligned} \tag{4.4.57}$$

加性高斯噪声干扰信道及容量　下面重点讨论加性噪声干扰是高斯噪声时的情形，此时信道就是所谓的**加性高斯噪声干扰信道**，或简称为**高斯信道**。选择高斯加性噪声信道进行讨论，一方面是因为高斯分布易于分析和处理；另一方面是因为分析的结果具有较典型的意义，实际系统中的许多干扰，如热噪声等，都可近似地视为具有高斯分布特性的噪声。

一般地，假设高斯噪声 n 的均值 $\mu_n=0$、方差为 σ_n^2，则其概率密度函数为

$$p(n)=\frac{1}{\sqrt{2\pi}\sigma_n}\mathrm{e}^{-\frac{n^2}{2\sigma_n^2}} \tag{4.4.58}$$

由此可导出高斯噪声的相对熵为

$$\begin{aligned}h(N)&=-\int_{-\infty}^{\infty}p(n)\log p(n)\mathrm{d}n\\&=-\int_{-\infty}^{\infty}\frac{1}{\sqrt{2\pi}\sigma_n}\mathrm{e}^{-\frac{n^2}{2\sigma_n^2}}\log\left[\frac{1}{\sqrt{2\pi}\sigma_n}\mathrm{e}^{-\frac{n^2}{2\sigma_n^2}}\right]\mathrm{d}n=\frac{1}{2}\log\left(2\pi\mathrm{e}\sigma_n^2\right)\end{aligned} \tag{4.4.59}$$

已知噪声的相对熵 $h(N)$，对式（4.4.57）所示的信道容量的求解，归结为如何使接收信号 Y 的相对熵达到最大的问题。假定接收的信号是平均功率受限的连续信号，根据连续信号相对熵最大化的条件，当信号的概率密度函数 $p(y)$ 服从高斯分布时，其相对熵取最大值，此时能够使信息速率达到最大，该速率即为**加性高斯噪声信道**的**信道容量**。

因为 $y=x+n$，根据概率论原理[2]，**有限个独立高斯随机变量**的和构成的随机变量仍为高斯变量，x 和 n 分别来自信号源和噪声源，一般满足独立性条件，因此只要 x 服从高斯分布，即可满足 y 服从高斯分布的要求。由此可见，当信源 x 服从高斯分布时，信道的信息速率可达到信道容量。因为代表信号直流成分的均值不含信息，因此不妨假定信号 x 的均值 $\mu_x=0$、方差为 σ_x^2，则其概率密度函数

$$p(x)=\frac{1}{\sqrt{2\pi}\sigma_x}\mathrm{e}^{-\frac{x^2}{2\sigma_x^2}} \tag{4.4.60}$$

因为 x 和 n 统计独立，容易证明（参见习题）y 的均值和方差分别为

$$\mu_y=\mu_x+\mu_n=0 \tag{4.4.61}$$

$$\sigma_y^2=\sigma_x^2+\sigma_n^2 \tag{4.4.62}$$

因此 y 的概率密度函数

$$p(y)=\frac{1}{\sqrt{2\pi}\sigma_y}\mathrm{e}^{-\frac{y^2}{2\sigma_y^2}}=\frac{1}{\sqrt{2\pi\left(\sigma_x^2+\sigma_n^2\right)}}\mathrm{e}^{-\frac{y^2}{2\left(\sigma_x^2+\sigma_n^2\right)}} \tag{4.4.63}$$

仿照式（4.4.59）的分析推导，可得

$$h(Y)=-\int_{-\infty}^{\infty}p(y)\log p(y)\mathrm{d}y=\frac{1}{2}\log\left(2\pi\mathrm{e}\sigma_y^2\right)=\frac{1}{2}\log\left[2\pi\mathrm{e}\left(\sigma_x^2+\sigma_n^2\right)\right] \tag{4.4.64}$$

综合式（4.4.57）、式（4.4.59）和式（4.4.64），得到**加性高斯噪声干扰信道**的**信道容量**为

$$
\begin{aligned}
C &= \max_{p(x)}\left[h(Y)-h(N)\right]\cdot 2W = \left[\frac{1}{2}\log\left(2\pi e\sigma_y^2\right)-\frac{1}{2}\log\left(2\pi e\sigma_n^2\right)\right]\cdot 2W \\
&= W\log\left(\frac{2\pi e\sigma_y^2}{2\pi e\sigma_n^2}\right) = W\log\left(\frac{\sigma_y^2}{\sigma_n^2}\right) = W\log\left(\frac{\sigma_x^2+\sigma_n^2}{\sigma_n^2}\right) = W\log\left(1+\frac{\sigma_x^2}{\sigma_n^2}\right)
\end{aligned} \tag{4.4.65}
$$

由第2章中有关随机信号的分析，信号 X 的功率和噪声 N_n 的功率分别为

$$
S=\sigma_x^2,\quad N=\sigma_n^2 \tag{4.4.66}
$$

由此，信道容量的表达式又可表示为

$$
C = W\log\left(1+\frac{S}{N}\right) \tag{4.4.67}
$$

这就是著名的**香农定理**，通常也称**香农公式**。上式中信号功率 S 与噪声功率 N 的比值通常称为**信噪比**，记为SNR，

$$
\mathrm{SNR} = S/N \tag{4.4.68}
$$

香农公式虽然是在高斯信道的条件下导出的，但其揭示的原理具有普遍意义。对于非高斯信道，经过信道均衡处理后，很大程度上也可视为加性高斯噪声干扰信道。一般地，任何信道非理想特性对信道容量的影响，只会使其减少，不会使其增大。香农定理告诉我们，在信道带宽和信噪比确定后，信道容量，即可能实现无差错信息传输的最大速率的理论上限也随之确定。根据香农定理，我们可以判断某一通信系统的性能，据此也可估计对特定系统的改进可能获得的传输速率的最大增加量。

香农定理虽然没有告诉我们如何具体设计一个通信系统，使得其信息传输速率可达到或接近信道容量，但根据该定理，可以获得如下**重要结论**：

（1）信道容量 C 随信噪比SNR的增大而增大。

（2）信道容量 C 随带宽 W 的增大而增大。

（3）当信道容量 C 一定时，信道的带宽 W 和信噪比SNR可以互换。据此，在通信系统设计时，根据不同的条件和应用环境，可以通过带宽 W 的增加，换取SNR需求的降低，或反之。这对于在信号功率 S 受限或可用带宽 W 受限条件下的通信系统设计有非常重要的指导意义。

（4）当噪声功率 N 趋于零时，理论上，信道容量 C 可以趋于无限大。在后面的章节中讨论信号**星座图**时，读者可以很形象地理解这一点，当噪声信号的幅度趋于零时，在任意一个特定大小的**相幅平面**上，可以容纳无限多个可以彼此分辨的符号，换句话说，每个符号可携带无限多比特的信息。

（5）假定高斯噪声为**高斯白噪声**，高斯白噪声是指**功率谱密度** N_0 为**常数**、**幅度取值的分布服从高斯分布**的信号，此时有 $N=WN_0$。当可用带宽 W 趋于无限大时，由式（4.4.61）可得

$$
\begin{aligned}
C &= \lim_{W\to\infty} W\log\left(1+\frac{S}{N}\right) = \lim_{W\to\infty} W\log\left(1+\frac{S}{WN_0}\right) \\
&= \lim_{W\to\infty}\frac{W N_0/S}{N_0/S}\log\left(1+\frac{1}{W N_0/S}\right) = \lim_{W\to\infty}\frac{1}{N_0/S}\log\left(1+\frac{1}{W N_0/S}\right)^{W N_0/S} \\
&= \lim_{X\to\infty}\frac{S}{N_0}\log\left(1+\frac{1}{X}\right)^X = \frac{S}{N_0}\log\lim_{X\to\infty}\left(1+\frac{1}{X}\right)^X = \frac{S}{N_0}\log e = 1.44\frac{S}{N_0}
\end{aligned} \tag{4.4.69}
$$

上式告诉我们，在有噪声的场合，当带宽 W 趋于无限大时，信道容量 C 并不会变得无限大，而是趋于一个定值，其值的大小由信号功率 S 和噪声功率密度谱 N_0 的比值决定。

上述这些结论，是通信系统设计最基本的原则。

4.4.5 信道容量和信道带宽的归一化分析

在分析通信系统的效率时，常常对系统的参数进行归一化处理，以便于进行性能的对比。在下面的讨论中，如无特别声明，均假定信道中的噪声是高斯白噪声。

归一化信道容量　归一化信道容量定义为

$$\frac{C}{W}=\log\left(1+\frac{S}{N}\right) \tag{4.4.70}$$

归一化信道容量的特性曲线反映单位时间内单位频带可传输的最大信息量。如图 4.4.2 所示，式(4.4.70)所描述的归一化信道容量的特性曲线将平面分成上下两个区域，曲线下方表示的是物理上可能实现的归一化信息传输速率区域；曲线上方表示的是物理上不可实现的信息传输速率区域，或者说，若以该区域内的点对应的速率值传输信息，则不可能实现无差错的传输。

图 4.4.2 所示的曲线描述的特性实际上也反映了信噪比 SNR 与带宽 W 之间的互换性：信噪比 SNR 越大，单位频带内容许的传输速率越大，带宽利用率越高。

归一化信道带宽　归一化信道带宽定义为

$$\frac{W}{C}=\left[\log\left(1+\frac{S}{N}\right)\right]^{-1} \tag{4.4.71}$$

归一化信道带宽的特性曲线反映**单位信息速率**(1 比特/秒)所需的最小带宽，如图 4.4.3 所示，式(4.4.71)对应的曲线也将平面分成上下两个区域，曲线上方的区域对应物理上可实现系统单位信息速率所需的带宽，曲线下方表示物理不可达的带宽，或者说，如果按照曲线下方对应的点的带宽利用率设计系统，则不可避免地会出现传输错误。

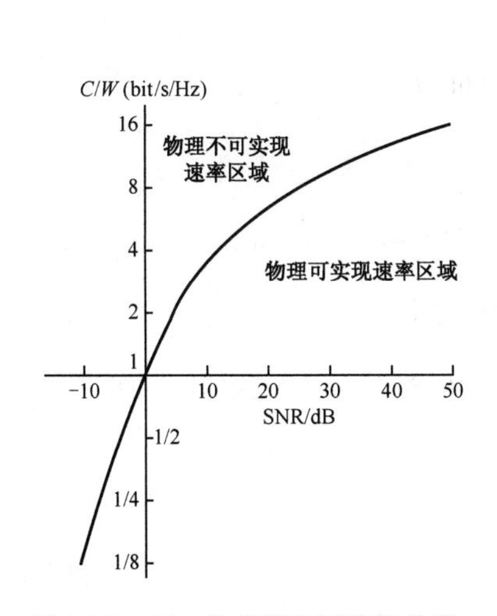

图 4.4.2　归一化信道容量特性曲线

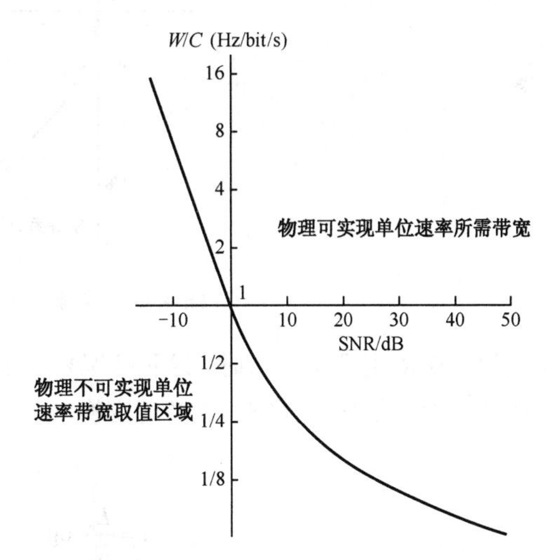

图 4.4.3　归一化信道带宽特性曲线

香农极限　在香农公式中，噪声功率密度谱 N_0 反映了高斯信道的噪声特性，而信号功率 S 表示的是携带信息的符号的平均功率，对于不同的调制方式，每个符号可传输的比特数不同。因此，在数字通信系统中进行性能比较时，更常用的是采用**比特能量**，

$$E_{\mathrm{b}}=\frac{S}{R_{\mathrm{b}}} \tag{4.4.72}$$

E_b 反映的是**传输 1 比特信息所需使用的能量**，是衡量通信系统性能的主要指标之一。传输速率达到信道容量的比特能量相应地为

$$E_b = \frac{S}{C} \tag{4.4.73}$$

将 $S = E_b C$ ， $N = WN_0$ 代入香农公式，得

$$C = W\log\left(1+\frac{S}{WN_0}\right) = W\log\left(1+\frac{E_b C}{WN_0}\right) \tag{4.4.74}$$

整理后可得

$$\frac{E_b}{N_0} = \frac{W}{C}\left(2^{\frac{C}{W}}-1\right) \tag{4.4.75}$$

首先作出式（4.4.75）的函数 E_b/N_0 关于自变量 W/C 的特性曲线，由此很容易获得其反函数的特性曲线，如图 4.4.4 所示。曲线描绘了归一化的带宽特性，曲线把平面分成两个区域，其中曲线右上方为实际系统可能实现的带宽利用率区域，曲线的左下方为实际系统不可用的区域，或者说不可能实现无差错传输的区域。

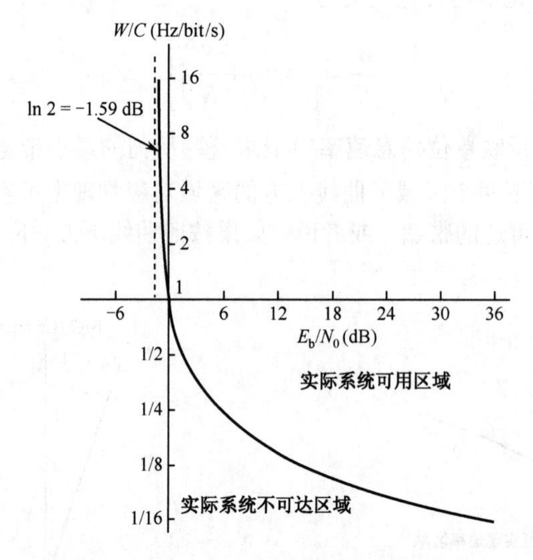

图 4.4.4　关于 E_b/N_0 的带宽特性曲线

注意到当 W/C 趋于无穷大时，这种情况相当于所需的信息传输速率为一固定值，而可用带宽趋于无限大时的情形。对式（4.4.75）做整理变换，可得

$$1 = \frac{E_b}{N_0}\log\left(1+\frac{1}{\frac{W/C}{E_b/N_0}}\right)^{\frac{W/C}{E_b/N_0}} \tag{4.4.76}$$

当 W/C 趋于无穷大时，式（4.4.76）变为

$$1 = \frac{E_b}{N_0}\log\lim_{\frac{W/C}{E_b/N_0}\to\infty}\left[\left(1+\frac{1}{\frac{W/C}{E_b/N_0}}\right)^{\frac{W/C}{E_b/N_0}}\right] = \frac{E_b}{N_0}\log\lim_{X\to\infty}\left[\left(1+\frac{1}{X}\right)^X\right] = \frac{E_b}{N_0}\log e \tag{4.4.77}$$

最后可得

$$\frac{E_{\mathrm{b}}}{N_0}=\frac{1}{\log \mathrm{e}}=0.693=-1.59(\mathrm{dB}) \tag{4.4.78}$$

即当W/C趋于无穷大时，E_{b}/N_0无限接近$-1.59\mathrm{dB}$。曲线作为实际系统可用区域和不可用区域的分隔线，可以得到这样的**结论**：实际系统的E_{b}/N_0取值必须大于$-1.59\mathrm{dB}$，否则，无论用多大的带宽，都无法实现无差错传输。

4.5 信源编码的基本概念与方法

在通信系统中，所谓**信源**，是指产生要传输的原始消息的信息源。信源输出符号序列的统计特性，自然与信源有密切的关系。例如，输入信号经一个 8 位精度取值范围**模数变换器**（ADC），若将每次采样变换后输出的数组视为一个符号，则符号空间是一有 2^8 个可能取值的符号集。对于均值较小的输入信号，输出符号中取值小的概率较输出符号中取值大的概率来得更大些；反之，对于均值较大的输入信号，输出符号中取值大的概率就较大。而对于一个在 ADC 输入容许范围内均匀取值的输入信号，变换后的输出则是一个均匀分布的符号序列。从本章有关熵的讨论可知，不同分布的符号序列，其信源的**熵**的大小一般是不同的。

信源编码是一种对从信源中获得的消息进行某种变换，以提高传输效率的方法。**广义的信源编码**，包括了对连续信号的采样、量化、压缩等多种信号处理过程。其中的量化，是将时间离散化后的一个连续取值的信号变换为一个有限种取值的数字信号的过程。量化将一个需要无限长位数表示的实数样值，转换成一个只有有限位精度的量化值，量化过程本质上是一个信号压缩过程，这种变换是不可逆的，是一种**有损的变换**。在实际应用中，对于绝大多数信号来说，并不需要精确地恢复采样量化前的信号。例如，8 比特量化对应的 256 个灰度等级对于普通的图像信号来说已经足够，再多的灰度等级对人眼来说并不能分辨。在语音和图像信号处理过程中，人们常说的信号压缩主要是指对量化后的信号，在幅度和时间或空间上进行的某种进一步的处理，以减少信号中的冗余或者去掉某些不必要保留的部分。这种处理，可以是有损的，也可以是无损的。本节研究的信源编码，则主要分析对需要传输的信号，如何根据其统计特性进行某种变换，使其有更高的**传输效率**。同样，这种变换可以是有损的，也可以是无损的。

信源编码的基本做法主要有如下几种：（1）去除信息中的冗余度，使传输的符号间的相关性尽可能小，减少多余的成分。在本书第 3 章中介绍的差分脉冲编码调制就是一种减少信息中的冗余度的编码方法；（2）使编码后的符号具有近似等概的分布特性，使每个符号可能携带的信息量达到最大；（3）采用不等长编码，对出现概率大的符号用较短的码元序列表示，对概率小的符号用较长的码元序列表示，从而提高传输效率。本节主要介绍后面两种处理过程的基本原理和方法。

4.5.1 离散无记忆信源

信源编码的基本概念与参数 记信源的符号集为$\{S:S_i,i=1,2,\cdots,L\}$，它包含了L种不同的符号，信源的输出符号序列可表示为$\cdots X_{-2}X_{-1}X_0X_1X_2\cdots X_n\cdots$，其中的每个符号$X_k$均来自符号集，即有$X_k\in\{S:S_i,i=1,2,\cdots,L\}$。

对于符号序列$\cdots X_{-2}X_{-1}X_0X_1X_2\cdots X_n\cdots$，若各个符号间彼此统计独立，相应的信源就称为**离散无记忆信源**（Discrete Memoryless Source，DMS），反之称为**有记忆信源**。

我们日常遇到的信源大多为有记忆信源，如话音信号或图像信号的采样值，相邻的采样值之间通常具有一定的相关性，这种相关性意味着这样的消息序列具有冗余性，如有某种理想的语音或图像压缩编码算法，能够去除采样值序列中的所有冗余成分，使得采样值之间没有任何相关性，则获得的就是一个理想的离散无记忆序列。白噪声的相关函数是一冲激函数，对其采样量化后获得的样值也是一种理想的离散无记忆序列。另外，对信源序列进行某种加扰的变换处理后，得到的序列常可近似视为离散无记忆信源输出的序列。

若将信源输出的符号按每 J 个为一组进行编码，则任意的第 m 个分组可以表示为

$$\overline{X}_J^{(m)}=\left(X_1^{(m)}X_2^{(m)},\cdots,X_J^{(m)}\right),\ X_k^{(m)}\in\{S:S_i,i=1,2,\cdots,L\} \tag{4.5.1}$$

编码操作可用下面的关系式表示：

$$\overline{Y}_{N_J}^{(m)}=C\left(\overline{X}_J^{(m)}\right) \tag{4.5.2}$$

$\overline{Y}_{N_J}^{(m)}$ 表示第 m 个信源符号分组编码后输出的码字，码字由码元集 $\{C:C_i,i=1,2,\cdots,D\}$ 中的码元组成，码元集包含了 D 个元素，即采用 D **进制**的编码。编码输出的码字可以表示为

$$\overline{Y}_{N_J}^{(m)}=\left(Y_1^{(m)}Y_2^{(m)},\cdots,Y_{N_J}^{(m)}\right),\ Y_k^{(m)}\in\{C:C_i,i=1,2,\cdots,D\} \tag{4.5.3}$$

其中码字的长度 n_J 根据采用的是**等长编码**或**不等长编码**，决定其是一个**常数**或是一个**变数**。译码是编码的逆过程，它对特定码字恢复出编码前的符号分组。译码操作可用如下关系式表示：

$$\overline{X}_J'^{(m)}=C^{-1}\left(\overline{Y}_{n_J}^{(m)}\right) \tag{4.5.4}$$

式中，$\overline{X}_J'^{(m)}$ 内的撇号表示译码输出可能会与编码前的符号分组不同，若 $\overline{X}_J'^{(m)}=\overline{X}_J^{(m)}$，则说明译码未出现错误；若 $\overline{X}_J'^{(m)}\neq\overline{X}_J^{(m)}$ 则表示译码出现了错误。在后面的分析中，为简单起见将去掉上标“(m)”，符号码组和码字分别表示为

$$\overline{X}_J=\left(X_1X_2,\cdots,X_J\right),\ X_k\in\{S:S_i,i=1,2,\cdots,L\} \tag{4.5.5}$$

$$\overline{Y}_{N_J}=\left(Y_1Y_2,\cdots,Y_{n_J}\right),\ Y_k\in\{C:C_i,i=1,2,\cdots,D\} \tag{4.5.6}$$

定义 4.5.1 若对信源的每个不同的符号或不同的符号序列，编码后产生不同的码字，则称该码为**唯一可译码**。

若用 $\left|\overline{X}_J\right|$ 和 $\left|\overline{Y}_{n_J}\right|$ 分别表示不同符号分组的个数和码组可能形成的码字的个数，则有

$$\left|\overline{X}_J\right|=L^J,\ \left|\overline{Y}_{n_J}\right|=D^{n_J} \tag{4.5.7}$$

为保证码的唯一可译性，显然应满足

$$D^{n_J}\geqslant L^J \tag{4.5.8}$$

信源的编码和译码模型可用图 4.5.1 表示，信源编码和译码的研究主要关心编码的效率、性能和有关的代价，一般不考虑传输过程中出现的问题，因此通常假定信道是一个**无扰信道**。

DMS → $\overline{X}_J$ → $C(\overline{X}_J)$ → $\overline{Y}_{n_J}$ → 无扰信道 → $\overline{Y}_{n_J}$ → $C^{-1}(\overline{Y}_{n_J})$ → $\overline{X}'_J$ → 信宿

图 4.5.1 编码和译码模型

定义 4.5.2 编码表示一个信源符号所需的平均信息量的定义为**编码速率** R。

例如对长度为 J 的符号码组采用 D 进制的等长编码时，若编码后码字的长度为 n_J，每个码元可携带的最大信息量（比特数）为 $\log_2 D$，而每个码字所能携带的最大信息量为 $n_J\log_2 D$，由此编码每个信源符号平均所需的信息量，即编码速率为

$$R=\frac{n_J}{J}\log_2 D \tag{4.5.9}$$

若对长度为 J 的符号码组采用 D 进制的**不等长**编码，此时编码后码字的长度 n_J 会随不同的符号码组而异，假如其**统计平均值**为 $\overline{n}_J$，则编码速率为

$$R=\frac{\overline{n}_J}{J}\log_2 D \tag{4.5.10}$$

定义 4.5.3 信源的熵 $H(S)$ 与编码速率 R 的比值定义为**编码效率** η_C，

$$\eta_C=\frac{H(S)}{R} \tag{4.5.11}$$

编码效率 η_C 是一个重要的指标，它描述了某个特定的编码方法，平均每个信源符号所含的平均信息量 $H(S)$ 与编码后平均表示一个符号所需要的信息量 R 的比值。显然，为了保证编码后不会丢失信息，要求

$$R\geqslant H(S)\rightarrow \eta_C\leqslant 1 \tag{4.5.12}$$

R 与 $H(S)$ 的接近程度反映了编码效率的高低。

4.5.2 离散无记忆信源的等长编码

等长编码的概念 所谓等长编码，是指将信源的每个符号或每组符号，都编码成长度相等的码字的一种编码方式。

简单的等长编码 简单的等长编码可分为对信源输出的每个符号单独进行的普通编码和对输出的一组符号进行联合编码两种。下面先来看单独编码。

（1）**单个符号编码** 设信源符号集共有 L 种符号，若采用 D 进制的码元对每个符号进行编码，要保证编码后码字的**唯一可译性**，由式（4.5.8），此时 $J=1$，应有 $D^{n_1}\geqslant L$，因此所需的码元的位数应满足

$$n_1\geqslant\frac{\log_2 L}{\log_2 D} \tag{4.5.13}$$

因为要保证 n_1 为整数，因此一般取

$$n_1=\begin{cases}\log_2 L/\log_2 D, & \log_2 L/\log_2 D\text{为整数}\\ \lfloor \log_2 L/\log_2 D\rfloor+1, & \log_2 L/\log_2 D\text{不为整数}\end{cases} \tag{4.5.14}$$

式中，$\lfloor x\rfloor$ 表示取 x 的整数部分。此时 $R=n_1\log_2 D$，编码效率相应地为

$$\eta_C=\frac{H(S)}{R}=\frac{H(S)}{n_1\log_2 D} \tag{4.5.15}$$

（2）**联合编码** 联合编码是将输出的一组 J 个符号同时进行编码，联合编码也称**扩展编码**，同样假定信源符号集共有 L 种符号，若采用 n_J 个 D 进制的码元对 J 个符号进行联合编码，要保证编码后码字的**唯一可译性**，由式（4.5.8），应有 $D^{n_J}\geqslant L^J$，由此可得

$$n_J\geqslant J\frac{\log_2 L}{\log_2 D} \tag{4.5.16}$$

同样，因为要保证 n_J 为整数，应取

$$n_J=\begin{cases} J\log_2 L/\log_2 D, & J\log_2 L/\log_2 D\text{为整数}\\ \lfloor J\log_2 L/\log_2 D\rfloor+1, & J\log_2 L/\log_2 D\text{不为整数}\end{cases} \tag{4.5.17}$$

此时平均每个信源符号所需的码元数 n_1 为

$$n_1=\frac{n_J}{J}=\begin{cases} \log_2 L/\log_2 D, & J\log_2 L/\log_2 D\text{为整数}\\ \dfrac{\lfloor J\log_2 L/\log_2 D\rfloor}{J}+\dfrac{1}{J}, & J\log_2 L/\log_2 D\text{不为整数}\end{cases} \tag{4.5.18}$$

由此可见，联合编码将原来每个符号最多可能需增加1位码元下降为只需增加 $1/J$ 位码元。由式(4.5.15)可见，效率会得到提高，且 J 越大，可能获得的改善越多。

在上面的讨论中，编码时均没有考虑信源的统计特性，对于任意两个信源的符号集 $\{S:S_i,i=1,2,\cdots,L\}$ 和 $\{S':S_i',i=1,2,\cdots,L\}$，它们的熵 $H(S)$ 和 $H(S')$ 的取值可能相差很大，但只要它们的符号数一样，采用上述的等长编码时，所得的码字长度 n 和 n' 相同，即有 $n=n'$。由此，两者的编码效率 $\eta_C=H(S)/(n_1\log_2 D)$ 与 $\eta_C'=H(S')/n_1\log D$ 也可能相差很大。

【例 4.5.1】 （1）信源1 $\{S:S_i,i=1,2,\cdots,8\}$ 的概率场为

$$\begin{matrix} S: & S_1 & S_2 & S_3 & S_4 & S_5 & S_6 & S_7 & S_8\\ p(S): & 1/8 & 1/8 & 1/8 & 1/8 & 1/8 & 1/8 & 1/8 & 1/8\end{matrix}$$

（2）信源2 $\{S':S_i',i=1,2,\cdots,8\}$ 的概率场为

$$\begin{matrix} S': & S_1' & S_2' & S_3' & S_4' & S_5' & S_6' & S_7' & S_8'\\ P(S'): & 1/16 & 1/16 & 1/16 & 1/16 & 1/8 & 1/8 & 1/4 & 1/4\end{matrix}$$

采用二进制码元（$D=2$）分别对其进行符号长度为 $J=4$ 的符号分组并联合编码，并求相应的编码效率。

解：（1）$H(S)=-\sum_{i=1}^{8}P(S_i)\log_2 P(S_i)=-8\times\left(\frac{1}{8}\log_2\frac{1}{8}\right)=3$。

已知 $L=8$，$J=4$，$J\dfrac{\log_2 L}{\log_2 D}=4\times\dfrac{\log_2 8}{\log_2 2}=12$ 为整数，可取 $n_J=12$，$n_1=n_J/4=12/4=3$，相应的编码效率为 $\eta_C=\dfrac{H(S)}{n_1\log_2 D}=\dfrac{3}{3\times1}=1$。

（2）

$$\begin{aligned} H(S')&=-\sum_{i=1}^{8}P(S_i')\log_2 P(S_i')\\ &=-4\times\left(\frac{1}{16}\log_2\frac{1}{16}\right)-2\times\left(\frac{1}{8}\log_2\frac{1}{8}\right)-2\times\left(\frac{1}{4}\log_2\frac{1}{4}\right)=\frac{11}{4}\end{aligned}$$

同（1），已知 $L=8$，$J=4$，$J\dfrac{\log_2 L}{\log_2 D}=4\times\dfrac{\log_2 8}{\log_2 2}=12$ 为整数，可取 $n_J=12$，$n_1=n_J/4=12/4=3$，相应的编码效率为 $\eta_C'=\dfrac{H(S')}{n_1\log_2 D}=\dfrac{11/4}{3\times1}=\dfrac{11}{12}$。□

由例4.5.1可见，信源的统计特性会对编码效率产生影响。下面考虑如何采用基于信源的统计特性编码来提高编码的效率。

考虑信源统计特性的等长编码 设离散无记忆信源的符号集和相应的概率场为

$$\begin{matrix} S: & S_1 & S_2 & \cdots & S_L\\ p(S): & p(S_1) & p(S_2) & \cdots & p(S_L)\end{matrix} \tag{4.5.19}$$

对信源输出以 J 个符号为一组进行联合编码，则共有 L^J 个不同的符号组合。一般地，若信源符号的熵

为 $H(S)$，根据熵 $H(S)$ 所表示的平均每个符号所含信息量的物理意义，长度为 J 的信源符号组 $\bar{X}_J=(X_1X_2,\cdots,X_J)$ 的平均信息量为 $J\cdot H(S)$。而且容易理解，随着 J 的增大，绝大多数信源符号组所包含的实际信息量 $I_J(\bar{X}_J)$ 将趋于 $J\cdot H(S)$。这是因为当 J 足够大时，每个信源符号组中所包含的各个不同符号的比例趋于各个符号出现的概率。相应地，每个码组所包含的信息量趋于相同。此时，每发送一个包含 J 个符号的信源码组，相当于从近似等概分布的符号集中发送一个包含信息量约为 $J\cdot H(S)$ 的符号组。另外，对于长度为 n_J、码元取自码元集 $\{C:C_i,i=1,2,\cdots,D\}$ 的编码输出，每个码字能够携带的信息量为 $n_J\log_2 D$，由译码的唯一性条件，n_J 的取值应满足

$$n_J\log_2 D\geqslant J\log_2 L\geqslant JH(S)\tag{4.5.20}$$

适当地选择一个大于 0 的数 ε_J，使得如下等式成立：

$$n_J\log_2 D=J[H(S)+\varepsilon_J]\tag{4.5.21}$$

从而可取

$$n_J=\frac{J[H(S)+\varepsilon_J]}{\log_2 D}\tag{4.5.22}$$

因为对于给定的信源和编码输出码字集，$H(S)$ 和 $\log_2 D$ 是常数。当 J 足够大时，可以通过调整 n_J 的取值，使 ε_J 足够小， 进而使得符号码组的编码效率趋于 1，即

$$\eta_J=\frac{J[H(S)+\varepsilon_J]}{n_J\log_2 D}\to 1\tag{4.5.23}$$

信源划分方法 通过上面的分析，可知编码时取较大的分组值 J，有利于提高编码效率。下面进一步分析在保证预定的正确译码概率的前提下，应如何选择编码长度 J，才能达到特定的编码效率 η_C。

对于离散无记忆信源，按码组长度 J 对信源的符号序列 $\cdots X_{-2}X_{-1}X_0X_1X_2\cdots X_n\cdots$ 进行划分，得到长度为 J 的码组 $\bar{X}_J$。对于**离散无记忆信源**（DMS），由其每个符号出现的独立性假设，码组的概率满足

$$P(\bar{X}_J)=\prod_{j=1}^{J}P(X_j)\tag{4.5.24}$$

式中 X_j 是信源符号集 $\{S:S_i,i=1,2,\cdots,L\}$ 中的某个符号。$\bar{X}_J$ 的自信息量为

$$I(\bar{X}_J)=-\log P(\bar{X}_J)=-\log\prod_{j=1}^{J}P(X_j)=-\sum_{j=1}^{J}\log P(X_j)=\sum_{j=1}^{J}I(X_j)\tag{4.5.25}$$

式中 $I(X_j)$ 是从信源符号集 $\{S:S_i,i=1,2,\cdots,L\}$ 中输出的相应字符的信息量。对长度为 J 的序列 $\bar{X}_J$，平均每个信源符号的信息量为

$$\bar{I}_J=\frac{I(\bar{X}_J)}{J}\tag{4.5.26}$$

可以证明[1]，存在 $\varepsilon>0$，使下式成立：

$$P\left(\left|\bar{I}_J-H(S)\right|\leqslant\varepsilon\right)\geqslant 1-\varepsilon\tag{4.5.27}$$

即以概率 1，当 $J\to\infty$，$\bar{I}_J\to H(S)$。这表明随着 J 的增大，码组所含的信息量趋于相同。下面先引入典型序列集的概念，然后给出重要的信源划分定理。

定义 4.5.4 设 $H(S)$ 是符号集 $\{S:S_i,i=1,2,\cdots,L\}$ 的熵，ε 是一正数，满足条件

$$T_S(J,\varepsilon)=\left\{\overline{X}_J: H(S)-\varepsilon \leqslant \frac{I(\overline{X}_J)}{J} \leqslant H(S)+\varepsilon\right\} \tag{4.5.28}$$

的码组序列集定义为信源 S 的 ε-**典型序列集**。称集 $T_S(J,\varepsilon)$ 的补集 $\overline{T_S}(J,\varepsilon)$ 为**非典型序列集**。

$T_S(J,\varepsilon)$ 与 $\overline{T}_S(J,\varepsilon)$ 的**并**构成了 $\overline{X}_J$ 的符号组的集，即 $T_S(J,\varepsilon)\cup\overline{T}_S(J,\varepsilon)=\{\overline{X}_J\}$。典型序列集的**物理意义**是，当 J 足够大时，以 J 作为码组长度划分出来的码组，绝大多数码组都将是式（4.5.28）定义的典型序列，而出现的非典型序列将只占很小的一部分，这部分码组将以很小的概率出现。由此，有如下的信源划分定理。

定理 4.5.1（信源划分定理） 给定信源符号集 $\{S:S_i,i=1,2,\cdots,L\}$ 和其分布 $\{P(S):P(S_i),i=1,2,\cdots,L\}$，任给 $\varepsilon>0$，当 $J\to\infty$ 时，有

$$\lim_{J\to\infty}P\left[T_S(J,\varepsilon)\right]=1 \tag{4.5.29}$$

即对任何 $\varepsilon>0$，存在正整数 J_0，使当 $J>J_0$ 时，有

$$P\left[\overline{X}_J\in T_S(J,\varepsilon)\right]\geqslant 1-\varepsilon \tag{4.5.30}$$

证明：对任一消息序列 $\overline{X}_J=(X_1,X_2,\cdots,X_J),\ X_i\in(S_1,S_2,\cdots,S_L)$，消息序列中符号信息量 $I(X_i)$ 的方差（符号信息量偏离其平均信息量 $H(S)$ 的统计平均值）为

$$\begin{aligned}\sigma_I^2&=\sum_{i=1}^{L}p(S_i)\left[I(S_i)-H(S)\right]^2\\&=\sum_{i=1}^{L}p(S_i)I^2(S_i)-H^2(S)=\sum_{i=1}^{L}p(S_i)\left[\log p(S_i)\right]^2-H^2(S)\end{aligned} \tag{4.5.31}$$

由概率论中的**弱大数定理**[2]，对于任何 $\varepsilon'>0$，有

$$P\left[\left|\frac{I(\overline{X}_J)}{J}-H(S)\right|>\varepsilon'\right]<\frac{\sigma_I^2}{J\varepsilon'^2}=\delta \tag{4.5.32}$$

由此得

$$P\left[\left|\frac{I(\overline{X}_J)}{J}-H(S)\right|\leqslant\varepsilon'\right]\geqslant 1-\frac{\sigma_I^2}{J\varepsilon'^2}=1-\delta \tag{4.5.33}$$

令 $\varepsilon=\delta$，得到

$$P\left[\left|\frac{I(\overline{X}_J)}{J}-H(S)\right|\leqslant\varepsilon\right]\geqslant 1-\varepsilon \tag{4.5.34}$$

即当 $J\to\infty$ 时，将 $\overline{I_J}=I(\overline{X}_J)/J$ 以概率 1 取值 $H(S)$。根据上述结论，对任意的 $\varepsilon>0$，当 J 足够大时，对于定义 4.5.4 定义的典型序列集，式（4.5.30）一定成立。**证毕**。□

（定理 4.5.1）系 1（典型序列出现的概率） 若 $\overline{X}_J\in T_S(J,\varepsilon)$，则

$$2^{-J[H(S)+\varepsilon]}\leqslant P(\overline{X}_J)\leqslant 2^{-J[H(S)-\varepsilon]} \tag{4.5.35}$$

证明：由 $I(\overline{X}_J)$ 的定义、定义 4.5.4 和定理 4.5.1 直接可得。**证毕**。□

说明当 J 足够大时，典型序列趋于等概分布，

$$P(\overline{X}_J)\approx 2^{-JH(S)} \tag{4.5.36}$$

（定理 4.5.1）系 2（典型序列的数目） 若将典型序列的个数记为$\left|T_S(J,\varepsilon)\right|$，则有

$$(1-\varepsilon)2^{J[H(S)-\varepsilon]} \leqslant \left|T_S(J,\varepsilon)\right| \leqslant 2^{J[H(S)+\varepsilon]} \tag{4.5.37}$$

即当J足够大时，典型序列的个数为

$$\left|T_S(J,\varepsilon)\right| \approx 2^{JH(S)} \tag{4.5.38}$$

证明：对所有可能的长为J的符号序列组合，由式（4.5.35）有

$$1=\sum_{\bar{X}_J \in T_S(J,\varepsilon)\cup \bar{T}_S(J,\varepsilon)} p(\bar{X}_J) \geqslant \sum_{\bar{X}_J \in T_S(J,\varepsilon)} p(\bar{X}_J) \geqslant \left|T_S(J,\varepsilon)\right| 2^{-J[H(S)+\varepsilon]} \tag{4.5.39}$$

式中$\left|T_S(J,\varepsilon)\right|$是典型序列集中元素的个数，从而有

$$\left|T_S(J,\varepsilon)\right| \leqslant 2^{J[H(S)+\varepsilon]} \tag{4.5.40}$$

由式（4.5.30）和式（4.5.35）有

$$1-\varepsilon \leqslant \sum_{\bar{X}_J \in T_S(J,\varepsilon)} p(\bar{X}_J) \leqslant \left|T_S(J,\varepsilon)\right| 2^{-J[H(S)-\varepsilon]} \tag{4.5.41}$$

由此可得

$$(1-\varepsilon)2^{J[H(S)-\varepsilon]} \leqslant \left|T_S(J,\varepsilon)\right| \tag{4.5.42}$$

结合式（4.5.40）和式（4.5.42），即可得系 2。**证毕**。□

综合上述有关信源划分定理及系的分析，有如下**结论**：

（1）典型序列集$T_S(J,\varepsilon)$和其补集$\overline{T_S}(J,\varepsilon)$构成整个输出符号组的集合

$$T_S(J,\varepsilon)\cup \bar{T}_S(J,\varepsilon)=\left\{\bar{X}_J\right\} \tag{4.5.43}$$

（2）典型序列集$T_S(J,\varepsilon)$中各码组出现的概率近似相等

$$P(\bar{X}_J) \approx 2^{-JH(S)} \tag{4.5.44}$$

（3）典型序列集$T_S(J,\varepsilon)$码组中平均每个信源符号所含的信息量

$$\frac{I(\bar{X}_J)}{J} \approx H(S) \tag{4.5.45}$$

（4）在输出序列中典型序列集所占的概率

$$\sum_{\bar{X}_J \in T_S(J,\varepsilon)} P(\bar{X}_J) \approx \left|T_S(J,\varepsilon)\right| \cdot 2^{-JH(S)} \approx 1 \tag{4.5.46}$$

式（4.5.46）说明典型序列集$T_S(J,\varepsilon)$为**高概率集**，非典型序列集$\overline{T_S}(J,\varepsilon)$为**低概率集**。另外，有两点需要注意：其一，个别非典型序列出现的概率并不一定比典型序列出现的概率低；其二，非典型序列总的概率很小，但非典型序列集中的码组数不一定小。典型序列的个数$\left|T_S(J,\varepsilon)\right|$与总的所有可能的序列数目$\left|\left\{\bar{X}_J\right\}\right|$的比例为

$$\alpha=\frac{\left|T_S(J,\varepsilon)\right|}{\left|\left\{\bar{X}_J\right\}\right|}=\frac{\left|T_S(J,\varepsilon)\right|}{L^J} \leqslant \frac{2^{J[H(S)+\varepsilon]}}{2^{J\log L}}=2^{-J\{\log L-[H(S)+\varepsilon]\}} \tag{4.5.47}$$

从式（4.5.47）可见，对于给定的小的ε取值，$\log_2 L-[H(S)+\varepsilon]>0$为一定值，当$J\to\infty$，$\alpha\to 0$。

这一现象可以形象地如图 4.5.2 所示，当 J 足够大时，在总数为 $\left|S^J\right|$ 的序列空间中，典型序列只是其中很小的一部分，绝大部分是非典型序列，但非典型序列总的概率却很小。利用这一特性，我们就有可能在允许传输一定失真的场合，只对典型序列进行编码和传输；而对非典型序列则不进行编码和传输，或者每遇到信源发出的一个非典型序列，信源发送某个固定的序列，这个固定的序列只占编码后的一个码字。因为非典型序列总的出现概率很小，由此引入的错误的影响也非常有限。这样，相对于将整个空间的每个序列都进行编码，所需的码字长度就可以大大缩短，由此就可以有效地提高传输的效率。

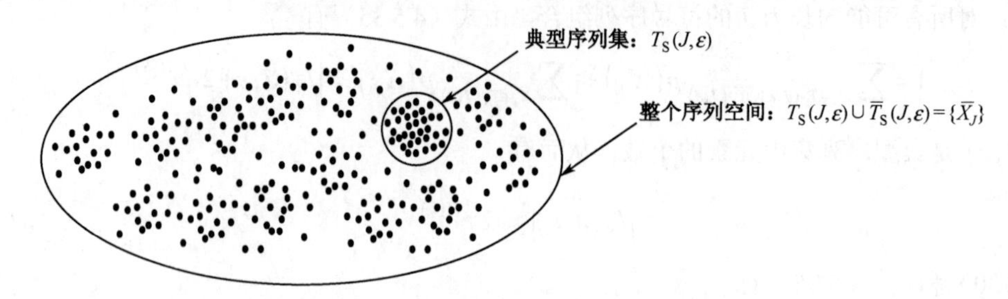

图 4.5.2　序列空间与典型序列集示意图

由定义 4.5.4 确定的典型序列是与参数 ε 有关的序列集。显然，ε 取值越大，典型序列的个数就越多。考察下面简单的例子。

【例 4.5.2】　某二元信源服从二项分布

$$S_0: P(S_0)=0.8,\quad S_1: P(S_1)=0.2$$

信源的熵

$$\begin{aligned}H(S)&=-\sum_{i=0}^{1}P(S_i)\log_2 P(S_i)\\&=-0.8\log_2 0.8-0.2\log_2 0.2=0.8\times 0.3219+0.2\times 2.3219=0.7219\end{aligned}$$

（1）假如取 $J=4$，$\varepsilon=0.3$，求相应的典型序列集；（2）假如取 $J=4$，$\varepsilon=0.5$，求相应的典型序列集。

解：列出所有序列和它们所含的信息量，以及序列中平均每个符号的信息量如下。

序列集	序列出现概率 $P(S_iS_jS_kS_l)$	序列包含信息量 $I(S_iS_jS_kS_l)$	序列中平均每个符号信息量 $I(S_iS_jS_kS_l)/4$
$S_0S_0S_0S_0$	0.4096	1.2877	0.3219
$S_0S_0S_0S_1$	0.1024	3.2877	0.8219
$S_0S_0S_1S_0$	0.1024	3.2877	0.8219
$S_0S_0S_1S_1$	0.0256	5.2876	1.3219
$S_0S_1S_0S_0$	0.1024	3.2877	0.8219
$S_0S_1S_0S_1$	0.0256	5.2876	1.3219
$S_0S_1S_1S_0$	0.0256	5.2876	1.3219
$S_0S_1S_1S_1$	0.0064	7.2877	1.8219
$S_1S_0S_0S_0$	0.1024	3.2877	0.8219
$S_1S_0S_0S_1$	0.0256	5.2876	1.3219
$S_1S_0S_1S_0$	0.0256	5.2876	1.3219
$S_1S_0S_1S_1$	0.0064	7.2877	1.8219
$S_1S_1S_0S_0$	0.0256	5.2876	1.3219
$S_1S_1S_0S_1$	0.0064	7.2877	1.8219
$S_1S_1S_1S_0$	0.0064	7.2877	1.8219
$S_1S_1S_1S_1$	0.0016	9.2877	2.3219

由式

$$H(S)-\varepsilon \leqslant \frac{I\left(S_i S_j S_k S_l\right)}{J} \leqslant H(S)+\varepsilon$$

（1）平均信息量落在

$$0.7219-0.3000=0.4219 \leqslant \frac{I\left(S_i S_j S_k S_l\right)}{4} \leqslant 0.7219+0.3000=1.0219$$

范围的序列为典型序列，对照上面的表，满足条件的序列是 $S_0S_0S_0S_1$、$S_0S_0S_1S_0$、$S_0S_1S_0S_0$ 和 $S_1S_0S_0S_0$。只有4个序列，典型序列出现的概率为

$$\begin{aligned}\sum\nolimits_{\bar{X}_J \in TS(J,\varepsilon)} P\left(\bar{X}_J\right) &= P\left(S_0S_0S_0S_1\right)+P\left(S_0S_0S_1S_0\right)+P\left(S_0S_1S_0S_0\right)+P\left(S_1S_0S_0S_0\right)\\ &=0.1024+0.1024+0.1024+0.1024=0.4096\end{aligned}$$

（2）平均信息量落在

$$0.7219-0.5000=0.2219 \leqslant \frac{I\left(S_i S_j S_k S_l\right)}{4} \leqslant 0.7219+0.5000=1.2219$$

范围的序列为典型序列，对照上面的表，满足条件的序列是 $S_0S_0S_0S_0$、$S_0S_0S_0S_1$、$S_0S_0S_1S_0$、$S_0S_1S_0S_0$ 和 $S_1S_0S_0S_0$。在这种情况下，典型序列出现的概率为

$$\begin{aligned}\sum\nolimits_{\bar{X}_J \in TS(J,\varepsilon)} P\left(\bar{X}_J\right) &= P\left(S_0S_0S_0S_0\right)+P\left(S_0S_0S_0S_1\right)+P\left(S_0S_0S_1S_0\right)+P\left(S_0S_1S_0S_0\right)+P\left(S_1S_0S_0S_0\right)\\ &=0.4096+0.1024+0.1024+0.1024+0.1024=0.8192\end{aligned}$$

非典型序列虽然有11个，但出现的概率

$$\sum\nolimits_{\bar{X}_J \notin TS(J,\varepsilon)} P\left(\bar{X}_J\right)=1-\sum\nolimits_{\bar{X}_J \in TS(J,\varepsilon)} P\left(\bar{X}_J\right)=1-0.8192=0.1808$$

此时，非典型序列虽然占据68.75%的序列组合，但其出现相对来说是小概率事件。□

若在编码时只对信源输出的典型序列进行编码 $C\left(\bar{X}_J\right)$，而对所有非典型序列均用某个码字替代，那么对于这种替代码字在译码时 $C^{-1}\left(\bar{X}_J\right)$ 会有错误。**译码错误概率**定义为

$$P_{\mathrm{E}}=P\left(\bar{X}_J' \neq \bar{X}_J\right) \tag{4.5.48}$$

定义 4.5.5（可达速率） 对于给定信源、编码速率 R 和任意 $\varepsilon>0$，若存在整数 J_0、编码 $C\left(\bar{X}_J\right)$ 和译码 $C^{-1}\left(\bar{Y}_{N_J}\right)$ 方法，使码长 $J>J_0$ 时，译码的错误概率 $P_{\mathrm{E}}<\varepsilon$，则称该编码速率 R 是**可达的**，反之就称 R 是**不可达的**。

判断一个编码速率 R 是否可达，有如下定理。

定理 4.5.2 若 $R>H(S)$，则 R 是可达的；若 $R<H(S)$，则 R 是不可达的。

证明：（1）若 $R>H(S)$，由式（4.5.9）可得码字的位数 $n_J=JR/\log_2 D$，不妨假定编码采用二进制的码元，此时有 $D=2$，由此码字的位数 $n_J=JR$，码字集中总的不同的码字个数为 $2^{n_J}=2^{JR}$，将码字集中的每个码字按照 $1,2,\cdots,2^{JR}$ 进行编号。由定理4.5.1的系2可知，对任意的 $\varepsilon>0$，可选足够大的 J，满足 $\left|T_S(J,\varepsilon)\right| \leqslant 2^{JH(S)+\varepsilon}$，由 $R>H(S)$ 的条件，显然可选择 J，使其同时满足 $\left|T_S(J,\varepsilon)\right| \leqslant 2^{JH(S)+\varepsilon}<2^{JR}$。对每个不同的典型序列，分别给予不同的码字编号，即每个典型序列与码字间可建立一一对应关系，由此典型序列不会出现译码错误。将所有的非典型序列均映射为编号为第 2^{JR} 号的码字，因此译码错误只可能会出现在非典型序列，由定理4.5.1，有 $P\left[\bar{X}_J \in T_S(J,\varepsilon)\right] \geqslant 1-\varepsilon$，又因为

$$P\left[\bar{X}_J \in T_S(J,\varepsilon)\right]+P\left[\bar{X}_J \notin T_S(J,\varepsilon)\right]=1 \tag{4.5.49}$$

由此可得

$$P\left[\bar{X}_J \notin T_S(J,\varepsilon)\right] < \varepsilon \tag{4.5.50}$$

因此，译码错误的概率

$$P_{\mathrm{E}} \leqslant P\left[\bar{X}_J \notin T_S(J,\varepsilon)\right] < \varepsilon \tag{4.5.51}$$

所以，如果 $R > H(S)$，则 R 是可达的。

（2）若 $R < H(S)$，不妨假定 $R = H(S) - 2\varepsilon$，同理，码字集中总的不同的码字个数为 $2^{n_J} = 2^{JR} = 2^{J(H(S)-2\varepsilon)}$，将码字集中的每个码字按照 $1,2,\cdots,2^{JR}$ 进行编号。因为由典型序列的定义，典型序列个数 $|T_S(J,\varepsilon)| \geqslant 2^{J(H(S)-\varepsilon)}$，如果将所有的不同码字对典型序列进行编码，最多只有 $2^{J(H(S)-2\varepsilon)}$ 个典型序列与不同的码字有一一对应关系，其与典型序列总数的比例不大于 $2^{J(H(S)-2\varepsilon)}/2^{J(H(S)-\varepsilon)}$，因此不能正确译码的概率为

$$P_{\mathrm{E}} = 1 - \frac{2^{J(H(S)-2\varepsilon)}}{2^{J(H(S)-\varepsilon)}} = 1 - 2^{-J\varepsilon} \tag{4.5.52}$$

给定任意的 $\varepsilon > 0$，可见随着 J 的增加，$P_{\mathrm{E}} \to 1$，因此显然 R 是不可达的。**证毕**。□

该定理的含义是，只有用于承载每个符号信息的平均比特数大于信源的熵，才能使译码的误差任意小。该定理还说明，若 $R > H(S)$，则存在编码方法，它只需对典型序列进行编码，只要 J 足够大，就能使译码的误差足够小。

【例 4.5.3】 二元信源的分布的信源特性仍如例 4.5.2。（1）求采用 $J=1$ 的等长二元无错编码时的编码效率；（2）若只对典型序列编码，要求误码率 $P_{\mathrm{E}} = 10^{-4}$，编码效率 $\eta = 0.9$，求所需的编码的符号码组长度 J。

解：（1）采用等长的二元无错编码 $S_1 \to 0, S_2 \to 1$，相应地有 $J=1$，$D=2$ 和 $n_J = 1$，

$$R = \frac{n_J}{J}\log D = \frac{1}{1}\log 2 = 1$$

编码效率

$$\eta = \frac{H(S)}{R} = \frac{0.722}{1} = 0.722$$

（2）由定理 4.5.1 可知，若要求编码速率 R 是可达时，应有 $R > H(S)$。不妨记 $R = H(S) + \varepsilon$，其中 $\varepsilon > 0$，则有

$$\eta = \frac{H(S)}{R} = \frac{H(S)}{H(S)+\varepsilon} = 0.9, \quad \varepsilon = \frac{0.1H(S)}{0.9} = \frac{0.1 \times 0.722}{0.9} = 0.0802$$

因为熵 $H(S)$ 表示符号的平均信息量，符号自信息量的方差为

$$\begin{aligned}\sigma_I^2 &= \sum_{i=1}^{L} p(S_i)\left[I(S_i) - H(S)\right]^2 = p(S_1)\left[\log p(S_1) - H(S)\right]^2 + p(S_2)\left[\log p(S_2) - H(S)\right]^2 \\ &= 0.8(0.322 - 0.722)^2 + 0.2(2.322 - 0.722)^2 = 0.8 \times 0.16 + 0.2 \times 2.56 = 0.64\end{aligned}$$

若只对典型序列进行编码，由式（4.5.28）有关典型序列的定义以及式（4.5.32），可得不能正确译码的概率为

$$P_{\mathrm{E}} = P\left[\left|\frac{I(\bar{X}_J)}{J} - H(S)\right| > \varepsilon\right] < \frac{\sigma_I^2}{J\varepsilon^2}$$

现已知要求 $P_{\mathrm{E}} = 10^{-4}$，并已求得 $\sigma_I^2 = 0.64$，可得

$$J = \frac{\sigma_I^2}{\delta\varepsilon^2} = \frac{0.64}{10^{-4} \times 0.0802^2} = 9.95 \times 10^5$$

可见对于本例，要将编码效率从 0.722 提高到 0.9，同时译码的错误概率不大于 $P_E = 10^{-4}$，必须以近似 10^6 为一个符号序列长度来进行编码，可见所需的缓冲空间和复杂性都很大。□

虽然通过等长编码提高编码效率并不一定实用，但通过本小节的讨论使我们可以较为深刻地了解随着分组长度 J 的变化，信源符号分组的有关统计特性。

4.5.3 离散无记忆信源的不等长编码

上一节我们讨论了离散无记忆信源的等长编码，等长编码输出码字的特点是码字的长度固定。从理论上来说，对于给定的编码性能指标，如编码效率 η、译码错误概率 P_E 等，可选择相应的等长编码参数来达到所需的要求。对于**等长编码**，典型序列集中的每个序列用**不同的码字**表示，而所有的非典型序列均用**特定的一个码字**表示。因每个码字长度相同，容易实现恒定的编码输出速率，这是等长编码的一个主要优点。但从例 4.5.3 我们看到，要实现高效率的编码，所需码字的长度往往很大,这会在实际应用中造成编码缓存空间很大和时延增大等问题。在实际系统中，大量应用的是不等长的编码方法。所谓不等长编码，是指可根据信源的统计特性，对不同的信源符号或符号组，采用不同长度的码字表示。不等长编码一般具有更高的效率。下面讨论离散无记忆信源的不等长编码。

不等长编码 不等长编码的一般规则是，对出现概率大的符号或符号组用位数较少的码字表示；而对出现概率小的符号或符号组用位数较大的码字表示。假定不等长编码与等长编码有相同的平均码字长度，因为在传送过程中大多数时间都在传输概率较大的较短码字，因此不难理解，不等长编码有更高的传输效率。不等长编码的**唯一可译性**仍由定义 4.5.1 描述。

【例 4.5.4】 设信源符号集 $\{S: S_i, i=1,2,3,4\}$ 的概率场分布为

$$\begin{matrix} S: & S_1 & S_2 & S_3 & S_4 \\ p(S): & 0.5 & 0.25 & 0.125 & 0.125 \end{matrix}$$

试根据符号概率的大小对其进行不等长编码。

解：根据信源符号集中每个符号出现的概率的不同，分别给予不同的编码长度，可分别采用如表 4.5.1 表示的码 A 和码 B 两种编码方式。

表 4.5.1 两种不等长编码的编码表

信源符号	符号概率	码 A	码 B
S_1	$P(S_1)=0.5$	0	0
S_2	$P(S_2)=0.25$	10	01
S_3	$P(S_3)=0.125$	110	011
S_4	$P(S_4)=0.125$	111	0111

因为对于码 A 和码 B，每个信源符号都有特定的不同码字与其对应，所以码 A 和码 B 均为唯一可译码。□

稍后会进一步讨论不等长编码的一般方法。

定义 4.5.6 若码中的每个码字都含有一个特定的符号用于标识一个码字的起点，则称这种码为**逗点码**。

例如，例 4.5.4 中的码 B，每个码字的起点都有“0”标识码字的起始位置，码 B 是一种逗点码，逗点码有利于码字同步，但逗点的存在会降低编码效率。

定义 4.5.7 对任一码字 $\overline{Y}_n = Y_1Y_2\cdots Y_n$，称该码字的前面 i 位 $Y_1Y_2\cdots Y_i, i \leqslant n$ 为码字 $\overline{Y}_n$ 的长为 i 的字

头或前缀。

定义 4.5.8 若码字集中任一码字都不是另一码字的字头，则称这种码为**异字头码**，或**异前缀码**。

例如，例 4.5.4 中的码 A，任一码字都不是另一码字的字头或前缀，所以码 A 是一种异字头码。异字头码译码时具有即时性，即当收到一个完整的码字后即可译码，不用担心这一码字是另一码字的字头部分。

异字头码的编码树 下面讨论异字头码的编码方法，假定采用一 D 元的码对信源符号进行编码。如图 4.5.3 所示，可以构造一棵根朝上的**倒树**，其中每个节点可以发出 D 个分支，则该树有如下特点：

（1）从根朝下，第一级有 D 个节点，第二级有 D^2 个节点，以此类推，第 r 级有 D^r 个节点。

（2）从任一节点引出的分支有 D 个，从根开始，可分别用 $0,1,2,\cdots,D-1$ 来标记。

（3）不再发出分支的节点称为**端节点**，若用端节点表示不同的信源符号，取相应的从根到该节点的标号序列为码字，则必能保证码字的异字头条件。

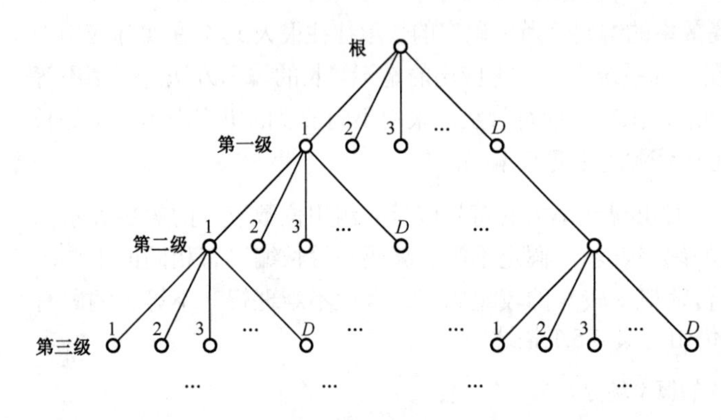

图 4.5.3 异字头码的编码树

（4）若各分支均延伸到最高级的各端点，则可构成一棵对称的树，称为**满树**，否则称为**非满树**。

异字头码的编码原则 编码时应尽可能地使码字中的任一码元载荷达到其最大的信息量 $\log_2 D$，即应使每个节点发出的 D 种分支出现的概率尽可能相等。

异字头码的编码方法 将信源符号分成尽可能等概的 D 个**子集**，与码树的第一级的 D 个节点对应；对每个子集按同样的方法又分为 D **个二级子集**，与码树的第二级节点相对应；以此类推，直至子集不能再分为止，如图 4.5.3 所示。

【例 4.5.5】 某信源的消息符号和其概率场为

$$S: \quad S_1 \quad S_2 \quad S_3 \quad S_4 \quad S_5 \quad S_6 \quad S_7 \quad S_8 \quad S_9$$
$$P(S): \quad \frac{1}{3} \quad \frac{1}{9} \quad \frac{1}{9} \quad \frac{1}{9} \quad \frac{1}{9} \quad \frac{1}{9} \quad \frac{1}{27} \quad \frac{1}{27} \quad \frac{1}{27}$$

试对该消息符号进行 $D=3$ 的**三进制码元**的异字头编码。

解： 编码的过程如下所示，其中划分过程的每一步都是将符号集或其子集划分为等概的三个子集，直至不能再划分为止，最后将每一次划分的编码依次列出，每一级的编码结果如图 4.5.4 中括号内的符号所示，对应左边的消息符号，编码得到的异字头码列在图中的最右侧。□

消息符号	符号概率 $P(S_i)$	第一次划分（编码）		第二次划分（编码）		第三次划分（编码）	码字
S_1	1/3	1/3(0)					0
S_2	1/9		1/9	1/9(0)			10
S_3	1/9	1/3(1)	1/9	1/9(1)			11
S_4	1/9		1/9	1/9(2)			12
S_5	1/9		1/9	1/9(0)			20
S_6	1/9		1/9	1/9(1)			21
S_7	1/27	1/3(2)	1/27			1/27(0)	220
S_8	1/27		1/27	1/9(2)		1/27(1)	221
S_9	1/27		1/27			1/27(2)	222

图 4.5.4 异字头码的编码树

定义 4.5.9 对具有 L 个元素的信源符号集 $\{S:S_i,i=1,2,\cdots,L\}$，若符号 S_i 用 D 元码编码后输出的码字长度为 n_i，则定义信源符号的**平均码字长度**为

$$\overline{n}=\sum_{i=1}^{L}n_i p(S_i) \tag{4.5.53}$$

【例 4.5.6】 计算例 4.5.5 的编码结果的平均码长。

解：由例 4.5.4 中的信源的统计特性和编码结果，可得下表。

符号	S_1	S_2	S_3	S_4	S_5	S_6	S_7	S_8	S_9
概率	1/3	1/9	1/9	1/9	1/9	1/9	1/27	1/27	1/27
码长	1	2	2	2	2	2	3	3	3

据此可计算平均码长如下：

$$\overline{n}=\sum_{i=1}^{9}n_i p(S_i)=\frac{1}{3}\times 1+5\times\frac{1}{9}\times 2+3\times\frac{1}{27}\times 3=\frac{48}{27}=1.78$$ □

下面介绍有关不等长编码的基本定理。

定理 4.5.3 对具有 L 个符号的信源符号集 $\{S:S_i,i=1,2,\cdots,L\}$，其相应的长度为 $n_1,n_2,n_3,\cdots,n_L$ 的 D 元异字头码存在的充要条件是如的不等式成立：

$$\sum_{i=1}^{L}D^{-n_i}\leqslant 1 \tag{4.5.54}$$

证明：充分性。设码字长度满足不等式，不失一般性，假定 $n_1\leqslant n_2\leqslant\cdots\leqslant n_L$。取第 n_1 级节点中的任一个作为端点，以 C_1 表示，作为消息 S_1 的码字。该节点作为端节点后，占去了满树中所有可能的 n_L 级节点（最高级节点）的 D^{n_1} 分之一；同理，一个 n_k 级节点作为一个码字将占去满树中的 D^{n_k} 分之一；当为最后第 L 个消息选择码字时，若有

$$D^{-n_L}\leqslant 1-\sum_{i=1}^{L-1}D^{-n_i} \tag{4.5.55}$$

就能保证在 n_L 级码树中为第 L 个符号选出一个 n_L 级端点作为码字，从而构造出以长度为 $n_1,n_2,n_3,\cdots,n_L$ 的异字头码。

必要性。设有一异字头码，各码字长度为 $n_1\leqslant n_2\leqslant\cdots\leqslant n_L$，作一 n_L 级满树，根据字头条件，可将 L 个符号与树中的某一级节点相对应，即将码字嵌入到树中，每个符号占有码树的 D^{n_k} 分之一。由字头条件可知，这 L 个码字（对应 L 个端节点）至多覆盖整个码树，因而有 $\sum_{i=1}^{L}D^{-n_i}\leqslant 1$。**证毕**。□

式（4.5.54）称为 Kraft **不等式**。

定理 4.5.4 唯一可译码必满足 Kraft 不等式 $\sum_{i=1}^{L}D^{-n_i}\leqslant 1$。

证明：若码 C 是唯一可译码，各码字 C_i 相应的码长为 n_i，$i=1,2,\cdots,L$。设 K 是任意的正整数，则下式成立：

$$\left(\sum_{i=1}^{L}D^{-n_i}\right)^K=\sum_{i_1=1}^{L}\sum_{i_2=1}^{L}\cdots\sum_{i_K=1}^{L}D^{-\left(n_{i_1}+n_{i_2}+\cdots+n_{i_L}\right)} \tag{4.5.56}$$

式中，D 为码字集中元素的个数，$n_{i_1},n_{i_2},\cdots,n_{i_L}$ 取值遍历 L 个信源符号所对应码字的长度 n_i，$i=1,2,\cdots,L$。令

$$M_i=n_{i_1}+n_{i_2}+\cdots+n_{i_L} \tag{4.5.57}$$

则 M_i 是信源所有 L 个码字组成的序列的长度。因为 $n_i, i=1,2,\cdots,L$ 中的最小值为 $n_{\min}=1$，所以 M_i 的最小值为 L；记 n_i 的最大值为 $n_{\max}$，则有

$$L \leqslant M_i \leqslant L \cdot n_{\max} \tag{4.5.58}$$

另外，在 $K \cdot L$ 个符号组成的序列中有的长度相同，记长度为 l 的序列的个数为 B_l，则式（4.5.56）可写为

$$\left(\sum_{i=1}^{L} D^{-n_i}\right)^K = \sum_{i=1}^{K^L} D^{-M_i} = \sum_{l=L}^{L\times n_{\max}} B_l D^{-l} \tag{4.5.59}$$

由 D 种不同元素的码字集构成的长度为 l 的码字序列的种数是 D^l，因为码 C 是唯一可译码，由单义可译码组成的长度为 l 的码符号序列的种数 B_l 肯定不会超过 D^l，即有

$$B_l \leqslant D^l \tag{4.5.60}$$

因为

$$\left(\sum_{i=1}^{L} D^{-n_i}\right)^K = \sum_{l=L}^{L\times n_{\max}} B_l D^{-l} \leqslant \sum_{l=L}^{L\times n_{\max}} D^l D^{-l} = \sum_{l=L}^{L\times n_{\max}} 1 \leqslant L \cdot n_{\max} \tag{4.5.61}$$

所以有

$$\sum_{i=1}^{L} D^{-n_i} \leqslant \left(L \cdot n_{\max}\right)^{1/K} \tag{4.5.62}$$

上式对任意的正整数 K 均成立，当 $K \to \infty$ 时，有

$$\lim_{K\to\infty}\left(L \cdot n_{\max}\right)^{1/K} \to 1 \tag{4.5.63}$$

所以有 $\sum_{i=1}^{L} D^{-n_i} \leqslant 1$。**证毕。**□

（定理 4.5.4）系　任一唯一可译码可用相应的码字长度一样的异字头码代替。

证明：由定理 4.5.4，任一唯一可译码满足 Kraft 不等式，又由定理 4.5.4，满足 Kraft 不等式是异字头码存在的充要条件。由此，任一唯一可译码可用相应的码字长度一样的异字头码代替，而不改变该码的任何性质。证毕。□

定理 4.5.5（不等长编码定理）

（1）若 D 是组成码字的元素的个数，则任一唯一可译码的平均码长满足

$$\bar{n} \geqslant \frac{H(S)}{\log D} \tag{4.5.64}$$

（2）存在有 D 元的可译码，其平均长度

$$\bar{n} < \frac{H(S)}{\log D} + 1 \tag{4.5.65}$$

证明：（1）因为

$$\begin{aligned} H(S) - \bar{n}\log D &= -\sum_{i=1}^{L} P(S_i)\log P(S_i) - \left(\sum_{i=1}^{L} P(S_i) n_i\right)\log D \\ &= \sum_{i=1}^{L} P(S_i)\log\frac{D^{-n_i}}{P(S_i)} \leqslant \log \mathrm{e}\sum_{i=1}^{L} P(S_i)\left(\frac{D^{-n_i}}{P(S_i)} - 1\right) \\ &= \log \mathrm{e}\left(\sum_{i=1}^{L} D^{-n_i} - 1\right) \end{aligned} \tag{4.5.66}$$

其中不等号成立利用了对数关系式 $\ln x \leqslant x-1$。又因为码是唯一可译码，由定理 4.5.4，有 $\sum_{i=1}^{L} D^{-n_i}-1 \leqslant 0$，因此从式（4.5.66）可得 $H(S)-\bar{n}\log D \leqslant 0$，即有

$$\bar{n} \geqslant \frac{H(S)}{\log D}$$

当满足 $P(S_i)=D^{-n_i}, i=1,2,\cdots,L$ 时，由

$$\sum_{i=1}^{L} P(S_i)=1 \rightarrow \sum_{i=1}^{L} D^{-n_i}=1 \tag{4.5.67}$$

此时式（4.5.64）的等号成立。

（2）给定信源符号集及分布 $\{S: S_i, P(S_i), i=1,2,\cdots,L\}$，选 n_i 使其满足不等式

$$D^{-n_i} \leqslant P(S_i) < D^{-(n_i-1)}, \quad i=1,2,\cdots,L \tag{4.5.68}$$

对左边的不等式求和得

$$\sum_{i=1}^{L} D^{-n_i} \leqslant \sum_{i=1}^{L} P(S_i)=1 \tag{4.5.69}$$

由定理 4.5.3，存在码长为 $n_{i_1}, n_{i_2}, \cdots, n_{i_L}$ 的 D 元异字头码。对式（4.5.68）右边的不等式先取对数，然后做统计平均得

$$\sum_{i=1}^{L} P(S_i)\log P(S_i) < \sum_{i=1}^{L} P(S_i)\log D^{-(n_i-1)} = -\sum_{i=1}^{L} P(S_i)(n_i-1)\log D \tag{4.5.70}$$

整理后即得

$$H(S) < -\bar{n}\log D+\log D \quad \rightarrow \quad \bar{n} < \frac{H(S)}{\log D}+1 \tag{4.5.71}$$

证毕。□

多个符号的不等长联合编码 下面进一步讨论 J 个符号构成的符号序列分组的联合编码，假定信源符号集及分布仍为 $\{S: S_i, P(S_i), i=1,2,\cdots,L\}$，编码输出仍为由 D 元的集构成的码字。此时，编码可视为对信源 $\{\bar{X}_J: \bar{x}_i, i=1,2,\cdots,J^L\}$ 进行不等长编码。若记某个符号序列分组 $\bar{x}_i \in \{\bar{X}_J\}$ 的编码长度为 $n(\bar{x}_i)$，$\{\bar{X}_J\}$ 的平均编码长度为 $\bar{n}(\bar{X}_J)$，则

$$\bar{n}(\bar{X}_J)=\sum_{\bar{x}_i \in \{\bar{X}_J\}} n(\bar{x}_i)P(\bar{x}_i) \tag{4.5.72}$$

若记 $\{\bar{X}_J: \bar{x}_i, i=1,2,\cdots,J^L\}$ 的熵为 $H(\bar{X}_J)$。则由定理 4.5.5，有

$$\bar{n}(\bar{X}_J) \geqslant \frac{H(\bar{X}_J)}{\log_2 D} \tag{4.5.73}$$

和

$$\bar{n}(\bar{X}_J) \leqslant \frac{H(\bar{X}_J)}{\log_2 D}+1 \tag{4.5.74}$$

定义 4.5.10 对 J 个信源符号进行不等长联合编码时，平均一个信源符号的编码长度定义为

$$\bar{n}_1=\frac{\bar{n}(\bar{X}_J)}{J} \tag{4.5.75}$$

由式（4.5.73）和式（4.5.74），可得

$$\overline{n}_1=\frac{\overline{n}\left(\overline{X}_J\right)}{J}\geqslant\frac{H\left(\overline{X}_J\right)}{J\log_2 D}\tag{4.5.76}$$

和

$$\overline{n}_1=\frac{\overline{n}\left(\overline{X}_J\right)}{J}\leqslant\frac{H\left(\overline{X}_J\right)}{J\log_2 D}+\frac{1}{J}\tag{4.5.77}$$

由此可见，与多个信源符号的联合等长编码一样，多个符号的不等长联合编码也同样有利于提高编码效率。

离散信源的 J 个信源符号的联合编码，可视为一种由离散无记忆信源 $\left\{S:S_i,P\left(S_i\right),i=1,2,\cdots,L\right\}$ 扩展而成的一个新的离散无记忆信源 $\left\{\overline{S}_J;P\left(\overline{S}_J\right)\right\}$ 的编码，其中符号 $\overline{S}_J$ 的含义与符号 $\overline{X}_J$ 的含义相同。可以证明（见习题 4.24），$\left\{\overline{S}_J;P\left(\overline{S}_J\right)\right\}$ 的熵满足关系

$$H\left(\overline{S}_J\right)=J\cdot H\left(S\right)\tag{4.5.78}$$

由式（4.5.76）和式（4.5.77），可得

$$\frac{H\left(S\right)}{\log_2 D}\leqslant\overline{n}_1\leqslant\frac{H\left(S\right)}{\log D}+\frac{1}{J}\tag{4.5.79}$$

比较式（4.5.65）和式（4.5.79），扩展而成的新的离散无记忆信源 $\left\{\overline{S}_J;P\left(\overline{S}_J\right)\right\}$ 编码有利于提高编码效率。随着 J 的增大，有

$$\lim_{J\to\infty}\overline{n}_1=\frac{H\left(S\right)}{\log D}\tag{4.5.80}$$

定义 4.5.11 不等长码的**编码速率**定义为

$$R=\overline{n}_1\log D\tag{4.5.81}$$

式中，$\overline{n}_1$ 是平均每个**信源符号**编码时所需的**码元**的个数，$\log D$ 是每个码元可能携带的最大信息量，编码速率的物理意义是 $\overline{n}_1$ 个码元可携带的最大信息量。

不等长编码定理（定理 4.5.5）和式（4.5.79）表明，对于给定的 $\varepsilon>0$，若编码速率满足

$$H\left(S\right)\leqslant R\leqslant H\left(S\right)+\varepsilon\tag{4.5.82}$$

则存在唯一可译的不等长码；反之，若

$$R<H\left(S\right)\tag{4.5.83}$$

则不存在唯一可译的不等长码。

定义 4.5.12 不等长码的**编码效率**定义为

$$\eta=\frac{H\left(S\right)}{R}\tag{4.5.84}$$

根据编码速率的物理意义，**编码效率**表示的是每个信源符号平均信息量与编码所需的平均码字符号可携带最大信息量的比值。显然，该比值越接近 1，说明码字符号携带信息的能力得到越充分的利用，因而效率越高。

【例 4.5.7】 某离散无记忆信源的消息符号和其概率场为

$$
\begin{matrix} S: & S_1 & S_2 \\ P(S): & \dfrac{3}{4} & \dfrac{1}{4} \end{matrix}
$$

试分析对其采用 $D=2$ 的码字进行单个符号编码和两个符号的联合编码时的平均码长与编码效率。

解：信源的熵为 $H(S)=-\frac{3}{4}\log\frac{3}{4}-\frac{1}{4}\log\frac{1}{4}=0.811$。

（1）若将输出的码元记为 $\{0,1\}$，对单个信源符号进行编码

$$
S_1 \to 0,\quad n_1=1;\qquad S_2 \to 1,\quad n_2=1
$$

平均码长

$$
\overline{n}=1\times\frac{3}{4}+1\times\frac{1}{4}=1
$$

编码速率

$$
R=\overline{n}\log D=1\times\log 2=1
$$

编码效率

$$
\eta=\frac{H(S)}{R}=\frac{0.811}{1}=0.811
$$

（2）若对每两个信源符号进行联合编码

消息符号序列	概率 $P(S_iS_j)$	第一次划分（编码）	第二次划分（编码）	第三次划分（编码）	码字	码长
S_1S_1	(3/4)(3/4)=9/16	(0)			0	n_1=1
S_1S_2	(3/4)(1/4)=3/16	(1)	(0)		10	n_2=2
S_2S_1	(3/4)(1/4)=3/16	(1)	(1)	(0)	110	n_3=3
S_2S_2	(1/4)(1/4)=1/16	(1)	(1)	(1)	111	n_4=3

符号序列平均码长

$$
\overline{n}\left(\overline{S}_J\right)=1\times\frac{9}{16}+2\times\frac{3}{16}+3\times\frac{3}{16}+3\times\frac{1}{16}=\frac{27}{16}
$$

平均每个符号的编码长度

$$
\overline{n}_1=\frac{\overline{n}\left(\overline{S}_J\right)}{J}=\frac{27/16}{2}=\frac{27}{32}
$$

编码速率

$$
R=\overline{n}_1\log D=\frac{27}{32}\times\log 2=\frac{27}{32}
$$

编码效率

$$
\eta=\frac{H(S)}{R}=\frac{0.811}{27/32}=0.961
$$

可见，对信源符号进行联合编码使编码效率得到了提高。□

到此，我们较深入地介绍了信源的等长与不等长编码的基本定义、定理和有关的方法，为深入研究信源编码奠定了基础。

4.5.4　霍夫曼编码

上一节讨论了不等长异字头码编码的构造方法，这种方法还不能保证在编码效率上的最佳性。本

节介绍霍夫曼（Huffman）1952 年提出的一种获得广泛应用的**最佳的不等长编码**方法，首先给出霍夫曼编码的步骤，由此可了解到霍夫曼编码的基本特点，然后再介绍相关的定理及其性质。

霍夫曼编码实现步骤　信源符号集及分布仍记为 $\{S:S_i,P(S_i),i=1,2,\cdots,L\}$（简记为 $\{S\}$），其中 $\sum_{i=1}^{L}P(S_i)=1$。构成编码后输出码字的码元集为 $\{C:C_i,i=1,2,\cdots,D\}$，并假设有 $D\leqslant L$。下面首先讨论对单个信源符号 $\{S:S_i,i=1,2,\cdots,L\}$ 编码的步骤：

（1）把 L 个信源符号 $S_1,S_2,S_3,\cdots,S_L$ 按其出现概率 $P(S_i)$ 的大小，以递减顺序进行排列。

（2）用码字集中的符号 $C_1,C_2,C_3,\cdots,C_D$ 分别代表概率最小的 D 个信源符号；然后将这 D 个符号合并成一个新的符号，其概率为这 D 个符号的概率之和，从而得到一个包含 $L-D+1$ 个符号的新信源集，称为其信源 $\{S\}$ 的**第一次缩减信源** $\{S^{(1)}\}$。

（3）把 $\{S^{(1)}\}$ 符号仍按照其概率的大小，以递减的次序排列，其中 D 个概率最小的符号以前面（2）的同样方式，用码字集中的符号 $C_1,C_2,C_3,\cdots,C_D$ 表示，同样将这 D 个符号合并成一个新符号，形成含有 $(L-D+1)-D+1=L-2(D-1)$ 个符号的**第二次缩减信源** $\{S^{(2)}\}$。

（4）按照上述方法不断缩减，每次缩减减少的符号数为 $D-1$ 个，第 k 次缩减后的信源 $\{S^{(k)}\}$ 含有的符号数为 $L-k(D-1)$，若 $\{S^{(k)}\}$ 的符号个数仍大于 D，则缩减继续进行。

（5）若经过 a 次缩减后信源的符号数 $L-a(D-1)=D$，即信源刚好剩下 D 个符号，将最后这 D 个符号分别用 $C_1,C_2,C_3,\cdots,C_D$ 表示。

（6）从最后一级缩减开始，沿着码字符号授予的路线，向前返回，即可得到信源各符号对应的码字，完成编码过程。

（7）若经过 a 次缩减后信源的符号数 $L-a(D-1)<D$，设 $m=D-[L-a(D-1)]$，显然有 $m<D$。则在原来未编码的 L 个信源符号集中概率最小的符号前增加 m 个**概率为零**的**虚假信源符号** $S_1',S_2',\cdots,S_m'$；$P(S_1')=P(S_2')=\cdots=P(S_m')=0$。这个新定义的信源符号个数为

$$Q=L+m=L+\{D-[L-a(D-1)]\}=a(D-1)+D \tag{4.5.85}$$

（8）对新定义的信源集 $S_1',S_2',\cdots,S_m'$，$S_1,S_2,S_3,\cdots,S_L$ 重新进行编码，当缩减过程进行到第 a 次时，增加了虚假信源符号后的、新定义的信源符号集含有的符号个数必定恰好为 D 个，将最后这 D 个符号分别用 $C_1,C_2,C_3,\cdots,C_D$ 表示；此时按步骤（6）得到 $L+m$ 个对信源符号编码输出的码字，其中 L 个是所需的码字，到此完成编码过程。

下面通过例子来说明编码过程具体如何实现。

【例 4.5.8】　设某信源 $\{S\}$ 的符号空间和其概率场为

$$\begin{array}{ccccccc} S_i: & S_1 & S_2 & S_3 & S_4 & S_5 & S_6 \\ P(S_i): & 0.24 & 0.20 & 0.18 & 0.16 & 0.14 & 0.08 \end{array}$$

试用码元集 $\{C:0,1,2\}$ 对信源 $\{S\}$ 的进行霍夫曼编码。

解： 首先估计是否要对信源空间进行增加虚假符号的改造，已知 $L=6$，$D=3$。尝试取 $a=2$，因为

$$L-a(D-1)=6-2(3-1)=2<D=3$$

所以需要增加虚假符号，增加的数目为

$$m=D-[L-a(D-1)]=3-[6-2(3-1)]=1$$

经改造后的符号空间为

$$
\begin{array}{lccccccc}
S_i: & S_1 & S_2 & S_3 & S_4 & S_5 & S_6 & S_1' \\
P(S_i): & 0.24 & 0.20 & 0.18 & 0.16 & 0.14 & 0.08 & 0
\end{array}
$$

编码过程如下：

码字	消息符号	符号概率$P(S_i)$		$S^{(1)}$		$S^{(2)}$	
						0.54	(0)
				0.24		0.24	(1)
C_1：1	S_1	0.24		0.22		0.22	(2)
C_2：00	S_2	0.20		0.20	(0)		
C_3：01	S_3	0.18		0.18	(1)		
C_4：02	S_4	0.16		0.16	(2)		
C_5：20	S_5	0.14	(0)				
C_6：21	S_6	0.08	(1)				
C_7：22	S'_1	0	(2)				

其中码字 C_7 是与虚假信源符号对应的码字，在实际的传输过程中不会出现。编码输出的平均码长

$$
\begin{aligned}
\overline{n} &= 1\times0.24+2\times0.20+2\times0.18+2\times0.16+2\times0.14+2\times0.08 \\
&= 1.76(\text{码字符号}/\text{信源符号})
\end{aligned}
$$
□

【例 4.5.9】　信源 $\{S\}$ 的符号空间及分布仍如上例，试分析若不加入虚假符号，编码结果有什么变化。

解：编码过程如下：

码字	消息符号	符号概率$P(S_i)$		$S^{(1)}$		$S^{(2)}$	
						0.62	(1)
				0.38		0.38	(2)
C_1：10	S_1	0.24		0.24	(0)		
C_2：11	S_2	0.20		0.20	(1)		
C_3：12	S_3	0.18		0.18	(2)		
C_4：20	S_4	0.16	(0)				
C_5：21	S_5	0.14	(1)				
C_6：22	S_6	0.08	(2)				

平均码长

$$
\begin{aligned}
\overline{n} &= 2\times0.24+2\times0.20+2\times0.18+2\times0.16+2\times0.14+2\times0.08 \\
&= 2(\text{码字符号}/\text{信源符号})
\end{aligned}
$$
□

由上面两个例子可见，通过增加虚假的字符，可以减少码字的平均码长，从而提高编码的有效性。这是因为在需要增加虚假符号的场合，可以更为充分地利用短码，把较长的码字留给不会出现的虚假符号，把短码留给概率大的信源符号。在上面两例我们还可看到，概率越小的符号，概率合并的次数越多，从而经过编码的环节越多。最后的结果是，概率越大的符号，其码字长度相对越短，显然这是我们期待的结果。

码字长度的**均匀性**通常也是编码时需要考虑的一个因素。对于随机变量，我们通常用方差来反映其偏离均值的程度。码长的均匀性也可用其“方差”的大小来反映。

定义 4.5.13　码字长度的**方差**定义为

$$
\sigma_{\mathrm{C}}^2 = E\left[(n_i-\overline{n})^2\right] = \sum_{i=1}^{L} P(S_i)(n_i-\overline{n})^2 \tag{4.5.86}
$$

式中，$\overline{n}=\sum_{i=1}^{L} n_i P(S_i)$，$n_i$ 是符号 S_i 编码后的码字长度。

下面通过一个例子说明在霍夫曼编码过程中排序不同对码长方差的影响。

【例 4.5.10】 设某信源$\{S\}$的符号空间为

$$\begin{matrix} S_i: & S_1 & S_2 & S_3 & S_4 & S_5 \\ P(S_i): & 0.4 & 0.2 & 0.2 & 0.1 & 0.1 \end{matrix}$$

试分析用码元集$\{C:0,1\}$对信源$\{S\}$的每个符号进行编码时排序不同对码长的影响。

解：（1）编码实现方法 A

码字	消息符号	符号概率$P(S_i)$	$S^{(1)}$	$S^{(2)}$	$S^{(3)}$
					0.6 (0)
C_1：1	S_1	0.4	0.4	0.4	0.4 (1)
C_2：01	S_2	0.2	0.2	0.4 (0)	
C_3：000	S_3	0.2	0.2 (0)	0.2 (1)	
C_4：0010	S_4	0.1 (0)	0.2 (1)		
C_5：0011	S_5	0.1 (1)			

平均码长

$$\overline{n}_A = 1\times0.4+2\times0.2+3\times0.2+4\times0.1+4\times0.1 = 2.2(\text{码字符号/信源符号})$$

码长的方差

$$\begin{aligned}\sigma_A^2 &= \sum_{i=1}^{5} P(S_i)(n_i-\overline{n})^2 \\ &= 0.4\times(1-2.2)^2+0.2\times(2-2.2)^2+0.2\times(3-2.2)^2+0.1\times(4-2.2)^2+0.1\times(4-2.2)^2 \\ &= 1.36\end{aligned}$$

（2）编码实现方法 B

码字	消息符号	符号概率$P(S_i)$	$S^{(1)}$	$S^{(2)}$	$S^{(3)}$
					0.6 (0)
				0.4	0.4 (1)
C_1：00	S_1	0.4	0.4	0.4 (0)	
			0.2	0.2 (1)	
C_2：10	S_2	0.2	0.2 (0)		
C_3：11	S_3	0.2	0.2 (1)		
C_4：010	S_4	0.1 (0)			
C_5：011	S_5	0.1 (1)			

方法 A 与方法 B 不同的是，在缩减信源符号的过程中，把合并后的概率值放在所有的等值概率之上。平均码长

$$\overline{n}_B = 2\times0.4+2\times0.2+2\times0.2+3\times0.1+3\times0.1 = 2.2(\text{码字符号/信源符号})$$

此时，平均码长没有变化，而码长的方差

$$\begin{aligned}\sigma_B^2 &= \sum_{i=1}^{5} P(S_i)(n_i-\overline{n})^2 \\ &= 0.4\times(2-2.2)^2+0.2\times(2-2.2)^2+0.2\times(3-2.2)^2+0.1\times(3-2.2)^2+0.1\times(3-2.2)^2 \\ &= 0.16\end{aligned}$$

显然，有$\sigma_B^2 \ll \sigma_A^2$，即由方法 B 得到的码字序列更为均匀，这有利于与特定的传输速率匹配。□

从上面的两个示例可得到如下**结论**：在霍夫曼编码过程中，在对缩减信源概率重新排列时，应使合并得到的**局部概率和**，尽量处于相同概率值中的最高位置，这样可以使得合并元素重复编码的次数减少，有利于降低码字长度的方差，使得码字长度更为均匀。

霍夫曼编码的特点 霍夫曼编码方法保证了概率大的信源符号对应较短的码字，概率小的信源符号对应较长的码字。另外，在需要加入虚假信源符号的场合，可使得所有短码都得到充分利用。下面的定理保证了霍夫曼码是最佳的不等长码。

定理 4.5.6　霍夫曼码是最佳的不等长码。

证明：(1) 根据霍夫曼码编码的步骤，最后一步得到的第 a 次缩减信源 $\left\{S^{(a)}\right\}$ 必然只有 D 个符号，且概率之和仍然等于 1。D 个码字分别只授予缩减信源 $\left\{S^{(a)}\right\}$ 中的 D 个符号，所以 $\left\{S^{(a)}\right\}$ 对应的唯一可译码 $\left\{C^{(a)}\right\}$ 的平均码长 $\overline{n}(a)$ 一定等于 1，$\overline{n}(a)=1$ 的唯一可译码当然就是最佳码。

(2) 下面进一步证明，若在霍夫曼码编码过程中，对某一缩减信源 $\left\{S^{(k)}\right\}$ 已经找到一最佳码 $\left\{C^{(k)}\right\}$，则按霍夫曼码编码方法对 $\left\{S^{(k)}\right\}$ 前一个缩减信源 $\left\{S^{(k-1)}\right\}$ 构造的码一定是最佳码。设对缩减信源 $\left\{S^{(k)}\right\}$ 所得最佳码 $\left\{C^{(k)}\right\}$ 的平均码长为 $\overline{n}(k)$，$\left\{S^{(k)}\right\}$ 中的某一符号 $S_i^{(k)}$ 是由前一缩减信源 $\left\{S^{(k-1)}\right\}$ 中概率最小的 D 个符号合并而来的，不妨设其为

$$\begin{matrix} S_1^{(k-1)} & S_2^{(k-1)} & \cdots & S_D^{(k-1)} \\ P\left(S_1^{(k-1)}\right) & P\left(S_2^{(k-1)}\right) & \cdots & P\left(S_D^{(k-1)}\right) \end{matrix}, \quad \sum_{j=1}^{D} P\left(S_j^{(k-1)}\right)=P\left(S_i^{(k)}\right) \tag{4.5.87}$$

设有缩减信源 $\left\{S^{(k-1)}\right\}$，根据霍夫曼编码方法，得到码 $\left\{C^{(k-1)}\right\}$，平均码长为 $\overline{n}(k-1)$。由于在 $\left\{C^{(k-1)}\right\}$ 中，除了上面的 D 个符号比 $\left\{C^{(k)}\right\}$ 中的其他符号多一位 D 进制的符号外，其余的码字都相同，因此有

$$\begin{aligned} \overline{n}(k-1) &= \overline{n}(k)+\left[1\times P\left(S_1^{(k-1)}\right)+1\times P\left(S_2^{(k-1)}\right)+\cdots+1\times P\left(S_D^{(k-1)}\right)\right] \\ &= \overline{n}(k)+P\left(S_1^{(k-1)}\right)+P\left(S_2^{(k-1)}\right)+\cdots+P\left(S_D^{(k-1)}\right) \end{aligned} \tag{4.5.88}$$

现需证明，若 $\overline{n}(k)$ 是缩减信源 $\left\{S^{(k)}\right\}$ 的唯一可译码中的最小平均码长，则上式对应的 $\overline{n}(k-1)$ 是缩减信源 $\left\{S^{(k-1)}\right\}$ 的唯一可译码中的最小平均码长。用反证法：假如找到另一**非**霍夫曼唯一可译码 $\left\{C'^{(k-1)}\right\}$ 是缩减信源 $\left\{S^{(k-1)}\right\}$ 的最佳码，有更小的平均码长 $\overline{n}'(k-1)$，即

$$\overline{n}'(k-1)<\overline{n}(k-1) \tag{4.5.89}$$

其码字为

$$C_1'^{(k-1)},C_2'^{(k-1)},C_3'^{(k-1)},\cdots;C'^{(k-1)}_{L-(k-1)(D-1)-(D-1)},C'^{(k-1)}_{L-(k-1)(D-1)-(D-2)},\cdots,C'^{(k-1)}_{L-(k-1)(D-1)} \tag{4.5.90}$$

码字的下标是码字的序号，共有 $L-(k-1)(D-1)$ 个码字，这是因为 L 个符号经过 $k-1$ 次缩减后减少了 $(k-1)(D-1)$ 符号数，相应地码字长度为

$$n_1'^{(k-1)},n_2'^{(k-1)},n_3'^{(k-1)},\cdots;n'^{(k-1)}_{L-(k-1)(D-1)-(D-1)},n'^{(k-1)}_{L-(k-1)(D-1)-(D-2)},\cdots,n'^{(k-1)}_{L-(k-1)(D-1)} \tag{4.5.91}$$

再假设这些码字的排列次序是按照码字出现概率递减的次序，则有

$$n_1'^{(k-1)}\leqslant n_2'^{(k-1)}\leqslant n_3'^{(k-1)}\leqslant\cdots\leqslant n'^{(k-1)}_{L-(k-1)(D-1)-(D-1)}\leqslant n'^{(k-1)}_{L-(k-1)(D-1)-(D-2)}\leqslant\cdots\leqslant n'^{(k-1)}_{L-(k-1)(D-1)} \tag{4.5.92}$$

将式（4.5.90）中最后的 D 个概率最小的码字合并为一个码字，与式（4.5.88）类似，此时有

$$\begin{aligned} \overline{n}'(k-1) &= \overline{n}'(k)+\left[1\times P\left(C'^{(k-1)}_{L-(k-1)(D-1)-(D-1)}\right)+1\times P\left(C'^{(k-1)}_{L-(k-1)(D-1)-(D-2)}\right)+\cdots+P\left(C'^{(k-1)}_{L-(k-1)(D-1)}\right)\right] \\ &= \overline{n}'(k)+\left[P\left(S_1^{(k-1)}\right)+P\left(S_2^{(k-1)}\right)+\cdots+P\left(S_D^{(k-1)}\right)\right] \end{aligned} \tag{4.5.93}$$

比较式（4.5.88）和式（4.5.93），由 $\overline{n}'(k-1)<\overline{n}(k-1)$ 可导出

$$\overline{n}'(k)<\overline{n}(k) \tag{4.5.94}$$

这与 $\overline{n}(k)$ 是缩减信源 $\left\{S^{(k)}\right\}$ 的唯一可译码中的最小平均码长的假设矛盾，说明由霍夫曼编码法获得缩

减信源$\left\{S^{(k-1)}\right\}$的平均码长$\bar{n}(k-1)$是最小的。以此类推，由霍夫曼编码法获得缩减信源$\left\{S^{(k-2)}\right\}$的平均码长$\bar{n}(k-2)$也是最小的。即由霍夫曼编码法获得每一步的缩减信源的平均码长都是最小的，因此有定理的结论。**证毕**。□

多个符号的霍夫曼联合编码 与上一节多个符号的不等长联合编码的情形类似，我们也可对J个符号构成的符号序列组进行霍夫曼联合编码，此时符号序列组可视为由$\left\{S: S_i, P(S_i), i=1,2,\cdots,L\right\}$扩展而成的信源$\left\{\bar{S}_J; P(\bar{S}_J)\right\}$的输出。同理，采用多个符号的霍夫曼联合编码可使原信源的每个符号的平均码长更容易接近理想的平均码长下限$H(S)/\log D$。

4.6 信道编码的基本概念与方法

4.6.1 离散无记忆信道的转移矩阵与后验概率矩阵

数字通信系统本质上是一个离散系统，如图 4.6.1 所示，从有限个元素的信源符号集$\{X\}$发出特定的符号序列，经过信道编码得到码字集$\{C\}$。码字序列被发送到信道，接收端则从信道中接收到码字序列$\{R\}$。码字集$\{R\}$与码字集$\{C\}$包含相同的元素，接收的序列有可能因为在传输过程中出错而与原来发送序列有所不同。

图 4.6.1 信道模型

本节主要研究离散无记忆信道，对于有噪非理想的信道，传输有可能出现错误，因此信道的输入和输出不再一定是一一对应的关系。这里与 4.3 节中讨论的编码有所不同的是，此时考虑的信道是有噪的非理想信道。假定发送码字集$\{C\}$的统计特性可以表示为

$$\begin{matrix} C \\ P(C) \end{matrix}:\begin{pmatrix} c_1 & c_2 & \cdots & c_M \\ p(c_1) & p(c_2) & \cdots & p(c_M) \end{pmatrix} \tag{4.6.1}$$

$\{C\}$的分布特性也称**先验概率**。接收码字集的$\{R\}$的统计特性可以表示为

$$\begin{matrix} R \\ P(R) \end{matrix}:\begin{pmatrix} r_1 & r_2 & \cdots & r_N \\ p(r_1) & p(r_2) & \cdots & p(r_N) \end{pmatrix} \tag{4.6.2}$$

因为$\left\{C: c_i, i=1,2,\cdots,M\right\}$与$\left\{R: r_j, j=1,2,\cdots,N\right\}$均是有限个元素的码字集，因此信道的特性可以用信道**转移概率矩阵**来描述：

$$\boldsymbol{P}(R/C)=\begin{bmatrix} p(r_1/c_1) & p(r_2/c_1) & \cdots & p(r_N/c_1) \\ p(r_1/c_2) & p(r_2/c_2) & \cdots & p(r_N/c_2) \\ \vdots & \vdots & \ddots & \vdots \\ p(r_1/c_M) & p(r_2/c_M) & \cdots & p(r_N/c_M) \end{bmatrix} \tag{4.6.3}$$

因为

$$p(c_i/r_j)=\frac{p(c_i)p(r_j/c_i)}{p(r_j)}=\frac{p(c_i)p(r_j/c_i)}{\sum_{i=1}^{M}p(c_i)p(r_j/c_i)},\ i=1,2,\cdots,M; j=1,2,\cdots,N \tag{4.6.4}$$

因此，如果已知发送码字的先验概率 $p(c_i), i=1,2,\cdots,M$ 和信道的转移概率，就可以得到所谓的**后验概率矩阵**

$$\boldsymbol{P}(C/R)=\begin{bmatrix} p(c_1/r_1) & p(c_2/r_1) & \cdots & p(c_M/r_1) \\ p(c_1/r_2) & p(c_2/r_2) & \cdots & p(c_M/r_2) \\ \vdots & \vdots & \ddots & \vdots \\ p(c_1/r_N) & p(c_2/r_N) & \cdots & p(c_M/r_N) \end{bmatrix} \tag{4.6.5}$$

以及 $\{R\}$ 的分布特性

$$p(r_j)=\sum_{i=1}^{M} p(c_i)p(r_j/c_i) \quad j=1,2,\cdots,N \tag{4.6.6}$$

由此可见，若已知 $\{C\}$ 的**先验概率** $p(c_i), i=1,2,\cdots,M$ 和信道**转移概率矩阵** $\boldsymbol{p}(r_j/c_i)$，**后验概率矩阵** $\boldsymbol{p}(c_i/r_j)$ 和 $\{R\}$ 的分布特性就完全确定。对于接收端的信道译码器来说，需要根据接收到的信息，确定译码的规则，以最大限度地正确恢复发送的码字序列。

译码规则和其对译码性能的影响 下面通过一个简单的例子来说明，不同译码规则的选择对于译码性能的影响很大。

【例 4.6.1】 设发送的码字集为 $\{C:0,1\}$，假定先验等概 $p(c_1)=p(c_2)=0.5$；接收的码字集为 $\{R:0,1\}$，若两个**二元对称信道**（Binary Symmetrical Channel，BSC）的转移概率矩阵分别为

（1）$\boldsymbol{p}(r_j/c_i)_1=\begin{bmatrix} 0.8 & 0.2 \\ 0.2 & 0.8 \end{bmatrix}$，（2）$\boldsymbol{p}(r_j/c_i)_2=\begin{bmatrix} 0.2 & 0.8 \\ 0.8 & 0.2 \end{bmatrix}$

时，试分析不同的译码规则对译码性能的影响。

解：将译码函数记为 $D(r_j)=c_i$，$i=1,2; j=1,2$。有如下 4 种可能的译码规则：

（1）$\begin{cases} D(0)=0 \\ D(1)=0 \end{cases}$；（2）$\begin{cases} D(0)=0 \\ D(1)=1 \end{cases}$；（3）$\begin{cases} D(0)=1 \\ D(1)=0 \end{cases}$；（4）$\begin{cases} D(0)=1 \\ D(1)=1 \end{cases}$

（1）对于转移概率矩阵为 $\boldsymbol{p}(r_j/c_i)_1$ 的信道：

（a）对于译码规则 1：发送“0”时，一定不会出错，而发送“1”时，一定出错，因此误码率为 $P_{\mathrm{E}}=p(1)=0.5$，错误概率也可以表示为

$$P_{\mathrm{E}}=p(1)p(0/1)+p(1)p(1/1)=0.5(0.2+0.8)=0.5$$

（b）对于译码规则 2：由先验概率和信道的转移概率矩阵，其错误概率为

$$P_{\mathrm{E}}=p(0)p(1/0)+p(1)p(0/1)=0.5\times0.2+0.5\times0.2=0.2$$

（c）对于译码规则 3：由先验概率和信道的转移概率矩阵，其错误概率为

$$P_{\mathrm{E}}=p(0)p(0/0)+p(1)p(1/1)=0.5\times0.8+0.5\times0.8=0.8$$

（d）对于译码规则 4：发送“0”时，一定会出错，而发送“1”时，一定不会出错，因此误码率为 $P_{\mathrm{E}}=p(0)=0.5$，此时的错误概率也可以表示为

$$P_{\mathrm{E}}=p(0)p(0/0)+p(0)p(1/0)=0.5(0.8+0.2)=0.5$$

可见采用译码规则（2）时，出错的概率最小。

（2）同理，对于转移概率矩阵为 $\boldsymbol{p}(r_j/c_i)_2$ 的信道：

（a）对于译码规则 1：$P_{\mathrm{E}}=p(1)p(0/1)+p(1)p(1/1)=0.5(0.8+0.2)=0.5$

（b）对于译码规则2：$P_E = p(0)p(1/0) + p(1)p(0/1) = 0.5\times0.8 + 0.5\times0.8 = 0.8$

（c）对于译码规则3：$P_E = p(0)p(0/0) + p(1)p(1/1) = 0.5\times0.2 + 0.5\times0.2 = 0.2$

（d）对于译码规则4：$P_E = p(0)p(0/0) + p(0)p(1/0) = 0.5(0.2 + 0.8) = 0.5$

可见此时采用译码规则（3）时，出错的概率最小。□

从上面的例子，可以得到**两点启示**：（1）给定发送码字的统计特性和信道的特性（信道转移概率矩阵），不同的译码规则对误码率的影响很大；（2）给定发送码字的统计特性，对不同的信道的特性，要使出错的概率达到最小，需要采用不同的译码规则。

4.6.2 最大后验概率译码准则

假定已知系统的后验概率矩阵 $\boldsymbol{p}(c_i/r_j)$，若发送的码字为 c_i，收到码字 r_j 后，译码输出的码字为 $D(r_j)=\hat{c}_i$。若 $\hat{c}_i = c_i$，表示译码后输出正确；而若 $\hat{c}_i \neq c_i$，则表示出现了误码。误码的概率可表示为

$$P_E = \sum_{j=1}^{N} p(r_j)p(\hat{c}_i \neq c_i/r_j) = 1 - \sum_{j=1}^{N} p(r_j)p(\hat{c}_i = c_i/r_j) \tag{4.6.7}$$

而正确译码的概率则为

$$\begin{aligned} P_C &= 1 - P_E = 1 - \sum_{j=1}^{N} p(r_j)p(\hat{c}_i \neq c_i/r_j) \\ &= \sum_{j=1}^{N} p(r_j) - \sum_{j=1}^{N} p(r_j)p(\hat{c}_i \neq c_i/r_j) = \sum_{j=1}^{N} p(r_j)p(\hat{c}_i = c_i/r_j) \end{aligned} \tag{4.6.8}$$

式中的 $p(\hat{c}_i = c_i/r_j)$ 是收到 r_j 后正确译码的概率，是选定某种译码规则后的一种后验概率。下面进一步寻求这一后验概率与系统已知条件间的关系，由此进一步获得译码准则。

若已知信道的后验概率矩阵 $\boldsymbol{p}(c_i/r_j)$，最合理的译码规则是对每个收到的 r_j，取相应的最可能发送的码字作为译码输出，即应取

$$p(\hat{c}_i = c_i/r_j) = \max\left(p(c_1/r_j), p(c_2/r_j), \cdots, p(c_M/r_j)\right), j = 1,2,\cdots,N \tag{4.6.9}$$

这样可使得正确译码的概率 P_C 达到最大，相应地 P_E 达到最小。

最大后验概率译码方法：收到 r_j 后，根据后验概率矩阵 $\boldsymbol{p}(c_i/r_j)$，取

$$\hat{c} = D(r_j) = \arg\max\left(p(c_1/r_j), p(c_2/r_j), \cdots, p(c_M/r_j)\right),\ \ j = 1,2,\cdots,N \tag{4.6.10}$$

作为译码输出 $\hat{c} \in \{c_1, c_2, \cdots, c_M\}$，$\arg\max\left(p(c_1/r_j), p(c_2/r_j), \cdots, p(c_M/r_j)\right)$ 表示取可使后验概率 $p(c_i/r_j)$ 达到最大的那个码字。

这就是所谓的**最大后验概率译码准则**。下面看一个例子。

【例 4.6.2】 发送的码字集和信道的转移概率矩阵仍如例 4.6.1 给出的条件一样。采用最大后验译码准则，分析相应的误码特性。

解：（1）先分析信道转移概率为 $\boldsymbol{p}(r_j/c_i)_1 = \begin{bmatrix} 0.8 & 0.2 \\ 0.2 & 0.8 \end{bmatrix}$ 时的情形。根据本书信息论基础一章中的分析可知，对于离散无记忆对称信道，若输入信道的码字等概分布，则信道输出的码字也等概分布，因此此时由 $p(c_1) = p(c_2) = 0.5$，可得 $p(r_1) = p(r_2) = 0.5$。进一步根据式（4.6.4），可得

$$p(c_1/r_1) = p(c_1)p(r_1/c_1)/p(r_1) = 0.5\times0.8/0.5 = 0.8$$

$$p(c_1/r_2) = p(c_1)p(r_2/c_1)/p(r_2) = 0.5\times0.2/0.5 = 0.2$$

$$p(c_2/r_1)=p(c_2)p(r_1/c_2)/p(r_1)=0.5\times0.2/0.5=0.2$$

$$p(c_2/r_2)=p(c_2)p(r_2/c_2)/p(r_2)=0.5\times0.8/0.5=0.8$$

由此可得相应的后验概率矩阵

$$\boldsymbol{p}(c_i/r_j)=\begin{bmatrix}p(c_1/r_1) & p(c_1/r_2)\\ p(c_2/r_1) & p(c_2/r_2)\end{bmatrix}=\begin{bmatrix}0.8 & 0.2\\ 0.2 & 0.8\end{bmatrix}$$

由式（4.6.9）和式（4.6.10），可得相应的译码准则为

$$D(r_1)=\arg\max\left(p(c_1/r_1),p(c_2/r_1)\right)=c_1$$

$$D(r_2)=\arg\max\left(p(c_1/r_2),p(c_2/r_2)\right)=c_2$$

对本例来说，按最大后验概率译码，正确译码的概率为

$$P_{\mathrm{C}}=\sum\nolimits_{j=1}^{2}p(r_j)p(\hat{c}_i=c_i/r_j)=\sum\nolimits_{i=j}p(r_j)p(c_i/r_j)=0.5\times0.8+0.5\times0.8=0.8$$

误码率为 $P_{\mathrm{E}}=1-P_{\mathrm{C}}=1-0.8=0.2$ 。

（2）下面再分析信道转移概率为 $\boldsymbol{p}(r_j/c_i)_2=\begin{bmatrix}0.2 & 0.8\\ 0.8 & 0.2\end{bmatrix}$ 时的情形。仿照前面（1）的分析，可得

$$p(c_1/r_1)=p(c_1)p(r_1/c_1)/p(r_1)=0.5\times0.2/0.5=0.2$$

$$p(c_1/r_2)=p(c_1)p(r_2/c_1)/p(r_2)=0.5\times0.8/0.5=0.8$$

$$p(c_2/r_1)=p(c_2)p(r_1/c_2)/p(r_1)=0.5\times0.8/0.5=0.8$$

$$p(c_2/r_2)=p(c_2)p(r_2/c_2)/p(r_2)=0.5\times0.2/0.5=0.2$$

相应的译码规则为

$$D(r_1)=\arg\max\left(p(c_1/r_1),p(c_2/r_1)\right)=c_2$$

$$D(r_2)=\arg\max\left(p(c_1/r_2),p(c_2/r_2)\right)=c_1$$

此时正确译码的概率为

$$P_{\mathrm{C}}=\sum\nolimits_{j=1}^{2}p(r_j)p(\hat{c}_i=c_i/r_j)=\sum\nolimits_{i\neq j}p(r_j)p(c_i/r_j)=0.5\times0.8+0.5\times0.8=0.8$$

误码率为 $P_{\mathrm{E}}=1-P_{\mathrm{C}}=1-0.8=0.2$ 。可见，采用最大后验概率译码准则，无论哪一种情形，都可以得到最好的译码效果。□

4.6.3　最大似然译码准则

最大后验概率译码准则是根据信道的后验概率矩阵确定译码规则。根据概率的基本关系式

$$p(c_ir_j)=p(c_i/r_j)p(r_j)=p(r_j/c_i)p(c_i) \tag{4.6.11}$$

可得

$$p(c_i/r_j)=\frac{p(r_j/c_i)p(c_i)}{p(r_j)} \tag{4.6.12}$$

若发送到信道的码字先验等概，即 $\{C:c_i,p(c_i)=1/M;i=1,2,\cdots,M\}$，此时对于离散无记忆对称信道，信道输出的码字也将呈等概分布特性，即 $\{R:r_j,p(r_j)=1/N;j=1,2,\cdots,N\}$，此时概率 $p(c_i),i=1,2,\cdots,M$ 和 $p(r_j),j=1,2,\cdots,N$ 均为常数。在这种条件下有

$$p\left(c_i / r_j\right)=\max_{k=1,2,\cdots,M} p\left(c_k / r_j\right) \xleftrightarrow{\text{等价}} p\left(r_j / c_i\right)=\max_{k=1,2,\cdots,M} p\left(r_j / c_k\right) \tag{4.6.13}$$

由此，式（4.6.10）确定的最优译码规则相应地改变为

$$\hat{c}=D\left(r_j\right)=\arg\max\left(p\left(r_j / c_1\right), p\left(r_j / c_2\right), \cdots, p\left(r_j / c_M\right)\right), \quad j=1,2,\cdots, N \tag{4.6.14}$$

因为转移概率也称**似然率**，因此这种译码方法就称为**最大似然译码准则**。在信源码字集先验等概和信道为离散无记忆对称信道的条件下，**最大似然译码准则**与**最大后验译码准则**完全等价。采用最大似然译码准则译码时不需要计算后验概率矩阵，通常会使运算简化。

【例 4.6.3】 已知某信道为离散无记忆对称信道，其转移矩阵为

$$\boldsymbol{p}\left(r_j / c_i\right)=\begin{bmatrix} p\left(r_1 / c_1\right) & p\left(r_2 / c_1\right) & p\left(r_3 / c_1\right) \\ p\left(r_1 / c_2\right) & p\left(r_2 / c_2\right) & p\left(r_3 / c_2\right) \\ p\left(r_1 / c_3\right) & p\left(r_2 / c_3\right) & p\left(r_3 / c_3\right) \end{bmatrix}=\begin{bmatrix} 0.6 & 0.2 & 0.2 \\ 0.2 & 0.6 & 0.2 \\ 0.2 & 0.2 & 0.6 \end{bmatrix}$$

发送的码字等概分布 $\{C: c_i, p(c_i)=1/3; i=1,2,3\}$，试根据最大似然译码准则确定译码方法，并求相应的误码率。

解： 因为发送的码字等概分布 $\{C: c_i, p(c_i)=1/3; i=1,2,3\}$，且信道为离散无记忆对称信道，所以可以采用**最大似然译码准则**进行译码。

由式（4.6.14），可得

$$D\left(r_1\right)=\arg\max\left(p\left(r_1 / c_1\right), p\left(r_1 / c_2\right), p\left(r_1 / c_3\right)\right)=c_1$$

$$D\left(r_2\right)=\arg\max\left(p\left(r_2 / c_1\right), p\left(r_2 / c_2\right), p\left(r_2 / c_3\right)\right)=c_2$$

$$D\left(r_3\right)=\arg\max\left(p\left(r_3 / c_1\right), p\left(r_3 / c_2\right), p\left(r_3 / c_3\right)\right)=c_3$$

对本例来说，正确译码的概率为

$$P_{\mathrm{C}}=\sum_{j=1}^{3} \sum_{i=j} p\left(c_i\right) p\left(r_j / c_i\right)=(1/3)(0.6+0.6+0.6)=0.6$$

误码率为 $P_{\mathrm{E}}=1-P_{\mathrm{C}}=1-0.6=0.4$。□

从上面的讨论可知，一般情况下通过**最大后验译码准则**，可以在给定发送码字分布和信道特性的条件下得到最佳的译码效果。在发送码字等概和信道为离散无记忆对称信道的条件下，最佳的译码通过**最大似然译码准则**实现。

给定发送码字分布特性和信道特性后，简单的单个码字独立发送方式可获得的最低误码率就已经确定。如果最低误码率不能满足特定应用的要求，需要进一步提高系统的性能，可进一步考虑从两个方面入手：一是改变传输的条件，前面讨论的信道转移概率矩阵实际上是在一定的信号发射功率、带宽和调制解调方式等条件下，抽象得到的发送码字和接收码字之间的关系式，改变这些条件，就可以改变信道转移概率矩阵中的参数；二是改变信息发送的码字长度，有关这一点，将在后面讨论**信道编码定理**时讨论。

4.6.4 费诺不等式

费诺（Fano）不等式 费诺不等式描述了收到码字后仍然存在的有关发送码字的不确定性的上限，以及影响其大小的原因。假定发送的码字集和接收的码字集均有 M 个元素，分别表示为 $\left\{C: c_i, p\left(c_i\right), i=1,2,\cdots, M\right\}$ 和 $\left\{R: r_j, p\left(r_j\right), j=1,2,\cdots, M\right\}$，其中 $c_i, r_j \in\left\{a_k, k=1,2,\cdots, M\right\}$。假定 c_i, r_j 都按照同样的序号编号，若它们的下标相同，则表示同一个元素，即 $c_k=r_k=a_k$。发送的码字经过信道后，出错的概率可以表示为

$$P_{\mathrm{E}}=\sum_{j\neq i}p\left(c_i\right)p\left(r_j/c_i\right)=\sum_{i\neq j}p\left(r_j\right)p\left(c_i/r_j\right)=\sum_{i\neq j}p\left(c_ir_j\right) \tag{4.6.15}$$

根据条件熵的定义，可得在获得$\{R\}$后有关$\{C\}$仍存在的**不确定性**（**疑义度**）为

$$H\left(C/R\right)=\sum_{j=1}^{M}H\left(C/r_j\right)p\left(r_j\right) \tag{4.6.16}$$

因为译码判决错误的概率为P_{E}，判决正确的概率为$P_{\mathrm{C}}=1-P_{\mathrm{E}}$，定义**判决的不确定性**为

$$H\left(P_{\mathrm{E}}\right)=-P_{\mathrm{E}}\log P_{\mathrm{E}}-\left(1-P_{\mathrm{E}}\right)\log\left(1-P_{\mathrm{E}}\right) \tag{4.6.17}$$

显然，当$P_{\mathrm{E}}=0.5$时，$H\left(P_{\mathrm{E}}\right)$达到最大，即此时判决的不确定性达到最大。

定理 4.6.1　$H\left(C/R\right)$与$H\left(P_{\mathrm{E}}\right)$之间有如下关系式：

$$H\left(C/R\right)\leqslant P_{\mathrm{E}}\log\left(M-1\right)+H\left(P_{\mathrm{E}}\right) \tag{4.6.18}$$

上式也称**费诺不等式**。该不等式界定了疑义度的上限。

证明：因为

$$\begin{aligned}H\left(C/r_j\right)&=-\sum_{i=1}^{M}p\left(c_i/r_j\right)\log p\left(c_i/r_j\right)\\&=-p\left(c_j/r_j\right)\log p\left(c_j/r_j\right)-\sum_{i\neq j}p\left(c_i/r_j\right)\log p\left(c_i/r_j\right)\end{aligned} \tag{4.6.19}$$

若记

$$p\left(e/r_j\right)=1-p\left(c_j/r_j\right)=\sum_{i\neq j}p\left(c_i/r_j\right) \tag{4.6.20}$$

进一步整理式（4.6.19）可得

$$\begin{aligned}H\left(C/r_j\right)&=-\left(1-p\left(e/r_j\right)\right)\log\left(1-p\left(e/r_j\right)\right)\\&\quad-\sum_{i\neq j}\frac{p\left(e/r_j\right)p\left(c_i/r_j\right)}{p\left(e/r_j\right)}\log\frac{p\left(e/r_j\right)p\left(c_i/r_j\right)}{p\left(e/r_j\right)}\\&=-\left(1-p\left(e/r_j\right)\right)\log\left(1-p\left(e/r_j\right)\right)\\&\quad-\sum_{i\neq j}\frac{p\left(e/r_j\right)p\left(c_i/r_j\right)}{p\left(e/r_j\right)}\left(\log p\left(e/r_j\right)+\log\frac{p\left(c_i/r_j\right)}{p\left(e/r_j\right)}\right)\\&=-\left(1-p\left(e/r_j\right)\right)\log\left(1-p\left(e/r_j\right)\right)-\sum_{i\neq j}\frac{p\left(e/r_j\right)p\left(c_i/r_j\right)}{p\left(e/r_j\right)}\log p\left(e/r_j\right)\\&\quad-\sum_{i\neq j}\frac{p\left(e/r_j\right)p\left(c_i/r_j\right)}{p\left(e/r_j\right)}\log\frac{p\left(c_i/r_j\right)}{p\left(e/r_j\right)}\\&=-\left(1-p\left(e/r_j\right)\right)\log\left(1-p\left(e/r_j\right)\right)-p\left(e/r_j\right)\log p\left(e/r_j\right)\\&\quad-p\left(e/r_j\right)\sum_{i\neq j}\frac{p\left(c_i/r_j\right)}{p\left(e/r_j\right)}\log\frac{p\left(c_i/r_j\right)}{p\left(e/r_j\right)}\end{aligned} \tag{4.6.21}$$

若定义$p_i'=p\left(c_i/r_j\right)/p\left(e/r_j\right), i=1,2,\cdots,M-1$，显然有$\sum_{i=1}^{M-1}p_i'=1$，因此上式中最后一项的和式可视为一个$M-1$个事件的熵$H\left(p'\right)$，由最大熵定理，$H(p')\leqslant\log(M-1)$。将上述关系式应用于式（4.6.21），得

$$\begin{aligned}H\left(C/r_j\right)&\leqslant-\left(1-p\left(e/r_j\right)\right)\log\left(1-p\left(e/r_j\right)\right)-p\left(e/r_j\right)\log p\left(e/r_j\right)\\&\quad-p\left(e/r_j\right)\log\left(M-1\right)=H\left(p\left(e/r_j\right)\right)-p\left(e/r_j\right)\log\left(M-1\right)\end{aligned} \tag{4.6.22}$$

由此可得

$$
\begin{aligned}
H(C/R) &= \sum_{i=1}^{M} p(r_j) H(C/r_j) \\
&\leqslant \sum_{i=1}^{M} p(r_j) H\left(p(e/r_j)\right) - \sum_{i=1}^{M} p(r_j) p(e/r_j) \log(M-1) \\
&= H\left(p(e/R)\right) - P_{\mathrm{E}} \log(M-1)
\end{aligned}
\tag{4.6.23}
$$

因为条件熵总是不大于无条件熵，即有

$$H\left(p(e/R)\right) = H(P_{\mathrm{E}}/R) \leqslant H(P_{\mathrm{E}}) \tag{4.6.24}$$

因此有 $H(C/R) \leqslant P_{\mathrm{E}} \log(M-1) + H(P_{\mathrm{E}})$，即式（4.6.18）成立。**证毕** □

由信息论的基本概念可知，每收到一个码字 $r_j \in \{R\}$，可获得的有关 $\{C\}$ 的平均信息量为 $I(C;R)$，而仍然存在的平均不确定性则为 $H(C/R)$。**费诺不等式**表明：$H(C/R)$ 中的不确定性由两部分组成，一是对判决正确与否的不确定性 $H(P_{\mathrm{E}})$；二是出现错误时，导致的不确定性，该值应小于等于 $P_{\mathrm{E}} \log(M-1)$。其中 P_{E} 是出错的概率，$\log(M-1)$ 是当已知出现判决错误，需要在其余的 $M-1$ 个码字中确定正确的码字时，可能需要的最大信息量，这种情况出现在这 $M-1$ 个码字等概分布时，此时最大的不确定性为 $\log(M-1)$。

4.6.5 信道编码定理

ε 联合典型序列集 前面我们已经给出典型序列的基本概念：典型序列是序列空间中的一个高概率集，且每个典型序列出现的概率接近相同。本节进一步讨论有关 ε 联合典型序列的性质，为导出通信系统中重要的**信道编码定理**做准备。

定义 4.6.1 设 X 与 Y 是两个概率空间，$\boldsymbol{x} = (x_1, x_2, \cdots, x_N)$ 与 $\boldsymbol{y} = (y_1, y_2, \cdots, y_N)$ 是包含 N 个元素的序列，其中 $x_i \in X$，$y_j \in Y$，$\boldsymbol{x} \in X^N$，$\boldsymbol{y} \in Y^N$ 和 $\boldsymbol{xy} \in X^N Y^N$。若对任意小的 $\varepsilon > 0$，存在 N，使得

$$\left| -\frac{1}{N} \log p(\boldsymbol{x}) - H(X) \right| \leqslant \varepsilon \tag{4.6.25}$$

$$\left| -\frac{1}{N} \log p(\boldsymbol{y}) - H(Y) \right| \leqslant \varepsilon \tag{4.6.26}$$

$$\left| -\frac{1}{N} \log p(\boldsymbol{xy}) - H(XY) \right| \leqslant \varepsilon \tag{4.6.27}$$

则满足上述关系式的序列分别称为 $\boldsymbol{x}$ 的 **ε 典型序列**、$\boldsymbol{y}$ 的 **ε 典型序列**及 $\boldsymbol{x}$ 与 $\boldsymbol{y}$ 的**联合 ε 典型序列**。

由 $\boldsymbol{x}$ 的 ε 典型序列构成的集合记为 $T_X(N,\varepsilon)$，由 $\boldsymbol{y}$ 的 ε 典型序列构成的集合记为 $T_Y(N,\varepsilon)$，由 $\boldsymbol{x}$ 与 $\boldsymbol{y}$ 的联合 ε 典型序列构成的集合记为 $T_{XY}(N,\varepsilon)$。另外，还可定义满足 $\boldsymbol{y} \in T_Y(N,\varepsilon)$ 条件下的 $\boldsymbol{x}$ 的 **ε 典型序列集**如下：

$$\left. \left| -\frac{1}{N} \log p(\boldsymbol{xy}) - H(XY) \right| \right|_{\boldsymbol{y} \in T_Y(N,\varepsilon)} \leqslant \varepsilon \tag{4.6.28}$$

该 ε **典型序列集**记为 $T_{X/Y}(N,\varepsilon) = \{\boldsymbol{x} : \boldsymbol{xy} \in T_{XY}(N,\varepsilon)\}$。

下面进一步分析 ε 典型序列集的有关性质。

性质 1： 当 N 足够大时，有

$$\left| T_{X/Y}(N,\varepsilon) \right| \leqslant 2^{N(H(X/Y)+2\varepsilon)} \tag{4.6.29}$$

证明：因为

$$1=\sum_{x} p(x/y) \geqslant \sum_{x \in T_{X/Y}(N,\varepsilon)} p(x/y)=\sum_{x \in T_{X/Y}(N,\varepsilon)} \frac{p(xy)}{p(y)} \tag{4.6.30}$$

由典型序列的基本性质可知，当 $xy \in T_{XY}(N,\varepsilon)$，有

$$p(xy) \geqslant 2^{-N(H(XY)+\varepsilon)} \tag{4.6.31}$$

因为 $y \in T_Y(N,\varepsilon)$，因此又有

$$p(y) \leqslant 2^{-N(H(Y)-\varepsilon)} \tag{4.6.32}$$

代入式（4.6.30）得

$$\begin{aligned}1 &\geqslant \sum_{x \in T_{X/Y}(N,\varepsilon)} \frac{p(xy)}{p(y)} \geqslant \sum_{x \in T_{X/Y}(N,\varepsilon)} \frac{2^{-N(H(XY)+\varepsilon)}}{2^{-N(H(Y)-\varepsilon)}} \\ &=\sum_{x \in T_{X/Y}(N,\varepsilon)} 2^{-N(H(XY)+\varepsilon)+N(H(Y)-\varepsilon)}=\sum_{x \in T_{X/Y}(N,\varepsilon)} 2^{-N(H(XY)-H(Y)+2\varepsilon)} \\ &=\left|T_{X/Y}(N,\varepsilon)\right| 2^{-N(H(X/Y)+2\varepsilon)}\end{aligned} \tag{4.6.33}$$

最后一个等式利用了关系式 $H(XY)=H(X)+H(Y)-I(X;Y)$ 和 $H(X/Y)=H(X)-I(X;Y)$。在上式的不等号两边同时乘以 $2^{N(H(X/Y)+2\varepsilon)}$ 即得所证。**证毕** □

性质 2: 对于 $x \in T_X(N,\varepsilon)$， $y \in T_Y(N,\varepsilon)$ 和 $xy \in T_{XY}(N,\varepsilon)$，当 N 足够大时，有

$$(1-\varepsilon) 2^{-N(I(X;Y)+3\varepsilon)} \leqslant \sum_{xy \in T_{XY}(N,\varepsilon)} p(x) p(y) \leqslant 2^{-N(I(X;Y)-3\varepsilon)} \tag{4.6.34}$$

证明：根据典型序列的基本性质，有

$$2^{-N(H(X)+\varepsilon)} \leqslant p(x) \leqslant 2^{-N(H(X)-\varepsilon)} \tag{4.6.35}$$

$$2^{-N(H(Y)+\varepsilon)} \leqslant p(y) \leqslant 2^{-N(H(Y)-\varepsilon)} \tag{4.6.36}$$

$$(1-\varepsilon) 2^{N(H(XY)-\varepsilon)} \leqslant\left|T_{XY}(N,\varepsilon)\right| \leqslant 2^{N(H(XY)+\varepsilon)} \tag{4.6.37}$$

将上述三个不等式中的对应项相乘，可得

$$(1-\varepsilon) 2^{N(H(XY)-H(X)-H(Y)-3\varepsilon)} \leqslant\left|T_{XY}(N,\varepsilon)\right| p(x) p(y) \leqslant 2^{N(H(XY)-H(X)-H(Y)+3\varepsilon)} \tag{4.6.38}$$

利用 $H(XY)=H(X)+H(Y)-I(X;Y)$，得

$$(1-\varepsilon) 2^{-N(I(X;Y)+3\varepsilon)} \leqslant\left|T_{XY}(N,\varepsilon)\right| p(x) p(y) \leqslant 2^{-N(I(X;Y)-3\varepsilon)} \tag{4.6.39}$$

$$\frac{1}{\left|T_{XY}(N,\varepsilon)\right|}(1-\varepsilon) 2^{-N(I(X;Y)+3\varepsilon)} \leqslant p(x) p(y) \leqslant \frac{1}{\left|T_{XY}(N,\varepsilon)\right|} 2^{-N(I(X;Y)-3\varepsilon)} \tag{4.6.40}$$

即 $xy \in T_{XY}(N,\varepsilon)$ 中每对 xy 的 $p(x)p(y)$ 都满足上述不等式，而 $T_{XY}(N,\varepsilon)$ 中共有 $\left|T_{XY}(N,\varepsilon)\right|$ 个 xy 元素，对其加以求和即可得

$$\frac{\left|T_{XY}(N,\varepsilon)\right|}{\left|T_{XY}(N,\varepsilon)\right|}(1-\varepsilon) 2^{-N(I(X;Y)+3\varepsilon)} \leqslant \sum_{xy \in T_{XY}(N,\varepsilon)} p(x) p(y) \leqslant \frac{\left|T_{XY}(N,\varepsilon)\right|}{\left|T_{XY}(N,\varepsilon)\right|} 2^{-N(I(X;Y)-3\varepsilon)} \tag{4.6.41}$$

因此有 $(1-\varepsilon) 2^{-N(I(X;Y)+3\varepsilon)} \leqslant \sum_{xy \in T_{XY}(N,\varepsilon)} p(x) p(y) \leqslant 2^{-N(I(X;Y)-3\varepsilon)}$。**证毕** □

信道编码定理 信道编码定理提供了一条提高通信系统性能的思路。在后面的第 8 章我们将了解到，任何一种具有检错或同时具有检错和纠错功能的编码，都是通过增加不携带信息的监督位来实现的。监督位的增多可使得码的检错和纠错能力增强，但相应的码字冗余度的增大会降低传输效率，传输效率的大小可以用如下的编码速率来定义。下面的讨论假定码字由**二进制符号**组成。

定义 4.6.2 编码时每 K 比特信息与相应的编码输出的一个码字的长度 N 的比值定义为**信道编码速率**，

$$R_{\mathrm{I}}=\frac{K}{N} \tag{4.6.42}$$

信道编码速率 R_{I} 也称信道编码的**编码效率**，有文献也将其称为**信息率**。回顾前面有关信道容量的分析，若 $\{X\}$ 和 $\{Y\}$ 分别是发送和接收的码字集，当离散系统的信道特性（转移概率）给定时，信道容量定义为

$$C=\max_{\{p(x_i),i=1,2,\cdots,M\}}\left[I(X;Y)\cdot R_{\mathrm{S}}\right] \tag{4.6.43}$$

其中 R_{S} 是码字的**波特率**。另外，若码字空间 $\{X\}$ 中元素的个数为 M，则一般地有

$$I(X;Y)\leqslant H(X)\leqslant \log M \tag{4.6.44}$$

若对式（4.6.43）定义的信道容量进行关于 $\log M$ 和 R_{S} 的归一化，得到**归一化信道容量** C_{N}，

$$C_{\mathrm{N}}=\frac{C}{R_{\mathrm{S}}\log M}=\max_{\{p(x_i),i=1,2,\cdots,M\}}\frac{I(X;Y)}{\log M}\leqslant 1 \tag{4.6.45}$$

本节中，将**归一化信道容量** C_{N} 简称为**信道容量**。

对于离散无记忆信道，设信道的输入序列为 $\boldsymbol{x}=(x_1,x_2,\cdots,x_N)$，输出序列为 $\boldsymbol{y}=(y_1,y_2,\cdots,y_N)$，$\boldsymbol{x}$ 和 $\boldsymbol{y}$ 即为相应的输入、输出码字。由信道的离散无记忆特性，信道的转移概率可表示为

$$p(\boldsymbol{y}/\boldsymbol{x})=\prod_{i=1}^{N}p(y_i/x_i) \tag{4.6.46}$$

假定采用**二进制的码元**，则由 N 个码元构成的码字集中总共可能有 2^N 个可能的码字组合。若编码速率为 R_{I}，则其中**合法的码字数**为 $2^{L_{\mathrm{I}}}=2^{NR_{\mathrm{I}}}$，因此码字的标号集为 $\{1,2,\cdots,2^{NR_{\mathrm{I}}}\}$。编码可视为标号集到码字集的映射过程，设发送的消息为 m，则

$$m\in\{1,2,\cdots,2^{NR_{\mathrm{I}}}\}\xrightarrow{\text{Encode}}\boldsymbol{x}\in\{X^N\} \tag{4.6.47}$$

译码过程则是相应的反映射过程：

$$\boldsymbol{y}\in\{Y^N\}\xrightarrow{\text{Decode}}\hat{m}\in\{1,2,\cdots,2^{NR_{\mathrm{I}}}\} \tag{4.6.48}$$

发送 m 时出错的概率为

$$P_{\mathrm{E}}(m)=P(\hat{m}\neq m/m) \tag{4.6.49}$$

平均误码率定义为

$$P_{\mathrm{E}}=\frac{\sum_{m=1}^{2^{NR_{\mathrm{I}}}}P_{\mathrm{E}}(m)}{2^{NR_{\mathrm{I}}}}=\frac{\sum_{m=1}^{2^{NR_{\mathrm{I}}}}P(\hat{m}\neq m/m)}{2^{NR_{\mathrm{I}}}} \tag{4.6.50}$$

定义 4.6.3 给定离散无记忆信道，若对任意的 $\varepsilon>0$ 和编码速率 R_{I}，当码字的长度 N 足够大时，可使得 $P_{\mathrm{E}}<\varepsilon$，则称 R_{I} 是可达的。

对于给定的离散无记忆信道，判断 R_{I} 是否可达，由如下的信道编码定理。

定理 4.6.2（信道编码定理） 给定容量为 C_{N} 的离散无记忆信道，若编码速率 $R_{\mathrm{I}} < C_{\mathrm{N}}$，则 R_{I} 是可达的。

证明： 设采用一种**随机编码**方法，从 $\left\{X^N\right\}$ 中随机选择 $2^{NR_{\mathrm{I}}}$ 个序列作为合法的码字，这相当于码字中的每个元素 $x_i \in \{X\}$ 独立等概地出现，则每个码字 $\boldsymbol{x}$ 出现的概率为

$$p(\boldsymbol{x}) = \prod_{i=1}^{N} p(x_i) \tag{4.6.51}$$

若发送的消息序列为 $\boldsymbol{x}_m \leftrightarrow m \in \left\{1,2,\cdots,2^{NR_{\mathrm{I}}}\right\}$，对接收到序列 $\boldsymbol{y}$ 进行译码时，若存在唯一的 $\boldsymbol{x}_{\hat{m}} \leftrightarrow \hat{m} \in \left\{1,2,\cdots,2^{NR_{\mathrm{I}}}\right\}$，使得 $\boldsymbol{x}_{\hat{m}}\boldsymbol{y} \in T_{XY}(N,\varepsilon)$，则将 $\boldsymbol{y}$ 译码为 $D(\boldsymbol{y}) = \boldsymbol{x}_{\hat{m}} \leftrightarrow \hat{m} \in \left\{1,2,\cdots,2^{NR_{\mathrm{I}}}\right\}$。译码的结果是，若 $\hat{m} \neq m$，或同时有 $\hat{m}_1$ 和 $\hat{m}_2$，使 $\boldsymbol{x}_{\hat{m}_1} \leftrightarrow \hat{m}_1 \in \left\{1,2,\cdots,2^{NR_{\mathrm{I}}}\right\}$，$\boldsymbol{x}_{\hat{m}_1}\boldsymbol{y} \in T_{XY}(N,\varepsilon)$；$\boldsymbol{x}_{\hat{m}_2} \leftrightarrow \hat{m}_2 \in \left\{1,2,\cdots,2^{NR_{\mathrm{I}}}\right\}, \boldsymbol{x}_{\hat{m}_2}\boldsymbol{y} \in T_{XY}(N,\varepsilon)$，则认为译码错误。

采用**随机编码**方法，因没有任何的倾向性，当 N 足够大时，码字中各个 $x_i \in \{X\}$ 元素的组合出现以大概率具有均匀性，所以译码错误的概率与发送的消息（消息的编号）无关。不妨假定发送的是编号为 1 所对应的码字。定义事件

$$E_m = \left\{\boldsymbol{x}_m\boldsymbol{y} \in T_{XY}(N,\varepsilon)\right\}, \quad m \in \left\{1,2,\cdots,2^{NR_{\mathrm{I}}}\right\} \tag{4.6.52}$$

$$E_m^c = \left\{\boldsymbol{x}_m\boldsymbol{y} \notin T_{XY}(N,\varepsilon)\right\}, \quad m \in \left\{1,2,\cdots,2^{NR_{\mathrm{I}}}\right\} \tag{4.6.53}$$

则发送编号为 1 的码字时，译码错误的概率为

$$P_{\mathrm{E}}(1) = P\left\{\bigcup_{m\neq 1} E_m \cup E_1^c\right\} \leqslant P\left(E_1^c\right) + \sum_{m\neq 1} P(E_m) \tag{4.6.54}$$

因为

$$E_1 = \left\{\boldsymbol{x}_1\boldsymbol{y} \in T_{XY}(N,\varepsilon)\right\}, \quad 1 \in \left\{1,2,\cdots,2^{NR_{\mathrm{I}}}\right\} \tag{4.6.55}$$

由 ε 联合典型序列的基本性质，当 N 足够大时，有

$$P\left(E_1^c\right) \to 0 \tag{4.6.56}$$

且由 ε 联合典型序列的**性质** 2，当 N 足够大时，$\boldsymbol{x} \notin T_X(N,\varepsilon)$，$\boldsymbol{y} \notin T_Y(N,\varepsilon)$ 和 $\boldsymbol{xy} \notin T_{XY}(N,\varepsilon)$ 都是可以忽略的小概率事件。因此只需要考虑 $\boldsymbol{x} \in T_X(N,\varepsilon)$，$\boldsymbol{y} \in T_Y(N,\varepsilon)$ 和 $\boldsymbol{xy} \in T_{XY}(N,\varepsilon)$ 中的码字。

当发送第一个码字时，定义 $E_{m,k}$ 是发送序号为 $m \in \left\{1,2,\cdots,2^{NR_{\mathrm{I}}}\right\}$，相应的发送码字 $\boldsymbol{x}_m \in T_X(N,\varepsilon)$，接收的码字是**任意的** $\boldsymbol{y}_k \in T_Y(N,\varepsilon)$，且有 $\boldsymbol{x}_m\boldsymbol{y}_k \in T_{XY}(N,\varepsilon)$ 对应的事件。则有

$$P\left(E_{m,k}\right) = P(\boldsymbol{x}_m)P(\boldsymbol{y}_k)\Big|_{m\in\left\{1,2,\cdots,2^{NR_{\mathrm{I}}}\right\}\cap \boldsymbol{x}_m\in T_X(N,\varepsilon)\cap \boldsymbol{y}_k\in T_Y(N,\varepsilon)\cap \boldsymbol{x}_m\boldsymbol{y}_k\in T_{XY}(N,\varepsilon)} \tag{4.6.57}$$

由 ε 联合典型序列的性质 2，可得

$$\begin{aligned}\sum_m P\left(E_{m,k}\right) &\leqslant \sum_{\boldsymbol{x}_m\in T_X(N,\varepsilon)\cap \boldsymbol{y}_k\in T_Y(N,\varepsilon)\cap \boldsymbol{x}_m\boldsymbol{y}_k\in T_{XY}(N,\varepsilon)} p(\boldsymbol{x}_m)p(\boldsymbol{y}_k)\\ &\leqslant 2^{-N(I(X;Y)-3\varepsilon)}\end{aligned} \tag{4.6.58}$$

译码输出正确的码字应与发送的合法码字一样有 $2^{NR_{\mathrm{I}}}$ 个，对所有的 $k \in \left\{1,2,\cdots,2^{NR_{\mathrm{I}}}\right\}$，上述不等式两边相加，得

$$\sum_k \sum_m P\left(E_{m,k}\right) = \sum_m \sum_k P\left(E_{m,k}\right) \\ = \sum_m P\left(E_m\right) \leqslant 2^{NR_\mathrm{I}} 2^{-N(I(X;Y)-3\varepsilon)} = 2^{N\left(R_\mathrm{I}-I(X;Y)+3\varepsilon\right)} \tag{4.6.59}$$

显然有

$$\sum_{m\neq1} P\left(E_m\right) \leqslant \sum_m P\left(E_m\right) \leqslant 2^{N\left(R_\mathrm{I}-I(X;Y)+3\varepsilon\right)} \tag{4.6.60}$$

综合式（4.6.56）和式（4.6.60），得

$$P_\mathrm{E}(1) = P\left\{\bigcup_{m\neq1} E_m \cup E_1^c\right\} \leqslant P\left(E_1^c\right) + \sum_{m\neq1} P\left(E_m\right) \leqslant 2^{N\left(R_\mathrm{I}-I(X;Y)+3\varepsilon\right)} \tag{4.6.61}$$

因为对于随机编码，平均错误概率就是任一特定码字的错误概率，因此有

$$P_\mathrm{E} = P_\mathrm{E}(1) \leqslant 2^{N\left(R_\mathrm{I}-I(X;Y)+3\varepsilon\right)} \tag{4.6.62}$$

将 $C_\mathrm{N} = \max I(X;Y)$（对于二进制码元，$\max I(X;Y) \leqslant H(X) \leqslant \log 2 = 1$）代入上式得

$$P_\mathrm{E} \leqslant 2^{N\left(R_\mathrm{I}-C_\mathrm{N}+3\varepsilon\right)} \tag{4.6.63}$$

因为 ε 是可以任意小的整数，由此若 $R_\mathrm{I} \leqslant C_\mathrm{N}$，当 $N\to\infty$ 时，$P_\mathrm{E}\to 0$；反之若 $R_\mathrm{I} > C_\mathrm{N}$，则当 $N\to\infty$ 时，$P_\mathrm{E}\to\infty$。即得所证。**证毕** □

信道编码定理给出了**两个重要启示**：其一，要信息可靠地传输，要求满足 $R_\mathrm{I} \leqslant C_\mathrm{N}$ 这一基本条件，即首先要保证信息率不能超过信道的传输能力；其二，编码时只要满足条件 $R_\mathrm{I} \leqslant C_\mathrm{N}$，就可通过某种方式同时增加信息位 K 和码字的长度 N，在保持 R_I 不变的情况下，降低误码的概率。信道编码定理确定了信息率的上限，并为我们提高编码的性能指明了方向。但与香农公式没有告诉我们如何达到信道容量一样，信道编码定理也没有告诉我们具体应该如何进行编码。具体应如何编码是需要另外研究的问题。

下面来看一个编码的示例。

【例 4.6.4】[4] 设有一产生二进制符号序列的信源，如不加编码，经离散无记忆对称信道后，差错概率 $p = 0.1$。现进行某种码率为 $R_\mathrm{I} = 0.5$ 的纠错编码，分析编码后的效果。

解：（1）将每两个信息码元 a_1a_0 为一组，按如下规则编码为一个传输的码字 $c_3c_2c_1c_0$：

$$c_0 = a_0 + a_1,\ c_1 = a_0,\ c_2 = a_0,\ c_3 = a_1$$

得到的编译码输出关系如表 4.6.1(a)所示。在传输过程中，可能会出错，定义如下面的译码表所示的译码关系，使码字的前三位出现不多于 1 位的错误时，对应禁用的码组在同一列中。这样，当只有 1 位错误时，我们仍然能够正确地译码。

表 4.6.1(a) 编译码表

信息码组 a_1 a_0	00	01	10	11
编码码组 c_3 c_2 c_1 c_0	0000	0111	1001	1110
禁用码组	1000	1111	0001	0110
	0100	0011	1101	1010
	0010	0101	1011	1100

例如，$a_1a_0 = 01$ 生成的码组 $c_3c_2c_1c_0 = 0111$。如出现 1 位的错误，只可能是下列三种情况之一：1111、0011 和 0101。在接收端，将 0111、1111、0011 和 0101 均译码为 $a_1a_0 = 01$，1 位的错误得以纠正。按照该编码和译码规则，码字正确译码的概率 Q 为：四位码元均正确或只出现一位错误。

$$Q = (1-p)^4 + p(1-p)^3 + (1-p)p(1-p)^2 + (1-p)^2 p(1-p) \\ = (1-p)^4 + 3p(1-p)^3 = 0.8748$$

码字的错误概率 P_E 相应地为

$$P_E = 1 - Q = 1 - 0.8748 = 0.1252$$

记经过这样的编码和译码系统后，信息码组中**每个信息码元**的错误概率由没有纠错时的 p 变为 p_1，若已知码字正确译码的概率为 Q，则 Q 与**每个信息码元**的错误概率的关系为

$$Q = (1-p_1)(1-p_1) = (1-p_1)^2$$

因而有

$$p_1 = 1 - \sqrt{Q} = 1 - \sqrt{0.8748} = 0.065$$

可见该纠错编码使得误码率由原来的 0.1 下降到 0.065。

（2）将每三个信息码元 $a_2a_1a_0$ 为一组，按如下规则编成一个传输的码字 $c_5c_4c_3c_2c_1c_0$，

$$c_0 = a_1 + a_2,\ c_1 = a_0 + a_2,\ c_2 = a_0 + a_1,\ c_3 = a_0,\ c_4 = a_1,\ c_5 = a_2$$

码率 $R = 3/6 = 1/2$ 不变，得到的编码和译码的码表如表 4.6.1(b)所示。

表 4.6.1(b)　编译码表

信息码组 $a_3a_1a_0$	000	001	010	011	100	101	110	111
编码输出码字 $c_5c_4c_3c_2c_1c_0$	000000	001110	010101	011011	100011	101101	110110	111000
一位码元错误造成的禁用码字	000001	001111	010100	011010	100010	101100	110111	111001
	000010	001100	010111	011101	100001	101111	110100	111010
	000100	001010	010001	011111	100111	101001	110010	111100
	001000	000110	011101	010011	101011	100101	111110	110000
	010000	011110	000101	001011	110011	111101	100110	101000
	100000	101110	110101	111011	000011	001101	010110	011000
由 c_5c_2 码元错误造成的禁用码字	100100	101010	110001	111111	000111	001001	010010	011100

表中的编码码组和禁用码组共有 64 个，包括了 6 位二进制码组的**所有可能组合图样**，某码组任意的一位或特定的两位 c_5c_2 误码，归类到该码组相应的列，其他错误的图样将是上面所有可能图样的重复。

如果译码时按列进行译码，即收到某列中的码字时，将其译码为该列第一行上对应的信息码组，则所有的 1 位或个别特定的 c_5c_2 这 2 位的错误都可以纠正。因而一定能够正确译码的概率 Q 为所有码字中只有 1 位码元出错的概率：

$$\begin{aligned}Q &= (1-p)^6 + p(1-p)^5 + (1-p)p(1-p)^4 + (1-p)^2 p(1-p)^3 + (1-p)^3 p(1-p)^2 \\ &\quad + (1-p)^4 p(1-p)^1 + (1-p)^5 p + p(1-p)^2 p(1-p)^2 \\ &= (1-p)^6 + 6p(1-p)^5 + p^2(1-p)^4 = 0.8923\end{aligned}$$

码字的错误概率 P_E 相应地为

$$P_E = 1 - Q = 1 - 0.8923 = 0.1077$$

记经过这样的编译码系统后，**信息码元**的误码率由没有纠错时的 p 变为 p_2，若已知码组 $a_2a_1a_0$ 正确译码的概率为 Q，则 p_2 应满足

$$Q = (1-p_2)(1-p_2)(1-p_2) = (1-p_2)^3$$

因而有

$$p_2 = 1 - \sqrt[3]{Q} = 1 - \sqrt[3]{0.8923} = 0.0373$$

编码使得误码率由原来的 0.1 下降到 0.037。□

比较例 4.6.4 所得到的（1）和（2）的结果，可发现在反映编码效率的**编码速率**不变的情况下，通过增大码组长度，可以使信息码元的错误概率下降，如在上例中信息码组长度由 2 位变为 3 位，相应的码字长度由 4 位变为 6 位时，信息码元的错误概率 0.065 下降到 0.037。这就是**信道编码定理**起作用的一个例子。

4.7 率失真理论

从前面有关连续信源信息量的分析可知，自然界或人们在日常生活中遇到的各种各样的连续信息源包含了无限大的信息量。从理论上说，要准确无误地传递这些信息，需要无限大的信息速率。而对于一个实际的通信系统，可用的信道带宽通常是一个定值，香农定理告诉我们，在有噪声的环境和信号功率受限的情况下，信道的信息传输能力是有限的。因此需要对连续信源的信号进行某种“压缩”处理，才能在数字通信系统中有效传输。我们已经知道，抽样量化可以实现对连续信号的压缩，虽然这种压缩是不可逆的，但只要抽样频率足够高、量化的阶距足够小，就可以将失真控制到所需要的范围内。

在实际的系统中，人们通常根据不同的需要对信号进行不同的处理。例如，人耳只能感觉到20kHz以内的音频信号，同时人耳对声音大小层次的分辨能力也有限，所以即使要保留高品质的音乐或歌曲，通常采用略高于2倍20kHz如44kHz的采样频率f_S、16比特的量化精度就已足够。在另外一种应用场合，如在电话系统中，人们只需要能够辨别说话人和理解传送过来的话音的意思，采样频率f_S通常取8kHz，每个样点的量化精度为8位。又如对于图像信号，人眼分辨亮度信号灰度层次的能力不大于256等级，因此表示每个图像样点亮度大小时采用8位的量化精度。

上述这些以某些不可察觉或虽可察觉但不影响应用的信号失真代价，来换取所需的传输速率降低或存储这些数据所需空间减少的方法，是目前实际系统中大量用于各种媒体信号压缩处理和传输的基本做法。本节讨论的率失真理论，就是研究如何定量分析上述问题的理论。给定失真上限，从信号压缩处理的角度来说，可以对信号做多大比例的压缩；从信号重构的角度，至少需要多少信息量；这些从本质上来说，都是所谓限定失真条件下的信源编码问题。率失真理论，是信号量化、数据压缩和传输等通信信号处理的重要理论基础之一。本节主要介绍率失真理论的基本概念和方法。

4.7.1 平均失真度

失真函数 若$\{X:x_i,i=1,2,\cdots,M\}$为信道的输入符号集，$\{Y:y_j,j=1,2,\cdots,N\}$为信道的输出符号集，由式（4.3.1），对于离散无记忆信道（DMC），其信道模型可用**转移概率矩阵**表示为

$$\boldsymbol{P}(Y/X)=\begin{bmatrix} p(y_1/x_1) & p(y_2/x_1) & \cdots & p(y_N/x_1) \\ p(y_1/x_2) & p(y_2/x_2) & \cdots & p(y_N/x_2) \\ \vdots & \cdots & \ddots & \vdots \\ p(y_1/x_M) & p(y_2/x_M) & \cdots & p(y_N/x_M) \end{bmatrix}$$

信号经过信道的传输，往往会引入失真。由输入符号x_i变为输出符号y_j所引起的误差所造成影响的大小，可人为定义一个实值的非负函数

$$d(x_i,y_j)\geqslant 0,\ i=1,2,\cdots,M;\ j=1,2,\cdots,N \tag{4.7.1}$$

来描述。该函数就称为关于符号x_i和y_j的**失真函数**。函数$d(x_i,y_j)$可根据不同的评价标准定义。对于一个有M个输入符号集和N个输出符号集的系统，$M\times N$个失真函数可以构成一个**失真矩阵**

$$\boldsymbol{D}=\begin{bmatrix} d(x_1,y_1) & d(x_1,y_2) & \cdots & d(x_1,y_N) \\ d(x_2,y_1) & d(x_2,y_2) & \cdots & d(x_2,y_N) \\ \vdots & \vdots & \ddots & \vdots \\ d(x_M,y_1) & d(x_M,y_2) & \cdots & d(x_M,y_N) \end{bmatrix} \tag{4.7.2}$$

矩阵中的元素$d(x_i,y_j)$就是关于符号x_i和y_j的失真函数。下面给出两个失真函数的示例。

（1）**汉明失真函数** 若$x_i,y_j\in(a_k,k=1,2,\cdots,M)$，定义

$$d\left(a_i,a_j\right)=\begin{cases}0, & i=j\\ 1, & i\neq j\end{cases} \tag{4.7.3}$$

则该失真函数称为**汉明失真函数**。相应的失真度矩阵为

$$\boldsymbol{D}=\begin{bmatrix}0 & 1 & \cdots & 1\\ 1 & 0 & \cdots & 1\\ \vdots & \vdots & \ddots & \vdots\\ 1 & 1 & \cdots & 0\end{bmatrix} \tag{4.7.4}$$

其中主对角线上的元素为 0，其余位置的元素均为 1。

（2）**指数失真函数** 若 $x_i,y_j\in\left(a_k,k=1,2,\cdots,M\right)$ ，定义

$$d\left(a_i,a_j\right)=\begin{cases}0, & i=j\\ a^{|i-j|}, & i\neq j\end{cases} \tag{4.7.5}$$

式中 a 为大于 1 的常数，则该失真函数称为**指数失真函数**。其失真度矩阵相应地为

$$\boldsymbol{D}=\begin{bmatrix}0 & a & \cdots & a^{M-1}\\ a & 0 & \cdots & a^{M-2}\\ \vdots & \vdots & \ddots & \vdots\\ a^{M-1} & a^{M-2} & \cdots & 0\end{bmatrix} \tag{4.7.6}$$

其中主对角线上的元素为 0，其余的元素随距离主对角线的增大而指数变化。

平均失真度 对于一个通信系统，输入符号转变成不同的输出符号的概率，随不同的信道转移概率矩阵而异。可能会出现这种情况，某个输入符号 x_i 变为输出符号 y_j 的失真函数值 $d\left(x_i,y_j\right)$ 可能取值很大，但出现的概率很小。因此一般用统计平均意义上的失真度作为系统失真的度量值。

定义 4.7.1 失真度的统计平均值

$$\bar{D}=\sum_{i=1}^{M}\sum_{j=1}^{N}d\left(x_i,y_j\right)p\left(x_iy_j\right)=\sum_{i=1}^{M}\sum_{j=1}^{N}d\left(x_i,y_j\right)p\left(x_i\right)p\left(y_j/x_i\right) \tag{4.7.7}$$

定义为**平均失真度**。

由此可见，平均失真度 $\bar{D}$ 与信源的统计特性 $P(X):\left\{p\left(x_i\right),i=1,2,\cdots,M\right\}$ 、信道转移概率 $\boldsymbol{P}(Y/X):\left\{p\left(y_i/x_j\right),i=1,2,\cdots,M;j=1,2,\cdots,N\right\}$ 以及失真函数 $\boldsymbol{D}:\left\{d\left(x_i,y_j\right),i=1,2,\cdots,M;j=1,2,\cdots,N\right\}$ 有关。给定信源的统计特性并定义失真度函数后，平均失真度的大小由信道的统计特性决定。因此，平均失真度又可表示为信道转移概率的函数：

$$\bar{D}=D[\boldsymbol{P}(Y/X)] \tag{4.7.8}$$

【例 4.7.1】 离散无记忆信源的统计特性和信道转移矩阵分别为

$$\begin{matrix}X\\P\end{matrix}:\begin{pmatrix}x_1 & x_2\\ 1/2 & 1/2\end{pmatrix},\quad \boldsymbol{P}(Y/X)=\begin{bmatrix}p\left(y_1/x_1\right) & p\left(y_2/x_1\right)\\ p\left(y_1/x_2\right) & p\left(y_2/x_2\right)\end{bmatrix}=\begin{bmatrix}3/4 & 1/4\\ 1/3 & 2/3\end{bmatrix}$$

若失真测度采用汉明失真函数，求平均失真度 $\bar{D}$ 。

解： 按照定义，其平均失真度为

$$\bar{D}=\sum_{i=1}^{2}\sum_{j=1}^{2}d\left(x_i,y_j\right)p\left(x_i\right)p\left(y_j/x_i\right)=0\times\frac{1}{2}\times\frac{3}{4}+1\times\frac{1}{2}\times\frac{1}{4}+1\times\frac{1}{2}\times\frac{1}{3}+0\times\frac{1}{2}\times\frac{2}{3}=\frac{7}{24}\quad\square$$

4.7.2 率失真函数

率失真函数 回顾 4.3 节，**平均互信息量**定义为

$$I(X;Y)=\sum_{i=1}^{M}\sum_{j=1}^{N}p(x_iy_j)I(x_i;y_j)$$

代入相应的关系式后可得

$$I(X;Y)=\sum_{i=1}^{M}\sum_{j=1}^{N}p(y_j/x_i)p(x_i)\log\frac{p(y_j/x_i)}{p(y_j)} \tag{4.7.9}$$

可见给定信源的统计特性后，平均互信息量 $I(X;Y)$ 是信道转移概率的函数。进一步可以证明如下定理。

定理 4.7.1 给定信源的统计特性 $P(X):\{p(x_i),i=1,2,\cdots,M\}$，平均互信息量 $I(X;Y)$ 是信道转移概率 $[P(Y/X)]:\{p(y_i/x_j),i=1,2,\cdots,M;j=1,2,\cdots,N\}$ 的∪**型凸函数**。

证明：已知信源的统计特性，对于两个不同的信道转移概率 $p_1(y_j/x_i)$ 和 $p_2(y_j/x_i)$，其中 $i=1,2,\cdots,M$，$j=1,2,\cdots,N$，可求得相应的平均互信息量为 $I_1(X;Y)$ 和 $I_2(X;Y)$。定义另一转移概率

$$p(y_j/x_i)=\alpha p_1(y_j/x_i)+(1-\alpha)p_2(y_j/x_i),\ 0\leqslant\alpha\leqslant1;i=1,2,\cdots,M;j=1,2,\cdots,N \tag{4.7.10}$$

其平均互信息量记为 $I(X;Y)$，则有

$$\begin{aligned}
&I(X;Y)-\alpha I_1(X;Y)-(1-\alpha)I_2(X;Y)\\
&=\sum_{i=1}^{M}\sum_{j=1}^{N}p(y_j/x_i)p(x_i)\log\frac{p(y_j/x_i)}{p(y_j)}-\alpha\sum_{i=1}^{M}\sum_{j=1}^{N}p_1(y_j/x_i)p(x_i)\log\frac{p_1(y_j/x_i)}{p(y_j)}\\
&\quad-(1-\alpha)\sum_{i=1}^{M}\sum_{j=1}^{N}p_2(y_j/x_i)p(x_i)\log\frac{p_2(y_j/x_i)}{p(y_j)}\\
&=\sum_{i=1}^{M}\sum_{j=1}^{N}p(y_j/x_i)p(x_i)\log\frac{q(x_i/y_j)}{p(x_i)}-\alpha\sum_{i=1}^{M}\sum_{j=1}^{N}p_1(y_j/x_i)p(x_i)\log\frac{q_1(x_i/y_j)}{p(x_i)}\\
&\quad-(1-\alpha)\sum_{i=1}^{M}\sum_{j=1}^{N}p_2(y_j/x_i)p(x_i)\log\frac{q_2(x_i/y_j)}{p(x_i)}\\
&=\sum_{i=1}^{M}\sum_{j=1}^{N}\big(\alpha p_1(x_iy_j)+(1-\alpha)p_2(x_iy_j)\big)\log\frac{q(x_i/y_j)}{p(x_i)}\\
&\quad-\alpha\sum_{i=1}^{M}\sum_{j=1}^{N}p_1(x_iy_j)\log\frac{q_1(x_i/y_j)}{p(x_i)}-(1-\alpha)\sum_{i=1}^{M}\sum_{j=1}^{N}p_2(x_iy_j)\log\frac{q_2(x_i/y_j)}{p(x_i)}\\
&=\alpha\sum_{i=1}^{M}\sum_{j=1}^{N}p_1(x_iy_j)\log\frac{q(x_i/y_j)}{q_1(x_i/y_j)}+(1-\alpha)\sum_{i=1}^{M}\sum_{j=1}^{N}p_2(x_iy_j)\log\frac{q(x_i/y_j)}{q_2(x_i/y_j)} \qquad (4.7.11)\\
&\leqslant\alpha\log\sum_{i=1}^{M}\sum_{j=1}^{N}p_1(x_iy_j)\frac{q(x_i/y_j)}{q_1(x_i/y_j)}+(1-\alpha)\log\sum_{i=1}^{M}\sum_{j=1}^{N}p_2(x_iy_j)\frac{q(x_i/y_j)}{q_2(x_i/y_j)}\\
&=\alpha\log\sum_{i=1}^{M}\sum_{j=1}^{N}w_1(y_j)q(x_i/y_j)+(1-\alpha)\log\sum_{i=1}^{M}\sum_{j=1}^{N}w_2(y_j)q(x_i/y_j)\\
&=\alpha\log\sum_{j=1}^{N}w_1(y_j)\sum_{i=1}^{M}q(x_i/y_j)+(1-\alpha)\log\sum_{j=1}^{N}w_2(y_j)\sum_{i=1}^{M}q(x_i/y_j)\\
&=\alpha\log1+(1-\alpha)\log1=0
\end{aligned}$$

由此得

$$I(X;Y)\leqslant\alpha I_1(X;Y)+(1-\alpha)I_2(X;Y) \tag{4.7.12}$$

这就证明了互信息量 $I(X;Y)$ 的∪型凸函数的特性。在上面的推导过程中，分别应用了 $p(x_iy_j)=p(y_j/x_i)p(x_i)=q(x_i/y_j)p(y_j)$ 和对数函数 $\log x$ 是∩型凸函数等性质。**证毕**。□

上述定理证明了平均互信息量是信道转移概率的∪型凸函数，即对于给定统计特性的信源，可以通过改变信道的转移特性，使平均互信息量 $I(X;Y)$ 取最小值 $I_{\min}$。因为平均互信息量 $I(X;Y)\geqslant 0$，如果没有特定限定条件，信源不发送任何信息，即可使接收端所获得的信息量为零，即 $I(X;Y)=0$，因此选择信道使平均互信息量 $I(X;Y)$ 最小本身没有什么意义。引入失真度函数后，互信息量 $I(X;Y)$ 的∪型凸函数特性就有其特定意义了，例如对于一个通信系统，通常需要考虑如下的基本问题：收到经过信道传输的信号后，要保证使重构的信号的失真小于一定的程度，要求至少收到多少信源信息。

由**平均失真度**的定义可知，给定信源统计特性和失真函数，**平均失真度** $\bar{D}$ 由信道转移矩阵 $\boldsymbol{P}(Y/X)$ 决定。给定某一平均失真度限定值 D_{C}，记所有满足条件 $\bar{D}\leqslant D_{\mathrm{C}}$ 的信道转移矩阵 $\boldsymbol{P}(Y/X)$ 的集合为 B_D，则该集合可表示为 $B_D:\{\boldsymbol{P}(Y/X);\bar{D}\leqslant D_{\mathrm{C}}\}$。$B_D$ 中的转移矩阵 $\boldsymbol{P}(Y/X)$ 所对应的信道称为 D_{C} **失真许可试验信道**。

本章讨论问题时所称的信道转移矩阵中的所谓信道，并非一定是指实际的物理信道，例如率失真方法在通信系统的信源编码中应用时，“信道转移”通常是指编码过程中的某种变换。

另外，给定信源统计特性和信道转移矩阵，可以确定相应的平均互信息量 $I(X;Y)$。而由 B_D 集合中所含的信道转移矩阵所得到的平均互信息量 $I(X;Y)$，可以使信号恢复时平均失真度 $\bar{D}$ 小于预定的失真上限 D_{C}。进一步地，可以做如下定义。

定义 4.7.2　给定信源统计特性和平均失真度 $\bar{D}\leqslant D_{\mathrm{C}}$ 的要求，定义**率失真函数** $R(D_{\mathrm{C}})$ 为

$$R(D_{\mathrm{C}})=\min_{\boldsymbol{P}(Y/X)\in B_D} I(X;Y) \tag{4.7.13}$$

可见**率失真函数** $R(D_{\mathrm{C}})$ 是保证信号恢复时平均失真度 $\bar{D}$ 小于预定**失真上限** D_{C} 所需的最小平均互信息量。平均互信息量 $I(X;Y)$ 的∪型凸函数特性保证了该信道转移概率 $p(y_j/x_i)$ 的存在和定义的合理性。对失真度要求不同的应用，D_{C} 可以取不同的值，所以率失真函数通常记为 $R(\bar{D})$，表明其是 $\bar{D}$ 的函数。$R(\bar{D})$ 的典型特性如图 4.7.1 所示。当没有失真时，$\bar{D}=0$，率失真函数 $R(\bar{D})$ 达到 $I(X;Y)$ 的最大值 $\max I(X;Y)=H(X)$；而当失真达到最大时，如图 4.7.1 中的 $D_{\max}$ 位置，系统不能传递任何信息，$I(X;Y)=0$，此时 $R(\bar{D})=0$。

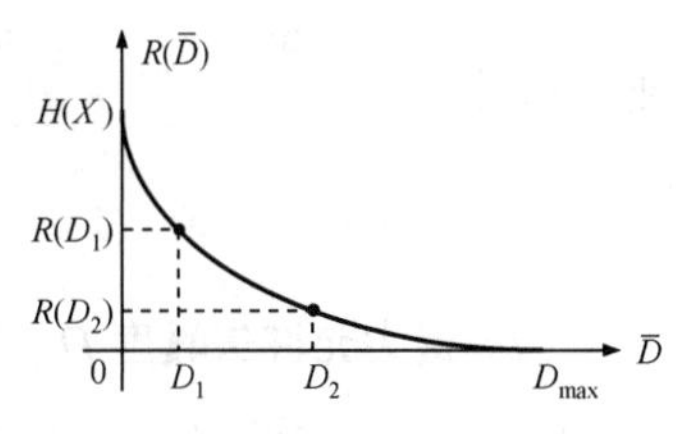

图 4.7.1　率失真函数 $R(\bar{D})$

失真函数 $R(\bar{D})$ 的定义域　　给定信源的统计特性，并非所有的变量 $\bar{D}$ 对率失真函数 $R(\bar{D})$ 都是有意义的，因此有如何确定 $R(\bar{D})$ 定义域的问题。$R(\bar{D})$ 的定义域记为 $[D_{\min},D_{\max}]$。其中 $D_{\min}$ 称为**最小允许失真度**，$D_{\max}$ 称为**最大允许失真度**。

（1）**最小允许失真度** $D_{\min}$：一般地，如果有 $R(\bar{D})=H(X)$，则没有失真。没有失真的系统并非总能实现，顾名思义，$D_{\min}$ 就是系统可能达到的最小平均失真度。$D_{\min}$ 由下式确定：

$$D_{\min}=\min_{\{\boldsymbol{P}(Y/X)\}}\bar{D}=\min_{\{\boldsymbol{P}(Y/X)\}}\sum_{i=1}^{M}\sum_{j=1}^{N}d(x_i,y_j)p(x_i)p(y_j/x_i) \tag{4.7.14}$$

式中 $\{\boldsymbol{P}(Y/X)\}$ 表示所有可能的转移概率矩阵构成的集合。通常假定信源统计特性已知，失真函数预先确定，式（4.7.14）的最小化就归结为信道转移概率的选择问题：

$$D_{\min}=\sum_{i=1}^{M}p(x_i)\min_{\{\boldsymbol{P}(Y/X)\}}\sum_{j=1}^{N}d(x_i,y_j)p(y_j/x_i) \tag{4.7.15}$$

其中第一个求和号中的第 i 项为

$$p(x_i)\min_{\{P(Y/X)\}}\sum_{j=1}^{N}d(x_i,y_j)p(y_j/x_i) \tag{4.7.16}$$

这里失真函数是失真度矩阵 $\boldsymbol{D}$ 中的第 i 行元素：$d(x_i,y_1),d(x_i,y_2),\cdots,d(x_i,y_N)$。在第 i 行元素中必定有取值最小的失真函数，不妨设其有 s，$1\leqslant s\leqslant N$ 个，即有

$$\min_j d(x_i,y_j)=d(x_i,y_{j_1})=d(x_i,y_{j_2})=\cdots=d(x_i,y_{j_s}) \tag{4.7.17}$$

为使式（4.7.16）达到最小，应选与这些具有最小值失真函数所对应的转移概率 $p(y_{j_k}/x_i)$，$j_k\in\{j_1,j_2,j_3,\cdots,j_s\}$，满足

$$\sum_{j\in(j_1,j_2,\cdots,j_s)}p(y_j/x_i)=1,\quad \sum_{j\notin(j_1,j_2,\cdots,j_s)}p(y_j/x_i)=0 \tag{4.7.18}$$

由此可得

$$\begin{aligned}p(x_i)\min_{\{P(Y/X)\}}\sum_{j=1}^{N}d(x_i,y_j)p(y_j/x_i)&=p(x_i)\sum_{j\in(j_1,j_2,\cdots,j_s)}d(x_i,y_j)p(y_j/x_i)\\&=p(x_i)\min_j d(x_i,y_j)\sum_{j\in(j_1,j_2,\cdots,j_s)}p(y_j/x_i)\\&=p(x_i)\min_j d(x_i,y_j)\end{aligned} \tag{4.7.19}$$

进而有

$$D_{\min}=\sum_{i=1}^{M}p(x_i)\min_{\{P(Y/X)\}}\sum_{j=1}^{N}d(x_i,y_j)p(y_j/x_i)=\sum_{i=1}^{M}p(x_i)\min_j d(x_i,y_j) \tag{4.7.20}$$

由此可见，当信源统计特性和失真函数确定后，$D_{\min}$ 就完全确定。如果可以调整失真矩阵 $\boldsymbol{D}$ 中每行的最小值，使得

$$\min_j d(x_i,y_j)=0,\ i=1,2,\cdots,M \tag{4.7.21}$$

则可以使得

$$D_{\min}=\sum_{i=1}^{M}p(x_i)\min_j d(x_i,y_j)=0 \tag{4.7.22}$$

（2）**最大允许失真度 $D_{\max}$**：如图 4.7.1 所示，$D_{\max}$ 是指满足条件 $R(\bar{D})=0$ 时所对应的最小 $\bar{D}$ 的取值，$D_{\max}=\min\limits_{R(\bar{D})=0}\bar{D}$。仅考虑该点的取值是因为考虑更大的 D 的取值已无意义。$R(\bar{D})=0\Rightarrow I(X;Y)=0$，这意味着信道的输入随机变量 X 和输出随机变量 Y 统计独立，即有

$$p(y_j/x_i)=p(y_j),\ i=1,2,\cdots,M,j=1,2,\cdots,N \tag{4.7.23}$$

从统计上来说，若记由 Y 不能获得任何有关 X 信息时的最小平均失真度为 $\bar{D}'_{\min}$，则由式（4.7.23），有

$$\begin{aligned}\bar{D}'_{\min}&=\min_{P(Y/X)}\sum_{i=1}^{M}\sum_{j=1}^{N}d(x_i,y_j)p(x_i)p(y_j/x_i)\\&=\min_{\{p(y_j),j=1,2,\cdots,N\}}\sum_{i=1}^{M}\sum_{j=1}^{N}d(x_i,y_j)p(x_i)p(y_j)\\&=\min_{\{p(y_j),j=1,2,\cdots,N\}}\sum_{j=1}^{N}p(y_j)\sum_{i=1}^{M}p(x_i)d(x_i,y_j)\end{aligned} \tag{4.7.24}$$

在所有的 N 个求和项

$$\sum_{i=1}^{M}p(x_i)d(x_i,y_j),\ j=1,2,\cdots,N \tag{4.7.25}$$

中，必有 1 个或若干个具有相同最小值的求和项，不妨设其有 s 个，将其记为

$$\sum_{i=1}^{M} p(x_i) d(x_i, y_j),\ j \in (j_1, j_2, \cdots, j_s) \tag{4.7.26}$$

如果选择 $p(y_j), j=1,2,\cdots,N$，使得

$$\sum_{j\in(j_1,j_2,\cdots,j_s)} p(y_j)=1,\quad \sum_{j\notin(j_1,j_2,\cdots,j_s)} p(y_j)=0 \tag{4.7.27}$$

由此即可得

$$\bar{D}'_{\min}=\sum_{j\in(j_1,j_2,\cdots,j_s)} p(y_j)\sum_{i=1}^{M} p(x_i)d(x_i,y_j)=\min_j \sum_{i=1}^{M} p(x_i)d(x_i,y_j) \tag{4.7.28}$$

下面进一步说明 $R(\bar{D}'_{\min})=0$。根据 $\bar{D}=\bar{D}'_{\min}$ 时所需满足的条件 $p(y_j/x_i)=p(y_j)$，$i=1,2,\cdots,M$，$j=1,2,\cdots,N$，可得

$$\begin{aligned} H(Y/X) &= -\sum_{i=1}^{M}\sum_{j=1}^{N} p(y_j/x_i)p(x_i)\log p(y_j/x_i) \\ &= -\sum_{i=1}^{M}\sum_{j=1}^{N} p(y_j)p(x_i)\log p(y_j) \\ &= -\sum_{i=1}^{M} p(x_i)\sum_{j=1}^{N} p(y_j)\log p(y_j)=\sum_{i=1}^{M} p(x_i)H(Y)=H(Y) \end{aligned} \tag{4.7.29}$$

因此有

$$I(X;Y)=H(Y)-H(Y/X)=H(Y)-H(Y)=0 \tag{4.7.30}$$

而条件 $\sum_{j\in(j_1,j_2,\cdots,j_s)} p(y_j)=1,\ \sum_{j\notin(j_1,j_2,\cdots,j_s)} p(y_j)=0$，则保证在 $I(X;Y)=R(\bar{D})=0$ 的条件下，$\bar{D}'_{\min}$ 取 $\bar{D}$ 最小的值。由 $D_{\max}$ 的定义可知，应有 $D_{\max}=\bar{D}'_{\min}$。

【例 4.7.2】 已知二元信源 X 的统计特性、失真矩阵分别为

$$\begin{matrix} X \\ P \end{matrix}:\begin{pmatrix} x_1 & x_2 \\ p & 1-p \end{pmatrix},\quad p\leqslant 0.5\text{；}\quad \boldsymbol{D}=\begin{bmatrix} d(x_1,y_1) & d(x_1,y_2) \\ d(x_2,y_1) & d(x_2,y_2) \end{bmatrix}=\begin{bmatrix} 0 & 1 \\ 1 & 0 \end{bmatrix}$$

求最小允许失真度 $D_{\min}$ 和最大允许失真度 $D_{\max}$，并分析相应的转移概率矩阵。

解：（1）由式（4.7.20），可得

$$D_{\min}=\sum_{i=1}^{M} p(x_i)\min_j d(x_i,y_j)=p\cdot 0+(1-p)\cdot 0=0$$

满足失真度准则 $\bar{D}=D_{\min}=0$ 的转移概率矩阵只能是如下具有输入、输出一一对应的矩阵：

$$\boldsymbol{p}(y_j/x_i)=\begin{bmatrix} p(y_1/x_1) & p(y_2/x_1) \\ p(y_1/x_2) & p(y_2/x_2) \end{bmatrix}=\begin{bmatrix} 1 & 0 \\ 0 & 1 \end{bmatrix}$$

因为只有一个转移概率矩阵，所以有 $\min\limits_{\{\boldsymbol{P}(Y/X)\}\in B_D} I(X;Y)=I(X;Y)$，且最小允许失真度 $\bar{D}=D_{\min}=0$，因此有

$$R(D_{\min})=R(0)=I(X;Y)=H(X)=-p\log p-(1-p)\log(1-p)$$

（2）由式（4.7.28），有

$$\begin{aligned} D_{\max} &= \min_j \sum_{i=1}^{M} p(x_i)d(x_i,y_j) \\ &= \min\big(pd(x_1,y_1)+(1-p)d(x_2,y_1),pd(x_1,y_2)+(1-p)d(x_2,y_2)\big) \\ &= \min\big(p\cdot 0+(1-p)\cdot 1,p\cdot 1+(1-p)\cdot 0\big)=\min\big((1-p),p\big)=p \end{aligned}$$

由式（4.7.23），满足 $R(D_{\max})=0$ 的转移概率矩阵具有如下输入、输出统计独立的形式：

$$p(y_j/x_i)=p(y_j),\ i=1,2,\cdots,M,j=1,2,\cdots,N$$

同样，因为只有一个转移概率矩阵，因此有 $\min\limits_{p(y_j/x_i)\in B_D} I(X;Y)=I(X;Y)$，由此

$$R(D_{\max}) = I(X;Y) = H(Y) - H(Y/X)$$

此时

$$\begin{aligned} H(Y/X) &= -\sum_{i=1}^{2}\sum_{j=1}^{2} p(y_j/x_i)p(x_i)\log p(y_j/x_i) \\ &= -\sum_{i=1}^{2}\sum_{j=1}^{2} p(y_j)p(x_i)\log p(y_j) \\ &= \sum_{i=1}^{2} p(x_i)\sum_{j=1}^{2}(-p(y_j)\log p(y_j)) \\ &= \sum_{i=1}^{2} p(x_i)H(Y) = H(Y) \end{aligned}$$

相应地 $R(D_{\max}) = H(Y) - H(Y/X) = H(Y) - H(Y) = 0$。□

率失真函数 $R(D)$ 的主要性质　率失真函数 $R(D)$ 的主要性质由下面几个定理描述。

定理 4.7.2　率失真函数 $R(D)$ 是 D 的∪型凸函数，即有

$$R(\alpha D_1 + (1-\alpha)D_2) \leqslant \alpha R(D_1) + (1-\alpha)R(D_2),\ 0 \leqslant \alpha \leqslant 1 \tag{4.7.31}$$

证明：给定信源的统计特性 $p(x_i), i=1,2,\cdots,M$ 和失真度矩阵 $\boldsymbol{D}$。在 $[D_{\min}, D_{\max}]$ 中选择两个值 D_1 和 D_2，在信道转移概率集合中，选择两个信道转移概率矩阵 $\boldsymbol{p}_1(y_j/x_i)$ 和 $\boldsymbol{p}_2(y_j/x_i)$，$i=1,2,\cdots,M$，$j=1,2,\cdots,N$，得其平均失真度 $\bar{D}_1$ 和 $\bar{D}_2$ 满足

$$\bar{D}_1 = \sum_{i=1}^{M}\sum_{j=1}^{N} d(x_i, y_j)p(x_i)p_1(y_j/x_i) \leqslant D_1 \tag{4.7.32}$$

$$\bar{D}_2 = \sum_{i=1}^{M}\sum_{j=1}^{N} d(x_i, y_j)p(x_i)p_2(y_j/x_i) \leqslant D_2 \tag{4.7.33}$$

且由互信息量 $I_1(X;Y)$ 和 $I_2(X;Y)$ 达到最小的两个信道转移概率矩阵，可得

$$R(D_1) = I_1(X;Y) \tag{4.7.34}$$

$$R(D_2) = I_2(X;Y) \tag{4.7.35}$$

若定义新的信道转移矩阵 $\boldsymbol{p}(y_j/x_i) = \alpha p_1(y_j/x_i) + (1-\alpha)p_2(y_j/x_i),\ 0 \leqslant \alpha \leqslant 1$。相应地，其平均失真度

$$\begin{aligned} \bar{D} &= \sum_{i=1}^{M}\sum_{j=1}^{N} d(x_i, y_j)p(x_i)p(y_j/x_i) \\ &= \sum_{i=1}^{M}\sum_{j=1}^{N} d(x_i, y_j)p(x_i)(\alpha p_1(y_j/x_i) + (1-\alpha)p_2(y_j/x_i)) \\ &= \alpha\sum_{i=1}^{M}\sum_{j=1}^{N} d(x_i, y_j)p(x_i)p_1(y_j/x_i) + (1-\alpha)\sum_{i=1}^{M}\sum_{j=1}^{N} d(x_i, y_j)p(x_i)p_2(y_j/x_i) \\ &= \alpha\bar{D}_1 + (1-\alpha)\bar{D}_2 \end{aligned} \tag{4.7.36}$$

由式（4.7.32）和式（4.7.33），显然有

$$\bar{D} = \alpha\bar{D}_1 + (1-\alpha)\bar{D}_2 \leqslant \alpha D_1 + (1-\alpha)D_2 \tag{4.7.37}$$

因此若取新的失真度门限为

$$D = \alpha D_1 + (1-\alpha)D_2 \tag{4.7.38}$$

则由 $\bar{D} \leqslant D$，可知 $p(y_j/x_i)$ 是达到率失真 $R(D)$ 要求的一个转移概率。综合定理 4.7.1 及式（4.7.17），可得

$$I(X;Y) \leqslant \alpha I_1(X;Y) + (1-\alpha)I_2(X;Y) = \alpha R(D_1) + (1-\alpha)R(D_2) \tag{4.7.39}$$

同时，在集合 B_D 中，一般地有 $R(D) \leqslant I(X;Y)$，因此可得

$$R(\alpha D_1 + (1-\alpha)D_2) \leqslant \alpha R(D_1) + (1-\alpha)R(D_2)$$　证毕。□

定理 4.7.3 率失真函数 $R(D)$ 是 D 的**严格单调递减**函数。

证明：设 D 的定义域为 $[D_{\min},D_{\max}]$，根据率失真函数的定义，若有 D_1 和 D_2 满足条件 $D_{\min}<D_1<D_2<D_{\max}$，则一般地有 $R(D_2)\leqslant R(D_1)$。若在 $[D_1,D_2]$ 区间内，上式的等号成立，即 $R(D_2)=R(D_1)$，则 $R(D)$ 就不是严格单调的函数。因此仅需证明等式不可能成立。采用反证法来证明定理。设对任意的 $\alpha>0$，$\alpha D_1<\alpha D_{\max}$ 成立，这一关系又可表示为 $D_1-(1-\alpha)D_1<\alpha D_{\max}$，整理可得

$$D_1<(1-\alpha)D_1+\alpha D_{\max} \tag{4.7.40}$$

当取 α 足够小时，总可以使如下关系式成立：

$$\alpha(D_{\max}-D_1)<D_2-D_1 \tag{4.7.41}$$

整理上式可得

$$(1-\alpha)D_1+\alpha D_{\max}<D_2 \tag{4.7.42}$$

综合式（4.7.41）和式（4.7.42）可知，存在 $\alpha>0$，使得如下关系式成立：

$$D_1<(1-\alpha)D_1+\alpha D_{\max}<D_2 \tag{4.7.43}$$

若令 $D_\alpha=(1-\alpha)D_1+\alpha D_{\max}$，则同时有

$$D_1<D_\alpha<D_2,\quad D_1<D_\alpha<D_{\max} \tag{4.7.44}$$

由定理 4.7.2，$R(D)$ 是∪型凸函数，因此有

$$R(D_\alpha)=R((1-\alpha)D_1+\alpha D_{\max})\leqslant(1-\alpha)R(D_1)+\alpha R(D_{\max}) \tag{4.7.45}$$

因为根据 $D_{\max}$ 的定义，$R(D_{\max})=0$，因此由上式可得

$$R(D_\alpha)\leqslant(1-\alpha)R(D_1)<R(D_1) \tag{4.7.46}$$

即存在 $D_1<D_\alpha$，$D_\alpha\in[D_1,D_2]$ 使得

$$R(D_\alpha)<R(D_1) \tag{4.7.47}$$

这说明 $R(D_2)=R(D_1)$ 不可能成立。**证毕**。□

定理 4.7.4 $R(D)$ 是 D 的连续函数。

证明：因为平均互信息量 $I(X;Y)$ 为

$$\begin{aligned}I(X;Y)&=\sum_{i=1}^{M}\sum_{j=1}^{N}p(y_j/x_i)p(x_i)\log\frac{p(y_j/x_i)}{p(y_j)}\\&=\sum_{i=1}^{M}\sum_{j=1}^{N}p(y_j/x_i)p(x_i)\log\frac{p(y_j/x_i)}{\sum_{i=1}^{M}p(y_j/x_i)p(x_i)}\end{aligned} \tag{4.7.48}$$

所以给定信源的统计特性 $p(x_i),i=1,2,\cdots,M$，平均互信息量 $I(X;Y)$ 是信道转移概率 $p(y_j/x_i)$，$i=1,2,\cdots,M$，$j=1,2,\cdots,N$ 的函数，即 $I(X;Y)=I(p(y_j/x_i))$。任给 Δ，有

$$I(p(y_j/x_i)+\Delta)=\sum_{i=1}^{M}\sum_{j=1}^{N}(p(y_j/x_i)+\Delta)p(x_i)\log\frac{p(y_j/x_i)+\Delta}{\sum_{i=1}^{M}(p(y_j/x_i)+\Delta)p(x_i)} \tag{4.7.49}$$

只要 Δ 的绝对值足够小，就可保证上式是有意义的。因为当 M 和 N 取定后，$I(p(y_j/x_i))$ 是有限个连续函数的组合，因此有

$$\begin{aligned}
&\lim_{\Delta\to 0} I\left(p\left(y_j/x_i\right)+\Delta\right)\\
&=\lim_{\Delta\to 0}\sum\nolimits_{i=1}^{M}\sum\nolimits_{j=1}^{N}\left(p\left(y_j/x_i\right)+\Delta\right)p\left(x_i\right)\log\frac{p\left(y_j/x_i\right)+\Delta}{\sum\nolimits_{i=1}^{M}\left(p\left(y_j/x_i\right)+\Delta\right)p\left(x_i\right)}\\
&=\sum\nolimits_{i=1}^{M}\sum\nolimits_{j=1}^{N}\lim_{\Delta\to 0}\left(\left(p\left(y_j/x_i\right)+\Delta\right)p\left(x_i\right)\log\frac{p\left(y_j/x_i\right)+\Delta}{\sum\nolimits_{i=1}^{M}\left(p\left(y_j/x_i\right)+\Delta\right)p\left(x_i\right)}\right)\\
&=\sum\nolimits_{i=1}^{M}\sum\nolimits_{j=1}^{N}p\left(y_j/x_i\right)p\left(x_i\right)\log\frac{p\left(y_j/x_i\right)}{\sum\nolimits_{i=1}^{M}p\left(y_j/x_i\right)p\left(x_i\right)}
\end{aligned} \tag{4.7.50}$$

因此 $I\left(p\left(y_j/x_i\right)\right)$ 是 $p\left(y_j/x_i\right)$ 的连续函数。

设有 $D_1,D_2\in\left[D_{\min},D_{\max}\right]$，且有 $D_2=D_1\pm\Delta$。记 B_{D_1} 和 B_{D_2} 分别是满足失真度要求

$$\bar{D}\leqslant D_1,\quad \bar{D}\leqslant D_2 \tag{4.7.51}$$

的两个信道转移概率的集合：

$$B_{D_1}:\left\{p\left(y_j/x_i\right),i=1,2,\cdots,M,j=1,2,\cdots,N;\quad \bar{D}\leqslant D_1\right\} \tag{4.7.52}$$

$$B_{D_2}:\left\{p\left(y_j/x_i\right),i=1,2,\cdots,M,j=1,2,\cdots,N;\quad \bar{D}\leqslant D_2\right\} \tag{4.7.53}$$

相应地，其率失真函数分别为

$$R\left(D_1\right)=\min_{p\left(y_j/x_i\right)\in B_{D_1}} I\left(p\left(y_j/x_i\right)\right) \tag{4.7.54}$$

$$R\left(D_2\right)=\min_{p\left(y_j/x_i\right)\in B_{D_2}} I\left(p\left(y_j/x_i\right)\right) \tag{4.7.55}$$

当 $\Delta\to 0$ 时，$D_2\to D_1$，$B_{D_2}\to B_{D_1}$，由于 $I\left(p\left(y_j/x_i\right)\right)$ 是 $p\left(y_j/x_i\right)$ 的连续函数，因而有

$$\lim_{\Delta\to 0}R\left(D_2\right)=\lim_{B_{D_2}\to B_{D_1}}\min_{p\left(y_j/x_i\right)\in B_{D_2}} I\left(p\left(y_j/x_i\right)\right)=\min_{p\left(y_j/x_i\right)\in B_{D_1}} I\left(p\left(y_j/x_i\right)\right)=R\left(D_1\right) \tag{4.7.56}$$

证毕。□

【例 4.7.3】 设有某一包含 $2n$ 种不同符号的等概信源 $\left\{X:x_i,i=1,2,\cdots,2n\right\}$，$p\left(x_i\right)=1/2n$，其转移概率矩阵为

$$p\left(y_j/x_i\right)=\begin{matrix} \\ 1\\ 2\\ \vdots\\ n-2\\ n-1\\ n\\ \vdots\\ 2n\end{matrix}\begin{matrix}\begin{matrix}1 & 2 & \cdots & n-2 & n-1 & n\end{matrix}\\ \begin{bmatrix}1 & 0 & \cdots & 0 & 0 & 0\\ 0 & 1 & \cdots & 0 & 0 & 0\\ \vdots & \vdots & \ddots & \vdots & \vdots & \vdots\\ 0 & 0 & \cdots & 1 & 0 & 0\\ 0 & 0 & \cdots & 0 & 1 & 0\\ 0 & 0 & \cdots & 0 & 0 & 1\\ \vdots & \vdots & \ddots & \vdots & \vdots & \vdots\\ 0 & 0 & \cdots & 0 & 0 & 1\end{bmatrix}\end{matrix}$$

若采用汉明失真函数，求相应的平均失真度和率失真函数值。

解：(1) 已知若 $x_i,y_j\in\left(a_k,k=1,2,\cdots,M\right)$，汉明失真函数为

$$d\left(x_i,y_j\right)=\begin{cases}0, & i=j\\ 1, & i\neq j\end{cases}$$

得到平均失真度为

$$\overline{D}=\sum_{i=1}^{2n}\sum_{j=1}^{n}d\left(x_i,y_j\right)p\left(x_i\right)p\left(y_j/x_i\right)=\sum_{i=n+1}^{2n}d\left(x_i,x_n\right)p\left(x_i\right)p\left(x_n/x_i\right)$$
$$=\sum_{i=n+1}^{2n}1\cdot\frac{1}{2n}\cdot 1=\frac{1}{2}$$

（2）已知信源 $\{X:x_i,i=1,2,\cdots,2n\}$， $p\left(x_i\right)=1/2n$ 为等概分布。由转移概率矩阵，可得

$$y_i=\begin{cases}x_i, & i\leqslant n\\ y_n=x_n, & i>n\end{cases}$$

因此可得随机变量 Y 的分布为

$$p(Y):p\left(y_1=x_1\right)=\frac{1}{2n},p\left(y_2=x_2\right)=\frac{1}{2n},\cdots,p\left(y_{n-1}=x_{n-1}\right)=\frac{1}{2n},p\left(y_n=x_n\right)=\frac{n+1}{2n}$$

因为转移概率矩阵中的元素非 0 即 1，所以有

$$H(Y/X)=-\sum_{i=1}^{2n}\sum_{j=1}^{n}p\left(x_iy_j\right)\log p\left(y_j/x_i\right)$$
$$=-\sum_{i=1}^{2n}\sum_{j=1}^{n}p\left(x_i\right)p\left(y_j/x_i\right)\log p\left(y_j/x_i\right)=0$$

可得平均互信息量

$$I(X;Y)=H(Y)-H(Y/X)=H(Y)=-\sum_{j=1}^{n}p\left(y_j\right)\log p\left(y_j\right)$$
$$=-\sum_{j=1}^{n-1}\frac{1}{2n}\log\frac{1}{2n}-\frac{n+1}{2n}\log\frac{n+1}{2n}=\log(2n)-\frac{n+1}{2n}\log(n+1)$$

根据率失真函数的定义，该平均互信息量即为 $\overline{D}=1/2$ 时，相应的率失真函数值：

$$R(D)\Big|_{\overline{D}=\frac{1}{2}}=\log(2n)-\frac{n+1}{2n}\log(n+1)$$

因为信源的熵为

$$H(X)=-\sum_{i=1}^{2n}p\left(x_i\right)\log p\left(x_i\right)=2n\frac{1}{2n}\log 2n=\log 2n$$

即当允许平均失真度 $\overline{D}=1/2$ 时，从理论上来说，只需要发送信源 $\{X:x_i,i=1,2,\cdots,2n\}$ 前面的 n 个符号，而用 x_n 来替代后面的 n 个符号，较之 $H(X)$，损失的信息量为 $(n+1)\log(n+1)/2n$ 。□

汉明失真与传输差错概率 设信源的概率场为

$$\begin{matrix}X: & x_1 & x_2 & \cdots & x_N\\ p(X): & p\left(x_1\right) & p\left(x_2\right) & \cdots & p\left(x_N\right)\end{matrix}$$

其中 $\sum_{i=1}^{N}p\left(x_i\right)=1$ 。若规定失真函数为汉明失真函数

$$\boldsymbol{D}=\begin{matrix} & y_1 & y_2 & \cdots & y_N\\ x_1 & 0 & 1 & \cdots & 1\\ x_2 & 1 & 0 & \cdots & 1\\ \vdots & \vdots & \vdots & \ddots & \vdots\\ x_N & 1 & 1 & \cdots & 0\end{matrix}$$

信道转移矩阵

$$\boldsymbol{p}\left(y_j/x_i\right)=\begin{matrix} & y_1 & y_2 & \cdots & y_N\\ x_1 & p\left(y_1/x_1\right) & p\left(y_2/x_1\right) & \cdots & p\left(y_N/x_1\right)\\ x_2 & p\left(y_1/x_2\right) & p\left(y_2/x_2\right) & \cdots & p\left(y_N/x_2\right)\\ \vdots & \vdots & \vdots & \ddots & \vdots\\ x_N & p\left(y_1/x_N\right) & p\left(y_2/x_N\right) & \cdots & p\left(y_N/x_N\right)\end{matrix}$$

此时平均失真度

$$\bar{D}=\sum_{i=1}^{N}\sum_{j=1}^{N}d\left(x_i,y_j\right)p\left(x_i\right)p\left(y_j/x_i\right)=\sum_{i\neq j}p\left(x_i\right)p\left(y_j/x_i\right) \tag{4.7.57}$$

而传输出错的概率为

$$P_{\mathrm{E}}=\sum_{i\neq j}p\left(x_iy_j\right)=\sum_{i\neq j}p\left(x_i\right)p\left(y_j/x_i\right) \tag{4.7.58}$$

比较上面两式，有

$$\bar{D}=P_{\mathrm{E}} \tag{4.7.59}$$

即平均失真度等于传输出错的概率，这很清楚地说明了造成失真的物理原因。

4.8 本章小结

本章介绍了信息论基础知识。主要讨论了信息量的定义和度量，以及如何利用概率论来描述信息量的大小和它们之间的关系。介绍了离散信源平均信息量、熵的概念和如何使信源的熵达到最大，包括各种熵的物理意义和它们之间的关系。通过互信息量引入信道容量的定义，并重点介绍了离散无记忆对称信道及特性。针对连续信源绝对熵无限大的性质，引入了相对熵的概念，并通过相对熵和相对条件熵，建立了它们与离散信源具有相同物理意义的连续信源的平均互信息量的关系。讨论了不同条件下连续信源相对熵的最大化问题。详细分析了高斯加性噪声信道的容量的计算，并由此导出了在通信系统中具有重要意义的香农公式。在本章中还讨论了信源编码问题，介绍了等长和不等长编码的有关定义与基本定理，特别介绍了获得广泛应用的最佳不等长编码——霍夫曼编码的特点和方法。本章中还讨论了信道编码的有关定理和方法，给出了信道编码速率的概念和信道编码速率可达的条件。在本章的最后，介绍了在通信信号处理中具有重要意义的率失真理论。

习　题

4.1 某一信源以概率 1/2、1/4、1/8、1/16、1/32 和 1/32 产生 6 种不同的符号 x_1、x_2、x_3、x_4、x_5 和 x_6，每个符号出现是独立的，符号速率为 1000（符号）/秒。（1）请计算每个符号所含的信息量；（2）求信源的熵；（3）求单位时间内输出的平均信息量。

4.2 一个离散信号源每毫秒发出 4 种符号中的一个，各相互独立符号出现的概率分别为 0.4、0.3、0.2 和 0.1，求该信号源的平均信息量与信息速率。

4.3 设有 4 个消息符号，其出现的概率分别是 1/8、1/8、1/4 和 1/2，各消息符号的出现是相对独立的，求该符号集的平均信息量。

4.4 计算字母集的信息熵。（1）若把英文的 26 个字母和空格共 27 个符号，视为等概出现，求其信息熵；（2）若英文字母和空格的概率分布如题 4.4 表所示，求其信息熵。

题 4.4 表　英文字母的概率分布

字 母	空 格	E	T	O	A	N	I	R	S
概率	0.1956	0.1050	0.0720	0.0654	0.0630	0.0590	0.0550	0.0540	0.0520
字母	H	D	L	C	F	U	M	P	Y
概率	0.0470	0.0350	0.0290	0.0230	0.0225	0.0225	0.0210	0.0175	0.0120
字母	W	G	B	V	K	X	J	Q	Z
概率	0.0120	0.0110	0.0105	0.0080	0.0030	0.0020	0.0010	0.0010	0.0010

4.5 中文电码表采用四位阿拉伯数字作为代号，假定这种数字代码出现的概率如题 4.5 表所示，如果一个报文中包含了 10000 个中文汉字，试估计该报文最多可包含多少信息量。

题 4.5 表 汉字报文中数字代码的出现概率

数字	0	1	2	3	4	5	6	7	8	9
概率	0.260	0.160	0.080	0.062	0.060	0.063	0.155	0.062	0.048	0.052

4.6 证明平均互信息量的互易性，即 $I(X;Y)=I(Y;X)$。

4.7 证明两离散信源的条件熵和熵之间满足关系式 $I(X;Y)=H(Y)-H(Y/X)$。

4.8 若 X 与 Y 统计独立，证明 $H(Y/X)=H(Y)$。

4.9 证明，一般地有 $H(X/Y)\geqslant 0$。

4.10 证明，一般地有 $H(X/Y)\leqslant H(X)$ 和 $H(Y/X)\leqslant H(Y)$。

4.11 已知非对称二进制信道，输入符号的概率场为

$$\begin{pmatrix} x_1 & x_2 \\ p(x_1) & p(x_2) \end{pmatrix}=\begin{pmatrix} 0 & 1 \\ 1/4 & 3/4 \end{pmatrix}$$

信道转移概率矩阵为

$$\begin{bmatrix} p(y_1/x_1) & p(y_2/x_1) \\ p(y_1/x_2) & p(y_2/x_2) \end{bmatrix}=\begin{bmatrix} p(0/0) & p(1/0) \\ p(0/1) & p(1/1) \end{bmatrix}=\begin{bmatrix} 0.8 & 0.2 \\ 0.1 & 0.9 \end{bmatrix}$$

求：(1)输入符号集 X 的平均信息量 $H(X)$；(2)输出符号集 Y 的平均信息量 $H(Y)$；(3)条件熵 $H(X/Y)$ 和 $H(Y/X)$；（4）平均互信息量 $I(X,Y)$。

4.12 一个系统传输 4 脉冲组，每个脉冲的宽度为 1ms，高度分别为 0V、1V、2V 和 3V，且等概出现。每 4 个脉冲后紧跟一个负 1V 的脉冲（宽度也为 1ms），为不带信息的同步脉冲，试计算：（1）信源的熵；（2）系统传输信息的平均速率。

4.13 某数字通信系统用正弦波的 4 个相位 45°、135°、225° 和 315° 来表示 4 个不同的符号以传输信息，这 4 个符号是相互独立的。（1）若每秒内 45°、135°、225° 和 315° 出现的次数分别为 1000、250、250 和 500，求此系统的符号速率和信息速率；（2）若每秒这 4 个相位出现的次数都为 500 个，求此时的信息速率。

4.14 一个包含 4 个符号的信源，符号间独立，每个符号用二进制的脉冲分别编码为 00、01、10 和 11。二进制脉冲的宽度为 5ms。（1）不同的符号等概出现时，计算信源的平均信息速率；（2）若每个符号出现的概率分别为 $P_1=1/5$、$P_2=1/4$、$P_3=1/4$ 和 $P_4=3/10$，试计算传输的平均信息速率。

4.15 假定 x 和 n 是相互独立的随机变量，它们的均值分别为 μ_x 和 μ_n，方差分别为 σ_x^2 和 σ_n^2，若 $y=x+n$，证明其均值 $\mu_y=\mu_x+\mu_n$，方差 $\sigma_y^2=\sigma_x^2+\sigma_n^2$。

4.16 黑白电视图像每幅含有 640×480 个像素，每个像素有 $2^8=256$ 个等概出现的亮度等级，要求每秒传输 25 帧图像，若信道的信噪比 SNR = 20dB，求传输该图像信息所需的最小带宽。

4.17 具有 6.5MHz 带宽的某高斯信道，若信道中信号功率与噪声功率谱密度之比为 45.5MHz，试求其信道容量。

4.18 设高斯信道带宽为 4kHz，信号与噪声功率比为 63，试确定利用这种信道的理想通信系统的信息速率和差错率。

4.19 某一待传输图片约含有 2.25×10^6 个像元。为了很好地重现图片，需要 12 个亮度电平。假若所有的这些亮度电平等概出现，试计算用 3 分钟传送一幅图片时所需的信道带宽（设信道中的信噪比为 30dB）。

4.20 已知彩色电视图像由 5×10^5 个像素组成。设每个像素有 64 种彩色度，每种彩色度有 16 个亮度等级。如果所有彩色度和亮度等级的组合机会均等，并统计独立。（1）试计算每秒传送 100 个画面所需的信道容量；（2）如果接收机的信噪比为 30 dB，为了传送彩色图像所需信道的带宽为多少？

4.21 某信源的符号集由 A、B、C、D 和 E 组成，设每一符号独立出现，其出现概率分别为 1/4、1/8、1/8、3/16、3/16；信源以 1000Baud 的速率传送信息。求 1 小时可发送的信息量。

4.22 设数字信号的每比特信号能量为 E_b，信道噪声的双边功率谱密度为 $n_0/2$，试证明：信道无差错传输的信噪比 E_b/n_0 的最小值为 −1.6dB。

4.23 一个由字母A、B、C、D组成的系统，用二进制“0”、“1”对字母进行编码，即00代替A，01代替B，10代替C，11代替D。设二进制符号“0”、“1”的宽度各为10ms，试求：（1）①若各字母等概出现，计算平均信息速率；②若各字母不等概出现，$P(\mathrm{A})=0.2$，$P(\mathrm{B})=0.25$，$P(\mathrm{C})=0.25$，$P(\mathrm{D})=0.3$，计算平均信息速率；（2）①用四进制脉冲“0”、“1”、“2”、“3”对字母进行编码，即“0”代替A，“1”代替B，“2”代替C，“3”代替D，设各字母等概出现。当脉冲宽度为10ms时，计算平均信息速率；②当脉冲宽度为20ms时，计算平均信息速率；（3）从计算结果中，可以得出什么结论？

4.24 若离散无记忆信源$\left\{S:S_i,P(S_i),i=1,2,\cdots,L\right\}$的熵为$H(S)$，证明：由$J$个该信源中的符号组合而成的扩展离散无记忆信源$\left\{\overline{S}_J:\overline{S}_{J,i},P(\overline{S}_{J,i}),i=1,2,\cdots,L^J\right\}$的熵为$H(\overline{S}_J)=J\cdot H(S)$。

4.25 给定离散无记忆信源

$$\begin{matrix} S_i: & S_1 & S_2 & S_3 \\ P(S_i): & 0.1 & 0.7 & 0.2 \end{matrix}$$

（1）对该信源进行二进制等长编码，并计算编码效率。

（2）对该信源进行$J=3$的二进制等长编码，并计算编码效率。

4.26 设信源有8种符号，其相应的概率为

$$\begin{matrix} S_i: & S_1 & S_2 & S_3 & S_4 & S_5 & S_6 & S_7 & S_8 \\ P(S_i): & 0.40 & 0.18 & 0.10 & 0.10 & 0.07 & 0.06 & 0.05 & 0.04 \end{matrix}$$

（1）求采用$J=1$的等长二元无错编码时的编码效率；（2）若只对典型序列编码，要求误码率$P_{\mathrm{E}}=10^{-4}$和$P_{\mathrm{E}}=10^{-6}$，编码效率$\eta=0.9$，求所需的编码的符号码组长度J。

4.27 设信源有8种符号，其相应的概率为

$$\begin{matrix} S_i: & S_1 & S_2 & S_3 & S_4 & S_5 & S_6 & S_7 & S_8 \\ P(S_i): & 0.40 & 0.18 & 0.10 & 0.10 & 0.07 & 0.06 & 0.05 & 0.04 \end{matrix}$$

假定发出的符号是统计独立的，采用二进制码元对信源发出的符号进行编码。（1）当对信源发出的每个符号进行单独不等长编码时，估计可获得的平均编码长度$\overline{n}$（范围）；（2）试对信源发出的每个符号单独进行异字头码的不等长编码，并计算实际得到的平均码长、编码速率和编码效率；（3）当对信源发出的符号每4个一组联合进行不等长编码时，估计可获得的平均编码长度$\overline{n}$（范围）。

4.28 信源信源S的概率场为

$$\begin{matrix} S_i: & S_1 & S_2 & S_3 & S_4 & S_5 & S_6 \\ P(S_i): & 0.4 & 0.2 & 0.2 & 0.1 & 0.05 & 0.05 \end{matrix}$$

试用码字符号集$X:\{0,1\}$对信源S的符号进行霍夫曼编码，并求平均码长。

4.29 信源S的概率场为

$$\begin{matrix} S_i: & S_1 & S_2 & S_3 & S_4 & S_5 & S_6 & S_7 \\ P(S_i): & 0.22 & 0.20 & 0.20 & 0.16 & 0.14 & 0.06 & 0.02 \end{matrix}$$

试用码字符号集$X:\{0,1,2\}$对信源S的符号进行霍夫曼编码，并求平均码长。

4.30 已知信源的概率场和信道的转移概率矩阵分别为

$$\begin{pmatrix} X & x_1 & x_2 & x_3 \\ P(X)^{:} & 1/3 & 1/3 & 1/3 \end{pmatrix},\quad \boldsymbol{p}(y_j/x_i)=\begin{bmatrix} 0.6 & 0.2 & 0.2 \\ 0.25 & 0.5 & 0.25 \\ 0.1 & 0.1 & 0.8 \end{bmatrix}$$

失真函数采用平方误差失真测度，失真矩阵为

$$\boldsymbol{D}=\left[d_{ij}=(i-j)^2\right]=\begin{bmatrix} 0 & 1 & 4 \\ 1 & 0 & 1 \\ 4 & 1 & 0 \end{bmatrix}$$

求其平均失真$\overline{D}$。

4.31 试证明，在汉明失真度下，题图4.31所示的信道是满足失真度$\overline{D}=\varepsilon$（$0\leqslant\varepsilon\leqslant1$）的转移信道。

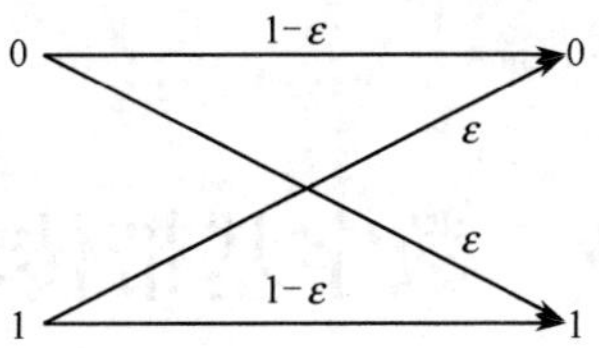

0 ——1−ε——> 0
1 ——1−ε——> 1
(交叉转移概率 ε)

题图 4.31

4.32　一个四进制等概信源，其发送符号集 $X:\{0,1,2,3\}$ 和接收符号集 $Y:\{0,1,2,3\}$ 相同。

信源统计特性为 $\begin{matrix} X \\ P(X) \end{matrix}:\begin{pmatrix} 0 & 1 & 2 & 3 \\ 1/4 & 1/4 & 1/4 & 1/4 \end{pmatrix}$，失真矩阵为 $\boldsymbol{D}=\begin{bmatrix} 0 & 1 & 1 & 1 \\ 1 & 0 & 1 & 1 \\ 1 & 1 & 0 & 1 \\ 1 & 1 & 1 & 0 \end{bmatrix}$。试分别求：（1） $D_{\min}$，$R(D_{\min})$；（2） $D_{\max}, R(D_{\max})$；（3） $R(D)$。

主要参考文献

[1] 姜丹编著．信息论与编码．北京：中国科学技术出版社，2002

[2] 中山大学数学力学系．概率论与数理统计．北京：人民教育出版社，1980

[3] [美]Bernard Sklar 著，徐平平等译．数字通信：基础与应用（第二版）．北京：电子工业出版社，2002

[4] 王新梅，肖国镇．纠错码——原理与方法，西安：西安电子科技大学出版社，1996

[5] 曹志刚，钱亚生．现代通信原理．北京：清华大学出版社，1992

第 5 章　数字基带传输系统

5.1　引言

在数字通信系统中传输的消息主要有两种类型：一类是各种模拟信号，模拟信号经过采样、量化和编码后，成为二进制的代码；另外一类是计算机系统中的各种数据或媒体文件，这些文件原来就以二进制代码的形式存在。数字传输系统的主要功能，就是将这些二进制的代码，根据传输的要求，经过信源和信道编码等处理后，进一步转变成适合在特定物理信道中传输的电信号或光信号，通过信道传送到接收端。信号在传输过程中，会受到各种噪声的干扰，信道的不完善也会使信号产生失真。接收端需要在噪声和有失真的传输环境中完成信号的检测和恢复功能。

数字通信系统的**信道**泛指传输信号的**物理媒介**，物理媒介通常可以分为两大类型：在传输距离较短的情况下，特别是在短距有线传输的场合，数字信号可以直接是较为简单的电脉冲信号，这种电脉冲信号的频率成分通常从直流或低频开始，延续 1 倍到若干倍 $1/T_S$ 大小的频谱范围，其中 T_S 是一个码元脉冲的持续时间。这种信号就是所谓的**数字基带信号**。典型的基带传输系统如计算机局域网的以太网接口、程控交换机的 E1/T1 接口、设备之间短距离互连常用的各种串行并行接口等。而对于无线或光纤信道，则一般需要通过调制以实现信号频谱的搬移，才能够进行传输。经过频谱搬移的调制信号，称为**数字载波调制信号**，这种信号通常具有第 2 章中介绍过的**窄带信号**的特性。数字载波调制信号的传输问题将在第 6 章中讨论。

本章主要讨论数字基带信号传输中信号波形的特征和信号检测问题，数字基带传输系统是数字通信系统的基本组成部分，因为如果把实现信号频谱搬移的调制和解调部分视为广义信道的一部分，那么任何一个数字通信系统都可视为一个基带传输系统。

5.2　基带传输系统基本模型

数字基带传输系统的基本模型如图 5.2.1 所示，它主要由**波形变换、信道、接收滤波器**和**抽样判决器**等几部分组成。

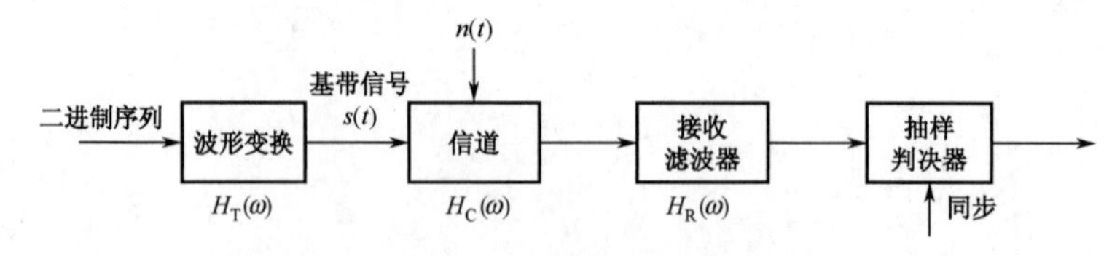

图 5.2.1　数字基带传输系统

波形变换　波形变换完成二进制序列到发送信号 $s(t)$ 波形的变换。信号的波形特征通常根据信道的条件设定。例如，有些信道需要隔离直流（信道中含有电感耦合器或隔直电容），这样信号中就不应有太多的低频成分，否则信号经过信道后会产生严重的失真；又如通常接收端需要在信号中直接提取同步信号，在信号变换时就需要考虑在信号中加入同步信息；为降低所需的传输带宽，则要抑制信号中的高频成分；另外，为便于区分不同的符号，需要使得不同符号所对应的信号之间的相关性尽可能小；等等。在波形变换过程中往往同时要考虑多种要求，但要全部满足这些要求有时会出现矛盾，此时在波形设计时则需要进行综合的折中考虑。

信道　基带传输的信道通常为有线信道，如计算机网络中采用的双绞线、交换机之间互连的同轴电缆等，它的频率响应函数可建模为 $H_C(\omega)$。有线的传输信道通常可视为恒定参数的信道，此时 $H_C(\omega)$ 是一个确定的函数；但在有些场合，$H_C(\omega)$ 也可能是随时间变化的函数。另外，信号通过电子器件和信道时会引入噪声，为方便分析，常常将噪声 n 等效地视为在信道中集中引入。这是由于信号经过信道传输时，会受到很大的衰减，在信道的输出端信噪比最低，噪声的影响最为严重，该处的信噪比最能反映噪声干扰影响的情况。

接收滤波器　传统滤波器的主要作用是滤除带外噪声，数字通信系统中滤波器的设计主要考虑如何使得在抽样判决时刻的输出信噪比尽可能大，以有利于对接收信号的正确判决。接收滤波器还可包括信道均衡等功能，通过对信道特性进行校正，减少由于信道畸变造成的码间串扰的影响，使得输出的波形最有利于取样判决。

抽样判决器　抽样判决器主要完成信号比较与判决的功能。与模拟信号的接收不同，数字信号的接收对信号波形是否有失真并不过于关注，关键是能够正确地识别发送的是哪一个码元信号，在第 2 章中我们已经了解到，匹配滤波器输出信号的波形通常与原来信号的波形有很大的差异。对于二元的信号，需要判定接收的是代表“0”还是代表“1”的信号；而对于 M 进制的系统，则需要判定接收的是 M 个可能的不同符号中的哪一个。抽样判决时刻的准确与否对判决器的判决性能的影响很大，判决定时的同步信号通常需要在接收的信号中提取。

5.3　基带信号的波形设计与编码

5.3.1　基带信号的波形设计原则

基带信号的码型的概念　所谓基带信号的**码型**，就是基带信号的波形的形状与格式。在选择基带信号的码型时，往往要进行多方面的考虑。通常在一个设备内部表示二进制代码的信号都是单极性的电脉冲，这样的信号包含有直流成分和丰富的低频成分。而在利用基带信号传输数据的两个设备之间，为对设备进行保护，一般会加入电感耦合器对直流进行隔离，因此设备内部工作用的电脉冲并不适合直接用做基带信号的传输，需要进行波形变换。接收端接收基带信号时需要进行码元的同步，在传输基带信号时不会单独传输同步的时钟信号，码元的同步信息需要在基带信号中提取。在基带信号的波形设计时，要考虑各种可能的情况，例如不会因为发送数据时可能出现长串的“0”或长串的“1”导致同步信息无法提取。另外，还要使得基带信号有较好的频谱特性，使其适合特定基带传输系统的信道特性。通常，过多的低频成分和过多的高频成分都会增加对信道传输特性的要求。另外，在选择基带信号的码型时，一般要求信号的码型对其承载的信息具有透明性，所谓**透明性**，就是基带信号在频谱特性和携带同步信息的能力等方面与信源的统计特性无关。无论传输什么样内容的数据，都不会影响基带信号频谱特性与信道的适配和同步信息的提取。

基带信号码型的设计原则　基带信号码型的**设计原则**主要应考虑以下几点：

（1）码型中不含直流成分，以便实现信号的交流耦合。

（2）码型的功能对信源具有透明性，不受信源统计特性的影响。

（3）码型的高频分量少，有较高的频带利用率。

（4）码型中包含同步信息，以便提取码元的时钟信号，为码元的接收提供同步信号。

（5）码型具有一定的检错能力，可利用其对传输系统的工作状态进行监测。

（6）如果传输过程出现误码，接收时误码增值的影响较小。

（7）对于以分组形式传输的数据，可恢复出分组定界的信息。

（8）码型的产生和变换易于实现，设备简单可靠。

在实际的码型设计时，上述原则并非在每个基带传输系统都要全部实现，通常是按照具体的应用需求，选择满足其中的若干要求。

5.3.2 基带信号的基本波形

从理论上说，数字基带信号可以在一个码元周期内，通过不同的**脉冲形状**或**方式**，如不同幅度、不同位置、不同脉宽等来实现 M（$M > 2$）进制的基带信号传输。图 5.3.1 给出了四进制的**脉幅调制**、**脉位调制**和**脉宽调制**的基带信号波形。但在实际的应用系统中，因在基于二进制的数字集成电路中实现 M 进制信号的处理比较复杂，因此鲜有采用 M 进制的工作方式的基带传输系统。本节主要介绍二进制的数字基带信号码型。

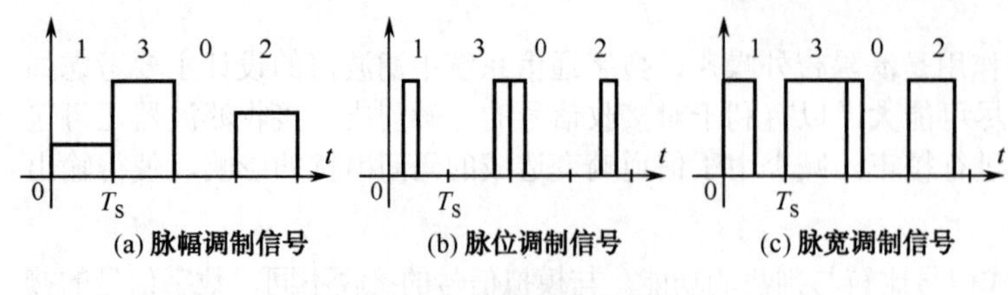

图 5.3.1 多进制数字基带信号

二进制数字基带信号的传输码型种类很多，这里主要介绍几种最基本的码型以及它们的优、缺点和用途。图 5.3.2 给出了几种基本的基带信号码型的波形。最简单的二元码基带信号波形为矩形，只有两种幅度电平取值，分别对应于二进制代码“1”和“0”。基本的信号码型主要有**单极性不归零码、双极性不归零码、单极性归零码、双极性归零码、传号差分码、交替极性码**等，其信号波形如图 5.3.2(a)到(f)所示。下面分别对它们的特点予以介绍。

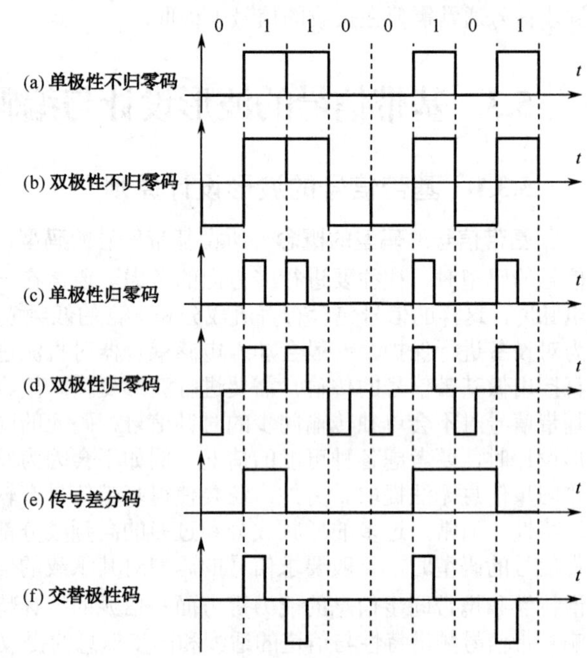

图 5.3.2 基本的基带信号码型

（1）**单极性不归零码** 单极性不归零码如图 5.3.2(a)所示。该码型中“1”、“0”分别对应于正电位、零电位（也可对应于负电位、零电位），在整个码元期间电平保持不变。这是一种最简单的码型方式，但性能较差，只适用于在设备内部使用或极短距离的传输，一般很少采用。主要缺点有：

① 含直流及低频分量。在一般需交流耦合的场景中难以应用。

② 抗噪声性能差。单极性不归零码的判决电平一般取“1”码电平的一半，在稍后的分析中将会看到，对同样的信号功率，其性能低于双极性的信号。

③ 不利于提取同步信号。特别是当出现长串的“0”或长串的“1”时，很容易造成失步。

④ 传输时需要一端接地。故不能采用可抑制共模干扰的差分电路传输方式。

（2）**双极性不归零码** 双极性不归零码如图 5.3.2(b)所示。该码型中“1”、“0”分别对应于正电位、负电位（也可对应于负电位、正电位），在整个码元期间电平保持不变。双极性不归零码与单极性不归零码相比有如下优点：

① 当“1”和“0”的数据各占一半时无直流分量，这样的条件不难实现。

② 接收双极性时判决电平为 0，容易设置并且稳定性高，因此抗干扰能力强。

③ 可以在电缆等无接地的传输线上采用抗干扰能力较强的差分电路传输方式。

双极性码有很广泛的应用。双极性不归零码也有如下一些缺点：

① 当“1”、“0”不等概时，仍有直流成分。

② 与单极性不归零码类似，不能直接提取同步信号。

（3）**单极性归零码** 如图 5.3.2(c)所示，该码型中传送“1”码时发送一个宽度小于码元持续时间的归零脉冲；传送“0”码时不发送脉冲，其特征是所用脉冲宽度比码元宽度窄，即还没到一个码元的终止时刻就回到零值，因此称为单极性归零码。脉冲宽度τ与码元宽度T之比τ/T称为**占空比**。单极性归零码除具有单极性不归零码的一般特性外，主要优点是有利于提取同步信号。

（4）**双极性归零码** 双极性归零码如图 5.3.2(d)所示。该码型中“1”、“0”在传输线路上分别用正脉冲、负脉冲表示，且相邻脉冲间必有零电位区域存在。因此，在接收端根据接收波形归于零电位便知一比特的信息已接收完毕，准备下一比特信息的接收。所以在发送端不必按一定的周期发送信息。可以认为，正负脉冲的前沿起了启动信号的作用，后沿起了终止信号的作用，因此可以经常保持正确的比特同步，该方式也称**自同步方式**。双极性归零码的应用比较广泛。

（5）**差分码** 差分码是利用前后码元电平的相对极性变化来传送信息的，是一种**相对码**。其特点是，即使接收端收到的码元极性与发送端的完全相反，也能正确进行判决。在电报通信中，常把“1”称为**传号**，而把“0”称为**空号**，因此差分码可分为传号差分码和空号差分码。

① **传号差分码**：也称“1 差分码”，用相邻前后码元电平极性的改变表示“1”，不变表示“0”，如图 5.3.2(e)所示。

② **空号差分码**：也称“0 差分码”，用相邻前后码元电平极性的改变表示“0”，不变表示“1”。

其优点在于可以解决信号解调时信号的“0”、“1”倒换问题，在后面介绍同步及锁相环的章节中可以看到，在恢复载波的相位时，会出现 0°和 180°的“**倒相**”问题，出现倒相时会导致基带信号的“0”、“1”倒换，此时需要采用差分码才能够实现正确的接收。差分码的编码与解码方法如下所示。

差分码的编码可通过异或运算实现。设输入信息码为a_n，差分编码输出为b_n，则

$$b_n = a_n \oplus b_{n-1} \tag{5.3.1}$$

因为

$$b_n \oplus b_{n-1} = (a_n \oplus b_{n-1}) \oplus b_{n-1} = a_n \oplus (b_{n-1} \oplus b_{n-1}) = a_n \oplus 0 = a_n \tag{5.3.2}$$

因此解码的方法为

$$a_n = b_n \oplus b_{n-1} \tag{5.3.3}$$

（6）**交替极性码** 交替极性码又称**双极方式码**、**平衡对称码**或**传号交替反转码**等。该码是单极性码的变形，即“0”与零电平对应，而“1”则用正、负交替的脉冲表示，如图 5.3.1(f)所示。这种码型把二进制脉冲序列变为三电平的符号序列，故又称**伪三元码**。该码的优点如下：

① 无直流成分。

② 若接收端收到的码元极性与发送端的完全相反，也能正确判决。

③ 通过全波整流即可变为单极性码。

④ 若交替极性码是归零的，通过全波整流变为单极性归零码后就可以提取同步信号。

由于以上优点，因此它是最常用的码型之一。

5.3.3 常用的基带信号传输码型

前面提到，为满足基带传输系统的特性要求，必须选择合适的传输码型。在实际的基带传输系统中，常用的线路传输码主要有**传号交替反转码**（Alternative Mark Inversion，AMI）、**三阶高密度双极性码**（High-Density Bipolar-3，HDB3）和**分相码**（也称 Manchester 码）等，下面将详细介绍这几种码型。

（1）**AMI 码** AMI 码又称**平衡对称码**。其编码规则是：把码元序列中的 1 码变为极性交替变化的

传输码 +1, −1, +1, −1, …，而码元序列中的 0 码保持不变。这种码实际上就是前面讨论过的**交替极性码**。

【例 5.3.1】 对下列码元序列进行 AMI 码编码：

码元序列： 10000 10 10000 10000 1 1

AMI 码 +10000-10 +10000-10000+1 -1 □

由 AMI 码的编码规则可以看出，由于+1 和-1 各占一半，因此，这种码中无直流分量，且其低频和高频分量也较少，信号的能量主要集中在 $1/(2T)$ 处，其中 T 为码元周期。此外，AMI 码编码过程中，将一个二进制符号变为一个三进制符号，即这种码脉冲有三种电平，因此这种码称为**伪三电平码**。

AMI 码除了上述特点外，还有编译码电路简单及便于观察误码情况等优点。例如，正常情况下，脉冲的极性总是正负交替的，如果连续出现正脉冲或连续出现负脉冲，就可判定传输系统出现错误。但是 AMI 码有一个明显的缺陷，即当码元序列中出现长串的连“0”时，会造成提取定时信号的困难，因而在实际系统中应用时需要加入扰码来避免长串的连“0”出现，或采用 AMI 的改进型 HDB3 码。AMI 码是北美等地区程控交换系统中使用的 T1 基群信号的传输码型，具有广泛的应用。

（2）**HDB3 码** HDB3 码是为了克服 AMI 码传输波形中出现长串的连“0”时不利于同步的缺点而设计的一种改进型编码。HDB3 码的编码规则如下：

① 把码元序列进行 AMI 编码，然后去检查 AMI 码中连“0”的个数，如果没有 4 个以上（包括 4 个）的连“0”串时，则这时的 AMI 码就是 HDB3 码。

② 如果出现 4 个以上的连“0”串时，则将每 4 个连“0”小段的第 4 个“0”变成与其前一个非 0 码（+1 或-1）相同的码，这一位码破坏了“极性交替反转”的规则，因而称其为**破坏码**，用符号 V 表示（即+1 记为+V，-1 记为-V）。

③ 为了使附加 V 码后的序列中仍不含直流分量，必须保证相邻的 V 码极性交替。当相邻的 V 码间有奇数个非 0 码时，是能得到保证的；但当相邻的 V 码间有偶数个非 0 码时，则得不到保证。这时再将该连“0”小段中的第 1 个“0”变成+B 或-B，B 的极性与其前一个非 0 码相反，并让后面的非零码从 V 码后开始再极性交替变化。

表 5.3.1 HDB3 码的取代节选择规则

前一破坏点极性	+	−	+	−
前一脉冲极性	+	−	−	+
取代节码组	-00-	+00+	000-	000+
取代节码组表示	B00V	B00V	000V	000V

由以上可以得到，将码中每 4 个连“0”都以取代节代替，根据以上编码规则可以得到 HDB3 码的取代节选择规则如表 5.3.1 所示。采用 HDB3 码编码后输出连“0”的个数最多为 3 个。

【例 5.3.2】 假定 HDB3 码的输入信息码及相应的 AMI 码分别为

信息码： 1 0 1 1 0 0 0 0 0 0 0 0 1 1 0 0 0 0 0 0 0 1

AMI 码： +1 0 -1 +1 0 0 0 0 0 0 0 0 -1 +1 0 0 0 0 0 0 0 -1

HDB3 码的编码输出与初始条件的设定及第一个“1”的脉冲极性取值有关，若

（1）设初始的前一破坏点的极性为负（这里所谓“初始的前一破坏点”，是一个人为定义的虚拟破坏点，用做后续编码的起始基准），第一个脉冲为正脉冲，则 HDB3 码的编码输出为

$$B^+ \ 0 \ B^- \ B^+ \ 0 \ 0 \ 0 \ V^+ \ 0 \ 0 \ 0 \ B^- \ B^+ \ B \ 0 \ 0 \ V^- \ 0 \ 0 \ B^+$$

相应的编码输出波形如图 5.3.3 中的 HDB3_1 所示。

（2）设初始的前一破坏点的极性为正，第一个脉冲为正脉冲，则 HDB3 码的编码输出为

$$B^+ \ 0 \ B^- \ B^+ \ B^- \ 0 \ 0 \ V^- \ 0 \ 0 \ 0 \ B^+ \ B^- \ B^+ 0 \ 0 \ V^+ \ 0 \ 0 \ B^-$$

相应的编码输出波形如图 5.3.3 中的 HDB3_2 所示。

（3）设初始的前一破坏点的极性为负，第一个脉冲为负脉冲，则 HDB3 码的编码输出为

$$B^- \ 0 \ B^+ \ B^- \ B^+ \ 0 \ 0 \ V^+ \ 0 \ 0 \ 0 \ B^- \ B^+ \ B^- \ 0 \ 0 \ V^- \ 0 \ 0 \ B^+$$

相应的编码输出波形如图 5.3.3 中的 HDB3_3 所示。

（4）设初始的前一破坏点的极性为正，第一个脉冲为负脉冲，则 HDB3 码的编码输出为

$$B^- \ 0 \ B^+ \ B^- \ 0 \ 0 \ 0 \ V^- \ 0 \ 0 \ 0 \ B^+ \ B^- \ B^+ 0 \ 0 \ V^+ \ 0 \ 0 \ B^-$$

相应的编码输出波形如图 5.3.3 中的 HDB3_4 所示。□

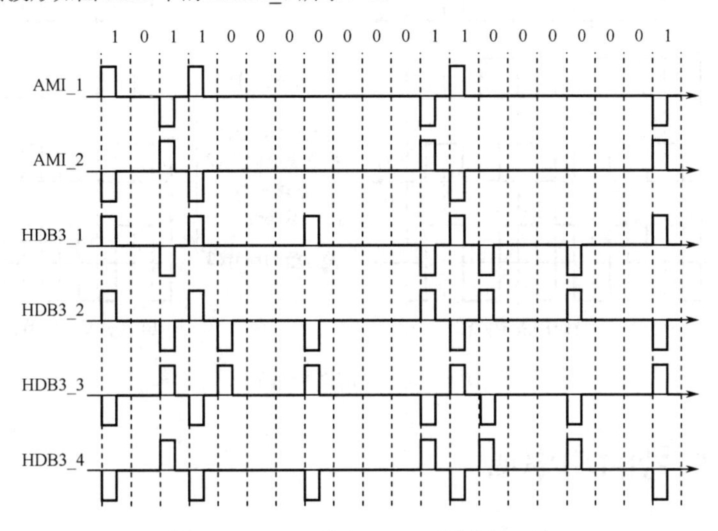

图 5.3.3　AMI 码与 HDB3 码波形对比

虽然 HDB3 码的编码规则比较复杂，但译码却比较简单。从编码过程中可以看出，每个 V 码总是与其前一个非 0 码（包括 B 码在内）同极性，因此从收到的码序列中可很容易地找到破坏点 V 码，于是可以断定 V 码及其前 3 个码都为 0 码，再将所有的−1 变为+1 后，便可恢复原始信息代码。

HDB3 码的特点是明显的，它既保留 AMI 码无直流分量、便于直接传输的优点，又克服了长连“0”串的出现不利于同步的缺点，由图可见，HDB3 码的频谱中既消除了直流和甚低频分量，又消除了方波中的高频分量，非常适合基带传输系统的特性要求。因此 HDB3 码是目前实际系统中应用最广泛的码型，该码是欧洲和我国等许多国家和地区程控交换系统中使用的 E1 基群信号的传输码型。

（3）曼彻斯特（Manchester）码　曼彻斯特码也称**双相码**或**分相码**，是目前采用以太网技术的计算机局域网基带传输中使用的传输码型，是一种非常有利于同步时钟提取的编码技术。在曼彻斯特编码中，每个码元的中心部位都发生电平跳变，位中间的跳变既可作为时钟信号，又可作为数据信号。因此这种码有利于定时同步信号的提取，而且定时分量的大小不受信源统计特性的影响。曼彻斯特码中，由于正负脉冲各占一半，因此无直流分量，但这种码最窄的脉冲宽度只有信息码元的 1/2，因此占用的频带增加了一倍。曼彻斯特码适合在较短距离的同轴电缆和双绞线信道上传输。曼彻斯特编码的每个比特位在时钟周期内只占一半，当传输“1”时，一般以位中间电平从高到低跳变表示，这样在时钟周期的前一半就为高电平，后一半为低电平；而传输“0”时正相反，位中间电平从低到高跳变，时钟周期的前一半为低电平，后一半为高电平。这样，每个时钟周期内必有一次跳变，这种跳变可以作为位同步信号。

曼彻斯特编码也可以采用差分码的形式，称为差分曼彻斯特编码。依据后续的码元对传输的信息是“1”还是“0”决定前后两个码元的波形是否发生变化，差分曼彻斯特编码也可分为“传号”和“空号”两种不同的类型。对于传号差分曼彻斯特码，当后续的信息位为“0”时，前后两个码元的波形不发生变化，而信息位为“1”时，前后两个码元的极性发生改变；空号差分曼彻斯特码的变化方式则刚好相反。

曼彻斯特码和差分曼彻斯特码是编码原理基本相同的两种码，后者是前者的改进。它们的特征是在传输的每一位信息中都带有位同步时钟，因此即使是在传输长串的“0”或“1”，都不会影响位定时

时钟的获取。

如图5.3.4(a)所示，曼彻斯特码可以这样来生成，将数据序列对应的非归零码与时钟信号进行异或运算，然后将获得的结果转变为双极性码，就得到曼彻斯特码。如图5.3.4(b)所示，将数据序列对应的差分码与时钟信号进行异或运算，然后将获得的结果转变为双极性码，就得到差分曼彻斯特码。

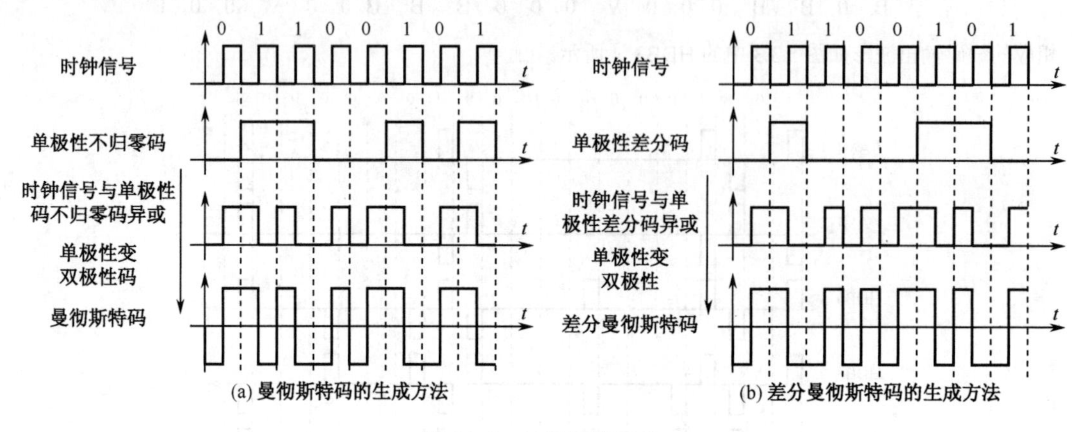

图5.3.4　曼彻斯特编码

5.4　基带信号的功率谱

在研究数字基带传输系统时，需要对数字基带信号的频谱进行分析。由于数字基带信号是一个随机的脉冲序列信号，其随机信号的频谱特性不再是简单的某个确定信号的频谱，必须用功率谱密度来描述。对于随机序列信号，只能用统计的方法分析其功率谱密度函数。计算数字基带信号功率谱的主要目的是：

（1）可以根据谱特性设计最适当的基带传输系统，并选择合理的传输方式；或者根据已知的基带传输系统的信道特性选择最合适的传输码型。

（2）明确序列中是否含有定时脉冲信号的线谱分量，以便确定是否可以直接从序列中提取定时信号。

在第2章讨论**循环平稳随机过程**时，曾经讨论过随机序列信号的功率谱问题，在该处分析的随机信号具有 $x(t)=\sum_{n=-\infty}^{\infty}a_n g_T(t-nT)$ 的形式，其中 $g_T(t-nT)$ 是一个确定的、持续时间为一个码元周期的信号波形，$\{a_n\}$ 是平稳随机序列，a_n 可以是多进制符号集中的一个元素，$a_n\in\{s_i,i=1,2,\cdots,M\}$。从原理上说，由大多数具有一定时间相关性的模拟信号抽样量化后得到的序列信号，与循环平稳随机过程有较好的符合度。但是抽样量化的序列经过压缩编码等处理后，符号间的相关性大大降低，特别是符号序列在传输前若进一步经过加扰处理后，符号间的相关性会进一步降低，呈现出某种**纯随机序列**的性质。本节专门讨论**二进制纯随机序列**构成的数字基带信号的功率谱问题。在一个实际的系统中，信号的功率谱分析计算往往要根据具体的情况而定。

5.4.1　二进制纯随机序列基带信号的功率谱

二进制数字基带脉冲序列波形如图5.4.1所示，设随机信号**符号集**为 $\{a_k\}$，相应的信号**波形集**为 $\{g_k(t)\}$，其中 $g_k(t)$ 是持续时间为一个符号周期的信号，对于二进制基带信号来说，$k=1,2$。假定码元符号“0”和“1”出现的概率分别为 P 和 $1-P$，则数字基带信号 $s(t)$ 可以表示为

$$s(t)=\sum_{n=-\infty}^{\infty}g_k(t-nT) \tag{5.4.1}$$

式中，

$$g_k(t)=\begin{cases} g_1(t), & 概率P \\ g_2(t), & 概率1-P \end{cases} \tag{5.4.2}$$

式中，$g_1(t)$ 和 $g_2(t)$ 分别表示码元符号“0”和“1”，T 为码元的宽度。注意，图中 $g_1(t)$ 和 $g_2(t)$ 可以**是任意两个不同形状的、时间宽度为 T 的脉冲**。

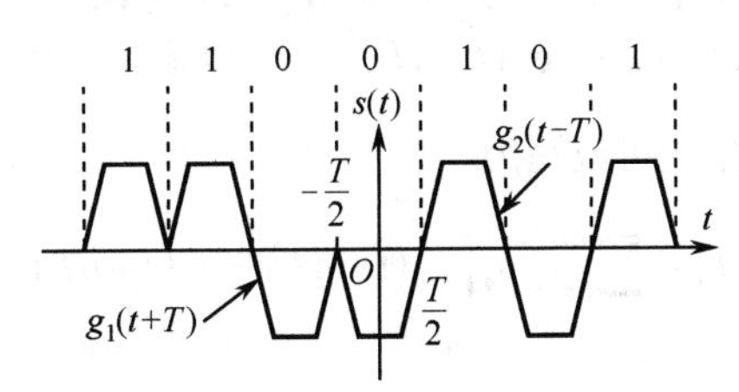

图 5.4.1　二进制数字基带脉冲序列波形

定义函数 $s(t)=\sum_{n=-\infty}^{\infty}g_k(t-nT)$ 在 $-NT\leqslant t\leqslant +NT$ 区间出现的信号波形为 $s(t)$ 的截短函数，记为

$$s_N(t)=\sum_{n=-N}^{N}g_k(t-nT) \tag{5.4.3}$$

又因为截短函数 $s_N(t)$ 是一有限长的时间序列，可求其相应的傅里叶变换 $S_N(f)$：$s_N(t)\Leftrightarrow S_N(f)$，$s_N(t)$ 沿频率 f 的能量密度分布可表示为 $\left|S_N(f)\right|^2$。因为截短函数 $s_N(t)$ 又是随机序列，其能量密度谱或功率密度谱只能在统计意义上进行定义，**能量密度谱**为 $E\left[\left|S_N(f)\right|^2\right]$，而**功率密度谱**则为

$$P_{S,N}(f)=\frac{E\left[\left|S_N(f)\right|^2\right]}{2N\cdot T} \tag{5.4.4}$$

若 $N\to\infty$ 时上式的极限存在，则定义 $s(t)$ 的**功率密度谱**为

$$P_S(f)=\lim_{N\to\infty}P_{S,N}(f)=\lim_{N\to\infty}\frac{E\left[\left|S_N(f)\right|^2\right]}{2N\cdot T} \tag{5.4.5}$$

因为在基带信号 $s(t)=\sum_{n=-\infty}^{\infty}g_k(t-nT)$ 中，$g_1(t)$ 和 $g_2(t)$ 出现的概率分别为 $P_1=P$ 和 $P_2=1-P$，由此可得 $s(t)$ 的均值为

$$\begin{aligned}\mu(t)=E\left[s(t)\right]&=E\left[\sum_{n=-\infty}^{\infty}g_k(t-nT)\right]=\sum_{n=-\infty}^{\infty}E\left[g_k(t-nT)\right]\\&=\sum_{n=-\infty}^{\infty}\left[Pg_1(t-nT)+(1-P)g_2(t-nT)\right]\end{aligned} \tag{5.4.6}$$

若记 $\mu_n(t)=Pg_1(t-nT)+(1-P)g_2(t-nT)$，则 $s(t)$ 的均值又可表示为

$$\mu(t)=E\left[s(t)\right]=\sum_{n=-\infty}^{\infty}\mu_n(t) \tag{5.4.7}$$

$s(t)$ 的均值 $\mu(t)$ 可视为信号的**稳态分量**，不难看出，$\mu(t)$ 实际上是由两个已知信号 $g_1(t)$ 和 $g_2(t)$ 的线性组合 $Pg_1(t)+(1-P)g_2(t)$，以周期 T 在时域上不断延拓得到的周期信号。信号 $s(t)$ 中**随机分量**部分可定义为

$$v(t)=s(t)-\mu(t)=\sum_{n=-\infty}^{\infty}\left(g_k(t-nT)-\mu_n(t)\right)=\sum_{n=-\infty}^{\infty}v_n(t) \tag{5.4.8}$$

式中$\nu_n(t)=g_k(t-nT)-\mu_n(t)$。根据$g_k(t)$的分别特性，可得

$$\begin{aligned}\nu_n(t)&=\begin{cases}g_1(t-nT)-\mu_n(t), & \text{以概率}P\\ g_2(t-nT)-\mu_n(t), & \text{以概率}1-P\end{cases}\\&=\begin{cases}g_1(t-nT)-\left[Pg_1(t-nT)+(1-P)g_2(t-nT)\right], & \text{以概率}P\\ g_2(t-nT)-\left[Pg_1(t-nT)+(1-P)g_2(t-nT)\right], & \text{以概率}1-P\end{cases}\\&=\begin{cases}(1-P)\left[g_1(t-nT)-g_2(t-nT)\right], & \text{以概率}P\\ -P\left[g_1(t-nT)-g_2(t-nT)\right], & \text{以概率}1-P\end{cases}\end{aligned} \tag{5.4.9}$$

利用上式的结果，$s(t)$中的交变分量可改写为

$$\nu(t)=\sum_{n=-\infty}^{\infty}b_n\left[g_1(t-nT)-g_2(t-nT)\right] \tag{5.4.10}$$

其中，

$$b_n=\begin{cases}1-P, & \text{以概率}P\\ -P, & \text{以概率}1-P\end{cases} \tag{5.4.11}$$

下面分别计算稳态分量$\mu(t)$和交变分量$\nu(t)$的功率谱。

（1）**信号$\mu(t)$的功率谱** 由于稳态分量$\mu(t)$是周期为T的周期信号，可用傅里叶级数将其展开表示为

$$\mu(t)=\sum_{m=-\infty}^{\infty}C_m\mathrm{e}^{\mathrm{j}2\pi mf_Tt} \tag{5.4.12}$$

式中，

$$\begin{aligned}C_m&=\frac{1}{T}\int_{-T/2}^{T/2}\mu(t)\mathrm{e}^{-\mathrm{j}2\pi mf_Tt}\mathrm{d}t\\&=\frac{1}{T}\int_{-T/2}^{T/2}\sum_{n=-\infty}^{\infty}\left[Pg_1(t-nT)+(1-P)g_2(t-nT)\right]\mathrm{e}^{-\mathrm{j}2\pi mf_Tt}\mathrm{d}t\\&=\frac{1}{T}\sum_{n=-\infty}^{\infty}\int_{-T/2-nT}^{T/2-nT}\left[Pg_1(t)+(1-P)g_2(t)\right]\mathrm{e}^{-\mathrm{j}2\pi mf_T(t+nT)}\mathrm{d}t\\&=\frac{1}{T}\int_{-\infty}^{\infty}\left[Pg_1(t)+(1-P)g_2(t)\right]\mathrm{e}^{-\mathrm{j}2\pi mf_Tt}\mathrm{d}t\\&=\frac{1}{T}\left[PG_1(mf_T)+(1-P)G_2(mf_T)\right]\end{aligned} \tag{5.4.13}$$

$$G_k(mf_T)=\int_{-\infty}^{\infty}g_k(t)\mathrm{e}^{-\mathrm{j}2\pi mf_Tt}\mathrm{d}t,\quad k=1,2 \tag{5.4.14}$$

式中$f_T=1/T$。利用周期信号与其功率谱间的一般关系

$$\sum_{n=-\infty}^{\infty}C_n\mathrm{e}^{\mathrm{j}n\omega_Tt}\Leftrightarrow 2\pi\sum_{n=-\infty}^{\infty}\left|C_n\right|^2\delta(\omega-n\omega_T) \tag{5.4.15}$$

可得**稳态分量$\mu(t)$的功率谱为**

$$P_\mu(f)=\sum_{m=-\infty}^{\infty}2\pi f_T^2\left|PG_1(mf_T)+(1-P)G_2(mf_T)\right|^2\delta(f-mf_T) \tag{5.4.16}$$

（2）**信号$\nu(t)$的功率谱** 因为$\nu(t)$是一个随机序列，首先观察其截短函数$\nu_N(t)$，

$$\nu_N(t)=\sum_{-N}^{N}b_n\left[g_1(t-nT)-g_2(t-nT)\right] \tag{5.4.17}$$

$\nu_N(t)$是一个有限长的时间函数，一般来说，其傅里叶变换存在，因此可得

$$\begin{aligned}V_N(f)&=\sum_{-N}^{N}b_n\int_{-\infty}^{\infty}\left[g_1(t-nT)-g_2(t-nT)\right]\mathrm{e}^{-\mathrm{j}2\pi ft}\mathrm{d}t\\&=\sum_{n=-N}^{N}b_n\mathrm{e}^{-2\pi nTf}\left[G_1(f)-G_2(f)\right]\end{aligned} \tag{5.4.18}$$

式中，$G_1(f)$ 和 $G_2(f)$ 分别为 $g_1(t)$ 和 $g_2(t)$ 的傅里叶变换。因为 $v_N(t)$ 是一个随机的有限时间长度的函数，其能量密度谱一般只能用 $|V_N(f)|^2$ 的统计平均值描述：

$$\begin{aligned} E\left[|V_N(f)|^2\right] &= E\left[V_N(f)V_N^*(f)\right] \\ &= E\left\{\sum_{m=-N}^{N}\sum_{n=-N}^{N} b_m b_n \mathrm{e}^{-2\pi(m-n)T_S f}\left[G_1(f)-G_2(f)\right]\left[G_1(f)-G_2(f)\right]^*\right\} \\ &= \sum_{m=-N}^{N}\sum_{n=-N}^{N} E\left[b_m b_n\right]\mathrm{e}^{-2\pi(m-n)T_S f}\left|G_1(f)-G_2(f)\right|^2 \end{aligned} \tag{5.4.19}$$

由上式可见，求 $E\left[|V_N(f)|^2\right]$ 的问题，归结为求 $E[b_m b_n]$ 的问题。下面分两种情况进行分析。

① 当 $m \neq n$ 时，因为前面已假定 $s(t)$ 是一个**纯随机序列**，因此随机变量 b_m 与 b_n 统计独立，由式(5.4.11)，可得

$$\begin{aligned} E[b_m b_n] &= E[b_m]E[b_n] \\ &= \left[(1-P)P+(-P)(1-P)\right]\left[(1-P)P+(-P)(1-P)\right]=0 \end{aligned} \tag{5.4.20}$$

② 当 $m=n$ 时，则可得

$$E[b_m b_n]=E\left[b_n^2\right]=(1-P)^2 P+(-P)^2(1-P)=P(1-P) \tag{5.4.21}$$

综上可得

$$\begin{aligned} E\left[|V_N(f)|^2\right] &= \sum_{n=-N}^{N} E\left[b_n^2\right]\left|G_1(f)-G_2(f)\right|^2 \\ &= (2N+1)P(1-P)\left|G_1(f)-G_2(f)\right|^2 \end{aligned} \tag{5.4.22}$$

因为极限

$$\begin{aligned} \lim_{N\to\infty}\frac{E\left[|V_N(f)|^2\right]}{2N\cdot T} &= \lim_{N\to\infty}\frac{(2N+1)\cdot P(1-P)\left|G_1(f)-G_2(f)\right|^2}{2N\cdot T} \\ &= \frac{P(1-P)\left|G_1(f)-G_2(f)\right|^2}{T} = f_T P(1-P)\left|G_1(f)-G_2(f)\right|^2 \end{aligned} \tag{5.4.23}$$

存在。可定义**信号 $v(t)$ 的功率密度谱**为

$$P_V(f)=\lim_{N\to\infty}\frac{E\left[|V_N(f)|^2\right]}{2N\cdot T}=f_T P(1-P)\left|G_1(f)-G_2(f)\right|^2 \tag{5.4.24}$$

因为 $\mu(t)$ 和 $v(t)$ 统计独立，由此可得信号 $s(t)$ **的功率密度谱**为这两个信号的功率谱之和，即有

$$\begin{aligned} P_s(f) &= P_V(f)+P_\mu(f) \\ &= f_T P(1-P)\left|G_1(f)-G_2(f)\right|^2+\sum_{m=-\infty}^{\infty} 2\pi f_T^2\left|PG_1(mf_T)+(1-P)G_2(mf_T)\right|^2\delta(f-mf_T) \end{aligned} \tag{5.4.25}$$

由上式可见，第一项 $P_V(f)$ 提供了信号的**连续谱**部分，第二项 $P_\mu(f)$ 提供了信号的**离散谱**部分。

观察式（5.4.25）容易发现，如果二进制代码“0”和“1”对应的符号波形极性相反，即

$$g_2(t)=-g_1(t) \;\rightarrow\; G_2(f)=-G_1(f) \tag{5.4.26}$$

且“0”和“1”出现的概率相等，即 $P=1-P=1/2$。将这些条件代入式（5.4.25），得

$$P_s(f)=f_T P(1-P)\left|G_1(f)-G_2(f)\right|^2=4f_T P(1-P)\left|G_1(f)\right|^2 \tag{5.4.27}$$

即随机序列 $s(t)$ 的功率密度谱中将不存在离散谱的成分。

【例 5.4.1】[1] 已知信源产生的二进制序列各符号之间互不相关，其中符号“0”和符号“1”等概出现。若采用幅度为 A 的双极性不归零码传输该二进制序列，求该双极性不归零码序列的功率密度谱。

解：因为采用的是幅度为 A 的双极性不归零码，信号波形 $g_1(t)$ 的波形如图 5.4.2(a)所示，由此可得 $G_1(f)=AT\dfrac{\sin(\pi fT)}{\pi fT}\mathrm{e}^{-\mathrm{j}\pi fT}$，因为 $g_2(t)=-g_1(t)$，因此有 $G_2(f)=-G_1(f)$，又因为有 $P=1-P=1/2$，此时没有离散谱成分，利用式（5.4.27）计算相应的功率谱，得到

$$P_s(f)=4f_TP(1-P)\left|G_1(f)\right|^2=4f_TP(1-P)\left|AT\frac{\sin(\pi fT)}{\pi fT}\mathrm{e}^{-\mathrm{j}\pi fT}\right|^2=A^2T\frac{\sin^2(\pi fT)}{(\pi fT)^2}$$

，其特性如 5.4.2(b)所示。□

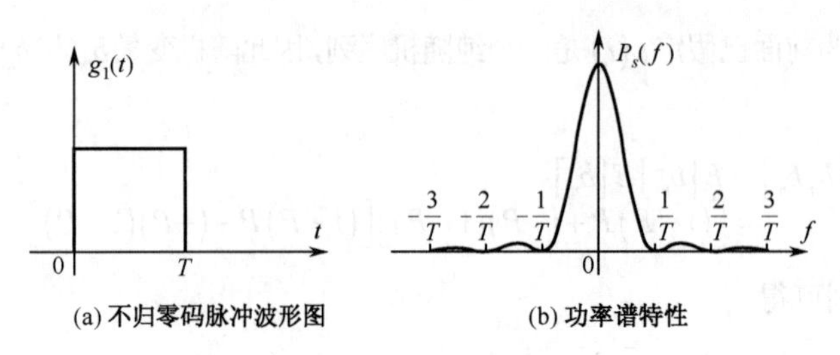

图 5.4.2 矩形脉冲 $g_T(t)$ 及其能量密度谱 $\left|G_T(f)\right|^2$

5.4.2 二进制平稳序列基带信号的功率谱

对于具有一定相关性的二进制平稳随机序列，一般不能简单地采用式（5.4.25）来计算功率谱。此时可采用第 2 章中有关**循环平稳随机信号**功率谱分析的方法计算信号的功率谱。若基带信号可以表示为

$$s(t)=\sum_{n=-\infty}^{\infty}a_ng_T(t-nT) \tag{5.4.28}$$

式中 $g_T(t),\ 0\leqslant t\leqslant T$ 是基带的波形函数。则基带信号 $s(t)$ 的功率谱可以根据下式求解：

$$P_s(f)=\frac{1}{T}\left|G_T(f)\right|^2\sum_{m=-\infty}^{\infty}R_a(m)\mathrm{e}^{-\mathrm{j}2\pi fmT} \tag{5.4.29}$$

式中，$R_a(m)=E[a_na_{n+m}]$ 是平稳符号序列 $\{a_n\}$ 的自相关函数。下面通过计算采用 AMI 码型的二进制基带信号的功率谱来说明这类信号的功率谱计算问题。

【例 5.4.2】 假定二进制符号序列中“0”和“1”的出现等概，若采用脉冲幅度为 A 的 AMI 码型传输，正脉冲信号的波形为 $g_T(t)$，负脉冲信号的波形为 $-g_T(t)$，试求该基带信号的功率密度谱。

解：因为是采用 AMI 码型传输，当发符号“0”时，不输出任何信号；当发符号“1”时，发幅度为 A 的正脉冲或负脉冲，正负脉冲交替出现。因为当前出现符号“1”时，相应的输出波形的正负极性与前一个脉冲的极性有关。因此即使“0”和“1”的二进制符号相互独立，形成的基带序列也不再是一个码元间相互独立的纯随机序列，因此需要式（5.4.29）计算其功率谱。

假定“0”和“1”的二进制符号相互独立，且“0”和“1”出现等概。则 AMI 码元 a_n 的分布特性可以表示如下：

$$\begin{matrix} a_n \\ P(a_n) \end{matrix}:\quad \begin{matrix} -A & 0 & A \\ 1/4 & 1/2 & 1/4 \end{matrix}$$

均值 $E[a_n]=\frac{1}{4}(-A)+\frac{1}{2}\cdot 0+\frac{1}{4}A=0$，这显然与 AMI 码型无直流相吻合。

下面进一步分析相关函数 $R_a(m)$。

（1）当 $m=0$ 时，$R_a(0)=E\left[a_n^2\right]=\frac{1}{4}(-A)^2+\frac{1}{2}0^2+\frac{1}{4}A^2=\frac{1}{2}A^2$。

（2）当 $m=1$ 时，$R_a(1)=E\left[a_na_{n+1}\right]=E\left[a_{n-1}a_n\right]$，$a_na_{n+1}$（或 $a_{n-1}a_n$）的各种组合及相应的概率可列表如下。

a_n	a_{n+1}	$a_n a_{n+1}$	$P(a_n a_{n+1}) = P(a_n)P(a_{n+1}/a_n)$
0	0	0	(1/2)(1/2) = 1/4
0	$+A$	0	(1/2)(1/4) = 1/8
0	$-A$	0	(1/2)(1/4) = 1/8
$+A$	0	0	(1/4) (1/2) = 1/8
$-A$	0	0	(1/4) (1/2) = 1/8
$+A$	$+A$	$+A^2$	(1/4)(0) = 0
$+A$	$-A$	$-A^2$	(1/4) (1/2) = 1/8
$-A$	$+A$	$-A^2$	(1/4) (1/2) = 1/8
$-A$	$-A$	$+A^2$	(1/4)(0) = 0

由此可得 $R_a(1) = E[a_n a_{n+1}] = \frac{1}{8}(-A^2) + \frac{1}{8}(-A^2) = -\frac{1}{4}A^2$ 。

（3）当 $m > 1$ 时，$R_a(m) = E[a_n a_{n+m}] = E[a_{n-m} a_n]$ 。则在所有的 $a_n a_{n+m}$ **非零项**中，

① 若在 a_n 与 a_{n+m} 之间为“0”或偶数个“1”时，$a_n a_{n+m} = -A^2$ 。

② 若在 a_n 与 a_{n+m} 之间为奇数个“1”时，$a_n a_{n+m} = +A^2$ 。

由 AMI 码型的对称性，$a_n a_{n+m} = -A^2$ 的个数和 $a_n a_{n+m} = +A^2$ 的个数相同，且 $P(a_n a_{n+m} = -A^2) = P(a_n a_{n+m} = +A^2)$，因此有 $R_a(m)\big|_{m>1} = E[a_n a_{n+m}]\big|_{m>1} = 0$ 。由此可得

$$
\begin{aligned}
P_s(f) &= \frac{1}{T}P_a(f)|G_T(f)|^2 = \frac{1}{T}|G_T(f)|^2 \sum_{m=-\infty}^{\infty} R_a(m)\mathrm{e}^{-\mathrm{j}2\pi f mT} \\
&= \frac{1}{T}|G_T(f)|^2 \left(R_a(-1)\mathrm{e}^{+\mathrm{j}2\pi fT} + R_a(0) + R_a(1)\mathrm{e}^{-\mathrm{j}2\pi fT}\right) \\
&= \frac{1}{T}|G_T(f)|^2 \left[R_a(0) + R_a(1)\left(\mathrm{e}^{+\mathrm{j}2\pi fT} + \mathrm{e}^{-\mathrm{j}2\pi fT}\right)\right] \\
&= \frac{1}{T}|G_T(f)|^2 \left[R_a(0) + 2R_a(1)\cos(2\pi fT)\right] \\
&= \frac{1}{T}|G_T(f)|^2 \left[\frac{A^2}{2} + 2\left(-\frac{A^2}{4}\right)\cos(2\pi fT)\right] = \frac{A^2}{T}|G_T(f)|^2 \sin^2(\pi fT)
\end{aligned}
$$

图 5.4.3 给出了采用双极性归零脉冲 $g_T(t)$ 的波形图和 AMI 信号的功率密度谱，其中图 5.4.3(a)和(b)是基带波形脉冲占空比为 100%的情形；(c)和(d)是基带波形脉冲占空比为 50%的情形。□

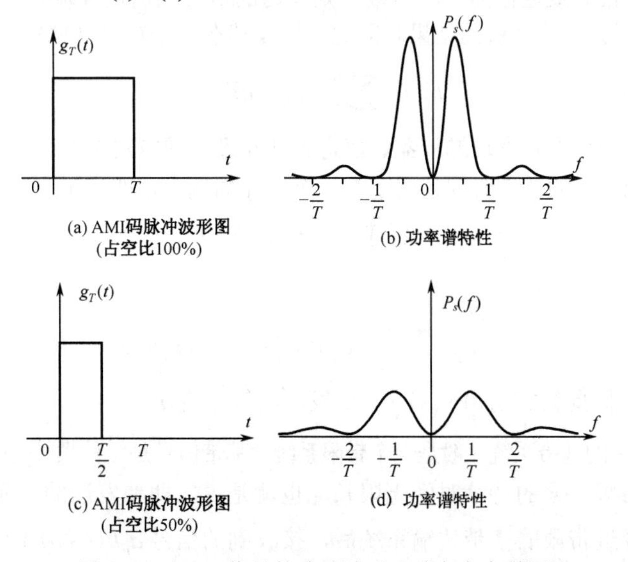

图 5.4.3　AMI 信号的脉冲波形及功率密度谱图

5.5 码间串扰与波形传输无失真的条件

5.5.1 基带信道的传输特性与码间串扰

基带信号的传输特性 图5.2.1给出了数字基带传输系统的基本框图，它可视为由**波形变换器（发送滤波器）**$H_{\mathrm{T}}(\omega)$、**信道**$H_{\mathrm{C}}(\omega)$和**接收滤波器**$H_{\mathrm{R}}(\omega)$三个基本的部分组成，因此基带信号经过的基带系统传输特性可表示为

$$H(\omega)=H_{\mathrm{T}}(\omega)H_{\mathrm{C}}(\omega)H_{\mathrm{R}}(\omega) \tag{5.5.1}$$

基带系统对应的冲激响应函数则为

$$h(t)=\frac{1}{2\pi}\int_{-\infty}^{\infty}H(\omega)\mathrm{e}^{\mathrm{j}\omega t}\mathrm{d}t \tag{5.5.2}$$

输入到基带系统的二进制信息可抽象为如下的冲激序列：

$$x(t)=\sum\nolimits_{n=-\infty}^{\infty}a_n\delta(t-nT) \tag{5.5.3}$$

波形变换器完成基带系统的波形成形功能，产生输入到信道中的基带信号

$$\begin{aligned}x_s(t)&=x(t)*h_{\mathrm{T}}(t)=\left(\sum\nolimits_{n=-\infty}^{\infty}a_n\delta(t-nT)\right)*h_{\mathrm{T}}(t)\\&=\sum\nolimits_{n=-\infty}^{\infty}a_n\delta(t-nT)*h_{\mathrm{T}}(t)=\sum\nolimits_{n=-\infty}^{\infty}a_nh_{\mathrm{T}}(t-nT)\end{aligned} \tag{5.5.4}$$

式中$h_{\mathrm{T}}(t)=\frac{1}{2\pi}\int_{-\infty}^{\infty}H_{\mathrm{T}}(\omega)\mathrm{e}^{\mathrm{j}\omega t}\mathrm{d}t$是波形变换器的冲激响应函数。通常信号在传输过程中会引入噪声的影响，本节主要研究信道特性对信号接收与判决的影响，因此先忽略噪声的影响。由此，接收端收到的信号可表示为

$$\begin{aligned}y(t)&=x(t)*h(t)=\left(\sum\nolimits_{n=-\infty}^{\infty}a_n\delta(t-nT)\right)*h(t)\\&=\sum\nolimits_{n=-\infty}^{\infty}a_n\delta(t-nT)*h(t)=\sum\nolimits_{n=-\infty}^{\infty}a_nh(t-nT)\end{aligned} \tag{5.5.5}$$

严格来说，信号经过传输系统会有时延τ，发送端在$t=kT$时刻发送一个码元，则在$t=kT+\tau$时刻到达判决器。若τ是一个常数或近似为一个常数，则发送的信号到达接收端有一个固定的时延。在分析时通常假定$\tau=0$，而不会影响分析的结果。因此，接收端在$t=kT$判决时刻的取值为

$$y(kT)=\sum\nolimits_{n=-\infty}^{\infty}a_nh(kT-nT) \tag{5.5.6}$$

可见在判决前得到的是一个受到**发送滤波器、信道特性**和**接收滤波器**综合影响的信号。观察式（5.5.6）的右式，如果每个码元波形的持续时间仅限于在一个码元周期内，即满足

$$h(t)=0,\ \ t\notin[0,T] \tag{5.5.7}$$

由式（5.5.6），此时有

$$y(kT)=\sum\nolimits_{n=-\infty}^{\infty}a_nh(kT-nT)=a_kh(0) \tag{5.5.8}$$

式中$h(0)$是一个常数，因此很容易由$y(kT)$得到发送的符号值a_k。

码间串扰问题 实际的基带系统一般是一个**带限系统**，基带信号是一种频带受限信号。由第2章2.14节的分析可知，理论上带限信号的持续时间无限长。也就是说，即使发送的码元信号$a_ng_T(t-nT)$只持续一个码元周期T，经过带限的基带传输系统后，接收到的信号$a_nh(t-nT)$在时间域上都会无限宽，这种情况通常称为**拖尾现象**。这样，前面发送的码元的拖尾就可能会对后面的码元的接收判决造成影

响。另外，信号在传输过程中如果**群时延**不是常数，即信号在传输过程中不同的频率成分的传输时延有差异，则当信号传输的传输距离较大时，后面发送的码元也可能会对前面发送的码元的接收判决造成影响。不同时刻发送的码元间的相互影响统称为**码间串扰**。码间串扰是接收端产生误码的主要原因之一。

由式（5.5.8）所表示的接收信号可以分为两部分：

$$y(kT)=\sum_{n=-\infty}^{\infty}a_n h(kT-nT)=a_k h(0)+\sum_{n\neq k}a_n h(kT-nT) \tag{5.5.9}$$

式中 $a_k h(0)$ 是 $t=kT$ 时刻期待接收的**有用信号部分**，而 $\sum_{n\neq k}a_n h(kT-nT)$ 则是其他码元对当前接收码元的**串扰信号部分**。

5.5.2　奈奎斯特第一准则

奈奎斯特第一准则　通过上节有关码间串扰问题的分析可知，码间串扰的出现一般难以避免，对于数字基带通信系统来说，主要关心的是在码元抽样判决时刻，能否消除码间串扰的影响。由式（5.5.9），如果在 $t=kT$ 的**判决时刻**，能够满足条件 $\sum_{n\neq k}a_n h(kT-nT)=0$，则有

$$y(kT)=\sum_{n=-\infty}^{\infty}a_n h(kT-nT)=a_k h(0)+\sum_{n\neq k}a_n h(kT-nT)=a_k h(0) \tag{5.5.10}$$

即可消除码间串扰影响。换句话说，如果满足上述条件，即使有码间串扰，码间串扰也不会对码元的判决造成影响。对传输系统的归一化处理可使得 $h(0)=1$，由此无码间串扰影响的系统的条件可表示为

$$y(kT)=a_k，\quad \sum_{n\neq k}a_n h(kT-nT)=0 \tag{5.5.11}$$

式中 $\sum_{n\neq k}a_n h(kT-nT)=0$ 的条件可表示为

$$\sum_{n\neq k}a_n h(kT-nT)=\sum_{n\neq k}a_n h((k-n)T)=\sum_{m\neq 0}a_n h(mT)=0 \tag{5.5.12}$$

注意到 $\{a_n\}$ 是一个**任意的随机序列**，因此要使得式（5.5.12）**恒成立**，除非满足条件

$$h(mT)=0,\ \ m\neq 0 \tag{5.5.13}$$

这里需要注意的是，$h(t)$ 可能是一个连续函数，上述条件只要求在特定的 $t=mT$，$m\neq 0$ 时刻成立。综上，一个没有码间串扰影响的系统应满足如下条件：

$$h(kT)=\begin{cases}1, & k=0\\ 0, & k\text{为非零整数}\end{cases} \tag{5.5.14}$$

没有码间串扰影响的系统的传输特性可以用图 5.5.1 形象地表示，图中 $g_T(t)$ 是基带系统波形变换器发出的码元波形信号，经过信道和接收滤波器后，到达判决器前的码元波形信号变为 $h(t)$，显然 $h(t)$ 可能会有很长的拖尾，但只要在整数倍码元周期的时刻满足式（5.5.13）的条件，就不会对其他的码元造成串扰的影响，因为这些整数倍码元周期的时刻就是其他码元的判决时刻。

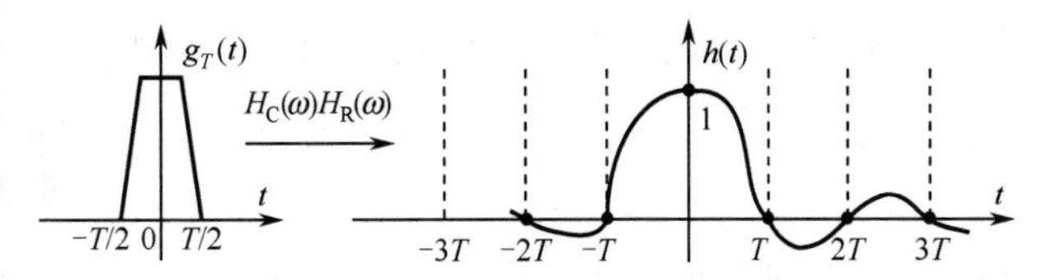

图 5.5.1　码间串扰影响的系统特性

式（5.5.14）给出了无码间串扰影响的系统应满足的条件，据此可进一步导出要满足这一条件的系统特性。一般地，由系统冲激响应 $h(t)$ 与其傅里叶变换 $H(\omega)$ 的关系，在 $t=kT$ 时刻

$$h(kT)=\frac{1}{2\pi}\int_{-\infty}^{\infty}H(\omega)e^{j\omega kT}d\omega=\frac{1}{2\pi}\sum_{i=-\infty}^{\infty}\int_{(2i-1)\pi/T}^{(2i+1)\pi/T}H(\omega)e^{j\omega kT}d\omega$$
$$\xrightarrow{令\omega'=\omega-\frac{2\pi i}{T}}=\frac{1}{2\pi}\sum_{i=-\infty}^{\infty}\int_{-\pi/T}^{\pi/T}H\left(\omega'+\frac{2\pi i}{T}\right)e^{j\omega' kT}e^{j2\pi ki}d\omega' \tag{5.5.15}$$

因为式中的 i 和 k 为整数，因此 $e^{j2\pi ki}=1$ ，上式变为

$$h(kT)=\frac{1}{2\pi}\sum_{i=-\infty}^{\infty}\int_{-\pi/T}^{\pi/T}H\left(\omega+\frac{2\pi i}{T}\right)e^{j\omega kT}d\omega=\frac{1}{2\pi/T}\int_{-\pi/T}^{\pi/T}\frac{1}{T}\sum_{i=-\infty}^{\infty}H\left(\omega+\frac{2\pi i}{T}\right)e^{j\omega kT}d\omega \tag{5.5.16}$$

观察上式积分式中的函数

$$\frac{1}{T}\sum_{i=-\infty}^{\infty}H\left(\omega+\frac{2\pi i}{T}\right) \tag{5.5.17}$$

该式作为 ω 的函数，以 $\omega+2\pi/T$ 代入可得

$$\begin{aligned}\frac{1}{T}\sum_{i=-\infty}^{\infty}H\left(\left(\omega+\frac{2\pi}{T}\right)+\frac{2\pi i}{T}\right)&=\frac{1}{T}\sum_{i=-\infty}^{\infty}H\left(\omega+\frac{2\pi(i+1)}{T}\right)\\&=\frac{1}{T}\sum_{i=-\infty}^{\infty}H\left(\omega+\frac{2\pi(i+1)}{T}\right)\overset{令i'=i+1}{=}\frac{1}{T}\sum_{i'-1=-\infty}^{\infty}H\left(\omega+\frac{2\pi i'}{T}\right)\\&=\frac{1}{T}\sum_{i'=-\infty}^{\infty}H\left(\omega+\frac{2\pi i'}{T}\right)=\frac{1}{T}\sum_{i=-\infty}^{\infty}H\left(\omega+\frac{2\pi i}{T}\right)\end{aligned} \tag{5.5.18}$$

其中倒数第二个等式成立是因为在从 $-\infty<i'<+\infty$ 求和累加的过程中，等式两边将包含相同的项；而最后一个等式成立是式中的符号由 i' 改变为 i 表示不会改变求和的结果。由式（5.5.18）可见 $\frac{1}{T}\sum_{i=-\infty}^{\infty}H\left(\omega+\frac{2\pi i}{T}\right)$ 是周期为 $\frac{2\pi}{T}$ 的函数。将该函数用傅里叶级数展开可得

$$\frac{1}{T}\sum_{i=-\infty}^{\infty}H\left(\omega+\frac{2\pi i}{T}\right)=\sum_{k=-\infty}^{\infty}C_k e^{-j\omega kT} \tag{5.5.19}$$

其中傅里叶级数的系数 C_k 为

$$C_k=\frac{1}{2\pi/T}\int_{-\infty}^{\infty}\frac{1}{T}\sum_{i=-\infty}^{\infty}H\left(\omega+\frac{2\pi i}{T}\right)e^{j\omega kT}d\omega \tag{5.5.20}$$

比较式（5.5.20）与式（5.5.16）可得

$$C_k=h(kT) \tag{5.5.21}$$

因此式（5.5.19）又可表示为

$$\frac{1}{T}\sum_{i=-\infty}^{\infty}H\left(\omega+\frac{2\pi i}{T}\right)=\sum_{k=-\infty}^{\infty}h(kT)e^{-j\omega kT} \tag{5.5.22}$$

将式（5.5.14）无码间串扰的条件代入上式，可得

$$\frac{1}{T}\sum_{i=-\infty}^{\infty}H\left(\omega+\frac{2\pi i}{T}\right)=h(0)=1 \tag{5.5.23}$$

通常 $H\left(\omega+\frac{2\pi i}{T}\right)$ 是一个复函数，式(5.5.23)表明，对于无码间串扰的系统求和的结果，$\sum_{i=-\infty}^{\infty}H\left(\omega+\frac{2\pi i}{T}\right)$ 的**实部应是一个常数，虚部应为零**。又因为 $\sum_{i=-\infty}^{\infty}H\left(\omega+\frac{2\pi i}{T}\right)$ 是一个**周期函数**，因此在判断其是否满足条件时，**只需在一个周期内观察其是否满足条件即可**。此外，式（5.5.23）求和的结果是否等于 1 实际上并不重要，关键是其结果必须是一个实的常数。综上，得到无码间串扰基带系统的传递函数 $H(\omega)$ 应

满足的条件为

$$\sum_{i=-\infty}^{\infty} H\left(\omega+\frac{2\pi i}{T}\right)=K_{\mathrm{C}}，\ |\omega| \leqslant \frac{\pi}{T} \tag{5.5.24}$$

式中 K_{C} 是一个**实常数**。式（5.5.24）给出的判决条件称为**奈奎斯特第一准则**。当满足式（5.5.24）的条件时，因为没有码间串扰的影响，因此该条件也称**抽样无失真条件**。上式可以分实部和虚部分别表示为

$$\operatorname{Re}\left(\sum_{i=-\infty}^{\infty} H\left(\omega+\frac{2\pi i}{T}\right)\right)=\sum_{i=-\infty}^{\infty} \operatorname{Re}\left(H\left(\omega+\frac{2\pi i}{T}\right)\right)=K_{\mathrm{C}}，\ |\omega| \leqslant \frac{\pi}{T} \tag{5.5.25}$$

$$\operatorname{Im}\left(\sum_{i=-\infty}^{\infty} H\left(\omega+\frac{2\pi i}{T}\right)\right)=\sum_{i=-\infty}^{\infty} \operatorname{Im}\left(H\left(\omega+\frac{2\pi i}{T}\right)\right)=0，\ |\omega| \leqslant \frac{\pi}{T} \tag{5.5.26}$$

图 5.5.2 给出了一个无码间串扰的基带传输系统 $H(\omega)$ 的示意图。其中图 5.5.2(a)和(b)分别为 $\operatorname{Re}(H(\omega))$ 和 $\operatorname{Im}(H(\omega))$ 的特性曲线，图 5.5.2(c)和(d)分别为式（5.5.25）和式（5.5.26）求和的结果，实部的累加和为一常数，而虚部的累加和为零。

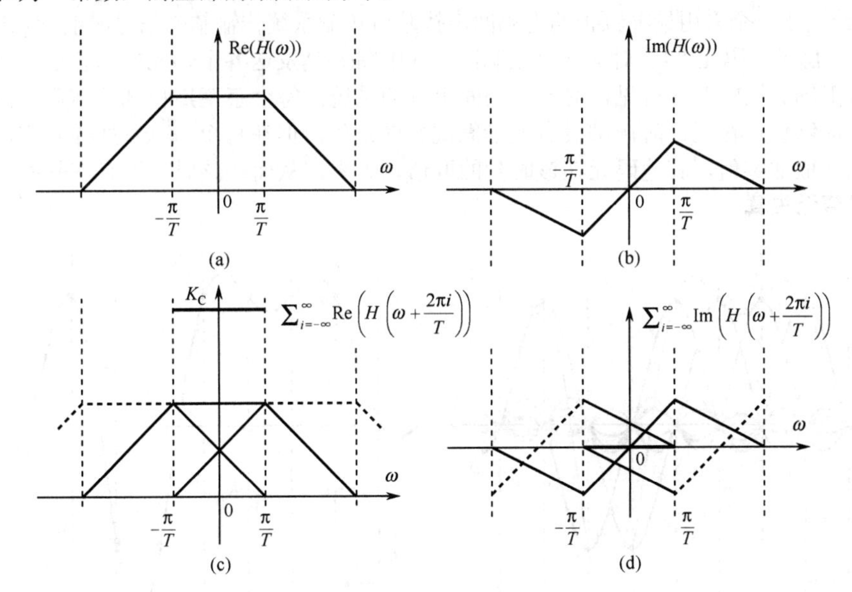

图 5.5.2　无码间串扰的一个基带传输系统

具有最窄频带的无码间串扰基带传输系统　在基带系统设计时，通常希望在满足传输速率等要求的情况下，使传输系统所需的带宽尽可能小。另外，没有码间串扰的系统对传输特性有特定的要求。因此人们自然会问，对于没有码间串扰的系统，可能获得的最窄带宽是多少？具有最窄带宽的无码间串扰系统应具有何种特性？观察具有如下特性的基带传输系统：

$$H_{\mathrm{IL}}(\omega)=\begin{cases}1, & |\omega| \leqslant \dfrac{\pi}{T} \\ 0, & |\omega|>\dfrac{\pi}{T}\end{cases} \tag{5.5.27}$$

$H_{\mathrm{IL}}(\omega)$ 和 $\sum_{i=-\infty}^{\infty} H_{\mathrm{IL}}\left(\omega+\frac{2\pi i}{T}\right)$ 特性分别如图 5.5.3(a)和(b)所示。由图显然可得

$$\sum_{i=-\infty}^{\infty} H_{\mathrm{IL}}\left(\omega+\frac{2\pi i}{T}\right)=H_{\mathrm{IL}}(\omega)=1,\ |\omega| \leqslant \frac{\pi}{T} \tag{5.5.28}$$

因此传输特性 $H_{\mathrm{IL}}(\omega)$ 满足无码间串扰的条件。图 5.5.3(c)给出了相应的冲激响应 $h_{\mathrm{IL}}(t)$ 的波形图，$h_{\mathrm{IL}}(t)$

通常称为**奈奎斯特脉冲**。由图可见，在抽样时刻$t=kT$，$h_{\mathrm{IL}}(t)$的取值

$$
\begin{aligned}
h_{\mathrm{IL}}(kT)&=\frac{1}{2\pi}\int_{-\pi/T}^{\pi/T}H_{\mathrm{IL}}(\omega)\mathrm{e}^{\mathrm{j}\omega kT}\mathrm{d}\omega=\frac{1}{2\pi}\int_{-\pi/T}^{\pi/T}\mathrm{e}^{\mathrm{j}\omega kT}\mathrm{d}\omega \\
&=\frac{\sin(k\pi)}{k\pi}=\begin{cases}1, & k=0\\ 0, & k\text{为非零整数}\end{cases}
\end{aligned}
\tag{5.5.29}
$$

因此不会发生码间串扰。

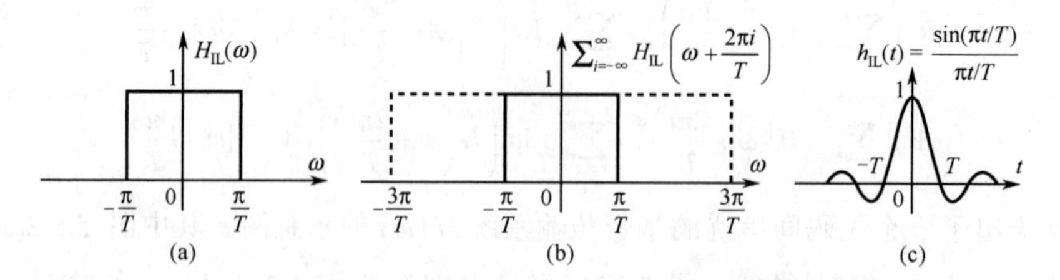

图 5.5.3　具有最窄频带的无码间串扰基带传输系统特性

图 5.5.4 给出了一个采用最窄频带的无码间串扰基带传输系统传输基带信号时的示意图。其中码元“0”对应一个负脉冲，码元“1”对应一个正脉冲。其中图(a)是发送各个码元的示意图，图(b)是实际观测到的综合波形图。比较两图可见，对于无码间串扰的系统，每个奈奎斯特脉冲前后依然会延续多个码元周期，不能够保证在任何时候都没有波形间混叠的发生，但在每个$t=kT$抽样时刻，只有当前在传递信息的码元取非零值，其他码元在该时刻的取值均为零，从而在该时刻不存在码间串扰，或者说在该时刻**抽样值无失真**。

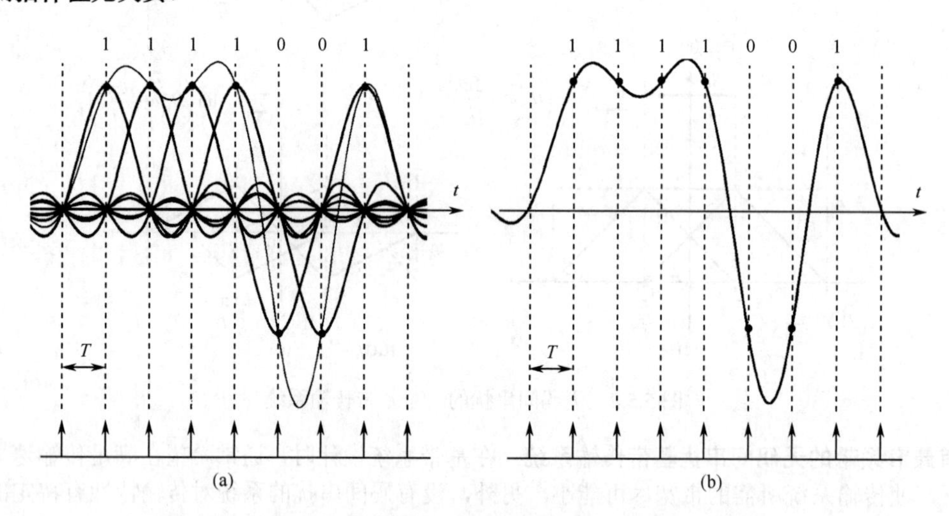

图 5.5.4　最窄频带的无码间串扰系统传输基带信号时的示意图

那么是否存在比式（5.5.27）定义的频带更窄，同时又没有码间串扰的基带系统呢？观察如下传输特性的一个特例：

$$
H_{\mathrm{L}}(\omega)=\begin{cases}1, & |\omega|\leqslant\dfrac{2\pi}{3T}\\[2mm] 0, & |\omega|>\dfrac{2\pi}{3T}\end{cases}
\tag{5.5.30}
$$

$H_{\mathrm{L}}(\omega)$及$\sum_{i=-\infty}^{\infty}H_{\mathrm{L}}\left(\omega+\frac{2\pi i}{T}\right)$的特性如图 5.5.5 所示。显然$H_{\mathrm{L}}(\omega)$具有比$H_{\mathrm{IL}}(\omega)$更窄的带宽。但因为$H_{\mathrm{L}}(\omega)$的非零取值限于$-2\pi/3T\sim2\pi/3T$范围内，因此在$\sum_{i=-\infty}^{\infty}H_{\mathrm{L}}\left(\omega+\frac{2\pi i}{T}\right)$中不会出现频谱叠加的情形。

这样在 $-\pi/T \sim -2\pi/3T$ 和 $2\pi/3T \sim \pi/T$ 区域内的“缺口”位置取值为零。因此在 $|\omega| \leqslant \dfrac{\pi}{T}$ 内，$\sum_{i=-\infty}^{\infty} H_{\mathrm{L}}\left(\omega+\dfrac{2\pi i}{T}\right)$ 不可能为常数，这样式（5.5.24）的条件就不可能满足，所以该系统一定会出现码间串扰。虽然式（5.5.30）和图 5.5.5 给出的是一个特例，但不难想象，所有频带比 $H_{\mathrm{IL}}(\omega)$ 更窄的系统，都会出现上述“缺口”位置取值为零的情况。综上，式（5.5.27）定义的 $H_{\mathrm{IL}}(\omega)$ 是可保证无码间串扰的频带最窄的基带传输系统。

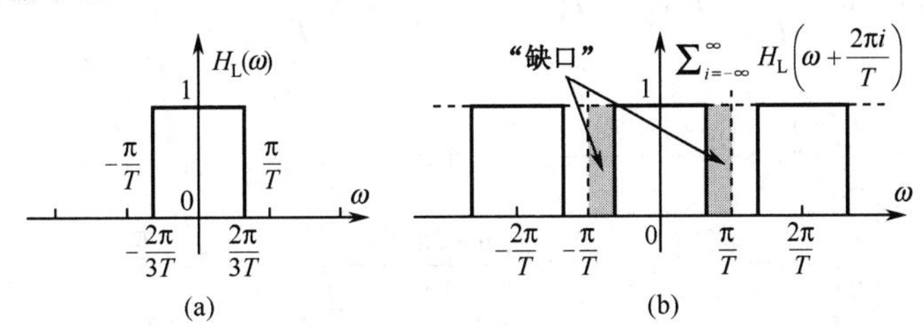

图 5.5.5　频带比最窄频带的无码间串扰基带传输系统更窄的系统示意图

无码间串扰基带系统的最大频带利用率　通过上面的分析，可知对于无码间串扰的基带传输系统：

（1）若码元的周期为 T，系统所需的最小带宽为

$$W_{\mathrm{IL}} = \frac{\pi/T}{2\pi} = \frac{1}{2T} \tag{5.5.31}$$

W_{IL} 的单位为 Hz，该带宽也称**奈奎斯特带宽**。

（2）若已知系统的带宽为 W_{IL}，则可得到的无码间串扰的最大码元速率为

$$R_{\mathrm{S}} = \frac{1}{T} = 2W_{\mathrm{IL}} \tag{5.5.32}$$

R_{S} 的单位为 Baud（**波特**），该速率也称**奈奎斯特速率**。

（3）对于无码间串扰的基带系统，可获得最大的**频带利用率**为

$$\eta_{\mathrm{B}} = \frac{R_{\mathrm{S}}}{W_{\mathrm{IL}}} = \frac{2W_{\mathrm{IL}}}{W_{\mathrm{IL}}} = 2(\mathrm{Baud/Hz}) \tag{5.5.33}$$

即最大的频带利用率 η_{B} 为**每赫兹两波特**。换句话说，对于没有码间串扰的系统，每秒每赫兹带宽最多可传输 2 个码元。最大的频带利用率也可以表示为

$$\eta_{\mathrm{b}} = \frac{R_{\mathrm{b}}}{W_{\mathrm{IL}}} = \frac{R_{\mathrm{S}}\log_2 M}{W_{\mathrm{IL}}} = \frac{2W_{\mathrm{IL}}\log_2 M}{W_{\mathrm{IL}}} = 2\log_2 M(\mathrm{bits/s/Hz}) \tag{5.5.34}$$

即最大的频带利用率 η_{b} 为每秒每赫兹 $2\log_2 M$ 比特，其中 M 是码元的进制数。M 取值的选择受制于信道的信噪比和其他特性。有时也将**在抽样值无失真的条件下，频带利用率最大可达每赫兹 2 波特**这一性质称为**奈奎斯特第一准则**。

升余弦滚降系统　式（5.5.27）给出了具有最窄频带的无码间串扰的系统特性。但这种具有无限陡峭特性的理想低通系统是一种物理不可实现系统。另外，即使该系统可以实现，也有冲激响应 $h_{\mathrm{IL}}(t)$ 的“拖尾”衰减较慢的问题，这样如果抽样判决的定时出现偏差，偏离准确的 $t = kT$ 时刻，则仍将出现较为严重的码间串扰影响。

实际应用的无码间串扰的系统一般都具有缓变过渡的频谱特性。所谓的**升余弦滚降系统**，是指其传递函数的频谱结构具有以 π/T 和 $-\pi/T$ 为中心的、奇对称过渡特性的无码间串扰的系统。**典型的升余**

弦滚降系统的特性可表示为

$$H(\omega)=\begin{cases}\dfrac{T}{2}\left(1+\cos\dfrac{\omega T}{2}\right), & |\omega|\leqslant\dfrac{2\pi}{T}\\ 0, & |\omega|>\dfrac{2\pi}{T}\end{cases} \tag{5.5.35}$$

如图 5.5.6 中参数所对应的曲线所示。根据无码间串扰的判决条件

$$\begin{aligned}\sum_{i=-\infty}^{\infty}H\left(\omega+\frac{2\pi i}{T}\right)&=H\left(\omega+\frac{2\pi}{T}\right)+H\left(\omega\right)+H\left(\omega-\frac{2\pi}{T}\right),|\omega|\leqslant\frac{\pi}{T}\\ &=\begin{cases}\dfrac{T}{2}\left(1+\cos\dfrac{(\omega+2\pi/T)T}{2}\right)+\dfrac{T}{2}\left(1+\cos\dfrac{\omega T}{2}\right), & -\dfrac{\pi}{T}\leqslant\omega\leqslant 0\\ \dfrac{T}{2}\left(1+\cos\dfrac{\omega T}{2}\right)+\dfrac{T}{2}\left(1+\cos\dfrac{(\omega-2\pi/T)T}{2}\right), & 0<\omega\leqslant+\dfrac{\pi}{T}\end{cases}\\ &=\begin{cases}T, & -\dfrac{\pi}{T}\leqslant\omega\leqslant 0\\ T, & 0<\omega\leqslant\dfrac{\pi}{T}\end{cases}=T,\quad |\omega|\leqslant\frac{\pi}{T}\end{aligned} \tag{5.5.36}$$

由此可见，具有典型升余弦滚降特性的传输系统满足无码间串扰的条件。升余弦滚降系统在 $-2\pi/T$ 到 0 和 0 到 $2\pi/T$ 频谱区域内具有最平缓的过渡特性，物理上易于实现，相应的时域脉冲波形的“拖尾”也会迅速衰减，从而可大大减小抽样同步出现偏差时，码间串扰的影响。采用升余弦滚降系统的代价是，所需的频带宽度增加为原来的 2 倍。

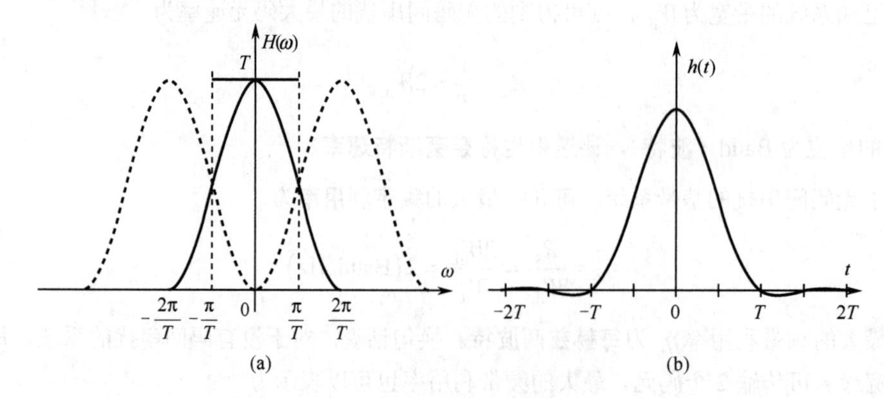

图 5.5.6　升余弦滚降特性

一般的滚降系统　一般的具有平滑过渡特性的滚降系统可由下式表示：

$$H(\omega)=\begin{cases}T, & 0\leqslant|\omega|\leqslant\dfrac{(1-\alpha)\pi}{T}\\ \dfrac{T}{2}\left(1-\sin\dfrac{T}{2\alpha}\left(\omega-\dfrac{\pi}{T}\right)\right), & \dfrac{(1-\alpha)\pi}{T}<|\omega|\leqslant\dfrac{(1+\alpha)\pi}{T}\\ 0, & |\omega|>\dfrac{(1+\alpha)\pi}{T}\end{cases} \tag{5.5.37}$$

式中的参数 α 称为**滚降系数**，滚降系数实际上是滚降系统的带宽 W 与最窄无码间串扰系统带宽 W_{IL} 的**差值** $\Delta W=W-W_{\mathrm{IL}}$ 与 W_{IL} 的比值，

$$\alpha=\frac{W-W_{\mathrm{IL}}}{W_{\mathrm{IL}}},\quad \frac{1}{2T}<W\leqslant\frac{1}{T}$$

α 的取值反映了滚降系统的平滑程度。α 的取值为 $0 \leqslant \alpha \leqslant 1$ 时，对应系统的带宽在 $\pi/T \sim 2\pi/T$ 之间。当 $\alpha=0$ 时，对应系统即为式（5.5.27）定义的具有最窄频带的无码间串扰系统；当 $\alpha=1$ 时，对应系统则成为式(5.5.36)描述的升余弦滚降系统。实际系统中使用的滚降特性的参数 α 通常为 $0<\alpha<1$。式(5.5.37)对应的滚降系统的时域波形为

$$h(t)=\frac{\sin(\pi t/T)}{\pi t/T}\frac{\cos(\alpha\pi t/T)}{1-4\alpha^2t^2/T^2} \tag{5.5.38}$$

图 5.5.7(a)和(b)给出了一般滚降特性的频域和时域特性曲线。由图可见**随着参数 α 的增大滚降系统的频率特性越来越平缓，相应地所需的带宽增大，时域波形拖尾的影响变小**。

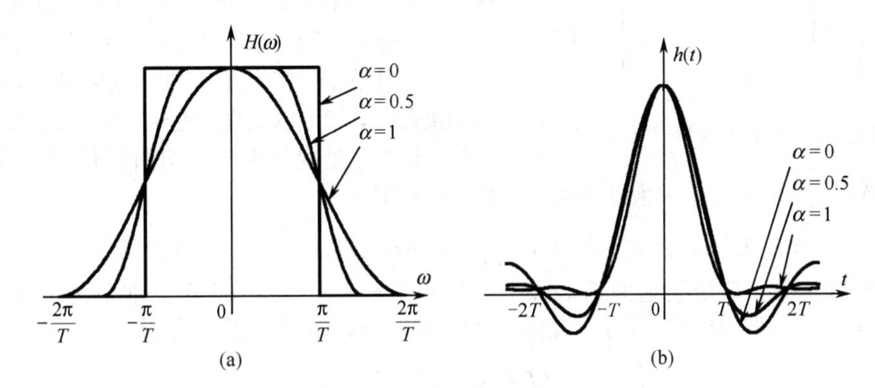

图 5.5.7　一般滚降特性的频域和时域特性

滚降系统的频带利用率　作为一种具有平滑频谱过渡特性的无码间串扰的基带传输系统，较之理想的具有最窄频带的无码间串扰系统，滚降系统的频带利用率有所降低。

（1）若码元的周期为 T，由式（5.5.37），可得系统所需的最小带宽为

$$W=(1+\alpha)W_{\text{IL}}=(1+\alpha)\frac{1}{2T} \tag{5.5.39}$$

W 的单位为 Hz，该带宽是奈奎斯特带宽的 $(1+\alpha)$ 倍。

（2）若已知系统的带宽为 W，则可得到的无码间串扰的最大码元速率为

$$R_{\text{S}}=\frac{1}{T}=\frac{2W}{1+\alpha} \tag{5.5.40}$$

R_{S} 的单位为 Baud（波特），对于同样的系统带宽，码元速率的降低为奈奎斯特速率的 $1/(1+\alpha)$。

（3）由式（5.5.40），频带利用率为

$$\eta_{\text{B}}=\frac{R_{\text{S}}}{W}=\frac{2}{1+\alpha}(\text{Baud/Hz}) \tag{5.5.41}$$

同理可得

$$\eta_{\text{b}}=\frac{R_{\text{b}}}{W}=\frac{R_{\text{S}}\log_2 M}{W}=\frac{2\big(W/(1+\alpha)\big)\log_2 M}{W}=\frac{2\log_2 M}{1+\alpha}(\text{bits/s/Hz}) \tag{5.5.42}$$

可见频带利用率 η_{B} 和 η_{b} 也将降低为最大频带利用率的 $1/(1+\alpha)$。

滚降系统通过降低频带的利用率，换取无码间串扰系统物理上的易于实现和时域脉冲波形“拖尾”衰减的加快。这样，除保证在抽样时刻无码间串扰的特点外，因为每个符号脉冲的拖尾衰减很快，即使在抽样定时有一定偏差的场合，仍能够使得串扰的影响较小。

5.5.3 奈奎斯特第二准则

奈奎斯特第一准则给出了一个在**抽样点处无码间串扰**的系统应满足的条件，保证了每个符号脉冲在其他符号脉冲的抽样时刻取值均为零，因此可以消除基带传输系统中的码间串扰。除此之外，还有其他有利于消除码间串扰的方法，本节将要介绍的**奈奎斯特第二准则**就是其中的一种。

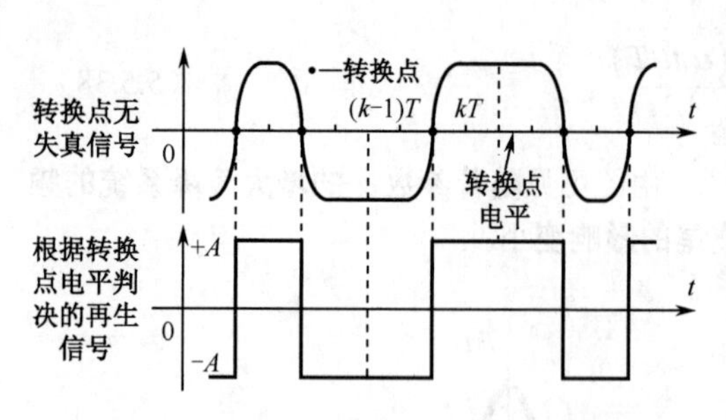

图 5.5.8 从转换点无失真的波形中恢复原信号

奈奎斯特第二准则又称**转换点无失真**准则。所谓**转换点**，对于双极性的二进制符号来说，就是数字信号从“$+A$”转换为“$-A$”或从“$-A$”转换为“$+A$”的**电平转换点**。如果在转换点没有失真，以转换点处的**零电平**作为**判决门限**，就可以无失真地恢复出原来的二进制码元。同时，转换点处也包含了符号的**同步**信息。图 5.5.8 给出了一个从转换点无失真的波形中恢复原来信号的一个示例。

接收信号仍如式（5.5.5）所示，为 $y(t)=\sum_{n=-\infty}^{\infty}a_n h(t-nT), a_n\in\{\pm A\}$。其中 $h(t)$ 是包括信道在内的整个系统的冲激响应。假定发送的第 $k-1$ 个符号和第 k 个符号是两个不同取值的符号，不妨假定 $a_{n-1}=-A, a_n=+A$，则在这两个符号间会有一个转换点。转换点的位置应位于

$$t=\frac{kT+(k-1)T}{2}=kT-\frac{T}{2} \tag{5.5.43}$$

如果在转换点无失真，则有 $y(nT-T/2)=0$，即应有

$$\begin{aligned}y\left(kT-\frac{T}{2}\right)&=\sum_{n=-\infty}^{\infty}a_n h\left((k-n)T-\frac{T}{2}\right)\\&=a_{k-1}h\left(\frac{T}{2}\right)+a_k h\left(-\frac{T}{2}\right)+\sum_{n\neq k-1,k}a_n h\left((k-n)T-\frac{T}{2}\right)\\&=-Ah\left(\frac{T}{2}\right)+Ah\left(-\frac{T}{2}\right)+\sum_{n\neq k-1,k}a_n h\left((k-n)T-\frac{T}{2}\right)=0\end{aligned} \tag{5.5.44}$$

由序列 $\{a_n\}$ 取值组合的**任意性**，上式成立的条件是

$$\begin{cases}h\left(\dfrac{T}{2}\right)=h\left(-\dfrac{T}{2}\right)\\ h\left(kT-\dfrac{T}{2}\right)=0,\ k\neq 0,1\end{cases} \tag{5.5.45}$$

这就是转换点无失真需满足的**奈奎斯特第二准则**。式（5.5.37）也可以表示为

$$h\left(kT-\frac{T}{2}\right)=\begin{cases}h_c, & i=0,1\\ 0, & i\neq 0,1\end{cases} \tag{5.5.46}$$

式中 h_c 为一**常数**。式（5.5.46）描述的冲激响应特性如图 5.5.9 所示，注意其中在 $t=-T/2$ 和 $t=T/2$ 时刻，$h(t)$ 取值相等；而在 $t=kT-T/2$ 时刻，k 为绝对值大于 1 的整数，$h(t)$ 取值为零。

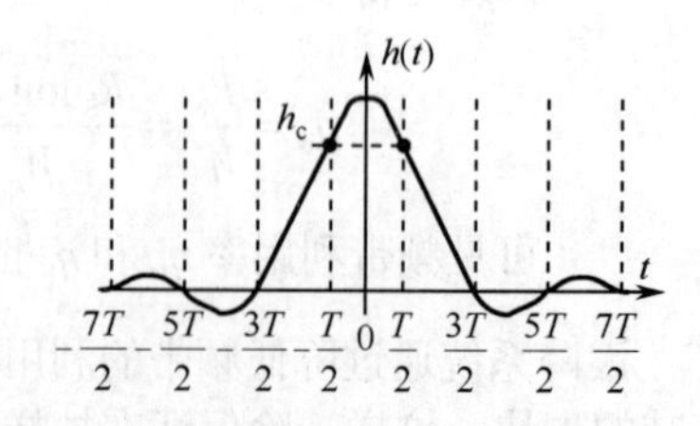

图 5.5.9 转换点无失真系统的冲激响应

由式（5.5.46）描述的转换点无失真系统的**时域特性**，可以导出其相应的**频域特性**要求。记系统冲激响应 $h(t)$ 的傅里叶

变换为 $H(\omega)$，即 $h(t)=\frac{1}{2\pi}\int_{-\infty}^{\infty}H(\omega)\mathrm{e}^{\mathrm{j}\omega t}\mathrm{d}\omega$，以 $t=kT-T/2$ 代入，得到

$$\begin{aligned}h\left(kT-\frac{T}{2}\right)&=\frac{1}{2\pi}\int_{-\infty}^{\infty}H(\omega)\mathrm{e}^{\mathrm{j}\omega\frac{T}{2}(2k-1)}\mathrm{d}\omega=\frac{1}{2\pi}\int_{-\infty}^{\infty}H(\omega)\mathrm{e}^{-\mathrm{j}\omega\frac{T}{2}}\mathrm{e}^{\mathrm{j}kT\omega}\mathrm{d}\omega\\&=\frac{1}{2\pi}\sum_{n=-\infty}^{\infty}\int_{-\pi/T}^{\pi/T}H\left(\omega+\frac{2n\pi}{T}\right)\mathrm{e}^{-\mathrm{j}\left(\omega+\frac{2n\pi}{T}\right)\frac{T}{2}}\mathrm{e}^{\mathrm{j}kT\left(\omega+\frac{2n\pi}{T}\right)}\mathrm{d}\omega\\&=\frac{1}{2\pi}\sum_{n=-\infty}^{\infty}\int_{-\pi/T}^{\pi/T}H\left(\omega+\frac{2n\pi}{T}\right)\mathrm{e}^{-\mathrm{j}\left(\omega+\frac{2n\pi}{T}\right)\frac{T}{2}}\mathrm{e}^{\mathrm{j}kT\omega}\mathrm{d}\omega\\&=\frac{1}{2\pi}\int_{-\pi/T}^{\pi/T}\left(\sum_{n=-\infty}^{\infty}(-1)^nH\left(\omega+\frac{2n\pi}{T}\right)\mathrm{e}^{-\mathrm{j}\frac{T}{2}\omega}\right)\mathrm{e}^{\mathrm{j}kT\omega}\mathrm{d}\omega\end{aligned}\tag{5.5.47}$$

积分式中的 $\sum_{n=-\infty}^{\infty}(-1)^nH\left(\omega+\frac{2n\pi}{T}\right)\mathrm{e}^{-\mathrm{j}\frac{T}{2}\omega}$ 项是**周期为 $\frac{2\pi}{T}$ 的函数**。这是因为

$$\begin{aligned}&\sum_{n=-\infty}^{\infty}(-1)^nH\left(\left(\omega+\frac{2\pi}{T}\right)+\frac{2n\pi}{T}\right)\mathrm{e}^{-\mathrm{j}\frac{T}{2}\left(\omega+\frac{2\pi}{T}\right)}=\sum_{n=-\infty}^{\infty}(-1)^{n+1}H\left(\omega+\frac{2(n+1)\pi}{T}\right)\mathrm{e}^{-\mathrm{j}\frac{T}{2}\omega}\\&\overset{n'=n+1}{=}\sum_{n'=-\infty+1}^{\infty+1}(-1)^{n'}H\left(\omega+\frac{2n'\pi}{T}\right)\mathrm{e}^{-\mathrm{j}\frac{T}{2}\omega}=\sum_{n'=-\infty}^{\infty}(-1)^{n'}H\left(\omega+\frac{2n'\pi}{T}\right)\mathrm{e}^{-\mathrm{j}\frac{T}{2}\omega}\end{aligned}\tag{5.5.48}$$

因此 $h(kT-T/2)$ 就是该周期函数的傅里叶级数展开式中的**第 k 项的系数**。因此有

$$\sum_{n=-\infty}^{\infty}(-1)^nH\left(\omega+\frac{2n\pi}{T}\right)\mathrm{e}^{-\mathrm{j}\frac{T}{2}\omega}=T\sum_{k=-\infty}^{\infty}h\left(kT-\frac{T}{2}\right)\mathrm{e}^{-\mathrm{j}k\omega T}\tag{5.5.49}$$

由奈奎斯特第二准则应满足的条件，式（5.5.49）的**右式**中只有两个**非零项**，将式（5.5.45）给出的结果代入，得

$$\begin{aligned}\sum_{n=-\infty}^{\infty}(-1)^nH\left(\omega+\frac{2n\pi}{T}\right)\mathrm{e}^{-\mathrm{j}\frac{T}{2}\omega}&=T\left(h\left(-\frac{T}{2}\right)+h\left(\frac{T}{2}\right)\mathrm{e}^{-\mathrm{j}T\omega}\right)\\&=h_cT\left(1+\mathrm{e}^{-\mathrm{j}T\omega}\right)=h_cT(1+\cos T\omega)-\mathrm{j}h_cT\sin T\omega\end{aligned}\tag{5.5.50}$$

记

$$H_{\mathrm{R}}(\omega)=\mathrm{Re}\left(\sum_{n=-\infty}^{\infty}(-1)^nH\left(\omega+\frac{2n\pi}{T}\right)\right)\tag{5.5.51}$$

$$H_{\mathrm{I}}(\omega)=\mathrm{Im}\left(\sum_{n=-\infty}^{\infty}(-1)^nH\left(\omega+\frac{2n\pi}{T}\right)\right)\tag{5.5.52}$$

由此可得

$$\begin{aligned}&\sum_{n=-\infty}^{\infty}(-1)^nH\left(\omega+\frac{2n\pi}{T}\right)\mathrm{e}^{-\mathrm{j}\frac{T}{2}\omega}=\left(H_R(\omega)+\mathrm{j}H_{\mathrm{I}}(\omega)\right)\left(\cos\frac{T}{2}\omega-\mathrm{j}\sin\frac{T}{2}\omega\right)\\&=\left(H_{\mathrm{R}}(\omega)\cos\frac{T}{2}\omega+H_{\mathrm{I}}(\omega)\sin\frac{T}{2}\omega\right)+\mathrm{j}\left(H_{\mathrm{I}}(\omega)\cos\frac{T}{2}\omega-H_{\mathrm{R}}(\omega)\sin\frac{T}{2}\omega\right)\end{aligned}\tag{5.5.53}$$

比较式（5.5.50）与式（5.5.53），可得

$$H_{\mathrm{R}}(\omega)\cos\frac{T}{2}\omega+H_{\mathrm{I}}(\omega)\sin\frac{T}{2}\omega=h_cT(1+\cos T\omega)\tag{5.5.54}$$

$$H_{\mathrm{I}}(\omega)\cos\frac{T}{2}\omega-H_{\mathrm{R}}(\omega)\sin\frac{T}{2}\omega=-h_cT\sin T\omega\tag{5.5.55}$$

由此可解得**转换点无失真的传输系统特性需要满足的频域特性条件**为

$$\begin{cases} H_{\mathrm{R}}(\omega) = 2h_{\mathrm{c}}T\cos\dfrac{T\omega}{2} \\ H_{\mathrm{I}}(\omega) = 0 \end{cases} \tag{5.5.56}$$

由式（5.5.51）和式（5.5.52），上述的频域特性的条件也可以直接表示为

$$\sum\nolimits_{n=-\infty}^{\infty}(-1)^n H\left(\omega+\frac{2n\pi}{T}\right) = 2h_{\mathrm{c}}T\cos\frac{T\omega}{2} \tag{5.5.57}$$

因为式（5.5.49）是周期为$\dfrac{2\pi}{T}$的函数，所以只需在$\left(-\dfrac{\pi}{T},\dfrac{\pi}{T}\right)$频率范围内验证式（5.5.56）或式（5.5.57）是否满足转换点无失真的条件。

由式（5.5.46），滚降系数为α基带传输系统，当$\alpha=1$时，其冲激响应相应地为

$$h(t) = \frac{\sin(\pi t/T)}{\pi t/T}\frac{\cos(\pi t/T)}{1-4t^2/T^2} = \frac{\sin(2\pi t/T)}{2\pi t/T}\frac{1}{1-4t^2/T^2} \tag{5.5.58}$$

以$t = kT - T/2$代入，可得

$$\begin{aligned} h\left(kT-\frac{T}{2}\right) &= \frac{\sin\left(\dfrac{2\pi}{T}\left(kT-\dfrac{T}{2}\right)\right)}{\dfrac{2\pi}{T}\left(kT-\dfrac{T}{2}\right)}\frac{1}{1-\dfrac{4}{T^2}\left(kT-\dfrac{T}{2}\right)^2} \\ &= \frac{\sin\left(2\pi\left(k-\dfrac{1}{2}\right)\right)}{2\pi\left(k-\dfrac{1}{2}\right)}\frac{1}{1-(2k-1)^2} = \begin{cases} \dfrac{1}{2}, & k=0,1 \\ 0, & k\neq 0,1\text{的其他整数} \end{cases} \end{aligned} \tag{5.5.59}$$

可见对于$\alpha=1$的滚降系统，满足**转换点无失真的条件**。在 5.5.2 节已知滚降系数满足**抽样点无失真**的条件，由此可见，$\alpha=1$的滚降系统可同时满足**奈奎斯特第一准则**和**第二准则**。

5.5.4 奈奎斯特第三准则

奈奎斯特第三准则给出了**波形面积**无失真的条件。一般地，仍假定接收信号表示为$y(t)=\sum\nolimits_{n=-\infty}^{\infty}a_n h(t-nT)$。理论上，可设定第$k$个符号应落在时间$(kT-T/2,\ kT+T/2)$区域范围内。因此接收信号$y(t)$在该区域内的波形面积为

$$\begin{aligned} \int_{kT-T/2}^{kT+T/2} y(t)\mathrm{d}t &= \int_{kT-T/2}^{kT+T/2}\sum\nolimits_{n=-\infty}^{\infty}a_n h(t-nT)\mathrm{d}t \\ &= \sum\nolimits_{n=-\infty}^{\infty}a_n\int_{kT-T/2}^{kT+T/2}h(t-nT)\mathrm{d}t \overset{t'=t-nT}{=} \sum\nolimits_{n=-\infty}^{\infty}a_n\int_{(k-n)T-T/2}^{(k-n)T+T/2}h(t')\mathrm{d}t' \end{aligned} \tag{5.5.60}$$

若

$$\int_{iT-T/2}^{iT+T/2}h(t)\mathrm{d}t = \begin{cases} h_{\mathrm{S}}, & i=0 \\ 0, & i\neq 0\text{ 的其他整数} \end{cases} \tag{5.5.61}$$

其中h_{S}是**常数**，则式（5.5.60）变为

$$\int_{kT-T/2}^{kT+T/2}y(t)\mathrm{d}t = \sum\nolimits_{n=-\infty}^{\infty}a_n\int_{(k-n)T-T/2}^{(k-n)T+T/2}h(t')\mathrm{d}t' = a_k h_{\mathrm{S}} \tag{5.5.62}$$

上式的物理意义是在时间$(kT-T/2,\ kT+T/2)$区域范围内，接收信号$y(t)$的波形面积只与该区域应出现的符号的取值a_k有关，而与其他不应在该区域出现的符号无关。因此式（5.5.61）称为**波形面积无失真的奈奎斯特第三准则**。

对于一个满足奈奎斯特第三准则的传输系统，如果输入符号波形是一个**矩形波**，则输出**无码间串扰**。下面我们证明这一结论。若符号周期为T，则矩形波信号可以表示为

$$s_{\mathrm{P}}(t)=u\left(t+\frac{T}{2}\right)-u\left(t-\frac{T}{2}\right) \tag{5.5.63}$$

式中$u(t)$是单位阶跃函数，因为$u(t)=\int_{-\infty}^{t}\delta(\tau)\mathrm{d}\tau$，其中$\delta(\tau)$是冲激函数。因此

$$s_{\mathrm{P}}(t)=\int_{-\infty}^{t+T/2}\delta(\tau)\mathrm{d}\tau-\int_{-\infty}^{t-T/2}\delta(\tau)\mathrm{d}\tau=\int_{t-T/2}^{t+T/2}\delta(\tau)\mathrm{d}\tau \tag{5.5.64}$$

矩形波$s_{\mathrm{P}}(t)$经过冲激响应为$h(t)$的传输系统后，输出为

$$s_h(t)=s_{\mathrm{P}}(t)*h(t)=\int_{t-T/2}^{t+T/2}\delta(\tau)\mathrm{d}\tau*h(t)=\int_{t-T/2}^{t+T/2}h(\tau)\,\mathrm{d}\tau \tag{5.5.65}$$

若$h(t)$符合奈奎斯特第三准则，由式（5.5.61）可得

$$s_h(kT)=\int_{kT-T/2}^{kT+T/2}h(\tau)\mathrm{d}\tau=\begin{cases}h_{\mathrm{S}}, & k=0\\ 0, & k\neq 0\text{ 的其他整数}\end{cases} \tag{5.5.66}$$

式中h_{S}是一个**常数**。对比式（5.5.14），可知该系统满足**无码间串扰**的条件。因为在许多基带传输系统中，符号的波形都是**非归零的矩形脉冲**。奈奎斯特第三准则告诉了我们另外一种实现无码间串扰（满足奈奎斯特第一准则）系统的设计规则。

5.6　部分响应基带传输系统

具有最窄频带的无码间串扰基带传输系统，其频带利用率最高，可达到每秒每赫兹带宽 2 波特的传输效率，但物理上难以实现，同时时域码元脉冲波形的拖尾衰减较慢；而滚降系统，虽然改善了物理实现的条件，时域码元脉冲波形的拖尾衰减加快，但需要付出降低频带利用率的代价。那么，是否存在其他的系统特性，既能够消除码间串扰，又能够达到最窄频带的无码间串扰传输系统的频带利用率。本节将要讨论的部分响应基带传输系统，就是这样的一种解决方案。

5.6.1　部分响应系统的信号波形特性

第 I 类部分响应信号及系统　首先考虑如图 5.6.1(a)所示的相隔一个码元周期T的两个奈奎斯特脉冲合成的波形，若记**奈奎斯特脉冲**信号为

$$\mathrm{sinc}\left(\frac{t}{T}\right)=\frac{\sin\frac{\pi t}{T}}{\frac{\pi t}{T}} \tag{5.6.1}$$

其中函数$\mathrm{sinc}(x)=\sin(\pi x)/\pi x$。则合成波形可表示为

$$h(t)=\mathrm{sinc}\left(\frac{t}{T}\right)+\mathrm{sinc}\left(\frac{t-T}{T}\right)=\frac{\sin\frac{\pi t}{T}}{\frac{\pi t}{T}}+\frac{\sin\frac{\pi(t-T)}{T}}{\frac{\pi(t-T)}{T}}=\frac{T^2\sin\frac{\pi t}{T}}{\pi t(T-t)} \tag{5.6.2}$$

上述两个奈奎斯特脉冲信号之和称之为**第 I 类部分响应信号**。以该信号作为系统冲激响应的系统相应地称为**第 I 类部分响应传输系统**。由上式可见$h(t)$的幅度近似与t^2成反比，图中的合成波形也反映了其拖尾衰减较之奈奎斯特脉冲来得更快，这有利于减小由于抽样定时不准确引入的码间串扰的影响。因为单个的奈奎斯特脉冲信号的傅里叶变换对为

$$\operatorname{sinc}\left(\frac{t}{T}\right)=\frac{\sin\frac{\pi}{T}t}{\frac{\pi}{T}t} \Leftrightarrow F(\omega)=\begin{cases}T, & |\omega|\leqslant\frac{\pi}{T}\\ 0, & |\omega|>\frac{\pi}{T}\end{cases} \tag{5.6.3}$$

由此可得式（5.6.2）中 2 个奈奎斯特脉冲信号合成波形 $h(t)$ 的傅里叶变换对为

$$\begin{aligned}h(t) \Leftrightarrow H(\omega)&=\begin{cases}\left(T\mathrm{e}^{\mathrm{j}\frac{\omega T}{2}}+T\mathrm{e}^{-\mathrm{j}\frac{\omega T}{2}}\right)\mathrm{e}^{-\mathrm{j}\frac{\omega T}{2}}, & |\omega|\leqslant\frac{\pi}{T}\\ 0, & |\omega|>\frac{\pi}{T}\end{cases}\\ &=\begin{cases}2T\cos\left(\frac{\omega T}{2}\right)\mathrm{e}^{-\mathrm{j}\frac{\omega T}{2}}, & |\omega|\leqslant\frac{\pi}{T}\\ 0, & |\omega|>\frac{\pi}{T}\end{cases}\end{aligned} \tag{5.6.4}$$

由上式可见，$H(\omega)$ 的频带宽度仍被限定在 $-\pi/T\leqslant\omega\leqslant\pi/T$ 范围内，频谱的波形如图 5.6.1(b)所示，其频谱有平缓的过渡特性。因此，如果选用冲激响应为 $h(t)$ 的系统作为基带传输系统，则可达到具有最窄频带的无码间串扰基带传输系统的频带利用率。

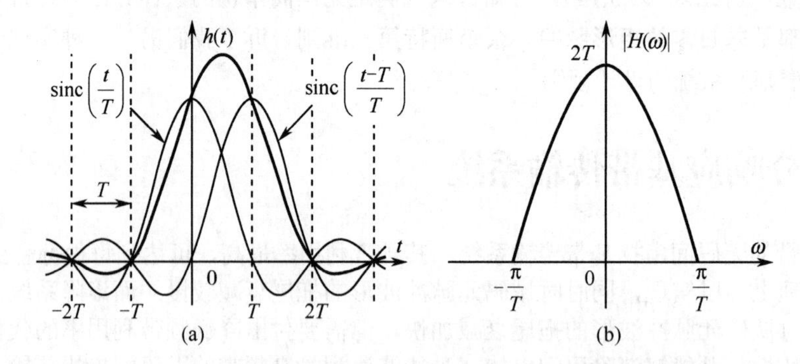

图 5.6.1　第 I 类部分响应信号时域波形与频域特性图

第 I 类部分响应传输系统采用式（5.6.2）定义的 $h(t)$ 作为码元的发送波形信号，相应的基带信号可以表示为

$$\begin{aligned}s(t)&=\sum_{n=-\infty}^{\infty}a_n h(t-nT)=\sum_{n=-\infty}^{\infty}a_n\left(\operatorname{sinc}\left(\frac{t-nT}{T}\right)+\operatorname{sinc}\left(\frac{t-(n+1)T}{T}\right)\right)\\ &=\sum_{n=-\infty}^{\infty}(a_n+a_{n-1})\operatorname{sinc}\left(\frac{t-nT}{T}\right)=\sum_{n=-\infty}^{\infty}c_n\operatorname{sinc}\left(\frac{t-nT}{T}\right)\end{aligned} \tag{5.6.5}$$

由此可见，在第 I 类部分响应传输系统传输信号中，要发送码元信号 a_n 时，利用前一码元 a_{n-1}，由下式计算：

$$c_n=a_n+a_{n-1} \tag{5.6.6}$$

然后由 c_n 对奈奎斯特脉冲信号 $\operatorname{sinc}(t/T)$ 加权，产生一个输出信号。

第 I 类部分响应传输系统的带宽与具有最窄频带的无码间串扰传输系统的带宽相同，且呈现余弦变化的频谱特性，由 5.5.2 节的分析可知，该系统一定存在码间串扰。图 5.6.2 给出了采用第 I 类部分响应传输系统传输二进制符号序列时的波形图。在图中所对应的各抽样时刻，如在 $t=nT$ 时刻，所得的样值除了所期待得到的当前符号脉冲在该时刻的取值 a_n 外，还叠加了 $t=(n-1)T$ 时刻信号幅度的取值 a_{n-1}。对于图示的特定序列信号，在 $t=nT$ 时刻实际得到的信号为 $c_n=a_n+a_{n-1}$，串扰信号的成分 a_{n-1} 与

所期待得到的信号 a_n 的幅度一样大，可见影响严重。但如果在收到 c_n 之前，已经正确地接收了上一个码元 a_{n-1}，那么由

$$a_n = c_n - a_{n-1} \tag{5.6.7}$$

依然能够正确地得到所期待接收的码元 a_n。

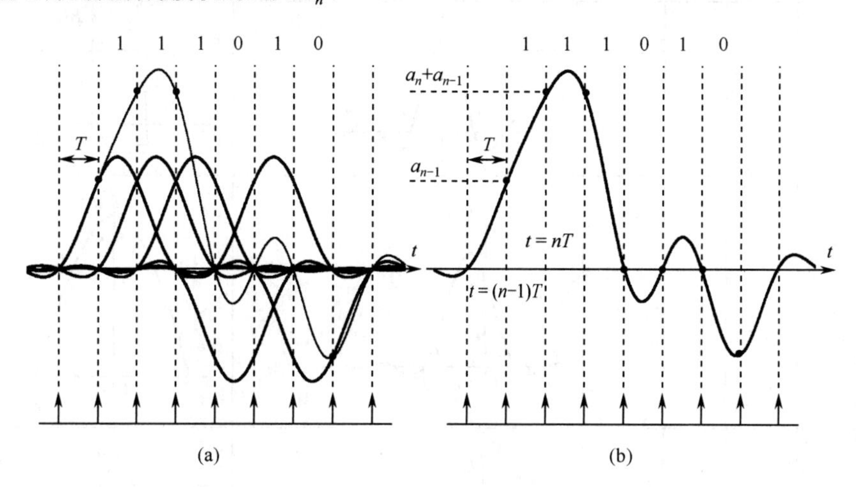

图 5.6.2　第 I 类部分响应系统传输基带信号时的示意图

【例 5.6.1】　已知待发送的二进制信息序列为 10110100110001，假定信息位为 0 时对应符号取值为"−1"；信息位为 1 时对应符号取值为"+1"，试分析采用第 I 类部分响应系统发送和接收时，信号的处理过程。

解：发送时，设 $a_{-1} = +1$，由 $c_n = a_n + a_{n-1}$，可计算出发送的符号序列 c_n。

接收时，同样可根据发送的约定，取 $a'_{-1} = +1$，由接收到的 c'_n，可通过 $a'_n = c'_n - a'_{n-1}$ 恢复出发送的序列，具体过程如图 5.6.3 所示。

时间n	−1	0	1	2	3	4	5	6	7	8	9	10	11	12
信码	1	0	1	1	0	1	0	0	1	1	0	0	0	1
a_n	+1	−1	+1	+1	−1	+1	−1	−1	+1	+1	−1	−1	−1	+1
a_{n-1}		+1	−1	+1	+1	−1	+1	−1	−1	+1	+1	−1	−1	−1
c_n		0	0	+2	0	0	0	−2	0	+2	0	−2	−2	0
接收c'_n		0	0	+2	0	0	0	−2	0	+2	0	−2	−2	0
a'_n		−1	+1	+1	−1	+1	−1	−1	+1	+1	−1	−1	−1	+1

图 5.6.3　第 I 类部分响应信号的编解码过程

显然，如果接收过程收到的 c'_n 没有出错，则由 a'_n 可恢复发送的信息序列 10110100110001。□

部分响应信号及系统的一般形式　式（5.6.2）给出的是由相距一个码元周期 T 的 2 个奈奎斯特脉冲合成的一个部分响应信号。一般地，部分响应信号的波形可表示为

$$h(t) = r_0 \mathrm{sinc}\left(\frac{t}{T}\right) + r_1 \mathrm{sinc}\left(\frac{t-T}{T}\right) + \cdots + r_{N-1}\mathrm{sinc}\left(\frac{t-(N-1)T}{T}\right) = \sum_{i=0}^{N-1} r_i \mathrm{sinc}\left(\frac{t-i\cdot T}{T}\right) \tag{5.6.8}$$

其中系数 $r_0, r_1, \cdots, r_{N-1}$ 的取值为正、负整数或零。$h(t)$ 是由 N 个分别相隔一个码元周期 T 的奈奎斯特脉冲**线性叠加**而成，相应地，其傅里叶变换为

$$h(t) = \sum_{i=0}^{N-1} r_i \mathrm{sinc}\left(\frac{t-i\cdot T}{T}\right) \Leftrightarrow H(\omega) = \begin{cases} T\sum_{i=0}^{N-1} r_i \mathrm{e}^{-\mathrm{j}\omega iT}, & |\omega| \leqslant \dfrac{\pi}{T} \\ 0, & |\omega| > \dfrac{\pi}{T} \end{cases} \tag{5.6.9}$$

由此可见，其频带利用率与具有最窄频带的无码间串扰基带传输系统相同。系数 $r_0, r_1, \cdots, r_{N-1}$ 的不同取

值，对应不同类别的部分响应系统。表 5.6.1 给出了一组不同类别的部分响应系统的信号波形及相应的频谱特性。

表 5.6.1 部分响应信号

类别	r_0	r_1	r_2	r_3	r_4	$h(t)$	$\|H(\omega)\|$
0	1						$H(\omega)$
Ⅰ	1	1					$\|H(\omega)\|=2T\cos\left(\frac{\omega T}{2}\right)$
Ⅱ	1	2	1				$\|H(\omega)\|=4T\cos^2\left(\frac{\omega T}{2}\right)$
Ⅲ	2	1	-1				$\|H(\omega)\|=2T\cos\frac{\omega T}{2}\sqrt{5-4\cos\omega T}$
Ⅳ	1	0	-1				$\|H(\omega)\|=2T\sin(\omega T)$
Ⅴ	-1	0	2	0	-1		$\|H(\omega)\|=2T\sin^2(\omega T)$

部分响应系统的输出的基带信号序列一般可以表示为

$$
\begin{aligned}
s(t) &= \sum_{n=-\infty}^{+\infty} a_n h(t-nT) \\
&= \sum_{n=-\infty}^{+\infty} a_n \left(r_0 \mathrm{sinc}\left(\frac{t-nT}{T}\right) + r_1 \mathrm{sinc}\left(\frac{t-(n+1)T}{T}\right) + \cdots + r_{N-1} \mathrm{sinc}\left(\frac{t-(n+(N-1))T}{T}\right) \right) \\
&= \sum_{n=-\infty}^{+\infty} \left(a_n r_0 + a_{n-1} r_1 + \cdots + a_{n-(N-1)} r_{N-1}\right) \mathrm{sinc}\left(\frac{t-nT}{T}\right)
\end{aligned} \tag{5.6.10}
$$

根据式（5.6.10）所得的结果，在 $t = nT$ 时刻，抽样得到的值为

$$
c_n = a_n r_0 + a_{n-1} r_1 + \cdots + a_{n-(N-1)} r_{N-1} = \sum_{i=0}^{N-1} a_{n-i} r_i \tag{5.6.11}
$$

其中，除期待获得的符号值 a_n 外，还包含了 $N-1$ 个之前发送的码元 $a_{n-1}, a_{n-2}, \cdots, a_{n-(N-1)}$ 的成分，a_n 只是接收信号中的某一**部分**。a_n 之外的信号成分构成了严重的“串扰”。类似在式（5.6.7）中给出的情形，如果在 $t = nT$ 之前已经正确接收了码元 $a_{n-1}, a_{n-2}, \cdots, a_{n-(N-1)}$，则由式（5.6.11）可得

$$
a_n = \frac{1}{r_0}\left(c_n - \left(a_{n-1} r_1 + \cdots + a_{n-(N-1)} r_{N-1}\right)\right) = \frac{1}{r_0}\left(c_n - \sum_{i=1}^{N-1} a_{n-i} r_i\right) \tag{5.6.12}
$$

由此可见，部分响应系统虽然会引入严重的“串扰”，但这些串扰是**确定的**和**可消除的**。

5.6.2　预编码和相关编码

部分响应信号可以通过多个奈奎斯特脉冲的线性组合构成，其频带利用率可以达到具有最窄带宽的无码间串扰的系统的水平，虽然部分响应系统会引入码间串扰，但这些码间串扰是可消除的。另外，通过表 5.6.1 中的不同类别的部分响应系统可见，通过选择不同的系数 $r_0, r_1, \cdots, r_{N-1}$，可以获得多种不同的频谱特性。但这种简单通过若干奈奎斯特脉冲组合成的部分响应信号，可能会有所谓的误码扩散问题。

误码扩散问题　由式（5.6.11）和式（5.6.12）可见，按照式（5.6.10）发送的部分响应信号，接收符号 $c_n(a_n)$ 与前面发送的码元间通常会有很强的相关性，因此如果不在发送前进行某种预编码，1 位的误码有可能出现严重的连锁反应。下面以例 5.6.1 中讨论过的第 I 类部分响应传输系统在传输过程中出现错误的情形来加以说明。

【例 5.6.2】　已知待发送的二进制信息序列为 10110100110001，假定信息位为“0”时的对应符号取值为“−1”，信息位为“1”时的对应符号取值为“+1”，若在接收的 $t = 6T$ 时刻出现误码 $-2 \to 0$，试分析接收过程。

解：与例 5.6.1 抽样的方法相同。发送时，设 $a_{-1} = +1$，由 $c_n = a_n + a_{n-1}$ 可计算出发送的符号序列 c_n；接收时，同样可根据发送的约定，取 $a'_{-1} = +1$，由接收到的 c'_n，可通过 $a'_n = c'_n - a'_{n-1}$ 恢复发送的序列，具体过程如图 5.6.4 所示。

时间序号 n	−1	0	1	2	3	4	5	6	7	8	9	10	11	12
信码	1	0	1	1	0	1	0	0	1	1	0	0	0	1
a_n	+1	−1	+1	+1	−1	+1	−1	−1	+1	+1	−1	−1	−1	+1
a_{n-1}		+1	−1	+1	+1	−1	+1	−1	−1	+1	+1	−1	−1	−1
c_n		0	0	+2	0	0	0	−2	0	+2	0	−2	−2	0
接收 c'_n		0	0	+2	0	0	0	[0]	0	+2	0	−2	−2	0
a'_n		−1	+1	+1	−1	+1	−1	[+1]	[−1]	[+3]	[−3]	[+1]	[−3]	[+3]

图 5.6.4　第 I 类部分响应信号的误码扩散示例

由此可见，接收过程中某一位出现误码，尽管之后接收的码元没有错误，也可能导致以后发生连续的错误。这样的系统显然是不能在实际中应用的。□

接收过程出现某一位误码导致之后出现连续误码的现象称为**误码扩散**。会产生误码扩散的系统显

然是不能实际应用的。本小节讨论如何通过预编码和相关编码技术，克服部分响应系统的这一缺点。

部分响应系统的预编码 在部分响应系统中引入预编码的目的，是希望通过预编码，解除当前发送码元与之前发送码元间的相关性，使得在收到该码元进行译码时，可只根据收到的该码元本身直接进行译码，不需要依赖之前码元的译码结果，这样就可以从根本上消除误码扩散的影响。

部分响应系统的技术并不限于应用于二进制的基带传输系统，也可以应用于 M 进制的传输系统。一般地，记待预编码的原码元序列为 $\{b_n\}$，预编码后输出的码元序列为 $\{d_n\}$。若选定的部分响应系统的系数组为 $r_0, r_1, \cdots, r_{N-1}$，则预编码通过下式进行：

$$b_n = r_0 d_n + r_1 d_{n-1} + r_2 d_{n-2} + \cdots + r_{N-1} d_{n-(N-1)}\Big|_{\text{mod } M} = \sum_{i=0}^{N-1} r_i d_{n-i}\Big|_{\text{mod } M} \tag{5.6.13}$$

式中，M 为原符号序列 $\{b_n\}$ 的进制数，$\sum_{i=0}^{N-1} r_i d_{n-i}\Big|_{\text{mod } M}$ 表示 $\sum_{i=0}^{N-1} r_i d_{n-i}$ 对 M 取模。由上式可见，给定一输入符号 b_n，由已知的 $d_{n-1}, d_{n-2}, \cdots, d_1, d_0$，就可得到相应的编码输出 d_n，

$$d_n = \frac{1}{r_0}\Big(b_n - \big(r_1 d_{n-1} + r_2 d_{n-2} + \cdots + r_{N-1} d_{n-(N-1)}\big)\Big)\Big|_{\text{mod } M} = \frac{1}{r_0}\Big(b_n - \sum_{i=1}^{N-1} r_i d_{n-i}\Big)\Big|_{\text{mod } M} \tag{5.6.14}$$

编码的初始值 $d_{-1}, d_{-2}, \cdots, d_{-(N-2)}, d_{-(N-1)}$ 可取为 0。一般地，对于输入是一个 M 进制的码元序列，编码输出会出现 $2M-1$ 种不同的电平。例如，当 $M=4$ 时，输入的符号集为 $b_n \in \{0,1,2,3\}$，则编码输出的符号集为 $d_n \in \{-3,-2,-1,0,1,2,3\}$。

参见表 5.6.1，通常部分响应信号的系数 r_0 取值为 +1 或 −1，因此式（5.6.14）的除运算不会产生 $\text{mod}\, M$ 无法定义的小数。对于第 III 类部分响应系统，$r_0 = 2$，此时要使式（5.6.14）的取模运算有意义，对输入电平的选择应有所限定。

部分响应系统的相关编码 通过预编码得到输出序列 $\{d_n\}$ 后，由 $\{d_n\}$ 生成发送的部分响应信号的奈奎斯特脉冲**幅度加权值**的过程称为**相关编码**，相关编码的输出 c_n 通过下式计算：

$$c_n = d_n r_0 + d_{n-1} r_1 + \cdots + d_{n-(N-1)} r_{N-1} \quad \text{算术和} \tag{5.6.15}$$

注意上式的结果是**普通的算术和**，而不是模 M 运算。由此可得部分响应系统的基带信号序列为

$$s(t) = \sum_{n=-\infty}^{+\infty} c_n \text{sinc}\left(\frac{t-nT}{T}\right) = \sum_{n=-\infty}^{+\infty} \big(d_n r_0 + d_{n-1} r_1 + \cdots + d_{n-(N-1)} r_{N-1}\big) \text{sinc}\left(\frac{t-nT}{T}\right) \tag{5.6.16}$$

经过预编码和相关编码的输出基带序列，也可视为由预编码序列 $\{d_n\}$ 对脉冲信号

$$h(t) = r_0 \text{sinc}\left(\frac{t}{T}\right) + r_1 \text{sinc}\left(\frac{t-T}{T}\right) + \cdots + r_{N-1} \text{sinc}\left(\frac{t-(N-1)T}{T}\right) = \sum_{i=0}^{N-1} r_i \text{sinc}\left(\frac{t-i\cdot T}{T}\right)$$

加权得到，即

$$\begin{aligned} s(t) &= \sum_{n=-\infty}^{+\infty} d_n h(t-nT) \\ &= \sum_{n=-\infty}^{+\infty} d_n \left(r_0 \text{sinc}\left(\frac{t-nT}{T}\right) + r_1 \text{sinc}\left(\frac{t-(n+1)T}{T}\right) + \cdots + r_{N-1} \text{sinc}\left(\frac{t-\big(n+(N-1)\big)T}{T}\right) \right) \\ &= \sum_{n=-\infty}^{+\infty} \big(d_n r_0 + d_{n-1} r_1 + \cdots + d_{n-(N-1)} r_{N-1}\big) \text{sinc}\left(\frac{t-nT}{T}\right) = \sum_{n=-\infty}^{+\infty} c_n \text{sinc}\left(\frac{t-nT}{T}\right) \end{aligned} \tag{5.6.17}$$

部分响应系统的译码 下面进一步分析。由式（5.6.16）可知，接收端 $t = nT$ 时刻在对接收信号 $s(t)$ 进行抽样时，获得的样值为 $c_n = r_0 d_n + r_1 d_{n-1} + r_2 d_{n-2} + \cdots + r_{N-1} d_{n-(N-1)}$，根据式（5.6.13），直接对 c_n 取模 M 运算，可得

$$b_n = c_n\big|_{\text{mod } M} = r_0 d_n + r_1 d_{n-1} + r_2 d_{n-2} + \cdots + r_{N-1} d_{n-(N-1)}\Big|_{\text{mod } M} \tag{5.6.18}$$

即可恢复原来发送序列$\{b_n\}$。在上述的译码过程中，在任意的$t=nT$时刻，直接对当前收到的码元取模M运算得到译码输出，并不依赖于$t=nT$之前收到的码元的译码结果。因此采用经过预编码和相关编码的部分响应系统，可以消除误码扩散的影响。

【例 5.6.3】 已知部分响应系统采用第 IV 类的部分响应波形传输四进制符号序列$\{b_n\}$，$b_n \in \{0,1,2,3\}$。已知待发送的四进制信息序列为 013210323。（1）试分析其预编码和相关编码方法。（2）若$t=3T$时和$t=7T$时出现误码，给出相应的结果以说明不会产生误码扩散。

解：（1）由表 5.6.1，第 IV 类的部分响应信号的系数为$r_0=1,\ r_1=0,\ r_2=-1$，因此预编码公式为

$$b_n = r_0 d_n + r_1 d_{n-1} + r_2 d_{n-2}\big|_{\bmod 4} = d_n - d_{n-2}\big|_{\bmod 4}$$

可得预编码输出为$d_n = b_n + d_{n-2}\big|_{\bmod 4}$。取初始值$d_{-1}=0,\ d_0=0$，若输入的四进制信息序列为 013210323，得相应的编码输出为图 5.6.5 中d_n列的取值，为便于分析，图 5.6.5 还给出了取模运算前的计算值d_n'。相应的相关编码输出值为

$$c_n = r_0 d_n + r_1 d_{n-1} + r_2 d_{n-2} = d_n - d_{n-2}\quad \text{算术和}$$

相应于输入时的取值如图 5.6.5 所示。在接收端，如果接收没有错误，对c_n'直接取 mod 4 即可恢复原来的四进制符号序列$\{b_n'\}=\{b_n\}$。

在求 mod 4 的运算中，因为$(4)\bmod 4=(0)\bmod 4$，因此有

$$(7)\bmod 4=(3+4)\bmod 4=(3+0)\bmod 4=(3)\bmod 4$$

$$(-3)\bmod 4=(-3+0)\bmod 4=(-3+4)\bmod 4=(1)\bmod 4$$

其他的结果可类推。

（2）若$t=3T$时和$t=7T$时出现误码，译码时在相应的位置会出现译码错误，其状况如图所示，显然 1 位误码只会造成当前的 1 个译码错误，不会出现误码扩散。□

时间序号n	−2	−1	0	1	2	3	4	5	6	7	9
输入：b_n	0	0	0	1	3	2	1	0	3	2	3
算术和：d_n	0	0	0	1	3	3	4	3	7	5	10
mod 4：d_n	0	0	0	1	3	3	0	3	3	1	2
发送值：c_n			0	1	3	2	−3	0	3	−2	−1
接收值（无误码）：c_n'			0	1	3	2	−3	0	3	−2	−1
译码值：$\hat{b}_n$			0	1	3	2	1	0	3	2	3
接收值（有误码）：c_n'			0	1	3	[1]	−3	0	3	[3]	−1
译码值：$\hat{b}_n'$			0	1	3	[1]	1	0	3	[3]	3

图 5.6.5　第 IV 类部分响应信号的编解码过程

部分响应系统预编码器与相关编码器的结构　由式（5.6.14）和式（5.6.15），可得一般的部分响应系统预编码器与相关编码器的结构如图 5.6.6(a)和(b)所示。显然预编码器和相关编码器可进一步整合成图 5.6.3(c)所示的结构。由图可见，部分响应系统的实现仍然需要理想的低通滤波器才能实现，而理想的低通滤波器本身又是物理不可实现的，从严格意义上来说，部分响应系统物理上仍难以实现。但由表 5.6.1 可见，部分响应信号的频谱都具有平滑的滚降特性，因此对低通的陡峭频谱特性的要求不高，在实际系统中可以用较为普通的低通滤波器来近似地代替理想的低通滤波器。

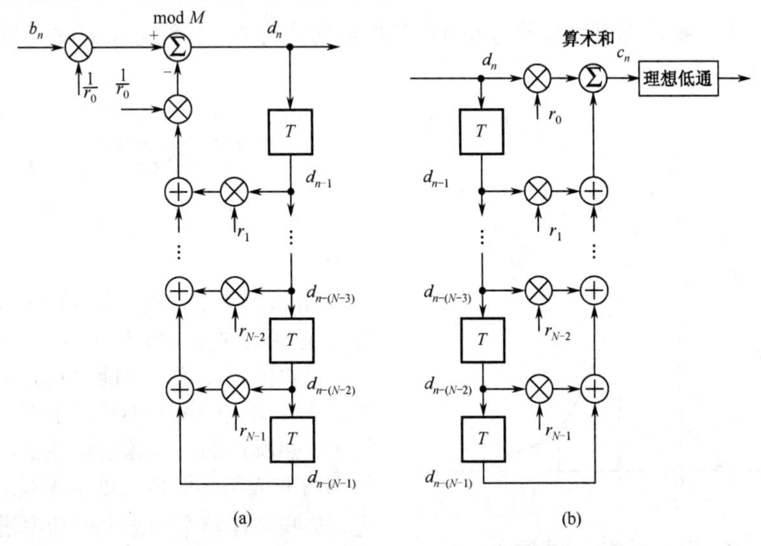

图 5.6.6　预编码器与相关编码器的结构

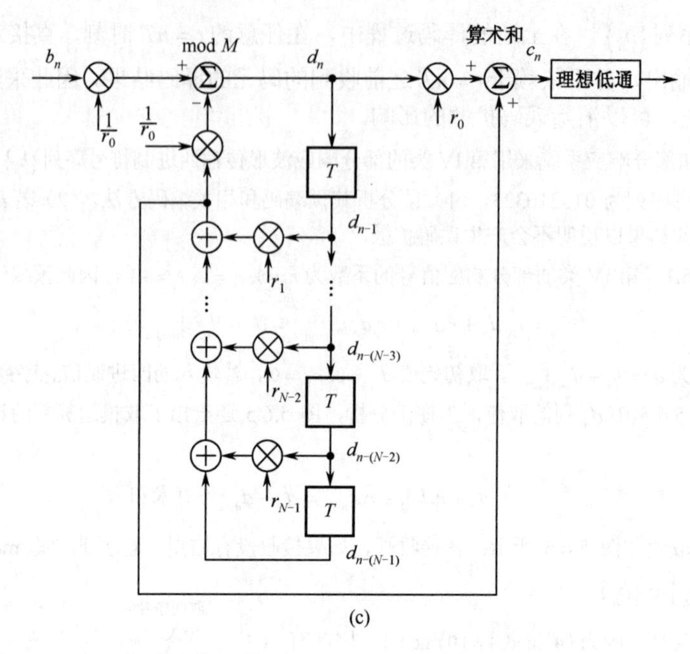

图 5.6.6　预编码器与相关编码器的结构（续）

5.7　基带信号的检测与最佳接收

5.7.1　加性高斯白噪声干扰下的信号检测

加性高斯白噪声干扰信道　通信信号的接收问题，本质上是信号的检测问题。检测器的目标，是以尽可能少的差错概率从接收的波形中恢复原发送的信息流。信号在传输过程中很可能会出现误码，引起错误的主要原因有两个。第一个原因是由发送端、信道和接收端构成的传输系统非理想特性的影响，例如码间串扰造成的影响。另一个原因是电子噪声以及其他各种噪声源的干扰，如宇宙大气噪声、强电磁脉冲、互调噪声等因素的干扰。采用适当的预防措施和噪声的过滤处理，可以有效地减少甚至消除接收器中噪声和干扰的影响，但有些噪声是无法消除的，例如导体中电子热运动产生的**热噪声**，该噪声是一种加性噪声，存在于放大器和电路中，是一种固有的噪声。

通信系统中的许多噪声都可以抽象为幅度取值服从均值为 0、方差为 σ^2 的高斯随机变量，其概率密度函数可表示为

$$p(n)=\frac{1}{\sqrt{2\pi}\sigma}\exp\left(-\frac{n^2}{2\sigma^2}\right) \tag{5.7.1}$$

高斯分布随机变量的概率密度函数如图 5.7.1 所示。

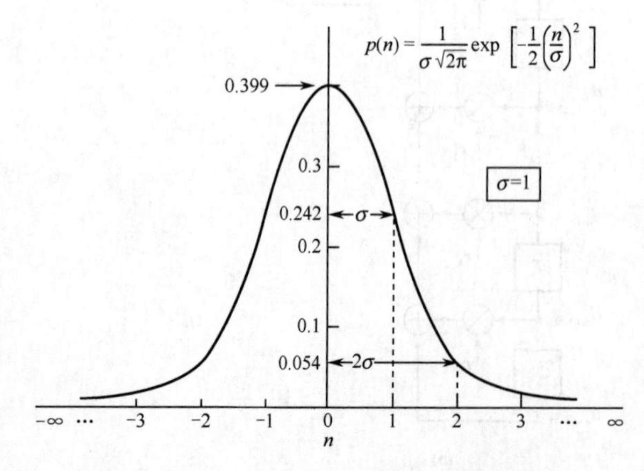

图 5.7.1　高斯分布概率密度函数

由该图可知，均值为零的高斯分布信号的幅度取值主要集中在 $-3\sigma \sim +3\sigma$ 区域。虽然从理论上讲，噪声的幅度值有可能达到无穷大，但随着幅度的增大，出现的概率不断减小而趋于零。在通信系统中，热噪声的主要频谱特性是，在所讨论的频率范围内双边功率谱密度近似为 $G_n(f)=N_0/2$。换言之，热噪声在整个频谱上的功率谱密度均相同，呈现第 2 章中讨论过的**白噪声**（White Noise）的特性。

因为热噪声存在于所有的通信系统中，并且在许多系统中都是主要噪声源之一，这类噪声通常以叠加在信号中的方式对信号造成影响。假定信道中除了这种加性的白高斯噪声外没有其他劣化信道的因素，就将这种信道称为**加性白高斯噪声干扰信道**，简称**高斯信道**，通常记为 AWGN（Additive White Guassian Noise）**信道**。

研究 AWGN 的特性具有特别重要的意义。一方面，一般用于估算信道容量的香农定理是基于高斯加性干扰信道导出的；另一方面，对于更一般的伴有噪声干扰和非线性失真影响的信道，在经过有效的信道均衡等处理后，很大程度上可视为 AWGN 信道。

信号通过 AWGN 信道后的表达形式　对于码元周期为 T 的二进制基带传输系统，在一个符号间隔 T 内，发送端可能发送的信号波形有两种。因此二进制基带传输系统发送端在一个码元间隔 $(0,T)$ 内发送的信号可以表示为

$$s(t)=\begin{cases} s_1(t),\ 0\leqslant t\leqslant T & 发“0” \\ s_2(t),\ 0\leqslant t\leqslant T & 发“1” \end{cases} \tag{5.7.2}$$

即 $s_i(t),\ i=1,2$ 是一个持续时间为 T 的脉冲信号。若信道的冲激响应为 $h(t)$，加性干扰噪声为 $n_{\mathrm{r}}(t)$。则接收信号可以表示为

$$r(t)=s(t)*h(t)+n_{\mathrm{r}}(t) \tag{5.7.3}$$

对于只有时延和幅度衰减而没有信号畸变的信道，设信道的衰减系数为 K_{c}，固定的时延为 τ，则信道的冲激响应可表示为

$$h(t)=K_{\mathrm{c}}\delta(t-\tau) \tag{5.7.4}$$

相应地，接收信号可进一步表示为

$$r(t)=s(t)*K_{\mathrm{c}}\delta(t-\tau)+n_{\mathrm{r}}(t)=K_{\mathrm{c}}s(t-\tau)+n_{\mathrm{r}}(t) \tag{5.7.5}$$

通常对于接收端来说，信号幅度的大小并不重要，重要的是信号功率与噪声功率的比值，因此收到式（5.7.5）表示的信号与收到

$$r(t)=s(t-\tau)+\frac{1}{K_{\mathrm{c}}}n_{\mathrm{r}}(t) \tag{5.7.6}$$

表示的信号，接收的效果是一样的。若记 $n(t)=n_{\mathrm{r}}(t)/K_{\mathrm{c}}$，同时考虑到固定的时延对信号的接收的效果一般不会有影响，因此通常将**加性高斯白噪声干扰信道**下接收的信号简单地表示为

$$r(t)=s(t)+n(t) \tag{5.7.7}$$

信号在传输过程中的幅度衰减已经折算到增大的加性噪声中。另外一种理解方式是将 $s(t)$ 直接理解为到达接收端后的信号，相对于发送端发出的信号，$s(t)$ 引入了经信道传输导致的衰减。

信号检测　发送的基带信号在到达接收端后，在信号检测前，通常会经过若干滤波器的处理，这些滤波器可能包括**低通滤波器、匹配滤波器**和**均衡器**等。然后到达**判决器**，经抽样后由判决器完成信号的检测判决功能。对于二元的基带传输系统，抽样得到的样值可表示为

$$z(T)=\begin{cases} a_1(T)+n_0(T), & 发送符号 s_1(t) \\ a_2(T)+n_0(T), & 发送符号 s_2(t) \end{cases} \tag{5.7.8}$$

式中，$a_i(T),\ i=1,2$ 是样值中有用信号的成分，这是两个仅与信号相关的**常数**；$n_0(T)$ 是样值中的噪声。假定在抽样前进行的信号处理采用的都是线性滤波器，则原来的加性高斯白噪声 $n(t)$ 经处理后抽样得到的 $n_0(T)$ 仍然是**高斯随机变量**。$n_0(T)$ 幅度取值的概率密度函数为

$$p(n_0)=\frac{1}{\sqrt{2\pi}\sigma_0}\exp\left(-\frac{n_0^2}{2\sigma_0^2}\right) \tag{5.7.9}$$

相对于式（5.7.1）所示的原来的高斯白噪声 $n(t)$，$n_0(T)$ 的均值依然为零，但其方差 σ_0^2 通常会发生变化。式（5.7.8）也可简单地记为

$$z=\begin{cases}a_1+n_0, & \text{发送符号}s_1(t)\\ a_2+n_0, & \text{发送符号}s_2(t)\end{cases} \tag{5.7.10}$$

当发送端发送 $s_1(t)$ 时，判决抽样时得到 $z=a_1+n_0$，z 是常数 a_1 与高斯随机变量 n_0 之和。若已知 n_0 的分布特性如式（5.7.9）所示，可得在发送 $s_1(t)$ 的条件下，z 幅度取值的概率密度函数为

$$p(z\,|\,s_1)=\frac{1}{\sqrt{2\pi}\sigma_0}\exp\left(-\frac{(z-a_1)^2}{2\sigma_0^2}\right) \tag{5.7.11}$$

同理，在发送 $s_2(t)$ 的条件下，z 幅度取值的概率密度函数为

$$p(z\,|\,s_2)=\frac{1}{\sqrt{2\pi}\sigma_0}\exp\left(-\frac{(z-a_2)^2}{2\sigma_0^2}\right) \tag{5.7.12}$$

通常又将 $p(z\,|\,s_1)$ 和 $p(z\,|\,s_2)$ 分别称为 $s_1(t)$ 和 $s_2(t)$ 的**似然函数**。图 5.7.2 描绘了 $p(z\,|\,s_1)$ 和 $p(z\,|\,s_2)$ 的分布特性。

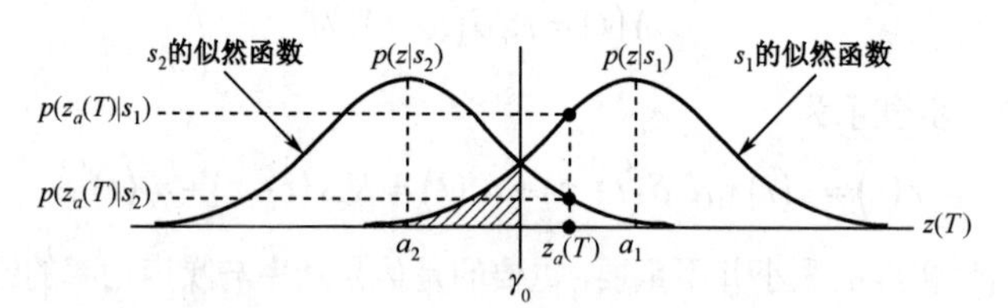

图 5.7.2　$p(z\,|\,s_1)$ 和 $p(z\,|\,s_2)$ 的特性曲线

对于二元的基带传输系统，所谓信号的检测就是判断当前接收的码元是 $s_1(t)$ 还是 $s_2(t)$。因为高斯噪声的幅度取值主要分布在 0 附近，直观地，由图 5.7.2 可见，若抽样判决时得到的样值 $z(T)$ 靠近 a_1，发送端发送 $s_1(t)$ 的可能性较大；反之样值 $z(T)$ 靠近 a_2，则发送 $s_2(t)$ 的可能性较大。如图 5.7.2 所示，若取**判决门限**为

$$a_2<\gamma_0<a_1 \tag{5.7.13}$$

判决规则规定为

$$z(T)\begin{cases}>\gamma_0, & \text{判发送}s_1(t)\\ \leqslant\gamma_0, & \text{判发送}s_2(t)\end{cases} \tag{5.7.14}$$

则由图 5.7.2 可见，若发送端发送 $s_1(t)$，错判的概率为

$$P(e\,|\,s_1)=\int_{-\infty}^{\gamma_0}p(z\,|\,s_1)\mathrm{d}z=\int_{-\infty}^{\gamma_0}\frac{1}{\sqrt{2\pi}\sigma_0}\exp\left(-\frac{(z-a_1)^2}{2\sigma_0^2}\right)\mathrm{d}z \tag{5.7.15}$$

若发送端发送 $s_2(t)$，错判的概率为

$$P(e\,|\,s_2)=\int_{\gamma_0}^{\infty}p(z\,|\,s_2)\mathrm{d}z=\int_{\gamma_0}^{\infty}\frac{1}{\sqrt{2\pi}\sigma_0}\exp\left(-\frac{(z-a_2)^2}{2\sigma_0^2}\right)\mathrm{d}z \tag{5.7.16}$$

总的错误判决的概率与发送 $s_1(t)$ 与 $s_2(t)$ 的先验概率有关。若记发送 $s_1(t)$ 与 $s_2(t)$ 的先验概率分别为 $P(s_1)$ 与 $P(s_2)$，则总的**错误判决的概率**，即**误码率**为

$$\begin{aligned} P_{\mathrm{E}} &= P(s_1)P(e|s_1)+P(s_2)P(e|s_2) \\ &= P(s_1)\int_{-\infty}^{\gamma_0} p(z|s_1)\mathrm{d}z + P(s_2)\int_{\gamma_0}^{\infty} p(z|s_2)\mathrm{d}z \end{aligned} \tag{5.7.17}$$

最大似然判决准则 所谓最大似然判决，就是误码率最小意义上的判决。由式（5.7.17），要使得误码率最小，关键在于选择最佳的判决门限值 γ_0。由 P_{E} 取最小值的**必要条件**，令

$$\frac{\partial P_{\mathrm{E}}}{\partial \gamma_0} = \frac{\partial}{\partial \gamma_0}\left(P(s_1)\int_{-\infty}^{\gamma_0} p(z|s_1)\,\mathrm{d}z + P(s_2)\int_{\gamma_0}^{\infty} p(z|s_2)\,\mathrm{d}z\right) = 0 \tag{5.7.18}$$

得到判决门限值 γ_0 应满足的条件

$$P(s_1)p(\gamma_0|s_1) - P(s_2)p(\gamma_0|s_2) = 0 \tag{5.7.19}$$

整理得在临界判决点应满足的条件

$$\frac{p(\gamma_0|s_1)}{p(\gamma_0|s_2)} = \frac{P(s_2)}{P(s_1)} \tag{5.7.20}$$

由此可得**最大似然判决准则**如下。

若

$$\frac{p(z|s_1)}{p(z|s_2)} \geqslant \frac{P(s_2)}{P(s_1)} \quad z(T)\text{位于}\gamma_0\text{右侧，判为}a_1\left(\text{发送信号为}s_1(t)\right) \tag{5.7.21}$$

若

$$\frac{p(z|s_1)}{p(z|s_2)} < \frac{P(s_2)}{P(s_1)} \quad z(T)\text{位于}\gamma_0\text{左侧，判为}a_2\left(\text{发送信号为}s_2(t)\right) \tag{5.7.22}$$

相应的判决称为**最大似然判决**。由上两式可见，若已知 $s_1(t)$ 与 $s_2(t)$ 的似然函数和先验概率，实际上无须显式地解出判决门限值 γ_0，也可直接根据判决准则进行判决。

特别地，如果 $s_1(t)$ 和 $s_2(t)$ **先验等概**，即当有 $P(s_1)=P(s_2)=1/2$ 时，式（5.7.21）和式（5.7.22）对应的判决规则简化为

$$p(z|s_1) \geqslant p(z|s_2) \quad \text{判}z(T)\text{为}a_1\left(\text{发送信号为}s_1(t)\right) \tag{5.7.23}$$

$$p(z|s_1) < p(z|s_2) \quad \text{判}z(T)\text{为}a_2\left(\text{发送信号为}s_2(t)\right) \tag{5.7.24}$$

由式（5.7.17），可得先验等概情况下的误码率为

$$P_{\mathrm{E}} = \frac{1}{2}\int_{-\infty}^{\gamma_0} p(z|s_1)\mathrm{d}z + \frac{1}{2}\int_{\gamma_0}^{\infty} p(z|s_2)\mathrm{d}z = \frac{1}{2}\left(\int_{-\infty}^{\gamma_0} p(z|s_1)\mathrm{d}z + \int_{\gamma_0}^{\infty} p(z|s_2)\mathrm{d}z\right) \tag{5.7.25}$$

最佳判决门限 γ_0 将 $s_1(t)$ 和 $s_2(t)$ 的**似然函数**代入式（5.7.19），可得

$$P(s_1)\frac{1}{\sqrt{2\pi}\sigma_0}\exp\left(-\frac{(\gamma_0-a_1)^2}{2\sigma_0^2}\right) - P(s_2)\frac{1}{\sqrt{2\pi}\sigma_0}\exp\left(-\frac{(\gamma_0-a_2)^2}{2\sigma_0^2}\right) = 0 \tag{5.7.26}$$

由此整理可得

$$\ln\frac{P(s_1)}{P(s_2)} = -\frac{(\gamma_0-a_2)^2}{2\sigma_0^2} + \frac{(\gamma_0-a_1)^2}{2\sigma_0^2} \tag{5.7.27}$$

解得最佳判决门限为

$$\gamma_0=\frac{1}{2(a_2-a_1)}\left(2\sigma_0^2\ln\frac{P(s_1)}{P(s_2)}+a_2^2-a_1^2\right) \tag{5.7.28}$$

特别地，若 $s_1(t)$ 和 $s_2(t)$ **先验等概**，以 $P(s_1)=P(s_2)$ 代入上式，可得

$$\gamma_0\big|_{P(s_1)=P(s_2)}=\frac{a_1+a_2}{2} \tag{5.7.29}$$

先验等概情况的最佳判决门限 γ_0 和误码率 P_{E} 有较直观的**几何解释**。因为 $p(z\,|\,s_1)>0$ 和 $p(z\,|\,s_2)>0$，由图 5.7.2 不难看出，$\int_{-\infty}^{\gamma_0}p(z\,|\,s_1)\,\mathrm{d}z$ 表示曲线 $p(z\,|\,s_1)$ 与横坐标在区域 $-\infty<z\leqslant\gamma_0$ 内包围的面积；$\int_{\gamma_0}^{\infty}p(z\,|\,s_2)\mathrm{d}z$ 表示曲线 $p(z\,|\,s_2)$ 与横坐标在区域 $\gamma_0\leqslant z<\infty$ 内包围的面积。当判决门限值 γ_0 选择在曲线 $p(z\,|\,s_1)$ 与曲线 $p(z\,|\,s_2)$ 的交点对应的横坐标值 z'，即取

$$z'\big|_{p(z'|s_1)=p(z'|s_2)}=\gamma_0 \tag{5.7.30}$$

时，两面积之和 $\int_{-\infty}^{\gamma_0}p(z\,|\,s_1)\,\mathrm{d}z+\int_{\gamma_0}^{\infty}p(z\,|\,s_2)\,\mathrm{d}z$ 的值达到最小。因此，由

$$\frac{1}{\sqrt{2\pi}\sigma_0}\exp\left(-\frac{(z'-a_1)^2}{2\sigma_0^2}\right)=\frac{1}{\sqrt{2\pi}\sigma_0}\exp\left(-\frac{(z'-a_2)^2}{2\sigma_0^2}\right) \tag{5.7.31}$$

也可求得与式（5.7.29）完全相同的结果：

$$\gamma_0=z'=\frac{a_1+a_2}{2} \tag{5.7.32}$$

显然，若 $s_2(t)=-s_1(t)$，则有 $a_2=-a_1$，此时 $\gamma_0=0$，即判决门限位于零电平处。

误码率计算　式（5.7.17）给出了误码概率的一般计算方法。通常为避免信源统计特性对传输的影响，在编码时会考虑选择“0”、“1”等概的码型，或在数据的传输前采取一些**伪随机化**的措施。使得发送的二元序列具有等概特性。在**等概**条件下，由式（5.7.25）和式（5.7.29），可得

$$P_{\mathrm{E}}=\frac{1}{2}\left(\int_{-\infty}^{\gamma_0}p(z\,|\,s_1)\,\mathrm{d}z+\int_{\gamma_0}^{\infty}p(z\,|\,s_2)\,\mathrm{d}z\right)=\frac{1}{2}\left(\int_{-\infty}^{\gamma_0=\frac{a_1+a_2}{2}}p(z\,|\,s_1)\mathrm{d}z+\int_{\gamma_0=\frac{a_1+a_2}{2}}^{\infty}p(z\,|\,s_2)\mathrm{d}z\right) \tag{5.7.33}$$

另外，由式（5.7.11）和式（5.7.12）可知，概率密度函数 $p(z\,|\,s_1)$ 与 $p(z\,|\,s_2)$ 对应的高斯随机变量特性，具有相同的方差 σ_0^2，两者除了其均值分别等于 a_1 与 a_2 不同外，其曲线的形状完全一样。由此可得

$$\int_{-\infty}^{\gamma_0=\frac{a_1+a_2}{2}}p(z\,|\,s_1)\mathrm{d}z=\int_{\gamma_0=\frac{a_1+a_2}{2}}^{\infty}p(z\,|\,s_2)\mathrm{d}z \tag{5.7.34}$$

参见图 5.7.2，对于具有高斯分布特性的似然函数，γ_0 左侧曲线 $p(z\,|\,s_1)$ 的积分面积与 γ_0 右侧曲线 $p(z\,|\,s_2)$ 的积分面积一样大。因此，式（5.7.33）可简化为

$$\begin{aligned}P_{\mathrm{E}}&=\frac{1}{2}\left(\int_{-\infty}^{\gamma_0=\frac{a_1+a_2}{2}}p(z\,|\,s_1)\,\mathrm{d}z+\int_{\gamma_0=\frac{a_1+a_2}{2}}^{\infty}p(z\,|\,s_2)\,\mathrm{d}z\right)=\int_{\gamma_0=\frac{a_1+a_2}{2}}^{\infty}p(z\,|\,s_2)\,\mathrm{d}z\\&=\int_{\gamma_0=\frac{a_1+a_2}{2}}^{\infty}\frac{1}{\sqrt{2\pi}\sigma_0}\exp\left(-\frac{(z-a_2)^2}{2\sigma_0^2}\right)\mathrm{d}z=\int_{u=\frac{a_1-a_2}{2\sigma_0}}^{u=\infty}\frac{1}{\sqrt{2\pi}}\exp\left(-\frac{u^2}{2}\right)\mathrm{d}u\\&=Q\left(\frac{a_1-a_2}{2\sigma_0}\right)\end{aligned} \tag{5.7.35}$$

式中 $Q(x)$ 是在第 2 章 2.15 节给出的 Q **函数**，其定义为

$$Q(x)=\frac{1}{\sqrt{2\pi}}\int_x^{\infty}\exp\left(-\frac{u^2}{2}\right)\mathrm{d}u \tag{5.7.36}$$

因为 $Q(x)$ 是**单调降函数**，因此式（5.7.35）得到的结果的物理意义非常明了，a_1 与 a_2 的差值越大，越容易分辨，相应地对减小 P_{E} 越有利；同时可见，噪声功率的 σ_0^2 值越小，误码概率 P_{E} 相应地也越小。给定 x，$Q(x)$ 的取值通常只能通过查 $Q(x)$ 函数表获得，但当 $x\geqslant 3$ 时，$Q(x)$ 的值可通过下式近似地计算得到：

$$Q(x)\approx\frac{1}{x\sqrt{2\pi}}\exp\left(-\frac{x^2}{2}\right),\quad x\geqslant 3 \tag{5.7.37}$$

5.7.2　基带信号的最佳接收

在第 2 章中曾经讨论过实信号 $s(t)$ 的**匹配滤波器**为 $h_{\mathrm{m}}(t)=Ks(T-t)$，其中 T 是码元周期，信号通过匹配滤波器，若在 $t=T$ 时刻对其进行抽样，其样值具有最大的信噪比。本节讨论如何用匹配滤波器构建最佳的基带信号接收机。

由式（5.7.35）可见，基带信号接收误码性能的好坏归结为如何使得比值 $(a_1-a_2)/2\sigma_0$ 达到最大，这里假定 $a_1>a_2$。因为基带信号 $s_1(t)$ 与 $s_2(t)$ 将通过相同的滤波器 $h(t)$，且应有

$$a_1=s_1(t)*h(t)\big|_{t=T}=\int_0^T h(\tau)s_1(t-\tau)\,\mathrm{d}\tau \tag{5.7.38}$$

$$a_2=s_2(t)*h(t)\big|_{t=T}=\int_0^T h(\tau)s_2(t-\tau)\,\mathrm{d}\tau \tag{5.7.39}$$

其中积分的下限取 0 是考虑到 $h(t)$ 必须是物理可实现的滤波器。假定高斯白噪声的双边带功率密度谱为 $N_0/2$，滤波器的傅里叶变换记为 $H(f)$，则应有

$$\sigma_0^2=\int_{-\infty}^{\infty}\left|H(f)\right|^2\frac{N_0}{2}\mathrm{d}f=\frac{N_0}{2}\int_{-\infty}^{\infty}\left|H(f)\right|^2\mathrm{d}f=\frac{N_0}{2}\int_{-\infty}^{\infty}h^2(t)\,\mathrm{d}t=\frac{N_0}{2}\int_0^T h^2(t)\,\mathrm{d}t \tag{5.7.40}$$

上式中的倒数第二个等号成立利用了**帕塞瓦尔定理**，最后一个等号成立是考虑了 $h(t)$ 必须是物理可实现的滤波器，且冲激响应的持续时间不大于 T。由式（5.7.38）、式（5.7.39）和式（5.7.40）可知，使 $(a_1-a_2)/2\sigma_0$ 达到最大等价于使下式的取值达到最大：

$$d^2=\frac{|a_1-a_2|^2}{(2\sigma_0)^2}=\frac{\left|\int_0^T[h(\tau)s_1(T-\tau)-h(\tau)s_2(T-\tau)]\mathrm{d}\tau\right|^2}{2N_0\int_0^T h^2(t)\mathrm{d}t}=\frac{\left|\int_0^T h(\tau)[s_1(T-\tau)-s_2(T-\tau)]\mathrm{d}\tau\right|^2}{2N_0\int_0^T h^2(t)\mathrm{d}t} \tag{5.7.41}$$

参数 $d=|a_1-a_2|/2\sigma_0$ 可视为两信号 $s_1(t)$ 与 $s_2(t)$ 间的 **"距离"**，显然 d 越大，两信号在判决时越容易分辨，判决时出错的可能性越小。

因为 $s_1(t)$ 与 $s_2(t)$ 均为实函数，参照第 2 章中讨论匹配滤波器时的分析方法可知，当在式（5.7.41）中取

$$h(t)=s_1(T-t)-s_2(T-t) \tag{5.7.42}$$

时，d^2 达到最大。因而有

$$d_{\max}^2=\frac{|a_1-a_2|^2}{(2\sigma_0)^2}=\frac{\left|\int_0^T h(\tau)[s_1(T-\tau)-s_2(T-\tau)]\mathrm{d}\tau\right|^2}{2N_0\int_0^T h^2(t)\,\mathrm{d}t}=\frac{\left|\int_0^T h^2(\tau)\mathrm{d}\tau\right|^2}{2N_0\int_0^T h^2(t)\,\mathrm{d}t} \tag{5.7.43}$$

且根据**许瓦兹不等式**，可得

$$d_{\max}^2 = \frac{\left|\int_0^T h^2(\tau)\mathrm{d}\tau\right|^2}{2N_0\int_0^T h^2(t)\mathrm{d}t} \leqslant \frac{\int_0^T h^2(\tau)\mathrm{d}\tau\int_0^T h^2(\tau)\mathrm{d}\tau}{2N_0\int_0^T h^2(t)\mathrm{d}t} = \frac{\int_0^T h^2(\tau)\mathrm{d}\tau}{2N_0} = \frac{\int_0^T\left(s_1(T-\tau)-s_2(T-\tau)\right)^2\mathrm{d}\tau}{2N_0} \quad (5.7.44)$$

最佳接收机的结构　式（5.7.42）给出的是基于**匹配滤波器**实现的最佳接收滤波器的冲激响应函数。由此可以得到**最佳接收机**的实现方案。如图 5.7.3(a)所示，最佳接收机实际上是由与信号 $s_1(t)$ 和 $s_2(t)$ 匹配的两个滤波器组成的，其中 $h_1(t)=s_1(T-t)$ 是 $s_1(t)$ 的匹配滤波器；$h_2(t)=s_2(T-t)$ 是 $s_2(t)$ 的匹配滤波器。利用匹配滤波器与**相关器**之间的关系，可得到如图 5.7.3(b)和(c)所示的基于相关器实现的最佳接收机方案。上述三种结构完全等效。无论哪一种方案，判决都可以按照如下的规则进行：

$$z'\begin{cases}\geqslant 0, & \text{判发送信号}s_1(t)\\ <0, & \text{判发送信号}s_2(t)\end{cases} \quad (5.7.45)$$

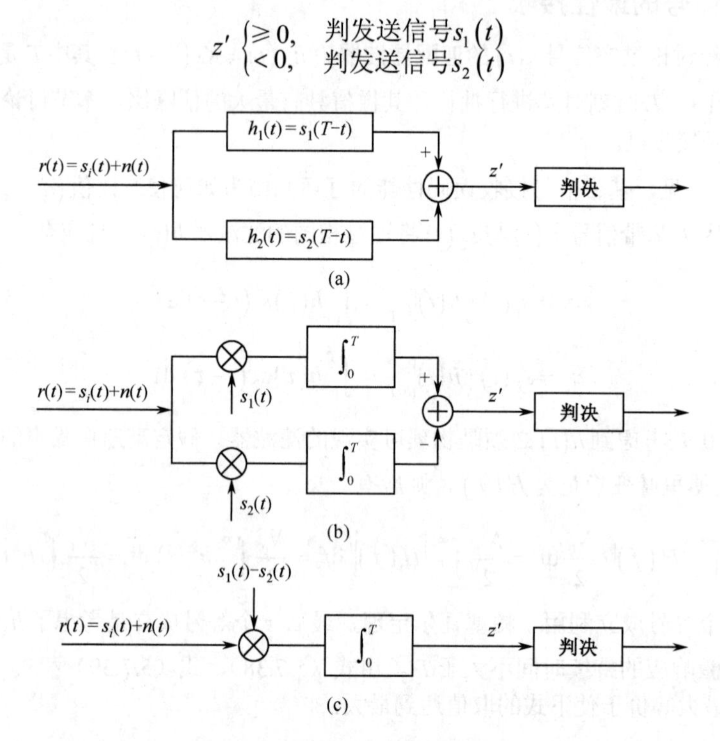

图 5.7.3　最佳接收滤波器实现方案

$s_1(t)$ 与 $s_2(t)$ 间相关性对接收机性能的影响　本小节讨论 $s_1(t)$ 与 $s_2(t)$ 两者间有不同的相关特性时，对接收机性能的影响。将式（5.7.44）展开可得

$$\begin{aligned}d_{\max}^2 &= \frac{1}{2N_0}\int_0^T\left(s_1(T-\tau)-s_2(T-\tau)\right)^2\mathrm{d}\tau\\ &= \frac{1}{2N_0}\left(\int_0^T s_1^2(T-\tau)\mathrm{d}\tau - 2\int_0^T s_1(T-\tau)s_2(T-\tau)\mathrm{d}\tau + \int_0^T s_2^2(T-\tau)\mathrm{d}\tau\right)\end{aligned} \quad (5.7.46)$$

因为

$$\int_0^T s_1^2(T-\tau)\mathrm{d}\tau \overset{t=T-\tau}{=} -\int_T^0 s_1^2(t)\mathrm{d}t = \int_0^T s_1^2(t)\mathrm{d}t = E_{S_1} \quad (5.7.47)$$

式中 E_{S_1} 是信号 $s_1(t)$ 的**能量**。同理可得

$$\int_0^T s_2^2(T-\tau)\mathrm{d}\tau = \int_0^T s_2^2(t)\mathrm{d}t = E_{S_2} \tag{5.7.48}$$

$$\int_0^T s_1(T-\tau)s_2(T-\tau)\mathrm{d}\tau = \int_0^T s_1(t)s_2(t)\mathrm{d}t \tag{5.7.49}$$

式中 E_{S_2} 是信号 $s_2(t)$ 的**能量**。若定义 $s_1(t)$ 与 $s_2(t)$ 间的**相关系数**

$$\rho = \frac{1}{\sqrt{E_{S_1}E_{S_2}}}\int_0^T s_1(t)s_2(t)\mathrm{d}t \tag{5.7.50}$$

则式（5.7.46）可以表示为

$$d_{\max}^2 = \frac{E_{S_1}+E_{S_2}-2\rho\sqrt{E_{S_1}E_{S_2}}}{2N_0} \tag{5.7.51}$$

若定义传输每比特信息所需能量的统计平均值为**比特能量** E_{b}，则有

$$E_{\mathrm{b}} = P(s_1)E_{S_1} + P(s_2)E_{S_2} \tag{5.7.52}$$

若 $s_1(t)$ 与 $s_2(t)$ 先验等概，即 $P(s_1)=P(s_2)=1/2$，则

$$E_{\mathrm{b}} = \frac{1}{2}E_{S_1} + \frac{1}{2}E_{S_2} = \frac{1}{2}\left(E_{S_1}+E_{S_2}\right) \tag{5.7.53}$$

若信号 $s_1(t)$ 与 $s_2(t)$ 的能量相同，即 $E_{S_1}=E_{S_2}$，进一步可得

$$E_{\mathrm{b}} = E_{S_1} = E_{S_2} \tag{5.7.54}$$

由式（5.7.35），最佳接收机的**误码率**为

$$P_{\mathrm{E}} = \min Q(d) = Q(d_{\max}) = Q\left(\sqrt{\frac{E_{S_2}+E_{S_1}-2\rho\sqrt{E_{S_2}E_{S_1}}}{2N_0}}\right) = Q\left[\sqrt{\frac{E_{\mathrm{b}}}{N_0}(1-\rho)}\right] \tag{5.7.55}$$

（1）若 $s_1(t)$ 与 $s_2(t)$ 是两**正交信号**，则

$$\int_0^T s_1(t)s_2(t)\mathrm{d}t = 0 \tag{5.7.56}$$

相应地有 $\rho=0$，由此可得

$$P_{\mathrm{E}} = Q\left(\sqrt{\frac{E_{\mathrm{b}}}{N_0}(1-\rho)}\right)\Bigg|_{\rho=0} = Q\left(\sqrt{\frac{E_{\mathrm{b}}}{N_0}}\right) \tag{5.7.57}$$

（2）若 $s_1(t)$ 与 $s_2(t)$ 是**对极信号**，即 $s_2(t)=-s_1(t)$，则

$$E_{S_2} = \int_0^T s_2^2(t)\mathrm{d}t = \int_0^T\left(-s_1(t)\right)^2\mathrm{d}t = \int_0^T s_1^2(t)\mathrm{d}t = E_{S_1} \tag{5.7.58}$$

由此得

$$\begin{aligned}\rho &= \frac{1}{\sqrt{E_{S_1}E_{S_2}}}\int_0^T s_1(t)s_2(t)\mathrm{d}t = \frac{1}{E_{S_1}}\int_0^T s_1(t)s_2(t)\mathrm{d}t \\ &= \frac{1}{E_{S_1}}\int_0^T s_1(t)\left(-s_1(t)\right)\mathrm{d}t = -\frac{1}{E_{S_1}}\int_0^T s_1^2(t)\mathrm{d}t = -1\end{aligned} \tag{5.7.59}$$

进而有

$$P_{\mathrm{E}}=Q\left(\sqrt{\frac{E_{\mathrm{b}}}{N_0}(1-\rho)}\right)\Bigg|_{\rho=-1}=Q\left(\sqrt{\frac{2E_{\mathrm{b}}}{N_0}}\right) \tag{5.7.60}$$

可见，对于同样的**比特能量** E_{b}，当 $s_1(t)$ 与 $s_2(t)$ 是两**对极信号**时，接收机有最好的抗误码性能。

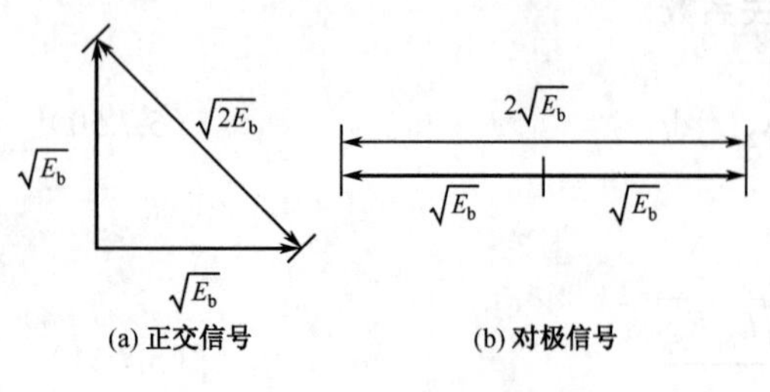

图 5.7.4　正交信号与对极信号

正交信号与对极信号的特点可由图 5.7.4 形象地描述，同样的信号能量，显然对极信号间比正交信号间有更大的距离，因而一般有更好的性能。

单极性信号与双极性信号的能量效率比较　双极性信号不含直流分量，可应用于交流耦合的场合。通过本小节的讨论还可发现，在同样的误码率的情况下，还有更高的能量效率。

（1）对于**单极性信号**，不妨假定

$$\begin{aligned}&s_1(t)=g(t),\ 0\leqslant t\leqslant T\\&s_2(t)=0,\quad\ \ 0\leqslant t\leqslant T\end{aligned} \tag{5.7.61}$$

在码元的判决时刻，有

$$z(T)=\begin{cases}a_1+n_0, & \text{发送符号}s_1(t)\\ a_2+n_0, & \text{发送符号}s_2(t)\end{cases}=\begin{cases}a_1+n_0, & \text{发送符号}s_1(t)\\ n_0, & \text{发送符号}s_2(t)\end{cases} \tag{5.7.62}$$

此时的**最佳判决门限**

$$\gamma_0=\frac{a_1+a_2}{2}=\frac{a_1}{2} \tag{5.7.63}$$

相关系数

$$\int_0^T s_1(t)s_2(t)\mathrm{d}t=\int_0^T s_1(t)\cdot 0\mathrm{d}t=0\ \ \rightarrow\ \ \rho=0 \tag{5.7.64}$$

这是信号 $s_1(t)$ 与 $s_2(t)$ 正交的一个**特例**。此时有

$$P_{\mathrm{E}}=Q\left(\sqrt{\frac{E_{\mathrm{b}}}{N_0}(1-\rho)}\right)\Bigg|_{\rho=0}=Q\left(\sqrt{\frac{E_{\mathrm{b}}}{N_0}}\right) \tag{5.7.65}$$

（2）对于**双极性信号**

$$\begin{aligned}&s_1(t)=+g(t),\ 0\leqslant t\leqslant T\\&s_2(t)=-g(t),\ 0\leqslant t\leqslant T\end{aligned} \tag{5.7.66}$$

实际上双极性信号就是对极信号，在判决时刻

$$z(T)=\begin{cases}+a+n_0, & \text{发送符号}s_1(t)\\ -a+n_0, & \text{发送符号}s_2(t)\end{cases} \tag{5.7.67}$$

相关系数

$$\rho=\frac{1}{\sqrt{E_{S_1}E_{S_2}}}\int_0^T s_1(t)s_2(t)\mathrm{d}t=\frac{1}{E_b}\int_0^T g(t)(-g(t))\mathrm{d}t=-1 \tag{5.7.68}$$

误码率

$$P_{\mathrm{E}}=Q\left(\sqrt{\frac{E_{\mathrm{b}}}{N_0}(1-\rho)}\right)\Bigg|_{\rho=-1}=Q\left(\sqrt{\frac{2E_{\mathrm{b}}}{N_0}}\right) \tag{5.7.69}$$

比较式（5.7.65）和式（5.7.69）可见，对于同样的比特能量 E_b，双极性码较之单极性码有更好的误码性能；换句话说，对于同样的误码率，双极性码所需的比特能量 E_b 仅为单极性码的1/2。双极性码优于单极性码的这一特性也可用图 5.7.5 形象地说明。图 5.7.5(a)所示的单极性码与图 5.7.5(b)所示的双极性码有相同的相对幅度差，因此有相同的噪声容限。因而对同样的高斯噪声干扰，两者有相同的误码率。但在先验等概的情况下，单极性码的比特能量 E_b 为

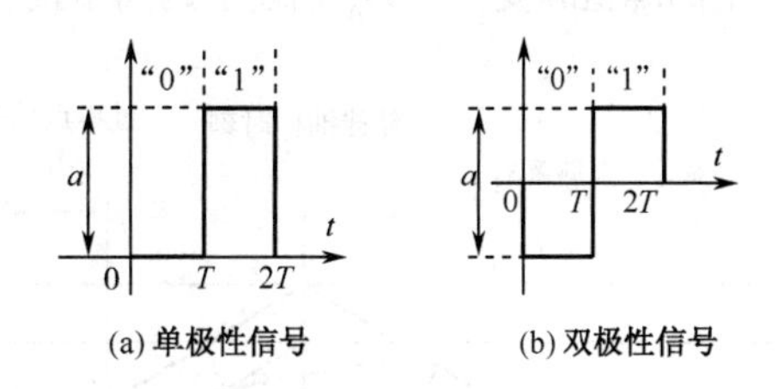

图 5.7.5　同样噪声容限的单极性码和双极性码

$$E_b' = \frac{1}{2}a^2T + \frac{1}{2}\cdot 0 = \frac{1}{2}a^2T \tag{5.7.70}$$

而双极性码的比特能量 E_b 为

$$E_b'' = \frac{1}{2}(a/2)^2T + \frac{1}{2}(a/2)^2T = \frac{1}{4}a^2T \tag{5.7.71}$$

显然

$$\frac{E_b''}{E_b'} = \left(\frac{1}{4}a^2T\right)\bigg/\left(\frac{1}{2}a^2T\right) = \frac{1}{2} \tag{5.7.72}$$

即在同样的误码率下，双极性码所需的比特能量仅为单极性码所需比特能量的一半。

5.7.3　基带传输系统特性的眼图观测方法

示波器是最为常用的电子信号测量仪器之一，利用示波器观察基带信号的波形，可对基带传输系统的性能进行定性的判断。图 5.7.6(a)是一串码元序列对应的基带信号，假定通过码元时钟信号对定时触发，使示波器的扫描周期与码元周期理想同步。则观察到的基带信号将如图 5.7.6(b)所示，其中图(a)中①、②、③、④、⑤、⑥、⑦和⑧所示的各个不同时间的码元，在示波器上叠加后于图(b)上形成通过示波器余辉混叠的信号。如果信号没有失真，在示波器上将看到清晰的、重复性很好的波形；如果信号有畸变，如图 5.7.6(c)所示，扫描轨迹的重复性变差，则随着在示波器上混叠码元波形的增加，每个码元的波形将不能分辨，形成若干稳定但边缘相对模糊的曲线。在示波器上看到的这些波形，类似于张开程度不同的人眼，所以称之为**“眼图”**。

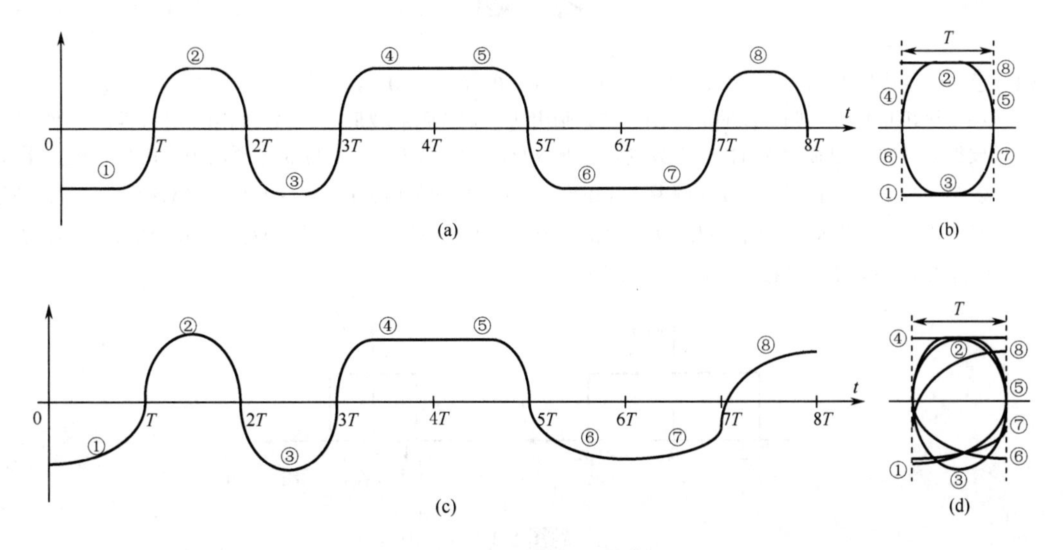

图 5.7.6　眼图的形成原理

眼图可以抽象成图 5.7.7 所示的图形。由图可以获得有关基带传输系统的许多基本的特性和参数。图中的**峰值畸变**参数 D_A 描述了码间串扰和噪声的影响，通常码间串扰噪声的影响越严重，相应的 D_A 越大，曲线的边缘越模糊；**噪声容限**参数 M_N 反映了现有的系统对抗新的噪声干扰的能力；**过零点畸变**参数 J_T 描述了信号过零点可能取值的模糊范围，J_T 取值一般正比于码间串扰和噪声干扰的大小，该值会直接影响定时误差的容限；**定时误差容限** S_T 表示不会发生判决错误的最大容限，如果定时误差偏离图中最佳判决时刻的值大于 S_T，就会造成判决错误；**斜率** S_S 描述了眼图的张开情况，一定程度上也反映了基带系统的频率响应特性，如果基带信号的高频信号成分衰减严重，斜率将变小。

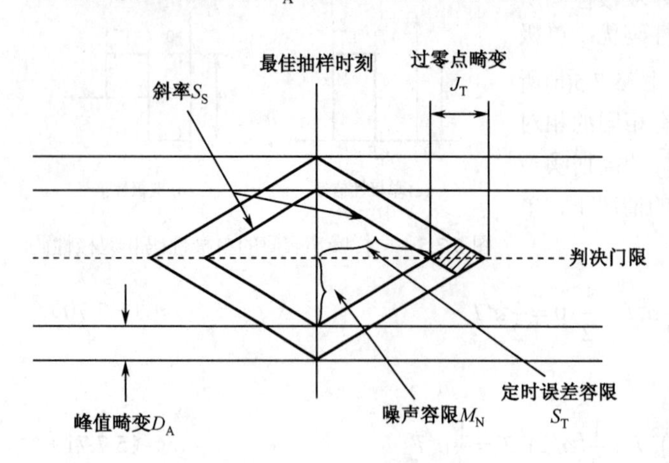

图 5.7.7　眼图的抽象表示

由观测到的眼图可以基本了解整个基带传输系统的传输性能。一般地，眼图的张开程度越大，波形曲线越细、越清晰，系统的性能越好；反之，系统受噪声的干扰和/或码间串扰等影响严重。眼图观测法是一种直观、便捷和有效的手段。

5.8　本章小结

本章讨论的数字基带传输系统是数字通信原理最基本的内容之一。在本章中分析了数字基带传输系统的基本模型，以及组成该模型的各模块的功能；讨论了数字基带信号的波形设计原则、波形编码方法，分析了各种典型的基带信号码型；介绍了数字基带信号的功率密度谱的计算方法；深入分析了基带信号传输时码间串扰问题及波形传输无失真的条件；介绍了部分响应传输系统与相关编码；讨论了基带传输系统信道均衡的基本原理；研究了基带信号的检测与最佳接收问题，并给出了基本的方法；最后介绍了基于眼图观测基带传输系统性能的方法。

习　题

5.1　已知信息代码 1　1　1　0　0　1　0　1　0　0　0　0　1　0　1。

（1）画出单极性不归零码的波形图；（2）画出传号差分码的波形图；（3）画出交替极性码的波形图。

5.2　设独立随机二进制序列的 0，1 分别由波形 $s_1(t)$ 及 $s_2(t)$ 表示，1 与 0 等概出现，比特间隔为 T_b，如题图 5.2 所示。（1）若 $s_1(t)$ 如题图 5.2(a)所示，在比特间隔内 $s_2(t)=-s_1(t)$，写出该基带信号的双边功率谱密度计算公式，并画出双边功率谱密度图（标上频率值）。（2）若 $s_1(t)$ 如题图 5.2(b)所示，在比特间隔内 $s_2(t)=0$，请按题（1）要求做题。

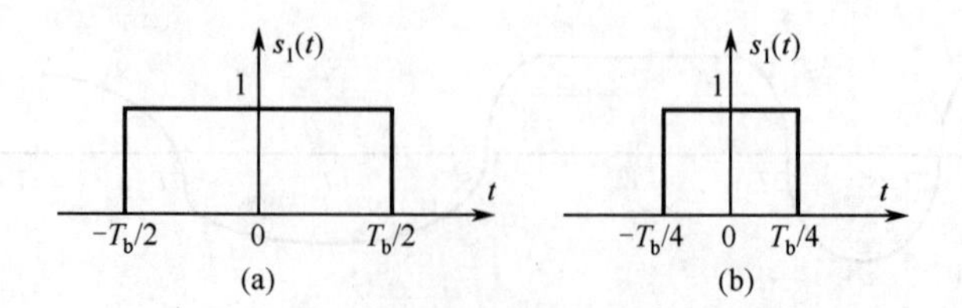

题图 5.2

5.3　假设信息比特 1、0 以独立等概方式出现，试推导曼彻斯特码的功率谱密度计算公式。

5.4 请推导出双极性不归零码的功率谱密度计算公式。

5.5 设某二进制数字基带信号的基本脉冲为三角形脉冲，如题图 5.5 所示。图中 T_s 为码元间隔，数字信息“1”和“0”分别用信号 $g(t)$ 的有无表示，且“1”和“0”出现的概率相等。求该数字基带信号的功率谱密度。

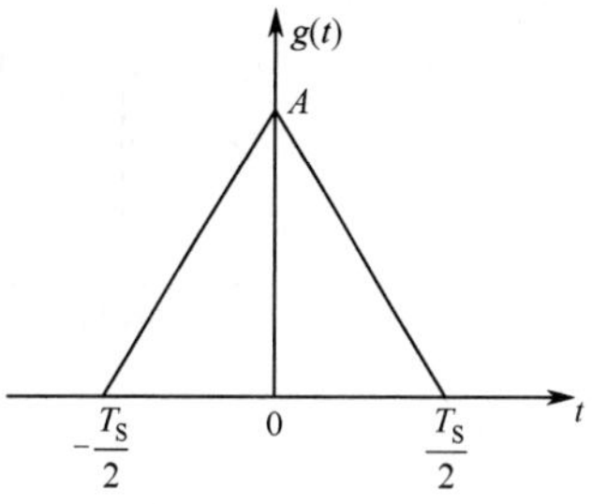

题图 5.5

5.6 请完成下列编码。

已知信息代码 1 0 0 0 0 0 0 0 0 0 0 0 1 1 1 0 0 1 0 0 0 0 1 0 1。

（1）AMI 码（第一个信息代码为正脉冲）。

（2）画出 AMI 码波形图。

（3）HDB3 码（假定前一个破坏点为负脉冲，第一个信息代码为正脉冲）。

（4）画出 HDB3 码波形图。

（5）曼彻斯特码。

（6）画出曼彻斯特码波形图。

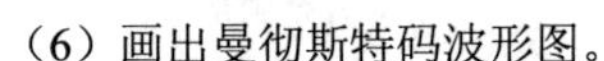

（7）差分曼彻斯特码。

（8）画出差分曼彻斯特码波形图。

5.7 假设在二进制数字通信系统中，相关接收机的输出信号分量 $a_i(T)$ 为+1V 和−1V 的概率相等。如果相关器的输出高斯噪声方差为 1，试求有一比特数据出错的概率。

5.8 一个双极性二进制信号 $s_i(t),\ i=1,2$ 的可能取值为+1 和−1，加性高斯白噪声的方差为 0.1V^2，用匹配滤波器检测信号。（1）试分别对（a） $P(s_1)=0.5$；(b) $P(s_1)=0.7$；(c) $P(s_1)=0.2$ 求最佳判决门限 γ_0。（2）解释先验概率对 γ_0 的影响。

5.9 一个二进制数字通信系统发送信号 $s_i(t), i=1,2$。接收机的检测统计量 $z(T)=a_i+n_0$，其中，信号分量 a_i 为 $a_1=+1$ 或 $a_1=-1$，噪声分量 $n(t)$ 服从均匀分布，条件概率密度函数 $p(z\,|\,s_i)$ 为

$$p(z\,|\,s_1)=\begin{cases}1/2, & -0.2\leqslant z\leqslant 1.8\\ 0, & \text{其他}\end{cases}$$

$$p(z\,|\,s_2)=\begin{cases}1/2, & -1.8\leqslant z\leqslant 0.2\\ 0, & \text{其他}\end{cases}$$

已知发送信号先验等概，并且使用最佳判决门限，试求误码率 P_s。

5.10 设滚降系数为 $\alpha=1$ 的升余弦滚降无码间干扰基带传输系统的输入是十六进制码元，其码元速率是 1200 波特，求：（1）此基带传输系统的截止频率值。（2）系统的频带利用率。（3）系统的信息传输速率。

5.11 一个八进制 PAM 通信系统的传输特性是升余弦函数，其信息传输速率为 9600bps。频率响应的带宽为 2.4kHz。试问：（1）码元速率为多少？（2）滤波器传输特性的滚降系数为多少？

5.12 理想低通信道的截止频率为 8kHz。（1）若发送信号采用 2 电平基带信号，求无码间串扰的最高信息传输速率。（2）若发送信号采用 16 电平基带信号，求无码间串扰的最高信息传输速率。

5.13 已知发送端输出的信号是一个理想低通信号，信道和接收滤波器的频率特性 $H_{c+r}(f)=H_c(f)H_r(f)$ 如题图 5.13 所示，当采用以下码元速率 R_s 时：(a)1000Baud；(b)1700Baud；(c)2000Baud；(d)3000Baud。问哪几种码元速率不会产生码间串扰？哪几种码元速率会产生码间串扰？

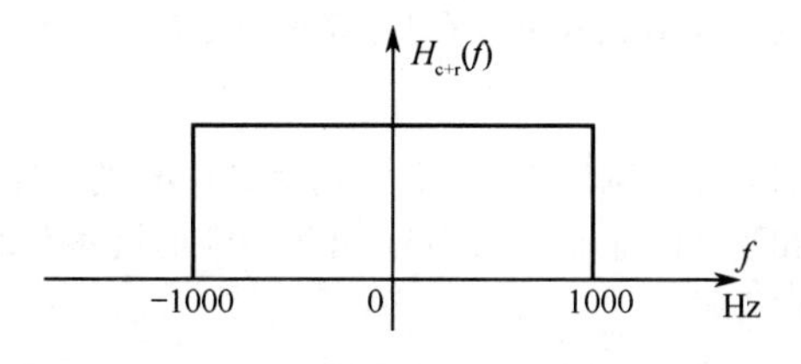

题图 5.13

5.14 设基带传输系统的发送滤波器、信道及接收滤波器组成总传输特性为 $H(\omega)$，若要求以 $2/T_A$ （单位

Baud）的速率进行数据传输，试校验题图 5.14 所示各种 $H(\omega)$ 是否满足抽样点无码间串扰的条件。

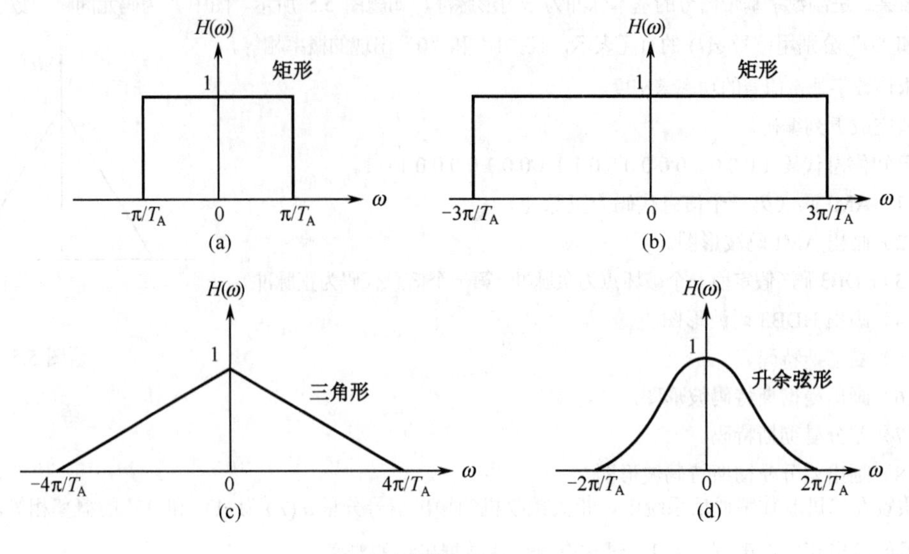

题图 5.14

5.15 二进制序列通过如题图 5.15 所示的预编码系统，预编码：$d_n = b_n \oplus d_{n-1}$，$d_{-1} = 0$；电平转换：$a_n = 2d_n - 1$；相关编码：$c_n = a_n + a_{n-1}$；接收端判决规则：若 $c_n = \pm 2, \hat{b}_n = 0$；若 $c_n = 0, \hat{b}_n = 1$。请写出以下的编码和译码过程。

时间序号	n	−1	0	1	2	3	4	5	6	7	8	9
输入数据	$\{b_n\}$		1	0	0	1	0	1	1	0	0	1
预编码输出	$\{d_n\}$											
二电平序列	$\{a_n\}$											
抽样序列	$\{c_n\}$											
判决输出	$\{\hat{b}_n\}$											

5.16 一个理想低通滤波器特性信道的截止频率为 1MHz，问下列情况下的最高传输速率是多少。

（1）采用 2 电平基带信号。

（2）采用 8 电平基带信号。

（3）采用 2 电平 $\alpha = 0.5$ 余弦滚降频谱信号。

（4）采用 7 电平第 I 类部分响应信号。

5.17 已知二元信息序列 100101110100011001，若用输出是 15 电平的第 IV 类部分响应信号传输。（1）画出编、译码器方框图。（2）列出编译码器各点信号的抽样值序列。

5.18 有一数字基带系统，码元速率为 2000Baud。接收端匹配滤波器输入的信号是二进制双极性矩形脉冲，“1”码幅度为 1mV，加性高斯白噪声的单边功率谱密度 $N_0 = 1.25 \times 10^{-10}\,\text{W/Hz}$，求此数字基带系统的误码率 P_E。

5.19 数字基带信号在传输过程中受到均值为 0、平均功率为 σ^2 的加性高斯白噪声的干扰，若信号采用单极性非归零码，且出现“1”的概率为 3/5，出现“0”的概率为 2/5，试推导出最佳判决门限值 γ_0 和平均误比特率公式。

5.20 已知某双极性 PAM 传输系统中，信道的传输函数为 $C(f) = 1$，发送正极性时接收端匹配滤波器输出的脉冲波形如图 5.20 所示。求该基带传输系统的总体传递函数 $H(f)$ 及发送的脉冲波形 $g_T(t)$。

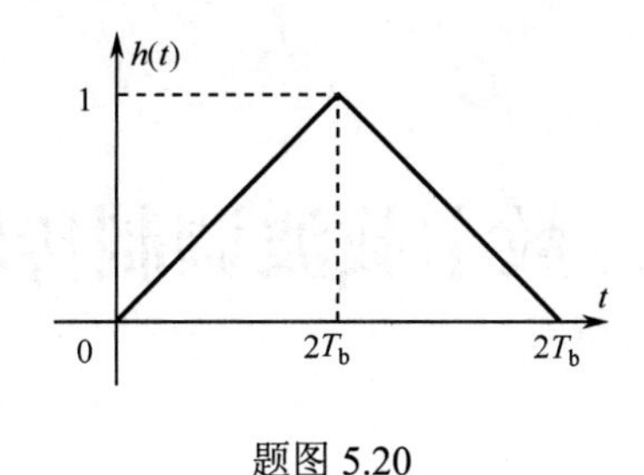

题图 5.20

5.21 什么是眼图？由眼图模型可以说明基带传输系统的哪些性能？

主要参考文献

[1] 曹志刚，钱亚生．现代通信原理．北京：清华大学出版社，1992

[2] [美]Bernard Sklar 著，徐平平等译．数字通信：基础与应用（第二版）．北京：电子工业出版社，2002

[3] 周炯槃，庞沁华，续大我，吴伟陵，杨鸿文编著．通信原理．北京：北京邮电大学出版社，2009

[4] [美]Simon Haykin. *Adaptive Filter Theory*．北京：电子工业出版社，2002

[5] 姚彦，梅顺良，高葆新等编著．数字微波中继通信工程．北京：人民邮电出版社，1990

第 6 章　数字载波调制传输系统

6.1　引言

在第 5 章中我们讨论了数字基带传输系统。然而，许多物理信道并不适合于直接传送基带信号，此时必须将基带信号转变为其他形式的信号后方能进行传送。例如，无线通信系统中的信号必须有足够高的频率，才能够使得发射无线电波的天线尺寸限定在工程上易于实现的大小；而对于光纤通信，则必须将信号变换到特定的光波波段，才能使信号在光纤中传输。在接收端则需要进行相反的变换来恢复原来的信号。这种变换与反变换，涉及对某一用于承载信息的较高频率信号的处理，这一过程通常称为**调制**与**解调**，相应的承载信息的高频信号就称为**载波**。

对于通信系统中的调制过程，可以从两种角度去理解：第一种是将其视为携带有用信息的基带信号，去控制和改变载波参量的过程；第二种是将其视为根据基带信号中的不同符号，去选取不同的载波信号的过程；具体到调制的实现过程中，实际上也可以采用这两种不同的方式。被基带信号调制后的载波通常称为**已调信号**。

从原理上来说，只要已调信号适合于信道传输，载波波形就可以任意选择。但实际上，大多数调制解调系统都选择**正弦信号**作为载波，因为正弦信号具有形式简单、便于在发送端产生以及在接收端接收等特点。

调制解调系统根据是否采用数字化的方式，可分为数字调制和模拟调制两大类。数字调制方式和模拟调制方式在原理上没有本质区别。模拟调制解调系统在发送端利用待传输的基带模拟信号对载波信号的参量进行连续控制和改变，在接收端则对载波信号的参量变化进行连续估计，从而恢复出基带信号；而数字调制解调系统在发送端则利用载波信号的有限种不同的参数取值对应的形态，来表征所传送的信息，在接收端只需对已调载波信号的有限种形态进行辨识，就可恢复传输的符号。

对于数字载波调制，有不同的分类方法，根据基带数字信号对载波不同参数的控制，可以分为**调幅**、**调频**和**调相**三种基本方式，在此基础上还可以由基本调制方式的组合派生出多种其他方式。数字调制与模拟调制的**主要区别**是，受调制的参数（如幅度、频率和相位等）只有有限种不同的取值，因此虽然已调信号的每个符号是以连续信号的形式出现，但只有有限种参数取值状态，因此仍然保持着数字系统易于实现和数字信号抗干扰能力强的基本特点。数字载波调制信号的一般形式可以表示为

$$s(t) = A_i(t)\cos\left(\omega_j(t) + \phi_l(t)\right) \tag{6.1.1}$$

式中，幅度 $A_i(t), i = 1,2,\cdots,I$ 、频率 $\omega_j(t),\ j = 1,2,\cdots,J$ 和相位 $\phi_l(t), l = 1,2,\cdots,L$ 的形态或取值只有有限多种。这里将幅度、频率和相位分别用一个时间的函数来表示，在这些参数的取值的转换过程中，可能是突变的，也可能是平滑过渡的。

由于数字调制是离散地改变载波信号参数，故数字调制信号也称为**键控信号**。图 6.1.1 给出了用**二进制**数字信号调制载波的幅度、相位和频率时产生的**幅度键控**（Amplitude Shift Keying，ASK）、**移频键控**（Frequency Shift Keying，FSK）和**移相键控**（Phase Shift Keying，PSK）三种信号的波形示意图。***M* 进制**的数字调制系统与二进制的系统类似，所不同的是 *M* 进制的数字载波调制信号的幅度、频率、相位或它们的某种组合有 *M* 种不同的形态。

数字载波调制传输系统的基本结构如图 6.1.2 所示，在许多场合下，在进行调制前，通常都要经过波形变换，使调制后输出的信号的频谱特性满足特定的要求。除了频率调制方式外，信号的载波**调制过程**包括两个步骤，一般是先经过符号映射，将 1 比特或若干比特构成的一个**码组**映射为星座图上的

某一位置对应的信号，不同的信号有不同的幅度和相位组合，相应的两个正交分量分别与两个正交的载波信号相乘，两者再相加，完成符号映射和上变频的调制操作；**解调过程**则对信号进行相反的处理，即进行信号的下变频和符号的解映射等操作。为实现信号的解调，在信号接收过程中，通常还会包括信道估计与信道均衡等信号处理过程。

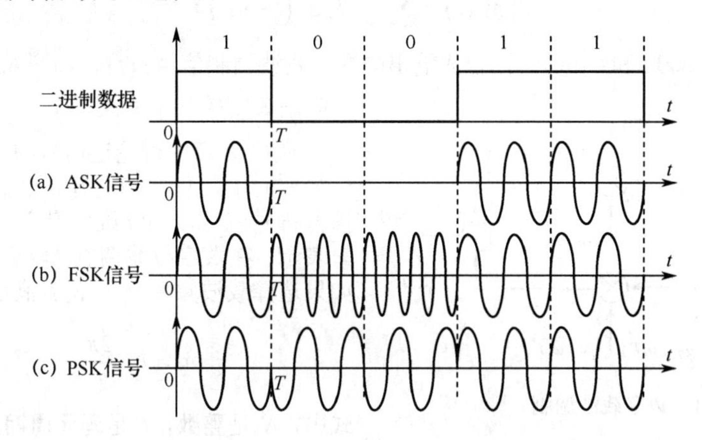

图 6.1.1　正弦载波的三种键控波形

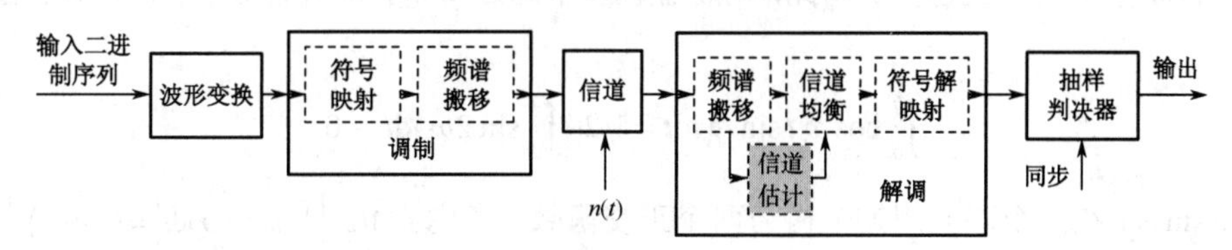

图 6.1.2　数字载波调制传输系统

本章首先讨论数字载波调制与解调的基本原理，在此基础上介绍**二进制**数字调制和解调的基本方法及其误码率性能分析；接着讨论**多进制**数字调制解调系统的基本方法及误码性能分析；然后介绍实际系统中常用的**恒包络**连续相位调制解调系统；最后介绍**正交频分复用**调制解调技术。有关数字载波传输系统的信道估计与均衡的内容，将在第 7 章中介绍。在本章中，**调制**、**数字调制**和**数字载波调制**这三个术语不加区别地使用。

6.2　数字载波调制与解调的基本原理

6.2.1　数字载波调制的基本原理

数字载波调制信号，通常都以第 2 章中讨论过的**窄带信号**的形式出现，信号的频谱集中在某一**中心频率** ω_c 附近，ω_c 就是**载波**频率。对于式（6.1.1），如果把频率在载波频率 ω_c 附近的变化归结到相位变化中，即令

$$\omega_j(t)+\phi_l(t)=\omega_c t+\Delta\omega_m t+\phi_l(t)=\omega_c t+\phi_k(t) \tag{6.2.1}$$

式（6.1.1）一般地可改写为

$$s(t)=A_i(t)\cos\left(\omega_c t+\phi_k(t)\right) \tag{6.2.2}$$

式中，幅度 $A_i(t), i=1,2,\cdots,I$；而频率及相位的变化可归结到 $\phi_k(t), k=1,2,\cdots,K$ 中。将上式展开并整理得

$$\begin{aligned}s(t)&=A_i(t)\cos\left(\omega_c t+\phi_k(t)\right)=A_i(t)\left(\cos\phi_k(t)\cos\omega_c t-\sin\phi_k(t)\sin\omega_c t\right)\\&=A_i(t)\cos\phi_k(t)\cos\omega_c t-A_i(t)\sin\phi_k(t)\sin\omega_c t\\&=x_n(t)\cos\omega_c t-y_n(t)\sin\omega_c t\end{aligned} \tag{6.2.3}$$

在调制前，可以将基带信号分成两路，作为上式中的 $x_n(t)$ 和 $y_n(t)$：

$$x_n(t)=\sum_{n=-\infty}^{\infty}a_n g_T(t-nT) \tag{6.2.4}$$

$$y_n(t)=\sum_{n=-\infty}^{\infty}b_n g_T(t-nT) \tag{6.2.5}$$

分别调制载波信号 $\cos\omega_c t$ 和 $-\sin\omega_c t$，合成输出的数字载波调制信号 $s(t)$，如图 6.2.1 所示，这就是数字载波调制的基本方法。

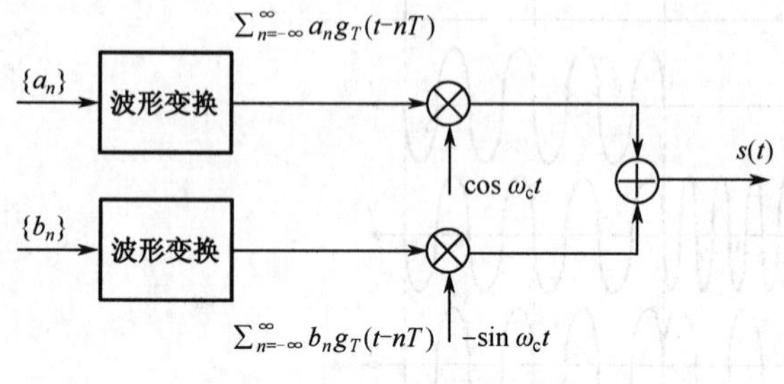

图 6.2.1 数字载波调制

在第 2 章中讨论过信号的矢量表示，在 n 维的信号空间中，只要确定好 n 个正交的基向量，每个信号符号就可以用 n 维矢量空间基向量的线性组合来表示。在数字载波调制（除调频信号外）方式中，如果选择载波频率 ω_c，使其满足条件

$$\omega_c=N\cdot\frac{2\pi}{T} \tag{6.2.6}$$

式中，N 是**整数**，T 是**码元周期**，则相应地，$\cos\omega_c t$ 和 $\sin\omega_c t$ 都是周期为 $2\pi/T$ 的函数。由此，可保证在一个码元周期 T 内有整数个载波周期，由此严格保证满足条件

$$\int_0^T\cos\omega_c t\sin\omega_c t\mathrm{d}t=1/2\cdot\int_0^T\sin 2\omega_c t\mathrm{d}t=0 \tag{6.2.7}$$

即 $\cos\omega_c t$ 和 $\sin\omega_c t$ 在一个码元周期 T 内为两个**正交函数**。考虑到 $1/2\cdot\left|\int_0^T\sin 2\omega_c t\mathrm{d}t\right|=1/(4\omega_c)\cdot\left|\int_0^T\sin(2\omega_c t)\mathrm{d}(2\omega_c t)\right|\leqslant 1/(2\omega_c)$，因此当 ω_c 足够大时，总有 $\left|\int_0^T\cos\omega_c t\sin\omega_c t\mathrm{d}t\right|\to 0$，这个条件在实际系统中很容易满足。因此在后面的分析中，在一个码元周期 T 内，不管是否有整数个载波周期，均假定 $\cos\omega_c t$ 和 $\sin\omega_c t$ 是正交的。

由以上分析，若取

$$\Psi_1(t)=\cos\omega_c t,\quad 0\leqslant t\leqslant T \tag{6.2.8}$$

$$\Psi_2(t)=\sin\omega_c t,\quad 0\leqslant t\leqslant T \tag{6.2.9}$$

作为二维信号空间中的一组**基矢量**，则数字载波调制信号 $s(t)$ 中的每个符号都可视为二维空间中的一个点，该点称为信号的一个**星座点**。以此表示的二维信号空间通常可用一个称为**相幅平面**的图来表示，星座点的横坐标值 I_n 表示对基矢量 $\Psi_1(t)$ 的加权系数 $x_n(t)$ 的样值，星座点的纵坐标值 Q_n 表示对基矢量 $\Psi_2(t)$ 的加权系数 $y_n(t)$ 的样值，习惯上该平面又称为 $I-Q$ **平面**。图 6.2.2(a)、(b)、(c)和(d)分别表示实际系统中常用的**二进制**、**四进制**、**十六进制**和**六十四进制**的数字载波调制信号的**星座图**，它们分别包含了 2 个、4 个、16 个和 64 个不同的星座点。

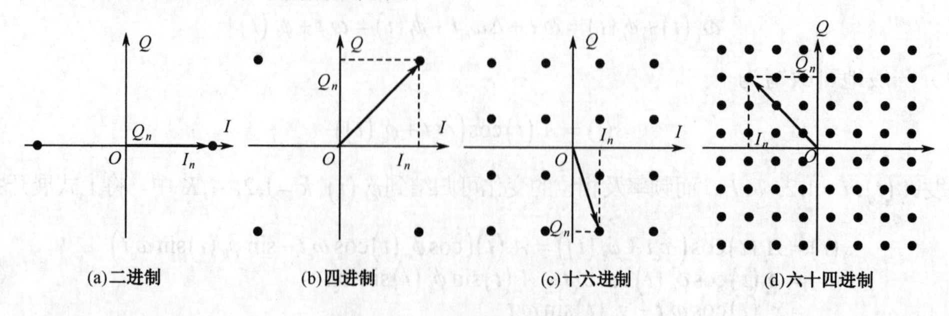

图 6.2.2 相幅平面上的星座点

6.2.2　数字载波调制信号的功率谱分析

假定式（6.2.4）和式（6.2.5）中基带符号序列$\{a_n\}$和$\{b_n\}$是**平稳随机序列**，符号序列$\{a_n\}$和$\{b_n\}$之间是**不相关**的。由第 2 章的分析可知，$x_n(t)$和$y_n(t)$均是**循环平稳随机过程**，且有

$$\begin{aligned}E\left[x_n(t_1)y_n(t_2)\right]&=E\left[\sum_{n=-\infty}^{\infty}a_n g_T(t_1-nT)\sum_{n'=-\infty}^{\infty}b_{n'}g_T(t_2-n'T)\right]\\&=\sum_{n=-\infty}^{\infty}\sum_{n'=-\infty}^{\infty}E\left[a_n b_{n'}\right]g_T(t_1-nT)g_T(t_2-n'T)=0\end{aligned}\tag{6.2.10}$$

其中最后一个等式成立利用了$\{a_n\}$和$\{b_n\}$之间**不相关**的条件。

下面进一步分析数字载波调制信号$s(t)$的功率密度谱。按定义，$s(t)$的相关函数

$$\begin{aligned}R_s(t_1,t_2)&=E\left[s(t_1)s(t_2)\right]\\&=E\left[\left(x_n(t_1)\cos\omega_c t_1-y_n(t_1)\sin\omega_c t_1\right)\left(x_n(t_2)\cos\omega_c t_2-y_n(t_2)\sin\omega_c t_2\right)\right]\\&=E\left[x_n(t_1)x_n(t_2)\right]\cos\omega_c t_1\cos\omega_c t_2-E\left[x_n(t_1)y_n(t_2)\right]\cos\omega_c t_1\sin\omega_c t_2\\&\quad-E\left[y_n(t_1)x_n(t_2)\right]\cos\omega_c t_2\sin\omega_c t_1+E\left[y_n(t_1)y_n(t_2)\right]\sin\omega_c t_1\sin\omega_c t_2\\&=E\left[x_n(t_1)x_n(t_2)\right]\cos\omega_c t_1\cos\omega_c t_2+E\left[y_n(t_1)y_n(t_2)\right]\sin\omega_c t_1\sin\omega_c t_2\end{aligned}\tag{6.2.11}$$

上式中最后一个等式成立利用了式（6.2.10）的结果。由式（6.2.11）的最后一个等号得到的两式可以分别进行分析。对于**循环平稳随机过程**$x_n(t)$，根据第 2 章中有关循环平稳随机过程的讨论可知，其功率密度谱可由下式决定：

$$P_x(f)=\frac{1}{T}P_a(f)\left|G_T(f)\right|^2\tag{6.2.12}$$

式中，$P_a(f)=\sum_{m=-\infty}^{\infty}R_a(m)\mathrm{e}^{-\mathrm{j}2\pi fmT}$，$R_a(m)$是序列$\{a_n\}$的相关函数。同理可得循环平稳随机过程$y_n(t)$的功率密度谱

$$P_y(f)=\frac{1}{T}P_b(f)\left|G_T(f)\right|^2\tag{6.2.13}$$

式中，$P_b(f)=\sum_{m=-\infty}^{\infty}R_b(m)\mathrm{e}^{-\mathrm{j}2\pi fmT}$，$R_b(m)$是序列$\{b_n\}$的相关函数。

首先分析式（6.2.11）中的$E\left[x_n(t_1)x_n(t_2)\right]\cos\omega_c t_1\cos\omega_c t_2$，因为有

$$E\left[x_n(t_1)x_n(t_2)\right]\cos\omega_c t_1\cos\omega_c t_2=E\left[\left(x_n(t_1)\cos\omega_c t_1\right)\left(x_n(t_2)\cos\omega_c t_2\right)\right]\tag{6.2.14}$$

其中，

$$x_n(t)\cos\omega_c t=\sum_{n=-\infty}^{\infty}a_n g_T(t-nT)\cos\omega_c t\tag{6.2.15}$$

如果选择载波频率ω_c的取值是$2\pi/T$的**整数倍**，即在一个码元周期内包含N个载波，则

$$\cos\omega_c(t-nT)=\cos\left(N\frac{2\pi}{T}(t-nT)\right)=\cos\left(N\frac{2\pi}{T}t-N\frac{2\pi}{T}nT\right)=\cos\left(N\frac{2\pi}{T}t\right)=\cos\omega_c t\tag{6.2.16}$$

由此可得如下关系式：

$$g_T(t-nT)\cos\omega_c t=g_T(t-nT)\cos\omega_c(t-nT)\tag{6.2.17}$$

记

$$f_T(t)=g_T(t)\cos\omega_c t\tag{6.2.18}$$

$g_T(t)$和$f_T(t)$可形象地用如图 6.2.3 中描述的波形表示。式（6.2.15）可表示为

$$x_n(t)\cos\omega_c t=\sum_{n=-\infty}^{\infty}a_n g_T(t-nT)\cos\omega_c t \\ =\sum_{n=-\infty}^{\infty}a_n g_T(t-nT)\cos\omega_c(t-nT)=\sum_{n=-\infty}^{\infty}a_n f_T(t-nT) \tag{6.2.19}$$

式（6.2.14）可表示为

$$\begin{aligned}R_{x_n(t)\cos\omega_c t}(t_1,t_2)&=E\left[\left(x_n(t_1)\cos\omega_c t_1\right)\left(x_n(t_2)\cos\omega_c t_2\right)\right]\\&=E\left[\sum_{n=-\infty}^{\infty}a_n f_T(t_1-nT)\sum_{n'=-\infty}^{\infty}a_{n'}f_T(t_2-n'T)\right]\\&=E\left[\sum_{n=-\infty}^{\infty}\sum_{n'=-\infty}^{\infty}a_n a_{n'}f_T(t_1-nT)f_T(t_2-n'T)\right]\\&=\sum_{n=-\infty}^{\infty}\sum_{n'=-\infty}^{\infty}E[a_n a_{n'}]f_T(t_1-nT)f_T(t_2-n'T)\\&=\sum_{n=-\infty}^{\infty}\sum_{n'=-\infty}^{\infty}R_a(n-n')f_T(t_1-nT)f_T(t_2-n'T)\end{aligned} \tag{6.2.20}$$

记$t=t_1$，$t_2=t+\tau$，上式可表示为

$$R_{x_n(t)\cos\omega_c t}(t,t+\tau)=\sum_{n=-\infty}^{\infty}\sum_{n'=-\infty}^{\infty}R_a(n-n')f_T(t-nT)f_T(t+\tau-n'T) \tag{6.2.21}$$

用$t+T$替代上式中的t，直接可以证明

$$R_{x_n(t)\cos\omega_c t}(t+T,t+T+\tau)=R_{x_n(t)\cos\omega_c t}(t,t+\tau) \tag{6.2.22}$$

即若基带信号$x_n(t)=\sum_{n=-\infty}^{\infty}a_n g_T(t-nT)$是一循环平稳随机信号，则$x_n(t)\cos\omega_c t$仍然是**循环平稳随机信号**。

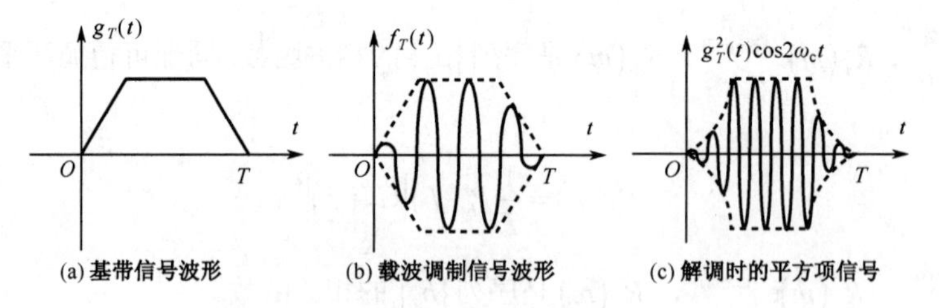

(a) 基带信号波形　(b) 载波调制信号波形　(c) 解调时的平方项信号

图 6.2.3　典型信号波形

同理，可以对式（6.2.11）中的$E\left[y_n(t_1)y_n(t_2)\right]\sin\omega_c t_1\sin\omega_c t_2$做类似的分析，并证明$y_n(t)\sin\omega_c t$也是**循环平稳随机信号**。

因此，数字载波调制信号$s(t)=x_n(t)\cos\omega_c t-y_n(t)\sin\omega_c t$是**循环平稳随机信号**。因为

$$f_T(t)=g_T(t)\cos\omega_c t \quad\Leftrightarrow\quad F_T(f)=\frac{1}{2}\left(G_T(f+f_c)+G_T(f-f_c)\right) \tag{6.2.23}$$

由第2章中得到的循环平稳随机信号功率密度谱的一般计算关系式，可得$x_n(t)\cos\omega_c t$信号的**功率密度谱**为

$$\begin{aligned}P_{x_n(t)\cos\omega_c t}(f)&=\frac{1}{T}P_a(f)\left|F_T(f)\right|^2=\frac{1}{T}P_a(f)\frac{1}{2^2}\left|G_T(f+f_c)+G_T(f-f_c)\right|^2\\&=\frac{1}{4T}P_a(f)\left(G_T(f+f_c)+G_T(f-f_c)\right)\left(G_T^*(f+f_c)+G_T^*(f-f_c)\right)\\&=\frac{1}{4T}P_a(f)\left(\left|G_T(f+f_c)\right|^2+\left|G_T(f-f_c)\right|^2\right)\end{aligned} \tag{6.2.24}$$

在上式的推导过程中$G_T(f+f_c)G_T^*(f-f_c)=0$，$G_T^*(f+f_c)G_T(f-f_c)=0$，因为通常带通信号的频谱成分$G_T(f+f_c)$与$G_T^*(f-f_c)$、$G_T^*(f+f_c)$与$G_T(f-f_c)$间**没有重叠部分**。同理可得$y_n(t)\sin\omega_c t$信号

的**功率密度谱**

$$P_{y_n(t)\sin\omega_c t}(f)=\frac{1}{4T}P_b(f)\left(\left|G_T(f+f_c)\right|^2+\left|G_T(f-f_c)\right|^2\right) \tag{6.2.25}$$

综上可得数字载波调制信号的**功率密度谱**为

$$\begin{aligned}P_s(f)&=P_{x_n(t)\cos\omega_c t}(f)+P_{y_n(t)\sin\omega_c t}(f)\\&=\frac{1}{4T}\left(P_a(f)+P_b(f)\right)\left(\left|G_T(f+f_c)\right|^2+\left|G_T(f-f_c)\right|^2\right)\end{aligned} \tag{6.2.26}$$

式中，$P_a(f)=\sum_{m=-\infty}^{\infty}R_a(m)\mathrm{e}^{-\mathrm{j}2\pi fmT}$，$P_b(f)=\sum_{m=-\infty}^{\infty}R_b(m)\mathrm{e}^{-\mathrm{j}2\pi fmT}$，$R_a(m)$ 和 $R_b(m)$ 分别是基带符号序列 $\{a_n\}$ 和 $\{b_n\}$ 的自相关函数。

6.2.3　数字载波调制信号解调的基本原理

为与星座图上的 I_n、Q_n 坐标值对应，习惯上，由式（6.2.3）表示的数字载波调制信号通常又可记为

$$s(t)=I_n(t)\cos\omega_c t-Q_n(t)\sin\omega_c t \tag{6.2.27}$$

相应地有 $I_n(t)=x_n(t)=\sum_{n=-\infty}^{\infty}a_n g_T(t-nT)$，$Q_n(t)=y_n(t)=\sum_{n=-\infty}^{\infty}b_n g_T(t-nT)$。

数字载波调制信号 $s(t)$ 经过信道时，通常会受到加性高斯白噪声 $n_W(t)$ 的干扰，因此接收的信号一般可以表示为

$$r(t)=s(t)+n_W(t) \tag{6.2.28}$$

信号解调的主要工作，就是要在收到受噪声干扰的信号中，正确地恢复出基带信号 $I_n(t)$ 和 $Q_n(t)$ 所携带的信息。解调的基本方法主要包括如下几类。

（1）**相干解调法**　相干解调的原理可如图 6.2.4 所示，在相干解调前，通常都有带通滤波器，经过带通滤波后，接收端收到的信号通常可以表示为

$$\begin{aligned}r(t)&=s(t)+n(t)\\&=I_n(t)\cos\omega_c t-Q_n(t)\sin\omega_c t+n_c(t)\cos\omega_c t-n_s(t)\sin\omega_c t\\&=\left(I_n(t)+n_c(t)\right)\cos\omega_c t-\left(Q_n(t)+n_s(t)\right)\sin\omega_c t\end{aligned} \tag{6.2.29}$$

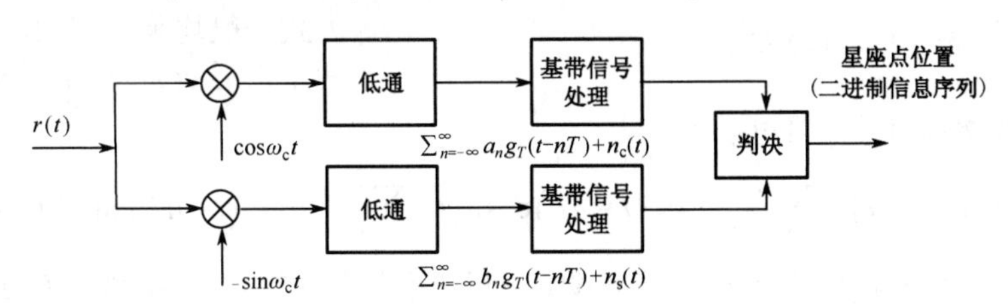

图 6.2.4　相干解调法

式中，$n_c(t)$ 和 $n_s(t)$ 是高斯噪声。相干解调时首先要在接收端恢复出与发送信号载波**同频同相**的**本地载波信号** $\cos\omega_c t$ 与 $-\sin\omega_c t$，本地载波信号分别与接收信号 $r(t)$ 相乘，得到

$$\begin{aligned}r(t)\cdot\cos\omega_c t&=\left(I_n(t)+n_c(t)\right)\cos\omega_c t\cos\omega_c t-\left(Q_n(t)+n_s(t)\right)\sin\omega_c t\cos\omega_c t\\&=\left(I_n(t)+n_c(t)\right)\frac{1}{2}(1+\cos2\omega_c t)-\left(Q_n(t)+n_s(t)\right)\frac{1}{2}\sin2\omega_c t\end{aligned} \tag{6.2.30}$$

$$\begin{aligned}r(t)\cdot(-\sin\omega_c t)&=-\left(I_n(t)+n_c(t)\right)\cos\omega_c t\sin\omega_c t+\left(Q_n(t)+n_s(t)\right)\sin\omega_c t\sin\omega_c t\\&=-\left(I_n(t)+n_c(t)\right)\frac{1}{2}\sin2\omega_c t+\left(Q_n(t)+n_s(t)\right)\frac{1}{2}(1-\cos2\omega_c t)\end{aligned} \tag{6.2.31}$$

经过低通滤波器滤除含载波倍频成分的信号 $\cos 2\omega_c t$ 与 $\sin 2\omega_c t$，调整系数后可得

$$r_I(t) = I_n(t) + n_c(t) \tag{6.2.32}$$

$$r_Q(t) = Q_n(t) + n_s(t) \tag{6.2.33}$$

解调问题变为由基带信号 $I_n(t)+n_c(t)$ 和 $Q_n(t)+n_s(t)$ 求解基带符号序列 $\{a_n\}$ 和 $\{b_n\}$ 的问题，该问题可通过第 5 章中介绍的基带信号的接收方法求解。一般来说，对于加性高斯噪声干扰信道，在采样时刻 $t=t_n$ 获得的 $r_I(t_n)$ 和 $r_Q(t_n)$ 是一对**随机变量**。因为其中的 $n_c(t_n)$ 和 $n_s(t_n)$ 为零均值的高斯随机变量，因此 $r_I(t_n)$ 和 $r_Q(t_n)$ 是均值为 $I_n(t_n)$ 和 $Q_n(t_n)$ 高斯随机变量，判决问题变为高斯噪声干扰下的信号检测问题。

（2）**匹配滤波器法（相关解调法）** 由第 2 章 2.3 节的分析可知，若在 N 维信号空间中能找到一组标准的正交基 $\varPsi_k(t), k=1,2,\cdots,N$，则该信号空间中的任一 M 进制的信号可表示为

$$s_m(t) = a_{m1}\varPsi_1(t) + a_{m2}\varPsi_2(t) + \cdots + a_{mN}\varPsi_N(t) = \sum_{i=1}^{N} a_{mi}\varPsi_i(t) \tag{6.2.34}$$

由此，信号 $s_m(t)$ 与 N 维实数空间中的矢量 $\boldsymbol{S}_m = [a_{m1}, a_{m2}, \cdots, a_{mN}]^{\mathrm{T}}, m=1,2,\cdots,M$ 建立一一对应关系。在第 2 章中还了解到，**匹配滤波器法**是一种在判决时刻信噪比达到最大意义上的最佳接收方法。基于正交基 $\varPsi_k(t), k=1,2,\cdots,N$ 的匹配滤波器解调 M 进制信号的方法一般可用图 6.2.5 表示。在图中用相关器在 $t=T$ 时刻的取值替代滤波器的输出，图中判决器可根据各个匹配滤波器的输出组成的矢量 $\boldsymbol{S}'_m = [a'_{m1}, a'_{m2}, \cdots, a'_{mN}]^{\mathrm{T}}$，搜索信号空间中与其最相似（距离最小）的矢量 $\boldsymbol{S}_m = [a_{m1}, a_{m2}, \cdots, a_{mN}]^{\mathrm{T}}$，$m=1,2,\cdots,M$，作为判决输出。

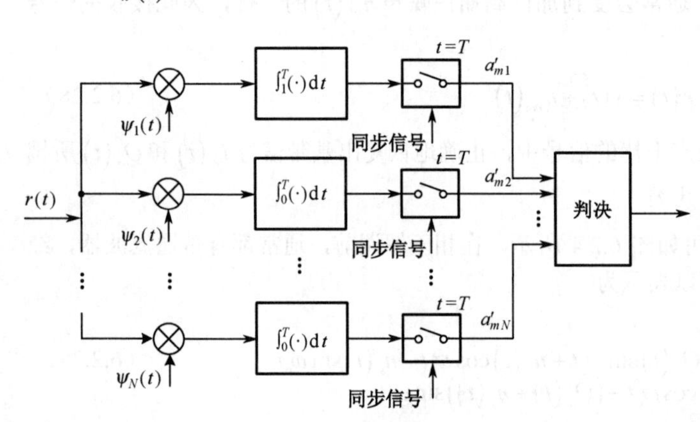

图 6.2.5 相关解调法

在数字调制传输系统中，通常只有 M 进制的**调频**传输系统会采用 M 个基向量组成 M 进制的 MFSK 调制信号，有关该系统稍后会详细讨论。其他调制方式一般均采用同频、相位相差 90° 的两个信号 $\cos\omega_c t$ 与 $-\sin\omega_c t$。此时接收端收到的数字载波调制信号一般可以表示为

$$r(t) = s(t) + n_{\mathrm{W}}(t) = \sum_{n=-\infty}^{\infty} a_n g_T(t-nT)\cos\omega_c t - \sum_{n=-\infty}^{\infty} b_n g_T(t-nT)\sin\omega_c t + n_{\mathrm{W}}(t) \tag{6.2.35}$$

由前面有关 $\cos\omega_c t$ 和 $\sin\omega_c t$ 在一个码元周期内的正交性的分析，一般地，对于 $g_T(t)\cos\omega_c t$ 和 $g_T(t)\sin\omega_c t$，仍可认为其在一个码元周期内满足正交性，即

$$\int_0^T \big(g_T(t)\cos\omega_c t\big)\big(g_T(t)\sin\omega_c t\big)\mathrm{d}t = \frac{1}{2}\int_0^T g_T^2(t)\sin 2\omega_c t\mathrm{d}t = 0 \tag{6.2.36}$$

因此可以定义二维的一组**正交基函数**为

$$\varPsi_1(t) = g_T(t)\cos\omega_c t, \quad 0 \leqslant t \leqslant T \tag{6.2.37}$$

$$\varPsi_2(t) = -g_T(t)\sin\omega_c t, \quad 0 \leqslant t \leqslant T \tag{6.2.38}$$

接收的数字载波调制信号可以表示为

$$r(t)=s(t)+n_{\mathrm{W}}(t)=\sum_{n=-\infty}^{\infty}a_n\Psi_1(t-nT)+\sum_{n=-\infty}^{\infty}b_n\Psi_2(t-nT)+n_{\mathrm{W}}(t) \tag{6.2.39}$$

相应的相关解调法可以由图 6.2.6 表示。

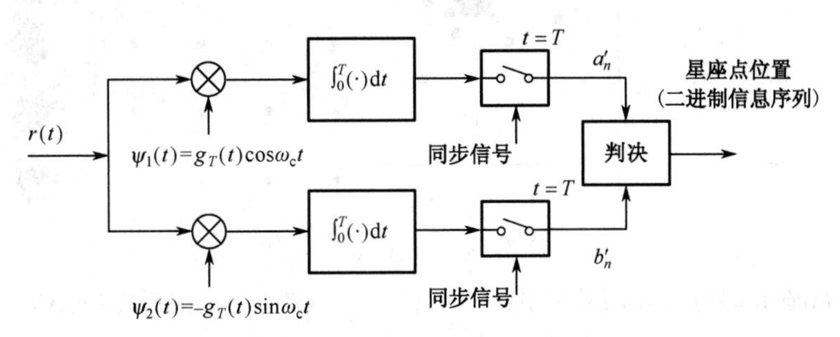

图 6.2.6　数字载波调制信号的相关解调法

其中，

$$\begin{aligned}a_n'&=\int_{(n-1)T}^{nT}\left(\sum_{k=-\infty}^{\infty}a_k\Psi_1(t-kT)+\sum_{k=-\infty}^{\infty}b_k\Psi_2(t-kT)+n_{\mathrm{W}}(t)\right)\Psi_1(t-nT)\mathrm{d}t\\&=\int_{(n-1)T}^{nT}\sum_{k=-\infty}^{\infty}a_k\Psi_1(t-kT)\Psi_1(t-nT)\mathrm{d}t+\int_{(n-1)T}^{nT}n_{\mathrm{W}}(t)\Psi_1(t-nT)\mathrm{d}t\\&=\int_{(n-1)T}^{nT}a_n\Psi_1^2(t-nT)\mathrm{d}t+\int_{(n-1)T}^{nT}n_{\mathrm{W}}(t)\Psi_1(t-nT)\mathrm{d}t\\&=\int_0^T a_n\Psi_1^2(t)\mathrm{d}t+\int_0^T n_{\mathrm{W}}(t+nT)\Psi_1(t)\mathrm{d}t=a_n+N'\end{aligned} \tag{6.2.40}$$

其中第二和第三个等式利用了基向量间的正交性和任意两时间上不重叠信号的正交性：

$$\int_0^T\Psi_1(t)\Psi_2(t)\mathrm{d}t=0 \tag{6.2.41}$$

$$\int_0^T\Psi_i(t)\Psi_j(t-nT)\mathrm{d}t=0,\quad n=\pm1,\pm2,\cdots;\ i,j=1,2 \tag{6.2.42}$$

N' 是一高斯随机变量，其均值和方差分别为

$$m_n=E\left[\int_0^T n_{\mathrm{W}}(t+nT)\Psi_1(t)\mathrm{d}t\right]=\int_0^T E\left[n_{\mathrm{W}}(t+nT)\right]\Psi_1(t)\mathrm{d}t=0 \tag{6.2.43}$$

$$\begin{aligned}\sigma_N^2&=E\left[\left(\int_0^T n_{\mathrm{W}}(t+nT)\Psi_1(t)\mathrm{d}t-m_n\right)^2\right]=E\left[\left(\int_0^T n_{\mathrm{W}}(t+nT)\Psi_1(t)\mathrm{d}t\right)^2\right]\\&=E\left[\int_0^T n_{\mathrm{W}}(t_1+nT)\Psi_1(t_1)\mathrm{d}t_1\int_0^T n_{\mathrm{W}}(t_2+nT)\Psi_1(t_2)\mathrm{d}t_2\right]\\&=\int_0^T\int_0^T E\left[n_{\mathrm{W}}(t_1+nT)n_{\mathrm{W}}(t_2+nT)\right]\Psi_1(t_1)\Psi_1(t_2)\mathrm{d}t_1\mathrm{d}t_2\\&=\int_0^T\int_0^T\frac{N_0}{2}\delta(t_2-t_1)\Psi_1(t_1)\Psi_1(t_2)\mathrm{d}t_1\mathrm{d}t_2\\&=\frac{N_0}{2}\int_0^T\Psi_1(t_2)\Psi_1(t_2)\mathrm{d}t_2=\frac{N_0}{2}\int_0^T\Psi_1^2(t_2)\mathrm{d}t_2=\frac{N_0}{2}E_{\Psi_1}\end{aligned} \tag{6.2.44}$$

若对**基函数**进行归一化处理，可使得 $E_{\Psi_1}=1$。同理可得

$$b_n'=\int_0^T b_n\Psi_2^2(t)\mathrm{d}t+\int_0^T n_{\mathrm{W}}(t)\Psi_2(t)\mathrm{d}t=b_n+N' \tag{6.2.45}$$

因为受到传输过程中噪声干扰的影响，原信号星座点上坐标为 (a_n,b_n) 的信号经相关解调后的输出变为 (a_n',b_n')，这种变化可以形象地如图 6.2.7 所示。图 6.2.8 给出了一个典型的十六进制正交幅度调制信号的原始星座图和解调星座图的示例。利用数字传输的特点，只要 (a_n',b_n') 没有偏离 (a_n,b_n) 的判决区域，信号可被无失真地恢复。

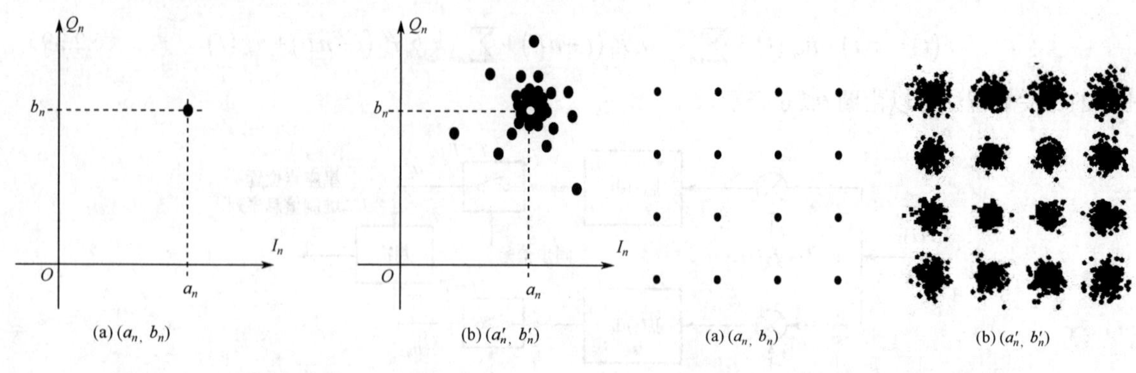

图 6.2.7 (a)原始星座点；(b)受扰星座点

图 6.2.8 (a)原始 16QAM 星座图；(b)受扰 16QAM 星座图

相关解调法本质上也是一种**相干解调**法，因为由式（6.2.37）和式（6.2.38）表示的用于相关运算的两个本地基向量信号，必须是与接收信号的载波**同频同相**的**相干信号**。

（3）**其他解调方法** 除上述两种基本方法外，还有一些与具体不同的调制方式有关的解调方法，如**包络检测法**、**差分相干法**等。这在后面介绍特定的数字载波调制信号解调时会具体进行讨论。

6.3 二进制数字载波调制传输系统

二进制数字载波调制系统是最基本的系统，主要包括**二进制幅度键控**（2ASK）、**移频键控**（2FSK）和**移相键控**（2PSK）三种。与其他多进制的调制系统相比，二进制系统频带的利用率最低。但在同样大小的信号功率条件下，二进制调制系统有最好的抗噪声干扰性能。这类系统在实际通信系统中已有大量应用。下面分别讨论这三种二进制数字调制的基本原理。

6.3.1 2ASK 调制解调系统

2ASK 载波调制信号及其功率密度谱

2ASK 信号 二进制幅度键控调制简称 2ASK，是一种二进制的数字载波**调幅调制**方式。2ASK 是一种只对载波信号幅度进行调制的一维调制方式，此时，数字载波调制信号的一般表达式（6.2.3）可以简化为

$$s(t)=x_n(t)\cos\omega_{\mathrm{c}}t=\sum\nolimits_{n=-\infty}^{\infty}a_n g_T(t-nT)\cos\omega_{\mathrm{c}}t \tag{6.3.1}$$

式中$\{a_n\}$为二进制的码元序列。

2ASK 信号的功率密度谱 由式（6.2.24），可得一般的 2ASK 信号的功率密度谱为

$$P_s(f)=P_{x_n(t)\cos\omega_{\mathrm{c}}t}(f)=\frac{1}{4T}P_a(f)\left(\left|G_T(f+f_{\mathrm{c}})\right|^2+\left|G_T(f-f_{\mathrm{c}})\right|^2\right) \tag{6.3.2}$$

式中 $f_{\mathrm{c}}=\omega_{\mathrm{c}}/2\pi$，$P_a(f)=\sum\nolimits_{m=-\infty}^{\infty}R_a(m)\mathrm{e}^{-\mathrm{j}2\pi fmT}$。$R_a(m)$为基带符号序列$\{a_n\}$的自相关函数。

特别地，如果$g_T(t)$是一个持续一个码元周期的矩形脉冲，$g_T(t)=u(t)-u(t-T)$，$u(t)$是**单位阶跃函数**，则称$g_T(t)$为**门函数**。因为门函数的傅里叶变换为

$$g_T(t)\ \Leftrightarrow\ G_T(f)=T\frac{\sin(\pi fT)}{\pi fT}\mathrm{e}^{-\mathrm{j}\pi fT}=T\mathrm{sinc}(fT)\mathrm{e}^{-\mathrm{j}\pi fT} \tag{6.3.3}$$

因此 2ASK 信号的**功率密度谱**为

$$P_s(f)=\frac{T}{4}P_a(f)\left(\mathrm{sinc}^2\left((f+f_c)T\right)+\mathrm{sinc}^2\left((f-f_c)T\right)\right) \tag{6.3.4}$$

码元波形 $g_T(t)$ 为门函数的基带信号，简单且易于实现，但通常功率谱的**旁瓣**幅度较大，通过改变 $g_T(t)$ 的波形，可以获得旁瓣衰减较快的功率谱特性。

OOK 信号　OOK（On-and-Off Keying）信号也称**通断键控**信号，是一种特殊的、最简单的 2ASK 信号。若 $g_T(t)$ 为门函数，符号序列 $\{a_n\}$ 的取值为

$$a_n=\begin{cases}0, & 概率为P\\ a, & 概率为1-P\end{cases} \tag{6.3.5}$$

则这样的 2ASK 信号就称为 OOK 信号。OOK 信号波形如图 6.3.1(a)所示，在 $a_n=0$ 的码元周期，保持零电平；而当 $a_n=a$ 时，输出一串包含若干周期的正弦波信号。OOK 信号的星座图如 6.3.1(b)所示，可见该信号在相幅平面上是一个一维信号。

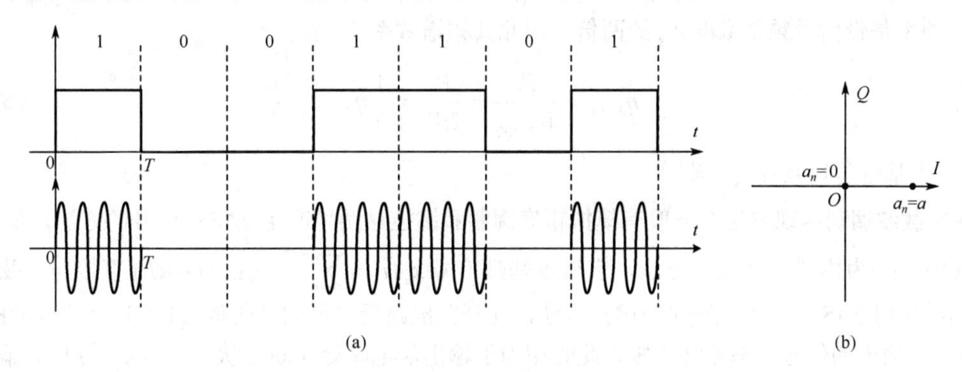

图 6.3.1　OOK 信号波形图

在通信系统中，通常会根据需要对符号序列进行加扰处理或进行其他伪随机化处理。经过这样处理的基带符号序列 $\{a_n\}$ 可近似地视为**纯随机序列**，纯随机序列是**循环平稳随机序列**的一个**特例**，若其均值 $E[a_n]=m_a$，方差 $E\left[(a_n-m_a)^2\right]=\sigma_a^2$，则其自相关函数

$$R_a(a_n a_m)=\begin{cases}\sigma_a^2+m_a^2, & n=m\\ m_a^2, & n\neq m\end{cases} \tag{6.3.6}$$

参见第 2 章中有关**循环平稳随机序列**的分析，此时有

$$P_a(f)=\sigma_a^2+\frac{m_a^2}{T}\sum_{m=-\infty}^{\infty}\delta\left(f-\frac{m}{T}\right) \tag{6.3.7}$$

若码元波形 $g_T(t)$ 为**门函数**，由式（6.3.4），其**功率密度谱**为

$$\begin{aligned}P_s(f)&=\frac{T}{4}P_a(f)\left(\mathrm{sinc}^2\left((f+f_c)T\right)+\mathrm{sinc}^2\left((f-f_c)T\right)\right)\\&=\frac{T}{4}\left(\sigma_a^2+\frac{m_a^2}{T}\sum_{m=-\infty}^{\infty}\delta\left(f-\frac{m}{T}\right)\right)\left(\mathrm{sinc}^2\left((f+f_c)T\right)+\mathrm{sinc}^2\left((f-f_c)T\right)\right)\\&=\frac{T}{4}\sigma_a^2\left(\mathrm{sinc}^2\left((f+f_c)T\right)+\mathrm{sinc}^2\left((f-f_c)T\right)\right)+\frac{m_a^2}{4}\left(\delta(f+f_c)+\delta(f-f_c)\right)\end{aligned} \tag{6.3.8}$$

上式的最后一个等式的推导过程中，利用了 $f_c=N\cdot(1/T)$，N 是整数，以及 $\mathrm{sinc}(x)$ 函数的如下性质：

$$\mathrm{sinc}(x)=\frac{\sin\pi x}{\pi x}=\begin{cases}1, & x=0\\ 0, & x=\pm1,\pm2,\cdots\end{cases} \tag{6.3.9}$$

根据式（6.3.8）得到的 OOK 信号的功率密度谱如图 6.3.2 所示，图中 $f_b=1/T$。

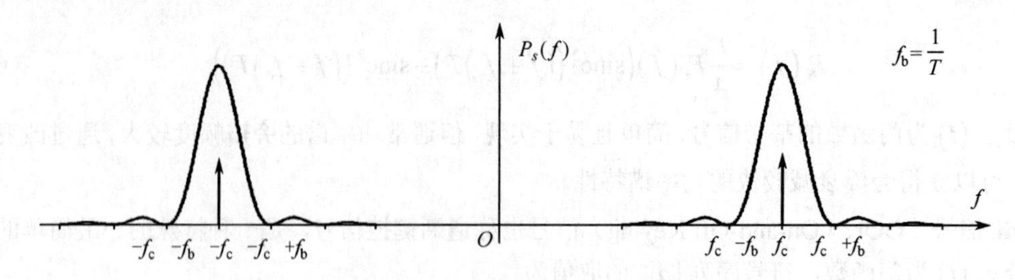

图 6.3.2　OOK 信号的功率密度谱

由上面的分析可以得到有关 2ASK 信号的**主要特点**：

（1）2ASK 信号的功率谱由连续谱和离散谱两部分组成。其频谱特性主要由基带符号序列和基带信号的码型波形确定。

（2）2ASK 调制在将基带信号搬移到以 f_c 为中心的频带的过程中，其信号频带的宽度 W_{2ASK} 将扩大为原来基带信号频带宽度 W_B 的**两倍**。因此其频谱效率

$$\eta_{2ASK}=\frac{R_S}{W_{2ASK}}=\frac{R_S}{2W_B}=\frac{1}{2}\eta_B \tag{6.3.10}$$

仅为基带传输系统的一半。

2ASK 载波调制实现方法　一般有**模拟幅度调制**和**键控**这两种产生 2ASK 信号的方法。如图 6.3.3 所示，其中图(a)为模拟幅度调制方法，它通过基带信号 $x_n(t)=\sum_{n=-\infty}^{\infty}a_n g_T(t-nT)$ 直接与正弦波信号 $\cos\omega_c t$ 相乘获得 2ASK 信号。图(b)为键控方法，其开关电路受二值的基带信号控制，产生 OOK 信号，当 $a_n=0$ 时，输出的信号状态始终为零，此时相当于输出端电路处在断开状态；当 $a_n=1$ 时，输出正弦波信号，此时相当于输出端电路处在接通状态。

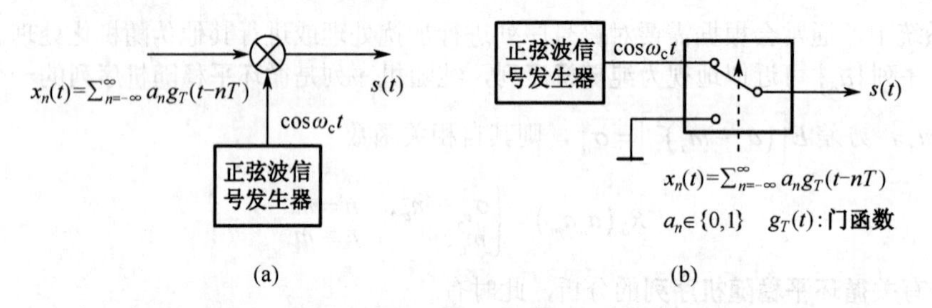

图 6.3.3　二进制幅度键控（2ASK）信号的产生

对于 OOK 信号，其码元波形 $g_T(t)$ 为门函数，调制输出的信号可以表示为

$$s(t)=\sum_{n=-\infty}^{\infty}a_n g_T(t-nT)\cos\omega_c t \tag{6.3.11}$$

其中，

$$g_T(t)=\begin{cases}1, & 0\leqslant t\leqslant T\\ 0, & \text{其他}\end{cases} \tag{6.3.12}$$

$s(t)$ 也可以表示为

$$s(t)=\sum_{n=-\infty}^{\infty}u_n(t) \tag{6.3.13}$$

其中 $u_n(t)$ 表示发送端在第 n 个码元的持续时间内的输出波形：

$$u_n(t)=\begin{cases}s_1(t-nT), & 发送“1”时 \\ 0, & 发送“0”时\end{cases} \tag{6.3.14}$$

式中，

$$s_1(t)=\begin{cases}a\cos\omega_c t, & 0\leqslant t\leqslant T \\ 0, & 其他\end{cases} \tag{6.3.15}$$

2ASK 载波调制信号的解调　2ASK 信号可以采用 6.2.3 节介绍的相干解调、相关解调和包络检波等三种方法。这三种方法实现的复杂度不同，性能也各异。下面主要针对 OOK 信号分析其具体实现方法和有关的性能。

（1）**OOK 信号的相干解调及性能分析**　对于 OOK 信号，图 6.2.4 所示的相干解调法可以简化为图 6.3.4 所示的结构。

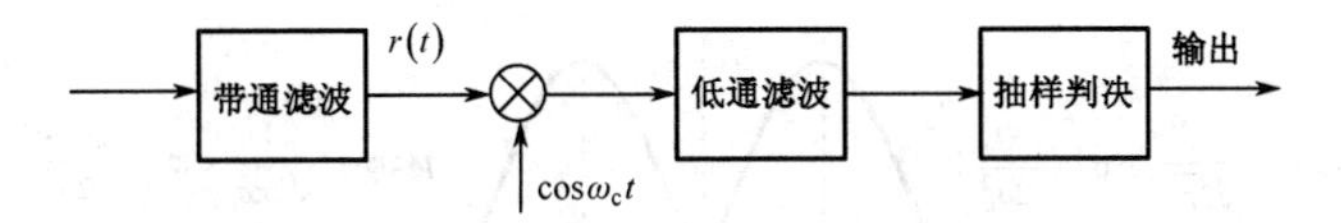

图 6.3.4　OOK 信号的相干解调

在相干解调前加入带通滤波器以滤除带外的噪声。经过带通滤波器后，接收信号的第 n 个码元信号可以表示为

$$r_n(t)=u_n(t)+n(t) \tag{6.3.16}$$

其中 $n(t)$ 是白噪声 $n_W(t)$ 经过带通滤波后的窄带噪声，

$$n(t)=n_c(t)\cos\omega_c t-n_s(t)\sin\omega_c t \tag{6.3.17}$$

由式（6.3.14）和式（6.3.15），第 n 个接收的码元信号为

$$\begin{aligned}r_n(t)&=\begin{cases}a\cos\omega_c t+n_c(t)\cos\omega_c t-n_s(t)\sin\omega_c t, & 发“1”时 \\ n_c(t)\cos\omega_c t-n_s(t)\sin\omega_c t, & 发“0”时\end{cases} \\ &=\begin{cases}\left(a+n_c(t)\right)\cos\omega_c t-n_s(t)\sin\omega_c t, & 发“1”时 \\ n_c(t)\cos\omega_c t-n_s(t)\sin\omega_c t, & 发“0”时\end{cases}\end{aligned} \tag{6.3.18}$$

相干解调法要求在接收端恢复载波信号，这里所谓的恢复载波信号不是简单地产生一个频率**标称值**相同的正弦波信号，而是一个与载波信号**同频同相**的同步信号。假定在接收端已获得载波同步信号 $\cos\omega_c t$，该信号与式（6.3.18）表示的第 n 个码元信号相乘后可得

$$\begin{aligned}r_n(t)\cos\omega_c t&=\begin{cases}\left(a+n_c(t)\right)\cos\omega_c t\cos\omega_c t-n_s(t)\sin\omega_c t\cos\omega_c t, & 发“1”时 \\ n_c(t)\cos\omega_c t\cos\omega_c t-n_s(t)\sin\omega_c t\cos\omega_c t, & 发“0”时\end{cases} \\ &=\begin{cases}\dfrac{1}{2}\left(a+n_c(t)\right)\left(1+\cos 2\omega_c t\right)-\dfrac{1}{2}n_s(t)\sin 2\omega_c t, & 发“1”时 \\ \dfrac{1}{2}n_c(t)\left(1+\cos 2\omega_c t\right)-\dfrac{1}{2}n_s(t)\sin 2\omega_c t, & 发“0”时\end{cases}\end{aligned} \tag{6.3.19}$$

经低通滤波器后，得到包含有高斯噪声的**基带信号**

$$z_n(t)=\begin{cases}a+n_c(t), & 发“1”时 \\ n_c(t), & 发“0”时\end{cases} \tag{6.3.20}$$

在式中去除了系数“1/2”，对于接收信号来说，重要的是信号中的信噪比，信号幅度与噪声幅度等比例的变化不会影响系统的性能。因为 $n_c(t)$ 是高斯噪声，若其幅度的分布函数为

$$p\left(n_c\right)=\frac{1}{\sqrt{2\pi}\sigma_{n_c}}\exp\left(-\frac{n^2}{2\sigma_{n_c}^2}\right) \tag{6.3.21}$$

由此可得发“0”和“1”时信号的**似然函数**分别为

$$p\left(z\mid s_0\right)=\frac{1}{\sqrt{2\pi}\sigma_n}\exp\left(-\frac{z^2}{2\sigma_{n_c}^2}\right) \tag{6.3.22}$$

$$p\left(z\mid s_1\right)=\frac{1}{\sqrt{2\pi}\sigma_n}\exp\left(-\frac{(z-a)^2}{2\sigma_{n_c}^2}\right) \tag{6.3.23}$$

两似然函数的分布特性如图 6.3.5 所示。由图可知此时信号的接收变为一个单极性信号的判决问题。

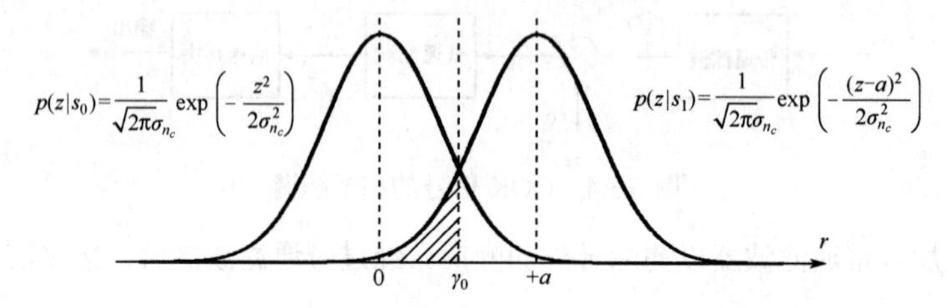

图 6.3.5 发“0”和“1”时信号的似然函数

根据第 5 章 5.7 节有关**最大似然判决**的分析方法［见式（5.7.29）］，在发送“0”和发送“1”**先验等概**的条件下，**最佳的判决门限**应设在

$$\gamma_0=\frac{a}{2} \tag{6.3.24}$$

判决规则为

$$z\begin{cases}<\gamma_0, & \text{判发送“0”}\\ \geqslant\gamma_0, & \text{判发送“1”}\end{cases} \tag{6.3.25}$$

误码性能分析 参照式（5.7.35），直接可得先验等概条件下相干解调时的**误码率**为

$$P_{\mathrm{E}}=Q\left(\frac{a_1-a_2}{2\sigma}\right)=Q\left(\frac{a-0}{2\sigma_{n_c}}\right)=Q\left(\frac{a}{2\sigma_{n_c}}\right)=Q\left(\sqrt{\frac{a^2}{4\sigma_{n_c}^2}}\right) \tag{6.3.26}$$

式中的噪声功率 $\sigma_{n_c}^2$ 是 $n_c\left(t\right)$ 的噪声功率，根据第 2 章中有关窄带高斯随机信号的分析，噪声 $n_c\left(t\right)$ 与噪声 $n\left(t\right)$ 的功率值相同。若信道的噪声功率密度谱为 N_0，带通滤波器的带宽 W_c 取码元周期倒数的两倍，$W_c=2\left(1/T\right)=2/T$，则噪声 $n\left(t\right)$ 的功率为

$$\sigma_n^2=W_cN_0=\frac{2N_0}{T} \tag{6.3.27}$$

因此 $n_c\left(t\right)$ 的噪声功率也相应地为 $\sigma_{n_c}^2=\sigma_n^2=2N_0/T$。

因为发“0”时和发“1”时，码元的能量分别为

$$E_{s0}=0\,,\quad E_{s1}=\int_0^T\left(a\cos\omega_c t\right)^2\mathrm{d}t=\frac{1}{2}a^2T \tag{6.3.28}$$

在上式的计算过程中利用了载波足够大时的结论 $\int_0^T\cos2\omega_c t\mathrm{d}t\approx0$。另外，在先验等概的条件下，**比特能量**为

$$E_{\mathrm{b}}=\frac{1}{2}E_{s0}+\frac{1}{2}E_{s1}=\frac{1}{2}\cdot0+\frac{1}{2}\left(\frac{1}{2}a^2T\right)=\frac{1}{4}a^2T \tag{6.3.29}$$

将式（6.3.27）和式（6.3.29）的结果代入式（6.3.26），可得

$$P_{\mathrm{E}}=Q\left(\sqrt{\frac{a^2}{4\sigma_{n_c}^2}}\right)=Q\left(\sqrt{\frac{a^2}{8N_0/T}}\right)=Q\left(\sqrt{\frac{a^2T/4}{2N_0}}\right)=Q\left(\sqrt{\frac{E_{\mathrm{b}}}{2N_0}}\right) \tag{6.3.30}$$

（2）**OOK 信号的相关解调（匹配滤波法）及性能分析**　对于 OOK 信号，前面图 6.2.6 所示的相关解调法（匹配滤波器法）可以简化为图 6.3.6 所示的结构。另外，第 5 章中图 5.7.3 给出的二元信号最佳接收的相关器实现方案具有一般性，无论是对于基带信号的接收还是对于调制信号的接收均适用。由此亦可直接得到图 6.3.6 所示的结构

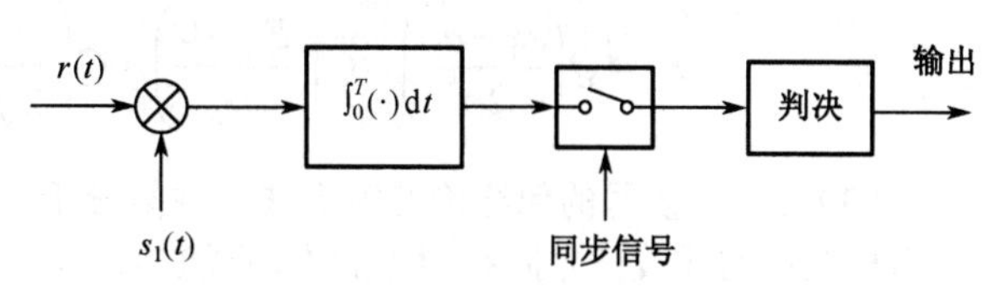

图 6.3.6　OOK 信号的相关解调（匹配滤波）

在 $t=T$ 时刻，相关器输出为

$$z(T)=\int_0^T r(t)s_1(t)\,\mathrm{d}t \tag{6.3.31}$$

（1）若当前接收的已调信号的码元是“1”，则判决时刻的抽样值

$$\begin{aligned}z_1(T)&=\int_0^T r(t)s_1(t)\mathrm{d}t=\int_0^T\left(s_1(t)+n_{\mathrm{W}}(t)\right)s_1(t)\mathrm{d}t\\&=\int_0^T s_1^2(t)\mathrm{d}t+\int_0^T n_{\mathrm{W}}(t)s_1(t)\mathrm{d}t=E_{s1}+N_1\end{aligned} \tag{6.3.32}$$

因为匹配滤波器是一种线性滤波器，对于输入高斯噪声 $n_{\mathrm{W}}(t)$，相应的噪声部分 N_1 仍然是**高斯噪声**。$E_{s1}=a^2T/2$ 是一常数，为发送“1”时码元的能量。

（2）若当前接收的已调信号的码元是“0”，则判决时刻的抽样值

$$z_0(T)=\int_0^T r(t)s_1(t)\mathrm{d}t=\int_0^T\left(0+n_{\mathrm{W}}(t)\right)s_1(t)\,\mathrm{d}t=\int_0^T n_{\mathrm{W}}(t)s_1(t)\mathrm{d}t=N_1 \tag{6.3.33}$$

由此可见 $z_1(T)$ 与 $z_0(T)$ 都是**高斯随机变量**。只要确定了其中高斯噪声 N_1 的均值和方差，就可以得到 $z_1(T)$ 与 $z_0(T)$ 的分布特性，进而可确定最佳的判决门限。按定义，N_1 的**均值**和**方差**分别为

$$E[N_1]=E\left[\int_0^T n_{\mathrm{W}}(t)s_1(t)\mathrm{d}t\right]=\int_0^T E\left[n_{\mathrm{W}}(t)\right]s_1(t)\mathrm{d}t=0 \tag{6.3.34}$$

$$\begin{aligned}\sigma_N^2&=E\left[\left(N_1-E[N_1]\right)^2\right]=E\left[\left(N_1\right)^2\right]=E\left[\int_0^T n_{\mathrm{W}}(t_1)s_1(t_1)\mathrm{d}t_1\int_0^T n_{\mathrm{W}}(t_2)s_1(t_2)\mathrm{d}t_2\right]\\&=\int_0^T\int_0^T E\left[n_{\mathrm{W}}(t_1)n_{\mathrm{W}}(t_2)\right]s_1(t_1)s_1(t_2)\mathrm{d}t_1\mathrm{d}t_2=\int_0^T\int_0^T\frac{N_0}{2}\delta(t_2-t_1)s_1(t_1)s_1(t_2)\mathrm{d}t_1\mathrm{d}t_2\\&=\frac{N_0}{2}\int_0^T s_1(t_2)s_1(t_2)\mathrm{d}t_2=\frac{N_0}{2}E_{s1}\end{aligned} \tag{6.3.35}$$

由此，可得到 $z_0(T)$ 与 $z_1(T)$ 的概率密度函数，以及发“0”和发“1”的**似然函数**：

$$p(z\,|\,s_0)=\frac{1}{\sqrt{2\pi}\sigma_N}\exp\left(-\frac{z^2}{2\sigma_N^2}\right) \tag{6.3.36}$$

$$p(z\,|\,s_1)=\frac{1}{\sqrt{2\pi}\sigma_N}\exp\left(-\frac{\left(z-E_{s1}\right)^2}{2\sigma_N^2}\right) \tag{6.3.37}$$

以上两式的分布特性与式（6.3.22）和式（6.3.23）有相同的形式，其特性曲线与图 6.3.5 类似，但要注意它们的均值与方差有所不同。当发送“0”和“1”所对应的符号先验等概时（$P(s_1)=P(s_2)=1/2$），同样可由式（5.7.29）得到**最佳的判决门限**为

$$\gamma_0=\frac{E_{s1}}{2} \tag{6.3.38}$$

判决规则与式（6.3.25）完全一样。在$P(s_1)\neq P(s_2)$，即非先验等概的情况下，判决门限γ_0的取值将有所变化，具体结果可根据第5章中讨论过的方法导出。

误码性能分析 同样，先验等概条件下的相关解调时的**误码率**可参照式（5.7.35）直接得到

$$P_{\mathrm{E}}=Q\left(\frac{a_1-a_2}{2\sigma}\right)=Q\left(\frac{E_{s1}-0}{2\sigma_N}\right)=Q\left(\frac{E_{s1}}{2\sqrt{N_0E_{s1}/2}}\right)=Q\left(\sqrt{\frac{E_{s1}}{2N_0}}\right)=Q\left(\sqrt{\frac{E_{\mathrm{b}}}{N_0}}\right) \tag{6.3.39}$$

（3）OOK信号的包络检波解调法及性能分析 OOK信号的相干解调和相关解调都必须在本地恢复出与发送的载波信号同频同相的本地载波信号，实现起来一般比较复杂。利用OOK信号发信息位“0”时不发送信号、发信息位“1”时发送一串载波信号的特点，在接收信噪比较大的场合，可以采用较为简单的包络检波方法解调OOK信号。图6.3.7给出了OOK信号的包络检波解调法的原理电路。

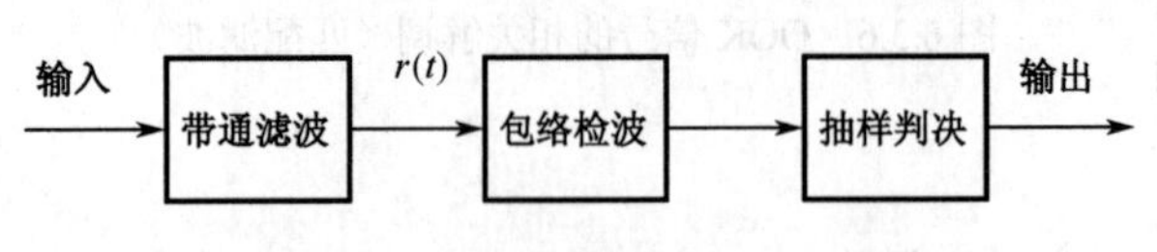

图6.3.7 OOK信号的包络检波解调

接送机的输入经带通滤波后，第n个接收的码元信号仍如式（6.3.18）所示。该式可整理变换为

$$r_n(t)=\begin{cases}\left(a+n_c(t)\right)\cos\omega_{\mathrm{c}}t-n_s(t)\sin\omega_{\mathrm{c}}t, & 发“1”时\\ n_c(t)\cos\omega_{\mathrm{c}}t-n_s(t)\sin\omega_{\mathrm{c}}t, & 发“0”时\end{cases}$$
$$=\begin{cases}\sqrt{\left(a+n_c(t)\right)^2+n_s^2(t)}\cos\left(\omega_{\mathrm{c}}t+\theta_n\right), & 发“1”时\\ \sqrt{n_c^2(t)+n_s^2(t)}\cos\left(\omega_{\mathrm{c}}t+\theta_n'\right), & 发“0”时\end{cases} \tag{6.3.40}$$

式中，

$$\theta_n=\arctan\frac{n_s(t)}{a+n_c(t)},\quad \theta_n'=\arctan\frac{n_s(t)}{n_c(t)}$$

由此，包络检波器在一个码元周期内检出的信号包络$V(t)$为

$$V(t)=\begin{cases}\sqrt{[a+n_c(t)]^2+n_s^{\,2}(t)}, & 发“1”时\\ \sqrt{n_c^{\,2}(t)+n_s^{\,2}(t)}, & 发“0”时\end{cases} \tag{6.3.41}$$

根据第2章对**窄带高斯随机信号**和**余弦波加窄带高斯随机信号**的有关分析可知，发“0”时，接收到的信号的包络$\sqrt{n_c^{\,2}(t)+n_s^{\,2}(t)}$服从**瑞利分布**

$$p_0(V)=\frac{V}{\sigma^2}\exp\left(-\frac{V^2}{2\sigma^2}\right) \tag{6.3.42}$$

而发“1”时，接收到的信号的包络$\sqrt{[a+n_c(t)]^2+n_s^{\,2}(t)}$服从**莱斯分布**

$$p_1(V)=\frac{V}{\sigma^2}\exp\left(-\frac{V^2+a^2}{2\sigma^2}\right)\cdot I_0\left(\frac{aV}{\sigma^2}\right) \tag{6.3.43}$$

上两式中的σ^2是高斯信号$n_c(t), n_s(t)$的方差。由此可得包络检波输入的分布特性

$$p(V)=\begin{cases}p_1(V)=\dfrac{V}{\sigma^2}\exp\left(\dfrac{V^2+a^2}{2\sigma^2}\right)\cdot I_0\left(\dfrac{aV}{\sigma^2}\right), & 发“1”时\\ p_0(V)=\dfrac{V}{\sigma^2}\exp\left(-\dfrac{V^2}{2\sigma^2}\right), & 发“0”时\end{cases} \tag{6.3.44}$$

$p_0(V)$和$p_1(V)$的特性如图6.3.8所示。

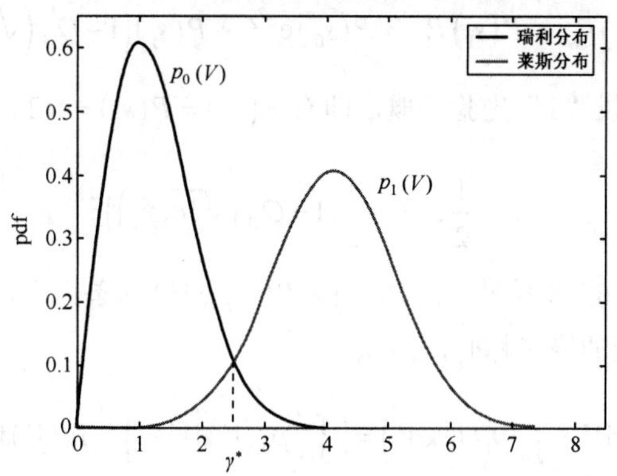

图 6.3.8 瑞利分布 $p_0(V)$ 与莱斯分布 $p_1(V)$ 特性

包络检波器的输出信号 $V(t)$，通常先经过低通滤波器，滤除检波过程中非线性运算产生的谐波，低通滤波器的截止频率设置在基带信号范围内，包络信号 $V(t)$ 本身不受影响。$V(t)$ 在判决器内进行抽样判决。判决器的工作原理与前面讨论过的高斯噪声干扰下信号的判决类似。如图 6.3.8 所示，假定抽样时刻为 $t=t_0$，判决门限为 γ，判决规则如下：

$$V(t_0)\begin{cases}\geqslant\gamma, & \text{判决发“1”}\\ <\gamma, & \text{判决发“0”}\end{cases} \tag{6.3.45}$$

误码性能分析 如图 6.3.8 所示，若发送的是符号“0”，则错误判决的概率为

$$P_{\mathrm{E0}}=\Pr(V>\gamma)=\int_\gamma^\infty p_0(V)\mathrm{d}V=\int_\gamma^\infty \frac{V}{\sigma^2}\mathrm{e}^{-\frac{V^2}{2\sigma^2}}\mathrm{d}V=\mathrm{e}^{-\frac{\gamma^2}{2\sigma^2}}=\mathrm{e}^{-\frac{\gamma_0^2}{2}} \tag{6.3.46}$$

式中 $\gamma_0=\gamma/\sigma$。同理，若发送的是符号“1”，则错误判决的概率为

$$P_{\mathrm{E1}}=\Pr(V\leqslant\gamma)=\int_0^\gamma p_1(V)\mathrm{d}V=1-\int_\gamma^\infty p_1(V)\mathrm{d}V=1-\int_\gamma^\infty \frac{V}{\sigma^2}I_0\left(\frac{aV}{\sigma^2}\right)\mathrm{e}^{-\frac{V^2+a^2}{2\sigma^2}}\mathrm{d}V \tag{6.3.47}$$

根据数学中定义的**马肯函数**

$$Q_{\mathrm{M}}(\alpha,\beta)=\int_\beta^\infty tI_0(\alpha t)\mathrm{e}^{-\frac{t^2+\alpha^2}{2}}\mathrm{d}t \tag{6.3.48}$$

式中，$I_0(x)$ 是零阶的贝塞尔函数。若令 $\alpha=a/\sigma$, $\beta=\gamma/\sigma$, $t=V/\sigma$，则式（6.3.47）可以表示为

$$P_{\mathrm{E1}}=1-Q\left(\frac{a}{\sigma},\frac{\gamma}{\sigma}\right) \tag{6.3.49}$$

因为方差 σ^2 表示零均值的噪声的功率，$a^2/2$ 表示信号的功率。若定义**信噪比**

$$r=\frac{a^2/2}{\sigma^2}=\frac{a^2}{2\sigma^2} \tag{6.3.50}$$

记 $\gamma_0=\gamma/\sigma$，则式（6.3.49）可以进一步表示为

$$P_{\mathrm{E1}}=1-Q_{\mathrm{M}}\left(\sqrt{2r},\gamma_0\right) \tag{6.3.51}$$

若发“0”和发“1”的先验概率分别为 $P(s_0)$ 和 $P(s_1)$，则总的误码率为

$$P_{\mathrm{E}}=P(s_0)P_{\mathrm{E0}}+P(s_1)P_{\mathrm{E1}}=P(s_0)\mathrm{e}^{-\frac{\gamma_0^2}{2}}+P(s_1)\left(1-Q_{\mathrm{M}}\left(\sqrt{2r},\gamma_0\right)\right) \tag{6.3.52}$$

特别地，如果发符号“0”和发“1”先验等概，即有 $P(s_0)=P(s_1)=1/2$，则有

$$P_{\mathrm{E}}=\frac{1}{2}\mathrm{e}^{-\frac{\gamma_0^2}{2}}+\frac{1}{2}\left(1-Q_{\mathrm{M}}\left(\sqrt{2r},\gamma_0\right)\right) \tag{6.3.53}$$

最佳判决门限 γ^* 由图 6.3.8 易见，在 $P(s_0)=P(s_1)=1/2$ 的条件下，当判决门限 γ 选择在 $p_0(V)$ 与 $p_1(V)$ 两曲线的交点所对应的横坐标时，面积

$$\min_{\gamma}\left(\int_{\gamma}^{\infty}p_0(V)\mathrm{d}V+\int_0^{\gamma}p_1(V)\mathrm{d}V\right)=\left(\int_{\gamma^*}^{\infty}p_0(V)\mathrm{d}V+\int_0^{\gamma^*}p_1(V)\mathrm{d}V\right)\Bigg|_{p_0(\gamma^*)=p_1(\gamma^*)} \tag{6.3.54}$$

达到最小，由此导出的最佳判决门限 γ^* 可由下式确定：

$$p_0(\gamma^*)=\frac{V}{\sigma^2}\mathrm{e}^{-\frac{V^2}{2\sigma^2}}\Bigg|_{V=\gamma^*}=p_1(\gamma^*)=\frac{V}{\sigma^2}I_0\left(\frac{aV}{\sigma^2}\right)\mathrm{e}^{-\frac{V^2+a^2}{2\sigma^2}}\Bigg|_{V=\gamma^*} \tag{6.3.55}$$

整理上式可得

$$1=I_0\left(\frac{a\gamma^*}{\sigma^2}\right)\mathrm{e}^{-\frac{a^2}{2\sigma^2}}\rightarrow\ \frac{a^2}{2\sigma^2}=\ln I_0\left(\frac{a\gamma^*}{\sigma^2}\right) \tag{6.3.56}$$

为得到更直观的结论，下面分别考虑**大信噪比**和**小信噪比**两种情况：

（a）在**大信噪比**（$r=\dfrac{a^2/2}{\sigma^2}\gg 1$）的条件下，一般相应地有 $\dfrac{a\gamma^*}{\sigma^2}\gg 1$，由**零阶贝塞尔函数**的性质，有 $\ln I_0\left(\dfrac{a\gamma^*}{\sigma^2}\right)\approx\dfrac{a\gamma^*}{\sigma^2}$，由式（6.3.56）可得

$$\frac{a^2}{2\sigma^2}\approx\frac{a\gamma^*}{\sigma^2} \tag{6.3.57}$$

由此可得大信噪比情况下的判决门限

$$\gamma^*=\frac{a}{2} \tag{6.3.58}$$

等于信号包络幅度取值的1/2。由 $\gamma_0=\gamma/\sigma$，可得利用噪声的均方根值 σ 对包络检波后的电压进行“归一化”后的判决门限

$$\gamma_0^*=\frac{a/2}{\sigma}=\frac{a}{2\sigma}=\sqrt{\frac{r}{2}} \tag{6.3.59}$$

包络检波解调法通常应用在大信噪比的场合，下面进一步分析在此条件下的误码性能。对于马肯函数，有

$$Q_{\mathrm{M}}(\alpha,\beta)\approx 1-\frac{1}{2}\mathrm{erf}\left(\frac{\alpha-\beta}{\sqrt{2}}\right)=\frac{1}{2}\mathrm{erfc}\left(\frac{\alpha-\beta}{\sqrt{2}}\right) \tag{6.3.60}$$

式中 $\mathrm{erf}(x)=\dfrac{2}{\sqrt{\pi}}\displaystyle\int_0^x\mathrm{e}^{-u^2}\mathrm{d}u$ 和 $\mathrm{erfc}(x)=1-\mathrm{erf}(x)$ 分别称为**误差函数**和**互补误差函数**。将式（6.3.59）的结果代入式（6.3.53），同时利用式（6.3.60），可得误码率

$$P_E=\frac{1}{2}e^{-\frac{r}{4}}+\frac{1}{4}\mathrm{erf}\left(\frac{\sqrt{r}}{2}\right)\approx\frac{1}{2}e^{-\frac{r}{4}}=\frac{1}{2}\exp\left(-\frac{a^2T/4}{4N_0}\right)=\frac{1}{2}\exp\left(-\frac{E_b}{4N_0}\right)\tag{6.3.61}$$

其中的约等号成立是利用了当 $r\gg1$ 时，$\frac{1}{2}e^{-\frac{r}{4}}\gg\frac{1}{4}\mathrm{erf}\left(\frac{\sqrt{r}}{2}\right)$ 的性质。

（b）在**小信噪比**（$r=\frac{a^2/2}{\sigma^2}\ll1$）的条件下，因为此时有 $\ln I_0\left(\frac{a\gamma^*}{\sigma^2}\right)\approx\frac{1}{4}\left(\frac{a\gamma^*}{\sigma^2}\right)^2$，式（6.3.56）可简化为

$$\frac{a^2}{2\sigma^2}=\frac{1}{4}\left(\frac{a\gamma^*}{\sigma^2}\right)^2\tag{6.3.62}$$

由此得到

$$\gamma^*=\sqrt{2\sigma^2}=\sqrt{2}\sigma\tag{6.3.63}$$

或

$$\gamma_0^*=\sqrt{2}\tag{6.3.64}$$

综上，对于三种不同的解调方法，其误码率的性能比较依次为

$$P_E\big|_{相关法}=Q\left(\sqrt{\frac{E_b}{N_0}}\right)<P_E\big|_{相干法}=Q\left(\sqrt{\frac{E_b}{2N_0}}\right)<P_E\big|_{包络法}=\frac{1}{2}\exp\left(-\frac{E_b}{4N_0}\right)$$

相关解调、相干解调法与包络检波解调法的误码性能特性如图 6.3.9 所示。

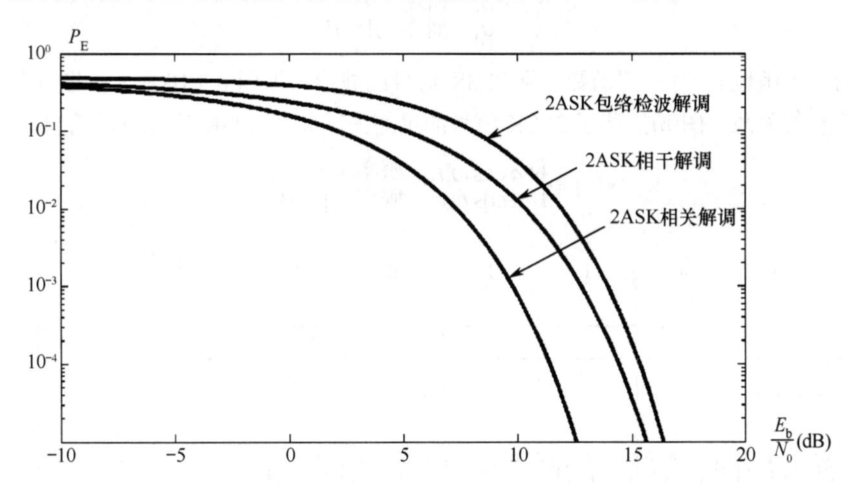

图 6.3.9　相干/相关解调法与包络检波解调法的误码性能

【**例 6.3.1**】　某 2ASK（OOK）信号的码元速率 $R_B=4.8\times10^6$ 波特，接收端输入信号的幅度 $a=1\mathrm{mV}$，信道中加性高斯白噪声的单边功率谱密度 $N_0=2\times10^{-15}\,\mathrm{W/Hz}$。

解：比特能量 $E_b=\frac{1}{4}a^2T=\frac{1}{4}(10^{-3})^2\frac{1}{4.8\times10^6}=\frac{1}{4\times4.8}10^{-12}$（焦耳）

（1）采用包络检波法进行解调

$$P_E\big|_{包络法}=\frac{1}{2}\exp\left(-\frac{E_b}{4N_0}\right)=\frac{1}{2}\exp\left(-\frac{10^{-12}/4\times4.48}{4\times2\times10^{-15}}\right)=\frac{1}{2}\exp(-6.7)=7.5\times10^{-4}$$

（2）采用相关解调法（匹配滤波器法）进行解调

由式（6.3.39），因为此时 $\sqrt{\dfrac{E_b}{N_0}}=\left(\left(\dfrac{1}{4\times4.8}10^{-12}\right)\Big/\left(2\times10^{-15}\right)\right)^{1/2}=5.1>3$，因此可利用近似计算公式 $Q(x)\approx\exp\left(-x^2/2\right)\Big/\left(x\sqrt{2\pi}\right)$ 进行计算，即有

$$P_E=Q\left(\sqrt{\frac{E_b}{N_0}}\right)\approx\exp\left(-\left(\sqrt{\frac{E_b}{N_0}}\right)^2\Big/2\right)\Bigg/\left(\sqrt{\frac{E_b}{N_0}}\sqrt{2\pi}\right)$$

$$=\frac{\exp\left(-\dfrac{5.1^2}{2}\right)}{5.1\times\sqrt{2\pi}}=\frac{\exp\left(-\dfrac{5.1^2}{2}\right)}{5.1\times\sqrt{2\pi}}\approx\frac{\exp(-13)}{12.78}=1.77\times10^{-7}$$

由此可见相关解调法的性能优于包络检波法。□

6.3.2 2PSK 调制解调系统

2PSK 信号 二进制移相键控调制简称 2PSK，PSK 是利用载波信号的相位来携带信息的一种调制方式。在 2PSK 中，为使代表信息“0”和信息“1”的信号相位最容易区分，即差异最大，通常选择 0° 和 180° 分别代表上述的两种不同信息。类似 2ASK，2PSK 信号一般地仍可以表示为

$$s(t)=x_n(t)\cos\omega_c t=\sum_{n=-\infty}^{\infty}a_n g_T(t-nT)\cos\omega_c t \tag{6.3.65}$$

其中的 $x_n(t)$，即二进制的码元序列 $\{a_n\}$，控制载波相位在 0°和 180°两种取值间变化。$\{a_n\}$ 的分布特性可以表示为

$$a_n=\begin{cases}+a, & \text{概率为}P\\ -a, & \text{概率为}1-P\end{cases} \tag{6.3.66}$$

如果基带信号的波形函数 $g_T(t)$ 取**门函数**，则 2PSK 信号的波形可如图 6.3.10 所示。图(a)描述了载波波形相位与发送信息的关系，图(b)描述了 2PSK 信号的星座图。此时 2PSK 信号可以简要地表示为

$$s(t)=\begin{cases}+a\cos\omega_c t, & \text{概率为}P\\ -a\cos\omega_c t, & \text{概率为}1-P\end{cases} \tag{6.3.67}$$

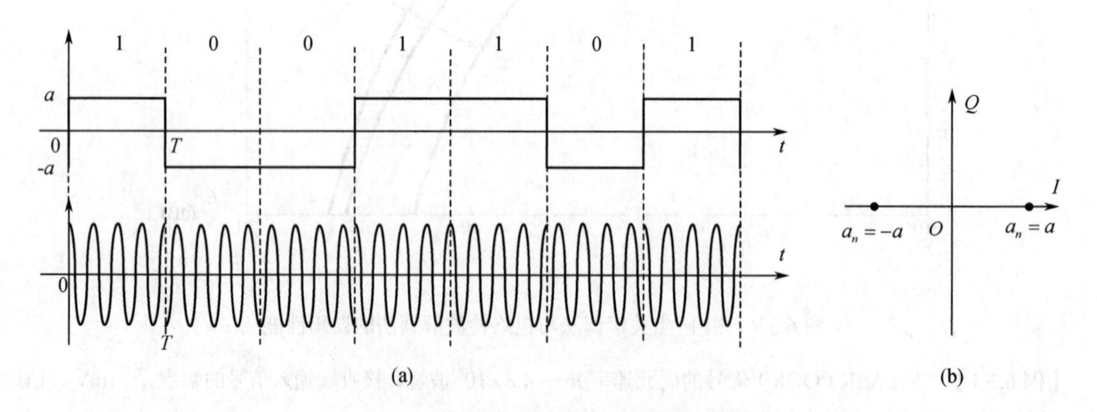

图 6.3.10 2PSK 信号波形及其星座图

2PSK 信号的功率密度谱 与 2ASK 信号类似，由式（6.2.24）可得一般的 2PSK 信号的功率密度谱为

$$P_s(f)=P_{x_n(t)\cos\omega_c t}(f)=\frac{1}{4T}P_a(f)\left(\left|G_T(f+f_c)\right|^2+\left|G_T(f-f_c)\right|^2\right) \tag{6.3.68}$$

式中，$f_\mathrm{c}=\omega_\mathrm{c}/2\pi$，$P_a(f)=\sum_{m=-\infty}^{\infty}R_a(m)\mathrm{e}^{-\mathrm{j}2\pi fmT}$。$R_a(m)$ 为基带符号序列 $\{a_n\}$ 的自相关函数。在发送“0”和“1”先验等概的条件下，由式（6.3.66），可得 $m_a=E[a_n]=0$。同样假定 $\{a_n\}$ 为纯随机序列，此时式（6.3.6）变为

$$R_a(a_n a_m)=\begin{cases}\sigma_a^2+m_a^2, & n=m\\ m_a^2, & n\neq m\end{cases}=\begin{cases}\sigma_a^2, & n=m\\ 0, & n\neq m\end{cases} \tag{6.3.69}$$

由此可得 2PSK 信号的功率谱

$$\begin{aligned}P_s(f)&=\frac{T}{4}P_a(f)\left(\mathrm{sinc}^2\left((f+f_\mathrm{c})T\right)+\mathrm{sinc}^2\left((f-f_\mathrm{c})T\right)\right)\\&=\frac{T}{4}\left(\sigma_a^2+\frac{m_a^2}{T}\sum_{m=-\infty}^{\infty}\delta\left(f-\frac{m}{T}\right)\right)\left(\mathrm{sinc}^2\left((f+f_\mathrm{c})T\right)+\mathrm{sinc}^2\left((f-f_\mathrm{c})T\right)\right)\\&=\frac{T}{4}\sigma_a^2\left(\mathrm{sinc}^2\left((f+f_\mathrm{c})T\right)+\mathrm{sinc}^2\left((f-f_\mathrm{c})T\right)\right)\end{aligned} \tag{6.3.70}$$

比较 OOK 信号的功率谱，此时 2PSK 信号中不包含载波成分。2PSK 信号的功率密度谱如图 6.3.11 所示。

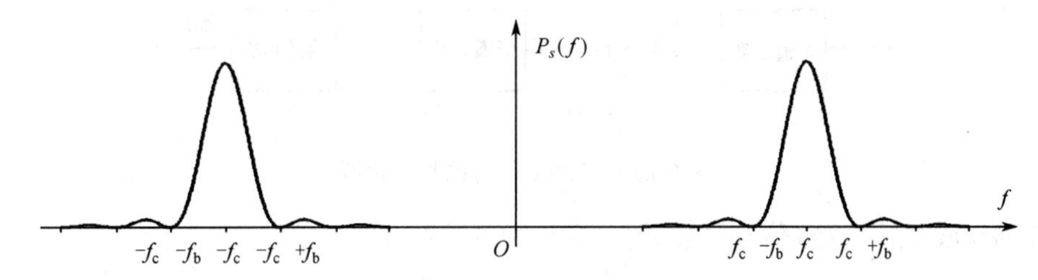

图 6.3.11　2PSK 信号的功率密度谱

2PSK 信号的主要特点

（1）2PSK 信号的功率谱仅含连续谱。其频谱特性主要由基带符号序列和基带信号的码型波形确定。

（2）2PSK 调制在将基带信号搬移到以 f_c 为中心的频带的过程中，其信号频带的宽度 W_{2PSK} 将扩大为原来基带信号频带宽度 W_B 的两倍。因此其频谱效率

$$\eta_{\mathrm{2PSK}}=\frac{R_\mathrm{S}}{W_{\mathrm{2PSK}}}=\frac{R_\mathrm{S}}{2W_\mathrm{B}}=\frac{1}{2}\eta_\mathrm{B} \tag{6.3.71}$$

仅为基带传输系统的一半。

2PSK 载波调制实现方法　与产生 2ASK 的方法类似，2PSK 信号可采用**模拟幅度调制**和**键控**两种方法生成。如图 6.3.12 所示，图(a)为模拟幅度调制方法，它通过**双极性**的基带信号 $x_n(t)=\sum_{n=-\infty}^{\infty}a_n g_T(t-nT)$ 直接与正弦波信号 $\cos\omega_\mathrm{c}t$ 相乘获得 2PSK 信号。图(b)为键控方法，其开关电路受二值的基带信号控制，产生 2PSK 信号，当 $a_n=+a$ 时，输出信号 $\cos\omega_\mathrm{c}t$；当 $a_n=-a$ 时，输出信号 $-\cos\omega_\mathrm{c}t$。

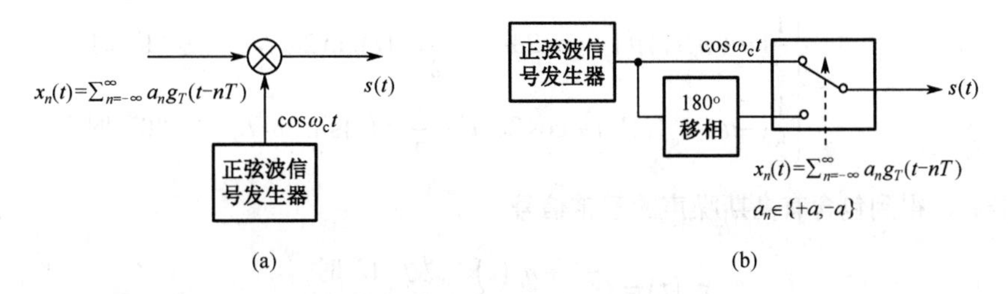

图 6.3.12　二进制移相键控（2PSK）信号的产生

同样，可将$s(t)$视为由一个个符号脉冲$u_n(t)$组成的信号，表示为

$$s(t)=\sum_{n=-\infty}^{\infty}u_n(t) \tag{6.3.72}$$

式中$u_n(t)$表示发送端在第n个码元的持续时间内的输出波形：

$$u_n(t)=\begin{cases}+s_1(t-nT), & \text{发送“1”时}\\ -s_1(t-nT), & \text{发送“0”时}\end{cases} \tag{6.3.73}$$

式中，

$$s_1(t)=\begin{cases}a\cos\omega_c t, & 0\leqslant t\leqslant T\\ 0, & \text{其他}\end{cases} \tag{6.3.74}$$

2PSK 信号的解调 2PSK 信号可以采用相干解调和相关解调两种方法。这两种方法的基本原理与OOK信号的相干解调和相关解调非常类似，下面分别加以讨论。

（1）**2PSK 信号的相干解调及性能分析** 2PSK 信号相干解调的实现方法如图 6.3.13 所示，可见与图 6.3.4 给出的 2ASK 相干解调系统的结构完全一致。

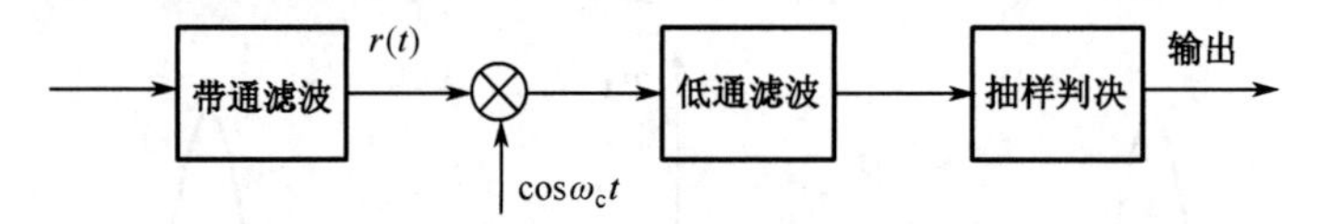

图 6.3.13 2PSK 信号的相干解调

经过带通滤波器后，接收信号的第n个码元信号可以表示为

$$r_n(t)=u_n(t)+n(t) \tag{6.3.75}$$

式中$n(t)$是白噪声$n_W(t)$经过带通滤波后的窄带噪声，

$$n(t)=n_c(t)\cos\omega_c t-n_s(t)\sin\omega_c t \tag{6.3.76}$$

由式（6.3.73）和式（6.3.74），第n个接收的码元信号为

$$\begin{aligned}r_n(t)&=\begin{cases}a\cos\omega_c t+n_c(t)\cos\omega_c t-n_s(t)\sin\omega_c t, & \text{发“1”时}\\ -a\cos\omega_c t+n_c(t)\cos\omega_c t-n_s(t)\sin\omega_c t, & \text{发“0”时}\end{cases}\\ &=\begin{cases}(a+n_c(t))\cos\omega_c t-n_s(t)\sin\omega_c t, & \text{发“1”时}\\ (-a+n_c(t))\cos\omega_c t-n_s(t)\sin\omega_c t, & \text{发“0”时}\end{cases}\end{aligned} \tag{6.3.77}$$

假定在接收端可获得与载波**同频同相**的信号$\cos\omega_c t$，该信号与式（6.3.77）表示的第n个码元信号相乘后可得

$$\begin{aligned}r_n(t)\cos\omega_c t&=\begin{cases}(a+n_c(t))\cos\omega_c t\cos\omega_c t-n_s(t)\sin\omega_c t\cos\omega_c t, & \text{发“1”时}\\ (-a+n_c(t))\cos\omega_c t\cos\omega_c t-n_s(t)\sin\omega_c t\cos\omega_c t, & \text{发“0”时}\end{cases}\\ &=\begin{cases}\dfrac{1}{2}(a+n_c(t))(1+\cos 2\omega_c t)-\dfrac{1}{2}n_s(t)\sin 2\omega_c t, & \text{发“1”时}\\ \dfrac{1}{2}(-a+n_c(t))(1+\cos 2\omega_c t)-\dfrac{1}{2}n_s(t)\sin 2\omega_c t, & \text{发“0”时}\end{cases}\end{aligned} \tag{6.3.78}$$

经低通滤波器后，得到包含有高斯噪声的**基带信号**

$$z_n(t)=\begin{cases}+a+n_c(t), & \text{发“1”时}\\ -a+n_c(t), & \text{发“0”时}\end{cases} \tag{6.3.79}$$

在式中去除了系数“1/2”，对于接收信号来说，重要的是信号中的信噪比，信号幅度与噪声幅度等比例的变化不会影响系统的性能。若已知高斯噪声 $n_c(t)$ 幅度取值的分布函数为

$$p(n_c)=\frac{1}{\sqrt{2\pi}\sigma_{n_c}}\exp\left(-\frac{n_c^2}{2\sigma_{n_c}^2}\right) \tag{6.3.80}$$

由此可得发“0”和“1”时信号的**似然函数**分别为

$$p(z\mid s_0)=\frac{1}{\sqrt{2\pi}\sigma_{n_c}}\exp\left(-\frac{(z+a)^2}{2\sigma_{n_c}^2}\right) \tag{6.3.81}$$

$$p(z\mid s_1)=\frac{1}{\sqrt{2\pi}\sigma_{n_c}}\exp\left(-\frac{(z-a)^2}{2\sigma_{n_c}^2}\right) \tag{6.3.82}$$

两似然函数的分布特性如图 6.3.14 所示。由图可知此时信号的接收变为两个双极性信号的判决问题。

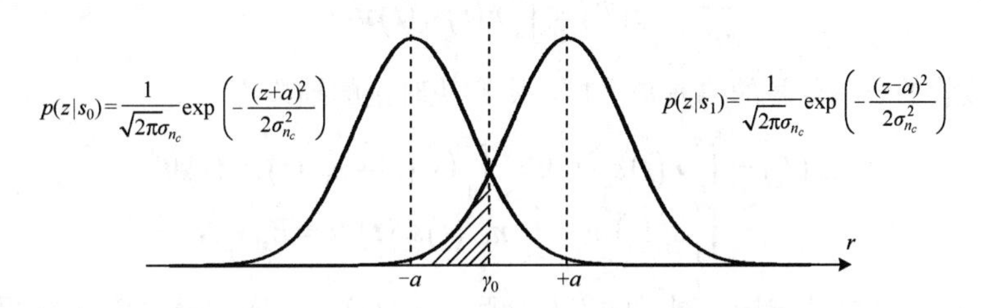

图 6.3.14　发“0”和“1”时信号的似然函数

在发送“0”和发送“1”**先验等概**的条件下，由式（5.7.29），**最佳的判决门限**应设在

$$\gamma_0=0 \tag{6.3.83}$$

此时**判决规则**为

$$z\begin{cases}<\gamma_0, & \text{判发送“0”}\\ \geqslant\gamma_0, & \text{判发送“1”}\end{cases} \tag{6.3.84}$$

误码性能分析　参照式（5.7.35），直接可得先验等概条件下相干解调时的**误码率**为

$$P_{\mathrm{E}}=Q\left(\frac{a_1-a_2}{2\sigma}\right)=Q\left(\frac{a-(-a)}{2\sigma_{n_c}}\right)=Q\left(\frac{2a}{2\sigma_{n_c}}\right)=Q\left(\sqrt{\frac{a^2}{\sigma_{n_c}^2}}\right) \tag{6.3.85}$$

噪声功率 $\sigma_{n_c}^2$ 的计算与 OOK 接收时的情形类似，其取值为

$$\sigma_{n_c}^2=\sigma_n^2=W_cN_0=\frac{2N_0}{T} \tag{6.3.86}$$

因为发“0”时码元的能量为

$$E_{s0}=\int_0^T(-a\cos\omega_{\mathrm{c}}t)^2\mathrm{d}t=\frac{1}{2}a^2T \tag{6.3.87}$$

发“1”时码元的能量为

$$E_{s1}=\int_0^T(a\cos\omega_{\mathrm{c}}t)^2\mathrm{d}t=\frac{1}{2}a^2T \tag{6.3.88}$$

显然有 $E_{s1}=E_{s0}$。因此在先验等概的条件下，**比特能量**为

$$E_{\mathrm{b}}=\frac{1}{2}E_{s0}+\frac{1}{2}E_{s1}=\frac{1}{2}\left(\frac{1}{2}a^2T\right)+\frac{1}{2}\left(\frac{1}{2}a^2T\right)=\frac{1}{2}a^2T \tag{6.3.89}$$

将上述结果代入式（6.3.85），可得

$$P_{\mathrm{E}}=Q\left(\sqrt{\frac{a^2}{\sigma_{n_c}^2}}\right)=Q\left(\sqrt{\frac{a^2T/2}{N_0}}\right)=Q\left(\sqrt{\frac{E_{\mathrm{b}}}{N_0}}\right) \tag{6.3.90}$$

可见2PSK系统的误码性能优于OOK系统的误码性能。这与基带系统中双极性系统的性能优于单极性系统的性能类似。

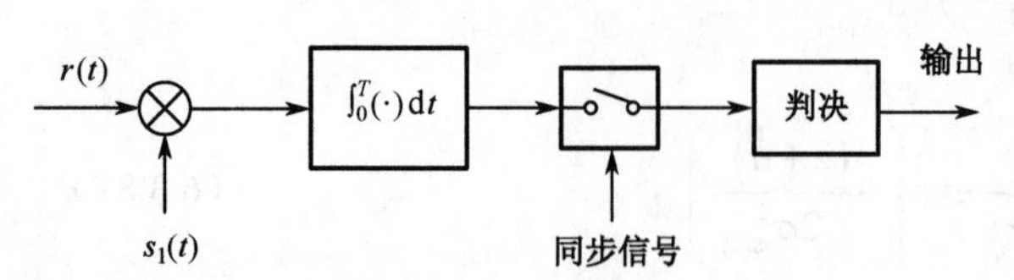

图 6.3.15　2PSK 信号的相关解调（匹配滤波）

（2）2PSK信号的相关解调（匹配滤波法）及性能分析　对于2PSK信号的相关解调法（匹配滤波器法），同样可以采用一般的二元信号最佳接收的相关器实现方案，如图6.3.15所示。

在$t=T$时刻，相关器输出为

$$z(T)=\int_0^T r(t)s_1(t)\mathrm{d}t \tag{6.3.91}$$

（1）若当前接收的已调信号的码元是“1”，则判决时刻的抽样值

$$\begin{aligned}z_1(T)&=\int_0^T r(t)s_1(t)\mathrm{d}t=\int_0^T\left(s_1(t)+n_{\mathrm{W}}(t)\right)s_1(t)\mathrm{d}t\\&=\int_0^T s_1^2(t)\mathrm{d}t+\int_0^T n_{\mathrm{W}}(t)s_1(t)\mathrm{d}t=E_{s1}+N_1\end{aligned} \tag{6.3.92}$$

因为匹配滤波器是一种线性滤波器，对于输入高斯噪声$n_{\mathrm{W}}(t)$，相应的噪声部分N_1仍然是**高斯噪声**。$E_{s1}=a^2T/2$是一常数，为发送“1”时码元的能量。

（2）若当前接收的已调信号的码元是“0”，则判决时刻的抽样值

$$\begin{aligned}z_0(T)&=\int_0^T r(t)s_1(t)\mathrm{d}t=\int_0^T\left(-s_1(t)+n_{\mathrm{W}}(t)\right)s_1(t)\mathrm{d}t\\&=\int_0^T -s_1^2(t)\mathrm{d}t+\int_0^T n_{\mathrm{W}}(t)s_1(t)\mathrm{d}t=-E_{s1}+N_1\end{aligned} \tag{6.3.93}$$

$z_1(T)$与$z_0(T)$都是**高斯随机变量**。只要确定了其中高斯噪声N_1的均值和方差，就可得到$z_1(T)$与$z_0(T)$的分布特性，进而可确定最佳的判决门限。由式（6.3.34）和式（6.3.35）可知，$E[N_1]=0$，$\sigma_N^2=N_0E_{s1}/2$。由此，可得到$z_0(T)$与$z_1(T)$的概率密度函数，即发“0”和发“1”时的**似然函数**为

$$p(z\,|\,s_0)=\frac{1}{\sqrt{2\pi}\sigma_N}\exp\left(-\frac{(z+E_{s1})^2}{2\sigma_N^2}\right) \tag{6.3.94}$$

$$p(z\,|\,s_1)=\frac{1}{\sqrt{2\pi}\sigma_N}\exp\left(-\frac{(z-E_{s1})^2}{2\sigma_N^2}\right) \tag{6.3.95}$$

$p(z\,|\,s_0)$和$p(z\,|\,s_1)$特性曲线同样与图6.3.14类似，只是均值与方差不同。当发送“0”和“1”所对应的符号先验等概时（$P(s_1)=P(s_2)=1/2$），同样由式（5.7.29）可得**最佳的判决门限**为

$$\gamma_0=0 \tag{6.3.96}$$

判决规则同样与式（6.3.84）完全一样。

误码性能分析　在先验等概条件下，参照式（5.7.35）直接得到误码率的表达式为

$$P_{\mathrm{E}}=Q\left(\frac{a_1-a_2}{2\sigma}\right)=Q\left(\frac{E_{s1}-(-E_{s1})}{2\sigma_N}\right)=Q\left(\frac{2E_{s1}}{2\sqrt{N_0E_{s1}/2}}\right)=Q\left(\sqrt{\frac{2E_{s1}}{N_0}}\right)=Q\left(\sqrt{\frac{2E_{\mathrm{b}}}{N_0}}\right) \tag{6.3.97}$$

因为对于 2PSK 信号，发送“0”和发送“1”时只是载波信号的相位不同，其包络一样，因此一般不能利用包络检波的方法进行解调。

综上，对于两种不同的解调方法，其误码率的性能有如下关系：

$$P_E\big|_{相关法}=Q\left(\sqrt{\frac{2E_b}{N_0}}\right)<P_E\big|_{相干法}=Q\left(\sqrt{\frac{E_b}{N_0}}\right)$$

即相关解调法（匹配滤波器法）的性能优于相干解调法。

6.3.3　2DPSK 调制解调系统

由式（6.3.70）和图 6.3.11 可见，2PSK 信号中没有纯载波成分，携带信息的已调载波信号的相位在 0°和 180°两种取值中变化。由 2PSK 信号的解调一节的讨论可知，解调过程需要恢复载波信号作为相干或相关解调时的**基准信号**。在稍后介绍同步的第 9 章中将了解到，在接收端从接收信号提取载波信息的过程中，实际上并不能确切地知道恢复后的载波信号的相位。而只能知道恢复的载波信号的相位与发送端载波的相位相差 0°或 180°，具体是 0°还是 180°则具有**随机性**，这就是 2PSK 信号解调时的**相位模糊**问题。相位模糊会导致解调后基带信号符号的反转，即原来的“0”变为“1”，原来的“1”变为“0”。实际上，对所有的相位调制信号，在解调时都会存在类似的相位模糊问题。

为了解决相位调制信号解调时的相位模糊问题，在实际系统中，基本上采用的都是**差分相位**调制的工作方式。前面介绍的 2PSK 调制信号，二进制符号的取值与载波的相位建立的是一种**绝对**的对应关系，如“0”对应“180°”，“1”对应“0°”；或者反之，“0”对应“0°”，“1”对应“180°”。**差分相位**调制采用的则是在相邻码元间建立相对相位关系的方法，根据前后码元的载波相位的相对变化来确定其携带的信息。

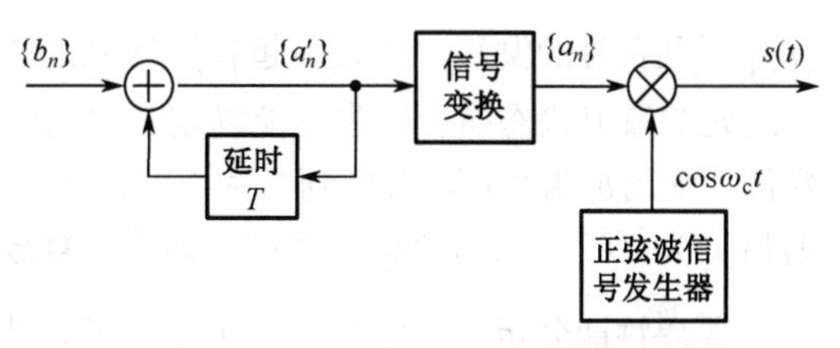

图 6.3.16　2DPSK 信号的产生

2DPSK 载波调制实现方法　所谓 2DPSK，就是二进制的差分移相键控。下面首先分析如何产生 2DPSK 信号。如图 6.3.16 所示，首先对二进制信息序列 $\{b_n\},b_n\in\{0,1\}$ 进行差分编码：

$$a'_n=b_n\oplus a'_{n-1} \tag{6.3.98}$$

其中得到的 $a'_n\in\{0,1\}$，对得到的差分码 $\{a'_n\}$ 进行变换：

$$a_n=\begin{cases}+a, & a'_n=1\\ -a, & a'_n=0\end{cases}\quad 或\quad a_n=\begin{cases}+a, & a'_n=0\\ -a, & a'_n=1\end{cases} \tag{6.3.99}$$

得到调制载波的基带符号序列 $\{a_n\}$。然后，利用前面介绍过的 2PSK 信号的绝对相位调制的方法，就可以生成 2DPSK 信号。

2DPSK 载波调制信号及频谱特性　2DPSK 载波调制信号的波形如图 6.3.17 所示，图(a)是输入的信息序列 $\{b_n\}$，图(b)是差分编码后得到的序列 $\{a'_n\}$，图(c)是经过信号变换后的序列 $\{a_n\}$，图(d)是输出的 2DPSK 信号 $s(t)$。

2DPSK 信号实际上是由输入序列 $\{b_n\}$ 经过变换后得到的 $\{a_n\}$ 直接进行绝对相位调制的结果。若输入序列 $\{b_n\}$ 是一个取“0”和取“1”等概的二进制信息序列，不难想象所得到的是一个取“$-a$”和取“$+a$”等概的二进制符号序列 $\{a_n\}$。因此 2DPSK 与 2PSK 的统计特性完全一样，两者的功率密度谱也完全一样，2DPSK 信号的功率密度谱同样可由图 6.3.11 所示的特性曲线表示。

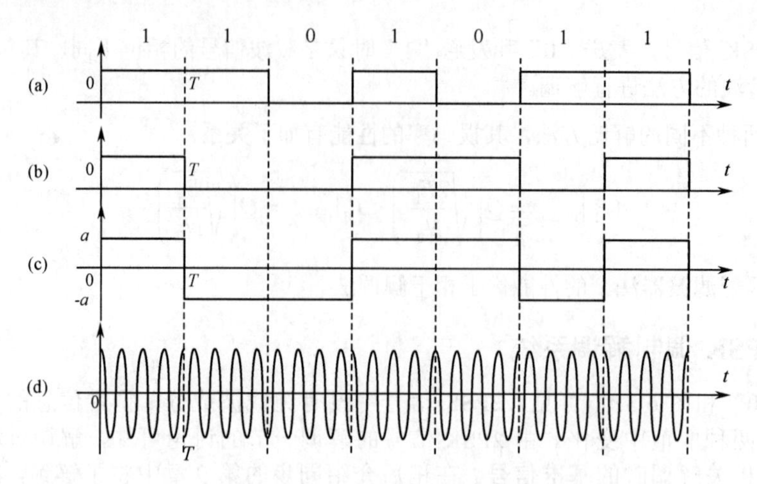

图 6.3.17　2DPSK 信号的波形

2DPSK 载波调制信号的解调　2DPSK 信号的解调方法主要有下面两种。

（1）**相干解调和相关解调**　采用相干解调或相关解调方式时，首先采用 2PSK 信号解调的方法对 2DPSK 信号解调，获得二进制符号序列$\{a_n\}$，由$\{a_n\}$通过变换获得相应的二进制差分序列$\{a'_n\}$，然后通过差分码的译码

$$a'_n \oplus a'_{n-1} = \left(b_n \oplus a'_{n-1}\right) \oplus a'_{n-1} = b_n \oplus \left(a'_{n-1} \oplus a'_{n-1}\right) = b_n \tag{6.3.100}$$

恢复出原来的二进制信息序列$\{b_n\}$。在解调$\{a_n\}$的过程中，2PSK 信号可能会由于相位模糊问题导致$\{a_n\}$序列符号的倒转，由此引起$\{a'_n\}$序列的“0”、“1”取值倒换，但由差分码译码时，是根据前后两个码元的取值状态是否发生变换确定其输出的。对于**传号差分码**，若前一码元与当前码元的取值发生变化，则判b_n为“1”，否则判b_n为“0”；而对于**空号差分码**，若前一码元与当前码元的取值发生变化，则判b_n为“0”，否则判b_n为“1”。因此恢复载波时出现的相位模糊问题，不会影响最后的译码输出。

误码性能分析　下面分析上述方法解调时的误码性能。

如果首先采用的 2PSK 信号的解调方法是相干解调法，其误码率 P_{E} 由式（6.3.90）确定；如果首先采用的 2PSK 信号的解调方法是相关解调法（匹配滤波器法），其误码率 P_{E} 由式（6.3.97）确定。但此时得到的误码率还不是 2DPSK 信号的误码率，因为要获得信息码，还需要进行差分码的译码运算。

差分码的译码由式（6.3.100）确定，图 6.3.18(a)、(b)和(c)分别给出了接收到的差分码没有误码、出现 1 位误码和**连续**出现 4 位误码时的差分码译码结果。当接收到的差分码有 1 位误码时，译码后有 2 位误码；当接收到的差分码有连续的 4 位误码时，译码后仍然只有 2 位误码。由此不难类推，当收到的差分码出现任意多位的连续误码时，译码后仍然只会有 2 位误码。

因此，假定 P_{E} 为 2DPSK 信号经 2PSK 解调的误码率，P_n 为出现连续 n 位误码的概率。则只出现 1 位误码的概率为，某位出现误码和该位前后均没有误码的概率的乘积，即

$$P_1 = \left(1-P_{\mathrm{E}}\right) P_{\mathrm{E}} \left(1-P_{\mathrm{E}}\right) \tag{6.3.101}$$

类似地，连续出现 2 位误码的概率为，某两位连续出现误码和该两位误码前后均没有误码的概率的乘积，即

$$P_2 = \left(1-P_{\mathrm{E}}\right) P_{\mathrm{E}}^2 \left(1-P_{\mathrm{E}}\right) \tag{6.3.102}$$

显然，一般地有

$$P_n = \left(1-P_{\mathrm{E}}\right) P_{\mathrm{E}}^n \left(1-P_{\mathrm{E}}\right) \tag{6.3.103}$$

因为差分码任意连续 n 位误码经译码后均仅出现两位误码，综合各种误码的可能性，可得 2DPSK 信号解码后的误码率为

$$
\begin{aligned}
P_{\mathrm{E,2DPSK}} &= 2P_1 + 2P_2 + \cdots + 2P_n + \cdots = \sum_{k=1}^{\infty} 2P_k \\
&= \sum_{k=1}^{\infty} 2\left(1-P_{\mathrm{E}}\right) P_{\mathrm{E}}^{k} \left(1-P_{\mathrm{E}}\right) = 2\left(1-P_{\mathrm{E}}\right)^2 \sum_{k=1}^{\infty} P_{\mathrm{E}}^{k} = 2\left(1-P_{\mathrm{E}}\right) P_{\mathrm{E}}
\end{aligned}
\quad (6.3.104)
$$

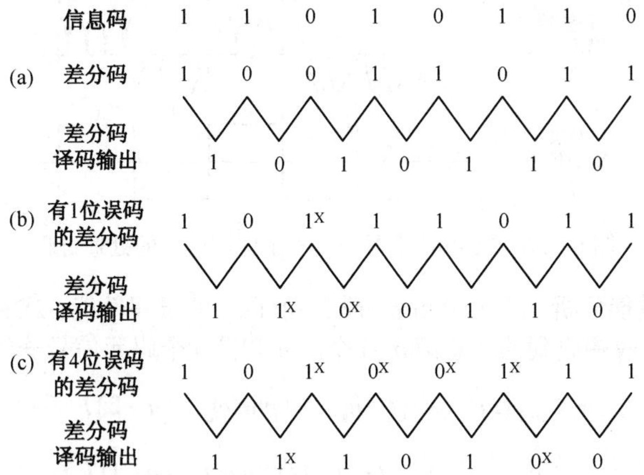

信息码　1　1　0　1　0　1　1　0

(a) 差分码　1　0　0　1　1　0　1　1

差分码译码输出　1　0　1　0　1　1　0

(b) 有1位误码的差分码　1　0　1ˣ　1　1　0　1　1

差分码译码输出　1　1ˣ　0ˣ　0　1　1　0

(c) 有4位误码的差分码　1　0　1ˣ　0ˣ　0ˣ　1ˣ　1　1

差分码译码输出　1　1ˣ　1　0　1　0ˣ　0

图 6.3.18　差分码的译码

（2）**差分相干解调**　差分相干解调的基本原理如图 6.3.19 所示，这种解调方法的特点是无须在本地恢复载波信号，因此也没有相位模糊问题，直接可以得到调制 2DPSK 信号的信息位。

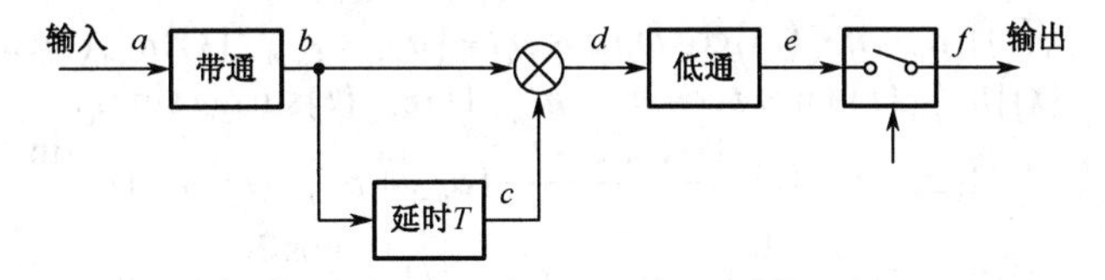

图 6.3.19　2DPSK 信号的差分相干解调

下面分析 2DPSK 信号的差分相干解调方法，先忽略传输过程中引入的噪声干扰的影响，假定带通滤波器带宽的选择使得接收的 2DPSK 信号没有失真，则在第 n 个码元时刻，在图中 b 点处接收到的信号为

$$u_n(t) = a_n \cos\omega_{\mathrm{c}} t, \quad 0 \leqslant t \leqslant T,\ a_n \in \{+a, -a\} \quad (6.3.105)$$

图中 d 点的信号为

$$
\begin{aligned}
u_n(t) u_{n-1}(t) &= a_n a_{n-1} \cos\omega_{\mathrm{c}} t \cos\omega_{\mathrm{c}} t \\
&= \frac{a_n a_{n-1}}{2}\left(1+\cos 2\omega_{\mathrm{c}} t\right), \quad 0 \leqslant t \leqslant T;\ a_{n-1}, a_n \in \{+a, -a\}
\end{aligned}
\quad (6.3.106)
$$

上两式中的“$0 \leqslant t \leqslant T$”表示一个码元信号持续的时间。经过低通滤波器后，忽略 1/2 倍数的影响，在点 e 处可以得到

$$u_e(t) = a_n a_{n-1}, \quad 0 \leqslant t \leqslant T;\ a_{n-1}, a_n \in \{+a, -a\} \quad (6.3.107)$$

抽样后，假定差分码采用传号差分码的编码方式，对第 n 个码元携带的信息按如下规则进行判决：

$$u_e(t) = a_n a_{n-1} = \begin{cases} a^2 \geqslant 0, & \text{判发送“0”} \\ -a^2 < 0, & \text{判发送“1”} \end{cases} \quad (6.3.108)$$

2DPSK 信号差分相干解调信号的处理过程如图 6.3.20 所示。

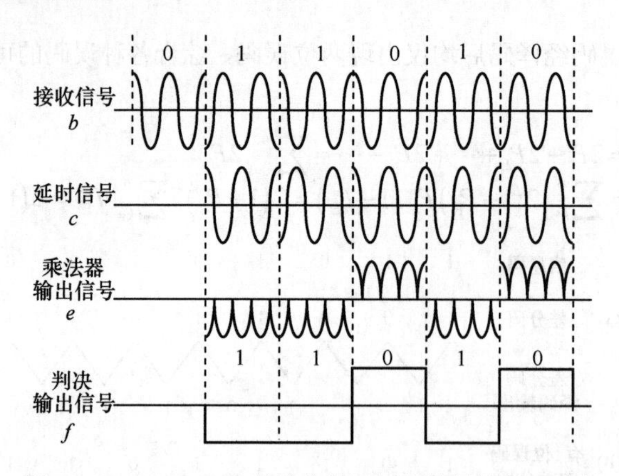

图 6.3.20 2DPSK 信号差分相干解调信号的处理过程

差分相干解调误码性能分析 下面分析差分相干解调时的误码性能。2DPSK 信号在传输过程中会受到噪声干扰的影响，接收端收到的任意第 $n-1$ 个码元和第 n 个码元信号一般可以表示为

$$u'_{n-1}(t)=\left(a_{n-1}+n_{c,n-1}(t)\right)\cos\omega_c t-n_{s,n-1}(t)\sin\omega_c t,\ (n-2)T\leqslant t\leqslant(n-1)T \tag{6.3.109}$$

$$u'_n(t)=\left(a_n+n_{c,n}(t)\right)\cos\omega_c t-n_{s,n}(t)\sin\omega_c t,\ \ (n-1)T\leqslant t\leqslant nT \tag{6.3.110}$$

其中 $a_{n-1},a_n\in\{+a,-a\}$。在解调过程中，第 $n-1$ 个码元和第 n 个码元信号相乘后，得

$$\begin{aligned}
&u'_{n-1}(t)u'_n(t)\\
&=\left(\left(a_{n-1}+n_{c,n-1}(t)\right)\cos\omega_c t-n_{s,n-1}(t)\sin\omega_c t\right)\left(\left(a_n+n_{c,n}(t)\right)\cos\omega_c t-n_{s,n}(t)\sin\omega_c t\right)\\
&=\left(a_{n-1}+n_{c,n-1}(t)\right)\left(a_n+n_{c,n}(t)\right)\cos\omega_c t\cos\omega_c t-\left(a_{n-1}+n_{c,n-1}(t)\right)n_{s,n}(t)\sin\omega_c t\cos\omega_c t\\
&\quad-\left(a_n+n_{c,n}(t)\right)n_{s,n-1}(t)\sin\omega_c t\cos\omega_c t+n_{s,n-1}(t)n_{s,n}(t)\sin\omega_c t\sin\omega_c t\\
&=\left(a_{n-1}+n_{c,n-1}(t)\right)\left(a_n+n_{c,n}(t)\right)\frac{1+\cos 2\omega_c t}{2}-\left(a_{n-1}+n_{c,n-1}(t)\right)n_{s,n}(t)\frac{\sin 2\omega_c t}{2}\\
&\quad-\left(a_n+n_{c,n}(t)\right)n_{s,n-1}(t)\frac{\sin 2\omega_c t}{2}+n_{s,n-1}(t)n_{s,n}(t)\frac{1-\cos 2\omega_c t}{2},\ (n-1)T\leqslant t\leqslant nT
\end{aligned} \tag{6.3.111}$$

再经过低通滤波器，得到

$$v_n(t)=\left(a_n+n_{c,n}(t)\right)\left(a_{n-1}+n_{c,n-1}(t)\right)+n_{s,n}(t)n_{s,n-1}(t),\ (n-1)T\leqslant t\leqslant nT \tag{6.3.112}$$

利用数学中的如下**恒等式**：

$$x_1x_2+y_1y_2=\frac{1}{4}\left(\left((x_1+x_2)^2+(y_1+y_2)^2\right)-\left((x_1-x_2)^2+(y_1-y_2)^2\right)\right) \tag{6.3.113}$$

以 $x_1=a_n+n_{c,n}(t),\ x_2=a_{n-1}+n_{c,n-1}(t),\ y_1=n_{s,n}(t),\ y_2=n_{s,n-1}(t)$ 代入上式，则式（6.3.112）变为

$$\begin{aligned}
v_n(t)=&\frac{1}{4}\left(\left(a_n+a_{n-1}+n_{c,n}(t)+n_{c,n-1}(t)\right)^2+\left(n_{s,n}(t)+n_{s,n-1}(t)\right)^2\right)\\
&-\frac{1}{4}\left(\left(a_n-a_{n-1}+n_{c,n}(t)-n_{c,n-1}(t)\right)^2+\left(n_{s,n}(t)-n_{s,n-1}(t)\right)^2\right)
\end{aligned} \tag{6.3.114}$$

其中 $(n-1)T\leqslant t\leqslant nT$， $a_{n-1},a_n\in\{+a,-a\}$。

下面进一步分析什么情况下会发生错误的判决。已知 $a_{n-1},a_n\in\{+a,-a\}$，下面分两种情况进行讨论

（1）**若第 n 个码元为“0”**，则应有 $a_{n-1}=+a,\ a_n=+a$ 或 $a_{n-1}=-a,\ a_n=-a$。由式（6.3.112）有

$$v_n(t)=\left(a_n+n_{c,n}(t)\right)\left(a_{n-1}+n_{c,n-1}(t)\right)+n_{s,n}(t)n_{s,n-1}(t)\begin{cases}\geqslant 0, & \text{判发送“0”，判决正确}\\ <0, & \text{判发送“1”，判决错误}\end{cases} \tag{6.3.115}$$

若 $a_{n-1}=+a,\ a_n=+a$，由式（6.3.114）有

$$\begin{aligned}v_n(t)=&\frac{1}{4}\left(\left(2a+n_{c,n}(t)+n_{c,n-1}(t)\right)^2+\left(n_{s,n}(t)+n_{s,n-1}(t)\right)^2\right)\\&-\frac{1}{4}\left(\left(n_{c,n}(t)-n_{c,n-1}(t)\right)^2+\left(n_{s,n}(t)-n_{s,n-1}(t)\right)^2\right)\end{aligned} \tag{6.3.116}$$

由式（6.3.115），

$$\begin{aligned}&\left(2a+n_{c,n}(t)+n_{c,n-1}(t)\right)^2+\left(n_{s,n}(t)+n_{s,n-1}(t)\right)^2\\&\qquad\geqslant\left(n_{c,n}(t)-n_{c,n-1}(t)\right)^2+\left(n_{s,n}(t)-n_{s,n-1}(t)\right)^2:\text{判发送“0”，判决正确}\\&\left(2a+n_{c,n}(t)+n_{c,n-1}(t)\right)^2+\left(n_{s,n}(t)+n_{s,n-1}(t)\right)^2\\&\qquad<\left(n_{c,n}(t)-n_{c,n-1}(t)\right)^2+\left(n_{s,n}(t)-n_{s,n-1}(t)\right)^2:\text{判发送“1”，判决错误}\end{aligned} \tag{6.3.117}$$

因为 $n_{c,n}(t),\ n_{c,n-1}(t),\ n_{s,n}(t),\ n_{s,n-1}(t)$ 均为均值为 0、方差为 σ_n^2 的相互独立的高斯随机过程。直接可以证明 $n_{c,n}(t)+n_{c,n-1}(t)$、$n_{s,n}(t)+n_{s,n-1}(t)$、$n_{c,n}(t)-n_{c,n-1}(t)$ 和 $n_{s,n}(t)+n_{s,n-1}(t)$ 均为均值为 0、方差为 $\sigma_n'^2=2\sigma_n^2$ 的高斯随机过程。而 $2a+n_{c,n}(t)+n_{c,n-1}(t)$ 则相应地为均值为 $a'=2a$、方差为 $\sigma_n'^2=2\sigma_n^2$ 的高斯随机过程。上述随机过程在判决时刻的抽样值则相应地为高斯随机变量。

同样，根据第 2 章对**窄带高斯随机信号**和**余弦波加窄带高斯随机信号**的有关分析可知 $V_0(t)=\sqrt{\left(n_{c,n}(t)-n_{c,n-1}(t)\right)^2+\left(n_{s,n}(t)-n_{s,n-1}(t)\right)^2}$ 的取值服从**瑞利分布**：

$$p(V_0)=\frac{V_0}{\sigma_n'^2}\exp\left(-\frac{V_0^2}{2\sigma_n'^2}\right) \tag{6.3.118}$$

而 $V_1(t)=\sqrt{\left(2a+n_{c,n}(t)+n_{c,n-1}(t)\right)^2+\left(n_{s,n}(t)+n_{s,n-1}(t)\right)^2}$ 的取值服从**莱斯分布**：

$$p(V_1)=\frac{V_1}{\sigma_n'^2}\exp\left(-\frac{V_1^2+a'^2}{2\sigma_n'^2}\right)\cdot I_0\left(\frac{a'V_1}{\sigma_n'^2}\right) \tag{6.3.119}$$

因此第 n 个码元为“0”时，发生错误判决的概率为

$$\begin{aligned}P_{\mathrm{E0}}&=\Pr(V_1<V_0)=\int_0^\infty p(V_1)\int_{V_0=V_1}^\infty p(V_0)\,\mathrm{d}V_0\mathrm{d}V_1\\&=\int_0^\infty\frac{V_1}{\sigma_n'^2}\exp\left(-\frac{V_1^2+a'^2}{2\sigma_n'^2}\right)\cdot I_0\left(\frac{a'V_1}{\sigma_n'^2}\right)\int_{V_0=V_1}^\infty\frac{V_0}{\sigma_n'^2}\exp\left(-\frac{V_0^2}{2\sigma_n'^2}\right)\mathrm{d}V_0\mathrm{d}V_1\\&=\int_0^\infty\frac{V_1}{\sigma_n'^2}\exp\left(-\frac{V_1^2+a'^2}{2\sigma_n'^2}\right)\cdot I_0\left(\frac{a'V_1}{\sigma_n'^2}\right)\cdot\exp\left(-\frac{V_1^2}{2\sigma_n'^2}\right)\mathrm{d}V_1\\&=\exp\left(-\frac{a'^2}{2\sigma_n'^2}\right)\int_0^\infty\frac{V_1}{\sigma_n'^2}\cdot I_0\left(\frac{a'V_1}{\sigma_n'^2}\right)\cdot\exp\left(-\frac{V_1^2}{\sigma_n'^2}\right)\mathrm{d}V_1\end{aligned} \tag{6.3.120}$$

令 $t=\dfrac{\sqrt{2}V_1}{\sigma_n'}$，$\alpha=\dfrac{a'}{\sqrt{2}\sigma_n'}$，上式可整理为

$$P_{\mathrm{E0}}=\frac{1}{2}\exp\left(-\frac{\alpha^2}{2}\right)\int_0^\infty tI_0(\alpha t)\exp\left(-\frac{\alpha^2+t^2}{2}\right)\mathrm{d}t \tag{6.3.121}$$

上式中的积分项是**马肯函数** $Q_{\mathrm{M}}(\alpha,\beta)=\int_\beta^\infty tI_0(\alpha t)\mathrm{e}^{-\frac{t^2+\alpha^2}{2}}\mathrm{d}t$ 在 $\beta=0$ 时的取值。利用马肯函数的性质

$$Q_{\mathrm{M}}(\alpha,\beta)\big|_{\beta=0}=1,\ \ Q_{\mathrm{M}}(\alpha,\beta)\big|_{\alpha=0}=\exp\left(-\frac{\beta^2}{2}\right) \tag{6.3.122}$$

中的第一个特性，可得

$$P_{E0}=\frac{1}{2}\exp\left(-\frac{\alpha^2}{2}\right)=\frac{1}{2}\exp\left(-\frac{a'^2}{4\sigma_n'^2}\right)=\frac{1}{2}\exp\left(-\frac{a^2}{2\sigma_n^2}\right) \tag{6.3.123}$$

上式中的最后一个等式利用了 $a'=2a$，$\sigma_n'^2=2\sigma_n^2$。

（2）**若第 n 个码元为“1”**，则应有 $a_{n-1}=-a,\ a_n=+a$ 或 $a_{n-1}=+a,\ a_n=-a$。由式（6.3.112）有

$$v_n(t)=\left(a_n+n_{c,n}(t)\right)\left(a_{n-1}+n_{c,n-1}(t)\right)+n_{s,n}(t)n_{s,n-1}(t)\begin{cases}\geqslant 0,\ \text{判发送“0”，判决错误}\\ <0,\ \text{判发送“1”，判决正确}\end{cases} \tag{6.3.124}$$

在式（6.3.115）中 $a_n=a_{n-1}$，而在式（6.3.124）中 $a_n=-a_{n-1}$。因此，若对式（6.3.124）的结果乘以“-1”，则有

$$\begin{aligned}v_n'(t)&=-v_n(t)\\&=\left(-a_n+n_{c,n}(t)\right)\left(a_{n-1}+n_{c,n-1}(t)\right)+n_{s,n}(t)n_{s,n-1}(t)\begin{cases}\leqslant 0,\ \text{判发送“0”，判决错误}\\ >0,\ \text{判发送“1”，判决正确}\end{cases}\\&=\left(a_n'+n_{c,n}(t)\right)\left(a_{n-1}+n_{c,n-1}(t)\right)+n_{s,n}(t)n_{s,n-1}(t)\begin{cases}\leqslant 0,\ \text{判发送“0”，判决错误}\\ >0,\ \text{判发送“1”，判决正确}\end{cases}\end{aligned} \tag{6.3.125}$$

此时有 $a_n'=a_{n-1}$。由此可以导出**发生错误判决的概率**与式（6.3.123）完全相同的结果，即第 n 个码元为“1”时，发生错误判决的概率为

$$P_{E1}=\frac{1}{2}\exp\left(-\frac{a^2}{2\sigma_n^2}\right) \tag{6.3.126}$$

综合上面（1）和（2）的分析，若发“0”和发“1”的先验概率分别为 $P(s_0)$ 和 $P(s_1)$，则总的错误概率为

$$P_E=P(s_0)P_{E0}+P(s_1)P_{E1}=\frac{1}{2}\exp\left(-\frac{a^2}{2\sigma_n^2}\right) \tag{6.3.127}$$

解调器的输入信号的码元能量 $E_{s0}=E_{s1}=E_b=a^2T/2$。因为带通的带宽通常取 $W=2/T$，噪声功率 $\sigma_n^2=WN_0$，由此可将误码率表示为

$$P_E=\frac{1}{2}\exp\left(-\frac{a^2}{2\sigma_n^2}\right)=\frac{1}{2}\exp\left(-\frac{E_b}{2N_0}\right) \tag{6.3.128}$$

6.3.4 2FSK 调制解调系统

2FSK 信号 二进制移频键控调制简称 2FSK，它是一种二进制的、利用载波信号的频率来携带信息的调制方式。2FSK 信号一般可以表示为

$$s(t)=\sum_{n=-\infty}^{\infty}a_n ag_T(t-nT)\cos\omega_{c1}t+\sum_{n=-\infty}^{\infty}\bar{a}_n ag_T(t-nT)\cos\omega_{c2}t \tag{6.3.129}$$

式中 $a_n\in\{0,1\}$。上式也可以表示为

$$s(t)=\sum_{n=-\infty}^{\infty}u_n(t) \tag{6.3.130}$$

其中第 n 个码元信号 $u_n(t)$ 为

$$u_n(t)=\begin{cases}ag_T(t-nT)\cos\omega_{c1}t, & a_n=1(\text{概率为}P)\\ ag_T(t-nT)\cos\omega_{c2}t, & a_n=0(\text{概率为}1-P)\end{cases} \tag{6.3.131}$$

如果波形函数 $g_T(t)$ 为门函数，则有

$$u_n(t)=\begin{cases}a\cos\omega_{c1}t, & a_n=1\left(\text{概率为}P\right)\\ a\cos\omega_{c2}t, & a_n=0\left(\text{概率为}1-P\right)\end{cases},\quad (n-1)T\leqslant t<nT \tag{6.3.132}$$

为便于在解调时分辨这两个不同频率的信号，通常希望在一个码元周期内，信号 $a\cos\omega_{c1}t$ 与信号 $a\cos\omega_{c2}t$ 具有**正交性**，即满足

$$\begin{aligned}&\int_0^T\cos\left(\omega_{c1}t+\phi\right)\cos\omega_{c2}t\mathrm{d}t\\&=\cos\phi\int_0^T\cos\omega_{c1}t\cos\omega_{c2}t\mathrm{d}t-\sin\phi\int_0^T\sin\omega_{c1}t\cos\omega_{c2}t\mathrm{d}t\\&=\frac{1}{2}\cos\phi\left(\frac{\sin\left(\omega_{c1}+\omega_{c2}\right)T}{\omega_{c1}+\omega_{c2}}+\frac{\sin\left(\omega_{c1}-\omega_{c2}\right)T}{\omega_{c1}-\omega_{c2}}\right)\\&\quad+\frac{1}{2}\sin\phi\left(\frac{\cos\left(\omega_{c1}+\omega_{c2}\right)T-1}{\omega_{c1}+\omega_{c2}}+\frac{\cos\left(\omega_{c1}-\omega_{c2}\right)T-1}{\omega_{c1}-\omega_{c2}}\right)=0\end{aligned} \tag{6.3.133}$$

式中引入相位 ϕ 的目的主要是考虑信号 $a\cos\omega_{c1}t$ 与信号 $a\cos\omega_{c2}t$ 的起始相位可能不同。因为一般地有 $\omega_{c1}+\omega_{c2}\gg 1$，因此有

$$\frac{\sin\left(\omega_{c1}+\omega_{c2}\right)T}{\omega_{c1}+\omega_{c2}}\approx 0,\quad \frac{\cos\left(\omega_{c1}+\omega_{c2}\right)T-1}{\omega_{c1}+\omega_{c2}}\approx 0 \tag{6.3.134}$$

因此，式（6.3.133）正交性的条件简化为

$$\cos\phi\sin\left(\omega_{c1}-\omega_{c2}\right)T+\sin\phi\left(\cos\left(\omega_{c1}-\omega_{c2}\right)T-1\right)=0 \tag{6.3.135}$$

由于相位 ϕ 的取值具有任意性，所以上式的条件等效为

$$\begin{aligned}\sin\left(\omega_{c1}-\omega_{c2}\right)T=0\\ \cos\left(\omega_{c1}-\omega_{c2}\right)T-1=0\end{aligned} \tag{6.3.136}$$

容易验证，当满足条件

$$\left(\omega_{c1}-\omega_{c2}\right)T=2\pi k\longrightarrow\omega_{c1}-\omega_{c2}=\frac{2\pi k}{T},\quad k\text{为正整数} \tag{6.3.137}$$

时，式（6.3.136）成立，即信号 $a\cos\left(\omega_{c1}t+\phi\right)$ 与信号 $a\cos\omega_{c2}t$ 在一个码元周期内具有正交性。其中满足条件的最小 k 值为 $k=1$，即满足条件的最小频率间隔为

$$\min\Delta\omega=\min\left|\omega_{c1}-\omega_{c2}\right|=\frac{2\pi}{T} \tag{6.3.138}$$

2FSK 的信号波形如图 6.3.21 所示，图中假定取 $\omega_{c1}>\omega_{c2}$，$\omega_{c1}=3\cdot\frac{2\pi}{T}$，则由式（6.3.138），有 $\omega_{c2}=\omega_{c1}-\frac{2\pi}{T}=3\cdot\frac{2\pi}{T}-\frac{2\pi}{T}=2\cdot\frac{2\pi}{T}$。

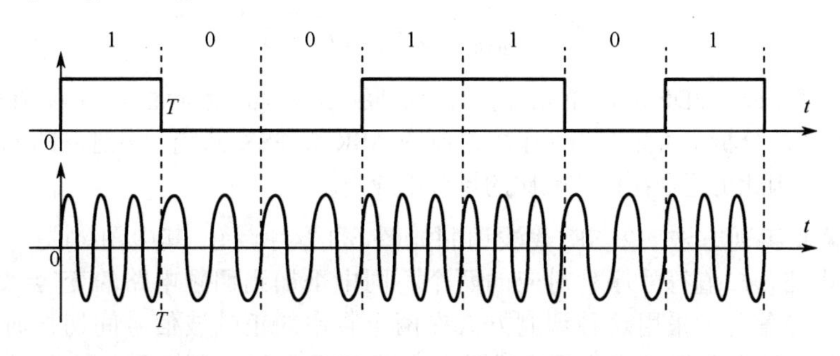

图 6.3.21　2FSK 信号波形示例

特别地，如果已知$\phi = 0$，式（6.3.135）可进一步简化为

$$\sin(\omega_{c1} - \omega_{c2})T = 0 \longrightarrow \omega_{c1} - \omega_{c2} = \frac{\pi k}{T}，\ k为正整数 \tag{6.3.139}$$

满足条件的最小k值为$k = 1$，即满足条件的最小频率间隔为

$$\min \Delta\omega = \min|\omega_{c1} - \omega_{c2}| = \frac{\pi}{T} \tag{6.3.140}$$

通常为保证ϕ取任意值时正交性的条件均成立，2FSK 信号两频率的最小间隔一般取$2\pi/T$。

2FSK 信号的功率谱 由式（6.3.129），2FSK 信号可视为由两个不同载波的 2ASK（OOK）信号合成的信号。由式（6.3.2）可直接导出 2FSK 信号的功率谱为

$$P_s(f) = \frac{1}{4T}P_a(f)\left(|G_T(f+f_{c1})|^2 + |G_T(f-f_{c1})|^2\right) + \frac{1}{4T}P_{\bar{a}}(f)\left(|G_T(f+f_{c2})|^2 + |G_T(f-f_{c2})|^2\right) \tag{6.3.141}$$

式中$P_a(f) = \sum_{m=-\infty}^{\infty} R_a(m)\mathrm{e}^{-\mathrm{j}2\pi fmT}$，$P_{\bar{a}}(f) = \sum_{m=-\infty}^{\infty} R_{\bar{a}}(m)\mathrm{e}^{-\mathrm{j}2\pi fmT}$，其中$R_a(m)$是基带符号序列$\{a'_n\}, a'_n = a_n a$的自相关函数；$R_{\bar{a}}(m)$是基带符号序列$\{\overline{a}'_n\}, \overline{a}'_n = \overline{a}_n a$的自相关函数。图 6.3.22 为$\omega_{c1} - \omega_{c2} = 2\pi/T$时 2FSK 信号的功率谱。

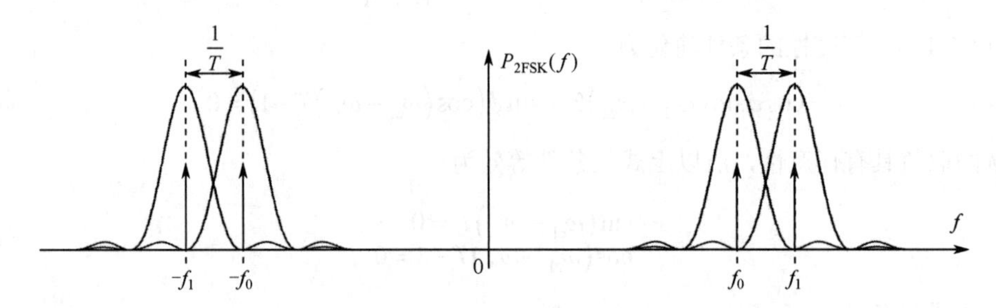

图 6.3.22　2FSK 信号的功率谱

若只考虑每个信号的主瓣，2FSK 信号的频带宽度一般可以表示为

$$W_{2FSK} = f_{c1} - f_{c2} + 2\frac{1}{T} \tag{6.3.142}$$

当两载波的间隔按照式（6.3.138）选取时，有

$$W_{2FSK} = f_{c1} - f_{c2} + 2\frac{1}{T} = \frac{1}{T} + \frac{2}{T} = \frac{3}{T} \tag{6.3.143}$$

若基带的波形信号为门函数，相应的两载波信号的频谱特性如图 6.3.23 所示。相应地 2FSK 的频带利用率为

$$\eta_{2FSK} = \frac{R_S}{W_{2FSK}} = \frac{1/T}{3/T} = \frac{R_S}{3W_B} = \frac{1}{3}\eta_B \tag{6.3.144}$$

显然相对于 2ASK 和 2PSK/2DPSK，2FSK 信号在频谱利用率方面没有优势。稍后在多进制的 FSK 信号的调制与解调系统的分析中可见，相对于多进制的 ASK 和 PSK 系统，多进制的 FSK 系统有较好的抗噪声干扰的性能，因此更适合在低信噪比的场合中应用。

2FSK 载波调制实现方法 2FSK 载波调制如图 6.3.24 所示，其中图(a)是一个由变容二极管实现的模拟调频电路，二值符号序列对应的两个不同电平加到调频电路的变容二极管上，可产生两个不同频率的正弦信号，采用这种调制方式在两个频率的正弦波信号间切换时，通常有平滑的相位过渡特性，但这种电路很难产生频率准确且稳定度很高的调制信号。图(b)是由两个正弦波发

生器和一个切换电路构成的 2FSK 调制电路，这种方法通常更容易获得稳定度较高的调制输出信号，但通过切换开关选择两路信号输出时，一般难以保证两信号间频率的平滑过渡，容易产生带外的频率干扰。

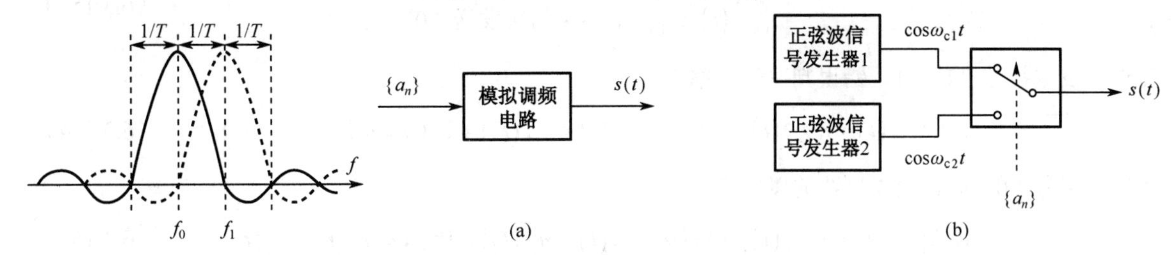

图 6.3.23　2FSK 信号的频谱特性　　　　图 6.3.24　2FSK 信号的产生

2FSK 信号的解调　2FSK 载波调制信号的解调方法包括相干解调、相关解调（匹配滤波器法）和包络检波解调等三种方法，下面分别加以介绍。

（1）**2FSK 信号的相干解调及性能分析**　2FSK 信号相干解调的实现方法如图 6.3.25 所示，形式上类似由两个 2ASK 相干解调系统组合而成，其中一路带通滤波器的中心频率选在 ω_{c1}，相干的载波信号为 $\cos\omega_{c1}t$；另外一路带通滤波器的中心频率选在 ω_{c2}，相干的载波信号为 $\cos\omega_{c2}t$。

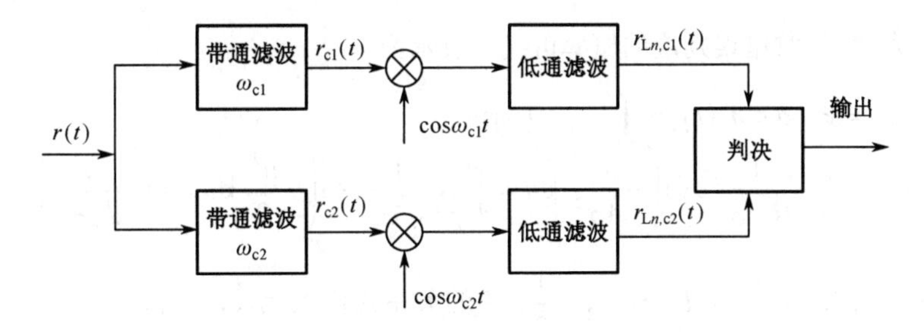

图 6.3.25　2FSK 信号的相干解调

对任意的第 n 个码元信号，若发送的是符号“1”，相应的 2FSK 信号为

$$u_n(t)=a\cos\omega_{c1}t,\ \ (n-1)T\leqslant t<nT \tag{6.3.145}$$

经过传输，接收的信号 $r_n(t)$ 经过带通滤波后可得

$$r_{n,c1}(t)=a\cos\omega_{c1}t+n_{c1}(t)\cos\omega_{c1}t-n_{s1}(t)\sin\omega_{c1}t,\ \ (n-1)T\leqslant t<nT \tag{6.3.146}$$

$$r_{n,c2}(t)=n_{c2}(t)\cos\omega_{c2}t-n_{s2}(t)\sin\omega_{c2}t,\ \ (n-1)T\leqslant t<nT \tag{6.3.147}$$

上式中的两信号分别与本地载波信号 $\cos\omega_{c1}t$ 与 $\cos\omega_{c2}t$ 相乘，并经低通滤波器后得到相应的输出为

$$r_{Ln,c1}(t)=a+n_{c1}(t),\ \ (n-1)T\leqslant t<nT \tag{6.3.148}$$

$$r_{Ln,c2}(t)=n_{c2}(t),\ \ (n-1)T\leqslant t<nT \tag{6.3.149}$$

同理，对任意的第 n 个码元信号，若发送的符号是“0”，相应的信号为

$$u_n(t)=a\cos\omega_{c2}t,\ \ (n-1)T\leqslant t<nT \tag{6.3.150}$$

经过传输，接收的信号 $r_n(t)$ 经过带通滤波、与本地载波相乘及低通滤波后可得

$$r_{Ln,c1}(t)=n_{c1}(t),\ \ (n-1)T\leqslant t<nT \tag{6.3.151}$$

$$r_{Ln,c2}(t)=a+n_{c2}(t),\ \ (n-1)T\leqslant t<nT \tag{6.3.152}$$

注意，对于 2FSK 信号的相干解调，有两路解调输出，**判决规则**与 2ASK 和 2PSK 时只有一路输出时的情形不同，采用的是对两路输出进行比较后，做“**择大判决**”的策略，即在抽样判决时刻 t

$$\begin{cases} r_{\mathrm{L}n,\mathrm{c1}}(t) \geqslant r_{\mathrm{L}n,\mathrm{c2}}(t) \to \text{判决发送“1”} \\ r_{\mathrm{L}n,\mathrm{c1}}(t) < r_{\mathrm{L}n,\mathrm{c2}}(t) \to \text{判决发送“0”} \end{cases} \tag{6.3.153}$$

显然，发送符号“1”时，错误判决的概率为

$$\Pr\left(r_{\mathrm{L}n,\mathrm{c1}}(t) < r_{\mathrm{L}n,\mathrm{c2}}(t)\right) = \Pr\left(a + n_{\mathrm{c1}}(t) < n_{\mathrm{c2}}(t)\right) = \Pr\left(a < n_{\mathrm{c2}}(t) - n_{\mathrm{c1}}(t)\right) \tag{6.3.154}$$

而发送符号“0”时，错误判决的概率为

$$\Pr\left(r_{\mathrm{L}n,\mathrm{c2}}(t) < r_{\mathrm{L}n,\mathrm{c1}}(t)\right) = \Pr\left(a + n_{\mathrm{c2}}(t) < n_{\mathrm{c1}}(t)\right) = \Pr\left(a < n_{\mathrm{c1}}(t) - n_{\mathrm{c2}}(t)\right) \tag{6.3.155}$$

因为在抽样判决时刻 t，获得的 $n_{\mathrm{c1}}(t)$ 与 $n_{\mathrm{c2}}(t)$ 是相互间独立且均值为 0、方差为 σ_n^2 的高斯随机变量，$\sigma_n^2 = N_0 W_c \approx N_0(2/T)$。容易证明 $n_{\mathrm{c2}}(t) - n_{\mathrm{c1}}(t)$ 与 $n_{\mathrm{c1}}(t) - n_{\mathrm{c2}}(t)$ 是均值为 0、方差为 $2\sigma_n^2$ 的高斯随机变量 $n_{\mathrm{c}}'(t)$。$n_{\mathrm{c}}'(t)$ 幅度取值的概率密度函数可以表示为

$$p_{n_{\mathrm{c}}'(t)}(n) = \frac{1}{\sqrt{2\pi}\sqrt{2}\sigma_n} \exp\left(-\frac{n^2}{2\left(2\sigma_n^2\right)}\right) = \frac{1}{2\sqrt{\pi}\sigma_n} \exp\left(-\frac{n^2}{4\sigma_n^2}\right) \tag{6.3.156}$$

因此，发“0”和发“1”时错误判决的概率可统一表示为

$$\begin{aligned} P_{\mathrm{E}} &= \Pr\left(a < n_{\mathrm{c}}'(t)\right) = \int_a^\infty p_{n_{\mathrm{c}}'(t)}(n)\mathrm{d}n \\ &= \int_a^\infty \frac{1}{2\sqrt{\pi}\sigma_n} \exp\left(-\frac{n^2}{4\sigma_n^2}\right)\mathrm{d}n = \int_{\frac{a}{\sqrt{2}\sigma_n}}^\infty \frac{1}{\sqrt{2\pi}} \exp\left(-\frac{u^2}{2}\right)\mathrm{d}u = Q\left(\frac{a}{\sqrt{2}\sigma_n}\right) \end{aligned} \tag{6.3.157}$$

若以 $\sigma_n^2 = N_0 W \approx N_0(2/T)$，$E_{\mathrm{b}} = E_{s1} = E_{s2} = \dfrac{1}{2}a^2 T$ 的关系式代入上式，可得

$$P_{\mathrm{E}} = Q\left(\sqrt{\frac{E_{\mathrm{b}}}{2N_0}}\right) \tag{6.3.158}$$

（2）**2FSK 信号的相关解调及性能分析** 2FSK 信号的相关解调原理如图 6.3.26 所示。

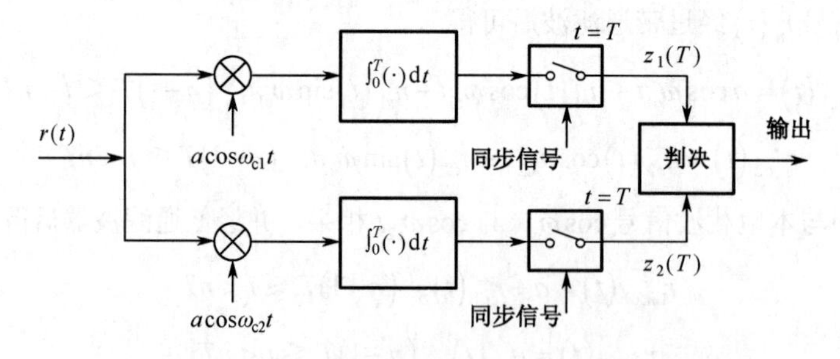

图 6.3.26 2FSK 信号的相关（匹配滤波器）解调

若记

$$u_n(t) = \begin{cases} a\cos\omega_{\mathrm{c1}}t = s_1(t), & a_n = 1(\text{概率为}P) \\ a\cos\omega_{\mathrm{c2}}t = s_2(t), & a_n = 0(\text{概率为}1-P) \end{cases}, \quad (n-1)T \leqslant t < nT \tag{6.3.159}$$

对第 n 个码元 $t = T$ 的采样判决时刻，相关器输出为

$$z_i(T) = \int_0^T r(t)s_i(t)\mathrm{d}t, \quad i = 1,2 \tag{6.3.160}$$

（a）若当前发送的码元是 $s_1(t)$，则判决时刻得到的抽样值

$$z_1(T)=\int_0^T r(t)s_1(t)\,\mathrm{d}t=\int_0^T\big(s_1(t)+n_{\mathrm{W1}}(t)\big)s_1(t)\,\mathrm{d}t=\int_0^T s_1^2(t)\mathrm{d}t+\int_0^T n_{\mathrm{W1}}(t)s_1(t)\mathrm{d}t=E_{s1}+N_1 \tag{6.3.161}$$

$$z_2(T)=\int_0^T r(t)s_2(t)\,\mathrm{d}t=\int_0^T n_{\mathrm{W2}}(t)s_2(t)\,\mathrm{d}t=N_1' \tag{6.3.162}$$

$E_{s1}=a^2T/2$ 是一常数，为发送“1”时码元的能量。因为匹配滤波器是一种线性滤波器，对于输入高斯噪声 $n_{\mathrm{W}i}(t),\ i=1,2$，相应的噪声部分 N_1 与 N_1' 仍然是**高斯噪声**，且因为 $n_{\mathrm{W}i}(t),\ i=1,2$ 均为具有相同特性的高斯白噪声，所以 N_1 与 N_1' 的特性完全相同。由式（6.3.34）和式（6.3.35）可知，$E[N_1]=E[N_1']=0$，$\sigma_{N_1}^2=\sigma_{N_2}^2=N_0E_{s1}/2$。

对于 2FSK 信号的相关解调，同样采用的是与相干解调时相同的**择大判决**的策略，此时出现错误判决，即误码的概率为

$$\Pr\big(z_1(T)<z_2(T)\big)=\Pr\big(E_{s1}+N_1<N_1'\big)=\Pr\big(E_{s1}<N_1'-N_1\big) \tag{6.3.163}$$

N_1 与 N_1' 是相互间独立且均值为 0、方差为 $N_0E_{s1}/2$ 的高斯随机变量。同样容易证明 $N=N_1'-N_1$ 是均值为 0、方差为 $2\sigma_{N_1}^2$ 的高斯随机变量。N 幅度取值的概率密度函数可以表示为

$$p_N(n)=\frac{1}{\sqrt{2\pi}\sqrt{2}\sigma_{N_1}}\exp\left(-\frac{n^2}{2\left(2\sigma_{N_1}^2\right)}\right)=\frac{1}{2\sqrt{\pi}\sigma_{N_1}}\exp\left(-\frac{n^2}{4\sigma_{N_1}^2}\right) \tag{6.3.164}$$

（b）若当前发送的码元是 $s_2(t)$，则相应可得判决时刻得到的抽样值

$$z_1(T)=N_2' \tag{6.3.165}$$

$$z_2(T)=E_{s2}+N_2 \tag{6.3.166}$$

此时出现错误判决的概率为

$$\Pr\big(z_2(T)<z_1(T)\big)=\Pr\big(E_{s2}+N_2<N_2'\big)=\Pr\big(E_{s2}<N_2'-N_2\big) \tag{6.3.167}$$

同样可得 $E[N_2]=E[N_2']=0$，$\sigma_{N_2}^2=\sigma_{N_2'}^2=N_0E_{s2}/2$。因为 $E_{s2}=E_{s1}=a^2T/2$，因此 $N_2'-N_2$ 的分布特性同样可由式（6.3.164）确定。

由此，由 $E_{\mathrm{b}}=E_{s2}=E_{s1}$，发 $s_1(t)$ 和发 $s_2(t)$ 时错误判决的概率可统一表示为

$$\begin{aligned}P_{\mathrm{E}}&=\Pr\big(E_{\mathrm{b}}<N\big)=\int_a^\infty p_N(n)\,\mathrm{d}n=\int_{E_{\mathrm{b}}}^\infty\frac{1}{2\sqrt{\pi}\sigma_{N_1}}\exp\left(-\frac{n^2}{4\sigma_{N_1}^2}\right)\mathrm{d}n\\&=\int_{\frac{E_{\mathrm{b}}}{\sqrt{2}\sigma_{N_1}}}^\infty\frac{1}{\sqrt{2\pi}}\exp\left(-\frac{u^2}{2}\right)\mathrm{d}u=Q\left(\frac{E_{\mathrm{b}}}{\sqrt{2}\sigma_{N_1}}\right)=Q\left(\sqrt{\frac{E_{\mathrm{b}}}{N_0}}\right)\end{aligned} \tag{6.3.168}$$

比较式（6.3.158）与式（6.3.168），可知相关解调的抗误码性能优于相干解调。

（3）2FSK 信号的包络检波法解调及性能分析　除上述两种解调法之外，2FSK 信号也可以用包络检波法进行解调。2FSK 信号包络检波的原理如图 6.3.27 所示。

（a）假定对第 n 个码元发送的是信号 $s_1(t)$，接收的信号 $r_n(t)$ 经过带通滤波后同样可由式（6.3.146）和式（6.3.147）表示。经包络检波后，分别得到包络信号

$$V_1(t)=\sqrt{\big(a+n_{\mathrm{c1}}(t)\big)^2+n_{\mathrm{s1}}^2(t)} \tag{6.3.169}$$

$$V_2(t)=\sqrt{n_{c2}{}^2(t)+n_{s2}{}^2(t)} \tag{6.3.170}$$

其中$V_1(t)$服从莱斯分布

$$p(V_1)=\frac{V_1}{\sigma_n^2}\exp\left(-\frac{V_1^2+a^2}{2\sigma_n^2}\right)\cdot I_0\left(\frac{aV_1}{\sigma_n^2}\right) \tag{6.3.171}$$

而$V_2(t)$服从瑞利分布

$$p(V_2)=\frac{V_2}{\sigma_n^2}\exp\left(-\frac{V_2^2}{2\sigma_n^2}\right) \tag{6.3.172}$$

参照由式（6.3.120）到式（6.3.123）的分析，可得第n个码元发生错误判决的概率为

$$P_{E1}=\Pr(V_1<V_2)=\int_0^{\infty}p(V_1)\int_{V_2=V_1}^{\infty}p(V_2)\mathrm{d}V_2\mathrm{d}V_1=\frac{1}{2}\exp\left(-\frac{a^2}{4\sigma_n^2}\right) \tag{6.3.173}$$

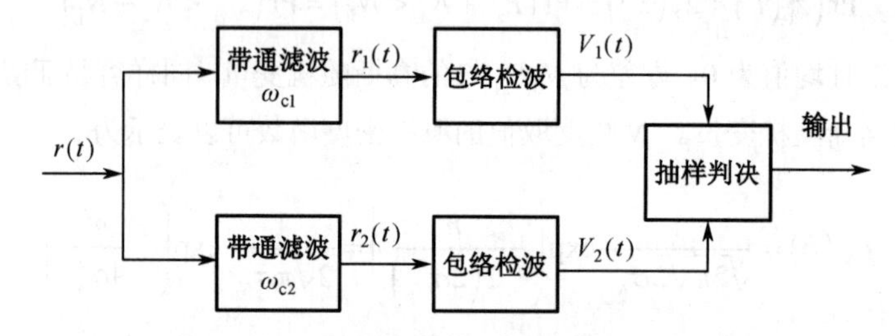

图 6.3.27　2FSK 信号的包络检波解调

（b）假定对第n个码元发送的是信号$s_2(t)$，此时相应地得到

$$V_1(t)=\sqrt{n_{c1}{}^2(t)+n_{s1}{}^2(t)} \tag{6.3.174}$$

$$V_2(t)=\sqrt{(a+n_{c2}(t))^2+n_{s2}^2(t)} \tag{6.3.175}$$

同理可得第n个码元发生错误判决的概率为

$$P_{E2}=\Pr(V_2<V_1)=\int_0^{\infty}p(V_2)\int_{V_1=V_2}^{\infty}p(V_1)\mathrm{d}V_1\mathrm{d}V_2=\frac{1}{2}\exp\left(-\frac{a^2}{4\sigma_n^2}\right) \tag{6.3.176}$$

综上，总的误码率为

$$P_E=P(s_1)P_{E1}+P(s_2)P_{E2}=\frac{1}{2}\exp\left(-\frac{a^2}{4\sigma_n^2}\right) \tag{6.3.177}$$

通常带通滤波器的带宽为信号的主瓣宽度，即$W=2/T$，相应的通过带通滤波器的噪声功率为$\sigma_n^2=WN_0=2N_0/T$，$E_b=E_{s2}=E_{s1}=a^2T/2$，代入上式得

$$P_E=\frac{1}{2}\exp\left(-\frac{a^2}{4\sigma_n^2}\right)=\frac{1}{2}\exp\left(-\frac{E_b}{4N_0}\right) \tag{6.3.178}$$

6.3.5　二进制调制解调系统的性能比较

前面详细地分析了 2ASK、2PSK、2DPSK 和 2FSK 等二进制调制解调系统的工作原理，表 6.3.1 归纳了各种不同方法在信号主瓣所占的带宽和误码性能的计算公式。图 6.3.28 给出的曲线则比较了不同调制解调方法误码性能。

表 6.3.1　不同调制解调方式的性能比较

调制方式	信号带宽	解调方式	误码率
2ASK（OOK）	$W_{2ASK}=2W_B$	相关解调	$P_E=Q\left(\sqrt{\frac{E_b}{N_0}}\right)$
		相干解调	$P_E=Q\left(\sqrt{\frac{E_b}{2N_0}}\right)$
		包络检波解调	$P_E=\frac{1}{2}\exp\left(-\frac{E_b}{4N_0}\right)$
2PSK	$W_{2PSK}=2W_B$	相关解调	$P_E=Q\left(\sqrt{\frac{2E_b}{N_0}}\right)$
		相干解调	$P_E=Q\left(\sqrt{\frac{E_b}{N_0}}\right)$
2DPSK	$W_{2DPSK}=2W_B$	相关解调或相干解调	$P_{E,2DPSK}=2(1-P_E)P_E$ （P_E 为 2PSK 信号的误码率）
		差分相干解调	$P_E=\frac{1}{2}\exp\left(-\frac{E_b}{2N_0}\right)$
2FSK	$W_{2FSK}=3W_B$ （取两载波频率之差为 W_B 时）	相关解调	$P_E=Q\left(\sqrt{\frac{E_b}{N_0}}\right)$
		相干解调	$P_E=Q\left(\sqrt{\frac{E_b}{2N_0}}\right)$
		包络检波解调	$P_E=\frac{1}{2}\exp\left(-\frac{E_b}{4N_0}\right)$

注：W_B 表示基带信号带宽。

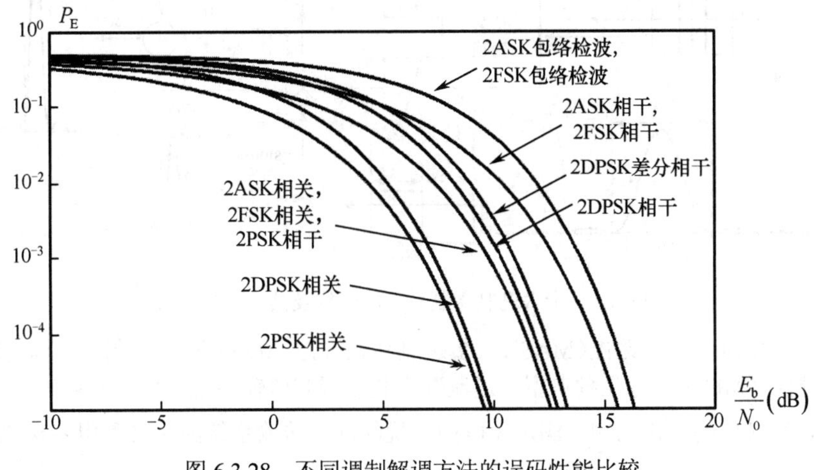

图 6.3.28　不同调制解调方法的误码性能比较

6.4　多进制数字载波调制传输系统

以上详细讨论了二进制数字载波调制系统的原理及性能，下面将讨论多进制数字调制系统。在实际的数字通信系统中，二进制和多进制数字调制都是常用的工作方式。多进制数字调制利用多进制数字基带信号去调制载波的幅度、频率或相位。因此，相应地有多进制数字幅度调制、多进制数字频率调制以及多进制数字相位调制等三种基本方式，此外在多进制载波调制传输系统中，通常还会同时调制载波信号的幅度和相位，以充分利用相幅平面的信号空间。

在二进制系统中，码元速率等于比特速率，码元周期等于比特周期。而在多进制系统中码元周期与比特周期、码元速率与比特速率之间的关系，与进制数有关。在本节中，为区分这些参数，特别用符号的下标加以说明：R_b 表示比特速率，$T_b = 1/R_b$ 表示比特周期；R_S 表示码元速率，$T_S = 1/R_S$ 表示码元周期。

多进制系统的进制数用 M 表示，通常取 $M = 2^k$，其中 k 是正整数。由此，一个 M 进制的码元，可以携带 $k = \log_2 M$ 比特的信息。

多进制数字载波调制最大的特点是，一个码元符号可以携带更多的比特信息，例如，四进制系统的每个码元符号可以携带 2 比特信息；八进制系统的每个符号可以携带 3 比特信息。因此对于相同的比特传输速率，多进制系统的码元速率比二进制系统的码元速率要低。在第 1 章中，曾经给出 M 进制系统码元速率 R_S 与其比特速率 R_b 之间的一般关系：

$$R_b = R_S \log_2 M \tag{6.4.1}$$

由此可见，在相同的码元传输速率下，多进制系统的比特传输速率比二进制系统的高；或者说，在相同的比特速率下，多进制码元传输速率比二进制的低。由于数字载波调制信号的频带宽度很大程度上取决于码元速率，因此除了多进制数字载波频率调制系统外，一般来说，多进制系统都会比二进制系统有更高的频带利用率。图 6.4.1 给出了一个十六进制调制系统与其相应基带信号两者的功率谱特性，显然十六进制系统所需的带宽仅约为二进制系统的 1/4。

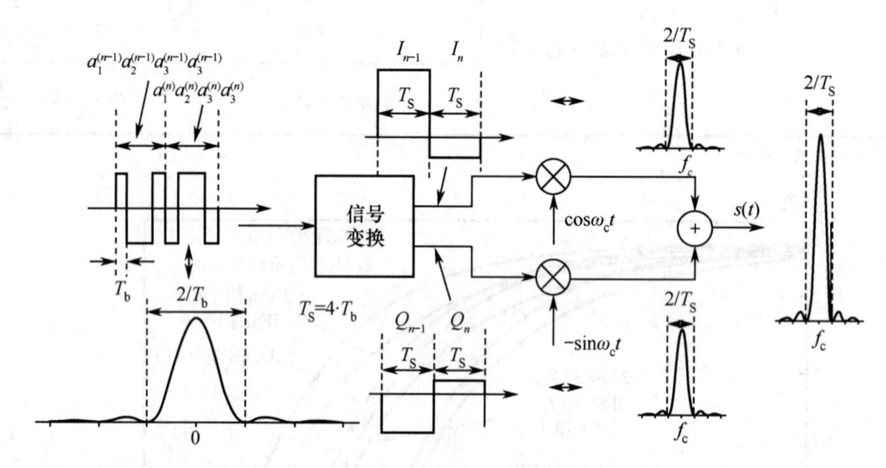

图 6.4.1　十六进制调制系统的结构及其功率谱特性

本节主要讨论多进制幅度键控（MASK）、多进制移相键控（MPSK）、多进制正交幅度调制（MQAM）和多进制移频键控（MFSK）等几种典型多进制数字载波调制传输系统的原理及误码率性能。

在基带传输系统中的讨论已知，满足无码间串扰的基带传输系统的频带利用率 η_B 为

$$\eta_B = \frac{R_b}{W_B} = \frac{R_S \log_2 M}{W_B} = \frac{2}{1+\alpha}\log_2 M\left(\text{bits/s/Hz}\right) \tag{6.4.2}$$

其中 W_B 为基带系统的带宽，α 为滚降系数。MASK、MPSK 和 MQAM 等系统中，数字载波调制信号均是双边带信号，若记 $W_C\left(W_C = 2W_B\right)$ 为上述载波调制信号的带宽，则相应地有

$$\eta_C = \frac{R_b}{W_C} = \frac{R_S \log_2 M}{W_C} = \frac{1}{1+\alpha}\log_2 M = \frac{1}{2}\eta_B \tag{6.4.3}$$

即频带利用率将为基带信号的 1/2。由上式可见，随着进制数 M 的增大，频带利用率 η_C 将相应地增大。但在一个实际系统中，M 的增大通常会受到信道条件和信噪比大小等因素的制约。图 6.4.2 给出了 M

取不同值、信号功率为一定值时的 MPSK 信号的星座图。图中用 V_n 表示噪声容限，噪声容限 V_n 等于两星座点间的最小距离，即最近的两星座点间距离的 1/2，显然当 M 增大时，V_n 的取值将相应地减小，说明其抗噪声（抗误码）性能下降。因此对于给定信号功率大小和噪声容限要求的场合，M 的取值不能够任意地增大。

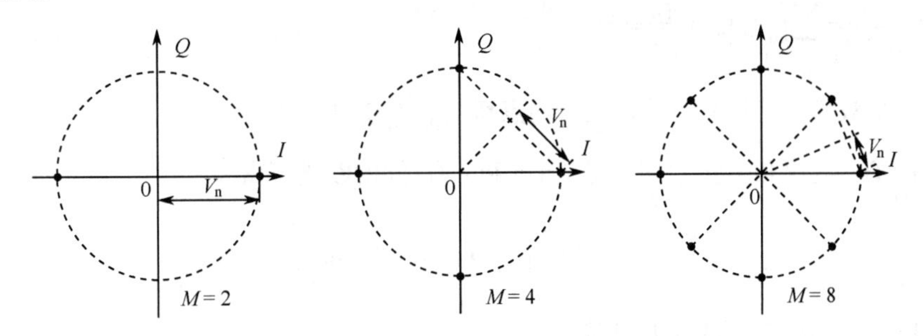

图 6.4.2 不同 M 取值的 MPSK 系统的噪声容限

现代数字通信系统，通常都具备可根据信道特性和噪声特性动态调整调制进制数的自适应功能，以最大限度地利用频谱的资源。

6.4.1 信号统计判决的基本原理

前面我们在详细讨论二进制数字载波调制解调系统时，主要采用的是传统的分析方法，这有利于对数字信号的发送与接收过程有较为形象的认识和理解。介绍多进制数字载波之前，首先讨论信号的统计判决的基本原理。在现代通信系统中，数字信号处理技术被大量地引入到通信系统的信号收发处理中，信号的接收许多过程，都可在数字信号处理器或计算机中实现，其中的基本理论与技术，就是信号的**统计判决**原理。

信号空间的基本概念 数字通信系统中的信号集，通常可视为由一组基向量构成的信号空间中的元素。在本章中所说的信号，通常是指持续一个码元周期的某种信号波形。由第 2 章的分析，N 维信号空间中的标准正交基函数 $\{\Psi_k(t), k=1,2,\cdots,N\}$ 具有如下特点：

$$\langle\Psi_i(t),\Psi_j(t)\rangle=\int_0^{T_S}\Psi_i(t)\Psi_j(t)\mathrm{d}t=\begin{cases}1, & i=j\\0, & i\neq j\end{cases} \tag{6.4.4}$$

该信号空间中的任何一个信号，均可用基函数的线性组合来表示。对于 M 进制系统，发送端在任码元周期内发送的信号，是**信号集** $\{s_m(t)\}$，$m=1,2,\cdots,M$，$t\in[0,T]$ 中的某个信号，信号集中的任一信号均可以表示为

$$s_m(t)=s_{m1}\Psi_1(t)+s_{m2}\Psi_2(t)+\cdots+s_{mN}\Psi_N(t)=\sum_{i=1}^{N}s_{mi}\Psi_i(t) \tag{6.4.5}$$

其中的系数为

$$s_{mi}=\int_0^{T_S}s_m(t)\Psi_i(t)\mathrm{d}t,\ i=1,2,\cdots,N \tag{6.4.6}$$

因此，当基函数 $\{\Psi_k(t)\}$ 确定后，信号 $s_m(t), m=1,2,\cdots,M$ 可由其**系数矢量**

$$\boldsymbol{S}_m=[s_{m1},s_{m2},\cdots,s_{mN}]^{\mathrm{T}},\ m=1,2,\cdots,M \tag{6.4.7}$$

唯一确定，其中信号的能量与信号的系数矢量间有如下关系：

$$E_m=\int_0^{T_S}s_m^2(t)\mathrm{d}t=\int_0^{T_S}\left[\sum_{i=1}^{N}s_{mi}\Psi_i(t)\right]^2\mathrm{d}t=\sum_{i=1}^{N}s_{mi}^2,\ m=1,2,\cdots,M \tag{6.4.8}$$

信号间的相关系数 定义信号集 $\{s_m(t)\}$ 中任意两个信号间的**相关系数**为

$$\begin{aligned}\rho_{mk}&=\frac{1}{\sqrt{E_m}\sqrt{E_k}}\int_0^{T_S}s_m(t)s_k(t)\,\mathrm{d}t=\frac{1}{\sqrt{E_mE_k}}\int_0^{T_S}\left(\sum_{i=1}^N s_{mi}\Psi_i(t)\right)\left(\sum_{j=1}^N s_{kj}\Psi_j(t)\right)\mathrm{d}t\\&=\frac{1}{\sqrt{E_mE_k}}\int_0^{T_S}\left(\sum_{i=1}^N\sum_{j=1}^N s_{mi}s_{kj}\Psi_i(t)\Psi_j(t)\right)\mathrm{d}t=\frac{1}{\sqrt{E_mE_k}}\sum_{i=1}^N\sum_{j=1}^N s_{mi}s_{kj}\int_0^{T_S}\Psi_i(t)\Psi_j(t)\,\mathrm{d}t\\&=\frac{1}{\sqrt{E_mE_k}}\sum_{i=1}^N s_{mi}s_{ki}=\frac{\boldsymbol{S}_m\cdot\boldsymbol{S}_k}{\sqrt{E_mE_k}}\end{aligned}\tag{6.4.9}$$

两信号间的相关系数等于其相应的系数矢量的**点积**的 $\sqrt{E_mE_k}$ 归一化值。

信号间的距离 定义信号集中两信号 $s_m(t)$ 和 $s_k(t)$ 间的**欧氏距离**为

$$d_{mk}=\left\{\int_0^{T_S}\left[s_m(t)-s_k(t)\right]^2\mathrm{d}t\right\}^{1/2}\tag{6.4.10}$$

由式（6.4.9），展开式（6.4.10）可得

$$\begin{aligned}d_{mk}&=\left\{\int_0^{T_S}\left(s_m(t)-s_k(t)\right)^2\mathrm{d}t\right\}^{1/2}=\left\{\int_0^{T_S}\left(s_m^2(t)-2s_m(t)s_k(t)+s_k^2(t)\right)\mathrm{d}t\right\}^{1/2}\\&=\left\{\int_0^{T_S}s_m^2(t)\,\mathrm{d}t+\int_0^{T_S}s_k^2(t)\,\mathrm{d}t-2\int_0^{T_S}s_m(t)s_k(t)\,\mathrm{d}t\right\}^{1/2}\\&=\left(E_m+E_k-2\sqrt{E_mE_k}\rho_{mk}\right)^{1/2}=\left(E_m+E_k-2\boldsymbol{S}_m\cdot\boldsymbol{S}_k\right)^{1/2}\end{aligned}\tag{6.4.11}$$

（1）若两信号正交，即其两个信号间的**相关系数**为 0，$\int_0^{T_S}s_m(t)s_k(t)\,\mathrm{d}t=0$（$\boldsymbol{S}_m\cdot\boldsymbol{S}_k=0$），则有

$$d_{mk}=\left(E_m+E_k\right)^{1/2}\tag{6.4.12}$$

特别地，如果两信号的能量相同，即 $E_m=E_k$，则有

$$d_{mk}=\sqrt{2E_m}\tag{6.4.13}$$

（2）若两信号间是一种**"对极"**关系，即 $s_m(t)=-s_k(t)$，容易证明，此时有 $E_m=E_k$，其相关系数

$$\rho_{mk}=\frac{1}{\sqrt{E_m}\sqrt{E_k}}\int_0^{T_S}s_m(t)s_k(t)\,\mathrm{d}t=-\frac{1}{E_m}\int_0^{T_S}s_m^2(t)\,\mathrm{d}t=-1\tag{6.4.14}$$

两信号间的距离

$$d_{mk}=\left\{\int_0^{T_S}\left(s_m(t)-\left(-s_m(t)\right)\right)^2\mathrm{d}t\right\}^{1/2}=\left\{\int_0^{T_S}4s_m^2(t)\,\mathrm{d}t\right\}^{1/2}=2\sqrt{E_m}\tag{6.4.15}$$

另外，由式（6.4.11），还可导出两信号间的距离与其系数矢量间的关系：

$$\begin{aligned}d_{mk}&=\left(E_m+E_k-2\boldsymbol{S}_m\cdot\boldsymbol{S}_k\right)^{1/2}=\left(\sum_{i=1}^N s_{mi}^2+\sum_{i=1}^N s_{ki}^2-2\sum_{i=1}^N s_{mi}s_{ki}\right)^{1/2}\\&=\left(\sum_{i=1}^N\left(s_{mi}^2-2s_{mi}s_{ki}+s_{ki}^2\right)\right)^{1/2}=\left(\sum_{i=1}^N\left(s_{mi}-s_{ki}\right)^2\right)^{1/2}=\left|\boldsymbol{S}_m-\boldsymbol{S}_k\right|\end{aligned}\tag{6.4.16}$$

可见，在引入信号的标准正交基的情况下，两信号间的距离与普通代数学中的矢量空间中两矢量间的距离建立起了一一对应的关系。

由图 6.4.2 可见，在信号集中，任两信号间的**最小距离**的 1/2 等于该信号集的噪声容限，因此信号集中的两信号间的最小距离，决定了该信号抗噪声干扰的性能。

统计判决的基本概念 统计判决的基本思想是寻求在概率上使差错达到最小意义上的最佳接收方法。一般假定发送符号的先验概率已知，即 $\{S_i,P(S_i);\ i=1,2,\cdots,M\}$ 已经确定。根据第 4 章 4.6 节的分

析，一般情况下，根据**最大后验概率判决（MAP）准则**，可达到差错概率最小意义上的最佳接收效果。

最大后验概率判决（MAP）准则　若已知接收信号的后验概率

$$P(S_i \mid r),\quad i=1,2,\cdots,M \tag{6.4.17}$$

及接收信号的概率密度函数 $p(r)$，可得最大后验概率判决准则

$$\hat{S}=\arg\max_{S_i\in\{S\}} P(S_i \mid r)\,p(r),\quad i=1,2,\cdots,M \tag{6.4.18}$$

一般来说，接收信号的后验概率 $P(S_i \mid r),\ i=1,2,\cdots,M$ 和其概率密度函数 $p(r)$，都不容易确定。此时可采用最大似然判决（ML）准则来寻求最佳的接收效果。

最大似然判决（ML）准则　根据概率论的基本关系式

$$p(r,S_i)=P(S_i \mid r)\,p(r)=P(S_i)\,p(r \mid S_i),\quad i=1,2,\cdots,M \tag{6.4.19}$$

最大后验概率判决准则所进行的对 $P(S_i \mid r)\,p(r),\ i=1,2,\cdots,M$ 的判决，可由对 $P(S_i)\,p(r \mid S_i),\ i=1,2,\cdots,M$ 的判决替代，式中 $p(r \mid S_i)$ 是关于 $S_i,\ i=1,2,\cdots,M$ 的**似然函数**。

设与发送**符号集** $\{S_i,\ i=1,2,\cdots,M\}$ 对应的发送**信号集**为 $\{s_i(t),\ i=1,2,\cdots,M\}$，信号集中的每个信号，持续的时间一般为一个码元周期 T_{S}。相应地，接收信号为

$$r(t)=s_i(t)+n_{\mathrm{W}}(t),\quad i=1,2,\cdots,M \tag{6.4.20}$$

其中 $n_{\mathrm{W}}(t)$ 为高斯白噪声。若已知各个信号的似然函数 $p(r \mid S_i),\ i=1,2,\cdots,M$，则**最大似然判决准则**为

$$\hat{S}=\arg\max_{S_i\in\{S\}} P(S_i)\,p(r \mid S_i) \tag{6.4.21}$$

具体的判决操作过程是：在判决时刻 t'，根据所获得的样值 $r=r(t')$，计算所有信号集中所有似然函数 $p(r \mid S_i),\ S_i\in\{S\}$ 的取值，然后搜索 $P(S_i)\,p(r \mid S_i),S_i\in\{S\}$ 的最大值，选择使该式达到最大值所对应的符号 S_i，判决接收的信号为 $\hat{S}=S_i$。特别地，若发送的码元信号先验等概，即满足条件

$$P(s_i)=1/M,\quad i=1,2,\cdots,M \tag{6.4.22}$$

时，最大似然判决的准则可以简化为

$$\hat{S}=\arg\max_{S_i\in\{S\}} p(r \mid S_i) \tag{6.4.23}$$

***M* 进制信号的最佳接收方法**　如果没有特别说明，均假定发送的信号先验等概，根据最大似然判决（ML）准则，可以得到一般的 M 进制信号的误码最小意义上的最佳接收方法。

设发送信号为

$$s(t)=\sum_{i=1}^{N} s_i\Psi_i(t) \tag{6.4.24}$$

式中 $\{\Psi_k(t),k=1,2,\cdots,N\}$ 是 N 维信号空间中的一组标准正交基函数。接收信号相应地可以表示为

$$r(t)=s(t)+n_{\mathrm{W}}(t)=\sum_{i=1}^{N} s_i\Psi_i(t)+n_{\mathrm{W}}(t) \tag{6.4.25}$$

最佳接收系统的基本原理如图 6.2.5 所示，结合本节的符号，这里把它重新用图 6.4.3 表示。

$$\begin{aligned} r_i &= \int_0^{T_{\mathrm{S}}} r(t)\Psi_i(t)\mathrm{d}t=\int_0^{T_{\mathrm{S}}}\left[s(t)+n_{\mathrm{W}}(t)\right]\Psi_i(t)\mathrm{d}t=\int_0^{T_{\mathrm{S}}} s(t)\Psi_i(t)\,\mathrm{d}t+\int_0^{T_{\mathrm{S}}} n_{\mathrm{W}}(t)\Psi_i(t)\,\mathrm{d}t \\ &= \int_0^{T_{\mathrm{S}}}\left(\sum_{k=1}^{N} s_k\Psi_k(t)\right)\Psi_i(t)\,\mathrm{d}t+\int_0^{T_{\mathrm{S}}} n_{\mathrm{W}}(t)\Psi_i(t)\,\mathrm{d}t=s_i+n_i,\qquad i=1,2,\cdots,N \end{aligned} \tag{6.4.26}$$

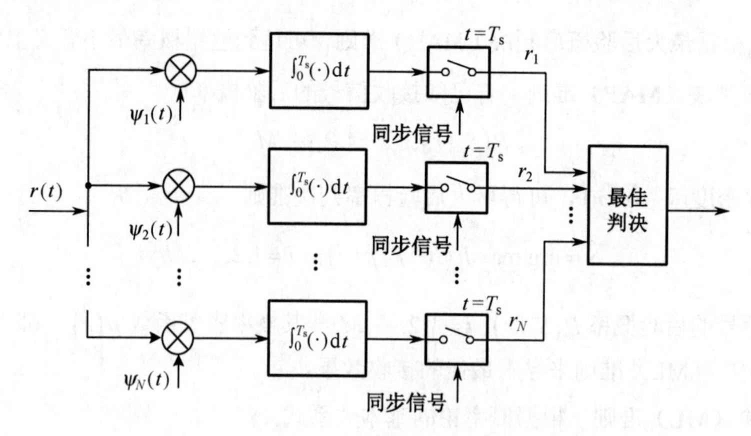

图 6.4.3　最佳接收原理

式中 $s_i=\int_0^{T_S}s(t)\Psi_i(t)dt,\ n_i=\int_0^{T_S}n_W(t)\Psi_i(t)dt$ 。其中 n_i 是高斯白噪声通过关于 $\Psi_i(t)$ 的匹配滤波器系统在抽样时刻的取值，因此是高斯随机变量，其均值为 0；而其方差的确定可直接利用式（6.3.35）的结果，因为基向量 $\Psi_i(t)$ 是能量 $E_{\Psi i}=1$ 的信号，因此可得

$$\sigma_{ni}^2=\frac{N_0}{2}E_{\Psi i}=\frac{N_0}{2} \tag{6.4.27}$$

由此可得，高斯随机变量 r_i 的分布特性由发送的符号 $s_i(t)$ 对应的矢量 $\boldsymbol{S}=[s_1,s_2,\cdots,s_N]^{\mathrm{T}}$ 中的第 i 个分量 s_i 及 n_i 的方差 σ_{ni}^2 确定，即有

$$p(r_i\,|\,s_i)=\frac{1}{\sqrt{2\pi\sigma_{ni}^2}}\exp\left(-\frac{(r_i-s_i)^2}{2\sigma_{ni}^2}\right)=\frac{1}{\sqrt{\pi N_0}}\exp\left(-\frac{(r_i-s_i)^2}{N_0}\right) \tag{6.4.28}$$

因为 $r_i,\ i=1,2,\cdots,M$ 相互间统计独立，因此可得收到 $r(t)$ 后，$r(t)$ 关于信号集中 $s_m(t)$ 的似然函数为

$$\begin{aligned}p(r\,|\,\boldsymbol{S}_m)&=p(r_1r_2\cdots r_N\,|\,s_{m1}s_{m2}\ldots s_{mN})=p(r_1\,|\,s_{m1})p(r_2\,|\,s_{m2})\cdots p(r_N\,|\,s_{mN})\\&=\prod_{i=1}^{N}p(r_i\,|\,s_{mi})=\prod_{i=1}^{N}\frac{1}{\sqrt{\pi N_0}}\exp\left(-\frac{(r_i-s_{mi})^2}{N_0}\right),\ m=1,2,\cdots,M\end{aligned} \tag{6.4.29}$$

因为似然函数取对数后并不会改变其取值大小的相对位置关系，即有

$$\max_{S_m\in\{S\}}p(r\,|\,\boldsymbol{S}_m)\leftrightarrow\max_{S_m\in\{S\}}\ln p(r\,|\,\boldsymbol{S}_m) \tag{6.4.30}$$

对式（6.4.29）取对数可得

$$\begin{aligned}\ln p(r\,|\,\boldsymbol{S}_m)&=\ln\left(\prod_{i=1}^{N}\frac{1}{\sqrt{\pi N_0}}\exp\left(-\frac{(r_i-s_{mi})^2}{N_0}\right)\right)\\&=\ln\left(\frac{1}{\sqrt{\pi N_0}}\right)^N-\frac{1}{N_0}\sum_{i=1}^{N}(r_i-s_{mi})^2,\ m=1,2,\cdots,M\end{aligned} \tag{6.4.31}$$

由此可得

$$\max_{S_m\in\{S\}}p(r\,|\,\boldsymbol{S}_m)\leftrightarrow\max_{S_m\in\{S\}}\ln p(r\,|\,\boldsymbol{S}_m)\leftrightarrow\min_{S_m\in\{S\}}\sum_{i=1}^{N}(r_i-s_{mi})^2 \tag{6.4.32}$$

信号最佳接收的过程可以归纳为：（1）根据接收信号通过相关运算求相应的系数矢量 $\boldsymbol{R}=[r_1,r_2,\cdots,r_N]^{\mathrm{T}}$；(2)将 $\boldsymbol{R}$ 与信号集中的每个信号的系数矢量 $\boldsymbol{S}_m=[s_{m1},s_{m2},\cdots,s_{mN}]^{\mathrm{T}}$，$m=1,2,\cdots,M$ 进

行比较，找出与其距离最小的系数矢量，其所对应的符号就是最佳的接收判决输出。

下面具体讨论上述统计判决原理在各种不同的多进制载波调制传输系统中的应用。

6.4.2　MASK 调制解调系统

MASK 载波调制信号及频谱特性　MASK 是 2ASK（即 OOK）调制解调方式的推广，在 MASK 系统中，一个码元周期 T_S 内根据所需传输的 $k=\log_2 M$ 比特二进制码组的不同取值，选择相应幅度的一个码元信号对载波进行调制。参见基带传输系统中有关单极性码与双极性码能量效率的有关分析，在 MASK 中，通常幅度取值也为双极性信号。一般地，MASK 信号可以表示为

$$s_i(t)=a_i g_T(t)\cos\omega_c t \tag{6.4.33}$$

其中幅度加权值 $a_i=2i-1-M,\ i=1,2,\cdots,M$。可见 M 个不同幅度的加权值 a_i 具有双极性的特点，

$$a_i\in\left\{-(M-1),-(M-3),\cdots,-3,-1,\ 1,\ 3,\cdots,M-3,M-1\right\} \tag{6.4.34}$$

理论上，a_i 幅度加权值也可以采用单极性的幅度信号，但在幅度间具有相同幅度差的条件下，其码元的能量效率相对较低。式（6.4.33）中 $g_T(t),\ 0\leqslant t\leqslant T_S$ 是调制信号的波形函数，波形函数的能量为

$$E_g=\int_0^{T_S} g_T^2(t)\mathrm{d}t \tag{6.4.35}$$

MASK 信号只有载波幅度的变化，没有相位的变化，在 IQ 相幅平面上，信号的星座点分布在 I 轴上，是一种一维的信号，因此只有一个基函数，若定义基函数为

$$\Psi_1(t)=\sqrt{\frac{2}{E_g}}g_T(t)\cos\omega_c t \tag{6.4.36}$$

则有

$$\begin{aligned}\int_0^{T_S}\Psi_1^2(t)\ \mathrm{d}t&=\int_0^{T_S}\left(\sqrt{\frac{2}{E_g}}g_T(t)\cos\omega_c t\right)^2\mathrm{d}t=\int_0^{T_S}\frac{2}{E_g}g_T^2(t)\frac{1+\cos 2\omega_c t}{2}\mathrm{d}t\\&=\frac{1}{E_g}\left(\int_0^{T_S}g_T^2(t)\mathrm{d}t+\int_0^{T_S}g_T^2(t)\cos 2\omega_c t\mathrm{d}t\right)=1\end{aligned} \tag{6.4.37}$$

最后一个等式利用了 $E_g=\int_0^{T_S}g_T^2(t)\mathrm{d}t$ 和载波频率足够高时有 $\int_0^{T_S}g_T^2(t)\cos 2\omega_c t\mathrm{d}t\approx 0$ 的性质。可见(6.4.36)表示的是一个能量归一化的基函数。

若将 $s_i(t),\ i=1,2,\cdots,M$ 记为

$$s_i(t)=a_i g_T(t)\cos\omega_c t=s_i\Psi_1(t),\ i=1,2,\cdots,M \tag{6.4.38}$$

则有

$$s_i=\sqrt{\frac{E_g}{2}}a_i,\ i=1,2,\cdots,M \tag{6.4.39}$$

直接由式（6.4.16），可得任两码元信号 $s_i(t),\ s_j(t);\ i,j\in\{1,2,\cdots,M\}$ 间的距离

$$d_{ij}=\left|s_i-s_j\right|=\left|\sqrt{\frac{E_g}{2}}a_i-\sqrt{\frac{E_g}{2}}a_j\right|=\sqrt{\frac{E_g}{2}}\left|a_i-a_j\right| \tag{6.4.40}$$

观察式（6.4.33）和式（6.4.34）不难想象，MASK 信号可视为 M 个 OOK 信号叠加得到的结果，而多个信号频谱的叠加后信号的带宽与其中单个 OOK 信号的带宽相同，因此 MASK **的功率谱特性与 OOK 信号基本一样**。

MASK 信号的调制方法 MASK 信号的调制实现方法如图 6.4.4 所示。首先将二进制的电平序列转变为 M 进制的电平序列，其电平值对码元的波形信号 $g_T(t)$ 的幅度进行加权，然后对载波信号 $\cos\omega_c t$ 调制，即可产生 MASK 信号。

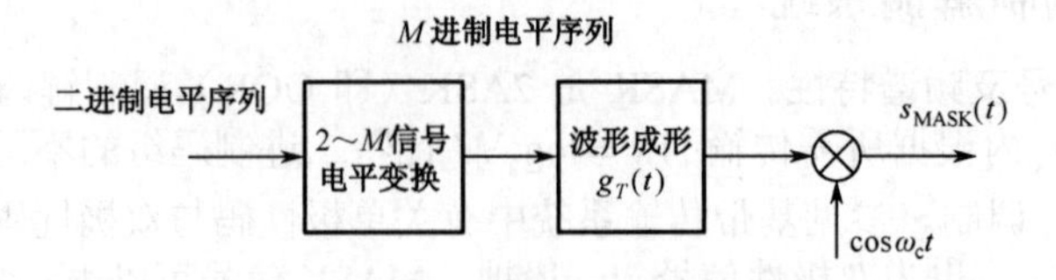

图 6.4.4 MASK 信号调制实现方法

MASK 信号的最佳接收 对于 MASK 信号，图 6.4.3 所示一般形式的最佳接收机此时变为一维的结构，如图 6.4.5 所示。相应地，式（6.4.29）给出的似然函数简化为

$$p(r \mid s_i)=\frac{1}{\sqrt{\pi N_0}}\exp\left(-\frac{(r-s_i)^2}{N_0}\right),\ i=1,2,\cdots,M \tag{6.4.41}$$

相应地，最大似然的判决准则为

$$\hat{s}=\arg\max_{s_i\in\{S\}} p(r \mid s_i)=\arg\min_{s_i\in\{S\}}(r-s_i)^2 \tag{6.4.42}$$

简单地说，就是将采样时刻相关器输出的值 r 与 $s_i=\sqrt{\frac{E_g}{2}}a_i,\ i=1,2,\cdots,M$ 进行比较，与其最接近的值作为判决输出。

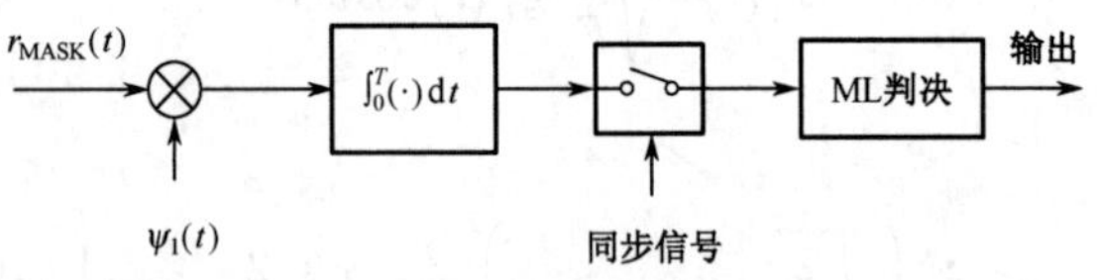

图 6.4.5 MASK 信号的相关解调器

MASK 最佳接收机的误码性能分析 下面先分析 MASK 信号在 $M=2$ 时的情形，这对应双极性的 2ASK 信号，实际上就是前面讨论过的 2PSK 信号。对于似然函数为高斯分布特性的情形，参照式（5.7.35），直接可得先验等概条件下的相关解调时的**误码率**一般地为 $P_{\mathrm{E}}=Q\big((a_1-a_2)/2\sigma\big)$，其中 a_1, a_2 分别为两高斯分布函数的均值，σ 为其标准差。由式（6.4.34）和式（6.4.39），可知 $r_i=s_i+n, i=1,2$ 的均值分别为

$$s_i=\sqrt{\frac{E_g}{2}}a_i,\ i=1,2\ \rightarrow\ s_1=-\sqrt{\frac{E_g}{2}}, s_2=\sqrt{\frac{E_g}{2}} \tag{6.4.43}$$

而方差则为

$$\sigma^2=\frac{N_0}{2} \tag{6.4.44}$$

相应地，其特性函数如图 6.4.6 所示。因此在 $M=2$ 时，误码率为

$$P_{\mathrm{E}}=Q\left(\frac{a_1-a_2}{2\sigma}\right)=Q\left(\frac{\sqrt{E_g/2}-\left(-\sqrt{E_g/2}\right)}{2\left(\sqrt{N_0/2}\right)}\right)=Q\left(\sqrt{\frac{E_g}{N_0}}\right) \tag{6.4.45}$$

根据前面的讨论已知，误码率 P_{E} 在数值上等于图 6.4.6 所示阴影部分面积的 1/2，因此图中阴影的面积 S_A 为

$$P_{\mathrm{E}}=Q\left(\sqrt{\frac{E_g}{N_0}}\right)=\frac{1}{2}S_A \ \rightarrow\ S_A=2Q\left(\sqrt{\frac{E_g}{N_0}}\right) \tag{6.4.46}$$

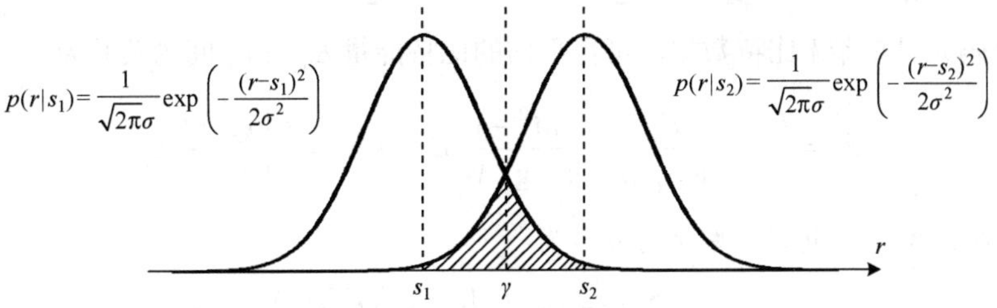

$p(r|s_1)=\frac{1}{\sqrt{2\pi}\sigma}\exp\left(-\frac{(r-s_1)^2}{2\sigma^2}\right)$　　$p(r|s_2)=\frac{1}{\sqrt{2\pi}\sigma}\exp\left(-\frac{(r-s_2)^2}{2\sigma^2}\right)$

图 6.4.6　$M=2$ 时似然函数的分布特性

下面进一步分析 MASK 信号 $M>2$ 且 $M=2^k$，k 为整数时的情形。当 $M=4$ 时 $p(r\,|\,s_i)$, $i=1,2,3,4$ 的分布特性如图 6.4.7 所示，其中各个高斯分布特性的均值由 s_i, $i=1,2,3,4$ 决定，而形状由其方差 $\sigma^2=N_0/2$ 决定，显然，当信道的噪声功率密度谱确定后，各个似然函数的形状与二进制时的一样，相应地各个阴影的面积的大小均与二进制时的面积相同。当码元先验等概时，可知判决门限 γ_i, $i=1,2,3$ 应设在两相邻似然函数特性曲线的交点所对应的横坐标上。

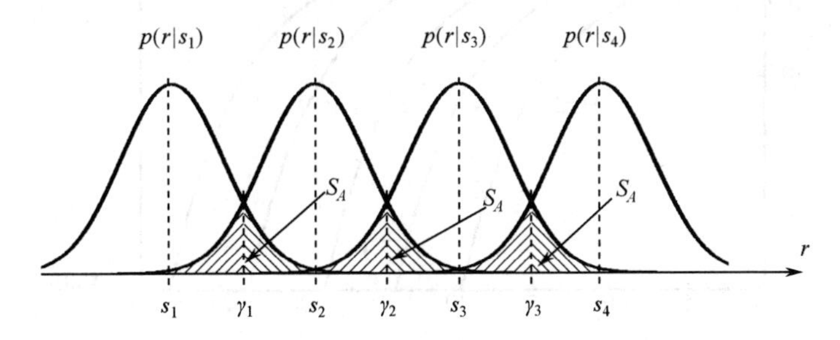

图 6.4.7　$M=4$ 时似然函数的分布特性

与 $M=2$ 时的情形做同样的分析可知，对于如图设定的判决门限 γ_i, $i=1,2,3$，错误判决的概率同样由图中的阴影面积 S_A 确定，其中每块阴影的面积大小相同，为 $S_A=2Q\left(\sqrt{E_g/N_0}\right)$，当 $M=4$ 时共有 $4-1=3$ 块面积，总面积大小为 $3\times S_A=3\times 2Q\left(\sqrt{E_g/N_0}\right)$。在发送符号先验等概即 $P(s_i)=1/4$, $i=1,2,3,4$ 的条件下，三块阴影面积之和再乘以每个符号出现的概率，就得到 4ASK 最佳接收机的平均误码率

$$P_{\mathrm{E}}=\frac{1}{4}(3\times S_A)=\frac{1}{4}\left(3\times 2Q\left(\sqrt{\frac{E_g}{N_0}}\right)\right) \tag{6.4.47}$$

将式（6.4.47）的分析结果推广到一般的 M 进制时的情形。当发送码元先验等概时，误码率为

$$P_{\mathrm{E}}=\frac{1}{M}\left((M-1)\times S_A\right)=\frac{2}{M}(M-1)Q\left(\sqrt{\frac{E_g}{N_0}}\right) \tag{6.4.48}$$

由 $s_i(t)=a_i g_T(t)\cos\omega_{\mathrm{c}}t=s_i\Psi_1(t)$, $i=1,2,\cdots,M$，码元 $s_i(t)$ 的能量为

$$\begin{aligned}E_i&=\int_0^{T_{\mathrm{S}}}s_i^2(t)\,\mathrm{d}t=\int_0^{T_{\mathrm{S}}}s_i^2\cdot\Psi_1^2(t)\,\mathrm{d}t\\&=s_i^2=\left(\sqrt{\frac{E_g}{2}}a_i\right)^2=\frac{E_g}{2}(2i-1-M)^2,\ i=1,2,\cdots,M\end{aligned} \tag{6.4.49}$$

码元的平均能量相应地为

$$E_{av}=\frac{1}{M}\sum_{i=1}^{M}E_i=\frac{1}{M}\sum_{i=1}^{M}\frac{E_g}{2}(2i-1-M)^2=\frac{E_g}{2}\frac{M^2-1}{3},\qquad i=1,2,\cdots,M \tag{6.4.50}$$

由此，因为每个码元可携带 k 比特数据，可得平均的比特能量 E_b 与 E_g 间的关系为

$$E_b=\frac{E_{av}}{k}=\frac{E_{av}}{\log_2 M}=\frac{M^2-1}{6\log_2 M}E_g\rightarrow E_g=\frac{6\log_2 M}{M^2-1}E_b \tag{6.4.51}$$

将结果代入式（6.4.48），因此误码率又可表示为

$$P_E=\frac{2(M-1)}{M}Q\left(\sqrt{\frac{6\log_2 M}{M^2-1}\cdot\frac{E_b}{N_0}}\right) \tag{6.4.52}$$

MASK 系统的误比特率性能如图 6.4.8 所示。由图可见，MASK 系统的误比特率性能随着信噪比的增加而下降，即其性能随着信噪比的增加而提高；在同样的信噪比条件下，性能则随着进制数的增大而下降。

P_E
10^0
10^{-1}
10^{-2}
10^{-3}
10^{-4}
M=2
4
8
16
32
−10
−5
0
5
10
15
20
25
30
$\frac{E_b}{N_0}$(dB)

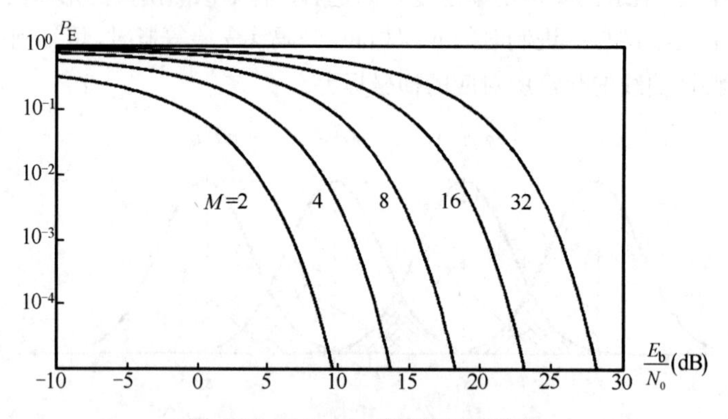

图 6.4.8　MASK 系统的误码性能

一般地，在多进制通信系统的设计过程中，当码元间的距离 d_{ij}；$i,j\in\{1,2,\cdots,M\}$ 不是常数时，原则上都会采用格雷码的编码方式，使得相邻码元间对应的二进制码组只有 1 比特的差异，图 6.4.9 所示为 8ASK 系统的格雷码编码的一个示例。假定噪声干扰的影响只会使得误码的错误发生在相邻的码元间，此时每个携带 k 比特数据的码元出错时，只会导致其中 1 比特的错误，因此采用格雷码编码后，MASK 系统的误比特率为

$$P_b=\frac{1}{k}P_E=\frac{1}{\log_2 M}P_E=\frac{1}{\log_2 M}\frac{2(M-1)}{M}Q\left(\sqrt{\frac{6\log_2 M}{M^2-1}\cdot\frac{E_b}{N_0}}\right) \tag{6.4.53}$$

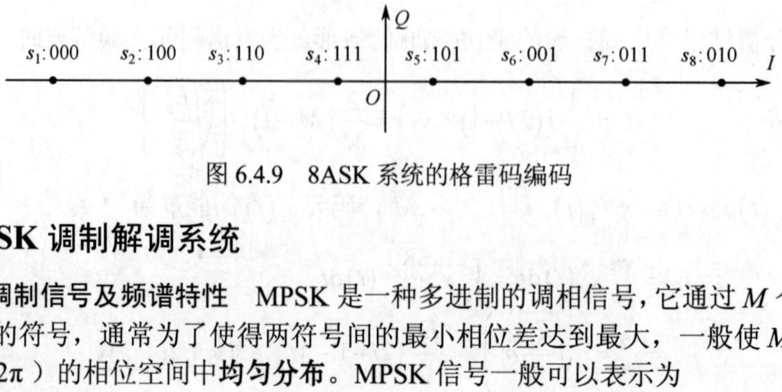

Q
s_1:000
s_2:100
s_3:110
s_4:111
s_5:101
s_6:001
s_7:011
s_8:010
I
O

图 6.4.9　8ASK 系统的格雷码编码

6.4.3　MPSK 调制解调系统

MPSK 载波调制信号及频谱特性　MPSK 是一种多进制的调相信号，它通过 M 个不同相位的信号来表示 M 个不同的符号，通常为了使得两符号间的最小相位差达到最大，一般使 M 个不同相位取值在 0°～360°（$0\sim 2\pi$）的相位空间中**均匀分布**。MPSK 信号一般可以表示为

$$s_i(t)=g_T(t)\cos\left[\omega_c t+\frac{2\pi(i-1)}{M}\right],\ i=1,2,\cdots,M \tag{6.4.54}$$

式中 $g_T(t)$ 是一个持续时间为一个码元周期 T_S 的波形信号。上述的 MPSK 信号可以展开为

$$s_i(t)=a_{ic}g_T(t)\cos\omega_c t-a_{is}g_T(t)\sin\omega_c t \tag{6.4.55}$$

其中，

$$a_{ic}=\cos\frac{2\pi}{M}(i-1),\ a_{is}=\sin\frac{2\pi}{M}(i-1),\ i=1,2,\cdots,M \tag{6.4.56}$$

MPSK 信号是一组幅度均由脉冲波形 $g_T(t)$ 加权的信号，因此每个码元的能量相同，等于

$$\begin{aligned}E_S&=\int_0^{T_S}s_i^2(t)\mathrm{d}t=\int_0^{T_S}g_T^2(t)\cos^2\left[\omega_c t+\frac{2\pi(i-1)}{M}\right]\mathrm{d}t\\&=\frac{1}{2}\int_0^{T_S}g_T^2(t)\mathrm{d}t+\frac{1}{2}\int_0^{T_S}\cos\left[2\omega_c t+\frac{4\pi(i-1)}{M}\right]\mathrm{d}t\\&=\frac{1}{2}\int_0^{T_S}g_T^2(t)\mathrm{d}t=\frac{1}{2}E_g,\quad i=1,2,\cdots,M\end{aligned} \tag{6.4.57}$$

其中倒数第二个等式利用了在一个码元周期内有整数个码元周期的假设。

MPSK 信号是定义在二维相幅平面上的信号，若定义归一化的基函数为

$$\Psi_1(t)=\sqrt{\frac{2}{E_g}}g_T(t)\cos\omega_c t,\ \Psi_2(t)=-\sqrt{\frac{2}{E_g}}g_T(t)\sin\omega_c t \tag{6.4.58}$$

则 $s_i(t)$ 可以表示为

$$s_i(t)=s_{i1}\Psi_1(t)+s_{i2}\Psi_2(t) \tag{6.4.59}$$

其中，

$$s_{i1}=\sqrt{\frac{E_g}{2}}a_{ic}=\sqrt{E_S}a_{ic},\ s_{i2}=\sqrt{\frac{E_g}{2}}a_{is}=\sqrt{E_S}a_{is},\ i=1,2,\cdots,M \tag{6.4.60}$$

比较式（6.4.59）与式（6.4.38），不难发现 MPSK 信号的**功率密度谱**可视为由两个 MASK 信号的功率密度谱组合而成。给定基函数 $\Psi_1(t)$，$\Psi_2(t)$ 后，信号 $s_i(t)$ 与二维矢量 $(s_{i1},\ s_{i2})$ 间建立起一一的对应关系。由图 6.4.10，直接利用 IQ 相幅平面的几何关系，可得符号集中任两符号间的最小距离为

$$d_{\min}=2\cdot|\boldsymbol{s}_i|\sin\frac{2\pi/M}{2}=2\sqrt{E_S}\sin\frac{\pi}{M} \tag{6.4.61}$$

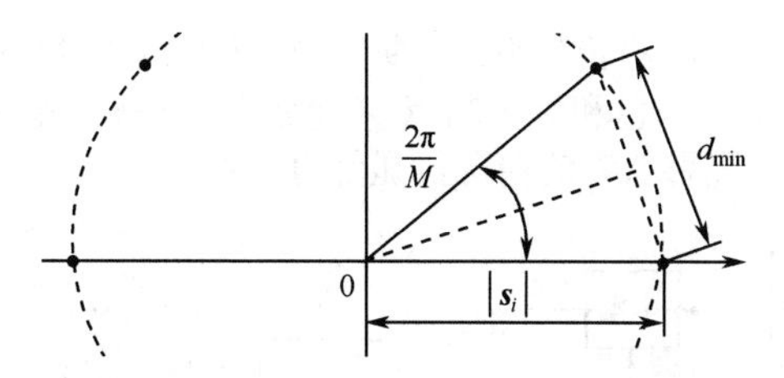

图 6.4.10　MPSK 信号间的最小距离

MPSK 调制的实现方法　MPSK 调制的实现方法如图 6.4.11 所示，首先对串行的二进制序列 $\{b_n\}$ 进行串并变换，$k=\log_2 M$ 比特数据为一组，根据每组二进制数据与 MPSK 信号星座图中码元信号的对应关系，利用式（6.4.56）确定输入到电平变换电路的二进制码组相应的输出电平

$a_{ic}=\cos\frac{2\pi}{M}(i-1)$，$a_{is}=\sin\frac{2\pi}{M}(i-1)$。利用得到的两个输出电平对码元波形信号进行加权，然后对两正交的载波进行调制，对两路调制信号合并后生成 MPSK 信号。

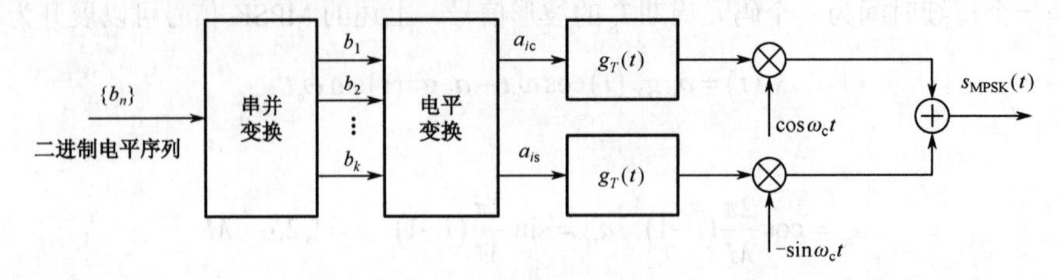

图 6.4.11　MPSK 调制信号的产生

MPSK 信号的解调　MPSK 信号的最佳接收可通过相关器加似然判决器来实现。图 6.4.12 给出了 MPSK 信号最佳接收机的结构。接收信号可以表示为

$$r(t)=s_i(t)+n_W(t),\quad i=1,2,\cdots,M \tag{6.4.62}$$

经过相关器后得到的输出

$$\begin{aligned}r_1&=\int_0^{T_S}r(t)\Psi_1(t)\mathrm{d}t=\int_0^{T_S}\left(s_i(t)+n_W(t)\right)\Psi_1(t)\mathrm{d}t\\&=\int_0^{T_S}\left(s_{i1}\Psi_1(t)+s_{i2}\Psi_2(t)+n_W(t)\right)\Psi_1(t)\mathrm{d}t\\&=s_{i1}+\int_0^{T_S}n_W(t)\Psi_1(t)\mathrm{d}t=s_{i1}+n_1\end{aligned} \tag{6.4.63}$$

同理可得

$$r_2=s_{i2}+\int_0^{T_S}n_W(t)\Psi_2(t)\mathrm{d}t=s_{i2}+n_2 \tag{6.4.64}$$

其中 n_1, n_2 同为均值为 0、方差为 $\sigma^2=N_0/2$ 的高斯随机变量。由 r_1, r_2 可通过下式计算接收信号相位 θ_r：

$$\theta_r=\arctan\frac{r_2}{r_1} \tag{6.4.65}$$

MPSK 信号的最佳似然判决可以表示为

$$\hat{s}_i=\arg\min_{\theta_i\in\{\theta\}}|\theta_i-\theta_r|,\quad\left\{\theta_i=\frac{2\pi(i-1)}{M},\ i=1,2,\cdots,M\right\} \tag{6.4.66}$$

式中的 $\left\{\theta_i=\frac{2\pi(i-1)}{M},\ i=1,2,\cdots,M\right\}$ 是发送的 MPSK 信号的相位集。

MPSK 信号最佳接收机的误码性能分析　在有高斯噪声干扰的场合，解调得到的 r_1, r_2 均为高斯随机变量。对 MPSK 信号的任何一个星座符号点，高斯噪声对相位的影响可视为如图 6.4.13 描述的情形，其中图(a)是噪声干扰的一般情形，灰色和黑色的点表示受噪声干扰后星座点偏移的位置；图(b)描述了对特定的点 A，导致产生的相位偏移 $\Delta\theta_n$ 的情况，显然有

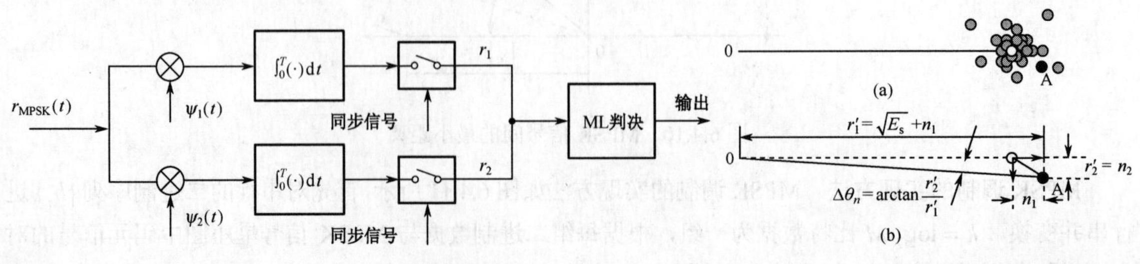

图 6.4.12　MPSK 信号的最佳接收　　图 6.4.13　噪声导致的相位偏移

$$\Delta\theta_n = \arctan\frac{r_2'}{r_1'} \tag{6.4.67}$$

式中 $r_1' = \sqrt{E_S} + n_1$，$r_2' = n_2$。r_1', r_2' 是相互独立的高斯随机变量，其均值分别为 $\sqrt{E_S}$ 和 0，而方差为 $\sigma^2 = N_0/2$。

由此可得

$$\begin{aligned} p(r_1', r_2') &= p(r_1')p(r_2') = \frac{1}{\sqrt{2\pi}\sigma}\exp\left\{-\frac{\left(r_1' - \sqrt{E_S}\right)^2}{2\sigma^2}\right\}\frac{1}{\sqrt{2\pi}\sigma}\exp\left\{-\frac{r_2'^2}{2\sigma^2}\right\} \\ &= \frac{1}{2\pi\sigma^2}\exp\left\{-\frac{\left(r_1' - \sqrt{E_S}\right)^2 + r_2'^2}{2\sigma^2}\right\} \end{aligned} \tag{6.4.68}$$

若将 r_1', r_2' 视为向量 $\boldsymbol{r}' = (r_1', r_2')$，将其用极坐标表示时，相应的幅度和相位分别为

$$V_r = \sqrt{r_1'^2 + r_2'^2} \tag{6.4.69}$$

$$\Delta\theta_n = \arctan\frac{r_2'}{r_1'} \tag{6.4.70}$$

根据第 2 章中有关窄带信号的分析［见式（2.10.33）］可知，其幅度和相位的联合分布特性为

$$p(V, \Delta\theta_n) = \frac{V}{2\pi\sigma^2}\exp\left(-\frac{V^2 + E_S - 2V\sqrt{E_S}\cos\Delta\theta_n}{2\sigma^2}\right) \tag{6.4.71}$$

式中 $\sigma^2 = N_0/2$。由此可得 $\Delta\theta_n$ 的分布特性

$$p(\Delta\theta_n) = \int_0^\infty p(\Delta\theta_n, V)\mathrm{d}V \tag{6.4.72}$$

当满足条件 $E_S/N_0 \gg 1$ 时，可得如下的近似结果：

$$p(\Delta\theta_n) \approx \sqrt{\frac{E_S}{\pi N_0}}\cos\Delta\theta_n \exp\left\{-\frac{E_S}{N_0}\sin^2\Delta\theta_n\right\} \tag{6.4.73}$$

参见图 6.4.10，对于 MPSK 信号，两符号相位间的判决门限通常取值在两相位间的中点上，因此，若噪声干扰导致的相位偏差 $\Delta\theta_n$ 满足条件

$$-\frac{2\pi/M}{2} < \Delta\theta_n < \frac{2\pi/M}{2} \longrightarrow -\frac{\pi}{M} < \Delta\theta_n < \frac{\pi}{M} \tag{6.4.74}$$

则不会发生误码。因此，正确译码的概率为

$$P_c = \int_{-\pi/M}^{\pi/M} p(\Delta\theta_n)\mathrm{d}(\Delta\theta_n) \tag{6.4.75}$$

而误码的概率则相应地为

$$\begin{aligned} P_E &= 1 - P_c = 1 - \int_{-\pi/M}^{\pi/M} p(\Delta\theta_n)\mathrm{d}(\Delta\theta_n) \approx 1 - \int_{-\pi/M}^{\pi/M}\sqrt{\frac{E_S}{\pi N_0}}\cos\Delta\theta_n \exp\left\{-\frac{E_S}{N_0}\sin^2\Delta\theta_n\right\}\mathrm{d}(\Delta\theta_n) \\ &= \frac{2}{\sqrt{2\pi}}\int_{\sqrt{\frac{2E_S}{N_0}}\sin(\pi/M)}^{\infty}\exp\left(-\frac{u^2}{2}\right)\mathrm{d}u = 2Q\left(\sqrt{\frac{2E_S}{N_0}}\sin\frac{\pi}{M}\right) = 2Q\left(\sqrt{2k\frac{E_b}{N_0}}\sin\frac{\pi}{M}\right) \end{aligned} \tag{6.4.76}$$

在最后一个等式中，利用了码元能量 E_S 与比特能量 E_b 之间的关系式 $E_S = kE_b$。图 6.4.14 给出了不同进

制数时误码率与信噪比 E_b/N_0 之间关系的特性曲线，显然，对于特定的 E_b/N_0 取值，随着 M 的增大，误码性能将显著下降。

对于 MPSK 信号，因为码元间的距离不是常数，因此可以采用格雷码编码来使得其在一定的误码率情况下有较好的误比特率性能，图 6.4.15 给出了一个 8PSK **格雷码编码**信号的星座图示例。采用格雷码编码后，MPSK 信号最佳接收机的误比特率为

$$P_b = \frac{P_E}{k} = \frac{P_E}{\log_2 M} = \frac{2}{\log_2 M} Q\left(\sqrt{2k\frac{E_b}{N_0}}\sin\frac{\pi}{M}\right) \tag{6.4.77}$$

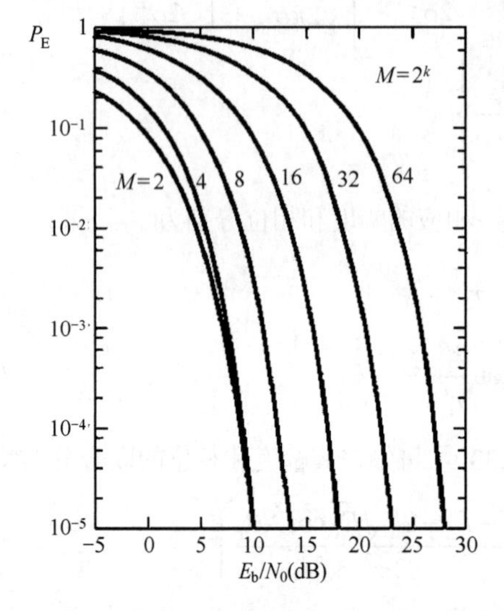

图 6.4.14 MPSK 信号最佳接收机的误码特性曲线

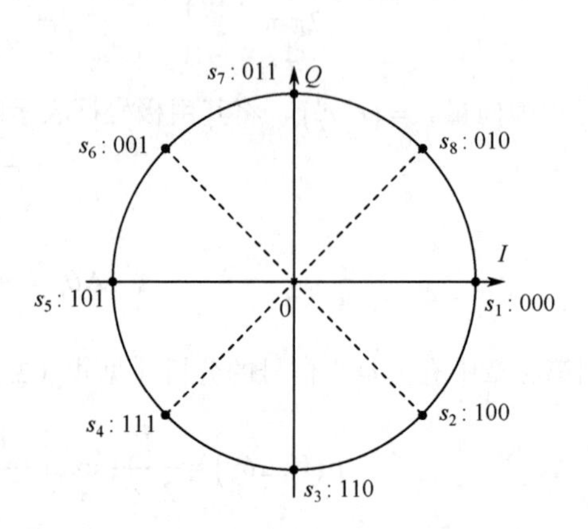

图 6.4.15 8PSK 格雷码编码星座图

6.4.4 MQAM 调制解调系统

前面讨论的 MASK 和 MPSK 两种多进制的载波调制信号，前者通过载波的幅度的不同取值来携带信息，后者通过载波的相位的不同取值来携带信息。本节讨论的 MQAM 调制解调系统，可同时利用载波的幅度和相位的不同取值来携带信息，因为 MQAM 信号可以通过两个同频正交的幅度调制信号组合而成，所以称其为**正交幅度调制**信号，相应的收发系统就是所谓的正交幅度调制解调系统。MASK 信号只调制了信号的幅度，只利用了相幅平面的一维信号空间；MPSK 信号虽然利用了相幅平面上的两个信号空间维度，但其星座点的位置局限于一个特定的圆周上。而 MQAM 信号可以分布在相幅平面的任何位置，因此星座点的位置设置有更大的自由度。通过稍后的分析可以了解到，对于同样的进制数，在相同的信号峰值功率条件下，MQAM 与 MASK 和 MPSK 信号方式相比，符号（星座点）间有更大的最小距离，因而有更好的抗噪声干扰的性能，且相对于 MPSK 信号，其平均功率更低。MQAM 系统的这些优点使其成为高阶（M 取较大值）调制系统的最主要信号形式。实际上，MASK 和 MPSK 信号都可视为 MQAM 信号的一个特例。

MQAM 载波调制信号及频谱特性 MQAM 信号通过 M 个不同**幅度和相位**的信号来表示 M 个不同的符号。形式上与 MPSK 信号类似，MQAM 信号一般可以表示为

$$\begin{gathered} s_i(t) = a_{jc} g_T(t)\cos\omega_c t - a_{ks} g_T(t)\sin\omega_c t \\ j = 1,2,\cdots,\sqrt{M};\ k = 1,2,\cdots,\sqrt{M};\ i = j\cdot k;\ i = 1,2,\cdots,M \end{gathered} \tag{6.4.78}$$

式中 $g_T(t)$ 是一个持续时间为一个码元周期 T_S 的波形信号；a_{jc} 和 a_{ks} 分别是具有 $\sqrt{M}$ 种不同幅度的加权值：

$$a_{jc} \in 2j-1-\sqrt{M},\ j=1,2,\cdots,\sqrt{M};\ a_{ks} \in 2k-1-\sqrt{M},\ k=1,2,\cdots,\sqrt{M} \tag{6.4.79}$$

若记波形函数 $g_T(t)$ 的能量为 E_g，可定义两标准正交的基向量

$$\Psi_1(t)=\sqrt{\frac{2}{E_g}}g_T(t)\cos\omega_{\mathrm{c}}t \tag{6.4.80}$$

$$\Psi_2(t)=-\sqrt{\frac{2}{E_g}}g_T(t)\sin\omega_{\mathrm{c}}t \tag{6.4.81}$$

利用上述两个标准基向量，MQAM 信号又可以表示为

$$s_i(t)=s_{ij}\Psi_1(t)+s_{ik}\Psi_2(t),\quad i=1,2,\cdots,M \tag{6.4.82}$$

其中，

$$s_{ij}=\int_0^{T_{\mathrm{S}}}s_i(t)\Psi_1(t)\mathrm{d}t=a_{j\mathrm{c}}\sqrt{\frac{E_g}{2}},\ j=1,2,\cdots,\sqrt{M} \tag{6.4.83}$$

$$s_{ik}=\int_0^{T_{\mathrm{S}}}s_i(t)\Psi_2(t)\mathrm{d}t=a_{k\mathrm{s}}\sqrt{\frac{E_g}{2}},\ k=1,2,\cdots,\sqrt{M} \tag{6.4.84}$$

由此，信号 $s_i(t)$ 可与下列二维矢量建立一一对应关系：

$$s_i(t)\ \leftrightarrow\ \boldsymbol{s}_i=(s_{ij},s_{ik})=\left(a_{j\mathrm{c}}\sqrt{\frac{E_g}{2}},a_{k\mathrm{s}}\sqrt{\frac{E_g}{2}}\right),\quad i=1,2,\cdots,M \tag{6.4.85}$$

同样，由式（6.4.16）可计算符号集内任两信号 $s_i(t)$ 与 $s_m(t)$ 间的距离：

$$\begin{gathered}d_{im}=\left((s_{ij}-s_{mj'})^2+(s_{ik}-s_{mk'})^2\right)^{1/2}=\sqrt{\frac{E_g}{2}}\left((a_{j\mathrm{c}}-a_{j'\mathrm{c}})^2+(a_{k\mathrm{s}}-a_{k'\mathrm{s}})^2\right)^{1/2}\\ j,j'=1,2,\cdots,\sqrt{M};\ k,k'=1,2,\cdots,\sqrt{M};\ i=j\cdot k,m=j'\cdot k';\ i,m=1,2,\cdots,M\end{gathered} \tag{6.4.86}$$

参见图 6.2.2，以相邻两点的取值，$a_{j\mathrm{c}}=a_{j'\mathrm{c}}=2j-1-\sqrt{M}$，$a_{k\mathrm{s}}=2j-1-\sqrt{M}$，$a_{k'\mathrm{s}}=2(j+1)-1-\sqrt{M}$，代入上式，得两符号间的最小距离

$$\begin{aligned}d_{\min}&=\min d_{im}=\sqrt{\frac{E_g}{2}}\left((a_{j\mathrm{c}}-a_{j'\mathrm{c}})^2+(a_{k\mathrm{s}}-a_{k'\mathrm{s}})^2\right)^{1/2}\\&=\sqrt{\frac{E_g}{2}}\left(\left((2j-1-\sqrt{M})-(2j-1-\sqrt{M})\right)^2+\left((2j-1-\sqrt{M})-(2j+1-\sqrt{M})\right)^2\right)^{1/2}=\sqrt{2E_g}\end{aligned} \tag{6.4.87}$$

同样，比较式（6.4.82）与式（6.4.38），MQAM 信号的**功率密度谱**可视为由两个 MASK 信号的功率密度谱组合而成。

MQAM 调制信号的产生方法　MQAM 调制的实现方法如图 6.4.16 所示，首先交将串行输入的二进制序列 $\{b_n\}$ 分为两路，然后分别进行串并变换，每一路以 $k=\log_2\sqrt{M}$ 比特数据为一组，对波形信号 $g_T(t)$ 加权后，分别对两正交的载波信号 $\cos\omega_{\mathrm{c}}t$ 和 $\sin\omega_{\mathrm{c}}t$ 进行调制，然后合并生成 MQAM 信号。

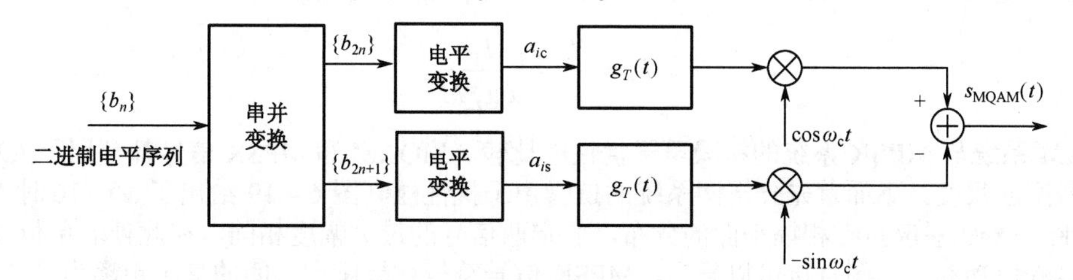

图 6.4.16　MQAM 调制信号的产生

MQAK 信号的最佳接收 MQAM 信号的最佳接收可通过相关器加似然判决器来实现，形式上与 MPSK 接收电路的结构完全一样。图 6.4.17 给出了 MQAM 信号最佳接收机的结构。与 MPSK 信号的接收做完全相同的分析，可得

$$r_1 = s_{i1} + n_1 \tag{6.4.88}$$

$$r_2 = s_{i2} + n_2 \tag{6.4.89}$$

其中 n_1, n_2 同为均值为 0、方差为 $\sigma^2 = N_0/2$ 的高斯随机变量。

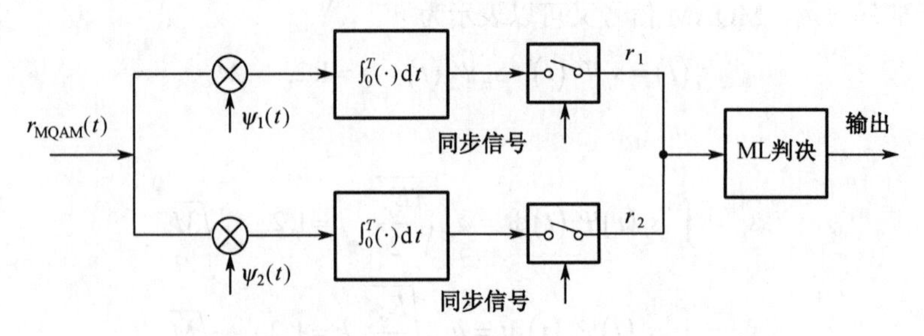

图 6.4.17 MQAM 信号的最佳接收

MQAM 信号的最大似然判决准则为

$$\hat{s} = \arg\max_{s_i \in \{S\}} p(r \mid s_i) = \arg\min_{s_i \in \{S\}} \left((r_1 - s_{i1})^2 + (r_2 - s_{i2})^2 \right) \tag{6.4.90}$$

MQAM 信号最佳接收机的误码性能分析 MQAM 信号的解调也可视为分别对两路 $\sqrt{M}$ 进制的 $\sqrt{M}$ ASK 信号进行解调，得到 r_1 和 r_2，合成得到矢量 (r_1, r_2)，然后与每个码字集中的矢量 $(s_{i1}, s_{i2}) \in \{S\}$ 进行比较，以最相似的矢量作为判决输出的过程。假定对每个 $\sqrt{M}$ ASK 信号进行解调的误码率为 $P_{\sqrt{M},\text{E}}$，显然，将 MASK 误码率表达式中的 M 替换为 $\sqrt{M}$，即可得

$$P_{\sqrt{M},\text{E}} = \frac{2\left(\sqrt{M}-1\right)}{\sqrt{M}} Q\left(\sqrt{\frac{6E_{\text{b}} \log_2 \sqrt{M}}{\left(\left(\sqrt{M}\right)^2 - 1\right) N_0}} \right) = 2\left(1 - \frac{1}{\sqrt{M}}\right) Q\left(\sqrt{\frac{3E_{\text{b}} \log_2 M}{(M-1) N_0}} \right) \tag{6.4.91}$$

因为正确译码要求两路解调输出均无误码，因此 MQAM 信号正确解调的概率为

$$P_{\text{c}} = \left(1 - P_{\sqrt{M},\text{E}}\right)^2 \tag{6.4.92}$$

相应地，MQAM 信号解调时的误码率为

$$P_{\text{E}} = 1 - P_{\text{c}} = 1 - \left(1 - P_{\sqrt{M},\text{E}}\right)^2 = 2P_{\sqrt{M},\text{E}} - P_{\sqrt{M},\text{E}}^2 \approx 2P_{\sqrt{M},\text{E}} = 4\left(1 - \frac{1}{\sqrt{M}}\right) Q\left(\sqrt{\frac{3E_{\text{b}} \log_2 M}{(M-1) N_0}} \right) \tag{6.4.93}$$

MQAM 信号的误码特性如图 6.4.18 所示。同样，对 MQAM 信号可以采用**格雷码编码**，假定 MQAM 的误码只会出现在相邻的码元间，则可得 MQAM 系统的误比特率为

$$P_{\text{b}} = \frac{P_{\text{E}}}{k} = \frac{P_{\text{E}}}{\log_2 M} \tag{6.4.94}$$

MQAM 系统与 MPSK 系统的抗噪声干扰性能比较 MQAM 和 MPSK 信号都利用了 IQ 相幅平面的二维信号空间尺度。下面首先分析两系统的抗噪声干扰性能。图 6.4.19 给出了 $M = 16$ 时 MQAM 信号和 MPSK 信号的星座点在相幅平面的分布。假定两信号的最大幅度相同，在此处取单位 1，两者有相同的信号峰值功率。由图直接可以导出，MPSK 信号符号（星座点）间的最小距离为

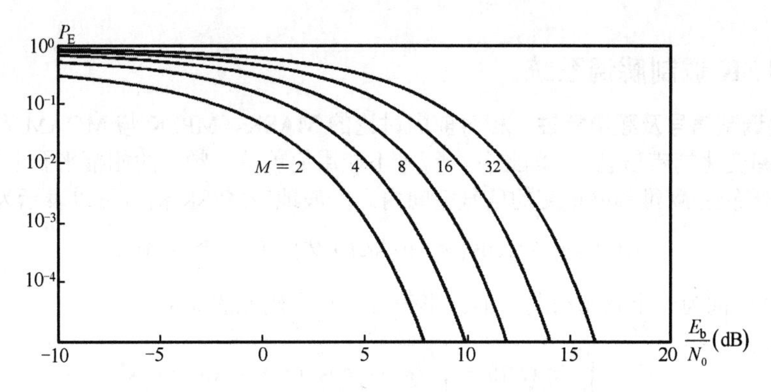

图 6.4.18　MQAM 信号的误码特性

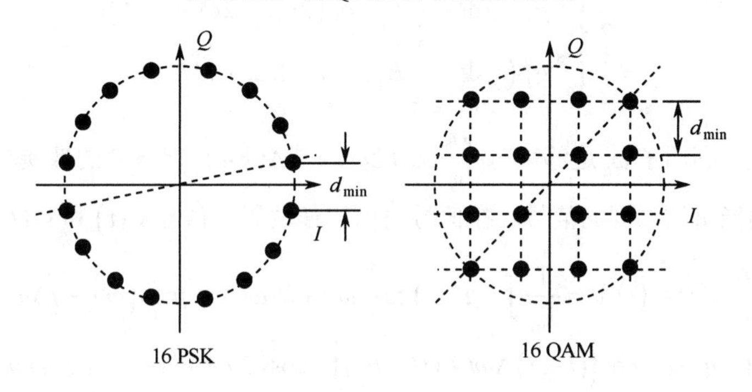

图 6.4.19　MPSK 信号与 MQAM 信号星座图比较

$$d_{16PSK,min} = 2\sin\left(\frac{2\pi}{2\times 16}\right) = 2\sin\left(\frac{\pi}{16}\right) = 0.39 \tag{6.4.95}$$

MQAM 信号符号（星座点）间的最小距离为

$$d_{16QAM,min} = \frac{1}{3}\times 2\times\sin\left(\frac{\pi}{4}\right) = \frac{\sqrt{2}}{3} = 0.47 \tag{6.4.96}$$

可见有

$$d_{16PSK,min} < d_{16QAM,min} \tag{6.4.97}$$

即 16QAM 系统比 16PSK 系统有更大的噪声容限，从而有更强的抗噪声干扰的性能。

不难导出一般的 MPSK 信号星座点间的最小距离为

$$d_{MPSK,min} = 2\sin\left(\frac{\pi}{M}\right) \tag{6.4.98}$$

MQAM 信号星座点的分布可以有许多不同的形式，若仍为上述的“矩形”分布特性，则相应的信号星座点间的最小距离为

$$d_{MQAM,min} = \frac{\sqrt{2}}{\sqrt{M}-1} \tag{6.4.99}$$

此时，依然有

$$d_{MPSK,min} < d_{MQAM,min} \tag{6.4.100}$$

即一般地，对于同样大小的信号峰值功率，MQAM 信号星座点间比 MPSK 信号星座点间有更大的最小距离。

6.4.5 MFSK 调制解调系统

MFSK 载波调制信号及频谱特性 相对前面讨论的 MASK、MPSK 与 MQAM 系统，MFSK 信号是通过不同的频率变化携带信息的，因此各个符号不能用简单单一频率的相幅平面上的星座点来描述，MFSK 信号通常分布在 M 维频率正交的信号空间内。一般地，MFSK 信号可以表示为

$$s_i(t) = g_T(t)\cos(\omega_c t + i\Delta\omega t + \theta_i), \quad i = 1,2,\cdots,M \tag{6.4.101}$$

其中 $g_T(t)$ 是持续时间为一个码元周期 T_S 的波形信号。每个码元的能量

$$\begin{aligned} E_S &= \int_0^{T_S} s_i^2(t)\mathrm{d}t = \int_0^{T_S} g_T^2(t)\cos^2(\omega_c t + i\Delta\omega t + \theta_i)\mathrm{d}t \\ &= \frac{1}{2}\int_0^{T_S} g_T^2(t)\mathrm{d}t + \frac{1}{2}\int_0^{T_S}\cos(2\omega_c t + 2i\Delta\omega t + \theta_i)\mathrm{d}t \\ &= \frac{1}{2}\int_0^{T_S} g_T^2(t)\mathrm{d}t = \frac{1}{2}E_g, \quad i = 1,2,\cdots,M \end{aligned} \tag{6.4.102}$$

其中第四个等式的成立利用了 ω_c 足够大时 $\int_0^{T_S}\cos(2\omega_c t + 2i\Delta\omega t + \theta_i)\mathrm{d}t \approx 0$ 的性质。由此可见 MFSK 信号是一种每个码元的能量均相同的信号。在信号集内，任两码元信号 $s_i(t)$ 和 $s_j(t)$ 间的**相关系数**为

$$\begin{aligned} \rho_{ij} &= \frac{1}{E_S}\int_0^{T_S} s_i(t)s_j(t)\mathrm{d}t = \frac{1}{E_S}\int_0^{T_S} g_T^2(t)\cos(\omega_c t + i\Delta\omega t + \theta_i)\cos(\omega_c t + j\Delta\omega t + \theta_j)\mathrm{d}t \\ &= \frac{1}{2E_S}\int_0^{T_S} g_T^2(t)\Big[\cos\big((i-j)\Delta\omega t + (\theta_i - \theta_j)\big) + \cos\big(2\omega_c t + (i+j)\Delta\omega t + (\theta_i + \theta_j)\big)\Big]\mathrm{d}t \end{aligned} \tag{6.4.103}$$

只要波形函数 $g_T(t)$ 具有图 6.2.3 所示的**“对称性”**，则

（1）若**满足**条件 $\theta_i = \theta_j, \forall i,j \in (1,2,\cdots,M)$，则当 $\Delta\omega = k\dfrac{\pi}{T_S}$，$k$ 是正整数时，$\rho_{ij} = 0$，此时满足符号间正交性的最小频率间隔为 $\min\Delta\omega = \pi/T_S$，相应地，MFSK 信号的带宽为

$$W \approx (M-1)\frac{1}{2T_S} + 2\frac{1}{T_S} = \frac{M+3}{2T_S} \xrightarrow{M \gg 1} \approx \frac{M}{2T_S} \tag{6.4.104}$$

（2）若**不满足**条件 $\theta_i = \theta_j, \forall i,j \in (1,2,\cdots,M)$，则当 $\Delta\omega = k\dfrac{2\pi}{T_S}$，$k$ 是正整数时，$\rho_{ij} = 0$，此时满足符号间正交性的最小频率间隔为 $\min\Delta\omega = 2\pi/T_S$，相应地，MFSK 信号的带宽为

$$W \approx (M-1)\frac{1}{T_S} + 2\frac{1}{T_S} = \frac{M+1}{T_S} \xrightarrow{M \gg 1} \approx \frac{M}{T_S} \tag{6.4.105}$$

一般来说，MFSK 信号的频带利用率远小于 MASK、MPSK 和 MQAM 信号。

对于满足正交性的一组 MFSK 信号的载波频率 $\omega_c + i\Delta\omega,\ i = 1,2,\cdots,M$，可以定义一组标准的正交基函数

$$\Psi_i(t) = \sqrt{\frac{2}{E_S}}g_T(t)\cos(\omega_c t + i\Delta\omega t + \theta_i), \quad i = 1,2,\cdots,M \tag{6.4.106}$$

其中 $\Delta\omega$ 的取值与 $\theta_i,\ i = 1,2,\cdots,M$ 的取值有关。对于 MFSK 信号，特别地有

$$s_i(t) = s_{i1}\Psi_1(t) + s_{i2}\Psi_2(t) + \cdots + s_{ii}\Psi_i(t) + \cdots + s_{iM}\Psi_M(t) = s_{ii}\Psi_i(t), \quad i = 1,2,\cdots,M \tag{6.4.107}$$

即有

$$s_{ij}=0,\ i\neq j,\ \ i,j\in\{1,2,\cdots,M\} \tag{6.4.108}$$

MFSK 信号码元的能量为

$$E_{\mathrm{S}}=\int_0^{T_{\mathrm{S}}}s_i^2(t)\mathrm{d}t=\int_0^{T_{\mathrm{S}}}\left[s_{ii}\Psi_i(t)\right]^2\mathrm{d}t=s_{ii}^2\int_0^{T_{\mathrm{S}}}\Psi_i^2(t)\mathrm{d}t=s_{ii}^2,\quad i=1,2,\cdots,M \tag{6.4.109}$$

由此可得

$$s_{ii}=\sqrt{E_{\mathrm{S}}},\quad i=1,2,\cdots,M \tag{6.4.110}$$

综合式（6.4.108）和式（6.4.110），可得

$$s_{ij}=\begin{cases}\sqrt{E_{\mathrm{S}}}, & i=j\\ 0, & i\neq j\end{cases},\ i,j\in\{1,2,\cdots,M\} \tag{6.4.111}$$

由此可得信号 $s_i(t)$ 与矢量 $\boldsymbol{s}_i=(s_{i1},s_{i2},\cdots,s_{iM})$ 之间的对应关系：

$$\begin{array}{l}s_i(t)\leftrightarrow\boldsymbol{s}_i=(s_{i1},s_{i2},\cdots,s_{iM})\\ i=1,2,\cdots,M\end{array}\leftrightarrow\begin{cases}\boldsymbol{s}_1=\left(\sqrt{E_{\mathrm{S}}},0,\cdots,0\right)\\ \boldsymbol{s}_2=\left(0,\sqrt{E_{\mathrm{S}}},\cdots,0\right)\\ \qquad\vdots\\ \boldsymbol{s}_M=\left(0,0,\cdots,\sqrt{E_{\mathrm{S}}}\right)\end{cases} \tag{6.4.112}$$

由式（6.4.16），可得任意两 MFSK 信号 $s_i(t)$ 和 $s_j(t)$ 间的距离

$$d_{ij}=\left(\sum_{k=1}^{M}\left(s_{ik}-s_{jk}\right)^2\right)^{1/2}=\sqrt{\left(s_{ii}-0\right)^2+\left(0-s_{jj}\right)^2}=\sqrt{E_{\mathrm{S}}+E_{\mathrm{S}}}=\sqrt{2E_{\mathrm{S}}} \tag{6.4.113}$$

可见，MFSK 信号集中任两信号间的距离均相同。

将式（6.4.101）与式（6.3.11）比较不难发现，MFSK 信号可视为 M 个不同频率的 OOK 信号组合的结果，其**功率谱**可由相应的 M 个不同频率的 OOK 的功率谱叠加而成。

MFSK 载波调制实现方法　如图 6.4.20(a)所示，MFSK 信号可以用模拟调制的方法实现，信息序列 $\{a_n\}$ 经串并变换后形成每组 k 比特的并行信号，由此产生 $M=2^k$ 种电平中的一种电平信号，控制模拟调频电路产生一个特定频率的码元信号。如图 6.4.20(b)所示，MFSK 信号也可通过 M 个正弦信号发生器加选频电路实现，信息序列 $\{a_n\}$ 经串并变换后形成每组 k 比特的并行信号，由此产生 $M=2^k$ 种切换开关的控制信号，选择 M 种频率中的一种产生一个特定频率的码元信号。

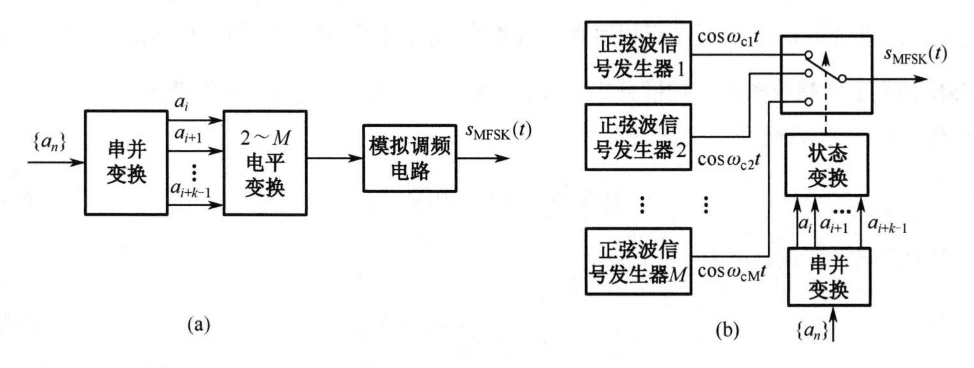

图 6.4.20　MFSK 调制信号的产生

MFSK 信号的最佳接收　M 进制的 MFSK 信号有 M 个基向量，相应的最佳接收机的结构如图 6.4.21 所示。首先通过关于各个基向量函数的匹配滤波器获得接收向量：

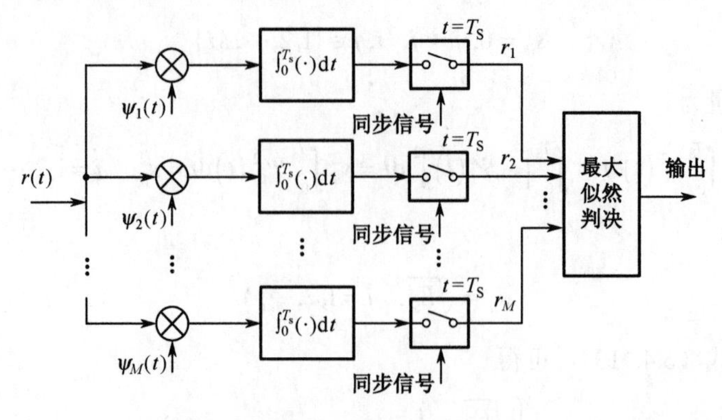

图 6.4.21　MFSK 信号的最佳接收机

$$\boldsymbol{r}=(r_1,r_2,\cdots,r_M),\ \ r_i=s_i+n_i, i=1,2,\cdots,M \tag{6.4.114}$$

因为上式的各个分量统计独立，因而其似然函数为

$$p(\boldsymbol{r}\,|\,\boldsymbol{s}_i)=\prod_{k=1}^{M}\frac{1}{\sqrt{2\pi(N_0/2)}}\exp\left[-\frac{(r_k-s_{ik})^2}{2(N_0/2)}\right] \tag{6.4.115}$$

由此，可导出相应的最大似然判决准则

$$\hat{s}=\arg\max_{s_i\in\{S\}}p(\boldsymbol{r}\,|\,\boldsymbol{s}_i)\leftrightarrow\arg\max_{s_i\in\{S\}}\ln p(\boldsymbol{r}\,|\,\boldsymbol{s}_i)\leftrightarrow\arg\min_{s_i\in\{S\}}\sum\nolimits_{i=1}^{M}(r_k-s_{ik})^2 \tag{6.4.116}$$

做出判决。上式可做进一步的分解：

$$\begin{aligned}\sum\nolimits_{k=1}^{M}(r_k-s_{ik})^2&=\sum\nolimits_{k=1}^{M}r_k^2-2\sum\nolimits_{k=1}^{M}r_ks_{ik}+\sum\nolimits_{k=1}^{M}s_{ik}^2\\&=|\boldsymbol{r}|^2-2\boldsymbol{r}\cdot\boldsymbol{s}_i+|\boldsymbol{s}_i|^2,\quad i=1,2,\cdots,M\end{aligned} \tag{6.4.117}$$

因为对于 MFSK 信号，有

$$|\boldsymbol{s}_i|=|\boldsymbol{s}_j|,\ \ \forall i,j\in\{1,2,\cdots,M\} \tag{6.4.118}$$

由此可得

$$\hat{s}=\arg\min_{s_i\in\{S\}}\sum\nolimits_{k=1}^{M}(r_k-s_{ik})^2\xrightarrow{\text{等效于}}\arg\max_{s_i\in\{S\}}\boldsymbol{r}\cdot\boldsymbol{s}_i \tag{6.4.119}$$

根据上式，最佳接收的判决可按如下操作实现：根据获得的接收向量 $\boldsymbol{r}=(r_1,r_2,\cdots,r_M)$，用该向量与信号集中的每个可能的向量 $\boldsymbol{s}_i\in\{S\}$ 进行**点积运算**，选择最大的点积运算结果所对应的向量作为判决输出。

MFSK 信号最佳接收的误码性能分析　若记发送符号 $s_i(t)$ 的先验概率为 $P(s_i)$，接收时出现错误的概率为 $P(e\,|\,s_i)$，则误码率为

$$P_{\mathrm{E}}=\sum\nolimits_{i=1}^{M}P(s_i)P(e\,|\,s_i) \tag{6.4.120}$$

在先验等概的情况下，误码率为

$$P_{\mathrm{E}}=\frac{1}{M}\sum\nolimits_{i=1}^{M}P(e\,|\,s_i) \tag{6.4.121}$$

对于普通的高斯噪声干扰信道（非**频率选择性信道**），误码与载波频率没有关系，只取决于码元间的距离，而由式（6.4.113）可知，MFSK 信号各码元间的距离相等，因此有

$$P(e\,|\,s_i)=P(e\,|\,s_j),\ \ \forall i,j\in\{1,2,\cdots,M\} \tag{6.4.122}$$

进而有

$$P_{\mathrm{E}} = P(e|s_i),\ \ i=1,2,\cdots,M \tag{6.4.123}$$

下面分析发送符号 $s_i(t)$ 时的错误概率 $P(e|s_i)$。当发送符号 $s_i(t)$ 时，接收向量为

$$\boldsymbol{r} = \left(n_1, n_2, \cdots, \sqrt{E_{\mathrm{S}}} + n_i, \cdots, n_M\right) \tag{6.4.124}$$

正确判决的概率为

$$P_{\mathrm{c}} = \int_{-\infty}^{\infty} P\left(n_1 < r_i, n_2 < r_i, \cdots, n_M < r_i \,|\, s_i\right) p\left(r_i \,|\, s_i\right) \mathrm{d}r_i \tag{6.4.125}$$

因为 $n_1,\ n_2, \cdots,\ \sqrt{E_{\mathrm{S}}} + n_i, \cdots,\ n_M$ 均服从高斯分布且相互独立，因此有

$$P_{\mathrm{c}} = \int_{-\infty}^{\infty} \prod_{k=1,k\neq i}^{M} P\left(n_k < r_i \,|\, s_i\right) p\left(r_i \,|\, s_i\right) \mathrm{d}r_i \tag{6.4.126}$$

其中，

$$P\left(n_k < r_i \,|\, s_i\right) = \int_{-\infty}^{r_i} \frac{1}{\sqrt{\pi N_0}} \exp\left(-\frac{n_k^2}{N_0}\right),\ \ k \neq i, k \in \{1,2,\cdots,M\} \tag{6.4.127}$$

$$p\left(r_i \,|\, s_i\right) = \frac{1}{\sqrt{2\pi\left(N_0/2\right)}} \exp\left[-\frac{\left(r_i - s_{ii}\right)^2}{2\left(N_0/2\right)}\right] \tag{6.4.128}$$

因此得到

$$P_{\mathrm{c}} = \int_{-\infty}^{\infty} \left[\int_{-\infty}^{r_i} \frac{1}{\sqrt{\pi N_0}} \exp\left(-\frac{n_k^2}{N_0}\right) \mathrm{d}n_k\right]^{M-1} \frac{1}{\sqrt{2\pi\left(N_0/2\right)}} \exp\left[-\frac{\left(r_i - s_{ii}\right)^2}{2\left(N_0/2\right)}\right] \mathrm{d}r_i \tag{6.4.129}$$

相应的误码率为

$$P_{\mathrm{E}} = 1 - P_{\mathrm{c}} \tag{6.4.130}$$

不同 $M = 2^k$ 取值的情形如图 6.4.22 所示。由图 6.4.22 可见，对于 MFSK 信号，在相同的信噪比条件下，随着进制数 M 的增加，误码性能会相应地改善，MFSK 信号的这一特性与 MASK 及 MPSK 信号有很大的区别。由于 MFSK 信号有这样的特性，因此特别适合在低信噪比的环境中应用，这也是香农定理有关信道容量中带宽换取信噪比的一个示例。

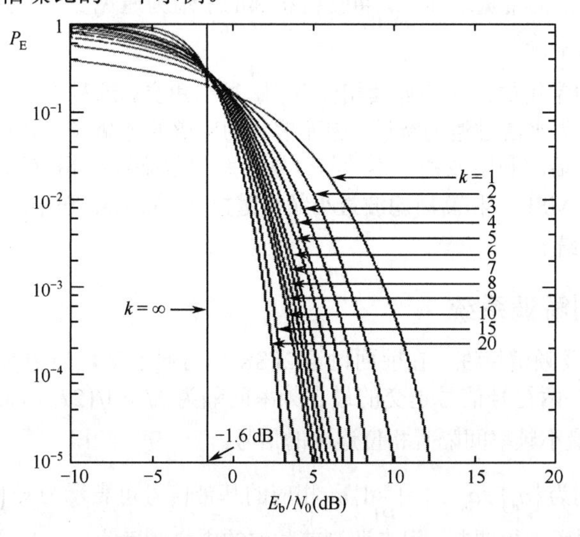

图 6.4.22　MFSK 信号的误码特性[2]

MFSK 传输系统的误比特率 因为 MFSK 是一种符号集中任两码元间**距离相等**的信号，因此 MFSK 信号不能通过格雷码编码在一定的误码率下提高系统的误比特率性能。换句话说，某一 MFSK 信号的码元经传输后，错误解调为任何另外一个码元的概率是相同的。下面进一步分析 MFSK 信号误码率与误比特率之间的关系。

首先来看一个 $M=2^3=8$ 的特例。8FSK 信号有 8 个不同的码元符号，分别对应二进制数的码组 000, 001, 010, 011, 100, 101, 110, 111。假定对应于码组100 的符号出现了错误，错误判决为其他的码元符号，除了出错成对应于011码组的符号会导致 3 比特的误码外，其他情形都不会出现相应码组全部比特的错误。图 6.4.23 给出了本例讨论的情形，图中码组内斜体的比特部分表示出错的比特位。对于这样的 $k=3$ 比特的码组，不难观察得到，每一比特位的总的可能的错误数为 $2^{3-1}=4$，总的可能出错的位数为 $3\times 2^{3-1}=3\times 4=12$。

000	100（**正确码组**）
001	10*1*
*01*0	1*1*0
011	1*11*

图 6.4.23　误码导致的比特错误示例

显然可将该例推广到一般的情形。对于一个 k 比特的码组，每一比特位总的可能的错误数为 2^{k-1}，总的可能出错的位数为 $k\times 2^{k-1}$。在所有可能出错（除了正确的码组自身外）的 $M-1=2^k-1$ 个码组中，总的比特数为 $k\times(M-1)=k\times(2^k-1)$。由此可得误比特数与总比特数的比值为 $k\times 2^{k-1}/k\times(2^k-1)$，因此，若 MFSK 解调的误码率为 P_{E}，则误比特率为

$$P_{\mathrm{b}}=\frac{k\times 2^{k-1}}{k\times(2^k-1)}P_{\mathrm{E}}=\frac{2^{k-1}}{2^k-1}P_{\mathrm{E}}=\frac{M}{2(M-1)}P_{\mathrm{E}} \tag{6.4.131}$$

当 M 足够大时，有

$$P_{\mathrm{b}}\approx\frac{1}{2}P_{\mathrm{E}} \tag{6.4.132}$$

6.5　恒包络连续相位调制

在前面讨论的各种载波调制方式中，从当前发送的一种码元切换到另外一种码元时，都有可能发生载波信号幅度或相位的突变，或者出现载波信号的幅度和相位两个参量的同时突变，信号的这些突变将导致信号频率的瞬间极大变化，使得信号功率谱旁瓣的成分所占的比例很大，大量能量泄漏到远大于码元周期倒数 $1/T_{\mathrm{S}}$ 两倍的带宽之外。这将使得相邻的信道为避免受到干扰而需要保持较大的间隔，进而导致总的频率使用效率降低。

本节讨论实际系统中常用的恒包络连续相位调制，顾名思义，这种调制方式产生的信号包络恒定，符号间的相位变化具有较为平滑过渡的特性，因而信号功率谱的旁瓣较之之前讨论的信号将大大降低，从而可更为有效地提高频谱的利用效率。本节将分别介绍恒包络连续相位调制方式中的**最小频移键控**（Minimum Shift Keying，MSK）和**高斯滤波最小频移键控**（Gaussian filtered Minimum Shift Keying，GMSK）两种载波调制系统。

6.5.1　MSK 调制解调系统

MSK 载波调制信号及频谱特性 在前面讨论 2FSK 信号时已知，当 2FSK 的两个频率信号有相同的初始相位时，使 2FSK 两符号信号正交的最小频率间隔为 $\Delta f=1/(2T_{\mathrm{S}})$。具有最小频移的键控信号 MSK 就是一种满足上述最小频率间隔且相位连续的信号。

假定发送的符号序列为 $\{a_n\},a_n\in\{-1,+1\}$，相应的基带信号可表示为 $s_{\mathrm{B}}(t)=\sum_{n=-\infty}^{\infty}a_n g_T(t-nT)$。若采用该信号对载波的频率进行调制，记未调制前载波的中心频率为 f_{c}，定义**调频指数** K_{f} 为单位电压

导致的频率变化量，则信号的频率变化可表示为

$$f(t)=f_c+K_f s_B(t)=f_c+K_f\sum_{n=-\infty}^{\infty}a_n g_T(t-nT_S) \tag{6.5.1}$$

相应地，信号的相位为

$$\theta(t)=2\pi f_c t+\int_{-\infty}^{t}2\pi K_f\sum_{n=-\infty}^{\infty}a_n g_T(\tau-nT_S)\,d\tau \tag{6.5.2}$$

MSK 信号可以表示为

$$s_{MSK}(t)=a\cos\theta(t)=a\cos\left(2\pi f_c t+\int_{-\infty}^{t}2\pi K_f\sum_{n=-\infty}^{\infty}a_n g_T(\tau-nT_S)\,d\tau\right) \tag{6.5.3}$$

若基带信号的波形函数 $g_T(t)$ 是一个幅度取值为 1 的**门函数**，则有

$$\int_{-\infty}^{t}g_T(\tau-iT_S)d\tau=\begin{cases}0, & t<iT_S\\ t-iT_S, & iT_S\leqslant t\leqslant(i+1)T_S\\ T_S, & t\geqslant(i+1)T_S\end{cases} \tag{6.5.4}$$

将上式的结果代入式（6.5.3），当 $t\geqslant nT_S$，n 为任意整数时，可得

$$\begin{aligned}s_{MSK}(t)&=a\cos\left(2\pi f_c t+2\pi K_f(t-nT_S)a_n+2\pi K_f T_S\sum_{i=-\infty}^{n-1}a_i\right)\\&=a\cos\left(2\pi f_c t+2\pi K_f a_n t-2\pi K_f a_n nT_S+2\pi K_f T_S\sum_{i=-\infty}^{n-1}a_i\right)\end{aligned} \tag{6.5.5}$$

式中的 $-2\pi K_f a_n nT_S+2\pi K_f T_S\sum_{i=-\infty}^{n-1}a_i$ 部分，在 $nT_S\leqslant t\leqslant(n+1)T_S$ 期间是一常数，可将其记为

$$x_n=-2\pi K_f a_n nT_S+2\pi K_f T_S\sum_{i=-\infty}^{n-1}a_i \tag{6.5.6}$$

由此，式（6.5.5）可表示为

$$s_{MSK}(t)=a\cos[2\pi(f_c+K_f a_n)t+x_n]=\begin{cases}a\cos(2\pi f_1 t+x_n), & a_n=+1\\ a\cos(2\pi f_2 t+x_n), & a_n=-1\end{cases} \tag{6.5.7}$$

考虑到 a_n 取值在 $-1,+1$ 间变化时，相应的频率变化为最小的频率间隔 $\Delta f=1/(2T_S)$，则应有如下的关系：

$$a_n=\begin{cases}+1\leftrightarrow f_1=f_c+\dfrac{1}{4T_S}\\ -1\leftrightarrow f_2=f_c-\dfrac{1}{4T_S}\end{cases} \tag{6.5.8}$$

相应地，调制指数 K_f 应取值为

$$K_f=\frac{1}{4T_S} \tag{6.5.9}$$

将其代入式（6.5.6），可得

$$\begin{aligned}x_n&=-\frac{\pi}{2}a_n n+\frac{\pi}{2}\sum_{i=-\infty}^{n-1}a_i=-\frac{\pi}{2}a_n n+\frac{\pi}{2}a_{n-1}n-\frac{\pi}{2}a_{n-1}n+\frac{\pi}{2}\sum_{i=-\infty}^{n-1}a_i\\&=-\frac{\pi}{2}a_n n+\frac{\pi}{2}a_{n-1}n+\left(-\frac{\pi}{2}a_{n-1}(n-1)+\frac{\pi}{2}\sum_{i=-\infty}^{n-2}a_i\right)\\&=-\frac{\pi}{2}(a_n-a_{n-1})n+x_{n-1}\end{aligned} \tag{6.5.10}$$

由此，一般地，在第 n 个码元周期 $nT_S\leqslant t\leqslant(n+1)T_S$ 内，MSK 信号可以表示为

$$s_{MSK,n}(t)=A\cos\left[2\pi\left(f_c+\frac{a_n}{4T_S}\right)t+x_n\right]=A\cos\left(2\pi f_c t+\frac{\pi a_n}{2T_S}t+x_n\right) \tag{6.5.11}$$

其中 $x_n = x_{n-1} + \frac{\pi n}{2}(a_{n-1} - a_n)$。$x_n$ 是第 n 个码元信号中的一个**固定相位值**。

$s_{\text{MSK}}(t)$ 显然有恒包络特性，下面进一步观察其相位特性：

（1）在一个码元周期 $nT_{\text{S}} < t < (n+1)T_{\text{S}}$ 内，信号的相位取值

$$\theta_n(t) = 2\pi\left(f_{\text{c}} + \frac{a_n}{4T_{\text{S}}}\right)t + x_n \tag{6.5.12}$$

可见，$\theta_n(t)$ 是时间 t 的一个线性函数，在一个码元周期内其取值的变化是**连续**的。

（2）再观测从一个码元到另外一个码元的过渡过程中相位的变化情况。在第 $n-1$ 个码元结束前瞬间，$s_{\text{MSK}}(t)$ 的相位取值为

$$\theta_{n-1}(nT_{\text{S}}) = 2\pi\left(f_{\text{c}} + \frac{a_{n-1}}{4T_{\text{S}}}\right)nT_{\text{S}} + x_{n-1} = 2\pi f_{\text{c}} nT_{\text{S}} + \frac{\pi n a_{n-1}}{2} + x_{n-1} \tag{6.5.13}$$

而在第 n 个码元开始的瞬间，$s_{\text{MSK}}(t)$ 信号的相位取值为

$$\begin{aligned}\theta_n(nT_{\text{S}}) &= 2\pi\left(f_{\text{c}} + \frac{a_n}{4T_{\text{S}}}\right)nT_{\text{S}} + x_n = 2\pi f_{\text{c}} nT_{\text{S}} + \frac{\pi n a_n}{2} + x_n \\ &= 2\pi f_{\text{c}} nT_{\text{S}} + \frac{\pi n a_n}{2} + \left[x_{n-1} + \frac{\pi n}{2}(a_{n-1} - a_n)\right] \\ &= 2\pi f_{\text{c}} nT_{\text{S}} + \frac{\pi k a_{n-1}}{2} + x_{n-1}\end{aligned} \tag{6.5.14}$$

比较式（6.5.13）与式（6.5.14），可见

$$\theta_{n-1}(nT_{\text{S}}) = \theta_n(nT_{\text{S}}) \tag{6.5.15}$$

说明在两码元的过渡过程中，依然保持**相位的连续性**。MSK 信号的相位变化特性可用图 6.5.1 所示的所谓**相位树**来描述，相位树描述了 MSK 信号相位 $\Delta\theta_n(t) = 2\pi\frac{a_n}{4T_{\text{S}}}t + x_n$ 的**所有可能的变化路径**，图中假设初相 $x_0 = 0$。若输入的信息序列为 101101101，相应符号序列 $\{a_n\}$ 的取值为 +1−1+1+1−1+1+1−1+1，图中加粗的线段描述了对应这一信息序列的相位取值路径。

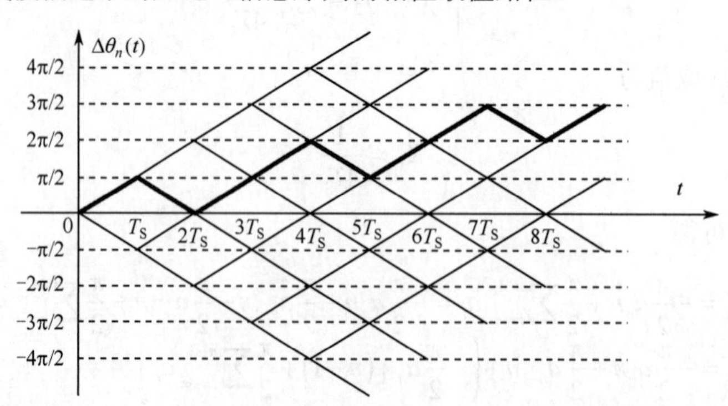

图 6.5.1　MSK 信号的相位树及特定的取值路径示意图

综上，$s_{\text{MSK}}(t)$ 信号具有**恒包络和连续相位**的特点。

下面进一步分析 MSK 信号的特点。将式（6.5.11）展开，可得

$$\begin{aligned} s_{\text{MSK},n}(t) &= a\cos\left[2\pi f_c t + \frac{\pi a_n}{2T_S}t + x_n\right] = a\left[\cos\left(\frac{\pi a_n}{2T_S}t + x_n\right)\cos\omega_c t - \sin\left(\frac{\pi a_n}{2T_S}t + x_n\right)\sin\omega_c t\right] \\ &= a\left[\cos x_n \cos\left(\frac{\pi}{2T_S}t\right)\cos\omega_c t - a_n \cos x_n \sin\left(\frac{\pi}{2T_S}t\right)\sin\omega_c t\right] \end{aligned} \tag{6.5.16}$$

记

$$I_n = \cos x_n \tag{6.5.17}$$

$$Q_n = a_n \cos x_n \tag{6.5.18}$$

则式（6.5.16）可以表示为

$$s_{\text{MSK},n}(t) = a\left[I_n \cos\left(\frac{\pi}{2T_S}t\right)\cos\omega_c t - Q_n \sin\left(\frac{\pi}{2T_S}t\right)\sin\omega_c t\right] \tag{6.5.19}$$

注意，I_n 和 Q_n 并不是独立的两个变量，不能用两个随机信息序列作为 I_n 和 Q_n，因此 MSK 本质上还是一种二进制调制信号。I_n 和 Q_n 的变化特性显然与序列 $\{a_n\}$ 的变化特性有关，通常调制 MSK 信号的符号序列 $\{a_n\}$ 是信息序列 $\{b_n\}$ 经**差分编码**后的输出。若 $a_n, b_n \in \{-1,+1\}$，则两序列的符号间有如下关系：

编码时：$a_n = b_n \cdot b_{n-1}$，$b_0 = +1$ （6.5.20）

译码时：$a_n \cdot b_{n-1} = (b_n \cdot b_{n-1}) \cdot b_{n-1} = b_n \cdot (b_{n-1} \cdot b_{n-1}) = b_n$ （6.5.21）

变量 I_n 与 Q_n 间有如下性质：

$$I_{2n} = I_{2n-1},\ Q_{2n+1} = Q_{2n} \tag{6.5.22}$$

证明：采用**归纳法**进行证明。

（1）一般地，可设定初始值 $x_0 = 0,\ b_{-1} = 1$，则当 $n = 0$ 时，有

$$I_0 = \cos x_0 = 1 \tag{6.5.23}$$

$$Q_0 = a_0 \cos x_0 = b_{-1} b_0 \cos x_0 = b_0 \tag{6.5.24}$$

当 $n = 1$ 时，有

$$x_1 = x_0 + \frac{\pi}{2}(a_0 - a_1) = x_0 + \frac{\pi}{2} b_0 (b_{-1} - b_1) = \frac{\pi}{2} b_0 (1 - b_1) \tag{6.5.25}$$

因为 $b_1 = +1 \rightarrow \frac{\pi}{2} b_0 (1 - b_1) = 0$，$b_1 = -1 \rightarrow \frac{\pi}{2} b_0 (1 - b_1) = b_0 \pi$，而 $b_0 \in \{-1,+1\}$，因此均有 $\cos x_1 = b_1$，由此可得

$$I_1 = \cos x_1 = \cos\left[\frac{\pi}{2} b_0 (1 - b_1)\right] = b_1 \tag{6.5.26}$$

$$Q_1 = a_1 \cos x_1 = a_1 b_1 = (b_1 b_0) b_1 = b_0 b_1^2 = b_0 \tag{6.5.27}$$

当 $n = 2$ 时，有

$$x_2 = x_1 + \frac{\pi}{2} 2(a_1 - a_2) = x_1 + \pi b_1 (b_0 - b_2) \tag{6.5.28}$$

因为 $b_i \in \{-1,+1\}$，所以 $(b_0 - b_2) \in \{-2,0,2\}$，因此总有 $\cos x_2 = \cos x_1$，因此可得

$$I_2 = \cos x_2 = \cos x_1 = b_1 \tag{6.5.29}$$

$$Q_2 = a_2 \cos x_2 = (b_2 b_1) b_1 = b_2 b_1^2 = b_2 \tag{6.5.30}$$

当 $n=3$ 时，有

$$x_3 = x_2 + \frac{\pi}{2} 3(a_2 - a_3) = x_2 + \frac{3\pi}{2} b_2 (b_1 - b_3) \tag{6.5.31}$$

$$\begin{aligned} \cos x_3 &= \cos\left[x_2 + \frac{3\pi}{2} b_2 (b_1 - b_3)\right] \\ &= \cos\left[x_2 + \pi b_2 (b_1 - b_3) + \frac{\pi}{2} b_2 (b_1 - b_3)\right] \\ &= \cos\left[x_2 + \frac{\pi}{2} b_2 (b_1 - b_3)\right] \end{aligned} \tag{6.5.32}$$

最后一个等式成立是因为有 $(b_1 - b_3) \in \{-2, 0, +2\}$。进一步，若 $b_1 = b_3$，$I_3 = \cos x_2 = b_1 = b_3$，其中第二个等式利用了式（6.5.29）的结果，最后一个等式成立是因为 $b_1 = b_3$；若 $b_1 \neq b_3$，$I_3 = \cos(x_2 \pm \pi b_2) = -\cos x_2 = -b_1 = b_3$，其中第二个等式成立是因为 $b_2 \in \{-1, +1\}$，第三个等式利用了式（6.5.29）的结果，最后一个等式利用了条件 $b_1 \neq b_3$ 及 $b_1, b_3 \in \{-1, +1\}$。综上分析，可得

$$I_3 = \cos x_3 = b_3 \tag{6.5.33}$$

利用上式的结果，直接可得

$$Q_3 = a_3 \cos x_3 = b_3 b_2 \cos x_3 = b_3 b_2 I_3 = b_3 b_2 b_3 = b_2 \tag{6.5.34}$$

由此可得 $I_2 = I_1, Q_3 = Q_2$，即当 $n=1$ 时，式（6.5.22）成立，即有

$$I_{2n} = I_{2n-1},\ Q_{2n+1} = Q_{2n},\ (n=1) \tag{6.5.35}$$

（2）设 $n=k$ 时，有 $I_{2k} = I_{2k-1}, Q_{2k+1} = Q_{2k}$，即式（6.5.22）成立，有

$$I_{2k} = I_{2k-1} = \cos x_{2k-1} = b_{2k-1} \tag{6.5.36}$$

$$Q_{2k+1} = Q_{2k} = a_{2k} \cos x_{2k} = b_{2k} \tag{6.5.37}$$

（3）现需进一步证明，当 $n=k+1$ 时，式（6.5.22）依然成立，即有

$$I_{2(k+1)} = \cos x_{2(k+1)} = I_{2(k+1)-1} = I_{2k+1} = \cos x_{2k+1} = b_{2k+1} \tag{6.5.38}$$

$$Q_{2(k+1)+1} = a_{2(k+1)+1} \cos x_{2(k+1)+1} = Q_{2(k+1)} = a_{2(k+1)} \cos x_{2(k+1)} = b_{2(k+1)} \tag{6.5.39}$$

首先分析式（6.5.38），因为

$$x_{2(k+1)} = x_{2k+1} + \frac{\pi}{2} 2(k+1) b_{2k+1} \left(b_{2k} - b_{2(k+1)}\right) = x_{2k+1} + \pi(k+1) b_{2k+1} \left(b_{2k} - b_{2(k+1)}\right) = x_{2k+1} \tag{6.5.40}$$

其中最后一个等式成立是因为 $\left(b_{2k} - b_{2(k+1)}\right) \in \{-2, 0, +2\}$。因此有

$$I_{2(k+1)} = \cos x_{2(k+1)} = \cos x_{2k+1} = I_{2k+1} \tag{6.5.41}$$

另外因为

$$\begin{aligned} I_{2k+1} = \cos x_{2k+1} &= \cos\left[x_{2k} + \frac{\pi}{2}(2k+1) b_{2k} (b_{2k-1} - b_{2k+1})\right] \\ &= \cos\left[x_{2k} + \pi k b_{2k} (b_{2k-1} - b_{2k+1}) + \frac{\pi}{2} b_{2k} (b_{2k-1} - b_{2k+1})\right] \\ &= \cos\left[x_{2k} + \frac{\pi}{2} b_{2k} (b_{2k-1} - b_{2k+1})\right] \end{aligned} \tag{6.5.42}$$

其中最后一个等式成立仍然是因为 $(b_{2k-1}-b_{2k+1})\in\{-2,0,+2\}$ 。在上式中，若 $b_{2k-1}=b_{2k+1}$ ，$I_{2k+1}=\cos x_{2k}=b_{2k-1}=b_{2k+1}$ ，其中第二个等式利用了归纳法在 $n=k$ 时式（6.5.36）成立的假设，最后一个等式的原因是条件 $b_{2k-1}=b_{2k+1}$ ；若 $b_{2k-1}\neq b_{2k+1}$ ，$I_{2k+1}=\cos[x_{2k}\pm\pi b_{2k}]=-\cos x_{2k}=-b_{2k-1}=b_{2k+1}$ ，其中第二个等式利用了 $b_{2k}\in\{-1,+1\}$ ，第三个等式利用了归纳法 $n=k$ 时式（6.5.36）的假设，最后一个等式利用了条件 $b_{2k-1}\neq b_{2k+1}$ 及 $b_{2k-1},b_{2k+1}\in\{-1,+1\}$ 。综合上述分析，可见式（6.5.38）成立。

下面分析式（6.5.39）。因为 $Q_{2(k+1)+1}=a_{2(k+1)+1}\cos x_{2(k+1)+1}=a_{2k+3}\cos x_{2k+3}$ ，其中

$$\begin{aligned}\cos x_{2k+3}&=\cos\left[x_{2k+2}+\frac{\pi}{2}(2k+3)b_{2k+2}(b_{2k+1}-b_{2k+3})\right]\\&=\cos\left[x_{2k+2}+\pi kb_{2k+2}(b_{2k+1}-b_{2k+3})+\frac{\pi}{2}3b_{2k+2}(b_{2k+1}-b_{2k+3})\right]\\&=\cos\left[x_{2k+2}+\frac{\pi}{2}3b_{2k+2}(b_{2k+1}-b_{2k+3})\right]=\cos\left[x_{2k+2}+\frac{\pi}{2}b_{2k+2}(b_{2k+1}-b_{2k+3})\right]\\&=\begin{cases}\cos x_{2k+2}=b_{2k+1}, & b_{2k+1}=b_{2k+3}\\-\cos x_{2k+2}=-b_{2k+1}, & b_{2k+1}\neq b_{2k+3}\end{cases}\end{aligned}\tag{6.5.43}$$

$$\begin{aligned}Q_{2(k+1)+1}&=a_{2(k+1)+1}\cos x_{2(k+1)+1}=b_{2k+3}b_{2k+2}\cos x_{2(k+1)+1}\\&=\begin{cases}b_{2k+3}b_{2k+2}\cos x_{2k+2}=b_{2k+3}b_{2k+2}b_{2k+1}, & b_{2k+1}=b_{2k+3}\\-b_{2k+3}b_{2k+2}\cos x_{2k+2}=-b_{2k+3}b_{2k+2}b_{2k+1}, & b_{2k+1}\neq b_{2k+3}\end{cases}\\&=b_{2k+2}\end{aligned}\tag{6.5.44}$$

因此当 $n=k+1$ 时，式（6.5.39）同样成立。

由归纳法原理，一般地，式（6.5.22）即 $I_{2n}=I_{2n-1}$，$Q_{2n+1}=Q_{2n}$ 成立。**证毕**□

关系式 $I_{2n}=I_{2n-1}$ 的**物理意义**是，变量 I_m 只可能在 $m=1,3,5,\cdots,2n-1,\cdots$ 即 m 为奇数的位置发生变化；而关系式 $Q_{2n+1}=Q_{2n}$ 的物理意义是，变量 Q_m 只可能在 $m=0,2,4,\cdots,2n,\cdots$ 即 m 为偶数的位置发生变化。即 I_m 与 Q_m 实际上均是宽度为两个码元间隔（$2T_S$）的变量，而且 I_m 与 Q_m 在发生变化的时刻相隔一个码元间隔（T_S）。

由式（6.5.19），在第 n 个码元周期，$nT_S\leqslant t\leqslant(n+1)T_S$ ，$s_{MSK}(t)$ 可以表示为

$$s_{MSK,n}(t)=I_na\cos\left(\frac{\pi}{2T_S}t\right)\cos\omega_ct-Q_na\sin\left(\frac{\pi}{2T_S}t\right)\sin\omega_ct\tag{6.5.45}$$

因为 $I_{2n}=I_{2n-1}=b_{2n-1}$ ，$Q_{2n+1}=Q_{2n}=b_{2n}$ ，若定义

$$g_{2T}(t)=\begin{cases}a\cos\left(\dfrac{\pi}{2T_S}t\right), & -T_S\leqslant t\leqslant T_S\\0, & \text{其他}\end{cases}\tag{6.5.46}$$

相应地有

$$g_{2T}(t-T_S)=\begin{cases}a\cos\left(\dfrac{\pi}{2T_S}(t-T_S)\right), & -T_S\leqslant t\leqslant T_S\\0, & \text{其他}\end{cases}=\begin{cases}a\sin\left(\dfrac{\pi}{2T_S}t\right), & -T_S\leqslant t\leqslant T_S\\0, & \text{其他}\end{cases}\tag{6.5.47}$$

则 MSK 信号可表示为

$$\begin{aligned}s_{MSK}(t)&=\sum\nolimits_{n'=-\infty}^{\infty}s_{MSK,n'}(t)\\&=\sum\nolimits_{n=-\infty}^{\infty}\left(b_{2n-1}g_{2T}(t-2nT_S)\cos\omega_ct-b_{2n}g_{2T}(t-(2n+1)T_S)\sin\omega_ct\right)\end{aligned}\tag{6.5.48}$$

图 6.5.2 给出了当输入信息序列 $b_0 b_1 \cdots b_{14}$ 为 +1+1+1−1−1+1−1+1+1+1+1−1−1+1+1 时，$s_{\text{MSK}}(t)$ 信号中各种成分的波形特性和合成的 $s_{\text{MSK}}(t)$ 信号波形。

根据 6.2 节中有关调制信号功率密度谱的分析可知［见式（6.2.26）］，若

$$x_n(t)\cos\omega_c t = \sum_{n=-\infty}^{\infty} a_n g_T(t-nT_S)\cos\omega_c t\text{，}\quad y_n(t)\sin\omega_c t = \sum_{n=-\infty}^{\infty} b_n g_T(t-nT_S)\sin\omega_c t$$

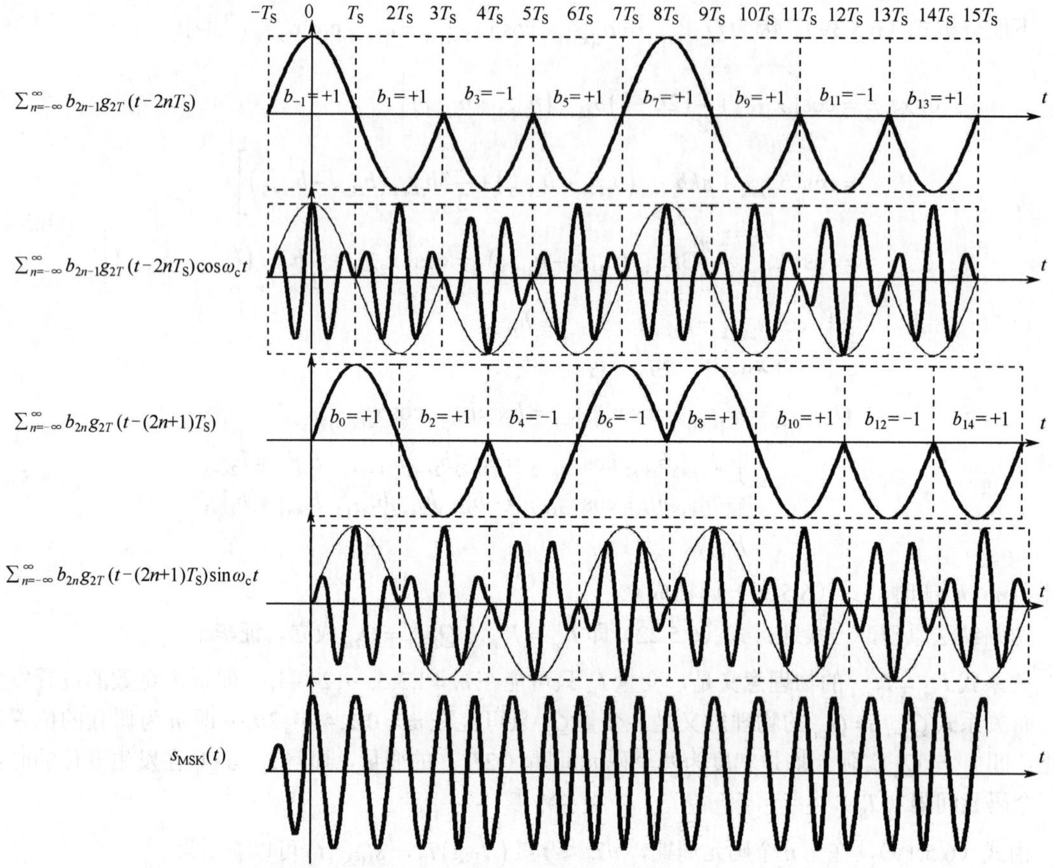

图 6.5.2 MSK 信号的波形特性

则其功率密度谱为 $P_s(f)=\dfrac{1}{4T_S}\big(P_a(f)+P_b(f)\big)\Big(\big|G_T(f+f_c)\big|^2+\big|G_T(f-f_c)\big|^2\Big)$，其中

$$P_a(f)=\sum_{m=-\infty}^{\infty} R_a(m)\mathrm{e}^{-\mathrm{j}2\pi fmT_S}\text{，}\quad P_b(f)=\sum_{m=-\infty}^{\infty} R_b(m)\mathrm{e}^{-\mathrm{j}2\pi fmT_S}$$

而 $R_a(m)$ 和 $R_b(m)$ 分别是基带符号序列 $\{a_n\}$ 和 $\{b_n\}$ 的自相关函数。对照式（6.5.48），若记符号序列 $\{b_{2n-1}\}$ 和 $\{b_{2n}\}$ 的自相关函数为 $R_{\{b_{2n-1}\}}$ 和 $R_{\{b_{2n}\}}$，则其相应的概率密度谱为

$$P_{\{b_{2n-1}\}}(f)=\sum_{n=-\infty}^{\infty} R_{\{b_{2n-1}\}}(n)\mathrm{e}^{-\mathrm{j}2\pi f(2n-1)(2T_S)} \tag{6.5.49}$$

$$P_{\{b_{2n}\}}(f)=\sum_{n=-\infty}^{\infty} R_{\{b_{2n}\}}(n)\mathrm{e}^{-\mathrm{j}2\pi f(2n)(2T_S)} \tag{6.5.50}$$

若记波形函数 $g_{2T}(t)$ 的傅里叶变换为 $G_{2T}(f)$，由式（6.5.46）可得

$$G_{2T}(f)=\frac{4aT_S}{\pi}\frac{\cos(2\pi fT_S)}{16T_S^2 f^2-1}=\frac{4}{\pi}\sqrt{2E_b T_S}\frac{\cos(2\pi fT_S)}{16T_S^2 f^2-1} \tag{6.5.51}$$

其中最后一个等式利用了关系式 $E_b = a^2T_S/2$。则可得 $s_{MSK}(t)$ 信号的**功率密度谱**为

$$\begin{aligned} P_s(f) &= \frac{1}{4T_S}\left(P_{\{b_{2n-1}\}}(f)+P_{\{b_{2n}\}}(f)\right)\left(\left|G_{2T}(f+f_c)\right|^2+\left|G_{2T}(f-f_c)\right|^2\right) \\ &= \frac{1}{4T_S}P_{\{b_n\}}(f)\left(\left|G_{2T}(f+f_c)\right|^2+\left|G_{2T}(f-f_c)\right|^2\right) \end{aligned} \tag{6.5.52}$$

其中 $P_{\{b_n\}}(f)=P_{\{b_{2n-1}\}}(f)+P_{\{b_{2n-1}\}}(f)=\sum_{n=-\infty}^{\infty}R_{\{b_n\}}(n)\mathrm{e}^{-\mathrm{j}2\pi fn(2T_S)}$。若信息符号序列 $\{b_n\}$ 取 -1, $+1$ 先验等概，即 $P(b_n=+1)=P(b_n=-1)=1/2$，且经伪随机化处理后不同的符号间互不相关，即有

$$R_{\{b_n\}}(n)=\begin{cases}1, & n=0\\0, & n\neq 0\end{cases} \tag{6.5.53}$$

由式（6.5.51）和式（6.5.52），$s_{MSK}(t)$ 信号的**功率密度谱**可进一步表示为

$$\begin{aligned} P_s(f) &= \frac{1}{4T_S}\left(\left|G_{2T}(f+f_c)\right|^2+\left|G_{2T}(f-f_c)\right|^2\right) \\ &= \frac{8E_b}{\pi^2}\left(\left|\frac{\cos\left(2\pi(f+f_c)T_S\right)}{16T_S^2(f+f_c)^2-1}\right|^2+\left|\frac{\cos\left(2\pi(f-f_c)T_S\right)}{16T_S^2(f-f_c)^2-1}\right|^2\right) \end{aligned} \tag{6.5.54}$$

MSK 信号的功率密度谱如图 6.5.3 所示。由图可见，较之 2PSK 信号，MSK 信号功率密度谱的旁瓣迅速下降，从而有利于提高频谱的利用率。

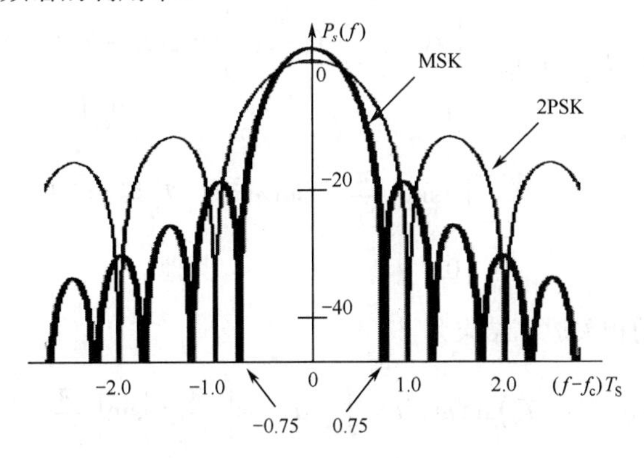

图 6.5.3　MSK 信号的功率密度谱

MSK 信号的调制　由式（6.5.48），MSK 可通过图 6.5.4 所示的方法产生。码元序列 $\{b_n\}$ 的周期为 T_S，经串并变换后产生两个码元分支序列 $\{b_{2n-1}\}$ 和 $\{b_{2n}\}$，两分支序列的码元周期为 $2T_S$。

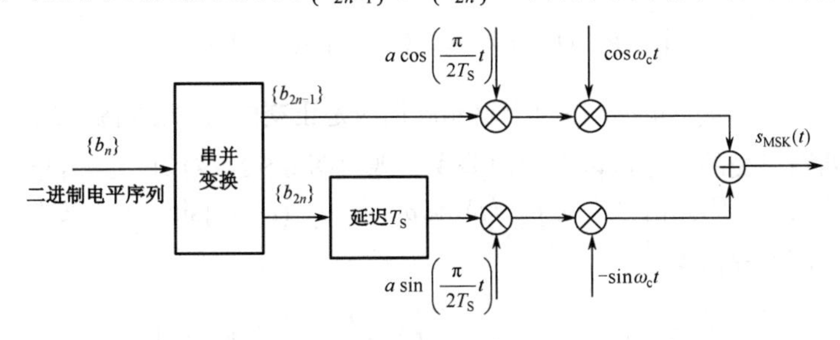

图 6.5.4　MSK 信号的调制

MSK 信号的最佳接收　MSK 信号的最佳接收机如图 6.5.5 所示，注意图中上下两路相关器中积分器的积分时间区间分别为 $(2n-1)T_S \sim (2n+1)T_S$ 和 $2nT_S \sim 2(n+1)T_S$，抽样时刻分别在 $(2n+1)T_S$ 和 $2(n+1)T_S$。

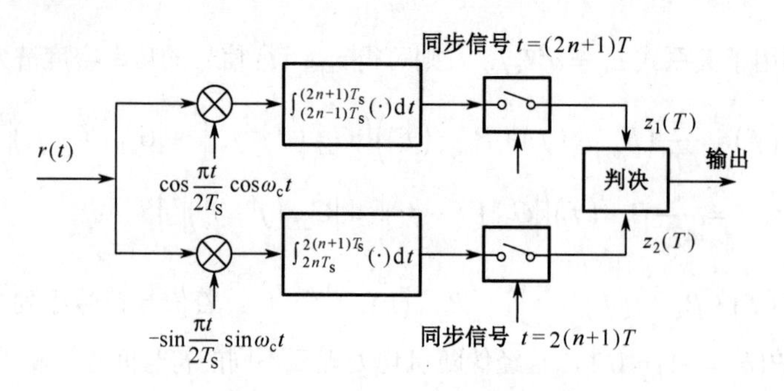

图 6.5.5　MSK 信号的最佳接收

MSK 信号的最佳接收机的误码性能分析　对于接收含有高斯白噪声干扰的 MSK 信号为

$$r(t)=s_{\mathrm{MSK}}(t)+n_{\mathrm{W}}(t) \tag{6.5.55}$$

其中 MSK 信号部分为 $s_{\mathrm{MSK}}(t)=\sum_{n=-\infty}^{\infty}\left(b_{2n-1}g_{2T}(t-2nT_S)\cos\omega_c t-b_{2n}g_{2T}(t-(2n+1)T_S)\sin\omega_c t\right)$，因为

$$g_{2T}(t)\cos\omega_c t=\begin{cases}a\cos\left(\dfrac{\pi}{2T_S}t\right)\cos\omega_c t, & -T_S\leqslant t\leqslant T_S\\ 0, & \text{其他}\end{cases} \tag{6.5.56}$$

$$\begin{aligned}g_{2T}(t-T_S)\sin\omega_c t&=\begin{cases}a\cos\left(\dfrac{\pi}{2T_S}(t-T_S)\right)\sin\omega_c t, & -T_S\leqslant t\leqslant T_S\\ 0, & \text{其他}\end{cases}\\ &=\begin{cases}a\sin\left(\dfrac{\pi}{2T_S}t\right)\sin\omega_c t, & -T_S\leqslant t\leqslant T_S\\ 0, & \text{其他}\end{cases}\end{aligned} \tag{6.5.57}$$

两函数在两个码元周期内的相关运算结果为

$$\begin{aligned}\int_{-T_S}^{T_S}g_{2T}(t)\cos\omega_c t g_{2T}(t-T_S)\sin\omega_c t\mathrm{d}t&=\int_{-T_S}^{T_S}a^2\cos\left(\frac{\pi}{2T_S}t\right)\sin\left(\frac{\pi}{2T_S}t\right)\cos\omega_c t\sin\omega_c t\mathrm{d}t\\ &=\frac{a^2}{4}\int_{-T_S}^{T_S}\sin\left(\frac{\pi}{T_S}t\right)\sin 2\omega_c t\mathrm{d}t=0\end{aligned} \tag{6.5.58}$$

其中最后一个等号成立利用了载波 ω_c 一般有较大取值的假定。同理可以证明

$$\int_0^{2T_S}g_{2T}(t)\cos\omega_c t g_{2T}(t-T_S)\sin\omega_c t\mathrm{d}t=0 \tag{6.5.59}$$

可见 $g_{2T}(t)\cos\omega_c t$ 与 $g_{2T}(t-T_S)\sin\omega_c t$ 在两个码元周期内是**正交**的，因此在图 6.5.5 所示的 MSK 信号的最佳接收机中，这两路正交的信号可以有效地分离。观察图 6.5.2，对每一路信号来说，本质上就是一种**对极信号**，此时等效的“码元信号”为 $g_{2T}(t)\cos\omega_c t$ 和 $g_{2T}(t-T_S)\sin\omega_c t$，其中 $g_{2T}(t)\cos\omega_c t$ 经过相关器后，输出信号幅度的取值为

$$\begin{aligned}V&=\int_{-T_S}^{T_S}a\left(\cos\left(\frac{\pi}{2T_S}t\right)\cos\omega_c t\right)^2\mathrm{d}t=a\int_{-T_S}^{T_S}\frac{1}{2}\left(1+\cos\left(\frac{\pi}{T_S}t\right)\right)\frac{1}{2}(1+\cos 2\omega_c t)\mathrm{d}t\\ &=\frac{1}{4}a\int_{-T_S}^{T_S}\left(1+\cos\left(\frac{\pi}{T_S}t\right)+\cos 2\omega_c t+\cos\left(\frac{\pi}{T_S}t\right)\cos 2\omega_c t\right)\mathrm{d}t=\frac{1}{2}aT_S\end{aligned} \tag{6.5.60}$$

同理可得 $g_{2T}(t-T_S)\sin\omega_c t$ 经过相关器后，输出信号幅度的取值为

$$V' = \int_0^{2T_S} a\left(\sin\left(\frac{\pi}{T_S}t\right)\sin 2\omega_c t\right)^2 dt = \frac{1}{2}aT_S \tag{6.5.61}$$

V 和 V' 是相关器在判决时刻输出的信号部分的幅度值，而其符号则由信息序列 $\{b_n\}$ 决定。

下面进一步分析高斯白噪声经过相关器后的统计特性。对于图 6.5.5 所示的接收器的上支路，输出噪声 N_1 的**均值**和**方差**分别为

$$E[N_1] = E\left[\int_{-T_S}^{T_S} n_W(t)\cos\left(\frac{\pi}{2T_S}t\right)\cos\omega_c t\mathrm{d}t\right] = \int_{-T_S}^{T_S} E[n_W(t)]\cos\left(\frac{\pi}{2T_S}t\right)\cos\omega_c t\mathrm{d}t = 0 \tag{6.5.62}$$

$$\begin{aligned}
\sigma_N^2 &= E\left[\left(N_1 - E[N_1]\right)^2\right] = E\left[\left(N_1\right)^2\right] \\
&= E\left[\int_{-T_S}^{T_S} n_W(t_1)\cos\left(\frac{\pi}{2T_S}t_1\right)\cos\omega_c t_1 \mathrm{d}t_1 \int_{-T_S}^{T_S} n_W(t_2)\cos\left(\frac{\pi}{2T_S}t_2\right)\cos\omega_c t_2 \mathrm{d}t_2\right] \\
&= \int_{-T_S}^{T_S}\int_{-T_S}^{T_S} E[n_W(t_1)n_W(t_2)]\cos\left(\frac{\pi}{2T_S}t_1\right)\cos\omega_c t_1 \cos\left(\frac{\pi}{2T_S}t_2\right)\cos\omega_c t_2 \mathrm{d}t_1\mathrm{d}t_2 \\
&= \int_{-T_S}^{T_S}\int_{-T_S}^{T_S} \frac{N_0}{2}\delta(t_2 - t_1)\cos\left(\frac{\pi}{2T_S}t_1\right)\cos\omega_c t_1 \cos\left(\frac{\pi}{2T_S}t_2\right)\cos\omega_c t_2 \mathrm{d}t_1\mathrm{d}t_2 \\
&= \frac{N_0}{2}\int_{-T_S}^{T_S}\left(\cos\left(\frac{\pi}{2T_S}t_2\right)\cos\omega_c t_2\right)^2 \mathrm{d}t_2 = \frac{N_0}{2}\frac{T_S}{2} = \frac{N_0}{4}T_S
\end{aligned} \tag{6.5.63}$$

同理可得图 6.5.5 所示的接收器的下支路，输出噪声 N_1' 的**均值** $E[N_1'] = 0$ 和**方差** $\sigma_{N'}^2 = \frac{N_0}{4}T_S$。由此对每个支路来说，输出的对极信号的值分别为 V 和 $-V$。因此误符号率均为

$$\begin{aligned}
P_{E1} = P_{E2} &= Q\left(\frac{V - (-V)}{2\sigma_n}\right) = Q\left(\frac{V}{\sigma_n}\right) = Q\left(\frac{aT_S/2}{\sqrt{N_0 T_S/4}}\right) \\
&= Q\left(\sqrt{\frac{2\left(a^2 T_S/2\right)}{N_0}}\right) = Q\left(\sqrt{\frac{2E_S}{N_0}}\right) = Q\left(\sqrt{\frac{2E_b}{N_0}}\right)
\end{aligned} \tag{6.5.64}$$

其中 $E_S = E_b = a^2 T_S/2$。两个支路的码元各占 1/2，因此总的误码率为

$$P_E = \frac{1}{2}P_{E1} + \frac{1}{2}P_{E2} = Q\left(\sqrt{\frac{2E_b}{N_0}}\right) \tag{6.5.65}$$

实际上，因为每一路的输出为对极信号，其相关系数为 $\rho = -1$，由此直接可得误码率计算公式为

$$P_E = Q\left(\sqrt{\frac{E_b}{N_0}(1-\rho)}\right) = Q\left(\sqrt{\frac{2E_b}{N_0}}\right) \tag{6.5.66}$$

6.5.2　GMSK 调制解调系统

GMSK 载波调制信号及频谱特性　由 6.5.1 节的讨论可知，MSK 信号具有恒定的包络和连续的相位特性，因此信号的功率谱在主瓣以外得以较快地衰减。但由图 6.5.1 所示的 MSK 信号的相位路径图可见，MSK 信号虽然实现了相位的连续变化，当相邻的码元取值发生变化（如由+1 变为-1，或由-1 变为+1）瞬间，相位的变化并不平滑，相位导数，即频率的变化仍然具有突变性，在对信号带外辐射功率具有更加严格限制的通信场合，例如在第二代（2G）GSM 移动通信系统中，MSK 信号仍不能满足要求。**高斯滤波最小移频键控**（GMSK）就是针对上述要求提出来的一种 MSK 调制的改进方式。

对于MSK信号，其频率取值为 $f_c + K_f s_B(t) = f_c + \frac{1}{4T_S}\sum_{n=-\infty}^{\infty} a_n g_T(t - nT_S)$，其中的波形函数 $g_T(t)$ 是一**门函数**。门函数的突变特性造成了 MSK 信号相位变化的非圆滑过渡。针对这一问题，GMSK 在 MSK 调制器之前加入一高斯低通滤波器，作为 MSK 调制的前置滤波器，使得原来相位的折线变化特性变得更加光滑。**高斯低通滤波器**具有如下的冲激响应特性：

$$h(t) = \frac{\sqrt{\pi}}{\alpha}\exp\left(-\frac{\pi^2}{\alpha^2}t^2\right) \tag{6.5.67}$$

相应的**高斯低通滤波器**的傅里叶变换为

$$H(f) = \Im^{-1}\left[h(t)\right] = \exp\left(-\alpha^2 f^2\right) \tag{6.5.68}$$

式中 α 是与高斯低通滤波器下降过渡特性有关的参数。若 $H(f)$ 的 3dB 带宽为 $W_{3\text{dB}}$，则由

$$H^2(W_{3\text{dB}}) = \exp\left(-2\alpha^2 W_{3\text{dB}}^2\right) = \frac{1}{2}$$

可得

$$\alpha = \sqrt{\frac{\ln 2}{2}}\frac{1}{W_{3\text{dB}}} \tag{6.5.69}$$

在调制频率前，基带信号 $\sum_{n=-\infty}^{\infty} a_n g_T(t - nT_S)$ 首先通过高斯低通滤波器的平滑处理，其波形函数相应地变为

$$g(t) = g_T(t) * h(t) \tag{6.5.70}$$

因为**门函数** $g_T(t)$ 可以表示为

$$g_T(t) = u\left(t + \frac{T_S}{2}\right) - u\left(t - \frac{T_S}{2}\right) \tag{6.5.71}$$

式中 $u(t)$ 为**单位阶跃函数**。基带信号经高斯低通滤波器后的输出为

$$\begin{aligned}
g(t) = g_T(t) * h(t) &= \frac{\mathrm{d}g_T(t)}{\mathrm{d}t} * \int_{-\infty}^{t} h(\tau)\mathrm{d}\tau = \frac{\mathrm{d}}{\mathrm{d}t}\left(u\left(t + \frac{T_S}{2}\right) - u\left(t - \frac{T_S}{2}\right)\right) * \int_{-\infty}^{t} h(\tau)\mathrm{d}\tau \\
&= \left(\delta\left(t + \frac{T_S}{2}\right) - \delta\left(t - \frac{T_S}{2}\right)\right) * \frac{\sqrt{\pi}}{\alpha}\int_{-\infty}^{t}\exp\left(-\frac{\pi^2}{\alpha^2}\tau^2\right)\mathrm{d}\tau \\
&= \left(\delta\left(t + \frac{T_S}{2}\right) - \delta\left(t - \frac{T_S}{2}\right)\right) * \frac{1}{\sqrt{2\pi}}\int_{-\infty}^{\frac{\sqrt{2}\pi t}{\alpha}}\exp\left(-\frac{x^2}{2}\right)\mathrm{d}x \\
&= Q\left(\frac{\sqrt{2}\pi}{\alpha}\left(t - \frac{T_S}{2}\right)\right) - Q\left(\frac{\sqrt{2}\pi}{\alpha}\left(t + \frac{T_S}{2}\right)\right)
\end{aligned} \tag{6.5.72}$$

图 6.5.6 分别给出了采用参数 $W_{3\text{dB}}T_S = 0.3$（$\alpha = \sqrt{\frac{\ln 2}{2}}\frac{T_S}{0.3}$）的蜂窝移动通信系统 GSM 信号的 $h(t)$、$H(f)$ 的波形特性。图 6.5.7 给出了相应的 $g(t)$ 波形特性。

基带信号经高斯低通滤波器后的相位变化特性为

$$\theta_\Sigma(t) = 2\pi f_c t + \int_{-\infty}^{t}\frac{\pi}{2T_S}\sum_{n=-\infty}^{\infty} a_n g(t - nT_S)\mathrm{d}t \tag{6.5.73}$$

由此，GMSK 信号可以表示为

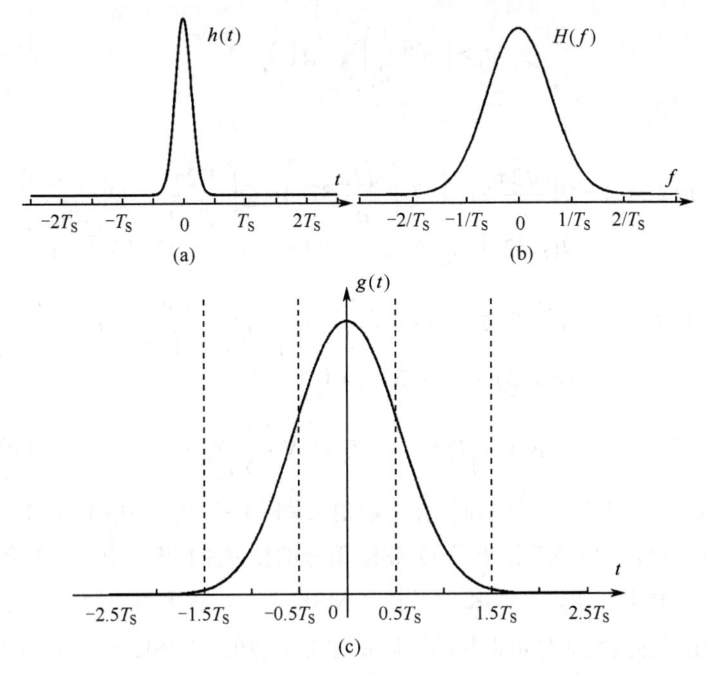

图 6.5.6　$W_{3\text{dB}}T_{\text{S}}=0.3$ 时 $h(t)$、$H(f)$ 和 $g(t)$ 的波形特性曲线

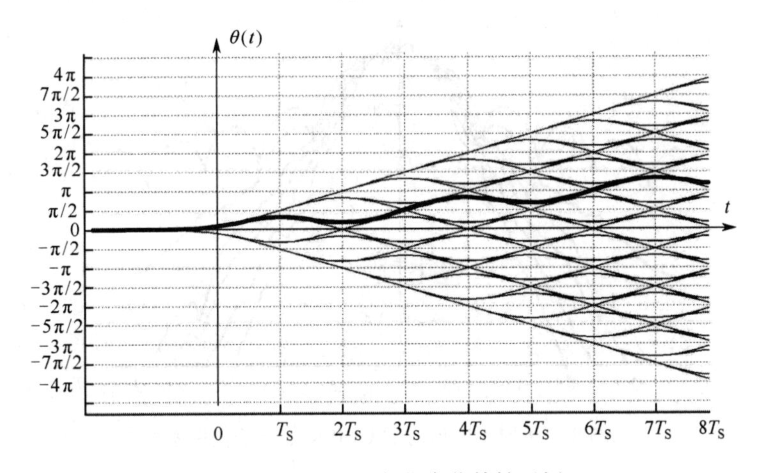

图 6.5.7　GMSK 相位变化特性示例

$$
\begin{aligned}
s_{\text{GMSK}}(t) &= a\cos\theta_{\Sigma}(t)=a\cos\left(2\pi f_{\text{c}}t+\theta(t)\right)\\
&= a\cos\left(2\pi f_{\text{c}}t+\frac{\pi}{2T_{\text{S}}}\int_{-\infty}^{t}\sum_{n=-\infty}^{\infty}a_n g\left(t-nT_{\text{S}}\right)\mathrm{d}t\right)
\end{aligned}
\tag{6.5.74}
$$

由基带信号导致的信号的相位变化特性可以表示为

$$
\theta(t)=\frac{\pi}{2T_{\text{S}}}\int_{-\infty}^{t}\sum_{n=-\infty}^{\infty}a_n g\left(\tau-nT_{\text{S}}\right)\mathrm{d}\tau=\frac{\pi}{2T_{\text{S}}}\sum_{n=-\infty}^{\infty}a_n\int_{-\infty}^{t}g\left(\tau-nT_{\text{S}}\right)\mathrm{d}\tau \tag{6.5.75}
$$

当 $W_{3\text{dB}}T_{\text{S}}=0.3$ 时，在数学上可以证明，波形函数 $g(t)$ 具有如下特性：

$$
\int_{-\infty}^{\infty}g(\tau)\mathrm{d}\tau=\int_{-\infty}^{\infty}Q\left(\frac{\sqrt{2}\pi}{\alpha}\left(\tau-\frac{T_{\text{S}}}{2}\right)\right)-Q\left(\frac{\sqrt{2}\pi}{\alpha}\left(\tau+\frac{T_{\text{S}}}{2}\right)\right)\mathrm{d}\tau=T_{\text{S}} \tag{6.5.76}
$$

且当整数 $N\geqslant 2$ 时，

$$|t| > \left(N+\frac{1}{2}\right)T_S,\ g(t)\approx 0 \tag{6.5.77}$$

例如 $N=2$ 时，

$$\begin{aligned}g(2.5T_S) &= Q\left(\frac{\sqrt{2}\pi}{\alpha}2T_S\right)-Q\left(\frac{\sqrt{2}\pi}{\alpha}3T_S\right)=Q\left(\frac{1.2\pi}{\sqrt{\ln 2}}\right)-Q\left(\frac{1.8\pi}{\sqrt{\ln 2}}\right)\\ &= Q(4.528)-Q(6.792)\approx 2.98\times10^{-6}-5.53\times10^{-12}\approx 0\end{aligned} \tag{6.5.78}$$

$$\begin{aligned}g(-2.5T_S) &= Q\left(-\frac{\sqrt{2}\pi}{\alpha}3T_S\right)-Q\left(-\frac{\sqrt{2}\pi}{\alpha}2T_S\right)=Q\left(-\frac{1.8\pi}{\sqrt{\ln 2}}\right)-Q\left(-\frac{1.2\pi}{\sqrt{\ln 2}}\right)\\ &= Q(-6.792)-Q(-4.528)\approx 1-1=0\end{aligned} \tag{6.5.79}$$

因此只需考虑 $g(\tau-nT_S)$ 在 $nT_S-\left(N+\frac{1}{2}\right)T_S\leqslant t<nT_S+\left(N+\frac{1}{2}\right)T_S$ 期间对相位的影响。同样，假定输入的信息序列为 101101101，相应符号序列 $\{a_n\}$ 的取值为 +1−1+1+1−1+1+1−1+1，由式（6.5.75），可得 $\Delta\theta(t)$ 的相位变化特性。图 6.5.7 给出了 GMSK 信号的相位路径图，其中加粗的曲线对应这一信息序列的相位取值路径。由此可见，GMSK 信号较之 MSK 信号，有更为平滑的相位变化特性。

参考文献[8]给出了通过统计分析得到的不同 α 参数取值的 GMSK 信号的功率密度谱，其特性如图 6.5.8 所示。可见 GMSK 信号功率密度谱的旁瓣迅速下降，较之 MSK 信号有更好的性能。

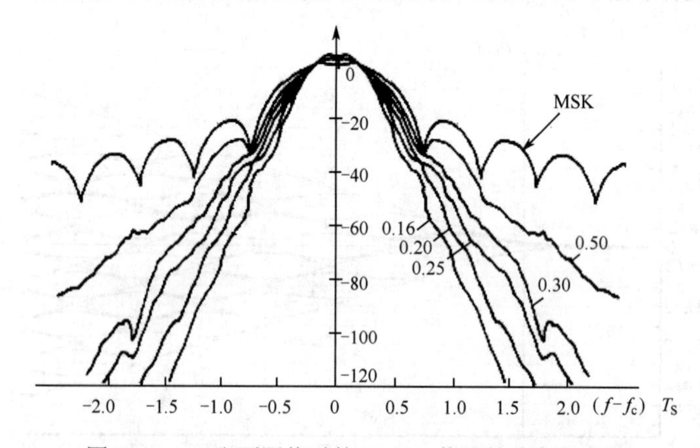

图 6.5.8　α 取不同值时的 GMSK 信号的功率密度谱

GMSK 载波调制实现方法　严格来说，$g(t)$ 的取值范围为 $(-\infty,+\infty)$，物理不可实现。在实际的调制系统中，对信号 $g(t)$，通常仅考虑其在 $-NT_S\sim+NT_S$ 时间区间的取值，其他时刻值近似地视为 0。$g(t)$ 脉冲波形的宽度为 $2N+1$。当取 $\alpha=\sqrt{\frac{\ln 2}{2}}\frac{T_S}{0.3}$ 时，一般取 $N=2$ 即可。因此，在调制过程中，GMSK 信号的相位通常可表示为

$$\theta(t)=\frac{\pi}{2T_S}\int_{-\infty}^{t}\sum a_n g\left(\tau-nT_S-\frac{T_S}{2}\right)\mathrm{d}\tau \tag{6.5.80}$$

在第 n 个码元周期 $nT_S\leqslant t<(n+1)T_S$ 内，上式可表示为

$$\theta(t)=\theta(nT_S)+\Delta\theta(t) \tag{6.5.81}$$

式中，

$$\Delta\theta(t)=\frac{\pi}{2T_S}\int_{nT_S}^{t}\sum a_k g\left(\tau-kT_S-\frac{T_S}{2}\right)\mathrm{d}\tau=\frac{\pi}{2T_S}\sum_{k=n-N}^{n+N}\int_{nT_S}^{t}a_k g\left(\tau-kT_S-\frac{T_S}{2}\right)\mathrm{d}\tau \tag{6.5.82}$$

上式表明在 $nT_S \leqslant t < (n+1)T_S$ 时间区间内，若考虑的 $g(t)$ 脉冲波形的宽度为 $2N+1$，则在计算积分时需要考虑前后共 $2N+1$ 个脉冲在时域混叠的影响：

$$\begin{aligned}\theta(nT_S) &= \frac{\pi}{2T_S}\int_{-\infty}^{nT_S}\sum a_k g\left(\tau - kT_S - \frac{T_S}{2}\right)\mathrm{d}\tau \\ &= \frac{\pi}{2T_S}\sum_{k=-\infty}^{n-N}\int_{-\infty}^{(n-N)T_S} a_k g\left(\tau - kT_S - \frac{T_S}{2}\right)\mathrm{d}\tau + \frac{\pi}{2T_S}\sum_{k=n-N}^{n+N}\int_{(n-N)T_S}^{nT_S} a_k g\left(\tau - kT_S - \frac{T_S}{2}\right)\mathrm{d}\tau \\ &= \frac{\pi}{2}\sum_{k=-\infty}^{n-N} a_k + \frac{\pi}{2T_S}\sum_{k=n-N}^{n+N}\int_{(n-N)T}^{nT_S} a_k g\left(\tau - kT_S - \frac{T_S}{2}\right)\mathrm{d}\tau \\ &= \frac{\pi}{2}L + \frac{\pi}{2T_S}\sum_{k=n-N}^{n+N}\int_{(n-N)T}^{nT_S} a_k g\left(\tau - kT_S - \frac{T_S}{2}\right)\mathrm{d}\tau\end{aligned} \quad (6.5.83)$$

因为 $a_k \in \{-1,+1\}$，所以对相位 $\frac{\pi}{2}\sum_{k=-\infty}^{n-N} a_k$ 取模 2π（$\bmod 2\pi$）后，$L \in \{0,1,2,3\}$。因此虽然上式中 $\frac{\pi}{2}\sum_{k=-\infty}^{n-N} a_k$ 的求和是从 $-\infty$ 到 $n-N$，但只有有限种取值。因此在调制时，可以将 $\theta(t) = \Delta\theta(t) + \theta(nT_S)$ 离散和量化后的有限种取值对应的 $\cos\theta(t)$ 和 $\sin\theta(t)$ 函数值以电子表格的方式保存，采用如图 6.5.9 所示的**查表**方式产生 GMSK 信号。

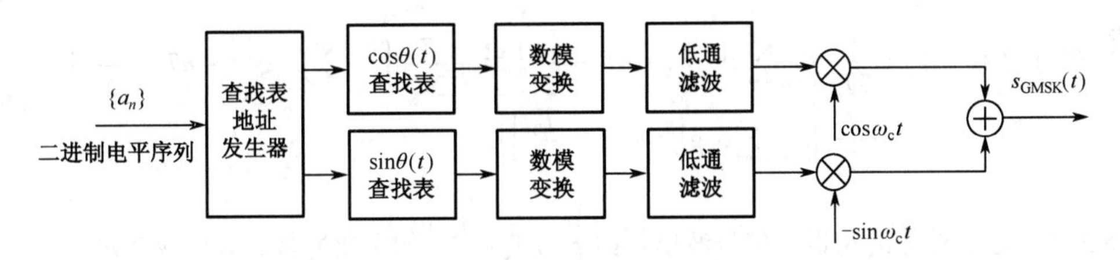

图 6.5.9 GMSK 信号发生器

GMSK 载波调制信号的解调 GMSK 调制方式为了获得信号频谱的旁瓣具有比 MSK 信号下降更为迅速的特性，在调制过程中加入了高斯低通滤波器，高斯低通滤波器输出的波形信号 $g(t)$ 非零的取值范围虽然理论上为 $-\infty < t < +\infty$，但在时间取值偏离 0 的若干码元之后，其幅度取值迅速趋近于 0。因此一般采用近似的方法实现。另外，由式（6.5.82）和式（6.5.83）可知，$\theta(t)$ 是一个有记忆的相位值，其取值不仅与当前信息符号值有关，而且与之前的信息符号值也有关。综合这些因素的影响，对 GMSK 信号难以采用匹配滤波器（相关解调器）的方法解调，实际系统中一般采用**相干解调**或**差分相干解调**的方法。下面分别讨论这两种方法，首先分析实现原理上较为简单的差分相干解调器。

（1）**GMSK 信号差分的相干解调**[7] GMSK 信号差分解调器的基本结构如图 6.5.10 所示。对于加性高斯噪声干扰的信道，接收的 GMSK 信号经过带通滤波后，可以表示为

$$r(t) = a\cos(\omega_c t + \theta(t)) + n(t) \quad (6.5.84)$$

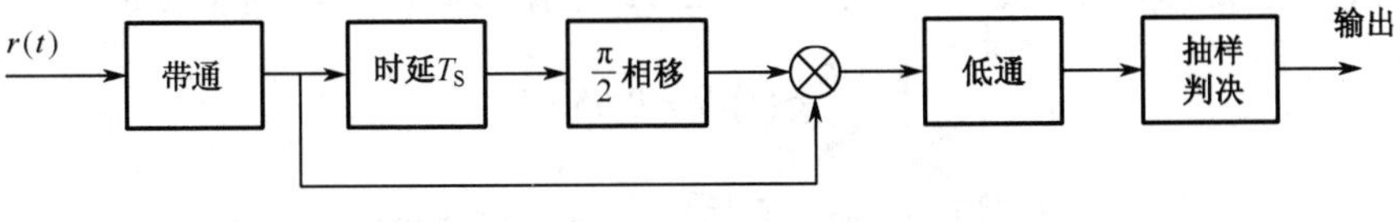

$r(t)$ → 带通 → 时延 T_S → $\frac{\pi}{2}$ 相移 → ⊗ → 低通 → 抽样判决 → 输出

图 6.5.10 GMSK 差分相干解调器

式中 $n(t) = n_c(t)\cos\omega_c t + n_s(t)\sin\omega_c t$ 为窄带高斯噪声信号。对上式进行整合后可改写为

$$r(t) = R(t)\cos(\omega_c t + \theta(t) + \varphi_n(t)) \quad (6.5.85)$$

其中，

$$R(t)=\sqrt{\left(a+n_{c}(t)\right)^{2}+n_{s}^{2}(t)} \tag{6.5.86}$$

$$\varphi_{n}(t)=-\arctan\left(\frac{n_{s}(t)}{a+n_{c}(t)}\right) \tag{6.5.87}$$

信号$r(t)$与其自身经一个码元周期时延和 90° 相移的信号相乘，得到

$$r_{o}(t)=R(t)\cos\left(\omega_{c}t+\theta(t)+\varphi_{n}(t)\right)R(t-T_{S})\sin\left(\omega_{c}(t-T_{S})+\theta(t-T_{S})+\varphi_{n}(t-T_{S})\right) \tag{6.5.88}$$

经低通滤波器后的输出

$$\begin{aligned}y(t)&=R(t)R(t-T_{S})\sin\left(\omega_{c}T_{S}+\theta(t)-\theta(t-T_{S})+\varphi_{n}(t)-\varphi_{n}(t-T_{S})\right)\\&=R(t)R(t-T_{S})\sin\left(\theta(t)-\theta(t-T_{S})+\varphi_{n}(t)-\varphi_{n}(t-T_{S})\right)\end{aligned} \tag{6.5.89}$$

第二个等式成立是假定在一个码元周期内有 k 个载波周期，即有 $\omega_{c}T_{S}=2\pi k$ 。假定噪声对相位的影响不足以造成错误的判决，暂时忽略噪声导致相位变化因素，即$\varphi_{n}(t)-\varphi_{n}(t-T_{S})$的影响。因为信号的幅度$R(t)R(t-T_{S})$恒为正数，因此有

$$\begin{aligned}\theta(t)-\theta(t-T_{S})&=\frac{\pi}{2T_{S}}\int_{-\infty}^{t}\sum a_{n}g\left(\tau-nT_{S}-\frac{T_{S}}{2}\right)d\tau-\frac{\pi}{2T_{S}}\int_{-\infty}^{t-T_{S}}\sum a_{n}g\left(\tau-nT_{S}-\frac{T_{S}}{2}\right)d\tau\\&=\frac{\pi}{2T_{S}}\int_{t-T_{S}}^{t}\sum a_{n}g\left(\tau-nT_{S}-\frac{T_{S}}{2}\right)d\tau\end{aligned} \tag{6.5.90}$$

参见图 6.5.11，对于码元a_{n}来说，信号波形$a_{n}g\left(\tau-nT_{S}-\frac{T_{S}}{2}\right)$的主要能量成分出现在$nT_{S}\sim(n+1)T_{S}$区域，若采用参数$W_{3dB}T_{S}=0.3$，在$nT_{S}\sim(n+1)T_{S}$区域内，式（6.5.90）的积分值除了受到$a_{n}g\left(\tau-nT_{S}-\frac{T_{S}}{2}\right)$的影响外，主要还会受到前面和后面两个码元的影响，若对码元a_{n}的判决时刻选择在$t=(n+1)T_{S}$，获得正确的判决要求保证$\sin\left(\theta((n+1)T_{S})-\theta(nT_{S})\right)$的符号与$a_{n}$值的极性一致，即应有

$$a_{n}>0\leftrightarrow\sin\left(\theta((n+1)T_{S})-\theta(nT_{S})\right)>0\leftrightarrow0<\theta((n+1)T_{S})-\theta(nT_{S})<\pi \tag{6.5.91}$$

$$a_{n}<0\leftrightarrow\sin\left(\theta((n+1)T_{S})-\theta(nT_{S})\right)<0\leftrightarrow-\pi<\theta((n+1)T_{S})-\theta(nT_{S})<0 \tag{6.5.92}$$

即噪声对相位变化影响不能偏离该判决区域。图 6.5.11 描述了各种典型的情况，显然其中标记“①”是对应于$a_{n}=+1$，而$a_{n-2}=a_{n-1}=a_{n+1}=a_{n+2}=-1$，积分面积取最小值时情形；标记“②”的面积是对应于$a_{n+3}=a_{n+4}=a_{n+5}=a_{n+6}=a_{n+7}=+1$，连续出现多个 +1，即积分面积取最大值时情形。上述最小和最大积分面积均可以通过函数$g(t)$的各个特定部分的面积组合得到。

函数$g(t)$各个特定部分所占面积的大小如图 6.5.12 所示，通过具体的计算可得

$$\int_{-0.5T_{S}}^{+0.5T_{S}}g(t)dt=0.6508T_{S} \tag{6.5.93}$$

$$\int_{-1.5T_{S}}^{-0.5T_{S}}g(t)dt=\int_{+0.5T_{S}}^{+1.5T_{S}}g(t)dt=0.1722T_{S} \tag{6.5.94}$$

$$\int_{-2.5T_{S}}^{-1.5T_{S}}g(t)dt=\int_{+1.5T_{S}}^{+2.5T_{S}}g(t)dt=0.0020T_{S} \tag{6.5.95}$$

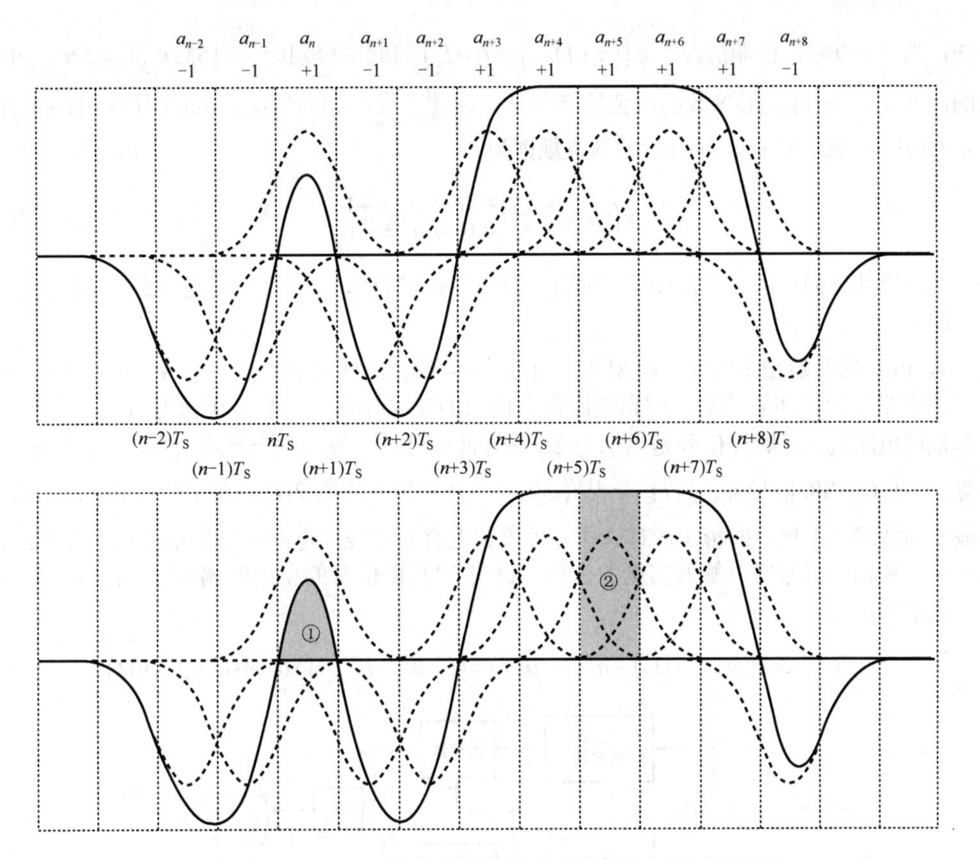

图 6.5.11　GMSK 信号的差分相干解调相位变化波形特性

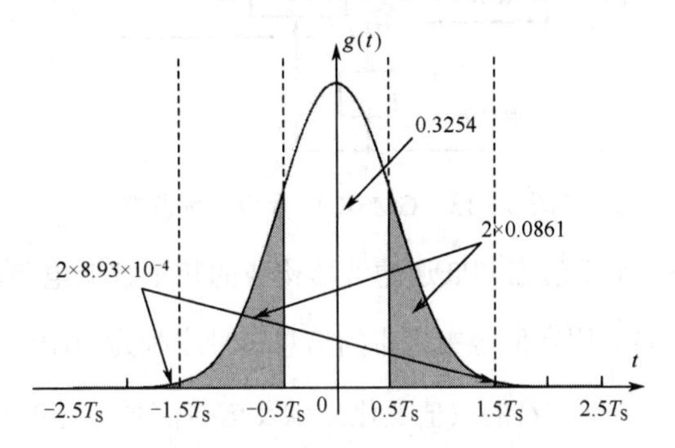

图 6.5.12　函数 $g(t)$ 各个部分所占面积的情况

因此，标记为“①”的面积为

$$\begin{aligned}\theta\left((n+1)T_S\right)-\theta\left(nT_S\right)&=\frac{\pi}{2T_S}\int_{nT_S}^{(n+1)T_S}\sum a_n g\left(\tau-nT_S-\frac{T_S}{2}\right)\mathrm{d}\tau\\&=\frac{\pi}{2T_S}\left(0.6508-2\times0.1722-2\times0.0020\right)T_S=0.1532\pi\end{aligned}\tag{6.5.96}$$

而标记为“②”的面积为

$$\begin{aligned}\theta\left((n+6)T_S\right)-\theta\left((n+5)T_S\right)&=\frac{\pi}{2T_S}\int_{(n+5)T_S}^{(n+6)T_S}\sum a_n g\left(\tau-nT_S-\frac{T_S}{2}\right)\mathrm{d}\tau\\&=\frac{\pi}{2T_S}\left(0.6508+2\times0.1722+2\times0.0020\right)T_S\approx0.5\pi\end{aligned}\tag{6.5.97}$$

同理可知，当$a_n<0$时，极端情况下$\theta\left(\left(n+1\right)T_{\mathrm{S}}\right)-\theta\left(nT_{\mathrm{S}}\right)$的取值分别为$-0.1532\pi$和$-0.5\pi$，由此可见，对任意的码元$a_n$，$g(t)$波形参数的取值能够保证：即使在最不利的情况，$\sin\left(\theta(t)-\theta(t-T_{\mathrm{S}})\right)$的极性与码元$a_n$的极性一致，因此，解调时的**判决规则**为

$$y\left(\left(n+1\right)T_{\mathrm{S}}\right)\begin{cases}\geqslant 0\rightarrow a_n=+1\\ <0\rightarrow a_n=-1\end{cases} \tag{6.5.98}$$

图 6.5.11 中阴影部分面积的大小反映了 GMSK 系统的噪声容限，该面积越接近0.5π，相应的抗噪声干扰的性能越强。

（2）**GMSK 信号的相干解调**　典型的 GMSK 信号的相干解调如图 6.5.13 所示，这是一个由前半部分的模拟电路和后半部分的数字逻辑电路混合而成的非线性系统。数字逻辑电路部分由两个**比较器**和两个**异或门**电路构成，**时钟信号**是周期为$2T_{\mathrm{S}}$的方波信号，在最后一个异或门中，时钟信号参与异或逻辑运算。由于 GMSK 信号$s_{\mathrm{GMSK}}(t)=a\cos\left(\omega_{\mathrm{c}}t+\theta(t)\right)$中相位函数$\theta(t)$的记忆效应和$g\left(t-nT_{\mathrm{S}}-T_{\mathrm{S}}/2\right)$前后的波形函数间“串扰”的影响，对这样一种模数混合的非线性电路进行严格的数学分析比较困难。下面通过对一种输入符号序列**解调实例**的分析，说明 GMSK 信号的相干解调原理。由式（6.5.84），一般地，输入信号可以表示为

$$r(t)=a\cos\left(\omega_{\mathrm{c}}t+\theta(t)\right)+n(t)=a\cos\theta(t)\cos\omega_{\mathrm{c}}t-a\sin\theta(t)\sin\omega_{\mathrm{c}}t+n(t) \tag{6.5.99}$$

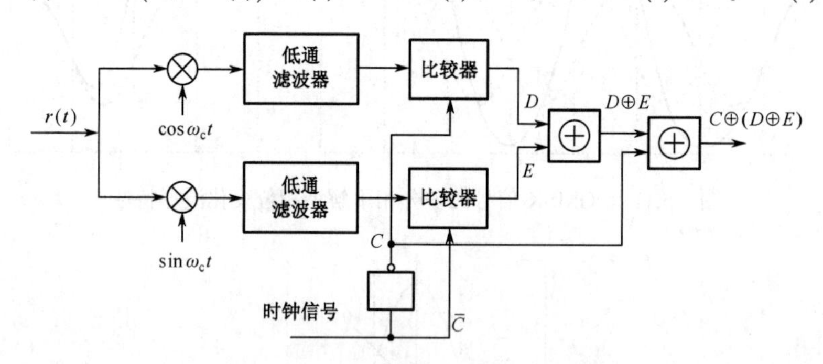

图 6.5.13　GMSK 信号相干解调器

若忽略噪声干扰的影响，经过由乘法器和低通滤波器构成的相干解调电路，得到上下两路的解调输出分别为$\frac{1}{2}\cos\theta(t)$和$-\frac{1}{2}\sin\theta(t)$。假定信号中携带的信息符号序列为 101010101110000110，相应的相位$\theta(t)$的变化路径，$\cos\theta(t)$与$-\sin\theta(t)$的取值变化，以及这些信号与时钟间的关系如图 6.5.14 所示，其中图(a)描述了相位$\theta(t)$的变化特性，图(b)描述了相干解调输出$\cos\theta(t)$的变化特性，图(c)描述了相干解调输出$-\sin\theta(t)$的变化特性；在时钟信号C和$\overline{C}$**上升沿**做如下比较运算：

$$D=\begin{cases}0, & \cos\left(2kT_{\mathrm{S}}\right)\leqslant 0\\ 1, & \cos\left(2kT_{\mathrm{S}}\right)>0\end{cases} \tag{6.5.100}$$

$$E=\begin{cases}0, & \sin\left(\left(2k-1\right)T_{\mathrm{S}}\right)\leqslant 0\\ 1, & \sin\left(\left(2k-1\right)T_{\mathrm{S}}\right)>0\end{cases} \tag{6.5.101}$$

由此得到图(d)中的波形D和E；图(d)中的**波形**$D\oplus E$是D和E**异或运算**的结果，**波形**$C\oplus\left(D\oplus E\right)$是时钟信号$C$与$D\oplus E$**异或运算**的结果。比较信息调制序列$\{a_n\}$与解调的输出$C\oplus\left(D\oplus E\right)$，如果建立对应关系：逻辑“0”对应电平“-1”；逻辑“1”对应电平“+1”，可见除了 1 位码元周期的时间偏移外，该解调器可获得正确的输出。由图 6.5.14 还可发现，变量D和E判决为“1”的时刻总是出现在波形“上凸”的位置，判决为“0”的时刻总是出现在“下凹”的位置，因此有良好的抗噪声干扰性能。

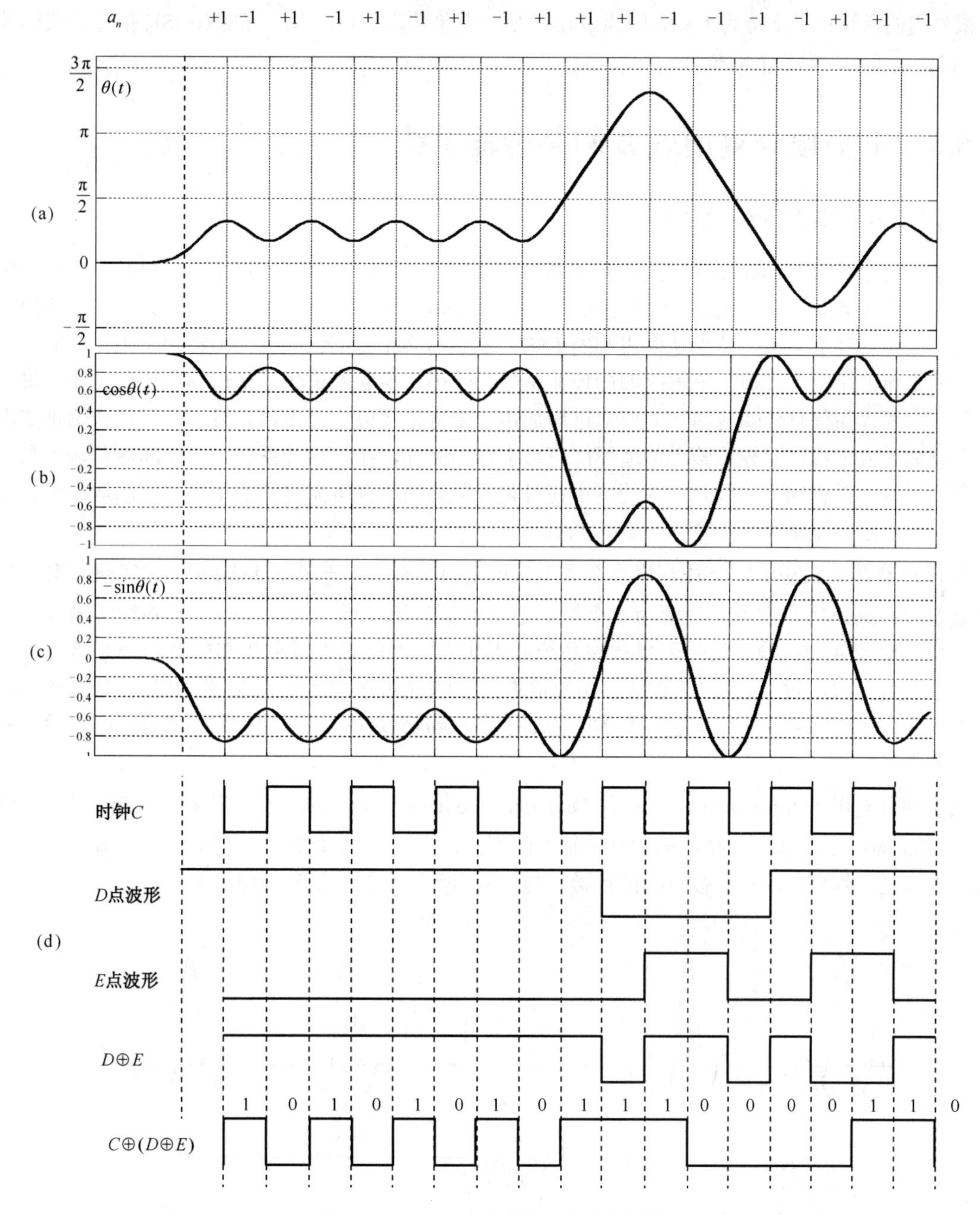

图 6.5.14　GMSK 信号相干解调波形图

GMSK 载波信号的误码性能分析　由式（6.5.66）可知，MSK 信号相干解调的误码率为 $P_{\mathrm{E}}=Q\left(\sqrt{2E_{\mathrm{b}}/N_0}\right)$，GMSK 信号与 MSK 信号的主要差异在其相位的路径图上，比较图 6.5.7 和图 6.5.1 可见，GMSK 信号为了获得更为圆滑的相位过渡特性，以使得频谱的旁瓣有更好的下降特性，在相邻码元出现“−1”到“+1”的变化，或出现“+1”到“−1”的变化时，因为要避免折角的出现，其相位差的变化较之 MSK 调制时的较小。由此将导致码元抗噪声干扰的性能降低，使得误码性能略有下降，当 $BT_{\mathrm{B}}=0.3$ 时，误码率可由下式表示[8]：

$$P_{\mathrm{E}}=Q\left(\sqrt{\frac{1.89E_{\mathrm{b}}}{N_0}}\right) \tag{6.5.102}$$

其中根号内的常数由 2 下降为 1.89，因为 Q 函数是一个单调降函数，由此可见 GMSK 信号的误码性能较之 MSK 信号的误码性能略低。

6.6 正交频分复用载波调制传输系统

6.6.1 并行传输的基本概念

前面讨论过的各种调制解调方式，其共同特点是在信息传输过程中，每个时刻只有一个载波频率在工作。对于各类调幅、调相或同时进行相幅调制的 ASK、PSK 和 QAM 等系统，只有一个载波频率是不言而喻的，对于 FSK，特别是多进制的 FSK，虽然有多个不同的频率，但在每个码元周期，也只有一个频率在工作。上述的这类载波调制传输系统，统称为**单载波系统**。根据香农定理，在一定信噪比条件下，要提高信息传输速率，需要通过增加传输带宽来实现。对于单载波系统，在传输带宽内局部的严重衰落或干扰可能导致整个信道不能正常工作。另外，在单载波系统中，伴随着传输信息速率的提高，码元周期将减小，码元周期的减小使得为避免码间串扰所需进行的信道均衡的运算量大大增加，其复杂性很可能导致系统物理上难以实现。

并行传输是人们提出的一种利用多个载波同时进行调制传输来提高传输速率的实现方案，其基本概念是将一高速的数据流，分解为多个较低速率的信息流进行传输。在传统的并行传输方案中，每个速率相对较低的传输流均采用单载波系统的工作方式，此时为避免相邻信道带外频谱能量泄漏造成的干扰，在并行传输信道的任意两个相邻信道频域间，都必须预留一定宽度的隔离带，如图 6.6.1(a)所示，以保证相邻信号带外功率谱的成分所造成的干扰衰减到足够小的程度。隔离带的存在将降低频谱的利用率。

正交频分复用（Orthogonal Frequency Division Modulation，OFDM）是一种采用多载波的并行传输方式，如图 6.6.1(b)所示，与传统的并行传输方法不同，当采用 OFDM 方式进行并行传输时，相邻的信道间不仅没有隔离带，而且有 50%的频谱重叠，从而可以有效地提高频谱的利用效率。

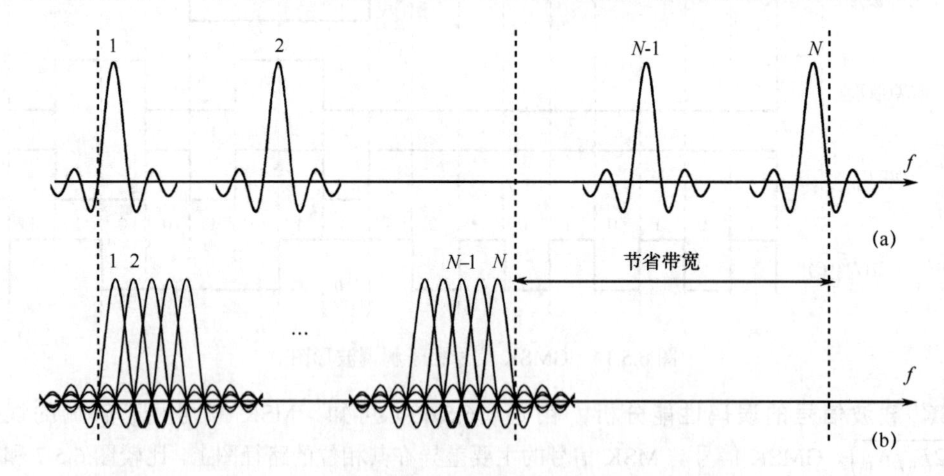

图 6.6.1　两种不同并行传输系统的频带使用方式

OFDM 的基本概念早在 20 世纪 50 年代就已提出，当时虽然实现了高效率的频谱利用率的并行传输，但每路信号要单独处理，物理实现异常复杂，难以获得实际应用。直到 1971 年，Weinstein 和 Ebert 把**离散傅里叶变换**（DFT）的方法应用到并行传输系统中，在基带信号处理过程中实现频分复用，而 DFT 运算则可用**快速傅里叶变换**（FFT）来实现，从而从根本上降低了系统实现的复杂度，特别是随着高速数字信号处理器和计算机实时信号处理在通信系统的广泛应用，OFDM 技术目前已成为宽带无线通信系统中最核心的技术之一，无论是在**无线个域网**、**无线局域网**，还是在**无线城域网**和**第四代的移动通信系统**等的标准中，都已经将其列为基本的技术规范。

6.6.2　OFDM 的基本原理

OFDM 是一种多载波并行传输系统，它调制多个载波同时传递信息，其中的每一个载波称为 OFDM 符号的一个子载波，在目前实际应用的 OFDM 系统中，子载波的个数已可以多达 2048 个，相当于 2048 个收发系统在同时工作。**正交频分复用**技术的最大特点是，在保证一个符号周期 T_S 内携带信息的各个子载波间相互正交的同时，频带的利用率又达到最大。对 OFDM 系统来说，首先要解决子载波间间隔的选择问题。

OFDM 子载波的间隔选择　在讨论 2FSK 系统时已知，若符号周期为 T_S，则当两频率间有相同的初始相位时，在一个符号周期内两不同频率信号间满足正交的最小间隔为

$$\min\Delta f = \min\left|f_{c1} - f_{c2}\right| = \frac{1}{2T_S} \tag{6.6.1}$$

当两频率间有任意的初始相位时，在一个符号周期内两不同频率信号间满足正交的最小间隔则需增大一倍，变为

$$\min\Delta f = \min\left|f_{c1} - f_{c2}\right| = \frac{1}{T_S} \tag{6.6.2}$$

在 OFDM 系统中，对每个子载波分别独立地进行正交幅度调制（QAM），相互间的相位随携带信息的不同而随机变化，不可能一致，因此要保证子载波间的正交性，相邻子载波间最小的频率间隔不能小于 $\min\Delta f = 1/T_S$，且只能是该取值的**整数倍**。通过下面的分析还可发现，当选择相邻子载波间的间隔为 $\min\Delta f = 1/T_S$ 时，OFDM 信号的调制与逆离散傅里叶变换（IDFT）可建立其特定的对应关系，从而有效地简化 OFDM 信号调制的实现过程。图 6.6.2 给出了在一个码元周期内 4 个正交正弦波信号的示意图，由图可见，在 T_S 内每个子载波都有整数倍的周期数。

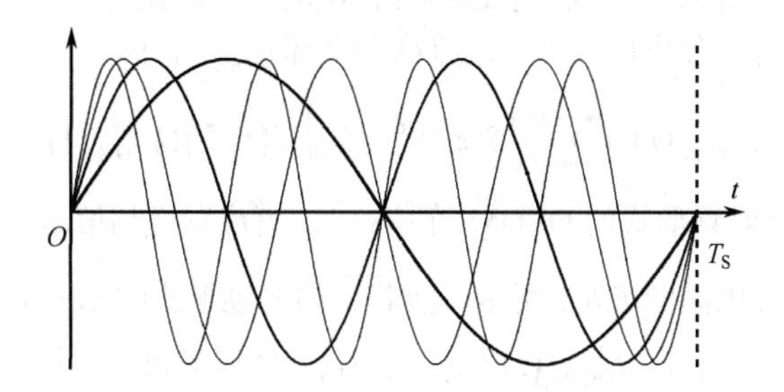

图 6.6.2　在一个符号周期内不同频率的正交正弦波信号

正交载波并行传输的基本概念　通过前面有关相位调制（PSK）和正交幅度调制（QAM）的分析已知，无论是 PSK，还是 QAM，本质上获得的调制输出信号都可视为由分别调制 $\cos\omega_c t$ 和 $\sin\omega_c t$ 两个载波得到的正交符号合成的信号，PSK 信号可视为 QAM 信号的一个特例。从原理上说，只要相邻载波间的频率差满足**约束条件** $\Delta f = 1/T_S$，N 路并行传输的正交幅度调制（QAM）信号就以采用图 6.6.3 所示的方法实现：首先将高速的数据流通过串并变换变为 N 个速率较低的数据流，然后分别进行 QAM 调制，合成后发送到信道，解调过程则做相反的变换，恢复原来的数据流。但采用这种实现方案时，相当于有 N 个独立的收发信机，随着 N 的增大，系统将变得异常复杂，以致物理上难以实现。

OFDM 信号调制解调的基本概念　OFDM 技术获得应用的关键在于，将 OFDM 信号的调制与解调过程与离散傅里叶变换（DFT）建立起特定的对应关系，而 DFT 变换的计算可以通过快速傅里叶变换 FFT 的算法完成，从而从根本上解决 OFDM 系统实现的复杂性问题。

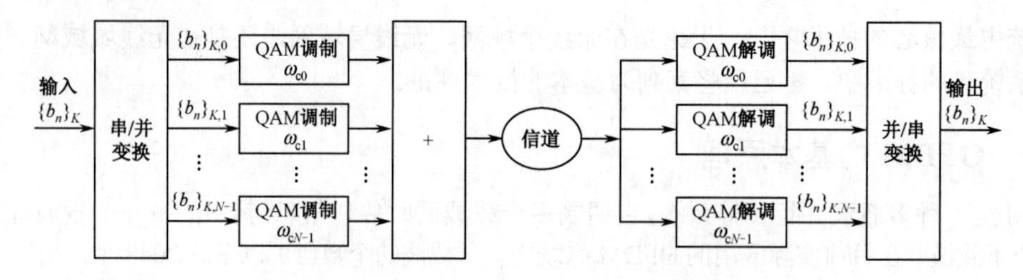

图 6.6.3　并行传输的 N 路 QAM 信号

一般地，OFDM 信号的调制过程如图 6.6.4 所示。假定系统共有 N 个子载波，输入的信息序列 $\{b_n\}$ 根据每个子载波所对应的子信道的特性所确定的调制阶数（传输的进制数），将比特码组映射为星座中的某个星座点，在每个 OFDM 符号周期 T_S 内，形成由 $S_0, S_1, \cdots, S_{N-1}$ **复数**构成的共 N 个子载波的星座映射点，分别对 N 个**复数子载波** $e^{j2\pi f_0 t}, e^{j2\pi f_1 t}, \cdots, e^{j2\pi f_{N-1} t}$ 进行调制（相乘），将这 N 个已调的子载波信号合并后，构成一个 **OFDM 符号**：

$$s_{OFDM}(t) = \sum_{n=0}^{N-1} S_n e^{j2\pi f_n t} \tag{6.6.3}$$

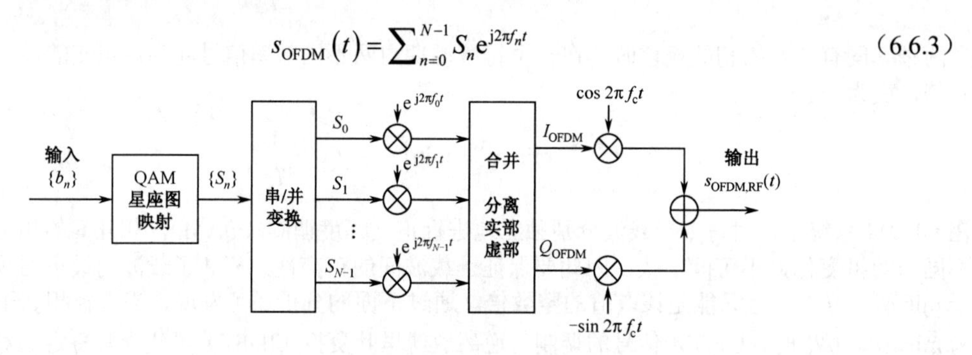

图 6.6.4　OFDM 信号调制的实现过程

这里采用复数子载波的主要原因是，前面提及的 OFDM 的调制解调可以通过离散傅里叶变换来实现。进一步地，将每个 OFDM 符号分离出实部 $I_{OFDM}(t)$ 和虚部 $Q_{OFDM}(t)$：

$$s_{OFDM}(t) = \sum_{k=0}^{N-1} S_k e^{j2\pi f_k t} = I_{OFDM}(t) + jQ_{OFDM}(t) \tag{6.6.4}$$

分别进行射频调制，最后将射频形式的 OFDM 符号 $s_{OFDM,RF}(t)$ 发送到信道上。

OFDM 信号的解调过程则如图 6.6.5 所示，接收到的射频形式的 OFDM 符号 $s_{OFDM,RF}(t)$ 经射频信号的下变频变换后恢复出 $s_{OFDM}(t) = I_{OFDM}(t) + jQ_{OFDM}(t)$，然后对每个已调的子载波信号分别进行相关解调，可得

$$\frac{1}{T_S}\int_0^{T_S} s_{OFDM}(t) e^{-j2\pi f_i t} dt = \frac{1}{T_S}\int_0^{T_S}\left(\sum_{k=0}^{N-1} S_k e^{j2\pi f_k t}\right) e^{-j2\pi f_i t} dt = S_i,\quad i = 0, 2, \cdots, N-1 \tag{6.6.5}$$

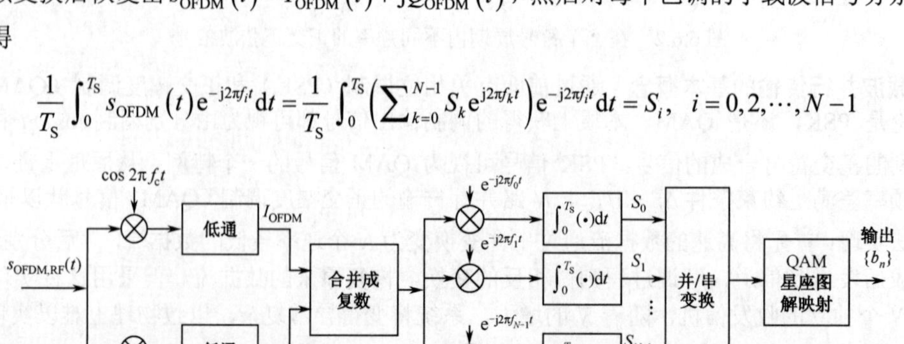

图 6.6.5　OFDM 信号解调的实现过程

最后一个等式利用了复子载波 $e^{j2\pi f_k t}$, $k=0,1,\cdots,N-1$ 在满足相邻载波频率间隔等于 $\Delta f=1/T_S$ 的条件，此时有如下的正交关系：

$$\frac{1}{T_S}\int_0^{T_S} e^{j2\pi f_j t} e^{-j2\pi f_k t} dt = \begin{cases}1, & j=k\\0, & j\neq k\end{cases},\ j,k=0,1,\cdots,N-1 \tag{6.6.6}$$

对解调获得的 $d_i, i=0,2,\cdots,N-1$ 进行 QAM 的解映射，即可获得原来的二进制数据序列 $\{b_n\}$。

OFDM 信号调制解调的 IFFT/FFT 算法实现　图 6.6.4 和图 6.6.5 描述的 OFDM 信号调制解调系统虽然在射频部分采用了一个收发单元，但是当子载波数 N 的取值较大时，典型的如 64、256 和 2048 等，子载波调制和解调的运算量依然非常大，工程上难以实现。下面进一步讨论如何用**快速傅里叶**变换的方法，实现 OFDM 信号调制与解调。由式（6.6.3），一个 OFDM 符号可以表示为 $s_{OFDM}(t)=\sum_{n=0}^{N-1} S_n e^{j2\pi f_n t}$，其中每个 S_n, $n=0,1,\cdots,N-1$ 是一个小的二进制数据分组进行 QAM 映射后，在相幅平面上的一个星座点的复数取值，该值在一个 OFDM 符号周期内是一个常数。将 OFDM 符号用离散化的方法表示，设采样周期为 T，在一个码元周期 T_S 内共有 N 个采样值，即有

$$T_S = NT \tag{6.6.7}$$

在一个符号周期内的第 k 个样值可以表示为

$$s_{OFDM}(kT)=\sum_{n=0}^{N-1} S_n e^{j2\pi f_n kT} \tag{6.6.8}$$

若定义

$$f_n = n\frac{1}{T_S}=\frac{n}{NT} \tag{6.6.9}$$

代入式（6.6.8），则有

$$s_{OFDM}(kT)=\sum_{n=0}^{N-1} S_n e^{\frac{j2\pi kn}{N}},\quad k=0,1,\cdots,N-1 \tag{6.6.10}$$

根据**数字信号处理**的基本理论，时域信号 $x(nT)$, $n=0,1,\cdots,N-1$ 的**离散傅里叶变换**（DFT）和其相应的**逆变换**（IDFT）可定义为

$$\text{DFT:}\ X(n)=\frac{1}{\sqrt{N}}\sum_{k=0}^{N-1} x(k) e^{-\frac{j2\pi kn}{N}},\quad n=0,1,\cdots,N-1 \tag{6.6.11}$$

$$\text{IDFT:}\ x(k)=\frac{1}{\sqrt{N}}\sum_{n=0}^{N-1} X(n) e^{\frac{j2\pi kn}{N}},\quad k=0,1,\cdots,N-1 \tag{6.6.12}$$

忽略系数 $1/\sqrt{N}$ 的差异，若将调制子载波的过程对应傅里叶逆变换，已调子载波的解调过程对应傅里叶变换，则可得

$$\text{调制（IDFT）:}\ s_{OFDM}(k)=\frac{1}{\sqrt{N}}\sum_{n=0}^{N-1} S_n e^{\frac{j2\pi kn}{N}},\quad k=0,1,\cdots,N-1 \tag{6.6.13}$$

$$\text{解调（DFT）:}\ S_n=\frac{1}{\sqrt{N}}\sum_{k=0}^{N-1} s_{OFDM}(k) e^{-\frac{j2\pi kn}{N}},\quad n=0,1,\cdots,N-1 \tag{6.6.14}$$

将 OFDM 调制与解调过程表达为一傅里叶变换对还不是解决问题的所在，关键在于 IDFT/DFT 可以用**快速傅里叶变换** IFFT/FFT 的算法来计算。记 $W_N^{nk}=e^{-\frac{j2\pi kn}{N}}$，式（6.6.13）和式（6.6.14）可以用（IFFT/FFT）一般的记法来表示：

$$\text{调制（IFFT）：} s_{\text{OFDM}}(k)=\frac{1}{\sqrt{N}}\sum_{n=0}^{N-1}S_n W_N^{-nk}, \quad k=0,1,\cdots,N-1 \tag{6.6.15}$$

$$\text{解调（FFT）：} S_n=\frac{1}{\sqrt{N}}\sum_{k=0}^{N-1}s_{\text{OFDM}}(k)W_N^{nk}, \quad n=0,1,\cdots,N-1 \tag{6.6.16}$$

由此可见，图 6.6.4 和图 6.6.5 表示的 OFDM 调制和解调过程可以用数字信号处理中 IFFT 和 FFT 的方法来实现，图 6.6.6 描述了调制的过程，图 6.6.7 描述了解调的过程。

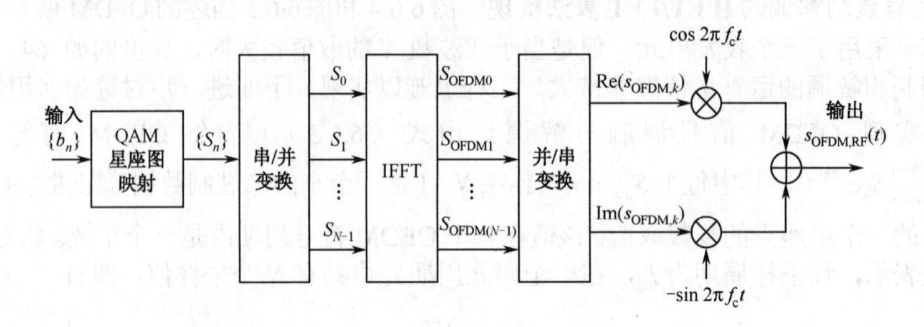

图 6.6.6　采用 IFFT 变换实现的 OFDM 调制方法

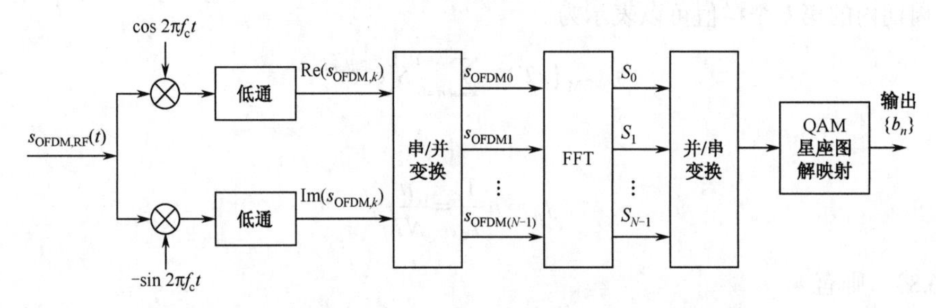

图 6.6.7　采用 FFT 变换实现的 OFDM 解调方法

在讨论 OFDM 技术时，因为待传输的数据先经过 IFFT 变换然后进行传输。习惯上，将经过 QAM 星座图映射得到的星座点值 $S_n, n=0,1,\cdots,N-1$ 称为 OFDM 的**频域值**；而将经过 IFFT 变换的值 $s_{\text{OFDM},k}, k=0,1,\cdots,N-1$ 称为 OFDM 的**时域值**。相应地，在接收端进行各种信号处理时，如果处理时直接针对 $s_{\text{OFDM},k}, k=0,1,\cdots,N-1$ 的值进行，称为在时域中进行处理；如果是对 FFT 变换后的数据 $S_n, n=0,1,\cdots,N-1$ 的值进行处理，则称为在频域中进行处理。

6.6.3　OFDM 信号的时间保护间隔与循环前缀

OFDM 信号在无线信道传输过程中，可能会受到多径和非理想冲激响应等产生的前一码元拖尾等因素的影响，造成码间串扰，因此如图 6.6.8 所示，需要在码元间保留一定宽度的**时间保护间隔** T_g 。一般需要 T_g 的长度大于无线信道的最大时延扩展，这样上一个符号的多径分量和各种时延因素只会落在下个符号的保护间隔内。显然，时间保护间隔的加入会降低系统的传输效率，在实际系统中，可以根据信道的特性设定时间保护间隔的大小。

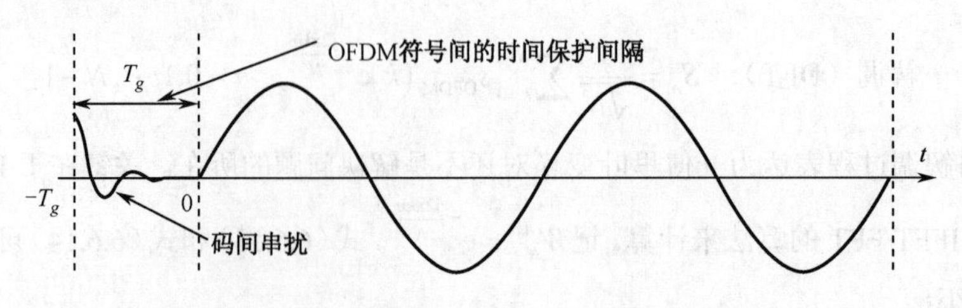

图 6.6.8　OFDM 信号的时间保护间隔

在引入时间保护间隔之后，假定信道的群时延不是一个常数，不同的子载波可能会有时延上的差异，如图 6.6.9(a)中两子载波间出现时间为 Δt 的差异，在图中子载波 f_2 的 0～T_S 时间区间内，子载波 f_3 不再具有整数倍的周期数。这就会破坏在一个码元周期内各个子载波的正交性，造成在一个码元周期内子载波间的相互串扰。因此，除了引入时间保护间隔外，通常还要在时间的保护间隔内加入所谓的**循环前缀**，所谓加入循环前缀，是指截取每个子载波在码元结束前一段长为 T_g 的信号，放置在该码元的时间保护间隔内。这样，在对每个码元的解调过程中，只要抽样的时间间隔落在保护间隔到码元结束［图 6.6.9(b)中的 $-T_g \sim T_S$］的时间区间内，就可以保证在任一长为 T_S 的时间段内，各子载波都有整数倍的周期数，避免子载波间因时延不同而造成的子载波间的串扰。从图中可以看出，在对当前的信号抽样进行 FFT 信号处理时，为避免前一码元码间串扰和抽样到下一码元的信号值，FFT 变换的抽样的时间区间应选择在图中的 $-\Delta T \sim T_S - \Delta T$ 这一段时间区域内，其中 $0 \leqslant \Delta T \leqslant T_g$，并使 ΔT 尽可能地小，以避免上一码元串扰的影响。

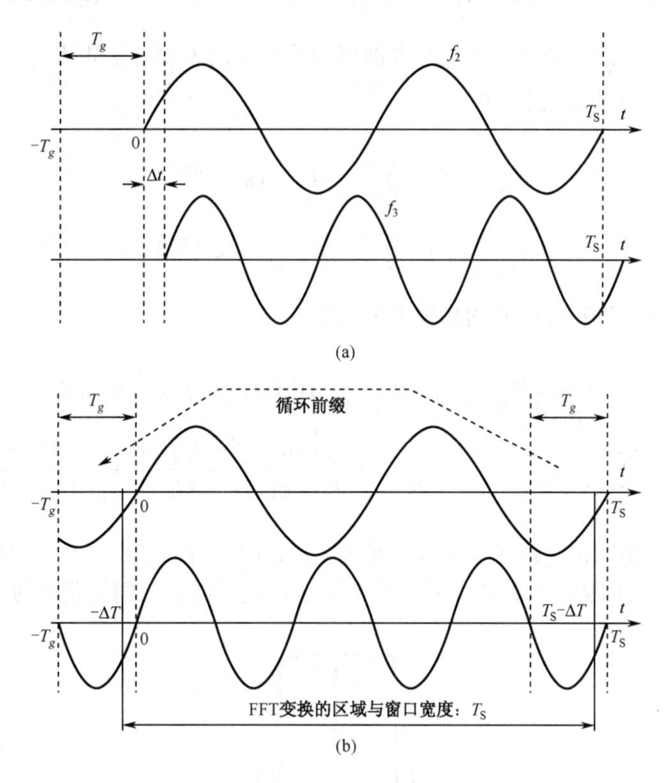

图 6.6.9　OFDM 信号中的循环前缀

图中为便于分析，给出的信号波形采用正弦的形式，实际系统中的每个子载波是以复数值表示的星座点与复子载波的乘积，即 $S_n e^{j2\pi f_n t}$，$n = 0,1,\cdots,N-1$。

6.6.4　OFDM 信号的功率谱及 OFDM 信号的特点

OFDM 信号的功率谱　已知一般地，OFDM 信号的一个码元可以表示为 $s_{\mathrm{OFDM}}(t)=\sum_{n=0}^{N-1} S_n e^{j2\pi f_n t}$，展开后可得

$$\begin{aligned} s_{\mathrm{OFDM}}(t) &= \sum_{n=0}^{N-1} S_n e^{j\omega_n t} = \sum_{n=0}^{N-1}\left(S_{I,n} + jS_{Q,n}\right)\left(\cos\omega_n t + j\sin\omega_n t\right) \\ &= \sum_{n=0}^{N-1}\left(S_{I,n}\cos\omega_n t - S_{Q,n}\sin\omega_n t\right) + j\sum_{n=0}^{N-1}\left(S_{Q,n}\cos\omega_n t + S_{I,n}\sin\omega_n t\right) \end{aligned} \tag{6.6.17}$$

其实部和虚部分别调制载波信号 $\cos\omega_c t$, $\sin\omega_c t$，产生的射频输出信号为

$$s_{\mathrm{OFDM,RF}}(t)=\sum_{n=0}^{N-1}\left(S_{I,n}\cos\omega_n t-S_{Q,n}\sin\omega_n t\right)\cos\omega_{\mathrm{c}}t-\sum_{n=0}^{N-1}\left(S_{Q,n}\cos\omega_n t+S_{I,n}\sin\omega_n t\right)\sin\omega_{\mathrm{c}}t \quad (6.6.18)$$

信号的频谱特性由 $\sum_{n=0}^{N-1}\left(S_{Q,n}\cos\omega_n t+S_{I,n}\sin\omega_n t\right)$ 和 $\sum_{n=0}^{N-1}\left(S_{I,n}\cos\omega_n t-S_{Q,n}\sin\omega_n t\right)$ 确定。而上述两组信号均可以视为 N 个 QAM 信号的线性组合，因此其相应信号的功率谱即为这两组 N 个 QAM 功率密度谱的和。

同样，根据 6.2 节中有关调制信号功率密度谱的分析可知［见式（6.2.26）］，若

$$x_n(t)\cos\omega_{\mathrm{c}}t=\sum_{n=-\infty}^{\infty}a_n g_T(t-nT)\cos\omega_{\mathrm{c}}t\text{，}\quad y_n(t)\sin\omega_{\mathrm{c}}t=\sum_{n=-\infty}^{\infty}b_n g_T(t-nT)\sin\omega_{\mathrm{c}}t$$

则其功率密度谱为 $P_s(f)=\frac{1}{4T}\left(P_a(f)+P_b(f)\right)\left(\left|G_T(f+f_{\mathrm{c}})\right|^2+\left|G_T(f-f_{\mathrm{c}})\right|^2\right)$，其中 $P_a(f)=\sum_{m=-\infty}^{\infty}R_a(m)\mathrm{e}^{-\mathrm{j}2\pi fmT}$，$P_b(f)=\sum_{m=-\infty}^{\infty}R_b(m)\mathrm{e}^{-\mathrm{j}2\pi fmT}$。而 $R_a(m)$ 和 $R_b(m)$ 分别是基带符号序列 $\{a_n\}$ 和 $\{b_n\}$ 的自相关函数。

若记调制每个子载波的星座点实部值和虚部值的符号序列为 $\{S_{I,n}\}$ 和 $\{S_{Q,n}\}$，其相应的自相关函数 $R_{\{S_{I,n}\}}(k)$、$R_{\{S_{Q,n}\}}(k)$ 的傅里叶级数为

$$P_{\{S_{I,n}\}}(f)=\sum_{k=-\infty}^{\infty}R_{\{S_{I,n}\}}(k)\mathrm{e}^{-\mathrm{j}2\pi fkT_{\mathrm{S}}} \quad (6.6.19)$$

$$P_{\{S_{Q,n}\}}(f)=\sum_{k=-\infty}^{\infty}R_{\{S_{Q,n}\}}(k)\mathrm{e}^{-\mathrm{j}2\pi fkT_{\mathrm{S}}} \quad (6.6.20)$$

同时 $g_T(t)$ 取门函数，则 OFDM 信号的功率密度谱为

$$\begin{aligned}P_s(f)&=\sum_{n=1}^{N-1}2\times\frac{1}{4T_{\mathrm{S}}}\left(P_{\{S_{I,n}\}}(f)+P_{\{S_{Q,n}\}}(f)\right)\left(\left|G_T(f+f_n)\right|^2+\left|G_T(f-f_n)\right|^2\right)\\&=\frac{1}{2T_{\mathrm{S}}}\sum_{n=1}^{N-1}\left(P_{\{S_{I,n}\}}(f)+P_{\{S_{Q,n}\}}(f)\right)\left(\left|\frac{\sin\pi(f+f_n)T_{\mathrm{S}}}{\pi(f+f_n)T_{\mathrm{S}}}\right|^2+\left|\frac{\sin\pi(f+f_n)T_{\mathrm{S}}}{\pi(f-f_n)T_{\mathrm{S}}}\right|^2\right)\end{aligned} \quad (6.6.21)$$

在一个特定的频带范围内，取不同子载波数的 OFDM 信号的功率密度谱的特性如图 6.6.10 所示。一般地，随着子载波数的增加，OFDM 信号的功率密度谱越呈现我们期待获得的矩形的理想频谱特性。

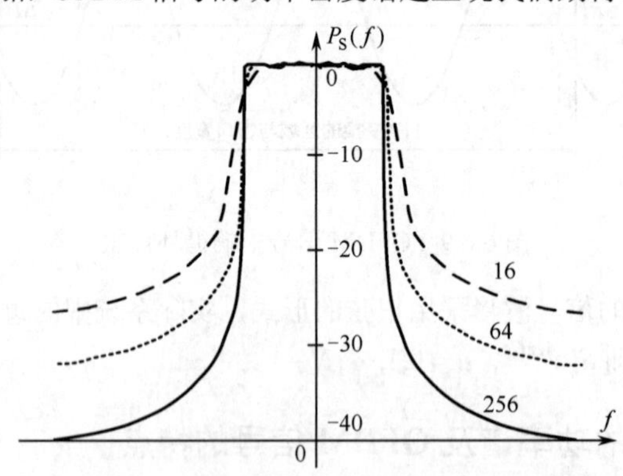

图 6.6.10　不同子载波数的 OFDM 信号功率谱

OFDM 信号的特点　与前面介绍的各种传统单载波调制方式相比，OFDM 系统主要有以下**优点**。

（1）**可有效对抗频率选择性衰落或窄带干扰**　在单载波系统中，传输带宽内局部的严重衰落或干扰能够导致整个通信链路失败。但在多载波系统中，当信道中出现频率选择性衰落时，只有落在频带凹陷处的子载波以及其携带的信息受影响，其他的子载波未受损害。可以对这些受影响的子信道采用抗误码性能较强的低阶调制（如 2PSK、QPSK）以及具有较强纠错能力编码方式，而对信道条件较好

的子载波采用效率较高的高阶调制方式（如 16QAM、64QAM）。也可以通过调整各个子载波信号的功率分配，使得系统的频谱和功率等资源达到最有效的利用。

（2）**可有效克服符号间的串扰**　OFDM 技术通过把高速数据流转换为并行传输较低速率的数据流，使得每个子载波上的数据符号持续时间增大，同样大小的无线信道时间弥散所带来的影响相对一个码元周期变得较小，从而使得信道估计与均衡处理的复杂性大大降低，因此可以有效克服符号间的串扰。OFDM 技术适合应用于存在多径和衰落信道环境的宽带高速数据传输。

（3）**信道频谱利用率高**　OFDM 系统通过合理地选择子载波之间的频率间隔，使得相邻子信道间的频谱有 50%相互重叠的情况下仍然保持正交性，因此与常规的需要有频率保护间隔的频分复用系统相比，OFDM 系统可最大限度地利用频谱资源。当子载波个数很大时，系统的频谱利用率趋于只有理想基带系统才可能达到的 2Baud/Hz 水平。

（4）**可采用 IFFT/FFT 的快速算法进行调制与解调**　在子载波数量很大的系统中，并行传输系统的实现非常复杂，但 OFDM 系统调制与解调可以通过具有快速算法的离散傅里叶变换（DFT）及其反变换（IDFT）来完成，便于直接利用数字信号处理的方法加以实现。

（5）**由子载波组成的子信道在不同用户间可高效地灵活分配**　在多用户系统中，基站与不同的用户或不同的用户间，信道的特性一般不尽相同，某些频段对一些用户来说较差，但对另外一些用户来说可能较好，这样可以通过将特定的子载波分配给信道条件较好的用户，使得系统的综合效益达到最佳。

与单载波系统相比，OFDM 系统也有**缺点**，这些缺点主要可以归纳如下。

（1）**易受频率偏差的影响**　由于相邻子载波间的频谱存在互相重叠的部分，这就对它们之间的正交性提出了严格的要求。频率偏差会使 OFDM 系统子载波之间的正交性遭到破坏，从而导致子载波间的信号的互相干扰，对频率偏差敏感是 OFDM 系统的主要缺点之一。

（2）**存在较高的峰值平均功率比**　多载波调制系统的输出在时域上是多个子载波调制信号叠加的结果，因此如果出现大量的已调子载波信号的相位一致时，所得到的叠加信号的瞬时功率就会远远大于信号的平均功率，导致出现很大的峰值功率和平均功率比（简称**峰均比**）。这对发射机内功率放大器的线性度提出了很高的要求，如果放大器不能在信号的动态范围保持量化的线性度，就会使信号产生畸变，使叠加信号的频谱结构发生变化，产生严重的非线性干扰，使系统性能恶化。

针对如何减少 OFDM 技术的上述缺点的影响，已有大量的相关研究，如各种基于信道估计的频偏补偿技术，利用信号预畸变或编码的峰均比抑制技术等。OFDM 系统已成为宽带无线通信的最核心的基本技术。

6.7　本章小结

本章详细分析了数字载波调制传输的基本原理，其中包括基础的二进制调制解调系统和多进制调制解调系统。在讨论这两大类调制解调系统时，分别采用了两种不同方式，在介绍二进制载波调制系统时，运用的是传统分析方法，这种方法直观形象、物理概念易于理解。而在介绍多进制载波调制系统时，主要运用的是统计信号和矢量空间的分析方法，这种方法具有更高的抽象性和一般性，容易与现代数字信号处理的方法相对应。现在广泛应用的各种现代通信系统，大都是调制进制数可根据信道情况自适应动态调整变化的系统，在一个物理系统中同时包括了本章中讨论的二进制和多进制载波两种工作模式。本章在讨论调幅、调相、调频和相幅同时调制的每种系统中，从信号形式、功率密度谱、信号的产生、信号的接收解调和误码误比特率性能分析等各个方面进行了详细的阐述。本章还讨论了在实际系统中广泛应用的恒包络连续相位调制方式的基本原理，特别针对 GMSK 信号的调制和解调，通过大量的信号波形形象地介绍了这一技术的具体实现方法。本章最后讨论了正交频分复用技术的原理和特点，分析了如何用离散傅里叶变换的方法实现这种并行传输技术的调制与解调过程。

习　题

6.1 当输入二元序列为 1101001 时，若载波频率为码元速率的 2 倍，画出 2ASK、2PSK、2DPSK 和 2FSK（$f_{c2}=2f_{c1}$）信号的波形。

6.2 二进制 OOK 数字通信系统

$$s_1(t)=A\cos\omega_c t,\quad 0\leqslant t\leqslant T_b$$
$$s_2(t)=0,\quad 0\leqslant t\leqslant T_b$$

OOK 信号在信道传输中受到加性白高斯噪声 $n_W(t)$ 的干扰，加性噪声的均值为 0，双边功率谱密度为 $N_0/2$，接收带通滤波器的带宽为 B（B 足够宽），滤波后的接收信号

$$r(t)=s_i(t)+n(t),\ i=1或2,\ 0\leqslant t\leqslant T_b$$

（1）请画出相干解调框图。
（2）请推导出它的平均误比特率计算公式［设 $s_1(t)$ 与 $s_2(t)$ 等概率出现］。

6.3 已知传输的二元序列为 10110010，采用 2DPSK 调制，假定在一个码元周期内包含 2 个载波周期。
（1）画出发送端的框图和各功能模块输出点的波形图。
（2）画出相干接收机的框图和其各模块输出点的波形图。
（3）画出差分相干接收机的框图和其各模块输出点的波形图。

6.4 已知二进制 2FSK 通信系统的两个信号波形为

$$s_1(t)=\sin\left(\frac{2\pi}{T_b}t\right),\quad 0\leqslant t\leqslant T_b;\quad s_2(t)=\sin\left(\frac{4\pi}{T_b}t\right),\quad 0\leqslant t\leqslant T_b$$

其中 T_b 是二进制码元间隔，设 $T_b=1\text{s}$，2FSK 信号在信道传输中受到加性白高斯噪声的干扰，加性噪声的均值为 0，双边功率谱密度为 $N_0/2$，$s_1(t)$ 与 $s_2(t)$ 等概率出现。
（1）请画出两信号的波形图。
（2）计算两信号波形的互相关系数 ρ 及平均比特能量 E_b 的值。
（3）请画出带通匹配滤波器形式的最佳接收框图。
（4）若发 $s_1(t)$，请问错判为 $s_2(t)$ 的概率 $P(e|s_1)$ 如何计算？

6.5 如题图 6.5 所示，设二进制信息速率为 1Mbps，二进制序列中的两个二进制符号等概率出现，且各符号之间统计独立，请画出下列信号的双边平均功率谱密度图（标上频率值）：

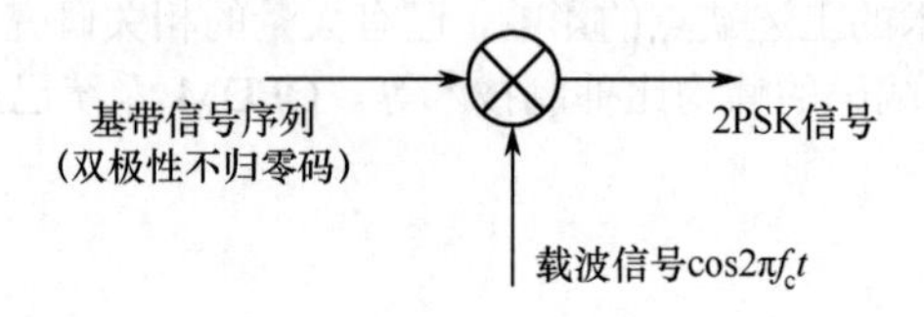

题图 6.5

（1）双极性矩形不归零码序列。
（2）双极性矩形不归零码序列通过乘法器后的 2PSK 信号。

6.6 已知发送信号的载波幅度取值 $A=10\text{V}$，在 4kHz 带宽的电话信道中分别利用 2ASK、2PSK 及 2FSK 系统进行传输，信道对信号功率的衰减为 1dB/km，$N_0=10^{-8}\,\text{W/Hz}$，若采用相干解调，要求误比特率不大于 10^{-5}。试分别求各种不同传输方式可获得的传输速率，以及可传多少千米。

6.7 2PSK 相关解调器所需的相干载波若与理想载波有相位差，求相位差 θ 对系统误比特率的影响。

6.8 若采用 2ASK 方式传送二进制数字信息，已知发送端发出的信号振幅为 5V，输入接收端解调器的高斯噪声功率 $\sigma_n^2=3\times10^{-12}\,\text{W}$，今要求误码率 $P_E=10^{-4}$。试分析：
（1）非相干接收时，信号由发送端到解调器输入端的衰减应不大于多少。
（2）相干接收时，信号由发送端到解调器输入端的衰减应不大于多少。

6.9 2ASK 包络检测接收机输入端的平均信噪比 $r_{dB}=10\text{dB}$，输入端高斯白噪声的双边功率谱密度为 $2\times10^{-14}\text{W/Hz}$。码元传输速率为 50Baud，设“1”、“0”等概率出现。试计算：（1）最佳判决门限；（2）系统误码率；（3）其他条件不变，相干解调器的误码率。

6.10 若相干 2PSK 和差分检测 2DPSK 系统的输入噪声功率相同，系统工作在大信噪比条件下。

（1）试计算它们达到同样误码率所需的相对比特能量 $K_{E_b}=E_{b,DPSK}/E_{b,PSK}$。

（2）若要求输入信噪比一样，则系统性能相对比值 $K_{P_b}=P_{b,DPSK}/P_{b,PSK}$ 为多大？并讨论以上结果。

6.11 在信道带宽 $W=10\text{kHz}$ 的加性高斯白噪声信道上，噪声双边功率谱密度 $N_0/2=10^{-10}\text{W/Hz}$，数据速率为 $R_b=10^3\text{bps}$。试求：$P_E=10^{-5}$ 情况下对非相干 2ASK、差分相干 2DPSK、非相干 2FSK 系统，各自要求的接收端比特能量和信号平均功率；如果传输信道的衰减为 80dB，发送端的比特能量和信号平均功率应为多少。

6.12 一种自身携带载波同步信号的相关 2PSK 系统传输的信号可以表示为

$$s_1(t)=A\cdot K\sin 2\pi f_c t-A\cdot\sqrt{1-K^2}\cos 2\pi f_c t,\ 0\leqslant t\leqslant T_b$$

$$s_2(t)=A\cdot K\sin 2\pi f_c t+A\cdot\sqrt{1-K^2}\cos 2\pi f_c t,\ 0\leqslant t\leqslant T_b$$

其中的 A 和 K 均为常数；“+”号对应发送“1”，“−”号对应发送“0”。

（1）证明误比特率为 $P_b=Q\left(\sqrt{\dfrac{2E_b}{N_0}(1-K^2)}\right)$，其中 $E_b=A^2T_b/2$，$N_0/2$ 为双边功率密度谱。

（2）若载波分量占发送功率的 10%，求误比特率为 10^{-4} 所要求的 E_b/N_0。

（3）将（2）中的计算结果与通常的 2PSK 系统比较。

6.13 采用 8PSK 调制传输 $R_b=4800\text{bps}$ 数据：（1）最小理论带宽是多少？（2）若传输带宽不变，而数据率加倍，则调制方式应做何改变？（3）若依然采用 8PSK 调制方式不变，而数据率加倍，为达到相同误比特率，发送功率应做何变化？

6.14 已知电话信道可用的传输频带为 300～3000Hz，若取载频为 1800Hz，试说明：

（1）$\alpha=1$ 升余弦滚降基带信号的 QPSK（4PSK）调制可获得 2400bps 的传输速率。

（2）$\alpha=0.5$ 升余弦滚降基带信号的 8PSK 调制可获得 4800bps 的传输速率。

（3）对于参数为 α 的，−6dB 带宽各为多少？

6.15 4PSK 调制时的误码率 $P_E=10^{-6}$，为减少传输频带，改用 16PSK，传输的比特率不变。试分析在保证误码率不变的情况下，要求发射功率增加多少分贝。

6.16 比特率为 9600bps 的数据经过 2400Hz 带宽的电话信道传输，要求误比特率为 10^{-5}，若采用 16PSK 或 16QAM 调制，分别求所需的信噪比 S/N。

6.17 已知一个 $M=8$ 的 MFSK 载波传输系统。

（1）如果符号速率为 1000 波特（1000 符号/秒），请问其比特率为多少？

（2）在一般情况下，要满足不同符号间的正交性，MFSK 信号的不同符号间的频率间隔最小应为多少？

（3）若已知 MFSK 各信号是正交的，该带宽大致为多少？

（4）试画出 MFSK 最佳接收机的结构图。

（5）已知发送符集与信号向量集的对应关系为

$$\{s_1,s_2,s_3,s_4,s_5,s_6,s_7,s_8\}\leftrightarrow\left\{\left(\sqrt{E_S},0,0,\cdots,0\right),\left(0,\sqrt{E_S},0,\cdots,0\right),\cdots,\left(0,0,\cdots,0,\sqrt{E_S}\right)\right\}$$

任两符号间信号的距离为多少？

（6）若最佳接收机解调得到的接收矢量为 $(-2.0,+1.3,-3.5,+4.5,+4.0,-2.1,-1.8,-4.2)$，请问应该判收哪一个符号？

（7）若误符号率为 $P_E=10^{-4}$，请问误比特率 P_b 为多少？

6.18 8PSK 系统及 8QAM 系统的星座图如题图 6.18 所示。

（1）若 8QAM 信号空间图中两相邻矢量端点间的最近欧式距离为 A，请求出其内圆及外圆之半径 a 与 b 的值。

（2）若 8PSK 信号空间图中两相邻矢量端点间的最近欧式距离为 A，请求出圆的半径 r 值。

（3）请求出两信号星座的平均发送功率（假设各信号点等概率出现），并对这两种星座结构做出比较。

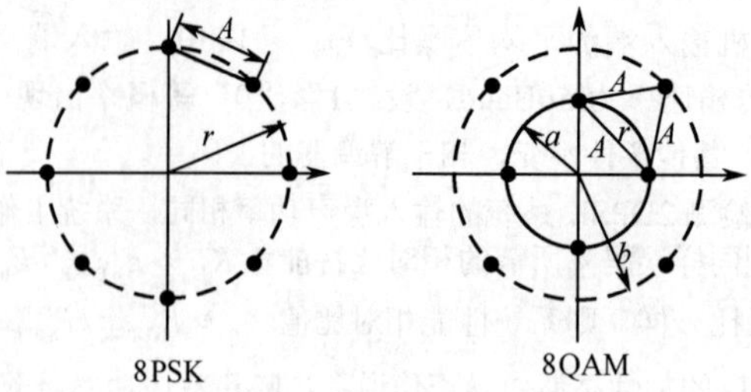

题图 6.18

6.19 MSK 和 GMSK 都是相位连续的恒包络信号，两者间性能上有何差异？

6.20 假定传统的频分复用系统相邻载波间的保护间隔为 $\Delta f = 1/T_s$，其中 T_s 为符号周期。试分析要实现 256 路相同符号速率信号的并行传输，采用正交频分复用技术比采用传统的频分复用技术可节省多少带宽。

主要参考文献

[1] 曹志刚，钱亚生．现代通信原理．北京：清华大学出版社，1992

[2] Bernard Sklar 著，徐平平等译．数字通信：基础与应用（第二版）．北京：电子工业出版社，2002

[3] 周炯槃，庞沁华，续大我，吴伟陵，杨鸿文编著．通信原理．北京：北京邮电大学出版社，2009

[4] 姚彦，梅顺良，高葆新等编著．数字微波中继通信工程．北京：人民邮电出版社，1990

[5] 冯重熙等编著．现代数字通信技术．北京：人民邮电出版社，1987

[6] 郭梯云，刘增基，王新梅．数据传输．北京：人民邮电出版社，1986

[7] M. K. Simon, C. C. Wang. *Differential Detection of Gaussian MSK in a Mobile Radio Environment*. IEEE Trans, 1984, VT-33(4)

[8] K. Murota, K. Hirade. *GMSK Modulation for Digital Mobile Radio Telephony*, IEEE Trans on Comm., Vol. COM. 29, No.7 July 1981.

第 7 章　传输信道

7.1　引言

信道是信息传输的物理媒介，信道的构成可以是有线的，也可以是无线的；其中的特性可能是稳定的，也可能时变的，根据信道的不同特性可以将其分成多种不同的类型，本章将分析讨论各种不同信道的特性以及其对通信系统的影响。在一个信道复杂多变的通信系统中，信道的许多因素并不能够人为控制，只能够针对不同的通信系统工作环境，通过大量的统计分析，建立相应的信道模型。使得通信系统的接收端能够根据信道模型和当前获取的信道状态信息，估计当前的信道参数，预测其变化。在此基础上，对信道特性进行均衡等处理，才能实现信号的正确接收。

7.2　信道的定义和分类

7.2.1　信道的定义

通信的目的是要克服距离的障碍，实现信息的传递。从**狭义**上来说，电磁波信号从通信系统的发送端发出，到达接收端，其间信号经过的传送路径，就是通信系统的**信道**。

通过前面各个有关通信系统章节的介绍可知，一个通信系统，从信源到信宿，中间会经历许多**成对出现**的功能模块，如**信源编码器**和**信源译码器**、**信道编码器**和**信道译码器**、**调制器**与**解调器**等。对通信系统的进一步深入学习还可了解到，仅就通信系统的物理层来说，这些成对出现的功能模块还可能包括**交织**和**解交织**、数据的**复接**和**分接**等更多的信号处理过程。因此，如果将这些成对出现的功能模块视为一种**变换**和**反变换**的关系，从研究任何一对特定功能模块的角度，数据经过发送端的某一功能模块的变换处理后发出，经过后续的功能模块和狭义的信道，到达接收端与其对应的功能模块，进行相应反变换处理后恢复输出，就这一对功能模块来说，中间经过的部分，就是它们的信道。如图 7.2.1 所示，典型地，在信道编码器和信道解码器之间，数据传输经过的路径可定义为**编码信道**；在调制器和解调器之间，信号传输经过的路径可定义为**调制信道**，等等。这样定义的信道统称为**广义信道**。

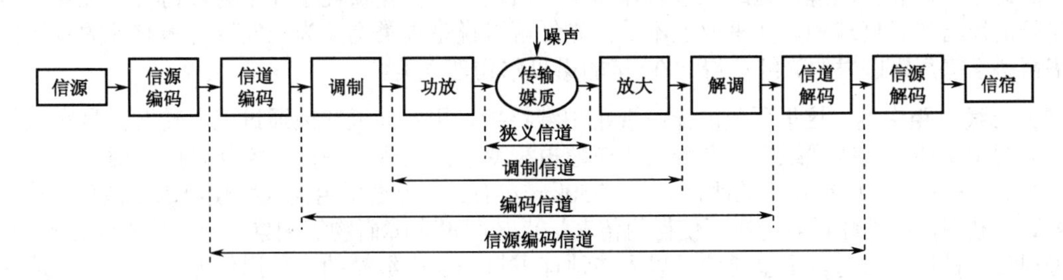

图 7.2.1　狭义信道与广义信道

实际上，在一个通信系统中，各种功能模块的加入，从本质上来说都要经过相应的变换，使得经过处理后的信号，适合在特定的狭义信道中传输。对于不同的传输环境，狭义的信道也有多种不同的类型，如有线电缆或光纤组成的**有线信道**、收发两端定点直线（视距）传输的**微波信道**、经过大气层中电离层反射传输的**短波信道**、收发两端相互间有相对运动和有障碍物的**移动通信信道**等。通信系统研究与设计的最大挑战，就在于如何克服电磁波信号在传输信道中受到的衰落、畸变和噪声干扰等因素的影响，在接收端最大限度地恢复出原来发送端发出的信息。

信道特性分析、信道特性的估计和信道失真的校正等，都是通信信号处理与通信系统设计的核心问题，大量文献和专门著作论述了这些方面的内容。本章将扼要分析各种典型的信道（主要是指狭义信道）的特性，研究这些信道对信号传输的影响，以及消除这些影响的基本原理和方法。在分析过程中，通常把各个环节中引入的噪声统一视为在狭义信道中引入的加性噪声。本章中如果没有特别说明，信道都是指狭义的物理信道。

7.2.2 恒参信道

顾名思义，所谓**恒参信道**，一般是指信道的特性参数恒定不变的信道。严格来说，没有特性参数永远保持不变的信道，在对实际系统的分析过程中，若信道的参数在一段较长的时间内基本保持不变，就可以近似地视为恒参信道。有线的信号传输和较为理想的无线传输环境，信号经过的路径就可以视为恒参信道。典型地，由下面的传输媒质构成的信道通常都认为是恒参信道：

（1）**有线电缆** 如过去电话载波传输系统中常用的架空明线；目前仍然在大量使用的连接电话机到电信运营商端局交换机的双绞线，计算机局域网中广泛使用的各类双绞线；实现传统电话交换机间互连互通的同轴电缆，有线电视系统网中使用的同轴电缆等。

有线电缆通常采用金属作为传输媒质，通常需要一对传输线构成一个传输信道，如架空明线中的一对导线、双绞线中绞合而成的两根铜线、同轴电缆中构成内导体的金属芯线和构成外导体的金属丝编织物，在这一对线间采用空气（如架空明线）或塑料（如双绞线和同轴电缆）进行相互隔离。

应用中主要根据信号传输的要求、经济性和架设的便利性等综合因素，选择使用不同的传输电缆。例如双绞线的价格相对低廉，其信号通带在十几 kHz 到几百 kHz 之间，双绞线特殊的绞合方式使得两根电缆在传输过程中受到的干扰基本相同，在传输差分信号时特别有利于抑制共模干扰；同轴电缆的信号通带在几十 kHz 到几十 MHz 之间，通过将其外导体接地，可有效屏蔽外界干扰。不同的电缆虽然传输特性不同，但信号在其传输过程中，信道的各种参数基本上保持不变。

（2）**光纤** 光纤以光导纤维作为传输媒质构成传输信道，光纤构成传输信道时每个传输方向只需要一根光纤。光纤根据其适合传输不同类型光源的信号可分为**多模光纤**和**单模光纤**。多模光纤适合传输较为便宜的发光二极管发出的光信号，光信号在光纤中以多种不同角度反射向前传播，多模光纤的衰减较大，通常若干千米就须进行信号的中继再生。单模光纤的光源需要采用较为昂贵的半导体激光器，光纤对激光来说就像波导一样，光线在其中一直向前传播，单模光纤的衰减较小，通常中继的距离可达数十千米以上。

因为光波的频率在 10^{14}Hz 附近，光纤的信道带宽可达上万 GHz。目前传输比特速率从 100 多 Mbps 到几十 Gbps 的光纤已经获得广泛应用。由于光纤不易受干扰，物理特性稳定，因此是性能良好的恒参信道。除此之外，相比电缆，光纤还具有体积小、质量轻、传输损耗小和不易被窃听等优点。另外，制作光纤的原材料是硅玻璃，几乎取之不尽。光纤可以说是人类迄今为止发现的最有效的有线传输媒质，华裔科学家**高锟**因发明光纤获得 2009 年的诺贝尔物理学奖。

（3）**无线视距中继** 这里所说的无线视距中继特指采用定向天线或通过卫星转发信号实现的电磁波信号的视距传播。无线视距中继系统工作在超短波或微波波段。在地面实现直射传播中继时，由于地球表面曲率的影响，中继站点的距离一般在 50km 左右。由于利用定向天线使电磁波波束集中，信号能量可高效利用，架设位置的选择可使得两传输站点之间没有障碍物等因素影响，传输信道条件稳定，因此可视为一种恒参信道。卫星通信是以人造地球卫星作为中继站的一种通信方式，当人造地球卫星运行在赤道平面上的地球同步轨道上时，卫星的自转与地球的自转同步，24 小时自转一周，地球与卫星是相对静止的，在没有阻挡的环境下，卫星与地面虽然相距数千千米，也是一种直射的视距传输，在没有雨雪影响的情况下，信道的特性稳定，同样可视为一种恒参信道。

恒参信道的传递函数可以表示为

$$H(\omega)=|H(\omega)|e^{j\varphi(\omega)} \tag{7.2.1}$$

注意到传递函数的幅频特性 $|H(\omega)|$ 和相频特性 $\varphi(\omega)$ 都是**与时间无关**的函数。

7.2.3　随参信道

无线传输可使人们在通信过程中摆脱对电缆或光缆的约束，实现包括在移动等复杂环境下的通信。无线信道的频率范围及主要应用如图 7.2.2 所示，图中左边一列是按照电波波长数量级来进行划分的频带名称，右边一列是对频段范围的形象定义，中间列出的则是不同频率范围的主要应用。

在无线信道中，除了上面列举的无线视距传输信道外，绝大多数都是信道特性参数随时间随机变化的信道，通常称这种信道为**随参信道**。下面列出三种不同类型的随参信道及其基本特性：

（1）**短波和短波电离层反射信道**　短波一般是指波长为 10～100m、相应的频率范围为 3～30MHz 的无线电信号。短波信号可以在地球表面传播，也可以通过天空中的电离层反射传播。短波信号在地面传播同样会受到地球表面曲率的影响，一般通信距离在几十千米的范围内。通过**电离层**的反射进行传播是短波信号的重要特点，信号经过电离层的一次反射或与地球表面形成的若干次反射传播，可使通信的距离达到数千千米甚至上万千米。电离层是大气层受到太阳紫外线等宇宙射线照射后产生的一个包围地球的离子层，位于从地球表面上方 60～400km 的不同高度位置。电离层可多达 4 层（分别定义为 D、E、F_1 和 F_2 层），电离层的电子密度、高度等特性会随太阳照射条件等环境因素的影响而发生变化。最明显的特征是其特性随白昼和夜晚的变化。白天太阳照射强烈时，高度位于 60～80km 处的 D 层中电离子浓度增大，能够吸收大量的 2MHz 以下的电磁波，信号衰减严重；晚上 D 层浓度降低，几乎完全消失，此时电磁波可到达外层的 F 层，F 层能够有效地反射 30MHz 以下的电磁波信号，信道传输条件明显改善。

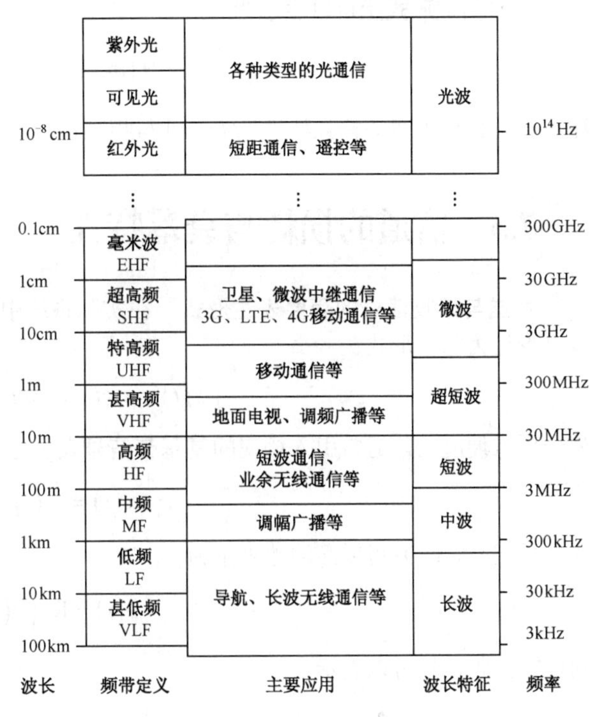

图 7.2.2　电磁波信号频率划分及应用

短波通信的接收端通常收到的是经过多个不同途径到达的信号。特别是当接收经电离层一次或多次反射的短波信号时，信号会同时经历多条复杂的时变路径的传输。通信中使用的无线电信号一般是交变的电磁波矢量，接收端收到的是经过多个不同路径到达的交变矢量信号合成的结果，这种信号称为**多径信号**。由于经历的不同路径的特性是时变的，多个矢量信号在接收端合并时，可能因同相的成分增多可使信号增强，也可能相位抵消的成分增多而使信号衰落。信号的增强或衰落受多种复杂因素的影响，通常是随时间变化的。另外，接收到的多径信号往往还不能仅仅考虑其幅度是增加或衰落，因为经不同路径到达的信号时延不同，当这种时延的差异与码元的周期大小可以比拟时，会出现严重的码间串扰，从而对接收符号的正确判决造成很大的影响。

（2）**散射信道**　距离地面高度在 10～12km 的大气层称为**对流层**，处于这一高度的大气层由于大气的湍流运动使得这一部分大气密度不均匀，入射的电磁波信号进入对流层时会产生散射现象，散射的信号部分会回到地面，形成散射传输信道。这种信道称之为**对流层散射信道**。另外，太空中大量高速进入大气层的流星也会使得气体产生电离，形成大量散射体，由此也可构成所谓的**流星余迹散射信道**。

对流层的大气湍流活动受多种因素的影响，本身就是一种复杂的随机运动，因此由此构成的散射信道是一种典型的时变随参信道。相对电离层，对流层距离地面较低，散射形成的宏观折射的一跳通信距离为 100～500km。从 40MHz 到 4GHz 的电波信号都可以通过对流层散射进行远距离传播。

（3）**移动通信信道** 典型的移动通信信道是指移动通信网中用户到基站之间的无线传输路径部分。由于受地形地貌、植被及建筑物等反射、折射和散射等多种因素的影响，加之用户终端通信时可能处在移动的环境中，电波的传播过程会遇到包括路径衰落、多径、时延和移动等综合问题，信号的传输路径可以非常复杂，因此移动通信信道也是一种典型的随参信道。移动通信系统的工作频率一般从几百 MHz 到若干 GHz。

随参信道**形式上**可以表示为

$$H(\omega,t)=\left|H(\omega,t)\right|\mathrm{e}^{\mathrm{j}\varphi(\omega,t)} \tag{7.2.2}$$

注意此时传递函数的幅频特性$\left|H(\omega,t)\right|$与相频特性$\varphi(\omega,t)$一般是一个**随机过程**。

7.3 信道的损耗与衰落特性

发送与接收信号的简要表达形式 在实际系统中传输的都是实信号，在大多数场合，发送信号都可以表达为如下形式：

$$s(t)=x_{\mathrm{I}}(t)\cos\omega_{\mathrm{c}}t-x_{\mathrm{Q}}(t)\sin\omega_{\mathrm{c}}t \tag{7.3.1}$$

为分析方便起见，通常引入相应的**复基带信号**表示方式

$$x(t)=x_{\mathrm{I}}(t)+\mathrm{j}x_{\mathrm{Q}}(t) \tag{7.3.2}$$

由此，式（7.3.1）可以简洁地表示为

$$s(t)=\mathrm{Re}\left(x(t)\mathrm{e}^{\mathrm{j}\omega_{\mathrm{c}}t}\right) \tag{7.3.3}$$

同样，接收信号可以表示为

$$r(t)=y_{\mathrm{I}}(t)\cos\omega_{\mathrm{c}}t-y_{\mathrm{Q}}(t)\sin\omega_{\mathrm{c}}t+n(t)=\mathrm{Re}\left(y(t)\mathrm{e}^{\mathrm{j}\omega_{\mathrm{c}}t}\right)+n(t) \tag{7.3.4}$$

式中，

$$y(t)=y_{\mathrm{I}}(t)+\mathrm{j}y_{\mathrm{Q}}(t) \tag{7.3.5}$$

是信号$s(t)$经过信道传输后，接收端收到的信号所对应的复基带信号，而$n(t)$是信号在传输过程中引入的加性噪声。

路径损耗值 发送的信号经信道传输后，会受到传输媒质的吸收、热损、信号能量扩散、物体阻挡和经历多路径等各种因素的影响，使接收端得到的信号功率受到衰减。在恒参信道中，路径损耗通常只与传输距离有关；而在随参信道中，路径损耗值不仅与距离有关，还会受到上述多种因素的影响而呈现随机性。因此，一般采用统计平均值来描述信号的功率。

发送信号$s(t)$的功率一般记为P_{t}，接收信号$r(t)$的功率一般记为P_{r}。信道的**路径损耗值**定义为

$$L_{\mathrm{P}}=\frac{P_{\mathrm{t}}}{P_{\mathrm{r}}} \tag{7.3.6}$$

在工程上，信道的路径损耗值通常采用**分贝值**的形式表示，此时上式变为

$$L_{\mathrm{P}}\mathrm{dB}=10\lg\frac{P_{\mathrm{t}}}{P_{\mathrm{r}}} \tag{7.3.7}$$

式中，符号 lg 表示以 10 为底的对数。

信号功率的 dBm 值 在通信工程中，习惯上采用与 1 毫瓦（mW）比值的相对功率值表示信号功

率的大小。若信号以瓦（W）为单位的功率值为 P，则其相应的 dBm 值为

$$P(\text{dBm}) = 10\lg\frac{P}{0.001} \tag{7.3.8}$$

7.3.1 自由空间传输损耗模型

自由空间传输信道 自由空间传输信道是指发射机与接收机之间没有任何障碍，信号沿直射传播的信道。这种信道也称为**视距**（Line-Of-Sight，LOS）**信道**。在自由空间传输信道中，信号功率的损失主要受到信号能量在传递过程中扩散的影响，因此，接收到的信号功率只与传输距离 d、发射天线的增益 G_t、接收天线的增益 G_r 有关。根据电磁波信号传播的基本原理，若发射信号的功率为 P_t，接收信号的功率可以表示为

$$P_r = G_t G_r \left(\frac{\lambda}{4\pi d}\right)^2 \cdot P_t \tag{7.3.9}$$

式中，λ 是信号的波长，λ 与光速 c 和信号频率 f 间的关系为

$$\lambda = c/f \tag{7.3.10}$$

相应地，对于自由空间传输路径，接收信号可以表示为

$$r(t) = \text{Re}\left(\frac{\sqrt{G_t G_r}\lambda}{4\pi \text{d}} x(t) \text{e}^{-\text{j}\frac{2\pi d}{\lambda}} \text{e}^{\text{j}\omega_c t}\right) + n(t) \tag{7.3.11}$$

式中，$\frac{\sqrt{G_t G_r}\lambda}{4\pi d}$ 是信号在传输过程中引入的**幅度衰减因子**，$\text{e}^{-\text{j}\frac{2\pi d}{\lambda}}$ 是信号经过传播距离 d 后引入的**附加相移**。

自由空间路径损耗可以表示为

$$L_P = \frac{P_t}{P_r} = (G_t G_r)^{-1}\left(\frac{\lambda}{4\pi d}\right)^{-2} \tag{7.3.12}$$

相应地，其自由空间路径损耗的 dB 值为

$$L_P \text{dB} = 10\lg\frac{P_t}{P_r} = -10\lg\left(G_t G_r \left(\frac{\lambda}{4\pi d}\right)^2\right) \tag{7.3.13}$$

【例 7.3.1】 某一移动接入网基站信号覆盖的半径为 500m，载波频率 $f_c = 1.8\text{GHz}$，基站与用户均使用全向天线，用户终端正常接收通信时要求接收功率不小于 $0.1\,\mu\text{W}$，假定用户终端与基站间存在视距传播路径，若传输路径损耗采用自由空间传输损耗模型，基站所需的发射功率应为多少？

解：因为基站与用户均使用全向天线，所以 $G_t = G_r = 1$。因为基站的小区半径为 500m，考虑小区边缘的用户终端能够可靠工作，因此应保证在 $d = 500\text{m}$ 时，接收功率 $P_r = 0.1\mu\text{W}$。由式（7.3.9），基站所需的发射功率为

$$\begin{aligned} P_t &= (G_t G_r)^{-1}\left(\frac{\lambda}{4\pi d}\right)^{-2} \cdot P_r = \left(\frac{4\pi d}{\lambda}\right)^2 \cdot P_r \\ &= \left(\frac{4\pi d}{c/f_c}\right)^2 \cdot P_r = \left(\frac{4\pi \times 500}{3\times 10^8/1.8\times 10^9}\right)^2 \times 0.1\times 10^{-6} = 142.12\text{W} \end{aligned}$$ □

7.3.2 传输路径损耗模型

对于**恒参信道**，路径损耗通常只与传输路径的长度和传输媒质（材料）有关。通常单位长度（距离）的路径损耗值是一个常数，因此路径损耗很容易计算。

对于**随参信道**，由于电波传播的路径随机时变的复杂性，使得很难有一般的方法，可以准确地计算传输路径损耗的大小。在工程实际中，通常只能根据系统的工作环境和特点，采用如下几种方法建立传输路径的损耗模型。

（1）**射线跟踪模型** 射线跟踪法采用几何方法来近似电波在传播过程中直射、反射和绕射等因素对信号的综合影响。当分析某一发射机发出的信号在某一具体位置的衰减大小时，根据传播路径上主要物体的几何形状和其介电性质，计算信号经各主要传播路径到达该特定位置的信号值，然后得到合成的结果。在静止的环境下，射线跟踪法能够较精确地建模接收信号的功率，现在业界已经有一些专门基于射线跟踪法的路径损耗软件分析工具。但对于发射机和接收机之间有相对运动的场合，虽然理论上可以通过逐点的分析计算整个路径的传输功率损耗，但其结果一般很难反映因移动产生的多普勒效应，以及因多径传输产生的时延扩展等综合复杂因素的影响。

（2）**路径损耗经验模型** 另一种随参信道的建模方法是所谓的路径损耗经验模型，这种方法通常不需要传播路径上非常具体的几何结构条件，而是根据大量实测统计得到的具体数据，将电波传播的环境分为若干大类，根据不同的类别设置相应的衰减系数，由此建立路径损耗的经验估计公式。典型的路径损耗经验模型为

$$L_{\mathrm{P}}=\frac{P_{\mathrm{t}}}{P_{\mathrm{r}}}=K\left(\frac{d_0}{d}\right)^{-\gamma} \tag{7.3.14}$$

式中 d_0 称为**天线远场参考距离**，经验公式必须在 $d \geqslant d_0$ 的条件下才有效；γ 是**路径损耗指数**，它是一个与公式的运用环境有关的参数。表7.3.1给出了不同环境下路径损耗指数的典型值。在某一环境下，γ 取值也还有差异，可根据具体情况在一定范围内进行调整。例如，损耗指数会随着信号频率的升高而增大，随着天线位置增高而减小等。K 是一个与天线特性和信道平均损耗有关的常数，其取值一般等于全向天线在距离为 d_0 处的自由空间路径增益，

表7.3.1 路径损耗指数值[1]

环境	γ 取值范围
城市宏小区	3.7～6.5
城市微小区	2.7～3.5
商务写字楼同层内部	1.6～3.5
商务写字楼异层间	2.0～6.0
商店	1.8～2.2
工厂	1.6～3.3
家居	3.0

$$K=\left(\frac{\lambda}{4\pi d_0}\right)^{-2} \tag{7.3.15}$$

式（7.3.14）定义的衰落 L_{P} 是传输距离 d 的函数。与后面将要讨论的影响信号衰落特性的物理量相比，d 具有最大的物理尺度，因此 L_{P} 通常也称为**大尺度衰落**。

7.3.3 传输信道阴影衰落模型

无线电波在传播路径上遇到起伏的地形、建筑物、高大的植被等障碍物的阻挡时，会产生信号的衰落，这种影响就像光线受到阻挡时产生的阴影效应一样，因此形象地称之为**阴影衰落**。接收机在这些障碍物之间移动时，阴影衰落的大小会相应地起伏变化，这种变化的速度与后面将要讨论的信号功率急剧变化的快衰落特性相比，要缓慢得多，因此阴影衰落呈现一种**慢衰落**的特性。阴影衰落的大小与多种因素有关，如障碍物的位置、大小和介电特性等，通常需要用统计模型来描述其随机衰落特性。大量实测数据的统计分析表明，阴影衰落的大小满足**对数正态分布特性**，即**阴影衰落值** $\mathrm{SL_P}=P_{\mathrm{t}}/P_{\mathrm{r}}$ 作为随机变量，其分布特性为

$$p(\mathrm{SL_P})=\frac{a}{\sqrt{2\pi}\cdot 10\lg\sigma_{\mathrm{SL_P}}}\exp\left(-\frac{\left(10\lg \mathrm{SL_P}-10\lg E[\mathrm{SL_P}]\right)^2}{2\left(10\lg\sigma_{\mathrm{SL_P}}\right)^2}\right) \tag{7.3.16}$$

式中 $a=10/\ln 10$ 是一常数，$E[\cdot]$ 表示取均值。若记 $\mu_{\mathrm{SL_{PdB}}}=10\lg E[\mathrm{SL_P}]$，$\sigma_{\mathrm{SL_PdB}}=10\lg\sigma_{\mathrm{SL_p}}$，$\mathrm{SL_{PdB}}=10\lg \mathrm{SL_P}$，则上式又可以表示为

$$p(\mathrm{SL_{PdB}})=\frac{a}{\sqrt{2\pi}\cdot\sigma_{\mathrm{SL_PdB}}}\exp\left(-\frac{\left(\mathrm{SL_{PdB}}-\mu_{\mathrm{SL_{PdB}}}\right)^2}{2\left(\sigma_{\mathrm{SL_PdB}}\right)^2}\right) \tag{7.3.17}$$

即阴影衰落 $\mathrm{SL_P}=P_t/P_r$ 的 dB 值 $\mathrm{SL_{PdB}}$ 满足**正态分布**。在移动通信的传输场合，建筑物等障碍物因素造成的阴影衰落的物体尺度与信号的传输距离相比通常不能忽略，所以阴影衰落有时也称为**中等尺度衰落**。

信号衰落的大小习惯上又称为**衰落深度**，其变化与信号的频率与障碍物的状况有关。一般地，频率较高的信号比频率较低的信号容易穿透建筑物，而频率较低的信号比频率较高的信号具有较强的绕射能力。方差 $\sigma_{\mathrm{SL_p}}$ 的 dB 值 $\sigma_{\mathrm{SL_PdB}}$ 与地形地貌特性及电波频率之间的关系可由表 7.3.2 大致描述。

表 7.3.2　$\sigma_{\mathrm{SL_PdB}}$ 取值表[2]

频率/MHz	准平坦地形		不规则地形（高度变化Δh/m）		
	市区	郊区	50	150	300
50			8	9	10
150	3.5～5.5	4.0～7.0	9	11	13
450	6.0	7.5	11	15	18
900	6.5	8.0	14	18	24

7.3.4　路径损耗与阴影衰落综合模型

路径损耗与阴影衰落对信号综合的影响就构成了综合衰落模型，形成信号功率沿着传输距离的宏观变化。由式（7.3.14），若路径损耗为 $L_\mathrm{P}=\frac{P_t}{P_r}=K\left(\frac{d_0}{d}\right)^{-\gamma}$，阴影衰落为 $\mathrm{SL_P}$，则总的衰落可以表示为

$$L_{\mathrm{PS}}=L_\mathrm{P}\cdot\mathrm{SL_P}=K\left(\frac{d_0}{d}\right)^{-\gamma}\cdot\mathrm{SL_P} \tag{7.3.18}$$

若采用 dB 值，则总的衰落又可以表示为

$$L_{\mathrm{PSdB}}=10\lg K-10\gamma\lg\frac{d_0}{d}+\mathrm{SL_{PdB}} \tag{7.3.19}$$

图 7.3.1(a)描述了随着接收机与发射机距离的增大，路径损耗倒数 $\lg L_\mathrm{P}^{-1}=10\lg(P_r/P_t)$ 的变化特性；若接收机与发射机间除了距离的影响外，中间还有若干障碍物造成的阴影衰落影响，则当接收机经过这段距离时，综合的衰落特性如图 7.3.1(b)所示。

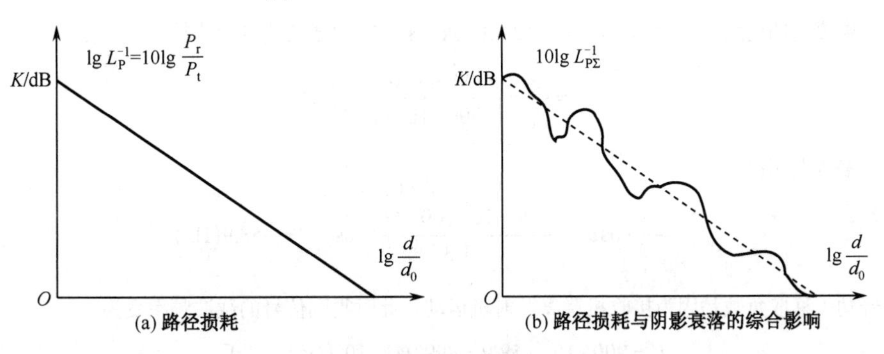

(a) 路径损耗　　(b) 路径损耗与阴影衰落的综合影响

图 7.3.1　路径损耗与阴影衰落的影响

7.4 信道的统计多径模型

7.4.1 多普勒频移与多径接收信号

多普勒频移 当发射机与接收机间有相对移动时，接收信号的频率通常会发生变化，这种变化称为**多普勒频移**或**多普勒效应**。多普勒频移的几何关系如图 7.4.1 所示，图中 θ 是入射电波与接收机运动方向的夹角，$-\pi/2 \leqslant \theta \leqslant \pi/2$，$v$ 是运动速度。若接收机朝着接近发射机的方向运动，θ 取**正值**；若接收机朝着远离发射机的方向运动，θ 取**负值**。若信号的波长为 λ，在一个很短的时间 Δt 内，发射机与接收机间的移动相对静止状态会产生**行程差**

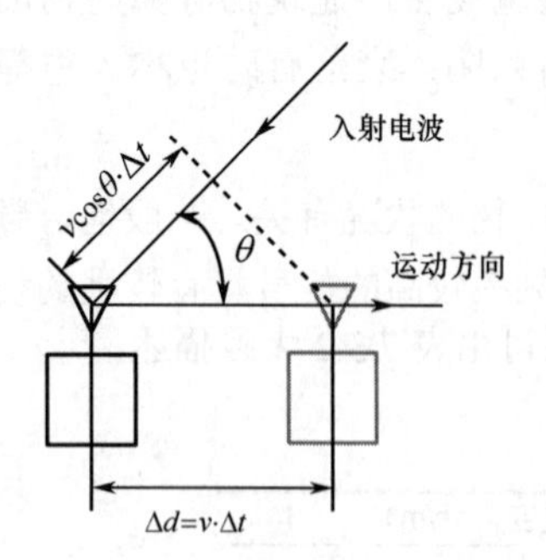

图 7.4.1 多普勒频移几何示意图

$$\Delta d = v\cos\theta\cdot\Delta t \tag{7.4.1}$$

行程差 Δd 对于波长为 λ 的信号，产生的相应相位变化为

$$\Delta\phi = \frac{\Delta d}{\lambda}\cdot 2\pi = \frac{v\cos\theta\cdot\Delta t}{\lambda}\cdot 2\pi \tag{7.4.2}$$

由频率与相位间的关系，可得相应的频率变化为

$$f_{\mathrm{D}} = \frac{1}{2\pi}\frac{\Delta\phi}{\Delta t} = \pm\frac{v}{\lambda}\cos\theta \tag{7.4.3}$$

f_{D} 就是所谓的**多普勒频移**。由 θ 取值的特点，若接收机朝着接近发射机的方向运动，f_{D} 取**正值**，反之 f_{D} 取**负值**。换句话说，若接收机迎向发射机运动，相应地信号载波的频率会增大；而背离其运动时，相应地信号载波的频率会减小。

若发射的信号为 $s(t)=\mathrm{Re}\left(x(t)\mathrm{e}^{\mathrm{j}\omega_{\mathrm{c}}t}\right)$，则由于发射机与接收机间的移动引入多普勒频移的影响后，由式（7.4.4）表示的接收信号变为

$$r(t)=\mathrm{Re}\left(a\cdot x(t)\mathrm{e}^{\mathrm{j}(\omega_{\mathrm{c}}t+2\pi f_{\mathrm{D}}t)}\right)+n(t)=\mathrm{Re}\left(a\cdot x(t)\mathrm{e}^{\mathrm{j}\left(\omega_{\mathrm{c}}t+2\pi\left(\frac{v}{\lambda}\cos\theta\right)t\right)}\right)+n(t) \tag{7.4.4}$$

式中 $f_{\mathrm{D}}=v\cos\theta/\lambda$ 是多普勒效应引起的频移，$2\pi(v\cos\theta/\lambda)t$ 是相应的附加相移，为了表示简洁起见，在上式中去掉了多普勒频移中的“±”符号。

【例 7.4.1】 已知信号的载波频率 $f_{\mathrm{c}}=900\mathrm{MHz}$，接收机以速度 $v=100\mathrm{km/h}$ 背离发射机运动，电波的入射角度 θ=45°，求此时接收信号的载波频率。

解： 已知电磁波的速度与光速相同，为 $c=300000\mathrm{km/s}$，因此载波信号的波长

$$\lambda=\frac{c}{f_{\mathrm{c}}}=\frac{300000\times10^{3}}{900\times10^{6}}=\frac{1}{3}(\mathrm{m})$$

相应地，多普勒频移为

$$f_{\mathrm{D}}=-\frac{v}{\lambda}\cos\theta=-\frac{100\times10^{3}/(60\times60)}{1/3}\cos45^{\circ}=-58.9(\mathrm{Hz})$$

式中多普勒频移取负数是因为接收机背离发射机运动，此时收到信号的载波频率变为

$$f_{\mathrm{c}}'=900\times10^{3}-58.9=899.941\times10^{3}(\mathrm{Hz}) \quad \square$$

多径接收信号 信号在传输过程中，传输路径上可能存在各种反射体，此时到达接收机的信号是可能包括直射信号和反射信号在内的多个信号叠加的结果。发射机发射一个脉冲，经过多径信道后到达接收机的将是一个脉冲序列，其中的每个脉冲对应于一个径的信号。图 7.4.2(a)给出了一个多径传输的示意图，图 7.4.2(b)给出了信道相应的冲激响应。在接收机收到的多径信号中，有些径的信号是由单个反射体反射造成的，如传输的时延差异较大，会形成一个可分辨信号，如图中的信号 r_2。有些径的信号是由一个反射体簇的反射造成的，这些反射信号的传输时延差异可能很小，加上每一径的信号本身有一定的时间宽度，因此这些信号形成了一簇不可分辨的信号，如图中的信号 r_3, r_4, r_5, r_6。

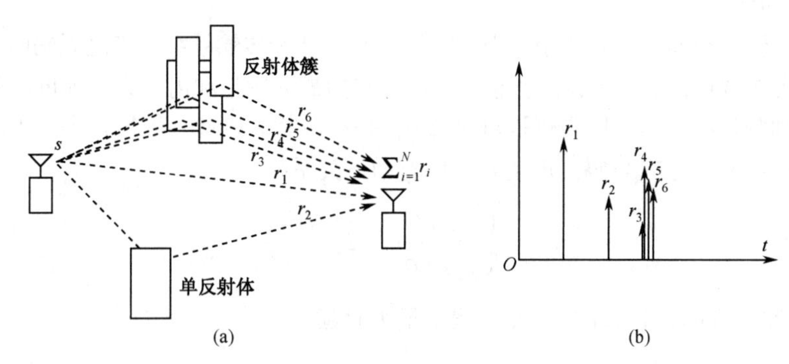

图 7.4.2 信号的多径传输和多径信道的冲激响应

一般地，若发射机与接收机位置固定不变，两者之间共有 N 条传输路径，则信道的冲激响应可以表示为

$$h(\tau)=\sum_{i=1}^{N}\alpha_i \mathrm{e}^{-\mathrm{j}\phi_i}\delta(\tau-\tau_i) \tag{7.4.5}$$

式中，α_i 是第 i 条路径的幅度衰减系数；τ_i 是第 i 条路径的传输时延；$\phi_i=\omega_c\tau_i=2\pi f_c\tau_i$ 是第 i 条路径的附加相移。相应地，接收信号可以表示为

$$r(t)=\mathrm{Re}\left(\sum_{i=1}^{N}\alpha_i x(t-\tau_i)\mathrm{e}^{-\mathrm{j}\phi_i}\mathrm{e}^{\mathrm{j}\omega_c t}\right)+n(t) \tag{7.4.6}$$

若发射机与接收机之间除了存在多径传输的影响外，两者之间还有相对运动，此时由于多普勒效应和信号衰落变化等因素的影响，幅度的衰减和附加的相移都可能成为时变的函数，此时信道的**等效基带冲激响应**可以用如下的形式表示[1]：

$$h_{\mathrm{L}}(\tau,t)=\sum_{i=1}^{N(t)}\alpha_i(t)\mathrm{e}^{-\mathrm{j}\phi_i(t)}\delta(\tau-\tau_i(t)) \tag{7.4.7}$$

此时冲激响应 $h(\tau,t)$ 是以时间 t 作为**参量**的时变函数，其中第 i 径的幅度衰减系数 $\alpha_i(t)$、附加相移 $\phi_i(t)$、时延 $\tau_i(t)$ 都将是随时间变化的函数。甚至多径信号径的数量 $N(t)$ 也可能是一个时间的函数。此时，接收信号可以一般地表示为

$$\begin{aligned}
r(t)&=\mathrm{Re}\left(\left(h_{\mathrm{L}}(\tau,t)*x(t)\right)\mathrm{e}^{\mathrm{j}2\pi f_c t}\right)=\mathrm{Re}\left(\left(\int_{-\infty}^{\infty}h_{\mathrm{L}}(\tau,t)x(t-\tau)\mathrm{d}\tau\right)\mathrm{e}^{\mathrm{j}2\pi f_c t}\right)\\
&=\mathrm{Re}\left(\left(\int_{-\infty}^{\infty}\sum_{i=1}^{N(t)}\alpha_i(t)\mathrm{e}^{-\mathrm{j}\phi_i(t)}\delta(t-\tau_i(t))x(t-\tau)\mathrm{d}\tau\right)\mathrm{e}^{\mathrm{j}2\pi f_c t}\right)\\
&=\mathrm{Re}\left(\left(\sum_{i=1}^{N(t)}\alpha_i(t)\mathrm{e}^{-\mathrm{j}\phi_i(t)}\int_{-\infty}^{\infty}\delta(t-\tau_i(t))x(t-\tau)\mathrm{d}\tau\right)\mathrm{e}^{\mathrm{j}2\pi f_c t}\right)\\
&=\mathrm{Re}\left(\left(\sum_{i=1}^{N(t)}\alpha_i(t)\mathrm{e}^{-\mathrm{j}\phi_i(t)}x(t-\tau_i(t))\right)\mathrm{e}^{\mathrm{j}2\pi f_c t}\right)
\end{aligned} \tag{7.4.8}$$

由上式可见，此时每一径信号的时延、幅度和相位都可能是时变的量。

7.4.2 窄带衰落模型

从前面有关信号的基带传输和调制传输的分析可知，信号的带宽主要由基带信号的脉冲波形决定，已调信号频谱的主瓣宽度一般等于基带信号脉冲周期倒数的 2 倍。如果多径信号的时延与信号带宽的倒数相比很小，意味着多径时延与符号周期相比很小，此时时延信号的波形很大程度上是同相叠加，信号不会有明显的失真。反之，如果多径信号的时延与信号带宽的倒数相比相当或较大时，时延信号的波形叠加后就会被明显地扩展，从而造成信号的严重失真和码间串扰。本节首先考虑多径时延与符号周期相比很小的情形。

记发送符号的码元周期为 T_S，由奈奎斯特准则，对于基带传输系统，满足无码间串扰最大频带利用率为每秒每赫兹 2 波特，而对于调制传输系统，相应的最大频带利用率为每秒每赫兹 1 波特。若引入滚降系数 α，则频带利用率降低为每秒每赫兹 $1/(1+\alpha)$ 波特。因此一般地，根据无码间串扰设计的调制传输系统，信号的带宽 W 与码元周期 T_S 之间有如下关系：

$$R_S = \frac{1}{T_S} = \frac{W}{1+\alpha}, \quad T_S = \frac{1+\alpha}{W} \tag{7.4.9}$$

式中 $0 \leqslant \alpha \leqslant 1$，即一般地有 $T_S \propto W^{-1}$。记信道的最大时延

$$\tau_{\max} = \max_{i \in N(t)} \{\tau_i(t)\} \tag{7.4.10}$$

若满足条件

$$\tau_{\max} \ll W^{-1} \tag{7.4.11}$$

则意味着所有径的时延 $\tau_i(t),\ i = 1,2,\cdots,N(t)$ 均远小于码元周期 T_S，此时有

$$x(t-\tau_i(t)) \approx x(t),\ i = 1,2,\cdots,N(t) \tag{7.4.12}$$

由此，式（7.4.8）可以改写为

$$\begin{aligned} r(t) &= \mathrm{Re}\left(\left(\sum_{i=1}^{N(t)} \alpha_i(t) \mathrm{e}^{-\mathrm{j}\phi_i(t)} x(t-\tau_i(t))\right) \mathrm{e}^{\mathrm{j}2\pi f_c t}\right) \\ &\approx \mathrm{Re}\left(\left(\sum_{i=1}^{N(t)} \alpha_i(t) \mathrm{e}^{-\mathrm{j}\phi_i(t)} x(t)\right) \mathrm{e}^{\mathrm{j}2\pi f_c t}\right) = \mathrm{Re}\left(\left(\sum_{i=1}^{N(t)} \alpha_i(t) \mathrm{e}^{-\mathrm{j}\phi_i(t)}\right) x(t) \mathrm{e}^{\mathrm{j}2\pi f_c t}\right) \end{aligned} \tag{7.4.13}$$

通常把满足条件 $\tau_{\max} \ll W^{-1}$ 的这种多径特性的信道称为**窄带衰落信道**，相应的分析模型称为**窄带衰落模型**。图 7.4.3 给出了一个调制的符号脉冲，经 3 径的窄带衰落信道后产生变化的示意图，其中图(a)表示发送的一个调制脉冲信号，图(b)表示 3 个具有不同时延路径的信号，图(c)是 3 个信号叠加后的结果。可见，若各个径的时延差异很小，除符号波形略有展宽外，信号没有明显的失真。

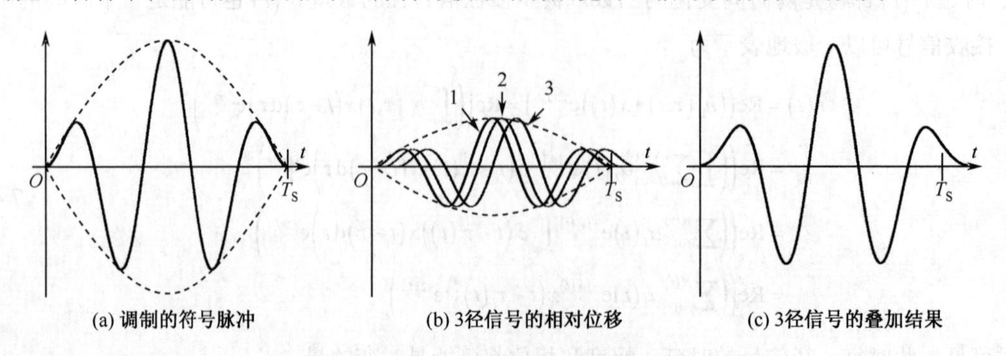

(a) 调制的符号脉冲　(b) 3径信号的相对位移　(c) 3径信号的叠加结果

图 7.4.3　符号脉冲经窄带衰落信道后的变化

进一步整理式（7.4.13）可得

$$r(t)=\mathrm{Re}\left(\left(\sum_{i=1}^{N(t)}\alpha_i(t)\mathrm{e}^{-\mathrm{j}\phi_i(t)}x(t-\tau_i(t))\right)\mathrm{e}^{\mathrm{j}2\pi f_c t}\right)=r_\mathrm{I}(t)\cos 2\pi f_c t-r_\mathrm{Q}(t)\sin 2\pi f_c t \tag{7.4.14}$$

式中，

$$r_\mathrm{I}(t)=\sum_{i=1}^{N(t)}\alpha_i(t)x(t)\cos\phi_i(t) \tag{7.4.15}$$

$$r_\mathrm{Q}(t)=\sum_{i=1}^{N(t)}\alpha_i(t)x(t)\sin\phi_i(t) \tag{7.4.16}$$

式中 $\alpha_i(t),\phi_i(t)\ i=1,2,\cdots,N(t)$ 是相互独立的随机过程。假定在多径信号中没有某径特别强的信号，则当 $N(t)$ 足够大时，由**中心极限定理**，$r_\mathrm{I}(t)$ 与 $r_\mathrm{Q}(t)$ 将均为**高斯随机过程**。通常 $r_\mathrm{I}(t)$ 与 $r_\mathrm{Q}(t)$ 的幅度的均值为 0，其方差相同，若用 σ^2 表示其方差，则它们的幅度取值的分布特性可以表示为

$$p(r_\mathrm{I})=\frac{1}{\sqrt{2\pi}\sigma}\exp\left(-\frac{r_\mathrm{I}^2}{2\sigma^2}\right),\ p(r_\mathrm{Q})=\frac{1}{\sqrt{2\pi}\sigma}\exp\left(-\frac{r_\mathrm{Q}^2}{2\sigma^2}\right) \tag{7.4.17}$$

这实际上就是在第 2 章中讨论过的**窄带高斯随机过程**，因此可知信号 $r(t)$ **包络** a 服从**瑞利分布**特性：

$$p(a)=\frac{a}{\sigma^2}\exp\left(-\frac{a^2}{2\sigma^2}\right) \tag{7.4.18}$$

信号 $r(t)$ **载波**的相位服从**均匀分布**特性：

$$p(\phi)=\frac{1}{2\pi},\ -\pi\leqslant\phi\leqslant\pi \tag{7.4.19}$$

若多径信号中有一径特别强的信号，该径通常是所谓的直射径，则此时信号的包络呈现第 2 章中讨论过的**莱斯分布**特性，信号的相位很大程度上将由该直射径信号决定。

窄带衰落信号的相关函数 一般形式的窄带衰落信号的相关函数的分析比较复杂。为便于对窄带衰落信号物理概念的理解，假设发射的是一个初始相位为 ϕ_0 的**单载波信号**

$$s(t)=\mathrm{Re}\left(a\mathrm{e}^{\mathrm{j}(2\pi f_c t+\phi_0)}\right)=a\cos(2\pi f_c t+\phi_0) \tag{7.4.20}$$

假定信号在传播过程中没有直射路径，或直射路径的信号与其他多径信号的强弱相当。同时设在某一时间段内各径信号的幅度 α_i 、时延 τ_i 和多普勒频移 $f_{\mathrm{D}i}$ 等取值的变化缓慢，可以近似视为常数，$i=1,2,\cdots,N$ 。同时暂忽略噪声的影响，则接收信号可以表示为

$$\begin{aligned}r(t)&=\mathrm{Re}\left(\sum_{i=1}^{N}\alpha_i\mathrm{e}^{\mathrm{j}(2\pi f_c(t+\tau_i)+2\pi f_{\mathrm{D}i}t+\phi_0)}\right)=\sum_{i=1}^{N}\alpha_i\cos(2\pi f_c(t+\tau_i)+2\pi f_{\mathrm{D}i}t+\phi_0)\\&=r_\mathrm{I}(t)\cos 2\pi f_c t-r_\mathrm{Q}(t)\sin 2\pi f_c t\end{aligned} \tag{7.4.21}$$

式中，

$$r_\mathrm{I}(t)=\sum_{i=1}^{N}\alpha_i\cos\phi_i(t) \tag{7.4.22}$$

$$r_\mathrm{Q}(t)=\sum_{i=1}^{N}\alpha_i\sin\phi_i(t) \tag{7.4.23}$$

式中 $\phi_i(t)$ 是由发送的初始相位 ϕ_0 、第 i 径的时延 τ_i 和多普勒频移 $f_{\mathrm{D}i}$ 等因素决定的相位，可视为均匀分布在 $[-\pi,+\pi]$ 上的随机变量，

$$\phi_i(t)=2\pi f_c\tau_i+2\pi f_{\mathrm{D}i}t+\phi_0=2\pi f_c\tau_i+2\pi\left(\frac{v}{\lambda}\cos\theta_i\right)t+\phi_0 \tag{7.4.24}$$

接收信号的**相关函数**

$$
\begin{aligned}
R_{\mathrm{r}}(t+\tau,t) &= E\left[r(t+\tau)r(t)\right] \\
&= E\left[\left(r_{\mathrm{I}}(t+\tau)\cos 2\pi f_{\mathrm{c}}(t+\tau)-r_{\mathrm{Q}}(t+\tau)\sin 2\pi f_{\mathrm{c}}(t+\tau)\right)\cdot\left(r_{\mathrm{I}}(t)\cos 2\pi f_{\mathrm{c}}t-r_{\mathrm{Q}}(t)\sin 2\pi f_{\mathrm{c}}t\right)\right] \\
&= E\left[r_{\mathrm{I}}(t+\tau)r_{\mathrm{I}}(t)\cos 2\pi f_{\mathrm{c}}(t+\tau)\cos 2\pi f_{\mathrm{c}}t-r_{\mathrm{I}}(t+\tau)r_{\mathrm{Q}}(t)\cos 2\pi f_{\mathrm{c}}(t+\tau)\sin 2\pi f_{\mathrm{c}}t\right. \\
&\quad \left.-r_{\mathrm{Q}}(t+\tau)r_{\mathrm{I}}(t)\sin 2\pi f_{\mathrm{c}}(t+\tau)\cos 2\pi f_{\mathrm{c}}t+r_{\mathrm{Q}}(t+\tau)r_{\mathrm{Q}}(t)\sin 2\pi f_{\mathrm{c}}(t+\tau)\sin 2\pi f_{\mathrm{c}}t\right] \\
&= \frac{1}{2}E\left[r_{\mathrm{I}}(t+\tau)r_{\mathrm{I}}(t)\left(\cos 2\pi f_{\mathrm{c}}\tau+\cos 2\pi f_{\mathrm{c}}(2t+\tau)\right)+r_{\mathrm{I}}(t+\tau)r_{\mathrm{Q}}(t)\left(\sin 2\pi f_{\mathrm{c}}\tau-\sin 2\pi f_{\mathrm{c}}(2t+\tau)\right)\right. \\
&\quad \left.-r_{\mathrm{Q}}(t+\tau)r_{\mathrm{I}}(t)\left(\sin 2\pi f_{\mathrm{c}}\tau+\sin 2\pi f_{\mathrm{c}}(2t+\tau)\right)+r_{\mathrm{Q}}(t+\tau)r_{\mathrm{Q}}(t)\left(\cos 2\pi f_{\mathrm{c}}\tau-\cos 2\pi f_{\mathrm{c}}(2t+\tau)\right)\right] \\
&= \frac{1}{2}\left(E\left[r_{\mathrm{I}}(t+\tau)r_{\mathrm{I}}(t)\right]\left(\cos 2\pi f_{\mathrm{c}}\tau+\cos 2\pi f_{\mathrm{c}}(2t+\tau)\right)+E\left[r_{\mathrm{I}}(t+\tau)r_{\mathrm{Q}}(t)\right]\left(\sin 2\pi f_{\mathrm{c}}\tau-\sin 2\pi f_{\mathrm{c}}(2t+\tau)\right)\right. \\
&\quad \left.-E\left[r_{\mathrm{Q}}(t+\tau)r_{\mathrm{I}}(t)\right]\left(\sin 2\pi f_{\mathrm{c}}\tau+\sin 2\pi f_{\mathrm{c}}(2t+\tau)\right)+E\left[r_{\mathrm{Q}}(t+\tau)r_{\mathrm{Q}}(t)\right]\left(\cos 2\pi f_{\mathrm{c}}\tau-\cos 2\pi f_{\mathrm{c}}(2t+\tau)\right)\right)
\end{aligned}
\tag{7.4.25}
$$

下面深入分析 $E\left[r_{\mathrm{I}}(t+\tau)r_{\mathrm{I}}(t)\right]$、$E\left[r_{\mathrm{I}}(t+\tau)r_{\mathrm{Q}}(t)\right]$、$E\left[r_{\mathrm{Q}}(t+\tau)r_{\mathrm{I}}(t)\right]$ 和 $E\left[r_{\mathrm{Q}}(t+\tau)r_{\mathrm{Q}}(t)\right]$ 的有关特性。首先来看 $E\left[r_{\mathrm{I}}(t+\tau)r_{\mathrm{I}}(t)\right]$，

$$
\begin{aligned}
E\left[r_{\mathrm{I}}(t+\tau)r_{\mathrm{I}}(t)\right] &= E\left[\sum_{i=1}^{N}\alpha_i\cos\phi_i(t+\tau)\sum_{i=1}^{N}\alpha_i\cos\phi_i(t)\right] \\
&= E\left[\sum_{i=1}^{N}\sum_{j=1}^{N}\alpha_i\alpha_j\cos\phi_i(t+\tau)\cos\phi_j(t)\right] \\
&= \sum_{i=1}^{N}\sum_{j=1}^{N}E\left[\alpha_i\alpha_j\right]E\left[\cos\phi_i(t+\tau)\cos\phi_j(t)\right] \\
&= \sum_{i=1}^{N}E\left[\alpha_i^2\right]E\left[\cos\phi_i(t+\tau)\cos\phi_i(t)\right]
\end{aligned}
\tag{7.4.26}
$$

其中第三个等式成立是因为经历多径传输的信号，其幅度与相位的变化一般是不相关的；第四个等号成立是因为经历不同路径幅度衰减的变化一般是不相关的。由式（7.4.24）可知，$\phi_i(t)=2\pi f_{\mathrm{c}}\tau_i+2\pi f_{\mathrm{D}i}t+\phi_0$。因此，

$$
\begin{aligned}
&E\left[\cos\phi_i(t+\tau)\cos\phi_i(t)\right] \\
&= E\left[\cos\left(2\pi f_{\mathrm{c}}\tau_i+2\pi f_{\mathrm{D}i}(t+\tau)+\phi_0\right)\cos\left(2\pi f_{\mathrm{c}}\tau_i+2\pi f_{\mathrm{D}i}t+\phi_0\right)\right] \\
&= \frac{1}{2}E\left[\cos 2\pi f_{\mathrm{D}i}\tau+\cos\left(4\pi f_{\mathrm{c}}\tau_i+4\pi f_{\mathrm{D}i}t+2\pi f_{\mathrm{D}i}\tau_i+2\phi_0\right)\right] \\
&\approx \frac{1}{2}E\left[\cos 2\pi f_{\mathrm{D}i}\tau\right]
\end{aligned}
\tag{7.4.27}
$$

式中最后一个约等号成立是因为当 $f_{\mathrm{c}}\gg f_{\mathrm{D}i}$ 时，$4\pi f_{\mathrm{c}}\tau_i$ 相对其他项变化很快且满足均匀分布，因此有 $E\left[\cos\left(4\pi f_{\mathrm{c}}\tau_i+4\pi f_{\mathrm{D}i}t+2\pi f_{\mathrm{D}i}\tau_i+2\phi_0\right)\right]\approx 0$。由此可得

$$
\begin{aligned}
R_{r_{\mathrm{I}}}(t+\tau,t) &= E\left[r_{\mathrm{I}}(t+\tau)r_{\mathrm{I}}(t)\right]=\sum_{i=1}^{N}E\left[\alpha_i^2\right]E\left[\cos\phi_i(t+\tau)\cos\phi_i(t)\right] \\
&= \frac{1}{2}\sum_{i=1}^{N}E\left[\alpha_i^2\right]E\left[\cos 2\pi f_{\mathrm{D}i}\tau\right] \\
&= \frac{1}{2}\sum_{i=1}^{N}E\left[\alpha_i^2\right]E\left[\cos 2\pi\left(\frac{v}{\lambda}\cos\theta_i\right)\tau\right]=R_{r_{\mathrm{I}}}(\tau)
\end{aligned}
\tag{7.4.28}
$$

同理可以证明

$$
R_{r_{\mathrm{Q}}}(t+\tau,t)=\frac{1}{2}\sum_{i=1}^{N}E\left[\alpha_i^2\right]E\left[\cos 2\pi\left(\frac{v}{\lambda}\cos\theta_i\right)\tau\right]=R_{r_{\mathrm{Q}}}(\tau)
\tag{7.4.29}
$$

$$
\begin{aligned}
R_{r_{\mathrm{I}}r_{\mathrm{Q}}}(t+\tau,t) &= -R_{r_{\mathrm{Q}}r_{\mathrm{I}}}(t+\tau,t) \\
&= \frac{1}{2}\sum_{i=1}^{N}E\left[\alpha_i^2\right]E\left[\sin 2\pi\left(\frac{v}{\lambda}\cos\theta_i\right)\tau\right]=R_{r_{\mathrm{I}}r_{\mathrm{Q}}}(\tau)=-R_{r_{\mathrm{Q}}r_{\mathrm{I}}}(\tau)
\end{aligned}
\tag{7.4.30}
$$

将上述结果代入式（7.4.25），可得

$$R_{\mathrm{r}}(t+\tau,t)=\frac{1}{2}\Big(R_{\eta}(\tau)\big(\cos 2\pi f_{\mathrm{c}}\tau+\cos 2\pi f_{\mathrm{c}}(2t+\tau)\big)+R_{\eta r_{\mathrm{Q}}}(\tau)\big(\sin 2\pi f_{\mathrm{c}}\tau-\sin 2\pi f_{\mathrm{c}}(2t+\tau)\big)$$
$$+R_{\eta r_{\mathrm{Q}}}(\tau)\big(\sin 2\pi f_{\mathrm{c}}\tau+\sin 2\pi f_{\mathrm{c}}(2t+\tau)\big)+R_{\eta}(\tau)\big(\cos 2\pi f_{\mathrm{c}}\tau-\cos 2\pi f_{\mathrm{c}}(2t+\tau)\big)\Big]\Big) \quad (7.4.31)$$

显然，上式是时间 t 的函数，并不满足**广义平稳**的条件。但通常在一个符号周期内，满足条件

$$\frac{1}{T}\int_{-T/2}^{T/2}\cos 2\pi f_{\mathrm{c}}t\mathrm{d}t=0\rightarrow\frac{1}{T}\int_{-T/2}^{T/2}\cos 2\pi f_{\mathrm{c}}(2t+\tau)\mathrm{d}t=0 \quad (7.4.32)$$

$$\frac{1}{T}\int_{-T/2}^{T/2}\sin 2\pi f_{\mathrm{c}}t\mathrm{d}t=0\rightarrow\frac{1}{T}\int_{-T/2}^{T/2}\sin 2\pi f_{\mathrm{c}}(2t+\tau)\mathrm{d}t=0 \quad (7.4.33)$$

因此有

$$\overline{R_{\mathrm{r}}(t+\tau,t)}=\frac{1}{T}\int_{-T/2}^{T/2}R_{r}(t+\tau,t)\mathrm{d}t=R_{\eta}(\tau)\cos 2\pi f_{\mathrm{c}}\tau+R_{\eta r_{\mathrm{Q}}}(\tau)\sin 2\pi f_{\mathrm{c}}\tau=\overline{R_{\mathrm{r}}(\tau)} \quad (7.4.34)$$

由第 2 章有关循环平稳随机过程的定义可知，此时 $r(t)$ 是一个**循环平稳随机信号**。

下面进一步分析一种**理想均匀散射**的情形。假定接收机收到各径信号功率均相等，若记总的接收功率为 P_{r}，因为总共有 N 径信号，则应有 $E\left[\alpha_i^2\right]=P_{\mathrm{r}}/N$。又假定各径信号均匀地分布在 $[-\pi,+\pi]$ 的各个角度上，其中第 i 径的到达角为 $\theta_i=i\cdot\Delta\theta$，$\Delta\theta=2\pi/N$。由此可得

$$\begin{aligned}R_{\eta}(\tau)&=\frac{1}{2}\sum_{i=1}^{N}E\left[\alpha_i^2\right]E\left[\cos 2\pi\left(\frac{v}{\lambda}\cos\theta_i\right)\tau\right]=\frac{1}{2}\sum_{i=1}^{N}\frac{P_{\mathrm{r}}}{N}\cdot\cos\left(2\pi\frac{v}{\lambda}\cos(i\cdot\Delta\theta)\tau\right)\\&=\frac{P_{\mathrm{r}}}{4\pi}\sum_{i=1}^{N}\cos\left(2\pi\frac{v}{\lambda}\cos(i\cdot\Delta\theta)\tau\right)\Delta\theta\end{aligned} \quad (7.4.35)$$

当 $N\rightarrow\infty$ 时，$\Delta\theta=2\pi/N\rightarrow 0$。上式变为

$$\begin{aligned}R_{\eta}(\tau)&=\lim_{N\rightarrow\infty}\frac{P_{\mathrm{r}}}{4\pi}\sum_{i=1}^{N}\cos\left(2\pi\frac{v}{\lambda}\cos(i\cdot\Delta)\tau\right)\Delta\theta=\frac{P_{\mathrm{r}}}{4\pi}\int_0^{2\pi}\cos\left(2\pi\tau\frac{v}{\lambda}\cos\theta\right)\mathrm{d}\theta\\&=\frac{P_{\mathrm{r}}}{4\pi}\int_0^{2\pi}\cos\left(2\pi\tau f_{\mathrm{D\,max}}\cos\theta\right)\mathrm{d}\theta=\frac{P_{\mathrm{r}}}{2}J_0\left(2\pi f_{\mathrm{D\,max}}\tau\right)\end{aligned} \quad (7.4.36)$$

式中 $f_{\mathrm{D\,max}}=v/\lambda$ 是多普勒频移的最大值，而

$$J_0(x)=\frac{1}{2\pi}\int_0^{2\pi}\cos(x\cos\theta)\mathrm{d}\theta=\frac{1}{2\pi}\int_0^{2\pi}\cos(x\sin\theta)\mathrm{d}\theta \quad (7.4.37)$$

是**零阶贝塞尔函数**。同理，对于均匀散射的环境，可得

$$\begin{aligned}R_{\eta r_{\mathrm{Q}}}(\tau)&=\lim_{N\rightarrow\infty}\frac{P_{\mathrm{r}}}{4\pi}\sum_{i=1}^{N}\sin\left(2\pi\frac{v}{\lambda}\cos(i\cdot\Delta)\tau\right)\Delta\theta\\&=\frac{P_{\mathrm{r}}}{4\pi}\int_0^{2\pi}\sin\left(2\pi\tau\frac{v}{\lambda}\cos\theta\right)\mathrm{d}\theta=\frac{P_{\mathrm{r}}}{4\pi}\int_{-\pi}^{\pi}\sin\left(2\pi\tau\frac{v}{\lambda}\cos\theta\right)\mathrm{d}\theta=0\end{aligned} \quad (7.4.38)$$

上式中最后一个等式成立是因为，$\sin\left(2\pi\tau\frac{v}{\lambda}\cos\theta\right)$ 是关于 θ 的一个**奇函数**。

窄带衰落信号的功率密度谱　由平稳随机信号功率密度谱与自相关函数构成**傅里叶变换对**的关系，可得

$$S_{\eta}(f)=\Im\left[R_{\eta}(\tau)\right]=\Im\left[\frac{P_{\mathrm{r}}}{2}J_0\left(2\pi f_{\mathrm{D\,max}}\tau\right)\right]=\begin{cases}\dfrac{P_{\mathrm{r}}}{\pi f_{\mathrm{D\,max}}}\dfrac{1}{\sqrt{1-\left(f/f_{\mathrm{D\,max}}\right)^2}}, & |f|\leqslant f_{\mathrm{D\,max}}\\ 0, & |f|>f_{\mathrm{D\,max}}\end{cases} \quad (7.4.39)$$

由式（7.4.34）、式（7.4.38）和式（7.4.39），可得在**均匀散射**的情形时，接收到的单载波信号的**功率密度谱**为

$$
\begin{aligned}
S_r(f) &= \Im\left[R_r(\tau)\right] = \Im\left[R_{r_\mathrm{I}}(\tau)\cos 2\pi f_\mathrm{c}\tau + R_{r_\mathrm{I}r_\mathrm{Q}}(\tau)\sin 2\pi f_\mathrm{c}\tau\right] \\
&= \Im\left[R_{r_\mathrm{I}}(\tau)\cos 2\pi f_\mathrm{c}\tau\right] + \Im\left[R_{r_\mathrm{I}r_\mathrm{Q}}(\tau)\sin 2\pi f_\mathrm{c}\tau\right] \\
&= \Im\left[R_{r_\mathrm{I}}(\tau)\right] * \Im\left[\cos 2\pi f_\mathrm{c}\tau\right] + \Im\left[R_{r_\mathrm{I}r_\mathrm{Q}}(\tau)\right] * \Im\left[\sin 2\pi f_\mathrm{c}\tau\right] \\
&= \Im\left[R_{r_\mathrm{I}}(\tau)\right] * \Im\left[\cos 2\pi f_\mathrm{c}\tau\right] = \Im\left[R_{r_\mathrm{I}}(\tau)\right] * \pi\left[\delta(f+f_\mathrm{c}) + \delta(f-f_\mathrm{c})\right] \\
&= \begin{cases} \dfrac{P_\mathrm{r}}{\pi f_{\mathrm{D\,max}}}\dfrac{1}{\sqrt{1-\left(\left|f-f_\mathrm{c}\right|/f_{\mathrm{D\,max}}\right)^2}}, & \left|f-f_\mathrm{c}\right| \leqslant f_{\mathrm{D\,max}} \\ 0, & \left|f-f_\mathrm{c}\right| > f_{\mathrm{D\,max}} \end{cases}
\end{aligned} \tag{7.4.40}
$$

功率密度谱 $S_r(f)$ 的特性如图 7.4.4 所示，由图可见，对于**单载波信号**，由于多普勒效应的影响，频谱由原来冲激响应的**线谱**扩展为一段**连续谱**，多普勒频移值的最大值为 $f_{\mathrm{D\,max}}$。由此不难推断，一般载波调制信号对于多普勒效应的影响，功率密度谱同样会出现类似的频谱展宽的现象。

信号在传输过程中，通常受到路径损耗、阴影衰落和窄带衰落等因素共同的影响，综合的衰落特性呈现更为复杂的变化，总的衰落可以表示为

$$
L_{\mathrm{P}\Sigma} = L_\mathrm{P} \cdot \mathrm{SL}_\mathrm{P} \cdot R_\mathrm{p} = K\left(\frac{d_0}{d}\right)^{-n} \cdot \mathrm{SL}_\mathrm{P} \cdot R_\mathrm{p} \tag{7.4.41}
$$

式中，R_p 反映窄带衰落特性对信号功率变化的影响。信号的窄带衰落相对传输距离 d 而言在很小的尺度范围内也可能呈现剧烈的变化，这种衰落通常也称为**小尺度衰落**。图 7.4.5 给出了路径损耗、阴影衰落和窄带衰落的综合影响示意图，图中的虚线表示大尺度衰落，起伏的轮廓表示阴影衰落，而围绕着轮廓起伏急促变化的部分就是窄带衰落。

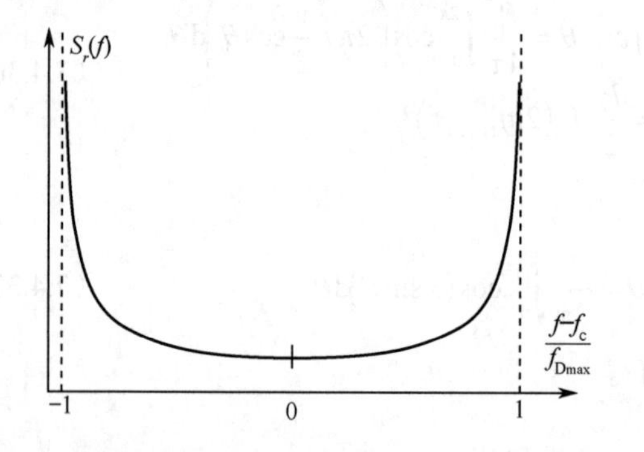

图 7.4.4 单载波信号经均匀散射后的相关函数和功率密度谱

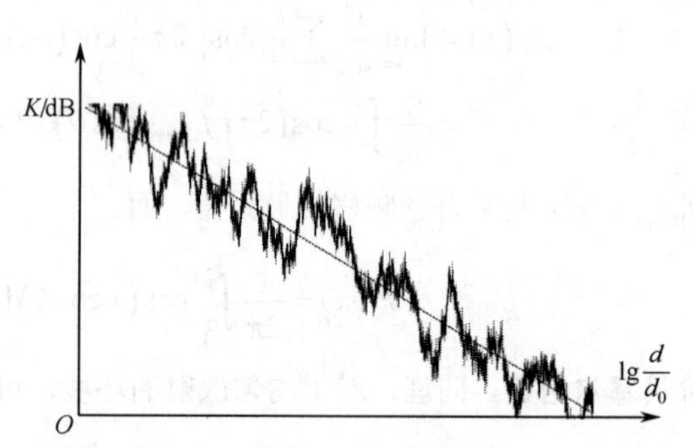

图 7.4.5 路径损耗、阴影衰落和窄带衰落的综合影响

7.4.3 宽带衰落模型*

上节讨论了窄带衰落模型，本小将分析宽带衰落模型。宽带衰落模型与窄带衰落模型中的“宽带”与“窄带”通常是针对多径时延与信号带宽间的相对关系而言的。记最大的多径时延和信号带宽分别为 $\tau_{\max}$ 和 W，若满足条件 $\tau_{\max} \ll W^{-1}$，因为通常码元的周期 $T_\mathrm{S} \propto W^{-1}$，因此相应地有 $\tau_{\max} \ll T_\mathrm{S}$。在经多径传播形成的接收信号中，各径分量在时间上基本上是重叠的，信号中的每个符号在时域上的扩展很小，主要的影响局限在本符号内。反之，如果 $\tau_{\max}$ 的大小与码元周期 T_S 相当，甚至 $\tau_{\max} > T_\mathrm{S}$ 或 $\tau_{\max} \gg T_\mathrm{S}$，此时多径分量就有可能造成严重的信号波形失真，并对后面的符号产生严重的影响，产生**符号间的串扰**（**码间串扰**）。通常把满足条件 $\tau_{\max} \geqslant W^{-1}$ 的信道称为**宽带衰落信道**。对于宽带衰落信道，窄带衰落模型中的条件 $x(t-\tau_i(t)) \approx x(t), i = 1,2,\cdots,N(t)$ 不再成立。图 7.4.6 给出了符号间串

扰对信号造成影响的示意图，由图可见，信号时延的大小达到了与符号周期可以比拟［如图(a)中的波形 2］甚至大于符号周期［如图(a)中的波形 3］的程度。图(a)中的波形 1、2 和 3 叠加后形成的波形如图(b)所示，与原信号相比有严重的畸变。显然，如果没有信道均衡的措施，会产生严重的符号间串扰。

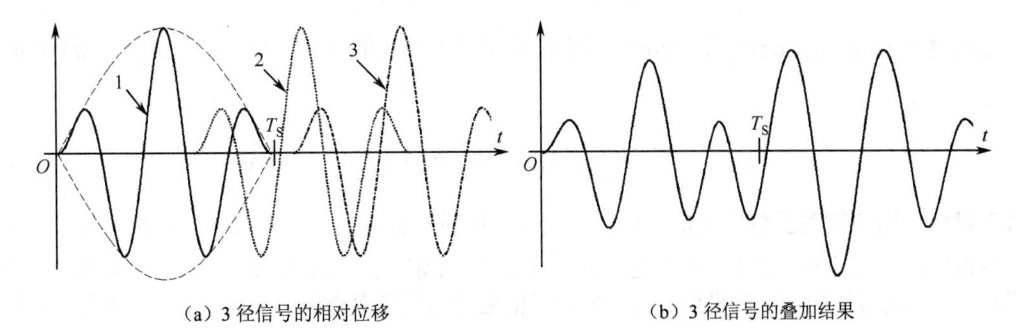

（a）3 径信号的相对位移　　（b）3 径信号的叠加结果

图 7.4.6　宽带衰落信道产生的符号间串扰

在第 6 章中讨论过的 OFDM 调制方法是一种能够较有效对抗符号间串扰的方法，OFDM 调制将一个高速的数据流变为多个较为低速的符号流并行传输，这样每个子载波的码元周期 $T_{S,OFDM}$ 比原来单载波调制时的码元周期 T_S 大 N 倍，此处的 N 为子载波数，这样很大程度上就可以将一个为**宽带衰落信道**的传输问题“转变”为一个**窄带衰落信道**的传输问题。

确定散射函数　对于宽带衰落信道，其等效的基带时变冲激响应仍然可由式（7.4.7）表示，即 $h_L(\tau,t)=\sum_{i=1}^{N(t)}\alpha_i(t)e^{-j\phi_i(t)}\delta(\tau-\tau_i(t))$，式中的参量 t 反映信道的时变性。对 $h_L(\tau,t)$ 进行关于**时变参量** t 的傅里叶变换有

$$dS_c(\tau,\rho)=\Im_t\left(h_L(\tau,t)\right)=\int_{-\infty}^{\infty}h_L(\tau,t)e^{-j2\pi\rho t}dt \tag{7.4.42}$$

$S_c(\tau,\rho)$ 称为等效低通冲激响应 $h_L(\tau,t)$ 的**确定散射函数**（deterministic scattering function）。$S_c(\tau,\rho)$ 通过频率参数 ρ 反映信道的**多普勒特性**。从其物理意义上来说，时变的信道会使信号产生新的频率成分，使信号的频谱出现扩展。对 $h_L(\tau,t)$ 做关于时变参量 t 的傅里叶变换可以反映冲激响应时变特性对频域产生的影响。这里频率参数采用符号 ρ，而没有采用多普勒频移的符号 f_D，ρ 具有更一般的意义，即包括了发射机与接收机间相对运动导致的时变在内的所有时变因素的影响。

随机散射函数　在宽带衰落信道中，一般来说，$h_L(\tau,t)$ 中的幅度 $\alpha_i(t)$、相位 $\phi_i(t)$ 和时延 $\tau_i(t)$ 都是随机变量。根据中心极限定理，当多径的数目足够大时，$h_L(\tau,t)$ 可视为复高斯过程。因为无法直接将一随机信号代入式（7.4.42）进行计算，因此需要建立**统计分析模型**。定义 $h_L(\tau,t)$ 的**自相关函数**为

$$R_{h_L}(\tau_1,\tau_2;t,t+\Delta t)=E\left[h_L^*(\tau_1;t)h_L(\tau_2;t+\Delta t)\right] \tag{7.4.43}$$

如果信道模型对于时间参量 t 来说是**广义平稳**的，则上式可表示为

$$R_{h_L}(\tau_1,\tau_2;t,t+\Delta t)=E\left[h_L^*(\tau_1;t)h_L(\tau_2;t+\Delta t)\right]=R_{h_L}(\tau_1,\tau_2;\Delta t) \tag{7.4.44}$$

如果对于两个不同的散射体产生的时延 τ_1 和 τ_2，当 $\tau_1\neq\tau_2$ 时，$h_L(\tau_1;t)$ 与 $h_L(\tau_2;t+\Delta t)$ 是不相关的，则这种信道又称为**不相关散射信道**。一个信道如果同时具备**广义平稳**和**不相关散射**两个特性，则称其为**广义平稳不相关散射**（Wide-Sense Stationary Uncorrelated Scattering，WSSUS）**信道**，广义平稳不相关信道的自相关函数可以表示为

$$R_{h_L}(\tau_1,\tau_2;\Delta t)=R_{h_L}(\tau_1;\Delta t)\delta(\tau_1-\tau_2) \tag{7.4.45}$$

式中的$\delta(\tau_1-\tau_2)$表示仅当$\tau_1=\tau_2$时，相关函数才会有非零的取值。记$\tau=\tau_1=\tau_2$，则上式可表示为

$$R_{h_L}(\tau_1,\tau_2;\Delta t)=R_{h_L}(\tau;\Delta t) \tag{7.4.46}$$

由此，**随机散射函数**（scattering function）可由广义平稳不相关信道的自相关函数$R_{h_L}(\tau;\Delta t)$关于Δt的傅里叶变换定义

$$S_c(\tau;\rho)=\Im_{\Delta t}\left(R_{h_L}(\tau;\Delta t)\right)=\int_{-\infty}^{\infty}R_{h_L}(\tau;\Delta t)\mathrm{e}^{-\mathrm{j}2\pi\rho\Delta t}\mathrm{d}\Delta t \tag{7.4.47}$$

随机散射函数与**确定散射函数**的取值实际上是具有不同量纲的物理量，广义平稳随机信号相关函数的傅里叶变换得到是信号的功率谱。这与通常描述确定信号的特性时用其幅度值，而描述随机信号的特性时则用其密度谱的方法类似。随机散射函数描述了信道的**输出功率谱**作为多径时延τ和多普勒频移ρ的函数关系。

功率时延谱 式（7.4.46）中给出的$R_{h_L}(\tau;\Delta t)$是在间隔为Δt的两个不同时刻信道冲激响应的相关函数。若令$\Delta t=0$，则$R_{h_L}(\tau;0)\triangleq R_{h_L}(\tau)$表示信道的冲激响应信号在时延为$\tau$位置的**信号功率**。$R_{h_L}(\tau)$作为**时延扩展**$\tau$的函数，定义为**功率时延谱**（power delay profile）。从其物理意义上来说，冲激信号$\delta(t)$经宽带衰落信道传输到达接收端后，变为一时间上被扩展的信号，信号的能量不再像$\delta(t)$函数那样全部集中在一个时刻上，而是在时间轴上产生了扩展，$R_{h_L}(\tau)$描述了能量扩散的轮廓特性。

利用功率时延谱$R_{h_L}(\tau)$，可定义时延τ的概率密度函数为

$$p_{T_m}(\tau)=\frac{R_{h_L}(\tau)}{\int_0^{\infty}R_{h_L}(\tau)\mathrm{d}\tau} \tag{7.4.48}$$

由此可以进一步定义描述时延统计特性的**平均时延扩展**

$$\mu_{T_m}=\frac{\int_0^{\infty}\tau R_{h_L}(\tau)\mathrm{d}\tau}{\int_0^{\infty}R_{h_L}(\tau)\mathrm{d}\tau} \tag{7.4.49}$$

以及**均方根时延扩展**

$$\sigma_{T_m}=\sqrt{\frac{\int_0^{\infty}\left(\tau-\mu_{T_m}\right)^2R_{h_L}(\tau)\mathrm{d}\tau}{\int_0^{\infty}R_{h_L}(\tau)\mathrm{d}\tau}} \tag{7.4.50}$$

发送的码元经传输后若在时间上扩散会产生码间串扰。有大量反射体的信道通常近似有$\mu_{T_m}\approx\sigma_{T_m}$，为保证码间串扰的影响足够地小，应保证$T_S\gg\sigma_{T_m}$。例如，保证$T_S\geqslant 10\sigma_{T_m}$。

【**例 7.4.2**】 常见的功率时延谱模型是单边指数分布

$$R_{h_L}(\tau)=\frac{1}{\sigma}\mathrm{e}^{-\frac{\tau}{\sigma}},\ \tau\geqslant 0$$

（1）求其平均时延扩展和均方根时延扩展。（2）若$\sigma=0.001\mathrm{s}$，求不发生码间串扰的最大符号速率。

解：（1）由式（7.4.49），平均时延扩展

$$\mu_{T_m}=\frac{\int_0^{\infty}\tau R_{h_L}(\tau)\mathrm{d}\tau}{\int_0^{\infty}R_{h_L}(\tau)\mathrm{d}\tau}=\frac{\int_0^{\infty}\tau\frac{1}{\sigma}\mathrm{e}^{-\frac{\tau}{\sigma}}\mathrm{d}\tau}{\int_0^{\infty}\frac{1}{\sigma}\mathrm{e}^{-\frac{\tau}{\sigma}}\mathrm{d}\tau}=\frac{\int_0^{\infty}\tau\mathrm{e}^{-\frac{\tau}{\sigma}}\mathrm{d}\tau}{\int_0^{\infty}\mathrm{e}^{-\frac{\tau}{\sigma}}\mathrm{d}\tau}=\sigma$$

由式（7.4.50），均方根时延扩展

$$\sigma_{T_m}=\sqrt{\frac{\int_0^{\infty}\left(\tau-\mu_{T_m}\right)^2R_{h_L}(\tau)\mathrm{d}\tau}{\int_0^{\infty}R_{h_L}(\tau)\mathrm{d}\tau}}=\sqrt{\frac{\int_0^{\infty}\left(\tau-\mu_{T_m}\right)^2\frac{1}{\sigma}\mathrm{e}^{-\frac{\tau}{\sigma}}\mathrm{d}\tau}{\int_0^{\infty}\frac{1}{\sigma}\mathrm{e}^{-\frac{\tau}{\sigma}}\mathrm{d}\tau}}=\sqrt{\frac{\int_0^{\infty}(\tau-\sigma)^2\mathrm{e}^{-\frac{\tau}{\sigma}}\mathrm{d}\tau}{\int_0^{\infty}\mathrm{e}^{-\frac{\tau}{\sigma}}\mathrm{d}\tau}}=\sigma$$

（2）若 $\sigma=0.001\mathrm{s}$，则由（1）中所得的结果，可知 $\mu_{T_m}=\sigma_{T_m}=\sigma=0.001\mathrm{s}$。要保证码间串扰的影响足够地小，应满足 $T_S\geqslant 10\sigma_{T_m}$，即码元周期应不小于

$$T_S\geqslant 10\sigma_{T_m}=10\times 0.001=0.01\mathrm{s}$$

相应地，符号速率 R_S 应满足

$$R_S\leqslant\frac{1}{T_S}<\frac{1}{0.01}=100(\mathrm{Baud})\qquad\square$$

相干带宽　对于宽带衰落信道，**等效低通冲激响应** $h_L(\tau,t)$ 中的**时延** τ 是一个变化的量，对 $h_L(\tau,t)$ 做关于 τ 的傅里叶变换有

$$H_{L\tau}(f,t)=\Im_{\tau}\left(h_L(\tau,t)\right)=\int_{-\infty}^{\infty}h_L(\tau,t)\mathrm{e}^{-\mathrm{j}2\pi f\tau}\mathrm{d}\tau \tag{7.4.51}$$

通过 $H_{L\tau}(f,t)$ 可以在频域分析 τ 的变化对信号的影响。因为 $h_L(\tau,t)$ 是一个时变的复高斯随机过程，傅里叶变换是一种线性变换，因此其经傅里叶变换得到的 $H_{L\tau}(f,t)$ 也是一个时变的复高斯随机过程。因此，通常只能通过其统计量来进行分析。$H_{L\tau}(f,t)$ 的自相关函数为

$$R_{H_{L\tau}}(f_1,f_2;t_1,t_2)=E\left[H_{L\tau}^*(f_1,t_1)H_{L\tau}(f_2,t_2)\right] \tag{7.4.52}$$

如果 $h_L(\tau,t)$ 是**广义平稳过程**，$R_{H_{L\tau}}(f_1,f_2;t_1,t_2)$ 也具有广义平稳的特性。因此若记 $t_1=t$，$t_2=t+\Delta t$，则上式可记为

$$R_{H_{L\tau}}(f_1,f_2;\Delta t)=E\left[H_{L\tau}^*(f_1,t)H_{L\tau}(f_2,t+\Delta t)\right] \tag{7.4.53}$$

即该相关函数的取值对于时间参数来说，与具体的时刻无关，只与时间差 Δt 有关。

利用式（7.4.45）描述的广义平稳不相关信道的特性，式（7.4.53）可进一步表示为

$$\begin{aligned}
R_{H_{L\tau}}(f_1,f_2;\Delta t)&=E\left[H_{L\tau}^*(f_1,t)H_{L\tau}(f_2,t+\Delta t)\right]\\
&=E\left[\left(\int_{-\infty}^{\infty}h_L(\tau_1,t)\mathrm{e}^{-\mathrm{j}2\pi f_1\tau_1}\mathrm{d}\tau_1\right)^*\int_{-\infty}^{\infty}h_L(\tau_2,t+\Delta t)\mathrm{e}^{-\mathrm{j}2\pi f_2\tau_2}\mathrm{d}\tau_2\right]\\
&=E\left[\int_{-\infty}^{\infty}\int_{-\infty}^{\infty}h_L^*(\tau_1,t)h_L(\tau_2,t+\Delta t)\mathrm{e}^{\mathrm{j}2\pi f_1\tau_1}\mathrm{e}^{-\mathrm{j}2\pi f_2\tau_2}\mathrm{d}\tau_1\mathrm{d}\tau_2\right]\\
&=\int_{-\infty}^{\infty}\int_{-\infty}^{\infty}E\left[h_L^*(\tau_1,t)h_L(\tau_2,t+\Delta t)\right]\mathrm{e}^{\mathrm{j}2\pi f_1\tau_1}\mathrm{e}^{-\mathrm{j}2\pi f_2\tau_2}\mathrm{d}\tau_1\mathrm{d}\tau_2\\
&=\int_{-\infty}^{\infty}\int_{-\infty}^{\infty}R_{h_L}(\tau_1,\tau_2;\Delta t)\mathrm{e}^{\mathrm{j}2\pi f_1\tau_1}\mathrm{e}^{-\mathrm{j}2\pi f_2\tau_2}\mathrm{d}\tau_1\mathrm{d}\tau_2\\
&=\int_{-\infty}^{\infty}\int_{-\infty}^{\infty}R_{h_L}(\tau_1;\Delta t)\delta(\tau_1-\tau_2)\mathrm{e}^{\mathrm{j}2\pi f_1\tau_1}\mathrm{e}^{-\mathrm{j}2\pi f_2\tau_2}\mathrm{d}\tau_1\mathrm{d}\tau_2\\
&=\int_{-\infty}^{\infty}R_{h_L}(\tau_2;\Delta t)\mathrm{e}^{\mathrm{j}2\pi f_1\tau_2}\mathrm{e}^{-\mathrm{j}2\pi f_2\tau_2}\mathrm{d}\tau_2=\int_{-\infty}^{\infty}R_{h_L}(\tau_2;\Delta t)\mathrm{e}^{-\mathrm{j}2\pi(f_2-f_1)\tau_2}\mathrm{d}\tau_2\\
&=\int_{-\infty}^{\infty}R_{h_L}(\tau_2;\Delta t)\mathrm{e}^{-\mathrm{j}2\pi\Delta f\tau_2}\mathrm{d}\tau_2=R_{H_{L\tau}}(\Delta f;\Delta t)
\end{aligned} \tag{7.4.54}$$

说明对于广义平稳不相关信道来说，其统计特性在频域上也是广义平稳的。在上式中，令 $\Delta t=0$，可得

$$R_{H_{\mathrm{L}\tau}}(\Delta f)=R_{H_{\mathrm{L}\tau}}(\Delta f;0)=\int_{-\infty}^{\infty}R_{h_{\mathrm{L}}}(\tau;0)\mathrm{e}^{-\mathrm{j}2\pi\Delta f\tau}\mathrm{d}\tau=\int_{-\infty}^{\infty}R_{h_{\mathrm{L}}}(\tau)\mathrm{e}^{-\mathrm{j}2\pi\Delta f\tau}\mathrm{d}\tau \tag{7.4.55}$$

式中 $R_{h_{\mathrm{L}}}(\tau)$ 是上节讨论过的**功率时延谱**。因此 $R_{H_{\mathrm{L}\tau}}(\Delta f)$ 是功率时延谱的傅里叶变换，其反映的是时延 τ 的变化对信号功率在频域上特性的影响。

在讨论**相干带宽**的概念之前，先分析 $R_{H_{\mathrm{L}\tau}}(\Delta f)$ 的有关性质。当冲激信号 $\delta(t)$ 发送到信道上时，如果信道是理想的，相对于原信号，只会有固定的传播时延 τ_0，信道的冲激响应可以表示为

$$h_{\mathrm{L}}(\tau,t)=\delta(\tau-\tau_0) \tag{7.4.56}$$

信道冲激响应的相关函数为

$$\begin{aligned}R_{h_{\mathrm{L}}}(\tau_1,\tau_2;t,t+\Delta t)&=E\left[h_{\mathrm{L}}^*(\tau_1;t)h_{\mathrm{L}}(\tau_2;t+\Delta t)\right]\\&=E\left[\delta(\tau_1-\tau_0)\delta(\tau_2-\tau_0)\right]=\delta(\tau-\tau_0)=R_{h_{\mathrm{L}}}(\tau;\Delta t)\end{aligned} \tag{7.4.57}$$

式中 $\tau=\tau_1=\tau_2$，最后一个等式成立是因为 $\delta(\tau-\tau_0)$ 与时变参数 Δt 无关，形式上表达为 Δt 的函数，可视为 Δt 函数的一个特例，是一个常数函数。由式（7.4.54）有

$$R_{H_{\mathrm{L}\tau}}(\Delta f)=R_{H_{\mathrm{L}\tau}}(\Delta f;0)=\int_{-\infty}^{\infty}R_{h_{\mathrm{L}}}(\tau;0)\mathrm{e}^{-\mathrm{j}2\pi\Delta f\tau}\mathrm{d}\tau=\int_{-\infty}^{\infty}\delta(\tau-\tau_0)\mathrm{e}^{-\mathrm{j}2\pi\Delta f\tau}\mathrm{d}\tau=\mathrm{e}^{-\mathrm{j}2\pi\Delta f\tau_0} \tag{7.4.58}$$

理想信道的 $R_{H_{\mathrm{L}\tau}}(\Delta f)$ 也可通过如下的另外一种方法计算得到，关于信道冲激响应时延变化 τ 的傅里叶变换为

$$H_{\mathrm{L}\tau}(f,t)=\int_{-\infty}^{\infty}h_{\mathrm{L}}(\tau,t)\mathrm{e}^{-\mathrm{j}2\pi f\tau}\mathrm{d}\tau=\int_{-\infty}^{\infty}\delta(\tau-\tau_0)\,\mathrm{e}^{-\mathrm{j}2\pi f\tau}\mathrm{d}\tau=\mathrm{e}^{-\mathrm{j}2\pi f\tau_0} \tag{7.4.59}$$

而 $H_{\mathrm{L}\tau}(f,t)$ 的相关函数为

$$\begin{aligned}R_{H_{\mathrm{L}\tau}}(f_1,f_2;\Delta t)&=E\left[H_{\mathrm{L}\tau}^*(f_1,t)H_{\mathrm{L}\tau}(f_2,t+\Delta t)\right]\\&=E\left[\left(\mathrm{e}^{-\mathrm{j}2\pi f_1\tau_0}\right)^*\mathrm{e}^{-\mathrm{j}2\pi f_2\tau_0}\right]=\mathrm{e}^{-\mathrm{j}2\pi(f_2-f_1)\tau_0}=\mathrm{e}^{-\mathrm{j}2\pi\Delta f\tau_0}\end{aligned} \tag{7.4.60}$$

可见 $R_{H_{\mathrm{L}\tau}}(f_1,f_2;\Delta t)=R_{H_{\mathrm{L}\tau}}(\Delta f;\Delta t)$ 关于 f 是一个平稳过程。因为理想的信道是非时变的，因此式（7.4.60）与 Δt 无关。由此可见，对于理想的信道，功率时延谱的傅里叶变换是一个常数，仍然等于原来冲激信号的傅里叶变换的常数特性。图 7.4.7 给出了理想信道的功率时延谱及其傅里叶变换特性。无论什么带宽的信号经过这样的信道传输，如图中所示的宽带或窄带信号，对信号的不同频率成分都没有选择性的改变，因此信号不会产生失真。

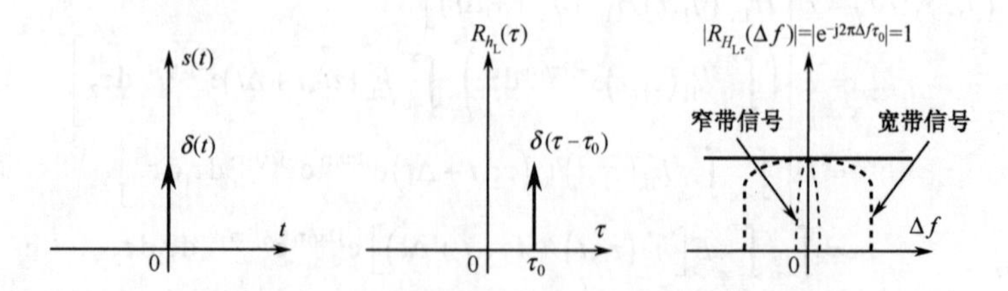

图 7.4.7　理想信道的功率时延谱及其傅里叶变换

下面再来看例 7.4.2 所示的情形，假定信道的功率时延谱模型是单边指数函数

$$R_{h_{\mathrm{L}}}(\tau)=\frac{1}{\sigma}\mathrm{e}^{-\frac{\tau}{\sigma}},\ \ \tau\geqslant 0 \tag{7.4.61}$$

其功率时延谱的傅里叶变换为

$$R_{H_{\mathrm{L}\tau}}(\Delta f)=\int_{-\infty}^{\infty}R_{h_{\mathrm{L}}}(\tau)\mathrm{e}^{-\mathrm{j}2\pi\Delta f\tau}\mathrm{d}\tau=\int_{-\infty}^{\infty}\frac{1}{\sigma}\mathrm{e}^{-\frac{\tau}{\sigma}}\mathrm{e}^{-\mathrm{j}2\pi\Delta f\tau}\mathrm{d}\tau=\frac{1}{\sigma}\cdot\frac{1}{1/\sigma+2\pi\Delta f}=\frac{1}{1+\mathrm{j}2\pi\Delta f\sigma} \quad (7.4.62)$$

图 7.4.8 给出了例 7.4.2 中信道的功率时延谱及其傅里叶变换特性。由图可见，如果一个窄带的信号经过该信道，信号的频谱如图(c)中的虚线所示，在信号的带宽范围内，信号的不同频谱成分的衰减基本相同，称这种衰落为**平衰落**或**平坦衰落**。而如果一个宽带的信号经过该信道，同样如图(c)所示，显然不同的频率成分受到衰落的影响不同，中间部分衰落较小，两边衰落严重，呈现所谓的**频率选择性衰落**。频率选择性衰落会破坏原来按照奈奎斯特无码间串扰设计确定的系统频谱特性，产生严重码间串扰，造成信号的失真。

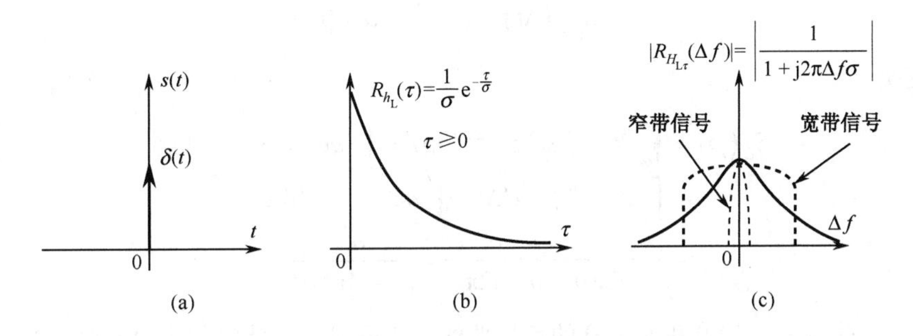

图 7.4.8　例 7.4.2 的功率时延谱及其傅里叶变换

为描述宽带衰落信道频率选择性衰落对信号的影响，人们引入了信道**相干带宽**的概念。若对于某个常数 B_{c}，当 $\Delta f<B_{\mathrm{c}}$ 时有 $\left|R_{H_{\mathrm{L}\tau}}(\Delta f)\right|>0$，而当 $\Delta f\geqslant B_{\mathrm{c}}$ 时有 $R_{H_{\mathrm{L}\tau}}(\Delta f)\approx 0$，则将 B_{c} 定义为**相干带宽**。相干带宽的物理意义是：当频谱间隔 Δf 大于 B_{c} 时，信道的响应可视为独立的，没有关联性；而频谱间隔 Δf 小于 B_{c} 时，信道的响应是近似相同的。实际系统的宽带衰落信道的 $\left|R_{H_{\mathrm{L}\tau}}(\Delta f)\right|$ 一般没有陡然变化的特性，通常将相干带宽的大小取值为

$$B_{\mathrm{c}}=\frac{k}{\sigma_{T_{\mathrm{m}}}} \quad (7.4.63)$$

式中，$\sigma_{T_{\mathrm{m}}}$ 是由式（7.4.50）定义的均方根时延扩展，k 取值的大小与 $\left|R_{H_{\mathrm{L}\tau}}(\Delta f)\right|$ 的形状及具体如何定义相干带宽有关。例如，信道相关度大于 0.9 的频率范围为 $B_{\mathrm{c}}\approx 0.02/\sigma_{T_{\mathrm{m}}}$；信道相关度大于 0.5 的频率范围为 $B_{\mathrm{c}}\approx 0.2/\sigma_{T_{\mathrm{m}}}$ [3]。

多普勒功率谱和信道相干时间　对于广义平稳不相关信道，$R_{H_{\mathrm{L}\tau}}(\Delta f;\Delta t)$ 中由时变参数 Δt 产生的时变性，通常是由发射机和接收机间的相对移动引起的。相应的多普勒频移特性也可由 $R_{H_{\mathrm{L}\tau}}(\Delta f;\Delta t)$ 的傅里叶变换来描述：

$$S_{\mathrm{C}}(\Delta f;\rho)=\mathfrak{I}_{\Delta t}\left(R_{H_{\mathrm{L}\tau}}(\Delta f;\Delta t)\right)=\int_{-\infty}^{\infty}R_{H_{\mathrm{L}\tau}}(\Delta f;\Delta t)\mathrm{e}^{-\mathrm{j}2\pi\rho\Delta t}\mathrm{d}\Delta t \quad (7.4.64)$$

为**凸显**多普勒频移 ρ 的影响，可令多径时延变化导致的频率变化 $\Delta f=0$，则上式变为

$$S_{\mathrm{C}}(\rho)=S_{\mathrm{C}}(0;\rho)=\int_{-\infty}^{\infty}R_{H_{\mathrm{L}\tau}}(0;\Delta t)\,\mathrm{e}^{-\mathrm{j}2\pi\rho\Delta t}\mathrm{d}\Delta t=\int_{-\infty}^{\infty}R_{H_{\mathrm{L}\tau}}(\Delta t)\mathrm{e}^{-\mathrm{j}2\pi\rho\Delta t}\mathrm{d}\Delta t \quad (7.4.65)$$

$S_{\mathrm{C}}(\rho)$ 反映了多普勒频移 ρ 对信道频率特性的影响，称为**多普勒功率谱**。下面进一步分析两种不同的信道特性。

由式（7.4.57）和式（7.4.58）的分析可知，对于**理想信道**，$R_{H_{L\tau}}(\Delta f;\Delta t)=\mathrm{e}^{-\mathrm{j}2\pi\Delta f\tau_0}$，由此可得

$$R_{H_{L\tau}}(\Delta t)=R_{H_{L\tau}}(\Delta f;\Delta t)\Big|_{\Delta f=0}=\mathrm{e}^{-\mathrm{j}2\pi\Delta f\tau_0}\Big|_{\Delta f=0}=1 \tag{7.4.66}$$

相应地，其傅里叶变换

$$S_{\mathrm{C}}(\rho)=\int_{-\infty}^{\infty}R_{H_{L\tau}}(\Delta t)\mathrm{e}^{-\mathrm{j}2\pi\rho\Delta t}\mathrm{d}\Delta t=\int_{-\infty}^{\infty}\mathrm{e}^{-\mathrm{j}2\pi\rho\Delta t}\mathrm{d}\Delta t=\delta(\rho) \tag{7.4.67}$$

这说明信道无时变性，无论经历多长时间都是相干的，其冲激响应不会有多普勒扩展。图 7.4.9(a)给出了 $R_{H_{L\tau}}(\Delta t)=1$，$S_{\mathrm{C}}(\rho)=\delta(\rho)$ 的特性曲线。其物理意义是，理想信道的特性是恒定不变的常数。

假定信道具有如下时变性：

$$R_{H_{L\tau}}(\Delta t)=a\mathrm{e}^{-a|\Delta t|},\ a>0 \tag{7.4.68}$$

则其傅里叶变换

$$\begin{aligned}S_{\mathrm{C}}(\rho)&=\int_{-\infty}^{\infty}R_{H_{L\tau}}(\Delta t)\mathrm{e}^{-\mathrm{j}2\pi\rho\Delta t}\mathrm{d}\Delta t=\int_{-\infty}^{\infty}a\mathrm{e}^{-a|\Delta t|}\mathrm{e}^{-\mathrm{j}2\pi\rho\Delta t}\mathrm{d}\Delta t\\&=\int_{-\infty}^{0}a\mathrm{e}^{(a-\mathrm{j}2\pi\rho)\Delta t}d\Delta t+\int_{0}^{\infty}a\mathrm{e}^{-(a+\mathrm{j}2\pi\rho)\Delta t}\mathrm{d}\Delta t\\&=\frac{a}{a-\mathrm{j}2\pi\rho}+\frac{a}{a+\mathrm{j}2\pi\rho}=\frac{a^2}{a^2+4\pi^2\rho^2}\end{aligned} \tag{7.4.69}$$

图 7.4.9(b)给出了此时 $R_{H_{L\tau}}(\Delta t)$ 和 $S_{\mathrm{C}}(\rho)$ 的特性曲线。由图可见，此时信道具有时变性，其相关特性 $R_{H_{L\tau}}(\Delta t)$ 随着 Δt 的增大而指数衰减，而相应的多普勒功率谱出现扩散的特性。

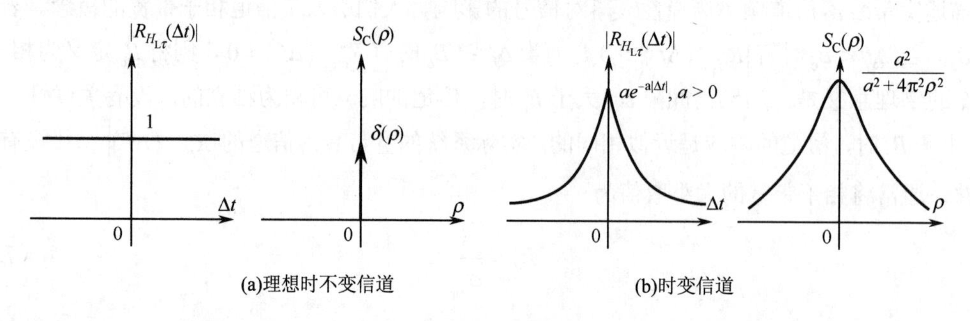

图 7.4.9　多普勒功率谱

为描述信道的时变特性，可引入信道相干时间的概念，**信道相干时间**（channel coherence time）T_{c} 定义为这样一个时间间隔值：当 $\Delta t\leqslant T_{\mathrm{c}}$ 时，$R_{H_{L\tau}}(\Delta t)\neq 0$；而当 $\Delta t>T_{\mathrm{c}}$ 时，$R_{H_{L\tau}}(\Delta t)\approx 0$。其物理意义是在 $\Delta t\leqslant T_{\mathrm{c}}$ 时间范围内，信道的特性基本上是相同的，而当 $\Delta t>T_{\mathrm{c}}$ 时，信道则不相关，这意味着信道特性有较大的变化。由图 7.4.9(b)可见，信道的时变性导致信号功率谱的扩展，这种扩展的大小可用称为**多普勒扩展** B_{D} 的参数来表示。信道相干时间 T_{c} 与多普勒扩展 B_{D} 之间的关系一般为

$$B_{\mathrm{D}}=k/T_{\mathrm{c}} \tag{7.4.70}$$

式中 k 是一个常数，其取值的大小与 $\left|R_{H_{L\tau}}(\Delta f)\right|$ 和 $S_{\mathrm{C}}(\rho)$ 的形状等因素有关。若信道的时变性主要由发射机和接收机之间的相对运动引起，则 $B_{\mathrm{D}}\propto v/\lambda=f_{\mathrm{D}}$。

宽带衰落信道各函数之间的关系　图 7.4.10 归纳了前面讨论的宽带衰落信道各函数之间的关系，图中傅里叶变换“$\mathfrak{F}$”与逆变换“$\mathfrak{F}^{-1}$”符号的下标表示其中的变换与逆变换是针对什么参数进行的。由图可见，$R_{h_{\mathrm{L}}}(\tau;\Delta t)$ 与 $S_{\mathrm{C}}(\Delta f;\rho)$ 之间是**两重**的傅里叶变换之间的关系。

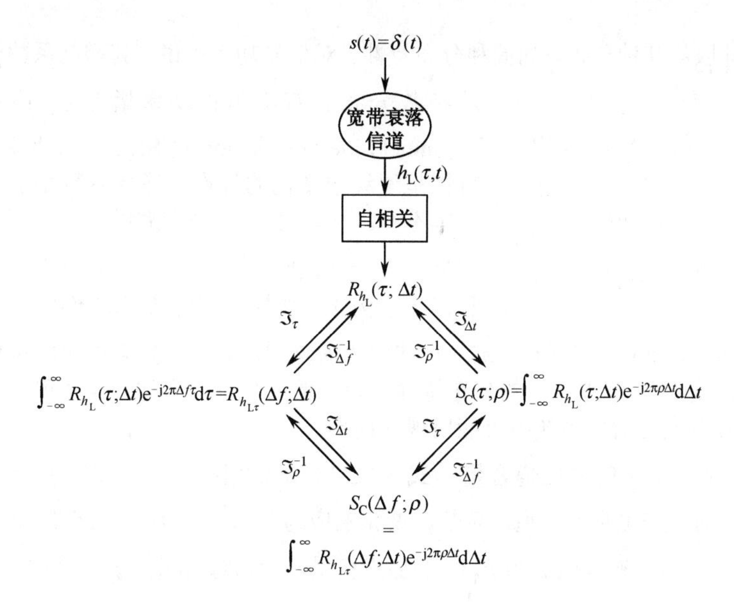

图 7.4.10　宽带衰落信道特性关系图

7.5　信道的容量分析

在第 4 章中，通过**互信息** $I(X;Y)$ 的概念，导出了**信道容量** C 一般表达式：

$$C = R_S \max_{\{p(x)\}} I(X;Y) = R_S \max_{\{p(x)\}} \sum_{x,y\in\{X,Y\}} p(x,y)\log\frac{p(x,y)}{p(x)p(y)} \tag{7.5.1}$$

式中，R_S 是由**带宽**确定的符号速率；$I(X;Y)$ 是接收端收到一个符号后，从统计上来说可获得的平均信息量，其值由**信源的统计特性**和**信道特性**决定。$\max\limits_{\{p(x)\}} I(X;Y)$ 表示给定信道后，从所有可能的信源分布特性 $\{p(x)\}$ 中，选取使 $I(X;Y)$ 取得最大值的分布。

假如信道输入 $s(t)$ 和输出 $r(t)$ 的关系由下式确定：

$$r(t) = s(t) + n(t) \tag{7.5.2}$$

式中 $n(t)$ 是功率密度谱为 N_0 的**高斯白噪声**，则称信号经过的信道为**加性白高斯噪声信道**（AWGN）。对于 AWGN 信道，当 $s(t)$ 幅度取值的分布也是高斯分布时，由下式确定的信道容量达到最大：

$$C = W\log_2\left(1+\frac{S}{N}\right) = W\log_2(1+\gamma) \tag{7.5.3}$$

式中，W 表示信道的带宽；S 和 N 分别表示信号功率和噪声功率，$N = WN_0$；$\gamma = S/N$ 表示信噪比，是信号功率与噪声功率的比值。由式（7.5.2）可见，对于 AWGN 信道，若除去噪声对信号的干扰，信道本身是理想的，信号通过时，不会产生失真。式（7.5.2）和式（7.5.3）未考虑信号在信道传播过程中引入的损耗和衰落**变化**的影响，是一种理想的情形。本节将进一步分析在平坦衰落和频率选择性衰落信道中，如何确定信道容量。

7.5.1　平坦衰落信道的容量

平坦衰落信道模型　7.4 节讨论过平衰落信道。所谓平衰落，是指信道的通频带相对信号的带宽来说要大，信号的各个频率成分在该通带内的衰落基本上都是一样的。在时域上平坦衰落信道对信号幅

度的增益系数$|h(t)|$服从某种分布，如瑞利分布特性。对信号功率来说，其增益系数$|g(t)|=|h(t)|^2$则服从指数分布。有文献把功率增益$g(t)$称为**信道边信息**[1]（Channel Side Information，CSI）。一般来说，平坦信道的时变特性呈现缓慢变化的特点，增益系数在某个时间段内可认为基本不变。平坦衰落信道模型如图 7.5.1 所示。

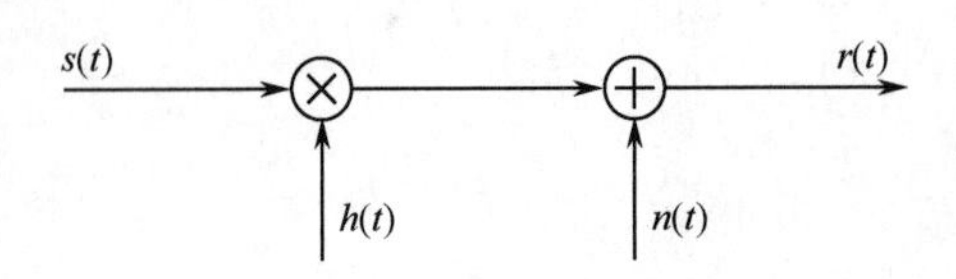

图 7.5.1 平衰落信道模型

根据发射端和接收端是否了解信道的特性，由发射端、信道和接送端构成的传输系统可获得的容量会有不同的变化。

理想的信道容量可由式（7.5.1）确定，该式包含着这样的含义：发射端可根据信道特性的变化，选择可使得该式达到最大的输入符号的分布特性。在一般情况下，具体如何实现还是一个有待解决的问题[1]。下面讨论几种实际通信系统中可能出现的情形。

接收端已知信道边信息时的信道容量 式（7.5.3）是根据香农定理得到的信道容量计算公式，$C=W\log_2(1+\gamma)$。对于平坦衰落信道，若信道冲激响应为$h(t)$，信噪比γ受功率增益系数$|h(t)|^2$变化的影响，假定γ是服从概率密度函数为$p(\gamma)$的随机变量。则信道容量的统计平均值为

$$E[C]=\int_{-\infty}^{\infty}W\log_2(1+\gamma)p(\gamma)\mathrm{d}\gamma \tag{7.5.4}$$

对于只有接收端可知信道边信息的传输系统，因为发射端不知道信道的边信息，因此不知道应该如何选择调制方式和确定发射功率，使得传输效率最高。假定在接收端存在信噪比门限$\gamma_{\min}$，若$\gamma\geqslant\gamma_{\min}$，接收端可以正确解调；反之若$\gamma<\gamma_{\min}$，接收端不能正确解调。相应地，不能正确解调的概率称为**中断概率**。若记中断概率为P_{out}，显然有$P_{\text{out}}=P(\gamma<\gamma_{\min})$；而正确解调的概率则为$1-P_{\text{out}}$。由此可得**接收端已知信道边信息时的信道容量**为

$$C_{\text{r}}=(1-P_{\text{out}})\cdot W\log_2(1+\gamma_{\min}) \tag{7.5.5}$$

上式在物理上可以这样理解：当$\gamma<\gamma_{\min}$时接收端不能正确解调，这部分“容量”通过$1-P_{\text{out}}$进行了扣除；而当$\gamma=\gamma_{\min}$时，接收端开始可以正确地解调；当$\gamma>\gamma_{\min}$时，因为发射端并不知道边信息的增大变化，将仍然继续原来的调制编码方式，所以发送的信息量不会增加，信道容量维持在$\gamma=\gamma_{\min}$时的水平。

【例 7.5.1】 设带宽为W的信道，其信噪比γ在γ_{D}到γ_{U}范围内均匀分布，接收机可正确接收信号的最小信噪比为$\gamma_{\min}$，$\gamma_{\text{D}}<\gamma_{\min}<\gamma_{\text{U}}$。求该系统的信道容量$C_{\text{r}}$。

解：因为信噪比γ在γ_{D}到γ_{U}范围内均匀分布，其概率密度函数为

$$p(\gamma)=\frac{1}{\gamma_{\text{U}}-\gamma_{\text{D}}},\ \gamma_{\text{D}}<\gamma<\gamma_{\text{U}}$$

中断概率

$$P_{\text{out}}=P(\gamma<\gamma_{\min})=\int_{\gamma_{\text{D}}}^{\gamma_{\min}}p(\gamma)\,\mathrm{d}\gamma=\frac{\gamma_{\min}-\gamma_{\text{D}}}{\gamma_{\text{U}}-\gamma_{\text{D}}}$$

信道容量

$$C_{\text{r}}=(1-P_{\text{out}})\cdot W\log_2(1+\gamma_{\min})=\left(1-\frac{\gamma_{\min}-\gamma_{\text{D}}}{\gamma_{\text{U}}-\gamma_{\text{D}}}\right)\cdot W\log_2(1+\gamma_{\min})=\left(\frac{\gamma_{\text{U}}-\gamma_{\min}}{\gamma_{\text{U}}-\gamma_{\text{D}}}\right)\cdot W\log_2(1+\gamma_{\min})\quad\square$$

发送端和接收端均已知信道边信息时的信道容量 图 7.5.2 给出了发送和接收双方均可知**信道状态**的传输模型。根据接收到的信号，接收端估计信道当前的状态，如信道当前的增益和信噪比等。同时假定系统中存在一条理想的**反馈信道**，可及时地将信道的状态信息反馈给发送端。发送端根据信道的状态，自适应地调整发射功率或选择合适（效率最高）的调制编码方式，同时保证接收端可正确地接收信息。

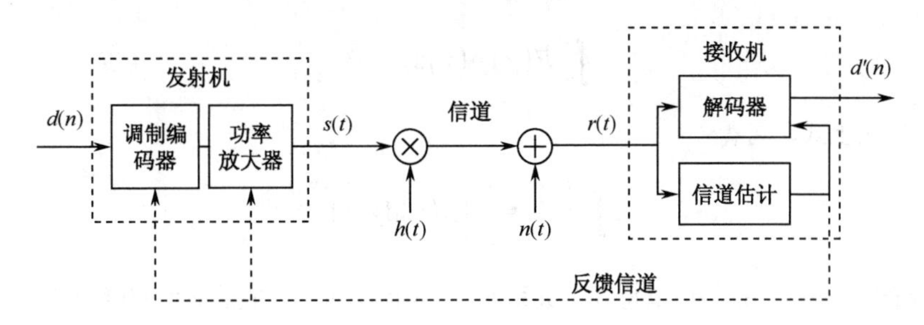

图 7.5.2　具有反馈信道的传输模型

根据香农定理，信道的容量受限于信道的带宽W和信噪比γ。在实际系统中，这两个参数的选择通常会受到某种制约。在进行容量分析时，通常信道带宽W是一个设定的量。信号功率可在一定的条件下调整。假定发送端发射的平均功率受限，即

$$\int_0^{\infty} P(\gamma) p(\gamma) \mathrm{d}\gamma \leqslant \bar{P} \tag{7.5.6}$$

式中，$p(\gamma)$是信噪比γ分布的概率密度函数，$P(\gamma)$是信噪比为γ时发射机调节的发射功率，$\bar{P}$是设定的平均发射功率。文献[1]提出了一种平均功率受限条件下信道容量的定义：

$$C = \max_{P(\gamma): \int_0^{\infty} P(\gamma) p(\gamma) \mathrm{d}\gamma \leqslant \bar{P}} W \int_0^{\infty} \log_2 \left(1 + \frac{P(\gamma)\gamma}{\bar{P}}\right) p(\gamma) \mathrm{d}\gamma \tag{7.5.7}$$

并且证明了这样定义的容量是可以实现的。上式的物理意义是：在所有平均功率受限的功率分配方案中，能够使该式达到最大的功率方案$P(\gamma)$可获得最大信息传输速率，即速率达到信道容量。

由拉格朗日求极值的原理，根据式（7.5.6）设定的约束条件，得

$$J(P(\gamma)) = W \int_0^{\infty} \log_2 \left(1 + \frac{P(\gamma)\gamma}{\bar{P}}\right) p(\gamma) \mathrm{d}\gamma - \lambda \int_0^{\infty} P(\gamma) p(\gamma) \mathrm{d}\gamma \tag{7.5.8}$$

令

$$\frac{\partial J(P(\gamma))}{\partial P(\gamma)} = \int_0^{\infty} \left(\frac{W}{\bar{P} \ln 2} \cdot \frac{\gamma}{1 + P(\gamma)\gamma / \bar{P}} - \lambda \right) p(\gamma) \mathrm{d}\gamma = 0 \tag{7.5.9}$$

要使得上式对不同的$p(\gamma)$均成立，应有

$$\left(\frac{W}{\bar{P} \ln 2} \cdot \frac{\gamma}{1 + P(\gamma)\gamma / \bar{P}} - \lambda \right) p(\gamma) = 0 \tag{7.5.10}$$

整理可得

$$\frac{P(\gamma)}{\bar{P}} = \frac{\lambda W}{\bar{P} \ln 2} - \frac{1}{\gamma} = \frac{1}{\gamma_0} - \frac{1}{\gamma} \tag{7.5.11}$$

$\gamma_0 \triangleq \bar{P} \ln 2 / \lambda W$。因为发射的功率$P(\gamma) \geqslant 0$，因此最佳的功率分配方式为

$$P(\gamma) = \begin{cases} (1/\gamma_0 - 1/\gamma)\bar{P}, & \gamma \geqslant \gamma_0 \\ 0, & \gamma < \gamma_0 \end{cases} \tag{7.5.12}$$

γ_0称为中断门限，当$\gamma < \gamma_0$时，不发送信号。γ_0中存在待定的常数λ，还不能直接计算。γ_0可通过约束条件求解。令式（7.5.6）取等号得

$$\int_0^{\infty} P(\gamma)p(\gamma)\mathrm{d}\gamma = \bar{P} \tag{7.5.13}$$

将式（7.5.12）代入上式，可得

$$\int_{\gamma_0}^{\infty}\left(\frac{1}{\gamma_0}-\frac{1}{\gamma}\right)p(\gamma)\mathrm{d}\gamma = 1 \tag{7.5.14}$$

信噪比取值的分布特性 $p(\gamma)$ 是与信道特性有关系的一个函数，对于一般的概率密度函数 $p(\gamma)$，式（7.5.14）没有闭式解，通常在已知 $p(\gamma)$ 时可通过数值计算的方法求 γ_0。

将式（7.5.12）代入式（7.5.7），可得信道容量为

$$\begin{aligned} C &= W\int_0^{\infty}\log_2\left(1+\frac{P(\gamma)\gamma}{\bar{P}}\right)p(\gamma)\mathrm{d}\gamma \\ &= W\int_0^{\infty}\log_2\left(1+\left(\frac{1}{\gamma_0}-\frac{1}{\gamma}\right)\gamma\right)p(\gamma)\mathrm{d}\gamma = W\int_0^{\infty}\log_2\left(\frac{\gamma}{\gamma_0}\right)p(\gamma)\mathrm{d}\gamma \end{aligned} \tag{7.5.15}$$

式（7.5.12）确定的最佳发射功率分配方法也称为时域的**注水法**。其物理意义可如图 7.5.3 形象地描述，图中的曲线表示函数 $f(\gamma)=1/\gamma$ 可视为碗的边缘和底部，在 $f(\gamma_0)=1/\gamma_0$ 位置作横线，图中的阴影部分就像将水加注到 $1/\gamma_0$ 位置的情形，水平面与碗底部间的距离就表示相对最佳发射功率值 $P(\gamma)/\bar{P}$。显然当 $\gamma>\gamma_0$ 时 γ 的取值越大，$P(\gamma)/\bar{P}$ 也越大。换句话说，在平均功率取定的情况下，在信道信噪比条件好时，应该加大信号的发射功率，而在信噪比较差时，则应减少发射功率，将功率资源尽可能配置在信道条件好的时间区域。应当注意的是，在调整信号的发射功率时，式（7.5.7）隐含着选择与信噪比适配的、能够使接收端正确接收的最高效的调制编码方式。时域的**注水法**的“时域”，是指功率的动态分配是沿着时间轴变化的。注水法的原理同样可以应用到其他域，如**频域**和**空间域**的信号功率的分配过程中。

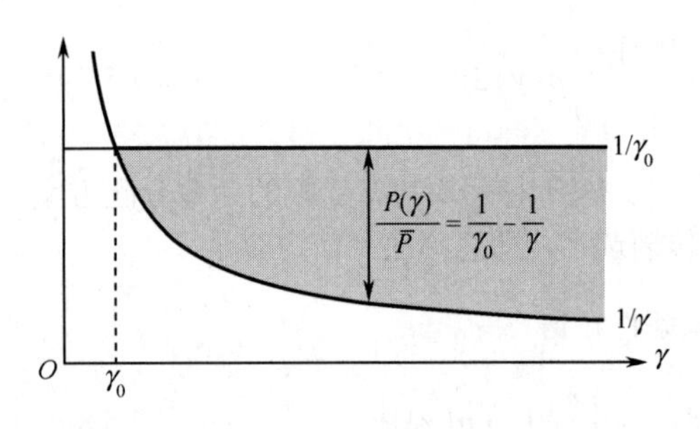

图 7.5.3　注水算法示意图

7.5.2　频率选择性衰落信道容量

频率选择性衰落信道的模型如图 7.5.4 所示，为了表示频率选择性信道的增益随频率的改变，特别采用传递函数的形式表示信道的特性。传递函数中的时间参数 t 用以描述信道的特性是否具有时变性，如果信道是时变的，传递函数同时是时间的函数，如果信道是非时变的，对于时间来说它是一个常数。图 7.5.5 给出了一个频率选择性衰落信道的示例，通常假定在一个传输频带内可以分为若干子信道，对于每个子信道来说，在一个小的时间段内，如若干个符号周期或一个信息帧，频率特性 $H_i(f,t)$ 基本上保持不变。

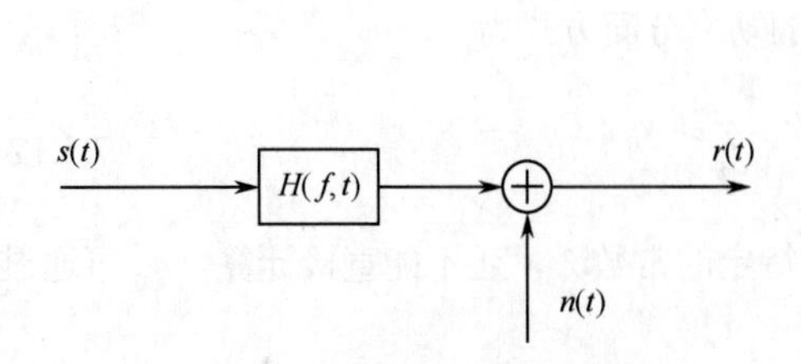

图 7.5.4　频率选择性衰落信道模型

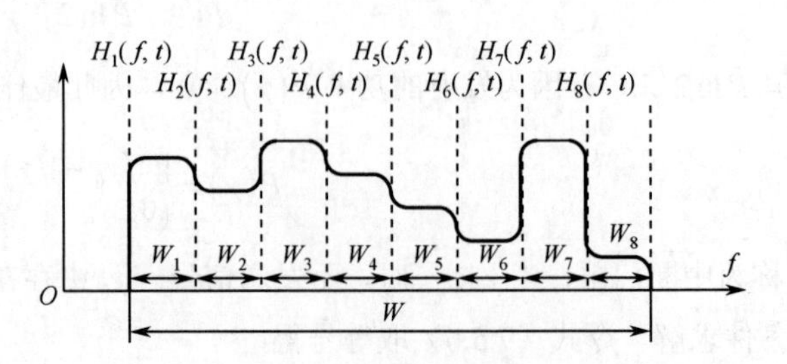

图 7.5.5　频率选择性衰落信道示例

时不变频率选择性信道　如果在一个较长的时间段内，信道的频率选择特性基本不变，$H_i(f,t)=H_i$，$i=1,\cdots,N$，就称其为时不变频率选择性信道。假定发送和接收两端均已知信道的特性，设分配给信道 i 的功率为 P_i，在总功率受限即 $\sum_{i=1}^{N}P_i \leqslant P$，$P$ 为常数的条件下，信道容量为[1]

$$C=\max_{P_i:\sum_{i=1}^{N}P_i\leqslant P}\sum_{i=1}^{N}W_i\log_2\left(1+\frac{|H_i|^2P_i}{W_iN_0}\right) \tag{7.5.16}$$

将上一小节分析过的时域**注水法**推广到频域，类似地可以得到最佳的功率分配方法

$$P_i=\begin{cases}(1/\gamma_0-1/\gamma_i)P, & \gamma_i\geqslant\gamma_0\\ 0, & \gamma_i<\gamma_0\end{cases},\quad i=1,\cdots,N \tag{7.5.17}$$

式中的 γ_0 为中断门限。当信道的 $\gamma_i<\gamma_0$ 时，则在该子信道上不传输信号。将式（7.5.17）的结果代入约束条件 $\sum_{i=1}^{N}P_i\leqslant P$，可得

$$\sum_{\substack{i\\ \gamma_i\geqslant\gamma_0}}\left(\frac{1}{\gamma_0}-\frac{1}{\gamma_i}\right)=1 \tag{7.5.18}$$

式中，$\gamma_i=|H_i'|^2P/W_iN_0$，符号 $\sum_{\substack{i\\ \gamma_i\geqslant\gamma_0}}$ 表示对所有 $\gamma_i\geqslant\gamma_0$ 的项求和。由此可计算中断门限 γ_0。由式（7.5.17）所得的结果及 $\gamma_i=|H_i|^2P/W_iN_0$，可得

$$P_i=\left(\frac{1}{\gamma_0}-\frac{1}{\gamma_i}\right)P=\left(\frac{1}{\gamma_0}-\frac{1}{\gamma_i}\right)\frac{\gamma_i}{|H_i|^2}W_iN_0=\frac{\gamma_i-\gamma_0}{\gamma_0}\frac{W_iN_0}{|H_i|^2} \tag{7.5.19}$$

代入式（7.5.16），可得时不变频率选择性信道的**信道容量**

$$C=\sum_{\substack{i\\ \gamma_i\geqslant\gamma_0}}W_i\log_2\left(\frac{\gamma_i}{\gamma_0}\right) \tag{7.5.20}$$

【例 7.5.2】　某时不变频率选择性衰落信道，由三个带宽为 1MHz 的子信道组成，其频率增益分别 $H_1=1$、$H_2=2$ 和 $H_3=3$。发送功率的上限为 $P=10\text{mW}$，噪声功率密度谱为 $N_0=10^{-9}\ \text{W/Hz}$。求信道容量及最佳的功率分配。

解：由 $\gamma_i=|H_i|^2P/W_iN_0$，可得

$$\gamma_1=\frac{|H_1|^2P}{W_1N_0}=\frac{1^2\times10\times10^{-3}}{1\times10^6\times1\times10^{-9}}=10;\quad \gamma_2=\frac{|H_2|^2P}{W_2N_0}=\frac{2^2\times10\times10^{-3}}{1\times10^6\times1\times10^{-9}}=40;\quad \gamma_3=\frac{|H_3|^2P}{W_3N_0}=\frac{3^2\times10\times10^{-3}}{1\times10^6\times1\times10^{-9}}=90$$

由 $\sum_{\substack{i\\ \gamma_i\geqslant\gamma_0}}\left(\frac{1}{\gamma_0}-\frac{1}{\gamma_i}\right)=1\rightarrow\frac{3}{\gamma_0}-\frac{1}{\gamma_1}-\frac{1}{\gamma_2}-\frac{1}{\gamma_3}=\frac{3}{\gamma_0}-\frac{1}{10}-\frac{1}{40}-\frac{1}{90}=1$，可得 $\gamma_0=2.64$。因为 $\gamma_0<\gamma_i$，$i=1,2,3$，所以所得结果不用进行调整。信道容量为

$$C=\sum_{\substack{i\\ \gamma_i\geqslant\gamma_0}}W_i\log_2\left(\frac{\gamma_i}{\gamma_0}\right)=1\times10^6\left(\log_2\frac{10}{2.64}+\log_2\frac{40}{2.64}+\log_2\frac{90}{2.64}\right)=10.93\times10^6\,(\text{bps})$$ □

时变频率选择性信道　由前面的讨论可知，对于平坦衰落信道，信号的功率按照信道功率的统计特性通过注水算法进行分配，具体操作是在时间轴上进行的；对于频率选择性时不变信道，信号的功率则是按照信道的频域特性，在频率轴上按照注水算法进行的。由此可以推断，对于时变频率选择性信道，要获得信道容量的传输速率，信号的功率分配应该在时域和频域两个维度上按照二维的注水算法进行分配，此时实现过程变得非常复杂。

时变频率选择性信道的信道容量可以通过一种近似的方法估算。假定可在传输信道的带宽 W 上划

分出若干相互独立的平坦衰落的子信道，其带宽分别为W_i。总的发射平均功率为$\overline{P}$，给每个子信道分配平均功率$\overline{P}_i$，可根据不同的条件采用相应的方法得到各子信道的容量$C_i\left(\overline{P}_i\right)$，则总的信道容量为

$$C=\max_{\sum_j \overline{P}_j \leqslant \overline{P}} \sum\nolimits_i C_i\left(\overline{P}_i\right) \tag{7.5.21}$$

例如按照每个子信道**发送端和接收端均已知信道边信息时的信道容量**的方法来计算容量，由式（7.5.7）有

$$C=\max_{P_i(\gamma):\sum_i \int_0^{\infty} P_i(\gamma_i)p(\gamma_i)\mathrm{d}\gamma_i \leqslant \overline{P}} \sum\nolimits_i W_i \int_0^{\infty} \log_2\left(1+\frac{P_i(\gamma_i)\gamma_i}{\overline{P}}\right) p(\gamma_i)\mathrm{d}\gamma_i \tag{7.5.22}$$

其中的信噪比定义为$\gamma_i=\left|H_i\right|^2 \overline{P}/W_i N_0$。由求极值的拉格朗日关系式

$$J\left(P_i(\gamma_i)\right)=\sum\nolimits_i W_i \int_0^{\infty} \log_2\left(1+\frac{P_i(\gamma_i)\gamma_i}{\overline{P}}\right) p(\gamma_i)\mathrm{d}\gamma_i-\lambda \sum\nolimits_i \int_0^{\infty} P_i(\gamma_i) p(\gamma_i)\mathrm{d}\gamma_i \tag{7.5.23}$$

令

$$\frac{\partial J\left(P_i(\gamma_i)\right)}{\partial P_i(\gamma_i)}=\int_0^{\infty}\left(\frac{W_i/\ln 2}{1+\gamma_i P_i(\gamma_i)/\overline{P}} \cdot \frac{\gamma_i}{\overline{P}}-\lambda\right) p(\gamma_i)\mathrm{d}\gamma_i=0 \tag{7.5.24}$$

参照式（7.5.9）与式（7.5.10）的分析，同理可得子信道i的功率分配方法

$$P_i(\gamma_i)=\begin{cases}(1/\gamma_0-1/\gamma_i)\overline{P}, & \gamma_i \geqslant \gamma_0 \\ 0, & \gamma_i<\gamma_0\end{cases} \tag{7.5.25}$$

其中中断门限γ_0可根据如下的方法确定：

$$\sum\nolimits_i \int_0^{\infty} P_i(\gamma_i) p(\gamma_i)\,\mathrm{d}\gamma_i=\overline{P} \rightarrow \sum\nolimits_i \int_{\gamma_0}^{\infty}\left(\frac{1}{\gamma_0}-\frac{1}{\gamma_i}\right) p(\gamma_i)\mathrm{d}\gamma_i=1 \tag{7.5.26}$$

将式（7.5.25）代入式（7.5.22），得时变频率选择性信道的**信道容量**

$$C=\sum\nolimits_i W_i \int_{\gamma_0}^{\infty} \log_2\left(\frac{\gamma_i}{\gamma_0}\right) p(\gamma_i)\mathrm{d}\gamma_i \tag{7.5.27}$$

7.6 信道估计与均衡

7.6.1 信道估计与均衡的基本概念

通过前面有关通信传输信道的分析可知，通信传输信道的特性可以非常复杂，如无线移动传输信道。信号经过传输之后通常都会有各种畸变，有些畸变是在系统设计时无法预测的，还有一些甚至是时变的。因此接收端收到的信号在幅度和相位等方面都会有很大的变化。奈奎斯特消除码间串扰的准则并不能解决因信道特性变化产生的信号失真问题。如果不对这些信号进行校正，上述的不确定因素会引起严重的码间串扰和信号其他形式的失真。**信道均衡**泛指根据信道特性的变化，对接收系统参数进行相应的调整，消除信道特性变化对信号正确接收影响的方法。

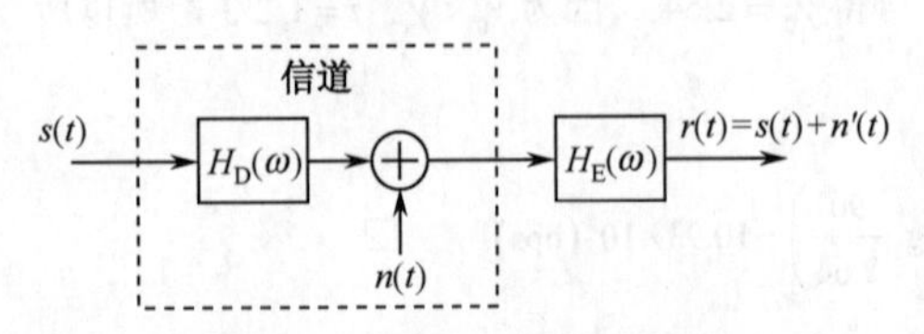

图 7.6.1　模拟信道均衡的模型

模拟均衡　图 7.6.1 给出了模拟信道均衡的基本原理，假如通过某种信道估计的方法，可检测出信道偏离原来设计的失真，信道失真可以表示为

$$H_{\mathrm{D}}(\omega)=\left|H_{\mathrm{D}}(\omega)\right|\mathrm{e}^{\mathrm{j}\theta_{\mathrm{D}}} \tag{7.6.1}$$

则均衡器 $H_{\mathrm{E}}(\omega)$ 可以采用具有反转 $H_{\mathrm{D}}(\omega)$ 特性的滤波器来实现：

$$H_{\mathrm{E}}(\omega)=\frac{1}{H_{\mathrm{D}}(\omega)}=\frac{\mathrm{e}^{-\mathrm{j}\theta_{\mathrm{D}}}}{\left|H_{\mathrm{D}}(\omega)\right|} \tag{7.6.2}$$

显然有

$$H_{\mathrm{D}}(\omega)H_{\mathrm{E}}(\omega)=1 \tag{7.6.3}$$

经过均衡器后，可消除信道失真的影响。但采用模拟滤波器 $H_{\mathrm{E}}(\omega)$ 有如下问题：（1）滤波器 $H_{\mathrm{E}}(\omega)$ 可直接对模拟信号进行相应的校正处理，但模拟滤波器中器件的参数很难根据信道特性的变化进行实时的调整，难以实现对信道动态变化的补偿；（2）如果采用数字信号处理的方法实现，则先要对接收的时域信号进行变换，变成频域信号，然后再进行均衡处理，处理完之后，还要进行频域到时域的变换，才能够进行判决，均衡的信号处理过程相对复杂；（3）均衡中的噪声增强问题：若发送信号的频率特性为 $S(\omega)$，则接收信号为

$$R(\omega)=H_{\mathrm{D}}(\omega)S(\omega)+N(\omega) \tag{7.6.4}$$

经均衡器后得到的信号为

$$R'(\omega)=S(\omega)+\frac{N(\omega)}{H_{\mathrm{D}}(\omega)}=S(\omega)+N'(\omega) \tag{7.6.5}$$

可见具有信道反转特性的均衡器可无失真地恢复原来的信号 $S(\omega)$，但由于噪声的频谱特性也会受到均衡器的影响，如果 $H_{\mathrm{E}}(\omega)$ 中有极点，则噪声会得到极大的增强，使信号的正确接收受到严重的影响。所以简单的信道反转特性的均衡器并不一定能够获得好的均衡效果。

【例 7.6.1】 设信道的传递函数为 $H_{\mathrm{c}}(f)=1/\sqrt{f}$，$|f|\leqslant W$，$W=30\mathrm{kHz}$ 为信道带宽，信道的噪声功率密度谱为 N_0。比较采用信道反转式均衡前后，噪声功率分别为多少。

解：均衡前，噪声功率为 $P_{\mathrm{n}}=WN_0=30\times10^3N_0$。均衡后，噪声功率为

$$P_{\mathrm{n}}'=\int_0^W N_0\left|H(f)\right|^2\mathrm{d}f=N_0\int_0^W f\ \mathrm{d}f=\frac{1}{2}N_0f^2\Big|_{f=30\times10^3}=\frac{1}{2}900\times10^6N_0$$

$\dfrac{P_{\mathrm{n}}'}{P_{\mathrm{n}}}=\dfrac{1}{2}\times3\times10^4$，经过均衡器后，噪声功率增大了 4 个数量级。□

在数字信号处理的方法获得广泛应用之后，更多的是采用时域均衡的方法。

时域数字均衡　时域均衡是一种直接对时域抽样信号进行处理的方法，采用时域的数字滤波器完成信道均衡的功能，通常更便于利用数字信号处理的方法实现。本节重点讨论基带系统的时域均衡，主要研究如何消除由于基带信道特性变化引起的码间串扰的影响。

信道均衡还可以根据是否需要专门发送训练信号来进行信道的校正，分为有训练的均衡和盲均衡两种类型。

有训练的均衡　对于有训练的均衡，在传输信息之前，发送端发送双方商定的确定信号，这些信号称为训练信号，接收端将根据收到的经过系统传输的训练信号与理想的训练信号的差异，对系统进行校正；或者根据经过系统传输的训练信号产生的码间串扰的影响，对接收系统的参数进行调整和设定，将信号的失真造成的码间串扰进行校正。这可使得在之后的数据传输过程中，不会产生码间串扰或将其影响抑制到可以接受的程度。对于大多数通信系统，在短时间内信道特性可以视为是基本不变的。这样，在通信过程中，每隔一段时间，对系统进行一次均衡操作，就可以不断校正信道的变化，保证信号的正确接收。因为有训练的均衡需要传输训练信号，因此会降低传输的效率。

盲均衡 盲均衡主要利用接收到的信息本身来对系统的特性进行校正。例如，如果收到有失真的信号，但在大多数情况下这些信号不会影响接收端的正常判决，则可根据接收信号与理想信号的差异，确定信道的变化特性，不断地对接收信号进行修正，形成一种不断对接收系统性能改善的正向循环，使信号间串扰得到抑制。盲均衡不用专门发送训练序列，有较高的传输效率。但盲均衡通常需要满足一定的条件

除了有训练的均衡和盲均衡外，还有所谓的**半盲均衡**，半盲均衡是一种结合了有训练的均衡和盲均衡两种方式的混合均衡方法。目前在绝大多数实际应用的系统中，采用的都是有训练的均衡方法。

基带信号均衡 信道均衡通常在基带系统中实现，一般来说并不需要校正信号在传输时引入的全部失真，主要目的是消除码间串扰。图 7.6.2 给出了一个消除码间串扰的示例，理想的信号经过信道传输后产生失真，在 $t = nT,\ n \neq 0$，这些相邻样点的抽样判决时刻产生了串扰，经过时域均衡处理后，虽然信号仍可能有明显的失真，但 $t = 0$ 的当前抽样时刻信号有较大值，且在 $t = nT,\ n \neq 0$，这些相邻的抽样点处的码间串扰值被抑制到 0。

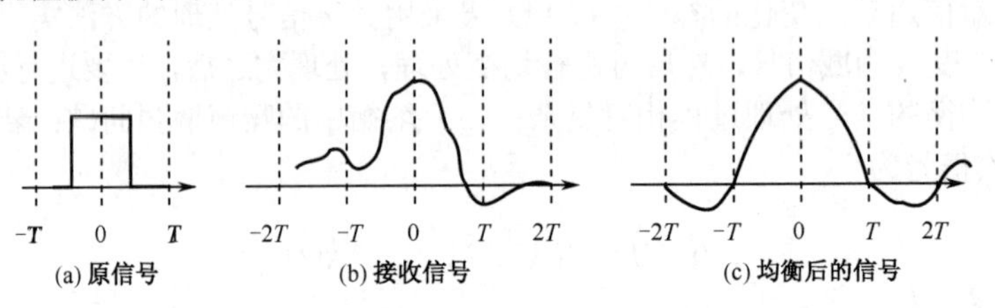

图 7.6.2 基带信号的时域均衡示意图

调制信号均衡 均衡可以在基带中进行，也可以在射频与中频上实现；处理过程可以针对解调后的基带信号，也可以针对解调前的星座图信号。图 7.6.3 给出了在解调前对信号均衡的原理，其中图(a)是理想的 16QAM 信号星座图点信号；图(b)是信号在传输过程中幅度受到衰减、相位有旋转的星座图；图(c)是受到多径传输的影响，各个径的幅度受到不同衰减、相位有不同旋转角度的星座图；图(d)是受多普勒频移影响，相位不断旋转的星座图；图(a)到图(d)给出的是形象的示意图。图(e)是信号通过地势较为平坦的密林环境的信道后，采样获得的星座图；图(f)是信号通过高速移动环境信道后，采样获得的星座图。通常判决门限基于图(a)的矩形区域，显然如果不经信道均衡，接收端无法正确地解调。均衡的目的，就是要将幅度受到衰减、相位受到旋转的信号，恢复为图(a)所示的信号。

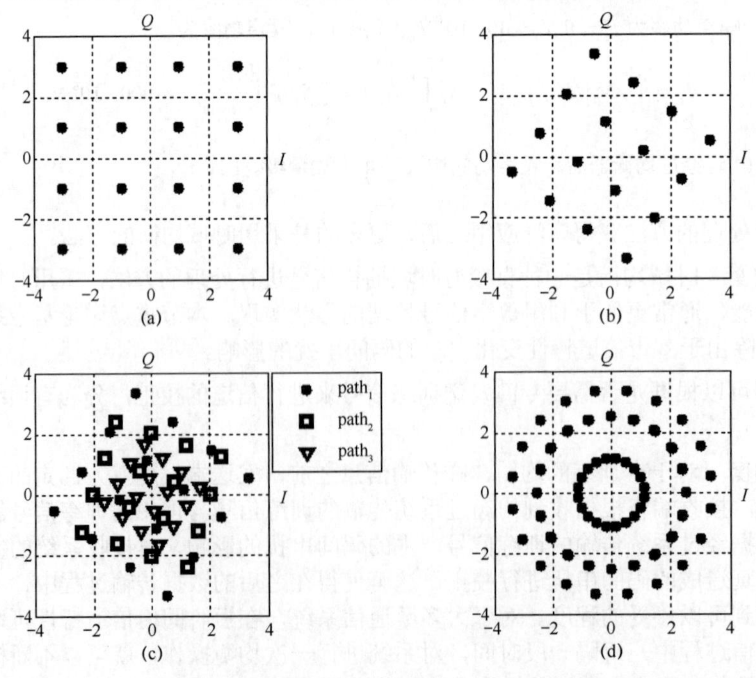

图 7.6.3 幅度衰落与相位旋转对信号的影响

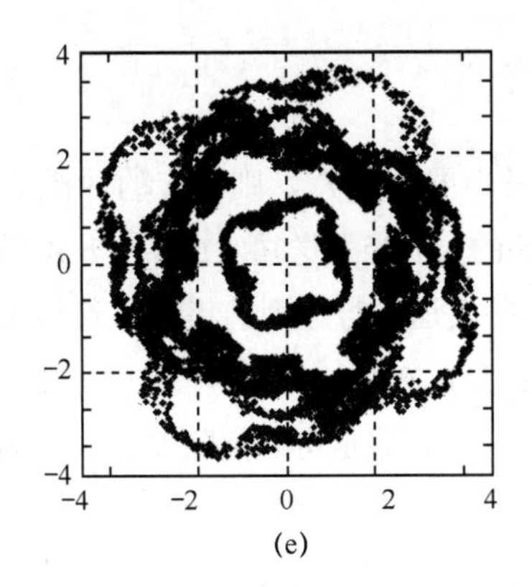

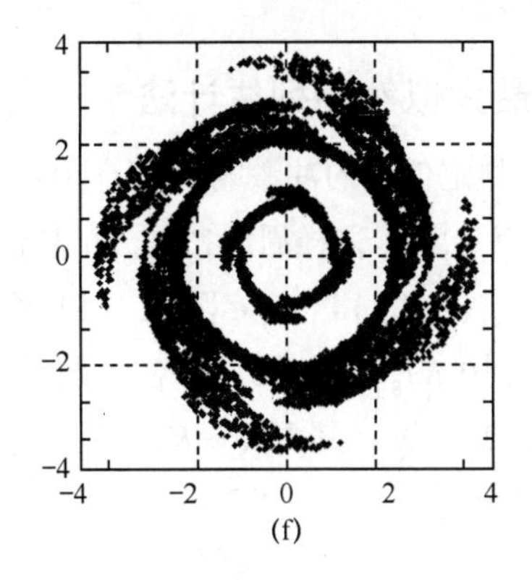

图 7.6.3　幅度衰落与相位旋转对信号的影响（续）

图 7.6.4 给出了一个已调信号信道估计与均衡的示例。假定信道具有缓慢的时变特性，在一个短的时间段内，如包含几十个符号的一个**信号帧**，信道对信号的幅度衰减倍数 α 和附加的相移 $\Delta\theta$ 均可视为不变的常数。如图所示，当发送符号 S_1 时，对应的矢量为 $\boldsymbol{r}_1=|\boldsymbol{r}_1|\mathrm{e}^{\mathrm{j}\theta_1}$；经过信道后，接收到的信号变为 S_1'，对应图中的矢量 $\boldsymbol{r}_1'=|\boldsymbol{r}_1'|\mathrm{e}^{\mathrm{j}\theta_1'}$。如果不做信道均衡，显然 S_1' 落到了相邻符号的判决区域（图中的阴影区域）范围内，从而造成错误的判决。假定在每一帧的符号序列中，发送的第一个符号 S_1 是发送与接收**双方约定**的特定符号，作为进行信道估计用的**训练符号**。接收端对 S_1 在星座图中应具有的幅度 $|\boldsymbol{r}_1|$ 和相位 θ_1 是已知的。在每一帧的开始，收到符号 S_1' 后，通过比较符号 S_1' 与理想符号 S_1 幅度和相位的变化，

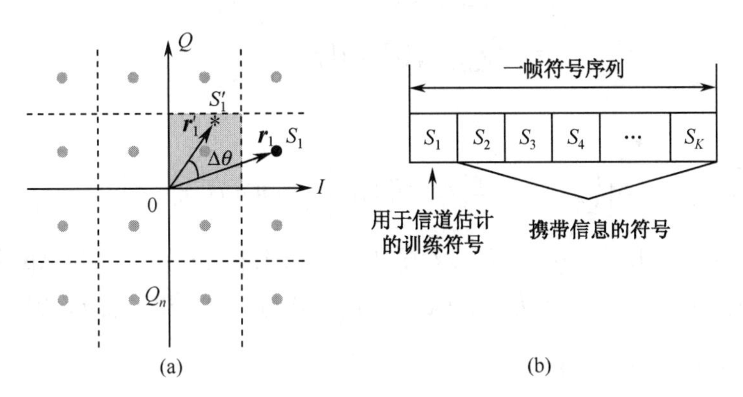

图 7.6.4　信道估计与均衡示例

$$\alpha=\frac{|\boldsymbol{r}_1'|}{|\boldsymbol{r}_1|},\quad \Delta\theta=\theta_1'-\theta_1 \tag{7.6.6}$$

就可得到信道对信号的幅度衰减倍数 α 和附加的相移 $\Delta\theta$。然后，对后续接收到的信号 S_i，$i=2,3,\cdots,K$，其幅度 $|r_i'|$ 和相位 θ_i' 分别进行如下的均衡校正：

$$|\boldsymbol{r}_1|=\frac{1}{\alpha}|\boldsymbol{r}_1'|,\quad \theta_i=\theta_i'-\Delta\theta,\quad i=2,3,\cdots,K \tag{7.6.7}$$

就可以达到信道均衡的目的。显然，信道均衡的效果取决于对训练符号估计的准确程度和时变性。获得的信道参数 α 和 $\Delta\theta$ 越准确，信道变化越缓慢，均衡的效果越好。

在下面的各小节中，首先介绍具有最好效果的最大似然估计法，然后讨论几种在实际系统中经常采用的信道估计与均衡方法。

7.6.2 最大似然序列估计法*

假定可以测定信道的冲激响应$h(t), 0 \leqslant t < \infty$。设采样周期为$T_c$，则相应的冲激响应序列值为$h(iT_c), i = 0,1,2,\cdots,\infty$。采样周期$T_c$是一个与信道特性有关的量。当发送端发送某一长度的发送符号序列$\boldsymbol{S}_m = (S_{m1}, S_{m2}, \cdots, S_{mK})$，$\boldsymbol{S}_m \in \{\boldsymbol{S}\}$，$\{\boldsymbol{S}\}$表示所有可能的发送符号序列的集合，若码元周期为$T_S$，则在时间区间$[0, KT_S]$内，$\boldsymbol{S}_m$所对应的波形信号为$s_m(t), 0 \leqslant t \leqslant KT_S$。相应的抽样序列值为$s_m(iT_c), i = 0,1,2,\cdots,N$，其中$N = KT_S/T_c$。为分析简单起见，$T_c$假定可以整除$KT_S$，$N$为整数。接收端采样得到的序列为

$$r_m(jT_c) = \sum_{i=0}^{N} s_m(iT_c) h((j-i)T_c) + n(jT_c), \quad j = 0,1,2,\cdots,N \tag{7.6.8}$$

式中$n(jT_c)$是均值为零的高斯白噪声，即$E[n(jT_c)] = 0$，且有

$$E[n(kT_c)n(jT_c)] = \begin{cases} \sigma_n^2, & j = k \\ 0, & j \neq k \end{cases} \tag{7.6.9}$$

记$\boldsymbol{r}_m = (r_m(T_c), r_m(2T_c), \cdots, r_m(NT_c))$。在已知信道特性$h(iT_c), i = 0,1,2,\cdots,\infty$和给定的特定发送符号序列$\boldsymbol{S}_m = (S_{m1}, S_{m2}, \cdots, S_{mK})$后，式（7.6.8）中的求和项$\sum_{i=0}^{N} s_m(iT_c) h((j-i)T_c)$为常数，$r_m(jT_c)$作为随机变量，其**均值**

$$\begin{aligned} E[r_m(jT_c)] &= E\left[\sum_{i=0}^{N} s_m(iT_c) h((j-i)T_c)\right] + E[n(jT_c)] \\ &= E\left[\sum_{i=0}^{N} s_m(iT_c) h((j-i)T_c)\right] \end{aligned} \tag{7.6.10}$$

$r_m(jT_c)$的**方差**为

$$E\left[\left(r_m(jT_c) - E[r_m(jT_c)]\right)^2\right] = E[n^2(jT_c)] = \sigma_n^2 \tag{7.6.11}$$

已知信道特性$h(iT_c), i = 0,1,2,\cdots,\infty$，发送符号序列$\boldsymbol{S}_m = (S_{m1}, S_{m2}, \cdots, S_{mK})$的**似然函数**为条件概率密度函数$p(\boldsymbol{r} \mid \boldsymbol{S}_m; h(jT_c), 0 \leqslant j < \infty)$。因为当$j \neq k$时，$n(jT_c)$与$n(kT_c)$相互独立，因此可得

$$\begin{aligned} & p(\boldsymbol{r} \mid \boldsymbol{S}_m; h(iT_c), 0 \leqslant i < \infty) \\ &= \prod_{j=1}^{N} \frac{1}{\sqrt{2\pi}\sigma_n} \exp\left(-\frac{\left(r(jT_c) - \sum_{i=0}^{N} s_m(iT_c) h((j-i)T_c)\right)^2}{2\sigma_n^2} \right) \\ &= \left(\frac{1}{\sqrt{2\pi}\sigma_n}\right)^N \exp\left(-\frac{1}{2\sigma_n^2} \sum_{j=1}^{N} \left(r(jT_c) - \sum_{i=0}^{N} s_m(iT_c) h((j-i)T_c) \right)^2 \right) \end{aligned} \tag{7.6.12}$$

根据**最大似然判决法**，在接收端得到$r(jT_c), j = 0,1,2,\cdots,N$后，将发送符号序列集中$\{\boldsymbol{S}\}$所有可能的发送符号序列$\boldsymbol{S}_m = (S_{m1}, S_{m2}, \cdots, S_{mK})$代入到式（7.6.12）中进行计算，由

$$\boldsymbol{S}' = \underset{\boldsymbol{S}_m \in \{\boldsymbol{S}\}}{\arg\max}\, p(\boldsymbol{r} \mid \boldsymbol{S}_m; h(iT_c), 0 \leqslant i < \infty) \tag{7.6.13}$$

作为判决输出。符号$\underset{\boldsymbol{S} \in \{\boldsymbol{S}\}}{\arg\max}\, f(\boldsymbol{S})$表示遍历所有的$\boldsymbol{S} \in \{\boldsymbol{S}\}$，取其中使得$f(\boldsymbol{S})$达到最大值的$\boldsymbol{S}'$作为输出。因为

$$\max_{S_m \in \{S\}} p\left(\boldsymbol{r} \mid \boldsymbol{S}_m; h(iT_c), 0 \leqslant i < \infty\right) \leftrightarrow \max_{S \in \{S\}} \log p\left(\boldsymbol{r} \mid \boldsymbol{S}_m; h(iT_c), 0 \leqslant i < \infty\right)$$
$$\leftrightarrow \min_{S_m \in \{S\}} \sum_{j=1}^{N} \left(r(jT_c) - \sum_{i=0}^{N} s_m(iT_c) h\left((j-i)T_c\right) \right)^2 \tag{7.6.14}$$

因此，判决条件可简化为

$$\boldsymbol{S}' = \arg \min_{S_m \in \{S\}} \sum_{i=1}^{N} \left(r(jT_c) - \sum_{i=0}^{N} s_m(iT_c) h\left((j-i)T_c\right) \right)^2 \tag{7.6.15}$$

符号 $\arg\min_{S \in \{S\}} f(\boldsymbol{S})$ 相应地表示遍历所有的 $\boldsymbol{S} \in \{\boldsymbol{S}\}$，取其中使得 $f(\boldsymbol{S})$ 达到最小值的 $\boldsymbol{S}'$ 作为输出。

最大似然序列估计法的具体操作过程可以归纳如下：

（1）测定信道的冲激响应序列值为 $h(iT_c), i = 0,1,2,\cdots,\infty$。

（2）根据发送符号序列集中 $\{\boldsymbol{S}\}$ 所有可能的发送符号序列 $\boldsymbol{S}_m = (S_{m1}, S_{m2}, \cdots, S_{mK})$ 及相应的符号波形，得到与每个符号序列对应的抽样值序列 $s_m(jT_c), j = 0,1,2,\cdots,N$。

（3）对每个抽样值序列抽样值序列 $s_m(jT_c), j = 0,1,2,\cdots,N$，计算得到相应的 $\sum_{i=0}^{N} s_m(iT_c)$ $h\left((j-i)T_c\right), j = 0,1,2,\cdots,N$。将计算结果存储在接收端中。

（4）对接收到的每个采样序列 $r(jT_c), j = 0,1,2,\cdots,N$，通过式（7.6.15）计算 $\boldsymbol{S}'$，以此作为对发送符号序列的判决输出。

最大似然序列估计法没有噪声放大问题，是一种最佳的信道估计与均衡方法。但在实际系统中应用时，因为式（7.6.15）的计算要遍历所有 $\sum_{i=0}^{N} s_m(iT_c) h\left((j-i)T_c\right), j = 0,1,2,\cdots,N$，$m = 0,1,2,\cdots,M$，这里 M 是所有可能的发送符号序列的个数。可见最大似然序列估计法的运算量巨大，通常难以在实时的系统中应用。另外，在时变和有噪声影响的环境下如何获得准确的信道特性 $h(iT_c), i = 0,1,2,\cdots,\infty$ 也是一个问题。对于**时不变的信道**，发送端可以在传输数据之前，按两端约定的发送顺序，将所有的可能符号序列发送一遍，接收端记录所有的 $r_m(jT_c) = \sum_{i=0}^{N} s_m(iT_c) h\left((j-i)T_c\right) + n(jT_c)$，作为 $\sum_{i=0}^{N} s_m(iT_c) h\left((j-i)T_c\right)$ 的近似值，用于在传输数据时式（7.6.15）的判决计算。对于**时变信道**，则无法用这种方法解决信道特性的获取问题。最大似然序列估计法通常作为衡量其他信道均衡下算法性能的比较标准。

7.6.3　数字时域均衡的基本原理

数字信号处理技术的发展，使得数字时域均衡的方法获得了广泛应用。时域均衡可采用**横向滤波器**来实现。横向滤波器的基本结构如图 7.6.5 所示。其冲激响应为

$$h_E(t) = \sum_{n=-N}^{N} w_n \delta(t - nT) \tag{7.6.16}$$

式中，$w_n, -N \leqslant n \leqslant +N$ 是横向滤波器的系数。

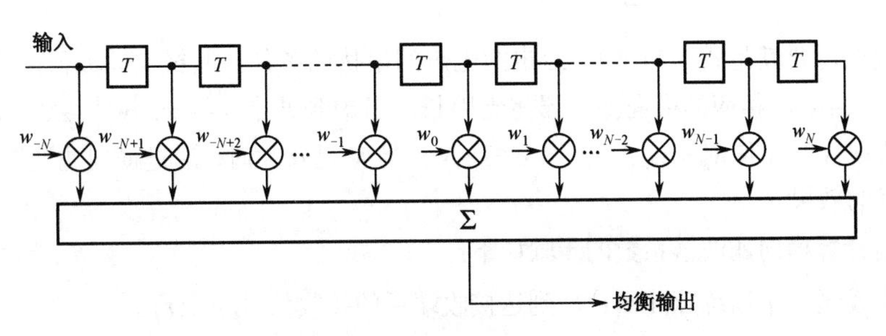

图 7.6.5　横向滤波器

确定均衡横向滤波器系数的一般方法 对式（7.6.16）即 $h_{\mathrm{E}}(t)=\sum_{n=-N}^{N}w_n\delta(t-nT)$ 取傅里叶变换，可得横向滤波器的频率特性

$$H_{\mathrm{E}}(\omega)=\sum_{n=-N}^{N}w_n\mathrm{e}^{-\mathrm{j}n\omega T} \tag{7.6.17}$$

输入信号 $x(t)$ 经横向滤波器后的输出为

$$x_{\mathrm{E}}(t)=x(t)*h_{\mathrm{E}}(t)=x(t)*\sum_{n=-N}^{N}w_n\delta(t-nT)=\sum_{n=-N}^{N}w_nx(t-nT) \tag{7.6.18}$$

记 $x_{\mathrm{E}}(t)$ 的傅里叶变换为 $X_{\mathrm{E}}(\omega)$，则由式（5.5.24）给出的**码间无串扰的条件**，$X_{\mathrm{E}}(\omega)$ 应满足

$$\sum_{i=-\infty}^{\infty}X_{\mathrm{E}}\left(\omega+\frac{2\pi i}{T}\right)=T,\quad |\omega|\leqslant\frac{\pi}{T} \tag{7.6.19}$$

式中，

$$X_{\mathrm{E}}\left(\omega+\frac{2\pi i}{T}\right)=H_{\mathrm{E}}\left(\omega+\frac{2\pi i}{T}\right)X\left(\omega+\frac{2\pi i}{T}\right) \tag{7.6.20}$$

因为一般地，有

$$H_{\mathrm{E}}\left(\omega+\frac{2\pi i}{T}\right)=\sum_{n=-N}^{N}w_n\mathrm{e}^{-\mathrm{j}nT\left(\omega+\frac{2\pi i}{T}\right)}=\sum_{n=-N}^{N}w_n\mathrm{e}^{-\mathrm{j}n\omega T}=H_{\mathrm{E}}(\omega) \tag{7.6.21}$$

即 $H_{\mathrm{E}}(\omega)$ 是周期为 $2\pi/T$ 的**周期函数**。式（7.6.20）可表示为

$$X_{\mathrm{E}}\left(\omega+\frac{2\pi i}{T}\right)=H_{\mathrm{E}}(\omega)X\left(\omega+\frac{2\pi i}{T}\right) \tag{7.6.22}$$

由此，由式（7.6.19），可得

$$\begin{aligned}\sum_{i=-\infty}^{\infty}X_{\mathrm{E}}\left(\omega+\frac{2\pi i}{T}\right)&=\sum_{i=-\infty}^{\infty}H_{\mathrm{E}}(\omega)X\left(\omega+\frac{2\pi i}{T}\right)=T,\quad |\omega|\leqslant\frac{\pi}{T}\\&=H_{\mathrm{E}}(\omega)\sum_{i=-\infty}^{\infty}X\left(\omega+\frac{2\pi i}{T}\right)=T,\quad |\omega|\leqslant\frac{\pi}{T}\end{aligned} \tag{7.6.23}$$

由式（7.6.23）进一步可得

$$H_{\mathrm{E}}(\omega)=\frac{T}{\sum_{i=-\infty}^{\infty}X\left(\omega+\frac{2\pi i}{T}\right)},\quad |\omega|\leqslant\frac{\pi}{T} \tag{7.6.24}$$

因为 $T\Big/\sum_{i=-\infty}^{\infty}X\left(\omega+\frac{2\pi i}{T}\right)$ 是周期为 $2\pi/T$ 的**周期函数**，将其用傅里叶级数展开可得

$$\frac{T}{\sum_{i=-\infty}^{\infty}X\left(\omega+\frac{2\pi i}{T}\right)}=\sum_{n=-\infty}^{\infty}w_n'\mathrm{e}^{-\mathrm{j}n\omega T} \tag{7.6.25}$$

由此可见，一般地，要满足式（7.6.19）给定的无码间串扰的条件，其横向滤波器的系数 w_n' 有无限多项：w_n'，$-\infty<n<+\infty$，相应的横向滤波器将无限长。考虑到通常 $n\to\infty$，$|w_n'|\to 0$，同时考虑横向滤波器的物理可实现性，可取 $w_n'=w_n$，$-N\leqslant n\leqslant +N$。当 N 足够大时，通过横向滤波器后，可以近似地达到无码间串扰的效果。

综上，可得计算横向滤波器系数的步骤如下：

（1）发送端发送一个训练脉冲 $s(t)$，到达接收端后的接收信号为 $x(t)$。

（2）接收端抽样获得训练符号的抽样值 $x(nT)$，计算 $x(nT)$ 的傅里叶变换

$$X(\omega)=\sum_{n=-\infty}^{\infty} x(nT)\mathrm{e}^{-\mathrm{j}n\omega T}$$

对于一个训练脉冲，当$n\to\infty$, $|x(nT)|\to 0$，因此可取有限多个抽样值。

（3）计算周期函数$T\Big/\sum_{i=-\infty}^{\infty}X\left(\omega+\dfrac{2\pi i}{T}\right)$的傅里叶展开式：

$$\frac{T}{\sum_{i=-\infty}^{\infty}X\left(\omega+\dfrac{2\pi i}{T}\right)}=\sum_{n=-\infty}^{\infty}w_n'\mathrm{e}^{-\mathrm{j}n\omega T}\quad\to\quad w_n',\ -\infty<n<+\infty$$

（4）根据对串扰的抑制性能的要求和系统实现复杂度的限制，选择其中的$2N+1$个参数$w_n=w_n'$, $-N<n<+N$作为横向滤波器的系数。

对于时变的信道，要根据时变的快慢确定对均衡器进行重新训练，即重新确定滤波器系数的时间间隔，以适应变化了的信道特性。采用上述这种方法，通常滤波器的阶数需要很大，才能达到较好的信道均衡的效果。

7.6.4 数字时域均衡的常用方法

上一小节讨论了确定均衡横向滤波器系数的原理，其中设计的横向滤波器系数确定方法的运算比较复杂，在需要进行周期性的滤波器系数快速调整时需要比较大的运算量。同时还会遇到如何合理地选择参数的个数（$2N+1$的取值）等问题。本节介绍几种较为实用的时域均衡算法。

（1）**迫零法**　迫零法的主要思想如下：每个码元产生的串扰通常主要影响到其附近的码元，对远离该码元的其他码元一般影响较小，此时的影响往往可以忽略不计。因此在确定横向滤波器系数时，依据使得均衡后相邻的$2N$个样点处的位置的串扰值为零来确定滤波器的系数，因此称为**迫零法**。一般地，横向滤波器在$t=kT$的输出为

$$x_{\mathrm{E}}(kT)=x(t)*h_{\mathrm{E}}(t)\Big|_{t=kT}=x(t)*\sum_{n=-N}^{N}w_n\delta(t-nT)\Big|_{t=kT}=\sum_{n=-N}^{N}w_nx(kT-nT)\qquad(7.6.26)$$

假定已经获得到达均衡器的$4N+1$个输入的样值：

$$x(-2NT),x(-(2N-1)T),\cdots,x(-T),x(0),x(T),\cdots,x((2N-1)T),x(2NT)$$

令

$$x_{\mathrm{E}}(kT)=\begin{cases}1, & k=0\\ 0, & k=\pm1,\pm2,\cdots,\pm N\end{cases}\qquad(7.6.27)$$

结合式（7.6.26），可得到如下求解系数的线性方程组：

$$\begin{bmatrix} x(0) & \cdots & x(-NT) & \cdots & x(-2NT)\\ \vdots & \ddots & \vdots & \ddots & \vdots\\ x(NT) & \cdots & x(0) & \cdots & x(-NT)\\ \vdots & \ddots & \cdots & \ddots & \cdots\\ x(2NT) & \cdots & x(NT) & \cdots & x(0)\end{bmatrix}\begin{bmatrix} w_{-N}\\ \vdots\\ w_0\\ \vdots\\ w_N\end{bmatrix}=\begin{bmatrix} x_{\mathrm{E}}(-NT)\\ \vdots\\ x_{\mathrm{E}}(0)\\ \vdots\\ x_{\mathrm{E}}(NT)\end{bmatrix}=\begin{bmatrix}0\\ \vdots\\ 1\\ \vdots\\ 0\end{bmatrix}\qquad(7.6.28)$$

假定该矩阵的逆存在，则可得

$$\begin{bmatrix} w_{-N}\\ \vdots\\ w_0\\ \vdots\\ w_N\end{bmatrix}=\begin{bmatrix} x(0) & \cdots & x(-NT) & \cdots & x(-2NT)\\ \vdots & \ddots & \vdots & \ddots & \vdots\\ x(NT) & \cdots & x(0) & \cdots & x(-NT)\\ \vdots & \ddots & \vdots & \ddots & \vdots\\ x(2NT) & \cdots & x(NT) & \cdots & x(0)\end{bmatrix}^{-1}\begin{bmatrix}0\\ \vdots\\ 1\\ \vdots\\ 0\end{bmatrix}\qquad(7.6.29)$$

由此可以得到能够满足式（7.6.27）的条件的已知滤波器系数 w_n，$-N \leqslant n \leqslant +N$。通过迫零法得到的均衡器，并不能保证 $x_E(kT)=0,\ |k|>N$。但一般 N 取值较大时，$|x_E(kT)|,\ |k|>N$ 的值都比较小，相应地这些串扰造成的影响也较小，通常可忽略不计。

峰值畸变 为了衡量码间串扰的影响的大小，定义如下的峰值畸变参数：

$$D=\frac{1}{x(0)}\sum_{\substack{k=-\infty \\ k\neq 0}}^{+\infty}|x(kT)| \tag{7.6.30}$$

参数 D 的物理意义是在某一时刻某一样点可能受到的码间串扰的最大值，与该样点上所希望获得的抽样值之比。在实际传输数据时，某个样点，不妨假设该样点为 $x(0)$，可能受到前后发送的信号对其造成的码间串扰的影响，这些影响最不利的情况出现在所有串扰的取值都为同一极性（全部为正或全部为负）时的情形。此时串扰的累加值，其畸变影响的最大值，即幅度的峰值为

$$\sum_{\substack{k=-\infty \\ k\neq 0}}^{+\infty}|x(kT)| \tag{7.6.31}$$

在本节的前面部分讨论问题时，$x(kT)$ 表示的是发送一个训练用的符号脉冲信号在 $t=kT$ 时刻的取值，该值实际上就等于**连续传输数据**时，前第 k 个基带码元信号对当前码元信号的影响，因此前后发送的码元 $x(kT), k\neq 0$ 对当前码元 $x(0)$ 最不利的串扰影响的大小由式（7.6.31）确定。

【例 7.6.2】 设在发送端发送一个训练脉冲，接收端的均衡器前收到的样值分别为 $x(-2T)=0.125$、$x(-T)=0.25$、$x(0)=1$、$x(T)=0.5$、$x(2T)=0.25$，其他的 $x(kT)=0,\ k>2$。（1）试采用迫零法求均衡器横向滤波器的抽头系数；（2）计算对训练脉冲均衡后的输出；（3）分析采用均衡器前后的峰值畸变系数。

解：（1）由式（7.6.28)，将相应的样值代入可得

$$\begin{bmatrix} 1 & 0.25 & 0.125 & 0 & 0 \\ 0.5 & 1 & 0.25 & 0.125 & 0 \\ 0.25 & 0.5 & 1 & 0.25 & 0.125 \\ 0 & 0.25 & 0.5 & 1 & 0.25 \\ 0 & 0 & 0.25 & 0.5 & 1 \end{bmatrix}\begin{bmatrix} w_{-2} \\ w_{-1} \\ w_0 \\ w_1 \\ w_2 \end{bmatrix}=\begin{bmatrix} 0 \\ \vdots \\ 1 \\ \vdots \\ 0 \end{bmatrix}$$

由此可解得 $[w_{-2} \quad w_{-1} \quad w_0 \quad w_1 \quad w_2]=[-0.112 \quad -0.189 \quad 1.271 \quad -0.582 \quad -0.027]$。

（2）由式（7.6.26）

$$\begin{aligned} x_E(kT) &= \sum_{n=-N}^{N} w_n x(kT-nT) \\ &= (-0.112)x(kT+2T)+(-0.189)x(kT+T)+1.127x(kT) \\ &\quad +(-0.582)x(kT-T)+(-0.027)x(kT-2T) \end{aligned}$$

以均衡前的采样值代入，计算得到

$x_E(-4T)=-0.139$、$x_E(-3T)=-0.052$、$x_E(-2T)=0$、$x_E(-T)=0$、$x_E(0)=1$、$x_E(T)=0$、$x_E(2T)=0$、$x_E(3T)=-0.159$、$x_E(4T)=0.007$，其他 $x_E(kT)=0$，$|k|>4$。在 $k=0,\pm1,\pm2$ 的 kT 时刻，即获得了期待的结果，但在 $k=\pm3,\pm4$ 的 kT 时刻，引入了新的串扰，但这些串扰的取值较小。

（3）均衡前的峰值畸变为

$$D=\frac{1}{x(0)}\sum_{\substack{k=-\infty \\ k\neq 0}}^{+\infty}|x(kT)|=|0.125|+|0.25|+|0.5|+|0.25|=1.125$$

显然在均衡前，$D>x(0)$，串扰叠加后可能会超过有用信号的幅度，从而在传输过程中造成误码。均衡后的峰值畸变为

$$D_{\mathrm{E}}=\frac{1}{x_{\mathrm{E}}(0)}\sum_{\substack{k=-\infty\\k\neq 0}}^{+\infty}\left|x_{\mathrm{E}}(kT)\right|=|-0.139|+|-0.052|+|-0.159|+|0.007|=0.357$$

可见均衡后，$D_{\mathrm{E}}<x_{\mathrm{E}}(0)$，即使出现峰值畸变的极端情况，码间串扰的影响也不会造成接收过程中的误判。□

（2）**最小均方误差法**　前面讨论的迫零法每次通过发送单个码元信号来调整横向滤波器的系数，其性能容易受到噪声干扰的影响。例如，在发送训练的码元信号时，如果刚好遇到较大的噪声干扰的影响，就会使得根据这些码元抽样值计算得到的均衡滤波器系数有较大的误差。最小均方误差法每次可发送**一组训练码元**信号，由此计算得到的横向滤波器系数具有统计平均的特点，因此有较好的抗噪声干扰的性能。

设期待接收到的标准训练序列为$\{s(kT)\}$；接收端实际收到的均衡前序列为$\{x(kT)\}$，$x(kT)$可能同时受到信道畸变和噪声干扰的影响；记均衡后得到的序列为$\{x_{\mathrm{E}}(kT)\}$。由式（7.6.26），横向滤波器输入$x(kT)$与其输出$x_{\mathrm{E}}(kT)$之间满足关系

$$x_{\mathrm{E}}(kT)=\sum_{n=-N}^{N}w_n x(kT-nT) \tag{7.6.32}$$

$s(kT)$与$x_{\mathrm{E}}(kT)$间的误差可记为

$$e(kT)=s(kT)-x_{\mathrm{E}}(kT) \tag{7.6.33}$$

误差的均方值为

$$J=E\left[e^2(kT)\right]=E\left[\left(s(kT)-x_{\mathrm{E}}(kT)\right)^2\right]=E\left[\left(s(kT)-\sum_{n=-N}^{N}w_n x(kT-nT)\right)^2\right] \tag{7.6.34}$$

为求使误差的均方值达到最小的滤波器系数，令

$$\frac{\partial J}{\partial w_i}=\frac{\partial E\left[\left(s(kT)-\sum_{n=-N}^{N}w_n x(kT-nT)\right)^2\right]}{\partial w_i}=0\text{，}\quad i=0,\pm1,\pm2,\cdots,\pm N \tag{7.6.35}$$

得

$$E\left[\left(s(kT)-\sum_{n=-N}^{N}w_n x(kT-nT)\right)x(kT-iT)\right]=0\text{，}\quad i=0,\pm1,\pm2,\cdots,\pm N \tag{7.6.36}$$

即有

$$E\left[s(kT)x(kT-iT)\right]=\sum_{n=-N}^{N}w_n E\left[x(kT-nT)x(kT-iT)\right]\text{，}\quad i=0,\pm1,\pm2,\cdots,\pm N \tag{7.6.37}$$

假定$\{s(kT)\}$和$\{x(kT)\}$都满足平稳性，则有

$$R_{sx}(iT)=\sum_{n=-N}^{N}w_n R_x(iT-nT)\text{，}\quad i=0,\pm1,\pm2,\cdots,\pm N \tag{7.6.38}$$

由式（7.6.37）或式（7.6.38），都可以得到一组求解系数$w_i, i=0,\pm1,\pm2,\cdots,\pm N$的线性方程组，解此线性方程组可得到滤波器的抽头系数值。

在利用式（7.6.38）计算抽头系数时需要知道信号的统计特性，这在实际系统中不一定能够实现。若信号的统计特性具有**遍历性**，则可用如下的时间相关函数近似地替代式（7.6.38）中的统计相关函数：

$$\hat{R}_x(iT)=\frac{1}{2N}\sum_{n=1}^{2N}x(nT-iT)x(nT) \tag{7.6.39}$$

$$\hat{R}_{sx}(iT)=\frac{1}{2N}\sum_{n=1}^{2N}x(nT-iT)s(nT) \tag{7.6.40}$$

式中，$2N$ 是总的采样点数。

最小均方误差法的实现过程如图 7.6.6 所示。在发送数据前，发送端发送训练序列，经信道传输后与本地的训练序列进行相关运算，由此确定横向滤波器的抽头系数，之后便可以开始传输数据。

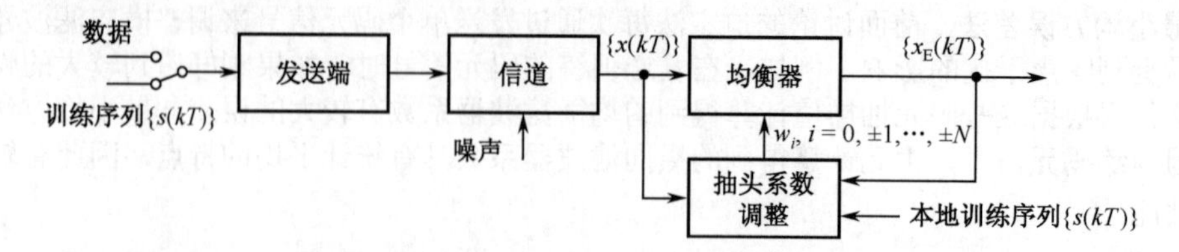

图 7.6.6　最小均方误差法示意图

最小均方误差法还可以用如下的**迭代方法**近似地实现。下面讨论其具体步骤。首先定义**均方误差**为均衡后的信号与标准信号差值的平方和：

$$\overline{e^2}=\sum_{k=-K}^{K}e^2(kT)=\sum_{k=-K}^{K}\big(s(kT)-x_{\mathrm{E}}(kT)\big)^2=\sum_{k=-K}^{K}\Big(s(kT)-\sum_{n=-N}^{N}w_n x(kT-nT_{\mathrm{S}})\Big)^2 \tag{7.6.41}$$

求使均衡后均方误差达到最小的滤波器系数 w_i，$-N<i<+N$，令

$$\frac{\partial\overline{e^2}}{\partial w_i}=0,\quad i=0,\pm1,\pm2,\cdots,\pm N \tag{7.6.42}$$

得

$$\frac{\partial\overline{e^2}}{\partial w_i}=2\sum_{k=-K}^{K}e(kT)x(kT-iT_{\mathrm{S}})=0,\quad i=0,\pm1,\pm2,\cdots,\pm N \tag{7.6.43}$$

即最佳的滤波器系数 $w_i,\ i=0,\pm1,\pm2,\cdots,\pm N$，应使得经过均衡后，满足如下**误差与输入样值不相关**的条件：

$$\sum_{k=-K}^{K}e(kT)x(kT-iT_{\mathrm{S}})=0,\quad i=0,\pm1,\pm2,\cdots,\pm N \tag{7.6.44}$$

由此，横向滤波器抽头系数的调整方法可归纳如下：

① 通信的发送端与接收端约定训练序列 $\{s(kT)\}$。

② 接收端设定一组横向滤波器抽头系数的初始值 w_i，$i=0,\pm1,\pm2,\cdots,\pm N$。

③ 接收经信道传输的发送序列 $\{x(kT)\}$。

④ 通过横向滤波器对 $\{x(kT)\}$ 进行处理，得到 $\{x_{\mathrm{E}}(kT)\}$ 即 $\{e(kT)\}$。

⑤ 判断式

$$\left|\sum_{k=-K}^{K}e(kT)x(kT-iT_{\mathrm{S}})\right|\leqslant R_{\mathrm{TH}},\quad i=0,\pm1,\pm2,\cdots,\pm N \tag{7.6.45}$$

是否成立，其中 R_{TH} 是预先选定的取值足够小的**门限值**。若成立，则调整结束，抽头系数确定；若不成立，调整系数取值

$$w_i(k+1)=w_i(k)+\Delta w_i,\quad i=0,\pm1,\pm2,\cdots,\pm N \tag{7.6.46}$$

返回④，继续进行调整。

在式（7.6.46）中，有关调整步长的选择可参考有关专门介绍**数值计算**方面的书籍。

（3）**判决反馈均衡器法**　在前面几种基本的横向滤波器的基础上，还可以构建性能更为良好的所

谓判决反馈均衡器。如图 7.6.7 所示，判决反馈均衡器由两部分组成，分别是**前馈滤波器**和**反馈滤波器**。其基本工作原理如下：

① 前馈滤波器的工作原理与前面讨论的横向滤波器相同，完成基本的均衡功能。前向滤波器可以采用前面讨论过的**迫零法**或**最小均方误差法**等方法实现，其输出可表示为

$$x_{\mathrm{E}}(kT)=\sum_{i=-N_1}^{N_1} w_i^{(1)} x(kT-iT) \tag{7.6.47}$$

式中 $w_i^{(1)}$，$i=0,\pm1,\pm2,\cdots,\pm N$ 是前馈滤波器的抽头系数。

② 通常有限长度的横向滤波器不能完全消除码间串扰，考虑到串扰主要由靠近当前码元的前面若干码元拖尾的影响造成，引入反馈滤波器的目的是估计前面若干个码元残存的串扰的影响。这些码元的**残存串扰估计值**可以表示为

$$\sum_{j=1}^{N_2} w_j^{(2)} \tilde{x}_{\mathrm{E}}(kT-jT) \tag{7.6.48}$$

式中，$w_j^{(2)}$，$j=1,2,\cdots,N_2$ 是反馈滤波器的抽头系数，$\{\tilde{x}_{\mathrm{E}}(iT)\}$ 是判决反馈均衡器的最终输出。

③ 经前馈滤波器均衡后的输出 $\{x_{\mathrm{E}}(iT)\}$，减去**残存串扰估计值**，得到较为准确的修正值：

$$\hat{x}_{\mathrm{E}}(kT)=\sum_{i=-N_1}^{N_1} w_i^{(1)} x(kT-iT)-\sum_{j=1}^{N_2} w_j^{(2)} \tilde{x}_{\mathrm{E}}(kT-jT) \tag{7.6.49}$$

④ 将经过修正后的均衡输出序列 $\{\hat{x}_{\mathrm{E}}(iT)\}$ 送进**判决器**，对于数字化的基带信号，只有有限多种可能的取值，判决器对每个经前馈滤波器均衡和反馈滤波器输出修正后的值 $\hat{x}_{\mathrm{E}}(iT)$ 与符号集中标准符号取值进行比较，得到最可能的**标准值** $\tilde{x}_{\mathrm{E}}(iT)$，成为整个**判决反馈均衡器**的最终均衡输出。

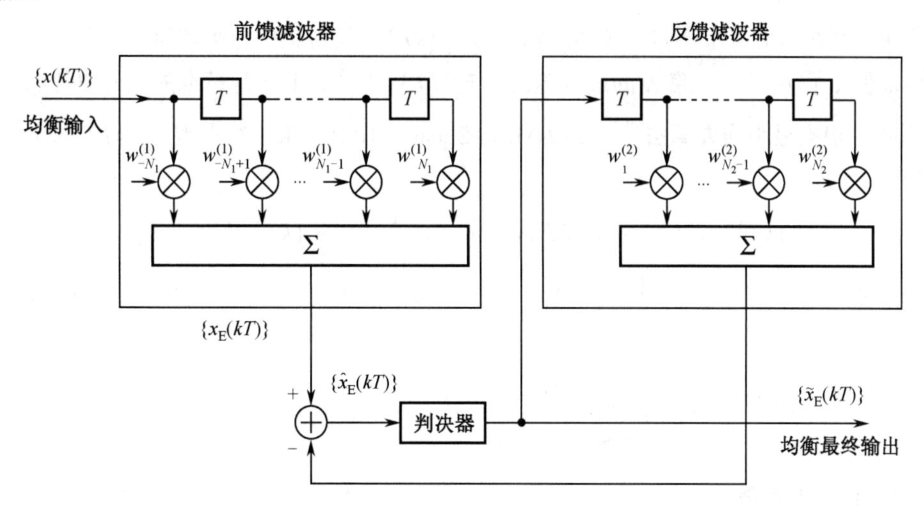

图 7.6.7 判决反馈均衡器

前面讨论的均衡器都是**线性均衡器**，而判决反馈均衡器是一种**非线性均衡器**。判决反馈均衡器较为复杂，但一般来说具有更好的性能。

7.6.5 自适应均衡器

对于时变的传输信道，信道均衡器的参数需要随着信道特性的改变而改变，这就是所谓的**自适应均衡**。前面讨论的基本信道均衡方法，是自适应均衡器的基础。

间歇性的信道自适应均衡 在大多数场合，在一个很短的时间片内，如若干毫秒的时间内，信道的特性可视为基本不变。因此，在实际通信系统中，可以采用图 7.6.8 所示的**间歇性的信道自适应均衡**策略：

（1）发送端以帧为单位，在每帧的开头，包含发送和接收双方约定的训练序列，用于调整动态均衡器中横向滤波器的系数。

（2）接收端在接收时，首先利用每帧开头部分的训练序列，对均衡器中横向滤波器的抽头系数进行调整。调整完成后方开始接收数据。

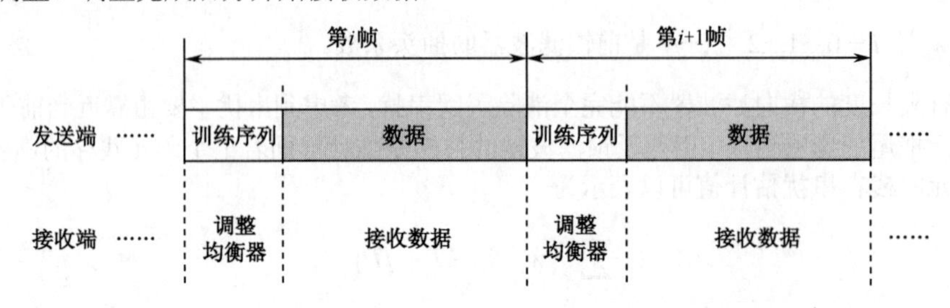

图 7.6.8 间歇性自适应均衡

一般地，只要信道的特性不会发生瞬间的突变，**间歇性的信道自适应均衡**方法通常都能够很好地使均衡器适应信道的变化，保证信号的正确接收。这是目前许多无线通信系统采用的方法。

连续的自适应均衡 连续的自适应均衡可在接收数据的过程中，边接收数据，边对均衡器中的横向滤波器的抽头系数进行调整，每接收一个样值调整一次系数，使得均衡器能够自动地跟踪信道的特性变化。对于连续自适应均衡系统，其横向滤波器的输出可以表示为

$$x_{\mathrm{E}}(kT)=\sum\nolimits_{i=-N}^{N}w_i(kT)x(kT-iT) \tag{7.6.50}$$

式中，抽头系数 $w_i(kT)$，$k=0,\pm1,\pm2,\cdots,\pm N$ 是一组时变的系数。横向滤波器的输出 $\{x_{\mathrm{E}}(kT)\}$ 送到判决器中进行判决，判决器对每个横向滤波器的输出值 $x_{\mathrm{E}}(kT)$ 与符号集中标准的符号取值进行比较，得到最可能的**标准值** $\tilde{x}_{\mathrm{E}}(kT)$ 作为均衡器的最终输出，$\tilde{x}_{\mathrm{E}}(kT)\in\{s_i\}$，$\{s_i\}$ 是标准的符号取值的集合。

抽头系数可根据**最小均方算法**[4]（Least-Mean-Square，LMS）来进行调整。$t=kT$ 时刻均衡器输出的偏差值为

$$e(kT)=\tilde{x}_{\mathrm{E}}(kT)-x_{\mathrm{E}}(kT)=\tilde{x}_{\mathrm{E}}(kT)-\sum\nolimits_{i=-N}^{N}w_i(kT)x(kT-iT) \tag{7.6.51}$$

偏差 $e(kT)$ 的均方值为 $J=E\left[e^2(kT)\right]$，为确定使 J 达到最小的抽头系数 $w_i(kT)$，$k=0,\pm1,\pm2,\cdots,\pm N$，令

$$g_i(kT)=\frac{\partial J}{\partial w_i}=\frac{\partial E\left[e^2(kT)\right]}{\partial w_i},\quad i=0,\pm1,\pm2,\cdots,\pm N \tag{7.6.52}$$

将式（7.6.51）代入上式得

$$\begin{aligned}g_i(kT)&=\frac{\partial E\left[e^2(kT)\right]}{\partial w_i}=\frac{\partial E\left[\left(\tilde{x}_{\mathrm{E}}(kT)-\sum\nolimits_{i=-N}^{N}w_i x(kT-iT)\right)^2\right]}{\partial w_i}\\&=E\left[\left(\tilde{x}_{\mathrm{E}}(kT)-\sum\nolimits_{i=-N}^{N}w_i x(kT-iT)\right)x(kT-iT)\right]\\&=E\left[e(kT)x(kT-iT)\right],\quad i=0,\pm1,\pm2,\cdots,\pm N\end{aligned} \tag{7.6.53}$$

第 $k+1$ 时刻横向滤波器的抽头系数的取值根据下式确定：

$$w_i\left((k+1)T\right)=w_i\left(kT\right)-\frac{1}{2}\mu g_i\left(kT\right),\quad i=0,\pm1,\pm2,\cdots,\pm N \tag{7.6.54}$$

式中 μ 是调整步长的一个常数。因为式中的 $g_i\left(kT\right)$ 是一个统计平均值，在实际系统中也不易得到。因此，$g_i\left(kT\right)$ 通常直接由下式近似：

$$g_i\left(kT\right)\approx\hat{g}_i\left(kT\right)=e\left(kT\right)x\left(kT-iT\right),\quad i=0,\pm1,\pm2,\cdots,\pm N \tag{7.6.55}$$

最终第 $k+1$ 时刻横向滤波器的抽头系数变为

$$\begin{aligned}w_i\left((k+1)T\right)&=w_i\left(kT\right)-\frac{1}{2}\mu\hat{g}_i\left(kT\right)\\&=w_i\left(kT\right)-\frac{1}{2}\mu\left(e\left(kT\right)x\left(kT-iT\right)\right),\quad i=0,\pm1,\pm2,\cdots,\pm N\end{aligned} \tag{7.6.56}$$

由此可得自适应均衡器的实现方案如图 7.6.9 所示。

自适应均衡器需要每接收一个码元信号，对横向滤波器的抽头系数进行一次调整，一般对均衡器的运算速度有较高的要求。

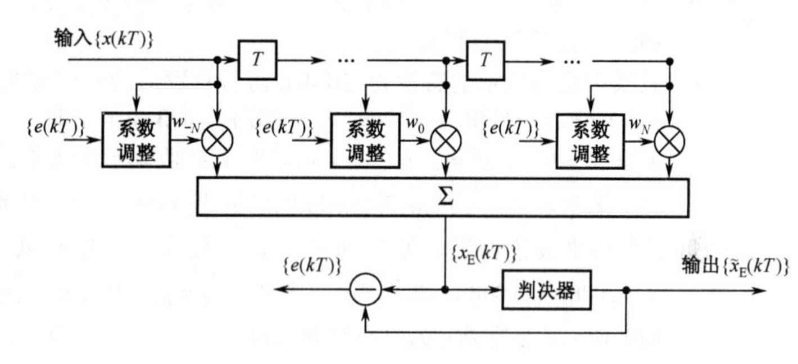

图 7.6.9　自适应均衡器

7.7　本章小结

我们说通信的目的就是要克服距离的障碍，实现信息的传递。其中的障碍，除物理距离的尺度因素外，很大程度上是由于传输信道的复杂特性造成的。因此，了解传输信道的特性，对于通信系统的设计和实现，具有特别重要的意义。本章综合讨论了传输信道中各种因素对信号的影响，介绍了恒参信道和随参信道的概念。在讨论信道的损耗与衰落特性时，首先介绍了最基本的自由空间传输损耗模型，在此基础上分析了路径损耗与阴影衰落模型，以及所谓大尺度衰落和中等尺度衰落的影响。针对无线信道中经常出现的多普勒频移与信号多径传播现象，以及这些因素在小距离尺度上对信号衰落影响的不同，分别讨论了窄带衰落模型和宽带衰落模型，以及应用这些模型的环境和条件。本章还在第 3 章基于信息论建立的信道容量基础上，分析了各种考虑了信道特性环境的信道容量定义问题，以及获得相应的这些的信道容量所需要的条件。在了解信道的复杂性后，在本章的最后讨论了信道特性的估计与均衡的基本方法。信道均衡包括校正信道对信号幅度与相位产生畸变的影响，以及消除符号间干扰两个方面的功能。

习　题

7.1　对于自由空间路径损耗模型，求使接收功率达到 1dBm 所需的发射功率。假设载波频率 $f=5\text{GHz}$，全向天线（$G_t=G_r=1$），距离分别为 $d=10\text{m}$ 及 $d=100\text{m}$。

7.2　何种条件下，路径损耗经验模型和自由空间路径损耗模型相同？

7.3　假设接收机的噪声功率在感兴趣的信号带宽范围内是 -160dBm。传输模型是参数为 $d_0=1\text{m}$、$\gamma=4$ 的路径损耗经验模型，参数 K 由自由空间模型按全向天线和 $f_c=1\text{GHz}$ 确定。若发射功率为 $P_t=10\text{mW}$，求信噪比为 20dB 时所对应的最大收发距离。

7.4　某时不变室内无线信道中直射分量的时延是 23ns，第一个多径分量的时延为 48ns，第二个多径分量的时延为 67ns。针对解调器同步于直射分量或第一个多径分量这两种情形，分别求相应的时延扩展。

7.5　某发射机的发射功率为 10W，载波频率为 900MHz，发射天线增益 $G_t=2$，接收天线增益 $G_r=3$。试求在自由空间中距离发射机 10km 处的接收机的输出功率和路径损耗。

7.6 在移动通信中，发射机的载频为 900MHz，一辆汽车以 80km/h 的速度运动，试计算在下列情况下车载接收机的载波频率：（1）汽车沿直线朝向发射机运动。（2）汽车沿直线背向发射机运动。（3）汽车运动方向与入射波方向成 90°。

7.7 一宽带信道的自相关函数为

$$R_c(\tau,\Delta t)=\begin{cases}\operatorname{sinc}(W\Delta t), & 0\leqslant\tau\leqslant 10\mu s\\ 0, & 其他\end{cases}$$

式中 $W=100\text{Hz}$，$\operatorname{sinc}(x)=\sin(\pi x)/(\pi x)$。计算信道的平均时延扩展和均方根时延扩展。

7.8 设散射函数 $S_c(\tau,\rho)$ 在 $0\leqslant\tau\leqslant 0.1\text{ms}$ 及 $-0.1\leqslant\rho\leqslant 0.1\text{Hz}$ 范围内不为 0，且在此范围内近似为常数。求此信道的多径时延扩展。

7.9 某 AWGN 信道的带宽是 50MHz，接收信号功率是 10mW，噪声的功率密度谱是 $N_0/2$，其中 $N_0=2\times10^{-9}\text{W/Hz}$。求接收功率和带宽分别增加一倍时信道容量的增量。

7.10 已知在高斯信道理想通信系统传送某一信息所需带宽为 10^6Hz，信噪比为 20dB。若将所需信噪比降为 10dB，求所需信道带宽。

7.11 设某平衰落信道的带宽为 20MHz，若将发射功率固定为 $\bar{P}$，则接收信噪比有以下 6 个可能值：$\gamma_1=20\text{dB},\gamma_2=15\text{dB},\gamma_3=10\text{dB},\gamma_4=5\text{dB},\gamma_5=0\text{dB},\gamma_6=-5\text{dB}$，对应的出现概率为 $p_1=p_6=0.1,$ $p_2=p_4=0.15,\ p_3=p_5=0.25$。假设只有接收端已知 CSI。（1）求此信道的信道容量的统计平均值。（2）若接收端能正确解调的信噪比门限值为 0dB，求相应的信道容量。

7.12 设有一平衰落信道，发送功率为 $\bar{P}$，接收信噪比有以下 4 种可能的取值：$\gamma_1=30\text{dB},\gamma_2=20\text{dB},$ $\gamma_3=10\text{dB},\gamma_4=0\text{dB}$，相应的出现概率为 $p_1=p_4=0.2,\ p_2=p_3=0.3$。假设收发端都已知 CSI。求该信道的最佳功控方案 $P(\gamma_i)/\bar{P}$ 以及相应的归一化信道容量（C/W）。

7.13 假设蜂窝系统功率衰减与距离间的关系服从 $P_r(d)=P_t(d_0/d)^{\alpha}$，其中 $d_0=100\text{m}$，α 为随机变量。α 的概率分布为 $p(\alpha=2)=0.4,\ p(\alpha=2.5)=0.3,\ p(\alpha=3)=0.2,\ p(\alpha=4)=0.1$。假设接收端距离发送端 $d=1000\text{m}$，发送功率上限 $P_t=1000\text{mW}$，接收机噪声功率 0.1mW。假设收发端都已知 CSI。（1）求接收端 SNR 的分布。（2）求该信道的最佳功控方案及相应的归一化信道容量。

7.14 假设有一个瑞利衰落信道，接收端和发送端都已知 CSI，信噪比的概率密度函数 $p(\gamma)$ 服从均值为 $\bar{\gamma}=10\text{dB}$ 的指数分布。信道带宽为 10MHz。（1）求使该信道容量达到香农容量的中断门限 $\gamma_{\min}$。（2）求相应的功控方案。（3）求该信道的归一化信道容量。

7.15 若上题中仅接收端已知 CSI，求此时信道的香农容量，并与上题（3）的结果比较。

7.16 假设时不变频率选择性信道在 $f>0$ 时的频率响应如下：

$$H(f)=\begin{cases}1, & f_c-20\text{MHz}\leqslant f<f_c-10\text{MHz}\\ 0.5, & f_c-10\text{MHz}\leqslant f<f_c\\ 2, & f_c\leqslant f<f_c+10\text{MHz}\\ 0.25, & f_c+10\text{MHz}\leqslant f<f_c+20\text{MHz}\\ 0, & 其他\end{cases}$$

且频率响应满足 $H(-f)=H(f)$。若平均发送功率为 10mW，噪声功率谱密度为 $0.001\mu\text{W/Hz}$，求最佳功控方案及归一化的香农容量。

7.17 计算机终端输出的数据经编码调制后通过电话信道传输，电话信道带宽为 3.4kHz，加性高斯噪声信道输出的信噪比为 20dB。该终端每次输出 128 个可能符号之一，输出序列中的各符号相互统计独立、等概出现。（1）计算信道容量。（2）计算理论上容许的终端输出数据的最高符号速率。

7.18 设数字信号的每比特信号能量为 E_b，信道噪声的双边功率密度谱为 $N_0/2$。试证明：信道无差错传输的信噪比 E_b/N_0 的最小值为 -1.6dB。

7.19 设随参信道的多径时延扩展等于 $5\mu s$，欲传输 100kbps 的信息速率，问下列调制方式下，哪个可以不用考虑使用均衡器？（1）BPSK。（2）将数据经过串并变换为 1000 个并行支路后，用 1000 个不同的载波按 BPSK 调制方式传输（假设各载频间相互正交）。

7.20 发送单个测试脉冲时接收信号的采样序列取值为 $x_{-2}=0,\ x_{-1}=-1/4,\ x_0=1$，$x_1=1/4,\ x_2=0$。（1）设计一个三抽头的横向滤波器，迫使主瓣两侧各一个采样点处的码间串扰为零；（2）计算均衡前后的峰值畸变值。

7.21　某一存在多径效应的无线通信系统，发送信号为 $s(t)$，接收信号为 $x(t)=K_1s(t-t_1)+K_2s(t-t_2)$，其中 K_1, K_2 是常数，t_1, t_2 是不同径的传输延时，假设用以 3 抽头横向滤波器来均衡因多径产生的畸变，抽头系数分别为 w_{-1}, w_0, w_1。（1）计算横向滤波器的传递函数。（2）假设 $K_1 \gg K_2$，$t_1 < t_2$，求 w_{-1}, w_0, w_1。

主要参考文献

[1]　[美]Goldsmith 著．杨鸿文等译．无线通信．北京：人民邮电出版社，2007

[2]　冯重熙等．现代数字通信技术．北京：人民邮电出版社，1987

[3]　W. C. Y. Lee, *Mobile Cellular Telecommunications Systems*, McGraw-Hill, New York, 1989

[4]　[美]Simon Haykin．*Adaptive Filter Theory*．北京：电子工业出版社，2002

[5]　曹志刚，钱亚生．现代通信原理．北京：清华大学出版社，1992

第 8 章　差错控制编码

8.1　引言

在通信系统中，信道通常是非理想的。信号经过信道时，一方面，会受到噪声的干扰；另一方面，信道本身可能产生的复杂衰落变化也会对信号造成影响。这两种因素通常导致接收出现误码。对于话音或图像，误码会造成话音或图像质量的下降；而对于各种数据文件，误码则可能使得整个文件作废。因此，在一个实际的数字通信系统中，应有某些措施将一个非理想的**物理信道**，改造成没有误码或可将误码控制到可接受范围的**逻辑信道**。这些措施中的基本手段，就是所谓的**差错控制编码**。

第 4 章中讨论的**信源编码**，其主要作用是根据信源本身的统计特性和特定的应用要求等，通过有损的或无损的压缩变换，减少传输的数据量，提高通信效率。而**差错控制编码**，则是在待传输的码序列中建立某种关联关系，如果在传输过程中发生了错误，这些约束关系就会受到破坏，接收端可以据此检测在传输过程中是否出现了错误。要建立这种关联关系，须在待传输的序列中加入不包含信息的“冗余”码作为**监督位**。差错控制编码理论，就是研究如何有效地建立这种监督关系，使之能够判断传输过程是否出现错误，判断是否要重新发送。有些编码还可以定位出错误的位置，由此可在接收端从有错的接收序列中恢复出发送序列。差错控制编码理论已成为信息论的一个专门分支。本章将介绍差错控制编码的概念和最基本的方法。

8.2　差错控制编码的主要类型和方式

8.2.1　差错控制编码的主要类型

差错控制的基本思想是在信息序列中加入进行差错控制所需的监督位，使信息序列与监督位构成某种关联关系。一旦传输过程中发生错误，这种关联关系就会被破坏，据此可以发现错误。监督位对于接收端来说，仅用于差错控制，不含信源的信息，从这个意义上来说，监督位是冗余的成分。对于任何具有检错或纠错功能的编码，监督位都不可缺少，因为如果一个码字中的每一位码元都是信源的信息位，每个码字都是合法的码字，如果发生了错误，一个码字就变成了变成了另外一个码字，这样在接收端是不可能发现错误的。

根据监督位与信息位间的关系，以及监督位的加入对信息位结构的影响，差错控制编码通常有下面三种分类方法。

（1）**线性码与非线性码**　对于线性码，监督码元与信息码元间的关系是一种线性关系，监督码元通常是信息码元的某种线性组合；对于非线性码，监督码元与信息码元间的关系则是一种非线性关系。

（2）**分组码与卷积码**　对于分组码，监督码元与信息码元间以码组为单位建立关联关系；对于卷积码，监督码元不仅与本组的信息码元有关，还与前面若干码组的信息码元有关。

（3）**系统码与非系统码**　对于系统码，编码后信息码元部分的排列结构保持不变；对于非系统码，编码后码组中信息码元部分的排列结构发生变化，一般不能看出原来信息码元的图样结构。

8.2.2　差错控制的方式

通信系统一般可以分为**单工**、**半双工**和**全双工**等三种类型，其中，单工通信系统是单向的，没有回传的通道；对于半双工的通信系统，发送和接收不能同时工作，需要分时进行；而对于全双工的通信系统，发送和接收可以同时进行。根据这三种类型的特点和不同的应用要求，差错控制的工作方式可以分为下面三种。

（1）**检错重发** 在通信时采用只具有检错功能的编码算法。这种编码方法的特点是，每个数据分组中为检测错误加入的监督位通常只占整个数据分组的很小一部分，通常有较高的编码效率。接收端每收到一个数据分组或报文，按检错的算法进行差错校验，如果没有错误，则接收数据；如果发现有错，则通过反向传输信道，请求发送端重发该数据分组，重发过程可以进行多次，直到收到正确的数据分组，或者因达到最大的重发次数而中止传输。显然，检错重发机制适合应用于有反向传输信道的场合，即半双工和全双工通信系统。另外，由于数据分组的重发一般需要较长的时间，因此这种方式通常会有较大的时延，不适合对延时有较严格要求的应用场合。检错重发因其算法简单、易于实现，同时又有很高的传输效率，所以在各种数据传输系统（如计算机网络中）获得了广泛应用。

（2）**前向纠错** 在许多应用场合，简单的检错重发机制不能满足应用的需求。例如，对于只具备单向传输功能的系统，如广播系统，没有反向信道通知发送端重发出错的数据分组。另外，在实时性要求很高的应用场合，如需要精确的实时控制时，数据重发引入的时延可能会导致控制的失效；而对于实时的语音和视频信息的传输、播放等应用，特别是在需要进行实时信息交互的场合，如电话，电视会议系统等，重发则往往会由于延时大小的变化，造成语音或图像播放的抖动等，进而严重地影响通信的质量。通过**前向纠错**的方式，可采用较为复杂的编译码算法，使接收端不仅能够检测出错误，而且定位出码字中错误的位置并加以纠正。

（3）**混合差错控制** 前向纠错编码算法，可在包括单向和实时性等要求较高的场合中应用，但前向纠错编码算法也有缺点，与检错重发的方法相比，编译码运算，特别是译码的运算复杂，同时因为纠错功能的实现需要包含较多的监督位，因而传输效率较低。另外，对于任何一种纠错编码算法，其检错和纠错能力都是有限的。一般地，要求其检错和纠错能力越强，需要加入的监督位就越多，其编码效率，即信息位的数量与信息位和监督位两者数量之和的比值就越低。通常，检错和纠错能力的增强，是以编码效率的降低、传输的数据量增大为代价的。相对于只进行检错的编码，纠错编码对效率的影响更为突出。目前，在无线通信领域需要较强纠错能力的应用场合，纠错编码的编码效率通常只有 1/2 到 1/3 甚至更低。混合差错控制则采用一种折中的策略，当误码的错误在一定的范围内时，用前向纠错的方法对其加以纠正，而当误码的的个数超过前向纠错的能力范围时，则启动请求重发的机制，发送端重传接收端检出有错误而又不能纠正的数据分组。

8.3 简单的差错控制方法

下面先介绍几种最简单的差错控制的编解码方法。在讨论**分组码**时，如果没有特别声明，**码组**与**码字**的含义相同。

8.3.1 奇偶校验码

偶校验码 设 $a_{n-1}a_{n-2}\cdots a_1$ 是待发送的一个 $n-1$ 位的二进制码组，加入监督位 a_0，使其满足

$$a_{n-1}\oplus a_{n-2}\oplus\cdots\oplus a_1\oplus a_0=0 \tag{8.3.1}$$

式中，“$\oplus$”是二进制数中的异或运算。这样，就构成一个编码后的码字 $a_{n-1}a_{n-2}\cdots a_1a_0$。在加入了监督位 a_0 的数据分组中，“1”的位数为偶数。这样，在信息位和监督位中就建立了一种**关联关系**。该码字在传送过程中，若发生了奇数个错误，显然这种关联性就会被破坏。这样在接收端通过检验式（8.3.1）是否成立，就能够发现码字在传输过程中是否出现了奇数个错误。

在式（8.3.1）左右两侧同时与 a_0 再进行一次异或运算，则可改写为

$$a_0=a_{n-1}\oplus a_{n-2}\oplus\cdots\oplus a_1 \tag{8.3.2}$$

由此可计算出 a_0 的取值。a_0 的选择是使编码后产生的码字 $a_{n-1}a_{n-2}\cdots a_1a_0$ 中包含偶数个“1”，相应的这种编码称为**偶校验码**。

奇校验码　给定待发送的数据分组 $a_{n-1}a_{n-2}\cdots a_1$，如果选择监督位 a_0，使其满足

$$a_{n-1}\oplus a_{n-2}\oplus\cdots\oplus a_1\oplus a_0=1 \tag{8.3.3}$$

或

$$a_0=a_{n-1}\oplus a_{n-2}\oplus\cdots\oplus a_1\oplus 1 \tag{8.3.4}$$

则编码后的码字 $a_{n-1}a_{n-2}\cdots a_1a_0$ 中将包含奇数个“1”，相应的这种编码称为**奇校验码**。奇校验编码与偶校验编码一样，若在传输过程中出现了奇数个误码，在接收端很容易通过式（8.3.3）的等式关系被破坏而发现错误。

【例 8.3.1】　设待编码的 7 位信息分组 $a_7a_6\cdots a_1$ 为 1010111、1000101、1100110 和 1010101，试求偶校验的监督位 a_0 和相应的编码输出码字。

解：由式（8.3.2），可求解出 a_0，得到相应的偶校验编码码组 $a_7a_6\cdots a_1a_0$ 为

1010111*1*　1000101*1*　1100110*0*　1010101*0*

其中最后 1 位斜体的“*0*”或“*1*”即为所求的 a_0，显然，每个码组中“1”的个数为偶数。□

奇偶校验码可以发现码组中的奇数个错误，它是一种最简单的线性分组码。稍后我们将分析说明奇偶校验码码组间的汉明距离为 2，所以它能够检测出 1 位的错误，但不能定位错误的位置，因而没有纠错功能。

8.3.2　重复码

在奇偶校验码中，通过加入一位不携带信息的冗余位作为监督位，使码字有了检测一位误码的能力。简单分析一下奇偶校验码可以发现：对于偶校验，在所有 n 位的码组构成的码字中，只用到了含“1”的个数是偶数的码组；对于奇校验，在所有 n 位的码组中，只用到了含“1”的个数是奇数的码组。这些码组在相应的编码输出中称为**许用码组**（也称**合法码组**）。另外一半可能的码组组合因其在编码输出中不被使用而称为**禁用码组**（也称**非法码组**）。当发生一位或奇数位错误时，原来合法的码组变成非法的码组，所以能够发现错误，当出现两位或偶数位的错误时，原来合法的码组变成另外一个合法的码组，此时不能发现错误。

在所有的纠错编码方法中，本质上都是检测一个接收到的码组是否是一个非法的码组来判断是否有误码，如果一个合法的码组在传输过程中因为误码变成了另外一个合法的码组，那么这种情况下不能发现错误。稍后我们会看到，任何一种检错、纠错的编码方法都有相应的检错和纠错的能力范围，当错误的个数超过该范围时，误码便不能被发现或纠正。

下面来看一个简单的例子，3 位的二进制数组总共有 8 种不同的组合：

000，001，010，011，100，101，110，111

如果这 8 种不同的组合全部用于表示不同的信息，每个码组可携带 3 比特信息。传输过程中的任何错误，包括 1 位、2 位或 3 位的误码，都会使一种码组变为另外一种码组，这种没有冗余位的码组没有任何检错、纠错能力。如果把上述码组分为两类，一类是许用码组，另外一类是禁用码组，如

许用码组：000，011，101，110

禁用码组：111，001，010，100

4 个许用码组可以用于表示 2 比特信息。例如，可做如下的定义进行编码：

$$\text{“00”}\rightarrow 000,\ \text{“01”}\rightarrow 011,\ \text{“10”}\rightarrow 101,\ \text{“11”}\rightarrow 110 \tag{8.3.5}$$

当许用码组发生 1 位误码时，变为一个禁用码组，据此可以检测出误码的出现。许用码组的选择要满足一定的要求，假如我们将许用码组选为

000，001，010，100

这时，000 与其他不同的码组间只有 1 位的差异，当发送码组 000 时，显然我们不能够发现 1 位误码的错误。仔细观察前面的许用码组，实际上该许用码组是偶校验码，而禁用码组为奇校验码。在上例中，我们当然也可以将这两个码组做相反的定义，将原来的许用码组确定为禁用码组，而将禁用码组确定为许用码组来使用。

前面所举的编码方法仅有检测 1 位误码的性能，不能定位错误的位置，要消除误码只能通过重新传送码组来实现。下面再来看另外一种编码方法。在 3 位二进制数组的 8 种不同组合中，做如下定义：

许用码组：000，111

禁用码组：001，010，100，011，101，110

采用上述编码，每个码组只可表示 1 比特信息。例如，可对信源输出的每一位二进制信息码建立如下对应关系：

$$“0” \to 000,“1” \to 111 \tag{8.3.6}$$

在传输过程中任何 1 位或 2 位的错误，都会将许用码组变为禁用码组，因此 2 位及 2 位以下的错误都能够被发现。特别地，如果传输过程中只有 1 位的误码，由码组 000 发生 1 位误码产生的禁用码组为 001，010，100；而由码组 111 发生 1 位误码产生的禁用码组为 011，101，110。此时，可采用**择多逻辑**的判决方法：当码组中“0”的个数多于“1”的个数时，判码组 000 出现；反之判码组 111 出现。这样的编码方法使码组有了纠正 1 位误码的能力。进一步的分析可以发现，在式（8.3.6）所示的编码方法中，如果增加“0”或“1”重复的位数，可以使码组具有更加强大的检错和纠错能力。这种编码方式称为**重复码**。重复码非常简单，检错和纠错能力随重复位数的增加而增强，但每个码组只代表 1 比特信息，编码后码组的效率随重复位数的增加而下降，是一种低效率的编码方法。

8.3.3　水平奇偶校验码

在 8.3.1 节介绍的奇偶校验码简单易于实现，但它只能检测出一位误码，特别是对偶数个误码的判断无能为力。水平奇偶校验码是一种在行奇偶校验码的基础上，进一步构成码字分组来提高其检错能力的编码方式，如表 8.3.1 所示。表中的监督位 $a_{0,i}$ 按**偶校验**或**奇校验**根据式（8.3.2）或式（8.3.4）计算。

表 8.3.1　水平奇偶校验码

信息码元	监督码元
$a_{n-1,1}a_{n-2,1}\cdots a_{1,1}$	$a_{0,1}$
$a_{n-1,2}a_{n-2,2}\cdots a_{1,2}$	$a_{0,2}$
…	…
$a_{n-1,m}a_{n-2,m}\cdots a_{1,m}$	$a_{0,m}$

发送经水平奇偶校验码编码后的码组时，按照列的顺序发送：$a_{n-1,1}, a_{n-1,2}, \cdots, a_{n-1,m}$；$a_{n-2,1}, a_{n-2,2}, \cdots, a_{n-2,m}$；…；$a_{1,1}$，$a_{1,2}$，…，$a_{1,m}$；$a_{0,1}$，$a_{0,2}, \cdots, a_{0,m}$。接收端在收到完整的码组后，重新按照表 8.3.1 的方式排列，然后按行进行偶校验或奇校验。当在传输过程中发生连续错误的个数小于等于水平奇偶校验码码组的行数时，每一行中出错的个数不会多于一个，根据奇偶校验码的检错原理，我们能够发现所有的这种错误。这样，我们就把原来仅能够检测奇数个误码的校验码，改造成了能够检测多个连续错误的校验码。显然，对同样长的信息位，行数越多，检错能力越强，但同时相应地所需的监督码元的个数也越多。保持信息位与监督位的比例，行数越多，检错能力也越强，此时编码所需的存储空间会增大。

【例 8.3.2】 对要传输的信息序列 1011001100110101；1111000000110011；1010010100111100；1110001100011100；1010101111001010，按照每 16 位进行偶校验，进行水平奇偶校验码编码。信息位和监督位的关系如表 8.3.2 所示，编码后按列发送，其顺序为 11111；01010；11111；11000；00001；00100；10011；10111；00001；11100；11110；00111；10110；01001；11000；10001。

假定在传输过程中发生了如下斜体符号示意的 5 位突发错误：

11111；01010；11111；11000；00***110***；***11***100；10011；10111；00001；11100；11110；00111；10110；01001；11000；10001

将接收到的序列重新排列后，得到的结果如表 3.3.3 所示。因为连续误码的个数小于等于行数，每一行内的误码个数不会多于一个，通过奇偶校验的原理，我们能够发现传送过程中出现了错误。□

表 8.3.2　信息位与监督位的关系

信息码元	监督码元
1011001100110101	1
1111000000110011	0
1010010100111100	0
1110001100011100	0
1010101111001010	1

表 8.3.3　接收端重排后的结果

信息码元	监督码元
10110*1*1100110101	1
11110*1*0000110011	0
1010*1*10100111100	0
1110*1*01100011100	0
1010*0*01111001010	1

其他的简单差错控制方法还包括**水平垂直奇偶校验码**、**群计数码**、**恒比码**等[1]，这些码和前面介绍的几种码一样，通过增加一些监督位构建具有一定关联关系的码组，在传输过程中，一旦这些关联关系被破坏，我们就能够发现传输过程中出现了错误。其中的水平垂直奇偶校验码，通过在水平的行和垂直的列上同时建立偶校验或奇校验，还可定位一位误码时的错误位置，对其加以纠正。

8.4　线性分组码的代数基础*

线性分组码的数学基础是**近世代数**，本节简要介绍近世代数的有关概念，主要是**群**和**域**，特别是**有限域**的基本定义和定理。本节的内容是为希望较为深入地了解线性分组码的数学基础的读者而准备的。本节中的有些定理和结论未给出证明，这些材料一般可在任何一本专门介绍纠错编码或近世代数的教科书中找到[2][7]。

定义 8.4.1　规定了某种代数运算法则“*”的非空集合 G，若满足下列 4 个**公理条件**，则集合 G 就称为该运算法则“*”的一个**群**：

（1）满足**封闭性**：若 $g_1, g_2 \in G$，则有

$$g_1 * g_2 \in G \tag{8.4.1}$$

（2）满足**结合律**：若 $g_1, g_2, g_3 \in G$，则有

$$(g_1 * g_2) * g_3 = g_1 * (g_2 * g_3) \tag{8.4.2}$$

（3）存在**恒等元素** $e \in G$，对任何 $g \in G$，满足

$$g * e = e * g = g \tag{8.4.3}$$

（4）对任何 $g \in G$，存在**逆元素** $g^{-1} \in G$，使

$$g * g^{-1} = g^{-1} * g = e \tag{8.4.4}$$

定义 8.4.2　若群 G 在运算法则“*”下，对任意的 $g_1, g_2 \in G$，满足**交换律**

$$g_1 * g_2 = g_2 * g_1 \tag{8.4.5}$$

则称群 G 为**交换群**。

【例 8.4.1】　全体整数，按普通的加法运算法则，构成一个群，而且是一个交换群。其中的恒等元素为“0”，任一元素的逆元素即为该整数的负数。□

【例 8.4.2】　在二元的非空集合 $\{0,1\}$ 中，定义运算法则 $0 \oplus 0 = 0$，$0 \oplus 1 = 1$，$1 \oplus 0 = 1$，$1 \oplus 1 = 0$，该二元的非空集合构成一个交换群，其中的恒等元素为“0”，每个元素的逆元素为其自身。□

定理 8.4.1 群G具有以下的主要性质：

（1）群G的恒等元是唯一的，群G中每个元素的逆元素也是唯一的。

（2）定义了运算法则“*”的群G，对任何$g_1,g_2 \in G$，有

$$\left(g_1 * g_2\right)^{-1} = g_2^{-1} * g_1^{-1} \tag{8.4.6}$$

定义 8.4.2 若H是群G的一个非空子集，如果在同样的运算法则“*”下，集合H也构成一个群，则非空子集H称为群G的一个**子群**。

定义 8.4.3 设集合$H:\left\{e,h_2,h_3,\cdots,h_{2^k}\right\}$是群$G:\left\{g_1,g_2,g_3,\cdots,g_{2^n}\right\}$的一个子群，$g_i$是$G$中的一个满足$g_i \in G; g_i \notin H$条件的元素，则把

$$\left\{g_i * e, g_i * h_2, g_i * h_3, \cdots, g_i * h_{2^k}\right\} \tag{8.4.7}$$

定义为子群H在群G中的一个关于g_i的**左陪集**；把

$$\left\{e * g_i, h_2 * g_i, h_3 * g_i, \cdots, h_{2^k} * g_i\right\} \tag{8.4.8}$$

定义为子群H在群G中的一个关于g_i的**右陪集**。

对于交换群，左陪集和右陪集相等，此时左陪集和右陪集统称为**陪集**。

定理 8.4.2 子群具有以下主要性质：

（1）群$G:\left\{g_1,g_2,g_3,\cdots,g_{2^n}\right\}$的所有元素可由子群$H:\left\{e,h_2,h_3,\cdots,h_{2^k}\right\}$及其若干陪集构成的集合表示：

$$\begin{array}{cccccc}
H & e & h_2 & h_3 & \cdots & h_{2^k} \\
\text{陪集}_1 & g_1 * e & g_1 * h_2 & g_1 * h_3 & \cdots & g_1 * h_{2^k} \\
\text{陪集}_2 & g_2 * e & g_2 * h_2 & g_2 * h_3 & \cdots & g_2 * h_{2^k} \\
\vdots & \vdots & \vdots & \vdots & \ddots & \vdots \\
\text{陪集}_m & g_m * e & g_m * h_2 & g_m * h_3 & \cdots & g_m * h_{2^k}
\end{array}$$

其中，$g_i \in G; g_i \notin H$。

（2）群G中的两个元素g_1和g_2在子群H的同一陪集之中的充分必要条件是

$$g_1^{-1} * g_2 \in H \tag{8.4.9}$$

（3）子群H的两个不相同的陪集一定不相交，即两个不同的陪集一定没有公共元素。

定义 8.4.5 若在非空集合F中，规定了“+”和“∗”两种运算，且满足如下条件：

（1）非空集合F构成运算法则“+”的交换群。

（2）非空集合F构成运算法则“∗”的交换群。

（3）对两种运算法则“+”和“∗”，非空集合中的元素满足分配律，即对任意的$f_1,f_2,f_3 \in F$，有

$$f_1 * \left(f_2 + f_3\right) = f_1 * f_2 + f_1 * f_3 \tag{8.4.10}$$

则称非空集合F构成一个**域**，其集合中包含的元素的个数称为该集合的**阶数**。

对于普通的加法和乘法运算，全体有理数、全体实数或全体复数都满足域的要求。即全体有理数构成一个**有理数域**，全体实数构成一个**实数域**，而全体复数则构成一个**复数域**。

有限域 前面我们定义了域的概念，特别地，如果一个域含有有限的q个元素，则称该域为**有限**

域，有限域又称为**伽罗华（Galois）域**，记为 $\mathrm{GF}(q)$。在代数理论中可以证明，任何有限域的元素个数一定是某一个素数 p 的幂，因此通常也记为 $\mathrm{GF}(p^n)$。

【**例 8.4.3**】　在二元的非空集合$\{0,1\}$中，定义**加运算法则**：

$$0\oplus 0=0\text{，}\ 0\oplus 1=1\text{，}\ 1\oplus 0=1\text{，}\ 1\oplus 1=0 \tag{8.4.11}$$

定义**乘运算法则**：

$$0*0=0\text{，}\ 0*1=0\text{，}\ 1*0=0\text{，}\ 1*1=1 \tag{8.4.12}$$

该二元的非空集合 F 在运算法则“$\oplus$”和“$*$”下构成一个**二元的有限域** $\mathrm{GF}(2)$。□

在本章中，在不致引起混淆的情况下，二元域上加和乘的运算符号与普通的加和乘的运算符号不加区分地使用。

本原元　在线性分组码中，最常用的有限域是素数 $p=2$ 的**二元域** $\mathrm{GF}(2)$，以及与其 n 次幂 2^n 所对应的有限域 $\mathrm{GF}(2^n)$。$\mathrm{GF}(2^n)$ 中包含 2^n 个元素。下面我们分析具有 2^n 个元素的有限域 $\mathrm{GF}(2^n)$ 的加法和乘法的运算规律，二元域可以视为其中的一个特例。对于有限域中的任一非零元素 a，根据该域中的乘运算可以定义其**幂**。按其升幂排列可得序列 $a, a^2, a^3, \cdots$。它们都是域中的非零元素，由于域中的元素只有 2^n 个，该序列中一定会出现相同的元素。假定元素 a^i 和 a^j 相同，即 $a^i=a^j$，不妨设 $j>i$，则有 $a^{j-i}=a^k=1$。即存在一个正整数 k，使任何一个非零元素的 k 次幂等于 1。能够使非零元素 a 的 k 次幂等于 1 的最小正整数就称为 a 的**阶**。对于有限域 $\mathrm{GF}(2^n)$ 来说，$k\leqslant 2^n-1$。若某元素的阶 $k=2^n-1$，称该元素为**本原元**。可以证明[2,7]，任何有限域都存在本原元，由此，**有限域中的任一非零元素都可以用本原元的某次幂来表示**。

根据本原元的性质，很容易构建有限域 $\mathrm{GF}(p^n)$ 的乘法表。例如有限域 $\mathrm{GF}(2^2)$ 共有 4 个元素，因其中一定有一个是零元素，假定 a 是该有限域中的本原元，则有限域空间中的所有元素为 $\{0,a,a^2,a^3\}$。由本原元的定义，$a^3=1$，$\mathrm{GF}(2^2)$ 的加法表如表 8.4.1 所示。

表 8.4.1　$\mathrm{GF}(2^2)$ **加法表**

“+”	0	$a^3(=1)$	a	a^2
0	0	1	a	a^2
1	1	0	a^2	a
a	a	a^2	0	1
a^2	a^2	a	1	0

该表的关系在这里还很难看出，其结果在稍后学习完有关**多项式域**的小节后很容易理解和得到。$\mathrm{GF}(2^2)$ 的乘法表如表 8.4.2 所示。

表 8.4.2　$\mathrm{GF}(2^2)$ **乘法表**

“*”	0	$a^3(=1)$	a	a^2
0	0	0	0	0
1	0	1	a	a^2
a	0	a	a^2	1
a^2	0	a^2	1	a

乘法表的结果可直接得到，任一其他有限域 $\mathrm{GF}(p^n)$ 的乘法表也可以按照类似的方法构建。

多项式域 对于系数取值在二元有限域上的任意关于 X 的多项式 $m(X)$ 和 $n(X)$，$n(X)\neq 0$，它们之间的关系总可以表示为

$$m(X)=Q(X)n(X)+p(X) \tag{8.4.13}$$

其中 $Q(X)$ 为**整式**，多项式 $p(X)$ 称为**余式**，余式的幂小于多项式 $n(X)$ 的幂。余式又可以记为

$$p(X)=\left(m(X)\right)_{n(X)} \tag{8.4.14}$$

其中多项式 $n(X)$ 称为**模**。

【例 8.4.4】 已知多项式 $m(X)=X^6+X^4+X^2+X+1$，求其关于模 $n(X)=X^3+1$ 的整式和余式。

解：利用长除法可得

$$\frac{m(X)}{n(X)}=\frac{X^6+X^4+X^2+X+1}{X^3+1}=X^3+X+1+\frac{X^2}{X^3+1}$$

因此有 $Q(X)=X^3+X+1$，$p(X)=X^2$。□

进一步可定义多项式 $u(X)$ 和 $v(X)$ 关于模 $n(X)$ 的加法和乘法运算：

$$u(X)\oplus v(X)=\left(u(X)+v(X)\right)_{n(X)} \tag{8.4.15}$$

$$u(X)\otimes v(X)=\left(u(X)\times v(X)\right)_{n(X)} \tag{8.4.16}$$

上两式的右式中表示，做关于模 $n(X)$ 的加法和乘法运算时，先对多项式 $u(X)$ 和 $v(X)$ 按照普通的加法或乘法进行运算，然后再取关于模 $n(X)$ 的运算。显然，如果多项式 $n(X)$ 的幂为 n，则关于模 $n(X)$ 运算的结果的幂小于等于 $n-1$，对于系数在二元域 $\{0,1\}$ 上取值的多项式，其**余式**具有形式

$$p(X)=c_{n-1}X^{n-1}+c_{n-2}X^{n-2}+\cdots+c_1X+c_0,\ c_i\in\{0,1\} \tag{8.4.17}$$

遍历所有可能的系数组合，显然关于模 $n(X)$ 运算获得的余式共有 2^n 种。

如果把所有关于模 $n(X)$ 运算所得余式相同的多项式集合视为一个元素，用其余式表示，则多项式集合只有 2^n 个元素。进一步，若 $n(X)$ 是不能进行因式分解的多项式（**不可约多项式**），则可以证明[7]，这 2^n 个元素构成一个**有限域**。

例如，二次多项式 $n(X)=X^2+X+1$ 是一个不可约的多项式，由式（8.4.17）容易看出关于该多项式所有可能的余式为 0，1，X，$X+1$，共有 $2^2=4$ 个元素。根据式（8.4.11）和式（8.4.12）的运算关系式，可构建这个有限域的**加法表**和**乘法表**，如表 8.4.3 和表 8.4.4 所示。

表 8.4.3 加法表

“+”	0	1	X	$X+1$
0	0	1	X	$X+1$
1	1	0	$X+1$	X
X	X	$X+1$	0	1
$X+1$	$X+1$	X	1	0

表 8.4.4 乘法表

“*”	0	1	X	$X+1$
0	0	0	0	0
1	0	1	X	$X+1$
X	0	X	$X+1$	1
$X+1$	0	$X+1$	1	X

例如，在加法表中元素 $X+1$ 与 X 相加可得

$$(X+1)+X=(1+1)X+1=1$$

对照表 8.4.3 与表 8.4.1，不难理解表 8.4.1 中结果的由来。同样，乘法表中的各项也不难导出，例如 $X+1$ 与 $X+1$ 相乘可得

$$(X+1)(X+1)=X^2+X+X+1=(X^2+X+1)+X=n(X)+X=0+X=X$$

式中倒数第二个等号成立的原因是运算中仅需考虑模 $n(X)=X^2+X+1$ 的余式，表中其余的关系式请读者自行推导。对照表 8.4.4 与表 8.4.2，也容易理解表 8.4.2 中结果的由来。

同一多项式，在不同的域中，可能有不同的性质。例如多项式 x^2+1 在实数域中无解，但在复数域中则有根 $+\sqrt{-1}$ 和 $-\sqrt{-1}$。又如多项式 x^2+x+1 在二元域中没有根，因为将 0 或 1 代入多项式均不为零。但在有限域 $\mathrm{GF}(2^2)$ 内，由表 8.4.3 和表 8.4.4 可知，X 和 $X+1$ 都是该多项式的根，因为 $X^2=X+1$，因而有

$$x^2+x+1\big|_{x=X}=X^2+X+1=(X+1)+X+1=0$$

$$\begin{aligned}x^2+x+1\big|_{x=X+1}&=(X+1)^2+(X+1)+1=(X^2+1)+(X+1)+1\\&=[(X+1)+1]+(X+1)+1=X+(X+1)+1=0\end{aligned}$$

本原多项式及其与多项式域 $\mathrm{GF}(2^n)$ 中元素之间的关系 设 $n(X)$ 是一个系数在二元域中的 n 次不可约多项式，由模 $n(X)$ 运算可以得到一个包含 2^n 个元素的有限域 $\mathrm{GF}(2^n)$。如果多项式 $n(x)$ 的根是**本原元**，则称 $n(x)$ 为**本原多项式**。

因为 $\mathrm{GF}(2^n)$ 中的所有元素可以用次数低于 n 的多项式来代表，而所有的非零元素又可以用本原元的次数从 1 到 2^n-1 的幂来表示。找出本原元的各次幂和所有次数低于 n 的多项式之间的关系，就很容易进行加和乘的运算，这相当于列出了加法表和乘法表。对于给定 n 的有限域 $\mathrm{GF}(2^n)$，代数理论保证了一定存在一个 n 次的本原多项式。用该本原多项式根的各次幂来表示有限域 $\mathrm{GF}(2^n)$ 的元素，可以导出该本原元的各次幂和低于 n 次的多项式之间的关系。假定本原多项式为 $n(x)$，根据模 $n(x)$ 运算的定义，由 $n(X)=0$，可知 $x=X$ 是多项式的根，由此很容易导出 X 的各次幂和低于 n 次的多项式之间的关系。

例如，对于 $\mathrm{GF}(2^4)$，可以找到次数为 4 的一个本原多项式为 $n(x)=x^4+x+1$。因为 $x=X$ 是 $n(x)$ 的根，即有

$$x^4+x+1\big|_{x=X}=X^4+X+1=0$$

据此可得 $\mathrm{GF}(2^4)$ 中的所有非零元素，如表 8.4.5 所示。

表 8.4.5 $\mathrm{GF}(2^4)$ 的元素表

0	**0000**
$X=X$	0010
$X^2=X^2$	0100
$X^3=X^3$	1000
$X^4=X+1$	0011
$X^5=X(X+1)=X^2+X$	0110
$X^6=X^2(X+1)=X^3+X^2$	1100
$X^7=X^3(X+1)=X^4+X^3=(X+1)+X^3=X^3+X+1$	1011
$X^8=X(X^3+X+1)=X^4+X^2+X=X^2+1$	0101
$X^9=X(X^2+1)=X^3+X$	0101

（续表）

0	0000
$X^{10}=X\left(X^3+X\right)=X^4+X^2=X^2+X+1$	0111
$X^{11}=X\left(X^2+X+1\right)=X^3+X^2+X$	1110
$X^{12}=X\left(X^3+X^2+X\right)=X^4+X^3+X^2=X^3+X^2+X+1$	1111
$X^{13}=X\left(X^3+X^2+X+1\right)=X^4+X^3+X^2+X=X^3+X^2+1$	1101
$X^{14}=X\left(X^3+X^2+1\right)=X^4+X^3+X=X^3+1$	1001
$X^{15}=X\left(X^3+1\right)=X^4+X=1$	0001

由表 8.4.5 可见，X 是一个**本原元**。利用表中给出的元素间的关系式，很容易实现该有限域中元素间的加和乘的运算，例如

$$X^{11}+X^{10}=\left(X^3+X^2+X\right)+\left(X^2+X+1\right)=X^3+1=X^{14}$$

$$X^{14}*X^6=X^{15}*X^5=X^5=X^2+X$$

给定 n，可能存在不同的本原多项式，由此可得不同的关系式。从代数的观点来说，这些不同的关系式间都是**"同构"**的，即元素之间一定存在一一对应关系，这种对应关系对于加法和乘法运算仍能满足。因此，**只要 n 给定，有限域 $\mathrm{GF}\left(2^n\right)$ 就确定了**。

多项式的根　确定了有限域 $\mathrm{GF}\left(2^n\right)$ 中的运算规则后，就可以计算以 $\mathrm{GF}\left(2^n\right)$ 的**元素作为系数**的多项式的根。下面以有限域 $\mathrm{GF}\left(2^4\right)$ 为例，分析如何求解方程。例如，给定方程式

$$f(Z)=Z^2+X^7Z+X=0$$

有限域中的二次方程并没有一个一般的解法。但因为有限域中只有有限个元素，可以采用**试探法**求解。例如，根据表 8.4.5，用**试探法**可以发现

$$f\left(X^6\right)=\left(X^6\right)^2+X^7X^6+X=X^{12}+X^{13}+X=\left(X^3+X^2+X+1\right)+\left(X^3+X^2+1\right)+X=0$$

$$\begin{aligned}f\left(X^{10}\right)&=\left(X^{10}\right)^2+X^7X^{10}+X=X^{20}+X^{17}+X\\&=X^{15}X^5+X^{15}X^2+X=X^5+X^2+X=\left(X^2+X\right)+X^2+X=0\end{aligned}$$

可见 X^6 和 X^{10} 是方程的根。

多项式的性质　下面的定理给出了多项式的一个重要性质。

定理 8.4.3　系数 a_i 为二元域中元素的多项式

$$f(x)=a_nx^n+a_{n-1}x^{n-1}+\cdots+a_1x+a_0，\quad a_n,a_{n-1},\cdots,a_1,a_0\in\{0,1\} \tag{8.4.18}$$

对任意整数 l，均有

$$\left[f(x)\right]^{2^l}=f\left(x^{2^l}\right) \tag{8.4.19}$$

证明：用归纳法证明，当 $l=1$ 时有

$$\begin{aligned}\left[f(x)\right]^2&=\left(a_nx^n+a_{n-1}x^{n-1}+\cdots+a_1x+a_0\right)^2=\left[a_nx^n+\left(a_{n-1}x^{n-1}+\cdots+a_1x+a_0\right)\right]^2\\&=\left(a_nx^n\right)^2+\left(a_nx^n\right)\left(a_{n-1}x^{n-1}+\cdots+a_1x+a_0\right)\\&\quad+\left(a_{n-1}x^{n-1}+\cdots+a_1x+a_0\right)\left(a_nx^n\right)+\left(a_{n-1}x^{n-1}+\cdots+a_1x+a_0\right)^2\\&=\left(a_nx^n\right)^2+\left(a_{n-1}x^{n-1}+\cdots+a_1x+a_0\right)^2\end{aligned}$$

其中消去上式中间两项的过程利用了二元域上的关系式 $a_i + a_i = 0$ ，$i = 0,1,2,\cdots,n$ 。反复进行上述的展开式运算可得

$$\begin{aligned}
\left[f(x)\right]^2 &= \left(a_n x^n\right)^2 + \left(a_{n-1}x^{n-1} + \cdots + a_1 x + a_0\right)^2 \\
&= \left(a_n x^n\right)^2 + \left(a_{n-1}x^{n-1}\right)^2 + \left(a_{n-2}x^{n-1} + \cdots + a_1 x + a_0\right)^2 \\
&= \cdots \\
&= \left(a_n x^n\right)^2 + \left(a_{n-1}x^{n-1}\right)^2 + \cdots + \left(a_1 x\right)^2 + a_0^2 \\
&= a_n^2\left(x^2\right)^n + a_{n-1}^2\left(x^2\right)^{n-1} + \cdots + a_1^2 x^2 + a_0^2 \\
&= a_n\left(x^2\right)^n + a_{n-1}\left(x^2\right)^{n-1} + \cdots + a_1 x^2 + a_0^2 = f\left(x^2\right)
\end{aligned}$$

在上述的倒数第二个等式中利用了二元域上的关系式 $a_i^m = a_i$ ，$i = 0,1,2,\cdots,n$ ，m 为任意整数。由此当 $l = 1$ 时，定理中的关系式成立。

假定 $l = k$ 时，$\left[f(x)\right]^{2^k} = f\left(x^{2^k}\right)$ 成立。当 $l = k+1$ 时，

$$\left[f(x)\right]^{2^{k+1}} = \left\{\left[f(x)\right]^{2^k}\right\}^2 = \left[f\left(x^{2^k}\right)\right]^2 = f\left((x^{2^k})^2\right) = f\left(x^{2^{k+1}}\right)$$

也成立，由归纳法原理，对任意的 l ，关系式均成立。**证毕**。□

极小多项式 极小多项式在线性分组码编译码中有特别重要的作用，下面给出其定义和有关的定理。

定义 8.4.6 设 β 是 $\mathrm{GF}\left(2^n\right)$ 的一个元素，$m(x)$ 是系数为二元域上元素、以 β 为根的**最低次**多项式，则称 $m(x)$ 是 β 的**极小多项式**。

定理 8.4.4 $\mathrm{GF}\left(2^n\right)$ 上的任何元素 β 必有一个极小多项式。

证明：首先证明 β 一定是以二元域元素作为系数的某一多项式的根。已知 $\mathrm{GF}\left(2^n\right)$ 的任一非零元素 β 均可表示为某一**本原元** α 的某一次幂，即有 $\beta = \alpha^j$ ，利用本原元 $\alpha^{2^n-1} = 1$ 的性质，得

$$\beta^{2^n-1} = \left(\alpha^j\right)^{2^n-1} = \left(\alpha^{2^n-1}\right)^j = 1 \to \beta^{2^n-1} - 1 = 0 \to \beta^{2^n} - \beta = 0$$

即对任何非零元素 β ，均满足方程

$$x^{2^n} - x = 0 \tag{8.4.20}$$

因为零元素也满足上式。因此有限域 $\mathrm{GF}\left(2^n\right)$ 的全部元素是上述方程的根，由此对任何元素 β 至少可以找到一个以其为根的方程式。在所有这些方程式中，一定有次数最小的方程式。所以任何 $\mathrm{GF}\left(2^n\right)$ 中的元素都必然有极小多项式。**证毕**。□

定理 8.4.5 有限域 $\mathrm{GF}\left(2^n\right)$ 上的极小多项式一定是不可约且唯一的。

证明：采用反证法证明。

（1）假定 $m(x)$ 是元素 β 的极小多项式，如果 $m(x)$ 可分解为 $m(x)\ \big|_{x=\beta} = m_1(x)m_2(x)\ \big|_{x=\beta} = 0$ ，其中 $m_1(x)$ 和 $m_2(x)$ 均是次数大于 1 的多项式，即所谓的**非平凡多项式**，显然有 $m_1(x)\ \big|_{x=\beta} = 0$ 或 $m_2(x)\ \big|_{x=\beta} = 0$ ，或同时有 $m_1(x)\ \big|_{x=\beta} = 0$ 和 $m_2(x)\ \big|_{x=\beta} = 0$ ，因为 $m_1(x)$ 和 $m_2(x)$ 的幂次均比 $m(x)$ 的低，这与 $m(x)$ 是 β 的极小多项式矛盾。

（2）假定$m(x)$不是唯一的，设$m(x)$和$n(x)$均是β的极小多项式，它们应有相同的幂次k，即有

$$m(x)=x^k+m_{k-1}x^{k-1}+\cdots+m_1x+m_0,\quad n(x)=x^n+n_{k-1}x^{k-1}+\cdots+n_1x+n_0$$

记$q(x)=m(x)-n(x)$，显然有$q(x)\big|_{x=\beta}=m(\beta)-n(\beta)=0$，且$q(x)$是低于$k$次的多项式，这与$m(x)$是$\beta$的极小多项式矛盾。**证毕**。□

注意，这里不可约是指$m(x)$不能进一步分解出系数$m'_0,m'_1,\cdots,m'_l\in \mathrm{GF}(2)$的**子因式**。

假设β的极小多项式是$m(x)$，则有$m(\beta)=0$，由**定理** 8.4.3 可知对任何整数k，均有$m\left(\beta^{2^k}\right)=\left[m(\beta)\right]^{2^k}=0$，即序列$\beta,\beta^2,\cdots,\beta^{2^l},\cdots$均是$m(x)$的根，因为有限域的元素个数是有限的，故该序列从某一项开始就会重复。假设从β^{2^l}开始重复，即$\beta,\beta^2,\cdots,\beta^{2^{l-1}}$是不相同的，可以证明[7]，这就是$m(x)$的全部根，而$m(x)$的次数是$l$。

利用以上性质，可求$\mathrm{GF}(2^n)$中任一给定元素β的极小多项式$m(x)$。例如对于**表** 8.4.5 的有限域$\mathrm{GF}(2^4)$，求元素$\beta=X^3$的极小多项式，因为$X^3,\left(X^3\right)^2=X^6,\left(X^3\right)^{2^2}=X^{12}$，$\left(X^3\right)^{2^3}=X^{24}=X^{15}X^9=X^9$，$\left(X^3\right)^{2^4}=X^{48}=\left(X^{15}\right)^3X^3=X^3$，即$\beta,\beta^2,\cdots,\beta^{2^{l-1}}$从第四项之后开始重复，因此$X^3$的极小多项式是四次的。考虑到二元域上加法与减法一样，因此有

$$m(x)=\left(x+X^3\right)\left(x+X^6\right)\left(x+X^9\right)\left(x+X^{12}\right)$$

将上式展开可得

$$\begin{aligned}m(x)&=x^4+\left(X^3+X^6+X^9+X^{12}\right)x^3+\left(X^9+X^{12}+X^{15}+X^{15}+X^{18}+X^{21}\right)x^2\\&\quad+\left(X^{18}+X^{21}+X^{24}+X^{27}\right)x+X^{30}\\&=x^4+x^3+x^2+x+1\end{aligned}$$

线性空间和子空间　通常在代数学中讨论的线性空间是定义在实数或复数域上的，而在数字通信系统中，传输的符号集或码字集中的元素一般只有有限个。因此，下面讨论的线性空间和子空间，都是定义在有限域上的。

定义 8.4.7　设 GF 是一个**数域**，$\Re$ 是某一类运算对象的**非空集合**，在“+”和“$*$”两种运算规则下，满足下列条件：

（1）非空集合$\Re$对“+”运算规则构成一交换群。

（2）非空集合$\Re$和数域 GF 在运算规则“$*$”下满足封闭性，即对任$m\in\mathrm{GF}$，$V\in\Re$，有

$$m*V\in\Re \tag{8.4.21}$$

（3）非空集合$\Re$和数域 GF 在运算规则“$*$”下满足结合律，即对任$m_1,m_2\in\mathrm{GF}$，$V\in\Re$，有

$$(m_1*m_2)*V=m_1*(m_2*V) \tag{8.4.22}$$

（4）非空集合$\Re$和数域 GF 在运算规则“+”和“$*$”下满足分配律，即对任$m_1,m_2\in\mathrm{GF}$，$V_1,V_2\in\Re$，有

$$m_1(V_1+V_2)=m_1*V_1+m_1*V_2 \tag{8.4.23}$$

$$(m_1+m_2)*V_1=m_1*V_1+m_2*V_1 \tag{8.4.24}$$

则称非空集合$\Re$为 GF 上的**线性空间**。

线性分组码的码字是定义在 GF 上的线性空间中的元素，一个码字V_i通常可以表示为

$$V_i = \left(v_{i1}, v_{i2}, \cdots, v_{in}\right),\quad v_{ik} \in \mathrm{GF}(q),\quad k = 1,2,\cdots,n \tag{8.4.25}$$

其中n是为该线性空间的维数，码字V_i和V_j间的“+”运算规则定义为

$$V_i + V_j = \left(v_{i1} + v_{j1}, v_{i2} + v_{j2}, \cdots, v_{in} + v_{jn}\right) = \left(v_{l1}, v_{l2}, \cdots, v_{ln}\right) = V_l \tag{8.4.26}$$

“*”的运算规则定义为

$$m * V_i = \left(m * v_{i1}, m * v_{i2}, \cdots, m * v_{in}\right) \tag{8.4.27}$$

一般的线性分组码通常是定义在有限域$\mathrm{GF}(q)$上的。在本章中未特别声明的地方，均假定$q=2$，即有

$$c \in \mathrm{GF}(2):\{0,1\};\quad v_{ik} \in \mathrm{GF}(2):\{0,1\},\quad k = 1,2,\cdots,n \tag{8.4.28}$$

上式中$\mathrm{GF}(2):\{0,1\}$表示一个二元的有限域，域中的元素是“0”和“1”。

定义 8.4.8 在n维的线性空间$\Re_n$中，若某非空子集S满足**线性空间**的条件，则S称为线性空间$\Re_n$的**子空间**。

稍后将看到，线性分组码中**许用码字**的集合构成一线性空间的子空间。鉴于子空间概念的重要性，我们在这里将子空间具有的性质归纳如下：

（1）子空间S在“+”运算规则下满足**封闭性**，即对任意的$S_i, S_j \in S$，有

$$S_i + S_j \in S \tag{8.4.29}$$

（2）子空间S在“+”运算规则下满足**交换律**，即

$$S_i + S_j = S_j + S_i \tag{8.4.30}$$

（3）子空间S满足**结合律**，即对任意$S_i, S_j, S_k \in S$有

$$\left(S_i + S_j\right) + S_k = S_i + \left(S_j + S_k\right) \in S \tag{8.4.31}$$

（4）**恒等元**$e = (0,0,\cdots,0)$一定在子空间S中，

$$e \in S \tag{8.4.32}$$

（5）若$S_i \in S$，则其**逆元素**S_i^{-1}一定在子空间S中，即

$$S_i + S_i^{-1} = e,\quad S_i^{-1} \in S \tag{8.4.33}$$

（6）子空间S在“*”运算规则下满足封闭性，即若$S_i \in S, m \in \mathrm{GF}(2):\{0,1\}$，则

$$m * S_i \in S \tag{8.4.34}$$

（7）子空间S在“*”运算规则下满足结合律，即若$S_i \in S, m_j, m_k \in \mathrm{GF}(2):\{0,1\}$，则

$$\left(m_j * m_k\right) * S_i = m_j * \left(m_k * S_i\right) \tag{8.4.35}$$

（8）子空间S在“+”和“*”运算规则下，满足分配律，即若$S_i \in S, m_j, m_k \in \mathrm{GF}(2):\{0,1\}$，则

$$\left(m_j + m_k\right) * S_i = \left(m_j * S_i\right) + \left(m_k * S_i\right) \tag{8.4.36}$$

8.5 线性分组码的基本性质

顾名思义，线性分组码的码字是以一个码元组为单位建立信息位与监督位之间线性关系的一种编码方式，对于输入编码器的信息序列，以长度k为单位进行分组，然后按照特定的线性函数关系

产生 n 位编码后的输出码组，构成一个码字，这种关系可以表示为

$$c_{n-1}=f_{n-1}\left(a_{k-1},a_{k-2},\cdots,a_0\right),\ c_{n-2}=f_{n-2}\left(a_{k-1},a_{k-2},\cdots,a_0\right),\cdots,\ c_0=f_0\left(a_{k-1},a_{k-2},\cdots,a_0\right) \quad (8.5.1)$$

式中 $a_{k-1}\ a_{k-2}\cdots a_1\ a_0$ 是编码前的一个信息码组，$c_{n-1}\ c_{n-2}\cdots c_1$ 是编码后的输出码组，编码后的输出增加了 $r=n-k$ 位。线性分组码通常记为 (n,k)，表示编码后输出的码组长度为 n，包含 k 位信息位。在本章中，除非特别说明，**编码后输出的码组**与**码字**表示同一意思。

8.3.1 节中介绍的**偶校验码**就是一种最简单的参数为 $(n,k)=(k+1,k)$ 的线性分组码，其编码的线性方程组可表示为

$$c_k=a_{k-1},\ c_{k-1}=a_{k-2},\cdots,\ c_2=a_1,\ c_1=a_0,\ c_0=a_0\oplus a_1\oplus\cdots\oplus a_{k-1} \quad (8.5.2)$$

8.5.1　码距的概念

在数字通信中，经常涉及“距离”的概念，除收发两端地理上的距离是普通意义上的距离外，更多地是指两个信号、两个码组之间的某种**差异**。一般地，这种差异越大，两者间越容易分辨，相应地容错的性能越好。如在分析调制方法时，在一定的信号功率限定的条件下，总是希望在相幅平面的星座图上，符号间的“最小距离”尽可能地大，因为大的符号距离意味着有较大的噪声容限。同样，在设计纠错编码系统时，我们希望**许用码字集**中码字间的“差异”尽可能地大，这种“差异”通常用码字间的**汉明距离**来描述，汉明距离简称为**码距**。在本章主要讨论码字中的码元来自二进制符号集{0,1}的情况。下面先给出汉明距离的定义。

定义 8.5.1　两个 n 元码字 $w_1=b_{n-1}b_{n-2}\cdots b_1b_0$ 与 $w_2=c_{n-1}c_{n-2}\cdots c_1c_0$ 间的**汉明距离**定义为

$$D\left(w_1,w_2\right)=\sum_{i=0}^{n-1}b_i\oplus c_i \quad (8.5.3)$$

式中，符号“$\oplus$”表示异或运算。可见对应二进制的码元来说，汉明距离就是码组中相同位置上码元取值不同的位的个数。

【例 8.5.1】　求两码字 $w_1=1000110011$ 和 $w_2=1010110111$ 间的码距。

解：由式（8.4.3），码距为

$$\begin{aligned}D\left(w_1,w_2\right)&=\sum_{i=0}^{n-1}b_i\oplus c_i\\&=1\oplus1+0\oplus0+0\oplus1+0\oplus0+1\oplus1+1\oplus1+0\oplus0+0\oplus1+1\oplus1+1\oplus1\\&=0+0+1+0+0+0+0+1+0+0=2\end{aligned}$$

□

给定一个码字的集合，码字间的码距有如下一些**主要性质**。

（1）**自反性**：任一码字 $w=c_{n-1}c_{n-2}\cdots c_1c_0$ 与其自身间的码距为零。

证明：根据码距的定义，可得

$$D\left(w,w\right)=\sum_{i=0}^{n-1}c_i\oplus c_i=\sum_{i=0}^{n-1}0=0 \quad (8.5.4)$$

证毕。□

（2）**对称性**：对任两码字 $w_1=b_{n-1}b_{n-2}\cdots b_1b_0$ 和 $w_2=c_{n-1}c_{n-2}\cdots c_1c_0$，$w_1$ 与 w_2 间的码距与 w_2 与 w_1 间的码距相等。

证明：由**码距**的定义，有

$$D\left(w_1,w_2\right)=\sum_{i=0}^{n-1}b_i\oplus c_i=\sum_{i=0}^{n-1}c_i\oplus b_i=D\left(w_2,w_1\right) \quad (8.5.5)$$

证毕。□

（3）**三角不等式成立**：对任意的三个码字 $w_1=a_{n-1}a_{n-2}\cdots a_1a_0$、$w_2=b_{n-1}b_{n-2}\cdots b_1b_0$ 和 $w_3=c_{n-1}c_{n-2}\cdots c_1c_0$，

它们间的码距关系满足

$$D(w_1,w_2)+D(w_2,w_3)\geqslant D(w_1,w_3) \tag{8.5.6}$$

证明：若 $w_1=w_3$，$D(w_1,w_3)=0$，因 $D(w_1,w_2)\geqslant 0$，$D(w_2,w_3)\geqslant 0$，式（8.5.6）成立为显然。若 $w_1\neq w_3$，w_1 与 w_3 码字中一定有一部分位不同，设这些位为 $i_1,i_2,\cdots,i_m$，即有

$$a_{i_1}\neq c_{i_1},a_{i_2}\neq c_{i_2},\cdots,a_{i_m}\neq c_{i_m} \tag{8.5.7}$$

w_1 与 w_3 间的码距

$$D(w_1,w_3)=\sum_{i=0}^{n-1}a_i\oplus c_i=\sum_{j=1}^{m}a_{i_j}\oplus c_{i_j}=\sum_{l=1}^{m}1=m \tag{8.5.8}$$

由

$$D(w_1,w_2)+D(w_2,w_3)=\sum_{i=0}^{n-1}a_i\oplus b_i+\sum_{i=0}^{n-1}b_i\oplus c_i \tag{8.5.9}$$

对于 w_1 与 w_3 码字中不相同的那些位 $i_1,i_2,\cdots,i_m$，因为 $a_{i_j}\neq c_{i_j}$，所以一定有如下关系：

$$a_{i_j}\oplus b_{i_j}=0 \quad\rightarrow\quad b_{i_j}\oplus c_{i_j}=1 \tag{8.5.10}$$

$$a_{i_j}\oplus b_{i_j}=1 \quad\rightarrow\quad b_{i_j}\oplus c_{i_j}=0 \tag{8.5.11}$$

从而有

$$\begin{aligned}D(w_1,w_2)+D(w_2,w_3)&=\sum_{i=0}^{n-1}a_i\oplus b_i+\sum_{i=0}^{n-1}b_i\oplus c_i=\sum_{i=0}^{n-1}(a_i\oplus b_i+b_i\oplus c_i)\\&\geqslant\sum_{j=1}^{m}\left(a_{i_j}\oplus b_{i_j}+b_{i_j}\oplus c_{i_j}\right)=m=D(w_1,w_3)\end{aligned} \tag{8.5.12}$$

证毕。□

8.5.2 码距与检错、纠错能力的关系

线性分组码 (n,k) 的检错、纠错能力完全由其码距决定，进一步地，可由该码字集中任两码字间的最小距离决定。码字间的**最小距离**定义为

$$d_{\min}=\min_{i\neq j}D(w_i,w_j),\quad i,j=1,2,\cdots,2^k \tag{8.5.13}$$

码字间的**最小距离**也称**最小码距**。对同样长度的线性分组码，其最小距离越大，该编码方式的检错、纠错能力越强。最小码距与检错、纠错能力的关系可由下面的三个性质来描述。

性质 1 若要线性分组码能够检测出任一码字中的小于等于 e 位的误码，则应满足

$$d_{\min}\geqslant e+1 \tag{8.5.14}$$

证明：假定输入信道的许用码字为 w_i，经信道传输后输出的码字为 $\tilde{w}_o$，如码字中出现错误的码元数小于等于 e 位，因为不同码字间的最小距离大于 e，则出现误码时生成的新码字 $\tilde{w}_o$ 不会变成另一许用码字 w_j，因此接收端可以检测出在传输过程中出现了误码。**证毕**。□

上述的性质 1 可以形象地用图 8.5.1 来做其几何描述，以任一许用码字 w_i 为球心、以 e 为半径作一圆球，若 $e\leqslant d_{\min}$，则出错时产生的错误码字将会出现在球内，而球内不会包括许用码字，因此接收端可以根据收到的码字是许用码字还是禁用码字检测出是否有误码出现。

性质 2 若要线性分组码能够检出并纠正任一码字中的小于等于 t 位的误码，则应满足

$$d_{\min}\geqslant 2t+1 \tag{8.5.15}$$

证明：假定输入信道的许用码字为 w_i，经信道传输后输出的码字为 $\tilde{w}_o$，如码字中出现错误的码元

数小于等于t位，因为$d_{\min}\geqslant 2t+1$，即不同码字间的最小距离大于$2t$，则出现误码时产生的错误码字$\tilde{w}_o$将出现在以原来发送的许用码字w_i距离小于等于t的范围内，且一定不会落入与其他许用码字相距小于等于t的范围内。此时，若将收到的码字$\tilde{w}_o$译码为与其具有最短距离的许用码字，就能够纠正传输过程中出现的误码。**证毕**。□

上述的性质2也可以用图8.5.2来形象地描述，以任一许用码字w_i为球心、以t为半径作一圆球，若误码的位数t满足$d_{\min}\geqslant 2t+1$，则出错时出现的码字将会出现在以发送的许用码字w_i为球心、以半径为t的球内，球内不会包括其他的许用码字，也不会包含其他许用码字因小于等于t位误码产生的码字，因此接收端可以将其正确译码为最近距离的许用码字，进而纠正传输过程中的误码。

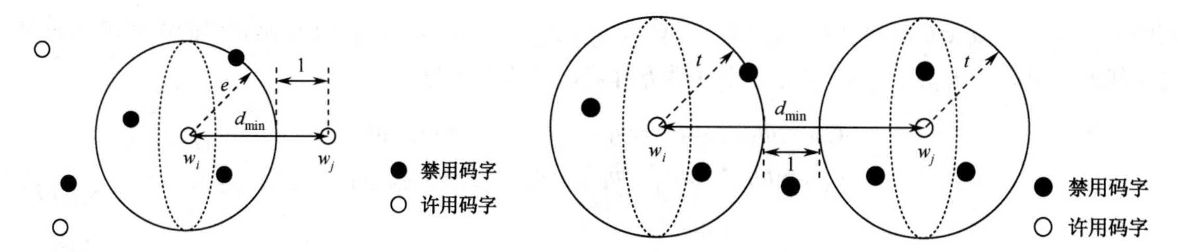

图8.5.1　检错能力的几何描述　　　　图8.5.2　纠错能力的几何描述

性质3　若要线性分组码能够检出任一码字中的e位误码，同时能够纠正其中t位（$t\leqslant e$）的误码，则应满足

$$d_{\min}\geqslant e+t+1 \tag{8.5.16}$$

证明：假定编码后的许用码字为w_i，经信道传输后输出的码字为$\tilde{w}_o$。

（1）如码字中出现的误码小于等于e位，则该码字$\tilde{w}_o$与w_i的距离小于等于e，而其他许用码字与w_i的距离均大于等于$e+t+1$，t为正整数，所以$\tilde{w}_o$不会是另一个许用码字，也不会在另一许用码字的纠错范围内，因此能够发现传输过程中出现了错误。

（2）若传输过程中出现了t位的误码，则该码字$\tilde{w}_o$与w_i的距离小于等于t，另外因为其他许用码字与w_i的距离均大于等于$e+t+1$，且$t\leqslant e$，因此码字$\tilde{w}_o$与其他许用码字的距离至少为$e+1$，所以码字$\tilde{w}_o$与w_i之间的距离，是在其与所有许用码字的距离中最短的，因此如果按距离最近的许用码字作为译码输出，则可纠正出现的t位及t位以下的误码。**证毕**。□

同样，性质3也可以用形象的几何图形来描述，如图8.5.3所示，当满足式（8.5.16）时，当传输过程中出现小于等于e位误码时，$\tilde{w}_i$只能出现在以w_i为中心、半径等于e的球所包围的空间区域内，因为有$d_{\min}\geqslant e+t+1$，t是大于等于零的正整数，所以在该空间中除w_i外，不会有其他许用码字，所以可以发现误码。另外，以w_i为中心、以t为半径作一个球，当误码的位数小于等于t时，错误码字将出现在该球所限定的空间内，同样因为有$d_{\min}\geqslant e+t+1$，且由于$t\leqslant e$，如果其他许用码字w_j发生误码的位数不大于e，则该许用码字的错误码字$\tilde{w}_j$不会出现在以w_i为中心、以t为半径的空间内，所以可以纠正误码。

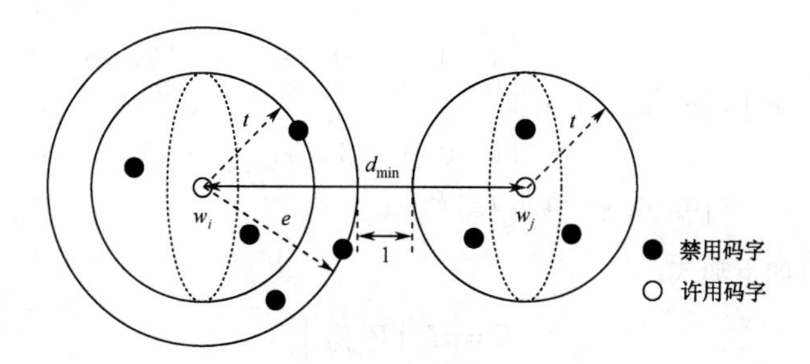

图8.5.3　检错加纠错能力的几何描述

需要注意的是，在性质3中，条件$t \leqslant e$是必需的。如果$t > e$，则其不满足性质2规定的纠错所需的条件，所以不能纠正t位误码，从几何图上来说，此时以最小码距的两个许用码字w_i和w_j为中心，分别作半径为t的两个球时，两球将相交，当错误的码字出现在相交部分时，将无法保证译码的正确性。

8.5.3 线性分组码的生成矩阵与监督矩阵

生成矩阵 一般地，二元域上的分组码(n,k)可以表示为

$$c_{n-1} = f_{n-1}\left(a_{k-1},a_{k-2},\cdots,a_0\right),\ c_{n-2} = f_{n-2}\left(a_{k-1},a_{k-2},\cdots,a_0\right),\cdots,\ c_0 = f_0\left(a_{k-1},a_{k-2},\cdots,a_0\right)$$

其中$a_{k-1},a_{k-2},\cdots,a_0 \in \mathrm{GF}(2):\{0,1\}$是$k$位信息位，$c_{n-1},c_{n-2},\cdots,c_0 \in \mathrm{GF}(2):\{0,1\}$是$n$位的编码输出码字。对于线性分组码，$f_{n-1},f_{n-2},\cdots,f_0$这$n$个线性方程可以具体表示为

$$\begin{aligned} c_{n-1} &= m_{k-1,n-1}a_{k-1} + m_{k-2,n-1}a_{k-2} + \cdots + m_{0,n-1}a_0 \\ c_{n-2} &= m_{k-1,n-2}a_{k-1} + m_{k-2,n-2}a_{k-2} + \cdots + m_{0,n-2}a_0 \\ &\ \ \vdots \\ c_0 &= m_{k-1,0}a_{k-1} + m_{k-2,0}a_{k-2} + \cdots + m_{0,0}a_0 \end{aligned} \tag{8.5.17}$$

式中，“+”运算是一种模2的运算。在本章的以下部分，如果没有特别声明，“+”运算均是模2的运算，即一种没有进位的“异或”运算。上式可用矩阵表示为

$$\boldsymbol{C} = \left[c_{n-1}c_{n-2}\cdots c_0\right] = \left[a_{k-1}a_{k-2}\cdots a_0\right]\begin{bmatrix} m_{k-1,n-1} & m_{k-1,n-2} & \cdots & m_{k-1,0} \\ m_{k-2,n-1} & m_{k-2,n-2} & \cdots & m_{k-2,0} \\ \vdots & \vdots & \ddots & \vdots \\ m_{0,n-1} & m_{0,n-2} & \cdots & m_{0,0} \end{bmatrix} = \left[a_{k-1}a_{k-2}\cdots a_0\right]\boldsymbol{G} \tag{8.5.18}$$

对应任何的k位信息位$a_{k-1},a_{k-2},\cdots,a_0$，利用上述方程，可获得$c_{n-1},c_{n-2},\cdots,c_0$位的编码输出，式中的$\boldsymbol{G}$

$$\boldsymbol{G} = \begin{bmatrix} m_{k-1,n-1} & m_{k-1,n-2} & \cdots & m_{k-1,0} \\ m_{k-2,n-1} & m_{k-2,n-2} & \cdots & m_{k-2,0} \\ \vdots & \vdots & \ddots & \vdots \\ m_{0,n-1} & m_{0,n-2} & \cdots & m_{0,0} \end{bmatrix} \tag{8.5.19}$$

称为**生成矩阵**。

对于**系统码结构**的线性分组码(n,k)，输入的k位信息位一般位于编码输出码字的最高k位或最低k位。如果将k位信息置于码字的最高k位，则有

$$a_{k-1}a_{k-2}\cdots a_1a_0 \xrightarrow{\text{编码}} c_{n-1}c_{n-2}\cdots c_kc_{k-1}c_{k-2}\cdots c_1c_0 = a_{k-1}a_{k-2}\cdots a_1a_0\ c_{n-k-1}c_{n-k-2}\cdots c_1c_0 \tag{8.5.20}$$

式中$c_{n-1}c_{n-2}\cdots c_k = a_{k-1}a_{k-2}\cdots a_1a_0$为信息位，剩下$n-k$位$c_{n-k-1}c_{n-k-2}\cdots c_1c_0$为监督位，则式（8.5.18）有特殊的结构：

$$\begin{aligned} \left[c_{n-1}c_{n-2}\cdots c_0\right] &= \left[a_{k-1}a_{k-2}\cdots a_0\right]\left[\begin{array}{cccc|cccc} 1 & 0 & \cdots & 0 & m_{k-1,n-1} & m_{k-1,n-2} & \cdots & m_{k-1,k} \\ 0 & 1 & \cdots & 0 & m_{k-2,n-1} & m_{k-2,n-2} & \cdots & m_{k-2,k} \\ \vdots & \vdots & \ddots & \vdots & \vdots & \vdots & \ddots & \vdots \\ 0 & 0 & \cdots & 1 & m_{0,n-1} & m_{0,n-2} & \cdots & m_{0,k} \end{array}\right] \\ &= \left[a_{k-1}a_{k-2}\cdots a_0\right]\left[\boldsymbol{I}_k \mid \boldsymbol{P}_{k,n-k}\right] \end{aligned} \tag{8.5.21}$$

此时，生成矩阵$\boldsymbol{G}$具有如下形式：

$$\boldsymbol{G} = \left[\boldsymbol{I}_k \mid \boldsymbol{P}_{k,n-k}\right] \tag{8.5.22}$$

式中，$\boldsymbol{P}_{k,n-k}$ 是 $k\times(n-k)$ 的矩阵，$\boldsymbol{I}_k$ 是 $k\times k$ 的单位矩阵。矩阵 $\boldsymbol{P}_{k,n-k}$ 建立了码字中 $n-k$ 位监督位 $c_{n-k-1}c_{n-k-2}\cdots c_1c_0$ 与 k 位信息位 $a_0,a_1,\cdots,a_{k-1}$ 间的**关联关系**。同理，不难分析，如果将 k 位信息置于码字的最高 k 位，生成矩阵则具有

$$\boldsymbol{G}=\left[\boldsymbol{P}_{k,n-k}\mid \boldsymbol{I}_k\right] \tag{8.5.23}$$

的形式。若无特别说明，本章中系统码结构的分组码均采用信息位在高位的表示形式。

监督矩阵　由式（8.5.17），可列出计算监督位的监督方程

$$\begin{gathered}
c_{n-k-1}=m_{k-1,n-1}a_{k-1}+m_{k-2,n-1}a_{k-2}+\cdots+m_{0,n-1}a_0\\
c_{n-k-2}=m_{k-1,n-2}a_{k-1}+m_{k-2,n-2}a_{k-2}+\cdots+m_{0,n-2}a_0\\
\vdots\\
c_0=m_{k-1,k}a_{k-1}+m_{k-2,k}a_{k-2}+\cdots+m_{0,k}a_0
\end{gathered} \tag{8.5.24}$$

以 $c_{n-1}=a_{k-1}$，$c_{n-2}=a_{k-2}$，$\cdots$，$c_{n-k}=a_0$ 代入上述方程组，得

$$\begin{gathered}
c_{n-k-1}=m_{k-1,n-1}c_{n-1}+m_{k-2,n-1}c_{n-2}+\cdots+m_{0,n-1}c_{n-k}\\
c_{n-k-2}=m_{k-1,n-2}c_{n-1}+m_{k-2,n-2}c_{n-2}+\cdots+m_{0,n-2}c_{n-k}\\
\vdots\\
c_0=m_{k-1,k}c_{n-1}+m_{k-2,k}c_{n-2}+\cdots+m_{0,k}c_{n-k}
\end{gathered} \tag{8.5.25}$$

上面的方程组经整理可得

$$\begin{gathered}
m_{k-1,n-1}c_{n-1}+m_{k-2,n-1}c_{n-2}+\cdots+m_{0,n-1}c_{n-k}+c_{n-k-1}=0\\
m_{k-1,n-2}c_{n-1}+m_{k-2,n-2}c_{n-2}+\cdots+m_{0,n-2}c_{n-k}+c_{n-k-2}=0\\
\vdots\\
m_{k-1,k}c_{n-1}+m_{k-2,k}c_{n-2}+\cdots+m_{0,k}c_{n-k}+c_0=0
\end{gathered} \tag{8.5.26}$$

将方程组以矩阵形式表示，有

$$\begin{bmatrix}
m_{k-1,n-1} & m_{k-2,n-1} & \cdots & m_{0,n-1} & 1 & 0 & \cdots & 0\\
m_{k-1,n-2} & m_{k-2,n-2} & \cdots & m_{0,n-2} & 0 & 1 & \cdots & 0\\
\vdots & \vdots & \ddots & \vdots & \vdots & \vdots & \ddots & \vdots\\
m_{k-1,k} & m_{k-2,k} & \cdots & m_{0,k} & 0 & 0 & \cdots & 1
\end{bmatrix}\cdot\begin{bmatrix} c_{n-1}\\ c_{n-2}\\ \vdots\\ c_0\end{bmatrix}=\left[\boldsymbol{P}_{k,n-k}^{\mathrm{T}}\mid \boldsymbol{I}_{n-k}\right]\cdot\begin{bmatrix} c_{n-1}\\ c_{n-2}\\ \vdots\\ c_0\end{bmatrix}=[0]_{n-k,1} \tag{8.5.27}$$

定义

$$\boldsymbol{H}=\left[\boldsymbol{P}_{k,n-k}^{\mathrm{T}}\mid \boldsymbol{I}_{n-k}\right] \tag{8.5.28}$$

为**监督矩阵**，有些教科书将其称为**校验矩阵**。在上式中 $\boldsymbol{P}_{k,n-k}^{\mathrm{T}}$ 是生成矩阵 $\boldsymbol{G}$ 中子矩阵 $\boldsymbol{P}_{k,n-k}$ 的转置矩阵，是一个 $(n-k)\times k$ 矩阵，$\boldsymbol{I}_{n-k}$ 是一个 $(n-k)\times(n-k)$ 的单位矩阵。称 $\boldsymbol{H}$ 为监督矩阵是因为对所有的许用码字 $c_{n-1}c_{n-2}\cdots c_1c_0$，都应满足

$$\boldsymbol{H}\cdot\begin{bmatrix} c_{n-1}\\ c_{n-2}\\ \vdots\\ c_0\end{bmatrix}=\begin{bmatrix}0\\0\\ \vdots\\0\end{bmatrix} \tag{8.5.29}$$

如果上式不成立，则该许用码字一定在传输过程中出现了错误。矩阵 $\boldsymbol{H}$ 起到了校验传输过程中码字是否产生误码的作用。

假定在传输过程中出现了错误，即许用码字 $c_{n-1}c_{n-2}\cdots c_1c_0$ 中的某些位发生了变化，这些发生了变化的位可以用一向量 $\boldsymbol{E}$ 来表示：

$$\boldsymbol{E}=\left[e_{n-1}\quad e_{n-2}\quad \cdots\quad e_0\right],\quad e_i=\begin{cases}0, & 第i位没有出错\\ 1, & 第i位出现错误\end{cases} \tag{8.5.30}$$

向量 $\boldsymbol{E}$ 称为**错误图样**，$e_i \in [0,1]$ 是因为我们现在讨论的是二元域上的码字。一般地，接收端收到的一个码字 $\boldsymbol{R}$ 可以表示为

$$\boldsymbol{R}=\boldsymbol{C}+\boldsymbol{E}=\left[c_{n-1}c_{n-2}\cdots c_0\right]+\left[e_{n-1}e_{n-2}\cdots e_0\right]=\left[c_{n-1}+e_{n-1}\quad c_{n-2}+e_{n-2}\quad \cdots \quad c_0+e_0\right] \tag{8.5.31}$$

伴随式 由式（8.5.31），可得

$$\boldsymbol{HR}^{\mathrm{T}}=\boldsymbol{H}\left(\boldsymbol{C}+\boldsymbol{E}\right)^{\mathrm{T}}=\boldsymbol{HC}^{\mathrm{T}}+\boldsymbol{HE}^{\mathrm{T}}=\boldsymbol{HE}^{\mathrm{T}} \tag{8.5.32}$$

称 $\boldsymbol{HE}^{\mathrm{T}}$ 为错误图样 $\boldsymbol{E}$ 的**伴随式**，用 $\boldsymbol{S}$ 来表示

$$\boldsymbol{S}=\boldsymbol{HE}^{\mathrm{T}} \tag{8.5.33}$$

在有些教科书中，把**伴随式**称为**校正子**，表示的是同一个意思。由式（8.5.32）可见，**伴随式 $\boldsymbol{S}$ 只与错误图样 $\boldsymbol{E}$ 和监督矩阵 $\boldsymbol{H}$ 有关**，不同的错误图样，通常会有不同的伴随式 $\boldsymbol{S}$，而与发送的许用码字 $\boldsymbol{C}$ 无关。因此，可以根据伴随式 $\boldsymbol{S}$ 是否为 **0** 向量来判断是否出现错误，或同时定位错误的位置。

在实际的接收过程中，也可能出现错误图样 $\boldsymbol{E}$ 与某一许用码字 $\boldsymbol{C}'$ 的图样相同的情况，此时，由 $\boldsymbol{E}=\boldsymbol{C}'$ 有

$$\boldsymbol{S}=\boldsymbol{HR}^{\mathrm{T}}=\boldsymbol{H}\left(\boldsymbol{C}+\boldsymbol{E}\right)^{\mathrm{T}}=\boldsymbol{H}\left(\boldsymbol{C}+\boldsymbol{C}'\right)^{\mathrm{T}}=\boldsymbol{HC}^{\mathrm{T}}+\boldsymbol{HC}'^{\mathrm{T}}=0+0=0 \tag{8.5.34}$$

这时尽管出现了错误，但因为 $\boldsymbol{S}=0$，所以无法发现。稍后在下一节介绍完**最小码重**与**最小码距间**的关系时，就会知道此时的错误个数一定超出了这种编码方式能够检错和纠错的范围。由式（8.5.34），$\boldsymbol{H}$ 是一个 $(n-k)\times n$ 的矩阵，$\boldsymbol{R}$ 是一个 n 维的向量，可知伴随式 $\boldsymbol{S}$ 是一个 $n-k$ 维的向量，$n-k$ 就是监督码元的个数。因此 $\boldsymbol{S}$ 最多可以有 2^{n-k} 种不同的组合或取值，相应地可以对应 2^{n-k} 种不同的错误图样数。

不同的监督或校验关系，可以构成不同的监督矩阵。下面我们通过例子来详细说明一个具有纠正码字中一位误码的监督矩阵和生成矩阵的构造过程。

【例 8.5.2】 构建一个可纠正一位误码、具有系统码结构的(7, 4)线性分组码。

解：先做一些初步的分析。(7, 4)线性分组码可表示为 $\boldsymbol{C}=\left[c_6c_5c_4c_3c_2c_1c_0\right]$。因为要求具有系统码的结果，因此将其中 4～7 的 4 位码元 $c_6c_5c_4c_3$ 规定为信息位，另外 3 位 $c_2c_1c_0$ 为监督位。假定某一位，如第 3 位在传输过程中出现了错误，收到的码字相当于

$$\boldsymbol{R}=\boldsymbol{C}+\boldsymbol{E}_5=\left[c_6c_5c_4c_3c_2c_1c_0\right]+\left[0001000\right]=\left[c_6c_5c_4\left(c_3+1\right)c_2c_1c_0\right]$$

因为希望构建一个可纠正一位误码的纠错编解码系统，对于一个有 7 位码元的码字，一位误码的错误图样共有 7 种：1000000，0100000，0010000，0001000，0000100，0000010，0000001。因为有 $n-k=7-4=3$ 位监督码元，相应地伴随式向量有 3 位，因此共有 $2^3=8$ 个不同的组合，除全 0 的伴随式对应没有误码的全 0 图样外，剩下的 7 个非 0 的伴随式刚好可用于分别对应上述 7 个不同的错误图样。假定我们选择如表 8.5.1 所示的对应关系。

表 8.5.1 伴随式与误码图样对应表

伴随式 $s_2s_1s_0$	误码图样 $e_6e_5e_4e_3e_2e_1e_0$	伴随式 $s_2s_1s_0$	误码图样 $e_6e_5e_4e_3e_2e_1e_0$
000	0000000	101	0001000
001	0000001	011	0010000
010	0000010	110	0100000
100	0000100	111	1000000

观察表中伴随式与误码图样的关系，对于只有 1 位误码的情形，当 e_4, e_3, e_1 或 e_0 中有一位且只有一位为 1 时，即当码字中相应的这些位出现错误时，$s_0=1$。因而有如下的关系：

$$s_0=e_6+e_4+e_3+e_0$$

同理，观察 s_1 和 s_2 与 1 位错误出现位置的关系，可得

$$s_1 = e_6 + e_5 + e_4 + e_1\text{，}\quad s_2 = e_6 + e_5 + e_3 + e_2$$

当无误码时，$e_i = 0,\ i = 0,\ 1,\ \cdots,\ 6$，此时伴随式的每一位均满足

$$s_0 = e_6 + e_4 + e_3 + e_0 = 0\text{，}\quad s_1 = e_6 + e_5 + e_4 + e_1 = 0\text{，}\quad s_2 = e_6 + e_5 + e_3 + e_2 = 0$$

编码时，$c_6c_5c_4c_3$ 已由信息位决定，而监督位 $c_2c_1c_0$ 的选择则使其满足

$$s_0 = c_6 + c_4 + c_3 + c_0 = 0\text{，}\quad s_1 = c_6 + c_5 + c_4 + c_1 = 0\text{，}\quad s_2 = c_6 + c_5 + c_3 + c_2 = 0$$

上述所有运算是在模 2 基础上进行的。假定在码字的传输过程中出现了一位的错误，例如错误图样为 0001000，此时，有

$$s_0 = c_6 + c_4 + (c_3 + e_3) + c_0 = (c_6 + c_4 + c_3 + c_0) + e_3 = 0 + 1 = 1\text{，}\quad S_1 = c_6 + c_5 + c_4 + c_1 = 0$$

$$s_2 = c_6 + c_5 + (c_3 + e_3) + c_2 = (c_6 + c_5 + c_3 + c_2) + e_3 = 0 + 1 = 1$$

即有 $s_2s_1s_0 = 101$，根据表 8.5.1 中的对应关系，就可以判定码字中的第 3 位出现了错误，将接收码字的该位取反，即可纠正该位的错误。可见，伴随式与误码的位置有关，与原来正确的码字无关。根据关系式

$$s_0 = c_6 + c_4 + c_3 + c_0 = 0\text{，}\quad s_1 = c_6 + c_5 + c_4 + c_1 = 0\text{，}\quad s_2 = c_6 + c_5 + c_3 + c_2 = 0$$

所得到的方程组

$$c_6 + c_4 + c_3 + c_0 = 0\text{，}\quad c_6 + c_5 + c_4 + c_1 = 0\text{，}\quad c_6 + c_5 + c_3 + c_2 = 0$$

即为所谓的**监督方程**。根据监督方程，可由信息码组 $c_6c_5c_4c_3$ 得到码字中的监督位，在上面 3 个方程中的左右两式中分别加上 c_0, c_1 和 c_2，可得

$$c_6 + c_4 + c_3 + c_0 + c_0 = c_0\text{，}\quad c_6 + c_5 + c_4 + c_1 + c_1 = c_1\text{，}\quad c_6 + c_5 + c_3 + c_2 + c_2 = c_2$$

整理后得到

$$c_0 = c_6 + c_4 + c_3\text{，}\quad c_1 = c_6 + c_5 + c_4\text{，}\quad c_2 = c_6 + c_5 + c_3$$

这就是监督位与信息位的约束关系。据此，由每一组信息位 $c_6c_5c_4c_3$，可计算出相应的监督位 $c_2c_1c_0$。将本例的监督方程以矩阵形式表示，可得

$$\begin{bmatrix} s_2 \\ s_1 \\ s_0 \end{bmatrix} = \begin{bmatrix} 1 & 1 & 0 & 1 & 1 & 0 & 0 \\ 1 & 1 & 1 & 0 & 0 & 1 & 0 \\ 1 & 0 & 1 & 1 & 0 & 0 & 1 \end{bmatrix} \begin{bmatrix} c_6 \\ c_5 \\ c_4 \\ c_3 \\ c_2 \\ c_1 \\ c_0 \end{bmatrix} = \begin{bmatrix} 0 \\ 0 \\ 0 \end{bmatrix}$$

相应的监督矩阵为

$$\boldsymbol{H} = \left[\boldsymbol{P}_{4,3}^{\mathrm{T}} \middle| \boldsymbol{I}_3\right] = \begin{bmatrix} 1 & 1 & 0 & 1 & 1 & 0 & 0 \\ 1 & 1 & 1 & 0 & 0 & 1 & 0 \\ 1 & 0 & 1 & 1 & 0 & 0 & 1 \end{bmatrix}\text{，其中 } \boldsymbol{P}_{4,3}^{\mathrm{T}} = \begin{bmatrix} 1 & 1 & 0 & 1 \\ 1 & 1 & 1 & 0 \\ 1 & 0 & 1 & 1 \end{bmatrix}$$

由监督矩阵 $\boldsymbol{H}$ 与生成矩阵 $\boldsymbol{G}$ 间的关系，可得生成矩阵

$$\boldsymbol{G} = \left[\boldsymbol{I}_4 \middle| \boldsymbol{P}_{4,3}\right] = \begin{bmatrix} 1 & 0 & 0 & 0 & 1 & 1 & 1 \\ 0 & 1 & 0 & 0 & 1 & 1 & 0 \\ 0 & 0 & 1 & 0 & 0 & 1 & 1 \\ 0 & 0 & 0 & 1 & 1 & 0 & 1 \end{bmatrix} \qquad \square$$

由此我们完整地介绍了一个能够纠正一位误码的、具有系统码结构的 (7,4) 线性分组码的构建过程。该过程实际上定义了信息位和监督位之间的关联关系，但通常这种关联关系不是唯一的，在上面的例子中，伴随式与错误图样的关系除第 1 项和最后 3 项（用斜体字表示）应保持不变外，其他的对应关系可随意调换而不影响该纠错编码的性能。第 1 项全 0 的伴随式对应无误码的图样，而最后 3 项

的特定关系可以保证各个监督位只与信息位有关，而与其他的监督位无关。后面将进一步介绍构建生成矩阵和监督矩阵的一般方法。

生成矩阵与监督矩阵的有关性质 根据前面的有关讨论可知，当把信息位置于码字的 $c_{k-1}c_{k-2}\cdots c_1c_0$ 位时，**系统码结构**的线性分组码 (n,k) 的**生成矩阵** $\boldsymbol{G}$ 可以表示为

$$\boldsymbol{G}=\left[\boldsymbol{I}_k \mid \boldsymbol{P}_{k,n-k}\right]=\begin{bmatrix}1 & 0 & \cdots & 0 & m_{k-1,n-1} & m_{k-1,n-2} & \cdots & m_{k-1,k}\\ 0 & 1 & \cdots & 0 & m_{k-2,n-1} & m_{k-2,n-2} & \cdots & m_{k-2,k}\\ \vdots & \vdots & \ddots & \vdots & \vdots & \vdots & \ddots & \vdots\\ 0 & 0 & \cdots & 1 & m_{0,n-1} & m_{0,n-2} & \cdots & m_{0,k}\end{bmatrix} \tag{8.5.35}$$

而**监督矩阵**则可表示为

$$\boldsymbol{H}=\left[\boldsymbol{P}_{k,n-k}^{\mathrm{T}} \mid \boldsymbol{I}_{n-k}\right]=\begin{bmatrix}m_{k-1,n-1} & m_{k-2,n-1} & \cdots & m_{0,n-1} & 1 & 0 & \cdots & 0\\ m_{k-1,n-2} & m_{k-2,n-2} & \cdots & m_{0,n-2} & 0 & 1 & \cdots & 0\\ \vdots & \vdots & \ddots & \vdots & \vdots & \vdots & \ddots & \vdots\\ m_{k-1,k} & m_{k-2,k} & \cdots & m_{0,k} & 0 & 0 & \cdots & 1\end{bmatrix} \tag{8.5.36}$$

下面分析生成矩阵和监督矩阵的有关**性质**。

（1）生成矩阵 $\boldsymbol{G}$ 中的每一行都是一个许用码字。

证明：因为任一码字均可表示为

$$\left[c_{n-1}c_{n-2}\cdots c_0\right]=\left[a_{k-1}a_{k-2}\cdots a_0\right]\boldsymbol{G} \tag{8.5.37}$$

当 $\left[a_{k-1}a_{k-2}\cdots a_0\right]$ 分别取

$$\left[a_{k-1}a_{k-2}\cdots a_0\right]=\begin{cases}\begin{bmatrix}1 & 0 & \cdots & 0\end{bmatrix}\\ \begin{bmatrix}0 & 1 & \cdots & 0\end{bmatrix}\\ \qquad\vdots\\ \begin{bmatrix}0 & 0 & \cdots & 1\end{bmatrix}\end{cases} \tag{8.5.38}$$

时，相应的码字为

$$\left[c_{n-1}c_{n-2}\cdots c_0\right]=\begin{cases}\begin{bmatrix}1 & 0 & \cdots & 0 & m_{k-1,n-1} & m_{k-1,n-2} & \cdots & m_{k-1,k}\end{bmatrix}\\ \begin{bmatrix}0 & 1 & \cdots & 0 & m_{k-2,n-1} & m_{k-2,n-2} & \cdots & m_{k-2,k}\end{bmatrix}\\ \qquad\vdots\\ \begin{bmatrix}0 & 0 & \cdots & 1 & m_{0,n-1} & m_{0,n-2} & \cdots & m_{0,k}\end{bmatrix}\end{cases} \tag{8.5.39}$$

其中每个码字依次对应 $\boldsymbol{G}$ 中的一行。**证毕**。□

（2）生成矩阵 $\boldsymbol{G}$ 的秩等于 k，生成矩阵 $\boldsymbol{G}$ 中的 k 个独立的行向量码字构成码字子空间的一组基。

证明：生成矩阵 $\boldsymbol{G}$ 中包含了一个 $k\times k$ 的单位矩阵，而矩阵 $\boldsymbol{G}$ 有只有 k 行，因此秩等于 k，相应地 k 个行向量相互独立。将生成矩阵 $\boldsymbol{G}$ 中的每一行用向量表示，可得

$$\begin{aligned}\boldsymbol{V}_{k-1}&=\begin{bmatrix}1 & 0 & \cdots & 0 & m_{k-1,n-1} & m_{k-1,n-2} & \cdots & m_{k-1,k}\end{bmatrix}\\ \boldsymbol{V}_{k-2}&=\begin{bmatrix}0 & 1 & \cdots & 0 & m_{k-2,n-1} & m_{k-2,n-2} & \cdots & m_{k-2,k}\end{bmatrix}\\ &\ \ \vdots\\ \boldsymbol{V}_0&=\begin{bmatrix}0 & 0 & \cdots & 1 & m_{0,n-1} & m_{0,n-2} & \cdots & m_{0,k}\end{bmatrix}\end{aligned} \tag{8.5.40}$$

由上式和式（8.5.37）可知，任一码字 $\boldsymbol{C}$ 可表示为

$$\boldsymbol{C}=\left[c_{n-1}c_{n-2}\cdots c_0\right]=a_{k-1}V_{k-1}+a_{k-2}V_{k-2}+\cdots+a_0V_0 \tag{8.5.41}$$

据**子空间**的定义，直接可验证由此构成的线性分组码 (n,k) 的码字空间是 n 维线性空间的子空间。**证毕**。□

（3）生成矩阵 $\boldsymbol{G}$ 和监督矩阵 $\boldsymbol{H}$ 满足如下关系：

$$\boldsymbol{G}\boldsymbol{H}^{\mathrm{T}}=[0]_{k,n-k} \tag{8.5.42}$$

$$\boldsymbol{H}\boldsymbol{G}^{\mathrm{T}}=[0]_{n-k,k} \tag{8.5.43}$$

证明：先看式（8.5.43），因为生成矩阵的每行都是一个许用码字，由式（8.5.29）可得

$$\boldsymbol{H}\boldsymbol{G}^{\mathrm{T}}=\boldsymbol{H}\left[\boldsymbol{V}_{k-1}^{\mathrm{T}}\quad \boldsymbol{V}_{k-2}^{\mathrm{T}}\quad \cdots\quad \boldsymbol{V}_{0}^{\mathrm{T}}\right]=\left[\boldsymbol{H}\boldsymbol{V}_{k-1}^{T}\quad \boldsymbol{H}\boldsymbol{V}_{k-2}^{\mathrm{T}}\quad \cdots\quad \boldsymbol{H}\boldsymbol{V}_{0}^{\mathrm{T}}\right]=[0]_{n-k,k} \tag{8.5.44}$$

式（8.5.43）也可证明如下：

$$\boldsymbol{H}\boldsymbol{G}^{\mathrm{T}}=\left[\boldsymbol{P}_{k,n-k}^{\mathrm{T}}\mid \boldsymbol{I}_{n-k}\right]\left[\begin{array}{c}\boldsymbol{I}_{k}\\ \hline \boldsymbol{P}_{k,n-k}^{\mathrm{T}}\end{array}\right]=\left[\boldsymbol{P}_{k,n-k}^{\mathrm{T}}\boldsymbol{I}_{k}+\boldsymbol{I}_{n-k}\boldsymbol{P}_{k,n-k}^{\mathrm{T}}\right]=\left[\boldsymbol{P}_{k,n-k}^{\mathrm{T}}+\boldsymbol{P}_{k,n-k}^{\mathrm{T}}\right]=[0]_{n-k,k} \tag{8.5.45}$$

因为式（8.5.42）是式（8.5.43）的转置，因而自然也成立。**证毕**。□

系统码结构线性分组码的生成矩阵 $\boldsymbol{G}$ 与监督矩阵 $\boldsymbol{H}$ 有很明确的关系，而非系统码结构的线性分组码则不具备这种性质。对于非系统码结构线性分组码的生成矩阵，可通过线性代数中的初等变换，变为系统码结构的生成矩阵，参见习题 8.7 和习题 8.8。一般地，初等变换在线性代数中是一种**等价变换**，因此这种变换只是改变了信息码组与码字间的对应关系，并不会改变该码原来的本质。

8.5.4　线性分组码的最小码距与最小码重的关系

定义 8.5.2　线性分组码每个码字中“1”的码元的个数定义为该码字的重量，简称为**码重**；码字集中码重最小的码字的重量定义为**最小码重**。

通过 8.5.2 节中的分析，可知线性分组码的最小码距 $d_{\min}$ 决定了该分组码检错和纠错的能力。而线性分组码**最小码距**与**最小码重**的关系则由下面的定理描述。

定理 8.5.1　线性分组码的**最小码距**等于其非零码字的**最小码重**。

证明：记线性分组码的码字集为 $\{\boldsymbol{C}\}$，码字 $\boldsymbol{w}_i\in\{\boldsymbol{C}\}$ 的**码重**记为 $W(\boldsymbol{w}_i)$，码字 $\boldsymbol{w}_i=c_{i,n-1}c_{i,n-2}\cdots c_{i,1}c_{i,0}$ 与 $\boldsymbol{w}_j=c_{j,n-1}c_{j,n-2}\cdots c_{j,1}c_{j,0}$ 的**码距**为

$$D(\boldsymbol{w}_i,\boldsymbol{w}_j)=\sum_{m=0}^{n-1}(c_{i,m}+c_{j,m})=\sum_{m=0}^{n-1}c_{k,m}=W(\boldsymbol{w}_k) \tag{8.5.46}$$

其中第二个等式成立的依据是，线性分组码码字集作为一子空间的封闭性，即任意两码字的和仍为一码字；特别地，任意两个不相同的非零码字的和为另一码字。最后一个等式成立是根据码重的定义。由此，可得

$$\min_{\boldsymbol{w}_i,\boldsymbol{w}_j\in\boldsymbol{C},i\neq j}D(\boldsymbol{w}_i,\boldsymbol{w}_j)=\min_{\boldsymbol{w}_k\in\boldsymbol{C}}W(\boldsymbol{w}_k) \tag{8.5.47}$$

证毕。□

【例 8.5.3】　已知线性分组码的生成矩阵为

$$\boldsymbol{G}=\begin{bmatrix}1&0&0&1&1&0\\0&1&0&1&0&1\\0&0&1&0&1&1\end{bmatrix}$$

试求：（1）该线性分组码的所有码字和最小码距，判断其检错和纠错能力；（2）求该码的监督矩阵；（3）假定传输过程中有可能发生 1 位的错误，如果收到码字 001110，判断误码的位置；（4）如果收到由许用码字 011110 出现 2 位错误变成的码字 000110，分析是否能判断出现了误码，能否确定误码的位置。

解：已知生成矩阵 $\boldsymbol{G}$ 为 $k\times n=3\times 6$ 的矩阵，码字长度 $n=6$，信息位 $k=3$。

（1）遍取所有可能信息位的 $2^k=2^3=8$ 种组合，得该线性分组码的所有码字为

$$w_0=[0\ \ 0\ \ 0]G=[0\ \ 0\ \ 0\ \ 0\ \ 0\ \ 0],\quad w_1=[0\ \ 0\ \ 1]G=[0\ \ 0\ \ 1\ \ 0\ \ 1\ \ 1]$$

$$w_2=[0\ \ 1\ \ 0]G=[0\ \ 1\ \ 0\ \ 1\ \ 0\ \ 1],\quad w_3=[0\ \ 1\ \ 1]G=[0\ \ 1\ \ 1\ \ 1\ \ 1\ \ 0]$$

$$w_4=[1\ \ 0\ \ 0]G=[1\ \ 0\ \ 0\ \ 1\ \ 1\ \ 0],\quad w_5=[1\ \ 0\ \ 1]G=[1\ \ 0\ \ 1\ \ 1\ \ 0\ \ 1]$$

$$w_6=[1\ \ 1\ \ 0]G=[1\ \ 1\ \ 0\ \ 0\ \ 1\ \ 1],\quad w_7=[1\ \ 1\ \ 1]G=[1\ \ 1\ \ 1\ \ 0\ \ 0\ \ 0]$$

直接观察上述所有的非零码字，易得最小的码重为 3，根据定理 8.5.1，码字间的最小码距为 $d_{\min}=3$，由此可以确定该码组的检错和纠错能力。如该码用于检错，可检测出 2 位错误，如用于纠错，可纠正 1 位错误。

（2）根据生成矩阵 G，可得

$$P_{k,n-k}=\begin{bmatrix}1&1&0\\1&0&1\\0&1&1\end{bmatrix}$$

监督矩阵 H 与 $P_{k,n-k}$ 矩阵间的关系，得

$$H=\left[P_{k,n-k}^{\mathrm{T}}\mid I_{n-k}\right]=\begin{bmatrix}1&1&0&1&0&0\\1&0&1&0&1&0\\0&1&1&0&0&1\end{bmatrix}$$

（3）采用系统的分析方法，可用误码图样 E 与伴随式 S 之间的关系 $S=HE^{\mathrm{T}}$，求出所有 1 位误码 $E_6=[1\ \ 0\ \ \cdots\ \ 0], E_5=[0\ \ 1\ \ \cdots\ \ 0],\cdots, E_1=[0\ \ 0\ \ \cdots\ \ 1]$ 的伴随式：

$$S_6=HE_6^{\mathrm{T}}=\begin{bmatrix}1&1&0&1&0&0\\1&0&1&0&1&0\\0&1&1&0&0&1\end{bmatrix}\begin{bmatrix}1\\0\\0\\0\\0\\0\end{bmatrix}=\begin{bmatrix}1\\1\\0\end{bmatrix},\quad S_5=HE_5^{\mathrm{T}}=\begin{bmatrix}1\\0\\1\end{bmatrix},\quad\cdots,\quad S_1=HE_1^{\mathrm{T}}=\begin{bmatrix}0\\0\\1\end{bmatrix}$$

注意到，S_6 实际上是监督矩阵 H 中的第 6 列（最左边一列）；S_5 是 H 中第 5 列…… S_1 是 H 中的最后 1 列，因此可得表 8.5.2 所示的伴随式。

表 8.5.2　1 位误码时的伴随式

S_6	S_5	S_4	S_3	S_2	S_1
110	101	011	100	010	001

若收到码字 001110，则其伴随式

$$S=HR^{\mathrm{T}}=\begin{bmatrix}1&1&0&1&0&0\\1&0&1&0&1&0\\0&1&1&0&0&1\end{bmatrix}\begin{bmatrix}0\\0\\1\\1\\1\\0\end{bmatrix}=\begin{bmatrix}1\\0\\1\end{bmatrix}$$

由表 8.5.2，可以判定是第 5 位发生了错误，正确的码字应是接收码字加相应的错误图样，因此得 $[0\ \ 0\ \ 1\ \ 1\ \ 1\ \ 0]+[0\ \ 1\ \ 0\ \ 0\ \ 0\ \ 0]=[0\ \ 1\ \ 1\ \ 1\ \ 1\ \ 0]$，由（1）可知 $[0\ \ 1\ \ 1\ \ 1\ \ 1\ \ 0]$ 是码字表中的 w_3。

一般地，具有 3 位的伴随式共有 7 种非零的组合，6 个一位误码的错误图样对应于上述的 6 个一位误码的伴随式。非零的组合 $S_7=111$ 还没有对应关系，不难验证，当出现第 6 位和第 1 位这两位的误码，即误码的图样为 $[1\ \ 0\ \ 0\ \ 0\ \ 0\ \ 1]$ 时，若将伴随式 $S_7=111$ 与该错误图样对应，则这种两位误码的错误通过该伴随式可以加以纠正。

（4）当收到码字 000110 时，计算伴随式

$$S = HR^{\mathrm{T}} = \begin{bmatrix} 1 & 1 & 0 & 1 & 0 & 0 \\ 1 & 0 & 1 & 0 & 1 & 0 \\ 0 & 1 & 1 & 0 & 0 & 1 \end{bmatrix} \begin{bmatrix} 0 \\ 0 \\ 0 \\ 1 \\ 1 \\ 0 \end{bmatrix} = \begin{bmatrix} 1 \\ 1 \\ 0 \end{bmatrix}$$

如果按照伴随式表，应该判定第 6 位码元出现了错误，正确的码字似乎应该为

$$[0\ \ 0\ \ 0\ \ 1\ \ 1\ \ 0] + [1\ \ 0\ \ 0\ \ 0\ \ 0\ \ 0] = [1\ \ 0\ \ 0\ \ 1\ \ 1\ \ 0]$$

得到一个合法的许用码字 w_4。而实际上 000110 也可以是由许用码字 011110 出现 2 位误码变成的码字。出现这两位误码时的伴随式的计算结果为

$$H(E_2 + E_3) = \begin{bmatrix} 1 & 1 & 0 & 1 & 0 & 0 \\ 1 & 0 & 1 & 0 & 1 & 0 \\ 0 & 1 & 1 & 0 & 0 & 1 \end{bmatrix} \left(\begin{bmatrix} 0 \\ 1 \\ 0 \\ 0 \\ 0 \\ 0 \end{bmatrix} + \begin{bmatrix} 0 \\ 0 \\ 1 \\ 0 \\ 0 \\ 0 \end{bmatrix} \right) = \begin{bmatrix} 1 \\ 0 \\ 1 \end{bmatrix} + \begin{bmatrix} 0 \\ 1 \\ 1 \end{bmatrix} = \begin{bmatrix} 1 \\ 1 \\ 0 \end{bmatrix}$$

即第 5 位错误和第 4 位错误的伴随式的和等于第 6 位错误的伴随式，因为该码字集的最小码距为 3，当错误的个数等于和大于 2 时，已经超过了这种编码方法一般纠错能力的范围，因此伴随式无法指示 2 个错误的位置。□

对于大多数通信系统，经过合理的设计，误码错误可被控制在概率很小的范围内，绝大多数随机的误码错误都是单个的错误，所以纠正一位误码的纠错编码系统因其简单还是具有很好的实际意义。

8.5.5　线性分组码的标准阵、陪集首和陪集

由前面的分析，根据伴随式，可以确定导致误码的错误图样，而将错误图样与接收到的码字按位模 2 相加，就可以完成纠错操作。伴随式是一个 $n-k$ 维的向量，总共可以有 2^{n-k} 种不同的组合，相应地可以与 2^{n-k} 种不同错误图样建立对应关系。

对于一个线性分组码 (n,k)，许用码字集和所有可纠正的错误图样可以用一种特定的结构表示，这种结构称为**标准阵**，式（8.5.48）描述了标准阵的结构

$$\begin{matrix} C_0/E_0 & C_1 & \cdots & C_i & \cdots & C_{2^k-1} \\ E_1 & C_1+E_1 & \cdots & C_i+E_1 & \cdots & C_{2^k-1}+E_1 \\ E_2 & C_1+E_2 & \cdots & C_i+E_2 & \cdots & C_{2^k-1}+E_2 \\ \vdots & \vdots & \ddots & \vdots & \ddots & \vdots \\ E_j & C_1+E_j & \cdots & C_i+E_j & \cdots & C_{2^k-1}+E_j \\ \vdots & \vdots & \ddots & \vdots & \ddots & \vdots \\ E_{2^{n-k}-1} & C_1+E_{2^{n-k}-1} & \cdots & C_i+E_{2^{n-k}-1} & \cdots & C_{2^k-1}+E_{2^{n-k}-1} \end{matrix} \tag{8.5.48}$$

在标准阵中，$C_0 = E_0 = [0]_{1,n}$ 是一个全 0 的码字，也可以视为一种特殊的“错误”图样 E_0。标准阵的第一行为所有的**许用码字**。标准阵的第一列为所有可纠正的错误图样，其中的每个元素称为一个**陪集首**。标准阵的每一行为该行陪集首所对应的**陪集**。标准阵中的每一个陪集都有相同的伴随式，这是因为任一陪集可表示为

$$C_i + E_j \quad i = 0,1,2,\cdots,2^r - 1 \tag{8.5.49}$$

相应的伴随式 S_j 仅与监督矩阵 H 和错误图样 E_j 有关：

$$S_j = H\left(C_i + E_j\right)^{\mathrm{T}} = H\left(C_i^{\mathrm{T}} + E_j^{\mathrm{T}}\right) = HC_i^{\mathrm{T}} + HE_j^{\mathrm{T}} = 0 + HE_j^{\mathrm{T}} = HE_j^{\mathrm{T}} \tag{8.5.50}$$

陪集首中的每一个错误图样 E_j，对于一个特定的伴随式 S_j。因此可以用伴随式来进行相应错误图样的定位。将陪集首和伴随式的集合分别记为

$$\left\{E : E_j, j = 0,1,2,\cdots,2^r - 1\right\}，\left\{S : S_j, j = 0,1,2,\cdots,2^r - 1\right\}$$

若 $E^* \in \left\{E : E_j, j = 0,1,2,\cdots,2^r - 1\right\}$，则由 $HE^{*\mathrm{T}} = S^* \in \left\{S : S_j, j = 0,1,2,\cdots,2^r - 1\right\}$ 计算得到的 S^* 可以定位错误图样。

若 $E^* \notin \left\{E : E_j, j = 0,1,2,\cdots,2^r - 1\right\}$，则由 $HE^{*\mathrm{T}} = S^* \in \left\{S : S_j, j = 0,1,2,\cdots,2^r - 1\right\}$，虽然同样得到伴随式集合中的元素 S^*，但 S^* 已经用于对应 $E^* \in \left\{E : E_j, j = 0,1,2,\cdots,2^r - 1\right\}$ 中的特定的错误图样，此时 S^* 不能定位错误。**例** 8.5.3（4）中给出的就是一个具体的示例。

纠错译码基本步骤和方法 归纳前面的分析结果，可得到如下接收端纠错码译码的具体步骤。

（1）计算接收码字 R 的伴随式：

$$S_j = HR^{\mathrm{T}} = H\left(C_i^{\mathrm{T}} + E_j^{\mathrm{T}}\right) = HE_j^{\mathrm{T}} \tag{8.5.51}$$

（2）由伴随式定位错误图样：

$$S_j \to E_j \tag{8.5.52}$$

（3）进行纠错操作：

$$R + E_j = \left(C_i + E_j\right) + E_j = C_i + \left(E_j + E_j\right) = C_i + 0 = C_i \tag{8.5.53}$$

【例 8.5.4】 求**例** 8.5.3 中线性分组码 (6,3) 的标准阵。

解：根据**例** 8.5.3 获得的结果，可知许用**码字集**（子空间）包含的元素为

000000，001011，010101，011110，100110，101101，110011，111000

可纠正的**错误图样**（陪集首）为

000000，100000，010000，001000，000100，000010，000001，100001

由此，可构建**标准阵**如下：

000000	**001011**	**010101**	**011110**	**100110**	**101101**	**110011**	**111000**
100000	101011	110101	111110	000110	001101	010011	011000
010000	011011	000101	001110	110110	111101	100011	101000
001000	000011	011101	010110	101110	100101	111011	110000
000100	001111	010001	011010	100010	101001	110111	111100
000010	001001	010111	011100	100100	101111	110001	111010
000001	001010	010100	011111	100111	101100	110010	111001
100001	101010	110100	111111	000111	001100	010010	011001

其中第一行为许用码字集，第一列为陪集首。利用式（8.5.51）求出每个错误图样的伴随式，可得伴随式和错误图样的对应关系为

S_j	E_j	S_j	E_j
000	000000	001	000001

010	000010	011	001000
100	000100	101	010000
110	100000	111	100001

利用该对应关系，很容易纠正一位的错误。□

8.5.6 汉明码

在纠错编码算法的研究过程中，人们一直在不断寻求高效率的编码方法。在线性分组码中，汉明码就是一种高效码。

定义 8.5.2 如果线性分组码 (n,k) 满足码字长度 $n=2^r-1$，信息位 $k=2^r-1-r$，则称这种码为**汉明码**。

通常称汉明码为高效码，因为其编码效率

$$\eta=\frac{k}{n}=\frac{2^r-1-r}{2^r-1}\xrightarrow{n\to\infty}1 \tag{8.5.54}$$

即随着码长的增大，编码的效率趋于 1。

汉明码的纠错能力 汉明码的码字长度为 $n=2^r-1$，其中信息位 $k=2^r-1-r$，监督位 $r=n-k$。与其他线性分组码一样，其不同伴随式的数目由监督位的多少来决定，等于 $2^{n-k}=2^r$，除去其中全 0 的那个特殊的陪集首，共有 2^r-1 项，而码字长度刚好等于 $n=2^r-1$，因此，每个不同的伴随式刚好可分别用于对应每一种不同的一位错误图样。另外，根据码字中第 i 位错误图样的伴随式与监督矩阵第 i 列的对应关系，很容易实现一位错误的纠正。

汉明码的监督矩阵可以有多种不同的构建方式。例如，可按照列所对应的二进制数递增的方式构建：

$$\boldsymbol{H}=\left.\begin{bmatrix}1&0&1&\cdots&0&1\\0&1&1&\cdots&1&1\\0&0&0&\cdots&1&1\\\vdots&\vdots&\vdots&\ddots&\vdots&\vdots\\0&0&0&\cdots&1&1\end{bmatrix}\right\}r\text{行} \tag{8.5.55}$$

但一般随意构造的方式不能保证纠错编码具有系统码的结构。为使码字具有系统码的结构，由式（8.5.36），应使监督矩阵具有下面的形式：

$$\boldsymbol{H}=\left[\boldsymbol{P}_{k,n-k}^{\mathrm{T}}\mid\boldsymbol{I}_{n-k}\right]=\begin{bmatrix}\cdots&\cdots&\cdots&1&0&0&\cdots&0\\\cdots&\cdots&\cdots&0&1&0&\cdots&0\\\cdots&\cdots&\cdots&0&0&1&\cdots&0\\\vdots&\ddots&\vdots&\vdots&\vdots&\vdots&\ddots&\vdots\\\cdots&\cdots&\cdots&0&0&0&0&1\end{bmatrix} \tag{8.5.56}$$

其中，矩阵的右边必须是一个**单位矩阵**，它包括了所有只有一个非零元素的伴随式，而左边则是其他包含一个以上非零元素的不重复的伴随式组合。可见具有系统码结构的监督矩阵也有多种形式，它们都具有汉明码的纠正一位误码的能力。对于系统码结构的汉明码，根据生成矩阵 $\boldsymbol{G}$ 与监督矩阵 $\boldsymbol{H}$ 之间的关系，很容易由监督矩阵导出相应的生成矩阵，从而实现汉明码的编码。对于非系统码结构的监督矩阵，理论上也可根据监督关系由给定的信息位求解相应的监督位。

【例 8.5.5】 设计一个具有系统码结构的 (15,11) 的汉明码编码器。

解：根据式（8.5.56），可以取这样一种结构，在监督矩阵中，除只有一个非零元素的列组成单位矩阵外，其他列按照递增的方式排列，得到监督矩阵

$$
\boldsymbol{H}=\begin{bmatrix}
1&1&0&1&1&0&1&0&1&0&1&1&0&0&0\\
1&0&1&1&0&1&1&0&0&1&1&0&1&0&0\\
0&1&1&1&0&0&0&1&1&1&1&0&0&1&0\\
0&0&0&0&1&1&1&1&1&1&1&0&0&0&1
\end{bmatrix}
$$

由此可得矩阵 $\boldsymbol{P}_{11,4}^{\mathrm{T}}$ 为

$$
\boldsymbol{P}_{11,4}^{\mathrm{T}}=\begin{bmatrix}
1&1&0&1&1&0&1&0&1&0&1\\
1&0&1&1&0&1&1&0&0&1&1\\
0&1&1&1&0&0&0&1&1&1&1\\
0&0&0&0&1&1&1&1&1&1&1
\end{bmatrix}
$$

进而可得生成矩阵 $\boldsymbol{G}$ 为

$$
\boldsymbol{G}=\left[\boldsymbol{I}_{11}\mid\boldsymbol{P}_{11,4}\right]=\begin{bmatrix}
1&&&&&&&&&&&1&1&0&0\\
&1&&&&&&&&&&1&0&1&0\\
&&1&&&&&&&&&0&1&1&0\\
&&&1&&&&0&&&&1&1&1&0\\
&&&&1&&&&&&&1&0&0&1\\
&&&&&1&&&&&&0&1&0&1\\
&&&&&&1&&&&&1&1&0&1\\
&&&0&&&&1&&&&0&0&1&1\\
&&&&&&&&1&&&1&0&1&1\\
&&&&&&&&&1&&0&1&1&1\\
&&&&&&&&&&1&1&1&1&1
\end{bmatrix}
$$

由此很容易设计一个由组合逻辑电路构成的编码器或由程序实现的编码器。□

扩展汉明码 在前面定义的汉明码中，共有 2^r-1 个非零的伴随式，刚好对应 2^r-1 种一位错误的错误图样，我们可以据此纠正所有 $t=1$ 的一位错误，因此汉明码的最小码距 $d_{\min}$ 应满足

$$d_{\min}\geqslant 2t+1=2\times1+1=3 \tag{8.5.57}$$

另外，当出现两位误码时，如第 i 位和第 j 位误码，$i\neq j$，其错误图样为 $\boldsymbol{E}=\boldsymbol{E}_i+\boldsymbol{E}_j$，此时的伴随式为

$$\boldsymbol{S}=\boldsymbol{H}\boldsymbol{E}^{\mathrm{T}}=\boldsymbol{H}\left(\boldsymbol{E}_i+\boldsymbol{E}_j\right)^{\mathrm{T}}=\boldsymbol{H}\boldsymbol{E}_i^{\mathrm{T}}+\boldsymbol{H}\boldsymbol{E}_j^{\mathrm{T}}=\boldsymbol{S}_i+\boldsymbol{S}_j=\boldsymbol{S}_k \tag{8.5.58}$$

相当于监督矩阵的第 i 列和第 j 列相加，因为 $i\neq j$，同时对于汉明码，其监督矩阵的列已经包含了所有可能的非零组合，因此 $\boldsymbol{S}_k$ 一定是 $\boldsymbol{H}$ 中不等于 $\boldsymbol{S}_i$ 和 $\boldsymbol{S}_j$ 的另外一列，而 $\boldsymbol{H}$ 中的每一列都已经用于一位错误的伴随式，所以两位错误对应的伴随式一定等于另外一位错误的伴随式，换句话说，如果将汉明码用于纠正一位错误，则任何两位或两位以上的错误都无法发现；而如果将汉明码用于检测两位和两位以下的错误，则不能用于纠错。由此可以推断**汉明码的最小码距**

$$d_{\min}=3 \tag{8.5.59}$$

【**例 8.5.6**】 在例 8.5.1 中构建的纠错编码实际上就是一个汉明码，其监督矩阵为

$$
\boldsymbol{H}=\begin{bmatrix}
1&1&0&1&1&0&0\\
1&1&1&0&0&1&0\\
1&0&1&1&0&0&1
\end{bmatrix}
$$

试分析其列向量间的关系。

解：简单观察不难发现，任意两列相加都等于另外一列。如第一列和第二列相加，其结果等于第七列，如果该汉明码用于一位的纠错，就有可能将第一位和第二位两位的错误当做第七位的错误。可见普通的汉明码在用于纠正一位错误时，不能发现两位的错误。□

对于任意一个系统码结构的汉明码监督矩阵 $\boldsymbol{H}$，先在最后一列之后增加一全“0”列，然后在最后一行之后增加一全“1”行，得到如下一个新矩阵：

$$\boldsymbol{H}_{\mathrm{E}}=\begin{bmatrix}\boldsymbol{H} & \boldsymbol{0}\\ \boldsymbol{1} & 1\end{bmatrix}=\begin{bmatrix}\cdots & \cdots & \cdots & 1 & 0 & 0 & \cdots & 0 & 0\\ \cdots & \cdots & \cdots & 0 & 1 & 0 & \cdots & 0 & 0\\ \cdots & \cdots & \cdots & 0 & 0 & 1 & \cdots & 0 & 0\\ \vdots & \ddots & \vdots & \vdots & \vdots & \vdots & \ddots & \vdots & \vdots\\ \cdots & \cdots & \cdots & 0 & 0 & 0 & \cdots & 1 & 0\\ 1 & \cdots & \cdots & 1 & 1 & 1 & \cdots & 1 & 1\end{bmatrix} \tag{8.5.60}$$

其中 $\boldsymbol{0}=\begin{bmatrix}0 & 0 & \cdots & 0\end{bmatrix}_{1\times k}^{\mathrm{T}}$，$\boldsymbol{1}=\begin{bmatrix}1 & 1 & \cdots & 1\end{bmatrix}_{1\times(n+1)}$，$\boldsymbol{H}_{\mathrm{E}}$ 中的元素为 h_{ij}; $i=0,1,\cdots,r; j=0,1,\cdots,n$，$\boldsymbol{H}_{\mathrm{E}}$ 就是所谓**扩展汉明码**的监督矩阵。

扩展汉明码的码字是在原来汉明码码字 $\boldsymbol{C}$ 的基础上按如下方式增加一位，编码输出的码字 $\boldsymbol{C}'$ 为

$$\boldsymbol{C}'=\begin{bmatrix}\boldsymbol{C} & \sum_{i=1}^{n-1}c_i\end{bmatrix}=\begin{bmatrix}c_{n-1}c_{n-2}\cdots c_0\sum_{i=0}^{n-1}c_i\end{bmatrix} \tag{8.5.61}$$

其中，$\boldsymbol{C}=\begin{bmatrix}c_{n-1}c_{n-2}\cdots c_0\end{bmatrix}$ 是按原来普通汉明码编码产生的码字。因为

$$\boldsymbol{H}_{\mathrm{E}}\boldsymbol{C}'^{\mathrm{T}}=\begin{bmatrix}\cdots & \cdots & \cdots & 1 & 0 & 0 & \cdots & 0 & 0\\ \cdots & \cdots & \cdots & 0 & 1 & 0 & \cdots & 0 & 0\\ \cdots & \cdots & \cdots & 0 & 0 & 1 & \cdots & 0 & 0\\ \vdots & \ddots & \vdots & \vdots & \vdots & \vdots & \ddots & \vdots & \vdots\\ \cdots & \cdots & \cdots & 0 & 0 & 0 & \cdots & 1 & 0\\ 1 & \cdots & \cdots & 1 & 1 & 1 & \cdots & 1 & 1\end{bmatrix}\begin{bmatrix}c_{n-1}\\ c_{n-2}\\ c_{n-3}\\ \vdots\\ c_0\\ \sum_{i=0}^{n-1}c_i\end{bmatrix}=\begin{bmatrix}0+0\cdot\sum_{i=0}^{n-1}c_i\\ 0+0\cdot\sum_{i=0}^{n-1}c_i\\ 0+0\cdot\sum_{i=0}^{n-1}c_i\\ \vdots\\ 0+0\cdot\sum_{i=0}^{n-1}c_i\\ \sum_{i=0}^{n-1}c_i+\sum_{i=0}^{n-1}c_i\end{bmatrix}=\begin{bmatrix}0\\ 0\\ 0\\ \vdots\\ 0\\ 0\end{bmatrix} \tag{8.5.62}$$

显然矩阵 $\boldsymbol{H}_{\mathrm{E}}$ 仍然具有监督矩阵的功能。即当无误码时，伴随式为一个全“0”的向量。当出现一位错误，如第 j 位出错时，$e_j=1$。记该码字为 $\boldsymbol{C}_j'$，则有

$$\boldsymbol{H}_{\mathrm{E}}\boldsymbol{C}_j'^{\mathrm{T}}=\begin{bmatrix}\cdots & \cdots & \cdots & 1 & 0 & 0 & \cdots & 0 & 0\\ \cdots & \cdots & \cdots & 0 & 1 & 0 & \cdots & 0 & 0\\ \cdots & \cdots & \cdots & \cdots & \cdots & \cdots & \cdots & \cdots & \cdots\\ \cdots & \cdots & \cdots & \cdots & \cdots & \cdots & \cdots & \cdots & \cdots\\ \cdots & \cdots & \cdots & \cdots & \cdots & \cdots & \cdots & \cdots & \cdots\\ \cdots & \cdots & \cdots & 0 & 0 & 0 & \cdots & 1 & 0\\ 1 & 1 & 1 & 1 & 1 & 1 & \cdots & 1 & 1\end{bmatrix}\begin{bmatrix}c_{n-1}\\ c_{n-2}\\ \vdots\\ c_j+e_j\\ \vdots\\ c_0\\ \sum_{i=0}^{n-1}c_i\end{bmatrix}=\begin{bmatrix}h_{0j}+0\cdot\sum_{i=0}^{n-1}c_i\\ h_{1j}+0\cdot\sum_{i=0}^{n-1}c_i\\ \vdots\\ h_{kj}+0\cdot\sum_{i=0}^{n-1}c_i\\ \vdots\\ h_{r-1j}+0\cdot\sum_{i=0}^{n-1}c_i\\ h_{rj}+\sum_{i=0}^{n-1}c_i+\sum_{i=0}^{n-1}c_i\end{bmatrix}=\begin{bmatrix}h_{0j}\\ h_{1j}\\ \vdots\\ h_{kj}\\ \vdots\\ h_{r-1j}\\ h_{rj}\end{bmatrix} \tag{8.5.63}$$

即得到 $\boldsymbol{H}_{\mathrm{E}}$ 中的第 j 列，据此，我们可以定位误码的位置。当出现两位误码时，假定第 j 位和第 k 位出现错误，$e_j=1$ 和 $e_k=1$。记该码字为 $\boldsymbol{C}_{j,k}'$，此时利用 $\boldsymbol{H}_{\mathrm{E}}$ 得到

$$\boldsymbol{H}_{\mathrm{E}}\boldsymbol{C}_{j,k}'^{\mathrm{T}}=\begin{bmatrix}\cdots & \cdots & \cdots & 1 & 0 & 0 & \cdots & 0 & 0\\ \cdots & \cdots & \cdots & 0 & 1 & 0 & \cdots & 0 & 0\\ \cdots & \cdots & \cdots & \cdots & \cdots & \cdots & \cdots & \cdots & \cdots\\ \cdots & \cdots & \cdots & \cdots & \cdots & \cdots & \cdots & \cdots & \cdots\\ \cdots & \cdots & \cdots & \cdots & \cdots & \cdots & \cdots & \cdots & \cdots\\ \cdots & \cdots & \cdots & \cdots & \cdots & \cdots & \cdots & \cdots & \cdots\\ \cdots & \cdots & \cdots & \cdots & \cdots & \cdots & \cdots & \cdots & \cdots\\ \cdots & \cdots & \cdots & 0 & 0 & 0 & \cdots & 1 & 0\\ 1 & \cdots & 1 & 1 & 1 & 1 & \cdots & 1 & 1\end{bmatrix}\begin{bmatrix}c_{n-1}\\ c_{n-2}\\ \vdots\\ c_j+e_j\\ \vdots\\ c_k+e_k\\ \cdots\\ c_0\\ \sum_{i=0}^{n-1}c_i\end{bmatrix}=\begin{bmatrix}h_{0j}+h_{0k}\\ h_{1j}+h_{1k}\\ \vdots\\ h_{jj}+h_{jk}\\ \vdots\\ h_{kj}+h_{kk}\\ \cdots\\ h_{r-1j}+h_{r-1k}\\ h_{rj}+h_{rk}\end{bmatrix}=\begin{bmatrix}h_{0m}\\ h_{1m}\\ \vdots\\ h_{jm}\\ \vdots\\ h_{km}\\ \cdots\\ h_{r-1m}\\ 0\end{bmatrix} \tag{8.5.64}$$

在式（8.5.64）中，虽然 $\boldsymbol{H}_{\mathrm{E}}$ 矩阵中第 j 列和第 k 列的元素相加时，前面的 r 个元素等于第 m 列的前 r 个元素，但因为两列中的最后一个元素均为 1，所以有

$$h_{rj}+h_{rk}=1+1=0 \tag{8.5.65}$$

即式（8.5.65）的运算结果不会是监督矩阵 $\boldsymbol{H}_{\mathrm{E}}$ 中的任何一列，由此可以发现任意的两位错误。

综上，普通的汉明码经过扩展变为扩展汉明码之后，码字长度增加了一位，它能够纠正任意的一位误码并发现两位误码。根据线性分组码的码距与检错、纠错能力间的关系，扩展汉明码的最小码距变为

$$d_{\min}=t+e+1=1+2+1=4 \tag{8.5.66}$$

下面来看扩展汉明码的一个应用例子。

【例 8.5.7】 某汉明码的监督矩阵如下所示，试将其增强为扩展汉明码，并分析其纠错和检错能力。

$$\boldsymbol{H}=\begin{bmatrix}1&1&0&1&1&0&0\\1&1&1&0&0&1&0\\1&0&1&1&0&0&1\end{bmatrix}$$

解： 由式（8.5.58），相应的扩展汉明码的监督矩阵为

$$\boldsymbol{H}_{\mathrm{E}}=\begin{bmatrix}1&1&0&1&1&0&0&0\\1&1&1&0&0&1&0&0\\1&0&1&1&0&0&1&0\\1&1&1&1&1&1&1&1\end{bmatrix}$$

码字的前 7 位 $c_6c_5c_4c_3c_2c_1c_0$ 由原来汉明码的生成矩阵

$$\boldsymbol{G}=\begin{bmatrix}1&0&0&0&1&1&1\\0&1&0&0&1&1&0\\0&0&1&0&0&1&1\\0&0&0&1&1&0&1\end{bmatrix}$$

产生，而最后一位为

$$c_0'=\sum_{i=0}^{6}c_i$$

注意，上面的求和运算为模 2 运算。给定一组信息位，可得一编码输出码字。如对于信息码组 1101，编码输出为

$$c_6c_5c_4c_3c_2c_1c_0c_0'=11011000$$

当出现一位的误码时，伴随式由相应的扩展汉明码的列决定。例如，当第三位出现误码，即误码图样为

$$\boldsymbol{E}=[00100000]$$

时，得到的伴随式为

$$\boldsymbol{S}=[0111]^{\mathrm{T}}$$

$\boldsymbol{S}$ 为监督矩阵的第 6 列。据此，可以定位错误位置并加以纠正。如果发生两位的误码，如第 7 和第 4 位出现误码，相应的错误图样为

$$\boldsymbol{E}=[01000000]+[00001000]=[01001000]$$

此时得到的伴随式为监督矩阵第 7 列和第 4 列的和的转置：

$$\boldsymbol{S}=[1101]^{\mathrm{T}}+[1001]^{\mathrm{T}}=[0100]^{\mathrm{T}}$$

此时，因为伴随式不等于 **0** 向量，可以判断发生了错误。另外，伴随式的最后一位不等于 1，不是监督矩阵的任何一列，可进一步判定发生的误码超过一位。虽然不能据此定位错误的位置，但至少能够发现错误。□

8.5.7 线性分组码纠错能力分析

从前面的分析知道，线性分组码的检错、纠错能力是有限的，当一个许用码字因错误变成另一许用码字时，这种错误将无法检测出来。另外，当许用码字因错误变成一个禁用码字，而这个禁用码字距离另外一个许用码字更为接近时，译码时就有可能被错误地译成另外一个许用码字，最后当然也不能获得正确的结果。有关线性分组码的纠错能力，人们做过大量的研究，在有关纠错编码的专著中有详细的分析和讨论[2,7]。本小节只介绍两个常用的"界"，或者称为"限"。这些所谓的界或限，界定了线性分组码可能获得的最大纠错能力，就像香农定理界定了给定带宽和信噪比条件下信道可能获得的最大信息传输速率一样。

汉明界 汉明界限定了一个参数为(n,k)的线性分组码可能获得的最大纠错能力。请看下面的定理。

定理 8.5.2 线性分组码(n,k)能够纠正码字中任意小于等于t位误码的图样数小于2^{n-k}。

证明：对线性分组码(n,k)，伴随式是一个$n-k$维的向量，因此最多可以有2^{n-k}种不同的组合或取值。以每个不同的伴随式对应一个特定的错误图样，要求下式成立：

$$2^{n-k} \geqslant 1+\binom{n}{1}+\binom{n}{2}+\cdots+\binom{n}{t} \tag{8.5.67}$$

不等式右边的第一项，可代表**全零的伴随式**，用以表示无错的状态；第二项表示任意的一位误码的图样个数；第三项表示任意的两位误码的图样个数；其他项可以此类推；最后一项表示任意的t位误码的图样的个数。要使线性分组码(n,k)能够纠正这些错误，显然应该保证可能获得的不同的伴随式的个数应满足式（8.5.67）。**证毕**。□

定义 8.5.3 若能够纠正t个及t个以下的全部错误线性分组码(n,k)满足条件

$$2^{n-k}=1+\binom{n}{1}+\binom{n}{2}+\cdots+\binom{n}{t} \tag{8.5.68}$$

则称这种线性分组码为**完备码**。

完备码中所有2^{n-k}个不同的伴随式刚好可完整地用于分别标识所有t个及t个以下的全部错误图样。汉明码是一种完备码，汉明码的码字长度为$n=2^r-1$，其中$r=n-k$为监督位的个数。对于汉明码，$t=1$，因而有

$$1+\binom{n}{1}=1+n=1+\left(2^r-1\right)=2^r=2^{n-k} \tag{8.5.69}$$

显然满足完备码的条件。

非完备的码通常没有完备码的这种**整齐**的特性。例如，例 8.5.3 所示的线性分组码$(6,3)$就是一种非完备码，因为对于该码，$2^{n-k}=2^{6-3}$，而

$$1+\binom{6}{1}=1+6<2^{6-3}=8<1+\binom{6}{1}+\binom{6}{2}=1+6+15=22$$

从例 8.5.3 中可知，该码共有 8 个不同的伴随式，只能够纠正所有的 1 位错误和一种特殊的 2 位错误。

普洛特金界 在设计编码算法时，人们总是希望许用码字集中的最小码距$d_{\min}$尽可能大，使其具有较大的检错和纠错能力。但$\mathrm{GF}(2)$域上的线性分组码(n,k)，当参数n和k确定之后，最小码距的取值不能大于某一上界，这一上界就是所谓的**普洛特金界**。

定理 8.5.3 线性分组码(n,k)的最小码距$d_{\min}$小于等于由下式确定的所谓**普洛特金界**：

$$d_{\min} \leqslant n\frac{2^{k-1}}{2^k-1} \tag{8.5.70}$$

证明[2]：在$\mathrm{GF}(2)$上线性分组码(n,k)的码字$c_{n-1}c_{n-2}\cdots c_1c_0$，$c_i \in (0,1)$的$M=2^k$个码字中，第一位$c_0$取 0 的码字假设有$M_0$个，第一位$c_0$不取 0 的码字则有$M_1 = M - M_0$个。因此，第一位取值为 0 的码字与其他$M-M_0$个码字，由于这一位不同而带来的**总距离**（等于其不同的码字对的个数）是$M_0 \times (M-M_0)$；同理，由第一位c_0不取 0 的码字，由于这一位不同而带来的**总距离**是$M_1 \times (M-M_1)$。因此由c_0不同带来的总距离

$$\begin{aligned} s_0 &= M_0(M-M_0) + M_1(M-M_1) = M_0M - M_0^2 + M_1M - M_1^2 \\ &= (M_0+M_1)M - M_0^2 - M_1^2 = M^2 - (M_0^2 + M_1^2) \end{aligned} \tag{8.5.71}$$

为使s_0最大，要求M^2最大，$(M_0^2+M_1^2)$最小，仅当$M_0 = M_1 = M/2$时才能满足此要求，因而

$$s_0 \leqslant M^2 - 2\left(\frac{M}{2}\right)^2 = \frac{M^2}{2} = \frac{2^{2k}}{2} \tag{8.5.72}$$

由于每个码字有n位，码字中所有不同码元给出的总距离（所有不同位的总和）是

$$S = n\frac{2^{2k}}{2} \tag{8.5.73}$$

在线性分组码中任意两个不同的码字为一个码字对，则共有$M(M-1)$对不同的码字对，不同码字对之间的**平均距离**为

$$d_{\mathrm{av}} = \frac{S}{M(M-1)} = n\frac{M^2/2}{M(M-1)} = n\frac{M/2}{(M-1)} = n\frac{2^k/2}{(2^k-1)} = n\frac{2^{k-1}}{(2^k-1)} \tag{8.5.74}$$

因为码间的最小距离$d_{\min}$不可能大于平均距离d_{av}，所以有$d_{\min} \leqslant d_{\mathrm{av}} = n\dfrac{2^{k-1}}{2^k-1}$。**证毕**。□

利用普洛特金界，很容易对线性分组码(n,k)的检错、纠错能力做出基本的估计。

【例 8.5.8】 （1）判断线性分组码$(7,2)$有无纠正 2 位误码的可能性；（2）判断线性分组码$(8,2)$有无纠正 2 位误码的可能性。

解：（1）利用定理 8.5.3 对此进行分析。对于线性分组码$(7,2)$，最小码距为

$$d_{\min} \leqslant \frac{n \times 2^{k-1}}{2^k - 1} = \frac{7 \times 2^{2-1}}{2^2-1} = \frac{14}{3} < 2\times 2+1 = 5$$

因此线性分组码$(7,2)$不能构建出能够纠正 2 位误码的纠错码。

（2）再次利用定理 8.5.3 对线性分组码$(8,2)$进行分析，此时监督位比上例增加了一位，最小码距

$$d_{\min} \leqslant \frac{n \times 2^{k-1}}{2^k - 1} = \frac{8 \times 2^{2-1}}{2^2-1} = \frac{16}{3},\quad \frac{16}{3} > 2\times 2+1 = 5$$

即有可能构建能够纠正任意两位误码的纠错码。□

事实上，对于表 8.5.3 所示的一种编码方法，简单的分析容易看出，它包含全“0”的码字，满足封闭性，是一种$(8,2)$线性分组码，其最小码距等于 5，因此该码能够纠正任意的两个错误。

表 8.5.3　线性分组码(8,2)编码表

信息位	码字
00	00000000
01	01111100
10	10001111
11	11110011

一般来说，对于线性分组码(n,k)，当n增大时，许用码字的选择变得比较复杂。从理论上来说，可以利用计算机遍历的方法来进行寻找。而下面将要介绍的循环码，则为人们根据纠错的要求寻求相应的线性分组码提供了较为一般的方法。

8.6　循环码

循环码是线性分组码的一个重要子类。循环码因其特殊的代数结构，使其编译码易于用硬件和软件实现，是人们研究得比较透彻的一种线性分组码。目前获得实际应用的线性分组码大都与循环码密切相关。通过后面有关**循环汉明码**和 BCH **码**的分析将看到，循环码为我们根据纠错要求进行编码参数的设计和结构的实现提供了一种系统的方法。

8.6.1　循环码的基本概念和定理

定义 8.6.1　记$\{\boldsymbol{C}\}$为线性分组码的码字集，如果对任意的$\boldsymbol{C}_i \in \{\boldsymbol{C}\}$，$\boldsymbol{C}_i$**循环左移**或**循环右移**任意位后得到的码字$\boldsymbol{C}_i'$，仍有$\boldsymbol{C}_i' \in \{\boldsymbol{C}\}$，则称该线性分组码为**循环码**。

根据上面的定义，所谓的循环码，它具有这样的特性，对于一个**许用码字**，经过任意位的左循环或右循环后，它仍然是一个**许用码字**。

码多项式　为了用代数理论来研究循环码，可将码字用一多项式来表示，该多项式即称为相应的码多项式。对于一个具有n位的码字$c_{n-1}c_{n-2}\cdots c_1c_0$，相应的码多项式为

$$C(X)=c_{n-1}X^{n-1}+c_{n-2}X^{n-2}+\cdots+c_1X+c_0 \tag{8.6.1}$$

如果码字中的码元c_i只在二元域$\mathrm{GF}(2)$上取值，则多项式的系数只有“0”和“1”两种。对于式（8.6.1）表示的方程，在研究循环码时，通常需要涉及系数的运算，对于码元在二元域上取值的码字，系数的加和乘运算的规则定义如下：

加运算：$0+0=0 \quad 0+1=1 \quad 1+0=1 \quad 1+1=0$　（8.6.2）

乘运算：$0\cdot0=0 \quad 0\cdot1=0 \quad 1\cdot0=0 \quad 1\cdot1=1$　（8.6.3）

相应地，减法和除法运算可由加法和乘法运算定义。

同余类　先分析**整数域**中的情况。在整数除法中，取定整数除数n，将所有整数按除以n所得的余数进行分类，余数相同的整数归为一类，称为关于n的**同余类**。一般地，对于整数m，若

$$\frac{m}{n}=Q+\frac{p}{n} \tag{8.6.4}$$

其中Q为 0 或整数，$p<n$，则记为

$$(m)_n \equiv (p)_n \tag{8.6.5}$$

所有余数为p的整数属于关于模n的一个同余类。例如，3, 8, 13, $\cdots, 5Q+3, \cdots$是关于除数 5 的一个同余类，因为$(5Q+3)_5 \equiv (3)_5$。

类似地，可以定义整系数域中的多项式关于多项式$n(X)$的同余类，对于多项式$m(X)$，若

$$\frac{m(X)}{n(X)}=Q(X)+\frac{p(X)}{n(X)} \tag{8.6.6}$$

式中$Q(X)$为**整式**，多项式$p(X)$的幂小于多项式$n(X)$的幂。不难看出，所有具有形式

$$m(X)=Q(X)n(X)+p(X) \tag{8.6.7}$$

的多项式，都是关于多项式$n(X)$同余的，记为

$$m(X)\equiv p(X) \quad \bmod n(X) \tag{8.6.8}$$

【例 8.6.1】 证明多项式X^3+X+1与多项式$X^4+X^3+X^2+X$是关于多项式X^2+X+1同余的。

解：直接根据定义分别用长除法求两多项式的余式，可得

$$\frac{X^3+X+1}{X^2+X+1}=X+1+\frac{X}{X^2+X+1}，\quad \frac{X^4+X^3+X^2+X}{X^2+X+1}=X^2+\frac{X}{X^2+X+1}$$

显然，两式的余式均为X，即它们是关于多项式X^2+X+1同余的。□

【例 8.6.2】 对任意的整数n，均有$X^n\equiv 1 \quad \bmod\left(X^n+1\right)$。

解：因为

$$\frac{X^n}{X^n+1}=\frac{X^n+1+1}{X^n+1}=1+\frac{1}{X^n+1}$$

所以有上述结论。□

循环码的代数结构 下面讨论关于循环码的几个主要定理。

定理 8.6.1 若$C(X)$是长度为n的循环码中的一个码多项式，i为不等于零的整数，则$X^iC(X)$按模X^n+1运算的余式必为循环码中的另一码多项式。

证明：采用归纳法的原理证明。设$i=1$，则有

$$XC(X)=c_{n-1}X^n+c_{n-2}X^{n-1}+\cdots+c_1X^2+c_0X \tag{8.6.9}$$

$$\begin{aligned}\frac{XC(X)}{X^n+1}&=\frac{c_{n-1}X^n+c_{n-2}X^{n-1}+\cdots+c_1X^2+c_0X}{X^n+1}\\&=\frac{c_{n-1}X^n+c_{n-2}X^{n-1}+\cdots+c_1X^2+c_0X+c_{n-1}+c_{n-1}}{X^n+1}\\&=\frac{c_{n-1}X^n+c_{n-1}+c_{n-2}X^{n-1}+\cdots+c_1X^2+c_0X+c_{n-1}}{X^n+1}\\&=c_{n-1}+\frac{c_{n-2}X^{n-1}+\cdots+c_1X^2+c_0X+c_{n-1}}{X^n+1}\end{aligned} \tag{8.6.10}$$

显然，余式为原来的码字左循环移一位以后的码字所对应的多项式，根据循环码的定义，该余式为一码多项式。

设$i=k$时，结论成立，即有

$$\frac{X^kC(X)}{X^n+1}=Q(X)+\frac{c'_{n-1}X^{n-1}+c'_{n-2}X^{n-2}+\cdots+c'_1X+c'_0}{X^n+1} \tag{8.6.11}$$

其中$Q(X)$为整式，$c'_{n-1}X^{n-1}+c'_{n-2}X^{n-2}+\cdots+c'_1X+c'_0$为一码多项式。当$i=k+1$时，

$$\frac{X^{k+1}C(X)}{X^n+1}=\frac{X\left(X^kC(X)\right)}{X^n+1}=XQ(X)+\frac{X\left(c'_{n-1}X^{n-1}+c'_{n-2}X^{n-2}+\cdots+c'_1X+c'_0\right)}{X^n+1} \tag{8.6.12}$$

其中 $XQ(X)$ 为整式。利用 $i=1$ 时的结论，可得

$$\frac{X^{k+1}C(X)}{X^n+1}=\frac{X\left(X^kC(X)\right)}{X^n+1}=XQ(X)+c'_{n-1}+\frac{c'_{n-2}X^{n-1}+c'_{n-1}X^{n-2}+\cdots+c'_0X+c'_{n-1}}{X^n+1} \tag{8.6.13}$$

其中余式 $c'_{n-2}X^{n-1}+c'_{n-1}X^{n-2}+\cdots+c'_0X+c'_{n-1}$ 为一码多项式。综上，当 $i=k+1$ 时，结论也成立。**证毕**。□

【例 8.6.3】 已知某循环码字的长度为 $n=4$，$c_0c_1c_2c_3=1101$。求该码字右循环 3 位后得到的码字及相应的码多项式。

解：右循环 3 位后得到的码字为 $c'_0c'_1c'_2c'_3=1011$，相应的码多项式

$$C'(X)=c'_3X^3+c'_2X^2+c'_1X+c'_0=X^3+X^2+1$$

利用定理 8.6.1，我们也能够获得同样的结果，因为 $c_0c_1c_2c_3=1101$，

$$C(X)=c_3X^3+c_2X^2+c_1X+c_0=X^3+X+1,\quad X^3C(X)=X^6+X^4+X^3$$

直接利用长除法得

$$\begin{array}{r}
X^2+1\qquad\qquad\qquad \\
X^4+1\overline{\big)X^6+\qquad+X^4+X^3\qquad\quad} \\
\underline{X^6+\qquad\qquad\qquad X^2}\qquad \\
X^4+X^3+X^2\qquad \\
\underline{X^4+\qquad\qquad\quad 1} \\
X^3+X^2+\quad 1
\end{array}$$

根据余式，可得移位后的码字1011。显然，其余式等于前面得到的 $C'(X)$。□

根据前面有关线性分组码生成矩阵 $\boldsymbol{G}$ 的分析可知，$\boldsymbol{G}$ 中的每个**行向量**均是一个**许用码字**，$\boldsymbol{G}$ 中包含的这 k 个行向量是一个线性无关的向量组，该向量组构成了许用码字的向量子空间的一组基。由线性代数的基本知识可知，只要我们能够找到该子空间的任意 k 个线性无关的向量，都可以构成一组基。

假定线性分组码 (n,k) 的许用码字空间中有这样一个码字，它对应的码多项式 $g(X)$ 具有这样的特点：$g(X)$ 最高的幂次数为 $n-k$，且其常数项为 1，即有

$$g(X)=c_{n-k}X^{n-k}+c_{n-k-1}X^{n-k-1}+\cdots+c_1X+c_0,\quad c_{n-k}=c_0=1 \tag{8.6.14}$$

由循环码的性质

$$g(X),Xg(X),X^2g(X),\cdots,X^{k-1}g(X) \tag{8.6.15}$$

均应是该线性分组码的许用码字。该码字集共有 k 个码字，由上式构成的矩阵 $\boldsymbol{g}$ 具有如下特点：

$$\begin{bmatrix} X^{k-1}g(X) \\ X^{k-2}g(X) \\ \cdots \\ \cdots \\ Xg(X) \\ g(X) \end{bmatrix} \leftrightarrow \boldsymbol{g}=\begin{pmatrix} 1 & \cdots & \cdots & 1 & 0 & \cdots & \cdots & \cdots & 0 & 0 \\ 0 & 1 & \cdots & \cdots & 1 & \cdots & \cdots & \cdots & 0 & 0 \\ \cdots & \cdots & \cdots & \cdots & \cdots & \cdots & \cdots & \cdots & \cdots & \cdots \\ \cdots & \cdots & \cdots & \cdots & \cdots & \cdots & \cdots & \cdots & \cdots & \cdots \\ 0 & 0 & \cdots & \cdots & \cdots & 1 & \cdots & \cdots & 1 & 0 \\ 0 & 0 & \cdots & \cdots & \cdots & 0 & 1 & \cdots & \cdots & 1 \end{pmatrix} \tag{8.6.16}$$

矩阵 $\boldsymbol{g}$ 中的每一行都是由相应的多项式 $X^ig(X)$ 的系数构成的向量，矩阵 $\boldsymbol{g}$ 是一个 $k\times n$ 的矩阵。因为 $n>k$，所以 $\boldsymbol{g}$ 的左侧可以划分出一个主对角线上全不为 0 的上三角 $k\times k$ 方阵，该方阵对应的行列式不等于零。由此，根据线性代数的基本性质，$\boldsymbol{g}$ 中的每行均与其他行线性无关，因此这样得到的 k 个码字是一组线性无关的向量，利用这组向量可以构成码字子空间的一组基。式（8.6.16）对应的矩阵 $\boldsymbol{g}$ 就

是循环码的生成矩阵。由式（8.6.15），还可以得到利用多项式表示的生成矩阵$\boldsymbol{G}(X)$，

$$\boldsymbol{G}(X)=\begin{bmatrix} X^{k-1}g(X) \\ X^{k-2}g(X) \\ \vdots \\ Xg(X) \\ g(X) \end{bmatrix} \tag{8.6.17}$$

现在剩下的问题是，前面假定的这样一个最高幂次数为$n-k$、常数项为 1 的码多项式$g(X)$是否存在。对此，有如下的定理加以保证。

定理 8.6.2 在一个循环码(n,k)的码字集对应的多项式中，幂次数为$n-k$，且其常数项不等于“0”的码多项式$g(X)$有且只有一个。

证明：首先，在循环码中，除全“0”的码字外，其他码字最多只有$k-1$个连“0”。否则，经过循环移位后，可能出现k个信息位为“0”，而监督位不为“0”的情况。监督位应是信息位的某种线性组合，因此上述情况不可能出现。即许用码字中最多只有$k-1$个连“0”。这就意味着至少有一个幂为$n-k$的码多项式。同时，幂为$n-k$的码多项式$g(X)$的常数项不能为“0”。否则，相应的码字左移一位后会出现k个连“0”的码字，而由前面的分析，这样的码字在循环码中是不会出现的。

另外，幂为$n-k$的码多项式$g(X)$只有一个，若有两个这样的多项式，把这两个多项式相加，按线性分组码的**封闭性**，相加之后的多项式还是一个码多项式。因为这里的相加运算是按位的模 2 运算，幂为$n-k$的项相加消去了这一项，两个为“1”的常数项相加变为“0”，再经过循环移位后，就可能出现大于k个的连“0”码字，而前面的分析已经表明，这样的码字是不可能出现的。**证毕**。□

上述多项式$g(X)$又称为**生成多项式**，这时因为得到$g(X)$后，就可根据$g(X)$及式（8.6.16）构建生成矩阵。获得生成矩阵后，对于任意给定的信息位$a_{k-1},a_{k-2},\cdots,a_0$，即可由下面的关系式得到相应的码多项式：

$$\begin{aligned} C(X)&=(a_{k-1}a_{k-2}\cdots a_0)\cdot\boldsymbol{G}(X)=(a_{k-1}a_{k-2}\cdots a_0)\begin{pmatrix} X^{k-1}g(X) \\ X^{k-2}g(X) \\ \vdots \\ Xg(X) \\ g(X) \end{pmatrix} \\ &=a_{k-1}X^{k-1}g(X)+a_{k-2}X^{k-2}g(X)+\cdots+a_1Xg(X)+a_0g(X) \\ &=(a_{k-1}X^{k-1}+a_{k-2}X^{k-2}+\cdots+a_1X+a_0)g(X) \end{aligned} \tag{8.6.18}$$

定理 8.6.3 在循环码中，所有的码多项式$C(X)$都可以被生成多项式$g(X)$整除。

证明：由式（8.6.18），所有的码多项式$C(X)$都包含生成多项式$g(X)$作为其一个因式，因此结论成立。**证毕**。□

推论 8.6.1 次数不大于$k-1$次的任何多项式与生成多项式$g(X)$的乘积都为码多项式。

证明：由式（8.6.17）有

$$C(X)=(a_{k-1}X^{k-1}+a_{k-2}X^{k-2}+\cdots+a_1X+a_0)g(X)=A(X)g(X) \tag{8.6.19}$$

其中$A(X)$包含了所有次数不大于$k-1$次的多项式，因而有上述结论。**证毕**。□

定理 8.6.4 循环码(n,k)的生成多项式$g(X)$是多项式X^n+1的一个因式。

证明：因为生成多项式$g(X)$的幂为$n-k$，多项式$X^kg(X)$的幂一定为n，所以有

$$\frac{X^k g(X)}{X^n+1}=1+\frac{R(X)}{X^n+1} \tag{8.6.20}$$

其中余式$R(X)$的幂小于n。由定理 8.6.1，$R(X)$是一码字的多项式，又由定理 8.6.4，$R(X)$可以表示为

$$R(X)=a(X)g(X) \tag{8.6.21}$$

其中$a(X)$为一幂小于k的多项式。综合式（8.6.20）和式（8.6.21），有

$$X^k g(X)=(X^n+1)+R(X)=(X^n+1)+a(X)g(X) \tag{8.6.22}$$

移项整理得

$$X^n+1=X^k g(X)+a(X)g(X)=(X^k+a(X))g(X)=h(X)g(X) \tag{8.6.23}$$

可见生成多项式$g(X)$是多项式X^n+1的一个因式。**证毕**。□

根据前面的讨论，可将生成多项式$g(X)$的基本特征和**判断准则**归纳如下：

（1）$g(X)$是一个$n-k$次的多项式。

（2）$g(X)$的常数项不等于 0。

（3）$g(X)$是X^n+1的一个因式。

上述三个性质是循环码**生成多项式**的**充要条件**。说条件是充分的，是因为某一多项式如果是一个$n-k$次的、常数项非“0”的多项式，同时又是X^n+1的一个因式，利用它就可以构成一个生成多项式；由定理 8.6.2 和定理 8.6.4，可知条件又是必要的。

注意在上面的讨论中均称要求$g(X)$的常数项不等于“0”，而不说要求$g(X)$的常数项等于“1”，这是因为虽然现在的分析只限于二元的有限域$\mathrm{GF}(2)$，但有关的结论可以推广到更多元的有限域上，此时常数项可以是除“0”以外的其他有限域上的值。

定义 8.6.2　定义式

$$h(X)=\frac{X^n+1}{g(X)} \tag{8.6.24}$$

为循环码的**一致校验多项式**。

由推论 8.6.1，对于任意的一个循环码的码多项式，都可以表示为$C(X)=A(X)g(X)$，$A(X)$是一个次数不大于$k-1$次的多项式。由此可得

$$h(X)C(X)=h(X)(A(X)g(X))=(h(X)g(X))A(X)=(X^n+1)A(X) \tag{8.6.25}$$

在最后一个等式中，利用了关系式（8.6.22）。因此有如下结论：任何一个循环码多项式与其一致校验多项式的乘积，一定可以被多项式X^n+1整除。利用$h(X)$的这一特性，可以对循环码在传输过程中是否发生了错误进行校验。

【例 8.6.4】　试分析能否用多项式X^3+X^2+1做循环码$(7,4)$的生成多项式。

解：已知该循环码的参数为$n=7$，$k=4$。利用长除法，可得

$$\frac{X^7+1}{X^3+X^2+1}=X^4+X^3+X^2+1$$

即X^3+X^2+1可整除多项式X^7+1；其幂等于$n-k=7-4=3$；其常数项不等于“0”。根据生成多项式的判断

准则，多项式 X^3+X^2+1 可作为循环码的生成多项式。该生成多项式对应的生成矩阵可以表示为

$$\boldsymbol{G}(X)=\begin{bmatrix} X^6+X^5+X^3 \\ X^5+X^4+X^2 \\ X^4+X^3+X \\ X^3+X^2+1 \end{bmatrix} \leftrightarrow \boldsymbol{G}=\begin{bmatrix} 1&1&0&1&0&0&0 \\ 0&1&1&0&1&0&0 \\ 0&0&1&1&0&1&0 \\ 0&0&0&1&1&0&1 \end{bmatrix} \qquad \square$$

上例中给出的是一个非系统码结构的生成矩阵。例如，对于给定的信息位 $a_3a_2a_1a_0=1100$，生成的码字为 1011, 100，显然这是一个非系统码结构的码字。

8.6.2 系统码结构的循环码

由推论 8.6.1 可知，循环码的码多项式可表示为 $C(X)=A(X)g(X)$，其中 $A(X)$ 是信息位对应的多项式

$$A(X)=a_{k-1}X^{k-1}+a_{k-2}X^{k-2}+\cdots+a_1X+a_0 \tag{8.6.26}$$

但由 $C(X)=A(X)g(X)$ 获得的循环码是非系统码结构的循环码。为得到系统码结构的循环码，可做如下处理，首先计算

$$\frac{X^{n-k}A(X)}{g(X)}=Q(X)+\frac{P(X)}{g(X)} \tag{8.6.27}$$

其中，$Q(X)$ 是一个整式，$P(X)$ 是一个幂小于 $n-k$ 次的多项式。由此可得

$$X^{n-k}A(X)=Q(X)g(X)+P(X) \tag{8.6.28}$$

将上式中的 $P(X)$ 移到等号的左边，可得到一个新的多项式

$$C_{\mathrm{S}}(X)=Q(X)g(X)=X^{n-k}A(X)+P(X) \tag{8.6.29}$$

式（8.6.29）对应的多项式就是系统码结构的码多项式，原因如下：

（1）在式（8.6.29）最后一个等号的第一项 $X^{n-k}A(X)$ 中，因为 $A(X)$ 的幂小于等于 $k-1$，所以在 $X^{n-k}A(X)$ 的各项中，最高次幂小于等于 $n-1$，最低次幂大于等于 $n-k$。而 $P(X)$ 的幂小于等于 $n-k-1$，所以等式右边的两项中因为没有幂次相同的项，因而不会发生合并。因此若将其作为一个码多项式，信息位将位于码多项式的高幂次的位置，监督位将位于码多项式中的低幂次的位置。由此可见，式（8.6.29）具有系统码结构的特征。

（2）另外，由式（8.6.29）的第一个等号，有

$$C_{\mathrm{S}}(X)=Q(X)g(X) \tag{8.6.30}$$

由式（8.6.26）和式（8.6.27），可知 $Q(X)$ 的幂一定小于等于 $k-1$，由推论 8.6.1，$C_{\mathrm{S}}(X)=Q(X)g(X)$ 一定是循环码的码多项式。

综合上面的（1）和（2），可知 $C_{\mathrm{S}}(X)=X^{n-k}A(X)+P(X)$ 是一种系统码结构的循环码多项式。

【例 8.6.5】 试利用生成多项式 X^3+X^2+1 对信息位 $a_3a_2a_1a_0=1100$ 进行系统码结构的循环码 (7,4) 编码。

解： $\dfrac{X^{n-k}A(X)}{g(X)}=\dfrac{X^3(X^3+X^2)}{X^3+X^2+1}=\dfrac{X^6+X^5}{X^3+X^2+1}=X^3+1+\dfrac{X^2+1}{X^3+X^2+1}$

得到 $Q(X)=X^3+1$，$P(X)=X^2+1$，码多项式可以按照式（8.6.28）得到：

$$C_{\mathrm{S}}(X)=X^{n-k}A(X)+P(X)=X^6+X^5+X^2+1$$

也可以根据式（8.6.29）计算得到：

$$C_S(X)=Q(X)g(X)=(X^3+1)(X^3+X^2+1)=X^6+X^5+X^2+1$$

显然，两种方法的计算结果一致。相应地，得到的码字为 $c_6c_5c_4a_3a_2a_1a_0=1100101$。□

系统码结构的循环码的生成矩阵和监督矩阵　由式（8.6.29），系统码结构的循环码的码多项式具有

$$C_S(X)=X^{n-k}A(X)+P(X)$$

的形式，其中的 $P(X)$ 由式（8.6.26）中的余式确定。现在要从满足这一关系的循环码码字中选出 k 个，使其构建的矩阵具有如下结构：

$$\boldsymbol{G}=\left[\boldsymbol{I}_k \mid \boldsymbol{P}_{k,n-k}\right]$$

观察式（8.6.28），如果选择如下 k 个信息多项式：

$$A_{k-1}(X)=X^{k-1},A_{k-2}(X)=X^{k-2},\cdots,A_1(X)=X,A_0(X)=1 \tag{8.6.31}$$

并根据式（8.6.26）分别计算相应的余式 $P_i(X)$，

$$\frac{X^{n-k}A_i(X)}{g(X)}=Q_i(X)+\frac{P_i(X)}{g(X)},\quad i=k-1,k-2,\cdots,1,0 \tag{8.6.32}$$

或表示成

$$X^{n-k}A_i(X)\equiv P_i(X)\quad \bmod g(X),\quad i=k-1,k-2,\cdots,1,0 \tag{8.6.33}$$

则多项式矩阵将具有如下形式：

$$\begin{gathered}\boldsymbol{G}(X)=\begin{bmatrix}X^{n-k}A_{k-1}(X)+P_{k-1}(X)\\X^{n-k}A_{k-2}(X)+P_{k-2}(X)\\\vdots\\X^{n-k}A_1(X)+P_1(X)\\X^{n-k}A_0(X)+P_0(X)\end{bmatrix}=\begin{bmatrix}X^{n-1}+P_{k-1}(X)\\X^{n-2}+P_{k-2}(X)\\\vdots\\X^{n-k+1}+P_1(X)\\X^{n-k}+P_0(X)\end{bmatrix}\quad\leftrightarrow\\ \boldsymbol{G}=\begin{pmatrix}1&0&\cdots&0&0&p_{k-1,n-k-1}&p_{k-1,n-k-2}&\cdots&p_{k-1,1}&p_{k-1,0}\\0&1&\cdots&0&0&p_{k-2,n-k-1}&p_{k-2,n-k-2}&\cdots&p_{k-2,1}&p_{k-2,0}\\\vdots&\vdots&\ddots&\vdots&\vdots&\vdots&\vdots&\ddots&\vdots&\vdots\\0&0&\cdots&1&0&p_{1,n-k-1}&p_{1,n-k-2}&\cdots&p_{1,1}&p_{1,0}\\0&0&\cdots&0&1&p_{0,n-k-1}&p_{0,n-k-2}&\cdots&p_{0,1}&p_{0,0}\end{pmatrix}=\left[\boldsymbol{I}_k \mid \boldsymbol{P}_{k,n-k}\right]\end{gathered} \tag{8.6.34}$$

相应地，监督矩阵可由其与生成矩阵的关系求得：

$$\boldsymbol{H}=\left[\boldsymbol{P}_{k,n-k}^{\mathrm{T}} \mid \boldsymbol{I}_{n-k}\right] \tag{8.6.35}$$

获得生成矩阵 $\boldsymbol{G}$ 和监督矩阵 $\boldsymbol{H}$ 后，循环码也可以像前面讨论过的线性分组码一样，进行相应的编码、译码、差错判断和纠错等操作。

【**例 8.6.6**】　已知循环码 (7,4) 的生成多项式 $g(X)=X^3+X^2+1$，试求相应的系统码结构的生成矩阵和监督矩阵。

解：已知 $n-k=7-4=3$，对应式（8.6.30）的 4 个信息多项式分别为 $X^3,X^2,X,1$。相应的余式为

$$\frac{X^3X^3}{X^3+X^2+1}=\frac{X^6}{X^3+X^2+1}=(X^3+X^2+X)+\frac{X^2+X}{X^3+X^2+1}$$

即有

$$X^3X^3\equiv X^2+X\quad \bmod(X^3+X^2+1)$$

同理可得

$$X^3X^2 \equiv X+1 \quad \text{mod}\left(X^3+X^2+1\right)$$

$$X^3X \equiv X^2+X+1 \quad \text{mod}\left(X^3+X^2+1\right)$$

$$X^3 \equiv X^2+1 \quad \text{mod}\left(X^3+X^2+1\right)$$

由此可得对应的生成矩阵和监督矩阵为

$$\boldsymbol{G}=\begin{bmatrix}1&0&0&0&1&1&0\\0&1&0&0&0&1&1\\0&0&1&0&1&1&1\\0&0&0&1&1&0&1\end{bmatrix},\quad \boldsymbol{H}=\begin{bmatrix}1&0&1&1&1&0&0\\1&1&1&0&0&1&0\\0&1&1&1&0&0&1\end{bmatrix}$$ □

除法电路 循环码除了和普通的线性分组码一样，可以利用生成矩阵和监督矩阵进行编码和差错检测外，还具有易于用移位寄存器电路实现的特点。下面讨论循环码编译码器的电路实现。这里主要分析系统码结构的循环码的编解码实现方法，非系统码结构编解码器的电路组成可参见参考文献[3]。从式（8.6.29）可见，循环码的编码器需要用到除法运算来获得特定的余式 $P(X)$，一般地，给定多项式除法中的**除多项式**（简称**除式**）

$$g(X)=g_rX^r+g_{r-1}X^{r-1}+\cdots+g_1X+g_0 \tag{8.6.36}$$

相应的除法器可用图 8.6.1 所示的多项式除法电路实现。

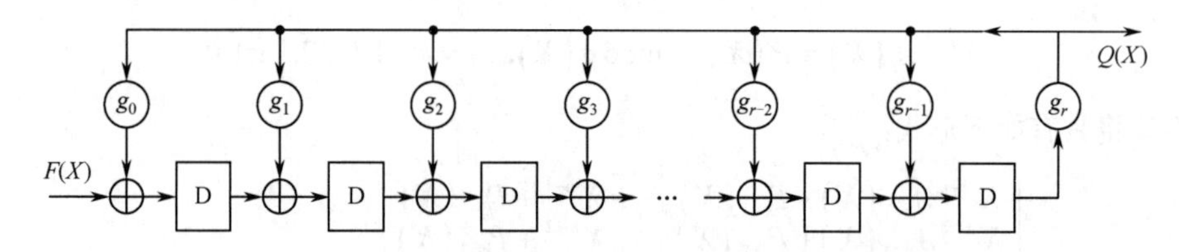

图 8.6.1 多项式除法电路的结构

由图可见，除法电路完全由**除式**的系数决定，若第 i 位的系数 $g_i=0$ 时，相应的反馈线上的权值为“0”，即没有反馈；当 $g_i=1$ 时，相应的反馈线上的权值为“1”，反馈值与移位寄存器的输出做模 2 运算，作为下一级的输入。通过分析多项式长除法的运算过程，可以发现，在除法过程的每一步计算中，当前商的取值由当前被除式中幂最高位的项的系数决定，除式乘以 X 的适当次幂，使幂的次数与被除式中相应的位对齐，然后进行一次减法运算，其结果作为下一步运算的被除式，直到被除式的幂小于除式的幂为止。图 8.6.1 所示的电路反映了这种运算的特点，每一步运算结束后的结果反映在异或运算器的输出端。下面通过一个例子说明运算的实现过程。

【例 8.6.7】 （1）构建除式为 $g(X)=X^6+X^5+X^4+X^3+1$ 的除法电路；（2）若被除的多项式为 $F(X)=X^{13}+X^{11}+X^{10}+X^7+X^4+X^3+X+1$，计算结果并分析运算过程。

解：（1）根据除式构建的除法电路如图 8.6.2 所示，其中系数为“0”的反馈项省略后没有画出，因为任何值与“0”进行异或运算后还是其本身，所以相应的异或运算电路部分也取消掉。

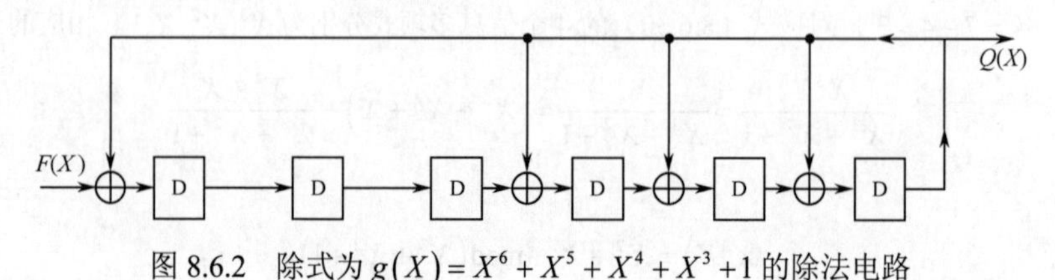

图 8.6.2 除式为 $g(X)=X^6+X^5+X^4+X^3+1$ 的除法电路

（2）先看采用长除法的运算过程：

$$
\begin{array}{r l}
 & X^7+X^6+X^5+\qquad X^2+X+1 \\
X^6+X^5+X^4+X^3+1 & \overline{\big)\, X^{13}+\qquad X^{11}+X^{10}+\qquad X^7+\qquad X^4+X^3+\quad X+1} \\
 & \underline{X^{13}+X^{12}+X^{11}+X^{10}+\qquad X^7} \\
 & \quad X^{12}+\qquad\qquad\qquad\qquad X^4+X^3+\quad X+1 \\
 & \quad \underline{X^{12}+X^{11}+X^{10}+X^9+\qquad X^6} \\
 & \qquad X^{11}+X^{10}+X^9+\qquad X^6+\qquad X^4+X^3+\quad X+1 \\
 & \qquad \underline{X^{11}+X^{10}+X^9+X^8+\qquad X^5} \\
 & \qquad\quad X^8+\qquad X^6+X^5+X^4+X^3+\quad X+1 \\
 & \qquad\quad \underline{X^8+X^7+X^6+X^5+\qquad X^2} \\
 & \qquad\qquad X^7+\qquad X^4+X^3+X^2+X+1 \\
 & \qquad\qquad \underline{X^7+X^6+X^5+X^4+\qquad +X} \\
 & \qquad\qquad\quad X^6+X^5+\qquad X^3+X^2\quad +1 \\
 & \qquad\qquad\quad \underline{X^6+X^5+X^4+X^3+\qquad 1} \\
 & \qquad\qquad\qquad X^4+\qquad X^2
\end{array}
$$

得到商为 $Q(X)=X^7+X^6+X^5+X^2+X+1$，余式为 $P(X)=X^4+X^2$。

若利用除法电路进行运算，运算过程可由表 8.6.1 描述。电路中寄存器的初始状态全为“0”，被除式的最高次幂为 13，因此式中包含系数为“0”的项共有 14 项，每个时钟进行一次移位，移位过程中根据最高位的反馈结果进行相应的异或运算，经过 14 个移位脉冲时钟后，商从最高位的寄存器输出，余式留在寄存器内。比较前面用长除法获得的结果和移位寄存器电路输出的商及寄存器内的余式，两者的结果完全一致。□

表 8.6.1　例 8.6.7 除法电路的状态变化

移位时钟序号	输入被除式序列（高幂次位在前）	移位寄存器状态（高幂次位在右）	输 出 商	反馈信号
0	0	L 000000 H	0	000000
1	1	100000	0	000000
2	0	010000	0	000000
3	1	101000	0	000000
4	1	110100	0	000000
5	0	011010	0	000000
6	0	001101	1	000000
7	1	000001	1	100111
8	0	100111	1	100111
9	0	110100	0	100111
10	1	111010	0	000000
11	1	111101	1	000000
12	0	111001	1	100111
13	1	011011	1	100111
14	1	001010（余式）	0	100111

注：表中由 L 到 H 分别表示移位寄存器从低位到高位。

容易发现，在除法电路中，移位寄存器的位数与除式的幂相等。如上例中，除式的幂等于 6，移位寄存器共有 6 级。相应地，当进行除法的移位运算时，由于寄存器的初态均为“0”，在前面的 6 个移位脉冲时间范围内，除法电路中不会做反馈运算。在实际应用的循环码编码电路中，采用下面的时间上更为有效的所谓**先行进位**的结构方案。

循环码的编码器与译码器电路实现 有了除法器的概念之后，就可以进一步讨论循环码的编码器与译码器电路实现。

（1）**循环码编码器的电路实现** 对于系统码结构的循环码，编码的结果由式（8.6.29）决定：$C_S(X)=X^{n-k}A(X)+P(X)$，其中$A(X)$是信息位对应的多项式，$P(X)$是由式（8.6.27）计算得到的余式。在计算

$$\frac{X^{n-k}A(X)}{g(X)}=\frac{a_{k-1}X^{n-1}+a_{k-2}X^{n-2}+\cdots+a_0X^{n-k}}{g(X)} \tag{8.6.37}$$

时，可以按照下面的方式分别进行计算：

$$\frac{X^{n-k}A(X)}{g(X)}=\frac{a_{k-1}X^{n-1}}{g(X)}+\frac{a_{k-2}X^{n-2}}{g(X)}+\cdots+\frac{a_0X^{n-k}}{g(X)} \tag{8.6.38}$$

然后将所得的各项整式和余式分别相加得到最后的结果。下面是一个计算实例。

【**例 8.6.8**】 设$X^4A(X)=X^6+X^5+X^4$，$g(X)=X^4+X^3+X^2+1$。直接一次性进行长除法运算的结果为

$$\frac{F(X)}{g(X)}=\frac{X^6+X^5+X^4}{X^4+X^3+X^2+1}=X^2+\frac{X^2}{X^4+X^3+X^2+1}$$

如果按照式（8.6.37）进行分解运算，则有

$$\frac{X^6}{X^4+X^3+X^2+1}=X^2+X+\frac{X^3+X^2+X}{X^4+X^3+X^2+1}$$

$$\frac{X^5}{X^4+X^3+X^2+1}=X+1+\frac{X^2+X+1}{X^4+X^3+X^2+1}$$

$$\frac{X^4}{X^4+X^3+X^2+1}=1+\frac{X^3+X^2+1}{X^4+X^3+X^2+1}$$

将上面三式的右式相加，显然与一次性长除法得到的结果相同。□

所谓**先行进位**除法电路，如图 8.6.3 所示。信息多项式$A(X)$被直接送到最高位的输出端，相当于完成了运算$X^4A(X)$。如果按照图 8.6.1 所示的电路，共需要进行 7 个时钟周期才能完成运算，而采用图 8.6.3 所示的电路，只需要 3 个时钟周期就可以完成运算。

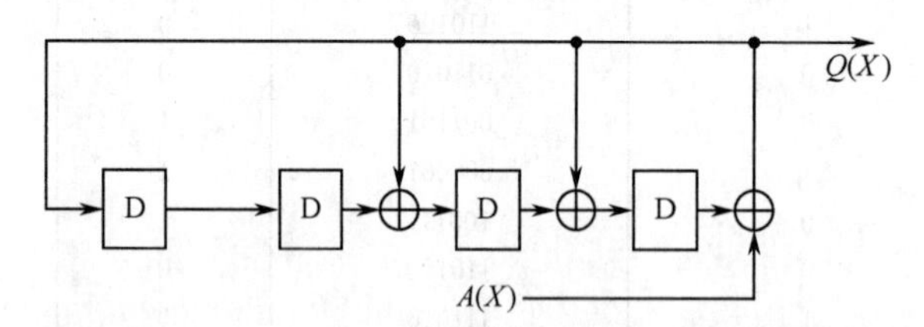

图 8.6.3 $g(X)=X^4+X^3+X^2+1$的先行进位除法电路

被除式中不同幂次的项在到达最高位输出的异或运算之前，并不参加运算。计算时，每一位直接送到最高位进行除法运算，在电路中与高位的结果自动完成余式的相加运算，与对上例中介绍的各项分别进行运算的思想相似。

一般的先行进位的多项式除法电路如图 8.6.4 所示。

在图 8.6.4 所示电路的基础上稍做改进，就可以实现循环码编码器的功能。对于线性分组码(n,k)，码字长度为n，信息位长度为k。**系统码结构**的**循环码编码器**如图 8.6.5 所示，它是在图 8.6.4 所示电路的基础上，增加了两个开关 S_1 和 S_2 构成的。编码器实现一个循环码码字的编码周期由n个

时钟组成，在前k个时钟周期，两个开关 S_1 和 S_2 均**合下**，开关 S_1 合下保证信息位的输出，开关 S_2 合下保证除法器电路反馈功能的实现。k个信息位按照其幂次由高位到低位依次送入编码器进行除法运算，信息位同时依次从输出端输出，k个时钟周期过后，除法电路完成了对 $X^{n-k}A(X)$ 的除法运算，其余式存放在移位寄存器内。在随后的$n-k$个时钟周期，两个开关 S_1 和 S_2 均**合上**，开关 S_1 合上使余式$P(X)$顺序输出，与前面的 k 位信息位一起构成一个完整的码字，开关 S_2 合上切断反馈回路，使余式$P(X)$在输出过程中不受反馈电路的影响（注意，任何逻辑变量与“0”进行异或运算，结果等于该逻辑变量本身）。

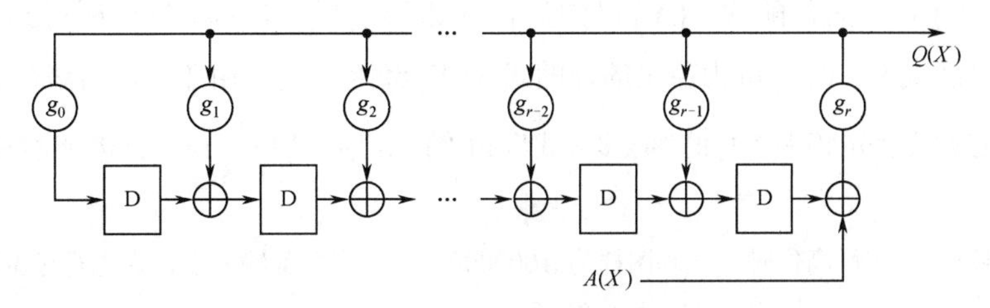

图 8.6.4　一般的先行进位除法电路

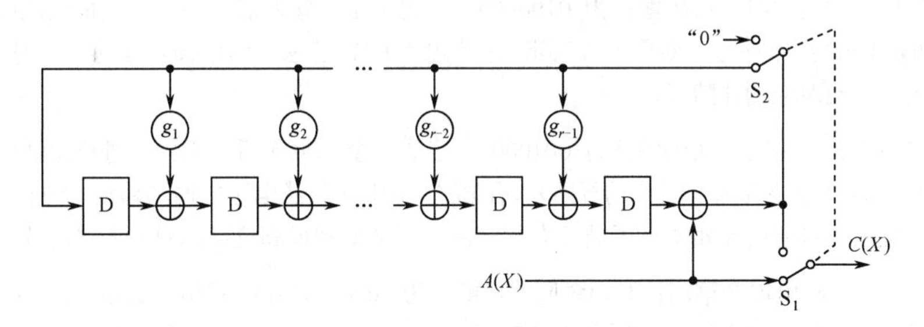

图 8.6.5　系统码结构的循环码编码器

（2）**循环码译码器的电路实现**　循环码作为一种线性分组码，可以采用前面线性分组码检测错误和纠正错误的一般译码方法，即对收到的码字，用监督矩阵计算伴随式，在其纠错能力范围内，伴随式与错误图样有一一对应的关系，找到错误图样后，错误图样与原接收码字相加，就可以获得正确的码字。对于循环码，利用其循环的特点，可以使译码过程更为简单。设收到的码字$R(X)$对应的多项式为

$$R(X)=C(X)+E(X) \tag{8.6.39}$$

其中$C(X)$是发送的码多项式，$E(X)$是错误图样对应的多项式，即若错误为$e_{n-1}e_{n-2}\cdots e_0$，则有$E(X)=e_{n-1}X^{n-1}+e_{n-2}X^{n-2}+\cdots+e_1X+e_0$。而伴随式对应的多项式为

$$S(X)\equiv R(X)\equiv C(X)+E(X)\equiv E(X) \qquad \bmod g(X) \tag{8.6.40}$$

式中，$g(X)$是码的生成多项式。式（8.6.40）表明，**伴随多项式**$S(X)$只与错误图样$E(X)$和生成多项式$g(X)$有关。译码的过程可以归纳如下：

（1）根据收到的码字$R(X)$，通过式（8.6.40）计算相应的伴随多项式$S(X)$。

（2）根据伴随多项式$S(X)$确定错误图样$E(X)$。

（3）正确的码字由式$C(X)=R(X)+E(X)$获得。

下面再来看循环码在译码过程中有什么特点可以利用。设$S_i(X)$是码多项式$R(X)$经循环移位的多项式对应的伴随式，即

$$S_i(X)\equiv X^iR(X) \qquad \bmod g(X) \tag{8.6.41}$$

因为

$$S(X) \equiv R(X) \equiv E(X) \quad \mod g(X) \tag{8.6.42}$$

故有

$$\begin{aligned} S_i(X) &\equiv X^i R(X) \equiv X^i\left[C(X)+E(X)\right] \\ &\equiv X^i C(X)+X^i E(X) \equiv X^i E(X) \equiv X^i S(X) \quad \mod g(X) \end{aligned} \tag{8.6.43}$$

最后一个恒等式成立是在式（8.6.42）两边同乘 X^i，恒等式仍然成立所得的结果。上式告诉我们，当某一错误图样 $E(X)$ 对应的伴随式 $S(X)$ 已知后，该错误图样循环移 i 位后所得到的新的错误图样 $X^i E(X)$ 对应的伴随式 $S_i(X)$，可由原来的伴随式 $S(X)$ 经除法电路循环移位后获得。

【例 8.6.9】 已知线性分组码 $(7,3)$ 的生成多项式为 $g(X)=X^4+X^3+X^2+1$，试构建能够纠正一位误码的译码电路。

解：（1）当误码出现在最高位时，误码图样为 1000000，当码字全部输入后，在先行进位除法电路中得到的伴随式为 1110，如表 8.6.2 中下序号 1 对应的行所示。

（2）当误码出现在次高位时，误码图样为 0100000，当码字全部输入后，在先行进位除法电路中得到的伴随式为 0111，如表 8.6.2 中下序号 2 对应的行所示，伴随式 0111 在除法电路中循环移动一位得到的结果为 1110，即为前面最高位误码对应的伴随式。

（3）当误码出现在第三位时，误码图样为 0010000，当码字全部输入后，在先行进位除法电路中得到的伴随式为 1101，如表 8.6.2 中下序号 3 对应的行所示，伴随式 1101 在除法电路中循环移动一位得到的结果为 0111，即为前面次高位误码对应的伴随式，再循环右移一位，则又得到最高位误码对应的伴随式。

（4）以此类推，当误码出现在第四位时，对应的伴随式为 1000，该伴随式循环右移三位，得到与最高位误码相同的伴随式；当误码出现在第五位时，对应的伴随式为 0100，该伴随式循环右移四位，得到与最高位误码相同的伴随式；当误码出现在第六位时，对应的伴随式为 0010，该伴随式循环右移五位，得到与最高位误码相同的伴随式；最后，当误码出现在第七位时，对应的伴随式为 0001，该伴随式循环右移六位，得到与最高位误码相同的伴随式。

由此，如图 8.6.6 所示，我们只需要构建一个对应最高位错误的译码电路，假定最高位出现误码，当收到的码字全部移入除法电路时，相应的伴随式作为输入加入到译码电路，译码输出为 1，与缓存器输出的最高位异或运算，完成纠错功能。当其他的位错误图样出现时，其伴随式经过相应的移位，该伴随式变为与最高位误码时相同的伴随式，译码器输出为 1，此时有误码位刚好到达缓存器的输出端，经过异或运算，完成相应的纠错操作。□

表 8.6.2 例 8.6.9 错误图样与伴随式间的关系

序 号	一位误码的错误图样（高位在左）	伴随式（高位在左）	伴随式在电路中右移一位的结果（高位在左）
1	1000000	1110	
2	0100000	0111	1110
3	0010000	1101	0111
4	0001000	1000	1101
5	0000100	0100	1000
6	0000010	0010	0100
7	0000001	0001	0010

由本节的讨论可见，循环码编译码器都可以方便地由带反馈的移位寄存器来实现。随着高速数字信号处理器和高性能微处理器在现代通信系统中的广泛应用，在数字通信系统中，编译码的过程越来越多地采用软件程序来实现。

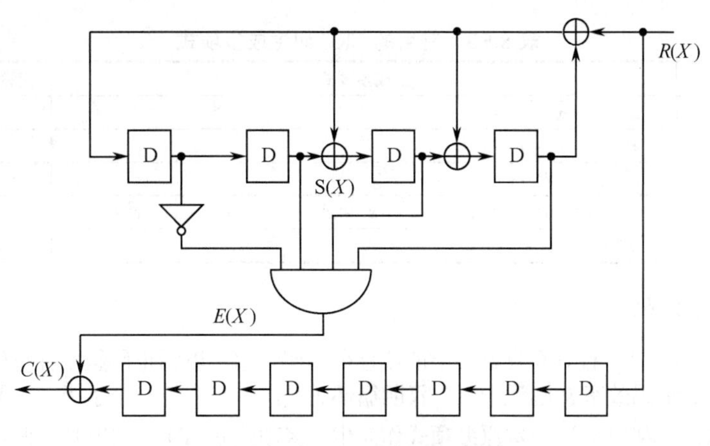

图 8.6.6　例 8.6.9 循环码译码器

8.6.3　循环冗余校验码

前面式（8.6.29）给出的系统循环码的生成公式 $C_S(X)=X^{n-k}A(X)+P(X)$ 被广泛应用于数据通信过程中报文的出错保护。这种保护方式也称为**循环冗余校验**（Cyclic Redundancy Check，CRC）码。CRC 码的特点是简单，易于实现，同时也具有较强的错误检出概率。CRC 码的长度一般没有严格的限定，整个报文中受保护的数据部分与监督位构成一个码字。CRC 码的具体编译码过程如下。

CRC 码的编码过程　将整个报文中需要进行保护的、长度为 k 的数据部分表示为一多项式 $A(X)=a_{k-1}X^{k-1}+a_{k-2}X^{k-2}+\cdots+a_1X+a_0$，其中 $(a_{k-1},a_{k-2},\cdots,a_1,a_0)$ 为相应的数据位。若选择的生成多项式 $g(X)$ 的次数为 r，通过系统循环码的编码方法得到相应的 CRC 码编码输出 $C_{\text{CRC}}(X)=X^rA(X)+P(X)$，其中 $P(X)$ 为 $X^rA(X)/g(X)$ 的余式。

CRC 码的译码过程　若记接收到的码字为 $R(X)=C_{\text{CRC}}(X)+E(X)$，其中 $E(X)$ 为错误图样。若 $R(X)$ 可被 $g(X)$ 整除，则认为没有出错，取码字中前面的 k 位作为解码输出；若 $R(X)$ 不能被 $g(X)$ 整除，则可判断传输过程中一定出现了错误。

CRC 码的检错能力分析　在一个长度为 $n=k+r$ 的码字中，总的错误图样数为 $2^n-1=2^{k+r}-1$，总的合法码字数为 2^k。当一个合法的码字出错变为另外一个合法的码字时，这种错误不能被发现。由此可以估计不能检测出的错误的比例约为 $(2^k-1)/(2^n-1)\approx 1/2^r$。因此，如果选用的生成多项式 $g(X)$ 的次数为 16，则不可检出的错误约为 $1/2^{16}=1.526\times10^{-5}$；如果选用的生成多项式 $g(X)$ 的次数为 32，则不可检出的错误约为 $1/2^{32}=2.328\times10^{-10}$。人们已经对 CRC 码的检错能力进行过细致的分析，它能够检测出如下错误[1]：

（1）突发长度小于 r 的突发错误。

（2）大部分突发长度等于 $r+1$ 的错误，其中不可检测的这类错误只占 $2^{-(r-1)}$。

（3）大部分突发长度大于 $r+1$ 的错误，其中不可检测的这类错误只占 2^{-r}。

（4）所有与许用码组码距小于等于 $d_{\min}+1$ 的错误。

（5）所有的奇数个随机错误。

常用的 CRC 码的生成多项式　表 8.6.3 给出了一些常用的 CRC 码的生成多项式。

表 8.6.3 常用的 CRC 码生成多项式

类 型	生成多项式	校验位个数
CRC-4	$x^4+x^3+x^2+x+1$	4
CRC-8	$x^8+x^7+x^4+x^3+x+1$	8
CRC-16	$x^{16}+x^{15}+x^2+1$	16
CRC-32	$x^{32}+x^{26}+x^{23}+x^{22}+x^{16}+x^{12}+x^{11}+x^{10}+x^8+x^7+x^5+x^4+x^2+x+1$	32
CRC-64	$x^{64}+x^4+x^3+x+1$	64

8.6.4 汉明循环码

我们已经知道汉明码是一种具有良好性能的线性分组码，它可以纠正码组中任意的一位误码，同时随着码字长度的增加，其编码效率 R 趋近于 1。**汉明循环码**是汉明码中的一个子类，下面的定理提供了一种构建汉明码的**一般方法**：利用 m 次的**本原多项式**作为生成多项式 $g(X)$，实现具有循环码特性的汉明码。

定理 8.6.5 若 $f(X)$ 是 $m=n-k$ 次幂的本原多项式，则由 $f(X)$ 作为生成多项式 $g(X)$ 构建的 $n=2^m-1$，$k=2^m-1-m$，$m\geqslant 3$ 的循环码 (n,k) 是汉明码。

证明：首先证明 $f(X)$ 满足作为生成多项式 $g(X)$ 的条件：（1）因为 $f(X)$ 是本原多项式，因此它是即约的，所以 $f(X)$ 中的常数项一定不为 0；（2）因为 $f(X)$ 的幂为 m，根据本原多项式的性质，它可以整除 $X^{2^m-1}+1=X^n+1$，因此它是 X^n+1 的一个因式；（3）因为 $n-k=(2^m-1)-(2^m-1-m)=m$，即 $f(X)$ 是一个 $n-k$ 次的多项式。

参见式（8.6.34）和式（8.6.35）取生成多项式 $g(X)=f(X)$，可得系统码结构的循环码的生成矩阵 $\boldsymbol{G}$ 和监督矩阵 $\boldsymbol{H}$：

$$\boldsymbol{G}=\left[\boldsymbol{I}_k \mid \boldsymbol{P}_{k,n-k}\right]=\begin{bmatrix} 1 & 0 & \cdots & 0 & 0 & p_{k-1,n-k-1} & p_{k-1,n-k-2} & \cdots & p_{k-1,1} & p_{k-1,0} \\ 0 & 1 & \cdots & 0 & 0 & p_{k-2,n-k-1} & p_{k-2,n-k-2} & \cdots & p_{k-2,1} & p_{k-2,0} \\ \vdots & \vdots & \ddots & \vdots & \vdots & \vdots & \vdots & \ddots & \vdots & \vdots \\ 0 & 0 & \cdots & 1 & 0 & p_{1,n-k-1} & p_{1,n-k-2} & \cdots & p_{1,1} & p_{1,0} \\ 0 & 0 & \cdots & 0 & 1 & p_{0,n-k-1} & p_{0,n-k-2} & \cdots & p_{0,1} & p_{0,0} \end{bmatrix}$$

$$\boldsymbol{H}=\left[\boldsymbol{P}_{k,n-k}^{\mathrm{T}} \mid \boldsymbol{I}_{n-k}\right]=\begin{bmatrix} p_{k-1,n-k-1} & p_{k-2,n-k-1} & \cdots & p_{1,n-k-1} & p_{0,n-k-1} & 1 & 0 & \cdots & 0 & 0 \\ p_{k-1,n-k-2} & p_{k-2,n-k-2} & \cdots & p_{1,n-k-2} & p_{0,n-k-2} & 0 & 1 & \cdots & 0 & 0 \\ \vdots & \vdots & \ddots & \vdots & \vdots & \vdots & \vdots & \ddots & \vdots & \vdots \\ p_{k-1,1} & p_{k-2,1} & \cdots & p_{1,1} & p_{0,1} & 0 & 0 & \cdots & 1 & 0 \\ p_{k-1,0} & p_{k-2,0} & \cdots & p_{1,0} & p_{0,0} & 0 & 0 & \cdots & 0 & 1 \end{bmatrix}$$

监督矩阵 $\boldsymbol{P}_{k,n-k}^{\mathrm{T}}$ 子矩阵中的第 i 列的元素 $p_{i,j}$ 是多项式 $P_i(X)$ 的系数。参见式（8.6.31）和式（8.6.32），$P_i(X)$ 由下式确定：

$$X^{n-k}X^i=X^{n-k+i}=Q_i(X)g(X)+P_i(X),\quad i=k-1.k-2,\cdots,1,0 \tag{8.6.44}$$

当 $g(X)$ 是本原多项式时，$g(X)$ 不可再分解且常数项为 1，X^{n-k+i} 与 $g(X)$ 一定**互质**，因此 $P_i(X)$ 不可能为 0。即在监督矩阵 $\boldsymbol{H}$ 中，不会出现全“0”的列向量。另外 $P_i(X)$ 中至少包含两项，否则，如果存在只包含一项的 $P_i(X)$，则有

$$P_i(X)=x^j,\quad 0\leqslant j\leqslant k-1=(2^m-1-m)-1=2^m-2-m \tag{8.6.45}$$

由式（8.6.44）得

$$X^{n-k}X^i=Q_i(X)g(X)+X^j \to X^j\left(X^{n-k+i-j}+1\right)=Q_i(X)g(X)$$

因为 $0\leqslant i,j\leqslant k-1$，则有 $n-k+i-j\leqslant n-1=2^m-2<2^m-1$，因此 $X^{n-k+i-j}+1$ 不能被本原多项式 $g(X)$

整除，这说明式（8.6.45）不能成立，即 $P_i(X)$ 中至少包含两项。

对于监督矩阵 $\boldsymbol{P}^{\mathrm{T}}$ 子矩阵中的任意不同 i 和 j 两列向量，$i \neq j$，不妨设 $j > i$，由式（8.6.44）得

$$X^{n-k}X^{i} + X^{n-k}X^{j} = Q_i(X)g(X) + P_i(X) + Q_j(X)g(X) + P_j(X) \tag{8.6.46}$$

整理得

$$X^{n-k+i}\left(X^{j-i}+1\right) = \left(Q_i(X)+Q_j(X)\right)g(X) + \left(P_i(X)+P_j(X)\right) \tag{8.6.47}$$

已知 X^{n-k+i} 与 $g(X)$ **互质**。又因 $j-i \leqslant k-1 = 2^m-1-m < 2^m-1$，所以 $X^{j-i}+1$ 一定不能被 $g(X)$ 整除，因此 $P_i(X)+P_j(X)$ 一定不等于 0，所以 $\boldsymbol{H}$ 中任意的列向量都不相同。

综上，监督矩阵 $\boldsymbol{H} = \left(\boldsymbol{P}_{k,n-k}^{\mathrm{T}} \mid \boldsymbol{I}_{n-k}\right)$ 共有 $n = 2^m-1$ 列，其中没有全“0”的列向量，且任意的两列都不相同。因此每一列可用做码字中 1 位误码的伴随式。所以由 $m = n-k$ 次幂的本原多项式 $f(X)$ 生成的 $\left(2^m-1, 2^m-1-m\right)$ 循环码是汉明码。**证毕**。□

定理 8.6.5 提供了一种可以通过本原多项式构造具有循环码特性的汉明码的**一般方法**。而本原多项式可以通过计算机遍历搜索的方法得到，表 8.6.4 给出了不同长度的汉明码的生成多项式 $g(X)$，其中生成多项式的参数采用**八进制数字**表示。通过该表，很容易构建不同长度的汉明码。

表 8.6.4　利用本原多项式构造的汉明循环码参数表

n	k	$g(X)$（八进制数字）	n	k	$g(X)$（八进制数字）
7	4	13	255	247	435
15	11	23	511	502	1021
31	26	45	1023	1013	2011
63	57	103	2047	2036	4005
127	120	211	4095	4083	10123

【例 8.6.10】　试构建一参数位 (15,11) 的汉明码，求其系统码结构的生成矩阵和监督矩阵，并计算其码率。

解：根据表 8.6.4，由 $n=15$，$k=11$ 的编码参数要求，可选择对应的生成多项式的参数

$$(23)_{八进制} = (010\ 011) \leftrightarrow g(X) = X^4 + X + 1$$

作为该汉明循环码的生成多项式。由式（8.6.33），得其系统码结构的生成矩阵

$$\boldsymbol{G}(X) = \begin{bmatrix} X^{14}+P_{10}(X) \\ X^{13}+P_{9}(X) \\ \vdots \\ X^{5}+P_{1}(X) \\ X^{4}+P_{0}(X) \end{bmatrix}，其中\ P_i(X) \equiv X^{4+i} \mod g(X),\ i = 10,9,\cdots,1,0$$

计算出式中的各 $P_i(X)$ 后，由矩阵中各多项式的系数，可得生成矩阵的另一种表示形式：

$$\boldsymbol{G} = \begin{bmatrix}
1 & 0 & & & & & & & & & & 1 & 0 & 0 & 1 \\
0 & 1 & 0 & & & & & & & & & 1 & 1 & 0 & 1 \\
 & 0 & 1 & 0 & & & & & & & & 1 & 1 & 1 & 1 \\
 & & 0 & 1 & 0 & & & & 0 & & & 1 & 1 & 1 & 0 \\
 & & & 0 & 1 & 0 & & & & & & 0 & 1 & 1 & 1 \\
 & & & & 0 & 1 & 0 & & & & & 1 & 0 & 1 & 0 \\
 & & & & & 0 & 1 & 0 & & & & 0 & 1 & 0 & 1 \\
 & & & & & & 0 & 1 & 0 & & & 1 & 0 & 1 & 1 \\
 & & 0 & & & & & 0 & 1 & 0 & & 1 & 1 & 0 & 0 \\
 & & & & & & & & 0 & 1 & 0 & 0 & 1 & 1 & 0 \\
 & & & & & & & & & 0 & 1 & 0 & 0 & 1 & 1
\end{bmatrix} = \left[\boldsymbol{I}_k \middle| \boldsymbol{P}_{k,n-k}\right]$$

由生成矩阵和监督矩阵之间的关系式，可得

$$H=\left[P_{k,n-k}^{\mathrm{T}}\middle|I_{n-k}\right]=\begin{bmatrix}1&1&1&1&0&1&0&1&1&0&0&1&0&0&0\\0&1&1&1&1&0&1&0&1&1&0&0&1&0&0\\0&0&1&1&1&1&0&1&0&1&1&0&0&1&0\\1&1&1&0&1&0&1&1&0&0&1&0&0&0&1\end{bmatrix}$$

该循环汉明码的码率为 $R=\dfrac{k}{n}=\dfrac{11}{15}$。□

8.6.5 BCH 码*

根据上一节有关循环汉明码的讨论我们知道，对于不同长度的、能纠正一位错误的分组码，已经有一般的构建方法。对于更为一般的能纠正任意 t 个和 t 个以下错误的线性分组码，已由 Bose 和 Chaudhuri 两人合作及 Hochquenghem 分别独立提出了一种编码，这种编码以他们三人名字的第一个字母命名，称为 BCH 码。采用 BCH 码编码方法，若码长 $n=2^m-1$，可构造出校验位长度 $r=n-k\leqslant mt$、码字间的最小距离 $d_{\min}\geqslant 2t+1$ 的纠错码。

下面首先介绍几个保证 BCH 码存在，以及实现其构建方法的几个重要定义和定理。

定理 8.6.6 线性分组码 (n,k) 最小距离等于 $d_{\min}$ 的**充要条件**是，其监督矩阵 $\boldsymbol{H}$ 中任意的 $d_{\min}-1$ 列线性无关。

证明：先证明**必要性**。假定线性分组码 (n,k) 的最小距离为 $d_{\min}$，需要证明 $\boldsymbol{H}$ 中任意的 $d_{\min}-1$ 列线性无关。用反证法：若 $\boldsymbol{H}$ 中某 $d_{\min}-1$ 列线性相关，则有

$$c_{i1}\boldsymbol{h}_{i1}+c_{i2}\boldsymbol{h}_{i2}+\cdots+c_{id_{\min-1}}\boldsymbol{h}_{id_{\min}-1}=\boldsymbol{0} \tag{8.6.48}$$

其中 $c_{ij}\in\mathrm{GF}(2)$，$\boldsymbol{h}_{ij}$ 是 $\boldsymbol{H}$ 中的列向量。现构建一个 n 维向量 $\boldsymbol{C}$，使其在 $i_1,i_2,\cdots,i_{d_{\min}-1}$ 位置的取值分别为 $c_{i1},c_{i2},\cdots,c_{id_{\min}-1}$，即 $\boldsymbol{C}=\left(0,\cdots,c_{i1},0,\cdots c_{i2},0,\cdots,c_{id_{\min}-1},0,\cdots,0\right)$，而在其他位置的取值为 0，因为

$$\boldsymbol{H}\cdot\boldsymbol{C}^{\mathrm{T}}=c_{i1}\boldsymbol{h}_{i1}+c_{i2}\boldsymbol{h}_{i2}+\cdots+c_{i(d_{\min}-1)}\boldsymbol{h}_{i(d_{\min}-1)}=\boldsymbol{0} \tag{8.6.49}$$

故 $\boldsymbol{C}$ 应该是一个**许用码字**，而 $\boldsymbol{C}$ 的非 0 分量个数，即其**码重**，最多只有 $d_{\min}-1$，这与码有最小距离 $d_{\min}$ 矛盾，因此 $\boldsymbol{H}$ 中的任意 $d_{\min}-1$ 列必定线性无关。

再证明**充分性**。假定 $\boldsymbol{H}$ 中任意 $d_{\min}-1$ 列线性无关，则 $\boldsymbol{H}$ 中至少 $d_{\min}$ 列才能线性相关。若将能够使 $\boldsymbol{H}$ 中那些 $d_{\min}$ 列线性相关的系数，作为码字中相应的非 0 系数，而码字中的其余分量均为 0，则该码字至少有 $d_{\min}$ 个非 0 分量，故该码的最小距离为 $d_{\min}$。**证毕**。□

根据定理 8.6.6，不难理解，交换 $\boldsymbol{H}$ 中的各列，并不会影响其所对应的码的最小距离。因此，所有列向量相同但排列方式不同的 $\boldsymbol{H}$ 所对应的分组码，其码的性能完全相同。

BCH 码是一种循环码，下面给出其定义和有关其最小距离的定理。

定义 8.6.3 给定有限域 $\mathrm{GF}(2)$ 及其扩展域 $\mathrm{GF}\left(2^m\right)$，对于码元取自 $\mathrm{GF}(2)$ 的一循环码，若其生成多项式 $g(x)$ 的根的集合 $\Re$ 中含有 $d_{\min}-1$ 个连续根：

$$\Re\supseteq\left(\alpha^{m_0},\alpha^{m_0+1},\cdots,\alpha^{m_0+d_{\min}-2}\right) \tag{8.6.50}$$

式中 $\alpha\in\mathrm{GF}\left(2^m\right)$ 是域中的 n **阶元素**，$n\geqslant d_{\min}-1$，m_0 是任意整数，$\alpha^{m_0+i}\in\mathrm{GF}\left(2^m\right)$，$0\leqslant i\leqslant d_{\min}-2$，则将由 $g(x)$ 生成的码长度为 n 的循环码定义为 **BCH 码**。

假定$m_i(x)$是元素$\alpha^{m_0+i}, i=0,1,2,\cdots,d_{\min}-2$的**最小多项式**，$J_i$是元素$\alpha^{m_0+i}$的**阶数**。只有$g(x)$能够被$m_i(x), i=0,1,2,\cdots,d_{\min}-2$同时除尽时，$g(x)$才能够以元素$\alpha^{m_0+i}, i=0,1,2,\cdots,d_{\min}-2$为根，因此必须有

$$g(x)=\mathrm{LCM}\left(m_0(x),m_1(x),\cdots,m_{d_{\min}-2}(x)\right) \tag{8.6.51}$$

式中符号 LCM 表示**最小公因式**。

假定由$g(x)$生成的循环码的码长为n，则$g(x)$可以整除x^n-1，元素$\alpha^{m_0+i}, i=0,1,2,\cdots d_{\min}-2$必定是$x^n-1$的根。根据定理 8.4.3，元素$\left(\alpha^{m_0+i}\right)^{2^j}$也是$x^n-1$的根，其中$i=0,1,2,\cdots,d_{\min}-2$，$j=0,1,2,\cdots,J_i-1$，$J_i$是$\alpha^{m_0+i}$的阶数。所以每个$J_i$必须能够整除$n$，因此相应的循环码的码长$n$为

$$n=\mathrm{LCM}\left(J_0,J_1,\cdots,J_{d_{\min}-1}\right) \tag{8.6.52}$$

这里J_i既是α^{m_0+i}的阶数，也是其极小多项式$m_i(x)$的次数。

定理 8.6.7　BCH 码的最小距离至少为$d_{\min}$。

证明：假定$C(x)=m(x)g(x)$是 BCH 码的一个码字，根据 BCH 码的定义，$\mathrm{GF}\left(2^m\right)$中$d_{\min}-1$个连续元素$\alpha^{m_0},\alpha^{m_0+1},\cdots,\alpha^{m_0+d_{\min}-2}$一定是该码字的根。若该码字表示为

$$C(x)=c_{n-1}x^{n-1}+c_{n-2}x^{n-2}+\cdots+c_1x+c_0 \tag{8.6.53}$$

则有

$$C\left(\alpha^i\right)=c_{n-1}\left(\alpha^i\right)^{n-1}+c_{n-2}\left(\alpha^i\right)^{n-2}+\cdots+c_1\left(\alpha^i\right)+c_0=0 \tag{8.6.54}$$

其中$i=m_0,m_0+1,\cdots,m_0+d_{\min}-2$。假定按照如下的方式构建 BCH 码的校验矩阵$\boldsymbol{H}$：

$$\boldsymbol{H}=\begin{bmatrix} \left(\alpha^{m_0}\right)^{n-1} & \left(\alpha^{m_0}\right)^{n-2} & \cdots & \left(\alpha^{m_0}\right)^{1} & \left(\alpha^{m_0}\right)^{0} \\ \left(\alpha^{m_0+1}\right)^{n-1} & \left(\alpha^{m_0+1}\right)^{n-2} & \cdots & \left(\alpha^{m_0+1}\right)^{1} & \left(\alpha^{m_0+1}\right)^{0} \\ \vdots & \vdots & \ddots & \vdots & \vdots \\ \left(\alpha^{m_0+d_{\min}-2}\right)^{n-1} & \left(\alpha^{m_0+d_{\min}-2}\right)^{n-2} & \cdots & \left(\alpha^{m_0+d_{\min}-2}\right)^{1} & \left(\alpha^{m_0+d_{\min}-2}\right)^{0} \end{bmatrix} \tag{8.6.55}$$

矩阵$\boldsymbol{H}$共有$d_{\min}-1$行，任取其中的$d_{\min}-1$列可以组成一方阵，该方阵的**行列式**D为

$$\begin{aligned} D&=\begin{vmatrix} \left(\alpha^{m_0}\right)^{j_1} & \left(\alpha^{m_0}\right)^{j_2} & \cdots & \left(\alpha^{m_0}\right)^{j_{d_{\mathrm{mim}}-1}} \\ \left(\alpha^{m_0+1}\right)^{j_1} & \left(\alpha^{m_0+1}\right)^{j_2} & \cdots & \left(\alpha^{m_0+1}\right)^{j_{d_{\mathrm{mim}}-1}} \\ \vdots & \vdots & \ddots & \vdots \\ \left(\alpha^{m_0+d_{\min}-2}\right)^{j_1} & \left(\alpha^{m_0+d_{\min}-2}\right)^{j_1} & \cdots & \left(\alpha^{m_0+d_{\min}-2}\right)^{j_{d_{\mathrm{mim}}-1}} \end{vmatrix} \\ &=\alpha^{m_0\left(j_1+j_2+\cdots+j_{d_{\mathrm{mim}}-1}\right)}\begin{vmatrix} 1 & 1 & \cdots & 1 \\ \left(\alpha^{j_1}\right)^{1} & \left(\alpha^{j_2}\right)^{1} & \cdots & \left(\alpha^{j_{d_{\mathrm{mim}}-1}}\right)^{1} \\ \vdots & \vdots & \ddots & \vdots \\ \left(\alpha^{j_1}\right)^{d_{\min}-2} & \left(\alpha^{j_2}\right)^{d_{\min}-2} & \cdots & \left(\alpha^{j_{d_{\mathrm{mim}}-1}}\right)^{d_{\min}-2} \end{vmatrix} \\ &=\alpha^{m_0\left(j_1+j_2+\cdots+j_{d_{\mathrm{mim}}-1}\right)}\prod_{j_1\leqslant j_v<j_u\leqslant j_{d_{\mathrm{mim}}-1}}\left(\alpha^{j_u}-\alpha^{j_v}\right) \end{aligned} \tag{8.6.56}$$

上式中的最后一个等式的获得是根据线性代数理论中的**范德蒙行列式**求解的结果。由于生成

多项式没有重根，$\alpha \in \mathrm{GF}\left(2^m\right)$ 是域中的 n' 阶元素，对任何 $j_u \neq j_v$，$\alpha^{j_u} \neq \alpha^{j_v}$。因此行列式 $D \neq 0$，由此可知监督矩阵 $\boldsymbol{H}$ 的任意 $d_{\min}-1$ 列线性无关，由此根据定理 8.6.9 可知，该码的最小距离为 $d_{\min}$。**证毕**。□

BCH 码的循环特性　下面说明由上述构建方法获得的分组码具有循环码特性。假定某码字 $\boldsymbol{C}=\left[c_{n-1}c_{n-2}\cdots c_1 c_0\right]$，由 $\boldsymbol{C}\cdot\boldsymbol{H}^{\mathrm{T}}=0$ 可得

$$C\left(\alpha^i\right)=c_{n-1}\left(\alpha^i\right)^{n-1}+c_{n-2}\left(\alpha^i\right)^{n-2}+\cdots+c_1\left(\alpha^i\right)+c_0=0 \tag{8.6.57}$$

其中 $i=m_0,m_0+1,\cdots,m_0+d_{\min}-2$。记该码字循环移位一位后得到的向量为 $\boldsymbol{C}^{(1)}=\left[c_{n-2}\cdots c_1 c_0 c_{n-1}\right]$。由 $\boldsymbol{C}^{(1)}\cdot\boldsymbol{H}^{\mathrm{T}}$，考虑到 $\alpha \in \mathrm{GF}\left(2^m\right)$ 是域中的 n 阶元素，$\alpha^n=1$：

$$\begin{aligned}C^{(1)}\left(\alpha^i\right)&=c_{n-2}\left(\alpha^i\right)^{n-1}+c_{n-3}\left(\alpha^i\right)^{n-2}+\cdots+c_1\left(\alpha^i\right)^2+c_0\left(\alpha^i\right)+c_{n-1}\\&=c_{n-2}\left(\alpha^i\right)^{n-1}+c_{n-3}\left(\alpha^i\right)^{n-2}+\cdots+c_1\left(\alpha^i\right)^2+c_0\left(\alpha^i\right)+c_{n-1}\left(\alpha^i\right)^n\\&=\alpha^i\left[c_{n-1}\left(\alpha^i\right)^{n-1}+c_{n-2}\left(\alpha^i\right)^{n-2}+\cdots+c_1\left(\alpha^i\right)+c_0\right]=0\end{aligned} \tag{8.6.58}$$

可见 $\boldsymbol{C}^{(1)}=\left[c_{n-2}\cdots c_1 c_0 c_{n-1}\right]$ 也是一个码字集中的一个码字，用归纳法原理不难证明循环移位任意的位时，结论仍然成立，因此 BCH **码是一种循环码**。

BCH 码的构造方法　为便于在有限域 $\mathrm{GF}(2)$ 及其扩展域 $\mathrm{GF}\left(2^m\right)$ 上构造 BCH 码，通常取码长 $n=2^m-1$，选择 $\mathrm{GF}\left(2^m\right)$ 中的**本原元**作为 α，$\alpha^n=\alpha^{2^m-1}=1$，这样构造的 BCH 码称为**本原 BCH 码**。表 8.6.5 列出了人们通过计算机搜索方法获得的 $m\leqslant 7$、相应码长为 $n=2^m-1\leqslant 127$ 时的各种不同纠错能力的本原 BCH 码。更多的本原 BCH 码可见参考文献[4]。

表 8.6.5　$m\leqslant 7, n=2^m-1\leqslant 127$ **的本原 BCH 码**

码长 n	信息位 k	纠错能力 t	码长 n	信息位 k	纠错能力 t
7	4	1	127	120	1
15	11	1	127	113	2
15	7	2	127	106	3
15	5	3	127	99	4
31	26	1	127	92	5
31	21	2	127	85	6
31	16	3	127	78	7
31	11	5	127	71	9
31	6	7	127	64	10
63	57	1	127	57	11
63	51	2	127	50	13
63	45	3	127	43	14
63	39	4	127	36	15
63	36	5	127	29	21
63	30	6	127	22	23
63	24	7	127	15	27
63	18	10	127	8	31
63	16	11			
63	10	13			
63	7	15			

【例 8.6.11】　求 $\mathrm{GF}\left(2^4\right)$ 上可构造的各种本原 BCH 码。

解：设 α 是 $\mathrm{GF}\left(2^4\right)$ 上的本原元，则 $\mathrm{GF}\left(2^4\right)$ 中的所有元素可以表示为

$$\left\{0,\alpha^0,\alpha^1,\alpha^2,\alpha^3,\cdots,\alpha^{2^4-3},\alpha^{2^4-2}\right\}=\left\{0,\alpha^0,\alpha^1,\alpha^2,\alpha^3,\cdots,\alpha^{13},\alpha^{14}\right\},\quad \alpha^i\in\mathrm{GF}\left(2^4\right)$$

首先分析除了 0 和 1 的元素外，通过求各个元素的极小多项式，观察有多少种可能的极小多项式。根据极小多项式的构建方法：

（1）元素α：元素α的极小多项式的所有根为$(\alpha)^{2^l}, l=0,1,2,\cdots$。根据表 8.4.5 给出的$\mathrm{GF}(2^4)$的元素表，可得$(\alpha)^{2^0}=\alpha, (\alpha)^{2^1}=\alpha^2, (\alpha)^{2^2}=\alpha^4, (\alpha)^{2^3}=\alpha^8, (\alpha)^{2^4}=\alpha^{15}\alpha=\alpha$，$(\alpha)^{2^5}=\alpha^{32}=\alpha^{2\times 15}\alpha^2=\alpha^2,\cdots$。不难发现，其中只有 4 个根$\alpha$、$\alpha^2$、$\alpha^4$和$\alpha^8$是不同的。相应地,元素$\alpha$的极小多项式为

$$m_1(x)=(x+\alpha)(x+\alpha^2)(x+\alpha^4)(x+\alpha^8)$$

展开上式得

$$\begin{aligned}m_1(x)&=(x^2+\alpha x+\alpha^2 x+\alpha^3)(x^2+\alpha^4 x+\alpha^8 x+\alpha^{12})\\&=x^4+(\alpha^8+\alpha^4+\alpha^2+\alpha)x^3+(\alpha^{12}+\alpha^{10}+\alpha^9+\alpha^6+\alpha^5+\alpha^3)x^2+(\alpha^{14}+\alpha^{13}+\alpha^{11}+\alpha^7)x+\alpha^{15}\end{aligned}$$

利用表 8.4.5 整理合并有关的项，得

$$\begin{aligned}m_1(x)=x^4&+\left((X^2+1)+(X+1)+X^2+X\right)x^3\\&+\left((X^3+X^2+X+1)+(X^2+X+1)+(X^3+X)+(X^3+X^2)+(X^2+X)+X^3\right)x^2\\&+\left((X^3+1)+(X^3+X^2+1)+(X^3+X^2+X)+(X^3+X+1)\right)x+1\\=x^4&+x+1\end{aligned}$$

（2）元素α^2：元素α^2的极小多项式的所有根为$(\alpha^2)^{2^l}, l=0,1,2,\cdots$。同样可得$(\alpha^2)^{2^0}=\alpha^2$，$(\alpha^2)^{2^1}=\alpha^4, (\alpha^2)^{2^2}=\alpha^8, (\alpha^2)^{2^3}=\alpha^{15}\alpha=\alpha, (\alpha^2)^{2^4}=\alpha^{30}\alpha^2=\alpha^2,\cdots$。同样可以发现，所有不同的根为$\alpha$、$\alpha^2$、$\alpha^4$和$\alpha^8$。因此，元素$\alpha^2$与元素$\alpha$的极小多项式是一样的。

（3）元素α^3：元素α^3的极小多项式的所有根为$(\alpha^3)^{2^l}, l=0,1,2,\cdots$。由此可得$(\alpha^3)^{2^0}=\alpha^3, (\alpha^3)^{2^1}=\alpha^6, (\alpha^3)^{2^2}=\alpha^{12}, (\alpha^3)^{2^3}=\alpha^{15}\alpha^9=\alpha^9, (\alpha^3)^{2^4}=\alpha^{3\times 15}\alpha^3=\alpha^3,\cdots$，所有不同的根为$\alpha^3$、$\alpha^6$、$\alpha^9$和$\alpha^{12}$。相应地，元素$\alpha^3$的极小多项式为

$$m_3(x)=(x+\alpha^3)(x+\alpha^6)(x+\alpha^9)(x+\alpha^{12})$$

同样，利用表 8.4.5 简化整理得

$$m_3(x)=x^4+x^3+x^2+x+1$$

（4）元素α^4：元素α^4的极小多项式的所有根为$(\alpha^4)^{2^l}, l=0,1,2,\cdots$。做类似前面的分析可得，所有不同的根为$\alpha$、$\alpha^2$、$\alpha^4$和$\alpha^8$。因此，元素$\alpha^2$与元素$\alpha$的极小多项式是一样的。

（5）元素α^5：元素α^5的极小多项式的所有根为$(\alpha^5)^{2^l}, l=0,1,2,\cdots$。由此可得$(\alpha^5)^{2^0}=\alpha^5, (\alpha^5)^{2^1}=\alpha^{10}, (\alpha^5)^{2^2}=\alpha^{15}\alpha^5=\alpha^5,\cdots$。所有不同的根为$\alpha^5$和$\alpha^{10}$。元素$\alpha^5$的极小多项式为

$$m_5(x)=(x+\alpha^5)(x+\alpha^{10})=x^2+x+1$$

（6）元素α^6：元素α^6的极小多项式的所有根为$(\alpha^6)^{2^l}, l=0,1,2,\cdots$。做类似前面的分析可得，所有不同的根为$\alpha^3$、$\alpha^6$、$\alpha^9$和$\alpha^{12}$。因此，元素$\alpha^6$与元素$\alpha^3$的极小多项式是一样的。

（7）元素α^7：元素α^7的极小多项式的所有根为$(\alpha^7)^{2^l}, l=0,1,2,\cdots$。做类似前面的分析可得，所有不同的根为$\alpha^7$、$\alpha^{11}$、$\alpha^{13}$和$\alpha^{14}$，元素$\alpha^7$的极小多项式为

$$m_7(x)=(x+\alpha^7)(x+\alpha^{11})(x+\alpha^{13})(x+\alpha^{14})=x^4+x^3+1$$

同样，通过对$\alpha^8,\alpha^9,\cdots,\alpha^{14}$的分析可知，所对应极小多项式的根均是$\alpha$，或$\alpha^3$，或$\alpha^5$，或$\alpha^7$的极小多项式的根的**重复**。

从上面的分析得到 4 个**互素**的多项式：$m_1(x)$、$m_3(x)$、$m_5(x)$ 和 $m_7(x)$。

（1）对于纠正 $t=1$ 个错误的 BCH 码，要求 $d_{\min}=2t+1=3$，要在 $GF(2^4)$ 中找到以 $d_{\min}-1=2$ 个**幂次连续**元素为根构建的生成多项式 $g(x)$，且 $g(x)$ 与这些元素的极小多项式必须满足式（8.6.50）的对应关系。只有元素 α 的极小多项式 $m_1(x)$ 方能满足，它包含了 4（$>d_{\min}-1=2$）个幂次连续元素为根 α、α^2、α^4 和 α^8。因此可取

$$g(x)=m_1(x)=x^4+x+1$$

因为 $g(x)$ 的次数为 $n-k=4$，已知本原 BCH 码的码长 $n=2^4-1=15$，可得 $k=11$。作为生成多项式，构成表 8.6.5 中第二行所列的参数为 $n=15$、$k=11$ 和 $t=1$ 的本原 BCH 码。

（2）对于纠正 $t=2$ 个错误的 BCH 码，要求 $d_{\min}=2t+1=5$，要在 $GF(2^4)$ 中找到以 $d_{\min}-1=4$ 个**幂次连续**元素为根构建的生成多项式 $g(x)$，显然可由且只能由 $m_1(x)$ 和 $m_3(x)$ 的最小公因式构造，$m_1(x)$ 的根 α、α^2、α^4、α^8 和 $m_3(x)$ 的根 α^3、α^6、α^9 和 α^{12} 集中起来可以构成 $d_{\min}-1=4$ 个**幂次连续**元素 α、α^2、α^3、α^4，由此可得

$$\begin{aligned}g(x)&=\mathrm{LCM}\left(m_1(x),m_3(x)\right)=m_1(x)m_3(x)=\left(x^4+x+1\right)\left(x^4+x^3+x^2+x+1\right)\\&=x^8+x^7+x^6+x^4+1\end{aligned}$$

因为 $g(x)$ 的次数为 $n-k=8$，可得 $k=7$。作为生成多项式，构成表 8.6.5 中第三行所列的参数为 $n=15$、$k=7$ 和 $t=2$ 的本原 BCH 码。

（3）对于纠正 $t=3$ 个错误的 BCH 码，要求 $d_{\min}=2t+1=7$，要在 $GF(2^4)$ 中找到以 $d_{\min}-1=6$ 个**幂次连续**元素为根构建的生成多项式 $g(x)$，显然可由且只能由 $m_1(x)$、$m_3(x)$ 和 $m_5(x)$ 的最小公因式构造。$m_1(x)$ 的根 α、α^2、α^4 和 α^8，$m_3(x)$ 的根 α^3、α^6、α^9 和 α^{12}，以及 $m_5(x)$ 的根 α^5 和 α^{10} 集中起来可以构成 $d_{\min}-1=6$ 个**幂次连续**元素 α、α^2、α^3、α^4、α^5 和 α^6，其生成多项式

$$\begin{aligned}g(x)&=\mathrm{LCM}\left(m_1(x),m_3(x),m_5(x)\right)=m_1(x)m_3(x)m_5(x)\\&=\left(x^4+x+1\right)\left(x^4+x^3+x^2+x+1\right)\left(x^2+x+1\right)=x^{10}+x^8+x^5+x^4+x^2+x+1\end{aligned}$$

因为 $g(x)$ 的次数为 $n-k=10$，可得 $k=5$。作为生成多项式，构成表 8.6.5 中第四行所列的参数为 $n=15$、$k=5$ 和 $t=3$ 的本原 BCH 码。

（4）最后分析能否构造纠正 $t=4$ 个错误的 BCH 码，此时要求 $d_{\min}=2t+1=9$，要在 $GF(2^4)$ 中找到以 $d_{\min}-1=8$ 个**幂次连续**元素为根构建的生成多项式 $g(x)$，似乎可由 $m_1(x)$、$m_3(x)$、$m_5(x)$ 和 $m_7(x)$ 的最小公因式构造。$m_1(x)$ 的根 α、α^2、α^4 和 α^8，$m_3(x)$ 的根 α^3、α^6、α^9 和 α^{12}，$m_5(x)$ 的根 α^5 和 α^{10}，以及 $m_7(x)$ 的根 α^7、α^{11}、α^{13} 和 α^{14}，集中起来可以构成所需的大于 $d_{\min}-1=8$ 个**幂次连续**元素 $\alpha,\alpha^2,\alpha^3,\cdots,\alpha^{13}$ 和 α^{14}。相应地，其生成多项式

$$\begin{aligned}g(x)&=\mathrm{LCM}\left(m_1(x),m_3(x),m_5(x),m_7(x)\right)=m_1(x)m_3(x)m_5(x)m_7(x)\\&=\left(x^4+x+1\right)\left(x^4+x^3+x^2+x+1\right)\left(x^2+x+1\right)\left(x^4+x^3+1\right)\\&=x^{14}+x^{13}+x^{12}+x^{11}+x^{10}+x^9+x^8+x^7+x^6+x^5+x^4+x^3+x^2+x+1\end{aligned}$$

的次数为 $n-k=14$，可得 $k=1$，可见这时相应的 BCH 码已经**退化**成只能携带一位信息位的**重复码**。发信息“0”时，输出 000000000000000；发信息“1”时，输出“111111111111111”。显然此时的最小码距为 15，纠错能力可以超过 4 位，达到 7 位，但此时的编码效率仅为 $R=k/n=1/15$。□

BCH 码的译码方法 BCH 码作为一种理论体系完备、性能良好的纠错编码，其译码方法的研究也受到了人们极大的关注，并提出了许多优化的实现方案。本节只介绍 BCH 码译码的基本原理，更多的具体方法可参考有关的参考文献[2]。

从前面的分析可知，要使 $GF(2^m)$ 域上 BCH 码的最小码距为 $d_{\min}$，必须至少获得 $d_{\min}-1$ 个**幂次连续**元素的根 $\alpha^{m_0},\alpha^{m_0+1},\cdots,\alpha^{m_0+d_{\min}-2}$，以构建其监督矩阵 $\boldsymbol{H}$ 和相应的生成多项式 $g(x)$，要能够纠正 t 个错误，要求 $d_{\min}\geqslant 2t+1$。一般地，**发送码字 $\boldsymbol{C}$**、**接收码字 $\boldsymbol{R}$** 和**错误图样 $\boldsymbol{E}$** 所对应的多项式可以分别表示为

$$C(x)=c_{n-1}x^{n-1}+c_{n-2}x^{n-2}+\cdots+c_1x+c_0 \tag{8.6.59}$$

$$R(x)=r_{n-1}x^{n-1}+r_{n-2}x^{n-2}+\cdots+r_1x+r_0 \tag{8.6.60}$$

$$E(x)=e_{n-1}x^{n-1}+e_{n-2}x^{n-2}+\cdots+e_1x+e_0 \tag{8.6.61}$$

它们之间满足如下的关系：

$$R(x)=C(x)+E(x) \tag{8.6.62}$$

在可纠错的范围内，出错的 t 个位置可以用 t 个 x 的幂 $x^{l_1},x^{l_2},\cdots,x^{l_t}$ 来表示，因此 $E(x)$ 又可以表示为

$$E(x)=Y_tx^{l_t}+Y_{t-1}x^{l_{t-1}}+\cdots+Y_2x^{l_2}+Y_1x^{l_1},\quad Y_1,Y_2,\cdots,Y_t\in\{0,1\} \tag{8.6.63}$$

即对于可以纠正的错误图样，上式中**非零**的项最多只有 t 项。

为分析简单起见，对于能够纠正 t 个错误的 BCH 码，假定有 $d_{\min}=2t+1$，由式（8.6.55）可知，其监督矩阵 $\boldsymbol{H}$ 为

$$\boldsymbol{H}=\begin{bmatrix}\left(\alpha^{m_0}\right)^{n-1} & \left(\alpha^{m_0}\right)^{n-2} & \cdots & \left(\alpha^{m_0}\right)^{1} & 1\\ \left(\alpha^{m_0+1}\right)^{n-1} & \left(\alpha^{m_0+1}\right)^{n-2} & \cdots & \left(\alpha^{m_0+1}\right)^{1} & 1\\ \vdots & \vdots & \ddots & \vdots & \vdots\\ \left(\alpha^{m_0+2t-1}\right)^{n-1} & \left(\alpha^{m_0+2t-1}\right)^{n-2} & \cdots & \left(\alpha^{m_0+2t-1}\right)^{1} & 1\end{bmatrix} \tag{8.6.64}$$

相应的伴随式为

$$\begin{aligned}\boldsymbol{S}^{\mathrm{T}}=\begin{bmatrix}s_{m_0}\\ s_{m_0+1}\\ \vdots\\ s_{m_0+2t-1}\end{bmatrix}=\boldsymbol{H}\cdot\boldsymbol{R}^{\mathrm{T}}&=\begin{bmatrix}\left(\alpha^{m_0}\right)^{n-1} & \left(\alpha^{m_0}\right)^{n-2} & \cdots & \left(\alpha^{m_0}\right)^{1} & 1\\ \left(\alpha^{m_0+1}\right)^{n-1} & \left(\alpha^{m_0+1}\right)^{n-2} & \cdots & \left(\alpha^{m_0+1}\right)^{1} & 1\\ \vdots & \vdots & \ddots & \vdots & \vdots\\ \left(\alpha^{m_0+2t-1}\right)^{n-1} & \left(\alpha^{m_0+2t-1}\right)^{n-2} & \cdots & \left(\alpha^{m_0+2t-1}\right)^{1} & 1\end{bmatrix}\begin{bmatrix}r_{n-1}\\ r_{n-2}\\ \vdots\\ r_1\\ r_0\end{bmatrix}\\ &=\begin{bmatrix}R\left(\alpha^{m_0}\right)\\ R\left(\alpha^{m_0+1}\right)\\ \vdots\\ R\left(\alpha^{m_0+2t-1}\right)\end{bmatrix}=\begin{bmatrix}E\left(\alpha^{m_0}\right)\\ E\left(\alpha^{m_0+1}\right)\\ \vdots\\ E\left(\alpha^{m_0+2t-1}\right)\end{bmatrix}\end{aligned} \tag{8.6.65}$$

即有

$$\begin{aligned}s_j=E\left(\alpha^j\right)&=Y_t\left(\alpha^j\right)^{l_t}+Y_{t-1}\left(\alpha^j\right)^{l_{t-1}}+\cdots+Y_2\left(\alpha^j\right)^{l_2}+Y_1\left(\alpha^j\right)^{l_1}\\ &=\sum_{i=1}^{t}Y_i\left(\alpha^j\right)^{l_i},\qquad j=m_0,m_0+1,\cdots,m_0+2t-1\end{aligned} \tag{8.6.66}$$

若记 $\alpha^{l_i}=x_i$，则有 $\left(\alpha^j\right)^{l_i}=\left(\alpha^{l_i}\right)^j=\left(x_i\right)^j=x_i^j$，上式成为

$$s_j=\sum_{i=1}^{t}Y_ix_i^j,\qquad j=m_0,m_0+1,\cdots,m_0+2t-1 \tag{8.6.67}$$

其中 $s_j = R(\alpha^j) = r_{n-1}(\alpha^j)^{n-1} + r_{n-2}(\alpha^j)^{n-2} + \cdots + r_1(\alpha^j) + r_0$ 可以通过接收码字 $\boldsymbol{R}$ 获得，现在需要求解 $Y_i \neq 0$ 处的 x_i，以确定错误的位置 l_i。定义**错误位置多项式**

$$\sigma(x) = (1 - x_1 x)(1 - x_2 x)\cdots(1 - x_t x) \tag{8.6.68}$$

若求得错误位置多项式的根 $x_i^{-1}, i = 1,2,\cdots,t$，由 $x_i = \alpha^{l_i}$，就可确定各个误码的位置 l_i，$i = 1,2,\cdots,t$。将上式展开可得

$$\begin{aligned}\sigma(x) &= (1 - x_1 x)(1 - x_2 x)\cdots(1 - x_t x)\\ &= 1 - (x_1 + x_2 + \cdots + x_t)x + (x_1x_2 + x_1x_3 + \cdots + x_{t-1}x_t)x^2 - \cdots + (-1)^t(x_1x_2\cdots x_{t-1}x_t)x^t\end{aligned} \tag{8.6.69}$$

记

$$\begin{aligned}\sigma_1 &= (-1)^1(x_1 + x_2 + \cdots + x_t)\\ \sigma_2 &= (-1)^2(x_1x_2 + x_1x_3 + \cdots + x_{t-1}x_t)\\ &\vdots\\ \sigma_t &= (-1)^t(x_1x_2\cdots x_{t-1}x_t)x^t\end{aligned} \tag{8.6.70}$$

上式成为

$$\sigma(x) = \prod_{i=1}^{t}(1 - x_i x) = \sigma_t x^t + \sigma_{t-1}x^{t-1} + \cdots + \sigma_1 x + 1 \tag{8.6.71}$$

显然有

$$\sigma(x_k^{-1}) = \prod_{i=1}^{t}(1 - x_i x_k^{-1}) = \sigma_t x_k^{-t} + \sigma_{t-1}x_k^{-(t-1)} + \cdots + \sigma_1 x_k^{-1} + 1 = 0,\quad k = 1,2,\cdots,t-1,t \tag{8.6.72}$$

两边乘以 $Y_k x_k^{j+t}$，$j = m_0, m_0+1,\cdots,m_0+t-1$，得

$$Y_k x_k^{j+t} + \sigma_1 Y_k x_k^{j+(t-1)} + \cdots + \sigma_{t-1}Y_k x_k^{j+1} + \sigma_t Y_k x_k^j = 0 \tag{8.6.73}$$

$$k = 1,2,\cdots,t-1,t,\quad j = m_0, m_0+1,\cdots,m_0+t-1$$

对上式关于 k 求和可得

$$\sum_{k=1}^{t} Y_k x_k^{j+t} + \sigma_1\sum_{k=1}^{t} Y_k x_k^{j+(t-1)} + \cdots + \sigma_{t-1}\sum_{k=1}^{t} Y_k x_k^{j+1} + \sigma_t\sum_{k=1}^{t} Y_k x_k^j = 0 \tag{8.6.74}$$

$$j = m_0, m_0+1,\cdots,m_0+t-1$$

比较式（8.6.66），上式成为

$$s_{j+t} + \sigma_1 s_{j+t} + \cdots + \sigma_{t-1}s_{j+1} + \sigma_t s_j = 0,\quad j = m_0, m_0+1,\cdots,m_0+t-1 \tag{8.6.75}$$

将 j 的不同取值代入，可得方程组

$$\begin{cases} s_{m_0+t} + \sigma_1 s_{m_0+t-1} + \cdots + \sigma_{t-1}s_{m_0+1} + \sigma_t s_{m_0} = 0\\ s_{m_0+1+t} + \sigma_1 s_{m_0+t} + \cdots + \sigma_{t-1}s_{m_0+2} + \sigma_t s_{m_0+1} = 0\\ \vdots\\ s_{m_0+2t-1} + \sigma_1 s_{m_0+2t-2} + \cdots + \sigma_{t-1}s_{m_0+t} + \sigma_t s_{m_0+t-1} = 0\end{cases} \tag{8.6.76}$$

整理后得

$$\begin{bmatrix} s_{m_0+t-1} & s_{m_0+t-2} & \cdots & s_{m_0}\\ s_{m_0+t} & s_{m_0+t-1} & \cdots & s_{m_0+1}\\ \vdots & \vdots & \ddots & \vdots\\ s_{m_0+2t-2} & s_{m_0+2t-3} & \cdots & s_{m_0+t-1}\end{bmatrix}\begin{bmatrix}\sigma_1\\ \sigma_2\\ \vdots\\ \sigma_t\end{bmatrix} = -\begin{bmatrix} s_{m_0+t}\\ s_{m_0+t+1}\\ \vdots\\ s_{m_0+2t-1}\end{bmatrix} \tag{8.6.77}$$

未知数 $\sigma_1, \sigma_2, \cdots, \sigma_{t-1}, \sigma_t$ 有唯一解的充要条件是上面的 $t \times t$ 矩阵**满秩**。求出 $\sigma_1, \sigma_2, \cdots, \sigma_{t-1}, \sigma_t$ 后，可求解方程组（8.6.69），得到 x_i $i = 1,2,\cdots,t$。由 $\alpha^{l_i} = x_i$，$i = 1,2,\cdots,t$ 可进一步求得 l_i，$i = 1,2,\cdots,t$，从而确

定误码的位置。

下面的定理保证了如果确实发生了 t 个错误，那么矩阵一定满秩。

定理 8.6.8 如果矩阵 $\boldsymbol{M}$ 中的元素 $s_j, j=m_0,m_0+1,\cdots,m_0+t-1$ 由 t 个非零的数对 (x_i,Y_i) 组成，则矩阵

$$\boldsymbol{M}=\begin{bmatrix} s_{m_0+t-1} & s_{m_0+t-2} & \cdots & s_{m_0} \\ s_{m_0+t} & s_{m_0+t-1} & \cdots & s_{m_0+1} \\ \vdots & \vdots & \ddots & \vdots \\ s_{m_0+2t-2} & s_{m_0+2t-3} & \cdots & s_{m_0+t-1} \end{bmatrix} \tag{8.6.78}$$

满秩，否则为非满秩。

证明：因为

$$\begin{aligned}\begin{bmatrix} s_{m_0+t-1} & s_{m_0+t-2} & \cdots & s_{m_0} \\ s_{m_0+t} & s_{m_0+t-1} & \cdots & s_{m_0+1} \\ \vdots & \vdots & \ddots & \vdots \\ s_{m_0+2t-2} & s_{m_0+2t-3} & \cdots & s_{m_0+t-1} \end{bmatrix} &= \begin{bmatrix} \sum_{k=1}^{t} Y_k x_k^{m_0+t-1} & \sum_{k=1}^{t} Y_k x_k^{m_0+t-2} & \cdots & \sum_{k=1}^{t} Y_k x_k^{m_0} \\ \sum_{k=1}^{t} Y_k x_k^{m_0+t} & \sum_{k=1}^{t} Y_k x_k^{m_0+t-1} & \cdots & \sum_{k=1}^{t} Y_k x_k^{m_0+1} \\ \vdots & \vdots & \ddots & \vdots \\ \sum_{k=1}^{t} Y_k x_k^{m_0+2t-2} & \sum_{k=1}^{t} Y_k x_k^{m_0+2t-3} & \cdots & \sum_{k=1}^{t} Y_k x_k^{m_0+t-1} \end{bmatrix} \\ &= \begin{bmatrix} 1 & 1 & \cdots & 1 \\ x_1 & x_2 & \cdots & x_t \\ \vdots & \vdots & \ddots & \vdots \\ x_1^{t-1} & x_2^{t-1} & \cdots & x_t^{t-1} \end{bmatrix} \begin{bmatrix} Y_1 x_1^{m_0} & 0 & \cdots & 0 \\ 0 & Y_2 x_2^{m_0} & \cdots & 0 \\ \vdots & \vdots & \ddots & \vdots \\ 0 & 0 & \cdots & Y_t x_t^{m_0} \end{bmatrix} \begin{bmatrix} 1 & x_1 & \cdots & x_1^{t-1} \\ 1 & x_2 & \cdots & x_2^{t-1} \\ \vdots & \vdots & \ddots & \vdots \\ 1 & x_t & \cdots & x_t^{t-1} \end{bmatrix}\end{aligned} \tag{8.6.79}$$

在上式中，左右两个矩阵的行列式为**范德蒙行列式**，只要其中的每个元素不为 0 且不相同，则其行列式不为 0。中间的矩阵为一对角矩阵，只要对角线上的每一项不为 0，则其行列式不为 0。当发生 t 个错误时，有 t 个不同的非零的数对 (x_i,Y_i)，因此上面的三个行列式均不为 0，因而此时矩阵满秩。反之，若错误数小于 t 个时，相应地存在等于零的 Y_i，显然矩阵不满秩。**证毕**。□

在接收的码字 $\boldsymbol{R}$ 中，如果错误数 $\gamma<t$，相应地，其**错误位置多项式**变为

$$\sigma(x)=(1-x_1x)(1-x_2x)\cdots(1-x_\gamma x) \tag{8.6.80}$$

上式展开后为

$$\sigma(x)=\prod_{i=1}^{\gamma}(1-x_ix)=\sigma_\gamma x^\gamma+\sigma_{\gamma-1}x^{\gamma-1}+\cdots+\sigma_1x+1 \tag{8.6.81}$$

显然有

$$\sigma\left(x_k^{-1}\right)=\prod_{i=1}^{\gamma}\left(1-x_ix_k^{-1}\right)=\sigma_\gamma x_k^{-\gamma}+\sigma_{\gamma-1}x_k^{-(\gamma-1)}+\cdots+\sigma_1x_k^{-1}+1=0,\quad k=1,2,\cdots,\gamma \tag{8.6.82}$$

两边乘以 $Y_kx_k^{j+t}$， $j=m_0,m_0+1,\cdots,m_0+\gamma-1$，得

$$\begin{gathered}Y_kx_k^{j+t}+\sigma_1Y_kx_k^{j+(t-1)}+\cdots+\sigma_{\gamma-1}Y_kx_k^{j+t-(\gamma-1)}+\sigma_\gamma Y_kx_k^{j+t-\gamma}=0 \\ k=1,2,\cdots,t-1,\gamma,\quad j=m_0,m_0+1,\cdots,m_0+\gamma-1\end{gathered} \tag{8.6.83}$$

对上式关于 k 求和可得

$$\begin{aligned}&\sum_{k=1}^{\gamma}Y_kx_k^{j+t}+\sigma_1\sum_{k=1}^{\gamma}Y_kx_k^{j+(t-1)}+\cdots+\sigma_{\gamma-1}\sum_{k=1}^{\gamma}Y_kx_k^{j+t+(\gamma-1)}+\sigma_\gamma\sum_{k=1}^{\gamma}Y_kx_k^{j+t-\gamma}=0 \\ &j=m_0,m_0+1,\cdots,m_0+\gamma-1\end{aligned} \tag{8.6.84}$$

比较式（8.6.67），因为错误的个数为 γ， $Y_{\gamma+1},Y_{\gamma+1},\cdots,Y_t=0$，因此有 $s_j=\sum_{i=1}^{\gamma}Y_ix_i^j=\sum_{i=1}^{t}Y_ix_i^j$，上式成为

$$s_{j+t}+\sigma_1s_{j+t}+\cdots+\sigma_{\gamma-1}s_{j+1}+\sigma_\gamma s_j=0,\quad j=m_0,m_0+1,\cdots,m_0+\gamma-1 \tag{8.6.85}$$

将 j 的不同取值代入，可得方程组

$$\begin{cases} s_{m_0+t-1}+\sigma_1 s_{m_0+t-2}+\cdots+\sigma_{\gamma-1}s_{m_0+t-(\gamma-1)}+\sigma_\gamma s_{m_0+t-\gamma}=0 \\ s_{m_0+t}+\sigma_1 s_{m_0+t-1}+\cdots+\sigma_{\gamma-1}s_{m_0+t-(\gamma-2)}+\sigma_\gamma s_{m_0+t-(\gamma-1)}=0 \\ \vdots \\ s_{m_0+t+\gamma-1}+\sigma_1 s_{m_0+t+\gamma-2}+\cdots+\sigma_{\gamma-1}s_{m_0+t+1}+\sigma_\gamma s_{m_0+t-1}=0 \end{cases} \tag{8.6.86}$$

整理后得

$$\begin{bmatrix} s_{m_0+t-1} & s_{m_0+t-2} & \cdots & s_{m_0+t-\gamma-1} \\ s_{m_0+t} & s_{m_0+t-1} & \cdots & s_{m_0+t-\gamma} \\ \vdots & \vdots & \ddots & \vdots \\ s_{m_0+t+\gamma-1} & s_{m_0+t+\gamma-2} & \cdots & s_{m_0+t-1} \end{bmatrix}\begin{bmatrix}\sigma_1 \\ \sigma_2 \\ \vdots \\ \sigma_\gamma\end{bmatrix}=-\begin{bmatrix} s_{m_0+t} \\ s_{m_0+t+1} \\ \vdots \\ s_{m_0+t+\gamma}\end{bmatrix} \tag{8.6.87}$$

未知数 $\sigma_1,\sigma_2,\cdots,\sigma_\gamma$ 有唯一解的充要条件是上面的 $\gamma\times\gamma$ 矩阵**满秩**，同理可以证明其行列式

$$\begin{aligned} &\begin{vmatrix} s_{m_0+t-1} & s_{m_0+t-2} & \cdots & s_{m_0+t-\gamma-1} \\ s_{m_0+t} & s_{m_0+t-1} & \cdots & s_{m_0+t-\gamma} \\ \vdots & \vdots & \ddots & \vdots \\ s_{m_0+t+\gamma-1} & s_{m_0+t+\gamma-2} & \cdots & s_{m_0+t-1} \end{vmatrix} \\ &=\begin{vmatrix} 1 & 1 & \cdots & 1 \\ x_1 & x_2 & \cdots & x_\gamma \\ \vdots & \vdots & \ddots & \vdots \\ x_1^{\gamma-1} & x_2^{\gamma-1} & \cdots & x_t^{\gamma-1} \end{vmatrix}\begin{vmatrix} Y_1x_1^{m_0} & 0 & \cdots & 0 \\ 0 & Y_2x_2^{m_0} & \cdots & 0 \\ \vdots & \vdots & \ddots & \vdots \\ 0 & 0 & \cdots & Y_\gamma x_\gamma^{m_0} \end{vmatrix}\begin{vmatrix} 1 & x_1 & \cdots & x_1^{\gamma-1} \\ 1 & x_2 & \cdots & x_2^{\gamma-1} \\ \vdots & \vdots & \ddots & \vdots \\ 1 & x_t & \cdots & x_t^{\gamma-1} \end{vmatrix}\neq 0 \end{aligned} \tag{8.6.88}$$

因此方程组有唯一解。

下面通过一个例子来说明 BCH 码译码的过程。

【例 8.6.12】 对于能够纠三个错误的参数为 (15,5) 的 BCH 码，已知接收的码多项式为 $R(x)=x^{10}+x^3$，求发送的码字 $C(x)$。

解：已知 $n=15$，$t=3$，由前面的例 8.6.11 可知，对采用 $m_0=1$ 的本原元构成的监督矩阵

$$\boldsymbol{H}=\begin{bmatrix} (\alpha^{m_0})^{n-1} & (\alpha^{m_0})^{n-2} & \cdots & (\alpha^{m_0})^1 & 1 \\ (\alpha^{m_0+1})^{n-1} & (\alpha^{m_0+1})^{n-2} & \cdots & (\alpha^{m_0+1})^1 & 1 \\ \vdots & \vdots & \ddots & \vdots & \vdots \\ (\alpha^{m_0+2t-1})^{n-1} & (\alpha^{m_0+2t-1})^{n-2} & \cdots & (\alpha^{m_0+2t-1})^1 & 1 \end{bmatrix}=\begin{bmatrix} \alpha^{14} & \alpha^{13} & \cdots & \alpha^1 & 1 \\ (\alpha^2)^{14} & (\alpha^2)^{13} & \cdots & \alpha^2 & 1 \\ \vdots & \vdots & \ddots & \vdots & \vdots \\ (\alpha^6)^{14} & (\alpha^6)^{13} & \cdots & \alpha^6 & 1 \end{bmatrix}$$

以 $\boldsymbol{R}=[r_{14}\quad r_{13}\quad\cdots\quad r_0]=[000010000001000]$ 代入 $\boldsymbol{S}^{\mathrm{T}}=\boldsymbol{H}\cdot\boldsymbol{R}^{\mathrm{T}}$ 得

$$s_1=\alpha^{14}+\alpha^3,\quad s_2=(\alpha^2)^{10}+(\alpha^2)^3,\quad s_3=(\alpha^3)^{10}+(\alpha^3)^3,$$

$$s_4=(\alpha^4)^{10}+(\alpha^4)^3,\quad s_5=(\alpha^5)^{10}+(\alpha^5)^3,\quad s_6=(\alpha^6)^{10}+(\alpha^6)^3$$

根据表 8.4.5，简化可得

$$s_1=\alpha^{12},\quad s_2=\alpha^9,\quad s_3=\alpha^7,\quad s_4=\alpha^3,\quad s_5=\alpha^{10},\quad s_6=\alpha^{14}$$

参数为 (15,5) 的 BCH 码的最大纠错能力为 $t=3$，假定错误数小于等于 3（当错误数大于 3 时，则超过该码的纠错能力），首先判断是否出现 3 个错误，验证式（8.6.78）对应的 $t\times t=3\times 3$ 矩阵 $\boldsymbol{M}$ 是否满秩：

$$|\boldsymbol{M}|=\begin{vmatrix} s_{m_0+t-1} & s_{m_0+t-2} & \cdots & s_{m_0} \\ s_{m_0+t} & s_{m_0+t-1} & \cdots & s_{m_0+1} \\ \vdots & \vdots & \ddots & \vdots \\ s_{m_0+2t-2} & s_{m_0+2t-3} & \cdots & s_{m_0+t-1} \end{vmatrix}=\begin{vmatrix} s_3 & s_2 & s_1 \\ s_4 & s_3 & s_2 \\ s_5 & s_4 & s_3 \end{vmatrix}$$

$$
\begin{aligned}
&= s_3s_3s_3 + s_1s_4s_4 + s_2s_2s_5 - s_1s_3s_5 - s_2s_3s_4 - s_2s_3s_4 \\
&= \alpha^{12}\alpha^{12}\alpha^{12} + \alpha^{12}\alpha^3\alpha^3 + \alpha^9\alpha^9\alpha^{10} + \alpha^{12}\alpha^7\alpha^{10} + \alpha^9\alpha^7\alpha^3 + \alpha^9\alpha^7\alpha^3 \\
&= \alpha^6 + \alpha^3 + \alpha^{13} + \alpha^{14} + \alpha^{19} + \alpha^{19} = \alpha^6 + \alpha^3 + \alpha^{13} + \alpha^{14} \\
&= \left(\alpha^3 + \alpha^2\right) + \alpha^3 + \left(\alpha^3 + \alpha^2 + 1\right) + \left(\alpha^3 + 1\right) = 0
\end{aligned}
$$

行列式为 0 说明实际的错误个数小于 3。将矩阵降至 2×2 阶，再判断其行列式：

$$
\begin{vmatrix} s_3 & s_2 \\ s_4 & s_3 \end{vmatrix} = s_3s_3 - s_4s_2 = \alpha^{12}\alpha^{12} - \alpha^2\alpha^9 = \alpha^9 + \alpha^{11} \neq 0
$$

说明有 2 个错误。由式（8.6.77），得

$$
\begin{bmatrix} s_3 & s_2 \\ s_4 & s_3 \end{bmatrix}\begin{bmatrix} \sigma_1 \\ \sigma_2 \end{bmatrix} = -\begin{bmatrix} s_4 \\ s_5 \end{bmatrix},\quad \begin{bmatrix} \sigma_1 \\ \sigma_2 \end{bmatrix} = -\begin{bmatrix} s_3 & s_2 \\ s_4 & s_3 \end{bmatrix}^{-1}\begin{bmatrix} s_4 \\ s_5 \end{bmatrix} = \begin{bmatrix} s_3 & s_2 \\ s_4 & s_3 \end{bmatrix}^{-1}\begin{bmatrix} s_4 \\ s_5 \end{bmatrix}
$$

解方程得

$$
\sigma_1 = \frac{s_3s_2 - s_1s_4}{s_2^2 - s_1s_3} = \frac{\alpha^7\alpha^9 - \alpha^{12}\alpha^3}{\left(\alpha^9\right)^2 - \alpha^{12}\alpha^7} = \frac{\alpha^{15}\left(\alpha+1\right)}{\alpha^{18}\left(\alpha+1\right)} = \alpha^{-18} = \alpha^{2\times 15}\alpha^{-18} = \alpha^{12}
$$

$$
\sigma_2 = \frac{s_4s_2 - s_3^2}{s_2^2 - s_1s_3} = \frac{\alpha^3\alpha^9 - \left(\alpha^7\right)^2}{\left(\alpha^9\right)^2 - \alpha^{12}\alpha^7} = \frac{\alpha^{12}\left(\alpha^2+1\right)}{\alpha^{18}\left(\alpha+1\right)} = \frac{\alpha^{12}\alpha^8}{\alpha^{18}\alpha^4} = \alpha^{-2} = \alpha^{15}\alpha^{-2} = \alpha^{13}
$$

因此，由 $\sigma(x) = \prod_{i=1}^{\gamma}\left(1 - x_i x\right) = \sigma_\gamma x^\gamma + \sigma_{\gamma-1}x^{\gamma-1} + \cdots + \sigma_1 x + 1$，以 $\gamma = 2$ 代入得

$$
\sigma(x) = \sigma_2 x^2 + \sigma_1 x + 1 = \alpha^{13}x^2 + \alpha^{12}x + 1
$$

求得 σ_1 和 σ_2 后，可通过式（8.6.69）求 x_1 和 x_2。x_1 和 x_2 也可通过**试探法**来求解。令 $\sigma(x) = 0$，用试探法可解得，当取 $x_1^{-1} = \alpha^{-3}$，$x_2^{-1} = \alpha^{-10}$ 作为方程的两个根时，

$$
\begin{aligned}
\sigma\left(x_1^{-1}\right) &= \alpha^{13}\left(x_1^{-1}\right)^2 + \alpha^{12}\left(x_1^{-1}\right) + 1 = \alpha^{13}\left(\alpha^{-3}\right)^2 + \alpha^{12}\left(\alpha^{-3}\right) + 1 \\
&= \alpha^7 + \alpha^9 + 1 = \left(\alpha^3 + \alpha + 1\right) + \left(\alpha^3 + \alpha\right) + 1 = 0
\end{aligned}
$$

$$
\begin{aligned}
\sigma\left(x_2^{-1}\right) &= \alpha^{13}\left(x_2^{-1}\right)^2 + \alpha^{12}\left(x_2^{-1}\right) + 1 = \alpha^{13}\left(\alpha^{-10}\right)^2 + \alpha^{12}\left(\alpha^{-10}\right) + 1 \\
&= \alpha^{-7} + \alpha^2 + 1 = \alpha^8 + \alpha^2 + 1 = \left(\alpha^2 + 1\right) + \alpha^2 + 1 = 0
\end{aligned}
$$

由 $x_1 = \alpha^3$ 和 $x_2 = \alpha^{10}$ 的幂次可得对应误码的位置 $l_1 = 3$ 和 $l_2 = 10$，相应地，错误的多项式 $E(x) = x^{10} + x^3$，已知接收码多项式为 $R(x) = x^{10} + x^3$，发送码多项式应为

$$
C(x) = R(x) + E(x) = \left(x^{10} + x^3\right) + \left(x^{10} + x^3\right) = 0
$$

因此得发送码字应为 $\boldsymbol{C} = (000000000000000)$。□

本小节介绍了 BCH 码的译码原理，可见 BCH 码的译码仍相当复杂。高效率的译码方法是纠错码获得实际应用的关键之一，为此人们对 BCH 码的快速译码算法进行了大量研究，提出了包括**迭代译码**算法、**频域译码**算法等更为高效的方法，有兴趣的读者可进一步参考有关的参考文献[2]。

前面学习的**汉明码**、**BCH 码**等，都是一种二元的 (n,k) 循环码，码元只有 0 和 1 两种元素。循环码可进一步推广到 q 元的情况，其中 q 是任一素数 p 的幂，$q = p^m$。当把 BCH 码推广到 q 元，$q = 2^m$，其码长 $n = 2^m - 1$，码元是 $\mathrm{GF}\left(2^m\right)$ 的元素时，所产生的 BCH 码就是所谓的**里德所罗门（Reed-Solomon）码**，也称 **RS 码**。RS 码具有很强的纠突发错误的能力，有关 RS 码编译码的方法可参见参考文献[2]。

8.7 卷积码

前面讨论的各种差错控制编码都是分组码，分组码的特点是给定一组信息位，通过一定的关联关系，产生一组包含信息位与监督位的码字，该码字仅与输入的这组信息位以及编码的算法有关，而与这组信息位前后的信息位均无关。分组码编码时，输入的信息序列首先被划分为如下信息码组：

$$\cdots;\quad a_{i0}a_{i1}\cdots a_{i(k-2)}a_{i(k-1)};\quad a_{(i+1)0}a_{(i+1)1}\cdots a_{(i+1)(k-2)}a_{(i+1)(k-1)};\quad \cdots$$

编码时对每输入 k 位信息位，产生 n 位的差错控制码组，编码后生成的序列为

$$\cdots;\quad c_{i0}c_{i1}\cdots c_{i(n-2)}c_{i(n-1)};\quad c_{(i+1)0}c_{(i+1)1}\cdots c_{(i+1)(n-2)}c_{(i+1)(n-1)};\quad \cdots$$

其中 $c_{i0}c_{i1}\cdots c_{i(n-2)}c_{i(n-1)}$ 仅与 $a_{i0}a_{i1}\cdots a_{i(k-2)}a_{i(k-1)}$ 有关。$a_{i0}a_{i1}\cdots a_{i(k-2)}a_{i(k-1)}$ 不会影响该码字以后的编码输出，因此是一种**无记忆性**的编码。

本节将介绍纠错编码中的另外一个重要的类别：**卷积码**。卷积码同样是将输入的信息序列按照等长的码组进行划分，每 k 位作为一个输入信息码组，编码后输出一个 n 位的差错控制码组。但此时 n 位的编码输出不仅与当前输入的 k 位信息有关，而且与该 k 位信息位之前的信息位有关，这种特点称为具有**记忆性**，卷积码与分组码的区别在于在其编码过程中存在记忆性。较之分组码仅与当前的信息码组有关，卷积码不仅与当前信息码组有关，还与前面的若干信息码组有关。因此有理由认为，在同样的码率（k/n）条件下，卷积码可以获得比分组码更好的性能。理论和实践均已表明，卷积码的性能不比分组码差，而且更容易实现最佳或准最佳的译码性能[2]。

在讨论卷积码时，需要注意的是卷积码中的有些术语与分组码中术语的差别。在分组码中，一个由若干码元构成的码组就是一个码字，码组和码字可以混用。而在卷积码中，码组通常由很少的几个码元组成，若干码组构成一个相对独立的序列，一个序列对应一个码字，因此在这里码组与码字有不同的含义。

8.7.1 卷积码编码器的构造和表示方法

卷积码编码器的组成一般可由图 8.7.1 所示的形式表示，L 个 k 位的寄存器构成一个移位寄存器组，每一位的寄存器的输出连接到 n 个线性逻辑单元；每个线性逻辑单元完成某种特定逻辑关系的模 2 和运算，产生一位的编码输出。编码器每输入一组 k 位的信息码组 $a_0a_1\cdots a_{k-2}a_{k-1}$，获得一组 n 位的编码码组输出 $c_0c_1\cdots c_{n-2}c_{n-1}$。

由卷积码编码器的结构图可见，每个 k 位的信息码组，会影响到 L 个编码输出码组，L 的取值称为卷积码的**约束长度**。卷积码主要由三个参数描述，分别为信息码组长度 k、编码输出码组长度 n 和约束长度 L，记为 (n,k,L)。

图 8.7.2 给出了一个 $k=1$，$n=3$ 和 $L=3$ 的 $(3,1,3)$ 卷积码编码器示例，编码输出与信息位间的约束关系为

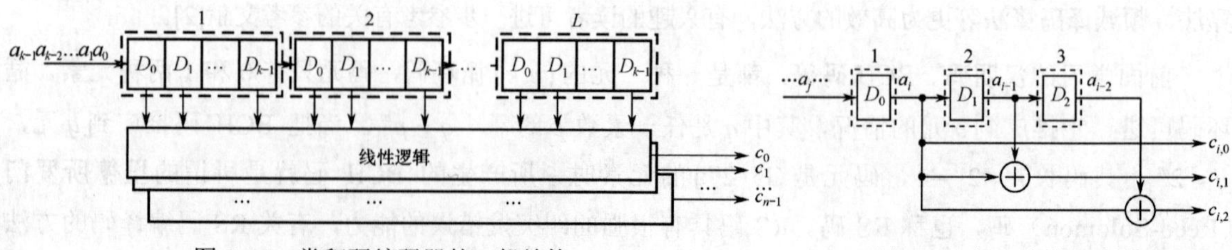

图 8.7.1　卷积码编码器的一般结构　　　图 8.7.2　$(3,1,3)$ 卷积码编码器

$$c_{i.0} = a_i \\ c_{i.1} = a_i \oplus a_{i-1} \\ c_{i.2} = a_i \oplus a_{i-2} \tag{8.7.1}$$

每输入 $k=1$ 位信息位，产生一个 $n=3$ 的编码输出码组，若输入序列 $a_0a_1a_2a_3\cdots=1011\cdots$，由上式可得表 8.7.1 所示的编码后输出的结果，编码后按码组排列的输出为

$$c_{0,0}c_{0,1}c_{0,2};c_{1,0}c_{1,1}c_{1,2};c_{2,0}c_{2,1}c_{2,2};c_{3,0}c_{3,1}c_{3,2}\cdots=111;010;110;101;\cdots \tag{8.7.2}$$

在这个例子中，$L=3$，约束长度为 3。任一输入的信息位只会影响到 3 个输出码组，例如输入的信息位 a_0 只会影响到当前的和后续的 2 个码字，一共 3 个输出码字：$c_{0,0}c_{0,1}c_{0,2};c_{1,0}c_{1,1}c_{1,2};c_{2,0}c_{2,1}c_{2,2}$。相对分组码，卷积码 k 与 n 的取值一般都比较小。在这个例子中，每输入 1 位信息位，被编码成 3 位的一个输出码组，编码效率为 $k/n=1/3$。

表 8.7.1 (3, 1, 3)编码器状态与编码输出

序 号	输入信息位 a_i	状态 $D_0D_1D_2$ （$a_ia_{i-1}a_{i-2}$）	$c_{i,0}$	$c_{i,1}$	$c_{i,2}$
0	---	000	---	---	---
1	1	100	1	1	1
2	0	010	0	1	0
3	1	101	1	1	0
4	1	110	1	0	1
…	…	…	…	…	…

8.7.2 卷积码的卷积关系、生成矩阵与生成多项式

卷积关系式 由图 8.7.1 所示的卷积码编码器的输入与输出间的关系，易见每一位的编码输出类似于一个模 2 运算的线性滤波器的输出。因此，如果获得了该滤波器的单位脉冲响应，则卷积码组中每一位的输出与输入的关系，可以用一卷积运算来表示。

仍然以图 8.7.2 所示的$(3,1,3)$卷积码编码器为例，设编码器中各寄存器的初始状态为 0，输入**单位脉冲函数**对应输入的信息序列 $M_\delta=100\cdots$，由式（8.7.1），每个输出的第 0 位到第 2 位的**单位脉冲响应**序列依次为

$$g_{0,0}g_{1,0}g_{2,0}g_{3,0}\cdots g_{i,0}\cdots=10000\cdots0\cdots \\ g_{0,1}g_{1,1}g_{2,1}g_{3,1}\cdots g_{i,1}\cdots=11000\cdots0\cdots \\ g_{0,2}g_{1,2}g_{2,2}g_{3,2}\cdots g_{i,2}\cdots=10100\cdots0\cdots \tag{8.7.3}$$

式中，$g_{i,j}$ 表示第 i 个码组第 j 位的取值，每列表示一个输出码组。因为编码器的记忆长度为 3，所以对于编码输出码组中每一位的序列，最多只有前 3 位的取值不为 0，即有 $g_{i,j}=0$，$i\geqslant 3$。不妨假定信息序列从 $t=0$ 时刻开始输入，之前的初始状态为 $a_{-2}=a_{-1}=0$。卷积码的编码输出，可以用输入序列与编码器的单位脉冲响应的卷积关系来表示：

$$\begin{aligned} c_{0.0}c_{1.0}c_{2.0}\cdots c_{i.0}\cdots &= (a_0a_1a_2\cdots a_i\cdots)*(g_{0,0}g_{1,0}g_{2,0})=(a_0a_1a_2\cdots a_i\cdots)*(100) \\ &= a_0a_1a_2\cdots a_i\cdots \\ c_{0.1}c_{1.1}c_{2.1}\cdots c_{i.1}\cdots &= (a_0a_1a_2\cdots a_i\cdots)*(g_{0,1}g_{1,1}g_{2,1})=(a_0a_1a_2\cdots a_i\cdots)*(110) \\ &= a_0\oplus a_{-1}a_1\oplus a_0a_2\oplus a_1\ldots a_i\oplus a_{i-1}\cdots \\ c_{0.2}c_{1.2}c_{2.2}\cdots c_{i.2}\cdots &= (a_0a_1a_2\cdots a_i\cdots)*(g_{0,2}g_{1,2}g_{2,2})=(a_0a_1a_2\cdots a_i\cdots)*(101) \\ &= a_0\oplus a_{-2}a_1\oplus a_{-1}a_2\oplus a_0\cdots a_i\oplus a_{i-2}\cdots \end{aligned} \tag{8.7.4}$$

可见卷积码编码器每一位的输出与信息位之间的约束关系，与式（8.7.1）所表示的相同。

生成矩阵 与分组码类似，卷积码编码器输入/输出间的关系同样可用生成矩阵来表示。仍然以

图 8.7.1 中的卷积码编码器为例，将式（8.7.3）中的每一位组成的码组重新排列后，编码器总的单位脉冲响应为

$$C_\delta = g_{0,0}g_{0,1}g_{0,2};g_{1,0}g_{1,1}g_{1,2};g_{2,0}g_{2,1}g_{2,2};000;\cdots = 111;010;001;000;\cdots \tag{8.7.5}$$

从编码器对应的滤波器的结构特性可见，卷积码编码器本质上是一个线性系统，编码器的输出，可以视为对不同时延的输入脉冲响应叠加的结果。例如，输入信息序列 $a_0a_1a_2a_3\cdots = 1011\cdots$ 可以视为如下多个冲激序列的按位的累加和：

1000⋯

0000⋯

0010⋯

0001⋯

对上述的每个输入序列，编码器的输出相应地依次为

1000⋯ → 111; 010; 001; 000; 000; 000; ⋯

0000⋯ → 000; 000; 000; 000; 000; 000; ⋯

0010⋯ → 000; 000; 111; 010; 001; 000; ⋯

0001⋯ → 000; 000; 000; 111; 010; 001; ⋯

按位模 2 累加（输出序列按列模 2 和）后的结果为

111; 010; 110; 101; ⋯

比较式（8.7.2）获得的结果，两者完全一致。因为该编码器以 1 位信息位输入，编码产生 3 位码组输出，所以每个脉冲响应较之前面的一个脉冲响应顺延 3 位。根据上述方法，如果把输入视为一个半无限长的矢量序列 $\boldsymbol{M} = a_0a_1a_2a_3\cdots$，编码器的输出 $\boldsymbol{C}$ 实际上是该矢量序列与如下矩阵相乘的结果：

$$\begin{aligned}\boldsymbol{C} &= \boldsymbol{MG}\\ &= [a_0a_1a_2a_3\cdots]\begin{bmatrix} g_{0,0}g_{0,1}g_{0,2} & g_{1,0}g_{1,1}g_{1,2} & g_{2,0}g_{2,1}g_{2,2} & 000 & 000 & \cdots \\ 000 & g_{0,0}g_{0,1}g_{0,2} & g_{1,0}g_{1,1}g_{1,2} & g_{2,0}g_{2,1}g_{2,2} & 000 & \cdots \\ 000 & 000 & g_{0,0}g_{0,1}g_{0,2} & g_{1,0}g_{1,1}g_{1,2} & g_{2,0}g_{2,1}g_{2,2} & \cdots \\ \cdots & \cdots & \cdots & \cdots & \cdots & \cdots \end{bmatrix} \\ &= [a_0a_1a_2a_3\cdots]\begin{bmatrix} 111 & 010 & 001 & 000 & 000 & \cdots \\ 000 & 111 & 010 & 001 & 000 & \cdots \\ 000 & 000 & 111 & 010 & 001 & \cdots \\ \cdots & \cdots & \cdots & \cdots & \cdots & \cdots \end{bmatrix}\end{aligned} \tag{8.7.6}$$

其中矩阵 $\boldsymbol{G}$ 称为这个卷积码的**生成矩阵**。从第二行开始，矩阵 $\boldsymbol{G}$ 的每行由上一行依次右移一个码组长度 n（在本例中码组长度 $n=3$），前面补 0 的编码器脉冲响应输出顺序排列构成。

若引入如下的**子矩阵**符号：

$$\begin{aligned}\boldsymbol{G}_0 &= g_{0,0}g_{0,1}g_{0,2}\\ \boldsymbol{G}_1 &= g_{1,0}g_{1,1}g_{1,2}\\ \boldsymbol{G}_2 &= g_{2,0}g_{2,1}g_{2,2}\end{aligned} \tag{8.7.7}$$

一般的，$\boldsymbol{G}_i$ 是一个 $k\times n$ 的矩阵，子矩阵的个数由记忆长度 L 决定。在本例中，$k\times n = 1\times 3$，记忆长度 $L=3$，生成矩阵可以表示为

$$\boldsymbol{G} = \begin{bmatrix} \boldsymbol{G}_0 & \boldsymbol{G}_1 & \boldsymbol{G}_2 & 0 & 0 & \cdots \\ 0 & \boldsymbol{G}_0 & \boldsymbol{G}_1 & \boldsymbol{G}_2 & 0 & \cdots \\ 0 & 0 & \boldsymbol{G}_0 & \boldsymbol{G}_1 & \boldsymbol{G}_2 & \cdots \\ \cdots & \cdots & \cdots & \cdots & \cdots & \cdots \end{bmatrix} \tag{8.7.8}$$

如果把输入的信息序列 $a_0a_1a_2a_3\cdots$ 视为一个**半无限长**的序列，生成矩阵则是一个非零子矩阵在右下方不断延伸的无限大矩阵。

生成多项式　与线性分组码中的循环码类似，在卷积码中也可以定义相应的生成多项式。由式（8.7.4）可见，卷积码编码器的输出，完全由编码器每一位相应的单位脉冲响应决定。在该例中因为编码器的记忆长度为 3，单位脉冲响应最多只有 3 位的非 0 输出，利用式（8.7.4），可以建立每一位输出的生成多项式：

$$\begin{aligned}(g_{0,0}g_{1,0}g_{2,0})=(100)&\longrightarrow g_0(X)=g_{0,0}+g_{1,0}X+g_{2,0}X^2=1\\(g_{0,1}g_{1,1}g_{2,1})=(110)&\longrightarrow g_1(X)=g_{0,1}+g_{1,1}X+g_{2,1}X^2=1+X\\(g_{0,2}g_{1,2}g_{2,2})=(101)&\longrightarrow g_2(X)=g_{0,2}+g_{1,2}X+g_{2,2}X^2=1+X^2\end{aligned} \tag{8.7.9}$$

若将信息序列 $\boldsymbol{M}$ 以多项式的形式表示：

$$a_0a_1a_2a_3\cdots\longrightarrow \boldsymbol{M}(X)=a_0+a_1X+a_2X^2+a_3X^3+\cdots \tag{8.7.10}$$

编码器用如下的生成多项式矩阵 $\boldsymbol{G}(X)$ 表示：

$$\boldsymbol{G}(X)=\begin{bmatrix}g_0(X) & g_1(X) & g_2(X)\end{bmatrix}=\begin{bmatrix}1 & 1+X & 1+X^2\end{bmatrix} \tag{8.7.11}$$

一般地，生成多项式矩阵 $\boldsymbol{G}(X)$ 是一个 $k\times n$ 的矩阵，此处 $k\times n=1\times 3$ 。若记码多项式矩阵为 $\boldsymbol{C}(X)$ ，则有

$$\boldsymbol{C}(X)=\boldsymbol{M}(X)\boldsymbol{G}(X)=\boldsymbol{M}(X)\left[g_0(X),g_1(X),g_2(X)\right]=\left[c_0(X),c_1(X),c_2(X)\right] \tag{8.7.12}$$

编码输出码组中每一位码元对应的多项式为

$$\begin{aligned}c_0(X)&=g_0(X)\boldsymbol{M}(X)=1\cdot\boldsymbol{M}(X)=a_0+a_1X+a_2X^2+a_3X^3+\cdots+a_iX^i+\cdots\\c_1(X)&=g_1(X)\boldsymbol{M}(X)=(1+X)\boldsymbol{M}(X)=(1+X)(a_0+a_1X+a_2X^2+a_3X^3+\cdots)\\&=(a_0\oplus a_{-1})+(a_1\oplus a_0)X+(a_2\oplus a_1)X^2+(a_3\oplus a_2)X^3+\cdots+(a_i\oplus a_{i-1})X^i+\cdots\\c_2(X)&=g_2(X)\boldsymbol{M}(X)=(1+X^2)\boldsymbol{M}(X)=(1+X^2)(a_0+a_1X+a_2X^2+a_3X^3+\cdots)\\&=(a_0\oplus a_{-2})+(a_1\oplus a_{-1})X+(a_2\oplus a_0)X^2+(a_3\oplus a_1)X^3+\cdots+(a_i\oplus a_{i-2})X^i+\cdots\end{aligned} \tag{8.7.13}$$

式中 $a_{-2}=a_{-1}=0$ 是为了使表达式更为整齐而引入的。由上式，相应的卷积码编码的第 i 个码组每个码元的取值，可由幂为 i 的项 X^i 的系数决定：

$$(c_{i,0}c_{i,1}c_{i,2})=(a_i\quad a_i\oplus a_{i-1}\quad a_i\oplus a_{i-2}) \tag{8.7.14}$$

显然这与式（8.7.1）完全一致。

前面通过一个简单的例子讨论了卷积码编码器的卷积关系、生成矩阵和生成多项式。下面通过另外一个 $k=2$ ，$n=3$ 和 $L=3$ 的 $(3,2,3)$ 卷积码编码器的例子，来进一步说明卷积码的有关性质。卷积码编码器的结构如图 8.7.3 所示。该卷积码编码器编码时**每次输入 2 个信息码元** $a_{i,0}a_{i,1}$ ，在移位寄存器中的数据相应地**右移两位**，经过编码运算，输出 3 位的编码输出码组 $c_{i,0}c_{i,1}c_{i,2}$ ：

$$a_{0,0}a_{0,1}a_{1,0}a_{1,1}\cdots a_{i,0}a_{i,1}\cdots\xrightarrow{(3,2,3)}c_{0,0}c_{0,1}c_{0,2}c_{1,0}c_{1,1}c_{1,2}\cdots c_{i,0}c_{i,1}c_{i,2}\cdots \tag{8.7.15}$$

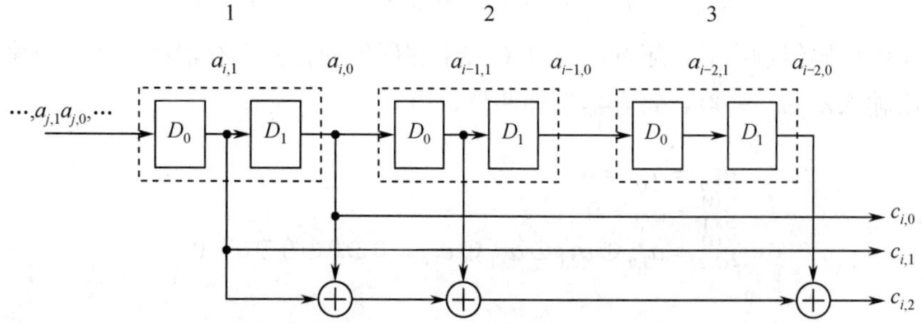

图 8.7.3　$(3,2,3)$ 卷积码编码器

编码输出码组与输入信息码元间的约束关系为

$$\begin{aligned} c_{i.0} &= a_{i.0} \\ c_{i.1} &= a_{i,1} \\ c_{i.2} &= a_{i,0} \oplus a_{i,1} \oplus a_{i-1,1} \oplus a_{i-2,0} \end{aligned} \tag{8.7.16}$$

若将输入分解为

$$a_{0,0}a_{0,1}\ a_{1,0}a_{1,1} \cdots a_{i,0}a_{i,1}\ \cdots = \left(a_{0,0}0\ a_{1,0}0\ \cdots\ a_{i,0}0\ \cdots\right) + \left(0a_{0,1}\ 0a_{1,1}\ \cdots\ 0a_{i,1}\ \cdots\right) \tag{8.7.17}$$

对输入分别进行编码可得

$$a_{0,0}0\ a_{1,0}0 \cdots\ a_{i,0}0\ \cdots \xrightarrow{(3,2,3)} c_{0,0}^{(1)}c_{0,1}^{(1)}c_{0,2}^{(1)}\ c_{1,0}^{(1)}c_{1,1}^{(1)}c_{1,2}^{(1)} \cdots c_{i,0}^{(1)}c_{i,1}^{(1)}c_{i,2}^{(1)} \cdots \tag{8.7.18}$$

$$0a_{0,1}\ 0a_{1,1}\ \cdots\ 0a_{i,1}\ \cdots \xrightarrow{(3,2,3)} c_{0,0}^{(2)}c_{0,1}^{(2)}c_{0,2}^{(2)}\ c_{1,0}^{(2)}c_{1,1}^{(2)}c_{1,2}^{(2)}\ \cdots\ c_{i,0}^{(2)}c_{i,1}^{(2)}c_{i,2}^{(2)}\ \cdots \tag{8.7.19}$$

由线性编码的叠加原理，输出序列是上面的两个序列按位相加，即有

$$\begin{aligned} c_{0,0}c_{0,1}c_{0,2}\ c_{1,0}c_{1,1}c_{1,2} \cdots\ c_{i,0}c_{i,1}c_{i,2}\ \cdots = &\left(c_{0,0}^{(1)}c_{0,1}^{(1)}c_{0,2}^{(1)}\ c_{1,0}^{(1)}c_{1,1}^{(1)}c_{1,2}^{(1)}\ \cdots\ c_{i,0}^{(1)}c_{i,1}^{(1)}c_{i,2}^{(1)}\ \cdots\right) \\ &+ \left(c_{0,0}^{(2)}c_{0,1}^{(2)}c_{0,2}^{(2)}\ c_{1,0}^{(2)}c_{1,1}^{(2)}c_{1,2}^{(2)}\ \cdots\ c_{i,0}^{(2)}c_{i,1}^{(2)}c_{i,2}^{(2)}\ \cdots\right) \end{aligned} \tag{8.7.20}$$

与前面的分析类似，首先考虑信息序列为单位脉冲函数

$$M_\delta^{(1)} = 10,\ 00,\ 00,\ \cdots \tag{8.7.21}$$

输入时编码器的输出，此时为突出编码输出是对单位脉冲函数的响应，将关于输入 $M_\delta^{(1)}$ 的编码输出由 $c_{i,j}^{(l)}$ 改记为 $g_{i,j}^{(l)}$，由式（8.7.16）确定的编码输出码元与输入信息码元间的约束关系如下：

（1）移位寄存器的初始值全为 0，输入 $a_{0,0}a_{0,1} = 10$，寄存器右移两位，得

$$\begin{aligned} g_{0,0}^{(1)} &= a_{0.0} = 1 \\ g_{0,1}^{(1)} &= a_{0,1} = 0 \\ g_{0,2}^{(1)} &= a_{0,0} \oplus a_{0,1} \oplus a_{-1,1} \oplus a_{-2,0} = 1 \oplus 0 \oplus 0 \oplus 0 = 1 \end{aligned} \tag{8.7.22}$$

（2）输入 $a_{1,0}a_{1,1} = 00$，寄存器右移两位，得

$$\begin{aligned} g_{1,0}^{(1)} &= a_{1.0} = 0 \\ g_{1,1}^{(1)} &= a_{1,1} = 0 \\ g_{1,2}^{(1)} &= a_{1,0} \oplus a_{1,1} \oplus a_{0,1} \oplus a_{-1,0} = 0 \oplus 0 \oplus 0 \oplus 0 = 0 \end{aligned} \tag{8.7.23}$$

（3）输入 $a_{2,0}a_{2,1} = 00$，寄存器右移两位，得

$$\begin{aligned} g_{2,0}^{(1)} &= a_{2.0} = 0 \\ g_{2,1}^{(1)} &= a_{2,1} = 0 \\ g_{2,2}^{(1)} &= a_{2,0} \oplus a_{2,1} \oplus a_{1,1} \oplus a_{0,0} = 0 \oplus 0 \oplus 0 \oplus 1 = 1 \end{aligned} \tag{8.7.24}$$

（4）经 3 个编码码组输出后，随着 $a_{0,0} = 1$ 右移出编码器的移位寄存器组，之后的编码输出恒为 0，例如对于下一组输入 $a_{3,0}a_{3,1} = 00$，寄存器右移两位，得

$$\begin{aligned} g_{3,0}^{(1)} &= a_{3.0} = 0 \\ g_{3,1}^{(1)} &= a_{3,1} = 0 \\ g_{3,2}^{(1)} &= a_{3,0} \oplus a_{3,1} \oplus a_{2,1} \oplus a_{1,0} = 0 \oplus 0 \oplus 0 \oplus 0 = 0 \end{aligned} \tag{8.7.25}$$

所以有

$$C_\delta^{(1)} = g_{0,0}^{(1)}g_{0,1}^{(1)}g_{0,2}^{(1)},\ g_{1,0}^{(1)}g_{1,1}^{(1)}g_{1,2}^{(1)},\ g_{2,0}^{(1)}g_{2,1}^{(1)}g_{2,2}^{(1)},\ \cdots = 101,\ 000,\ 001,\ 000,\ 000,\ \cdots \tag{8.7.26}$$

接着考虑另一位单位脉冲函数

$$M_\delta^{(2)} = 01,\ 00,\ 00,\ \cdots \tag{8.7.27}$$

输入时编码器的输出如下：

（1）移位寄存器的初始值全为 0，输入 $a_{0,0}a_{0,1}=01$，寄存器右移两位，得

$$\begin{aligned} g_{0,0}^{(2)} &= a_{0.0} = 0 \\ g_{0,1}^{(2)} &= a_{0,1} = 1 \\ g_{0,2}^{(2)} &= a_{0,0} \oplus a_{0,1} \oplus a_{-1,1} \oplus a_{-2,0} = 0 \oplus 1 \oplus 0 \oplus 0 = 1 \end{aligned} \tag{8.7.28}$$

（2）输入 $a_{1,0}a_{1,1}=00$，寄存器右移两位，得

$$\begin{aligned} g_{1,0}^{(2)} &= a_{1.0} = 0 \\ g_{1,1}^{(2)} &= a_{1,1} = 0 \\ g_{1,2}^{(2)} &= a_{1,0} \oplus a_{1,1} \oplus a_{0,1} \oplus a_{-1,0} = 0 \oplus 0 \oplus 1 \oplus 0 = 1 \end{aligned} \tag{8.7.29}$$

（3）输入 $a_{2,0}a_{2,1}=00$，寄存器右移两位，得

$$\begin{aligned} g_{2,0}^{(2)} &= a_{2.0} = 0 \\ g_{2,1}^{(2)} &= a_{2,1} = 0 \\ g_{2,2}^{(2)} &= a_{2,0} \oplus a_{2,1} \oplus a_{1,1} \oplus a_{0,0} = 0 \oplus 0 \oplus 0 \oplus 0 = 0 \end{aligned} \tag{8.7.30}$$

（4）同样，经 3 组编码输出后，随着 $a_{0,1}=1$ 右移出编码器的移位寄存器组，之后的编码输出恒为 0，如对于下一组输入 $a_{3,0}a_{3,1}=00$，寄存器右移两位，得

$$\begin{aligned} g_{3,0}^{(2)} &= a_{3.0} = 0 \\ g_{3,1}^{(2)} &= a_{3,1} = 0 \\ g_{3,2}^{(2)} &= a_{3,0} \oplus a_{3,1} \oplus a_{2,1} \oplus a_{1,0} = 0 \oplus 0 \oplus 0 \oplus 0 = 0 \end{aligned} \tag{8.7.31}$$

所以有

$$C_\delta^{(2)} = g_{0,0}^{(2)}g_{0,1}^{(2)}g_{0,2}^{(2)},\ g_{1,0}^{(2)}g_{1,1}^{(2)}g_{1,2}^{(2)},\ g_{2,0}^{(2)}g_{2,1}^{(2)}g_{2,2}^{(2)},\ \cdots = 011,\ 001,\ 000,\ 000,\ 000,\ \cdots \tag{8.7.32}$$

获得 $C_\delta^{(1)}$ 和 $C_\delta^{(2)}$ 后，根据线性叠加原理，对应输入信息序列 $M = a_{0,0}a_{0,1}\ a_{1,0}a_{1,1}\ \cdots\ a_{i,0}a_{i,1}\ \cdots = M_\delta^{(1)} + M_\delta^{(2)}$，可得相应的生成矩阵为

$$\boldsymbol{G} = \begin{bmatrix} g_{0,0}^{(1)}g_{0,1}^{(1)}g_{0,2}^{(1)} & g_{1,0}^{(1)}g_{1,1}^{(1)}g_{1,2}^{(1)} & g_{2,0}^{(1)}g_{2,1}^{(1)}g_{2,2}^{(1)} & 000 & 000 & \cdots \\ g_{0,0}^{(2)}g_{0,1}^{(2)}g_{0,2}^{(2)} & g_{1,0}^{(2)}g_{1,1}^{(2)}g_{1,2}^{(2)} & g_{2,0}^{(2)}g_{2,1}^{(2)}g_{2,2}^{(2)} & 000 & 000 & \cdots \\ 000 & g_{0,0}^{(1)}g_{0,1}^{(1)}g_{0,2}^{(1)} & g_{1,0}^{(1)}g_{1,1}^{(1)}g_{1,2}^{(1)} & g_{2,0}^{(1)}g_{2,1}^{(1)}g_{2,2}^{(1)} & 000 & \cdots \\ 000 & g_{0,0}^{(2)}g_{0,1}^{(2)}g_{0,2}^{(2)} & g_{1,0}^{(2)}g_{1,1}^{(2)}g_{1,2}^{(2)} & g_{2,0}^{(2)}g_{2,1}^{(2)}g_{2,2}^{(2)} & 000 & \cdots \\ 000 & 000 & g_{0,0}^{(1)}g_{0,1}^{(1)}g_{0,2}^{(1)} & g_{1,0}^{(1)}g_{1,1}^{(1)}g_{1,2}^{(1)} & g_{2,0}^{(1)}g_{2,1}^{(1)}g_{2,2}^{(1)} & \cdots \\ 000 & 000 & g_{0,0}^{(2)}g_{0,1}^{(2)}g_{0,2}^{(2)} & g_{1,0}^{(2)}g_{1,1}^{(2)}g_{1,2}^{(2)} & g_{2,0}^{(2)}g_{2,1}^{(2)}g_{2,2}^{(2)} & \cdots \\ \cdots & \cdots & \cdots & \cdots & \cdots & \cdots \end{bmatrix}$$

$$= \begin{bmatrix} 101 & 000 & 001 & 000 & 000 & \cdots \\ 011 & 001 & 000 & 000 & 000 & \cdots \\ 000 & 101 & 000 & 001 & 000 & \cdots \\ 000 & 011 & 001 & 000 & 000 & \cdots \\ 000 & 000 & 101 & 000 & 001 & \cdots \\ 000 & 000 & 011 & 001 & 000 & \cdots \\ \cdots & \cdots & \cdots & \cdots & \cdots & \cdots \end{bmatrix} \tag{8.7.33}$$

若引入记号

$$\boldsymbol{G}_0=\begin{bmatrix} g_{0,0}^{(1)} & g_{0,1}^{(1)} & g_{0,2}^{(1)} \\ g_{0,0}^{(2)} & g_{0,1}^{(2)} & g_{0,2}^{(2)} \end{bmatrix}=\begin{bmatrix} 1 & 0 & 1 \\ 0 & 1 & 1 \end{bmatrix},\quad \boldsymbol{G}_1=\begin{bmatrix} g_{1,0}^{(1)} & g_{1,1}^{(1)} & g_{1,2}^{(1)} \\ g_{1,0}^{(2)} & g_{1,1}^{(2)} & g_{1,2}^{(2)} \end{bmatrix}=\begin{bmatrix} 0 & 0 & 0 \\ 0 & 0 & 1 \end{bmatrix}$$
$$\boldsymbol{G}_2=\begin{bmatrix} g_{2,0}^{(1)} & g_{2,1}^{(1)} & g_{2,2}^{(1)} \\ g_{2,0}^{(2)} & g_{2,1}^{(2)} & g_{2,2}^{(2)} \end{bmatrix}=\begin{bmatrix} 0 & 0 & 1 \\ 0 & 0 & 0 \end{bmatrix} \tag{8.7.34}$$

该编码器的生成矩阵可以表示为

$$\boldsymbol{G}=\begin{bmatrix} \boldsymbol{G}_0 & \boldsymbol{G}_1 & \boldsymbol{G}_2 & 0 & 0 & \cdots \\ 0 & \boldsymbol{G}_0 & \boldsymbol{G}_1 & \boldsymbol{G}_2 & 0 & \cdots \\ 0 & 0 & \boldsymbol{G}_0 & \boldsymbol{G}_1 & \boldsymbol{G}_2 & \cdots \\ \cdots & \cdots & \cdots & \cdots & \cdots & \cdots \end{bmatrix} \tag{8.7.35}$$

生成矩阵与式（8.7.8）有相同的形式，此时 $\boldsymbol{G}_i$ 是一个 $k\times n=2\times 3$ 的子矩阵，$i=0,1,\cdots,L-1$，$L=3$ 是编码器的记忆长度。

由编码器的单位脉冲响应函数式（8.7.26），

$$C_\delta^{(1)}=g_{0,0}^{(1)}g_{0,1}^{(1)}g_{0,2}^{(1)},\ g_{1,0}^{(1)}g_{1,1}^{(1)}g_{1,2}^{(1)},\ g_{2,0}^{(1)}g_{2,1}^{(1)}g_{2,2}^{(1)},\ \cdots=101,\ 000,\ 001,\ 000,\ 000,\ \cdots$$

可得与输入信息位码组第一个信息码元对应的编码输出码组中，每一位的生成多项式

$$\begin{aligned} g_{0,0}^{(1)}g_{1,0}^{(1)}g_{2,0}^{(1)}=100 &\longrightarrow g_0^{(1)}(X)=g_{0,0}^{(1)}+g_{1,0}^{(1)}X+g_{2,0}^{(1)}X^2=1 \\ g_{0,1}^{(1)}g_{1,1}^{(1)}g_{2,1}^{(1)}=000 &\longrightarrow g_1^{(1)}(X)=g_{0,1}^{(1)}+g_{1,1}^{(1)}X+g_{2,1}^{(1)}X^2=0 \\ g_{0,2}^{(1)}g_{1,2}^{(1)}g_{2,2}^{(1)}=101 &\longrightarrow g_2^{(1)}(X)=g_{0,2}^{(1)}+g_{1,2}^{(1)}X+g_{2,2}^{(1)}X^2=1+X^2 \end{aligned} \tag{8.7.36}$$

同理，由编码器的单位脉冲响应函数式（8.7.32），

$$C_\delta^{(2)}=g_{0,0}^{(2)}g_{0,1}^{(2)}g_{0,2}^{(2)},\ g_{1,0}^{(2)}g_{1,1}^{(2)}g_{1,2}^{(2)},\ g_{2,0}^{(2)}g_{2,1}^{(2)}g_{2,2}^{(2)},\ \cdots=011,\ 001,\ 000,\ 000,\ 000,\ \cdots$$

可得与输入信息位码组中第二个信息码元对应的编码输出每一位的生成多项式

$$\begin{aligned} g_{0,0}^{(2)}g_{1,0}^{(2)}g_{2,0}^{(2)}=000 &\longrightarrow g_0^{(2)}(X)=g_{0,0}^{(2)}+g_{1,0}^{(2)}X+g_{2,0}^{(2)}X^2=0 \\ g_{0,1}^{(2)}g_{1,1}^{(2)}g_{2,1}^{(2)}=100 &\longrightarrow g_1^{(2)}(X)=g_{0,1}^{(2)}+g_{1,1}^{(2)}X+g_{2,1}^{(2)}X^2=1 \\ g_{0,2}^{(2)}g_{1,2}^{(2)}g_{2,2}^{(2)}=110 &\longrightarrow g_2^{(2)}(X)=g_{0,2}^{(2)}+g_{1,2}^{(2)}X+g_{2,2}^{(2)}X^2=1+X \end{aligned} \tag{8.7.37}$$

相应的生成多项式矩阵 $\boldsymbol{G}(X)$ 为

$$\boldsymbol{G}(X)=\begin{bmatrix} g_0^{(1)}(X) & g_1^{(1)}(X) & g_2^{(1)}(X) \\ g_0^{(2)}(X) & g_1^{(2)}(X) & g_2^{(2)}(X) \end{bmatrix}=\begin{bmatrix} 1 & 0 & 1+X^2 \\ 0 & 1 & 1+X \end{bmatrix} \tag{8.7.38}$$

而码多项式矩阵 $\boldsymbol{C}(X)$ 可以表示为

$$\begin{aligned} \boldsymbol{C}(X)=\boldsymbol{M}(X)\boldsymbol{G}(X)&=\begin{bmatrix} M^{(1)}(X) & M^{(2)}(X) \end{bmatrix}\begin{bmatrix} g_0^{(1)}(X) & g_1^{(1)}(X) & g_2^{(1)}(X) \\ g_0^{(2)}(X) & g_1^{(2)}(X) & g_2^{(2)}(X) \end{bmatrix} \\ &=\begin{bmatrix} c_0(X) & c_1(X) & c_2(X) \end{bmatrix} \end{aligned} \tag{8.7.39}$$

其中，

$$\begin{aligned} c_0(X)&=M^{(1)}(X)g_0^{(1)}(X)+M^{(2)}(X)g_0^{(2)}(X) \\ c_1(X)&=M^{(1)}(X)g_1^{(1)}(X)+M^{(2)}(X)g_1^{(2)}(X) \\ c_2(X)&=M^{(1)}(X)g_2^{(1)}(X)+M^{(2)}(X)g_2^{(2)}(X) \end{aligned}$$

由

$$\boldsymbol{M}(X)=\begin{bmatrix} M^{(1)}(X) & M^{(2)}(X) \end{bmatrix}=\begin{bmatrix} (a_{0,0}+a_{1,0}X+a_{2,0}X^2+\cdots) & (a_{0,1}+a_{1,1}X+a_{2,1}X^2+\cdots) \end{bmatrix} \tag{8.7.40}$$

代入式（8.7.39）可得

$$
\begin{aligned}
c_0(X) &= \left(a_{0,0}+a_{1,0}X+a_{2,0}X^2+\cdots\right)\cdot 1+\left(a_{0,1}+a_{1,1}X+a_{2,1}X^2+\cdots\right)\cdot 0 = a_{0,0}+a_{1,0}X+a_{2,0}X^2+\cdots \\
c_1(X) &= \left(a_{0,0}+a_{1,0}X+a_{2,0}X^2+\cdots\right)\cdot 0+\left(a_{0,1}+a_{1,1}X+a_{2,1}X^2+\cdots\right)\cdot 1 = a_{0,1}+a_{1,1}X+a_{2,1}X^2+\cdots \\
c_2(X) &= \left(a_{0,0}+a_{1,0}X+a_{2,0}X^2+\cdots\right)\left(1+X^2\right)+\left(a_{0,1}+a_{1,1}X+a_{2,1}X^2+\cdots\right)(1+X) \\
&= \left(a_{0,0}\oplus a_{0,1}\oplus a_{-1,1}\oplus a_{-2,0}\right)+\left(a_{1,0}\oplus a_{1,1}\oplus a_{0,1}\oplus a_{-1,0}\right)X+\cdots+\left(a_{i,0}\oplus a_{i,1}\oplus a_{i-1,1}\oplus a_{i-2,0}\right)X^i+\cdots
\end{aligned}
\tag{8.7.41}
$$

式中 $a_{-1,1}=a_{-2,0}=a_{-1,0}=0$ 是为了使表达式整齐而引入的符号。由上式中，可得编码器输出第 i 个码组的一般表达式为

$$
\left(c_{i.0}c_{i.1}c_{i.2}\right)=\left(a_{i.0}\quad a_{i,1}\quad a_{i,0}\oplus a_{i,1}\oplus a_{i-1,1}\oplus a_{i-2,0}\right)
$$

上式显然与式（8.7.16）完全一致。

上面我们通过两个示例详细分析了卷积码编码器输入信息位与编码输出的卷积关系，以及如何构建卷积码的**生成矩阵**和**生成多项式**。在这两个不同形式的关系式中，我们只要知道其中的一个，就可以导出另外一个。

系统码结构的卷积码　对于系统码结构的分组码，输出的码组有如下的结构特性，在编码输出码组 $c_0c_1c\cdots c_{k-1}c_k\cdots c_{n-1}$ 中，$c_0c_1c_2\cdots c_{k-1}=a_0a_1a_2\cdots a_{k-1}$ 是 k 位输入的信息位，$c_kc_{k+1}\cdots c_{n-1}$ 是 $n-k$ 位的监督位。同样，对于卷积码，如果输出的码组具有上述的结构，我们称这样的卷积码为**系统码结构的卷积码**。在前面介绍的两个卷积码的示例中，对于 $k=1,n=3$ 的卷积码 $(3,1,3)$，由式（8.7.1），对任意的第 i 个码组

$$
c_{i.0},c_{i.1},c_{i.2}=a_i,a_i\oplus a_{i-1},a_i\oplus a_{i-2}
$$

其中第一位是信息位，第二位和第三位是监督位，这是一种系统码结构的卷积码。对于 $k=2,n=3$ 的卷积码 $(3,2,3)$，由式（8.7.16），其第 i 个码组

$$
c_{i.0},c_{i.1},c_{i.2}=a_{i.0},a_{i,1},a_{i,0}\oplus a_{i,1}\oplus a_{i-1,1}\oplus a_{i-2,0}
$$

其中第一位和第二位是信息位，第三位是监督位，这也是一种系统码结构的卷积码。

对于系统码结构的卷积码，其生成矩阵还可以进一步表示为如下的规则形式：

$$
\boldsymbol{G}=\begin{bmatrix}
\boldsymbol{G}_0 & \boldsymbol{G}_1 & \cdots & \boldsymbol{G}_{L-1} & & \cdots \\
 & \boldsymbol{G}_0 & \cdots & \boldsymbol{G}_{L-2} & \boldsymbol{G}_{L-1} & \cdots \\
 & & \cdots & \boldsymbol{G}_{L-3} & \boldsymbol{G}_{L-2} & \cdots \\
\cdots & \cdots & \cdots & \cdots & \cdots & \cdots
\end{bmatrix}=\begin{bmatrix}
\boldsymbol{I}_k\boldsymbol{P}_0 & \boldsymbol{O}_k\boldsymbol{P}_1 & \cdots & \boldsymbol{O}_k\boldsymbol{P}_{L-1} & & \cdots \\
 & \boldsymbol{I}_k\boldsymbol{P}_0 & \cdots & \boldsymbol{O}_k\boldsymbol{P}_{L-2} & \boldsymbol{O}_k\boldsymbol{P}_{L-1} & \cdots \\
 & & \cdots & \boldsymbol{O}_k\boldsymbol{P}_{L-3} & \boldsymbol{O}_k\boldsymbol{P}_{L-2} & \cdots \\
\cdots & \cdots & \cdots & \cdots & \cdots & \cdots
\end{bmatrix}
\tag{8.7.42}
$$

其中 $\boldsymbol{I}_k$ 是一个 $k\times k$ 的单位矩阵，$\boldsymbol{O}_k$ 是一个的全 0 的 $k\times k$ 矩阵，$\boldsymbol{P}_i$ 是一个 $k\times(n-k)$ 的矩阵。例如前面讨论过的第一个参数为 $(3,1,3)$ 的卷积码示例，生成矩阵由式（8.7.6）给出，

$$
\boldsymbol{G}=\begin{bmatrix}
111 & 010 & 001 & 000 & 000 & \cdots \\
000 & 111 & 010 & 001 & 000 & \cdots \\
000 & 000 & 111 & 010 & 001 & \cdots \\
\cdots & \cdots & \cdots & \cdots & \cdots & \cdots
\end{bmatrix}
$$

其中 $k=1,n=3$，$\boldsymbol{I}_1=[1]$，$\boldsymbol{O}_1=[0]$，$\boldsymbol{P}_0=[11]$，$\boldsymbol{P}_1=[10]$，$\boldsymbol{P}_2=[01]$。对于第二个参数为 $(3,2,3)$ 的卷积码示例，生成矩阵由式（8.7.33）给出，

$$
\boldsymbol{G}=\begin{bmatrix}
101 & 000 & 001 & 000 & 000 & \cdots \\
011 & 001 & 000 & 000 & 000 & \cdots \\
000 & 101 & 000 & 001 & 000 & \cdots \\
000 & 011 & 001 & 000 & 000 & \cdots \\
000 & 000 & 101 & 000 & 001 & \cdots \\
000 & 000 & 011 & 001 & 000 & \cdots \\
\cdots & \cdots & \cdots & \cdots & \cdots & \cdots
\end{bmatrix}
$$

其中$k=2,n=3$，$\boldsymbol{I}_2=\begin{bmatrix}1&0\\0&1\end{bmatrix}$，$\boldsymbol{O}_2=\begin{bmatrix}0&0\\0&0\end{bmatrix}$，$\boldsymbol{P}_0=\begin{bmatrix}1\\1\end{bmatrix}$，$\boldsymbol{P}_1=\begin{bmatrix}0\\1\end{bmatrix}$，$\boldsymbol{P}_2=\begin{bmatrix}1\\0\end{bmatrix}$。

对于系统码卷积码的生成多项式矩阵也具有其规范形式

$$\boldsymbol{G}(X)=\begin{bmatrix}\boldsymbol{I}_k & \boldsymbol{P}(X)\end{bmatrix} \tag{8.7.43}$$

其中$\boldsymbol{I}_k$是一个$k\times k$的单位矩阵，$\boldsymbol{P}(X)$是一个$k\times(n-k)$的多项式矩阵。对于前面参数为$(3,1,3)$的卷积码示例一，由式（8.7.11）有$\boldsymbol{G}(X)=\begin{bmatrix}1 & 1+X & 1+X^2\end{bmatrix}$，其中$\boldsymbol{I}_1=[1]$，$\boldsymbol{P}(X)=\begin{bmatrix}1+X & 1+X^2\end{bmatrix}$。对于参数为$(3,2,3)$的卷积码示例二，由式（8.7.38）有$\boldsymbol{G}(X)=\begin{bmatrix}1&0&1+X^2\\0&1&1+X\end{bmatrix}$，其中$\boldsymbol{I}_2=\begin{bmatrix}1&0\\0&1\end{bmatrix}$，$\boldsymbol{P}(X)=\begin{bmatrix}1+X^2\\1+X\end{bmatrix}$。

8.7.3 卷积码的监督矩阵与监督多项式矩阵

监督矩阵 卷积码也是一种线性码，根据卷积码的生成矩阵，同样可以定义卷积码的**监督矩阵**，监督矩阵也称为**校验矩阵**。卷积码的生成矩阵$\boldsymbol{G}$与其监督矩阵$\boldsymbol{H}$之间同样满足关系式

$$\boldsymbol{G}\cdot\boldsymbol{H}^{\mathrm{T}}=\boldsymbol{O} \tag{8.7.44}$$

其中$\boldsymbol{O}$是一个各元素均为 0 的矩阵。卷积码的监督矩阵一般具有如下形式：

$$\boldsymbol{H}=\begin{bmatrix}\boldsymbol{H}_0 & & & \cdots & & \\ \boldsymbol{H}_1 & \boldsymbol{H}_0 & & \cdots & & \\ \boldsymbol{H}_2 & \boldsymbol{H}_1 & \boldsymbol{H}_0 & \cdots & & \\ \vdots & \vdots & & \ddots & & \vdots \\ \boldsymbol{H}_{L-1} & \boldsymbol{H}_{L-2} & \boldsymbol{H}_{L-3} & \cdots & \boldsymbol{H}_0 & \cdots \\ & \boldsymbol{H}_{L-1} & \boldsymbol{H}_{L-2} & \cdots & \boldsymbol{H}_1 & \cdots \\ & & \boldsymbol{H}_{L-1} & \cdots & \boldsymbol{H}_2 & \cdots \\ \cdots & \cdots & \cdots & \cdots & \cdots & \cdots\end{bmatrix} \tag{8.7.45}$$

其中的每个$\boldsymbol{H}_i$都是一个$(n-k)\times n$子矩阵。$\boldsymbol{H}$的左下角和右上角空白处的元素位置均为 0。如果已知生成矩阵$\boldsymbol{G}$，根据$\boldsymbol{G}\cdot\boldsymbol{H}^{\mathrm{T}}=\boldsymbol{O}$，可以求出各个$\boldsymbol{H}_i$。

与分组码类似，对于系统码结构的卷积码，其监督矩阵也有特殊的结构，可以直接由生成矩阵获得。已知对于系统码的生成矩阵具有形式

$$\boldsymbol{G}=\begin{bmatrix}\boldsymbol{I}_k\boldsymbol{P}_0 & \boldsymbol{O}_k\boldsymbol{P}_1 & \cdots & \boldsymbol{O}_k\boldsymbol{P}_{L-1} & & \cdots \\ & \boldsymbol{I}_k\boldsymbol{P}_0 & \cdots & \boldsymbol{O}_k\boldsymbol{P}_{L-2} & \boldsymbol{O}_k\boldsymbol{P}_{L-1} & \cdots \\ & & \cdots & \boldsymbol{O}_k\boldsymbol{P}_{L-3} & \boldsymbol{O}_k\boldsymbol{P}_{L-2} & \cdots \\ \cdots & \cdots & \cdots & \cdots & \cdots & \cdots\end{bmatrix}$$

相应地，其监督矩阵为

$$\boldsymbol{H}=\begin{bmatrix}\boldsymbol{P}_0^{\mathrm{T}}\boldsymbol{I}_{n-k} & & \cdots & & \cdots \\ \boldsymbol{P}_1^{\mathrm{T}}\boldsymbol{O}_{n-k} & \boldsymbol{P}_0^{\mathrm{T}}\boldsymbol{I}_{n-k} & \cdots & & \cdots \\ \vdots & \vdots & \ddots & & \cdots \\ \boldsymbol{P}_{L-1}^{\mathrm{T}}\boldsymbol{O}_{n-k} & \boldsymbol{P}_{L-2}^{\mathrm{T}}\boldsymbol{O}_{n-k} & \cdots & \boldsymbol{P}_0^{\mathrm{T}}\boldsymbol{I}_{n-k} & \cdots \\ & \boldsymbol{P}_{L-1}^{\mathrm{T}}\boldsymbol{O}_{n-k} & \cdots & \boldsymbol{P}_1^{\mathrm{T}}\boldsymbol{O}_{n-k} & \cdots \\ \cdots & \cdots & \cdots & \cdots & \cdots\end{bmatrix} \tag{8.7.46}$$

式中，$\boldsymbol{P}_i^{\mathrm{T}}$是生成矩阵中$\boldsymbol{P}_i$的转置矩阵，$\boldsymbol{I}_{n-k}$是$(n-k)\times(n-k)$的单位矩阵，$\boldsymbol{O}_{n-k}$是$(n-k)\times(n-k)$的全 0 矩阵。容易验证，上式满足$\boldsymbol{G}\cdot\boldsymbol{H}^{\mathrm{T}}=\boldsymbol{O}$。例如，对$\boldsymbol{G}\cdot\boldsymbol{H}^{\mathrm{T}}$左上角的矩阵子块，有

$$\begin{bmatrix}\boldsymbol{I}_k\boldsymbol{P}_0\end{bmatrix}\begin{bmatrix}\boldsymbol{P}_0^{\mathrm{T}}\boldsymbol{I}_{n-k}\end{bmatrix}^{\mathrm{T}}=\begin{bmatrix}\boldsymbol{I}_k\boldsymbol{P}_0\end{bmatrix}\begin{bmatrix}\boldsymbol{P}_0\\ \boldsymbol{I}_{n-k}\end{bmatrix}=\boldsymbol{I}_k\boldsymbol{P}_0+\boldsymbol{P}_0\boldsymbol{I}_{n-k}=\boldsymbol{P}_0+\boldsymbol{P}_0=\boldsymbol{O}_{k\times(n-k)} \tag{8.7.47}$$

式中 $\boldsymbol{O}_{k\times(n-k)}$ 是一个 $k\times(n-k)$ 的、元素全为 0 的子矩阵。

对于由式（8.7.6）确定的系统码生成矩阵

$$\boldsymbol{G}=\begin{bmatrix} 111 & 010 & 001 & 000 & 000 & \cdots \\ 000 & 111 & 010 & 001 & 000 & \cdots \\ 000 & 000 & 111 & 010 & 001 & \cdots \\ \cdots & \cdots & \cdots & \cdots & \cdots & \cdots \end{bmatrix}$$

由前面的分析已知

$$\boldsymbol{P}_0=[11]，\ \boldsymbol{P}_1=[10]，\ \boldsymbol{P}_2=[01]$$

利用式（8.7.46）直接可得其监督矩阵

$$\boldsymbol{H}=\begin{bmatrix} 110 & 000 & 000 & 000 & 000 & \cdots \\ 101 & 000 & 000 & 000 & 000 & \cdots \\ 100 & 110 & 000 & 000 & 000 & \cdots \\ 000 & 101 & 000 & 000 & 000 & \cdots \\ 000 & 100 & 110 & 000 & 000 & \cdots \\ 100 & 000 & 101 & 000 & 000 & \cdots \\ \cdots & \cdots & \cdots & \cdots & \cdots & \cdots \end{bmatrix}$$

生成多项式矩阵 卷积码生成多项式矩阵 $\boldsymbol{G}(X)$ 的一般形式为

$$\boldsymbol{G}(X)=\begin{bmatrix} g_0^{(1)}(X) & g_1^{(1)}(X) & \cdots & g_{n-1}^{(1)}(X) \\ g_0^{(2)}(X) & g_1^{(2)}(X) & \cdots & g_{n-1}^{(2)}(X) \\ \vdots & \vdots & \ddots & \vdots \\ g_0^{(k)}(X) & g_1^{(k)}(X) & \cdots & g_{n-1}^{(k)}(X) \end{bmatrix} \tag{8.7.48}$$

这是一个 $k\times n$ 的矩阵。系统卷积码的生成多项式矩阵具有如下的特定结构：

$$\boldsymbol{G}(X)=\left[\boldsymbol{I}_k\boldsymbol{P}(X)\right] \tag{8.7.49}$$

式中 $\boldsymbol{I}_k$ 是一个 $k\times k$ 的单位矩阵。$\boldsymbol{P}(X)$ 是一个 $k\times(n-k)$ 的多项式矩阵。例如式（8.7.38）给出的就是一个系统码的生成矩阵

$$\boldsymbol{G}(X)=\begin{bmatrix} 1 & 0 & 1+X^2 \\ 0 & 1 & 1+X \end{bmatrix}$$

显然它具有式（8.7.47）给出的形式，其中 $\boldsymbol{I}_2=\begin{bmatrix} 1 & 0 \\ 0 & 1 \end{bmatrix}$，$\boldsymbol{P}(X)=\begin{bmatrix} 1+X^2 \\ 1+X \end{bmatrix}$。

监督多项式矩阵 监督多项式矩阵也称为**校验多项式矩阵**。监督多项式矩阵一般具有如下形式：

$$\boldsymbol{H}(X)=\begin{bmatrix} h_0^{(1)}(X) & h_1^{(1)}(X) & \cdots & h_{n-1}^{(1)}(X) \\ h_0^{(2)}(X) & h_1^{(2)}(X) & \cdots & h_{n-1}^{(2)}(X) \\ \vdots & \vdots & \ddots & \vdots \\ h_0^{(n-k)}(X) & h_1^{(n-k)}(X) & \cdots & h_{n-1}^{(n-k)}(X) \end{bmatrix} \tag{8.7.50}$$

这是一个 $(n-k)\times n$ 的矩阵。生成多项式矩阵 $\boldsymbol{G}(X)$ 与 $\boldsymbol{H}(X)$ 满足如下关系式：

$$\boldsymbol{G}(X)\cdot\boldsymbol{H}^{\mathrm{T}}(X)=\boldsymbol{O}_{k\times(n-k)} \tag{8.7.51}$$

式中 $\boldsymbol{O}_{k\times(n-k)}$ 是一个 $k\times(n-k)$ 的、所有元素均为 0 的矩阵。一般地，已知生成多项式矩阵 $\boldsymbol{G}(X)$，可以通过求解上式来获得监督多项式 $\boldsymbol{H}(X)$。特别地，系统码的监督多项式 $\boldsymbol{H}(X)$ 有如下形式：

$$\boldsymbol{H}(X)=\left[\boldsymbol{P}^{\mathrm{T}}(X)\boldsymbol{I}_{n-k}\right] \tag{8.7.52}$$

$\boldsymbol{I}_{n-k}$ 是一个 $(n-k)\times(n-k)$ 的单位矩阵。$\boldsymbol{P}^{\mathrm{T}}(X)$ 是相应的系统码生成多项式矩阵中 $\boldsymbol{P}(X)$ 的转置矩阵。例如，要求关于式（8.7.38）的系统码的生成矩阵

$$\boldsymbol{G}(X)=\left[\boldsymbol{I}_2\boldsymbol{P}(X)\right]=\begin{bmatrix}1 & 0 & 1+X^2\\ 0 & 1 & 1+X\end{bmatrix}$$

的监督矩阵，根据式（8.7.52）立即可得 $\boldsymbol{P}^{\mathrm{T}}(X)=\left[1+X^2 \quad 1+X\right]$，$\boldsymbol{H}(X)=\left[1+X^2 \quad 1+X \quad 1\right]$。

8.7.4 卷积码的伴随式与代数译码

卷积码的伴随式 在讨论线性分组码的译码问题时，我们引入了**伴随式**的概念，伴随式也称为**校正子**。在线性分组码中，每个码组是独立的，每收到一个码组，可以根据监督矩阵独立地计算其伴随式，然后根据所得的结果进行译码。对于卷积码来说，当前的码组与前面若干码组的信息位有一定的约束关系。因此译码过程中不是每个码组单独进行译码，而是对若干码组构成的一个序列进行译码。

设发送的编码序列为 $\boldsymbol{C}=c_{0,0}c_{0,1}\cdots c_{0,n-1};\ c_{1,0}c_{1,1}\cdots c_{1,n-1};\ \cdots;c_{i,0}c_{i,1}\cdots c_{i,n-1};\ \cdots$，相应的接收序列 $\boldsymbol{R}$ 和错误图样序列 $\boldsymbol{E}$ 分别为

$$\boldsymbol{R}=r_{0,0}r_{0,1}\cdots r_{0,n-1};\ r_{1,0}r_{1,1}\cdots r_{1,n-1};\ \cdots\ ;r_{i,0}r_{i,1}...r_{i,n-1};\ \cdots \tag{8.7.53}$$

$$\boldsymbol{E}=e_{0,0}e_{0,1}\cdots e_{0,n-1};\ e_{1,0}e_{1,1}\cdots e_{1,n-1};\ \cdots\ ;e_{i,0}e_{i,1}...e_{i,n-1};\ \cdots \tag{8.7.54}$$

则它们之间满足关系

$$\boldsymbol{R}=\boldsymbol{C}+\boldsymbol{E} \tag{8.7.55}$$

对接收的第 i 个码组中的第 j 位，有

$$r_{i,j}=c_{i,j}+e_{i,j} \tag{8.7.56}$$

若已知卷积码的监督矩阵 $\boldsymbol{H}$，其中的第 i 个子矩阵 $\boldsymbol{H}_i$ 的阶数为 $(n-k)\times n$，则由此可得

$$\begin{aligned}\boldsymbol{S}&=\boldsymbol{R}\cdot\boldsymbol{H}^{\mathrm{T}}=(\boldsymbol{C}+\boldsymbol{E})\cdot\boldsymbol{H}^{\mathrm{T}}=\boldsymbol{C}\cdot\boldsymbol{H}^{\mathrm{T}}+\boldsymbol{E}\cdot\boldsymbol{H}^{\mathrm{T}}=\boldsymbol{E}\cdot\boldsymbol{H}^{\mathrm{T}}\\ &=\left[e_{0,0}e_{0,1}\cdots e_{0,n-1};\ \cdots;\ e_{i,0}e_{i,1}\cdots e_{i,n-1};\ \cdots\right]\begin{bmatrix}\boldsymbol{H}_0^{\mathrm{T}} & \boldsymbol{H}_1^{\mathrm{T}} & \boldsymbol{H}_2^{\mathrm{T}} & & \boldsymbol{H}_{L-1}^{\mathrm{T}} & & & \cdots\\ & \boldsymbol{H}_0^{\mathrm{T}} & \boldsymbol{H}_1^{\mathrm{T}} & & \boldsymbol{H}_{L-2}^{\mathrm{T}} & \boldsymbol{H}_{L-1}^{\mathrm{T}} & & \cdots\\ & & \boldsymbol{H}_0^{\mathrm{T}} & & \boldsymbol{H}_{L-3}^{\mathrm{T}} & \boldsymbol{H}_{L-2}^{\mathrm{T}} & \boldsymbol{H}_{L-1}^{\mathrm{T}} & \cdots\\ \cdots & \cdots & \cdots & \cdots & \cdots & \cdots & \cdots & \cdots\\ & & & & & \boldsymbol{H}_0^{\mathrm{T}} & \boldsymbol{H}_1^{\mathrm{T}} & \cdots\\ \cdots & \cdots & \cdots & \cdots & \cdots & \cdots & \cdots & \cdots\end{bmatrix}\\ &=\left[s_{0,0}s_{0,1}\cdots s_{0,n-k};\ s_{1,0}s_{1,1}\cdots s_{1,n-k};\ \cdots;s_{i,0}s_{i,1}\cdots s_{i,n-k};\ \cdots\right]\end{aligned} \tag{8.7.57}$$

伴随式的序列也呈现出某种分组的特点，与第 i 个接收码组 $r_{i,0}r_{i,1}\cdots r_{i,n-1}$ 对应的伴随式分组为 $s_{i,0}s_{i,1}\cdots s_{i,n-k}$。与分组码不同的是，**该伴随式分组不仅与当前输入的接收码组有关，而且与之前的 $L-1$ 个接收码组也有关**，这里为 L 卷积码的约束长度。如果没有误码 $e_{i,j}=0,\ i,j\in 0,1,2,\cdots$，则 $\boldsymbol{S}$ 为全 0 的序列；反之，如 $\boldsymbol{S}$ 为非全 0 的序列，则可判断发送的序列在传输过程中有误码出现。尽管从形式上看，接收序列 $\boldsymbol{R}$ 和错误图样序列 $\boldsymbol{E}$ 都是半无限长的序列，监督矩阵 $\boldsymbol{H}$ 是半无限大的矩阵，但从监督矩阵的转置矩阵 $\boldsymbol{H}^{\mathrm{T}}$ 结构可以看出，其每一个子矩阵列中最多只有 L 个非 0 的子矩阵，$\boldsymbol{H}_0^{\mathrm{T}},\boldsymbol{H}_1^{\mathrm{T}},\cdots,\boldsymbol{H}_{L-1}^{\mathrm{T}}$，其中每个子矩阵的阶数均为 $n\times(n-k)$，伴随式序列 $\boldsymbol{S}$ 中的每个元素 $s_{i,j}$ 最多是 $n\times L$ 个连续的接收序列元素的模 2 代数和。

【例 8.7.1】 若输入信息序列为 $\boldsymbol{M}=a_0a_1a_2\cdots=101\cdots$。分析图 8.7.1 给出的 $(3,1,3)$ 卷积码在传输没有出错和传输时出现 $c_{1,0}\to\overline{c}_{1,0}$ 错误时的伴随式序列。

解：从述讨论已知，图 8.7.1 给出的卷积码编码器的生成矩阵 $\boldsymbol{G}$ 、监督矩阵 $\boldsymbol{H}$ 及其转置矩阵 $\boldsymbol{H}^{\mathrm{T}}$ 分别为

$$\boldsymbol{G}=\begin{bmatrix} 111 & 010 & 001 & 000 & 000 & \cdots \\ 000 & 111 & 010 & 001 & 000 & \cdots \\ 000 & 000 & 111 & 010 & 001 & \cdots \\ \cdots & \cdots & \cdots & \cdots & \cdots & \cdots \end{bmatrix}$$

$$\boldsymbol{H}=\begin{bmatrix} 110 & & & & \cdots \\ 101 & & & & \cdots \\ 100 & 110 & & & \cdots \\ 000 & 101 & & & \cdots \\ 000 & 100 & 110 & & \cdots \\ 100 & 000 & 101 & 110 & \cdots \\ & 000 & 100 & 101 & \cdots \\ & 100 & 000 & 100 & \cdots \\ & & 000 & 000 & \cdots \\ \cdots & \cdots & \cdots & \cdots & \cdots \end{bmatrix},\quad \boldsymbol{H}^{\mathrm{T}}=\begin{bmatrix} 11 & 10 & 01 & & & & \cdots \\ 10 & 00 & 00 & & & & \cdots \\ 01 & 00 & 00 & & & & \cdots \\ & 11 & 10 & 01 & & & \cdots \\ & 10 & 00 & 00 & & & \cdots \\ & 01 & 00 & 00 & & & \cdots \\ & & 11 & 10 & 01 & & \cdots \\ & & 10 & 00 & 00 & & \cdots \\ & & 01 & 00 & 00 & & \cdots \\ & & & 11 & 10 & 01 & \cdots \\ \cdots & \cdots & \cdots & \cdots & \cdots & \cdots & \cdots \end{bmatrix}$$

若输入的信息序列 $\boldsymbol{M}$ 为

$$\boldsymbol{M}=a_0a_1a_2\cdots=101\cdots$$

由生成矩阵 $\boldsymbol{G}$ 可得编码输出

$$\boldsymbol{C}=\boldsymbol{M}\cdot\boldsymbol{G}=c_{0,0}c_{0,1}c_{0,2};\ c_{1,0}c_{1,1}c_{1,2};\ c_{2,0}c_{2,1}c_{2,2}\ \cdots=111;\ 010;\ 110;\ \cdots$$

（1）假如在传输过程中没有错，则接收序列 $\boldsymbol{R}$ 为

$$\boldsymbol{R}=r_{0,0}r_{0,1}r_{0,2};\ r_{1,0}r_{1,1}r_{1,2};\ r_{2,0}r_{2,1}r_{2,2}\ \cdots=111;\ 010;\ 110;\ \cdots$$

容易验证

$$\boldsymbol{S}=\boldsymbol{R}\cdot\boldsymbol{H}^{\mathrm{T}}=s_{0,0}s_{0,1};\ s_{1,0}s_{1,1};\ s_{2,0}s_{2,1};\ \cdots=00;\ 00;\ 00;\ \cdots$$

$\boldsymbol{S}$ 为全 0 的序列。

（2）假如在传输过程中出现误码，其中 $c_{1,0}\to\overline{c}_{1,0}$ 时接收序列变为 $\boldsymbol{R}'$，

$$\boldsymbol{R}'=r_{0,0}r_{0,1}r_{0,2};\ \overline{r}_{1,0}r_{1,1}r_{1,2};\ r_{2,0}r_{2,1}r_{2,2}\ \cdots=111;\ 110;\ 110;\ \cdots$$

$$\boldsymbol{S}=\boldsymbol{R}'\cdot\boldsymbol{H}^{\mathrm{T}}=s_{0,0}s_{0,1};\ s_{1,0}s_{1,1};\ s_{2,0}s_{2,1};\ \cdots=00;\ 11;\ 10;\ \cdots$$

此时 $\boldsymbol{S}$ 成为一个非 0 的序列，由此可以判断传输过程中出现了错误。另外还可以注意到，此时的误码不仅影响到与出错的码组 $\overline{r}_{1,0}r_{1,1}r_{1,2}$ 对应的伴随式分组 $s_{1,0}s_{1,1}=11$ ，而且还影响到下一个没有出错码组 $r_{2,0}r_{2,1}r_{2,2}$ 的伴随式分组 $s_{2,0}s_{2,1}=10$ 。□

卷积码的代数译码　卷积码的代数译码与分组码的译码的原理类似，对于具有无限长序列结构的卷积码，可以采用所谓的**反馈译码**的方法来进行分段译码。监督矩阵的转置矩阵的一般表达式为

$$\boldsymbol{H}^{\mathrm{T}}=\begin{bmatrix} \boldsymbol{H}_0^{\mathrm{T}} & \boldsymbol{H}_1^{\mathrm{T}} & \boldsymbol{H}_2^{\mathrm{T}} & & \boldsymbol{H}_{L-1}^{\mathrm{T}} & & & \cdots \\ & \boldsymbol{H}_0^{\mathrm{T}} & \boldsymbol{H}_1^{\mathrm{T}} & & \boldsymbol{H}_{L-2}^{\mathrm{T}} & \boldsymbol{H}_{L-1}^{\mathrm{T}} & & \cdots \\ & & \boldsymbol{H}_0^{\mathrm{T}} & & \boldsymbol{H}_{L-3}^{\mathrm{T}} & \boldsymbol{H}_{L-2}^{\mathrm{T}} & \boldsymbol{H}_{L-1}^{\mathrm{T}} & \cdots \\ \cdots & \cdots & \cdots & \cdots & \cdots & \cdots & \cdots & \cdots \\ & & & & & \boldsymbol{H}_0^{\mathrm{T}} & \boldsymbol{H}_1^{\mathrm{T}} & \cdots \\ \cdots & \cdots & \cdots & \cdots & \cdots & \cdots & \cdots & \cdots \end{bmatrix} \tag{8.7.58}$$

从第 L 列子矩阵开始，随着列的增加，除每列下移一个 $n\times(n-k)$ 的子矩阵块之外，每一列子矩阵都有相同的非零子矩阵集，排列的顺序均由上至下依次为 $\boldsymbol{H}_{L-1}^{\mathrm{T}},\boldsymbol{H}_{L-2}^{\mathrm{T}},\cdots,\boldsymbol{H}_{0}^{\mathrm{T}}$。如果将接收的序列记为

$$\boldsymbol{R}=R_0;\ R_1;\ R_2;\ \cdots;\ R_i;\ \cdots \tag{8.7.59}$$

其中 $R_i=r_{i,0}r_{i,1}\ldots r_{i,n-1}$ 表示接收端收到的第 i 个编码输出码组，将接收序列按照如的规律进行移位分段处理：

$$\begin{array}{cccccc}
\mathbf{0}_{1\times n} & \mathbf{0}_{1\times n} & \mathbf{0}_{1\times n} & \cdots & \mathbf{0}_{1\times n} & R_0 \\
\mathbf{0}_{1\times n} & \mathbf{0}_{1\times n} & \mathbf{0}_{1\times n} & \cdots & R_0 & R_1 \\
\mathbf{0}_{1\times n} & \mathbf{0}_{1\times n} & \mathbf{0}_{1\times n} & \cdots & R_1 & R_2 \\
\vdots & \vdots & \vdots & \ddots & \vdots & \vdots \\
R_0 & R_1 & R_2 & \cdots & R_{L-2} & R_{L-1} \\
R_1 & R_2 & R_3 & \cdots & R_{L-1} & R_L \\
\vdots & \vdots & \vdots & \ddots & \vdots & \vdots \\
R_i & R_{i+1} & R_{i+2} & \cdots & R_{i+L-2} & R_{i+L-1} \\
\cdots & \cdots & \cdots & \cdots & \cdots & \cdots
\end{array} \tag{8.7.60}$$

式中 $\mathbf{0}_{1\times n}$ 表示一个 $1\times n$ 的矢量。计算伴随式序列 $\boldsymbol{S}=\boldsymbol{R}\cdot\boldsymbol{H}^{\mathrm{T}}$ 的过程，等效于上面每行的一个长为 $n\times L$ 的矢量与下面的 $nL\times(n-k)$ 的矩阵 $\boldsymbol{H}'$ 相乘的过程：

$$\boldsymbol{H}'^{\mathrm{T}}=\begin{bmatrix}\boldsymbol{H}_{L-1}^{\mathrm{T}}\\ \boldsymbol{H}_{L-2}^{\mathrm{T}}\\ \vdots\\ \boldsymbol{H}_{0}^{\mathrm{T}}\end{bmatrix} \tag{8.7.61}$$

在上面分析的基础上，可得如图 8.7.4 所示的一种卷积码代数译码器的基本结构原理图。

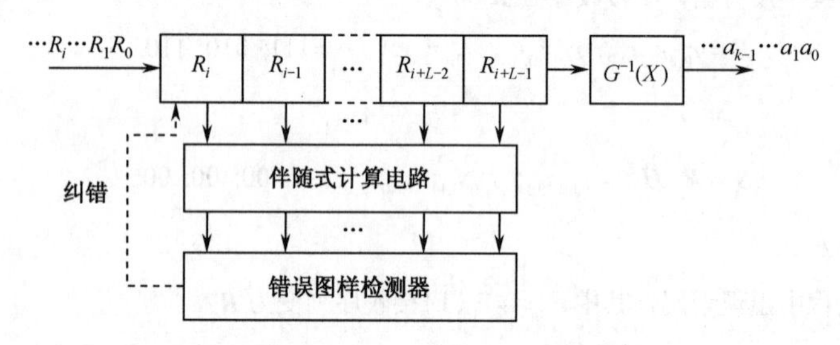

图 8.7.4 卷积码代数译码器的基本结构

译码器工作的基本步骤可以归纳如下：

（1）将接收序列 $\boldsymbol{R}$ 按式（8.7.60）的形式“划分”成长度为 L 个码组组成的译码序列单元 $\boldsymbol{R}'$，每次译码结束后移出一个旧的码组，移进一个新的码组：

$$\boldsymbol{R}'=\begin{bmatrix}R_i & R_{i+1} & R_{i+2} & \cdots & R_{i+L-2} & R_{i+L-1}\end{bmatrix} \tag{8.7.62}$$

（2）对当前的译码序列单元 $\boldsymbol{R}'$ 计算其相应的伴随式序列 $\boldsymbol{S}'$：

$$\boldsymbol{S}'=\boldsymbol{R}'\cdot\boldsymbol{H}'^{\mathrm{T}}=\begin{bmatrix}R_i\ R_{i+1}\ R_{i+2}\cdots R_{i+L-2}R_{i+L-1}\end{bmatrix}\begin{bmatrix}\boldsymbol{H}_{L-1}^{\mathrm{T}}\\ \boldsymbol{H}_{L-2}^{\mathrm{T}}\\ \vdots\\ \boldsymbol{H}_{0}^{\mathrm{T}}\end{bmatrix} \tag{8.7.63}$$

（3）根据伴随式序列 $\boldsymbol{S}'$ 与错误图样的 $\boldsymbol{E}'$ 的对应关系，确定误码的位置并进行误码纠正。$\boldsymbol{S}'$ 与错误图样 $\boldsymbol{E}'$ 的对应关系可以事先以表格形式或其他特定的代数关系式确定。

（4）将纠错后的接收码组（R_{i+L-1}）反馈到译码序列 $\boldsymbol{R}'$，替代原来有误码的码组。同时将完成纠

错后的码组 R_{i+L-1} 进行编码的逆运算，即可获得原来编码前的信息码组。对于系统码结构的卷积码，这种逆运算可直接由经过纠错后码组的前面 k 位获得。一般地，对于非系统码结构的卷积码，可通过查表或下面介绍的多项式矩阵“求逆”的方法来实现。

（5）回到（1），进行下一码组的译码过程。

生成多项式矩阵的逆矩阵　所谓生成多项式矩阵的“逆矩阵” $\boldsymbol{G}^{-1}(X)$，是指满足条件

$$\boldsymbol{G}(X)\boldsymbol{G}^{-1}(X)=\boldsymbol{I}_k \tag{8.7.64}$$

的多项式矩阵，式中 $\boldsymbol{I}_k$ 是 $k\times k$ 单位矩阵。若已知 $\boldsymbol{G}^{-1}(X)$ 和收到的 $\boldsymbol{C}'(X)$，则可由

$$\boldsymbol{C}'(X)\boldsymbol{G}^{-1}(X)=\left[\boldsymbol{M}'(X)\boldsymbol{G}(X)\right]\boldsymbol{G}^{-1}(X)=\boldsymbol{M}'(X) \tag{8.7.65}$$

完成编码的逆运算。如果在纠错过程中能够正确地纠正误码（误码的图样在可纠正的范围内），则应有 $\boldsymbol{M}'(X)=\boldsymbol{M}(X)$。

下面简要介绍由生成多项式矩阵 $\boldsymbol{G}(X)$ 求解 $\boldsymbol{G}^{-1}(X)$ 的方法。从前面的分析已知多项式矩阵 $\boldsymbol{G}(X)$ 是一个 $k\times n$ 的矩阵。因其并非是一个满秩的方阵，因此不能用经典的矩阵求逆方法来获得 $\boldsymbol{G}^{-1}(X)$，也不一定有唯一解。通常可通过一种待定系数的方法来尝试求解，在简单的场合，也可用观察和遍历搜索的方法来求解。

【例 8.7.2】　已知一个参数为 $(3,1,3)$ 的卷积码的生成矩阵 $\boldsymbol{G}(X)=\begin{bmatrix}1 & 1+X & 1+X^2\end{bmatrix}$［见式（8.7.11）］，试求其“逆”矩阵。

解： 记该“逆”矩阵的一般表达式为

$$\boldsymbol{G}^{-1}(X)=\begin{bmatrix}a_0+a_1X+a_2X^2\\ b_0+b_1X+b_2X^2\\ c_0+c_1X+c_2X^2\end{bmatrix}$$

由

$$\boldsymbol{G}(X)\boldsymbol{G}^{-1}(X)=I_k=1\rightarrow\begin{bmatrix}1 & 1+X & 1+X^2\end{bmatrix}\begin{bmatrix}a_0+a_1X+a_2X^2\\ b_0+b_1X+b_2X^2\\ c_0+c_1X+c_2X^2\end{bmatrix}=1$$

可得

$$\begin{aligned}&a_0\oplus b_0\oplus c_0=1\\&a_1\oplus b_1\oplus b_0\oplus c_1=0\\&a_2\oplus b_2\oplus b_1\oplus c_2\oplus c_0=0\\&b_2\oplus c_1=0\\&c_2=0\end{aligned}$$

观察上式，若取 $a_0=1,\ a_1=a_2=b_0=b_1=b_2=c_0=c_1=c_2=0$，可得方程组的一个解。因此有

$$\boldsymbol{G}^{-1}(X)=\begin{bmatrix}1\\0\\0\end{bmatrix}$$

根据式（8.7.14）可知

$$\begin{aligned}\boldsymbol{C}(X)=\boldsymbol{M}(X)\cdot\boldsymbol{G}(X)&=\left[c_0(X),c_1(X),c_2(X)\right]\\&=\left[(c_{0,0},c_{0,1},a_{0,2})X^0+\cdots+(c_{i,0},c_{i,1},a_{i,2})X^i+\cdots\right]\\&=\left[(a_0,a_0\oplus a_{-1},a_0\oplus a_{-2})X^0+\cdots+(a_i,a_i\oplus a_{i-1},a_i\oplus a_{i-2})X^i+\cdots\right]\end{aligned}$$

由此可得

$$C(X)G^{-1}(X)=\left[c_0X^0+c_1X+\cdots+c_iX^i+\cdots\right]\begin{bmatrix}1\\0\\0\end{bmatrix}$$

$$=\left[\left(a_0,a_0\oplus a_{-1},a_0\oplus a_{-2}\right)X^0+\cdots+\left(a_i,a_i\oplus a_{i-1},a_i\oplus a_{i-2}\right)X^i+\cdots\right]\begin{bmatrix}1\\0\\0\end{bmatrix}$$

$$=a_0+a_1X+\cdots+a_iX^i+\cdots=M(X)$$

□

【例 8.7.3】 已知 $G(X)=\left[1+X+X^2\quad 1+X^2\right]$ 是某非系统卷积码 $(2,1,3)$ 的生成多项式的生成矩阵，求其“逆”矩阵。

解：该“逆”矩阵的一般表达式为

$$G^{-1}(X)=\begin{bmatrix}a_0+a_1X+a_2X^2\\b_0+b_1X+b_2X^2\end{bmatrix}$$

式中有 6 个未知数，每个未知数只有“0”或“1”两种可能的取值，经 $2^6=64$ 次尝试，可遍历所有的可能性，得其“逆”矩阵为

$$G^{-1}(X)=\begin{bmatrix}X\\1+X\end{bmatrix}$$

显然有

$$G(X)G^{-1}(X)=\left[1+X+X^2\quad 1+X^2\right]\cdot\begin{bmatrix}X\\1+X\end{bmatrix}$$

$$=\left(X+X^2+X^3\right)+\left(1+X+X^2+X^3\right)=1$$

对于具有更多未知系数的“逆”矩阵的复杂情况，“逆”矩阵求解亦可借助计算机遍历搜索方法来实现。□

【例 8.7.4】 分析关于图 8.7.1 给出的 $(3,1,3)$ 卷积码的分段反馈译码过程。

解：由例 8.7.1 中的监督矩阵 H，可得该卷积码的 H' 矩阵的转置矩阵 H'^{T} 为

$$H'^{\mathrm{T}}=\begin{bmatrix}H_2^{\mathrm{T}}\\H_1^{\mathrm{T}}\\H_0^{\mathrm{T}}\end{bmatrix}=\begin{bmatrix}0&0&0&1&0&0&1&1&0\\1&0&0&0&0&0&1&0&1\end{bmatrix}^{\mathrm{T}}$$

假定 $M=a_0a_1a_2\cdots=1010011101\cdots$，由生成矩阵式（8.7.1）或编码约束关系式（8.7.6），易得编码输出为

$$C=c_{0,0}c_{0,1}c_{0,2};\ \cdots;\ c_{i,0}c_{i,1}c_{i,2}\ \cdots=111;\ 010;\ 110;\ 010;\ 001;\ 111;\ 101;\ 100;\ 011;\ 110;\ \cdots$$

已知约束长度为 $L=3$，根据式（8.7.60）进行排列得

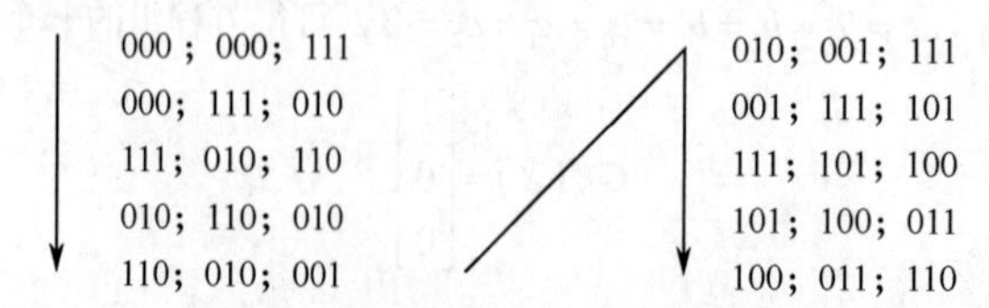

当没有误码时，对每段接收的编码分别计算其伴随式，容易验证可以获得如图 8.7.5(a)的取值对应关系，即相应的伴随式序列为

$$S=s_{0,0}s_{0,1};\ \cdots;s_{i,0}s_{i,1}\ \cdots=00;\ 00;\ 00;\ 00;\ 00;\ 00;\ 00;\ 00;\ 00;\ 00;\ \cdots$$

(a) 无误码时的情形	(b) 有误码时的情形
$000;\ 000;\ 111 \xrightarrow{H'^{\mathrm{T}}} 00$	$000;\ 000;\ 111 \xrightarrow{H'^{\mathrm{T}}} 00$
$000;\ 111;\ 010 \xrightarrow{H'^{\mathrm{T}}} 00$	$000;\ 111;\ \underline{1}10 \xrightarrow{H'^{\mathrm{T}}} 11$
$111;\ 010;\ 110 \xrightarrow{H'^{\mathrm{T}}} 00$	$111;\ 010;\ 110 \xrightarrow{H'^{\mathrm{T}}} 00$
$010;\ 110;\ 010 \xrightarrow{H'^{\mathrm{T}}} 00$	$010;\ 110;\ 01\underline{1} \xrightarrow{H'^{\mathrm{T}}} 01$
$110;\ 010;\ 001 \xrightarrow{H'^{\mathrm{T}}} 00$	$110;\ 010;\ 001 \xrightarrow{H'^{\mathrm{T}}} 00$
$010;\ 001;\ 111 \xrightarrow{H'^{\mathrm{T}}} 00$	$010;\ 001;\ 111 \xrightarrow{H'^{\mathrm{T}}} 00$
$001;\ 111;\ 101 \xrightarrow{H'^{\mathrm{T}}} 00$	$001;\ 111;\ 101 \xrightarrow{H'^{\mathrm{T}}} 00$
$111;\ 101;\ 100 \xrightarrow{H'^{\mathrm{T}}} 00$	$111;\ 101;\ 100 \xrightarrow{H'^{\mathrm{T}}} 00$
$101;\ 100;\ 011 \xrightarrow{H'^{\mathrm{T}}} 00$	$101;\ 100;\ 011 \xrightarrow{H'^{\mathrm{T}}} 00$
$100;\ 011;\ 110 \xrightarrow{H'^{\mathrm{T}}} 00$	$100;\ 011;\ 110 \xrightarrow{H'^{\mathrm{T}}} 00$

图 8.7.5　卷积码分段反馈译码过程的伴随式变化

假定接收过程中出现错误，接收序列变为

$$\boldsymbol{R} = r_{0,0}r_{0,1}r_{0,2};\ \cdots;\ r_{i,0}r_{i,1}r_{i,2}\ \cdots = 111;\ \underline{1}10;\ 110;\ 01\underline{1};\ 001;\ 111;\ 101;\ 100;\ 011;\ 110;\ \cdots$$

其中出现的错误为 $c_{1,0} \to \overline{c}_{1,0}$ 和 $c_{3,2} \to \overline{c}_{3,2}$，对应上式中有**下划线**的位置。此时可获得如图 8.7.4(b)所对应的关系，即相应的伴随式序列为

$$\boldsymbol{S} = s_{0,0}s_{0,1};\ \cdots;\ s_{i,0}s_{i,1}\ \cdots = 00;\ 11;\ 00;\ 01;\ 00;\ 00;\ 00;\ 00;\ 00;\ 00;\ \cdots$$

我们可以预先建立码组中有 1 位误码时码组中误码位置与相应伴随式取值的对应关系，这种关系通过简单的计算即可得到。例如，在图 8.7.5(a)的每个判决序列中，最后 3 位是一个待判决的码组，前面两个 3 位的码组假定是已经经过纠错的无误的码组，任取一个序列，如第 3 个序列，无误码的序列应为 111;010;110，第一位、第二位和第三位分别出现错误时的情况为 111;010;$\underline{0}$10、111;010;1$\underline{0}$0 和 111;010;11$\underline{1}$。利用 $\boldsymbol{H}'$ 可计算出相应的伴随式分别为 11、10 和 01。由此可以建立只有一位误码时错误图样与伴随式的关系，如表 8.7.2 所示。

表 8.7.2　错误图样与伴随式取值的对照表

误码位置	$s_{i,0}s_{i,1}$	误码位置	$s_{i,0}s_{i,1}$
无误码	00	$c_{i,1}$	10
$c_{i,0}$	11	$c_{i,2}$	01

具体的译码过程可以归纳如下：

（1）对输入分段码组中的第 1 行进行计算，得其伴随式取值为 00，由此判断该码组没有误码，因为该码为系统码，直接有第 0 位的码组的信息位 1。

（2）对输入分段码组中的第 2 行进行计算，得其伴随式取值为 11，根据对照表，确定误码位置在码组的第 0 位，将第 1 个码组的第 0 位由“1”改正为“0”，得相应的信息位 0。

（3）对输入分段码组中的第 3 行进行计算，得其伴随式取值为 00。得相应的信息位 1。注意此时第 1 个码组中的第 0 位的误码已经通过“反馈”加以纠正，所以前面码组中的误码不会影响到后续的译码过程。

（4）对输入分段码组中的第 4 行进行计算，得其伴随式取值为 01，根据对照表，确定误码位置在码组的第 2 位，将该码组的第 2 位由“1”改正为“0”，并得相应的信息位 0。

如此循环往复，就可以实现卷积码的连续代数译码。□

8.7.5　卷积码的状态图、树图与网格图描述

本节讨论在实际的卷积码编码和译码过程中有重要作用的**状态图、树图与网格图**。虽然分析是通

过图 8.7.6 给出的一个编码效率为 1/2、约束长度为 3 的 $(2,1,3)$ 非系统卷积码示例来加以说明的，但所描述的方法具有一般性。

卷积码的状态图 图 8.7.6 所示的编码器有 3 位寄存器，寄存器 D_0 输出的是当前的输入信息位，寄存器 D_1 和 D_2 的输出可以视为系统当前的状态 S_0S_1，编码输出由当前的输入和编码器的状态共同决定。两位的状态寄存器 D_1D_2 只可能有 4 种不同状态，所有可能的状态取值 $S_0S_1 \in (00,01,10,11)$。我们可以用一个包含有 4 个状态的状态图来描述编码器的状态变化。如图 8.7.7 所示，图中的每个框图表示一种状态，状态的变化用带箭头的线段来表示，每根线旁有一用斜杠“/”划分的两组数据，左侧的数据表示当前的输入信息位，右侧的数据表示相应的编码输出。利用编码器的状态图，可以描述编码器的所有可能变化行为。

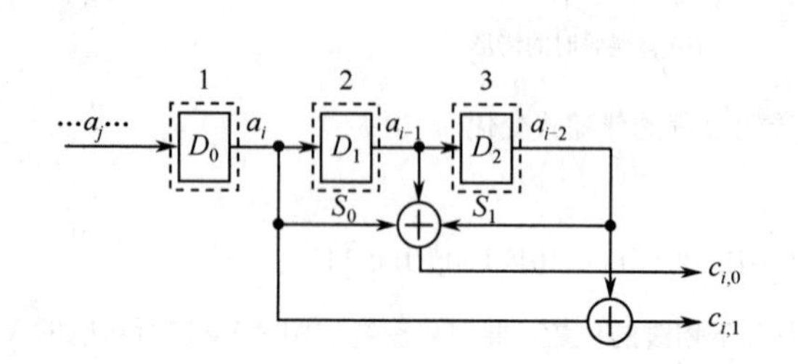

图 8.7.6 (2, 1, 3)非系统码编码器结构图

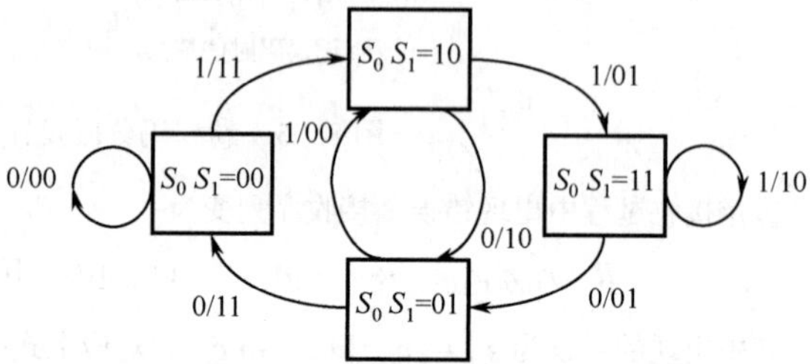

图 8.7.7 (2, 1, 3)卷积码状态转换图

下面结合图 8.7.6 和图 8.7.7，分析卷积码的编码器状态变化的情况。假定输入的信息序列为 $\boldsymbol{M} = a_0a_1a_2\cdots = 101100101\cdots$，寄存器的初始状态为 0。由编码器的结构图，可以得到表 8.7.3 列出的在每个编码周期内，寄存器内容、编码器状态、编码器输出等变化的情况，具体过程如下：

（1）第一个编码的时钟周期达到时，由编码器的结构图，$a_0 = 1$ 进入寄存器 D_0，寄存器组右移 1 位，$D_1D_2 = 00$（此时 $S_0S_1 = D_1D_2 = 00$），输入 a_0 与 D_1D_2 共同决定了编码输出 $c_{0,0}c_{0,1} = 11$。再来看状态转换图，已知 $a_0 = 1$，$S_0S_1 = 00$，同样可得输出 $c_{0,0}c_{0,1} = 11$，同时转入下一状态 $S_0S_1 = 10$。这里需要注意的是，编码器的状态，是指当一个新的编码的信息位进入 D_0，寄存器组右移一位后，D_1D_2 中的状态取值。所以此时 D_1D_2 的取值与状态转换图中的状态不同。

（2）第二个编码的时钟周期达到时，$a_1 = 0$ 进入寄存器 D_0，寄存器组右移 1 位，$D_1D_2 = 10$（此时 $S_0S_1 = D_1D_2 = 10$），编码器输出 $c_{1,0}c_{1,1} = 10$。由状态转换图，已知 $a_1 = 0$，$S_0S_1 = 10$，得输出 $c_{1,0}c_{1,1} = 10$，同时转入下一状态 $S_0S_1 = 01$。

（3）第三个编码的时钟周期达到时，$a_2 = 1$ 进入寄存器 D_0，寄存器组右移 1 位，$D_1D_2 = 01$（此时 $S_0S_1 = D_1D_2 = 01$），编码器输出 $c_{2,0}c_{2,1} = 00$。由状态转换图，已知 $a_2 = 1$，$S_0S_1 = 01$，得输出 $c_{2,0}c_{2,1} = 00$，同时转入下一状态 $S_0S_1 = 10$。

对于后续的信息输入序列，编码输出和状态变化可以做同样的分析。由此可见，如果已知输入信息序列，根据图 8.7.7 给出的编码器的状态转换图，我们很容易就可确定编码器的输出结果。

一般地，对于一个参数为 (n,k,L) 的卷积码，状态图中共有 $2^{k(L-1)}$ 种不同的状态，从每个状态发出和到达的状态转移曲线各有 2^k 条。对于本节讨论的示例来说，共有 $2^{1\times(3-1)} = 2^2 = 4$ 种不同的状态，从每个状态发出和到达的状态转移曲线各有 $2^k = 2^1 = 2$ 条，注意这些发出和到达的曲线包括了自环的曲线。编码器的**状态图**包含了编码器的全部特征，与**结构图**完全等价，**是编码器的另一种描述形式**。

表 8.7.3　(2,1,3)卷积码状态及输出随输入信息变化情况

序　号	输入信息位 a_i	寄存器内容 $D_0D_1D_2$	编码器状态 S_0S_1	编码器输出 $c_{i,0}c_{i,1}$
0	——	000	00	——
1	1	100	10	11
2	0	010	01	10
3	1	101	10	00
4	1	110	11	01
5	0	011	01	01
6	0	001	00	11
7	1	100	10	11
8	0	010	01	10
9	1	101	10	00
…	…	…	…	…

卷积码的树图　卷积码的状态图是一种简洁的卷积码描述方式。但状态图也有一个缺点，就是不能够直观地看出随着输入信息位和时序的变化，编码器的输出和状态变化的整体情况，而卷积码的**树图**则可以解决这一问题。还是采用前面讨论的示例，$(2,1,3)$ 编码器的结构图仍由图 8.7.6 所示，将所有可能的输入信息和编码器状态变化随编码时钟周期的变化一起画在一幅图上，如图 8.7.8 所示。

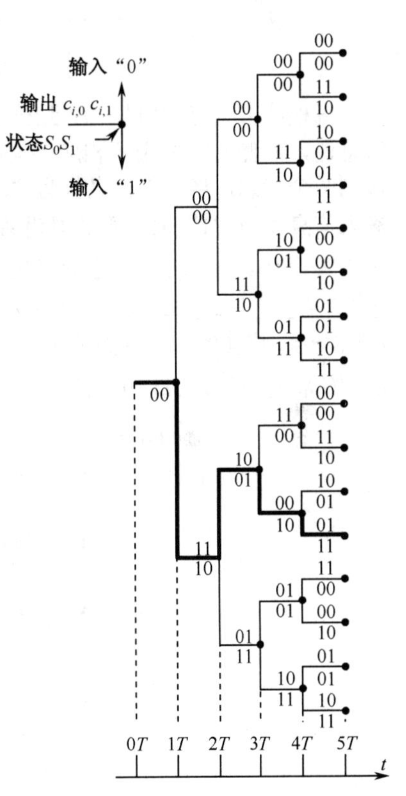

图 8.7.8　(2, 1, 3)卷积码的树图

对应图中的每个编码周期 T，当输入的信息序列为 $\boldsymbol{M}=a_0a_1a_2a_3\cdots=1011\cdots$ 时，沿着图中加粗的实线，描述了整个编码过程经过的路径。从线段上方的编码输出取值，立刻可得相应的编码输出

$$\boldsymbol{C}=c_{0,0}c_{0,1};\ c_{1,0}c_{1,1};\ c_{2,0}c_{2,1};\ c_{3,0}c_{3,1};\ \cdots=11;\ 10;\ 00;\ 01;\ \cdots$$

从线段下方编码器状态的取值，可得相应的状态变化情况：

$$S_0S_1:00\to10\to01\to10\to11\to\cdots$$

从图 8.7.8 可以看到，卷积码的树图形似一个树根在起点横放的树，这就是树图名字的由来。

一般地，对于一个参数为(n,k,L)的卷积码，从每个节点发出的分支有 2^k 条，每个分支上都有一个相应的 n 位的编码输出，树图上共有 $2^{k(L-1)}$ 种不同的状态。树图的结构具有一定的规律，对于约束长度为 L 的卷积码，其树图经过 L 次分支之后，开始重复自身的结构。对于上面讨论的图 8.7.8 所示的(2, 1, 3)卷积码示例，每个节点发出的分支有 $2^1=2$ 条，共有 $2^{k(L-1)}=2^{1\times(3-1)}=2^2=4$ 种不同的状态，经过 $L=3$ 次分支之后，树图开始重复自身的结构。同样，编码器的**树图**包含了编码器的全部特征，与其**结构图**或**状态图**完全等价，也是**编码器的一种描述形式**。

卷积码的网格图　从前面有关卷积码的状态图和树图的讨论，可以了解到卷积码的这两种描述方法各有不同的特点，卷积码的状态图简洁明了，但不能直观反映编码过程所经历的路径。卷积码的树图可以较好地反映了编码过程所经历的路径，但随着编码周期数的增加，树图结构的大小按照指数增加，同样会给编码过程的完整描述带来不便。如果将卷积码状态图的简单性和树图能够反映编码时序与路径的特点加以结合，可以获得一种称为**网格图**的卷积码描述方式，网格图在许多书籍中也称为**篱笆图**。

观察图 8.7.7，若将卷积码的所有可能状态列出，总共有 $2^{k(L-1)}$ 种。对应不同的输入信息位，每个状态都有 2^k 种不同的到达和离去的分支；观察图 8.7.8 所示的树图，每个状态到达和离去的变化呈现一种规则的重复自身结构的特性。如果将时序与状态转换图关联起来，可以得到如图 8.7.9 所示的反映时序变化的卷积码时序状态图。

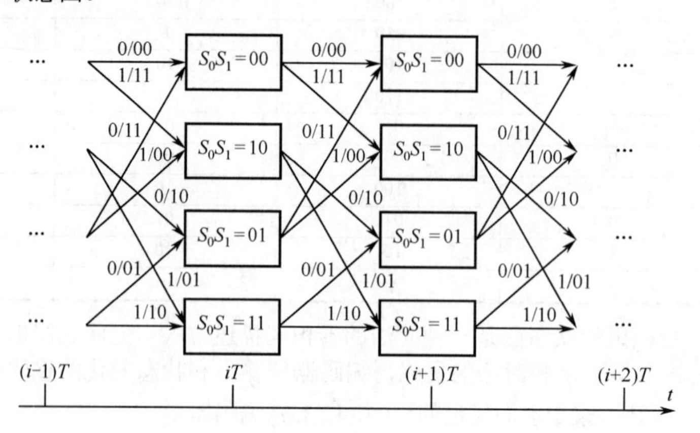

图 8.7.9 (2, 1, 3)卷积码的时序状态图

每根线旁具有用斜杠“/”划分的两组数据的含义与图 8.7.7 中的一样，左侧的数据表示当前的输入信息位，右侧的数据表示相应的编码输出。对图做进一步的观察不难发现，从每个状态出发，可能转移到两个状态，**当输入信息位为“0”时，总是沿着当前状态出发的上面的一根线转移到下一状态；当输入信息位为“1”时，则总是沿着当前状态出发的下面的一根线转移到下一状态。**知道这一规律后，对于每个码组中只有 1 位信息码元的卷积码，表示输入信息位取值的符号实际上可以省略。图中 $2^{k(L-1)}=2^{1\times(3-1)}=2^2=4$ 种不同的状态是按照顺序由上往下规则地排列的，其位置可以在图的左侧统一加以表示，这样图中的状态就可以用实心圆点“•”简化地表示。考虑到编码器的初始状态为 $S_0S_1=00$。从初始状态出发，我们可以得到卷积码的网格图的完整表示，如图 8.7.10 所示。

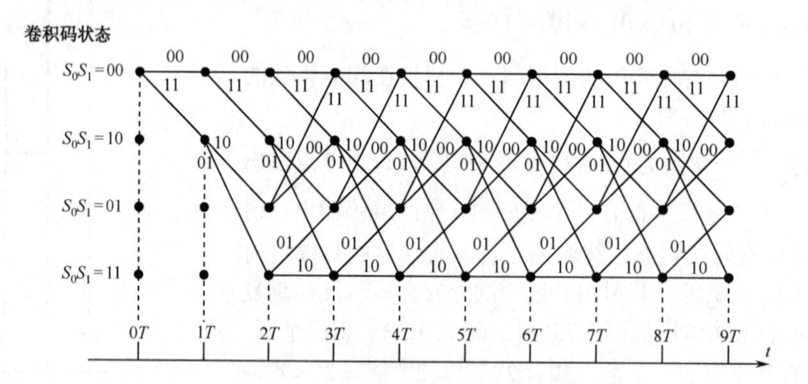

图 8.7.10 (2, 1, 3)卷积码的网格图（篱笆图）

当输入的信息序列为 $\boldsymbol{M}=a_0a_1a_2\cdots=101100101\cdots$ 时，由编码器的网格图，立刻可得编码器的编码路径，如图 8.7.11 所示，图中的加粗线段标识了行进路径。同时，由线旁的编码输出码组取值，可得相应的编码码组输出序列为

$$\boldsymbol{C}=c_{0,0}c_{0,1};\ c_{1,0}c_{1,1};\ c_{2,0}c_{2,1};\ c_{3,0}c_{3,1};\ c_{4,0}c_{4,1};\ c_{5,0}c_{5,1};\ c_{6,0}c_{6,1};\ c_{7,0}c_{7,1};\ c_{8,0}c_{8,1};\ c_{9,0}c_{9,1};\ \cdots$$
$$=11;\ 10;\ 00;\ 01;\ 01;\ 11;\ 11;\ 10;\ 00\cdots$$

比较表 8.7.3，两者的结果显然完全一致。**网格图**形似篱笆，这是卷积码**篱笆图**名称的来历。同样，编码器的网格图包含了编码器的全部特征，与其结构图、状态图和树图完全等价，同样是**编码器的一种描述形式。**

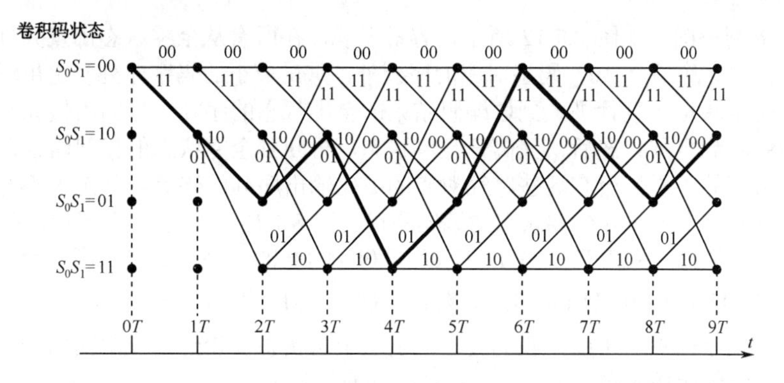

图 8.7.11　(2, 1, 3)卷积码的网格图的一条编码行进路线

8.7.6　卷积码的距离特性与转移函数

自由距离　卷积码的纠错性能同样是由其距离特性来确定的。其中的所谓距离，仍然指**汉明距离**。对于输入的一个信息序列，可以获得一个编码输出序列，对于卷积码来说，一个输出序列通常包含了前后具有一定关联性的多个编码输出分组。例如对某一参数为(n,k,L)的卷积码来说，若输入是长度为$L_M\cdot k$的一个信息序列，则编码输出为一个长度为$L_M\cdot n$的序列。对于不同的信息序列，将获得不同的编码输出序列，这样的一个输出序列可以视为一个**码字**。与线性分组码一样，两个码字间按位两两比较取值不同的位数，称为这两个码字的**汉明距离**。在码字集中两两码字间最小的汉明距离，称为该卷积码的**自由距离**（free distance），记为d_{free}。卷积码也是一种线性码，线性码中最小的码字距离等于码字集中非零码字的最小重量，这一特性对于卷积码来说仍然成立。因此，寻找卷积码码字集的自由距离，相当于寻找码字集中具有最小码重的非全“0”码字，其最小码重，实际上就是该码字与全“0”码字间的汉明（自由）距离。

在实际编码过程中，通常在向编码器输入信息位之前，编码器处于全零状态，编码器每次输入k位信息位，产生n位的编码输出。一般地，在最后一组k位信息位完成编码之后，若再输入$k\cdot(L-1)$位 0，可使编码器回到全零状态。对于前面讨论的$(2,1,3)$卷积码示例，参见图 8.7.12，无论编码器处于 4 种状态中的哪种状态，从任意的第iT时刻开始，只要连续输入$k\cdot(L-1)=1\times(3-1)=2$个 0，在第$(i+2)T$时刻，编码器都会回到图中箭头所示的全零状态。

根据卷积码网格图的性质我们知道，在图 8.7.12 所示的网格图中，从第$0T$时刻的全零状态开始，到第$(i+2)T$时刻返回全零状态的每条路径，都是该卷积码的一个合法的编码输出序列，或称为一个合法的码字。在所有这些合法输出序列中，含“1”的个数最少的序列，就是重量最小的码字，相应的重量就是该卷积码的自由距离。

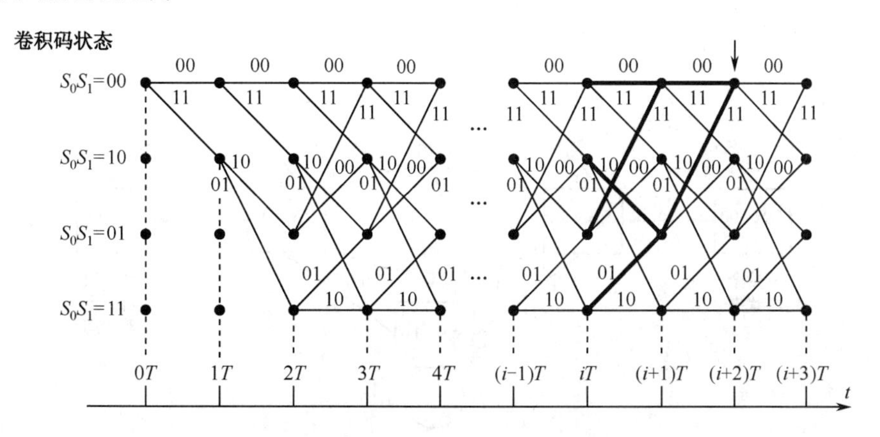

图 8.7.12　(2, 1, 3)卷积码返回全零状态的各种路径

观察卷积码的网格图，如图 8.7.12 所示，容易发现，在所有从全零状态出发并到达编码结束的全零状态的所有路径中，除了全“0”码字对应的序列外，重量最小的码字序列一定出现在第一次返回全零状态后，沿着全零状态一直行进，到达编码结束的全零状态的序列中。因为假如有一编码路径从全零状态出发，途中回到全零状态后，又离开全零状态，再回到全零状态的任何路径，每段输出的编码码组的重量，均大于等于零，所有这些路径对应的编码输出序列的码重，一定大于等于离开一次全零状态，返回全零状态后不再离开全零状态的编码路径。图 8.7.13 给出了一个示例，路径 1 只有一次离开全零状态，输出的编码序列为 C_1：11 10 11 00 00 00 00 00 00；路径 2 两次离开全零状态，输出的编码序列为 C_2：11 10 11 11 01 01 11 00 00，显然有 $W(C_2)=11 \geqslant W(C_1)=5$，其中 $W(C_i)$ 是码字 C_i 的码重。因此，从寻找最小码重的角度，我们关心的是从全零状态开始到第一次回到全零状态间的所有路径的特性。下面讨论的**转移函数**，给出了这些特性的有关描述。

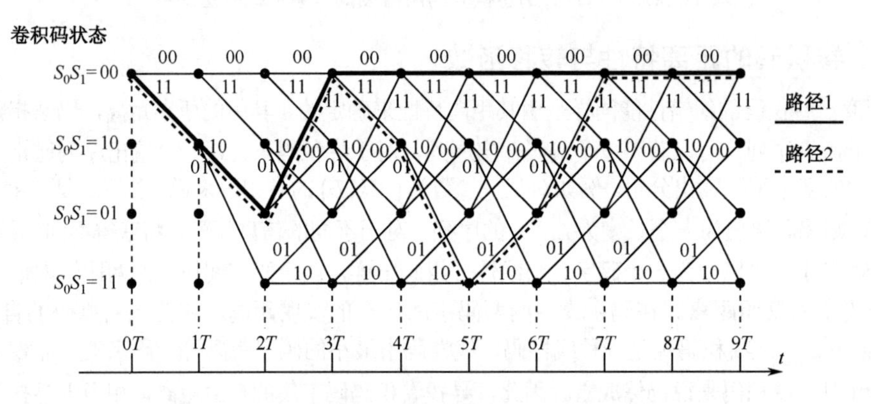

图 8.7.13　两种不同的编码输出路径的码重比较

转移函数　卷积码是一种有记忆的编码，卷积码编码器的特性可以由其状态转换图来描述，为便于说明编码器从全零状态出发到返回全零状态的过程，我们将图 8.7.7 用一种新的表达形式描述，将其改画成图 8.7.14 的形式，其中图的左侧表示起始的全零状态，图的右侧表示第一次返回的全零状态。如图所示，引入**虚拟状态变量** Z_0、Z_1、Z_2、Z_3 和 Z_e，用于表示编码器的不同状态。特别地，Z_e 表示第一次回到全零状态。同时引入**分支增益**的概念，分支增益记为 D^i，其中 i 用于表示卷积码编码器 (n,k,L) 每次输入 k 位信息位，编码输出的 n 位编码码组的重量。例如，在图中，当状态由 Z_0 转变到 Z_1 时，编码输出为“11”，其码重为 2，相应的分支增益为 D^2。**转移函数**，有些书上也称**生成函数**，定义为

$$T(D)=\frac{Z_e}{Z_0} \tag{8.7.66}$$

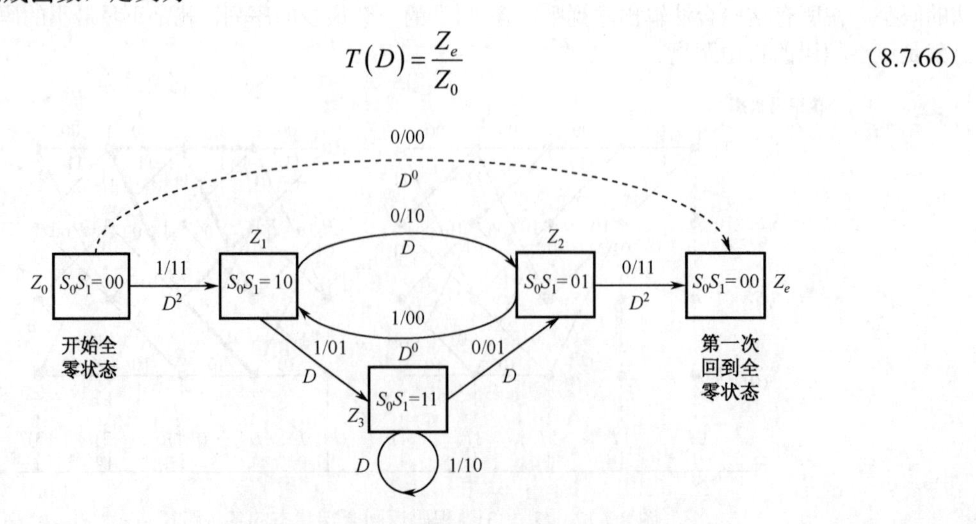

图 8.7.14　从起始的全零状态返回到全零状态的状态转换图

由图 8.7.14 可见，虚拟状态变量 Z_1 可由虚拟状态变量 Z_0 经过分支增益为 D^2 的路径获得，也可由虚拟状态变量 Z_2 经分支增益为 D^0 的路径获得，由此可得其相互之间的关系式为

$$Z_1 = D^2 Z_0 + D^0 Z_2 \tag{8.7.67}$$

通过对状态转换图中每个状态做类似的分析，可以得到如下状态变量之间的关系式：

$$\begin{aligned} Z_e &= D^0 Z_0 \\ Z_1 &= D^2 Z_0 + D^0 Z_2 \\ Z_2 &= DZ_1 + DZ_3 \\ Z_3 &= DZ_1 + DZ_3 \\ Z_e &= D^2 Z_2 \end{aligned} \tag{8.7.68}$$

由于我们现在关心的是始于全零状态，经过非全零状态，第一次返回全零状态的路径的码组重量的分布，去掉上面方程组中由**初始全零状态**到**全零状态**的方程式，得到方程组

$$\begin{aligned} Z_1 &= D^2 Z_0 + D^0 Z_2 \\ Z_2 &= DZ_1 + DZ_3 \\ Z_3 &= DZ_1 + DZ_3 \\ Z_e &= D^2 Z_2 \end{aligned} \tag{8.7.69}$$

由上述方程组中的第二、第三式可得 $Z_3 = Z_2$；由方程组的第三式和上式可得 $Z_1 = (1-D)Z_3/D = (1-D)Z_2/D$。代入方程组中的第一式，可得 $Z_2 = D^3 Z_0/(1-2D)$。将该结果代入方程组中的最后一式，即可得相应的**转移函数**

$$\begin{aligned} T(D) &= \frac{Z_e}{Z_0} = \frac{D^5}{1-2D} = D^5\left(1+2D+4D^2+\cdots+2^m D^m+\cdots\right) \\ &= D^5 + 2D^6 + 4D^7 + \cdots + 2^m D^{m+5} + \cdots = \sum_{m=0}^{\infty} 2^m D^{m+5} \end{aligned} \tag{8.7.70}$$

上式说明，对于我们讨论的这个 $(2,1,3)$ 卷积码来说，所有从全零状态开始，最后返回到全零状态，中间不经过全零状态的所有非零输出序列，即编码输出码字中，重量为 5 的码字有 1 个，相应地有一条路径；重量为 6 的码字有两个，相应地有两条路径；一般地，重量为 $m+5$ 的码字有 2^m 个。因此，该卷积码的最小距离即自由距离为 5。

一般地，转移函数具有如下形式：

$$T(D) = \sum_{d=d_{\text{free}}}^{\infty} A(d) D^{f(d)} \tag{8.7.71}$$

式中 $A(d)$ 是码字集中具有重量为 d 的码字的个数，$f(d)$ 是字中含“1”的信息位的个数。

采用**转移函数法**可以得到有关卷积码码字的最小码重的解析解，但随着编码器约束长度的增加，分析计算转移函数的复杂性将随着约束长度增加呈**指数级**增加。

在状态转换图的每个分支中，除了包含反映编码输出中含“1”的个数的分支增益之外，还可以进一步引入在每 k 位信息位输入分组中，反映其中含“1”的个数的**附加因子** N，N^i 的指数 i 表示信息位中有 i 个“1”；同时引入反映路径分支数的**附加因子** J，J^l 的指数 l 表示该路径所包含的分支数。引入新的两个附加因子后，相应的状态转换图如图 8.7.14 所示，该图称为**增扩状态图**。根据定义，不难理解每个分支上的各因子的含义。例如，当状态由 Z_0 转变为 Z_1 时，编码输出为“11”，其码重为 2，相应的分支增益为 D^2；输入的信息码组中含“1”的信息位有一个，所以有因子 N^1；只有一条分支路径，所以有因子 J^1；三个因子组合后，得到图中所示的“NJD^2”。

在图 8.7.15 所示的包含多因子的增扩状态图中，我们同样不考虑虚线对应的由全零到全零状态的虚线所示的分支，由图可以获得一组新的反映虚拟状态变量间关系的方程组：

$$
\begin{array}{l}
Z_1 = NJD^2Z_0 + NJD^0Z_2 \\
Z_2 = N^0JDZ_1 + N^0JDZ_3 \\
Z_3 = NJDZ_1 + NJDZ_3 \\
Z_e = N^0JD^2Z_2
\end{array}
\quad \rightarrow \quad
\begin{array}{l}
Z_1 = NJD^2Z_0 + NJZ_2 \\
Z_2 = JDZ_1 + JDZ_3 \\
Z_3 = NJDZ_1 + NJDZ_3 \\
Z_e = JD^2Z_2
\end{array}
\tag{8.7.72}
$$

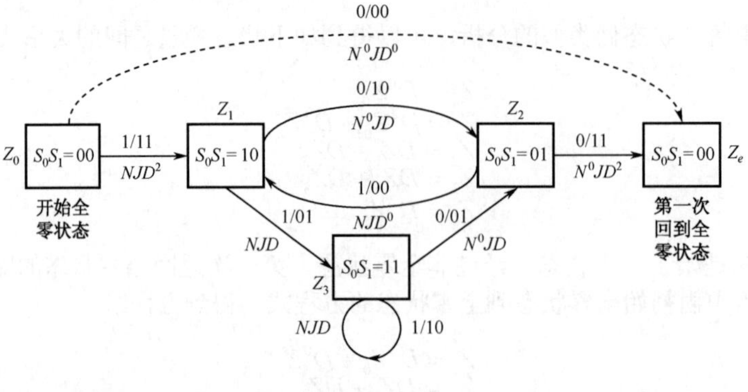

图 8.7.15 从起始的全零状态返回到全零状态的增扩转换图

解方程组可得相应的**增扩的转移函数**

$$
\begin{aligned}
T(D,J,N) &= \frac{Z_e}{Z_0} = \frac{D^5J^3N}{1-DJN(1+J)} \\
&= D^5J^3N + D^6J^4(1+J)N^2 + \cdots + D^{m+5}J^{m+3}(1+J)^m N^{m+1} + \cdots \\
&= \sum_{m=0}^{\infty} D^{m+5}J^{m+3}(1+J)^m N^{m+1}
\end{aligned}
\tag{8.7.73}
$$

经过增扩的转移函数提供了更多有关路径的信息。如对上式中的第一项 D^5J^3N，根据该项中各个因子的指数可知，有一条自由距离为 5 的路径，相应的码字重量为 5，该路径与全零路径不同的分支的长度为 3，与全“0”路径输入序列只有 1 位的差别，即输入的信息序列中包含了一个“1”的信息位。上式中的第二项 $D^6J^4(1+J)N^2$ 可以分拆成如下两项：

$$
D^6J^4(1+J)N^2 = D^6J^4N^2 + D^6J^5N^2
$$

同样根据各个因子的指数，表示有两条自由距离为 6 的路径，相应地有两个码字重量为 6 的码字，N^2 表示这两条路径与全“0”路径输入序列只有 2 位的差别，第一项中 J^4 表示有一条路径与全零路径不同的分支的长度为 4，而第二项中 J^5 表示另一条路径与全零路径不同的分支的长度为 5。对式（8.7.73）中其他的项可做同样的分析。由此可见，增扩的状态图和其转移函数提供了更多有关路径的信息。

卷积码的误码灾难性传播问题　卷积码的误码灾难性传播是指传输过程中有限数量的码元错误可能会导致后续译码输出无限量出错的现象。下面分析一个误码灾难性传播图的例子。图 8.7.16 给出了一个 $(2,1,3)$ 卷积码编码器的示意图，其生成多项式矩阵为

$$
\boldsymbol{G}(X) = \left[g_0(X) \quad g_1(X) \right] = \left[1+X \quad 1+X^2 \right] \tag{8.7.74}
$$

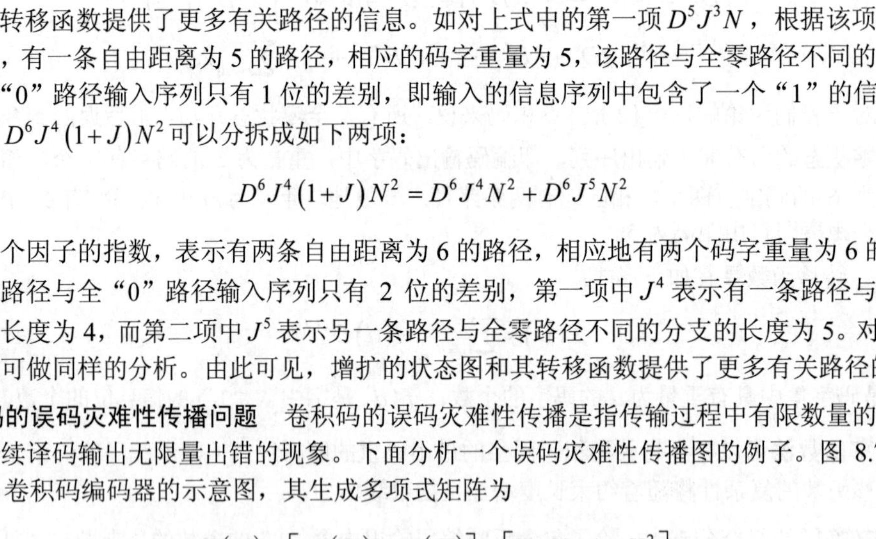

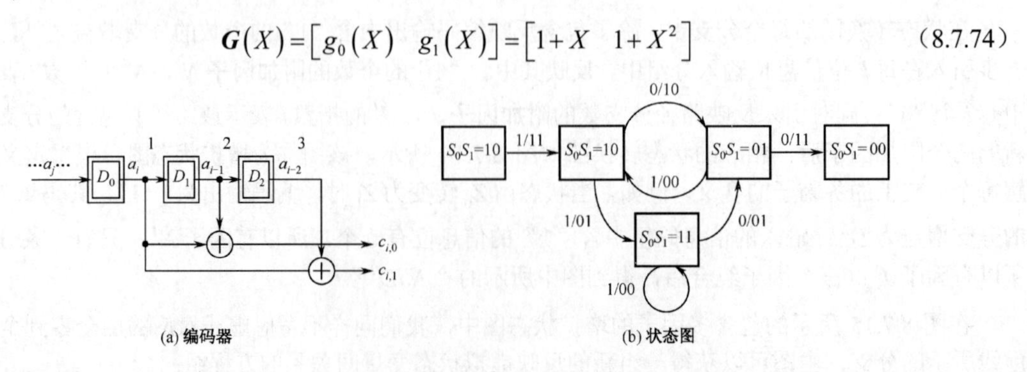

图 8.7.16 一种会引起误码灾难性传播的编码器

编码输出与输入信息位间的约束关系为

$$\begin{aligned} c_{i.0} &= a_i \oplus a_{i-1} \\ c_{i.1} &= a_i \oplus a_{i-2} \end{aligned} \tag{8.7.75}$$

若输入的信息序列为 $a_0a_1a_2a_3c_4\cdots a_M00 = 1111\cdots100$，最后加入的两个“0”是为了使编码结束时回到全“0”状态。由式（8.7.75），很容易计算出相应的编码输出为

$$c_{0,0}c_{0,1};c_{1,0}c_{1,1};c_{2,0}c_{2,1};c_{3,0}c_{3,1};c_{4,0}c_{4,1};\cdots;c_{M,0}c_{M,1};c_{M+1,0}c_{M+,1};c_{M+2,0}c_{M+2,1} = 11;01;00;00;00;\cdots;00;01;11$$

假定在传输过程中前面的 3 个“1”因出现错误变为“0”，通过其状态图容易验证，在接收端译码输出的信息将成为 $a_0'a_1'a_2'a_3'c_4'\cdots a_M';\cdots = 0000\cdots0;\cdots$，全部出错，这就是所谓的误码灾难性传播现象。可能导致误码灾难性传播的卷积码编码器也称为**恶性码**。显然，恶性码不能用于实际的系统中。

Massy 和 Sain 给出了判断参数为 $(n,1,L)$ 卷积码是否为恶性码的条件[8]。

定理 8.7.1　$(n,1,L)$ 卷积码为**非恶性码**的充要条件是存在某个 $l \geqslant 0$，使编码生成多项式的**最大公因式**(GCD) 满足如下关系式：

$$\text{GCD}\left[g_0(X), g_1(X), \cdots, g_{n-1}(X)\right] = X^l \tag{8.7.76}$$

对于系统码结构的卷积码 $(n,1,L)$，因为 $g_0(X)=1$，其生成多项式的 GCD = 1，所以一定是**非恶性码**。更一般的情况通常只能通过计算机遍历搜索的方法来检验。

卷积码编码器的构建参数　卷积码的性能主要由其自由距离确定，人们通过**计算机搜索**的方法，获得了不同的码率和约束长度条件下，不会产生误码灾难性传播的卷积码的生成多项式。表 8.7.4 和表 8.7.5 给出了码率为 1/2 和 1/3 时具有**最大自由距离**的 $(n,1,L)$ 卷积码[5]，根据表中提供的参数，很容易构建相应的编码器，更多的不同码率，如 1/4、1/5、1/6、1/7、1/8、2/3、k/5 和 k/7 等的卷积码的构建参数表，可参见参考文献[5]。

表 8.7.4　码率为 1/2 的最大距离卷积码

约束长度 L	生成多项式（八进制表示）		自由距离 d_{free}	d_{free} 上边界
3	5	7	5	5
4	15	17	6	6
5	23	35	7	8
6	53	75	8	8
7	133	171	10	10
8	247	271	10	11
9	561	753	12	12
10	1167	1545	12	13
11	2335	3661	14	14
12	4335	5723	15	15
13	10533	17661	16	16
14	21675	27123	16	17

表 8.7.5　码率为 1/3 的最大距离卷积码

约束长度 L	生成多项式（八进制表示）			自由距离 d_{free}	d_{free} 上边界
3	5	7	7	8	8
4	13	15	17	10	10
5	25	33	37	12	12
6	47	53	75	13	13
7	133	145	175	15	15
8	225	331	367	16	16
9	557	663	711	18	18
10	1117	1365	1633	20	20
11	2335	2671	3175	22	22
12	4767	5723	6265	24	24
13	10533	10675	17661	24	24
14	21645	35661	37133	26	26

【例 8.7.5】 试构建一约束长度为4、码率为1/3、最小自由距离为10的$(3,1,4)$卷积码编码器。

解：由表 8.7.5，可选择八进制编码参数为$(13,15,17)_{八进制}$的卷积码构建相应的编码器，因为对应的生成多项式为

$$(13,\ 15,\ 17)_{八进制}=(001011,\ 001101,\ 001111)_{二进制}$$
$$\updownarrow$$
$$\left(X^3+X+1,\ X^3+X^2+1,\ X^3+X^2+X+1\right)$$

相应的编码器结构如图 8.7.17 所示。□

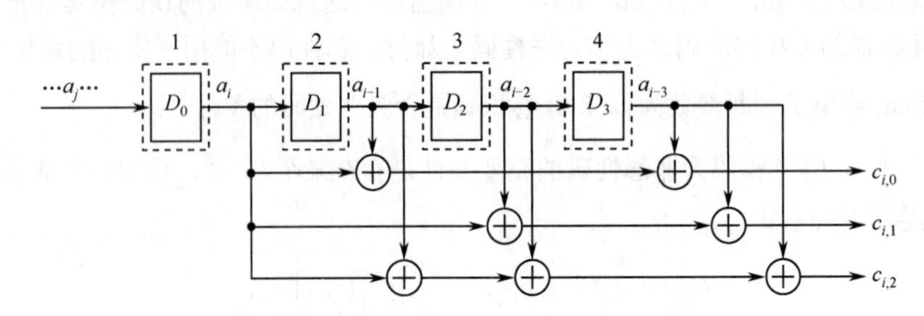

图 8.7.17 例 8.7.5 对应的卷积码编码器

8.7.7 卷积码的概率译码原理

本节首先介绍**最大似然译码**、**硬判决译码**和**软判决译码**的基本概念，然后讨论卷积码的概率译码。卷积码的译码方法主要有代数译码和概率译码两种，代数译码仅基于卷积码的代数结构，而概率译码除了利用码的代数结构的性质外，还可以进一步利用信道的统计特性，可更好地发挥卷积码的特点，从而获得更好的译码性能。卷积码的概率译码的方法主要有**序列译码**[2]和**维特比**（Viterbi）**译码**，后者是一种最大似然译码方法。维特比译码不仅性能好、效率高，而且译码器实现简单，因此获得了广泛应用，是目前数字通信系统中应用最广泛的卷积码译码方法。

最大似然译码 纠错编码中的最大似然译码与基带和通带信号中的最大似然判决中的概念完全一样，是在概率意义上，从所有可能的译码码字中选出最可能正确的码字作为译码输出的一种方法。

对于具有k_0位信息位的一个码字集$\{\boldsymbol{C}\}=\left\{C_i, i=1,2,\cdots,2^{k_0}\right\}$，假定发送端发出的码字为$C_i$，接收到的序列为$R_j$。根据$R_j$，译码器输出的码字为$C_l$，如果$l=i$，译码正确；如果$l\neq i$，则产生了译码错误。用$P(C_i)$表示发送码字$C_i$的**先验概率**，用$P(R_j)$表示收到的序列为$R_j$的概率。$P(C_i|R_j)$表示接收到序列为$R_j$、发送的是码字$C_i$的条件概率，也称为**后验概率**；$P(R_j|C_i)$表示发送的是码字$C_i$、接收到的序列是$R_j$时的条件概率，也称为**转移概率**。由**贝叶斯公式**

$$P\left(C_i|R_j\right)=\frac{P\left(R_j|C_i\right)P\left(C_i\right)}{P\left(R_j\right)} \tag{8.7.77}$$

参见本书信息论基础一章，在通信系统中，为保证一个码字集能表示的信息量最大，由最大熵原理，通常使得码字的先验概率相同，此时上式中的$P(C_i)$为常数。另外，如果**信道转移概率矩阵**中各行各列分别具有相同集合的元素，即信道是**离散无记忆对称信道**（Discrete Memoryless Channel，DMC）时，$P(R_j)$也是等概的常数。此时有

$$\max_{C_i\in\{\boldsymbol{C}\}}P\left(C_i|R_j\right)=\max_{C_i\in\{\boldsymbol{C}\}}\frac{P\left(R_j|C_i\right)P\left(C_i\right)}{P\left(R_j\right)}\leftrightarrow\max_{C_i\in\{\boldsymbol{C}\}}P\left(R_j|C_i\right) \tag{8.7.78}$$

式中，符号“$\leftrightarrow$”表示**等价**。由此，判断 $\max_{C_i\in\{\boldsymbol{C}\}} P\left(C_i \middle| R_j\right)$ 运算转变为较为容易实现的判断 $\max_{C_i\in\{\boldsymbol{C}\}} P\left(R_j \middle| C_i\right)$ 的运算。$P\left(R_j \middle| C_i\right)$ 又称为 C_i **似然函数**，所以这种方法称为**最大似然译码**。最大似然译码输出的码字 C_l 可以表示为

$$C_l = \arg\max_{C_i\in\{\boldsymbol{C}\}} P\left(R_j \middle| C_i\right) \tag{8.7.79}$$

上式表示收到序列 R_j 后，分别比较关于 R_j 的各个 C_i 似然函数的取值，其中的似然函数取得最大值者，相应的 C_i 作为译码输出。在前面信息论一章的讨论中我们已经知道，对于离散无记忆对称信道，最大似然译码是一种**最佳译码方法**。一个码字通常是由多位或多个分组构成的，即 $C_i = \left(c_{i,M} c_{i,M-1} \cdots c_{i,1}\right)$，$R_j = \left(r_{j,M} r_{j,M-1} \cdots r_{j,1}\right)$。在离散无记忆信道的条件下，各个位或各个分组是统计独立的，因此其似然函数又可以表示为

$$P\left(R_j \middle| C_i\right) = \prod_{m=1}^{M} P\left(r_{j,m} \middle| c_{i,m}\right) \tag{8.7.80}$$

式中，M 是码字的位数或分组码元数。因为对于变量 x，当 $x>0$ 时，其对数函数 $\log x$ 是一**单调增函数**，因此 $\max(x) \leftrightarrow \max(\log x)$。由此对式（8.7.80）取对数，可使相乘的关系变成相对简单的相加关系，使最大似然判决的关系式变为

$$C_l = \arg\max_{C_i\in\{\boldsymbol{C}\}} \log P\left(R_j \middle| C_i\right) = \arg\max_{C_i\in\{\boldsymbol{C}\}} \log \prod_{m=1}^{M} P\left(r_{j,m} \middle| c_{i,m}\right) = \arg\max_{C_i\in\{\boldsymbol{C}\}} \sum_{m=1}^{M} \log P\left(r_{j,m} \middle| c_{i,m}\right) \tag{8.7.81}$$

硬判决译码　在运用最大似然判决的方法时，根据信道的特点，又可以分为**硬判决译码**和**软判决译码**。首先讨论硬判决译码。如果信道是一种如图 8.7.18 所示的**二元对称信道**（Binary Symmetrical Channel，BSC），此时送到译码器输入端的接收序列是二元序列，是接收端在译码前对信号进行硬判决处理后得到的结果。对于一个长度为 M 位的接收序列 R_j，将 R_j 与码字集 $\{\boldsymbol{R}\}(=\{\boldsymbol{C}\})$ 中的每个码字进行逐位比较。例如，当与码字集中的码字 C_i 逐位相比时，如果有 d_i 位不同，相应地就有 $M-d_i$ 位相同。此时有

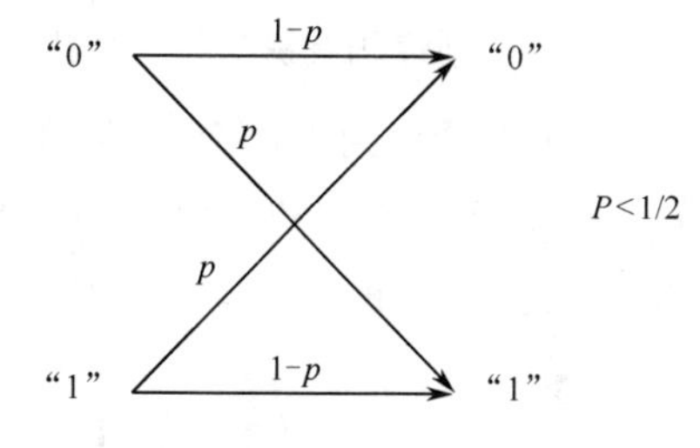

图 8.7.18　二元对称信道

$$P\left(R_j \middle| C_i\right) = \prod_{m=1}^{M} P\left(r_{j,m} \middle| c_{i,m}\right) = p^{d_i}(1-p)^{M-d_i} \tag{8.7.82}$$

一般地，有 $p<1/2$。对上式取对数后得

$$\begin{aligned}\log P\left(R_j \middle| C_i\right) &= \log \prod_{m=1}^{M} P\left(r_{j,m} \middle| c_{i,m}\right) = \sum_{m=1}^{M} \log P\left(r_{j,m} \middle| c_{i,m}\right) \\ &= d_i \log \frac{p}{1-p} + M\log(1-p) = \alpha d_i + \beta\end{aligned} \tag{8.7.83}$$

p 给定后，α 和 β 均为常数。特别地，因为 $p<1/2$，所以 α 是一个**负的常数**。当与所有的码字比较后，似然函数取最大值的码字的相应 d_i 取值最小。这里的 d_i 实际上就是接收序列 R_j 与码字 C_i 的**汉明距离**。硬判决译码实际上就是一种搜索码字集中与接收序列 R_j 具有**最小汉明距离**的码字，将该码字作为译码输出的过程。

每个码字的似然函数的对数取值 $\log P\left(R_j \middle| C_i\right) = \alpha d_i + \beta$ 是判决时的一个**度量值**，最大似然判决的结果为

$$C_l = \arg\max_{C_i\in\{\boldsymbol{C}\}} \sum_{m=1}^{M} \log P\left(r_{j,m} \middle| c_{i,m}\right) \leftrightarrow C_l = \arg\min_{C_i\in\{\boldsymbol{C}\}} \sum_{m=1}^{M} r_{j,m} \oplus c_{i,m} \tag{8.7.84}$$

软判决译码 前面讨论的硬判决是对输入的二元序列与码字集中的每个码字进行比较，以汉明距离最小的码字作为译码输出的过程。译码前的二元序列 R_j 实际上是接收端先进行了“0”或“1”判决后的输出结果。该序列丢失了某些反映信道特性的有用信息。例如，在传输信道是加性高斯白噪声干扰信道（AWGN）的场合，在一个比特周期内，接收的信号如下式所示：

$$r=\begin{cases}s_0+n=-A+n & \text{“0”}\\ s_1+n=+A+n & \text{“1”}\end{cases} \tag{8.7.85}$$

式中，A 是常数，n 是零均值的高斯随机变量。发“0”和发“1”时的条件概率密度函数如图 8.7.19 所示。图中，当接收端收到信号 r' 和 r'' 时，因为两者距离“-A”的位置均比距离“+A”的位置来得更大，或者根据该连续随机变量似然函数的取值大小

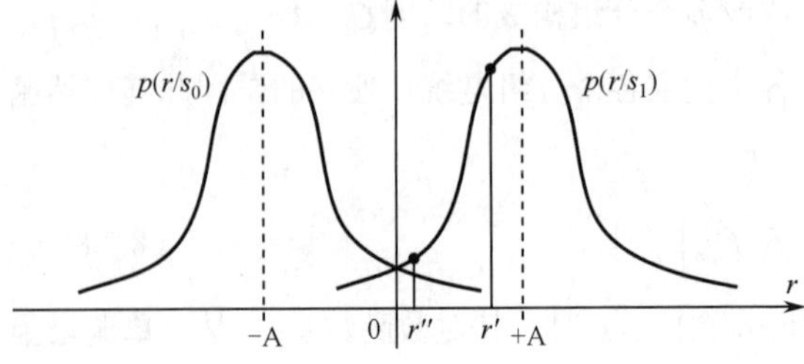

图 8.7.19 AWGN 信道条件下的二元信号分布特性

$$\begin{aligned}p(r'/s_0)<p(r'/s_1)\\ p(r''/s_0)<p(r''/s_1)\end{aligned} \tag{8.7.86}$$

此时都可以做出将收到的 r' 和 r'' 判定为发“1”的判决。虽然如此，两者还是有区别的，因为收到信号 r' 时，其距离“+A”点的欧氏距离来得更小，相应地其似然函数取值的大小也有不同：

$$p(r'/s_1)<p(r''/s_1) \tag{8.7.87}$$

因此，相对 r'' 来说，r' 更像“+A”。所以，将包含了更多信道特性的模拟接收信号 r 用于译码，可以获得比**硬译码判决**更好的效果，这就是所谓的**软译码判决**。

上述软译码判决的概念可以推广到有 M 个二元码元构成的**码元序列**的场景，$S_i=(s_{i,1}s_{i,2}s_{i,3}\cdots s_{i,M})$，$s_{i,m}\in\{s_0,s_1\}$，$S_i\in\{\boldsymbol{S}\}$。对于 AWGN 信道，假定码元序列中的各码元是相互独立的，最大似然判决的似然函数由如下的条件概率密度函数构成：

$$p(R_j|S_i)=\prod_{m=0}^{M-1}p(r_{j,m}|s_{i,m})=\prod_{m=1}^{M}\frac{1}{\sqrt{2\pi}\sigma_n}\exp\left[-\frac{(r_{j,m}-s_{i,m})^2}{2\sigma_n^2}\right] \tag{8.7.88}$$

式中，σ_n^2 是信道零均值高斯白噪声 $N(0,\sigma_n^2)$ 的方差，$r_{j,m}$ 是接收序列 R_j 的第 m 个样值，$s_{i,m}$ 是第 m 个码元的**标准值**，可能的取值只有 s_0 和 s_1 两种。似然函数的对数值为

$$\begin{aligned}\log p(R_j|S_i)&=\log\prod_{m=1}^{M}\frac{1}{\sqrt{2\pi}\sigma_n}\exp\left[-\frac{(r_{j,m}-s_{i,m})^2}{2\sigma_n^2}\right]\\ &=-\frac{1}{2\sigma_n^2}\log \mathrm{e}\sum_{m=1}^{M}(r_{j,m}-s_{i,m})^2+M\log\frac{1}{\sqrt{2\pi}\sigma_n}\\ &=-K_1\sum_{m=1}^{M}(r_{j,m}-s_{i,m})^2+K_2=-K_1\sum_{m=1}^{M}{d_{ij,m}}^2+K_2\end{aligned} \tag{8.7.89}$$

σ_n^2 给定后，上式中的 K_1 是一个正的常数，K_2 是一个常数，因为译码过程实际上是一个**相对比较运算**的过程，这两个常数的取值不会影响判决结果。

软判决译码的具体过程可以这样进行：由输入的接收序列 $R_j=(r_{j,1}r_{j,2}r_{j,3}\cdots r_{j,M})$ 和式（8.7.89），求与码字集中的每个**码字** C_i 所对应的**信号序列** $S_i=(s_{i,1}s_{i,2}s_{i,3}\cdots s_{i,M})$ 的似然函数。显然，与接收序列 R_j 具有最小欧氏距离，即 $\sum_{m=1}^{M}{d_{ij,m}}^2=\sum_{m=1}^{M}(r_{j,m}-s_{i,m})^2$ 取值最小的码字，其似然函数的对数取值最大，该码字即作为软判决译码的输出。判决的**度量值**可表示为 $\log p(R_j|S_i)=-K_1\sum_{m=1}^{M}{d_{ij,m}}^2+K_2$。此时最大似

然判决的结果为

$$S_l = \arg\max_{S_i \in \{S\}} \sum_{m=1}^{M} \log P\left(r_{j,m} \middle| s_{i,m}\right) \leftrightarrow S_l = \arg\min_{S_i \in \{S\}} \sum_{m=1}^{M} d_{ij,m}^2 \tag{8.7.90}$$

由 S_l 即可得到发送的码字 C_l 。

8.7.8　卷积码的维特比译码

最大似然译码是一种最佳的译码方法，将这一方法用于卷积码译码时，也应可以获得最佳的译码效果。我们先来看采用式（8.7.84）或式（8.7.90）这两种简单比较的方法来译码时，会有什么问题。对于一参数为 (n,k,L) 的卷积码，若输入是长度 $L_M \cdot k$ 的一个信息序列，则编码输出是一个长度为 $L_M \cdot n$ 的序列，每个序列即为一个**码字**，码字集中码字的个数为 $2^{L_M \cdot k}$ 。下面分析一个实际接收系统中可能需要的译码计算量。假定 $k=1$ ，$n=2$ ，$L_M=50$ ，则码字集中包含的码字个数为 $2^{L_M \cdot k}=2^{50}$ 。对于一个信源信息速率为 10Mbps 的无线通信系统，$k=1$ ，$n=2$ ，对应的编码效率为 1/2，系统每秒产生 2×10^5 个长度为 $L_M \cdot n = 50\times2=100$ 的码字。而在接收端译码时，因为码字集的大小为 $2^{L_M \cdot k}=2^{50}$ ，因此译码器每秒要做 $2\times10^5\times2^{50}>2\times10^{20}$ 次似然函数的比较运算，这显然不是目前普通计算机或处理器能够完成的。而本节将要讨论的**维特比译码**算法正是有效解决这一巨大运算量译码问题的一种最佳方法。

对于参数为 (n,k,L) 的卷积码，每个码字包含 $k \cdot L_M$ 位信息位，假如我们希望编码器输出每个码字的编码路径总是从全零的状态出发，最后又回到全零状态，则可以通过送完 L_M 段信息位后，再向编码器输入 $(L-1)$ 个 k 位的全零字段，使编码器回到全零状态。这样的码字称为**结尾卷积码序列**。每个结尾卷积码序列包含 $k \cdot L_M$ 比特信息，长度为 $(L_M+L-1)\cdot n$ 位，所产生的 $2^{L_M \cdot k}$ 个码字的码字集对应于网格（篱笆）图上 $2^{L_M \cdot k}$ 条不同的编码路径。

维特比译码算法既可以用于硬判决译码，也可以用于软判决译码。在译码时，它不是将整个接收码字序列接收完毕后，才与码字集中的每个码字逐个进行比较，或者说它不是将接收码字序列与网格图上所有可能的路径进行比较，而是接收一段，比较一段。比较完一段后，选择最可能正确的码段进行后续的比较，舍弃不必要的码段，从而达到既获得最大似然译码的效果，又极大减少运算量的目的。具体的**算法步骤**归纳如下：

（1）译码过程从全零的状态开始，每次输入卷积码的一个 n 位的编码分组，其中最前面的 $L-2$ 步保留所有可能的路径。从时刻 $t=L-1$，即第 $L-1$ 步开始，计算各**部分路径**的度量值。对网格图中的**每一状态，只保留一条**具有最大**部分路径度量值**的这一部分路径，称此部分路径为**幸存路径**或**留选路径**。如果到达某一状态的路径的度量值相同，则随意地选择其中一条作为留选路径。

（2）t 增加 1，输入一个新的 n 位的编码分组，把有关该码组的度量值与幸存路径的度量值相加，得到此时刻进入新的时刻每一状态的具有最大部分路径度量值的幸存路径，删除所有可以舍弃的路径，使所有的幸存路径延长一个字段。

（3）假定卷积的码字采用结尾卷积码序列的形式，若 $t<L_M+L-1$，说明一个码字对应的序列长度还未结束，回到步骤（2）。直到 $t=L_M+L-1$，此时即可得到一条具有最大路径度量值的幸存路径，该路径所对应的码字就是译码器的译码输出码字。

卷积码的维特比硬译码　当采用维特比硬译码时，采用汉明距离作为每个状态的选留路径度量值，即保留与接收的输入序列有较小汉明距离的到达路径作为选留路径。下面通过一个具体的实例来详细地加以说明。

【例 8.7.6】　参数为 $(2,1,3)$ 的卷积码的结构仍然如图 8.7.6 所示，设输入的信息序列为 $\boldsymbol{M}=(101100\mathit{100})$，其中最后的两位斜体“*00*”是为使编码路径回到全零状态，即实现所谓**结尾卷积码序列**而加入的。相应的编码器输

出为 $\boldsymbol{C}=(11\ 10\ 00\ 01\ 01\ 11\ 11\ 10\ 11)$。假定经信道传输后，出现了两位误码，接收到的码字为 $\boldsymbol{R}=(1\underline{0}\ 10\ 00\ 01\ 01\ 11\ 1\underline{0}\ 10\ 11)$，其中带有下划线的“0”处表示出现误码的位置。求维特比译码的输出码字和相应的信息序列。

解：维特比译码的过程的路径留选过程如图 8.7.20 所示，在每个网格图的右侧，列有一个到达各状态的幸存路径和这些路径与输入序列的码距，以及相应的输出信息。

（1）在 $t=1$ 时刻，如图 8.7.20(a)所示，输入接收到的码组 $r_1=10$。从全零状态出发，只有两个可达的状态：如到达状态 $S_0S_1=00$，相应地输出码组 $c_1=00$，与输入码组的汉明距离 $d=1$，产生信息位 $M=0$；如到达状态 $S_0S_1=10$，相应地输出码组 $c_1=11$，与输入码组的汉明距离 $d=1$，产生信息位 $M=1$。信息位取 0 或取 1 可根据从每个状态的上输出边或下输出边来决定。对于上输出边，对应的信息位为 0；对于下输出边，对应的信息位为 1。

（2）在 $t=2$ 时刻，如图 8.7.20(b)所示，输入接收到的码组 $r_2=10$。

若从状态 $S_0S_1=00$ 出发，到达状态 $S_0S_1=00$，相应的输出码组 $c_2=00$。$c_1c_2=00\ 00$ 与输入序列 $r_1r_2=10\ 10$ 比较，2 输出码组累加的汉明距离为 $d=2$，产生信息序列 $M=00$；若从状态 $S_0S_1=00$ 出发，到达状态 $S_0S_1=10$，相应的输出码组 $c_2=11$，$c_1c_2=00\ 11$ 与输入序列 $r_1r_2=10\ 10$ 比较，2 输出码组累加的汉明距离为 $d=2$，产生信息序列 $M=01$。

若从状态 $S_0S_1=10$ 出发，到达状态 $S_0S_1=01$，相应的输出码组 $c_2=10$。$c_1c_2=11\ 10$ 与输入序列 $r_1r_2=10\ 10$ 比较，2 输出码组累加的汉明距离为 $d=1$，产生信息序列 $M=10$；若从状态 $S_0S_1=10$ 出发，到达状态 $S_0S_1=11$，相应的输出码组 $c_2=01$，$c_1c_2=11\ 01$ 与输入序列 $r_1r_2=10\ 10$ 比较，2 输出码组累加的汉明距离为 $d=3$，产生信息序列 $M=11$。

（3）在 $t=3$ 时刻，如图 8.7.20(c)图 8.7.20(c′)所示，输入接收到的码组 $r_3=00$。

若从状态 $S_0S_1=00$ 出发，到达状态 $S_0S_1=00$，相应的输出码组 $c_3=00$。$c_1c_2c_3=00\ 00\ 00$ 与输入序列 $r_1r_2r_3=10\ 10\ 00$ 比较，3 个输出码组累加的汉明距离为 $d=2$，产生信息序列 $M=000$；从状态 $S_0S_1=00$ 出发，到达状态 $S_0S_1=10$，相应的输出码组 $c_3=11$。$c_1c_2c_3=00\ 00\ 11$ 与输入序列 $r_1r_2r_3=10\ 10\ 00$ 比较，3 个输出码组累加的汉明距离为 $d=4$，产生信息序列 $M=001$。

再看从状态 $S_0S_1=10$ 出发的情况。若到达状态 $S_0S_1=01$，相应的输出码组 $c_3=10$。$c_1c_2c_3=00\ 11\ 10$ 与输入序列 $r_1r_2r_3=10\ 10\ 00$ 比较，3 个输出码组累加的汉明距离为 $d=3$，产生信息序列 $M=010$；若到达状态 $S_0S_1=11$，相应的输出码组 $c_3=01$。$c_1c_2c_3=00\ 11\ 01$ 与输入序列 $r_1r_2r_3=10\ 10\ 00$ 比较，3 个输出码组累加的汉明距离为 $d=3$，产生信息序列 $M=011$。

下面看从状态 $S_0S_1=01$ 出发的情况。若到达状态 $S_0S_1=00$，相应的输出码组 $c_3=11$。$c_1c_2c_3=11\ 10\ 11$ 与输入序列 $r_1r_2r_3=10\ 10\ 00$ 比较，3 个输出码组累加的汉明距离为 $d=3$，产生信息序列 $M=100$；若到达状态 $S_0S_1=10$，相应的输出码组 $c_3=00$。$c_1c_2c_3=11\ 10\ 00$ 与输入序列 $r_1r_2r_3=10\ 10\ 00$ 比较，3 个输出码组累加的汉明距离为 $d=1$，产生信息序列 $M=101$。

最后看从状态 $S_0S_1=11$ 出发的情况。若到达状态 $S_0S_1=01$，相应的输出码组 $c_3=01$。$c_1c_2c_3=11\ 01\ 01$ 与输入序列 $r_1r_2r_3=10\ 10\ 00$ 比较，3 个输出码组累加的汉明距离为 $d=4$，产生信息序列 $M=110$；若到达状态 $S_0S_1=11$，相应的输出码组 $c_3=10$。$c_1c_2c_3=11\ 01\ 10$ 与输入序列 $r_1r_2r_3=10\ 10\ 00$ 比较，3 个输出码组累加的汉明距离为 $d=4$，产生信息序列 $M=111$。

由图 8.7.20(c′)中的 $t=3$ 时刻可见，到达每个新的状态都有两条路径，在这两条路径中，我们只保留与当前输入序列距离最小的一条到达路径。例如，对于到达状态 $S_0S_1=00$，一条路径为 $c_1c_2c_3=00\ 00\ 00$，与输入序列 $r_1r_2r_3=10\ 10\ 00$ 相比，汉明距离为 $d=2$；另外一条路径为 $c_1c_2c_3=11\ 10\ 11$，与输入序列 $r_1r_2r_3=10\ 10\ 00$ 相比，汉明距离为 $d=3$。因此，对于状态 $S_0S_1=00$，只保留距离较小的路径 $c_1c_2c_3=00\ 00\ 00$ 作为幸存路径。对另外的三种状态做同样的处理，最后得到图 8.7.20(c)中所示的 4 条幸存路径。

（4）在 $t=4$ 时刻，如图 8.7.20(d′)所示，输入接收到的码组 $r_4=01$。

到达状态 $S_0S_1=00$ 的两条路径分别为 00 00 00 00 和 00 11 10 11，与输入 $r_1r_2r_3r_4=10\ 10\ 00\ 01$ 相比，汉明距离分别为 $d=3$ 和 $d=4$，删除距离较大的路径 00 11 10 11，幸存路径为 00 00 00 00。

同理，到达 $S_0S_1=10$ 的两条路径分别为 00 00 00 11 和 00 11 10 00，与 $r_1r_2r_3r_4=10\ 10\ 00\ 01$ 相比，汉明距离分别为 $d=3$ 和 $d=4$，删除距离较大的路径 00 11 10 00，幸存路径为 00 00 00 11。

到达 $S_0S_1=01$ 的两条路径分别为 11 10 00 10 和 00 11 01 01，与 $r_1r_2r_3r_4=10\ 10\ 00\ 01$ 相比，汉明距离分别为 $d=3$ 和 $d=3$，两条路径与输入序列的距离相等，随意选择一条作为幸存路径，如选 11 10 00 10。

最后，到达 $S_0S_1=11$ 的两条路径分别为 00 11 01 10 和 11 10 00 01，与 $r_1r_2r_3r_4=10\ 10\ 00\ 01$ 相比，汉明距离分别为 $d=5$ 和 $d=1$，删除距离较大的 00 11 01 10，幸存路径为 11 10 00 01。

（5）在 $t=5$ 时刻，如图 8.7.20(e′)所示，输入接收到的码组 $r_5=01$。

到达状态 $S_0S_1=00$ 的两条路径分别为 00 00 00 00 00 和 11 10 00 10 11，与输入序列 $r_1r_2r_3r_4r_5=10\ 10\ 00\ 01\ 01$ 相比，两路径的汉明距离相等，为 $d=4$，随意选择一条作为幸存路径，如选 00 00 00 00 00。

到达状态 $S_0S_1=10$ 的两条路径分别为 00 00 00 00 11 和 11 10 00 10 00，与输入序列 $r_1r_2r_3r_4r_5=10\ 10\ 00\ 01\ 01$ 相比，汉明距离相等，为 $d=4$，随意选择一条作为幸存路径，如选 00 00 00 00 11。

到达状态 $S_0S_1=01$ 的两条路径分别为 00 00 00 11 10 和 11 10 00 01 01，与输入序列 $r_1r_2r_3r_4r_5=10\ 10\ 00\ 01\ 01$ 相比，汉明距离分别为 $d=5$ 和 $d=1$，选择 11 10 00 01 01 作为幸存路径。

到达状态 $S_0S_1=11$ 的两条路径分别为 00 00 00 11 01 和 11 10 00 01 10，与输入序列 $r_1r_2r_3r_4r_5=10\ 10\ 00\ 01\ 01$ 相比，汉明距离相等，为 $d=3$，随意选择一条作为幸存路径，如选 00 00 00 11 01。

（6）在 $t=6$ 时刻，输入接收到的码组 $r_6=11$，仿上做同样的分析，得到如图 8.7.19(f)所示的对应 4 种状态的 4 条幸存路径。

（7）在 $t=7$ 时刻，输入接收到的码组 $r_7=10$，得到如图 8.7.20(g)所示的对应 4 种状态的 4 条幸存路径。

（8）在 $t=8$ 时刻，输入接收到的码组 $r_8=10$，作为**结尾卷积码序列结构**的码字，所有码字对应的路径最后一定会返回全零状态，由图 8.7.20(h)所示，此时能够返回全零状态的路径只能有 2 种可能的到达状态，对应 2 条幸存路径。

（9）在 $t=9$ 时刻，输入接收到的码组 $r_9=11$，返回全零状态，得到如图 8.7.20(i)所示 2 条幸存路径。最后选择其中与输入序列 $r_1r_2r_3r_4r_5r_6r_7=10\ 10\ 00\ 01\ 01\ 11\ 10\ 10\ 11$ 汉明距离最小的一条译码路径。

得到最大似然的译码路径后，还需要从该序列中求**信息序列**。具体方法如下：该路径经过网格图中的每个状态节点时，若从**上输出边**输出，则相应的该码组的译码输出为“0”；若从**下输出边**输出，相应的该码组的译码输出为“1”。最后得到总的译码输出的信息序列为 101100100。显然，与原来的编码前的信息序列一致，在传输过程中引入的两位误码在译码后已被自动纠正。□

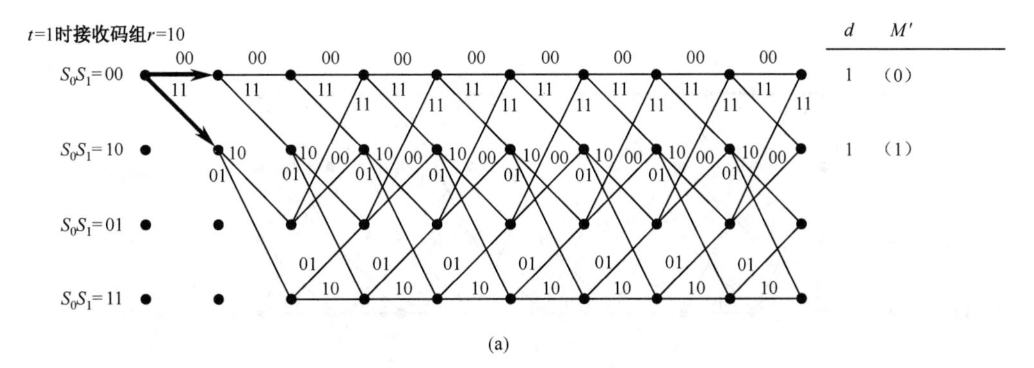

图 8.7.20　例 8.7.6 卷积码维特比译码示意图

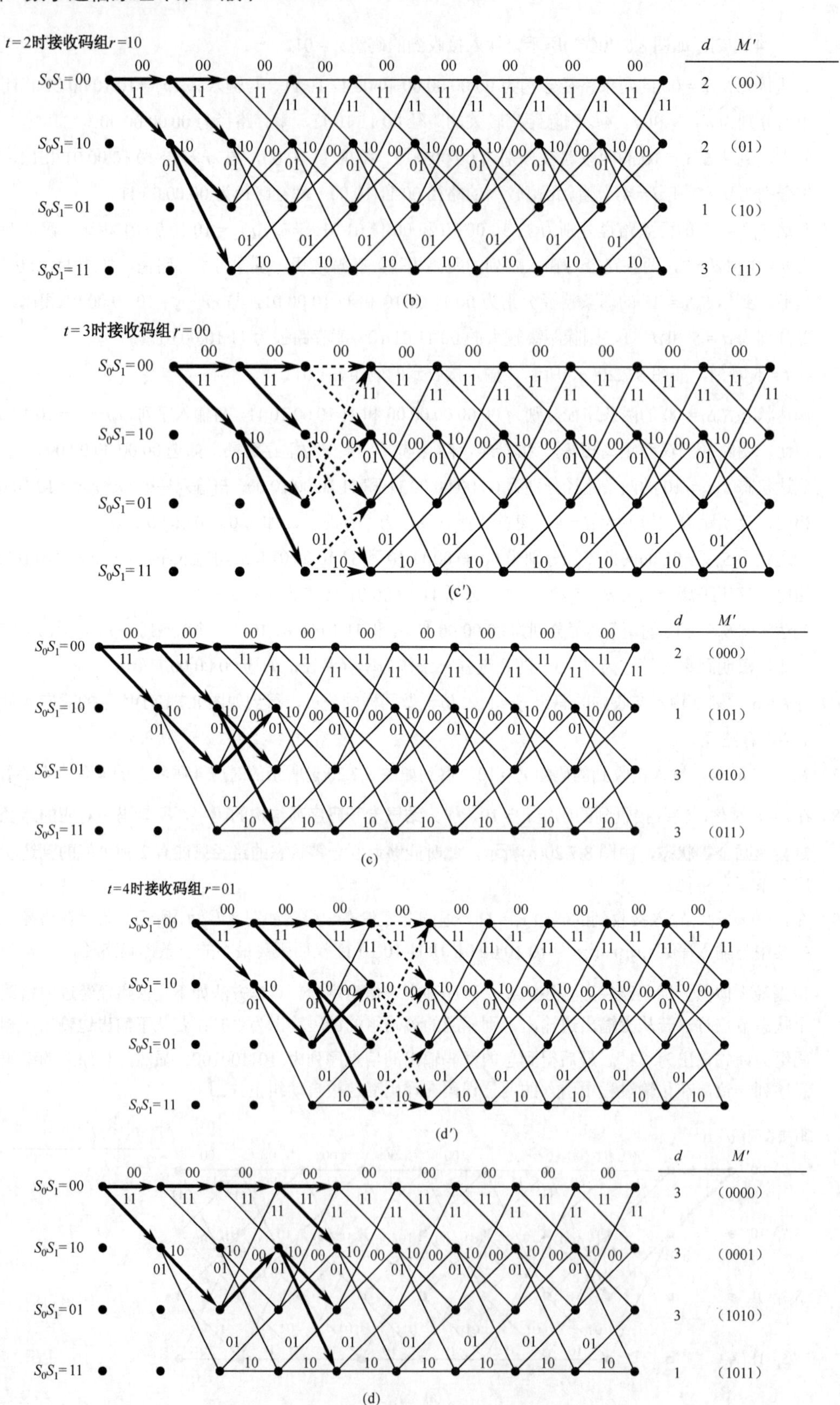

图 8.7.20 例 8.7.6 卷积码维特比译码示意图（续）

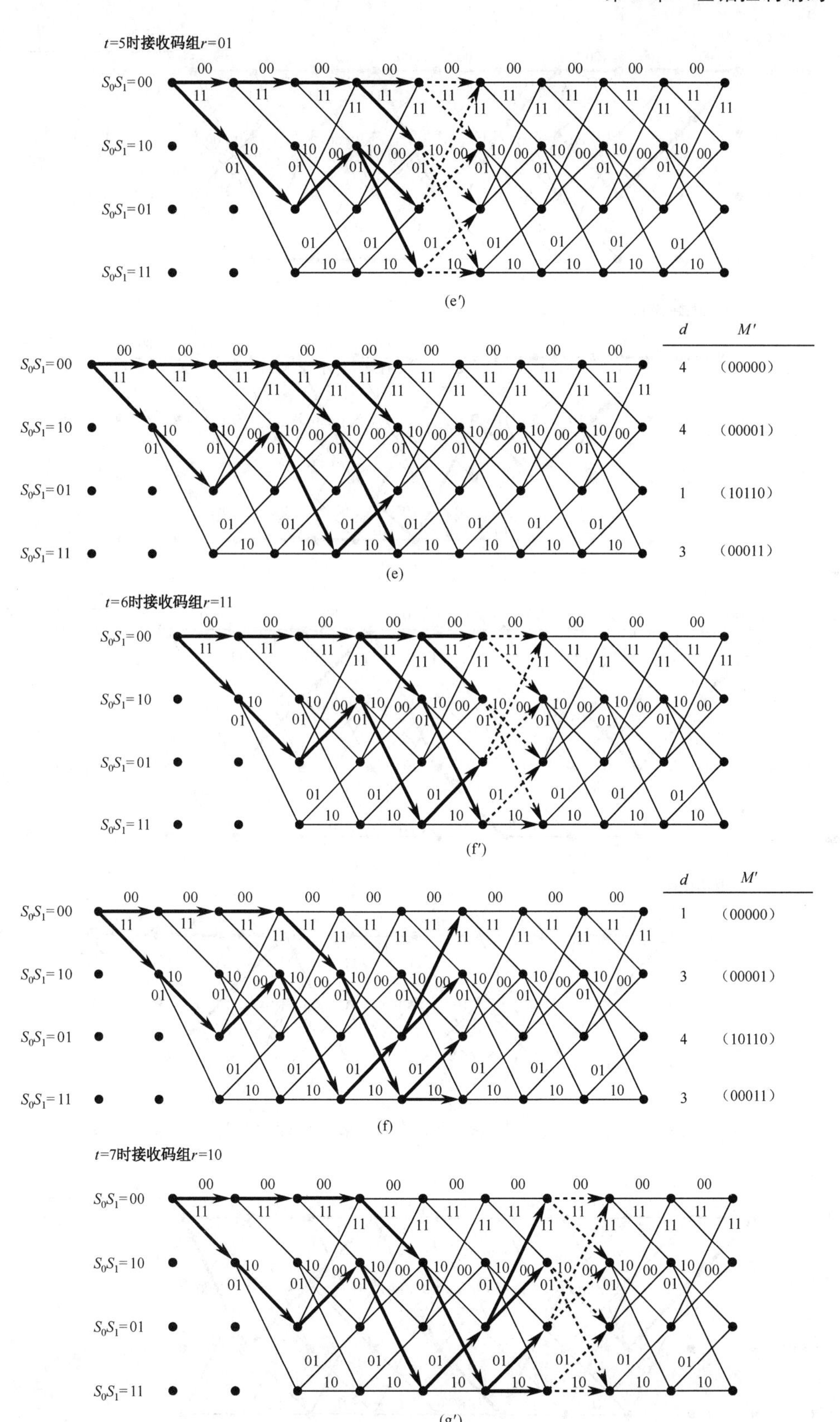

图 8.7.20 例 8.7.6 卷积码维特比译码示意图（续）

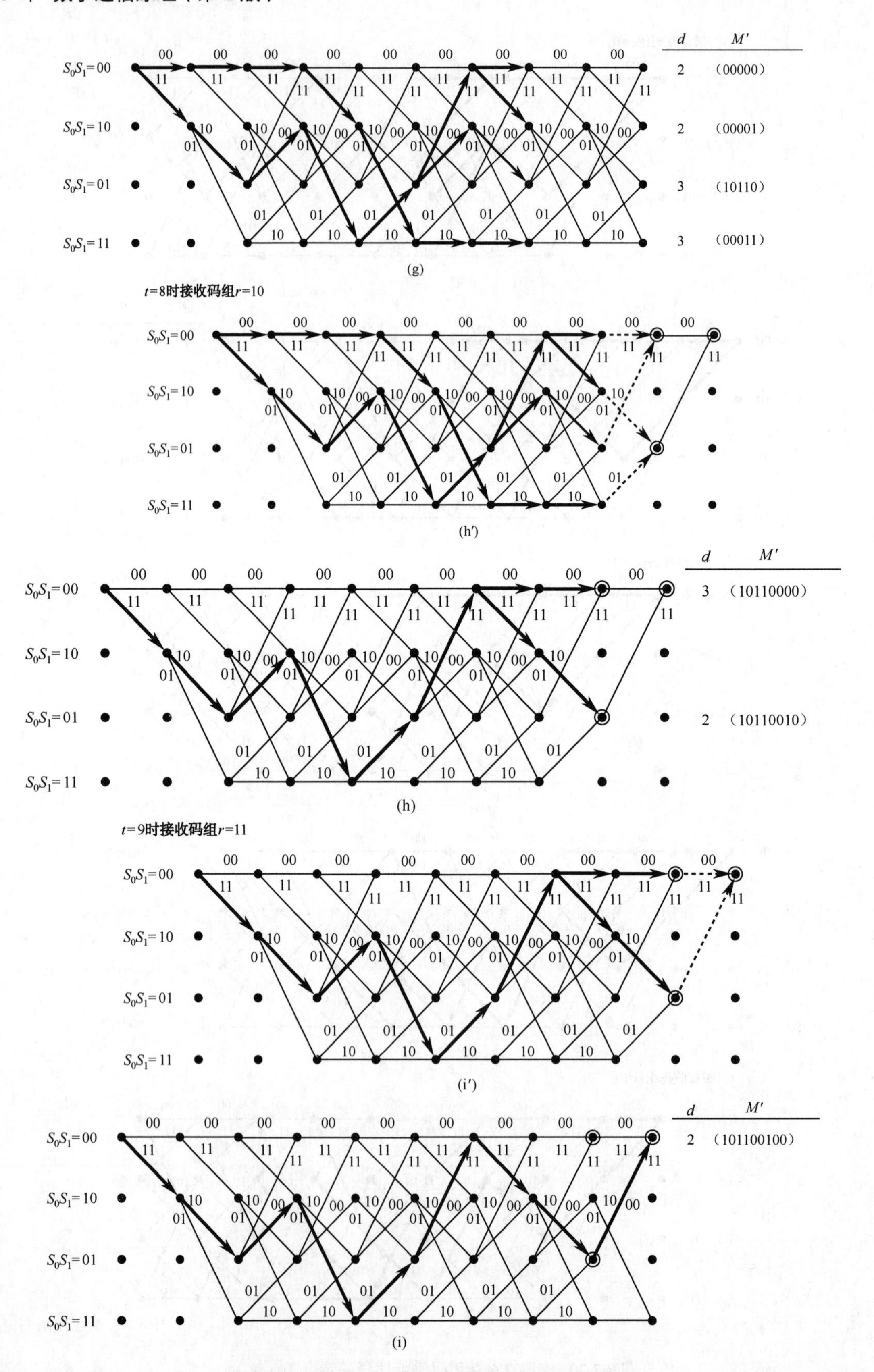

图 8.7.20 例 8.7.6 卷积码维特比译码示意图（续）

卷积码的维特比软译码　维特比译码同样适用于软译码，软译码与硬译码的区别是，软译码是通过**欧氏距离**来做判断的。若发送端输出的二进制信号 $s_{i,m}$ 的取值是“$-A$”和“$+A$”，式（8.7.90）所示的软译码的计算公式可进一步简化，因为

$$\begin{aligned}S_l &= \arg\min_{S_i\in\{\boldsymbol{S}\}}\sum_{m=1}^{M}d_{ij,m}^2 = \arg\min_{S_i\in\{\boldsymbol{S}\}}\sum_{m=1}^{M}\left(r_{j,m}-s_{i,m}\right)^2\\&=\arg\min_{S_i\in\{\boldsymbol{S}\}}\sum_{m=1}^{M}\left(r_{j,m}^2-2r_{j,m}s_{i,m}+s_{i,m}^2\right)\end{aligned} \tag{8.7.91}$$

上式括号中，因为无论 $s_{i,m}=-A$ 对应“0”，或 $s_{i,m}=+A$ 对应“1”，均有 $s_{i,m}^2=A^2$，因此第一项和第三项是在分支度量比较过程中同等拥有的项，可以不予考虑。因此，译码算法可简化为

$$S_l = \arg\min_{S_i\in\{\boldsymbol{S}\}}\sum_{m=1}^{M}d_{ij,m}^2 \leftrightarrow \arg\max_{S_i\in\{\boldsymbol{S}\}}\sum_{m=1}^{M}r_{j,m}s_{i,m} \tag{8.7.92}$$

下面我们通过一个例子来说明软译码的过程。首先，参见图 8.7.20，在没有噪声的情况下“0”对应“$-A$”，“1”对应“$+A$”，接收时先不对输入的信号 r 做硬判决，而是做如下处理：若 r 小于$-A$，这时信源发送$-A$ 的可能性远大于发送$+A$ 的可能性，令其等于$-A$；同理，若 r 大于$+A$，令其等于$+A$。将 r 在$-A$ 到$+A$ 的闭区间的取值用 4 位的二进制数来表示，其中一位表示符号，另外三位表示信号的幅度大小，则输入信号经量化后，所有可能取值为−7、−6、−5、−4、−3、−2、−1、0、+1、+2、+3、+4、+5、+6、+7。

【**例 8.7.7**】　设卷积码$(2,1,3)$的编码器结构与例 8.7.1 一样，其编码器的网格图如图 8.7.11 所示。仍设输入的信息序列为 $\boldsymbol{M}=(1011001\mathit{00})$，同样其中最后的两位斜体“*00*”是为使编码路径最终回到零，使其具有**结尾卷积码**的特性而加入的。相应的编码输出为 $\boldsymbol{C}=(11\ 10\ 00\ 01\ 01\ 11\ 11\ 10\ 11)$。发送信号的取值为

$$s_{1,1}s_{1,2}\ \ s_{2,1}s_{2,2}\ \ s_{3,1}s_{3,2}\ \ s_{4,1}s_{4,2}\ \ s_{5,1}s_{5,2}\ \ s_{6,1}s_{6,2}\ \ s_{7,1}s_{7,2}\ \ s_{8,1}s_{8,2}\ \ s_{9,1}s_{9,2}=$$

+7 +7; +7 −7; −7 −7; −7 +7; −7 +7; +7 +7; +7 +7; +7 −7; +7 +7

假定信号在传输过程中受到噪声的干扰，实际接收到的信号 $\boldsymbol{R}$ 取值变为

$$r_{1,1}r_{1,2}\ \ r_{2,1}r_{2,2}\ \ r_{3,1}r_{3,2}\ \ r_{4,1}r_{4,2}\ \ r_{5,1}r_{5,2}\ \ r_{6,1}r_{6,2}\ \ r_{7,1}r_{7,2}\ \ r_{8,1}r_{8,2}\ \ r_{9,1}r_{9,2}=$$

+6 <u>−1</u>; +5 −6; −7 −5; −3 +5; −7 +6; +7 +5; +6 <u>−2</u>; +4 −5; +7 +6

其中有多位出现了不同程度的偏差，其中第二位的“−1”和第十四位的“−2”是会导致错误判决的偏差。试采用软译码方式进行译码。

解：根据卷积码编码器的网格图及式（8.7.85）进行译码，网格图中的输出“0”对应的理想取值为“−7”，“1”对应的理想取值为“+7”。整个译码过程如图 8.7.21 所示。

（1）在 $t=1$ 时刻，输入接收第 1 个码组信号 $r_{1,1}r_{1,2}$ 为+6, −1。

从全零状态 $S_0S_1=00$ 出发，若到达下一状态 $S_0S_1=00$，$s_{1,1}s_{1,2}$ 应为−7, −7。因此有 $\sum_{m=1}^{2}r_{j,m}s_{i,m}=6\times(-7)+(-1)\times(-7)=-35$；若到达下一状态 $S_0S_1=10$，$s_{1,1}s_{1,2}$ 应为+7, +7，因此有 $\sum_{m=1}^{2}r_{j,m}s_{i,m}=6\times7+(-1)\times7=35$。

（2）在 $t=2$ 时刻，输入接收码组信号 $r_{2,1}r_{2,2}$ 为+5, −6。

从状态 $S_0S_1=00$ 出发，若到达下一状态 $S_0S_1=00$，$s_{2,1}s_{2,2}$ 应为−7, −7，因此有 $\sum_{m=1}^{4}r_{j,m}s_{i,m}=-35+5\times(-7)+(-6)\times(-7)=-28$；若到达下一状态 $S_0S_1=10$，$s_{2,1}s_{2,2}$ 应为+7, +7，因此有 $\sum_{m=1}^{4}r_{j,m}s_{i,m}=-35+5\times7+(-6)\times7=-42$。

从状态 $S_0S_1=10$ 出发，若到达下一状态 $S_0S_1=01$，$s_{2,1}s_{2,2}$ 应为+7, −7，因此有 $\sum_{m=1}^{4}r_{j,m}s_{i,m}=35+5\times7+(-6)\times(-7)=112$；若到达下一状态 $S_0S_1=11$，$s_{2,1}s_{2,2}$ 应为−7, +7，因此有

$\sum_{m=1}^{4} r_{j,m}s_{i,m} = 35+5\times(-7)+(-6)\times 7 = -42$。

（3）在 $t=3$ 时刻，输入接收码组信号 $r_{3,1}r_{3,2}$ 为−7, −5。

从状态 $S_0S_1=00$ 出发，若到达下一状态 $S_0S_1=00$，$s_{3,1}s_{3,2}$ 应为−7, −7，因此有 $\sum_{m=1}^{6} r_{j,m}s_{i,m} = -28+(-7)\times(-7)+(-5)\times(-7) = 56$；若到达下一状态 $S_0S_1=10$，$s_{3,1}s_{3,2}$ 应为+7, +7，因此有 $\sum_{m=1}^{6} r_{j,m}s_{i,m} = -28+(-7)\times 7+(-5)\times 7 = -112$。

从状态 $S_0S_1=10$ 出发，若到达下一状态 $S_0S_1=01$，$s_{3,1}s_{3,2}$ 应为+7, −7，因此有 $\sum_{m=1}^{6} r_{j,m}s_{i,m} = -42+(-7)\times 7+(-5)\times(-7) = -126$；若到达下一状态 $S_0S_1=11$，$s_{3,1}s_{3,2}$ 应为−7, +7，因此有 $\sum_{m=1}^{6} r_{j,m}s_{i,m} = -42+(-7)\times(-7)+(-5)\times 7 = -28$。

从状态 $S_0S_1=01$ 出发，若到达下一状态 $S_0S_1=00$，$s_{3,1}s_{3,2}$ 应为−7, +7，因此有 $\sum_{m=1}^{6} r_{j,m}s_{i,m} = 112+(-7)\times 7+(-5)\times 7 = 28$；若到达下一状态 $S_0S_1=10$，$s_{3,1}s_{3,2}$ 应为−7, −7，因此有 $\sum_{m=1}^{6} r_{j,m}s_{i,m} = 112+(-7)\times(-7)+(-5)\times(-7) = 196$。

从状态 $S_0S_1=11$ 出发，若到达下一状态 $S_0S_1=01$，$s_{3,1}s_{3,2}$ 应为−7, +7，因此有 $\sum_{m=1}^{6} r_{j,m}s_{i,m} = -42+(-7)\times(-7)+(-5)\times 7 = -28$；若到达下一状态 $S_0S_1=11$，$s_{3,1}s_{3,2}$ 应为+7, −7，因此有 $\sum_{m=1}^{6} r_{j,m}s_{i,m} = -42+(-7)\times 7+(-5)\times(-7) = -56$。

比较进入每个状态的两条路径，删除**度量值**较小的那一条路径，保留度量值较大的那一条路径。对所有的 4 种状态 $S_0S_1=00$、10、01、11，如图 8.7.21 所示，保留路径的度量值分别为 56、196、−28、−28。

在后续的译码过程中，对每一对输入信号值 $r_{i,1}r_{i,2}$，不断地重复上述操作，对每个状态只保留一条度量值较大的路径。

（4）在 $t=4$ 时刻，输入接收码组信号 $r_{4,1}r_{4,2}$ 为−3, +5。对状态 $S_0S_1=00$、10、01、11，各保留路径的度量值分别为 70、70、140、252。

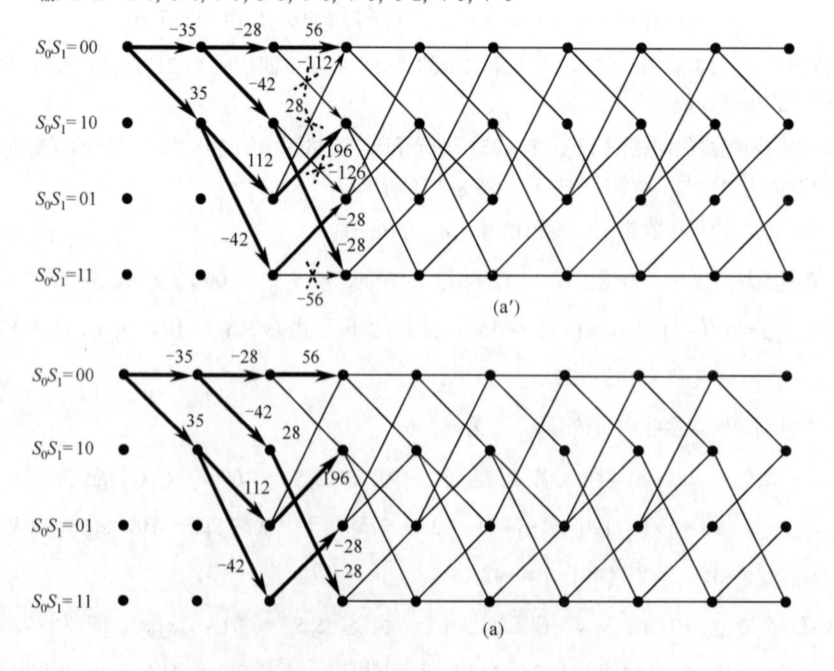

图 8.7.21　例 8.7.7 卷积码维特比软译码示意图

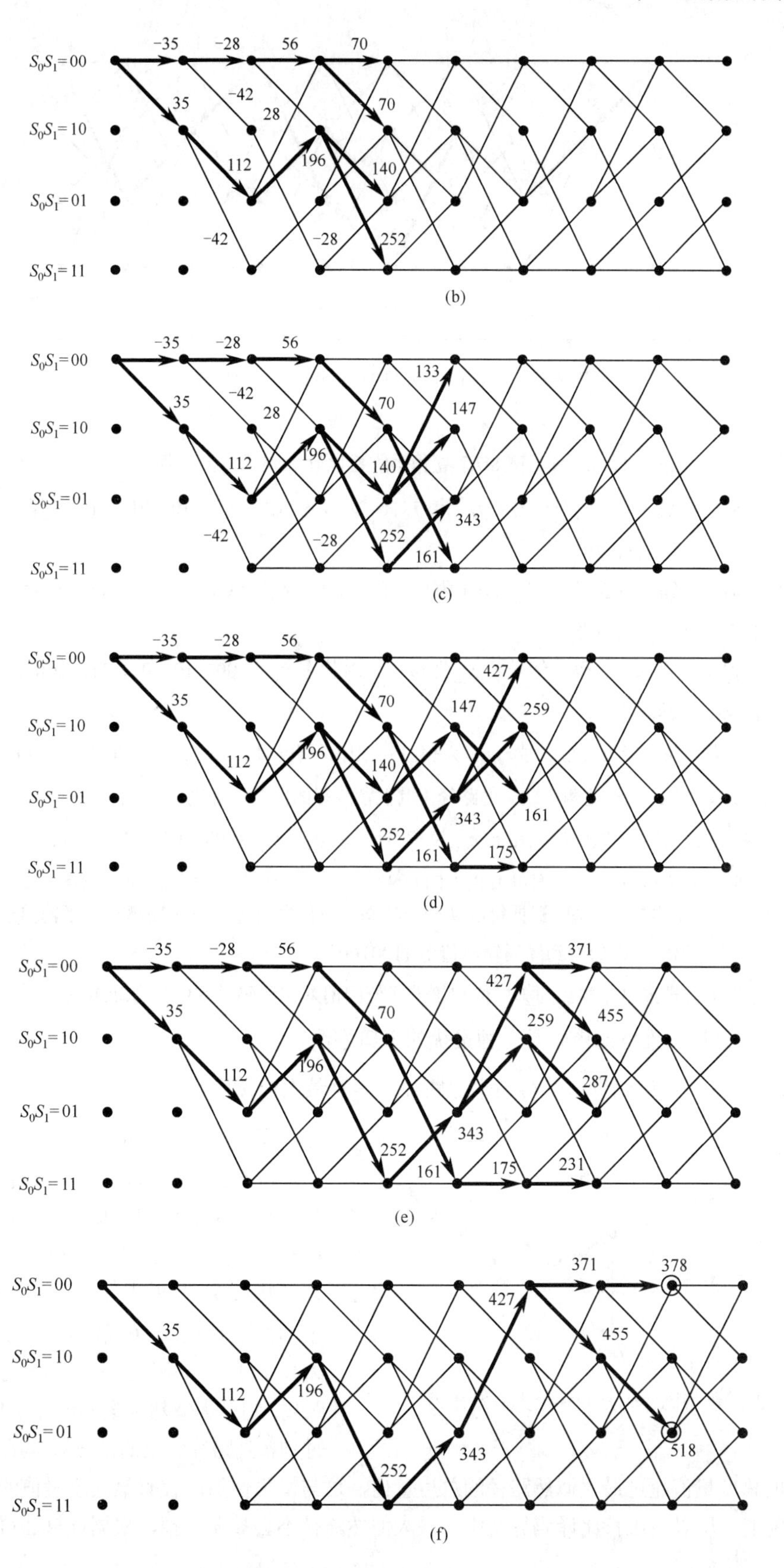

图 8.7.21　例 8.7.7 卷积码维特比软译码示意图（续）

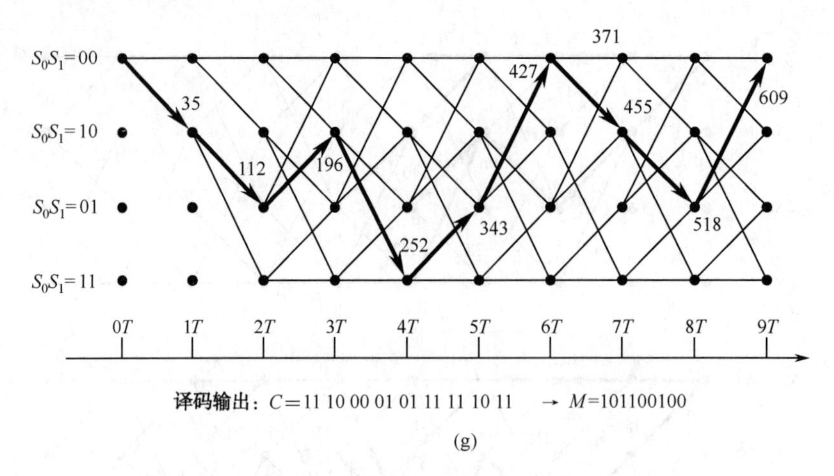

图 8.7.21 例 8.7.7 卷积码维特比软译码示意图（续）

（5）在 $t=5$ 时刻，输入接收码组信号 $r_{5,1}r_{5,2}$ 为−7, +6。对状态 $S_0S_1=00$、10、01、11，各保留路径的度量值分别为 133、147、343、161。

（6）在 $t=6$ 时刻，输入接收码组信号 $r_{6,1}r_{6,2}$ 为+7, +5。对状态 $S_0S_1=00$、10、01、11，各保留路径的度量值分别为 427、259、161、175。

（7）在 $t=7$ 时刻，输入接收码组信号 $r_{7,1}r_{7,2}$ 为 6, −2。对状态 $S_0S_1=00$、10、01、11，保留路径的度量值分别为 371、455、287、231。

（8）在 $t=8$ 时刻，输入接收码组信号 $r_{8,1}r_{8,2}$ 为+4, −5。因为只有从状态 $S_0S_1=00$、01 出发的路径才能回到 $S_0S_1=00$，所以只需考虑到达这两个状态的路径，其保留路径的度量值分别为 378、518。

（9）在 $t=9$ 时刻，输入接收码组信号 $r_{9,1}r_{9,2}$ 为+7, +6。从状态 $S_0S_1=00$、01 出发回到 $S_0S_1=00$ 两条路径的度量值分别为 287 和 609，选择度量值较大的 609 路径。最后得到度量值最大的一条译码路径 11 10 00 01 01 11 11 10 11，相应的译码输出根据每次从一个状态节点出发时是行进**上输出边**或**下输出边**确定相应的“0”或“1”的译码值，最后得到译码输出值 1011001*00*。

输入样值中会导致出错判决的第二位和第十四位的偏差在译码过程中被自动纠正。□

下面的定理保证了维特比译码是一种**最优的译码方法**。

定理 8.7.2 维特比译码算法获得的幸存路径是具有**最大似然函数**的路径。

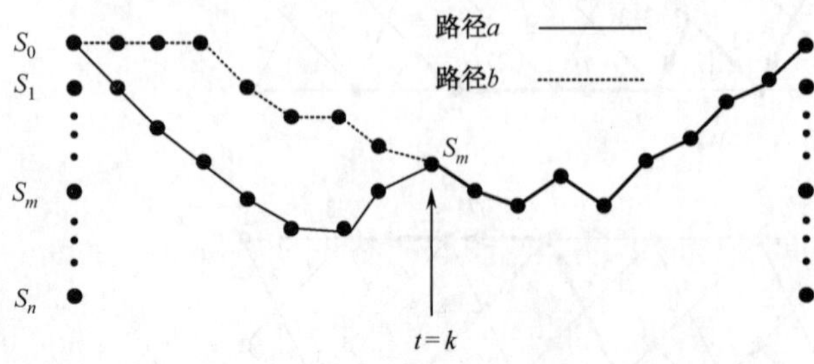

图 8.7.22 维特比译码是一种最大似然译码

证明：采用反证法证明[2]。如图 8.7.22 所示，设有最大似然函数的路径 a，在某一时刻 k，进入状态 S_m 时被删除了，则一定有另一幸存路径 b 的度量值超过了路径 a 的度量值，即有到状态 S_m 时最大似然函数的路径 a 与输入序列的汉明距离（或对软译码来说其欧氏距离），大于另一路径 b 与输入序列的汉明（欧氏）距离。则最大似然函数的路径 a 的剩余部分（从时刻 k 到路径结束的部分），与路径 b 的度量值相加，得到的总度量值超过最大似然路径的总度量值，这与最大似然路径有最大度量值的定义相矛盾，因而是不可能的。所以在维特比译码算法中，最大似然路径不会被删除掉，根据该算法得到的一定是最大似然路径。**证毕**。□

8.7.9　维特比译码器的性能分析*

严格的维特比译码器的性能分析一般比较困难，但我们可导出其差错概率的上限，从而对其性能进行一个基本的判断。由 8.7.5 节的分析可知，卷积码作为一种线性码，最小的码字间距离等于码字集中**非零码字**的**最小重量**的关系仍然成立。而当码字错误图样中“1”的个数大于卷积码的**自由距离** d_{free} 时，就可能会发生将有错误码的接收码字判决为码字集中另外一合法码字的情况，此时不能检测出错误。

分析卷积码的性能时，要判断错误图样中“1”的个数是否大于卷积码的自由距离 d_{free}，分析该**错误图样**与全“0”码字间的距离即可。特别地，对于维特比译码方法，可以通过观察错误图样对应的**译码路径**与全“0”码字对应的译码路径间的关系，来分析其性能。

如图 8.7.23 所示，假定发送的是一个全“0”的序列对应的码字，正确的译码路径是网格图中最上方的直线。若在传输过程中出现了错误，使得在 $t=l$ 时刻选择了图中的路径 a 作为**幸存路径**，由维特比译码的原理，不管后续的译码过程如何，包括可能经历更多的错误或不再出现新的其他错误，该路径对应的码字都是一个错误译码。也就是说，如果我们考虑的是所谓的**结尾卷积码序列**，所有的错误译码路径一定包含至少一条离开全“0”路径后又返回全“0”路径的子路径。因此从仅做判断是否出现码字译码错误的角度，我们只需要找出所有离开全“0”路径后第一次返回全“0”的路径即可。

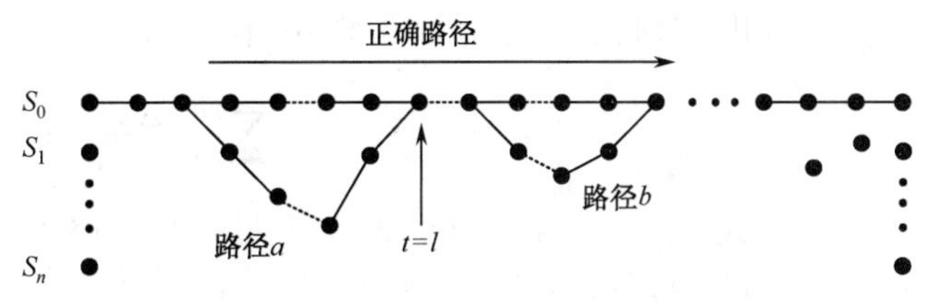

图 8.7.23　维特比译码器性能分析示意图

回顾前面讨论过的**增扩的转移函数** $T(D,J,N)$，其中的参数 D、J 和 N 的**指数**分别描述了始于全“0”状态，经过非全“0”状态第一次返回全“0”状态后，沿着全“0”的路径行进到终点的码字重量、所包含的分支数和信息位中“1”的个数的参数的取值。假定不考虑分支数，**增扩的转移函数**变为一个只有两个参数的函数 $T(D,N)$，它具有如下的一般形式：

$$T(D,N)=\sum_{d=d_{\text{free}}}^{\infty}A(d)D^{d}N^{f(d)} \tag{8.7.93}$$

式中 d 是这些码字的重量，$A(d)$ 是具有重量为 d 的码字的数量，$f(d)$ 是码字中包含“1”的信息位的数量。

如果码字中出现 d 位错误的概率为 P_d，对于发送全“0”的正确码字来说，所有具有非零重量的码字均为错误的码字，而 $A(d)$ 是具有重量为 d 的码字的数量，因此**译码错误概率的上限**为

$$P_{\text{E}}\leqslant\sum_{d=d_{\text{free}}}^{\infty}A(d)P_d \tag{8.7.94}$$

式中下标从 d_{free} 开始是因为当错误的位数小于自由距离时，不会出现判决错误。求和上限取无穷大是因为考虑了对同样结构的卷积码编码器，可生成各种码字长度的情况。

硬判决译码的差错概率　当采用硬译码判决时，假设经过**离散无记忆对称信道**，接收序列每位出现误码的概率为 p。在 $t=l$ 时刻某一**比较路径** a 与全“0”路径会合后需进行幸存路径的判决时，需要比较其中哪一条路径与接收序列更为相似。假定比较路径 a 与全“0”路径的汉明距离为 d，有两种可能的情况：

（1）d **为奇数**时，如果接收序列的误码的位数小于 $(d+1)/2$。记**接收序列**、**全“0”序列**和**比较序列** a 分别为 $(r_1,r_2,\cdots,r_l)$、$\left(c_1^{(0)},c_2^{(0)},\cdots,c_l^{(0)}\right)$ 和 $\left(c_1^{(a)},c_2^{(a)},\cdots,c_l^{(a)}\right)$，其中 $c_i^{(0)}=0,r_i,c_i^{(a)}\in(0,1)$，若

$$\sum_{i=1}^{l} c_i^{(0)} \oplus c_i^{(a)} = d \tag{8.7.95}$$

因为$\left(c_1^{(0)}, c_2^{(0)}, \cdots, c_l^{(0)}\right)$是全“0”序列，所以$\left(c_1^{(a)}, c_2^{(a)}, \cdots, c_l^{(a)}\right)$一定有$d$位“1”，又若

$$\sum_{i=1}^{l} c_i^{(0)} \oplus r_i < \frac{d+1}{2} \tag{8.7.96}$$

则$\left(r_1, r_2, \cdots, r_l\right)$中包含“1”的位数一定小于$(d+1)/2$，因为$\left(c_1^{(a)}, c_2^{(a)}, \cdots, c_l^{(a)}\right)$中有$d$位“1”，因此$\left(r_1, r_2, \cdots, r_l\right)$中“1”的个数少于$\left(c_1^{(a)}, c_2^{(a)}, \cdots, c_l^{(a)}\right)$中“1”的个数，两者差别最小的情况发生在$\left(r_1, r_2, \cdots, r_l\right)$中“1”出现的位置在$\left(c_1^{(a)}, c_2^{(a)}, \cdots, c_l^{(a)}\right)$中的相应位置也为“1”时。既便如此，因为接收序列的误码的位数小于$(d+1)/2$，比较路径a与全“0”路径的汉明距离为d，仍然有

$$\sum_{i=1}^{l} c_i^{(a)} \oplus r_i \geqslant \frac{d+1}{2} \tag{8.7.97}$$

式（8.7.96）和式（8.7.97）说明全“0”路径与接收序列的距离小于路径a与接收序列的距离，这时会正确地选择全“0”路径作为幸存路径；反之，如果接收序列的误码的位数大于$(d+1)/2$，则会出现错误的选择。

因为出错的地方可能在不同的位置，考虑所有可能的错误图样，得其概率为

$$P_d = \sum_{k=(d+1)/2}^{d} \binom{d}{k} p^k (1-p)^{d-k} \tag{8.7.98}$$

（2）d **为偶数**时，如果接收序列的误码的位数小于$d/2$。做与d为奇数时完全相同的分析，这时会正确地选择全“0”路径作为幸存路径；如果接收序列的误码的位数大于$d/2$，则会出现错误的选择。特别地，当接收序列的误码的位数等于$d/2$时，若随机地选择两条路径中的任一条，则正确与错误的可能性各为$1/2$。因此出错的概率为

$$P_d = \frac{1}{2}\binom{d}{d/2} p^{d/2} (1-p)^{d/2} + \sum_{k=d/2+1}^{d} \binom{d}{k} p^k (1-p)^{d-k} \tag{8.7.99}$$

因为对于任何的d，均有如下的关系式[2][5]：

$$P_d < 2^d p^{d/2} (1-p)^{d/2} \tag{8.7.100}$$

由式（8.7.94），$P_{\mathrm{E}} \leqslant \sum_{d=d_{\text{free}}}^{\infty} A(d) P_d$，译码错误概率$P_{\mathrm{E}}$的**估算公式**可以简化为

$$P_{\mathrm{E}} < \sum_{d=d_{\text{free}}}^{\infty} A(d) 2^d p^{d/2} (1-p)^{d/2} \tag{8.7.101}$$

比较式（8.7.94），进一步可得

$$\begin{aligned} P_{\mathrm{E}} &< \sum_{d=d_{\text{free}}}^{\infty} A(d) 2^d p^{d/2} (1-p)^{d/2} \\ &= \sum_{d=d_{\text{free}}}^{\infty} A(d) D^d N^{f(d)} \Big|_{N=1, D=\sqrt{4p(1-p)}} = T(D,N) \Big|_{N=1, D=\sqrt{4p(1-p)}} \end{aligned} \tag{8.7.102}$$

软判决译码的差错概率　当采用软译码判决时，与硬判决译码时的分析类似，参见图 8.7.23，需要在$t=l$时刻对某一比较路径a与全“0”路径的会合点进行幸存路径的选择判决，以确定哪一条路径与接收序列更为相似。记**接收序列**、**全“0”序列**和**比较序列**a分别为$\left(r_1, r_2, \cdots, r_l\right)$、$\left(s_1^{(0)}, s_2^{(0)}, \cdots, s_l^{(0)}\right)$和$\left(s_1^{(a)}, s_2^{(a)}, \cdots, s_l^{(a)}\right)$，参见图 8.7.19，此时应有$s_i^{(0)} = -A$，$s_i^{(a)} \in (-A, A)$，因为假定发送的是全“0”序列，信道为加性白高斯噪声信道（AWGN），所以$r_i = -A + n_i$，其中n_i服从均值为 0、方差为$N_0/2$的高斯分布，即$n_i \sim N\left(\mu = 0, \sigma^2 = N_0/2\right)$。根据式（8.7.92），软判决出现幸存路径错误的条件为

$$\sum_{i=1}^{l} r_i s_i^{(a)} \geqslant \sum_{i=1}^{l} r_i s_i^{(0)} \Rightarrow \sum_{i=1}^{l} r_i \left(s_i^{(a)} - s_i^{(0)}\right) \geqslant 0 \tag{8.7.103}$$

假定**全“0”路径** $\left(s_1^{(0)}, s_2^{(0)}, \cdots, s_l^{(0)}\right)$ 和**比较路径** a 即 $\left(s_1^{(a)}, s_2^{(a)}, \cdots, s_l^{(a)}\right)$ 两者之间有 d 位的不同，则上式变为

$$\sum_{i, s_i^{(a)} \neq s_i^{(0)}} r_i \left[A - (-A)\right] = 2A \sum_{i, s_i^{(a)} \neq s_i^{(0)}} r_i = 2A \sum_{i, s_i^{(a)} \neq s_i^{(0)}} (-A + n_i) \geqslant 0 \tag{8.7.104}$$

整理并将其重新编号得

$$-dA + \sum_{i'}^{d} n_{i'} \geqslant 0 \tag{8.7.105}$$

因为 $\sum_{i'}^{d} n_{i'}$ 为 d 个独立的高斯随机变量之和，上式左侧是均值为 $-dA$、方差为 $dN_0/2$ 的高斯随机变量。若将该随机变量记为 ξ，$\xi \sim N\left(\mu = -dA, \sigma^2 = dN_0/2\right)$，则出现错误的概率为

$$P_d = P(\xi \geqslant 0) = \int_0^{+\infty} \frac{1}{\sqrt{2\pi \cdot dN_0/2}} \mathrm{e}^{-\left(\frac{x+dA}{\sqrt{dN_0}}\right)^2} \mathrm{d}x = Q\left[\sqrt{\frac{(dA)^2}{dN_0/2}}\right] = Q\left[\sqrt{\frac{2dA^2}{N_0}}\right] = Q\left[\sqrt{2\gamma_{\mathrm{b}} R_{\mathrm{b}} d}\right] \tag{8.7.106}$$

其中 $\gamma_{\mathrm{b}} = A^2 T_{\mathrm{b}} / N_0$ 为**比特能量**与**噪声功能密度谱**的比值，$R_{\mathrm{b}} = 1/T_{\mathrm{b}}$ 为比特速率。

一般来说，软译码器比硬译码器有更好的性能。既便对于硬译码器，也仅当 $d \geqslant d_{\mathrm{free}}$ 时才可能发生判决错误，因此只需考虑 $d \geqslant d_{\mathrm{free}}$ 时的情形。根据本节前面的分析，考虑所有离开全“0”路径后第一次返回全“0”路径，并将式（8.7.106）的结果代入式（8.7.94），可得

$$P_{\mathrm{E}} < \sum_{d=d_{\mathrm{free}}}^{\infty} A(d) P_d = \sum_{d=d_{\mathrm{free}}}^{\infty} A(d) Q\left[\sqrt{2\gamma_{\mathrm{b}} R_{\mathrm{b}} d}\right] \tag{8.7.107}$$

式中 $A(d)$ 依然是具有重量为 d 的、离开全“0”路径后第一次与全“0”路径汇合，沿全“0”路径行进到终端的码字的数量。

根据 Q 函数的性质，一般地有

$$Q\left[\sqrt{2\gamma_{\mathrm{b}} R_{\mathrm{b}} d}\right] \leqslant \mathrm{e}^{-\gamma_{\mathrm{b}} R_{\mathrm{b}} d} = D^d \ \Big|_{D=\mathrm{e}^{-\gamma_{\mathrm{b}} R_{\mathrm{b}}}} \tag{8.7.108}$$

由上式再结合式（8.7.94）所示的关系式，可得

$$P_{\mathrm{E}} \leqslant \sum_{d=d_{\mathrm{free}}}^{\infty} A(d) D^d N^{f(d)} \ \Big|_{N=1, D=\mathrm{e}^{-\gamma_{\mathrm{b}} R_{\mathrm{b}}}} = T(D, N) \ \Big|_{N=1, D=\mathrm{e}^{-\gamma_{\mathrm{b}} R_{\mathrm{b}}}} \tag{8.7.109}$$

卷积码的误比特率估算 通过前面的分析，我们获得了维特比硬译码和软译码的**错误概率限**，在评价一个通信系统的性能时，通常需要分析其误比特率。如果将维特比译码时产生的错误概率，乘以该错误出现时相应的错误比特个数，就可以估计其误比特率。注意到**转移函数**的一般表达式 $T(D, N) = \sum_{d=d_{\mathrm{free}}}^{\infty} A(d) D^d N^{f(d)}$ 中，$f(d)$ 表示序列中包含“1”的信息位的数量。而对于发送全“0”的码字而言，在反映译码错误概率限的式（8.7.102）和式（8.7.109）中，$f(d)$ 表示的就是每种译码错误中，错误比特的个数。因此，求误比特率的上限，可在错误概率的求和表达式即式（8.7.102）和式（8.7.109）中，让每项乘以相应的错误的比特个数来获得，相当于对其中的每项进行关于 $f(d)$ 加权的运算，而这一操作，可以通过对**转移函数**的**求导**来实现。对于**硬译码器**，其**误比特率**限为

$$\begin{aligned} P_{\mathrm{b}} &\leqslant \frac{\mathrm{d}T(D, N)}{\mathrm{d}N} \ \Big|_{N=1, D=\sqrt{4p(1-p)}} = \sum_{d=d_{\mathrm{free}}}^{\infty} A(d) D^d \frac{\mathrm{d}\left(N^{f(d)}\right)}{\mathrm{d}N} \ \Big|_{N=1, D=\sqrt{4p(1-p)}} \\ &= \sum_{d=d_{\mathrm{free}}}^{\infty} A(d) D^d f(d) N^{f(d)-1} \ \Big|_{N=1, D=\sqrt{4p(1-p)}} \\ &= \sum_{d=d_{\mathrm{free}}}^{\infty} A(d) \left(4p(1-p)\right)^{d/2} f(d) \end{aligned} \tag{8.7.110}$$

而对于**软译码器**，其**误比特率**限为

$$
\begin{aligned}
P_{\mathrm{b}} &\leqslant \frac{\mathrm{d}T(D,N)}{\mathrm{d}N}\Big|_{N=1,D=\mathrm{e}^{-\gamma_{\mathrm{b}}R_{\mathrm{b}}}} = \sum_{d=d_{\mathrm{free}}}^{\infty} A(d)D^{d}\frac{\mathrm{d}\left(N^{f(d)}\right)}{\mathrm{d}N}\Big|_{N=1,D=\mathrm{e}^{-\gamma_{\mathrm{b}}R_{\mathrm{b}}}} \\
&= \sum_{d=d_{\mathrm{free}}}^{\infty} A(d)D^{d}f(d)N^{f(d)-1}\Big|_{N=1,D=\mathrm{e}^{-\gamma_{\mathrm{b}}R_{\mathrm{b}}}} \\
&= \sum_{d=d_{\mathrm{free}}}^{\infty} A(d)\mathrm{e}^{-\gamma_{\mathrm{b}}R_{\mathrm{b}}d}f(d)
\end{aligned}
\tag{8.7.111}
$$

图8.7.24给出了一个$(3,1,3)$卷积码，译码分别采用硬判决和软判决时，根据式（8.7.110）和式（8.7.111）计算得到的卷积码不同译码方式的性能比较[5]。由图可见，在包括$10^{-2} \leqslant P_{\mathrm{b}} \leqslant 10^{-6}$在内的很大区域范围内，两者在此范围的上下界间均相差约2.5dB，即如果采用**硬判决**，要达到**软判决**的误码性能，信噪比γ_{b}要提高约 2.5dB。可见虽然软译码的运算较为复杂，但采用软译码能够有效地提高纠错编译码系统的性能。随着通信系统中编译码模块计算能力的提高，软译码方式将获得越来越多的应用。

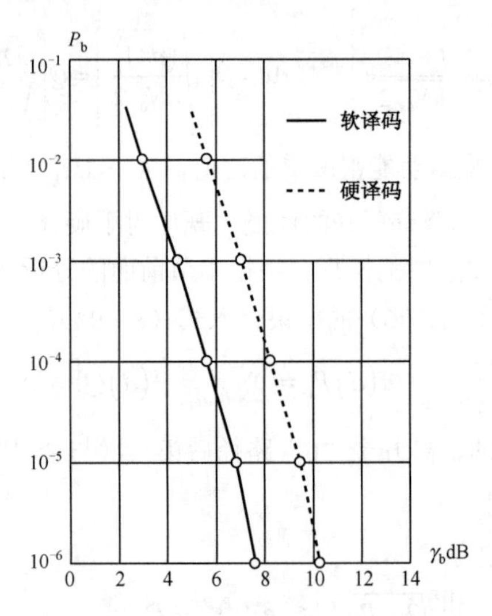

图8.7.24 卷积码(3, 1, 3)硬译码与软译码性能比较

8.7.10 卷积码的码率变换操作——凿孔卷积码*

卷积码在应用中的问题 （1）卷积码因为利用码组间的相关性，可以获得比分组码更好的性能，但也因为译码时需考虑这种相关性，复杂性大大增加。对于参数为(n,k,L)的卷积码，每输入k位信息，产生一个n位的编码输出码组。在维特比译码的网格图中，共有$2^{k(L-1)}$种状态$S_0,S_1,\cdots,S_{2^{L-1}}$。一般地，每个状态有$2^k$个分支进入，也有$2^k$个分支发出。例如，对于图8.7.9所示的$(2,1,3)$卷积码，共有$2^{3-1}=4$个状态，每个状态有$2^1=2$个分支进入和$2^1=2$个分支发出。可以想象，当$k$和$L$的取值较大时，译码过程将变得非常复杂。因此通常采用$k=1$的取值，相应的**码率**仅为$R=k/n=1/n$。（2）在现代无线通信系统中，为提高频谱的利用率，一般采用自适应的编码和调制技术，在信道条件较好时，可以采用冗余度较小的高效编码方式；而在信道条件较差时，则采用冗余度较大、效率较低但具有较强检错和纠错能力的编码方式。卷积码要在这样的条件下应用，需要其具有码率可调节的能力。

本节介绍的凿孔卷积码，可通过某种删除或称“**凿孔**”（Punctured）的变换操作，使卷积码更为适合在传输速率可变的通信环境中应用；也可以通过这种变换，对不同重要性的信息采用不同的码率编码，实现所谓的**不等保护**功能。

凿孔卷积码 一般将原来的码率R为$1/n$的卷积码称为**母卷积码**。所谓“凿孔”，是指在母卷积码输出的码字中，按照某种规则，删除（凿去）一些特定的位，所形成的码字就称为凿孔卷积码，凿孔卷

积码在有些书上也称为**增信删余码**[2]。例如，对于图 8.7.6 所示的$(2,1,3)$编码器，当输入的信息序列为 $\boldsymbol{M}=(1011001\mathit{00})$时，编码输出的码字 $\boldsymbol{C}=(11\ 10\ 00\ 01\ 01\ 11\ 11\ 10\ 11)$，若对码字的每 4 位输出删除 1 位，如删除下式中“×”位置处的码元，就得到一个新的码字：

$$\boldsymbol{C}=111\underset{\times}{0}000\underset{\times}{1}011\underset{\times}{1}111\underset{\times}{0}11 \to \boldsymbol{C}'=11100001111111 \tag{8.7.112}$$

该码字就是一种凿孔卷积码。在本例所示的凿孔卷积码操作中，将原来的每输入 1 位信息位，产生 2 位编码输出，变换为每输入 2 比特信息位，产生 3 比特的输出，码率由 $R=1/2$ 变为 $R=2/3$。

凿孔卷积码的编码过程可以在普通卷积码编码的基础上通过删除特定的位来实现。普通参数为(n,k,L)的卷积码每输入 k 位信息位产生 n 位的编码码组输出。若删除的规律以每隔 T 个 n 位的码组进行一次删除操作，则称 T 为其**凿孔周期**。凿孔规律可以一个 $n\times T$ 的**凿孔矩阵** $\boldsymbol{A}\left(a_{ij}\right)_{n\times T}$ 来描述

$$\boldsymbol{A}\left(a_{ij}\right)_{n\times T}=\begin{bmatrix} a_{11} & a_{12} & \cdots & a_{1T} \\ a_{21} & a_{22} & \cdots & a_{2T} \\ \vdots & \vdots & \ddots & \vdots \\ a_{n1} & a_{n2} & \cdots & a_{nT} \end{bmatrix},\quad a_{ij}\in\{0,1\} \tag{8.7.113}$$

其中若 $a_{ij}=0$，则表示在周期 T 内的第 j 个码组中的第 i 位被删除；反之 $a_{ij}=1$ 表示相应的位被保留。对于式（8.7.112）所示的例子，其凿孔矩阵为

$$\boldsymbol{A}\left(a_{ij}\right)_{2\times 2}=\begin{bmatrix} 1 & 1 \\ 1 & 0 \end{bmatrix} \tag{8.7.114}$$

该矩阵表示凿孔周期为 $T=2$，在一个码字中每两个码组删除 1 位，即第二个码组中的第二位被删除。

兼容性问题　所谓**兼容性**，是指对同一母卷积码做不同的凿孔操作时，即随着码率的增大，删除的位数增加时，只会在原来较低码率的凿孔码删除的基础上做进一步删除。

因为参数为$(2,1,L)$的卷积码简单，很容易构造码率按照 $R=l/(l+1)$ 规律逐渐变化且具有**兼容性**的凿孔卷积码，人们已经通过**计算机遍历搜索**的方法，得到了常用的各种从$(2,1,L)$卷积码中可产生的最佳凿孔码的删除码元位置的布局图，即凿孔矩阵的构造。这里所谓的**最佳**，是指同样的凿孔数量，其自由距离 d_{free} 最大，且码字集中重量为 d_{free} 的码字数 $A\left(d_{\text{free}}\right)$ 最少。例如，对于表 8.7.4 给出的生成多项式为 $\boldsymbol{G}(X)=\left[X^2+1, X^2+X+1\right]$、自由距离 $d_{\text{free}}=5$ 的$(2,1,3)$卷积码，可以用如下不同的凿孔矩阵获得不同码率 R 的卷积码编码输出：

$$\begin{aligned} &R=\frac{2}{3}:\boldsymbol{A}_{2\times 2}=\begin{bmatrix} 1 & 0 \\ 1 & 1 \end{bmatrix};\quad R=\frac{3}{4}:A_{2\times 3}=\begin{bmatrix} 1 & 0 & 1 \\ 1 & 1 & 0 \end{bmatrix};\quad R=\frac{4}{5}:\boldsymbol{A}_{2\times 4}=\begin{bmatrix} 1 & 0 & 1 & 1 \\ 1 & 1 & 0 & 0 \end{bmatrix} \\ &R=\frac{5}{6}:\boldsymbol{A}_{2\times 5}=\begin{bmatrix} 1 & 0 & 1 & 1 & 1 \\ 1 & 1 & 0 & 0 & 0 \end{bmatrix};\quad R=\frac{5}{6}:\boldsymbol{A}_{2\times 6}=\begin{bmatrix} 1 & 0 & 1 & 1 & 1 & 1 \\ 1 & 1 & 0 & 0 & 0 & 0 \end{bmatrix} \end{aligned} \tag{8.7.115}$$

注意到在上面的矩阵中，随着码率 R 的增大，矩阵的列数增加，这种增加总是在上一个矩阵的基础上通过增加新的列元素形成的，这就是所谓的满足**兼容性**。更多有关$(2,1,L)$卷积码中的最佳凿孔码的删除位置布局图，可参见参考文献[2]。

凿孔卷积码的译码　我们仍以图 8.7.6 所示的卷积码编码器为例，说明凿孔卷积码的完整译码过程。当输入的信息序列为 $\boldsymbol{M}=(1011001\mathit{00})$时，根据式（8.7.114）所示的凿孔矩阵，得到的凿孔码字如式（8.7.112）所示。凿孔卷积码的译码分为如下的两步。

（1）**虚拟码元**填充：凿孔后的卷积码删除了码字中的一些码元，这些码元未被传输，接收端收到凿孔卷积码的码字后，首先要在这些被凿去的码元的位置重新填充**虚拟码元**。下式描述了一个接收码字填充虚拟码元的过程，假定在传输过程中出现了一位误码，误码的位置由下划线表示：

$$\boldsymbol{R}' = 11100001111101 \rightarrow 111\ 000\ 011\ 111\ 01 \rightarrow 111\times000\times011\times111\times01 \qquad (8.7.116)$$

因为虚拟码元在译码过程中不参加运算，所以取值可以随意，在式子中用“×”表示插入的虚拟码元。因为采用何种类型的凿孔方式，发送和接收双方是**事先约定**好的，所以对于虚拟码元的插入位置是明确的。

（2）将完成虚拟码元填充后的卷积码送到维特比译码器进行译码，译码的过程如图 8.7.25 所示。在 $t=1$ 时刻，输入码组“11”，译码过程与普通的维特比译码过程一样，得到图 8.7.25(a)所示的结果；在 $t=2$ 时刻，输入的码组“1×”包含了一位填充的虚拟码元，该码元**不参与**比较运算，输入序列 $r_1r_2\ r_3r_4=11\ 1\times$ 与到达状态 $S_0S_1=00$ 的路径 00 00 相比，因最后一位不参加比较，该路径变为 00 0×，所以汉明距离 $d=3$；同理，与到达状态 $S_0S_1=10$ 的路径 00 11（00 1×）相比，$d=2$；与到达状态 $S_0S_1=01$ 的路径 11 10（11 1×）相比，$d=0$；与到达状态 $S_0S_1=11$ 的路径 11 01（11 0×）相比，$d=1$，因此得到图 8.7.25(b)所示的结果；在 $t=3$ 时刻，输入码组“00”，译码过程与普通的维特比译码过程一样，得到图 8.7.25(c)所示的结果；此后的过程类似，凡是遇到虚拟码元时，该位的码元均不参加比较运算，可以得到图 8.7.25(d)到(i)所示的译码路径，显然译码的结果纠正了 1 位的误码，正确地恢复了原来的码字。

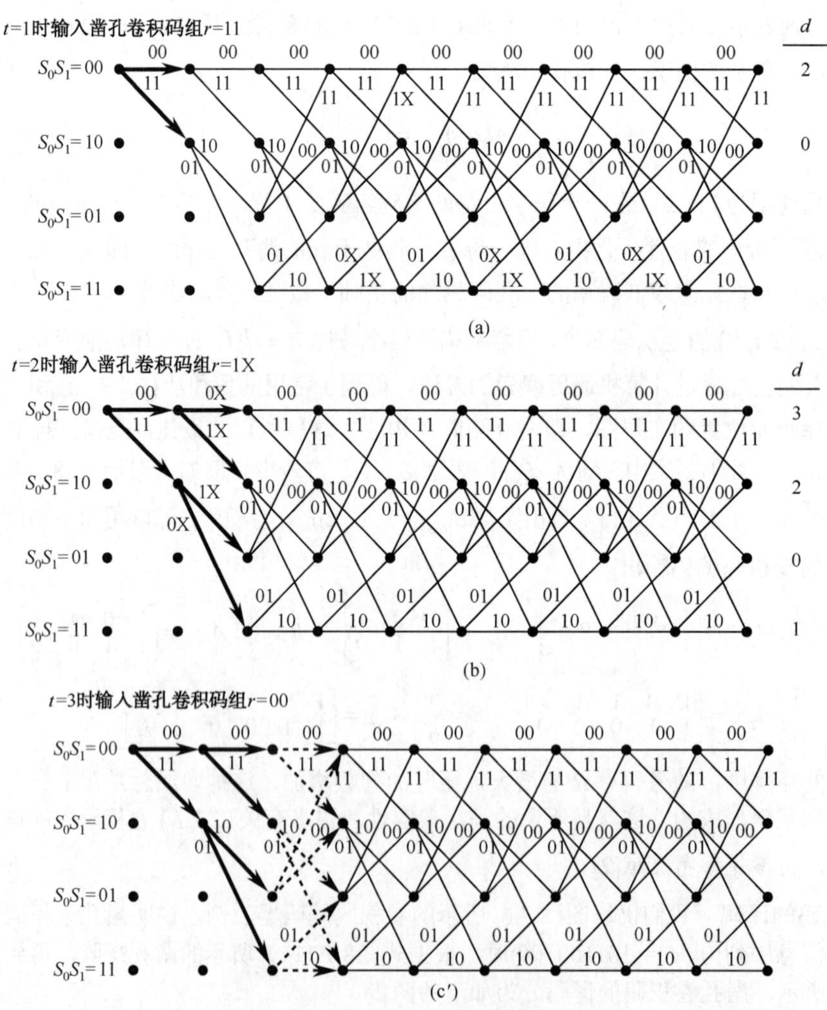

图 8.7.25　凿孔卷积码译码示意图

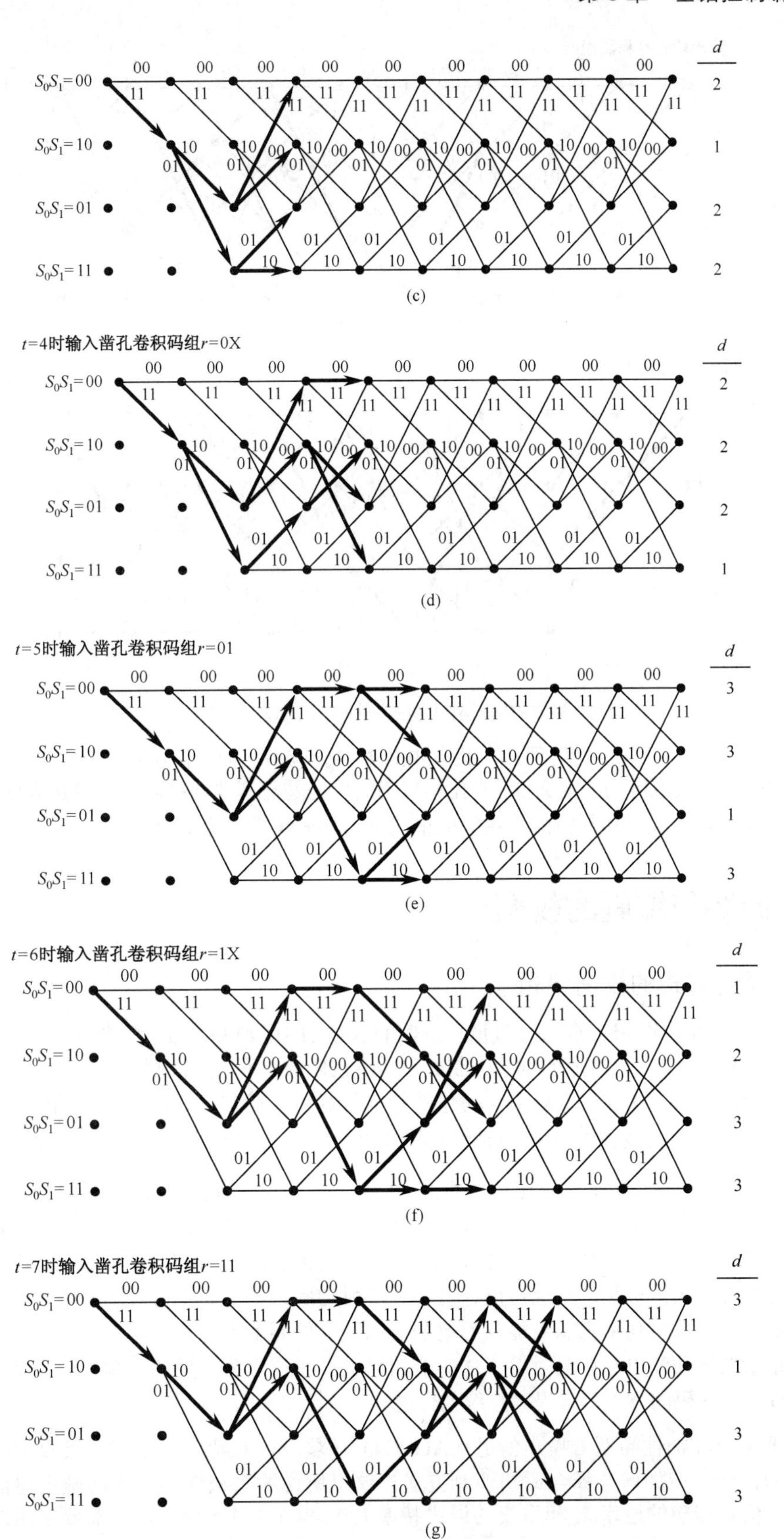

图 8.7.25　凿孔卷积码译码示意图（续）

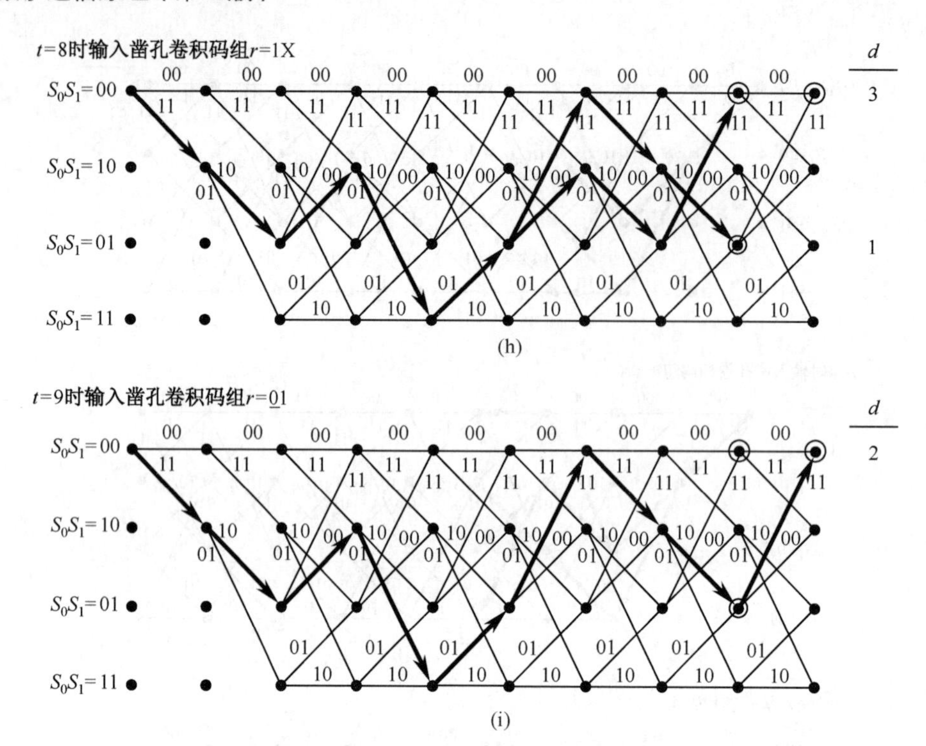

图 8.7.25　凿孔卷积码译码示意图（续）

一般来说，卷积码经过凿孔处理后，其自由距离将会减小，如上例所讨论的卷积码变为凿孔卷积码后，其自由距离将由原来的 5 变为 3。凿孔卷积码的好处是**与其他同样码率的普通卷积码相比，其自由距离并没有减小**，在检错和纠错能力相同的情况下，译码运算更为简单。

8.8　调制与编码的权衡

8.8.1　调制方式的权衡问题

在第 6 章中介绍了多种调制方式，包括二进制的 ASK、PSK 和 FSK 调制，多进制的 MASK、MFSK、MPSK 和 MQAM 调制等。通常把调制的进制数称为**调制阶数**。不同的调制方式，有不同的特定应用场合。调制方式的选择，涉及信息速率 R_b、可用的频谱带宽 W 、信号发送功率 P 、信道的特性、噪声功率密度谱 N_0 的大小，以及系统实现的复杂性等诸多因素，会受到多种综合条件和因素的制约。

例如，在可用的频谱带宽非常有限的场合，通常会考虑采用具有较高频谱效率的 MPSK 和 MQAM 等调制方式。这些具有较高阶数的调制方式，有利于提高频谱的利用效率。但从信号的星座图我们知道，在最大发射功率一定的条件下，阶数越高，符号间的距离越小，在有噪声或信道非理想的情况下，发生误码的可能性越大。虽然理论上可以通过增大发射功率来增大信号符号间的距离，但这种方法并不总是可行的。大的发射功率意味着能耗的增加对功放器件要求的提高，对于便携设备来说同时意味着所需电池重量的增加和电磁波辐射对人体影响的增大。在信号功率受到限制的条件下，人们自然会想到能否通过纠错编码的方法，来提高系统的性能。

本节主要分析在加性高斯白噪声信道（AGWN）环境下，对特定的带宽和接收信噪比的条件，为保证系统的性能，应如何选择合适的调制方式，这里所说的系统性能，主要是指通信系统最主要的两个参数：**信息传输的速率** R_b 和系统的**误比特率** P_b 。本节同时还分析，在需要采用纠错编码来提高系统性能时，应如何选择纠错编码的参数。稍后将看到，只有合理地选择纠错编码的参数，才能发挥其提高系统性能的作用，否则有可能产生适得其反的效果。本节讨论的内容是通信系统设计的基础。

在描述通信系统的性能时，有两条最重要的特性曲线，一条是反映特定调制方式下系统性能的信噪比与误比特率的特性曲线，另外一条是反映物理系统信道容量的香农公式特性曲线。撇开具体的调制方式，把上述这两条特性曲线加以抽象，可以得到图 8.8.1 所示的系统特性参数权衡平面[9]，其中图(a)描述的是**差错概率面**，图(b)描述的是**带宽效率面**。图中符号的含义如下：C 表示在权衡过程中某方面需要付出的**代价**；F 表示在权衡过程中的**固定参数**；G 表示在权衡过程中可获得的**性能提高**。系统的性能指标主要有误比特率 P_b、带宽 W、带宽效率 R/W、功率 P 和比特能量与噪声功率密度谱的比值 E_b/N_0。图中的**箭头–参数**组合表示当曲线沿着箭头所示的方向变化时，系统可获得的性能提高和所需付出的相应代价。

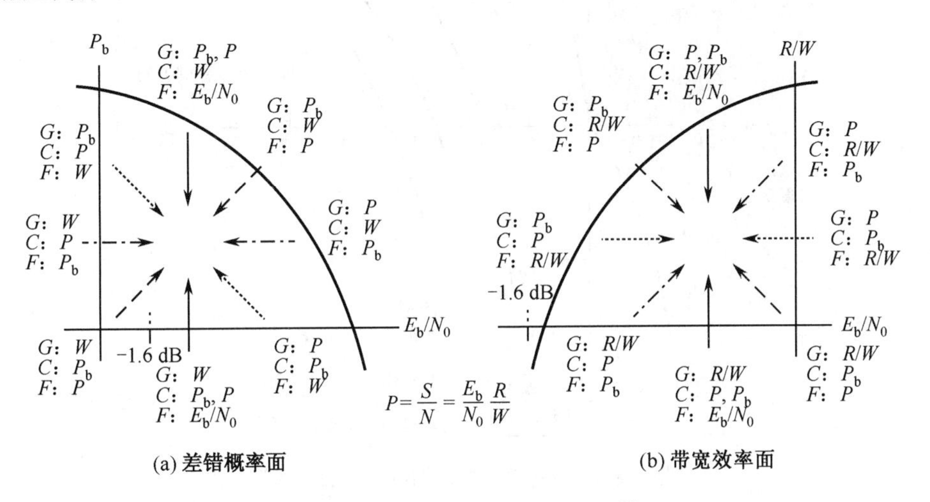

(a) 差错概率面　　(b) 带宽效率面

图 8.8.1　系统特性参数权衡平面[9]

在**差错概率面**上，参数组合 $\langle G:P;\ C:W;\ F:P_b\rangle$ 表示在保持误比特率 P_b 不变的条件下，如果愿意付出增加带宽 W 的代价，所需的功率 P 可以降低，相应的差错概率特性曲线将向水平箭头所示方向变化。参数组合 $\langle G:W;\ C:P_b,P;\ F:E_b/N_0\rangle$ 表示在保持比特能量噪声功率密度谱比 E_b/N_0 不变的条件下，要减少所需的带宽 W，其代价是误比特率 P_b 的增大，相应的差错概率特性曲线将向垂直箭头所示的方向变化。

在**带宽效率面**上，参数组合 $\langle G:R/W;\ C:P_b,P;\ F:E_b/N_0\rangle$ 表示如果在固定比特能量噪声功率密度谱比 E_b/N_0 的情况下，要使带宽效率 R/W 提高，向垂直向上的方向变化，其代价是误比特率 P_b 的增大或所需信号功率的增大。参数组合 $\langle G:P_b;\ C:R/W;\ F:P\rangle$ 表示若固定信号的功率，要使误比特率 P_b 减少，其代价是带宽效率 R/W 的降低。

图 8.8.2 给出了不同调制方式在带宽效率面中的位置，其中曲线的左上灰色区域是发送信息速率超过香农限的部分，是不可能实现无差错传输的区域；右下部分是现有通信系统中的工作区域，虽然理论上可以实现无差错的传输，但目前这还是一个有待完善的研究目标，实际的物理系统的误比特率通常仍是按照特定的应用需求来设计的。可用的信道带宽和发射功率是通信系统的两个基本的受限使用的资源，大多数的通信系统都可以分为**带宽受限型**或**功率受限型**。在功率受限而频带较宽松的场合，可选择左下角中所示的 MFSK 调制方式；而在可用的频带受限而发射功率较宽松的场合，则可选择右上角中所列的调制方式，如 MPSK 或 MQAM 等。图中的三条直线①、②和③分别描述了固定带宽效率 R/W、固定比特能量与噪声功率密度谱比 E_b/N_0 和固定误比特率 P_b 时系统参数间的权衡关系，这些参数间相互制约的定性关系在图 8.8.1(b)中已经做了完整的归纳。

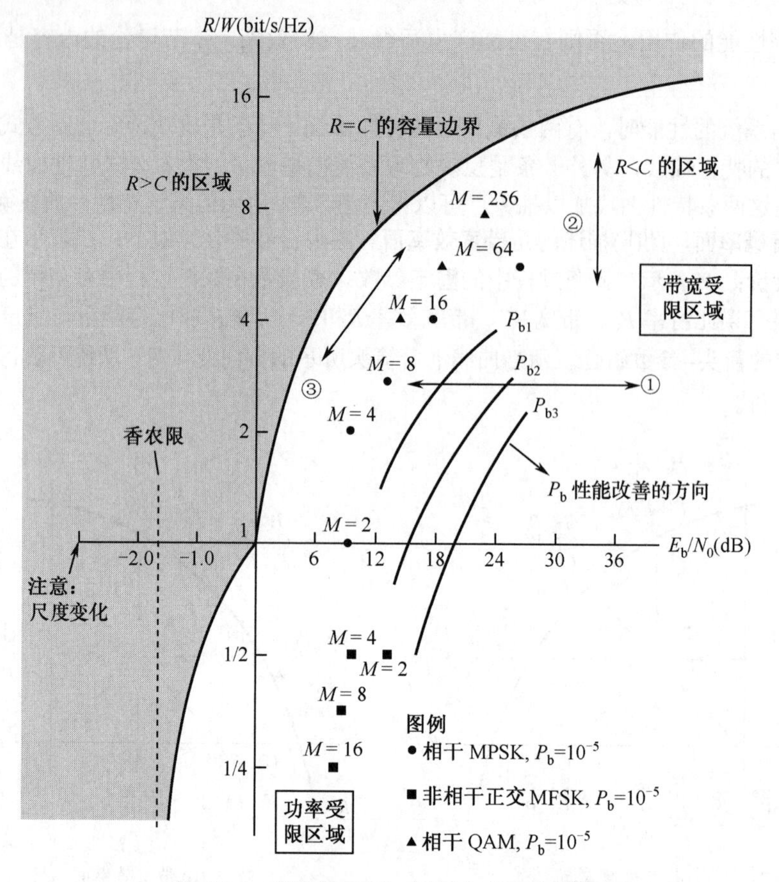

图 8.8.2　带宽效率面：调制方式的选择[9]

8.8.2　带宽受限系统与功率受限系统

一般地，对于一个 M 进制的通信系统，其调制阶数 M 、比特率 R_b（比特周期 $T_b=1/R_b$）、符号速率 R_S（符号周期 $T_S=1/R_S$），以及每个符号所携带的比特数 k 等这些参数间有如下的基本关系：

$$R_b = R_S\log_2 M = R_S\log_2 2^k = kR_S \tag{8.8.1}$$

$$T_b = \frac{1}{R_b} = \frac{1}{R_S\log_2 M} = \frac{1}{kR_S} \tag{8.8.2}$$

其**符号带宽效率** η_S 和**比特带宽效率** η_b 分别为

$$\eta_S = \frac{R_S}{W} = \frac{1}{WT_S}，\ \eta_b = \frac{R_b}{W} = \frac{1}{WT_b} \tag{8.8.3}$$

带宽受限系统　所谓**带宽受限系统**，是指可用的带宽 W 相对较小，要求具有较高比特带宽效率 η_b，而允许发射的信号功率 P 相对较大的系统。在 MASK、MPSK 和 MQAM 等调制方式中，若以信号频谱的**主瓣宽度**即所谓的**奈奎斯特最小带宽**来估计系统的带宽，则一般地有

$$W \approx \frac{1}{T_S} = R_S，\ \eta_S = \frac{R_S}{W} = \frac{1}{WT_S} \approx 1，\ \eta_b = \frac{1}{WT_b} = \frac{k}{WT_S} \approx k = \log_2 M \tag{8.8.4}$$

即系统的**符号带宽效率** η_S 是常数，而**比特带宽效率** η_b 随着调制进制数 M 的增大而提高。因此在**带宽受限系统**中，一般采用具有较高频谱效率的 MASK、MPSK 和 MQAM 等多进制调制方式。下面通过一个例子，说明带宽受限系统的设计和应用。

【例 8.8.1】 已知某一信道的可用带宽 $W_{限定}$ 为 4000Hz，且在接收端可获得接收信号功率 P_r 与噪声功率谱密度 N_0 的比 P_r/N_0 为 53dB(Hz)。试设计一个比特速率 R_b 为 9600bps、误比特率 P_b 不大于 10^{-5} 的调制传输系统。

解： 首先分析如何选择的码元速率，以及是否满足给定带宽的限定条件。由

$$R_S=\frac{1}{T_S}=\frac{1}{kT_b}=\frac{1}{T_b\log_2 M}=\frac{R_b}{\log_2 M}=\frac{9600}{\log_2 M}\approx W\leqslant W_{限定}=4000\text{Hz}$$

为获得尽可能好的抗误码性能，在满足带宽限制条件的基础上，应选择尽可能小的调制阶数，一般选择 $M=2^k$，k 是整数。

（1）若取 $k=2$，相应地 $M=4$。尝试选择 4PSK（QPSK）调制方式，相应的带宽为

$$W\approx\frac{9600}{\log_2 M}=\frac{9600}{\log_2 4}=4800\text{Hz}>W_{限定}=4000\text{Hz}$$

不满足带限的条件。

（2）若取 $k=3$，相应地 $M=8$。尝试选择 8PSK 调制方式，相应的带宽为

$$W\approx\frac{9600}{\log_2 M}=\frac{9600}{\log_2 8}=3200\text{Hz}\leqslant W_{限定}=4000\text{Hz}$$

可满足带限的条件，进一步判断是否满足误比特率 $P_b\leqslant 10^{-5}$ 的要求，由 $P_r/N_0=(53)\text{dB}=10^{5.3}=$ 199526.23，得

$$\frac{E_S}{N_0}=\frac{kE_b}{N_0}=\frac{k}{N_0}E_b=\frac{k}{N_0}\left(\frac{P_r}{R_b}\right)=\frac{k}{R_b}\left(\frac{P_r}{N_0}\right)=3\times\frac{199526.23}{9600}=62.67$$

$$P_S\approx 2Q\left[\sqrt{\frac{2E_S}{N_0}}\sin\left(\frac{\pi}{M}\right)\right]=2Q\left[\sqrt{2\times 62.67}\times\sin\left(\frac{\pi}{8}\right)\right]=2.2\times 10^{-5}$$

当在相邻信号星座点间采用**格雷码编码**时，有

$$P_b\approx\frac{P_S}{\log_2 M}=\frac{2.2\times 10^{-5}}{3}=7.3\times 10^{-6}<10^{-5}$$

因此，所选择的 8PSK 调制方式能够满足系统的要求。□

功率受限系统　所谓**功率受限系统**，是指允许发射的信号功率 P 相对较小，而对频带 W 取值的限定相对宽松的系统。从图 8.8.2 所示的**带宽效率面**可知，MFSK 调制方式的频谱效率较低，但可应用于低信噪比的环境。对于 MFSK，在满足各符号所对应的信号正交的条件下，当 $M\gg 1$ 时，所需的频带宽度为

$$W_{\text{MFSK}}=\frac{M+1}{T_S}\approx\frac{M}{T_S}$$

其比特频谱效率

$$\eta_b=\frac{R_b}{W_{\text{MFSK}}}=\frac{R_S\log_2 M}{W_{\text{MFSK}}}\approx\frac{R_S\log_2 M}{M/T_S}=\frac{\log_2 M}{M}$$

在第 6 章有关 MFSK 的性能分析中，我们已经了解到，对于同样的比特能量噪声功率密度谱比 E_b/N_0，当 M 增大时，比特频谱效率 η_b 降低，但系统的误比特率性能 P_b 将得到提高。下面同样通过一个例子，说明功率受限系统的设计和应用。

【例 8.8.2】 设可用的系统信道带宽 $W=45\text{kHz}$，要求获得的比特速率为 $R_b=9600\text{bps}$，已知可得到的接收信号功率与噪声功率谱密度比 $P_r/N_0=48\text{dB(Hz)}$，要求误比特率 $P_b\leqslant 10^{-5}$。试选择合适的系统调制方式。

解： 因为可用带宽的取值 $W=45000\text{Hz}$ 远大于信息速率 $R_b=9600\text{bps}$，不属于带宽受限系统，因此尽可能

利用在较低信噪比时仍具有较好误比特率 P_b 性能的MFSK调制方式。已知

$$\frac{P_r}{N_0}=\frac{R_b E_b}{N_0}，\ \frac{E_b}{N_0}=\frac{P_r}{N_0}\cdot\frac{1}{R_b}=\frac{10^{4.8}}{9600}=6.61$$

尝试采用 $M=16$ 的MFSK调制方式，验证误比特率 P_b 是否满足要求。因为

$$\frac{E_S}{N_0}=\frac{E_b\log_2 M}{N_0}=6.61\times 4=26.44$$

相应地，其误符号率 P_S 为

$$P_S=\frac{M-1}{2}\exp\left(-\frac{E_S}{2N_0}\right)=\frac{16-1}{2}\exp\left(-\frac{26.44}{2}\right)=1.4\times 10^{-5}$$

由MFSK调制方式误比特率 P_b 与误符号率 P_S 间的关系

$$P_b=\frac{2^{k-1}}{2^k-1}P_E=\frac{2^{4-1}}{2^4-1}1.4\times 10^{-5}=7.3\times 10^{-6}$$

可见能够满足要求。□

在实际系统的设计过程中，调制阶数 M 的取值通常要经过多次尝试才能获得最合理的结果。

8.8.3 带宽与功率均受限系统

在一些场合，有可能系统的工作条件对带宽和功率均有特定的限制。这时如果简单地根据前面所讨论的带宽受限系统或功率受限系统进行设计，则会遇到无论选择何种调制方式，均不能同时满足信道带宽限制和误比特率的要求的情况。

例如，已知某一信道的可用带宽 $W_{限定}$ 为4000Hz，且假定发射功率受限，在接收端可获得接收信号功率 P_r 与噪声功率谱密度 N_0 的比值 P_r/N_0 为53dB(Hz)。要求设计一个比特速率 R_b 为9600bps、误比特率 P_b 不大于 10^{-9} 的调制传输系统。

（1）如果按照**带宽受限系统**的设计方法，假定选择MPSK调制，回顾前面有关**带宽受限系统**的设计的讨论，采用8PSK调制，所需带宽 $W=3200$Hz 满足带限 $W_{限定}\leqslant 4000$Hz 的要求，但可获得的最低的误比特率为 7.3×10^{-6}，远不能满足在本例中对误比特率 $P_b\leqslant 10^{-9}$ 的要求。

（2）如果按照**功率受限系统**的设计方法，已知 $P_r/N_0=53$dB(Hz)，考虑采用MFSK调制方式，考虑满足误比特率的情况下，所需带宽是否满足带宽限定的要求。因为

$$\frac{E_b}{N_0}=\frac{P_r}{N_0}\cdot\frac{1}{R_b}$$

所以

$$\frac{E_S}{N_0}=\frac{E_b\log_2 M}{N_0}=\frac{P_r}{N_0}\cdot\frac{1}{R_b}\log_2 M=\frac{10^{5.3}}{9600}\log_2 M$$

又因为误符号率和误比特率分别为

$$P_S=\frac{M-1}{2}\exp\left(-\frac{E_S}{2N_0}\right)$$

$$\begin{aligned}P_b&=\frac{2^{k-1}}{2^k-1}P_S=\frac{2^{\log_2 M-1}}{2^{\log_2 M}-1}\frac{M-1}{2}\exp\left(-\frac{1}{2}\cdot\frac{P_r}{N_0}\cdot\frac{1}{R_b}\log_2 M\right)\\&=\frac{2^{\log_2 M-1}}{2^{\log_2 M}-1}\frac{M-1}{2}\exp\left(-\frac{1}{2}\cdot\frac{10^{5.3}}{9600}\log_2 M\right)\leqslant 10^{-9}\end{aligned}$$

通过尝试法可以估计出，如取 $M=2^k$，其中 k 为整数，则当 $M=4$，有

$$P_{\mathrm{b}}=\frac{2}{2^2-1}\frac{4-1}{2}\exp\left(-\frac{1}{2}\cdot\frac{10^{5.3}}{9600}\log_2 4\right)=2.06\times10^{-9}$$

它接近满足 $P_{\mathrm{b}}\leqslant10^{-9}$ 的要求。但此时 MFSK 信号的带宽为

$$W_{\mathrm{MFSK}}=\frac{M+1}{T_{\mathrm{S}}}=(M+1)R_{\mathrm{S}}=(M+1)\frac{R_{\mathrm{b}}}{\log_2 M}=\frac{M+1}{\log_2 M}9600$$

对任何大于等于 2 的整数，均有

$$\frac{M+1}{\log_2 M}>1,\quad W_{\mathrm{MFSK}}=\frac{M+1}{\log_2 M}9600>4000(\mathrm{Hz})$$

显然，带宽限制条件无法满足。

带宽与功率均受限系统设计　从上面的分析可见，在一些对带宽和功率均有限定的场合，简单地根据带宽受限系统或功率受限系统来进行设计，会出现无法找到解决方案的情况。这时需要考虑采用增加信道纠错编码的方法，来寻求解决问题的途径。图 8.8.3 是一个带有信道纠错编解码（简称**信道编码**）的调制解调发送和接收系统的示意图。对于一个参数为 (n,k) 的分组码纠错编解码系统，编码时每输入 k 位**信息比特**，产生 n 位的**信道比特**。显然，**信息比特速率** R_{b} 与**信道比特速率** R_{c} 之间满足如下关系：

$$R_{\mathrm{c}}=\frac{n}{k}R_{\mathrm{b}}\tag{8.8.5}$$

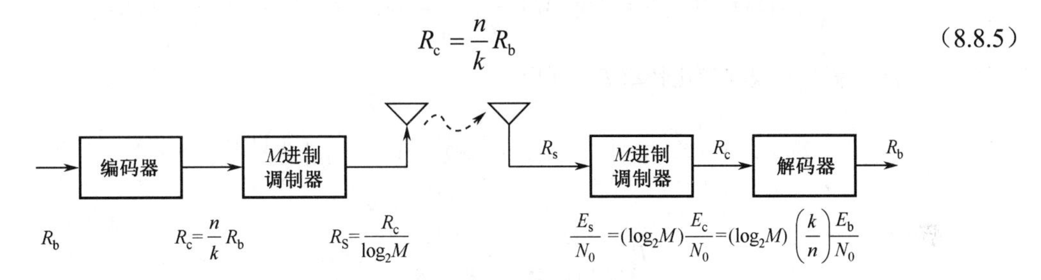

图 8.8.3　具有编码/调制和解调/解码功能的发送接送系统

此时对于调制解调器来说，要传输的是编码后的信道比特，因此符号速率 R_{S} 与信道比特速率 R_{c} 和信息比特速率 R_{b} 之间的关系为

$$R_{\mathrm{S}}=\frac{R_{\mathrm{c}}}{\log_2 M}=\frac{1}{\log_2 M}\left(\frac{n}{k}R_{\mathrm{b}}\right)\tag{8.8.6}$$

相应地，如果给定**信息比特能量** E_{b}，折算出相应的**信道比特能量** E_{c} 为

$$E_{\mathrm{c}}=\frac{k}{n}E_{\mathrm{b}}\tag{8.8.7}$$

信息比特能量 E_{b}、信道比特能量 E_{c} 和符号能量 E_{S} 与信噪比 E_{b}/N_0 之间的关系为

$$\frac{E_{\mathrm{b}}}{N_0}=\frac{1}{N_0}\left(\frac{n}{k}E_{\mathrm{c}}\right),\quad \frac{E_{\mathrm{c}}}{N_0}=\frac{k}{n}\frac{E_{\mathrm{b}}}{N_0},\quad \frac{E_{\mathrm{S}}}{N_0}=(\log_2 M)\frac{E_{\mathrm{c}}}{N_0}=(\log_2 M)\left(\frac{k}{n}\right)\frac{E_{\mathrm{b}}}{N_0}\tag{8.8.8}$$

注意这里采用的参数符号的含义，在本章中，线性分组码的参数常用 (n,k) 描述，而在 M 进制调制解调系统中每个符号携带的比特数也常用字母 k（$k=\log_2 M$）表示。这里两个“k”具有不同的含义，可根据上下文来了解在特定公式中符号“k”所代表的意义。

下面通过继续上面的例子，来说明信道编码在带宽和功率均受限系统中的作用。由前面的分析，

假设$W_{限定}=4000\text{Hz}$，$R_b=9600\text{bps}$，$P_r/N_0=53\text{dB(Hz)}$。下面是系统参数选择的具体步骤：

（1）**带限条件分析**。尝试选择$M=8$的 MPSK 调制方式，判断根据上面的条件，是否能够同时满足带限和误比特率的要求。因为通过前面的讨论已知，如不采用信道编码，无法满足误比特率达到小于等于10^{-9}的要求。参见表 8.7.4，尝试采用参数为$(63,51)$、可纠正任意 2 个错误的 BCH 码。由式（8.8.5）有

$$R_c=\frac{n}{k}R_b=\frac{63}{51}9600=11895\text{bps}\text{（信道比特率）}$$

$$R_S=\frac{R_c}{\log_2 M}=\frac{11895}{3}=3953\text{符号/s}$$

$$W\approx R_S=3953\text{Hz}<4000\text{Hz}$$

满足带限条件。

（2）**误比特率要求判断**。因为假定未编码的接收条件为

$$\frac{P_r}{N_0}=53\text{dB(Hz)},\quad \frac{E_b}{N_0}=\frac{P_r/R_b}{N_0}=\frac{10^{5.3}}{9600}=20.89$$

由式（8.8.8）有

$$\frac{E_S}{N_0}=(\log_2 M)\frac{E_c}{N_0}=(\log_2 M)\left(\frac{k}{n}\right)\frac{E_b}{N_0}=\log_2 8\times\left(\frac{51}{63}\right)\times 20.89=50.73$$

误符号率P_S和**误信道比特率**P_c分别为

$$P_S\approx 2Q\left[\sqrt{\frac{2E_S}{N_0}}\sin\left(\frac{\pi}{M}\right)\right]=2Q\left[\sqrt{2\times 50.73}\times\sin\left(\frac{\pi}{8}\right)\right]=1.2\times 10^{-4}$$

$$P_c=\frac{P_S}{\log_2 M}=\frac{1.2\times 10^{-4}}{\log_2 8}=4\times 10^{-5}$$

经过 BCH 码的纠错译码，因为所有小于等于$t=2$个的错误均可被纠正，所以最后获得的误比特率P_b为

$$P_b\approx\frac{1}{n}\sum_{j=3}^{n}j\binom{n}{j}P_c^{\,j}(1-P_c)^{n-j}=\frac{1}{63}\sum_{j=3}^{63}j\binom{63}{j}\left(4\times 10^{-5}\right)^j\left(1-4\times 10^{-5}\right)^{63-j}=1.2\times 10^{-10}$$

所得的结果误比特率$P_b=1.2\times 10^{-10}$满足小于等于10^{-9}的要求。

在一个实际系统的设计过程中，调制的进制数和编码参数的选择往往要通过多次尝试比较后才能获得最合理的结果。上面的分析说明，引入纠错编码之后，有可能解决简单地根据带宽受限系统或功率受限系统来进行设计时，均无法解决的问题。

编码参数均衡问题 在通信系统中，单纯从纠错编码的功能可能获得的好处来看，在信息的传输过程中引入信道编码后，使编码后的码字具有了一定的检错和纠错能力。随着纠错编码码率（编码效率）的减小，码字的冗余度增加，码字抵抗错误的能量增强。例如，对于参数为(n,k)的分组码，一般有如下的变化趋势：

$$\text{码率}\frac{k}{n}\downarrow\longrightarrow\text{码字的冗余度}\uparrow\longrightarrow\text{码的纠错能力}\uparrow\longrightarrow\text{误比特}P_b\downarrow\qquad(8.8.9)$$

但从另外一方面来说，随着码率的减小，码字的冗余度增加，对同样的信息比特数，需传输的信道比特数将增加。如果**信号的功率保持不变**，或者说每个信息比特的能量值E_b固定，那么由式（8.8.7），

具体分配到每个信道比特上的能量 E_c 将减少，这将导致信道误比特率增大。从上面的例子我们已经看到，经过编码后，其信道误比特率已经由原来未编码时的 $P_b = 7.3\times10^{-6}$ 增加到编码后的 $P_c = 4\times10^{-5}$，呈现出如下的一种变化趋势：

$$\text{码率}\frac{k}{n}\downarrow\longrightarrow\frac{E_c}{N_0}\downarrow\longrightarrow\text{信道误比特}P_c\uparrow \tag{8.8.10}$$

式（8.8.9）和式（8.8.10）对最后信息数据的误比特率 P_b 的综合影响是一种复杂的非线性关系。究竟采用纠错编码后，最终获得的误比特率 P_b 是降低还是增加，与编码参数的选择有很大的关系。如果编码参数选择不当，最后的结果可能因为采用了信道编码而使系统的误比特率性能变得更差。下面通过一个示例来说明这一问题。

【例 8.8.3】 已知某系统采用 BPSK 调制，系统的频带宽度为 $W = 20\text{MHz}$，信息速率为 $R_b = 10^6\text{bps}$，接收端的接收信号功率与噪声功率密度谱的比值 $P_r/N_0 = 67\text{dB(Hz)}$。试选择合适的纠错编码方式，使其满足误比特率 $P_b \leqslant 10^{-7}$ 的要求。

解：

（1）尝试选择参数 (n,k) 为 $(127,8)$ 的 BCH 码，该分组码有很强的纠错能力，可纠正码组中任意的 31 个错误。分析系统最终获得的误比特率能否满足 $P_b \leqslant 10^{-7}$ 的要求。因为

$$\frac{P_r}{N_0} = 67\left(\text{dB(Hz)}\right) = 10^{6.7} = 5011872.34,\quad \frac{E_b}{N_0} = \frac{P_r}{N_0 R_b} = \frac{5011872.34}{10^6} = 5.012$$

对于 BPSK 调制，符号能量等于信道比特能量，即有 $E_S = E_c$，因此

$$\frac{E_S}{N_0} = \frac{E_c}{N_0} = \frac{(k/n)E_b}{N_0} = \left(\frac{8}{127}\right)\times5.012 = 0.316$$

信道误比特率等于误符号率

$$P_c = Q\left(\sqrt{\frac{2E_S}{N_0}}\right) = Q\left(\sqrt{2\times0.316}\right) \approx 0.2156$$

经纠错编码处理后，最终的信息误比特率

$$P_b \approx \frac{1}{n}\sum_{j=32}^{n} j\binom{n}{j}P_c^{\,j}\left(1-P_c\right)^{n-j} = \frac{1}{127}\sum_{j=32}^{127} j\binom{127}{j}(0.2156)^j\left(1-0.2156\right)^{127-j} \approx 0.05$$

其中求和从 $j = 32$ 开始是因为所有小于等于 31 个比特的错误均能够纠正。可见所获得的信息误比特率 $P_b \approx 0.05$，距 $P_b \leqslant 10^{-7}$ 的要求相距甚远。其主要原因是经过参数为 $(127,8)$ 的纠错编码后，使需要传输的信道比特数大量增加，当信号功率为一定值时，信道的单位比特能量 E_c 很小，导致信道的误比特率 P_c 的性能严重恶化，尽管 $(127,8)$ BCH 码有很强的纠错能力，最后也无法获得好的综合效果。

（2）若选择参数 (n,k) 为 $(127,64)$ 的 BCH 码，该分组码可纠正码组中任意 10 个错误。仿上做同样的分析，此时有

$$\frac{E_S}{N_0} = \frac{E_c}{N_0} = \frac{(k/n)E_b}{N_0} = \left(\frac{64}{127}\right)\times5.012 = 2.526$$

误信道比特率等于误符号率

$$P_c = Q\left(\sqrt{\frac{2E_S}{N_0}}\right) = Q\left(\sqrt{2\times2.526}\right) \approx 0.0124$$

经纠错编码处理后，最终的信息误比特率

$$P_b \approx \frac{1}{n}\sum_{j=11}^{n} j\binom{n}{j}P_c^j(1-P_c)^{n-j} = \frac{1}{127}\sum_{j=11}^{127} j\binom{127}{j}(0.0124)^j(1-0.0124)^{127-j} \approx 5.6\times10^{-8} \leqslant 10^{-7}$$

满足系统对信息误比特率的要求。可见，虽然参数为 $(127,64)$ 的 BCH 码的纠错能力不如参数为 $(127,8)$ 的 BCH 码，但将其用于该特定的系统时，因其不会导致信道的单位比特能量 E_c 下降过大，仍然能够维持较小的信道误比特率 P_c，最终达到所希望的效果。□

8.9 本章小结

本章论述了纠错编码的基本原理。首先介绍了检错和纠错的基本思想，给出了最简单的检错和纠错编解码示例，建立了码字间监督位和信息位间关联关系的基本概念。介绍了信道编码的基本概念和原理。本章还介绍了纠错编解码内容所涉及的近世代数的基本定义和定理。通过本章介绍的有关线性分组码构造的概念、原理和方法，特别是循环码、循环汉明码和 BCH 码的方法，使读者可以了解如何根据纠错的需求，选择相应的编码参数，完整实现编码器和译码器的设计过程。本章讨论的另外一个重点是卷积码，通过本章的学习，可以较系统掌握卷积码的工作原理和基本方法，深入理解最大似然译码及其相应的硬译码、软译码等重要概念，掌握卷积码维特比译码的方法，使读者了解如何根据纠错的要求，实现卷积码的参数选择与其编译码器的设计与构建。对凿孔卷积码进行的分析讨论，可以使读者进一步了解卷积码如何应用于传输速率可变的场合。本章最后讨论了调制与编码的权衡问题，通过大量具体的示例，使读者可以初步了解到综合的系统设计对于保证一个通信系统性能的重要性。

习　题

8.1 已知二进制对称信道的差错率为 $P=10^{-2}$。（1）$(5,1)$ 重复码通过此信道传输，不可纠正错误的出现概率是多少？（2）$(4,3)$ 偶校验码通过此信道传输，不可检出错误的出现概率是多少？

8.2 某码字的集合为

0000000	1000111	0101011	0011101
1101100	1011010	0110110	1110001

（1）求该码字集合的最小汉明距离；（2）根据最小汉明距离确定其检错和纠错能力。

8.3 等重码是一种所有码字具有相同汉明重量的码，请分析等重码是否为线性码。

8.4 已知某线性码的监督矩阵为

$$\boldsymbol{H}=\begin{bmatrix}1&1&1&0&1&0&0\\1&1&0&1&0&1&0\\1&0&1&1&0&0&1\end{bmatrix}$$

求生成矩阵，并列出所有的许用码组。

8.5 已知系统线性码 $(7,4)$ 的生成矩阵为

$$\boldsymbol{G}=\begin{bmatrix}1&0&0&0&1&1&1\\0&1&0&0&1&1&0\\0&0&1&0&1&0&1\\0&0&0&1&0&1&1\end{bmatrix}$$

求所有的许用码组和监督矩阵。

8.6 已知一个系统线性码 $(7,4)$ 的监督矩阵为

$$\boldsymbol{H}=\begin{bmatrix}1&1&1&0&1&0&0\\0&1&1&1&0&1&0\\1&1&0&1&0&0&1\end{bmatrix}$$

（1）求生成矩阵 $\boldsymbol{G}$；（2）当输入信息序列 $\boldsymbol{m}=110101101010$ 时，求输出码序列 c；（3）若出现错误图样 0001000，求相应的伴随式。

8.7 已知某线性分组码的生成矩阵为

$$G=\begin{bmatrix}0&0&1&1&1&0&1\\0&1&0&0&1&1&1\\1&0&0&1&1&1&0\end{bmatrix}$$

（1）求系统码生成矩阵 $G=[I,P]$ 表达式；（2）写出典型的监督矩阵 H；（3）若译码器输入 $y=(0011111)$，计算相应的校正子 S；（4）若译码器输入 $y=(1000101)$，计算相应的校正子 S。

8.8 设线性分组码的生成矩阵为

$$G=\begin{bmatrix}0&0&1&0&1&1\\1&0&0&1&0&1\\0&1&0&1&1&0\end{bmatrix}$$

先将 G 转化为系统码结构的生成矩阵，然后：（1）求监督矩阵 H；（2）写出监督位的关系式；（3）确定最小码距 $d_{\min}$。

8.9 对于一个码长为 15、可纠正 2 个随机错误的线性分组码，需要多少个不同的校正子？至少需要多少位监督码元？

8.10 一码长 $n=15$ 的汉明码，监督位 r 应为多少？编码速率为多少？

8.11 在下列表中列出了 4 种 (3,2) 码 C_1,C_2,C_3,C_4，请分析这 4 个码是否为线性分组码？是否为循环码？

信息位	C_1	C_2	C_3	C_4
00	000	000	001	011
01	011	011	010	110
10	110	111	100	001
11	101	100	000	111

8.12 下列多项式是系数在 GF(2) 上的多项式，计算下列各式。

（1）$(x^4+x^3+x^2+1)+(x^3+x^2)$；（2）$(x^3+x^2+1)(x+1)$；（3）$(x^4+x)\bmod(x^2+1)$

8.13 已知一个 (7,3) 循环码的生成多项式为 $g(x)=x^4+x^4+x^2+1$，试求其生成矩阵。

8.14 （1）证明 (15,5) 循环码的生成多项式为 $g(x)=x^{10}+x^8+x^5+x^4+x^2+x+1$；（2）求相应的监督多项式 $h(x)=?$；（3）若信息码多项式为 $u(x)=x^4+x+1$，求相应的系统码多项式。

8.15 已知循环码的生成多项式为 $g(x)=x^4+x+1$。（1）画出系统码结构的循环码编码电路；（2）画出校正子计算电路；（3）若错误图样对应的多项式为 $E(x)=x^5+x^2$，计算该错误图样对应的校正子。

8.16 试构建一参数为 (31,26) 的汉明循环码，求其系统码结构的生成矩阵和监督矩阵，并计算其码率。

8.17 已知 (7,4) 循环码的全部码组为

0000000，0001011，0011101，0100111，0100111，0101100，0110001，0111010

1000101，1001110，1010011，1011000，1100010，1101001，1110100，1111111

试写出该循环码的生成多项式 $g(x)$ 和生成矩阵 G，并将 G 化成系统码典型阵。

8.18 已知 (15,11) 汉明循环码的生成多项式为 $g(x)=x^4+x^3+1$，试求其生成矩阵和监督矩阵。

8.19 证明表 8.7.5 中所有的 $n=31$ 本原 BCH 码均满足汉明界和普洛特金界。

8.20 参数为 (23,12) 的格雷码能纠正 3 个随机错误，证明它是完备码。

8.21 已知数据报文采用 CRC-8 进行保护。（1）假定输入数据报文中需保护的数据部分为 1100000010101101 1111010101010010，求编码输出；（2）若收到报文 110010001010110110010101010101001000111101，请判断传输过程是否出现错误？

8.22 一卷积编码器如题图 8.22 所示，已知 $k=1,n=2,L=3$。试写出生成矩阵 G 的表达式。

8.23 已知参数为 $k=1,n=2,L=4$ 的系统码结构的卷积码的单位脉冲响应为

$$C_\delta=11,01,00,01,00,\cdots,\cdots,\cdots,00,\cdots,\cdots$$

试求该卷积码的生成矩阵 G 和监督矩阵 H。

8.24 已知系统码结构的卷积码的参量为 $k=1,n=3,L=4$，其单位脉冲响应为

$$C_\delta^{(1)}=111,001,010,011，\quad C_\delta=111,001,010,011,000,\cdots,000,\cdots,\cdots$$

试求该卷积码的生成矩阵 G 和截短监督矩阵，并写出输入码为(1001…)时的输出码。

8.25 已知码率为 1/2 的卷积码的生成多项式为 $g_0(x)=1, g_1(x)=1+x$。（1）画出编码器的电路结构图；（2）画出卷积码的树状图、状态图、网格图；（3）当输入信息码为 110010 时，求卷积码输出。

8.26 已知一 (n,k,L) 卷积码编码器结构如题图 8.26 所示。（1）n,k,L 各是多少？（2）求生成多项式 $g_0(x), g_1(x)$，并求生成矩阵 $\boldsymbol{G}$；（3）若输入为(10111)，求编码输出序列 c。

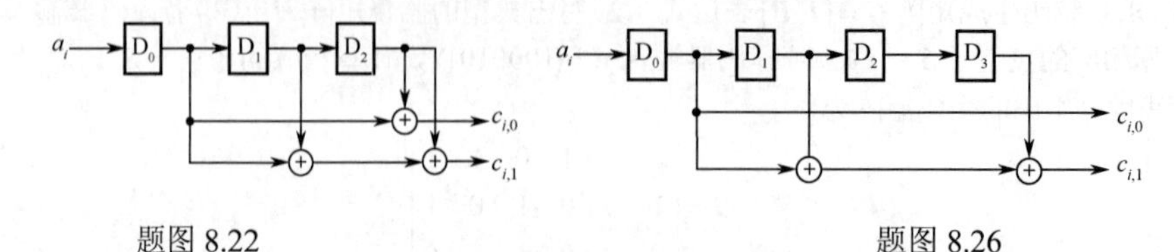

题图 8.22　　　　题图 8.26

8.27 已知 (2,1,3) 卷积码的输出与输入 $\{a_i\}$ 的关系为 $c_{i,0}=a_i \oplus a_{i-1}$，$c_{i,1}=a_{i-1} \oplus a_{i-2}$，试确定：（1）编码器电路结构；（2）卷积码的树图、状态图及网格图。

8.28 考虑题图 8.28(a)和(b)给出的两种 (2,1,3) 非系统码形式的卷积码编码器结构。分别写出两编码器的生成多项式，并判断该编码器是否存在误码的灾难性传播现象。

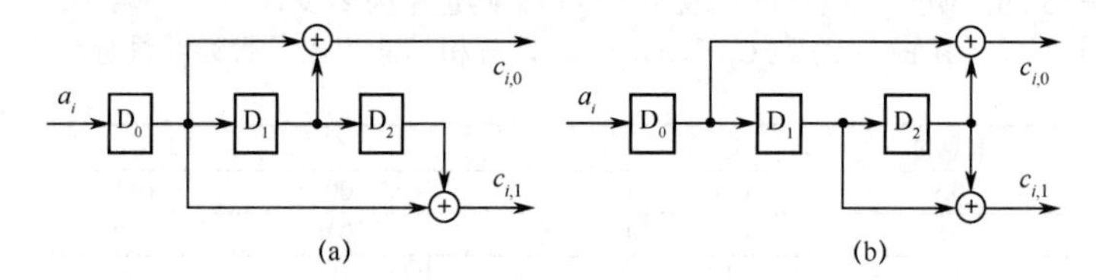

题图 8.28

8.29 已知 (2,1,3) 卷积码编码器的电路结构如题图 8.29 所示。（1）求输入与输出的逻辑表达式；（2）若接收到的序列为 $\boldsymbol{R}=10\ 10\ 00\ 01\ 11\ 01\ 11$，试用维特比译码算法判断传输是否出现错误，并求解发送信息序列 $\boldsymbol{M}$。

8.30 一个在 AWGN 信道上工作的通信系统，其可用带宽为 2400Hz，为其选择适当的调制和纠错编码。已知 E_b/N_0 为 14dB，要求数据速率为 9600bps，误比特率为 10^{-5}。有两种调制选择：非相干正交 8FSK，采用匹配滤波检测的 16QAM。两者编码方式：(127,92) BCH 码；误码率为 10^{-5} 时编码增益为 5dB 且编码效率为 1/2 的卷积码。若是理想滤波，试证明你的选择满足带宽和差错性能要求。

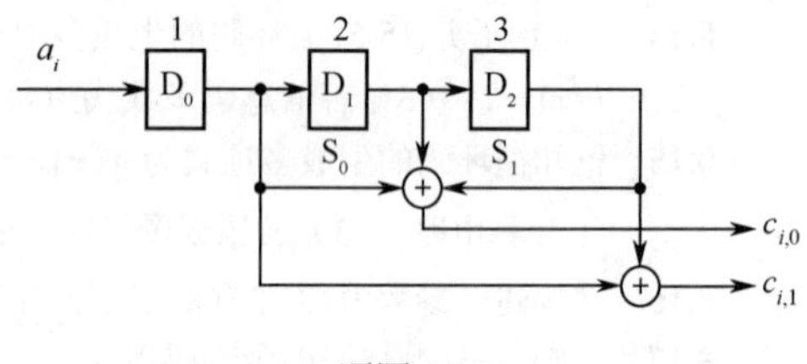

题图 8.29

8.31 假定系统的可用带宽为 40kHz，E_b/N_0 为 7.3dB，其余条件与要求与题 8.30 相同，选择符合要求的调制与编码方式。

主要参考文献

[1] 曹志刚，钱亚生．现代通信原理．北京：清华大学出版社，1992

[2] 王新梅，肖国镇．纠错码——原理与方法．西安：西安电子科技大学出版社，1996

[3] 黄载禄，殷蔚华．通信原理．北京：科学出版社，2005

[4] 徐秉铮，常德山，欧阳景正，马维祯，张遐龄，关寿琚．数字通信原理．北京：国防工业出版社，1979

[5] [美]John G. Proakis, *Digital Communications,* Fourth Edition．北京：电子工业出版社，2001

[6] 姜丹．信息论与编码（第 3 版）．合肥：中国科技大学出版社，2009

[7] 万哲先．代数与编码．北京：科学出版社，1976

[8] J. L. Massey and M. K. Sain, *Inverses of linear sequential circuits*, IEEE Trans. on Comput., pp330-337, 1968

[9] Bernard Sklar 著，徐平平等译．数字通信：基础与应用（第二版）．北京：电子工业出版社，2002

第 9 章　同步原理与技术

9.1　引言

同步是通信系统的接收端恢复发送信息所需的关键技术之一。前面我们介绍载波调制传输信号的相关或相干解调时，接收端需要一个与发送信号载波同频同相的信号。在实际系统中，任意两个自由振荡的信号发生器不可能产生两个频率和相位完全一样的信号，因此解调用的本地载波通常不能够仅由本地振荡器自行产生，必须利用接收信号中的载波信息，将本地振荡器产生的信号，调整到与发送端的载波信号同频同相，或者与该信号只有一个固定相位差的状态。这一信号处理过程就称为**载波同步**。

与模拟通信不同，数字通信还有符号或码元的概念，信号的接收一般是以符号为单位逐个进行的。无论是对于载波调制传输，还是对于基带传输，当利用相关器实现匹配滤波的功能时，积分运算都从一个符号的起始时刻开始，到一个符号的末了时刻结束。如果没有准确的符号位定时，不仅不能达到匹配滤波的效果，还会引入相邻符号的干扰，严重时会导致接收错误。获取符号位置信息的过程就称为**符号同步**或**码元同步**，也就是所谓的**位同步**。

在数字通信系统中，接收端如果能够正确地解调发送过来的符号信息，就获得了该符号所携带的二进制码组，接收端连续接收到的码组构成了一串二进制的序列。通常发送端发出的二进制信息是以**帧**为单位的，接收端只有正确地区分出原来的一个个**数据帧**，才能确定每个信源码字的起始位置，提取其中所包含的信息。获取帧的位置信息的过程，就称为**帧同步**。在无线通信系统中，通常每个信号帧独立传输，信号的到达检测往往就是帧的同步过程。

本章将系统地介绍数字通信系统中的同步原理与基本技术。首先讨论**锁相环**的工作原理，然后依次介绍载波同步、位同步和帧同步等有关技术。随着数字信号处理方法在通信系统中的广泛应用，通过软件无线电原理实现的**全数字接收机**已成为构建无线通信系统的一种常见方式[6]，同步问题变为信号处理的**参数估计**问题。此时信号的同步，并不是非要具体的硬件电路来实现，而可由软件的算法来完成。有关同步系统中涉及的参数估计问题，也会在本章中加以讨论。

9.2　锁相环

9.2.1　锁相环的组成

锁相的基本概念　对于一个自由振荡的信号发生器来说，初始的相位通常是随机的，振荡器的频率也可能会受到各种因素（如温度或湿度变化等）的影响而发生改变。在许多应用系统中，往往会要求振荡器产生的信号的频率与相位，与某一特定外部信号的频率和相位间的关系保持恒定。当满足这样的条件时，如果用示波器同时观察这两个信号，若这两个信号的频率相同，可任意选取其中一个作为触发信号；若两信号频率不同，则应采用频率较低的信号作为观察的触发信号，此时在示波器上可以看到**稳定的**两个信号波形，表明这两个信号间的相位是**锁定**的。反之，如果这两个信号的频率与相位间没有锁定的关系，在示波器上看到的这两个信号一定是**相对移动的**。

锁相环的组成　锁相环（Phase Locking Loop，PLL）的基本结构如图 9.2.1 所示，它包含了**压控振荡器**（Voltage Controlled Oscillator，VCO）、**鉴相器**（Phase Discriminator，PD）、**环路滤波器**（Loop Filter，LF）和**频率变换器** 4 个主要部件，其中压控振荡器是一个频率和相位可通过改变控制电压的大小进行调整的信号发生器。鉴相器是一个用于对两输入信号进行相位比较的电路，若两个信号间存在着不同的频率差和相位差，鉴相器相应地会产生不同的输出电压。环路滤波器通常是一个具有某种特性的低通滤波器，用于滤除鉴相器输出中的脉冲信号成分，以获得平滑的反映频差和相差的控制电压。频率变换器可实现频率的 N/M 倍变换，这里 M 和 N 是**整数**。外部信号 $s_{\rm B}(t)$ 也称为**基准信号**。合理地选择锁相环电路的参数，可将压控振荡器的输出信号锁定在与基准信号有固定频率和相位关系的工作状态上。此时有

$$f_0 = \frac{N}{M} f_{\rm B} \tag{9.2.1}$$

式中，$f_{\rm B}$ 和 f_0 分别是基准信号和压控振荡器输出信号的频率。实际系统中有各种各样的锁相环，压控振荡器输出的信号和基准信号可以是**正弦波**信号，也可以是**矩形波**信号，为分析方便起见，在本章中如果未特别说明，假定两者都是正弦波信号。同样，为简化分析，假定 $N/M=1$，所得到的分析结果同样适用于 N/M 取不同有理数的场合。

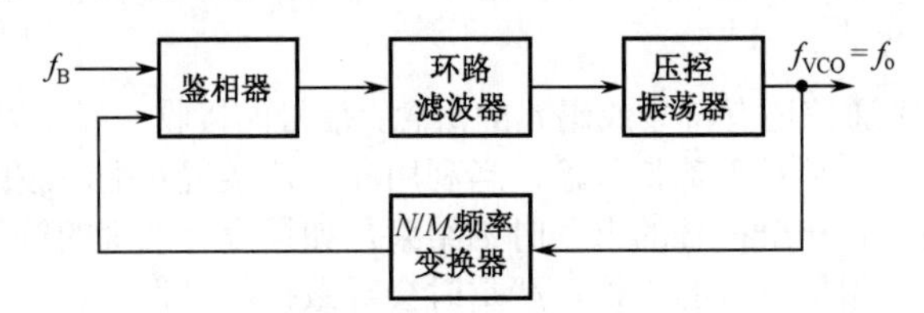

图 9.2.1　锁相环的组成

9.2.2　锁相环的工作原理

假定输入的基准信号为

$$s_{\rm B}(t) = A_{\rm B}\sin\left(2\pi f_{\rm B}t + \phi_{\rm B}(t)\right) \tag{9.2.2}$$

压控振荡器的输出信号为

$$s_0(t) = A_0\cos\left(2\pi f_{\rm VCO}(t)\right) = A_0\cos\left(2\pi f_{\rm B}t + \phi_0(t)\right) \tag{9.2.3}$$

式中，将压控振荡器的"频率项"也表示为 $f_{\rm B}$，因为在设计压控振荡器的参数时，通常使得其自由振荡时的频率尽可能接近 $f_{\rm B}$。压控振荡器的输出信号与基准信号的频率差异反映在时变的相位项 $\phi_0(t)$ 中，$\dfrac{{\rm d}\left(2\pi f_{\rm VCO}(t)\right)}{{\rm d}t} = \dfrac{{\rm d}\left(\left(2\pi f_{\rm B}t + \phi_0(t)\right)\right)}{{\rm d}t} = 2\pi f_{\rm B} + \phi_0'(t)$。若鉴相器采用**乘法器**实现，则鉴相器的输出可表示为

$$\begin{aligned} u_{\rm PD}(t) &= K_{\rm PD}\sin\left(2\pi f_{\rm B}t + \phi_{\rm B}(t)\right)\cos\left(2\pi f_{\rm B}t + \phi_0(t)\right) \\ &= \frac{1}{2}K_{\rm PD}\sin\left(\phi_{\rm B}(t) - \phi_0(t)\right) + \frac{1}{2}K_{\rm PD}\sin\left(4\pi f_{\rm B}t + \phi_{\rm B}(t) + \phi_0(t)\right) \end{aligned} \tag{9.2.4}$$

式中 $K_{\rm PD}$ 为一常数。环路滤波器是一个**低通滤波器**，$u_{\rm PD}(t)$ 经环路滤波器后的输出

$$u_{\rm d}(t) = K_{\rm d}\sin\left(\phi_{\rm B}(t) - \phi_0(t)\right) = K_{\rm d}\sin\left(\Delta\phi(t)\right) \tag{9.2.5}$$

可见 $u_{\rm d}(t)$ 是反映 $\Delta\phi(t)$ 变化的正弦波信号。$u_{\rm d}(t)$ 具有如下变化特性：

$$\frac{{\rm d}u_{\rm d}}{{\rm d}\Delta\phi} = K_{\rm d}\cos(\Delta\phi)\begin{cases} \geqslant 0, & 2k\pi - \pi/2 \leqslant \Delta\phi < 2k\pi + \pi/2 \\ < 0, & 2k\pi + \pi/2 \leqslant \Delta\phi < 2(k+1)\pi - \pi/2 \end{cases} \tag{9.2.6}$$

$u_{\rm d}(t)$ 的变化特性如图 9.2.2 所示。通过参数的设计，可使压控振荡器随着 $u_{\rm d}(t)$ 的变化产生如下变化特性：

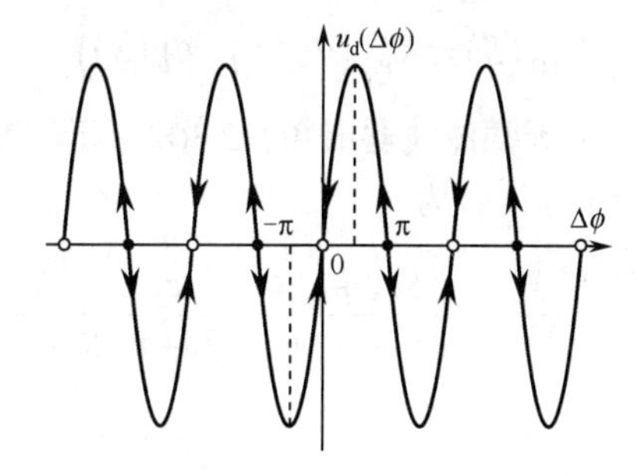

图 9.2.2　环路滤波器输出的控制电压

$$\begin{aligned} u_{\mathrm{d}} \uparrow &\rightarrow f_{\mathrm{VCO}} \uparrow \rightarrow \phi_0(t) \uparrow \\ u_{\mathrm{d}} \downarrow &\rightarrow f_{\mathrm{VCO}} \downarrow \rightarrow \phi_0(t) \downarrow \end{aligned} \tag{9.2.7}$$

由此在不同的相位取值区域内，相位的变化会产生不同的连锁反应。

（1）在 $2k\pi-\dfrac{\pi}{2} \leqslant \Delta\phi < 2k\pi+\dfrac{\pi}{2}$ 区域内，

$$\frac{\mathrm{d}u_{\mathrm{d}}(t)}{\mathrm{d}\,\Delta\,\phi} \geqslant 0,\ |\Delta\,\phi| \uparrow \rightarrow u_{\mathrm{d}}\nearrow \rightarrow f_{\mathrm{VCO}}\nearrow \rightarrow |\Delta\,\phi| \downarrow \tag{9.2.8}$$

即在这一区域，$u_{\mathrm{d}}(t)$ 对 VCO 的调整总是促使 $|\Delta\phi| \rightarrow 0$ 。

（2）在 $2k\pi+\dfrac{\pi}{2} \leqslant \Delta\phi < (2k+1)\pi+\dfrac{\pi}{2}$ 区域内，

$$\frac{\mathrm{d}u_{\mathrm{d}}(t)}{\mathrm{d}\,\Delta\,\phi} \leqslant 0,\ |\Delta\,\phi| \uparrow \rightarrow u_{\mathrm{d}}\nearrow \rightarrow f_{\mathrm{VCO}}\nearrow \rightarrow |\Delta\,\phi| \uparrow \tag{9.2.9}$$

即在这一区域，$u_{\mathrm{d}}(t)$ 的调整功能将促使 $|\Delta\phi|$ 进一步变大，偏离原来的相位点。

在图 9.2.2 中，对应横坐标上的“○”和“●”点都有 $u_{\mathrm{d}}(t)=0$，此时不会对压控振荡器的频率和相位进行调整，故称其为**平衡点**。对于图中“○”位置的点，若 $\Delta\phi$ 出现小的变化，$u_{\mathrm{d}}(t)$ 的调整作用总是力图使 $\Delta\phi$ 回到原来的位置，所以这些点又称为**稳定平衡点**。对于图中“●”位置的点，若 $\Delta\phi$ 出现小的变化，$u_{\mathrm{d}}(t)$ 的调整作用会使 $\Delta\phi$ 进一步偏离原来的位置，所以这些点又称为**非稳定平衡点**。合理的环路滤波器和压控振荡器的设计将使得锁相环最后工作在稳定的平衡点上，此时压控振荡器的输出与基准信号有相同的频率和固定的相位差，这些固定的相位差的取值就是图中平衡点上的相位值。

9.2.3　锁相环的基本性能分析

锁相环是一个复杂的反馈跟踪系统，有关其详细的理论分析可参考专门的著作[1]，本节仅做一些简要的讨论，使读者了解其基本性能和主要的特性参数。在式（9.2.5）中，如果 $\Delta\phi(t)$ 的取值很小，则鉴相器的输出近似地为

$$u_{\mathrm{PD}}(t)=\frac{1}{2}K_{\mathrm{PD}}\sin(\Delta\phi(t)) \approx \frac{1}{2}K_{\mathrm{PD}}\Delta\phi(t)=K'_{\mathrm{PD}}\Delta\phi(t) \tag{9.2.10}$$

在上式中，考虑到鉴相器后面紧接具有低通特性的环路滤波器，所以略去了快速变化的**倍频**项 $K_{\mathrm{PD}}\sin(4\pi f_{\mathrm{B}}t+\phi_{\mathrm{B}}(t)+\phi_0(t))$。特别地，如果采用理想的鉴相器，则一般地有

$$u_{\mathrm{PD}}(t)=K'_{\mathrm{PD}}\Delta\phi(t)=K'_{\mathrm{PD}}(\phi_{\mathrm{B}}(t)-\phi_0(t)) \tag{9.2.11}$$

对于反馈控制系统，通常采用**拉普拉斯变换**进行分析，对式（9.2.11）等号两边取拉普拉斯变换可得

$$U_{\rm PD}(S)=K'_{\rm PD}\left(\varPhi_{\rm B}(S)-\varPhi_0(S)\right) \tag{9.2.12}$$

环路滤波器可以采用图 9.2.3(a)所示的**无源滤波器**或图 9.2.3(b)所示的**有源滤波器**构建。若记 $\tau_1=R_1C$，$\tau_2=R_2C$，其中无源环路滤波器的传递函数为

$$F(S)=\frac{U_{\rm d}(S)}{U_{\rm PD}(S)}=\frac{S\tau_2+1}{S(\tau_1+\tau_2)+1}=\frac{\tau_2}{\tau_1+\tau_2}\frac{S+1/\tau_2}{S+1/(\tau_1+\tau_2)} \tag{9.2.13}$$

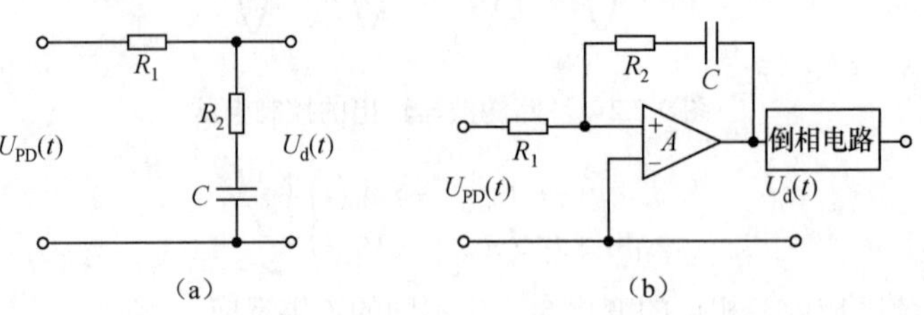

图 9.2.3 (a)无源滤波器；(b)有源滤波器

有源环路滤波器的传递函数为

$$F(S)=\frac{U_{\rm d}(S)}{U_{\rm PD}(S)}=-\frac{A(S\tau_2+1)}{S\tau_2+1+(1-A)S\tau_1}\approx\frac{\tau_2}{\tau_1}\frac{S+1/\tau_2}{S} \tag{9.2.14}$$

上式中最后一个约等号成立是考虑到运算放大器的开环增益 A 取值很大。通常参数的选择满足 $R_1\gg R_2$，$\tau_2=R_2C\gg 1$。因此有 $\tau_1\gg\tau_2$，$\tau_2\gg 1$。无论是有源滤波器还是无源滤波器，均有

$$F(0)\approx\frac{\tau_2}{\tau_1} \tag{9.2.15}$$

注意上式的结果是对低频信号来说的，假定高频信号成分已被滤除。若压控振荡器的频率变化 Δf 与控制电压 $u_{\rm d}(t)$ 的取值为一种线性关系，则有

$$2\pi\Delta f=K_0u_{\rm d}(t) \tag{9.2.16}$$

相应地，压控振荡器的相位变化为

$$\phi_0(t)=\int_{-\infty}^{t}2\pi\Delta f{\rm d}t=\int_{-\infty}^{t}K_0u_{\rm d}(t){\rm d}t \tag{9.2.17}$$

对上式两边取拉氏变换得

$$\varPhi_0(S)=\frac{K_0U_{\rm d}(S)}{S} \tag{9.2.18}$$

锁相环的相位跟踪性能 $\varPhi_{\rm B}(S)$ 反映输入相位的变化，$\varPhi_0(S)$ 反映输出相位的变化，**环路传递函数**定义为

$$H(S)=\frac{\varPhi_0(S)}{\varPhi_{\rm B}(S)} \tag{9.2.19}$$

由式（9.2.12）、式（9.2.13）和式（9.2.18），可得

$$H(S)=\frac{K'_{\rm PD}K_0F(S)}{S+K'_{\rm PD}K_0F(S)}=\frac{KF(S)}{S+KF(S)} \tag{9.2.20}$$

若记输入输出的相位误差为 $\Delta\varPhi(S)=\varPhi_{\rm B}(S)-\varPhi_0(S)$，则**相位误差传递函数**定义为

$$H_{\Delta\phi}(S)=\frac{\Delta\varPhi(S)}{\varPhi_{\rm B}(S)}=\frac{\varPhi_{\rm B}(S)-\varPhi_0(S)}{\varPhi_{\rm B}(S)}=1-H(S) \tag{9.2.21}$$

因此有

$$\Delta\Phi(S)=H_{\Delta\Phi}(S)\Phi_{B}(S)=\left(1-H(S)\right)\Phi_{B}(S)=\frac{S}{S+KF(S)}\Phi_{B}(S) \tag{9.2.22}$$

由式（9.2.15），$F(0)\neq 0$，由拉普拉斯变换的**终值定理**

$$\lim_{t\to\infty}\Delta\phi(t)=\lim_{S\to 0}S\Delta\Phi(S)=\lim_{S\to 0}\frac{S^{2}}{S+KF(S)}\Phi_{B}(S) \tag{9.2.23}$$

若输入只有某一固定幅度 $\Delta\phi$ 的**相位变化**，不妨设其为一阶跃变化

$$\phi_{B}(t)=\Delta\phi u(t)\ \Leftrightarrow\ \Phi_{B}(S)=\frac{\Delta\phi}{S} \tag{9.2.24}$$

式中 $u(t)$ 是**阶跃函数**。则由式（9.2.23），可得

$$\lim_{t\to\infty}\Delta\phi(t)=\lim_{S\to 0}S\Delta\Phi(S)=\lim_{S\to 0}\frac{S^{2}}{S+KF(S)}\frac{\Delta\phi}{S}=0 \tag{9.2.25}$$

可见稳态的相位误差趋于零。由式（9.2.2）和式（9.2.3）可知

$$\left(\Delta\phi(t)=\phi_{B}(t)-\phi_{0}(t)\to 0\right)\ \to\ \left(f_{VCO}\to f_{B}\right) \tag{9.2.26}$$

即稳态的相位误差趋于零，这同时意味着压控振荡器的输出信号频率 f_{VCO} 一定锁定在输入的基准频率 f_{B} 上。在上面的分析中，假定鉴相器的输出为 $u_{PD}(t)=K'_{PD}\Delta\phi(t)$，如果鉴相器的输出为 $u_{PD}(t)=K'_{PD}\sin\left(\Delta\phi(t)\right)$，则稳态的相位误差将可能在图 9.2.2 的不同平衡点上，此时，压控振荡器的输出与基准信号有一固定的相位差，同样意味着有 $f_{VCO}=f_{B}$。

锁相环的频率同步范围　锁相环的**同步范围**，也称**同步带宽**，是指当锁相环进入稳定的工作状态后，输入的基准信号的频率发生变化时，锁相环压控振荡器可能跟踪的最大范围。根据前面的分析，当锁相环处于稳定工作状态后，有 $f_{B}=f_{VCO}$。假定输入频率发生变化，不妨设其大小为 Δf_{B} 的阶跃变化，即

$$\phi_{B}(t)=\int_{-\infty}^{t}2\pi\Delta f_{B}t\mathrm{d}t\ \Leftrightarrow\ \Phi_{B}(S)=\frac{2\pi\Delta f_{B}}{S^{2}} \tag{9.2.27}$$

代入式（9.2.22）有

$$\Delta\Phi(S)=\frac{S}{S+KF(S)}\Phi_{B}(S)=\frac{S}{S+KF(S)}\frac{2\pi\Delta f_{B}}{S^{2}}=\frac{2\pi\Delta f_{B}}{S\left(S+KF(S)\right)} \tag{9.2.28}$$

再由拉普拉斯变换的**终值定理有**

$$\lim_{t\to\infty}\Delta\phi(t)=\lim_{S\to 0}S\Delta\Phi(S)=\lim_{S\to 0}\frac{2\pi\Delta f_{B}}{S+KF(S)}=\frac{2\pi\Delta f_{B}}{KF(0)} \tag{9.2.29}$$

由此可见，当输入基准信号的频率发生变化时，要保证锁相环的频率同步，压控振荡器的输出将有一固定的相位差，其大小为 $\Delta\phi=2\pi\Delta f_{B}/KF(0)$。参数 $K_{D}=KF(0)$ 也称为**直流增益**，可见只要锁相环的直流增益足够大，从输入频率发生跳变到锁相环重新稳定工作，最后的固定相位差 $\Delta\phi$ 可足够小。

对于**理想**的鉴相器来说，其输出 $u_{PD}(t)=K'_{PD}\left(\phi_{B}(t)-\phi_{0}(t)\right)=K'_{PD}\Delta\phi(t)$，从理论上来说，只要压控振荡器的频率调节范围足够大，则锁相环的频率同步范围也可达到无限大。而对于实际的具有**正弦变化特性**的鉴相器来说，输出电压 $u_{PD}(t)=K'_{PD}\sin\left(\Delta\phi(t)\right)$，因为条件 $\left|\sin\left(\Delta\phi(t)\right)\right|\leqslant 1$ 限定了

$\left|u_{\text{PD}}(t)\right| \leqslant K'_{\text{PD}}$，显然鉴相器的输出大小限定了锁相环的频率调节范围，由

$$\max\sin(\Delta\phi) = \max\sin\frac{2\pi\Delta f_{\text{B}}}{KF(0)} = 1 \to \frac{2\pi\Delta f_{\text{B}}}{KF(0)} = \frac{\pi}{2} \to \max\Delta f_B = \frac{KF(0)}{4} \tag{9.2.30}$$

可知最大的频率同步范围为

$$\left|\Delta f_{\text{B}}\right| \leqslant \frac{KF(0)}{4} \tag{9.2.31}$$

由此可见，环路的直流增益 $K_{\text{D}} = KF(0)$ 越大，同步的带宽相应就越大。

锁相环的捕捉时间　锁相环的**捕捉时间**是指环路从未锁定到锁定，或从基准信号的频率发生变化到重新锁定所需要的时间。显然，捕捉时间的长短与基准信号频率与压控振荡器频率差值的大小有关。有关的研究分析表明，在**同步范围**内，所需的最大捕捉时间近似地由下式决定[1]：

$$t_{\text{P}} \approx \frac{\Delta\omega^2}{2\xi\omega_{\text{n}}^3} \tag{9.2.32}$$

式中的 $\omega_{\text{n}} = \sqrt{K/(\tau_1+\tau_2)} \approx \sqrt{K/\tau_1}$ 称为环路的**自然频率**，$\xi = \omega_{\text{n}}(\tau_2 + 1/K)/2$ 称为环路的**阻尼系数**。

锁相环的同步保持时间　锁相环的同步保持时间 t_{c} 是指在锁相环原来与基准信号已经锁定的情况下，失去基准信号，维持压控振荡器输出信号的相位变化 $\Delta\phi_0$ 不超过某一特定值 ε，即 $\Delta\phi_0 \leqslant \varepsilon$ 的时间。假定锁相环失去基准信号后，压控振荡器的控制电压 $u_{\text{d}}(t)$ 按照指数规律衰减，

$$u_{\text{d}}(t) = E_{\text{d}}\text{e}^{-\alpha t} \tag{9.2.33}$$

其中 E_{d} 和 α 分别是初始电压和衰减指数（放电时间常数的倒数）。由式（9.2.17），可得

$$\begin{aligned}\Delta\phi_0 &= \phi_0(t+t_{\text{c}}) - \phi_0(t) = \int_{-\infty}^{t+t_{\text{c}}} K_0 u_{\text{d}}(t)\text{d}t - \int_{-\infty}^{t} K_0 u_{\text{d}}(t)\text{d}t \\ &= \int_t^{t+t_{\text{c}}} K_0 u_{\text{d}}(t)\text{d}t = \int_t^{t+t_{\text{c}}} K_0 E_{\text{d}}\text{e}^{-\alpha t}\text{d}t = \frac{K_0 E_{\text{d}}}{\alpha}\left(\text{e}^{-\alpha t} - \text{e}^{-\alpha(t+t_{\text{c}})}\right)\end{aligned} \tag{9.2.34}$$

假定在 $t=0$ 时刻失去基准信号，以 $\Delta\phi_0 = \varepsilon$，$t=0$ 代入上式可解得

$$t_{\text{c}} = \frac{1}{\alpha}\ln\left(\frac{K_0 E_{\text{d}}}{K_0 E_{\text{d}} - \alpha\varepsilon}\right) \tag{9.2.35}$$

在锁相环的系统参数选择中，增大同步保持时间 t_{c} 和减少同步捕捉时间 t_{p} 之间往往是有矛盾的。在实际系统中，可根据系统在不同的工作阶段自适应地调整系统的工作参数来取得较好的综合性能。

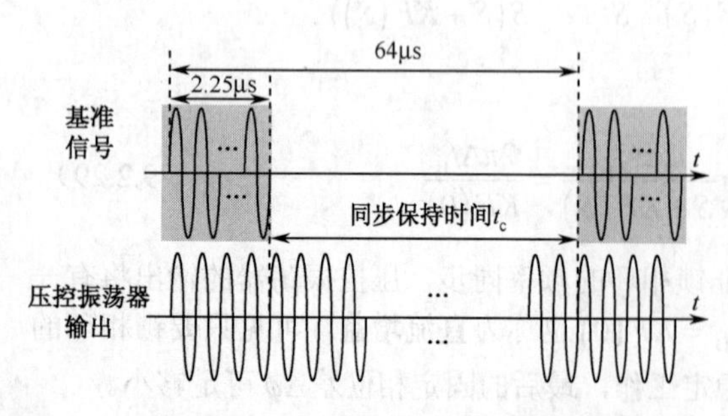

图 9.2.4　锁相环的间歇同步校正

当锁相环具有较长的同步保持时间时，可以实现**间歇同步**。图 9.2.4 给出了一个广播电视系统中 4.43MHz **色副载波**同步基准信号间歇出现的例子，在电视信号的每一行扫描的周期 $t_{\text{H}} = 64\mu\text{s}$ 内，电视机内的色副载波振荡器被输入电视信号的色副载波同步基准信号校正一次。如图中的阴影部分所示，在每个行扫描周期内，基准信号出现的时间长度为 $2.25\mu\text{s}$。因此，对于色副载波的锁相环来说，同步保持时间应大于等于 $64 - 2.25 = 61.75\mu\text{s}$。

输入噪声对锁相环的影响　在通信的载波同步锁相环系统中，基准信号来自接收信号，其中混加

有传输过程中引入的噪声，此时基准信号可以表示为

$$s_B(t)=A_B\cos\left(2\pi f_B t+\phi_B(t)\right)+n_C(t)\cos 2\pi f_B t-n_S(t)\sin 2\pi f_B t \tag{9.2.36}$$

为分析简单起见，不妨假定 $\phi_B(t)=0$，参见第 2 章的式（2.10.28）及有关分析，可得

$$s_B(t)=R(t)\cos\left(2\pi f_B t+\phi_n(t)\right) \tag{9.2.37}$$

其中，

$$\phi_n(t)=\arctan\frac{n_S(t)}{A_B+n_C(t)} \tag{9.2.38}$$

当基准信号的信噪比 $\gamma=A_B^2/2\sigma_n^2$（σ_n^2 是 $n_C(t)$ 与 $n_S(t)$ 的方差）较大时，$\phi_n(t)$ 的概率密度函数 $p(\phi_n)$ 具有**近似高斯的分布特性**。给定环路滤波器 $H(S)$，若形式上记 $\phi_n(t)$ 的拉普拉斯变换为 $\Phi_n(S)$，忽略信号幅度 $R(t)$ 对鉴相器鉴相输出的影响，则噪声对锁相环输出相位的影响为 $\Phi_{n0}(S)=H(S)\Phi_n(S)$，因为 $\phi_n(t)$ 是随机过程，因此 $\Phi_{n0}(S)$ 一般无法计算，但可见 $H(S)$ 的带宽和特性的选择对噪声的抑制有重要作用。根据 $H(S)$ 对噪声功率的影响，可定义**环路噪声带宽**为

$$B_L=\int_0^\infty\left|H(S)\right|_{S=j2\pi f}^2\mathrm{d}f=\int_0^\infty\left|H(j2\pi f)\right|^2\mathrm{d}f \tag{9.2.39}$$

B_L 越小，环路滤波器对输入噪声的抑制能力越强。对于图 9.2.3(a)所示的无源滤波器，将环路滤波器的有关参数代入式（9.2.39）可得

$$B_L=\frac{\omega_n}{8\xi}\left(\left(2\xi-\frac{\omega_n}{K}\right)^2+1\right) \tag{9.2.40}$$

对于图 9.2.3(b)所示的有源滤波器，将环路滤波器的有关参数代入式（9.2.39）可得

$$B_L=\frac{\omega_n}{2}\left(\xi+\frac{1}{4\xi}\right) \tag{9.2.41}$$

通常输入相位噪声的功率分布在较宽的频带范围内，经过窄带的环路滤波器后，大部分噪声都被抑制。因此，设计良好的锁相环可以视为一个输入信号的**再生系统**，从这个意义上来说，锁相环可视为一个较为**理想的窄带滤波器**。通信系统中通过锁相环恢复载波信号，正是利用了锁相环的这一特点。值得注意的是，环路噪声带宽 B_L 对系统参数的选择要求与捕捉时间 t_P 对系统参数的选择要求也是有矛盾的，前者希望参数 ω_n 越小越好，而后者希望 ω_n 越大越好，环路参数设计时需要兼顾两者的要求。

9.3　载波同步

9.3.1　直接提取法

直接提取法就是利用锁相环电路，从接收信号中提取载波同步信号的方法。在很多情况下，载波调制信号中并没有直接包含载波信号，此时需要从已调的载波信号中提取载波信息。本节将通过**平方环法、科斯塔环法**和 ***M* 次方环法**，介绍如何从已调的载波信号获取载波信息，得到同步的本地载波信号。

平方环法　平方环法是一种从 2PSK 信号中提取载波信号的方法。2PSK 信号可以表示为

$$s(t)=x(t)\cos\omega_c t=\sum_{n=-\infty}^{\infty}a_n g_T(t-nT_S)\cos\omega_c t \tag{9.3.1}$$

式中 $a_n \in \{-a, a\}$，$g_T(t)$ 为持续一个码元周期 T_S 的波形函数。为分析简单起见，假定 $g_T(t)$ 为**门函数**，即幅度取值为 1、持续时间为一个 T_S 的矩形脉冲，同时假定载波的初始相位为零。平方环法载波恢复的原理电路如图 9.3.1 所示，其中的**带通滤波器**是中心频率设定在 $2\omega_c$ 的**窄带滤波器**。

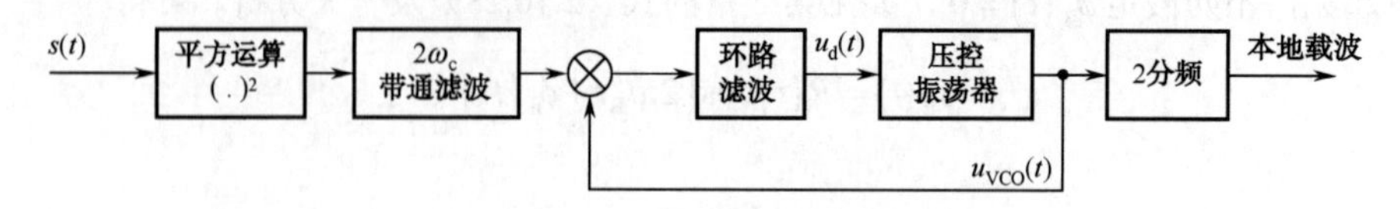

图 9.3.1　平方环的工作原理图

输入信号 $s(t)$ 经**平方运算**单元后，得到的输出为

$$\begin{aligned} s^2(t) &= \left(\sum\nolimits_{n=-\infty}^{\infty} a_n g_T(t-nT_S)\cos\omega_c t\right)^2 = \sum\nolimits_{n=-\infty}^{\infty}\left(a_n g_T(t-nT_S)\cos\omega_c t\right)^2 \\ &= \sum\nolimits_{n=-\infty}^{\infty} a^2 g_T^2(t-nT_S)\frac{1}{2}\left(1+\cos 2\omega_c t\right) = \frac{1}{2}a^2 + \frac{1}{2}a^2\cos 2\omega_c t \end{aligned} \tag{9.3.2}$$

其中第二个等号成立是因为每个符号脉冲 $a_n g_T(t-nT_S)\cos\omega_c t$ 时间上都是不重叠的，第三个等号成立是因为 $a_n \in \{-a, a\}$，第四个等号成立是因为 $g_T^2(t-nT_S) = 1$，$nT_S \leqslant t < (n+1)T_S$，$-\infty < n < +\infty$。

平方运算输出的信号 $s^2(t)$ 经过中心频率为 $2\omega_c$ 的带通滤波器后，输出为

$$s_{2\omega_c}(t) = \frac{1}{2}a^2\cos 2\omega_c t \tag{9.3.3}$$

从形式上看，此时已获得了发送信号载波的两倍频信号，该信号是直接从接收信号中获得的，自然是一个与载波信号频率与相位均锁定的信号。但在接收信号中，混夹有噪声等杂波成分，因此经平方运算和带通滤波后，实际得到的是如下含有噪声与信号交调成分的信号 $s'_{2\omega_c}(t) = (1/2)a^2\cos 2\omega_c t + n(t)$，它需要经过锁相环这一等效的较为**理想的窄带滤波器**，才能**再生**出较为纯净的载波信号。在下面的讨论中，假定锁相环能够有效地抑制环路噪声，因此在讨论中不考虑噪声干扰项 $n(t)$。

假定压控振荡器的输出为

$$u_{VCO}(t) = A\sin\left(2\omega_c t + 2\Delta\phi(t)\right) \tag{9.3.4}$$

$u_{VCO}(t)$ 与 $s_{2\omega_c}(t)$ 的频率与相位差异综合反映在时变的 $2\Delta\phi(t)$ 项中。经乘法器后得到

$$\begin{aligned} u_{PD}(t) &= s_{2\omega_c}(t)u_{VCO}(t) = \frac{1}{2}a^2\cos 2\omega_c t \cdot A\sin\left(2\omega_c t + 2\Delta\phi(t)\right) \\ &= K_{PD}\left(\sin\left(2\Delta\phi(t)\right) + \sin\left(4\omega_c t + 2\Delta\phi(t)\right)\right) \end{aligned} \tag{9.3.5}$$

在分析过程中，将所有的常数项归结为 K_{PD}。经具有低通特性的环路滤波器后，4 次载波项被滤除，得到

$$u_d(t) = K_d\sin\left(2\Delta\phi(t)\right) \tag{9.3.6}$$

$\Delta\phi(t)$ 与环路滤波器输出的控制电压 $u_d(t)$ 间的关系相应地如图 9.3.2 所示。根据 9.2.2 节的分析可知，平方环的**稳定平衡点**将出现在 $\Delta\phi = k\pi$，$k = 0, \pm1, \pm2, \pm3, \cdots$ 的位置上，此时除非输入的频率或相位有大的变化，否则 $\Delta\phi$ 的值保持为常数。

因为压控振荡器的输出为 $u_{VCO}(t) = A\cos\left(2\omega_c t + 2\Delta\phi(t)\right)$，经二分频电路后，成为与输入载波信号锁定的本地的载波信号

$$u_L(t) = A_L\cos\left(\omega_c t + \Delta\phi\right) \tag{9.3.7}$$

比较式（9.3.1）与式（9.3.7），若锁相环工作稳定后 $\Delta\phi$ 落在 k 取 0 或**偶数**的稳定平衡点上，本地载波

信号与输入载波信号**同频同相**；若锁相环工作稳定后$\Delta\phi$落在k取**奇数**的稳定平衡点上，本地载波信号与输入载波信号频率相同，但相位相差 180°。因为无法判断本地载波信号最终停留在与输入载波的相位差是 0°还是 180°的位置，人们把这种现象称为载波恢复时的**相位模糊**问题。相位模糊会导致解调得到的二进制基带码元出现“0”与“1”的**相位倒换**，相位倒换问题可通过**差分编码**的方法加以解决。

科斯塔环法　另一种常用的 2PSK 信号的载波恢复方法是所谓的**科斯塔环法**。科斯塔环的工作原理框图如图 9.3.3 所示。输入的接收信号仍如式（9.3.1）所示，即 $s(t)=x(t)\cos\omega_c t=\sum_{n=-\infty}^{\infty}a_n g_T(t-nT_S)\cos\omega_c t$，压控振荡器的输出信号及其−90°相移的信号可分别表示为

$$u_1(t)=\cos\left(\omega_c t+\Delta\phi(t)\right) \tag{9.3.8}$$

$$u_2(t)=\sin\left(\omega_c t+\Delta\phi(t)\right) \tag{9.3.9}$$

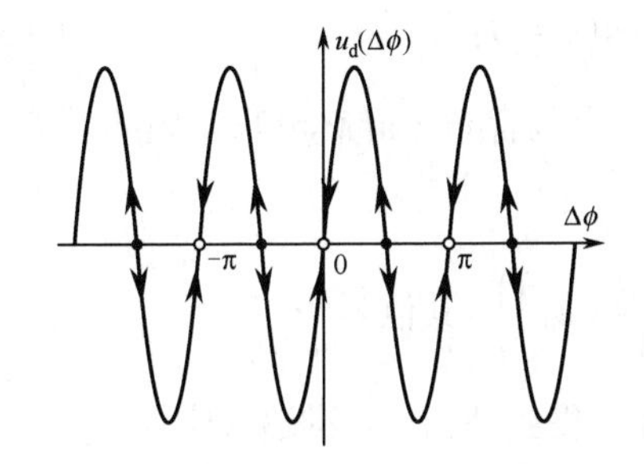

图 9.3.2　平方环的$u_d(\Delta\phi)$变化特性

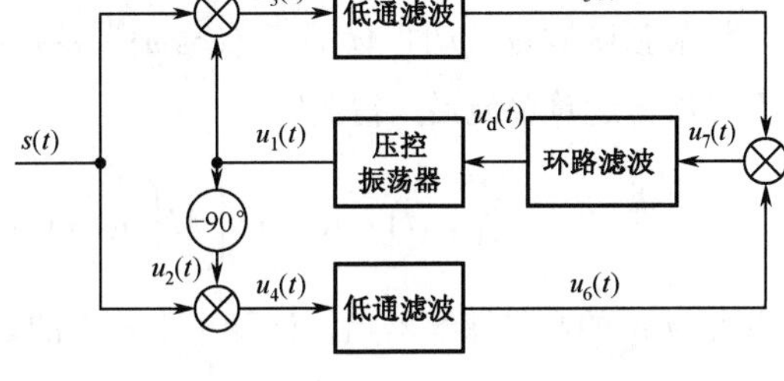

图 9.3.3　科斯塔环的工作原理图

$\Delta\phi(t)$是压控振荡器输出与接收信号载波的相差。这两个信号与输入的接收信号分别相乘后，得到

$$u_3(t)=x(t)\cos\omega_c t\cos\left(\omega_c t+\Delta\phi(t)\right)=\frac{1}{2}x(t)\left(\cos\Delta\phi(t)+\cos\left(2\omega_c t+\Delta\phi(t)\right)\right) \tag{9.3.10}$$

$$u_4(t)=x(t)\cos\omega_c t\sin\left(\omega_c t+\Delta\phi(t)\right)=\frac{1}{2}x(t)\left(\sin\Delta\phi(t)+\sin\left(2\omega_c t+\Delta\phi(t)\right)\right) \tag{9.3.11}$$

两信号分别经过低通滤波器后，得到

$$u_5(t)=\frac{1}{2}x(t)\cos\Delta\phi(t) \tag{9.3.12}$$

$$u_6(t)=\frac{1}{2}x(t)\sin\Delta\phi(t) \tag{9.3.13}$$

$u_5(t)$和$u_6(t)$相乘后得到

$$u_7(t)=\frac{1}{2}x(t)\cos\Delta\phi(t)\cdot\frac{1}{2}x(t)\sin\Delta\phi(t)=\frac{1}{8}x^2(t)\sin 2\Delta\phi(t) \tag{9.3.14}$$

假定$g_T(t)$是一个**门函数**，参见式（9.3.2）的分析可知，有$x^2(t)=a^2$。显然环路滤波器的输出$u_d(t)$与前面的式（9.3.6）有完全相同的形式。因此，后续的相位锁定工作过程也完全相同。与平方环法一样，科斯塔环法恢复的载波信号也存在**相位模糊**问题。不难推测，无论采用何种从 2PSK 信号中提取载波的方法，都会有相位模糊的问题，因为 2PSK 信号本身是一种**抑制载波**的 2ASK 信号，其中并没有携带确定的载波相位信息。

***M* 次方环法**　平方环法和科斯塔环法解决了 2PSK 信号的载波恢复问题，这两种方法都利用了其中对基带信号的求平方的运算$x^2(t)$，以消除 2PSK 信号中两种不同符号对应的载波相位 180°的跳变。一般地，要从 MPSK 信号中提取同步的载波信号，需要消除 MPSK 信号中M种不同符号间的相位跳变，

这需要 M **次方环法**来实现。M 次方环的锁相原理如图 9.3.4 所示，其**结构**与平方环法完全相同，所不同的是，平方运算换成了 M 次方运算，带通滤波器的中心频率变为了 $M\omega_c$，压控振荡器经二分频输出变成了 M 分频输出。一般地，MPSK 信号可以表示为

$$s_{\mathrm{MPSK}}(t)=A\cos\left(\omega_c t+(m-1)\frac{2\pi}{M}+\phi_0\right),\ m=1,2,\cdots,M \tag{9.3.15}$$

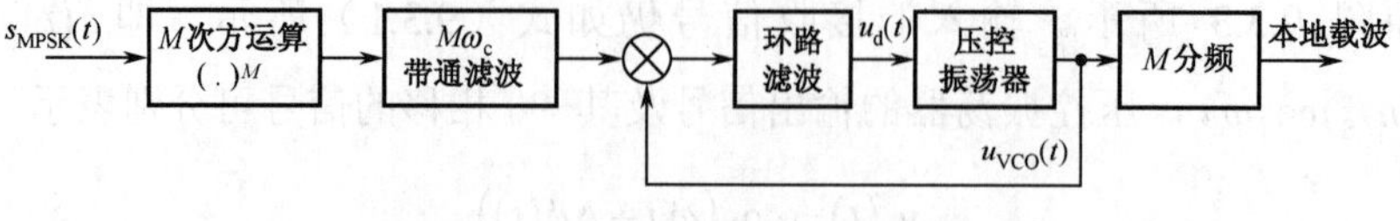

图 9.3.4 M 次方环的工作原理图

由三角函数中基本关系式

$$2\cos\alpha\cos\beta=\cos(\alpha+\beta)+\cos(\alpha-\beta) \tag{9.3.16}$$

可以推断，将余弦函数 $\cos\varphi$ 的 M 次方 $(\cos\varphi)^M$ 展开后，一定包含有 $\cos(M\varphi)$ 项。因此，输入信号 $s_{\mathrm{MPSK}}(t)$ 经 M 次方运算单元后，得到

$$s_{\mathrm{MPSK}}^M(t)=K_M\cos\left(M\left(\omega_c t+(m-1)\frac{2\pi}{M}+\phi_0\right)\right)+\text{其他项} \tag{9.3.17}$$

经中心频率为 $M\omega_c$ 的窄带滤波器后，滤除了上式中的**其他项**，得到锁相环基准输入信号

$$\begin{aligned}s_{\mathrm{B}}(t)&=K_M\cos\left(M\left(\omega_c t+(m-1)\frac{2\pi}{M}+\phi_0\right)\right)\\&=K_M\cos\left(M\omega_c t+(m-1)2\pi+M\phi_0\right)=K_M\cos\left(M\omega_c t+M\phi_0\right)\end{aligned} \tag{9.3.18}$$

注意到此时在 $s_{\mathrm{B}}(t)$ 中消去了原来 $s_{\mathrm{MPSK}}(t)$ 信号中的相位随机（随携带信息）变化部分 $(m-1)2\pi/M$ 。选择合理的压控振荡器的电路参数，使其振荡在 $M\omega_c t$ 附近，可得压控振荡器的输出为

$$s_{\mathrm{VCO}}(t)=K_0\sin\left(M\omega_c t+M\phi_0+M\Delta\phi(t)\right) \tag{9.3.19}$$

其中 $s_{\mathrm{VCO}}(t)$ 与 $s_{\mathrm{B}}(t)$ 的相位差部分全部归入 $M\Delta\phi(t)$。由此可得乘法器的输出为

$$u_{\mathrm{PD}}(t)=K_{\mathrm{PD}}\left(\sin\left(M\Delta\phi(t)\right)+\sin\left(2M\omega_c t+2M\phi_0+M\Delta\phi(t)\right)\right) \tag{9.3.20}$$

经具有低通特性的环路滤波器，得到

$$u_{\mathrm{d}}(t)=K_{\mathrm{d}}\sin\left(M\Delta\phi(t)\right) \tag{9.3.21}$$

$u_{\mathrm{d}}(t)$ 随相位的变化特性如图 9.3.5 所示。根据前面有关稳定平衡点的分析可知，M 次方环的稳定平衡点将落在 $\Delta\phi=0,\pm2\pi/M,\pm2\times2\pi/M,\cdots,\pm k\times2\pi/M,\cdots$，考虑到正弦函数 $\sin(\cdot)$ 的周期性，在这些平衡点中，独立的稳定平衡点总共有 M 个：

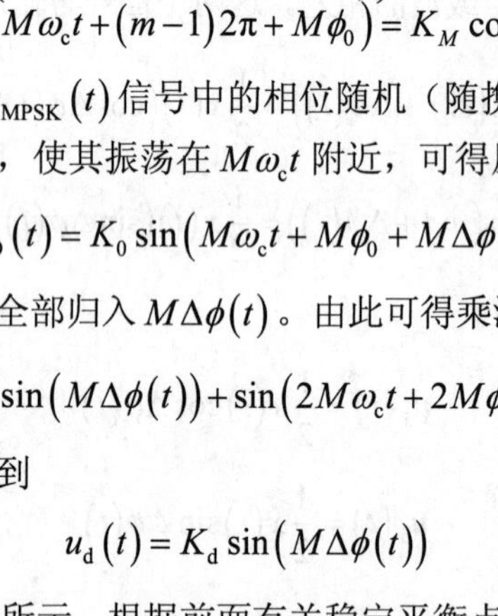

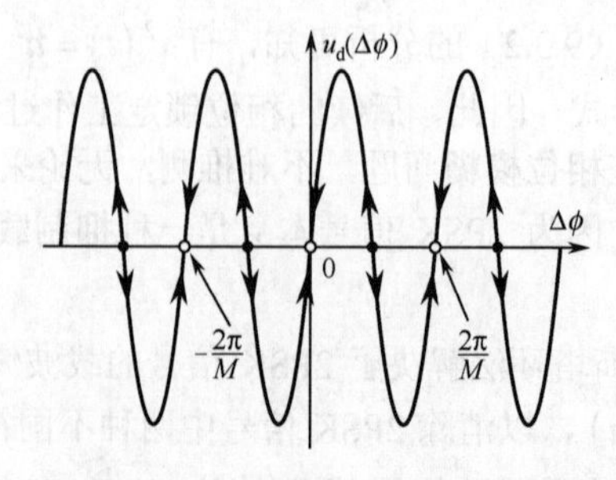

图 9.3.5 M 次方环的 $u_{\mathrm{d}}(\Delta\phi)$ 变化特性

$$\Delta\phi = 0, \frac{2\pi}{M}, 2\frac{2\pi}{M}, \cdots, k\frac{2\pi}{M}, \cdots, (M-1)\frac{2\pi}{M} \tag{9.3.22}$$

因为 M 次方环压控振荡器最终锁定在具体哪个平衡点上实际上无法确定，因此 M 次方环压控振荡器的输出经分频后得到的本地载波信号 $u_{\mathrm{L}}(t) = A_{\mathrm{L}}\cos(\omega_{\mathrm{c}}t + \Delta\phi)$ 存在 M 重的**相位模糊**问题。

采用具有相位模糊的本地载波信号对 MPSK 信号进行相关或相干解调时，会导致星座图的旋转，使符号的判决发生错误。若原来发送的 MPSK 信号由式（9.3.15）表示，为分析简单起见，不妨假定 $\phi_0 = 0$，即有

$$s_{\mathrm{MPSK}}(t) = A\cos(\omega_{\mathrm{c}}t + \phi_m),\ \phi_m = (m-1)\frac{2\pi}{M}, m = 1, 2, \cdots, M \tag{9.3.23}$$

若恢复的本地载波信号为 $u_{\mathrm{L}}(t) = A_{\mathrm{L}}\cos(\omega_{\mathrm{c}}t + \Delta\phi)$，$u_{\mathrm{L}}(t)$ 移相 90°后的信号为 $\hat{u}_{\mathrm{L}}(t) = A_{\mathrm{L}}\sin(\omega_{\mathrm{c}}t + \Delta\phi)$，不妨设 $A_{\mathrm{L}} = 1$，则

$$\begin{aligned} s_{\mathrm{MPSK}}(t)u_{\mathrm{L}}(t) &= A\cos(\omega_{\mathrm{c}}t + \phi_m)\cdot\cos(\omega_{\mathrm{c}}t + \Delta\phi) \\ &= A(\cos\phi_m\cos\omega_{\mathrm{c}}t - \sin\phi_m\sin\omega_{\mathrm{c}}t)(\cos\Delta\phi\cos\omega_{\mathrm{c}}t - \sin\Delta\phi\sin\omega_{\mathrm{c}}t) \\ &= A\big(\cos\phi_m\cos\Delta\phi\cos^2\omega_{\mathrm{c}}t - \cos\phi_m\sin\Delta\phi\cos\omega_{\mathrm{c}}t\sin\omega_{\mathrm{c}}t \\ &\quad - \sin\phi_m\cos\Delta\phi\sin\omega_{\mathrm{c}}t\cos\omega_{\mathrm{c}}t + \sin\phi_m\sin\Delta\phi\sin^2\omega_{\mathrm{c}}t\big) \\ &= A\left(\cos\phi_m\cos\Delta\phi\cdot\frac{1}{2}(1+\cos 2\omega_{\mathrm{c}}t) - \cos\phi_m\sin\Delta\phi\cdot\frac{1}{2}\sin 2\omega_{\mathrm{c}}t\right. \\ &\quad \left. - \sin\phi_m\cos\Delta\phi\cdot\frac{1}{2}\sin 2\omega_{\mathrm{c}}t + \sin\phi_m\sin\Delta\phi\cdot\frac{1}{2}(1-\cos 2\omega_{\mathrm{c}}t)\right) \end{aligned} \tag{9.3.24}$$

经低通滤波器后，2 次谐波项被滤除，得到 $A/2(\cos\phi_m\cos\Delta\phi + \sin\phi_m\sin\Delta\phi)$，同理有

$$s_{\mathrm{MPSK}}(t)\hat{u}_{\mathrm{L}}(t) = A\cos(\omega_{\mathrm{c}}t + \phi_m)\cdot(-1)\sin(\omega_{\mathrm{c}}t + \Delta\phi) \tag{9.3.25}$$

经低通滤波器后，2 次谐波项被滤除，得到 $-A/2(\cos\phi_m\sin\Delta\phi - \sin\phi_m\cos\Delta\phi)$。

（1）若 $\Delta\phi = 0$，则有

$$I = \frac{A}{2}\cos\phi_m,\quad Q = \frac{A}{2}\sin\phi_m \tag{9.3.26}$$

此时可以正确地恢复由 ϕ_m 确定的相位**星座点**，并正确地解调。

（2）若 $\Delta\phi \neq 0$，则有

$$\hat{I} = \frac{A}{2}(\cos\phi_m\cos\Delta\phi + \sin\phi_m\sin\Delta\phi),\quad \hat{Q} = \frac{A}{2}(-\cos\phi_m\sin\Delta\phi + \sin\phi_m\cos\Delta\phi) \tag{9.3.27}$$

即由于 $\Delta\phi \neq 0$ 的影响，整个星座图旋转了角度 $\Delta\phi$。相位模糊意味着我们并不知道确切的 $\Delta\phi$ 取值，如果按照原来的角度判决区域进行判决的话，显然会造成判决的错误。图 9.3.6 描述了相位旋转 $\Delta\phi = 45^\circ$ 的情形，此时 8PSK 信号的每个符号都旋转了 45°。如果根据原来的相位判决区域进行判决，原来发送的符号 S_1 就会被误判为 S_2。

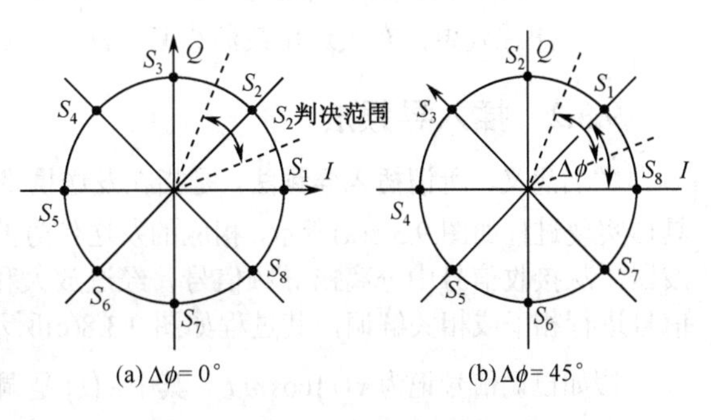

图 9.3.6 $\Delta\phi = 0^\circ$ 与 $\Delta\phi = 45^\circ$ 的解调星座图

为避免相位模糊对判决造成影响，在调制载波生成 MPSK 信号时，也需要进行**差分编码**。在采用差分编码后，可根据前后两个符号的**相位差**来判定传输的信息码组，这样，尽管本地恢复的载波有相

位模糊问题，但也不会影响符号的最终判决结果。

类似地，对应 MPSK 信号，也有所谓的 M **相科斯塔环**，采用科斯塔环法的特点是系统只需要采用低通滤波器，不需要采用带通滤波器，但这种结构的锁相环通常需要较多的乘法器和移项电路，具体结构可参考有关的文献[3]。

QAM 信号的载波恢复方法 前面讨论的多进制移相键控（MPSK）信号，其星座点均匀地分布在相幅平面的**圆周**上，因此可以采用 M **次方电路**和**窄带滤波器**消除调制信息对载波信号提取的影响。但对于正交调幅键控（QAM）信号的不同星座点，除了可能有相位变化外，还可能会有幅度变化，通常需要采用结合数字基带信号处理的方法来实现载波恢复。下面以 16QAM 信号为例，定性地讨论 QAM 信号的载波恢复方法。

（1）**矢量点扣除法** 16QAM 的星座图如图 9.3.7(a)所示，在这些星座点中包含两大类，其中一类满足条件 $|I_k| = |Q_k|$；另一类则有 $|I_k| \neq |Q_k|$。满足条件 $|I_k| = |Q_k|$ 的星座点对应 4 个**均匀分布的相位**，这是环路希望跟踪锁定的相位，如果能够分离出这一类符号，就可以综合利用 9.2.2 节中提及的间歇校正的思想，结合前面讨论过的 MPSK（此时 M = 4）信号载波提取的方法，获得输入信号的载波。

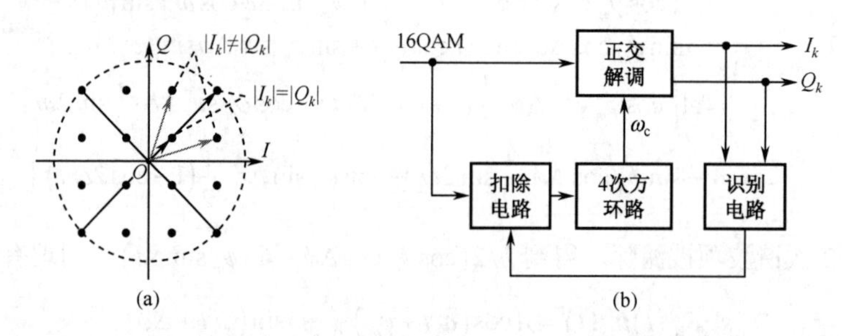

图 9.3.7 (a)16QAM 的星座图；(b)矢量扣除法原理图

图 9.3.7(b)给出了一个矢量扣除法的 QAM 信号载波恢复法的原理图，它包含了**识别电路**、**扣除电路**和 4 **次方环路**等主要功能模块。其中识别电路用于判断当前的码元符号 $|I_k|$, $|Q_k|$ 取值差异的大小，如果相差较大，判定不属于 $|I_k| = |Q_k|$ 类别的码元，识别电路发出扣除命令，不允许该符号进入鉴相环路；如果 $|I_k| \approx |Q_k|$，则让该码元进入锁相环路，提取其中的相位信息。4 次方环路会有四重的相位模糊问题，这可以通过定期发送训练序列等方法来加以校正。

（2）**通用载波恢复环** 仔细观察图 9.3.7(a)所示的 16QAM 的星座图，可以发现如果发送每个码元符号**等概**，在相幅平面的每个象限上相位的统计平均值均应指向该象限的对角线位置。即从统计上来说，16QAM 信号有 45°、135°、225° 和 315° 四个相位。**通用载波恢复环法**根据统计的原理，可以利用每个符号携带的载波的统计相位信息，获得比**矢量点扣除法**更好的载波跟踪效果，有关通用载波恢复环法工作原理的详细分析，可参见参考文献[4]。

9.3.2 插入导频法

顾名思义，所谓**插入导频法**，是指在发送携带信息的已调信号时，在信号中加入信号的载波信息，具体实现过程如图 9.3.8(a)所示，相应的发送信号的频谱特性则如图 9.3.8(b)所示。接收端可通过窄带滤波器，从接收信号中分离出导频信号，经过放大和移项等处理后，成为本地的载波信号，用于对接收信号进行相干或相关解调，其过程如图 9.3.8(c)所示。

假如已调信号记为 $x(t)\cos\omega_c t$，其中 $x(t)$ 是调制载波的基带信号，在插入导频后的**发送信号**可记为

$$s(t) = x(t)\cos\omega_c t + g(t) = x(t)\cos\omega_c t - a_g \sin\omega_c t \tag{9.3.28}$$

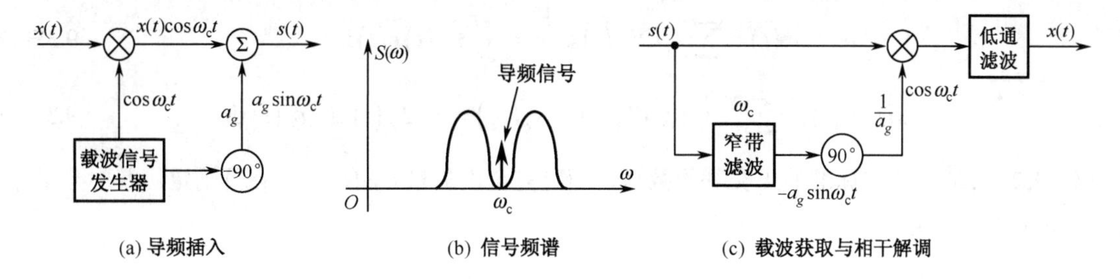

(a) 导频插入　　(b) 信号频谱　　(c) 载波获取与相干解调

图 9.3.8　插入导频法

其中的**导频信号** $g(t)=-a_g\sin\omega_c t$ 与载波信号频率相同，且与载波信号 $\cos\omega_c t$ 有 $90°$ 的固定相位差。之所以要采用与载波 $\cos\omega_c t$ 有 $90°$ 相位差的导频信号，是因为在接收端利用移项后的导频信号对信号进行解调时，有

$$s(t)\cos\omega_c t=\left(x(t)\cos\omega_c t-a_g\sin\omega_c t\right)\cos\omega_c t=\frac{1}{2}x(t)+\frac{1}{2}\cos 2\omega_c t-\frac{a_g}{2}\sin 2\omega_c t \tag{9.3.29}$$

其中生成的二次谐波项很容易通过低通滤波器滤除。而如果导频信号与载波 $\cos\omega_c t$ 完全相同，如 $g(t)=a_g\cos\omega_c t$，则对信号进行解调时，有

$$s(t)\cos\omega_c t=\left(x(t)\cos\omega_c t-a_g\cos\omega_c t\right)\cos\omega_c t=\frac{1}{2}x(t)+\frac{1}{2}\cos 2\omega_c t-\frac{a_g}{2}-\frac{a_g}{2}\cos 2\omega_c t \tag{9.3.30}$$

即会产生附加的常数项 $a_g/2$，该常数项无法与二次谐波项同时滤除。

为使导频信号不受调制信号 $x(t)\cos\omega_c t$ 的影响，易于通过窄带滤波器提取，通常要合理地选择调制载波的基带信号的脉冲波形，使其在 0 频附近的分量很小，以便于导频信号的提取。另外，通过 9.2 节中有关锁相环的讨论可知，锁相环本身可视为一个理想的窄带滤波器，从包含有插入导频的接收信号中，提取出混合有噪声和部分信号干扰的导频信号后，送入锁相环路，可以获得具有较高质量的本地载波信号。因为导频信号中未包含调制的信息，因此再生的本地载波信号一般**没有**相位模糊问题。

由于导频信号本身不携带用户信息，如果总的发送信号功率值一定，则导频法会使携带信息信号的功率受到一定的削弱，信噪比会有一定的下降。导频信号的幅度相位是恒定的，因此接收端提取的导频信号不仅可用于同步，也常用于**信道估计**与**均衡**。一个通信系统采用导频信号方式是否有利，往往要视具体情况而定。

9.3.3　载波相位的似然估计法*

载波相位的最大似然估计　随着计算机和数字信号处理器在通信系统中的广泛应用，在越来越多的场合，信号的接收不再是由一个个特定功能的硬件模块组成的系统来实现，而是由采样获得的**样值**，通过软件的算法来完成。随着运算速度的提高，接收信号处理从基带延伸到中频，甚至射频。本节讨论在含有噪声的环境下，如何用计算的方法来估计载波的相位及跟踪其变化。

若调制载波的基带信号引入**复基带信号**表示方式，则有 $x(t)=x_I(t)+\mathrm{j}x_Q(t)$，调制载波的输出信号可以表示为 $s(t)=\mathrm{Re}\left(x(t)\mathrm{e}^{\mathrm{j}\omega_c t}\right)$。对于接收端来说，除了发收双方约定的载波的**标称值**外，发送信号准确的载波和相位值实际上是未知的。若将本地载波和相位与接收信号载波和相位的差异归结到一个**时变的相位项** $\phi_c(t)$ 中，同时考虑到接收信号中加性噪声的影响，则接收信号可表示为

$$r(t)=\mathrm{Re}\left(x(t)\mathrm{e}^{\mathrm{j}\phi_c(t)}\mathrm{e}^{\mathrm{j}\omega_c t}\right)+n(t)=s\left(t,\phi_c(t)\right)+n(t) \tag{9.3.31}$$

假定 $\{\Psi_k(t),k=1,2,\cdots,N\}$ 是信号空间的一组标准的**正交基函数**，由第 2 章的分析可知 $r(t)$ 可以表示为

$$r(t)=\sum_{k=1}^{N} r_k \Psi_k(t),\quad r_k=\int_0^T \Psi_k(t) r(t)\mathrm{d}t \tag{9.3.32}$$

$$s(t,\phi_c(t))=\sum_{k=1}^{N} s_k(\phi_c)\Psi_k(t),\quad s_k(\phi_c)=\int_0^T \Psi_k(t) s(t,\phi_c(t))\mathrm{d}t \tag{9.3.33}$$

式中 $k=1,2,\cdots,N$。给定标准的**正交基函数**后，$r(t)$ 完全由矢量 $\boldsymbol{r}=(r_1,r_2,\cdots,r_N)$ 确定。其中分量 r_k 与 $s_k(\phi_c)$ 之间有如下关系：

$$r_k=\int_0^T \Psi_k(t) r(t)\mathrm{d}t=\int_0^T \Psi_k(t) s(t,\phi_c(t))\mathrm{d}t+\int_0^T \Psi_k(t) n(t)\,\mathrm{d}t=s_k(\phi_c)+n_k \tag{9.3.34}$$

式中 n_k 是噪声干扰项。若 $n(t)$ 是**高斯白噪声**，则 n_k，$k=1,2,\cdots,N$ 是**独立**的**高斯随机变量**。由式（9.3.34），信号载波相位 ϕ_c 的**似然函数**可以表示为

$$p(\boldsymbol{r}\,|\,\phi_c)=\left(\frac{1}{\sqrt{2\pi}\sigma_n}\right)^N \exp\left(-\frac{1}{2\sigma_n^2}\sum_{k=1}^{N}\left(r_k-s_k(\phi_c)\right)^2\right) \tag{9.3.35}$$

若根据**最大似然法**来估计载波的相位，上式中的常系数项可以忽略，即有

$$\max p(\boldsymbol{r}\,|\,\phi_c)\leftrightarrow \max\exp\left(-\frac{1}{2\sigma_n^2}\sum_{k=1}^{N}\left(r_k-s_k(\phi_c)\right)^2\right) \tag{9.3.36}$$

以 $r(t)=\sum_{k=1}^{N} r_k\Psi_k(t)$，$s(t,\phi_c(t))=\sum_{k=1}^{N} s_k(\phi_c)\Psi_k(t)$ 代入下式中的左式，可得

$$\int_0^T\left(r(t)-s(t,\phi_c(t))\right)^2\mathrm{d}t=\sum_{k=1}^{N}\left(r_k-s_k(\phi_c)\right)^2 \tag{9.3.37}$$

另外，式（9.3.36）中的 σ_n^2 是噪声分量 $n_k=r_k-s_k(\phi_c)=\int_0^T\Psi_k(t)n(t)\mathrm{d}t$ 的方差，参见第 6 章中式（6.2.44）的分析，对于标准**正交基函数**，在一个符号周期 T 内，$\Psi_k(t)$ 的能量 $E_{\Psi i}=1$，因此 $\sigma_n^2=E_{\Psi i}N_0/2=N_0/2$。因此又有

$$\max p(\boldsymbol{r}\,|\,\phi_c)\leftrightarrow \max\exp\left(-\frac{1}{N_0}\int_0^T\left(r(t)-s(t,\phi_c(t))\right)^2\mathrm{d}t\right)\leftrightarrow \min\int_0^T\left(r(t)-s(t,\phi_c(t))\right)^2\mathrm{d}t \tag{9.3.38}$$

将式（9.3.38）中的 $\int_0^T\left(r(t)-s(t,\phi_c(t))\right)^2\mathrm{d}t$ 展开得

$$\int_0^T\left(r(t)-s(t,\phi_c(t))\right)^2\mathrm{d}t=\int_0^T r^2(t)\mathrm{d}t-2\int_0^T r(t)s(t,\phi_c(t))\mathrm{d}t+\int_0^T s^2(t,\phi_c(t))\mathrm{d}t \tag{9.3.39}$$

由式（9.3.31），可知上式的第一项

$$\begin{aligned}\int_0^T r^2(t)\mathrm{d}t&=\int_0^T\left(s(t,\phi_c(t))+n(t)\right)^2\mathrm{d}t\\&=\int_0^T s^2(t,\phi_c(t))\mathrm{d}t+2\int_0^T s(t,\phi_c(t))n(t)\mathrm{d}t+\int_0^T n^2(t)\mathrm{d}t\end{aligned} \tag{9.3.40}$$

上式中的 $\int_0^T s^2(t,\phi_c(t))\mathrm{d}t$ 与式（9.3.38）中的第三项一样，是一个码元的能量，其值与 ϕ_c 的取值无关；因为信号与噪声不相关，因此式中的第二项 $\int_0^T s(t,\phi_c(t))n(t)\mathrm{d}t=0$；第三项 $\int_0^T n^2(t)\mathrm{d}t$ 是噪声在观测时间 T 内的能量，显然与 ϕ_c 的取值无关。由此可见在式（9.3.39）中，只有第二项 $2\int_0^T r(t)s(t,\phi_c(t))\mathrm{d}t$ 与 ϕ_c 的取值有关。去除式（9.3.38）中与 ϕ_c 无关的项，ϕ_c 的最大似然估计归结为

$$\max p(\boldsymbol{r} \mid \phi_c) \leftrightarrow \max \int_0^T r(t) s(t, \phi_c(t)) \mathrm{d}t \tag{9.3.41}$$

在某个小的时间段内进行载波相位 $\phi_c(t)$ 的估计时，通常可将 $\phi_c(t)$ 近似地视为与时间无关的变量 ϕ_c。下面通过一个例子来说明如何求解 ϕ_c 的**最大似然值** ϕ_{ML}。

【例 9.3.1】 某通信系统在传输信息前，先行发送一段未经调制的载波 $s_T(t) = A\cos(\omega_c t + \phi_c)$ 作为接收端用于相位估计的**训练信号**。接收端收到的信号为 $r(t) = A\cos(\omega_c t + \phi_c) + n(t)$，求关于相位 ϕ_c 的最大似然估计 ϕ_{ML}。

解：由式（9.3.41），记 $\Lambda(\phi_c) = \int_0^T r(t) s(t, \phi_c) \mathrm{d}t = \int_0^T r(t) A\cos(\omega_c t + \phi_c) \mathrm{d}t$。根据 $\Lambda(\phi_c)$ 取最大值的必要条件，令

$$\frac{\partial \Lambda(\phi_c)}{\partial \phi_c} = \frac{\partial}{\partial \phi_c} \int_0^T r(t) A\cos(\omega_c t + \phi_c) \mathrm{d}t = -\int_0^T r(t) A\sin(\omega_c t + \phi_c) \mathrm{d}t = 0$$

由 $\int_0^T r(t) A\sin(\omega_c t + \phi_c) \mathrm{d}t = A\int_0^T r(t)(\sin\omega_c t \cos\phi_c + \cos\omega_c t \sin\phi_c) \mathrm{d}t = 0$，得 $\dfrac{\sin\phi_c}{\cos\phi_c} = -\dfrac{\int_0^T r(t)\sin\omega_c t \mathrm{d}t}{\int_0^T r(t)\cos\omega_c t \mathrm{d}t}$，由此可得最大似然估计 ϕ_{ML} 为

$$\phi_{ML} = \phi_c = \arctan\left(\frac{\sin\phi_c}{\cos\phi_c}\right) = -\arctan\left(\frac{\int_0^T r(t)\sin\omega_c t \mathrm{d}t}{\int_0^T r(t)\cos\omega_c t \mathrm{d}t}\right) \square$$

在许多情况下，最大似然值 ϕ_{ML} 可能没有显式的表达形式。但求最大值的运算总可以用数值计算的方法实现。例如，可设**估计精度** $|\phi_c - \phi_{ML}| \leqslant \phi_\delta$，在 $-\pi \leqslant \phi_c \leqslant \pi$ 范围内，以 ϕ_δ 为步长，令 $\phi_c' = \pm k\phi_\delta$，$k = 0, 1, 2, \cdots, \lfloor \pi/\phi_\delta \rfloor$，$\lfloor \cdot \rfloor$ 表示取整数。通过遍历的方法，搜索 $\int_0^T r(t) s(t, \phi_c) \mathrm{d}t$ 的最大值，达到最大值时对应的 ϕ_c' 就是其**最大似然解** ϕ_{ML}。

面向判决环的最大似然估计 式（9.3.41）给出的最大似然估计，适合于 $s(t, \phi_c)$ 表达形式确知、只有相位 ϕ_c 未知时的情形。在数字通信系统中，通常信息的传输是以帧为单位的，在每一帧的开头，会发送一串**训练序列**，训练序列是在通信协议中约定的，因此发收双方都已知该序列符号值。假定发收双方**约定的** M 位训练序列为 $\{a_k\}_{k=1}^M$。则接收到的由训练序列调制的信号为

$$r(t) = s(t, \phi_c) + n(t) = \sum_{k=1}^M a_k g_T(t - kT) \cos(\omega_c t + \phi_c) + n(t) \tag{9.3.42}$$

式中 ϕ_c 是接收端未知的载波相位，$n(t)$ 是高斯白噪声。代入式（9.3.41），得相应的似然函数为

$$\Lambda(\phi_c) = \int_0^T r(t) s(t, \phi_c(t)) \mathrm{d}t = \int_0^T r(t) \left(\sum_{k=1}^M a_k g_T(t - kT) \cos(\omega_c t + \phi_c) \right) \mathrm{d}t \tag{9.3.43}$$

参见例 9.3.1 的分析，令 $\dfrac{\partial \Lambda(\phi_c)}{\partial \phi_c} = 0$，可得相位的最大似然估计值为

$$\phi_{ML} = -\arctan\left(\frac{\int_0^T r(t) \sum_{k=1}^M a_k g_T(t - kT) \sin\omega_c t \mathrm{d}t}{\int_0^T r(t) \sum_{k=1}^M a_k g_T(t - kT) \cos\omega_c t \mathrm{d}t}\right) \tag{9.3.44}$$

在上式中，若载波的频率 ω_c 很高，在计算机或处理器中做积分的数值运算时计算会较为复杂。似然估计也可以在基带中进行，即先根据解调后从基带信号提取的有关载波相位的信息，对本地的载波相位进行调整。接收信号的等效基带信号可以表示为

$$r_{\mathrm{L}}(t)=\sum_{k=1}^{M}a_k g_T(t-kT)\mathrm{e}^{-\mathrm{j}\phi_{\mathrm{c}}}+n_{\mathrm{L}}(t)=s_{\mathrm{L}}(t)\mathrm{e}^{-\mathrm{j}\phi_{\mathrm{c}}}+n_{\mathrm{L}}(t) \tag{9.3.45}$$

ϕ_{c} 是接收端未知的载波相位，$n_{\mathrm{L}}(t)$ 是高斯白噪声。$r_{\mathrm{L}}(t)$ 实际上就是解调后的基带信号。相应的似然函数为

$$\begin{aligned}\Lambda_{\mathrm{L}}(\phi_{\mathrm{c}})&=\mathrm{Re}\left(\int_0^T r_{\mathrm{L}}(t)\left(s_{\mathrm{L}}(t)\mathrm{e}^{-\mathrm{j}\phi_{\mathrm{c}}}\right)^*\mathrm{d}t\right)=\mathrm{Re}\left(\int_0^T r_{\mathrm{L}}(t)s_{\mathrm{L}}^*(t)\mathrm{e}^{\mathrm{j}\phi_{\mathrm{c}}}\mathrm{d}t\right)\\&=\mathrm{Re}\left(\int_0^T r_{\mathrm{L}}(t)\sum_{k=1}^{M}a_k^* g_T^*(t-kT)\mathrm{e}^{\mathrm{j}\phi_{\mathrm{c}}}\mathrm{d}t\right)\\&=\mathrm{Re}\left(\mathrm{e}^{\mathrm{j}\phi_{\mathrm{c}}}\sum_{k=1}^{M}a_k^*\int_0^T r_{\mathrm{L}}(t)g_T^*(t-kT)\mathrm{d}t\right)=\mathrm{Re}\left(\mathrm{e}^{\mathrm{j}\phi_{\mathrm{c}}}\sum_{k=1}^{M}a_k^* y_k\right)\\&=\cos\phi_{\mathrm{c}}\,\mathrm{Re}\left(\sum_{k=1}^{M}a_k^* y_k\right)+\sin\phi_{\mathrm{c}}\,\mathrm{Im}\left(\sum_{k=1}^{M}a_k^* y_k\right)\end{aligned} \tag{9.3.46}$$

式中 $y_k=\int_0^T r_{\mathrm{L}}(t)g_T^*(t-kT)\mathrm{d}t$，$y_k$ 是匹配滤波器对训练序列中第 k 个码元的滤波输出。

令

$$\frac{\partial\Lambda_{\mathrm{L}}(\phi_{\mathrm{c}})}{\partial\phi_{\mathrm{c}}}=-\sin\phi_{\mathrm{c}}\,\mathrm{Re}\left(\sum_{k=1}^{M}a_k^* y_k\right)+\cos\phi_{\mathrm{c}}\,\mathrm{Im}\left(\sum_{k=1}^{M}a_k^* y_k\right)=0 \tag{9.3.47}$$

得最大似然估计的相位值 ϕ_{ML} 为

$$\phi_{\mathrm{ML}}=\arctan\left(\frac{\sin\phi_{\mathrm{c}}}{\cos\phi_{\mathrm{c}}}\right)=\arctan\frac{\mathrm{Im}\left(\sum_{k=1}^{M}a_k^* y_k\right)}{\mathrm{Re}\left(\sum_{k=1}^{M}a_k^* y_k\right)} \tag{9.3.48}$$

上述基于训练序列的估计方法就是所谓的面向判决环的最大似然估计。

非面向判决环的最大似然估计 通过未调制的载波信号或调制的训练序列来进行载波相位的估计，适合于间歇进行本地载波调整的工作方式。在一些需要对本地载波相位进行连续调整的场合，需要从包括携带信息的已调信号中获得载波的相位信息，这就是所谓的**非面向判决环**的最大似然估计。非面向判决环的最大似然估计，需要解决如何消除调制载波的信息对载波相位估计的影响的问题。与 QAM 信号的载波恢复方法中**通用载波恢复环**采样的思路类似，此时需要采样统计的方法来获取载波的相位信息。下面通过一个 2PSK 调制传输系统来加以说明。

接收端收到的 2PSK 信号仍然可由式（9.3.42）表示，此时 $a_k\in\{a,-a\}$。假定符号序列 $\{a_k\}$ **先验等概**，即有 $P(a_k=a)=1/2$，$P(a_k=-a)=1/2$，则在每个符号周期 T 内，似然函数

$$\Lambda(\phi_{\mathrm{c}})=\exp\left(\frac{1}{N_0}\int_0^T r(t)s(t,\phi_{\mathrm{c}}(t))\mathrm{d}t\right)=\exp\left(\frac{1}{N_0}\int_0^T r(t)\left(a_k g_T(t)\cos(\omega_{\mathrm{c}}t+\phi_{\mathrm{c}})\right)\mathrm{d}t\right) \tag{9.3.49}$$

其相应的**统计平均值**为

$$\begin{aligned}E\left[\Lambda(\phi_{\mathrm{c}})\right]&=P(a_k=a)\exp\left(\frac{1}{N_0}\int_0^T r(t)\left(ag_T(t)\cos(\omega_{\mathrm{c}}t+\phi_{\mathrm{c}})\right)\mathrm{d}t\right)\\&\quad+P(a_k=-a)\exp\left(\frac{1}{N_0}\int_0^T r(t)\left(-ag_T(t)\cos(\omega_{\mathrm{c}}t+\phi_{\mathrm{c}})\right)\mathrm{d}t\right)\\&=\frac{1}{2}\exp\left(\frac{1}{N_0}\int_0^T r(t)\left(ag_T(t)\cos(\omega_{\mathrm{c}}t+\phi_{\mathrm{c}})\right)\mathrm{d}t\right)\\&\quad+\frac{1}{2}\exp\left(\frac{1}{N_0}\int_0^T r(t)\left(-ag_T(t)\cos(\omega_{\mathrm{c}}t+\phi_{\mathrm{c}})\right)\mathrm{d}t\right)\\&=\cosh\left(\frac{1}{N_0}\int_0^T r(t)\left(ag_T(t)\cos(\omega_{\mathrm{c}}t+\phi_{\mathrm{c}})\right)\mathrm{d}t\right)\end{aligned} \tag{9.3.50}$$

理论上，可以通过求 $E\left[\Lambda(\phi_c)\right]$ 关于 ϕ_c 的偏导数 $\frac{\partial E\left[\Lambda(\phi_c)\right]}{\partial \phi_c}$ 并令其等于零，来求解 ϕ_{ML}，也可以通过遍历搜索的计算方法来获得有关 ϕ_{ML} 的**数值解**。

9.4　符号同步

在数字通信系统中，信息是以符号为单元逐个传输的。在接收端，信息的获取也必须以符号为单元逐个地进行。例如在进行**相关解调**（**匹配滤波**）时，需要确定**起始时刻**和**周期**的大小。这就要求在接收机中要有与接收符号序列同步的**时钟信号**，与前面讨论的载波频率与相位一样，与发送符号序列同步的时钟信号不能由本地自行产生，必须从接收到的符号序列中提取，这一信号的处理过程就称为**符号同步**，符号同步也称为**符号定时**、**符号同步**或**位同步**等。与载波同步的原理类似，根据发送的符号序列的特征和提取同步的方法的不同，可将其分为**直接提取法**、**插入导频法**等，下面分别予以介绍。

9.4.1　直接提取法

通常，接收到的符号序列中都没有直接携带符号同步的信息，所谓**直接提取法**，就是先对符号序列进行某种**非线性**变换或处理，然后从中提出符号同步信息的方法。在直接提取法中，最典型的方法有**线谱法**和**早迟门法**。

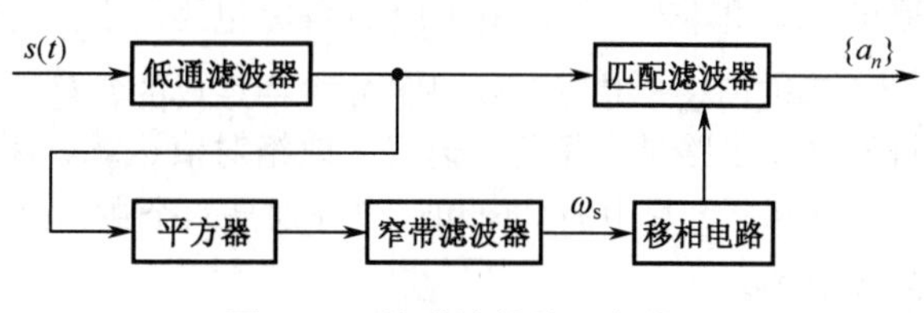

图 9.4.1　线谱法符号同步原理

线谱法　线谱法的基本原理如图 9.4.1 所示。设接收的符号序列记为

$$s(t)=\sum_{n=-\infty}^{\infty}a_n g_T(t-nT) \tag{9.4.1}$$

式中 $g_T(t)$ 是符号的**波形函数**，T 是**符号周期**。为分析简单起见，设符号序列 $\{a_n\}_{n=-\infty}^{\infty}$ 是均值为零的独立随机序列，即有

$$E[a_n]=0,\ E[a_n a_m]=\begin{cases}\sigma_a^2, & n=m\\ 0, & n\neq m\end{cases} \tag{9.4.2}$$

由图 9.4.1，图中**平方器**处理单元的输出为

$$\begin{aligned}s^2(t)&=\left(\sum_{n=-\infty}^{\infty}a_n g_T(t-nT)\right)\left(\sum_{m=-\infty}^{\infty}a_m g_T(t-mT)\right)\\&=\sum_{n=-\infty}^{\infty}\sum_{m=-\infty}^{\infty}a_n a_m g_T(t-mT)g_T(t-nT)\end{aligned} \tag{9.4.3}$$

再由式（9.4.2），可得

$$E\left[s^2(t)\right]=\sigma_a^2\sum_{n=-\infty}^{\infty}g_T^2(t-nT) \tag{9.4.4}$$

显然 $s^2(t)$ 的统计平均值是周期为 T_S、以波形 $\sigma_a^2 g_T^2(t)$ 周期性延拓得到的周期函数。因此可将其用**傅里叶级数**展开得

$$E\left[s^2(t)\right]=\sigma_a^2\sum_{n=-\infty}^{\infty}g_T^2(t-nT)=\sum_{n=-\infty}^{\infty}c_m \mathrm{e}^{\frac{\mathrm{j}2\pi mt}{T}} \tag{9.4.5}$$

式中的系数 c_m 为

$$\begin{aligned}c_m &= \frac{1}{T_S}\int_0^T \sigma_a^2 \sum_{n=-\infty}^{\infty} g_T^2(t-nT)\mathrm{e}^{-\mathrm{j}2\pi\frac{m}{T}t}\mathrm{d}t = \frac{\sigma_a^2}{T}\int_0^T g_T^2(t)\mathrm{e}^{-\mathrm{j}2\pi\frac{m}{T}t}\mathrm{d}t \\ &= \frac{\sigma_a^2}{T}\int_0^T\left(\int_{-\infty}^{\infty} G(f)\mathrm{e}^{\mathrm{j}2\pi ft}\mathrm{d}f\right)g_T(t)\mathrm{e}^{-\mathrm{j}2\pi\frac{m}{T}t}\mathrm{d}t = \frac{\sigma_a^2}{T}\int_{-\infty}^{\infty} G(f)\int_0^T g_T(t)\mathrm{e}^{-\mathrm{j}2\pi\left(\frac{m}{T}-f\right)t}\mathrm{d}t\mathrm{d}f \\ &= \frac{\sigma_a^2}{T}\int_{-\infty}^{\infty} G(f)\int_{-\infty}^{\infty} g_T(t)\mathrm{e}^{-\mathrm{j}2\pi\left(\frac{m}{T}-f\right)t}\mathrm{d}t\mathrm{d}f = \frac{\sigma_a^2}{T}\int_{-\infty}^{\infty} G(f)G\left(\frac{m}{T}-f\right)\mathrm{d}f\end{aligned} \tag{9.4.6}$$

式中的$G(f)$是$g_T(t)$的傅里叶变换。也就是说，**从统计的角度**，在平方器输出的信号$s^2(t)$中，只要满足$\int_{-\infty}^{\infty} G(f)G(m/T-f)\mathrm{d}f \neq 0$的条件，就一定包含$c_m \neq 0$的频率成分。由此可见，如果希望式（9.4.6）包含**基波**，即符号的同步信号，则应保证

$$c_1 = \frac{\sigma_a^2}{T}\int_{-\infty}^{\infty} G(f)G\left(\frac{1}{T}-f\right)\mathrm{d}f \neq 0 \tag{9.4.7}$$

也就是说，在设计基带信号的波形函数$g_T(t)$时，应保证其傅里叶变换$G(f)$与傅里叶变换的**折叠平移**函数$G(1/T-f)$有尽可能多的重叠成分，以保证c_1有足够大的信号幅度。

通常平方器的输出中混杂有噪声成分，如果希望窄带滤波器有理想的窄带滤波特性，该窄带滤波器可用锁相环来替代。图 9.4.1 的**移相电路**用于获得合适的符号同步定时相位。

早迟门法 早迟门法是另外一种经典的符号同步获取方法，其基本原理如图 9.4.2 所示。早迟门符号同步电路是由**早门**、**迟门**、**取绝对值运算**、**减法器**、**环路滤波器**和**压控振荡器**等功能模块组成的**闭环**系统，其中的早门和迟门分别是两个在一个码元周期T内，积分区间分别取$(0,T-d)$和(d,T)的积分器。

图 9.4.3 以二元的符号为例，分别描述了早迟门控制脉冲波形的两种不同工作情形。

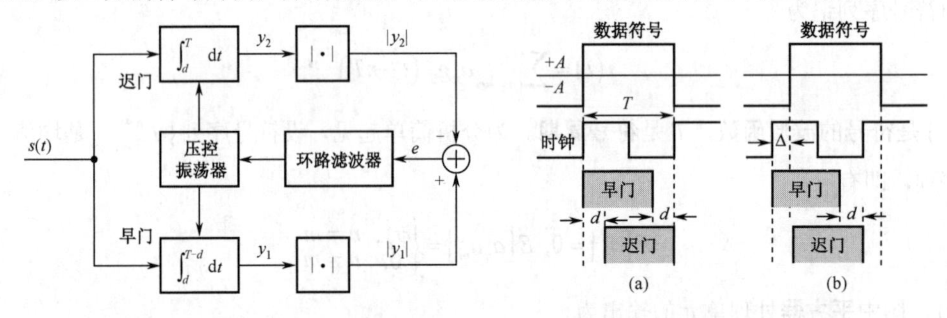

图 9.4.2 早迟门法符号同步原理　　图 9.4.3 早迟门控制脉冲

（1）在图 9.4.3(a)中，本地时钟与发送时钟同步，时钟周期与符号周期对齐。图中阴影部分所示的**早门脉冲**控制早门从 0 到$T-d$对符号脉冲进行积分，阴影部分的**迟门脉冲**控制迟门从d到T对符号脉冲进行积分。显然，在图示的时钟周期结束时刻，两积分器中的积分电压值相同，即有

$$y_1 = \int_0^{T-d} A\mathrm{d}t = y_2 = \int_d^T A\mathrm{d}t = (T-d)A \tag{9.4.8}$$

y_1和y_2分别取绝对值并经减法器后，差值电压

$$e = |y_1| - |y_2| = 0 \tag{9.4.9}$$

此时压控振荡器的频率和相位不做任何调整，时钟保持不变。

（2）在图 9.4.3 (b)中，本地时钟超前于发送时钟，不妨假定$\Delta < d$。因为控制早门和迟门积分的时间是以本地时钟为基准的，在图示的时钟周期结束时刻，两积分器中的积分电压值分别为

$$y_1 = \int_0^{\Delta}(-A)\mathrm{d}t + \int_{\Delta}^{T-d} A\mathrm{d}t = (T-d-2\Delta)A,\ \ y_2 = \int_d^T A\mathrm{d}t = (T-d)A \tag{9.4.10}$$

取绝对值并经减法器后，差值电压

$$e = |y_1| - |y_2| = -2\Delta A \tag{9.4.11}$$

差值电压e经环路滤波器后，调整压控振荡器相位。合理的参数选择，可使得早迟门电路经过若干符号周期的调整后，最终达到与输入符号同步的状态。

因为早门和迟门的积分输出后分别先取绝对值，然后才进行差值计算，所以差值电压e的取值只与本地时钟与输入符号的相对位置有关，与输入符号脉冲的极性无关。值得注意的是，当输入出现长串的相同符号时，此时输入符号的幅度只有一种取值，早门和迟门积分输出幅度没有差异。在这种情况下，出现符号失步将无法检出。因此，在进行系统设计时，应设法保证发送的符号序列不会出现长串符号相同的情况。

9.4.2　插入导频法

符号同步信号的直接插入法　符号同步也有与载波同步类似的插入导频法。发送端在基带信号中，可以插入导频信号。另外，某些基带信号本身可能就包含符号时钟频率成分或时钟频率的倍频信号，图 9.4.4(a)和(b)分别给出包含时钟同步信号和时钟同步的倍频信号的频谱图。在接收端中可通过一个窄带滤波器，将时钟同步信号或时钟同步的倍频信号提取出来，经过**整形**或**分频加整形**等处理过程后，获得符号同步信号。

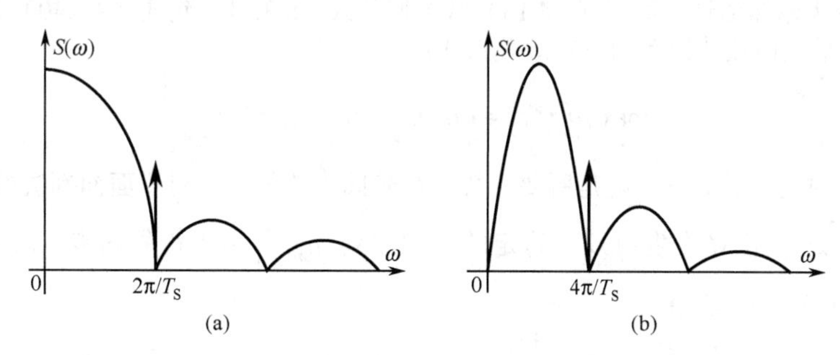

图 9.4.4　插入导频的符号序列频谱图

符号同步信号的包络携带法　符号同步插入导频法的另外一种实现方案是，将符号同步信号调制到**移相键控信号**（PSK）的**包络**上。在这种方法中，数据信息通过载波的相位携带，而同步的信息则通过信号的包络携带。在接收端，用幅度调制（AM）解调的方法，获得符号同步信号。设 PSK 信号表示为

$$s_{\mathrm{PSK}}(t) = A_1\cos(\omega_c t + \phi(t)) \tag{9.4.12}$$

为避免同步信息对$s_{\mathrm{PSK}}(t)$信号相位的影响，调幅的符号同步信号采用**升余弦**的形式：

$$s_{\mathrm{syn}}(t) = A_2(1 + \alpha\cos\omega_s t) \tag{9.4.13}$$

式中$\omega_s = 2\pi/T$，T是符号周期，$0 < \alpha \leqslant 1$。含数据信息和同步信息的发送信号为

$$\begin{aligned} s(t) = s_{\mathrm{syn}}(t)\cdot s_{\mathrm{PSK}}(t) &= A_1\cos(\omega_c t + \varphi(t))A_2(1 + \alpha\cos\omega_s t) \\ &= A\cos(\omega_c t + \varphi(t))(1 + \alpha\cos\omega_s t) \end{aligned} \tag{9.4.14}$$

其中$A = A_1 A_2$。$s(t)$的波形如图 9.4.5 所示。

接收端对信号进行**包络检波**，就可以得到包含同步信息的包络信号$A_3(1 + \alpha\cos\omega_s t)$，去除其中的直流成分后，就可以获得符号同步的信息，经过整形等处理后，就可得到符号同步信号。而对于携带

信息的相位调制部分 $s_{\mathrm{PSK}}(t)$，可对 $s(t)$ 进行放大、限幅和滤波等处理后得到。符号同步获取和解调的原理如图 9.4.6 所示。

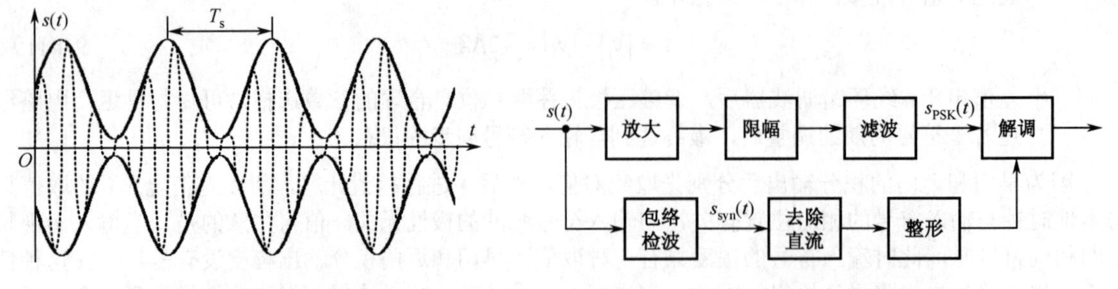

图 9.4.5　符号同步调制信号包络

图 9.4.6　符号同步获取和解调的原理

9.4.3　符号同步的似然估计法*

符号同步同样可以采用**信号参数**的最大似然估计法来实现。一般地，接收的符号序列可以表示为

$$r(t)=s(t,\tau)+n(t)=\sum_{n=-\infty}^{\infty}a_n g_T(t-nT-\tau)+n(t) \tag{9.4.15}$$

其中 τ 是待估计符号序列的**位置参数**，$n(t)$ 是高斯白噪声。符号同步的参数估计法也分为面向判决的最大似然估计和非面向判决的最大似然估计两类。下面分别进行讨论。

面向判决的最大似然估计　对式（9.4.15）做类似从式（9.3.31）到式（9.3.40）完全一样的分析，可知关于参数 τ 的最大似然估计有如下等效关系式：

$$\max p(\boldsymbol{r}\mid\tau)\leftrightarrow\max\int_0^T r(t)s(t,\tau)\,\mathrm{d}t \tag{9.4.16}$$

即使上式达到最大时的参数 τ 值，就是所要寻找的符号同步的位置。对于**面向判决的似然估计**，在每一帧信号中，可发送一组 M 个**发收双方约定**的已知序列 $\{a_n\}_{n=1}^{M}$ 用于符号同步，记 $\Lambda_M(\tau)=\int_0^{T_M}r(t)$ $s(t,\tau)\mathrm{d}t$，$T_M=M\cdot T$，则有

$$\begin{aligned}\Lambda_M(\tau)&=\int_0^{T_M}r(t)s(t,\tau)\,\mathrm{d}t=\int_0^{T_M}r(t)\left(\sum_{n=1}^{M}a_n g_T(t-nT-\tau)\right)\mathrm{d}t\\&=\sum_{n=1}^{M}a_n\int_0^{T_M}r(t)g_T(t-nT-\tau)\,\mathrm{d}t=\sum_{n=1}^{M}a_n y_n(\tau)\end{aligned} \tag{9.4.17}$$

式中 $y_n(\tau)=\int_0^{T_M}r(t)g_T(t-nT-\tau)\mathrm{d}t$。从理论上来说，可根据 $\Lambda_M(\tau)$ 取最大值的必要条件，令

$$\frac{\mathrm{d}\Lambda_M(\tau)}{\mathrm{d}\tau}=\sum_{n=1}^{M}a_n\frac{\mathrm{d}y_n(\tau)}{\mathrm{d}\tau}=0 \tag{9.4.18}$$

解方程得到满足上述条件的最大似然值 τ_{ML}。在实际系统中，$y_n(\tau)$ 未必可以求导，或即使 $y_n(\tau)$ 可以求导，也未必能够得到求解最大似然值 τ_{ML} 的解析表达式。但一般地，在一定的精度条件下，总是可以通过搜索计算的方法，由式（9.4.17）得到 $\tau_{\mathrm{ML}}=\arg\max_{\tau}\Lambda_M(\tau)$ 的**数值解**。

非面向判决的最大似然估计　若发送的序列 $\{a_n\}_{n=1}^{M}$ 本身是接收端未知的，则只能采用所谓的**非面向判决**的最大似然估计方法。首先计算式（9.4.17）即 $\Lambda_M(\tau)$ 关于 $\{a_n\}_{n=1}^{M}$ 的**统计平均值**：

$$E\left[\Lambda_M(\tau)\right]=\sum_{a_1a_2\cdots a_M}P(a_1a_2\cdots a_M)\int_0^{T_M}r(t)\left(\sum_{n=1}^{M}a_n g_T(t-nT-\tau)\right)\mathrm{d}t \tag{9.4.19}$$

然后令

$$\frac{\mathrm{d}E\left[\Lambda_M(\tau)\right]}{\mathrm{d}\tau}=0 \tag{9.4.20}$$

进而求 τ 的最大似然值 τ_{ML}。在导数不存在或无法得到解析解的情况下，一般地，总是可以通过搜索计算的方法，由式（9.4.19）得到 $\tau_{\mathrm{ML}}=\arg\max\limits_{\tau} E\left[\Lambda_M(\tau)\right]$ 的**数值解**。

9.4.4　载波相位和符号同步的联合估计*

前面分别介绍了作为信号参数的载波相位 ϕ_{c} 和符号定时位置 τ 的最大似然估计法。也可以对这两个参数进行联合估计，联合估计可以避免对这两个参数先后进行估计时，一个参数的估计误差对另外一个参数估计的影响。因此，联合估计通常有更好的效果。一般地，无论是 MASK、MPSK 还是 MQAM 信号，都可以表示为

$$\begin{aligned}s(t)&=\sum_{n=-\infty}^{\infty}a_n g_T(t-nT)\cos\omega_{\mathrm{c}}t-\sum_{n=-\infty}^{\infty}b_n g_T(t-nT)\sin\omega_{\mathrm{c}}t\\&=\mathrm{Re}\left(\sum_{n=-\infty}^{\infty}\left(a_n g_T(t-nT)+\mathrm{j}b_n g_T(t-nT)\right)\mathrm{e}^{\mathrm{j}\omega_{\mathrm{c}}t}\right)\end{aligned} \tag{9.4.21}$$

其中对于 MASK 信号，$b_n=0$。

对于接收端来说，信号 $s(t)$ 含有未知的载波相位 ϕ_{c} 和符号定时位置 τ_{r}，加上有加性高斯白噪声的干扰，接收信号一般可以表示为

$$\begin{aligned}r(t)&=\mathrm{Re}\left(s(t;\phi_{\mathrm{c}},\tau_{\mathrm{r}})\right)+n(t)\\&=\mathrm{Re}\left(\sum_{n=-\infty}^{\infty}\left(a_n g_T(t-nT-\tau_{\mathrm{r}})+\mathrm{j}b_n g_T(t-nT-\tau_{\mathrm{r}})\right)\mathrm{e}^{\mathrm{j}\phi_{\mathrm{c}}}\mathrm{e}^{\mathrm{j}\omega_{\mathrm{c}}t}\right)+n(t)\\&=\sum_{n=-\infty}^{\infty}a_n g_T(t-nT-\tau_{\mathrm{r}})\cos(\omega_{\mathrm{c}}t+\phi_{\mathrm{c}})-\sum_{n=-\infty}^{\infty}b_n g_T(t-nT-\tau_{\mathrm{r}})\sin(\omega_{\mathrm{c}}t+\phi_{\mathrm{c}})+n(t)\end{aligned} \tag{9.4.22}$$

定义 $s(t;\phi_{\mathrm{c}},\tau)$ 的**等效低通信号**为

$$s_{\mathrm{L}}(t;\phi_{\mathrm{c}},\tau_{\mathrm{r}})=\mathrm{e}^{\mathrm{j}\phi_{\mathrm{c}}}\sum_{n=-\infty}^{\infty}\left(a_n g_T(t-nT-\tau_{\mathrm{r}})+\mathrm{j}b_n g_T(t-nT-\tau_{\mathrm{r}})\right) \tag{9.4.23}$$

由此，接收信号 $r(t)$ 等效的低通信号为

$$r_{\mathrm{L}}(t)=s_{\mathrm{L}}(t;\phi_{\mathrm{c}},\tau_{\mathrm{r}})+n_{\mathrm{L}}(t) \tag{9.4.24}$$

$n_{\mathrm{L}}(t)$ 是复高斯白噪声。同理，可做类似于从式（9.3.31）到式（9.3.40）的分析，得到关于参数 ϕ_{c} 和 τ 的**等效似然函数**

$$\Lambda_{\mathrm{L}}(\phi,\tau)=\mathrm{Re}\left(\int_{T'}r_{\mathrm{L}}(t)s_{\mathrm{L}}^{*}(t;\phi,\tau)\,\mathrm{d}t\right) \tag{9.4.25}$$

式中 T' 是进行信号分析时考虑的时间区域。例如，它可以是训练序列的时间长度，如果**训练序列** $\{a_n\}_{n=1}^{M}$ 和 $\{b_n\}_{n=1}^{M}$ 的长度为 M 个符号周期，则有 $T'=M\cdot T$。根据最大似然估计的原理，能够使式（9.4.25）达到最大值的参数 ϕ 和 τ，就是参数 ϕ_{c} 和 τ_{r} 的**最大似然估计值** ϕ_{ML} 和 τ_{ML}。若记

$$y_n(\tau)=\int_{T'}r_{\mathrm{L}}(t)g_T^{*}(t-nT-\tau)\,\mathrm{d}t \tag{9.4.26}$$

则有

$$\Lambda_{\mathrm{L}}(\phi,\tau)=\mathrm{Re}\left(\int_{T'}r_{\mathrm{L}}(t)s_{\mathrm{L}}^{*}(t;\phi,\tau)\,\mathrm{d}t\right)=\mathrm{Re}\left(\mathrm{e}^{\mathrm{j}\phi_{\mathrm{c}}}\sum_{n=1}^{M}(a_n+\mathrm{j}b_n)y_n(\tau)\right) \tag{9.4.27}$$

若进一步地，记

$$\sum_{n=1}^{M}(a_n+\mathrm{j}b_n)y_n(\tau)=\sum_{n=1}^{M}a_n y_n(\tau)+\mathrm{j}\sum_{n=1}^{M}b_n y_n(\tau)=A(\tau)+\mathrm{j}B(\tau) \tag{9.4.28}$$

则有

$$\Lambda_{\mathrm{L}}(\phi,\tau)=\mathrm{Re}\left(\mathrm{e}^{\mathrm{j}\phi}\left(A(\tau)+\mathrm{j}B(\tau)\right)\right)=A(\tau)\cos\phi-B(\tau)\sin\phi \tag{9.4.29}$$

求变量ϕ和τ，使得$\Lambda_{\mathrm{L}}(\phi,\tau)$达到最大值的**必要条件**是

$$\frac{\partial\Lambda_{\mathrm{L}}(\phi,\tau)}{\partial\phi}=-A(\tau)\sin\phi-B(\tau)\cos\phi=0 \tag{9.4.30}$$

$$\frac{\partial\Lambda_{\mathrm{L}}(\phi,\tau)}{\partial\tau}=\frac{\partial A(\tau)}{\partial\tau}\cos\phi-\frac{\partial B(\tau)}{\partial\tau}\sin\phi=0 \tag{9.4.31}$$

由式（9.4.30）可得

$$\phi=-\arctan\frac{B(\tau)}{A(\tau)} \tag{9.4.32}$$

由式（9.4.31）和式（9.4.32），可得

$$\frac{\partial A(\tau)}{\partial\tau}\cos\phi-\frac{\partial B(\tau)}{\partial\tau}\sin\phi=\frac{\partial A(\tau)}{\partial\tau}\frac{A(\tau)}{\sqrt{A^2(\tau)+B^2(\tau)}}-\frac{\partial B(\tau)}{\partial\tau}\frac{B(\tau)}{\sqrt{A^2(\tau)+B^2(\tau)}}=0 \tag{9.4.33}$$

整理后可得

$$\frac{\partial A(\tau)}{\partial\tau}A(\tau)-\frac{\partial B(\tau)}{\partial\tau}B(\tau)=0 \tag{9.4.34}$$

由上式求解得到τ_{r}的联合最大似然估计值τ_{ML}，再将该值代入式（9.4.31）可进一步得到ϕ_{c}的最大似然估计值ϕ_{ML}。

9.5 帧同步

帧同步的概念 在通信系统接收端解调得到的通常是一串**符号流**，其中每个M进制的符号可携带$\log_2 M$比特信息，因此由符号流可以得到相应的比特流。从第 3 章有关模拟信号的数字编码内容可知，当传输话音信号时，每个**抽样值**经过A律或μ律编码后，变成一个 8 比特的**数组**。发送时通常一个个这样的数组是**连续排列**的，显然在接收端，必须能够确定每个数组的**起止位置**，才可能从比特流中还原出每个抽样值。同样，在传输一个文本文件时，每个**信息字符**被编码成一个特定长度的二进制数组，在接收到比特流后，需要确定每个二进制码组的起止位置，才能恢复原来的各个字符。在绝大多数通信系统的协议中，每个数组的长度均为 8 比特，若干 8 比特的数组构成一个**数据帧**，每个数据帧均包含一个**帧头**，帧头都有特定的**标识**。因此，只要能在比特流中确定每个帧头的位置，以数组长度为单位就可以在比特流中划分出原来的每个数组，进而可提取出每个样值或信息字符。所谓**帧同步**，通常指的就是从比特流中确定帧头位置的操作。

数据帧的传输方式 在通信系统中，有两种主要的以帧为单位承载数据的方式。一种是**非周期方式**，每个数据帧的发送都是独立的，两帧间的时间间隔不固定。比如在以太网的链路层中，每个数据帧独立发送，长短不一。在每个数据帧中，通常在帧头的位置，有记录帧长度的域，根据该域中标识的长度，可以知道在一个帧中包含了多少个以 8 比特为单位的数组。另外一种是**周期性插入方式**，每帧的长度（所包含比特数）一样。在通信过程中，一帧接一帧地连续传输，帧头间有固定的时间间隔。对这两种不同的传输方式，帧同步的搜索方法有一定的区别，下面分别进行介绍。

9.5.1　帧同步标识符的周期性插入法

帧同步的**周期性同步标识符插入法**的基本思想是，在制定通信规程时，约定在某些帧的特定位置插入特定的帧同步标识符，这些标识符在比特流中按照一定的规律出现。在接收端，通过搜索这些标识符，就可以确定帧的起始位置，实现帧同步。帧的标识符，通常是一位或若干位特定组合的二进制码组。通常在一帧数据中，码组的组合包括了各种可能性，因此不能完全避免在帧内的数据部分没有这种帧同步组合图样（**伪同步标识符**）的出现。但同步标识符除了具有特定的组合图样外，在比特流中还会有规律地不断重复出现，而在一帧数据部分中偶尔出现的**伪同步标识符**不可能有这样的规律。利用这个特点，就可避免系统同步在伪同步标识符所在的位置。图 9.5.1 描述了帧同步标识符的**周期性**出现的规律。

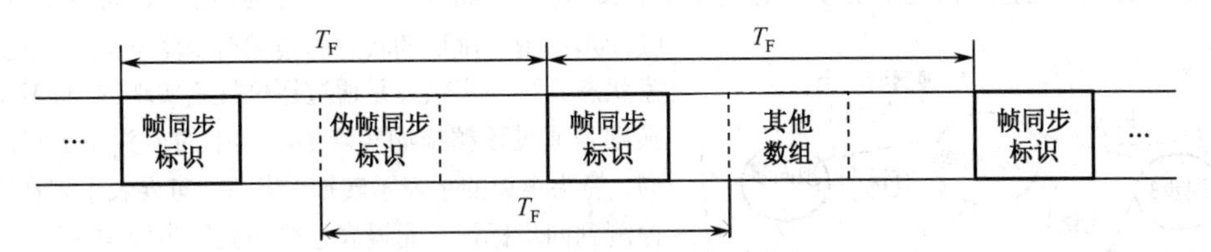

图 9.5.1　帧同步标识符的设置

帧同步标识的周期性集中插入法　利用帧同步标识周期性出现的特点，可设计出相应的帧同步位置的搜索和同步维护的算法。现有的帧同步方法，如图 9.5.2 所示，基本上可归纳为 3 个步骤，分别用图中的**同步搜索**、**预同步**和**同步**三个阶段或状态来描述。

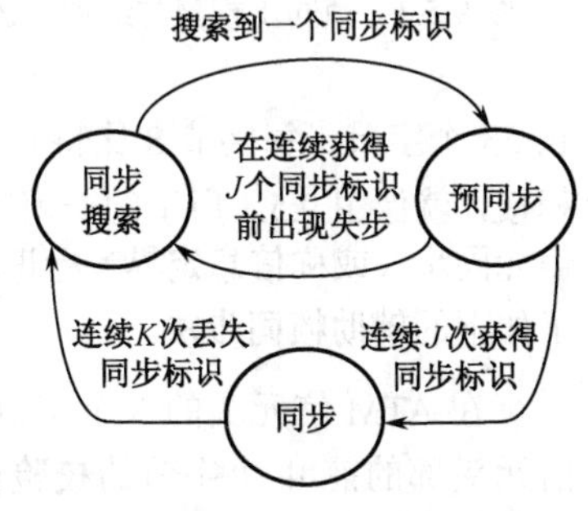

图 9.5.2　帧同步搜索与维护

（1）**帧同步搜索阶段**　在获得比特同步（位同步）之后，就可以开始进行帧同步搜索。帧同步搜索**逐比特移动**进行，不妨设帧同步标识符是一个长为 H 的特定码组，例如在我国程控交换系统的 E1 基群信号中，规定在每个偶数帧的起始位置包含一个帧同步标识。**帧同步标识符**是图样“0011011”，$H=7$。在逐比特的搜索过程中，检测连续出现的 H 个比特的组合是否是同步标识图样，如果当前的 H 个比特的组合不是标识图样，则顺序移动一位，丢弃 H 比特数据中最旧的 1 位，加入新的 1 位，重新进行检测。如此循序渐进，只要比特流中有同步标识图样的比特组合，那么就一定可以通过这样的搜索得到。

（2）**预同步阶段**　一旦在同步搜索阶段得到帧同步的标识，帧同步的过程就进入预同步阶段。设在每两个包含有帧同步标识的同步帧之间，连同帧同步标识在内共包含有 F 比特的二进制码元，则首先从搜索到的第一个帧同步标识开始，跨越 F 比特，检测从该处开始的 H 个比特是否是一个同步标识符，如果不是一个同步标识符，则返回帧同步搜索阶段；如果这 H 个比特又是一个帧同步标识符，记录搜索到 2 个帧同步标识符，又跨越 F 比特，检测下一 H 个比特是否还是一个同步标识符，如此循环往复，直到达到预先设定的**帧同步判定门限**：连续获得 J 个帧同步符号。此时预同步阶段结束，进入同步阶段。如果在获得 J 个连续的帧同步符号之前，出现了非帧同步比特组合，则认为之前的同步均进入了一种**伪同步**状态，此时返回到帧同步搜索阶段，重新进行逐比特的搜索。

（3）**同步阶段**　当系统进入同步阶段后，依然保持在每个帧周期，检测在帧的开始时刻，是否有一个帧同步标识符出现。如果帧同步标识符如期而至，表明帧同步没有问题。如果在一帧的开头未找到帧同步标识，则记录出现了一次帧的**失步**，偶尔的失步可能是由于误码改变了帧同步标识符的比特图样所致，并非真正的失步，继续逐帧检测同步标识符，如果连续 K 帧均未找到同步标识符，这里的数值K是一个预先设定的**失步判定门限**，则认为系统确实发生了帧同步的失步，此时将返回到帧同步搜索阶段，重新开始逐比特的搜索。

帧同步判定门限值J和K可根据不同的系统和性能要求设定。另外，在具体的应用系统中，帧同步标识符既可以逐帧插入，也可以只在偶数帧中插入。例如，在我国采用的 E1 基群速率标准中，帧同步标识符就是在偶数帧中的起始位置中插入的，此时帧同步的方法与逐帧插入时采用的方法基本一样，只是进入预同步和同步阶段后，帧同步的检测周期由逐帧检测时跨越一个帧的长度改为跨越两个帧的长度。

【例 9.5.1】 假定某帧同步系统采用基于周期性同步标识插入的帧同步方法，其中帧同步判定门限值J和K均等于 3，试画出相应的帧同步搜索与维护的状态转换图。

解：将图 9.5.2 中的预同步状态细分为**预同步** 1 和**预同步** 2，将同步状态细分为**同步** 1、**同步** 2 和**同步** 3，则帧同步搜索与维护的状态转换图可由图 9.5.3 描述。从同步搜索状态到预同步状态是通过**逐位**搜索实现的，而其他状态的转换则是通过**逐帧**检测实现的。其中的箭头表示状态转换的方向，箭头旁边的字表示转换的条件，**有误**表示未在预定的位置检测到同步标识，**无误**表示检测到同步标识。□

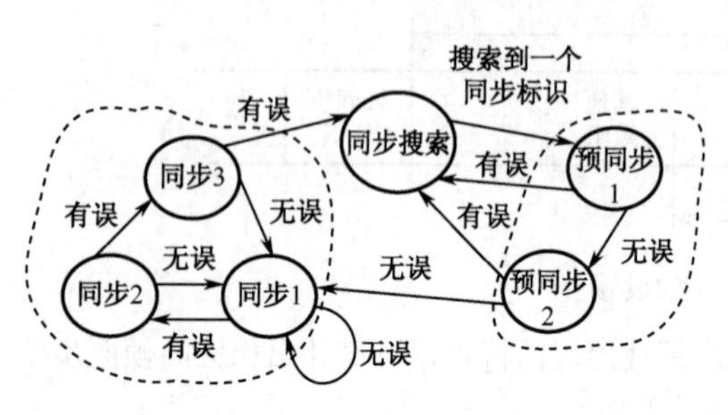

图 9.5.3 帧同步搜索与维护（$J=K=3$）

辅助帧同步法 基于周期性同步标识插入的帧同步方法在各种不同的通信协议中获得了广泛应用。有些方法的形式虽然有区别，但基本思想无变化。例如在国际电联制定的**宽带综合业务数字网**的协议标准中，采用了基于信元的**异步转移模式**（ATM）技术。每个信元总长 53 个字节（每字节 8 比特），携带传输控制信息的**信元头**占 5 个字节。每个信元在传输过程中首尾相接，就像图 9.5.1 所示的一帧连接一帧的形式一样。例如，为了区分每个信元的起始位置加入相应的信元同步（或称**信息定界**）标识符，将使传输信息的效率降低。在 ATM 技术的信元同步技术中，采用了如下的**辅助帧同步法**。

在 ATM 信元头的 5 个字节中，包含有一个检测信元头是否出错的**校验字节**，其中存放的是对信元头部的前 4 个字节的**校验位**（或称**监督位**），校验位采用**循环冗余校验**（CRC）算法生成，这样校验位的值与信元头部的前 4 个字节的值就有确定的关系。例如，系统约定某一校验最高幂次为 7 的**校验多项式**$g(X)$，将信元头部的前 4 个字节视为幂次为 31 的多项式，该多项式被校验多项式相除所得的**余式**为校验字节，作为信元头的第 5 个字节。在 ATM 交换机或终端需要对信元同步或定界时，以字节为移位单位进行搜索，每 5 个字节为一组，检查第 5 个字节是否为前面 4 个字节的校验位。若不是校验位，则顺序移动一个字节，继续做同样的搜索操作；若是校验位，则进入预同步状态；整个过程与图 9.5.2 描述的完全一样。经过J次连续的正确校验后进入同步状态，否则返回搜索状态。同样，进入同步状态后继续维持对信元校验位的检测，如果出现K次连续的校验出错，则返回搜索状态。显然，采用辅助帧同步法可以使信元头的差错校验和信元同步一举两得，比专门设定同步标识符有更高的传输效率。

同步标识周期性分散插入法 前面讨论的帧同步标识周期性集中插入法在每帧或偶数帧的起始位置设置一个完整的帧同步标识。在实际的系统中，还有一种将帧同步标识的图样分散地插入到各帧的起始位置的帧同步方式。下面以 ΔM 调制传输系统的帧结构为例，介绍这一方法。

ΔM 调制传输的一个数据帧由 32 比特组成，数据位中的每一比特表示 ΔM 调制的一个抽样编码值。在每个**偶数帧**的第一个比特中，插入 1 比特的帧同步标识。该 1 比特的帧同步标识按照**特定图样**周期性地重复，常用的**特定图样**包括“…0…1…0…1…”，或“…1…1…1…0…1…1…1…0…”，或“0…0…0…0…1…1…1…0…0…1…1…0…0…1…0…1…”等，这里“…”表示 63 比特的用户数据或其他控制信息。因为这种**特定图样**是有规律地周期性重复的，而用户数据没有这样的特性，因此据此可实现帧同步和定界。图 9.5.4 描述了**特定图样**为“…0…1…0…1…”时帧的结构，1 比特的帧同步信息每两帧出现一次。奇数帧的起始比特用“ X ”标识，表示其他的信息。

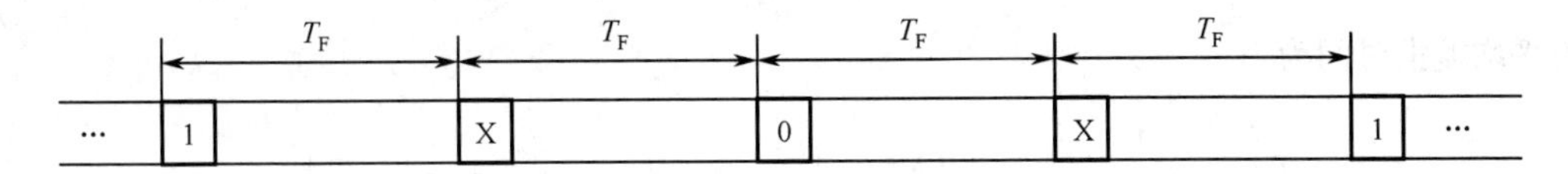

图 9.5.4　ΔM 调制传输的帧同步信息结构

同步标识符的周期性插入法性能分析　对于帧同步系统来说，最重要的参数就是实现帧同步所需的时间，因为帧同步搜索的起始位置是随机的，通常只能得到帧同步时间的统计平均值。本节以较为简单的 ΔM 调制传输系统的帧结构为例，分析如何计算帧同步所需的最大时间。

假定两相邻的帧同步位的间隔为 N_{syn} ，码元周期为 T 。因为对于 ΔM 调制的帧结构，每两帧中有 1 比特的同步位，所以 $N_{syn}=2\times32=64$ 。首先假定所有的同步标识均为“0”，即特定的图样为“…0…0…0…0…”。帧同步的搜索过程从某一帧的第 i 位开始，该位与帧同步图样“0”不同的概率为 $1-P$ ，称为**事件** X ；则该位与帧同步图样“0”相同的概率为 P ，称为**事件** Y 。

（1）当前比特与帧同步图样应出现的比特不同时，出现事件 X ，马上顺延 1 位，此时移动 1 位的时间为一个码元周期 T 。

（2）当前比特与帧同步图样应出现的比特位相同时，出现事件 Y ，则等待两相邻的帧同步位的时间间隔 $N_{syn}T$ ，然后检测该位与帧同步图样应出现的第 2 个比特位“0”是否相同，如不同，即出现事件 X ，则顺延 1 位，此时移动 1 位的时间为 $N_{syn}T$ 再加上一个码元周期 T ，即 $N_{syn}T+T$ 。

（3）以此类推，若前面的 k 次搜索均得到正确的帧同步图样，即均出现事件 Y ，但在第 $k+1$ 次检测时出现不相符的情况，即出现事件 X ，则移动 1 位的时间为 $kN_{syn}T+T$ 。

综上，搜索过程中出现不同事件，导致从一帧中的第 i 位移动到本帧或后续帧中的第 $i+1$ 位的时间，有如下的相互关系。

事件	**概率**	**在帧中移动 1 位所需要的时间**
X	$1-P$	T
YX	$P(1-P)$	$N_{syn}T+T$
YYX	$P^2(1-P)$	$2N_{syn}T+T$
…	…	…
Y^kX	$P^k(1-P)$	$kN_{syn}T+T$
…	…	…

由此可得移动 1 位的**统计平均值**为

$$\begin{aligned}\overline{T_1}&=(1-P)T+P(1-P)(N_{syn}T+T)+\cdots+P^K(1-P)(KN_{syn}T+T)+\cdots\\&=(1-P)T\sum\nolimits_{K=0}^{\infty}P^K+(1-P)N_{syn}T\sum\nolimits_{K=0}^{\infty}KP^K=T+\frac{N_{syn}P}{1-P}T\end{aligned}\tag{9.5.1}$$

前面已经提到，捕获帧同步所需的时间与搜索的起始位置有关，其中最不利的情况出现在搜索的起始位置刚好处在帧同步标识位之后的第 1 个码元上，此时需要移动 $N_{syn}-1$ 位，才能到达下一个帧同步标识位，因为移动 1 位所需的平均时间为 $\overline{T}_1$，因此捕获帧同步所需的**最大搜索时间**为

$$T_{\text{syn,Max}} = \left(N_{\text{syn}} - 1\right)\overline{T}_1 = \left(N_{\text{syn}} - 1\right)\left(T + \frac{N_{\text{syn}}P}{1-P}T\right) \tag{9.5.2}$$

所需的**平均搜索时间**为

$$T_{\text{syn,Ave}} = \frac{1}{2}T_{\text{syn,Max}} = \frac{1}{2}\left(N_{\text{syn}} - 1\right)\overline{T}_1 = \frac{1}{2}\left(N_{\text{syn}} - 1\right)\left(T + \frac{N_{\text{syn}}P}{1-P}T\right) \tag{9.5.3}$$

上面仅分析了帧同步图样为“…0…0…0…0…”时的情形。若帧同步图样为“…0…1…0…1…”，则搜索到的图样必须满足“0”和“1”交错的特性。如果搜索设定是获得“0”，搜索的起始位置刚好错过了当前的同步标识“0”，因为下一个同步标识为“1”，移动到达该标识后仍然不能满足搜索的条件，所以还要移动 N_{syn} 位，因此，对于“0”和“1”交错的同步标识，**最大搜索时间**变为

$$T_{\text{syn,Max}} = \left(2N_{\text{syn}} - 1\right)\left(T + \frac{N_{\text{syn}}P}{1-P}T\right) \tag{9.5.4}$$

其他方式的周期性插入法的最大搜索时间的计算，也可以采用类似的方法进行分析。

9.5.2 帧同步标识符的相关搜索法

在许多通信系统中，一帧数据的传输具有**突发性**，各帧之间的时间间隔不一定有确定的时间关系，每一帧都可视为一个独立的传输过程。一个典型的独立数据帧结构如图 9.5.5 所示，数据帧由**前导序列**、**控制域**和**数据域**组成。前导序列通常由一个或若干用于帧同步的特殊序列组成；控制域根据不同的控制需要，可包括地址、帧长、应答和差错控制等信息，数据域中加入的则是用户的数据。本节主要讨论前导序列，控制域的内容和功能可参见介绍数据通信和计算机网络等内容的书籍[8]。

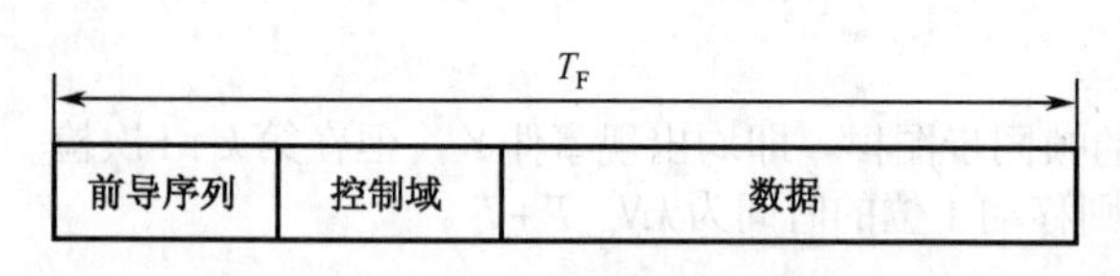

图 9.5.5　典型数据帧结构

前导序列与其自相关特性　前导序列是发收双方约定的特殊序列，通常选择具有类似**白噪声**特性的**伪随机序列**构成。在第 2 章中我们知道，白噪声的自相关函数 $R(\tau)$ 是 $\delta(\tau)$ 函数，该函数在 $\tau=0$ 的位置有无限大的取值，而在其他位置则等于 0。在实际系统中，不可能采用真正的白噪声序列，一方面是因为前导序列不可能无限长，另一方面是若发送的序列是随机序列，则序列的选择、接收端检测帧同步的相关运算等都会变得非常复杂。因此帧同步是通过一个具有类似白噪声特性的伪随机序列前导来实现的。收到前导后，接收端可用同样的序列与其进行相关运算，当两组序列在时间上对齐时（$\tau=0$），$R(\tau)$ 就会出现一个很大的峰值，由此即可确定帧的**起始位置**。目前具有较好同步性能的已知伪随机序列有**巴克序列**和**威拉德序列**等。长度为 1～13 的巴克序列和威拉德序列如表 9.5.1 所示。

表 9.5.1　巴克序列和威拉德序列

长度 N	巴克序列	威拉德序列
1	+1	+1
2	+1+1 或 +1−1	+1−1
3	+1+1−1	+1+1−1
4	+1+1+1−1 或 +1+1−1+1	+1+1−1−1
5	+1+1+1−1+1	+1+1−1+1−1
7	+1+1+1−1−1+1−1	+1+1+1−1+1−1−1
11	+1+1+1−1−1−1+1−1−1+1−1	+1+1+1−1+1+1−1+1−1−1−1
13	+1+1+1+1+1−1−1+1+1−1+1−1+1	+1+1+1+1+1−1−1+1−1+1−1−1−1

若将前导序列记为$\{x_1,x_2,x_3,\cdots,x_N\}$，则自相关函数可表示为

$$R(j)=\sum_{i=1}^{N-j}x_i x_{i+j} \tag{9.5.5}$$

若以长度$N=7$的巴克序列代入，则可达到如下的运算结果：

j：	−6	−5	−4	−3	−2	−1	0	1	2	3	4	5	6
$R(j)$：	−1	0	−1	0	−1	0	7	0	−1	0	−1	0	−1

可见有$R(0)\gg R(j), j\neq 0$，即该序列的相关函数有类似白噪声自相关函数的特性。

前导序列的相关搜索方法 对每个独立帧起始位置的判定，实际上就是搜索前导序列的位置。下面讨论实际系统中两种不同的典型方法。

（1）**接收前导序列**与**本地前导序列**的互相关法 假定接收序列为$\{r_n\}$，其中包含了位于帧起始位置的发送前导序列，但该前导序列的具体位置未知。得到接收序列后，如图9.5.6所示，可以以本地前导序列$\{x_{n'}\}$作为基准，从某个略为超前或滞后的位置开始向后搜索或向前搜索。向后搜索的具体计算为

$$R_{rx}(j)=\sum_{i=1}^{N}r_{i-j}\cdot x_i \tag{9.5.6}$$

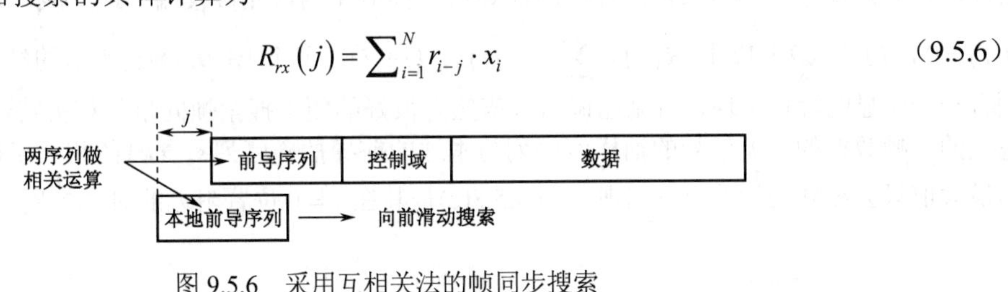

图9.5.6 采用互相关法的帧同步搜索

向前搜索的具体计算为

$$R_{rx}(j)=\sum_{i=1}^{N}r_{i+j}\cdot x_i \tag{9.5.7}$$

因为接收序列$\{r_n\}$中包含了前导$\{x_{n'}\}$序列，当移动到$j=0$的位置时，因为前导序列此刻的强相关性，曲线$R_{rx}(j)$将出现明显的峰值，该位置对应的就是前导的起始位置，也就是帧的起始位置。

（2）**接收前导序列**的自相关法 采用这种方法的帧结构中，如图9.5.7所示，前导序列中包含有两个完全相同的**子序列**$\{x_{n'}\}_{n'=1}^{N}$和$\{x_{n'+N}\}_{n'=1}^{N}$，其中$x_{n'+N}=x_{n'}$。接收到序列$\{r_n\}$后，从略为超前的位置开始，做序列$\{r_n\}_{n=i}^{N+i}$与序列$\{r_n\}_{n=N+i+1}^{2N+i}$的相关运算：

$$R_r^{(i)}(N)=\sum_{n=i}^{N+i}r_n\cdot r_{n+N} \tag{9.5.8}$$

显然当i处于帧起始的位置时，曲线$R_r^{(i)}(N)$将出现明显的峰值，由此即可确定帧的起始位置。

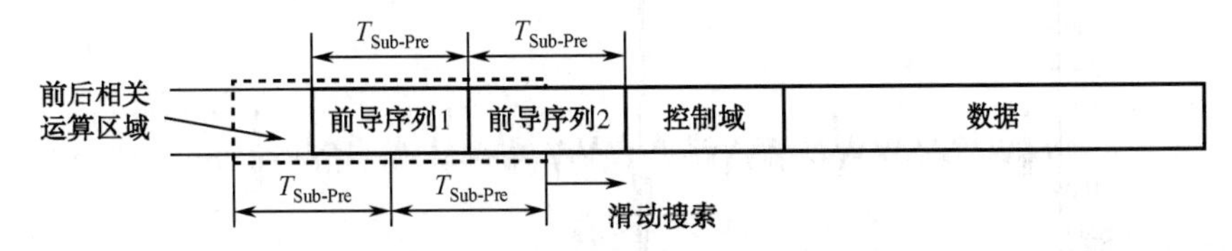

图9.5.7 采用自相关法的帧同步搜索

接收信号中通常加有噪声，导致接收的序列可能存在误码，通常只要保证用于帧同步的前导序列足够长，就可使得帧同步定位方法有足够的强壮性。

另外，前面在讨论帧同步时，假定已经得到解调后的符号序列。在实际系统中，帧同步的搜索可以利用由**抽样值**构成的序列直接进行相关计算。对信号的抽样，可以在基带信号中进行，也可以对已调制的信号直接进行抽样。具有类似白噪声特性的前导序列对载波信号进行调制后，已调制信号仍然保持其类似白噪声特性的性质。

下面给出一个利用短波信道进行数字通信时帧同步的**示例**。为适应短波信道的复杂衰落变化特性和低信噪比的应用环境，用于帧同步的前导符号的数目可达400～600多个。假定采用8PSK调制，记前导伪随机符号序列为$m(k)=v,\ v\in\{0,1,2,3,4,5,6,7\}$。假定采用8PSK调制，则调制输出为

$$s_{\text{Pre}}(t)=A\cos\left(\omega_{\text{c}}t+\frac{2\pi m(k)}{8}\right),\ kT\leqslant t<(k+1)T \tag{9.5.9}$$

在接收端接收到的已调前导信号可表示为

$$r(t)=s_{\text{Pre}}(t)+n(t) \tag{9.5.10}$$

通常以全数字接收机的方法解调信号，采样速率应是符号速率的4倍以上。假定以8倍符号速率对$r(t)$采样，得到的样值序列为$r(i)$。理想的前导信号样值序列可在接收端本地生成，可记为$s_{\text{Pre}}(k)$。假定$n(t)=0$，由式（9.5.4）即$R(j)=\sum_{i=1}^{N-j}r(i)s_{\text{Pre}}(i+j)$，可得图 9.5.8(a)所示的结果，$R(j)$在$j=0$时刻有一个明显的峰值出现，可见已调信号依然有很好的便于搜索帧同步的相关特性；图9.5.8(b)是包含完整的一帧数据的已调信号的抽样值序列与本地的前导抽样序列$s_{\text{Pre}}(k)$的相关函数值，可见相关函数的最大值只会在帧同步的位置出现；图9.5.8(c)是其在$j=0$位置附近的时域扩展图。

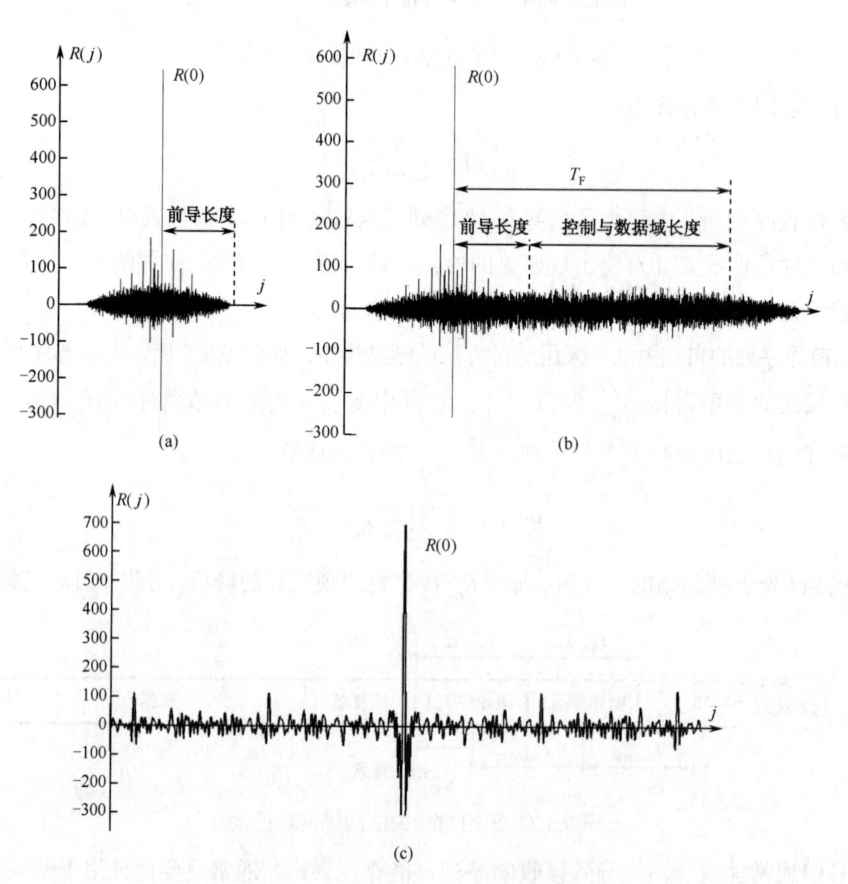

图9.5.8 已调载波的前导信号抽样相关值

9.6　本章小结

本章分析了锁相环的基本原理，并在此基础上介绍了载波同步、符号同步的工作原理和有关算法。除了讨论基于电路实现的同步方法外，还研究了基于最大似然法的载波同步、符号同步，已调载波和符号联合同步的原理等，这些方法易于用软件实现，在基于软件无线电的全数字接收机中获得了广泛应用。本章还讨论了帧同步的工作原理，帧同步主要通过帧标识符来完成。对于数据帧连续传输的系统，帧标识符在发送信号时周期性地插入、在接收时利用其具有周期性的规律进行检测而实现同步。对独立帧的起始位置检测，主要利用相关运算的方法来实现，同步提取可以在基带信号中实现，也可以在已调载波信号的抽样序列中实现。

习　题

9.1　某一具有正弦鉴相特性的锁相环，假定环路的直流增益为 100。（1）求该锁相环的频率跟踪范围；（2）若锁相环的输入频率有 20Hz 的变化，请问该锁相环能否跟踪其变化，为什么？（3）若锁相环的输入频率有 10Hz 的变化，请问该锁相环稳定后会存在多少相位差？

9.2　已知锁相环路输入噪声信号的带宽为 W_{n}，环路的带宽为 W_{L}，输入噪声相位均值为 0，方差为 $E\left[\theta_{n_i}^2\right]=1/(2r_i)$，试证明环路的输出相位方差 $E\left[\theta_{n_0}^2\right]$ 与环路信噪比 r_{L} 之间有关系 $E\left[\theta_{n_0}^2\right]=1/(2r_{\text{L}})$。

9.3　正交双边带调制的原理方框图如题图 9.3 所示，试讨论本地恢复的载波相位存在误差 φ 对该系统有什么影响。

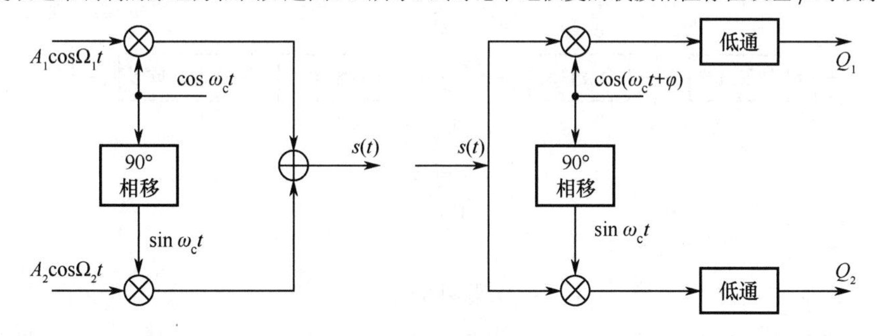

题图 9.3

9.4　单边带信号的相干解调方框图如题图 9.4 所示，其中 $\hat{m}(t)$ 为 $m(t)$ 的希尔伯特变换。设载波同步器提取的相干载波与发送端载波的相位误差为 φ。（1）求解调器输出信号 $m_0(t)$ 的数学表达式和功率；（2）求解调器输出噪声 $n_0(t)$ 的数学表达式和功率。

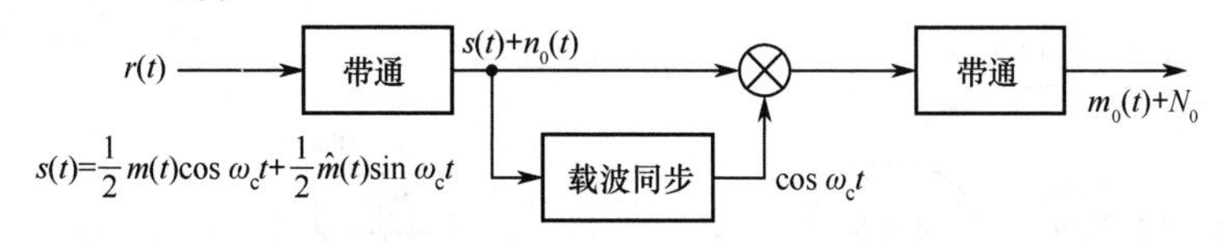

题图 9.4

9.5　在双边带系统中，发送端方框图采用如题图 9.5 所示的插入导频法，即载波 $A\sin\omega_c t$ 不经过−90° 相移，直接与已调信号相加后输出。试证明接收端用相干接收法解调双边带信号时，解调器输出中含有直流成分。

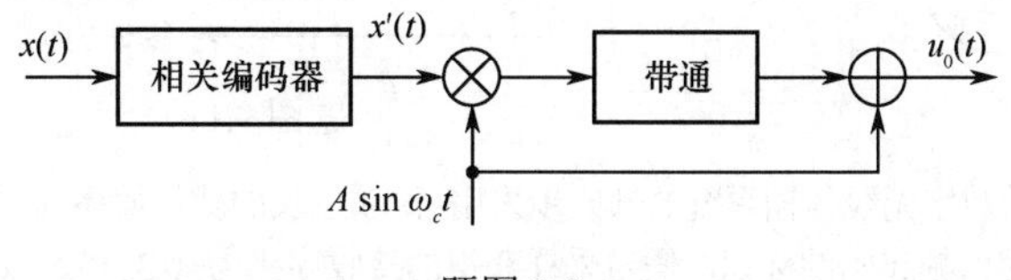

题图 9.5

9.6 已知单边带信号为 $x_{\mathrm{SSB}}(t)=x(t)\cos\omega_{\mathrm{c}}t+\hat{x}(t)\sin\omega_{\mathrm{c}}t$，其中 $\hat{x}(t)$ 为 $x(t)$ 的希尔伯特变换。试证明不能用平方环法提取载波同步信号。

9.7 已知双边带信号为 $x_{\mathrm{DSB}}(t)=x(t)\cos\omega_{\mathrm{c}}t$，接收端采用相干解调法，载波为 $\cos(\omega_{\mathrm{c}}t+\Delta\varphi)$，试分析推导解调器的输出表达式。

9.8 在题图 9.8 中，假定 BPSK 信号在相干解调过程中，本地恢复的载波与发送端的载波信号有固定的相位偏差 θ，求相应的误比特率。

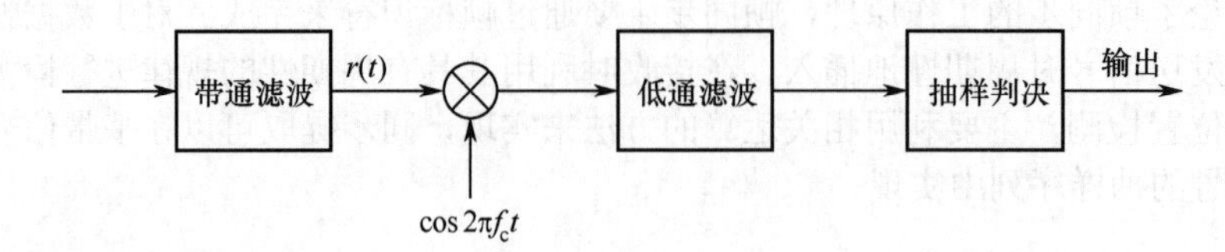

题图 9.8

9.9 设有题图 9.9(a)所示的基带信号，它经过图(b)所示的一系列信号处理过程可提取出位同步信号，请大致画出图中 B、C、D、E 和 F 各点的波形。

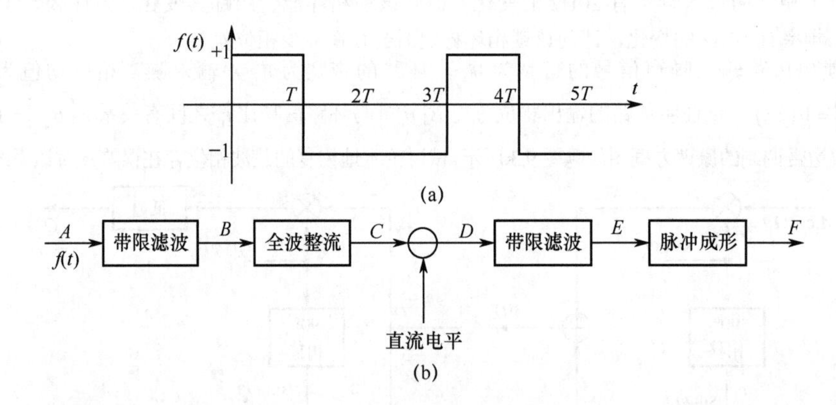

题图 9.9

9.10 假定在连续的数据流传输系统中，每一数据帧包含一个 8 位的同步标识符。典型的帧同步如题图 9.10 所示，其中包括了同步搜索、预同步和同步三种工作状态。请说明在哪些状态下同步的操作是逐位进行的，在哪些状态下同步操作是逐帧进行的，为什么？

9.11 若 7 位巴克码组的前后全为"1"序列加于题图 9.11 所示的 7 位巴克码识别器的输入端，且各移存器的初始状态均为 0。若输入"1 1 1 1 1 1 0 0 1 0 1 1 1 1 1 1 1"，试画出识别器的输出波形。

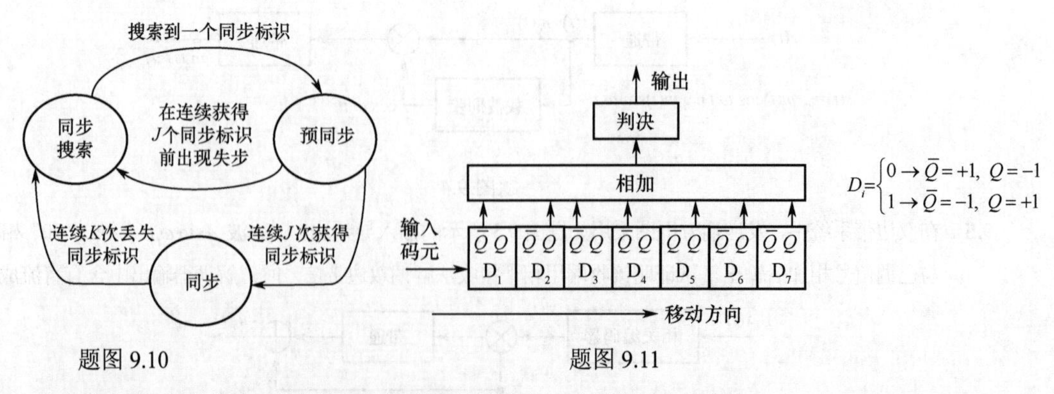

$$D_i=\begin{cases}0\to\bar{Q}=+1,\ Q=-1\\1\to\bar{Q}=-1,\ Q=+1\end{cases}$$

题图 9.10　　　　题图 9.11

9.12 设某有噪声干扰的数字无线传输系统的帧同步采用了 13 位长的威拉德序列+1+1+1+1+1−1−1+1−1+1−1−1−1 作为前导序列，用做帧起始的标识，假定采样获得的接收序列为+0.3, −0.5, −0.4, +0.6, −1.2, +1.3, +0.3, +0.7,

+1.1, −0.2, −1.0, −0.8, +1.3, −0.6, +0.8, −1.0, −0.9, −1.2, +1.0, −1.2, −0.7, −0.9, +1.1, −0.9, …。请用滑动相关搜索的方法，描绘相关器输出的波形，并判断接收的数据帧从第几个样值开始。

主要参考文献

[1] 郑继禹，万心平，张厥盛．锁相环路原理与应用．北京：人民邮电出版社，1976
[2] 南京工学院无线电工程系．电子线路（四）．北京：人民教育出版社，1979
[3] 樊昌信，徐炳祥，吴成柯，詹道庸．通信原理．北京：国防工业出版社，1980
[4] 姚彦，梅顺良，高葆新等．数字微波中继通信工程．北京：人民邮电出版社，1990
[5] [美]John. G . Proakis 著．张力军，张宗橙等译．数字通信（第三版）．北京：电子工业出版社，2001
[6] 张公礼．全数字接收机理论与技术．北京：科学出版社，2005
[7] 曹志刚，钱亚生．现代通信原理．北京：清华大学出版社，1992
[8] Andrew S. Tanenbaum, *Computer Networks*, Third edition．北京：清华大学出版社，1997

第 10 章　扩展频谱通信技术

10.1　引言

扩展频谱（Spread-Spectrum，SS）通信技术是数字通信的重要发展方向之一。扩展频谱通信简称**扩频通信**，扩频通信最初应用于军事通信中，因其具有抗干扰能力强和低检测概率等优点，可实现战场抗干扰和保密通信的目的。随着技术的发展，扩频技术已广泛应用于军事通信和民用通信中，如地面战术移动通信系统、民用移动通信系统、全球定位系统（Global Positioning System，GPS）、无线局域网（Wireless Local Area Network，WLAN）、测距与测速系统等。本节将介绍扩频系统的基本原理和特点、扩频系统的分类、实现扩频通信的基本方法和有关应用等。

10.2　扩频系统的基本概念

10.2.1　扩频系统的基本原理

扩频系统通常具有以下三个特点：

（1）信号占用的带宽远远大于发送信息所需的最小带宽。

（2）在发送端进行扩频时通常采用伪随机序列，该序列与所发送信息本身无关。

（3）在接收端需要利用与发送端同步的扩频码进行解扩，以恢复原始信号。

根据以上特点可以看出，前面章节介绍的调制方式，如脉冲编码调制、频率调制等，虽然也扩展了原始信号的频谱，但它们并不完全符合以上特点，因此并不能称为扩频系统。

扩频系统的基本原理框图如图 10.2.1 所示，系统的基本组成与工作原理如下。

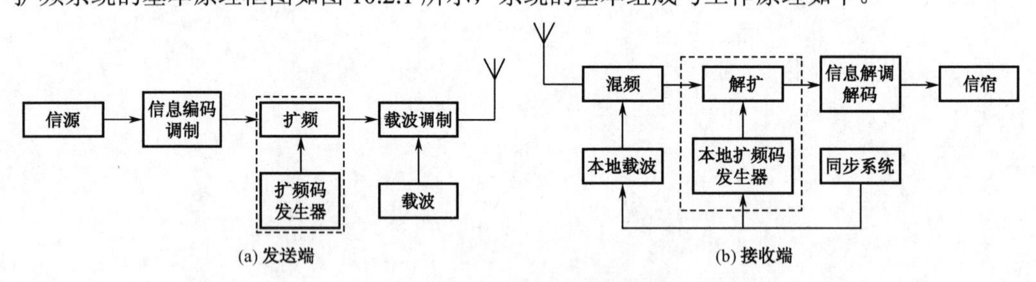

图 10.2.1　扩频系统原理框图

发送端　信源发出的数据首先经过信息编码调制模块，完成信源编码、信道编码、数字调制等操作；然后由扩频模块进行扩频处理，扩频处理主要通过扩频码发生器产生的伪随机序列来实现，扩频后信号带宽远远大于发送信息所需要的最小带宽；扩频信号最后对射频载波进行调制后通过天线发射出去。

接收端　天线接收到的信号经过混频后，由解扩模块进行解扩处理，解扩处理需要本地扩频码发生器产生与发送端同步的扩频码，解扩后信号带宽恢复到经数字调制后的带宽值；解扩后的信号由信息解调解码模块进行数字解调、信道解码、信源解码等操作后恢复为原始信号，最后送给信宿。

与传统的数字通信系统相比，扩频系统中主要多了扩频、解扩、扩频码发生器等模块，其中扩频处理模块主要完成信号的扩频处理，不同的扩频系统进行扩频处理的方法有较大区别，常见的扩频系统包括直接序列扩频、跳频、跳时及混合扩频等。解扩处理是扩频处理的逆过程，其主要功能是将扩频信号恢复为原来的窄带信号，不同的扩频系统中，解扩处理的方法也有较大区别。扩频系统中有两个特殊的模块。

（1）**扩频码发生器** 扩频码发生器是扩频系统中的核心模块之一，其主要功能是产生用于扩频处理的扩频码。扩频码是一个伪随机序列，一般应有易于产生、具有伪随机性、周期尽可能长及良好的自相关和互相关特性等性质。

（2）**扩频码同步模块** 其主要功能是保证本地扩频码发生器产生的扩频码与发送端的扩频码同步。扩频码的同步主要分为两个阶段：一是**捕获**（也称**粗同步**），其主要功能是从接收信号中获得扩频码的起始位置；二是**跟踪**（也称**精同步**），其主要功能是使接收端码元能跟踪发送端码元的变化。

扩频系统发送端发送的扩频信号的带宽远远大于发送信息所需要的最小带宽，这似乎与传统数字通信系统中通常以尽量窄的带宽来发送信息以获得较高的频谱效率是相矛盾的。但扩频系统可以通过增加带宽来获得信噪比（S/N）的改善，其依据的理论基础依然是在第 4 章中讨论过的**香农公式**：

$$C = W\log_2\left(1+S/N\right) \tag{10.2.1}$$

香农公式确定了信道容量 C 与信道带宽 W 及信道中的信噪比 S/N 之间的关系。当信道容量一定时，增加信道带宽，可以降低对信道中信噪比的要求。也就是说，在扩频系统中，由于信号带宽增大了，可以在信道信噪比非常低的情况下实现通信，这也是扩频系统可以实现保密通信的基本原因。此外，利用扩频码的良好互相关特性，不同扩频码之间正交或接近正交，还可以实现**码分多址**（Code Division Multiple Access，CDMA）通信，即多个不同用户利用不同的扩频码来区分，同时在相同的频带中通信。世界上目前正在广泛应用的第三代移动通信（The 3rd Generation Telecommunication，3G）系统，包括 WCDMA（Wideband Code Division Multiple Access）、CDMA2000 及 TD-SCDMA（Time Division-Synchronization Code Division Multiple Access），其基本技术就是利用码分多址的方法。

10.2.2 扩频系统的分类

扩频系统的主要类型包括直接序列扩频（Direct Sequence Spread Spectrum，DSSS）、跳频系统（Frequency Hopping，FH）、跳时系统（Time Hopping，TH）和混合扩频等。

直接序列扩频（DSSS） 直接序列扩频系统中，发送端的数据经过编码后，直接利用扩频码序列进行扩频处理，将信号扩展到一个较宽的频带内，然后调制到射频载波上发射出去。在接收端，天线接收到的信号经混频后，利用本地产生的与发送端同步的扩频码进行解扩，使信号恢复成窄带信号，然后再进行解调解码处理，恢复成原始数据。直接序列扩频系统简称**直扩系统**，其扩频的原理如图 10.2.2 所示，其中 $d(t)$ 和 $F_d\left(f\right)$ 分别是数据基带信号和其傅里叶变换，$c(t)$ 和 $F_c\left(f\right)$ 分别是伪随机扩频序列信号和其傅里叶变换；假定扩频操作在载波调制前进行，扩频后的信号和其傅里叶变换分别为 $c(t)\cdot d(t)$ 和 $F_d\left(f\right)*F_c\left(f\right)$。若扩频序列的码片周期 T_c 是符号周期 T_S 的 1/15，则扩频后信号的频谱宽度相应地被扩大为原来的 15 倍。

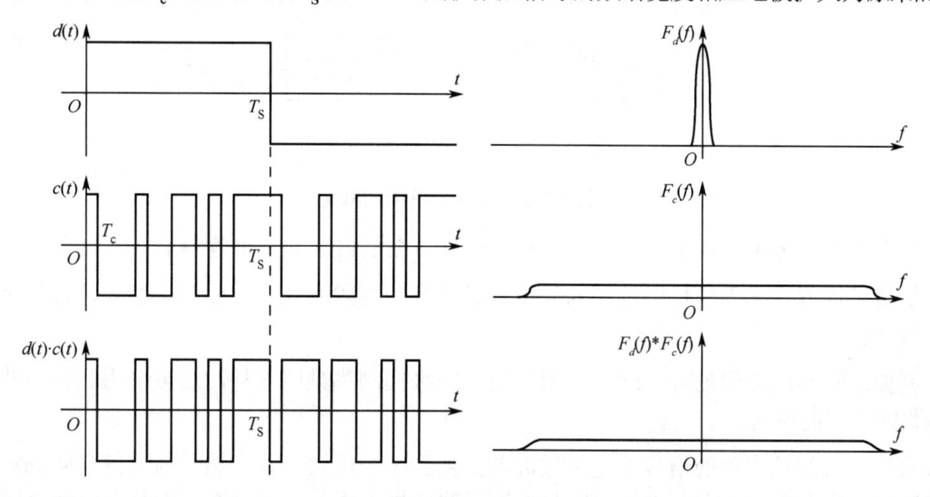

图 10.2.2 DSSS 信号频谱展宽示意图

DSSS 特别有利于在噪声背景下隐藏发送信号，经扩频的信号的功率密度可以比噪声功率密度水平更低，使得信号难以被敌人侦测；同时也有利用对抗大功率的窄带干扰信号。图 10.2.3 为信号受到强的窄带信号干扰时的情形，信号在解扩过程中，通过相关运算使扩频信号 $F_d(f-f_c)*F_c(f-f_c)$ 在频域上重新聚敛为 $F_d(f-f_c)$，解调后恢复为原来的信号 $F_d(f)$，而窄带强干扰信号 $J(f)$ 的频普功率则在此过程中被扩散，解调后落到基带信号带宽范围内的成分 $J_B(f)$ 被大幅度降低。

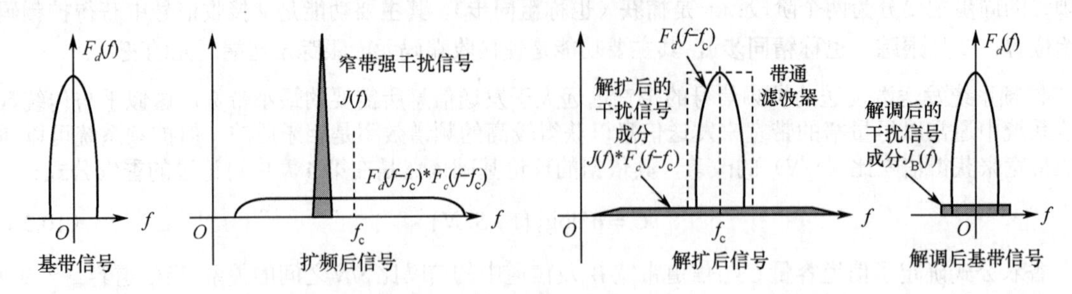

图 10.2.3　DSSS 系统抑制窄带干扰信号的示意图

直接序列扩频系统主要用于通信抗干扰、卫星通信、导航、保密通信、测距和定位等方面，是目前应用最多也最典型的一种扩频系统。

跳频扩频（FH）　在跳频系统中，发送端不是用伪随机码直接对发送信号进行频率扩展，而是用伪随机码控制载波频率“随机”跳变。跳频系统的原理框图如图 10.2.4 所示。在发送端，信源产生的信号通过信息编码调制模块后，调制由频率合成器产生的载频，得到射频信号并通过天线发送出去。而频率合成器产生的载频频率则受伪随机码发生器产生的伪随机序列的控制，按一定速率在 K 个载频上随机跳变。虽然在某一时刻，发送信号占据的带宽为普通数字调制信号的带宽，但从一段时间来看，因为发送的信号会在 K 个载频上随机跳变，相当于将原来的信号带宽扩展到了主要由最大跳频间隔确定的区域上。图 10.2.5 给出了 FH 信号在时频域上变化的示意图，其中 T_h 为每一跳的**驻留时间**。该示意图也称**跳频图案**，对跳频图案的基本要求如下：

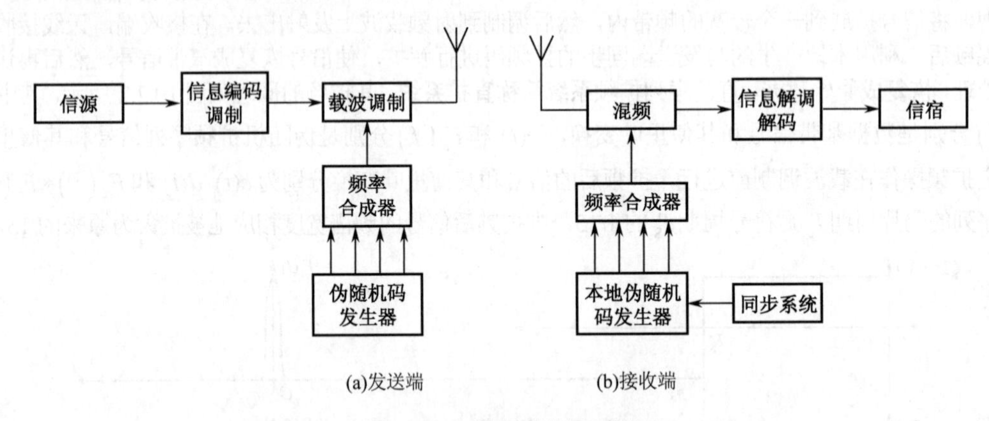

图 10.2.4　跳频系统原理框图

（1）**频率跳变范围大**　跳频图案跳变的频率应分布在足够宽的频带范围上。

（2）**伪随机性好**　由伪随机码控制的频率合成器产生的频率跳变周期应足够大，且各个频率出现的概率是均等的。

在保密要求较高的应用场合，除了应用伪随机码来控制跳频图案外，还可采用其他一些措施来进一步提高跳频图案的保密性。

在接收端，天线接收到的信号首先经过混频变换到某个固定中频，然后通过信息解调解码恢复为原始数据信息。特别之处在于，进行混频时本地载波信号不再是固定频率，而是一个频率跳变信号，其变化规律与发送端的载波变化规律相同，这需要由同步系统来保证，发送端与接收端的载波频率并不相同，而是有一个固定频差，其差值正好是接收机的中频。

FH 通过“随机”的载波频率变化可有效规避窄带信号的干扰，图 10.2.6 所示为 FH 系统对抗强窄带干扰信号的示意图，仅当跳频信号与干扰信号的频谱重叠时，信号才会受到影响。此外，多个不同跳频规律的信号可在一个频域范围内实现多个用户随机分布式控制的频分复用。FH 早期主要用于军事通信，如战术跳频电台。目前 FH 也应用到了民用通信领域的多址接入过程，如基于**蓝牙技术**的**无线个域网**（Wireless Personal Area Network，WPAN）等。

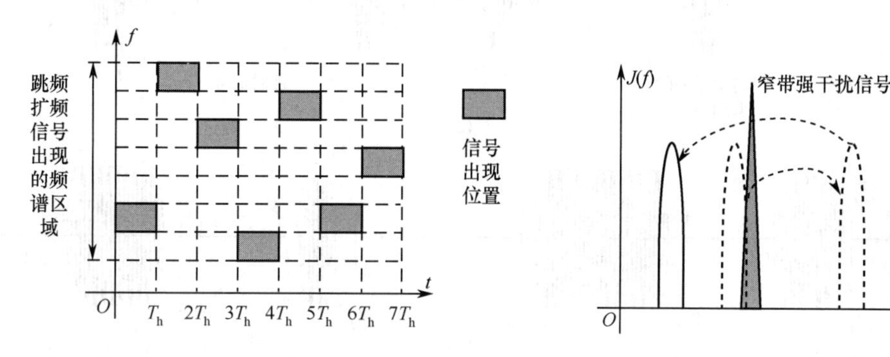

图 10.2.5　FH 系统在时频域变化示意图　　　　图 10.2.6　FH 系统对抗窄带干扰信号

跳时扩频（TH）　跳时系统中，采用伪随机码去控制信号发送的时刻及发送时间的长短。在时间跳变中，将一个信号分为若干时隙，由伪随机码序列控制在哪个时隙发送信息，时隙的选择及持续时间的长短均由伪随机码控制。因此，信号在发送的很短时隙中，以较高的峰值功率传输，可以视为某种随机**脉位调制**（PPM）和**脉宽调制**（PWM），TH 信号对原始符号在时间上的压缩导致变换后的信号在频域上扩展。跳时系统的原理框图如图 10.2.7 所示。

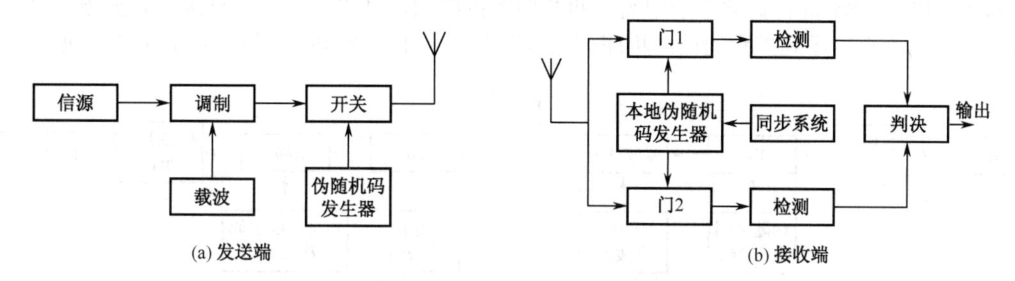

图 10.2.7　跳时系统原理框图

在发送端，经过载波调制后的信号送到一个开关电路，该开关的启闭受伪随机码控制，以脉冲的形式发送出去。在接收端，本地伪随机码发生器在同步系统的控制下产生与发送端同步的伪随机码序列，控制两个选通门，使传号和空号分别由两个门选通后经检波进行判决，从而恢复出发送的信息。

TH 系统抑制瞬时强随机干扰和全时段干扰的原理如图 10.2.8(a)所示，每个码元在时间上由 T_S 压缩为 T_c，时间压缩频谱展宽后的信号 $f_c(t)$ 的每个码元出现的时间在 T_S 内“随机”跳变，很容易规避强的随机干扰 $j_1(t)$；对于全时段出现的连续干扰 $j_2(t)$ 或噪声，因为每个压缩后码元的能量在时间上很集中，可形成很强的接收信噪比，从而达到抑制这些干扰影响的目的。除 TH 信号的发送时刻可变外，如图 10.2.8(b)所示，在每个“时隙”中发送信号持续时间的长短也可通过伪随机码进行控制。

混合扩频　在前面介绍的几种扩频系统中，由于它们扩频的方式不同，抗干扰的机理也不同。虽然它们均有较强的抗干扰性能，但也有它们各自的不足之处。在实际应用中，有时单一的扩频方式很难满足实际需要，因此可以将两种或多种扩频方式结合起来，以获得单一扩频方式难以达到的指标。常见的混合扩频方式有跳频与直扩结合的方式（FH/DSSS）、跳时与直扩结合的方式（TH/DSSS）、跳频与跳时结合的方式（FH/TH）等。下面简单介绍 FH/DSSS 混合扩频方式，其他几种混合扩频方式的介绍可参见参考文献。

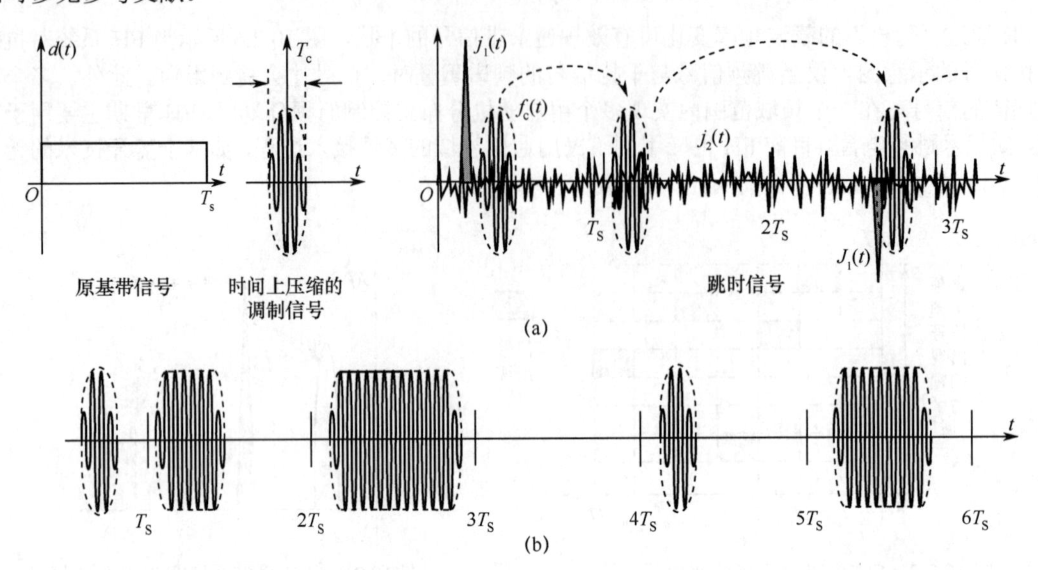

图 10.2.8　跳时系统抑制干扰示意图：(a)等宽时隙跳时信号；(b)时隙宽度可变的跳时信号

FH/DSSS 混合扩频系统原理框图如图 10.2.9 所示。在发送端，信号经过编码调制后，首先被**伪随机码发生器** 1 产生的伪随机序列扩频，然后去调制由**伪随机码发生器** 2 产生的伪随机序列控制的频率合成器，产生载波频率跳变的射频信号通过天线发送出去。在接收端，首先进行解跳，恢复原来的非跳频信号，得到固定中频的直扩信号，然后再进行解扩，最后经解调解码后恢复出原始信息。从图 10.2.9 中可以看出，FH/DSSS 混合扩频系统中需要两个伪随机序列，其中一个用于直接序列扩频，另一个用于跳频，通常用于直接序列扩频的伪随机序列的速率要高于用于跳频控制的伪随机序列的速率。

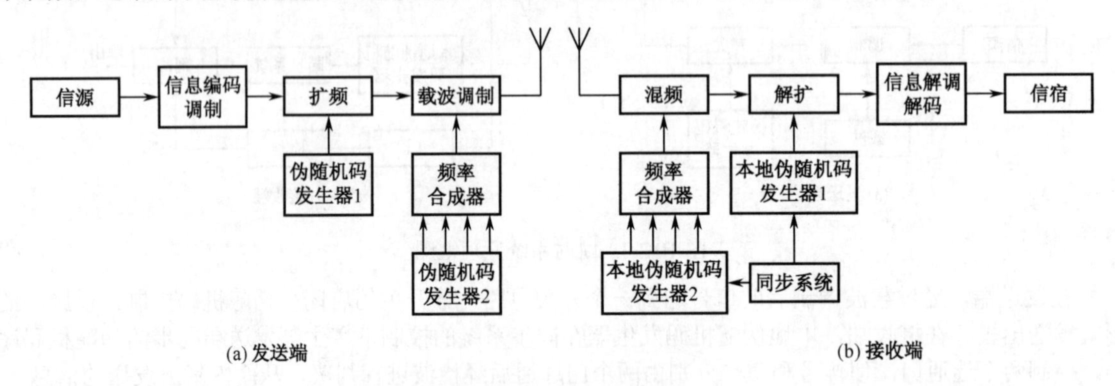

图 10.2.9　FH/DSSS 混合扩频系统原理框图

10.2.3　扩频系统的主要技术指标

对于扩频系统，衡量其性能的技术指标主要有处理增益、干扰容限、频带效率、跳频速率等，其中最主要的是处理增益和干扰容限。

处理增益　扩频系统的处理增益定义为解扩器输出端的信噪比 $(S/N)_o$ 与输入端的信噪比 $(S/N)_i$ 之比，即

$$G_p = \frac{(S/N)_o}{(S/N)_i} \tag{10.2.2}$$

其物理意义是扩频系统对于信噪比的改善程度。由于解扩处理前后信号的功率没有改变，主要是对干扰进行了抑制，因此处理增益也可理解为对干扰的抑制程度。对于不同类别的系统，有如下结果。

（1）DSSS **系统处理增益**　对于 DSSS 系统，若 W_1 表示扩频前的信号带宽，W_2 表示扩频后的信号带宽，T_1 表示信息数据脉宽，$R_1=1/T_1$ 表示信息速率，T_2 表示扩频码的码元宽度，$R_2(=1/T_2)$ 表示码片速率，噪声功率密度谱记为 N_0，则有

$$G_{\mathrm{p}}=\frac{(S/N)_{\mathrm{o}}}{(S/N)_{\mathrm{i}}}=\frac{\left(S/(W_1N_0)\right)}{\left(S/(W_2N_0)\right)}=\frac{W_2}{W_1}\approx\frac{R_2}{R_1}=\frac{T_1}{T_2} \tag{10.2.3}$$

即处理增益也可表示为频谱扩展后与频谱扩展前的信号带宽之比。扩频前的带宽 W_1，通常也称**信息带宽** W_{d}。处理增益的大小若用分贝（dB）表示，则有

$$G_{\mathrm{p}}(\mathrm{dB})=10\lg\frac{(S/N)_{\mathrm{o}}}{(S/N)_{\mathrm{i}}}(\mathrm{dB}) \tag{10.2.4}$$

（2）**FH 系统处理增益**　对于用于对抗窄带干扰的 FH 系统，如果信息带宽为 W_{d}，频率跳变的范围为 W_{R}，若窄带干扰信号的带宽亦为 W_{d}，当信号在 W_{R} 范围内均匀地“随机”跳变时，窄带干扰的影响降低为原来的 $\left(W_{\mathrm{R}}/W_{\mathrm{d}}\right)$ 分之一 。因此跳频系统的处理增益定义为跳频带宽 W_{R} 与基带信息带宽 W_{d} 之比，即

$$G_{\mathrm{p}}=\frac{W_{\mathrm{R}}}{W_{\mathrm{d}}} \tag{10.2.5}$$

（3）TH **系统处理增益**　跳时系统对抗干扰的基本思想是，在存在干扰的一个码元周期内，将一个码元信号的能量集中在一个小的时间片内发送，在该短时间片内获得很高的信噪比，由此可对抗干扰的影响。因此跳时系统的处理增益定义为占空比 D 的倒数，即

$$G_{\mathrm{p}}=\frac{1}{D} \tag{10.2.6}$$

干扰容限　**干扰容限**是指在保证系统正常工作的条件下，接收机能承受的干扰信号的最大值。干扰容限一般用**分贝数**表示。若记干扰容限为 M_j，则有

$$M_j(\mathrm{dB})=G_{\mathrm{p}}-\left[L_{\mathrm{s}}+\left(S/N\right)_{\mathrm{out}}\right](\mathrm{dB}) \tag{10.2.7}$$

式中，G_{p} 为系统的处理增益，L_{s} 为系统的损耗，$\left(S/N\right)_{\mathrm{out}}$ 为解扩器后面处理单元对信噪比的最低要求。干扰容限的物理意义是，要保证扩频系统正常工作，解扩器的输入端可以承受的干扰功率上限。

10.2.4 扩频系统的特点

扩频系统的优点　扩频系统之所以能获得广泛的应用和发展，成为现代数字通信发展的一个重要方向，主要是因为其具有以下优点。

（1）**抗干扰能力强**　抗干扰能力强是扩频系统最突出的优点，不管是直接序列扩频还是跳频，均具有较强的抗干扰能力。对于直接序列扩频系统，接收端解扩前有用信号能量分布在较宽的频带内，而通常干扰则分布在较窄的带宽内（比如敌方干扰电台发出的干扰信号），解扩后，有用信号恢复成窄带信号，而干扰信号则被扩展到较宽的频带内，通过窄带滤波器选出有用信号时，可以滤除大部分干扰信号，使得信噪比显著改善，提高了抗干扰能力。对于跳频系统，由于发射机的载频在一个较宽的频带内随机跳变，而干扰电台发射的干扰信号一般很难在很宽的频域范围实现大功率的覆盖，通常只在一个较窄的频带内产生较大的影响，因此可以有效抵抗干扰电台的干扰。反映抗干扰能力的重要指标就是处理增益 G_{p}，处理增益越高，抗干扰能力越强。

（2）**抗截获、抗检测能力强** 对于直接序列扩频系统，由于扩频后有用信号能量分布在较宽的频带内，且信号的功率谱密度很小，通常都隐藏在噪声功率谱密度之下，因此一般不容易被检测出。对于跳频系统，由于发射机的载频会不断跳变，因此很难被发现，即使被发现，如果不知道其跳变规律（由伪随机序列确定），也无法正确接收。所以说扩频系统具有较低的检测和截获概率。

（3）**具有多址能力** 对于直接序列扩频系统，由于采用的扩频码具有良好的自相关和互相关特性，如果不同用户在发送端采用不同的扩频码进行扩频，在接收端通过相关接收进行解扩时，只有本地扩频码与目标用户的扩频码一致时，才能正常解调，而对于其他用户的信号，由于不同扩频码之间的互相关值较低，通过相关接收机解扩后其他用户信号的影响相当于较小的噪声，因此不同用户可以采用不同的扩频码进行区分，同时在相同的频道中进行通信。目前的CDMA系统即利用了扩频系统的多址能力。对于跳频系统，如果不同用户的发射机载频按照不同的规律跳变，在接收端，只有当本地载波的频率跳变规律与目标用户载频跳变规律一致时，接收信号通过混频后才能落在固定的中频范围内，从而实现正常解调。而对于其他用户信号，由于其射频信号载频跳变规律与本地载波的频率跳变规律不一致，其信号通过混频后一般不能落在固定的中频范围内，因此不会对目标用户造成干扰。因此不同的用户只要采用不同的频率跳变规律，就可以在同一个频带内同时进行通信。如目前在 WLAN 和 WPAN 等系统中，都有利用跳频实现多址功能的示例。

（4）**抗衰落和抗多径能力强** 由于扩频系统的带宽很宽，当遇到频率选择性衰落时，它只影响扩频信号的一小部分，而对整个信号的频谱影响不大。扩频后，扩频码周期远小于信息码元周期，对于多径信号，只要多径延时超过一个码片的时间，则对于相关接收机来说，就可以把多径信号当成噪声处理，不会造成很大的影响。而未采用扩频处理时，由于信息码元周期较长，多径延时信号可能落在一个码元周期内，因此会产生码间干扰。扩频系统中如果采用RAKE接收技术，可将多径信号分离出来，通过合并多径信号，还可以有效提高接收性能。

扩频系统的缺点 扩频系统也有一些缺点，例如采用扩频技术的通信系统要实现解扩，往往需要较为复杂的同步系统。另外，要使得扩频系统具有较强的抗干扰、抗截获和抗检测的能力，通常要以牺牲频谱效率为代价。例如，对于 DSSS 系统，要使得信号隐藏在噪声内，扩频后的信号功率密度谱必须足够小，由香农定理可知，信道容量必定会受到较大的限定；对于FH系统，要达到良好的抗截获和抗检测效果，跳频的范围应尽可能大，而在每一跳中的信号频谱则应尽量窄，这显然也会降低频谱的利用效率。

10.3 伪随机序列

伪随机序列在扩频系统中起着非常重要的作用。比如，在直扩系统中，发送端需要采用伪随机序列对传输的信息进行频谱扩展，接收端也需要用相同的伪随机序列对接收的信号进行频谱压缩；在跳频系统中，发送端和接收端均需要利用伪随机序列控制频率合成器以产生随机跳变的载波频率。伪随机序列性能的好坏直接关系到扩频系统性能的好坏。

伪随机序列的性能 通常可以从以下几个方面衡量伪随机序列的性能。

（1）易于产生。

（2）周期尽可能长，使干扰者难以从截获的小段序列中重建整个伪随机序列，从而提高系统的安全性。

（3）具有良好的自相关和互相关特性。这些特性有利于接收端对伪随机序列的捕获和跟踪，而良好的互相关特性则有利于其在多用户系统中应用。

（4）可用的伪随机序列数要尽可能多。由于在多用户系统中，不同用户需要采用不同的伪随机序列，只有系统中可用的伪随机序列足够多，才能提高扩频系统的容量。

伪随机序列的特性 伪随机序列的特性主要由其相关函数来描述，主要包括自相关特性和互相关特性。

（1）**自相关函数** 设有两个长度为 N 的序列 $\{a\}$ 和 $\{b\}$，序列中的元素分别为 a_i 和 b_i，$i=0,1,2,\cdots,N-1$，则序列的**自相关函数** $R_{\mathrm{a}}(j)$ 定义为

$$R_{\mathrm{a}}(j)=\sum_{i=0}^{N-1}a_i a_{i+j} \tag{10.3.1}$$

相应的**自相关系数** $\rho_{\mathrm{a}}(j)$ 定义为

$$\rho_{\mathrm{a}}(j)=\frac{1}{N}\sum_{i=0}^{N-1}a_i a_{i+j} \tag{10.3.2}$$

（2）**互相关函数** 序列 $\{a\}$ 和 $\{b\}$ 的**互相关函数** $R_{ab}(j)$ 定义为

$$R_{ab}(j)=\sum_{i=0}^{N-1}a_i b_{i+j} \tag{10.3.3}$$

相应的**互相关系数** $\rho_{ab}(j)$ 定义为

$$\rho_{ab}(j)=\frac{1}{N}\sum_{i=0}^{N-1}a_i b_{i+j} \tag{10.3.4}$$

若 $\rho_{ab}(j)=0$，则称序列 $\{a\}$ 和序列 $\{b\}$ **正交**。

对于应用在扩频通信系统中的伪随机序列来说，一般希望其尽可能有类似白噪声的特性，即自相关系数的取值越大越好，而互相关系数的取值则应尽可能小。

伪随机序列的类型 根据以上自相关系数及互相关系数的含义，可进一步定义不同类型的伪随机序列。

（1）**狭义伪随机序列** 自相关系数具有如下形式的序列，称为狭义伪随机序列：

$$\rho_{\mathrm{a}}(j)=\begin{cases}\dfrac{1}{N}\sum_{i=0}^{N-1}a_i^2=1, & j=0\\[2mm] \dfrac{1}{N}\sum_{i=0}^{N-1}a_i a_{i+j}=-\dfrac{1}{N}, & j\neq 0\end{cases} \tag{10.3.5}$$

（2）**第一类广义伪随机序列** 自相关系数具有如下形式的序列，称为第一类广义伪随机序列：

$$\rho_{\mathrm{a}}(j)=\begin{cases}\dfrac{1}{N}\sum_{i=0}^{N-1}a_i^2=1, & j=0\\[2mm] \dfrac{1}{N}\sum_{i=0}^{N-1}a_i a_{i+j}=c<1, & j\neq 0\end{cases} \tag{10.3.6}$$

（3）**第二类广义伪随机序列** 互相关系数具有如下形式的序列，称为第二类广义伪随机序列：

$$\rho_{ab}(j)\approx 0 \tag{10.3.7}$$

相关函数满足式（10.3.5）、式（10.3.6）、式（10.3.7）三者之一的序列，统称为**伪随机序列**。

需要注意的是，在进行上述自相关或互相关函数和系数的运算时，通常把这些序列视为周期是 N 的**循环序列**，此时有 $a_i=a_{i+k\cdot N}$，$b_i=b_{i+k\cdot N}$。

目前，应用比较广泛的伪随机序列主要有 m 序列、Gold 序列、M 序列、R-S 序列等。本章主要介绍 m 序列和 Gold 序列，其他伪随机序列可以参考相关书籍。

10.3.1 m 序列

m 序列的概念 m 序列又称**最大长度移位寄存器序列**，它是伪随机序列中最重要的序列之一，也

是最早应用于扩频通信的序列。m 序列可以通过线性反馈移位寄存器来产生，主要由移位寄存器的级数、反馈支路的结构（反馈逻辑）和寄存器的初始值决定。由 n 级线性反馈移位寄存器产生的 m 序列的最基本特征是，序列周期为 2^n-1，这是 n 级线性反馈移位寄存器可能产生的周期最长的序列。

反馈移位寄存器 m 序列可以用图 10.3.1 所示的线性反馈移位寄存器来产生，图中共有 n 级移位寄存器，每级移位寄存器的状态用 a_i 表示，$a_i \in \{0,1\}$，$i=0,1,2,\cdots,n-1$。反馈线的连接状态用 c_i 表示，$c_i=1$ 表示该反馈存在，$c_i=0$ 则表示该反馈不存在，其中 c_0 和 c_n 不能为 0，因为 $c_0=0$ 表示无反馈，$c_n=0$ 表示最多只有 $n-1$ 级寄存器参与反馈。图中的符号“⊕”表示模 2 加。

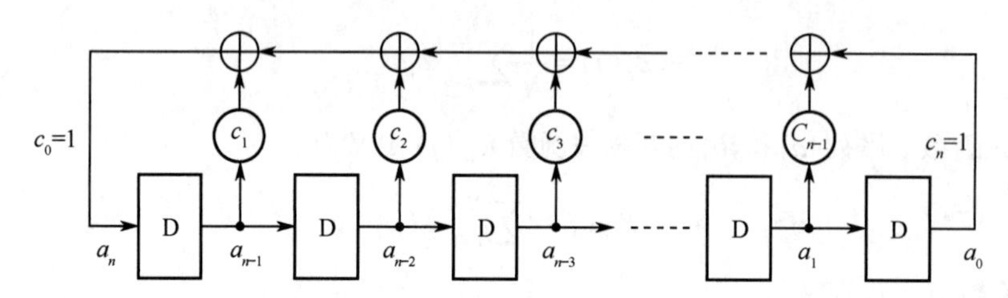

图 10.3.1 线性反馈移位寄存器

由图 10.3.1 中的反馈逻辑可以看出，移位寄存器第 n 时刻输出的值，满足以下递推关系：

$$a_n = c_1a_{n-1} \oplus c_2a_{n-2} \oplus \cdots \oplus c_{n-2}a_2 \oplus c_{n-1}a_1 \oplus c_na_0 = \sum_{i=1}^{n} c_ia_{n-i} \tag{10.3.8}$$

这说明，移位寄存器第 n 时刻输出的值，由此前的第 $n-1,n-2,\cdots,2,1,0$ 时刻的值共同决定。线性反馈移位寄存器产生的序列主要由移位寄存器的级数、反馈逻辑及各级寄存器的初始状态共同决定。因为长度为 n 的移位寄存器可能的不同状态数最多为 2^n，所以由线性反馈移位寄存器产生的序列的周期不可能大于 2^n。又因为移位寄存器不能出现全 0 的状态，否则输出将恒定为 0，减去这一状态对应的输出，由线性反馈移位寄存器产生的序列的周期不会大于 2^n-1。寄存器的反馈逻辑直接决定了所产生的序列的最长周期，以及所产生序列是否为 m 序列，对于可产生 m 序列的线性反馈移位寄存器来说，非全 0 的寄存器的初始状态主要影响所产生序列的初始相位，对周期不会有影响。

特征多项式 为了对线性反馈寄存器进行理论分析，通常将反馈系数表示成一个多项式的系数，对于反馈系数为 c_i, $i=0,1,2,\cdots,n$ 的移位寄存器，可将其**特征多项式**定义为

$$f(x) = c_0 + c_1x + c_2x^2 + \cdots + c_nx^n = \sum_{i=0}^{n} c_ix^i \tag{10.3.9}$$

式中，x^i 仅指明其系数代表 c_i 的值（1 或 0），而 x 本身的取值无实际意义，也不需要去计算 x 的值。比如，若特征多项式表示为 $f(x)=1+x+x^4=\sum_{i=0}^{4}c_ix^i$，则其代表的含义是 c_0、c_1、c_4 的值为 1，而 c_2、c_3 的值为 0。

为保证 n 级线性反馈移位寄存器产生的序列为 m 序列，代表反馈系数的特征多项式 $f(x)$ 必须满足以下条件：

（1）$f(x)$ 为既约的，即 $f(x)$ 是不能分解因子的多项式。

（2）$f(x)$ 可整除 $1+x^p$，$p=2^n-1$。

（3）$f(x)$ 除不尽 $1+x^q$，$q<p$。

通常将满足以上条件的多项式 $f(x)$ 称为**本原多项式**，每个本原多项式对应一个 m 序列。由此可知，只要找到了本原多项式，就可以据此构成 m 序列产生器。本原多项式可以通过用计算机搜索的方法来获取。现已将常用本原多项式列成表备查，表 10.3.1 中列出了部分本原多项式。

表 10.3.1　常用本原多项式

n	本原多项式	八进制数	n	本原多项式	八进制数
2	$1+x+x^2$	7	8	$1+x^2+x^3+x^4+x^8$	435
3	$1+x+x^3$	13	9	$1+x^4+x^9$	1021
4	$1+x+x^4$	23	10	$1+x^3+x^{10}$	2011
5	$1+x^2+x^5$	45	11	$1+x^2+x^{11}$	4005
6	$1+x+x^6$	103	12	$1+x+x^4+x^6+x^{12}$	10123
7	$1+x^3+x^7$	211			

生成多项式　与用特征多项式描述反馈系数的形式类似，我们也可用一个多项式来描述反馈移位寄存器的输出序列 $\{a_j\}$。设给定一个反馈移位寄存器的输出序列为 $\{a_j\}=a_0,a_1,a_2,\cdots$，则以 a_j 为系数的多项式可以表示为

$$G(x)=a_0+a_1x+a_2x^2+\cdots=\sum\nolimits_{j=0}^{\infty}a_jx^j \tag{10.3.10}$$

称 $G(x)$ 为序列 $\{a_j\}$ 的**生成多项式**。可以证明，序列生成多项式 $G(x)$ 与特征多项式 $f(x)$ 之间的关系为

$$G(x)=\frac{h(x)}{f(x)} \tag{10.3.11}$$

式中，$h(x)$ 为次数低于 $f(x)$ 的次数的多项式，当反馈逻辑确定时，$h(x)$ 仅决定于寄存器的初始状态。$h(x)$ 可表示为

$$h(x)=\sum\nolimits_{i=1}^{n}c_ix^i(a_{-i}x^{-i}+a_{-(i-1)}x^{-(i-1)}+a_{-(i-2)}x^{-(i-2)}+\cdots+a_{-1}x^{-1}) \tag{10.3.12}$$

式中，$\{a_{-n},a_{-(n-1)},a_{-(n-2)},\cdots,a_{-1}\}$ 为寄存器**初始状态**。

由以上描述可以看出，如果给出了 n 级反馈移位寄存器的反馈逻辑［即特征多项式 $f(x)$］及初始状态，我们可以通过两种方法来获得所产生的 m 序列：**方法一**是通过递推公式［见式（10.3.8)］，**方法二**是利用生成多项式与特征多项式的关系式（10.3.11）通过长除运算产生。

【例 10.3.1】　已知特征多项式为 $f(x)=1+x+x^3$，初始状态 $\{a_{-3},a_{-2},a_{-1}\}=\{1,0,0\}$，求利用 3 级反馈移位寄存器产生的序列。

解：由 $f(x)=1+x+x^3$ 可知反馈系数 c_0、c_1 和 c_3 为 1，c_2 为 0，可得对应的反馈移位寄存器如图 10.3.2 所示。

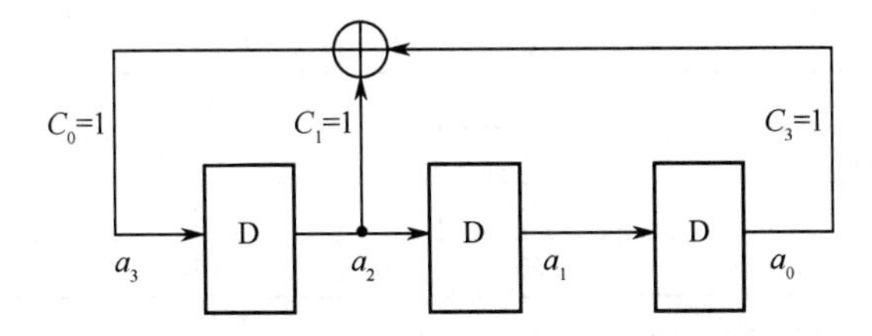

图 10.3.2　特征多项式 $f(x)=1+x+x^3$ 构成的 3 级反馈移位寄存器

方法一：利用递推公式，据图 10.3.2，由式（10.3.8）可得递推公式 $a_n=a_{n-1}\oplus a_{n-3}$，由此可得

$$a_0=a_{-1}\oplus a_{-3}=1,\quad a_1=a_0\oplus a_{-2}=1,\quad a_2=a_1\oplus a_{-1}=1,\ \ldots$$

最后可得所产生的 m 序列为 $\{a_j\}=\{a_0,a_1,a_2,\cdots,a_6\}=\{1,1,1,0,1,0,0\}$。

方法二：通过长除运算获得生成多项式，从而获得所生成的序列。根据特征多项式 $f(x)=1+x+x^3$ 及初始状态 $\{a_{-3},a_{-2},a_{-1}\}=\{1,0,0\}$，由式（10.3.12）可得 $h(x)=1$，故生成多项式 $G(x)=1/f(x)$，长除的运算过程如下：

$$
\begin{array}{r}
1+x+x^2+x^4+\cdots \\
1+x+x^3 \overline{\big)\, 1 \qquad\qquad\qquad\qquad} \\
\underline{1+x+x^3} \qquad\qquad\quad \\
x+x^3 \qquad\qquad \\
\underline{x+x^2+x^4} \qquad\quad \\
x^2+x^3+x^4 \qquad \\
\underline{x^2+x^3+x^5} \qquad \\
x^4+x^5 \quad \\
\underline{x^4+x^5+x^7} \\
x^7
\end{array}
$$

由于 3 级反馈寄存器产生的 m 序列周期为 7，因此长除运算进行到余式为 x^7 为止，因为继续做长除运算会周期性重复。由以上的长除过程可得生成多项式为

$$G(x)=1+x+x^2+x^4+\cdots$$

由此可得生成的 m 序列为 $\{a_j\}=\{a_0,a_1,a_2,\cdots,a_6\}=\{1,1,1,0,1,0,0\}$。□

本原特征多项式数目 利用算术的因式分解理论，可求出 n 阶移位寄存器的本原特征多项式的数目为[7]

$$N_{\mathrm{f}}(n)=\frac{\phi(2^n-1)}{n} \tag{10.3.13}$$

式中，**欧拉函数** $\phi(k)$ 表示不超过 k 且与 k 互素的正整数个数。一般来说

$$\phi(k)=k\prod_{i=1}^{p}\frac{v_i-1}{v_i}\leqslant k-1 \tag{10.3.14}$$

式中 v_i, $i=1,2,\cdots,p$ 是能够整除 k 的素数。表 10.3.2 给出了 n 级反馈移位寄存器不同的 m 序列**本原特征多项式**数目 N_{f} 及最大长度周期 N。

表 10.3.2 m 序列的序列数

n	$N=2^n-1$	N_{f}	n	$N=2^n-1$	N_{f}
1	1	1	11	2047	176
2	3	1	12	4095	144
3	7	2	13	8191	630
4	15	2	14	16383	756
5	31	6	15	32767	1800
6	63	6	16	65535	2048
7	127	18	17	131077	7710
8	255	16	18	262143	7776
9	511	48	19	524287	27594
10	1023	60	20	1048575	24000

从表 10.3.2 中可以看出，即使移位寄存器的级数为 20 时，本原特征多项式数目也仅有 2 万多条，也即最多可生成 2 万多个不同的 m 序列，在多用户扩频系统中，面对几百甚至上千万用户的需求，其数目相对来说是比较少的。此后提出的 Gold 序列则较好地解决了这个问题，在移位寄存器级数相同的条件下，Gold 序列大大增加了可以产生的序列的条数。

m 序列的性质 m 序列是一种同样级数的线性反馈移位寄存器中能产生周期最大的序列，因而具有较好的伪随机特性。下面讨论反映 m 序列伪随机特性的主要性能指标，包括均衡性、游程分布、周期性和自相关特性等。

（1）**均衡性** 所谓均衡性，是指在 m 序列的一个周期内，序列中“1”和“0”的数目基本相等，

准确地说，“1”的个数比“0”的个数多 1 个。比如，例 10.3.1 中由 3 级反馈移位寄存器生成的 m 序列 $\{a_j\}=\{1,1,1,0,1,0,0\}$，其中“0”的个数为 3 个，“1”的个数为 4 个，比“0”的个数多 1 个。

（2）**游程分布**　所谓游程，是指一个序列中取值相同的连续元素的合称。在一个游程中码元的个数称为游程长度。一般来说，在 n 级移位寄存器产生的 m 序列中，游程个数为 2^{n-1}，其中长度为 1 的游程数占游程总数的 1/2，长度为 2 的游程数占游程总数的 1/4，长度为 3 的占 1/8……以此类推，长度为 k 的游程数占游程总数的 2^{-k}，$1\leqslant k\leqslant n-2$。而且，在长度为 k 的游程中，连“1”和连“0”的游程各占一半。比如，例 10.3.1 的 m 序列中，共有 4 个游程，即“111”、“0”、“1”和“00”，其中长度为 1 的游程 2 个，长度为 2 的游程 1 个，长度为 3 的游程 1 个。

（3）**移位相加性**　所谓移位相加性，是指一个 m 序列与其经任意次延迟移位产生的另一不同序列进行模 2 相加，得到的仍是该 m 序列的某次延迟移位序列。比如，例 10.3.1 中的 m 序列 1110100，该序列左（循环）移 1 位后变成 1101001，两序列进行模 2 加产生的一个新序列 0011101，该序列可视为原序列右（循环）移 2 位后生成的结果。

（4）**周期性**　m 序列的周期 $N=2^n-1$，其中 n 为反馈移位寄存器的级数。

（5）**自相关特性**　根据式（10.3.2）计算自相关系数的公式，当序列的码元取值为“1”和“0”时，其自相关系数可以表示为

$$\rho_{\mathrm{a}}(j)=\frac{1}{N}\sum_{i=0}^{N-1}a_i a_{i+j}=\frac{A-D}{N} \tag{10.3.15}$$

式中，A 为序列 $\{a_n\}$ 与移位序列 $\{a_{n+j}\}$ 在一个周期内对应元素相同的数目，D 为序列 $\{a_n\}$ 与移位序列 $\{a_{n+j}\}$ 在一个周期内对应元素不同的数目，N 为序列 $\{a_n\}$ 的周期。

序列 $\{a_n\}$ 与移位序列 $\{a_{n+j}\}$ 在一个周期内对应元素相同的数目，相当于序列 $\{a_n\}$ 与移位序列 $\{a_{n+j}\}$ 进行模 2 加时为“0”的元素个数，而序列 $\{a_n\}$ 与移位序列 $\{a_{n+j}\}$ 在一个周期内对应元素不同的数目，相当于序列 $\{a_n\}$ 与移位序列 $\{a_{n+j}\}$ 进行模 2 加时为“1”的元素个数，根据 m 序列的移位相加特性，序列 $\{a_n\}$ 与移位序列 $\{a_{n+j}\}$ 进行模 2 加产生的序列仍为序列 $\{a_n\}$ 的某个移位序列，因此该序列中“0”的个数比“1”的个数少 1。因此，当 $j\neq 0$ 时，$A-D=-1$；也即，当 $j=0$ 时，$D=0$，$A-D=N$。由此可得 m 序列的**自相关系数**为

$$\rho_{\mathrm{a}}(j)=\begin{cases}\dfrac{A-D}{N}=1, & j=0\\ \dfrac{A-D}{N}=-\dfrac{1}{N}, & j\neq 0\end{cases} \tag{10.3.16}$$

由上可知，m 序列的自相关系数只有 1 和 $-1/N$ 两种取值，如图 10.3.3 所示，这种性质非常有利于扩频码的捕获。

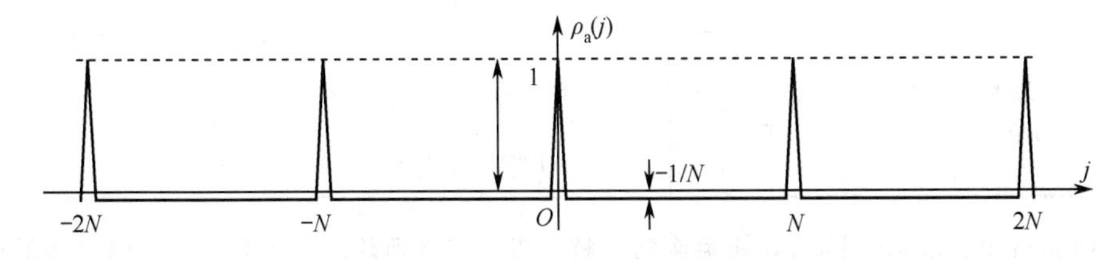

图 10.3.3　m 序列的自相关系数特性

10.3.2　Gold 序列

虽然 m 序列容易产生，且其具有良好的双值自相关特性，系统的同步比较容易实现，但由于一定级数

的线性移位寄存器所能产生的 m 序列的个数比较少［只有$\varphi(2^n-1)/n$个］，这样在多用户系统中可供选择的地址码数量少。为此，R. Gold 于 1967 年提出了利用 **m 序列优选对**构造的组合序列——**Gold 序列**。

m 序列优选对　所谓 m 序列优选对，是指在 m 序列集中，其互相关函数的最大绝对值$|R_{ab}(j)|_{\max}$小于某个值的两个 m 序列。

设序列$\{a\}$是对应于r阶本原多项式$f(x)$产生的 m 序列，序列$\{b\}$是对应于n阶本原多项式$g(x)$产生的 m 序列。R. Gold 证明了当它们的互相关函数值$R_{ab}(j)$满足

$$|R_{ab}(j)| \leqslant \begin{cases} 2^{\frac{n+1}{2}}+1, & n\text{ 为奇数} \\ 2^{\frac{n+2}{2}}+1, & n\text{ 为偶数，但不被4整除} \end{cases} \tag{10.3.17}$$

时，$f(x)$和$g(x)$生成的 m 序列$\{a\}$和$\{b\}$构成一对**优选对**。

Gold 序列的产生方法　Gold 序列是 m 序列的组合序列，由两个长度相同、速率相同但码字不同的 m 序列优选对通过模 2 加后得到，具有良好的自相关和互相关特性，且生成的序列数远大于 m 序列。一对由n级移位寄存器产生的 m 序列优选对可以产生2^n+1个 Gold 序列。这是因为只要 m 序列优选对中两个序列的相对相位不同（比如以其中一个序列为参考，对另一个序列进行循环移位），就可以生成一个新的 Gold 序列。由于n级移位寄存器产生的 m 序列的周期为2^n-1，因此一共可以产生2^n-1个新的 Gold 序列，再加上 m 序列优选对，一共有2^n+1个序列。这2^n+1个序列称为一个 **Gold 序列族**（或称为 Gold **码族**）。

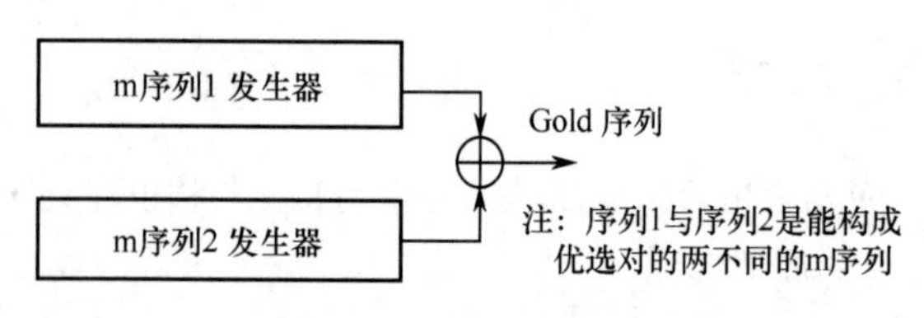

图 10.3.4　Gold 序列生成器

由 m 序列优选对生成 Gold 序列时，只需将两个 m 序列的输出进行模 2 加即可，如图 10.3.4 所示。只要给生成 m 序列的n级寄存器赋予不同的初始值，就可产生不同的 Gold 序列。

Gold 序列的相关特性　Gold 序列虽然是由 m 序列优选对组合构造而成的，但它已不是 m 序列，并不具有 m 序列的均衡性、游程特性及二值相关特性。但 Gold 序列仍然具有较好的自相关和互相关特性，Gold 序列族内各序列的自相关和互相关特性呈现为**三值相关特性**。Gold 序列的互相关特性如表 10.3.3 所示。

表 10.3.3　Gold 序列互相关特性

寄存器长度	码　长	归一化互相关函数值	出现概率
n 为奇数	$N=2^n-1$	$-1/N$	0.50
		$-\left(2^{(n+1)/2}+1\right)/N$	0.25
		$\left(2^{(n+1)/2}+1\right)/N$	0.25
n 为偶数，但不被 4 整除	$N=2^n-1$	$-1/N$	0.75
		$-\left(2^{(n+2)/2}+1\right)/N$	0.125
		$\left(2^{(n+2)/2}+1\right)/N$	0.125

Gold 序列的自相关函数特性与互相关函数一样，都是三值函数，只是不同函数值出现的概率不同。Gold 序列族之间的互相关函数目前尚无理论结果，其互相关值已不再是三值，而是多值，且大大超过了优选对的互相关函数值。

正是由于 Gold 序列在数量上远远超过 m 序列，且具有良好的相关特性，因此在实际工程中获得了广泛应用，比如 3G 系统中的 WCDMA 就采用了 Gold 序列作为地址码。

10.4　直接序列扩频技术

在 10.2 节已经介绍，所谓直接序列扩频，是指基带数字信息经过数字调制（如 BPSK、QPSK 等）后，直接利用扩频序列（如 m 序列、Gold 序列等）进行扩频处理；在接收端，则需要利用与发送端同步的扩频序列进行解扩处理，以恢复原始数字信号。直接序列扩频系统也简称为**直扩系统**。本节主要介绍采用 BPSK 进行数字调制时的扩频处理和解扩处理的工作原理。

BPSK 直接序列扩频是直接序列扩频中最简单的形式。假设待发送的数字信号 $d(t)$ 为二进制双极性脉冲信号，取值为“+1”和“−1”，载波功率为 P，角频率为 ω_0，并假设载波初始相位为零，则载波信号 $s(t)$ 可以表示为

$$s(t)=\sqrt{2P}\cos\omega_0 t \tag{10.4.1}$$

扩频操作可以在调制前进行，也可在调制后进行，两种方法所得的结果相同，实现方法分别如图 10.4.1(a)和(b)所示。

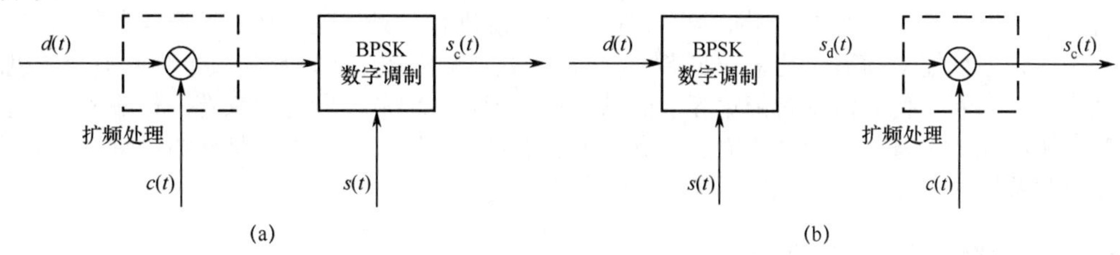

图 10.4.1　BPSK 直接序列扩频原理框图

假定扩频操作在调制后进行，经过 BPSK 调制后的信号可以表示为

$$s_d(t)=\sqrt{2P}d(t)\cos\omega_0 t \tag{10.4.2}$$

扩频信号 $c(t)$ 一般为二进制双极性脉冲信号，不妨假定其取值为“+1”和“−1”。利用扩频信号 $c(t)$ 对已调的 BPSK 信号 $s_d(t)$ 进行扩频处理，相当于用 $c(t)$ 与 $s_d(t)$ 直接相乘，由此扩频后的信号 $s_c(t)$ 可以表示为

$$s_c(t)=\sqrt{2P}d(t)c(t)\cos\omega_0 t \tag{10.4.3}$$

在接收端，接收机接收的信号 $r(t)$ 中除了包含有期望的目标信号 $s'(t)$ 外，还包含有高斯白噪声 $n(t)$ 及可能的窄带强干扰信号 $J(t)$。若信道特性比较理想，则期望的目标信号 $s'(t)$ 是发送信号 $s_c(t)$ 的延时，可以表示为 $A\cdot s_c(t-T_d)$，其中常数 A 是系统增益系数，T_d 是发送端与接收端之间的传播延时。因此，接收的信号 $r(t)$ 可以表示为

$$\begin{aligned}r(t)&=A\cdot s_c(t-T_d)+J(t)+n(t)\\&=A\sqrt{2P}d(t-T_d)c(t-T_d)\cos[\omega_0(t-T_d)]+J(t)+n(t)\end{aligned} \tag{10.4.4}$$

接收端的解扩处理可视为利用与发送端同步的扩频序列对接收信号进行再调制的过程，如图 10.4.2 所示。

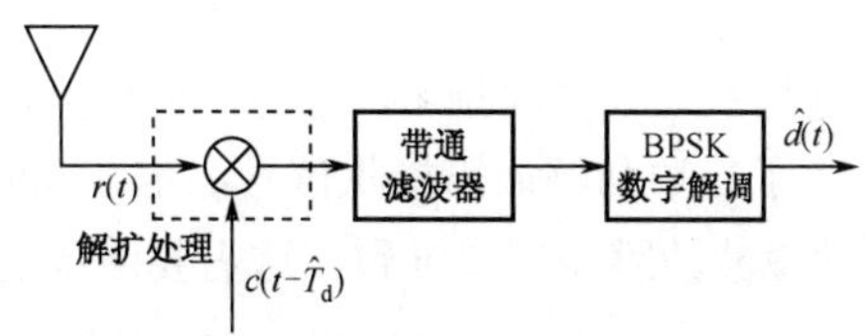

图 10.4.2　BPSK 直接序列扩频的解扩处理

假设接收端的扩频信号表示为$c(t-\hat{T}_d)$，其中$\hat{T}_d$为接收端对传播延时的估计值，则解扩输出的信号可以表示为

$$r_d(t)=A\sqrt{2P}d(t-T_d)c(t-T_d)c(t-\hat{T}_d)\cos[\omega_0(t-T_d)]+J(t)c(t-\hat{T}_d)+n(t)c(t-\hat{T}_d) \tag{10.4.5}$$

若接收端扩频信号与发送端扩频信号同步，即$c(t-\hat{T}_d)=c(t-T_d)$，此时有$c(t-\hat{T}_d)\cdot c(t-T_d)=1$，则通过带通滤波器，可以取出期望的目标信号。而对于窄带强干扰信号$J(t)$，参见前面给出的图10.2.3，基带数字信号通过扩频处理后，频带被展宽，信号能量被扩散到较宽的频带上；而通过解扩后，信号能量重新聚集，恢复为窄带信号。而对于窄带强干扰信号，通过解扩处理模块后，却相当于进行了扩频，其频带被展宽，在整个频带内的能量显著下降，而且通过带通滤波器后，仅落在带通范围内的干扰成分能进入后级解调电路中，这样就有效地抑制了窄带强干扰的影响。

10.5 跳频技术

跳频系统虽然和直扩系统一样，是利用比信息实际带宽大得多的带宽来传输信息的，但它们的工作原理有本质区别。直扩系统中利用扩频序列直接对信息进行扩频处理，从而扩展信息带宽；而跳频系统则利用扩频序列控制频率合成器，使得发送信息的载波频率按一定速率在某个频率集上随机跳变。虽然从某个时刻来看，传输信息的带宽等于信息的实际带宽，但从一段时间来看，传输的信息会分布在整个频率集所在的带宽内，所以传输的带宽远大于信息的实际带宽。本节将介绍跳频系统的基本工作原理及跳频系统的核心部件——跳频器的工作原理。

10.5.1 跳频系统工作原理

跳频系统原理框图如图10.5.1所示，其基本工作原理简述如下。

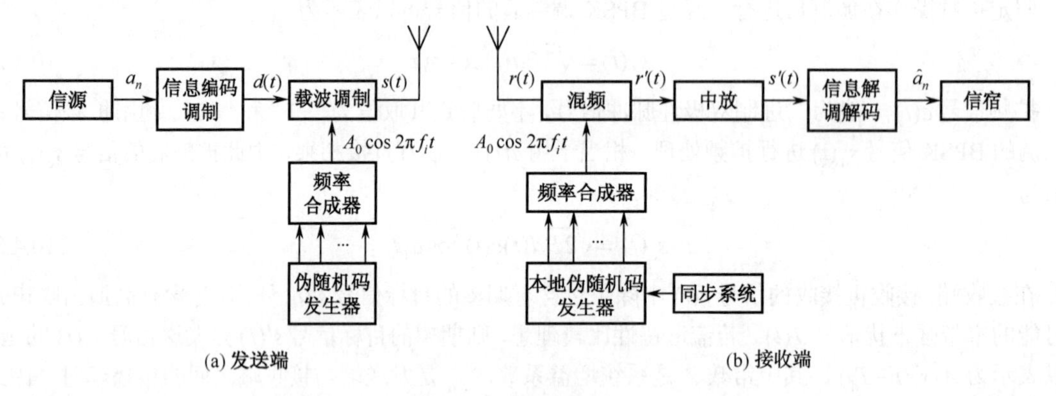

图10.5.1　跳频系统原理框图

在**发送端**，信源产生的信息序列$\{a_n\}$经过编码调制后成为数字信号$d(t)$，然后通过载波调制变成射频信号$s(t)$经过天线发送出去。从图10.5.1可以看出，与传统通信系统不同的是，跳频系统发送端的载波频率由频率合成器产生。这里的频率合成器是一个频率可调的振荡器，受伪随机序列控制，频率合成器输出信号的频率会在N个频率之间“随机”跳变，使得发送信号$s(t)$的载频不固定，从而可以有效躲避干扰。

在**接收端**，接收信号$r(t)$通过与本地载波混频后，通过中放电路产生中频信号$s'(t)$，然后通过解调解码后恢复为信息序列$\{\hat{a}_n\}$。为了能顺利解调出接收信号，本地载波的频率同样需要在不同频率之间跳变，且跳变规律必须与发送端载波的跳变规律一致，这需要由特定的同步系统来保证。

假设信源产生的信息序列为$\{a_n\},a_n\in\{0,1\}$，经编码调制后的数字信号$d(t)$可以表示为

$$d(t)=\sum_{n=0}^{\infty}a_n g(t-nT_S) \tag{10.5.1}$$

式中，$g(t)$ 为符号脉冲的信号波形，T_S 为信息码元宽度。

假设频率合成器产生的频率为 f_i , $f_i \in \{f_1, f_2, f_3, \cdots, f_N\}$ ，即 f_i 在 $(k-1)T_h \leqslant t < kT_h$ 时间范围内取值为频率集 $\{f_1, f_2, f_3, \cdots, f_N\}$ 中的一个频率，具体取值则由伪随机序列值确定，T_h 为每一频率的驻留时间。

用数字信号 $d(t)$ 去调制频率合成器产生的频率为 f_i 的载波，可得射频信号为

$$s(t)=d(t)\cos 2\pi f_i t \tag{10.5.2}$$

在接收端，天线收到的信号 $r(t)$ 包括有用信号、干扰信号、噪声及其他跳频网络的信号，可以表示为

$$r(t)=s(t)+j(t)+s_J(t)+n(t) \tag{10.5.3}$$

式中，$s(t)$ 为希望接收的有用信号；$j(t)$ 为干扰；$s_J(t)$ 为其他跳频信号，如果 $s_J(t)$ 在同一时刻采用的载波频率与 $s(t)$ 的载波频率一致，则相互间会产生干扰；$n(t)$ 为噪声分量。

在混频器中，接收信号与本地载波相乘实现混频，混频后的信号可以表示为

$$\begin{aligned} r'(t) &= r(t)\cos 2\pi f_j t = [s(t)+j(t)+s_J(t)+n(t)]\cos 2\pi f_j t \\ &= s(t)\cos 2\pi f_j t + j(t)\cos 2\pi f_j t + s_J(t)\cos 2\pi f_j t + n(t)\cos 2\pi f_j t \end{aligned} \tag{10.5.4}$$

接收端本地载波的频率 f_j 同样由受伪随机序列控制的频率合成器产生，其中频率 f_j 为频率集 $\{f_1+f_{IF}, f_2+f_{IF}, f_3+f_{IF}, \cdots, f_N+f_{IF}\}$ 中的一个，f_{IF} 为**中频频率**。当本地伪随机码与发送端伪随机码取得同步时，本地载波频率的变化规律与发送端载波的变化规律一致，此时接收端本地载波的频率 f_j 与发送端载波频率 f_i 只相差一个固定的中频频率 f_{IF}，即 $f_j = f_i + f_{IF}$。此时，有用信号分量经过混频后可以表示为

$$\begin{aligned} s(t)\cos 2\pi f_j t &= d(t)\cos 2\pi f_i t \cos 2\pi f_j t \\ &= \frac{1}{2}d(t)\cos 2\pi(f_j+f_i)t + \frac{1}{2}d(t)\cos 2\pi(f_j-f_i)t \end{aligned} \tag{10.5.5}$$

由于中放的工作频率为 f_{IF}，因此只有差频信号分量 $(1/2)d(t)\cos 2\pi(f_j-f_i)t$ 可以通过，即

$$s'(t)=\frac{1}{2}d(t)\cos 2\pi(f_j-f_i)t=\frac{1}{2}d(t)\cos 2\pi f_{IF}t \tag{10.5.6}$$

该中频信号通过解调解码后，可恢复发送的信息序列$\{\hat{a}_n\}$。

而对于干扰分量 $j(t)$ 及其他跳频网络信号分量 $s_J(t)$，经过混频后，由于其发送端的频率变化规律与接收端的频率变化规律不一致，因此，经过混频后，这些信号被搬移到中频频带以外，不能进入中放及后续的解调器和解码器中，因此对有用信号形成不了干扰，从而达到抗干扰的目的。

对于噪声分量 $n(t)$，由于其通常为高斯白噪声，经混频后，噪声分量与一般的非跳频系统一样，没有变化，也即跳频系统对白噪声无处理增益。

从以上分析中可以看出，跳频系统的抗干扰原理与直扩系统的抗干扰原理有很大的不同。

在跳频系统中，发送端的载频受伪随机序列的控制，不断“随机”改变，以躲避干扰。在接收端，本地伪随机码与发送端伪随机码同步后，本地载波的频率与发送端载波的频率变化规律一致，这样有用信号分量通过混频后能顺利进入中频频带内，从而能实现正常解调解码；而对于干扰分量，由于其不知道跳频系统的载频的变化规律，在接收端经过混频后不能进入中频频带内，因此不能形成干扰，这样跳频系统达到了抗干扰的目的。

而在直扩系统中，接收端通过解扩处理，把干扰功率分散到更宽的频带中，从而降低了干扰信号

的功率，提高了解调器的输入信干比，达到了抗干扰的目的。

一般的跳频系统可根据跳频速率分为**快速跳频**、**中速跳频**和**慢速跳频**。而划分的方式通常有两种：第一种是将跳频速率 $R_h(=1/T_h)$ 与信息速率 $R_S(=1/T_S)$ 相比较来划分，若跳频速率 R_h 大于信息速率 R_S，则称为快速跳频；反之，称为慢速跳频。另一种则直接以跳频速率的大小来划分：慢速跳频，指跳频速率为 10～100 跳/秒（h/s）；中速跳频，指跳频速率为 100～500h/s；快速跳频，指跳频速率超过 500h/s。跳频速率的不同，其抗干扰性能也不同，实现的复杂程度和成本也不同。一般来说，跳频速率越高，其抗干扰的性能越好，但实现的复杂程度和成本也越高。

10.5.2 跳频器

跳频器组成及有关要求 跳频器是跳频通信系统中的核心部件。跳频系统的发送端和接收端均需要通过跳频器来产生一个受伪随机序列控制的随机跳变的载波频率。跳频器主要由能产生多种频率的频率合成器和控制频率跳变的伪随机码发生器组成。其中，伪随机码的每一种状态对应于频率合成器的一个频率，因此，伪随机码在一个周期中的状态越多，能输出的频率数就越多。对跳频器的主要要求如下：

（1）输出信号的频谱要纯，输出频率有很好的稳定度和准确度。

（2）跳频图案要多，频率跳变的随机性要强。

（3）频率转换速度要快，输出频率数要多。

对于跳频器来说，跳频数和跳频速率是决定整个跳频系统性能的关键参数。

频率合成器 跳频器的关键部件是频率合成器。所谓频率合成器，是指能以一个或少量的标准频率为频率标准，导出多个或大量的输出频率，其频率稳定度和准确度与标准频率源一样。频率合成器产生的频率主要是通过对这几个标准频率的加、减、乘、除等运算来完成的，在电路上则可用混频、倍频和分频电路实现。常见的频率合成器有如下几种。

（1）**直接式频率合成器** 直接式频率合成器直接把主频率经分频、倍频和混频后，得到不同的频率，因而输出频率的准确性和稳定性与主频率相同。构成直接式频率合成器的一种基本单元是“**和频-分频**”电路，如图 10.5.2 所示。直接式频率合成器可由多个“和频-分频”电路级联而成，如图 10.5.3 所示。

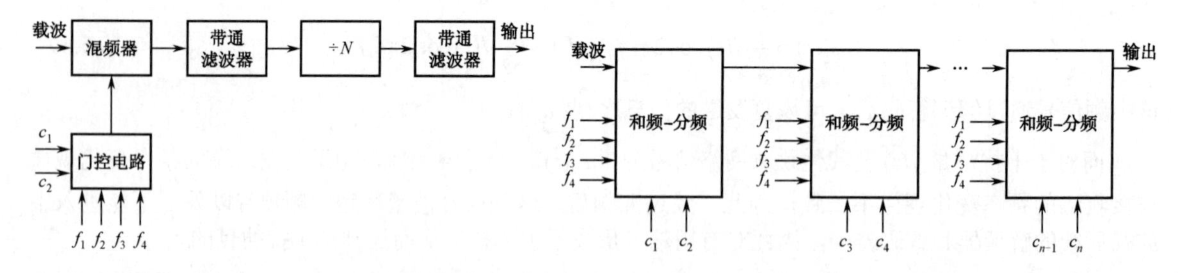

图 10.5.2 和频-分频电路原理框图　　　　图 10.5.3 直接式频率合成器组成框图

在图 10.5.2 所示的和频-分频电路中，考虑的是有 4 个基准频率 (f_1,f_2,f_3,f_4) 的情形，需要两位控制码 (c_1,c_2)，由这两位控制码控制门控电路选择其中的一个频率进入混频器，与载波进行混频，由带通滤波器选出混频后的和频信号，然后再通过分频器进行分频。其中的带通滤波器可以抑制组合频率，提高输出频率的纯度，但会产生一定的延迟，而多个级联的带通滤波器的总延时会影响跳频的速率，直接式频率合成器的转换时间一般在毫秒级。在图 10.5.3 所示的频率合成器中，假设基准频率的个数为 K，级联的“和频-分频”基本单位数为 M，则其可以合成的频率总数为 K^M。

（2）**间接式频率合成器** 间接式频率合成器通过锁相环路控制的一个可变振荡器，得到不同的输出频率，如图 10.5.4 所示。根据锁相环路原理可知，锁相环锁定时，VCO 输出频率 f_o 与振荡器输出基

准频率 f_c 之间的关系是

$$f_o = \frac{N}{M} f_c \tag{10.5.7}$$

通常，分频后的基准频率 f_c/M 是固定的，它是跳频通信的频道间隔。由式（10.5.7）可知，环路输出频率 f_o 是随 N 变化的一组以 $\Delta f = f_c/M$ 为频率间隔的不连续频率。间接式频率合成器的转换时间为毫秒级，适合于中、慢速跳频；它产生的频率稳定度取决于参考频率的稳定度，一般具有较高的稳定度。

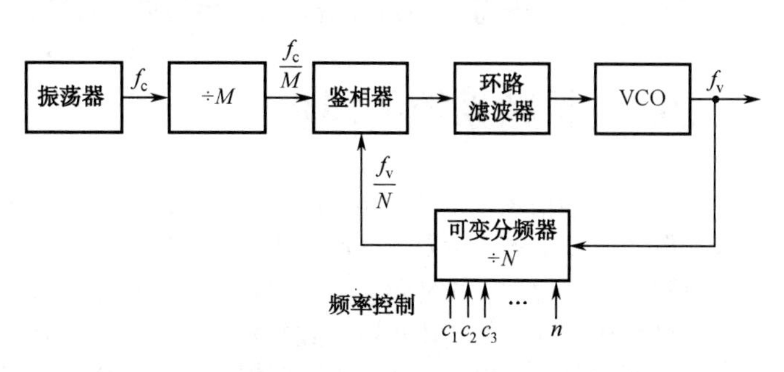

图 10.5.4　间接式频率合成器

（3）**直接数字式频率合成器**　直接式数字频率合成器（Direct Digital Synthesis，DDS）是近年来发展非常迅速的一种器件，它采用全数字技术，具有分辨率高、频率转换时间快、相位噪声低等特点。DDS 的工作原理如图 10.5.5 所示，包含相位累加器、波形存储器、数/模转换器和低通滤波器等四部分。其中由相位累加器和波形存储器构成数控振荡器。DDS 的基本工作原理是：在波形存储器中预先存放输出信号波形在一个周期内的相位与幅度关系，其中信号波形可以是正弦波、方波、三角波等。在参考时钟的驱动下，每个时钟脉冲到来时，相位累加器对频率控制字累加一次，然后根据得到的相位值在波形存储器中查表，输出对应信号幅度的量化值，通过数/模转换器生成阶梯波形，最后通过低通滤波器获得所需频率的连续波形。

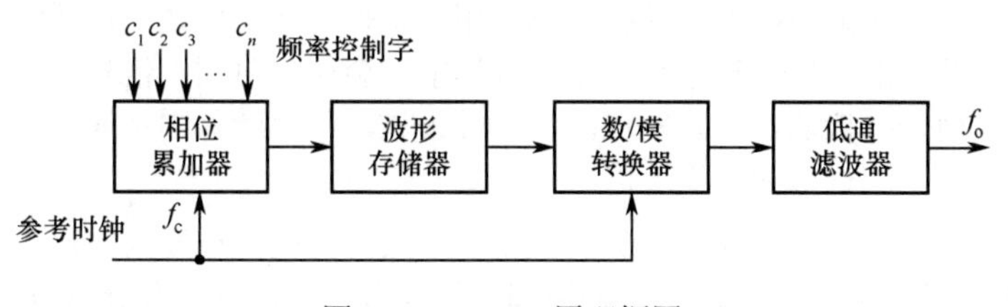

图 10.5.5　DDS 原理框图

需要说明的是，频率控制字设定的是相位累加器累加相位的步长，只要改变频率控制字，就可以改变累加器加到溢出时的累加次数（即输出信号的一个周期需要累加相位的次数），从而可以改变输出信号的频率。比如，假设相位累加器的长度为 N，则总共可以表示 2^N 个不同的状态，这样可以表示信号在一个周期内的 2^N 个不同相位，因此波形存储器中可以预先存储这 2^N 个不同相位对应的幅度值。如果频率控制字为 1，相当于需要累加 2^N 次才能输出信号的一个周期，也即输出信号的周期为参考时钟周期 $T_c = 1/f_c$ 的 2^N 倍，所以输出信号的频率为 $f_c/2^N$ ，这是当累加器长度 N 及参考时钟频率 f_c 一定时可以输出的最低频率。如果频率控制字为 M，则只需累加 $2^N/M$ 次就可以输出信号的一个周期，因此输出信号的频率为 $M \cdot f_c/2^N$ 。波形存储器中预先存储的 2^N 个不同相位对应的幅度值，相当于输出信号一个周期内的 2^N 个采样值，根据抽样定理可知，至少要输出一个周期内的两个抽样值才能恢复该信号，即要求相位累加器在信号的一个周期内至少累加两次（相位累加器每累加一次，即输出一个采样值），因此频率控制字应满足 $M \leqslant 2^{N-1}$，因此可以输出的信号频率 f_o 最高为 $f_c/2$ 。

DDS 的主要特点如下。

（1）**频率分辨率高**　理论上，只要相位累加器的长度 N 足够大，就可以获得足够高的频率分辨率。当频率控制字 $M=1$ 时，DDS 产生信号的频率最低，为 $f_c/2^N$ ，称为频率分辨率。

（2）**输出频率的相对带宽很宽**　DDS 可以产生的信号最高频率为 $f_c/2$，但由于受到低通滤波器对过渡特性及高端信号频谱恶化的限制，实际工程中可实现的最高频率一般为 $0.4f_c$。另外，当频率控制字为 0 时，可以输出直流信号。因此，DDS 的输出频率范围一般是 $0 \sim 0.4f_c$，这样的相对带宽是传统频率合成技术无法实现的。

（3）**具有任意波形输出能力** 只要改变波形存储器中存储的数据，即可产生方波、三角波、锯齿波等任意波形的周期信号。

（4）**频率转换时间短** DDS 的频率转换时间主要由频率控制字的传输时间和低通滤波器的频率响应时间等构成，对于高速 DDS 系统，其频率转换时间极短，可以达到纳秒数量级。

10.6 扩频系统的同步

一般数字通信系统中的同步，通常包括位同步（码元同步）、帧同步、载波同步等。而扩频系统的同步，除了有以上的同步要求外，还需要一种特殊的同步，即**扩频码同步**。前面几节的讨论中，在对接收端信号进行解扩（或解跳）处理分析时，均假定接收端本地能产生一个与发送端变化规律完全一致的伪随机码，这里的变化规律一致是指扩频码已经同步。本节讨论接收端实现扩频码同步的方法，包括扩频码的**捕获**与**跟踪**，这是保证扩频系统能正常工作的重点和难点问题。

扩频码的捕获与跟踪是扩频码同步过程中的两个步骤，如图 10.6.1 所示。接收端首先对接收到的信号进行搜索，估计出发送端扩频码的初始相位，并调整本地扩频码的相位，当收发两端扩频码的相位差小于一个**扩频码的码元**（扩频码的码元也称**码片**，有些文献称其为**切普**，来自英文单词 Chip 的谐音）时，表示捕获成功，此时停止搜索，转入跟踪状态。在跟踪状态，主要利用延迟锁定环路来进一步减小收发两端扩频码的相对延迟差异，使之满足系统解调的需要。在系统的工作过程中，会保持对同步信号不断地进行检测，一旦发现同步信号丢失，马上转入同步捕获阶段，进行新的同步过程。

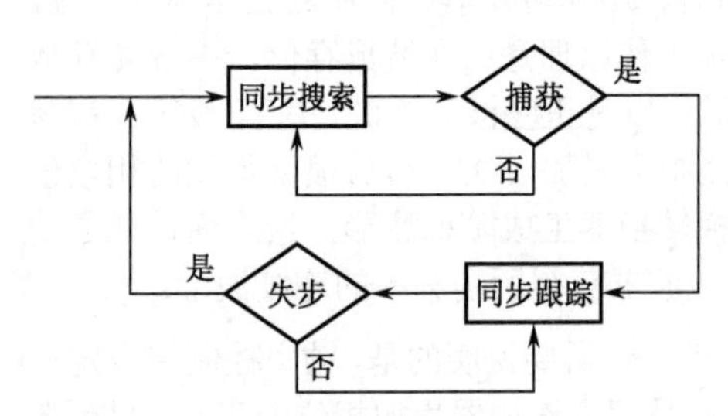

图 10.6.1 同步过程示意图

扩频系统中，对同步的基本要求是同步时间短、同步概率大、虚警概率低等，同时还要求同步电路易于实现、体积小、成本低等。由于直扩系统和跳频系统的工作原理及对信号的处理方式有所不同，因而采用的同步方式也有所不同。本节在对扩频码的捕获和跟踪进行阐述时，将分别介绍直扩系统和跳频系统的同步。

10.6.1 扩频码的捕获

扩频码的捕获的主要任务是，接收端在未知发送端信号扩频码相位的前提下，利用接收信号本身或某些辅助信号，估计出发送端信号扩频码的初始相位，并调整本地扩频码的相位，使收发两端的扩频码的相位差小于扩频码的一个码片。扩频码的捕获方法主要可以分为两大类。

一类是利用辅助信号的同步捕获方法，如发送**参考信号法**、发射**公共时钟基准法**、**同步头法**、**突发同步法**等，类似于第 9 章锁相环一节中介绍过的间歇同步。这些方法由于需要发送端发送一些特殊的辅助信号，在具体应用时会受到一定的限制。

另一类是利用接收信号本身的同步捕获方法，也称**自同步法**，这是本节主要介绍的方法。这种方法主要利用了扩频码的自相关特性，即在码序列同步时，相关函数值最大，而不同步时，相关函数值很小，这是自同步法的基本依据。利用自同步法进行同步捕获一般有以下几个步骤[6]：（1）确定要搜索的扩频码相位的区域；（2）调整本地参考扩频码的相位；（3）求解扩频码的相关函数值；（4）对所求相关值进行判决。

根据区域的搜索方法，扩频码的同步捕获可以分为序列相位顺序搜索法、序列相位概率分布搜索法；根据改变本地参考扩频码相位的方法，又可以分为序列相位步进捕获法、序列滑动相关捕获法等；

根据同步捕获的判决方法不同，可以分为单积分判决和多积分判决同步捕获；根据使用相关器件的不同，可分为相关器同步捕获、匹配滤波器同步捕获等。虽然分类方法各有不同，但它们的基本思路是相同的：通过调整本地参考扩频码的相位，求解扩频码的相关函数值，利用相关函数值的峰值估计出发送端扩频码的相位。而各种不同的同步方法只是采用了不同的技术手段来改善同步捕获的性能，比如，通过改进搜索策略来缩短同步捕获的时间，通过多积分判决等措施来提高同步概率，降低虚警概率等。

下面主要介绍经典的**滑动相关捕获法**，它是基于序列相位搜索法建立起来的。所谓滑动相关，是指当本地参考扩频码产生器的时钟频率与接收扩频码的时钟频率有一定的偏差时，通过改变本地参考扩频码产生器的时钟频率来达到改变码序列的相位的目的，在此过程中，两个码序列从相位上看，好像在相对滑动。当收发两端的扩频码相位一致时，相关器输出一个比较大的相关峰值，此时说明捕获成功，停止滑动，转入跟踪状态。滑动相关捕获在实现上有两种不同的基本结构，即串行捕获和并行捕获，后来还提出了一种改进的串/并混合捕获。

串行捕获法　下面分别介绍 DSSS 系统的串行捕获和 FH 系统的串行捕获方法。

（1）**DSSS 系统的串行捕获法**　DSSS 系统串行捕获的原理框图如图 10.6.2 所示，接收端接收到的直扩信号首先与本地载波进行混频，输出中频信号后再与本地扩频信号进行相乘实现相关运算，经过带通滤波器滤除带外噪声后，由平方律检波器完成包络检波，然后通过积分器进行一段时间的积分，最后送入门限比较器进行判决。若积分器输出的值大于某个门限值，则说明收发两端扩频码的相位差小于一个码片，已经取得初始同步，因此可以停止搜索，转入同步跟踪回路以进一步缩小收发两端扩频码的相位差。若积分器输出的值小于门限值，说明收发两端扩频码的相位差大于一个码片，此时输出一个信号给时钟控制电路以调整时钟频率，改变的时钟频率会使扩频码发生器产生的扩频码序列的相位产生 1/2 个码片的相对滑动，然后开始新一轮的判决过程，包括前面的相关、平方律检波、积分、判决等，直到积分器输出的值大于门限值为止，停止搜索，转入跟踪回路。

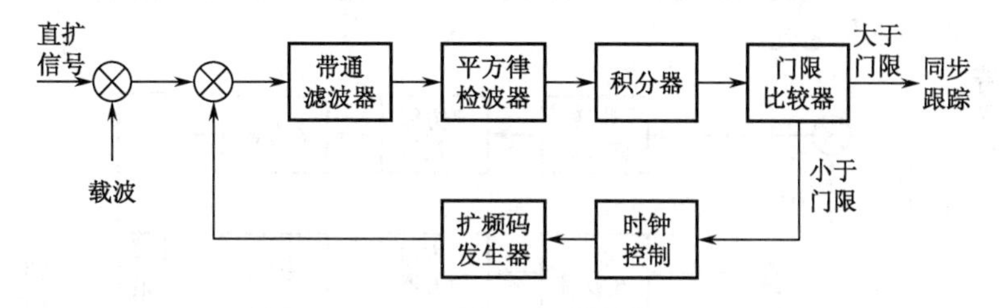

图 10.6.2　直扩系统串行捕获原理框图

需要说明的是，由于滑动相关过程中没有载波同步，因此不能进行相干检测，只能采用非相干检测，比如平方律包络检波。另外，积分器的积分时间应尽可能长一些，比如接近信息码元宽度（或者 N 倍的扩频码片宽度，N 为扩频系数，即伪随机码的周期）。

（2）**FH 系统的串行捕获法**　FH 系统串行捕获的原理框图如图 10.6.3 所示，其工作原理与直扩系统的非常类似，主要包括相关、平方律检波、积分、判决、调整时钟频率等过程，这里不再赘述。主要有两点区别：一是跳频系统中积分器的积分时间是一跳的驻留时间（即每一跳频率保持不变的持续时间），也相当于是扩频码的码片时间。而直扩系统中的积分时间是信息码元的时间，通常接近扩频码码片时间的 N 倍。由于通常情况下，跳频系统中扩频码的码片时间比直扩系统的码片时间大得多，因此两种系统中的积分时间在数量级上应该相差不太大。二是门限比较器之后需要一个计数器，记录大于门限的次数。这是由于门限比较器每次判决的仅是一个频点上是否出现相关峰值，为了提高检测概率，通常需要检测多个频点的相关峰值，只有当多个频点的相关峰值均大于门限值时，才认为捕获成功。

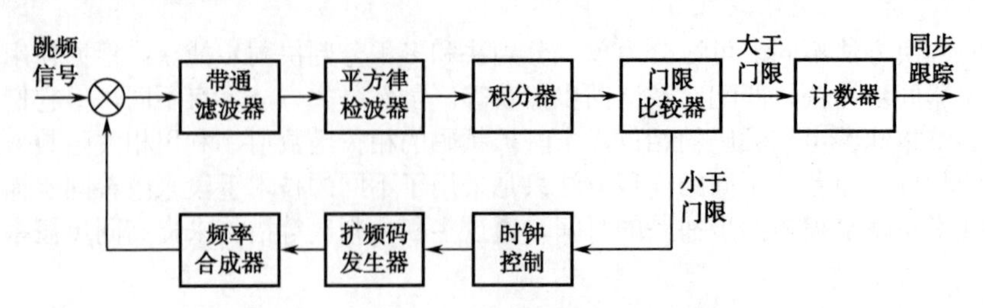

图 10.6.3　跳频系统串行捕获原理框图

从以上串行捕获原理框图中可以看出，串行捕获的最大优点是结构简单，只需要一个相关器。但其不足之处是平均捕获时间比较长。从串行捕获的工作原理可以看出，由于每次积分判决小于门限时，扩频码相位仅相对滑动 1/2 个码片时间，因此，当收发两端扩频码初始相位相差比较大时，比如相差 M 个码片，则共需要 $2M$ 次积分判决才能完成捕获。由于完成一次判决需要的时间主要由积分器的时间决定，因此捕获时间约为积分器积分时间的 $2M$ 倍。由此可见，当系统对捕获时间有较高要求时，串行捕获可能不能满足要求。一种减小捕获时间的方法是并行捕获法。

并行捕获法　下面分别介绍 DSSS 系统的并行捕获和 FH 系统的并行捕获方法。

（1）**DSSS 系统的并行捕获法**　DSSS 系统并行捕获的原理框图如图 10.6.4 所示。并行捕获的基本思想是，同时产生所有不同相位的扩频信号，其中肯定有一路扩频信号与发送端扩频信号的相位比较接近。只要将它们分别与接收信号做相关运算，则出现最大相关峰值的这路扩频信号与发送端扩频信号的相位最接近。比如，假设扩频码的周期为 N，表示共有 N 个不同的相位，则扩频信号发生器同时输出 N 路信号，每路扩频信号间隔一个码片时间。这 N 路扩频信号分别与接收信号做相关运算，并经过平方律检波和积分后，由最大值选择电路选出其中的最大值，则该路信号对应的扩频码的相位与接收信号的扩频码的相位最接近。由此可见，只需要一个判决周期即可实现捕获，捕获时间约等于积分器的积分时间。但是，当扩频码周期比较长，N 比较大时，则需要的相关电路很多，造成电路非常复杂，这也是并行捕获的不足之处。

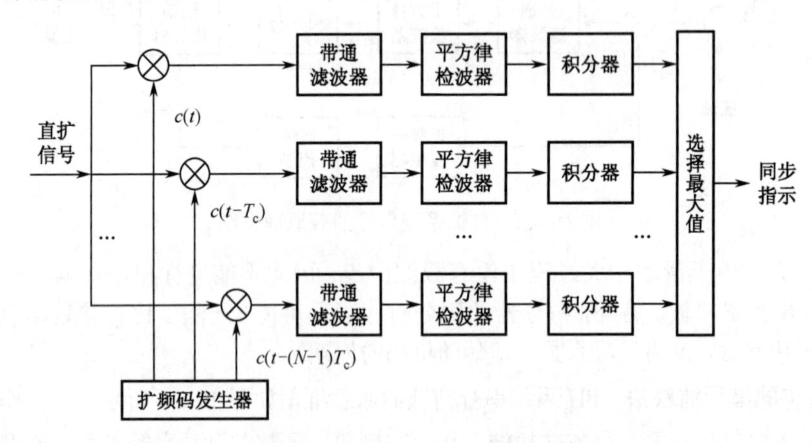

图 10.6.4　直扩系统并行捕获原理框图

（2）**跳频系统的并行捕获法**　FH 系统并行捕获的原理框图如图 10.6.5 所示，其工作原理与直扩系统的并行捕获有较大区别。其中，采用了一组不同中心频率的带通滤波器，分别对应跳频系统的不同频点，通过带通滤波器的信号经过平方检波电路后，进入由跳频图案控制的开关。开关闭合后，将某路信号送入积分器，积分器的积分时间为一个码片的时间（即一跳的驻留时间）。积分后的信号进入延迟时间为一个码片的延时器，共有 $N-1$ 级延迟器（N 为扩频码周期）。经过延迟的 N 路信号同时送入加法器，然后送入门限比较器进行判决。当加法器输出的值大于门限值时，说明受本地跳频图案控制的开关的变化规律与发送端跳频图案的变化规律一致，此时捕获成功；当加法器输出的值小于门限时，则通过时钟控制电路改变扩频码发生器产生的扩频信号的相位，从而改变开关的变化规律，继续进行同步捕获。

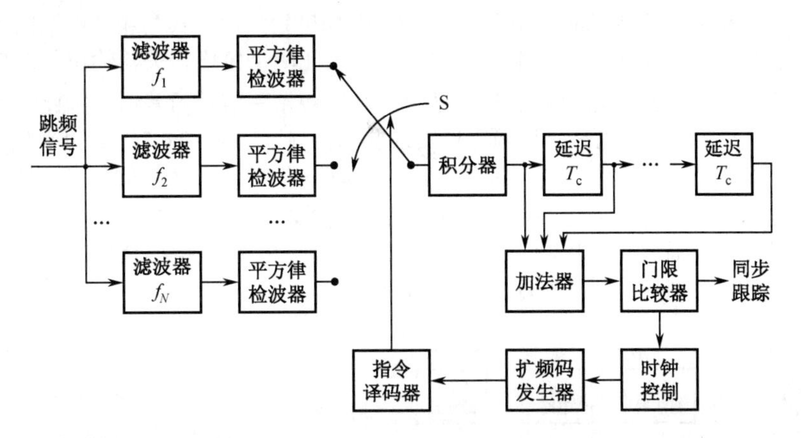

图 10.6.5　跳频系统并行捕获原理框图

从前面的分析可以看出，对于 DSSS 系统，并行捕获显著减小了捕获时间，提高了捕获速度。对于跳频系统，并行捕获反而比串行捕获的捕获时间长。这是因为在并行捕获中，做一次加法的时间为 NT_c（其中 N 为扩频码周期，T_c 为码片时间），这也是做一次判决的时间，也就是说，对于不同步的相位，需要经过一个周期才能确定。而在串行捕获中，做一次判决的时间为一个码片时间，因此，对于不同步的相位能迅速剔除，从而减小了平均捕获时间。

10.6.2　扩频码的跟踪

扩频码的跟踪　接收端完成扩频码的捕获之后，收发两端的扩频码之间仍可能存在一个码片的相位差，此时还不能满足解扩的要求，需要通过跟踪来进一步减小收发两端扩频码之间的相位差。

扩频码的跟踪通常**采用延时锁定环路**（Delay Locked Loop，DLL）来实现。延时锁定环路在原理上与相位锁定环路非常相似，也是通过一种非线性的反馈环路来实现输出信号对输入信号的跟踪的。在延时锁定环路中，利用延迟锁定鉴别器来产生延时误差信号，而该误差信号是接收信号与本地参考信号的两个不同相位（超前和滞后）之间的相关值的差值。

扩频码的跟踪环路通常可以分成两大类：一类是**相干同步跟踪环路**，另一类是**非相干同步跟踪环路**，其中前者需要利用接收信号的相位信息，而后者不需要。但在扩频系统中，由于扩频信号通常淹没在噪声之中，在解扩之前要提取信号的相位信息非常困难，因此在扩频系统中，通常采用非相干同步跟踪环路。下面将主要介绍两种非相干同步跟踪环路：**包络相关跟踪环路**和**τ-抖动跟踪环路**。

包络相关跟踪环路　包络相关跟踪环路主要由延迟锁定鉴别器、环路滤波器、压控振荡器、扩频码发生器等组成，如图 10.6.6 所示，其中延迟锁定鉴别器由两路包络相关电路构成。其工作过程如下：接收信号 $r(t)$ 与本地载波混频变换到中频后，分成两路，其中一路与相位超前 $T_c/2$ 的扩频信号 $c\left(t-\hat{T}_d+T_c/2\right)$ 相乘（其中 T_c 为码片时间，$\hat{T}_d$ 为本地对发送端扩频信号延迟值的估计值），通过带通滤波器、平方电路及低通滤波器实现包络相关，另一路与相位滞后 $T_c/2$ 的扩频信号 $c\left(t-\hat{T}_d-T_c/2\right)$ 相乘，通过带通滤波器、平方电路及低通滤波器实现包络相关，这两路信号相减形成环路误差信号 $e(t)$，误差信号经环路滤波器后，控制压控振荡器的输出，从而调整本地扩频码发生器的相位，使收发两端扩频信号的延迟差减少到足够小。

延迟锁定环路的跟踪原理　假设本地扩频信号与发送端扩频信号经捕获后的延迟误差为 τ，由前面对扩频码的捕获的分析可知，τ 小于等于一个码片时间，即 $\tau \leqslant T_c$。而延迟锁定鉴别器中两个相关器的输出经包络检波后的相关函数波形如图 10.6.7(a)和(b)所示。只要延迟锁定鉴别器中的两路包络相关电路参数一致，则输出的相关函数就是完全相同的，只不过是出现峰值的时刻不同，这是由用于相关的本地参考扩频信号的相位不同造成的。由图 10.6.7(a)和(b)可知，由于参与相关的两路扩频信号相位相差一个码片 T_c（其中一路超前 $T_c/2$，一路滞后 $T_c/2$），因此两个包络相关器输出的波形的相关峰值之间有一个码片的相对延迟。因为输出的误差信号为两路包络相关信号的差值，因此误差信号的波形可以表示为如图 10.6.7(c)所示，这也是延迟锁定环路的鉴相特性。从图 10.6.7(c)可以看出，延迟锁定鉴别器的工作范围（即鉴相特性曲线的负斜率部分）是 $-T_c/2 \sim +T_c/2$。在这个范围内，当本地扩频信号超前时，输出的误差信号大于零，通过控制压控振荡器改变扩频信号发生器输出扩频信号的相位，使之滞后；当本地扩频信号滞后时，输出的误差信号小于零，通过控制压控振荡器改变扩频信号发生器输出扩频信号的相位，使之超前，从而实现对扩频码的跟踪。

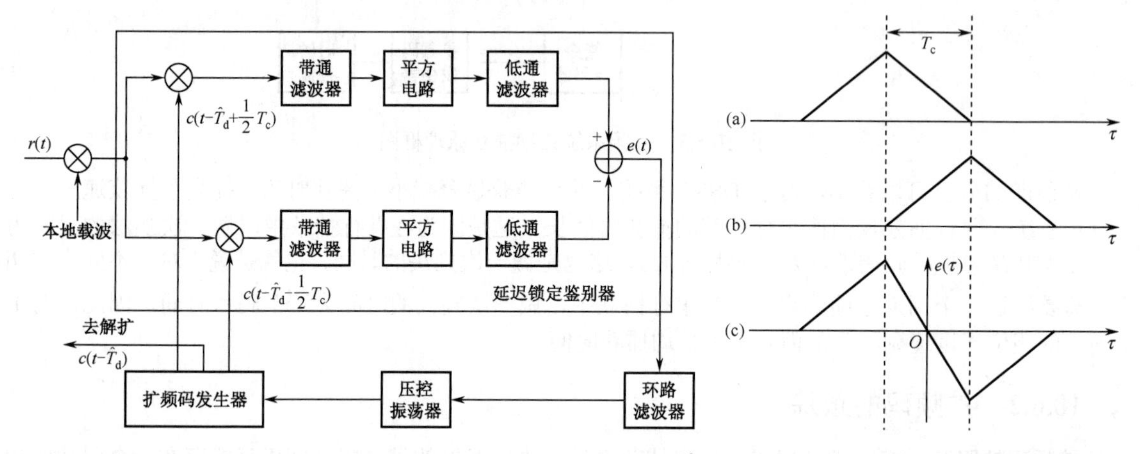

图 10.6.6　包络相关跟踪环路原理框图

图 10.6.7　延迟锁定环路的相关波形

τ-抖动跟踪环路　对于包络相关跟踪环路，有一个比较苛刻的条件是，要求延迟锁定鉴别器中的两路包络相关电路参数必须一致，否则，通过相减合成的鉴相特性曲线会产生偏移，导致跟踪点的改变。为此提出了 τ-抖动跟踪环路。

τ-抖动跟踪环路的工作原理与包络相关跟踪环路的工作原理类似，主要区别是在延迟锁定鉴别器中只有一路包络相关电路，而通过开关在一路超前和一路滞后的扩频信号之间进行选择，如图 10.6.8 所示。其中 $q(t)$ 为开关信号，取值为+1 或−1。当 $q(t)=+1$ 时，开关接入超前 $T_c/2$ 的扩频信号进入相关器；当 $q(t)=-1$ 时，开关接入滞后 $T_c/2$ 的扩频信号进入相关器。

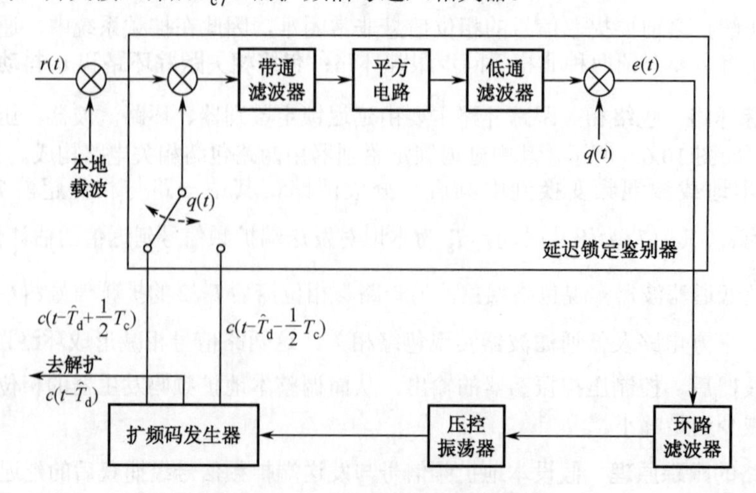

图 10.6.8　τ-抖动跟踪环路原理框图

跳频系统的跟踪环路　前面分析的跟踪环路主要是针对直扩系统的，跳频系统的跟踪环路与直扩系统的跟踪环路非常相似，主要是跟踪环路中增加了频率合成器，如图 10.6.9 所示。其中，延迟锁定鉴相器中所需的超前和滞后本地参考信号，由受扩频信号控制的频率合成器通过延迟线延迟产生。这种结构的优点是，只需要一个频率合成器，实现比较简单。但由于需要采用模拟延迟线来产生半个码片的延迟，当跳频系统工作带宽比较宽时，要保证延迟线的延迟为固定值非常困难。一种改进的方法是在基带对扩频信号进行延时，由相位超前和滞后的扩频信号分别控制一个频率合成器。另外，在跳频系统的跟踪环路也可采用 τ-抖动跟踪环路的形式，在延迟锁定鉴别器中只采用一路包络相关电路，具体内容本节不再赘述，可参阅相关参考文献[6]。

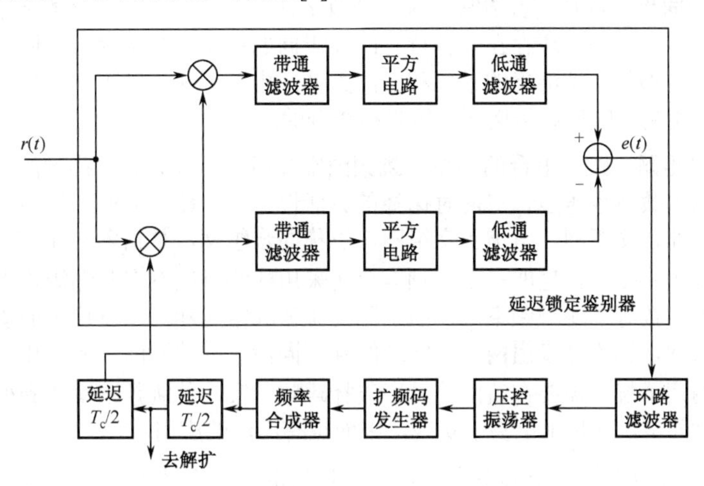

图 10.6.9　跳频系统的跟踪环路原理框图

10.7　扩频技术的应用

由前面各节的介绍已知，扩频技术包括了直接序列扩频、跳频扩频、跳时及混合扩频等，与一般的通信技术相比，其主要的优点是抗干扰能力强、抗截获抗检测能力强、抗衰落和多径能力强及具有多址能力等。正是由于具有这些特点，扩频技术在军事和民用通信中都获得了广泛应用，主要应用领域包括通信、导航、雷达、定位、测距、跟踪、遥控、航天、电子对抗、移动通信和医疗电子等。下面简要介绍扩频技术在军事通信、民用移动通信、定位与测距测速等方面的应用。

10.7.1　扩频技术在军事通信中的应用

扩频技术最初是在军事抗干扰通信中发展起来的。现代战争的一个重要组成部分就是电子战，而通信对抗则是电子战的一个极其重要的分支，是指挥、控制、通信和情报系统的核心。由于扩频技术具有抗干扰能力强，以及保密性能、抗侦破和抗衰落性能好等特点，特别适合用于电子对抗环境下的通信，国外早在 20 世纪 60 年代就已开始了扩频通信新体制的理论和技术研究。到 20 世纪 70 年代，美国、英国、德国及以色列等国家就相继成功推出了实用的扩频、跳频无线电台。目前，扩频体制已经在军用通信中获得了广泛应用。

在陆地战术移动通信中，主要采用了跳频技术。这主要是考虑到地形对传播的影响，为了提高传输距离，采用了甚高频（VHF）的低频范围，典型地为 30～90MHz，这个范围由于带宽较窄，而用户又非常多，采用直扩方式抗干扰能力不够强，因此，主要采用了跳频方式，或直扩与跳频的混合扩频方式。战术通信所用的电台大多为短波或超短波跳频电台，其主要形式是车载、机载、背负和手持等，一般要求其体积小、重量轻、功能多、抗干扰能力强、组网能力强。跳频电台中的主要技术指标如下。

（1）**跳频速率**　因为跳频电台的抗干扰能力与跳频速率有密切关系，跳频速率越高，其抗干扰能力越强，但实现的技术难度也越大。要实现快速跳频，既要求有大量的频率源，也要求具有快速频率转换的频率合成器。而如何减小频率合成器的频率转换时间是实现快速跳频电台的关键所在，跳频的速率目前已达每秒若干千跳，甚至每秒上万跳的水平[3]。

（2）**跳频图案** 跳频图案是跳频系统的核心，对跳频图案的主要要求是保密性和随机性。保密性是指网外其他人不能从已经工作的频率图案中得到未来的频率图案，从而敌方不能进行有效截获和跟踪干扰。目前，跳频图案采用了顺序产生的方式，为了提高保密性，在产生跳频图案的码发生器中还可加入预置的密钥码并采用非线性码发生器。跳频图案的随机性是指各个跳频频率出现的概率近似相等，服从均匀分布，这也由产生跳频图案的码发生器来保证。

（3）**跳频电台的同步** 跳频电台通常传送的是数字话音，除了存在一般数字通信系统中的同步问题（如帧同步、位同步等）外，还存在一种特有的同步问题：跳频频率的时间同步。网络中各电台虽然跳频图案已知，但若不能保持准确的频率和时间关系，电台无法入网工作。目前，跳频电台跳频频率的时间同步主要采用精确时钟和传送同步信息相结合的同步方法。

（4）**跳频电台的组网** 跳频电台的频率与跳频图案和组网方式有关，跳频的频率数越多，跳频图案越多，则跳频组网的数目也越多，组网时选择的灵活性越大，碰撞的概率越小。而跳频组网的方式主要可以分为正交和非正交组网。所谓正交组网，也称**同步组网**，是指各网在同一时钟全同步的情况下，各网的跳频是等角跳变的，也即多个跳频电台所采用的跳频图案在时频矩阵上相互不发生重叠。正交组网理论上的组网数等于跳频频率数，但实际受频率稳定度和同步不稳定的影响，组网数小于频率数。所谓非正交组网，也称**异步组网**，各网之间互不同步，因此网间频率会相互干扰，从而降低通信质量。为了减小网间干扰，需要在组网前精心选择跳频图案，使跳频图案达到准正交。由于异步组网不需要全网的定时同步，在技术上易于实现，因而也有广泛的应用。

扩频技术在军事通信中的一个典型应用是美军使用的“联合战术信息分发系统”（Joint Tactical Information Distribution System，JTIDS）。由于该系统在战场环境使用，在设计时对抗干扰和保密方面采取了很多的有效措施，其中在抗干扰方面，就综合采用了跳频、直扩和跳时等多种扩频方式。对于JTIDS系统的详细介绍请参阅参考文献[3]。

10.7.2 扩频技术在民用通信中的应用

目前扩频技术在民用通信中获得了非常广泛的应用，比如在CDMA、无线局域网（WLAN）、蓝牙等系统中都采用了扩频技术。在这些系统中，主要利用扩频技术提高频谱利用率和实现码分多址。

扩频技术在CDMA系统中的应用 CDMA是**码分多址**的英文（Code Division Multiple Access）缩写，它是在扩频技术上发展起来的一种多址技术，是目前3G移动通信系统的核心技术之一。有分析认为[9]，与基于频分多址（FDMA）和时分多址（TDMA）的通信系统相比，基于CDMA的通信系统具有容量大、通话质量好等优点。能获得这些优点的一个重要原因就是采用了扩频技术。

在FDMA系统中，不同的用户工作于不同的载波；在TDMA系统中，不同的用户工作于不同的时隙；而在CDMA系统中，不同的用户可以同时工作于相同的载波，只是通过给不同用户分配不同的扩频码来区分用户，这样可以消除各个子信道相互间的干扰、FDMA系统所需的频带隔离开销或TDMA系统中的时间隔离开销，从而可提高系统的容量。

在CDMA系统中，采用的是直接序列扩频技术，扩频/解扩的基本过程如下：在发送端，不同用户的信号利用不同的扩频码进行扩频处理后，同时在相同的载波上进行发送。在接收端，通常用相关方法来解调目标用户信号，即利用与目标用户发送端相同的扩频码进行解扩，要求扩频码具有较高的自相关值。但由于接收信号中同时包含有其他用户的信号，该扩频码与其他用户信号做相关运算后的信号对目标用户来说是干扰（即多址干扰），为了减小这种干扰，要求用于区分不同用户的扩频码之间的互相关值较低。

由于CDMA系统是利用不同的扩频码来区分用户的，系统中可用的扩频码越多，则可容纳的用户也越多。因此，在CDMA系统中，对扩频码的基本要求是，具有很好的自相关和互相关特性，而且数量足够多。比如，在10.3节介绍的Gold码就是目前3G系统中广泛应用的一种扩频码。在CDMA系统中，扩频码代表着信道的资源，CDMA 系统中的一项重要技术就是对扩频码进行有效的分配和管理。

扩频技术在无线局域网中的应用　无线局域网（Wireless Local Area Networks，WLAN）是指采用无线技术的计算机局域网，是目前应用最广泛的无线接入技术之一。典型的 WLAN 包括无线接入点（Access Point，AP）和无线网卡。由 AP 为众多用户提供接入服务，用户通过无线网卡与 AP 进行通信，并经过 AP 接入互联网。由于 WLAN 具有安装灵活、较好的伸缩性、较好的移动性、较低的成本等优点，目前在室内外都取得了广泛应用，比如大型办公室、会议室、超级市场、医院、机场、校园等。接入 WLAN 的功能现在已成为各种智能便携终端的标准配置。WLAN 的标准主要有 IEEE 802.11 系列和 HiperLAN 系列，目前应用最广泛的则是 IEEE 802.11 系列，包括 802.11/a/b/g/n 等协议。各种无线局域网标准虽然在细节上有所不同，但采用到标准中的有直接序列扩频和跳频两种方式。无线局域网采用扩频技术带来的主要优点是：（1）具有较高的噪声容限和保密性；（2）具有较强的抗干扰能力；（3）易于实现多址通信，频谱利用率高等。

扩频技术在蓝牙系统中的应用　蓝牙（Bluetooth）技术是一种短距离无线电技术，其通信距离通常为几米到十几米，它使得一些轻易携带的移动通信设备和计算机设备不必通过有线电缆互连。目前蓝牙技术的应用范围已扩展到各种智能家电产品、消费电子产品和汽车等信息家电。由于蓝牙工作在 2.4GHz 免授权 ISM 频段，而该频段是对所有无线电系统都开放的频段，因此存在很多不可预测的干扰源。为了减少干扰，蓝牙系统中采用了跳频技术。蓝牙系统中与跳频相关的参数为：跳频频率数为 79 个频点，每个频点的带宽为 1MHz，跳频的速率为 1600 跳/秒。

扩频技术在测距测速中的应用　雷达测距、测速的基本原理是，由雷达发射某一频率 f_0 的无线电波，然后测量由目标反射回来的信号相对于发射信号的时延 τ 和多普勒频移 f_d，从而可得雷达距目标的距离 d 及目标的径向运动速度 V_r。它们之间的关系如下：

$$d = \frac{1}{2} c \cdot \tau \tag{10.7.1}$$

$$f_\text{d} = f_0 \frac{V_\text{r}}{c} \tag{10.7.2}$$

式中，c 为无线电波的传播速度（等于光速 $3\times10^8\,\text{m/s}$）。由上面的两个公式可知，测距就是测时延 τ，而测速就是测多普勒频移 f_d。

对于测距，由于测量距离越远，反射回来的信号越弱，接收就越困难。为了加大测量距离，可以提高雷达发射机的功率，但发射机的功率不能无限增大。增加测量距离的另一条途径是，加大信号脉冲的宽度 T，但信号脉冲宽度 T 的增加又会降低距离的分辨率（时延 τ 的最小值应大于脉冲宽度 T，因此距离的分辨率为 $d_{\min} = c \cdot T/2$）。因此，常规雷达测距中测量距离和距离分辨率之间是一对矛盾。通过引入扩频技术，可以有效解决这个矛盾。

扩频雷达测距的基本思想是：先对测距信号进行直接序列扩频后，再通过发射机发送出去，接收端利用与发送端相同的扩频码对反射信号进行相关运算，由于扩频码具有很好的自相关特性，则很容易获得接收信号与发送信号之间的时延 τ，该参数可以用码片周期 T_c 表示。若扩频码周期为 N，则码片周期 T_c 与测距信号周期 T 之间的关系是 $T_\text{c} = T/N$。此时距离的分辨率为 $d_{\min} = c \cdot T_\text{c}/2$，可以看出，距离的分辨率提高了 N 倍。另外，采用扩频技术后，接收端信噪比可以获得 N 倍的扩频增益，因此，测量的距离也大大增加了。

雷达测速主要是测量多普勒频移 f_d，该参数反映的是发送信号频率与接收信号频率之间的差距。多普勒频移的测量方法有很多[8]，详细的分析超出了本书的范围。

扩频技术在定位系统中的应用　扩频技术在定位系统中的典型应用是美国国防部研究出的全球定位系统（Global Positioning System，GPS）。该系统由空间卫星系统、地面控制系统和用户设备组成，其中空间卫星系统由 24 颗导航卫星组成，这些卫星分布在 6 个轨道平面内，每个轨道上有 4 颗卫星，从而可以保证地球上的任何地点、任何时刻都至少可以同时观测到 4 颗卫星，因此可以实现全球覆盖和三维导航能力。地面控制系统则通过分布在全球的 5 个地面站，对卫星进行监测、监控、跟踪和信息注入，以保证卫星的质量。

用户设备则主要接收 GPS 卫星发射的信号，以获得必要的导航和定位信息及观测量，并经数据处理而完成导航和定位操作。由于用户设备与 GPS 卫星之间的距离非常遥远，为了提高抗干扰能力，GPS 卫星发射的信号通常为直接序列扩频信号。GPS 系统采用了两种扩频码，即 C/A 码（Clear/Acquisition）和 P 码（Precise），其中 C/A 码码长较短、码元较宽，易于捕获，但精度较低，因此也称**粗测码**。而 P 码周期较长、码元宽度较小，测距的精度较高，也称**精测码**。

GPS 定位的基本原理是：用户利用 GPS 接收机同时接收到至少 4 颗卫星的信号，并解调出 4 颗卫星的信号，获得 4 颗卫星的空间坐标 X_i、Y_i 和 Z_i，$i=1,2,3,4$。设用户位置坐标为 X_u、Y_u 和 Z_u，则利用下面 4 个方程可以求得用户坐标和距离误差：

$$\begin{cases}(X_1-X_\mathrm{u})^2+(Y_1-Y_\mathrm{u})^2+(Z_1-Z_\mathrm{u})^2=(R_1-B)^2\\(X_2-X_\mathrm{u})^2+(Y_2-Y_\mathrm{u})^2+(Z_2-Z_\mathrm{u})^2=(R_2-B)^2\\(X_3-X_\mathrm{u})^2+(Y_3-Y_\mathrm{u})^2+(Z_3-Z_\mathrm{u})^2=(R_3-B)^2\\(X_4-X_\mathrm{u})^2+(Y_4-Y_\mathrm{u})^2+(Z_4-Z_\mathrm{u})^2=(R_4-B)^2\end{cases} \tag{10.7.3}$$

式中，$R_i, i=1,2,3,4$ 为伪距，是用户 GPS 接收机测得的到各颗卫星的距离，$R_i=c\cdot\tau_i$，c 为光速；τ_i 为第 i 颗卫星的信号到用户 GPS 接收机所需的时间；B 为距离误差，$B=c\cdot\Delta$，Δ 为用户 GPS 接收机时钟相对于卫星时钟的偏差量。

除了美国的 GPS 定位系统外，目前还有其他几个重要的定位系统，包括我国的北斗星定位系统、俄罗斯的 GLONASS 定位系统及欧盟的伽利略定位系统，虽然这些定位系统的定位方法的细节可能有所不同，但都采用了扩频技术来发送卫星定位信号。

10.8 本章小结

本章主要介绍了扩展频谱通信技术，包括扩频系统中的基本概念、扩频码序列、直接序列扩频技术、跳频技术、扩频系统的同步及扩频系统的应用等内容。首先介绍了扩频系统的基本原理，并简单介绍了几种典型的扩频系统，包括直接序列扩频系统、跳频系统、跳时系统及混合扩频系统。在此基础上分别对直接序列扩频系统和跳频系统做了详细分析。由于扩频系统中主要利用了伪随机序列（也称扩频码）对信息进行频谱扩展，而且在接收端还要利用相同的伪随机序列对信息进行解扩，为此引入和讨论了两种常用的伪随机序列，即 m 序列和 Gold 序列。为了能对接收信号进行正确的解扩，扩频系统的接收端须能产生与发送端变化规律完全一致的伪随机序列，为此本章还讨论了扩频码的同步技术，包括同步捕获和同步跟踪技术。本章最后简单介绍了扩频系统的应用。

习 题

10.1 扩频系统可以分为哪几类？它们的主要区别是什么？

10.2 试简述扩频系统的优点。

10.3 试从频域分析直扩系统对强窄带干扰的抑制作用。

10.4 试比较直扩和跳频系统抗干扰能力的差异。

10.5 要求系统能在干扰信号为有用信号 250 倍的情况下工作，系统输出信噪比为 10dB，系统内部损耗为 2dB，则要求系统的处理增益至少为何值？

10.6 一个 4 级线性移位寄存器的特征多项式 $f(x)=x^4+x+1$，试画出该移位寄存器的原理结构图。当初始状态为 1001 时，求该寄存器的输出序列。

10.7 上题中输出序列的周期是多少？序列中 0 和 1 的个数分别为多少？序列的游程分布特征怎样？求出该序列的自相关函数。

10.8 若m序列优选对的两个本原多项式分别为 $f_1(x)=x^3+x+1$ 和 $f_2(x)=x^3+x^2+1$，试画出由它们构成的Gold序列产生器的原理方框图。试问，这个 m 序列优选对能产生几个 Gold 序列？试写出这些 Gold 序列。

10.9 跳频系统中的频率合成器有哪几种主要类型？各有何优缺点？

10.10 扩频码的同步有几个步骤？同步捕获的作用是什么？

10.11 试画出串行捕获法的原理框图，并简述串行捕获的过程。

10.12 试简述延迟锁定跟踪环的跟踪原理。

10.13 m 序列有什么特性？在实际中有哪些应用？

10.14 直接序列扩频系统在多径传输的情况下，若间接路径的传输距离超过直接路径 100m 以上，求抗多径干扰所需的最小码片速率。

10.15 一个跳频的 MFSK 系统，设伪随机序列为 20 级线性反馈移位寄存器产生的最大长度序列。寄存器的每一状态对应于一个跳频的中心频率。已知中心频率的最小间隔（跳频间隔）为 200Hz，寄存器时钟频率为 2kHz，数据速率为 1.2kbps，采用 8FSK 调制。（1）求跳频带宽；（2）求码片速率；（3）每个数据码元对应于多少个码片？（4）求处理增益。

10.16 采用 m 序列测距，已知时钟频率等于 1MHz，最远目标距离为 3000km，求 m 序列的长度（一周期的码片数）。

10.17 扩频技术能够有效地克服干扰信号的影响，但在加性高斯白噪声环境下却不能带来性能的改善，试解释其中的原因。

主要参考文献

[1] [美]Sklar，B.著．徐平平，宋铁成等译．数字通信：基础与应用（第二版）．北京：电子工业出版社，2002

[2] [美]Peterson, R. L.等著．沈丽丽，侯永宏，马兰等译．扩频通信导论．北京：电子工业出版社，2006

[3] 曾兴雯，刘乃安，孙献璞等编著．扩展频谱通信及其多址技术．西安：西安电子科技大学出版社，2004

[4] 曾一凡，李晖编．扩频通信原理．北京：机械工业出版社，2005

[5] 何世彪，谭晓衡编著．扩频技术及其实现．北京：电子工业出版社，2007

[6] 田日才编著．扩频通信．北京：清华大学出版社，2007

[7] [美]Don Torrieri 著．牛英滔等译．扩展频谱通信系统原理（第 2 版）．北京：国防工业出版社，2014

[8] [美]Clive Alabaster 著．张伟等译．脉冲多普勒雷达：原理、技术与应用．北京：电子工业出版社，2016

[9] 冯建和等著．CDMA2000 网络技术与应用．北京：人民邮电出版社，2010

第 11 章　信道复用与多址技术

11.1　引言

在通信系统中，通常不止一个用户有传输信息的需求。比如，在计算机网络某两个节点间的传输路径中，可能会有多个其他用户发出的数据报文需要通过该路径所包含的链路；在一个移动通信系统接入网的某个基站管理的小区内，可能会有多个用户同时有发送信息的需求；这些都是多个用户需要共享通信资源的示例。对一个通信系统的传输信道来说，最基本的资源是**频谱**，频谱资源通常可用频带宽度来描述。无论是有线通信系统还是无线通信系统，如果信道是加性高斯（AWGN）干扰信道，给定**频带宽度** W 和**信噪比** S/N，信道传输信息的能力，即**信道容量** C 就被完全确定。

在许多场合，需要把系统可用的资源划分给不同的用户同时使用，这种实现共享信道的方法就是所谓的**信道复用技术**。为实现多用户的信道复用，通常要对按照某种方式划分后的信道资源和用户分别进行**编号**，使特定的信道资源与使用该资源的用户建立起对应关系，这就是所谓的**多址技术**。用户根据所分配得到的资源接入系统的过程又称**多址接入**。

研究信道复用和多址技术，就是要避免在多用户共享系统的资源时，出现多个用户同时争夺传输资源的无序情况。例如，某一无线通信系统中有两个用户——用户 1 和用户 2，希望分别发送信息给另外两个用户——用户 3 和用户 4，如果用户间没有某种协商的机制对资源进行分配，用户 1 和用户 2 就有可能在同样的时刻使用同样的频带，用户 3 和用户 4 收到的将会是有严重相互干扰的信号，导致最终均无法正确地接收到信息。因此，在实现信道的资源划分和多址接入时，必须保证用户在工作过程中不会出现相互间的干扰，或者可以将这些干扰减低到可容忍的程度。

本章将讨论如何进行信道或资源的划分，以及如何实现多址接入。在多用户系统中，资源划分的方法有很多种。对于一个传输信道，无论是有线的还是无线的，传输资源的划分方法都可以归结为**频分**、**时分**和**码分**这三种基本方式。相应地，可以把传输的资源用图 11.1.1 所示的“三维”坐标形式来表示。如果在进行资源划分时，能使其中的每个资源块都不相交，可以保证这些资源块在分配给不同的用户使用时，相互间不会产生干扰，此时称这些资源块是**正交的**。需要注意的是，一旦信道的带宽和信噪比给定，信道容量的大小就完全由香农定理确定，无论信道如何划分，划分后各子信道容量之和与划分前的容量相比，只可能减少而不会增大。在实际系统中，不同的划分方法可能会导致对资源的利用效率大小不同的变化。由上述三种基本方法引申出来的各种信道复用与多址技术，主要包括**频分复用**与**频分多址**、**时分复用**与**时分多址**、**码分复用**与**码分多址**、**空分复用**与**空分多址**、**统计复用**与**综合复用**等。不同的划分方法，对于不同的应用场景，在实现的便利性、资源的利用效率等方面，会有不同的差异。本章将逐一对上述方法进行扼要的分析和讨论，使读者建立起有关信道复用和多址技术的基本概念。

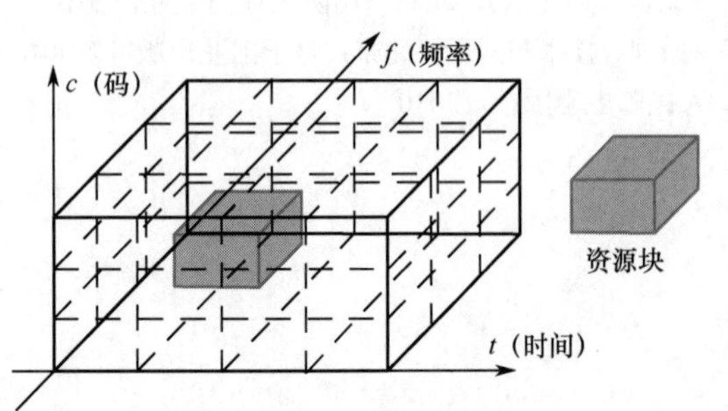

图 11.1.1　传输信道的资源块的概念

11.2　频分复用与频分多址

频分复用　频分复用是最早获得应用的信道复用方法。早期的频分复用将可用的频谱资源在频率域上划分为若干段互不重叠的**频带**，每段频带构成一**子信道**。频分复用可用图 11.2.1 描述，可用的频谱宽度 W 被划分 K 个互不重叠的子信道。在实际系统中，为保证在不同的子信道间不产生相互间的干扰，在相邻频带之间还会设置一定宽度的**保护带**，以更好地将各个子信道加以隔离，以避免由于各子信道中带通滤波器的非理想截止特性，使得原来应控制在子信道内的信号成分泄漏到相邻的子信道上。图 11.2.2 描述了设置保护带的情形，图中 ω_g 是相邻子信道间的保护带的大小。显然保护带的引入会降低频谱资源的利用率。

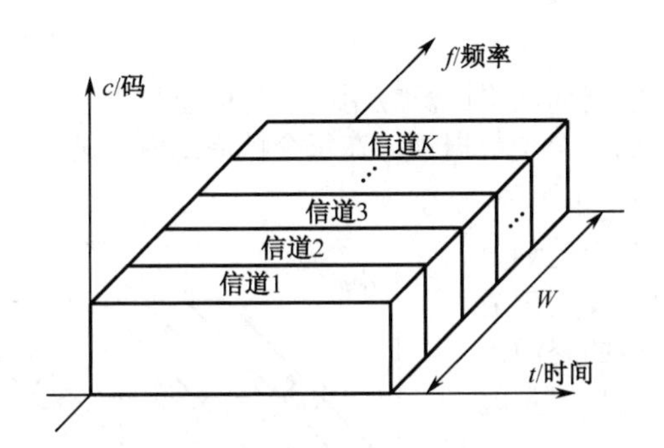

图 11.2.1　信道的频分复用图

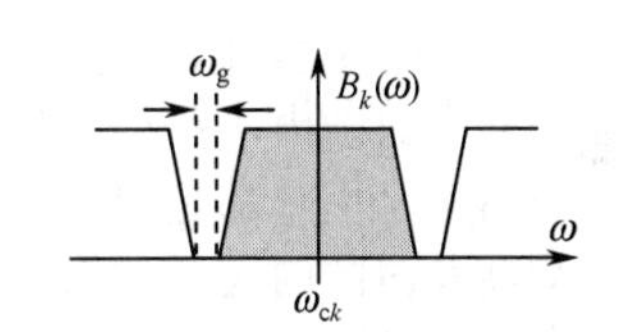

图 11.2.2　保护带与带通滤波器

频分多址　所谓**频分多址**，是指利用频分复用技术，可将总的信道带宽按照需要划分成若干子信道，将不同子信道分配给不同的用户，使不同用户可以**同时接入**系统，实现信道资源的共享。频分多址是一种目前仍在广泛应用的技术，如语音广播、电视广播等采用频分多址技术划分不同的广播电台和不同的电视台频道。在程控电话交换机和 IP 网络电话兴起之前，广泛采用的**载波电话**技术，就是将多路 3kHz 带宽的话音信号调制在不同的载波频率上，使得一对电缆可以同时承载多路话音信号，从而提高电缆的传输效率。

图 11.2.3 给出了频分多址系统的一个示例，K 路待传输的信号先经低通滤波，滤除信号中不太重要的高频成分，以避免信号泄漏到其他信道，然后以不同的载波频率将各路信号调制到不同的子信道上，再经过中心频率位于各自载波上的带通滤波器滤除带外的信号成分，最后合成后发送到信道上。接收端则进行相反的处理过程，恢复出原来发送的各路信号。

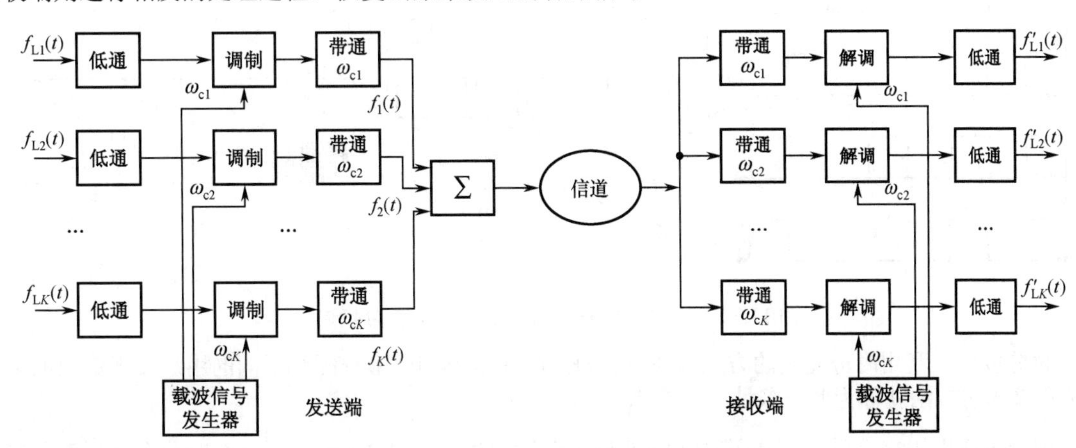

图 11.2.3　频分多址系统

频分复用和频分多址技术对于模拟通信系统来说，几乎是实现多用户信道共享的唯一方法。频分复用系统的**特点**是进行信道划分时不需要精确的同步技术。但传统的频分复用方法需要加保护带，降低了信道频谱资源的利用率，同时实现频分复用需要大量**不同参数**的带通滤波器，从这一角度来说，电路实现相对复杂。

对于传统的频分复用系统，如果系统带宽为W，假定每个子信道连同子信道间的隔离带在内，所需的带宽为ΔW，则频分多址系统可容纳的信道数为

$$K=\left\lfloor \frac{W}{\Delta W}\right\rfloor \tag{11.2.1}$$

11.3 时分复用与时分多址

时分复用 时分复用是伴随着数字电子技术的发展而获得广泛应用的一种信道复用技术。时分复用的基本思想是，把传输的时间划分成**帧周期**为T_F的一个个数据帧，在每个帧周期内再进一步划分出**时隙**（Time Slot，TS），每个信道就是每个帧周期内的一个时隙。时分复用的原理可由图 11.3.1 描述，通过帧周期和时隙的划分实现信道的复用。在一个时隙内，获得该时隙的用户使用信道的全部带宽资源。虽然每个用户都是间歇地使用信道的资源，但只要合理选择帧周期和时隙的大小，就可使每个用户感觉就像在连续地使用一个属于自己的信道。

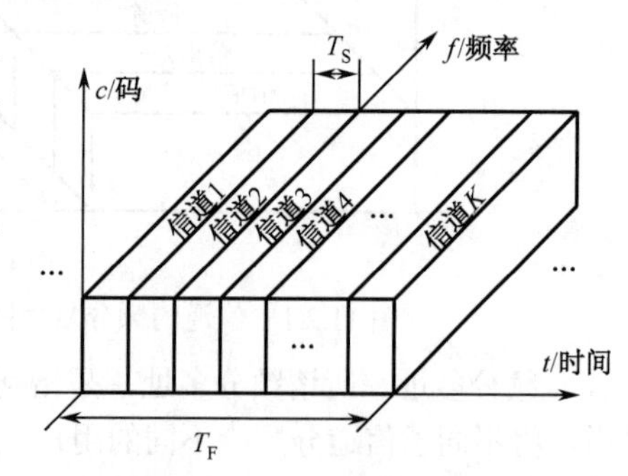

图 11.3.1 信道的时分复用

例如，我国程控交换系统中的**基群信号**（也称 E1 信号），传输的比特速率是 2.048Mbps，每帧中包含 32 个 8 比特的**时隙**，帧周期是$T_F=1/(8\times10^3)=125\mu s$，每个时隙可携带一路 64kbps 的数字话音信号，即基群信号可视为由 32 个 64kbps 的信号复接而成。

对于更高速的传输信道，可进一步将基群信号复接为更高群路等级的信号，图 11.3.2 描述了信号两次复接的过程。随着复接等级的提高，每个用户所占的时隙随之变小，时间被“压缩”，但在一个帧周期T_F内每个用户可传输的比特位数不变。

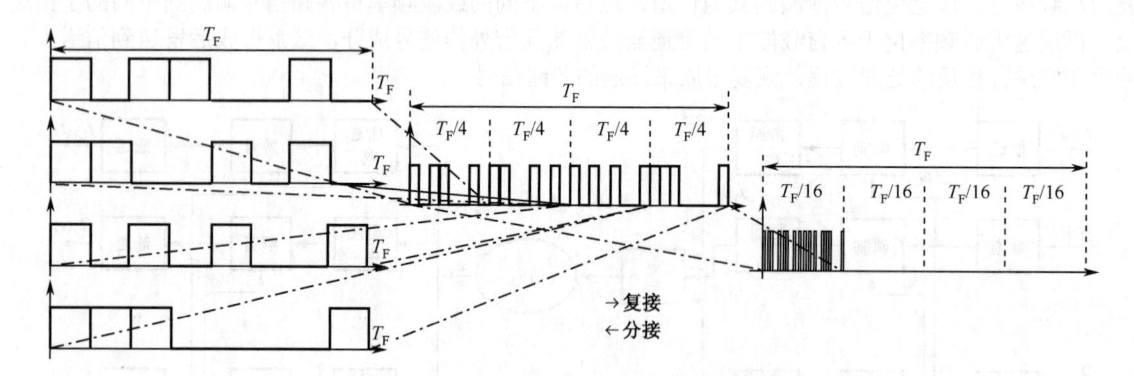

图 11.3.2 时分复用系统的信号两次复接/分接过程

时分多址 利用时分复用的方法，通过将每一帧中的不同时隙分配给不同的用户实现信道的共享多用户接入的方法就称为**时分多址**。

现代电话程控交换系统就是利用时分复用技术实现的。图 11.3.3 给出了一个时分多址话音通信系统的示例，图中的K路模拟话音信号$f_{L1}(t),f_{L2}(t),\cdots,f_{LK}(t)$首先通过各自的低通滤波器，滤除可能发

生频谱混叠效应的信号的高频成分，然后用模数转换器将模拟信号的每个采样值转变为一组数字的PCM 信号，复接电路将转换后的每组数字信号嵌入到预定的时隙上发送到信道中，完成信号的复接过程。复接后的信号在信道中传输的时间关系如图 11.3.4 所示。在接收端，复接信号则做相反的变换：首先通过**分接**电路提取出属于不同时隙（对应不同用户）的 PCM 码组信号，通过数模转换器将 PCM信号恢复为相应的模拟信号，经低通滤波器滤对信号进行平滑处理，滤除量化噪声后输出。图 11.3.2中的箭头符号“→”与“←”标示了复接与分接处理过程的方向。

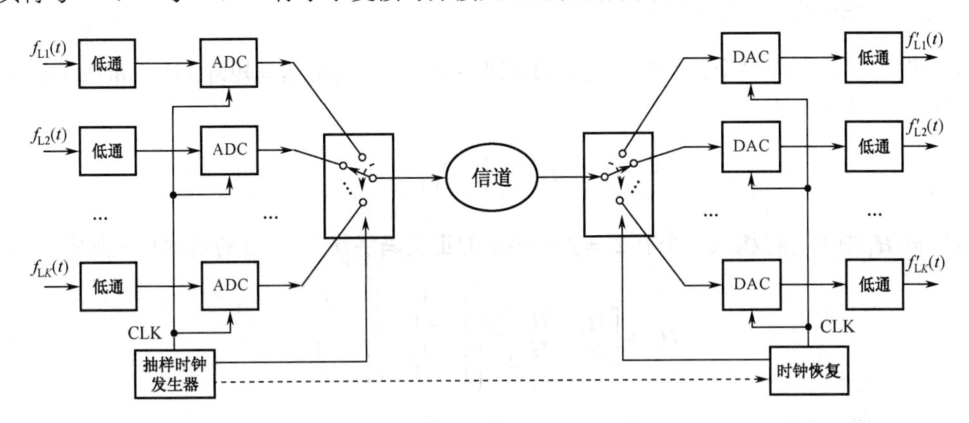

图 11.3.3　时分多址的话音通信系统

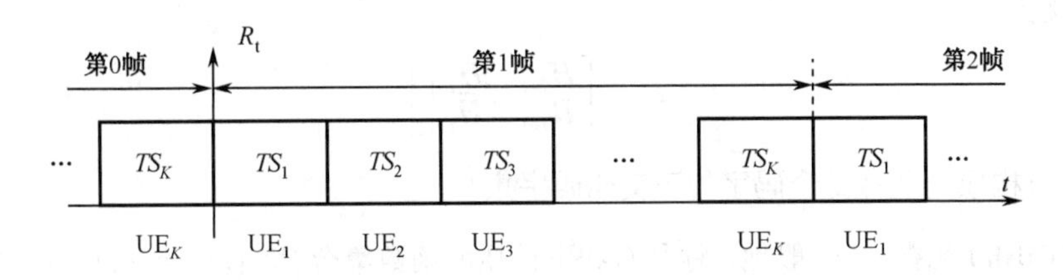

图 11.3.4　时分复用信号的传输过程

一般来说，时分复用和时分多址技术只能应用于数字通信系统。时分复用和时分多址技术的**特点**是，无需多种类型的带通滤波器，容易用数字集成电路的方法实现。实现时分复用和时分多址的关键之一是，系统必须保证有良好的**码元同步**和**帧同步**，否则无法实现信号的复接与分接。

对于有线传输系统，如果信道的总传输速率为 R，其中每个用户（子信道）的速率为 ΔR，则可容纳的子信道的总数为

$$K=\left\lfloor \frac{R}{\Delta R}\right\rfloor \tag{11.3.1}$$

在大多数传统有线传输的时分复用系统的应用中，通常不同用户的时隙之间不需要保护间隔，较之每个频分多址系统中子信道间需要保护带，应有较高的信道利用率。但时分复用系统通常要在每帧数据间插入帧同步等控制信号，也会使有效的信道利用率降低。另外，在无线通信的时分复用场合，各用户往往不在同一位置，一般难以保证在分配的时隙间实现精确的切换。此时在分配给不同用户的时隙间必须保留一定的切换保护时间，以防止在各时分的子信道间发生信号的重叠，此时信道的利用率较之有线时的情形相应地会进一步降低。

11.4　码分复用与码分多址

正交编码的概念　首先介绍正交编码的概念。设 $\{C\}$ 是一个 M 维的**码字集**，其中 $C_k=\left(c_{k,M},c_{k,M-1},\cdots,c_{k,1}\right)\in\{C\}$，若 $\{C\}$ 中的码字满足条件

$$C_j \cdot C_k = \sum_{i=1}^{M} c_{ji}c_{ki} = \begin{cases} 0, & j \neq k \\ M, & j = k \end{cases} \tag{11.4.1}$$

式中的符号“·”表示两个码字的**点乘**，则称$\{C\}$是一组**正交编码**。特别地，如果进一步地有

$$C_j \cdot C_k = \sum_{i=1}^{M} c_{ji}c_{ki} = \begin{cases} 0, & j \neq k \\ 1, & j = k \end{cases} \tag{11.4.2}$$

则称$\{C_k\}$是一组**归一化**的正交编码。

一个长度为2^n、具有2^n个元素的正交编码的**码字集**，可通过**哈达马矩阵**（Hadamard matrix）产生。$n=1$的哈达马矩阵定义为

$$\boldsymbol{H}_1 = \begin{bmatrix} 1 & 1 \\ 1 & -1 \end{bmatrix} \tag{11.4.3}$$

容易验证矩阵$\boldsymbol{H}_1$中的行可构成一个有$2^1=2$个码字的**正交码字集**。$n=2$的哈达马矩阵定义为

$$\boldsymbol{H}_2 = \begin{bmatrix} \boldsymbol{H}_1 & \boldsymbol{H}_1 \\ \boldsymbol{H}_1 & \overline{\boldsymbol{H}}_1 \end{bmatrix} = \begin{bmatrix} 1 & 1 & 1 & 1 \\ 1 & -1 & 1 & -1 \\ 1 & 1 & -1 & -1 \\ 1 & -1 & -1 & 1 \end{bmatrix} \tag{11.4.4}$$

同理矩阵$\boldsymbol{H}_2$中的行可构成一个具有$2^2=4$个码字的正交码字集。一般地，$n=i$（i为任意正整数）的哈达马矩阵定义为

$$\boldsymbol{H}_i = \begin{bmatrix} \boldsymbol{H}_{i-1} & \boldsymbol{H}_{i-1} \\ \boldsymbol{H}_{i-1} & \overline{\boldsymbol{H}}_{i-1} \end{bmatrix} \tag{11.4.5}$$

矩阵$\boldsymbol{H}_i$中的行可构成一个有2^i个码字的正交码码字集。

沃尔什（Walsh）函数　一般地，称具有如下性质的函数**集合**$\{W_k(t);t\in(0,T),k=0,1,2,\cdots,K-1\}$为$K$阶的**沃尔什函数**：

（1）除了在一些跳跃点上取值 0 外，$W_k(t)$仅在-1和$+1$中取值。

（2）对任意k，$W_k(0)=1$。

（3）在$[0,T)$内，$W_k(t)$有k次穿越零点的符号变化。

（4）关于$[0,T)$的中点，$W_k(t)$不是**奇函数**就是**偶函数**。

（5）$\int_0^T W_j(t)W_k(t)\mathrm{d}t = \begin{cases} 0, & j \neq k \\ K, & j = k \end{cases}$　　(11.4.6)

沃尔什函数的性质（5）表明，沃尔什函数是一个**正交的函数集**。

沃尔什函数可以用多种不同的方法生成。例如，可以利用前面介绍的哈达马矩阵产生。图 11.4.1 给出了一个利用哈达马矩阵$\boldsymbol{H}_2$的行向量构建的 4 阶沃尔什函数，容易验证，该函数满足上面给出的沃尔什函数的各项性质。图中T_c的时间大小通常称为一个**码片**。

码分复用　利用沃尔什函数的正交性，可以实现在**时域与频域均重叠**的信号的分离，从而实现信道的**码分复用**。假定要把信道划分为K个不同的子信道，在第k个子信道上传输的数据序列记为$\{D_{kj}\}$，其中D_{kj}表示第k个子信道上第j个码元周期$(j-1)T\leqslant t\leqslant jT$传输的数据符号。在发送端，采用$K$阶的沃尔什函数集中$K$个沃尔什函数，分别对不同信道中的数据$\{D_{kj}\}$，$k=0,1,\cdots,K-1$进行调制，得到

$$s_{kj}(t) = D_{kj}\cdot W_k(t),\ (j-1)T\leqslant t\leqslant jT,\ k=0,1,\cdots,K-1 \tag{11.4.7}$$

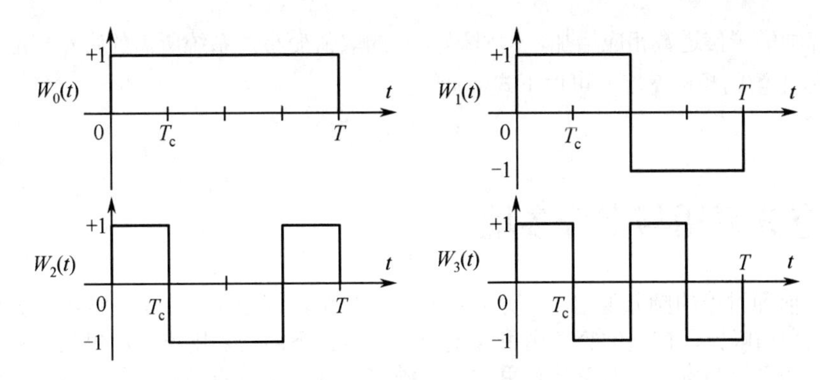

图 11.4.1　4 阶沃尔什函数

在第 j 个码元周期，信道上同时传输的 K 路信号可以表示为

$$s(t)=\sum_{k=1}^{K}s_{kj}(t)=D_{kj}\cdot W_k(t),\ (j-1)T\leqslant t\leqslant jT \tag{11.4.8}$$

其中各个子信道上的信号 $s_{kj}(t),k=1,2,\cdots,K$ 在时域和频域上都是重叠的。图 11.4.2 形象地描述了码分复用系统共享信道资源的情况。

在接收端需要恢复原来的任意一路信号，如第 i 路信号时，都可利用沃尔什函数的正交特性，通过**相关运算**来实现：

$$\begin{aligned}\int_{(j-1)T}^{jT}W_i(t)s(t)\mathrm{d}t&=\int_{(j-1)T}^{jT}W_i(t)\sum_{k=1}^{K}s_{kj}(t)\mathrm{d}t=\int_{(j-1)T}^{jT}W_i(t)\sum_{k=1}^{K}D_{kj}\cdot W_k(t)\mathrm{d}t\\&=\sum_{k=1}^{K}D_{kj}\int_{(j-1)T}^{jT}W_i(t)W_k(t)\mathrm{d}t=K\cdot D_{ij}\end{aligned} \tag{11.4.9}$$

式中 K 是常数，不会影响信号的正确分离与恢复。

码分多址　利用码分复用技术，将沃尔什**函数集**中不同的函数（码字）分配给不同的用户，用户在发送数据时利用该函数对符号进行调制，然后才发送到信道上，此时虽然各个用户的数据占据相同的频带，同时时域上的信号又重叠在一起，但沃尔什函数的正交性保证了接收端可以正确地恢复原来的数据。图 11.4.3 给出了一个码分多址系统的示意图。显然，只要不同的用户分配了沃尔什函数集中的不同函数，在接收端就可以通过相关器将特定的用户信号分离出来。

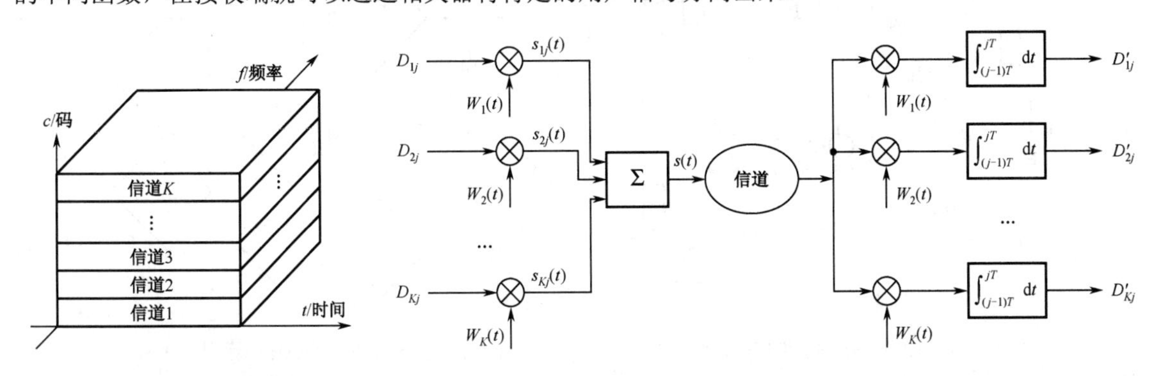

图 11.4.2　信道的码分复用　　　　图 11.4.3　码分多址系统

显然，码分多址系统中能够容纳的子信道数取决于沃尔什函数集中函数的个数。而函数集中的函数的个数又与沃尔什函数的阶数有关。若采用哈达马矩阵 $\boldsymbol{H}_n$ 生成沃尔什函数，则该码分多址系统可容纳的子信道数为

$$K=2^n \tag{11.4.10}$$

由图 11.4.3 不难理解，每个子信道上的符号速率 R 确定后，相应地，其符号周期 T 也确定。随着阶数

的增加，其可容纳的子信道数相应增加，同时码片 T_c 的取值变小，系统所需的带宽相应地增大。系统的带宽 W（信号主瓣的频谱宽度）可由下式估计：

$$W \approx 1/T_c \tag{11.4.11}$$

11.5 空分复用与空分多址

空分复用 前面讨论的频分复用、时分复用和码分复用，都是对一个信道内的资源的划分方法。给定信道的带宽和信噪比，信道的容量由香农定理所确定。不同的复用方式，仅仅是利用资源的形式不同，并没有增加系统的资源。而**空分复用**则是一种将天线上发出的某路电磁波信号，限定在某个局部区域范围内，而使得在原来的区域范围内，可以容纳更多路电磁波信号的一种信道复用方式。在每个互不重叠的空间局部范围内，信道的容量与未进行空分复用之前一样大，因此对于整个系统来说，通过空分复用后，总的信道资源有**倍增**的效果。

图 11.5.1 给出了一个小区内的空分复用的示意图，在小区的平面上按照一定的信号辐射角度将空间划分为 K 个不同的区域。假定这 K 个不同的区域互不重叠。因此不同区域上的信号可以有效地分离，实现空间的信号分隔和频谱资源的**重复使用**。

图 11.5.2 给出了一个小区间的空分复用示意图，平面空间被划分为一个个互不重叠的六边形区域，其中基站 BS_k 负责第 k 个子区域的信号覆盖。如果能够将六边形中心发出信号的覆盖范围控制该六边形的区域内，则在不同区域内，频率可以重复使用。在实际的系统中，通常不可能划分出这样的理想区域，各个基站发出的信号一般也会有一定的重叠，因此，如果均使用同一个频率，信号间可能会产生互扰。为克服小区间信号的互扰，通常在系统中采用空分和频分相结合的工作方式，如在相邻小区使用不同的工作频率，图 11.5.2 中所示的是系统中使用三个不同工作频率的情况。不同工作频率互不重叠，这样即使有不同的基站间发射相同频率的信号，只要这些信号到达使用相同频率的另外一个小区时有足够大的衰减，就不会影响频率的重复使用。现代移动通信系统均基于这种思想来构建频率可以复用的**蜂窝**结构系统。

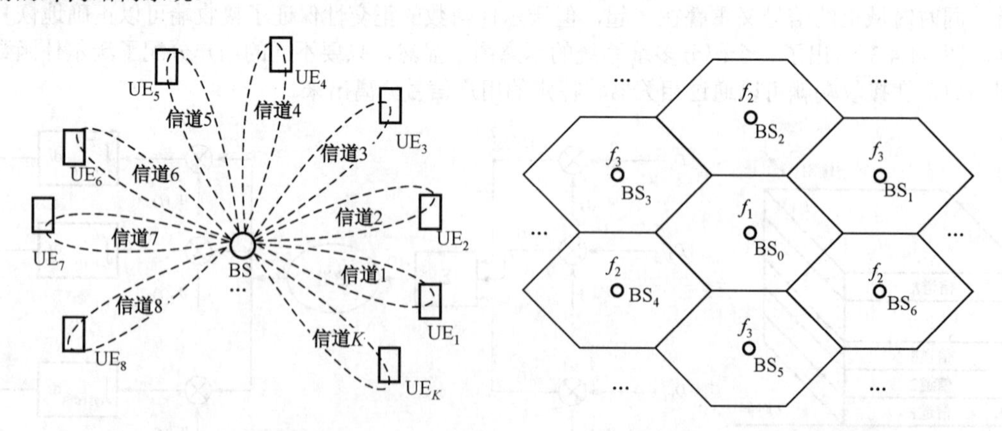

图 11.5.1 小区内的空分复用图　　图 11.5.2 小区间的空分/频分复用

空分多址 利用空分复用技术，将不同的区域划分给不同用户，就可以实现**空分多址**。空分多址与频分多址、时分多址和码分多址相比，一个显著不同的特点是系统的资源可以实现大幅度提升，每个用户或每个小区子系统可以全时地使用全部频带资源。在每个空间区域内可以进一步进行频分多址、时分多址和码分多址的资源划分，进而可以更灵活地使用系统的资源。

空分多址能够划分出的子信道数，取决于对电磁波波束空间辐射角度或信号覆盖区域大小的控制能力。好的天线波束赋形技术或好的功率控制技术，能够提高系统的空分复用度。

11.6 统计复用与随机多址

在前面介绍的各种信道复用技术中，通常某个信道一旦分配给某个用户后，该信道将被这个用户单独使用，无论该用户是否有数据要发送，其他用户都不能使用这个信道。如果用户传输的是比特速率恒定的数据流，如固定抽样速率的话音信号或视频信号，那么这种固定分配信道资源的方式有很高的传输效率。但随着互联网数据传输业务的不断增加，这种固定分配信道资源的方式对许多业务不再适用。例如，当用户在上网浏览网页时，单击下载某一消息，此时该用户希望尽快地完成这则消息的传输，一旦该消息传输到用户的终端，用户就需花一段时间来阅读消息的内容，在阅读阶段，用户对传输资源没有要求，此时如果分配给该用户的是固定的传输速率，则在用户阅读消息的时间内，传输资源得不到利用而被浪费。人们自然会设想是否可动态地分配资源，一旦用户有需求，可立刻分配相应的信道，完成该传输的需求后，系统迅速收回信道资源，以供其他用户使用。由于不同人上网的习惯不同，加上业务的类别多种多样，对资源需求具有很大的随机性和突发性，因此很难通过集中控制的方式来分配传输的资源。因此，在计算机网络等数据通信系统中，大多采用所谓的统计复用和随机接入（随机多址）工作方式。

统计复用　统计复用是一种为适应数据业务传输需求具有随机性和突发性而提出来的共享信道资源的工作方式。统计复用主要包括**集中控制**和**随机分布式控制**两种方式。

（1）**集中控制方式**　顾名思义，在采用**集中式控制**方式的系统中，包含一个**中心控制单元**，它负责信道资源的分配调度管理。**轮询**是集中控制的一种基本方式，图 11.6.1 给出了一个轮询系统的网络结构，图中的控制单元可以是一台服务器，负责轮询每一台终端，检查哪一台终端需要访问服务器或进行终端间的转发服务；控制单元也可以是一台网络的转接器，负责轮询每一台终端是否需要接入到上一级网络，提供数据的中转传输服务。系统中的每个终端，只有接到询问命令，得到使用信道的授权后，方可发送数据，其他时间则处于等待状态。虽然图 11.6.1 给出的是一个有线形式的轮询系统，但其工作机制也可以应用到无线轮询传输的工作环境。

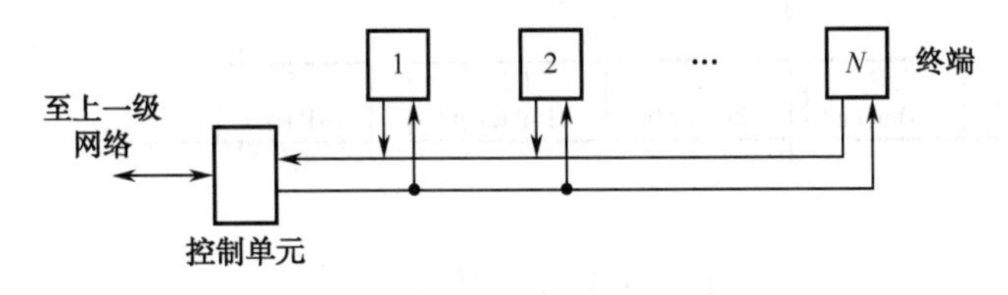

图 11.6.1　集中控制方式

集中控制方式被大量地应用在各种具有接入调度控制的无线通信系统中。在一个以基站为中心，提供多个用户终端接入到网络的点（基站）到多点（终端）的无线通信系统中，通常把数据从网络传向终端的过程称为**下行**，而把数据从终端传向网络的过程称为**上行**。在基于时分统计复用的无线通信系统中，一般会在时间轴上划分出称为**数据帧**等长的时间片，如图 11.6.2 所示，对于双向的传输系统，一个数据帧又分为**下行子帧**和**上行子帧**。对于一个多用户的系统，每个子帧又被进一步划分出给不同用户使用的**时隙**，时隙的划分可以是等长的，也可以是不等长的。图中的 $TS_{D,i}$ 和 $TS_{U,i}$ 分别表示一帧中的第 i 个下行时隙和第 i 个上行时隙。统计复用的资源调度控制可以这样进行：在每个数据帧的下行子帧中，设置专门的**控制时隙** $TS_{D,C}$，$TS_{D,C}$ 中携带的控制信息指定了下行子帧中的每个特定时隙包含的数据是发给哪个特定用户的，以及上行子帧中的哪个时隙归哪个用户使用。这样，每个用户收到控制信息后，就可以知道应该在哪个下行的时隙中接收发给自己的数据，同时也知道可在上行的哪个时隙中发送数据。这样，多个用户共享信道的统计复用过程就得以有序地进行。

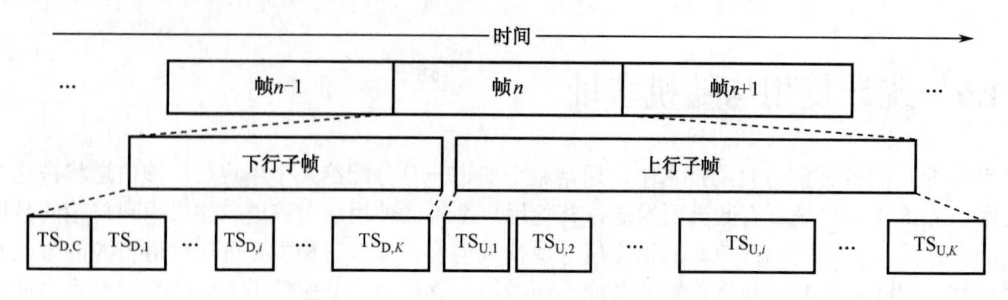

图 11.6.2 一种统计复用系统中的数据帧

集中控制方式也经常应用在网络中的交换机或路由器的输出端口上，其工作方式可用图 11.6.3 描述，其中图 11.6.3(a)所示的是一种最简单的不分等级的方式，用户希望通过链路 L 传输的数据报文首先送到链路 L 输出缓冲器的队列上，在缓冲器内排队后依次输出。当轮到用户 k 的发送报文时，该用户占有全部信道资源，当报文发送完毕后，自动释放信道资源，如果队列中还有其他用户的数据，则信道开始传输另一用户的数据报文。显然，链路 L 的传输资源并未被刻意地划分，每个进入缓冲器的报文按序等待发送，每个用户的报文都有同等的优先级。另外一种可按照业务类型划分等级的方式如图 11.6.3(b)所示，输出端可以设置多个不同等级的缓冲队列，用户不同业务类型的数据报文可按照其类别进入不同的队列，输出端口上的调度器根据特定的算法或规则，选择某个队列中的报文发送到输出的链路上。图 11.6.3(c)形象地给出了不同用户的数据报文在信道中传输的情况，信道中时隙的分配使用可以是不规则的。

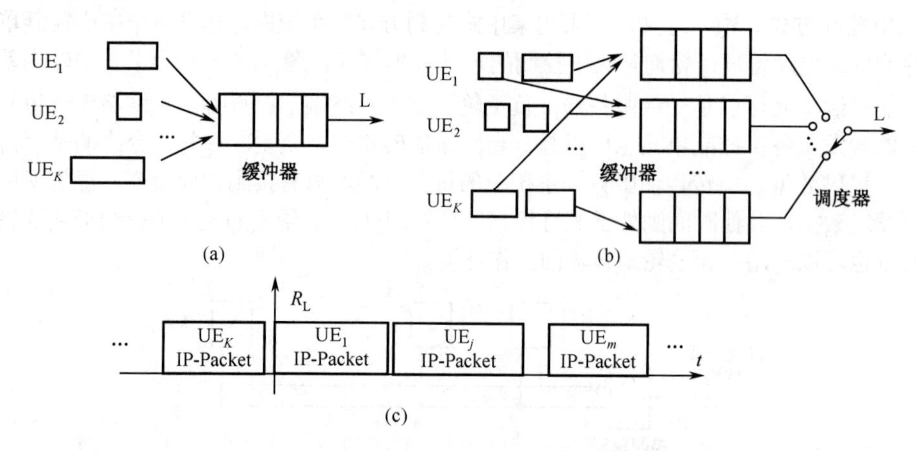

图 11.6.3 信道的统计复用

采用统计复用方式，可较好地避免出现某些用户得到了信道的传输资源，因没有数据传输需要而使得信道资源被闲置，而另外一些用户有数据需要传输而得不到信道传输资源的情况。统计复用特别适合间歇出现的数据传输服务需求，如对于互联网上大量具有突发性的传输业务，统计复用的方式通常比固定地分配信道资源的方式具有更高的效率。采用统计复用时，虽然某个时刻的信道资源并未明确地划分给具体的用户，但只要用户遵循相同的规则接入系统，从统计上来说，同一种类型的业务得到传输资源的机会就是一样的。

（2）**随机分布式控制方式** 在**分布式控制**的系统中，系统中没有集中的控制单元。各个终端间按照某种规则，有协调或没有协调地使用信道的资源。所谓**随机分布式控制**方式，是指一种没有协调的、各个用户竞争使用信道的工作方式，该方式因为简单且易于实现，是目前在计算机终端接入网络过程中最常用的一种方式。在随机分布式控制系统中，因为各个终端发送报文时具有随机性，冲突一般难以避免，图 11.6.4 给出了用户 1 与用户 K 发送报文在时间上有重叠的情形，此时两个用户都发送失败。但在随机分布式控制系统中，通常用户间的竞争不会是恶性的，各个终端中包含了当其探测到发生冲突时的解决机制。

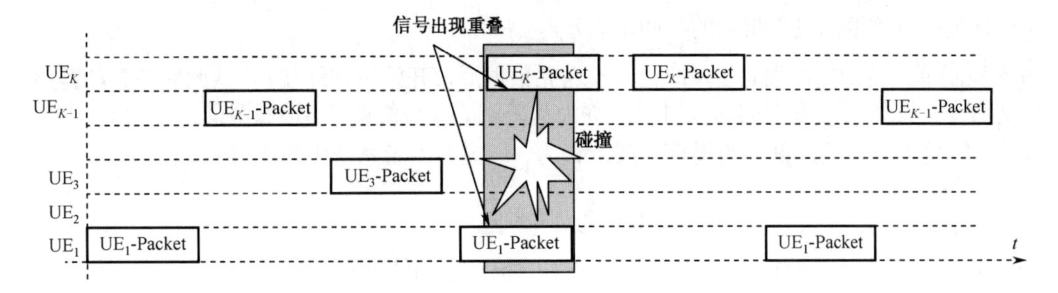

图 11.6.4　随机分布式系统中的突出现象

随机分布式控制方式通常应用在多个用户竞争信道接入网络的过程中。图 11.6.5 描述了用户通过有线或无线方式接入到网络的结构形式，其中图 11.6.5(a)给出的是早期的计算机终端通过**总线**接入局域网的方式，总线由电缆同轴、T 形接头和线端的阻抗匹配电阻等部件构成，是一种无源的网络；图 11.6.5(b)给出的是计算机终端通过**集线器**接入局域网的方式，简单的集线器可视为将总线结构的局域网缩小集中到一个设备中的形式。集线器中的每个端口通常是有源的，具有一定的驱动能力。上述两种有线局域网虽然结构形式不同，但工作原理完全一样，网络中均没有负责资源分配的控制器，每个终端完全平等，都是通过竞争总线使用权的统计复用方式接入网络的。

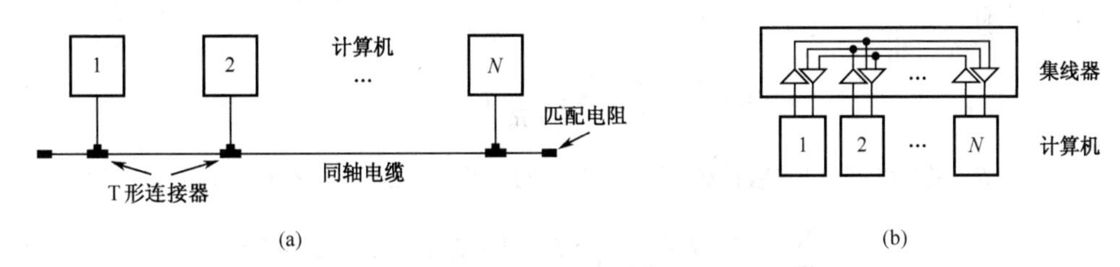

图 11.6.5　总线结构的分布式系统

图 11.6.6 给出了一个无线局域网的系统结构图，图中的**接入点**（Access Point，AP）是无线终端进入网络的节点。在目前广泛应用的无线局域网系统中，采用的基本上都是随机分布式控制方式。

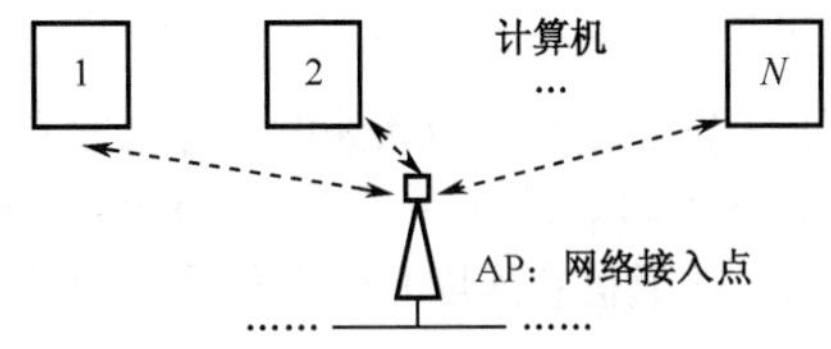

图 11.6.6　无线局域网系统

在采用随机分布式控制的通信系统中，传输的资源既没有进行固定的划分，也没有集中的控制器协调各个用户的工作，所以这种系统也称**随机接入**或**随机多址**系统。随机多址系统因为不需要集中控制器，因此简单且很容易构建；另外，因为随机的多址系统没有集中控制器，系统不会因为某个特殊单元的失效而导致其不能工作，因此随机多址系统有很好的强壮性。

统计复用系统的性能分析*　有关采用统计复用的通信系统的资源管理和调度策略，是一个专门的研究领域，已经有大量的研究成果。这里只简要讨论其基本概念和原理，建立对统计复用系统性能的初步认识。

（1）**集中控制的轮询系统的性能分析**　集中控制的轮询接入系统的结构仍如图 11.6.1 所示。一般地，由控制单元发往终端的**下行**数据报文完全由控制单元控制，只要在报文中携带上各个终端的地址，报文在总线上广播出去之后，相应的终端就可接收到发给自己的报文，而接收到不属于自己报文的终端，将收到的报文丢弃即可。因此有关轮询系统的性能分析，主要集中在对由终端到主机的**上行**数据报文的传输过程中。假定信道的传输速率为 R_b；为简单起见设每个用户发送的数据报文等长，其长度为 $1/\mu$ 比特（采用这样的记号主要是与通信网络性能分析的主要工具，排队论中使用符号的习惯一致）；在信道中传输一个数据报文的时间相应地为 $1/(\mu R_b)$。每个终端中待发送的数据报文数通常是随机的，单位时间内一个终端生成的**平均报文数**称为该终端的**到达率**。终端 i 的到达率记为 λ_i（报文/秒），终端 i

在一次轮询过程所需要的发送报文的时间记为 t_i。

每次控制单元轮询完终端 $i-1$，即让其发送完数据后，开始轮询终端 i，从此时刻开始至终端 i 识别到轮询命令，开始发送数据的这段时间，称为从终端 $i-1$ 到终端 i 的**巡回时间**，记为 w_i。控制单元将所有的终端轮询一遍的时间称为**循环时间**，记为 t_c。显然，若系统中有 N 个终端，则有

$$t_c = \sum_{i=1}^{N} t_i + \sum_{i=1}^{N} w_i \tag{11.6.1}$$

式中，t_i、w_i 和 t_c 通常都是随机变量。若 t_i、w_i 和 t_c 的**统计平均值**分别记为 T_i、W_i 和 T_c，则由式（11.6.1）可得

$$\begin{aligned} T_c = E[t_c] &= E\left[\sum_{i=1}^{N} t_i + \sum_{i=1}^{N} w_i\right] = E\left[\sum_{i=1}^{N} t_i\right] + E\left[\sum_{i=1}^{N} w_i\right] \\ &= \sum_{i=1}^{N} E[t_i] + \sum_{i=1}^{N} E[w_i] = \sum_{i=1}^{N} T_i + \sum_{i=1}^{N} W_i \end{aligned} \tag{11.6.2}$$

若记整个**系统的平均巡回时间**为 L，即 $L = \sum_{i=1}^{N} W_i$，则式（11.6.2）又可表示为

$$T_c = L + \sum_{i=1}^{N} T_i \tag{11.6.3}$$

因为 T_i 是终端 i 在一次循环时间 T_c 内的平均发送时间，而在 T_c 时间段内终端 i 积累的数据量为 $\lambda_i \cdot 1/\mu \cdot T_c$，因此有

$$T_i = \frac{\lambda_i \cdot 1/\mu \cdot T_c}{R_b} = \frac{\lambda_i}{\mu R_b} T_c = \rho_i T_c \tag{11.6.4}$$

式中，$\rho_i = \lambda_i / (\mu R_b)$ 称为终端的**通信量强度**。将上式的结果代入式（11.6.3）得

$$T_c = L + \sum_{i=1}^{N} T_i = L + \sum_{i=1}^{N} \rho_i T_c = L + T_c \sum_{i=1}^{N} \rho_i = L + T_c \rho \tag{11.6.5}$$

式中，$\rho = \sum_{i=1}^{N} \rho_i$ 称为整个系统的**通信量强度**。由此可得

$$T_c = \frac{L}{1-\rho} \tag{11.6.6}$$

上式表明，要使得系统的循环时间有限，即各个终端的报文在有限的时间内可以上传到控制单元，需要使 $\rho < 1$。当 $\rho \to 1$ 时，$T_c \to \infty$，此时系统的传输功能趋于瘫痪，我们称这种状态的系统是**不稳定**的。系统的**通信量强度**有时也称系统的**吞吐量**:

$$S = \rho = \frac{\sum_{i=1}^{N} \lambda_i / \mu}{R_b} \tag{11.6.7}$$

吞吐量 S 反映了信道的利用率。由此，式（11.6.6）又可以表示为

$$T_c = \frac{L}{1-S} \tag{11.6.8}$$

系统的平均巡回时间 L 主要与系统中终端的数目 N 以及终端接收到轮询后完成发送数据的准备工作所需的时间有关。当 N 确定后，L 基本上是一个常数，因此循环时间 T_c 主要由吞吐量决定。对于一个数据报文来说，最大时延的情况出现在该报文到达时刻恰好在其所在的终端刚刚被轮询完之后，其最大延时的平均值等于循环时间 T_c。因此当吞吐量 $S \to 1$ 时，其最大的延时 $T_c \to \infty$。

（2）随机接入控制的 ALOHA 算法及性能分析　ALOHA 是美国夏威夷大学 Norman Abramson 等人研制的一个无线电网络的名称。在该网络中采用了一种共享信道的算法，这一算法及由其衍生出来的改进算法已成为以**以太网**技术为核心的有线与无线局域网的基础。

（a）纯 ALOHA 算法　设 N 个工作站共享一个传输信道资源，传输信道可以是有线的，如图 11.6.5

所示的总线结构的系统；传输信道也可以是无线的，此时信道的资源就是所使用的一段频率。当某个工作站有数据报文要发送时，可以自由地向信道发送，在整个报文的发送期间，如果没有其他的工作站发送，则该报文发送成功。如果在该报文发送期间，有其他的工作站在同时发送，则两个工作站发送的信号在时间上发生重叠，其结果是两个工作站发送的报文都不能被正确地接收，此时称系统发生了**冲突**。发生冲突之后，如果两个工作站立刻重新发送报文，显然冲突将持续，最终导致系统不能正常工作。在**纯 ALOHA 算法**中提出了一种解决冲突的机制：当冲突发送后，两个工作站并不是立刻重新发送，而是各自选择一个随机的**退避时间**，等到该退避时间结束之后，再重新发送。因为退避时间是随机数，两个工作站选择的退避时间相同的概率很小，因此这两个工作站重新发送报文时再次冲突的概率就大大降低，从而实现了一种分布式的自动协调。

为分析简单起见，假定每个工作站发送的报文的大小和速率都是一样的，则发送一个报文的时间为常数，记为T_0。显然在T_0内**成功发送**的平均报文数就是**吞吐量**S。若定义**网络负载**G为在T_0内发送到信道的平均报文数（包括发送成功与发送失败的所有报文），若记报文发送成功的概率为P_{suc}，则应有

$$S = G \cdot P_{\text{suc}} \tag{11.6.9}$$

在电话系统中，通常认为呼叫到达的概率服从**泊松分布**。为分析简单起见，在数据通信中常常也认为报文达到的概率服从泊松分布。根据泊松过程的定义，在时间间隔T内到达k个报文的概率为

$$P_T(k) = \frac{(\lambda T)^k}{k!}\mathrm{e}^{-\lambda T},\ k = 0,1,2,\cdots \tag{11.6.10}$$

式中，λ为单位时间内到达报文数的均值。由此可得两个报文时间间隔取值为Δt的概率密度函数为[4]

$$p_a(\Delta t) = \lambda \mathrm{e}^{-\lambda \Delta t} \tag{11.6.11}$$

在一个报文的发送时间间隔T_0内，要使得报文发送成功，应使得**连续两个**报文的到达时间间隔大于T_0。如图 11.6.7 所示，要使得报文n发送成功，除应保证报文$n-1$与报文n的时间间隔大于T_0外，还应保证报文n与报文$n+1$的时间间隔大于T_0，即连续的第n个报文和第$n+1$个报文的时间间隔均大于T_0，因此有

$$P_{\text{suc}} = P(\text{连续两个}\Delta t > T_0) = P(\Delta t > T_0)P(\Delta t > T_0) = P^2(\Delta t > T_0) \tag{11.6.12}$$

因为网络负载G是在T_0内发送到信道的平均报文数，因此报文到达率为

$$\lambda = G / T_0 \tag{11.6.13}$$

由式（11.6.11）和式（11.6.13），可得

$$P(\Delta t > T_0) = \int_{T_0}^{\infty} p_a(\Delta t)\mathrm{d}\Delta t = \int_{T_0}^{\infty} \lambda \mathrm{e}^{-\lambda\Delta t}\mathrm{d}\Delta t = \int_{T_0}^{\infty} \frac{G}{T_0}\mathrm{e}^{-\frac{G}{T_0}\Delta t}\mathrm{d}\Delta t = \mathrm{e}^{-G} \tag{11.6.14}$$

将式（11.6.14）的结果代入式（11.6.12），可得报文发送成功的概率为

$$P_{\text{suc}} = \mathrm{e}^{-2G} \tag{11.6.15}$$

将上式的结果代入式（11.6.9），得到纯 ALOHA 系统吞吐量S与负载G间的关系式

$$S = G \cdot P_{\text{suc}} = G\mathrm{e}^{-2G} \tag{11.6.16}$$

吞吐量S与负载G间的关系特性曲线如图 11.6.8 所示，开始时吞吐量S随着负载G的增加而增大；当$G = 0.5$时吞吐量S达到**最大值**$S_{\max} = 0.184$；随着负载G继续增大，吞吐量S开始降低，因为随着负载G的继续增大冲突开始加剧，而成功发送的报文将随之减少。因此，对于纯 ALOHA 系统，通常要将其负载G控制在$G \leqslant 0.5$，否则系统的性能将明显下降。

（b）**时隙 ALOHA 算法**　纯 ALOHA 的吞吐量不到0.2，效率较低。其中影响效率的原因之一是，对于纯 ALOHA 系统，工作站只要有报文到达就立刻发送，而对发送时间没有任何制约所致。**时隙 ALOHA 算法**是**纯 ALOHA 算法**的一种改进算法，它同样设报文的长度为一恒定值，每个工作站发送

一个报文的时间均为 T_0。假定系统中有一个能够使得各个工作站同步的**同步时标**，该时钟标记将时间划分为长度为 T_0 的一个个**时隙**。每个需要发送报文的工作站，无论报文是在哪个时刻到达的，工作站只允许在统一标记的每个时隙开始的时刻发送。这样，任何一个报文，如果错过了当前时隙的发送时刻，则只能在下一时隙开始的时刻才能发送，加上这一约束条件后，就大大减少了不同工作站发送的报文出现冲突的机会，从而使得系统的效率得到提高。

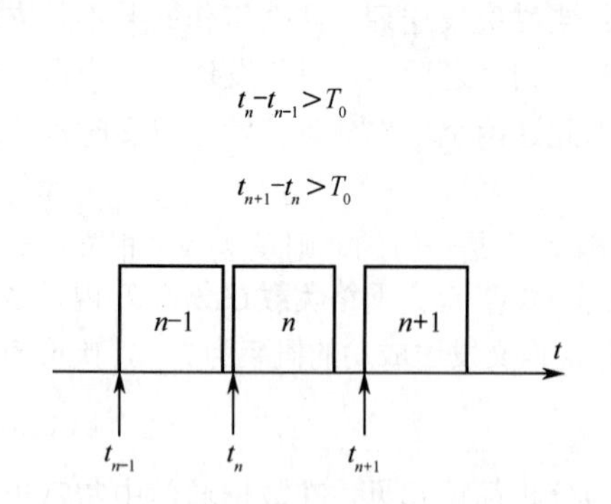

图 11.6.7　报文 n 成功发送的条件

图 11.6.8　纯 ALOHA 系统 S 与 G 的关系特性

参见图 11.6.9，图中 $t_{\mathrm{a},n}$ 表示报文 n 的到达时刻，t_n 表示报文 n 的发送时刻，其他符号的含义以此类推。对于时隙 ALOHA 系统，系统中报文 n 可发送成功的条件是：若该报文是在 t_n 到达前的 $t_n - T_{\mathrm{S}}$ 时刻到达的（$T_{\mathrm{S}} < T_0$），则报文 $n-1$ 与报文 n 的时间间隔应大于 $T_0 - T_{\mathrm{S}}$，且报文 $n+1$ 与第 n 个报文到达的时间间隔大于 T_{S}。这样，在报文 n 到达的时隙内就不会有两个或两个以上的报文同时到达，这也就意味着在报文 $n-1$、报文 n 和报文 $n+1$ 的发送时刻均不会冲突。若记报文 $n-1$ 与报文 n 到达的间隔为 $\Delta t_{(\mathrm{a},n);(\mathrm{a},n-1)}$，报文 n 与报文 $n+1$ 到达的间隔为 $\Delta t_{(\mathrm{a},n+1);(\mathrm{a},n)}$，则可得报文 n 成功发送的概率为

$$\begin{aligned} P_{\mathrm{suc}} &= P\left(\Delta t_{(\mathrm{a},n);(\mathrm{a},n-1)} > T_0 - T_{\mathrm{S}}\right) P\left(\Delta t_{(\mathrm{a},n+1);(\mathrm{a},n)} > T_{\mathrm{S}}\right) \\ &= \int_{T_0 - T_{\mathrm{S}}}^{\infty} \frac{G}{T_0} \mathrm{e}^{-\frac{G}{T_0}\Delta t} \mathrm{d}\Delta t \int_{T_{\mathrm{S}}}^{\infty} \frac{G}{T_0} \mathrm{e}^{-\frac{G}{T_0}\Delta t} \mathrm{d}\Delta t = \mathrm{e}^{-G} \end{aligned} \tag{11.6.17}$$

由上式及式（11.6.9），可得时隙 ALOHA 系统的吞吐量为

$$S = G \cdot P_{\mathrm{suc}} = G\mathrm{e}^{-G} \tag{11.6.18}$$

图 11.6.10 给出了纯 ALOHA 与时隙 ALOHA 的吞吐量性能比较，由图可见，时隙 ALOHA 的性能显著提高。在 $G=1$ 时，吞吐量达到其**最大值** $S_{\max} = 0.368$，比纯 ALOHA 系统的性能提高一倍。当 $G>1$ 时，系统的性能随着冲突的增加而下降。时隙 ALOHA 算法比纯 ALOHA 有更好的性能，但时隙 ALOHA 系统的运行要有一个统一的同步时标，而这要在实际系统中实现并非易事。

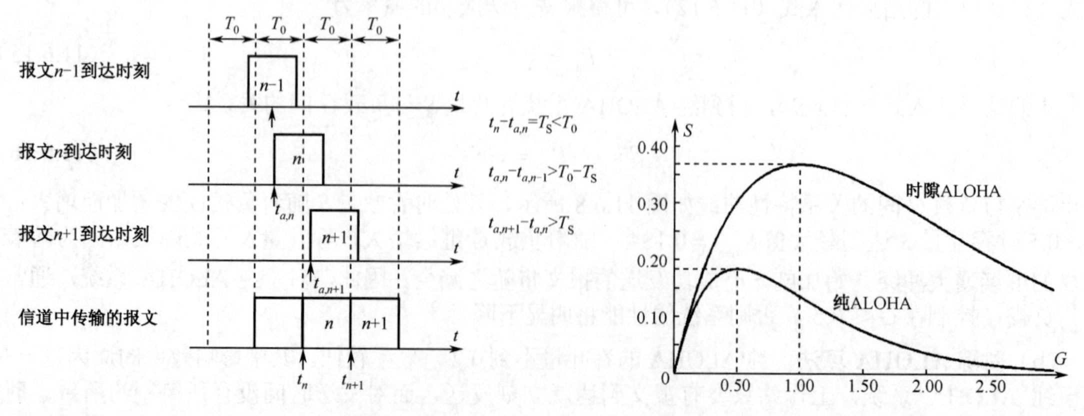

图 11.6.9　时隙 ALOHA 报文 n 成功发送的示例　　图 11.6.10　纯 ALOHA 与时隙 ALOHA 吞吐量性能比较

ALOHA 算法提供了终端在网内没有专门的网络接入控制器进行调度的情况下，终端间自动协调、共享传输媒质的一种机制。基于 ALOHA 算法演变和改进而制定的**载波监听多址接入**（CSMA）协议，是目前已经获得广泛应用的**有线**与**无线**计算机局域网（LAN/WLAN）的技术标准。

11.7 综合复用

在前面各节中，分别讨论了频分、时分、码分、空分和统计复用等多种信道共享的方式。在现代的许多通信系统中，除了上述这些单一的信道复用方式外，还可以看到不少综合利用各种复用技术的情形。通过综合的复用技术，可以为信道资源的有效利用带来更大的灵活性。

11.3 节中的图 11.3.2 给出了一种综合复用系统的形象示意图，此时平面空间被划分为一个个蜂窝状的小区域，每个区域内有一个基站，构成了区域内的一种点（基站）到多点（终端）的接入网系统。为了避免同频的干扰，在通过区域的划分实现**空分复用**的基础上，通过**空分与频分的混合复用**，在提高频率利用率的同时，使得相同频率的覆盖范围有一个小区的隔离间隔，从而大大减小了同频的干扰。

最典型的**综合复用**技术的应用体现在现代宽带无线通信接入系统中，参见图 11.7.1 给出的新一代无线通信系统 LTE（Long Term Evolution）技术标准**时频资源结构**，在每个蜂窝小区内，LTE 采用了基于 OFDM 的**正交频分复用多址接入**（Orthogonal Frequency Division Multiple Access，OFDMA）技术，这是一种综合了频分、时分和统计复用于一体的技术。OFDMA 利用正交频分复用技术将信道所使用的频带划分为相邻子载波间有 50%重叠的子信道，以实现**正交**条件下的最大限度的频分复用。信道的一个可划分的最小资源单位称为一个**资源元素**（Resource Element，RE），RE 由一个子载波和一个 OFDM 符号的持续时间（OFDM 的符号周期 T_S）组成，每个 RE 在一个符号周期 T_S 内可携带星座图上的一个符号信息。为不至于使系统中分配资源的信令过于复杂，通常将传输时间划分为由若干 OFDM 符号周期 T_S 构成的**最小时间分配单位** T_{Ph}，同时以 N_{Ph} 个相邻的子载波构成一个**最小的频谱分配单位**，由 $N_{Ph} \cdot T_{Ph}$ 组成了一个称为**物理资源块**（Physical Resource Block，PRB）的**最小信道资源分配单位**。例如在我国主导制定的 TD-LTE 标准中，$T_{Ph} = 7 \cdot T_S = 0.5\text{ms}$，$N_{Ph} = 12$。在上述频分与时分形成的 PRB 的基础上，再进一步根据用户的传输需求进行 PRB 的分配，就可以实现灵活的信道资源的统计复用。

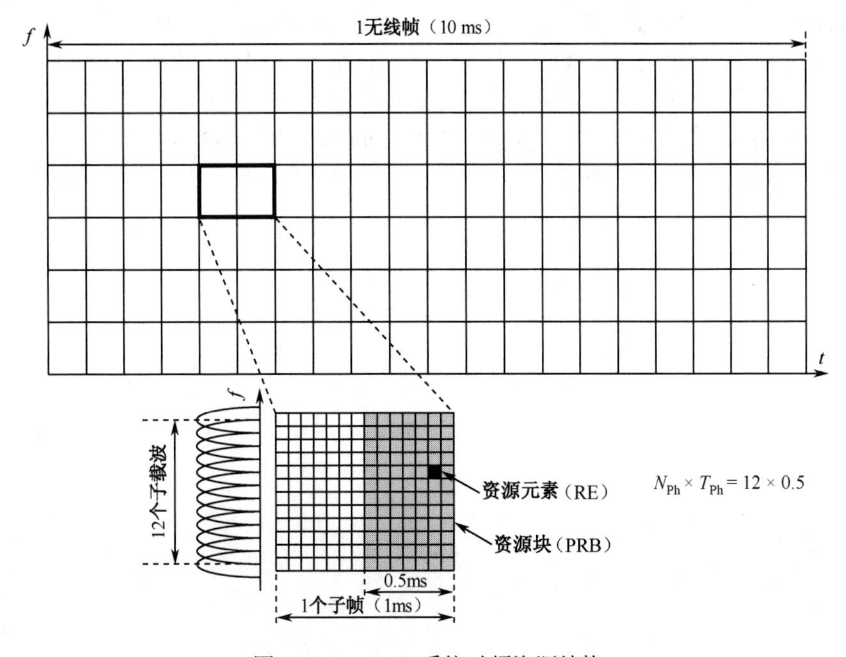

图 11.7.1　LTE 系统时频资源结构

11.8 本章小结

通信系统的发展已进入网络时代，如何实现信道的资源共享，几乎是每个通信系统必须考虑的问题。本章概要地分析了实现信道资源共享的信道复用与多址技术，包括频分、时分、码分和统计复用等方法和相应的多址技术，最后通过 TD-LTE 标准中物理层资源的复用方式，简要地介绍了综合的复用技术。

习 题

11.1 试比较各种复用和多址技术的特点。

11.2 在一个带宽为 5MHz 的频分复用系统中，若每个子信道的带宽均为 100kHz，子信道间设定的保护带为 20kHz，问该信道可容纳多少个独立的子信道？

11.3 若采用哈达马矩阵构建数据率为 10Mbps 具有 16 个用户的码分多址系统，（1）列出所有的正交码字；（2）估算信道所需的带宽。

11.4 对于有 100 个终端的轮询系统，若每个终端的平均巡回时间为 1ms，当网络的负载达到 0.8 时，请分析平均发送一个报文的时延是多少。

11.5 在纯 ALOHA 系统中，若系统工作在负载 $G = 0.6$ 的状态，求其信道为空闲的概率。

11.6 5000 个工作站共享一条时隙 ALOHA 信道，每个工作站每小时平均发送 18 个报文，时隙长度为 100μs 。试求信道负载的大小。

11.7 假定在图 11.7.1 所示的 LTE 时频资源结构图中，每个子载波均采用 16QAM 调制，请问每个物理资源块可以携带多少比特的数据？

主要参考文献

[1] 仇佩亮，陈惠芳，谢磊．数字通信基础．北京：电子工业出版社，2007

[2] [美]Goldsmith 著，杨鸿文等译．无线通信．北京：人民邮电出版社，2007

[3] 乐正友，杨为理．程控数字交换机硬件软件及应用．北京：清华大学出版社，1991

[4] 谢希仁编著．计算机网络（第二版）．北京：电子工业出版社，1999

[5] [美]Stefania Sesia 等著．马霓等译．LTE-UMTS 长期演进理论与实践．北京：人民邮电出版社，2009

[6] [美]Jhong Sam Lee 等著．许希斌，周世东等译．CDMA 系统工程手册．北京：人民邮电出版社，2001

附录　缩写索引表

缩　写	英文全称	中文名称	出现节号
3G	Third Generation	第三代（移动通信系统）	1.2
ADC	Analog to Digital Converter	模数转换器	4.5
ADPCM	Adaptive Differential Pulse Code Modulation	自适应差分脉冲编码调制	3.4
AMI	Alternate Mark Inversion	传号交替反转（码）	5.3.3
ASK	Amplitude Shift Keying	振幅键控/幅度键控/幅移键控	6.3.1
AWGN	Add White Guassian Noise	加性白高斯噪声	7.4
AGWN	White Guassian Add Noise	加性高斯白噪声	7.4
BCH	Bose Chaudhuri Hochquenghem	BCH 码三个发明人的名字	8.7.4
BPSK	Binary Phase Shift Keying	二进制相移键控	6.3.2
BSC	Binary Symmetrical Channel	二元对称信道	8.4
CD	Compact Disk	光盘	习题 3.7
CS-ACELP	Conjugate Structure-Algebraic Code Excited Linear Prediction	共轭结构-代数码激励线性预测	3.4.3
CSI	Channel Side Information	信道边信息	7.4.1
DAC	Digital to Analog Converter	数模转换器	4.5
DDS	Direct Digital Synthesis	直接式数字频率合成器	10.4
DFT	Discrete Fourier Transform	离散傅里叶变换	6.6.2
DLL	Delay Locked Loop	延时锁定环路	10.5
DMS	Discrete Memoryless Source	离散无记忆信源	4.5.1
DPCM	Differential Pulse Code Modulation	脉冲编码调制	3.4
DPSK	Differential Phase Shift Keying	差分相移键控	6.6.3
DSSS	Direct Sequence Spread Spectrum	直接序列扩频	10.2.2
FBC	Folded Binary Code	折叠二进制码	3.4.1
FH	Frequency Hopping	跳频	10.2.2
FFT	Fast Fourier Transform	快速傅里叶变换	6.6.1
FSK	Frequency Shift Keying	频移键控	6.3.4
GMSK	Gaussian filtered Minimum Shift Keying	高斯滤波最小移频键控	6.5.2
GPS	Global Positioning System	全球定位系统	10.2
GSM	Global System for Mobile communications	全球移动通信系统	3.4.3
RBC	Gray or Reflected Binary Code	格雷码	3.4.1
HDB3	High Density Bipolar of order 3code	三阶高密度双极性码	5.3.3
IP	Internet Protocol	互联网协议	1.2
LD-CELP	Low Delay-Code Excited Linear Prediction	低时延码激励线性预测编码	3.4.3
LF	Loop Filter	环路滤波器	9.2.1
LMS	Least-Mean-Square	最小均方算法	3.5.3
LTE	Long Term Evolution	（第三代移动通信之后的）长期演进	1.2

（续表）

缩　写	英文全称	中文名称	出现节号
MAP	Maximum a posteriori	最大后验	6.4.1
MASK	M-ary Amplitude Shift Keying	多进制振幅键控/幅度键控/幅移键控	6.4.2
MFSK	M-ary Frequency Shift Keying	多进制频移键控	6.4.5
ML	Maximum Likelihood	最大似然	6.4.1
MPSK	M-ary Phase Shift Keying	多进制相移键控	6.4.3
MQAM	M-ary Quadrature Amplitude Modulation	多进制正交幅度调制	6.4.4
NBC	Natrual Binary Code	自然二进制码	3.4.1
PCM	Pulse Code Modulation	脉冲编码调制	1.2
PD	Phase Detector	鉴相器	9.2.1
PLL	Phase-Locked Loop	锁相环	9.2.1
PPM	Pulse Position Modulation	脉位调制	10.2
PSK	Phase Shift Keying	相移键控	6.3.2
PWM	Pulse Width Modulation	脉宽调制	10.12
OFDM	Orthogonal frequency Division Modulation	正交频分复用	6.6.1
OFDMA	Orthogonal frequency Division Multiple Access	正交频分多址	11.7
OOK	On-and-Off Keying	通断键控（信号）	6.3.1
QPSK	Quaternary Phase Shift Keying	四相相移键控	6.4.3
RBC	Gray or Reflected Binary Code	格雷码	3.4.1
RS	Reed-Solomon	里德-所罗门码	8.7.4
SNR	Signal Noise Rate	信噪比，信号功率与噪声功率的比值	1.5
SS	Spread-Spectrum	扩展频谱	10.1
TCP	Transmission Control Protocol	传输控制协议	1.2
TD-LTE	Time Division-Long Term Evolution	时分-长期演进	11.7
TH	Time Hopping	跳时	10.2.2
TS	Time Slot	时隙	11.3
VCO	Voltage Controlled Oscillator	压控振荡器	9.2.1
WCDMA	Wideband Code Division Multiple Access	宽带码分多址接入系统	11.1.1
WLAN	Wireless Local Area Network	无线局域网	10.1
WSSUS	Wide-Sense Stationary Uncorrelated Scattering	广义平稳非相关散射	7.4.3